Hartwig Prange

**Gesundheitsmanagement
Schweinehaltung**

Hartwig Prange

Gesundheitsmanagement Schweinehaltung

Herausgegeben von Prof. Dr. Hartwig Prange, Halle

56 Farbfotos
90 Schwarzweißfotos
128 Abbildungen
248 Tabellen
25 Anhänge

Bildautoren

- R. Böhm, Hohenheim: C24, C25
- K.-P. Brüssow, Dummerstorf: Farbtafeln 3 und 4
- St. Hoy, Gießen: B30, B32, B35–37, B40–44, B48–49, B52–53, B55
- R. Körber und Mitarbeiter; Frankfurt/O.: Farbtafel 7
- A. Rudovsky, Halle: B62
- M. Wicke, Vechta: B6
- aid Ernährung, Landwirtschaft und Forsten: Farbtafel 2
- Herkunft nicht bekannt: B46, Farbtafel 1, Bild 1, 3–6
- H. Prange, Halle: alle übrigen Bilder und Farbtafeln 5, 6, 8

Bibliografische Information der Deutschen Bibliothek
Die Deutsche Bibliothek verzeichnet diese Publikationen in der Deutschen Nationalbibliografie;
detaillierte bibliografische Daten sind im Internet über http://dnb.ddb.de abrufbar.

ISBN 3-8001-4156-6

Das Werk einschließlich aller seiner Teile ist urheberrechtlich geschützt. Jede Verwertung außerhalb der engen Grenzen des Urheberrechtsgesetzes ist ohne Zustimmung des Verlages unzulässig und strafbar. Das gilt insbesondere für Vervielfältigungen, Übersetzungen, Mikroverfilmungen und die Einspeicherung und Verarbeitung in elektronischen Systemen.

© 2004 Eugen Ulmer GmbH & Co.
Wollgrasweg 41, 70599 Stuttgart (Hohenheim)
email: info@ulmer.de
Internet: www.ulmer.de
Printed in Germany
Lektorat: Werner Baumeister
Einband: Atelier Reichert, Stuttgart
Umschlagfotos: agrarfoto.com
Satz: primustype R. Hurler GmbH, Notzingen
Druck und Bindung: Gulde-Druck, Tübingen

Inhaltsverzeichnis

Vorwort 13

**A Bedingungen der
     Schweinehaltung** 15

1   Tierhaltung in der Gesellschaft
    (H. Prange, U. Hühn) 16

2   Tierhaltung und Tierschutz
    (H. Prange) 20

3   Tiergesundheit und
    Lebensmittelsicherheit
    (H. Prange, R. Körber) 24

4   Wirtschaftliche Bedeutung
    der Schweinehaltung
    (U. Hühn) 27

5   Produktionsstrukturen der
    konventionellen Schweinehaltung
    (U. Hühn) 30

6   Entwicklungstendenzen der
    konventionellen Produktion
    (U. Hühn, H. Prange) 32

7   Schweinehaltung nach
    ökologischen Richtlinien
    (G. v. Lengerken,
    H. Prange) 34

B Bewirtschaftung – Grundlagen der Tiergesundheit . 39

1   Produktionsgestaltung 40
1.1   Betriebsformen
      (H. Prange, K. Hörügel) ... 40
1.2   Produktionsablauf 41
1.2.1 Belegung der Stallbereiche 41
1.2.2 Produktionszyklogramm 41
1.3   Abferkelbereich 45
1.3.1 Säugezeit und Wurfhäufigkeit ... 45
1.3.2 Sauengruppen und Sauenzyklus . 46
1.3.3 Stallzyklus und Tierplatzbedarf . 47
1.4   Frühabsetzverfahren 48
1.5   Erstellung von Arbeitsplänen ... 49
1.6   Aufzucht und Mast 49
1.7   Überbetriebliche Produktionsabstimmung 50

2   Reproduktions- und Bestandsplanung
      (K. Hörügel, U. Hühn,
      H. Prange) 51
2.1   Definition und Anforderungen .. 51
2.2   Reproduktion des Sauenbestandes 52
2.2.1 Reproduktionsplanung 52
2.2.2 Jungsauenremontierung 53
2.2.3 Kontinuität der Reproduktion ... 55

3   Schweinezüchtung
      (G. v. Lengerken, S. Maak) .. 56
3.1   Zuchteinsatz der Schweinepopulationen 56
3.2   Leistungsprüfung und Zuchtwertschätzung 58
3.2.1 Zuchtleistung 58
3.2.2 Mastleistung und Schlachtkörperwert 60
3.2.3 Stressempfindlichkeit und
      Fleischqualität 60
3.2.4 Anomalienprüfung 63
3.2.5 Zuchtwertschätzung 64
3.3   Selektion in Reinzucht und
      Kreuzung 64
3.4   Molekulare Methoden in der
      Schweinezucht 66
3.5   Selektion auf Krankheitsresistenz 66

4   Fortpflanzung
      (U. Hühn, K.-H. Kaulfuss) .. 69
4.1   Bedeutung und Definitionen 69
4.2   Pubertät und Zuchtreife von
      Jungsauen 69

4.2.1	Biologische Grundlagen der Zuchtreife	69	4.9.2	Geburtensynchronisation	111
4.2.2	Zootechnische Pubertätsstimulation	72	4.9.3	Geburtsstimulation	112
4.2.3	Hormonelle Brunst- und Ovulationsauslösung	75	4.10	Bewertung der biotechnischen Verfahren	113
4.2.4	Zuchtreife	77	5	**Fütterung und Futtermittel (M. RODEHUTSCORD)**	114
4.3	Geschlechtsreife und Zuchteinsatz von Ebern	80	5.1	Allgemeine Anforderungen	114
4.3.1	Pubertät und Zuchtreife	80	5.2	Bedarf und Versorgungsempfehlungen	115
4.3.2	Sexualverhalten und natürlicher Deckakt	81	5.2.1	Energie	115
4.3.3	Einsatz von Besamungsebern ...	81	5.2.2	Aminosäuren und Protein	116
4.3.4	Spermakonservierung	83	5.2.3	Mineralstoffe und Vitamine	118
4.3.5	Kontrolle des Besamungserfolges	84	5.3	Fütterung der Zuchtsauen	120
			5.4	Fütterung der Zuchteber	122
4.4	Saisonale Fruchtbarkeitsschwankungen	85	5.5	Fütterung der Ferkel	122
4.4.1	Biologische Grundlagen	85	5.6	Fütterung der Mastschweine	124
4.4.2	Fruchtbarkeitsschwankungen des Ebers	86	5.7	Einsatz von Antibiotika	125
			5.8	Tränkung	126
4.4.3	Fruchtbarkeitsschwankungen der Sau	86	5.9	Hygiene von Futter, Fütterung und Tränke	127
4.5	Zyklusüberwachung, Brunsterkennung und -stimulation	88	5.10	Fütterungskontrolle	129
4.5.1	Sexualzyklus und Brunst	88	6	**Haltung und Fütterungstechnik (S. HOY)**	130
4.5.2	Brunsterkennung	90	6.1	Rechtliche Vorgaben	130
4.5.3	Wiedereintritt der Brunst nach Absetzen der Ferkel	92	6.2	Abferkelbereich	134
4.6	Synchronisation von Zyklus und Ovulation	94	6.2.1	Haltungsverfahren	134
			6.2.2	Abferkelbuchten	134
4.6.1	Definitionen zur Biotechnik	94	6.2.3	Fußboden für Sau und Ferkel ..	137
4.6.2	Pubertätsinduktion und Ovulationssynchronisation von Jungsauen	96	6.2.4	Fütterungstechnik	138
			6.2.5	Technische Ferkelammen	139
			6.3	Aufzuchtbereich	142
4.6.3	Brunst- und Ovulationssynchronisation von Jung- und Altsauen .	99	6.3.1	Haltungsverfahren	142
			6.3.2	Aufzuchtbuchten	144
4.7	Künstliche Besamung	100	6.3.3	Fußboden	144
4.7.1	Bedeutung und Verbreitung	100	6.3.4	Fütterungstechnik	145
4.7.2	Besamungsmanagement	101	6.3.5	Alternative Aufstallungsformen ..	147
4.7.3	Brunststadium, Brunstdauer und Besamungsergebnis	102	6.4	Mastbereich	149
			6.4.1	Haltung im Warmstall	149
4.7.4	Spermatransport im Genitale und Befruchtungsergebnis	104	6.4.2	Haltung in Kaltställen	151
			6.4.3	Fütterungstechnik	152
4.7.5	Besamungshygiene	105	6.5	Jungsauenbereich	152
4.7.6	Besamungshilfen und Arbeitsaufwand	105	6.6	Sauenhaltung	152
			6.6.1	Arena/Stimubucht	152
4.8	Trächtigkeitskontrolle	106	6.6.2	Deckzentrum, Besamungsbereich	154
4.9	Steuerung der Geburten	109			
4.9.1	Einsatzmöglichkeiten und Verfahrensvorteile	109	6.6.3	Wartebereich	155
			6.6.4	Fütterungstechnik	156
			6.7	Eberhaltung	161
			6.8	Freilandhaltung	162

7	**Stallklima** (A. RUDOVSKY, H. PRANGE) .. 165		**C**	**Tierhygiene – Sicherung der Tiergesundheit** 203	
7.1	Physikalische Klimakomponenten 166		1	Entstehung und Verhütung von Krankheit (H. PRANGE) 204	
7.1.1	Temperatur 166				
7.1.2	Relative Luftfeuchte 167				
7.1.3	Luftbewegung 167		1.1	Definitionen zur Gesundheit und Krankheit 204	
7.1.4	Licht 168				
7.1.5	Staub 168		1.2	Tierhygienische Voraussetzungen 205	
7.1.6	Schall 169				
7.2	Chemische Klimakomponenten (Gase) 169		1.3	Wechselwirkungen zwischen Organismus, Erreger und Umwelt 206	
7.2.1	Sauerstoff und Kohlendioxid ... 170				
7.2.2	Schadgase und Geruchsstoffe ... 170		1.4	Bedingungen und Folgen der Infektion 208	
7.3	Biologische Klimakomponenten (Keime) 171		1.5	Ausbildung und Verlauf der Infektionskrankheit 209	
7.4	Stallklimatisierung 171				
7.4.1	Klimasteuerung und -kontrolle .. 172		1.6	Prognostische Einschätzung von Krankheiten 211	
7.4.2	Lüftungssysteme 175				
7.4.3	Wärmedämmung am Bau 181				
7.4.4	Heizung 182		2	Schutz vor Seucheneinschleppung (H. PRANGE) 213	
7.4.5	Kühlung 185				
7.5	Stallklima und Tiergesundheit .. 185				
7.5.1	Funktionelle Voraussetzungen .. 185		2.1	Ursachen der Erregerübertragung 213	
7.5.2	Bedeutung spezieller Klimabelastungen 188				
			2.2	Baulich-funktioneller Seuchenschutz 214	
8	**Transport von Schweinen** (G. v. LENGERKEN, H. PRANGE) 191		2.2.1	Standortbedingungen 214	
			2.2.2	Standortgestaltung und Schwarz-Weiß-Prinzip 215	
8.1	Rechtsgrundlagen 191				
8.2	Transportbelastungen 192		2.3	Hygienisch-organisatorische Schutzmaßnahmen 221	
8.3	Pathophysiologische Belastungsreaktionen 192				
			2.3.1	Organisation und Tierverkehr ... 221	
8.4	Vorbereitung des Transports ... 194		2.3.2	Quarantäne 222	
8.4.1	Nüchterung der Tiere 194				
8.4.2	Ausstallen und Verladen 195		3	Schutz vor Keimanreicherung (H. PRANGE) 224	
8.5	Transportbedingungen 196				
8.5.1	Technische Voraussetzungen ... 196				
8.5.2	Ladedichte und Fahrweise 199		3.1	Bauhygienische Voraussetzungen 224	
8.5.3	Transportzeit und -entfernung .. 199				
8.6	Klimaeinflüsse 199		3.2	Hygienische Erfordernisse bei der Produktionsvorbereitung 225	
8.7	Entladen am Schlachtbetrieb 200				
8.8	Ruhestall im Schlachtbetrieb 201		3.3	Hygienische Erfordernisse bei laufender Produktion 226	
			4	Gesundheitsfördernde Produktionsverfahren (K. HÖRÜGEL, H. PRANGE) ... 228	
			4.1	Spezifiziert-pathogenfreie Aufzucht (SPF) 228	
			4.2	Senkung des Keimdrucks 229	

4.2.1	Freilandhaltung	229	7.5	Spezielle Reinigungs- und Desinfektions-Maßnahmen	264
4.2.2	„Minimal-Disease"-Verfahren	229	7.5.1	Reinigung und Desinfektion in Abferkel- und Aufzuchtställen	265
4.2.3	Neubelegung eines Zuchtbestandes	232	7.5.2	Reinigung und Desinfektion in Mastställen	265
4.2.4	Verfahren bei laufender Produktion	232	7.6	Tierseuchendesinfektion	266
4.3	Unterbrechung der Infektketten – „Multisite"	232	7.7	Einflussfaktoren bei Reinigungs- und Desinfektions-Maßnahmen	267
4.4	Vergleichende Bewertung der Verfahren	235	7.8	Erfolgskontrolle der Reinigung und Desinfektion	268
5	**Schutz vor Haltungsschäden (H. Prange)**	237	7.9	Desinfektion tierischer Fäkalien	268
5.1	Direkte und indirekte Schadfaktoren	237	7.9.1	Desinfektion von Flüssigmist und Jauche	269
5.2	Fußboden und Tiergesundheit	237	7.9.2	Desinfektion von Festmist	270
5.2.1	Verwendung von Einstreu	238	**8**	**Schadtierbekämpfung (R. Böhm)**	272
5.2.2	Planbefestigte Böden	238	8.1	Schadnagerbekämpfung	272
5.2.3	Spaltenböden	239	8.1.1	Vorbeugemaßnahmen	272
5.3	Wärmedämmung	240	8.1.2	Bekämpfung von Schadnagern	273
5.4	Gliedmaßenschäden und -erkrankungen	241	8.2	Schadinsektenbekämpfung	275
5.5	Gesäuge- und Zitzenverletzungen	245	8.2.1	Vorkommen von Schadinsekten	275
5.6	Folgen psychosozialer Belastungen	246	8.2.2	Vorbeugemaßnahmen	275
5.7	Prüfung von Verfahren und Haltungselementen	247	8.2.3	Bekämpfung von Schadinsekten	276
6	**Schutz vor Verhaltensstörungen (H. Prange)**	249	8.3	Anwendung von Bekämpfungsmitteln	278
6.1	Normverhalten und Bedarfsdeckung	249	**9**	**Tierkörperbeseitigung (W. Philipp)**	280
6.2	Beziehung zwischen Mensch und Tieren	250	9.1	Kadaverlagerung und -abführung	280
6.3	Praxisrelevante Verhaltenserfordernisse	250	9.2	Tierkörperverarbeitung	281
6.4	Verhaltensstörungen	252	**10**	**Umwelthygiene (W. Philipp)**	285
6.4.1	Aggressivität	253	10.1	Genehmigungspflicht für Schweinehaltungen	285
6.4.2	Schwanzbeißen	254	10.2	Immissionen und Emissionen	286
7	**Reinigung und Desinfektion (R und D) (R. Böhm)**	257	10.3	Gülle, Jauche und Festmist	287
7.1	Systematik und Ziele	257	10.3.1	Gülle- und Jauchelagerung	287
7.2	Geräte und Hilfsmittel	258	10.3.2	Güllebehandlung und -ausbringung	289
7.3	Grundsätzliches Vorgehen	259	10.3.3	Festmistlagerung	294
7.3.1	Reinigung	259	10.3.4	Festmistausbringung und -einarbeitung	294
7.3.2	Desinfektion	261	10.4	Schadwirkungen durch Emissionen (H. Prange)	295
7.4	Auswahl geeigneter Desinfektionsmittel	263	10.4.1	Klimawirksame Spurengase	295
			10.4.2	Extreme Tierkonzentration und Waldschäden	296

D Tiergesundheit und Leistungen 301

1 **Übersichten zu den Schweinekrankheiten** 302
1.1 Infektionskrankheiten (H. Prange, F.-W. Busse) 302
1.1.1 Anzeige- und meldepflichtige Krankheiten 302
1.1.2 Infektiöse Faktorenkrankheiten und Enzootien 303
1.2 Parasitenbefall (Th. Hiepe) 306
1.2.1 Wesen des Parasitismus 306
1.2.2 Parasitosen des Schweines 307
1.3 Organerkrankungen (F.-W. Busse, H. Prange) 311
1.3.1 Krankheiten des Atmungsapparates 311
1.3.2 Krankheiten der Geschlechtsorgane 311
1.3.3 Krankheiten des Bewegungsapparates 315
1.3.4 Magen-Darmerkrankungen ... 316
1.3.5 Hauterkrankungen 318
1.3.6 Krankheiten des Zentralnervensystems 318
1.4 Mangel- und Stoffwechselkrankheiten (H. Gürtler) 318
1.4.1 Eisen-, Jod- und Zinkmangel ... 320
1.4.2 Chondroosteopathien 323
1.4.3 Hypoglykämie der Saugferkel ... 327
1.4.4 Ernährungsbedingte Myopathien 327
1.4.5 Genetisch disponierte Belastungsmyopathien 327

2 **Gesundheit und Leistungen in den Altersgruppen** (H. Prange) 330
2.1 Geburt der Sau 330
2.1.1 Vorbereitung auf die Geburt 330
2.1.2 Steuerung und Ablauf der Geburt 331
2.1.3 Geburtshilfe und Ferkelwache .. 334
2.2 Abferkelleistungen 335
2.2.1 Wurfgröße 335
2.2.2 Geburtsgewicht 335
2.3 Mumifizierte Früchte 337
2.4 Tot geborene Ferkel 338
2.5 Lebend geborene Ferkel 340
2.5.1 Lebensschwach geborene Ferkel . 340
2.5.2 Aufzuchtfähige Ferkel 340
2.6 Aufzuchtleistungen 342
2.7 Erkrankungen und Verluste der Saugferkel 343
2.7.1 Anfall und Höhe der Verluste ... 343
2.7.2 Ursachen der Verluste 344
2.7.3 Begünstigende Faktoren für Erkrankungen 347
2.7.4 Wirtschaftliche Bedeutung der Verluste 351
2.8 Um- und Absetzen der Saugferkel 351
2.9 Absatzferkel 353
2.9.1 Zuwachs, Erkrankungen und Verluste 353
2.9.2 Begünstigende Faktoren für Erkrankungen 354
2.10 Mastschweine 356
2.10.1 Mastleistungen 356
2.10.2 Direkte und indirekte Verluste .. 356
2.10.3 Krankheits- und Verlustursachen 357
2.10.4 Wirtschaftliche Bedeutung der Erkrankungen 358
2.10.5 Begünstigende Faktoren für Erkrankungen 363
2.11 Sauen 365
2.11.1 Leistungen und Wurfzahl 365
2.11.2 Krankheitsschwerpunkte und Abgangsursachen 365
2.11.3 Selektion und Reproduktion 371
2.12 Eber 372

3 **Datenerfassung und -bearbeitung** (H. Prange) 374
3.1 Inner- und zwischenbetriebliche Informationssysteme 374
3.2 Definitionen zu den Leistungsdaten 375
3.2.1 Aufgezogene Ferkel je Sau und Jahr 375
3.2.2 Aufgezogene Ferkel je Abferkelplatz und Jahr 377
3.3 Definitionen zu den Gesundheitsdaten 378
3.3.1 Tierverluste 378
3.3.2 Erkrankungen 379
3.4 Dokumentationen und Auswertungen 380

3.4.1	Leistungs- und Verlustedaten	380	3.3.2	Bakteriologische und mykologische Verfahren	418
3.4.2	Gesundheitsdaten	384	3.3.3	Bemessung der Stichprobengröße zur Infektionsdiagnostik	420
3.5	Anwendung von Computerprogrammen	386	3.3.4	Resistenzbestimmungen und diagnostische Tierversuche	421
			3.3.5	Bewertung mikrobiologischer Untersuchungen	421

E Betreuung – Erhaltung der Tiergesundheit 389

1	**Tiergesundheitliche Betreuung** (H. PRANGE)	390	3.4	Diagnostik von Mykotoxinen	422
1.1	Allgemeine Zielstellungen	390	3.5	Hämatologische Untersuchungen	423
1.2	Tierärztliche Bestandsbetreuung	391	3.6	Klinisch-chemische Untersuchungen	423
1.2.1	Entwicklung der Bestandsbetreuung	391	3.6.1	Stoffwechseluntersuchungen im Bestand	424
1.2.2	Inhalte der Bestandsbetreuung	392	3.6.2	Bewertung der Stoffwechseluntersuchungen	426
1.2.3	Einordnung in das Zyklogramm	395	3.7	Parasitologische Untersuchungen	426
1.3	Bestandsbetreuung in den Haltungsstufen	396			
1.3.1	Betreuung im Abferkelbereich	396			
1.3.2	Betreuung in der Ferkelaufzucht und Mast	398	4	**Postmortale Diagnostik** (H. PRANGE)	428
1.3.3	Betreuung der Sauen und Eber	399	4.1	Krankheits- und Todesursachenstatistiken	428
1.4	Kosten der tiermedizinischen Betreuung	399	4.2	Pathologisch-anatomische Untersuchungen	430
1.5	Spezialisierte tiergesundheitliche Betreuung	402	4.3	Befunderhebung an Schlachttieren	430
1.5.1	Inhalte der spezialisierten Betreuung	402	4.3.1	Amtliche Untersuchungen	430
1.5.2	Organisation der spezialisierten Betreuung	404	4.3.2	Retrospektive Organdiagnostik	431
1.5.3	Tierärztliche Bestandsbetreuung in Dänemark	405	5	**Spezifische Immunprophylaxe** (H.-J. SELBITZ)	436
1.6	Töten von Tieren	406	5.1	Grundlagen	436
2	**Klinische Diagnostik** (H. PRANGE)	408	5.2	Einteilung und Arten von Impfstoffen	436
2.1	Diagnostik am Einzeltier	408	5.3	Grundsätze der Impfstoffanwendung	438
2.2	Herdendiagnostik	410	5.4	Verfügbare Impfstoffe	440
2.2.1	Fortlaufende Gesundheitsüberwachung	411	5.5	Bewertung der Wirksamkeit von Impfungen	442
2.2.2	Leistungs-, Gesundheits- und Umweltanalysen	411	5.6	Nebenwirkungen und Impfkomplikationen	444
3	**Labordiagnostik** (R. KÖRBER)	414	6	**Therapie und Arzneimitteleinsatz** (M. KIETZMANN)	445
3.1	Zielstellungen	414	6.1	Therapie und Mesophylaxe	445
3.2	Probenahme und Probenmanagement	415	6.2	Bestandsbehandlungen	445
3.3	Mikrobiologische Untersuchungen	418	6.2.1	Behandlung über das Tränkwasser	446
3.3.1	Virologische Verfahren	418			

6.2.2	Orale Behandlung und Futtermedikation	446	3.1.1	Ferkelaufzucht	476
6.3	Auswahl von Wirkstoffen und Arzneimitteln	447	3.1.2	Schweinemast	477
6.4	Rechtliche Bestimmungen	450	3.2	Qualitätssicherung im Produktionsverbund (G. v. LENGERKEN, J. v. LENGERKEN)	480
7	**Parasitenbekämpfung** (TH. HIEPE)	453	3.2.1	Qualitätskennzeichen	480
7.1	Prävention, Prophylaxe und Therapie	453	3.2.2	Organisation der Qualitätssicherung	480
7.2	Hygienisch-prophylaktische Erfordernisse	454	3.2.3	Zertifizierung und Gesamtbewertung	482
7.3	Zertifizierung „Räudefreier Bestand"	455	3.3	Qualitätssicherung bei Futtermitteln	483
			3.3.1	Gesetzliche Regelungen	483
			3.3.2	Gegenstand der Qualitätssicherung	484
F	**Qualitätssicherung und Amtliche Überwachung**	**457**	3.3.3	Strukturen der Qualitätssicherung	484
1	**Amtliche Veterinärüberwachung** (G. FISCHER, H. PRANGE)	458	3.4	Qualitätssicherung beim Fleisch	486
			3.4.1	Gesetzliche Regelungen	486
1.1	Tierseuchenschutz	458	3.4.2	Qualitätsbewertung und Lebensmittelsicherheit	487
1.1.1	Rechtsgrundlagen	458	3.5	Anforderungen an den Prüfprozess	489
1.1.2	Strategien der Seuchenbekämpfung	459	3.6	Kriterien zur Beurteilung	490
1.1.3	Instrumente der Seuchenbekämpfung	461			
1.1.4	Schweinehaltungshygiene-Verordnung	462	**G**	**Verzeichnis der Abkürzungen**	**493**
1.2	Tierkörperbeseitigung	464			
1.3	Tierschutz	465			
1.3.1	Rechtsgrundlagen zur Tierhaltung	465	**H**	**Literaturhinweise**	**497**
1.3.2	Überwachung von Tiertransporten	465			
1.4	Arzneimittelkontrolle	466			
1.5	Lebensmittelüberwachung	468	**I**	**Autoren**	**517**
2	**Qualitätssicherung der tierärztlichen Tätigkeit** (H. PRANGE)	470			
2.1	Berufsfelder und Berufspflichten	470	**J**	**Anhänge**	**519**
2.2	Fort- und Weiterbildung	471	1	Desinfektionsmittel zur Anwendung im Seuchenfall (R. BÖHM)	520
2.3	Qualitätsstandards in der Tierarztpraxis	473			
3	**Qualitätssicherung in der Fleischerzeugung**	476			
3.1	Betriebswirtschaftliche Eigenkontrolle (J. HEINRICH)	476			

2	Betriebsunterlagen zur seuchenhygienischen Absicherung (G. Fischer, F.-W. Busse, H. Prange) 525	4	Klinische Diagnostik (H. Prange) 535
		5	Labordiagnostik und Arbeitswerte (R. Körber) 538
3	Auflagen der Schweinehaltungshygiene-Verordnung (F.-W. Busse, G. Fischer, H. Prange) 530	6	Diagnoseverfahren spezieller Parasitosen (Th. Hiepe) 547

Vorwort

In der landwirtschaftlichen Nutztierhaltung ist die Ausschöpfung des Leistungsvermögens ein legitimes Anliegen des Tierhalters. Darüber hinaus werden Erwartungen zum Tier-, Umwelt- und gesundheitlichen Verbraucherschutz in zunehmendem Umfang von der Gesellschaft an die Landwirtschaft herangetragen. Die konventionelle Nutztierhaltung sorgt für ein breites Angebot preisgünstiger Lebensmittel bei vergleichsweise geringen Lebenshaltungskosten. Eine ergänzende Nischenfunktion haben alternative Tierhaltungsformen, die über ihren bislang geringen Produktionsumfang hinaus neue inhaltliche Anstöße geben.

Die hohe Intensität der Schweinehaltung ist nicht nur mit größerer Anonymität zum Tier, sondern auch mit vermehrten Möglichkeiten der Erregeranreicherung und Krankheitsentstehung im Bestand verbunden. Um direkten Verlusten und indirekten Ausfällen durch Leistungsminderung entgegenzuwirken, wird ein Gesamtkonzept der Bewirtschaftung erforderlich, das produktionsorganisatorische, hygienische sowie gesundheitsfördernde und -erhaltende Maßnahmen miteinander verbindet. Deren Umsetzung verlangt die enge Zusammenarbeit des tierhaltenden Landwirts und des dem Betrieb verbundenen Tierarztes. Eine Optimierung der anstehenden „Produktions"- und „Schutzaspekte" setzt die Kenntnis der den Erzeugungsprozess beeinflussenden Faktoren voraus. Sie verlangt die Nutzung gesundheitsfördernder Verfahren ebenso wie die noch stärkere Betonung vorbeugender Maßnahmen im Rahmen einer integrierten tierärztlichen Bestandsbetreuung.

Es war daher naheliegend, ein Fachbuch von Tierärzten und Landwirten für Landwirte und Tierärzte zu schreiben, die sich produzierend, betreuend, beratend oder kontrollierend mit der Schweinehaltung befassen. Darüber hinaus sollen Studenten der Veterinärmedizin und der Agrarwissenschaften angesprochen werden, die an diesem vielseitigen und anspruchsvollen Fachgebiet interessiert sind.

Die Autoren aus Ost und West, aus Wissenschaft und Praxis haben sich in Kenntnis unterschiedlicher Landwirtschaftsstrukturen darum bemüht, Übersichten zur Organisation der Schweinehaltung und zu den diese beeinflussenden Umweltfaktoren, zu den Voraussetzungen optimaler Fortpflanzungs- und Leistungsergebnisse sowie zu den Bedingungen der Tiergesundheit und Krankheitsentstehung zu geben. In zahlreichen Kapiteln wird gesichertes Wissen um Befunde aus der Praxis ergänzt, die positive wie auch negative Erfahrungen illustrieren.

Angesichts der Breite des abgehandelten Stoffes kann weder Vollständigkeit noch letztendliche Allgemeinverbindlichkeit erwartet werden. Weiterführendes Spezialwissen bieten eingeführte Fachbücher, zum Beispiel über die Schweinekrankheiten. Diese werden daher nur als knappe Übersichten orientierend dargestellt.

Die Autoren sehen ihre Texte als aktuellen Stand innerhalb einer Entwicklung, die durch hohe Dynamik gekennzeichnet ist. Daher werden auch offene Probleme angesprochen und Anregungen für die weiterführende Auseinandersetzungen gegeben.

Der Herausgeber dankt den Autoren für eine unvoreingenommen konstruktive Zusammenarbeit und dem Verlag Eugen Ulmer für die vorzügliche Ausstattung des Buches. Wir würden uns freuen, wenn hiermit Anregungen für eine gleichermaßen effektive wie nachhaltige Gestaltung der Schweinehaltung gegeben werden. Für kritische Hinweise und hilfreiche Ergänzungen sind wir dankbar.

In der Zeit der Drucklegung sind die Mitautoren Dr. Klaus Hörügel (2003) und Prof. Herbert Gürtler (2004) nach schwerer Krankheit verstorben. Beide fehlen Vielen von uns.

Halle, im Frühjahr 2004   Hartwig Prange

A Bedingungen der Schweinehaltung

1 Tierhaltung in der Gesellschaft

Die zurückliegenden Jahrzehnte haben einen enormen **Produktivitätszuwachs** in der Landwirtschaft gebracht, der einerseits mit einer gewaltigen Zunahme der Produktion je beschäftigtem Landwirt und andererseits mit einem entsprechenden Rückgang der Arbeitskräfte um das jeweils Zehnfache verbunden war (Tab. A1). Folgen sind preiswerte Lebensmittel in großer Vielfalt und hoher Qualität, die von wenigen Landwirten für viele Verbraucher bereit gestellt werden. Dabei fiel der Anteil der landwirtschaftlichen Bruttowertschöpfung innerhalb der Volkswirtschaft um das 25fache, obwohl die Leistungsfähigkeit der Landwirtschaft auf allen Teilgebieten angestiegen ist. Damit verbunden ist die Intensivierung der Produktion, die auch zu veränderten Formen der Tierhaltung und tiermedizinischen Betreuung geführt hat. Eine Konsequenz dieser Entwicklung ist die Ausformung der Tierhygiene, Präventive und Prophylaxe zur Erhaltung der Tiergesundheit und bestmöglichen Ausschöpfung des Leistungsvermögens sowie zur Förderung von Tier-, Umwelt- und Verbraucherschutz.

Im Jahr 1950 hielten in beiden deutschen Nachkriegsstaaten einschließlich der Kleinstbestände über 6 Millionen Familien erwerbsmäßig Nutztiere, im Jahr 2002 sind es nur noch eine halbe Million. In derselben Zeit ist die Anzahl der Haushalte mit Klein- und Heimtieren von etwa 6 auf nahezu 14 Millionen angestiegen. Diese Wandlungen haben die Einstellung zum Tier in der Gesellschaft verändert. Ideelle und emotional beeinflusste Betrachtungsweisen ergänzen bzw. ersetzen zunehmend die nutzungsorientierte Bewertung der Tierhaltung.

Die Abnahme der Landwirtschaftsbetriebe mit Tierhaltung ist mit dem Anstieg der Tierzahlen je Gehöft verbunden. Mit dem Wachsen der Betriebe geht eine Konzentration und Spezialisierung der Tierhaltung einher. Die einst enge Verbindung zwischen Mensch und Tier ist gelockert, das einzelne Nutztier ist Teil eines größeren Bestandes geworden, wo es seine leistungsorientierte Bestimmung findet. Damit ist ein Erfahrungsverlust in der Gesellschaft zur landwirtschaftlichen Tierhaltung verbunden, die ihrerseits nach vorrangig ökonomischen Kriterien betrieben wird.

Aus einer Mangelwirtschaft der Nachkriegszeit ist – bei einigem Zeitverzug in den neuen Bundesländern – eine Wohlstandsgesellschaft mit Überproduktion auf allen Ebenen entstanden. Der hiermit verbundene Wettbewerbsdruck zwingt auch in der landwirtschaftlichen Nutztierhaltung zu einer laufenden Kostensenkung, die wiederum eine Leistungssteigerung erfordert und die weitere Intensivierung zur Folge

Tabelle A1: Produktivitätsentwicklung in der Landwirtschaft innerhalb eines Jahrhunderts in Deutschland

Jahr	1900	1950	2001
Erwerbstätige in der Landwirtschaft an der Gesamtzahl Erwerbstätiger	38,2%	24,3%	2,4%
Arbeitskräfte/100 ha LN	30,6	29,2	3,2
Anteil der Bruttowertschöpfung durch die Landwirtschaft	29,0%	11,3%	1,2%
Landwirtschaftliche Betriebe	?	4,8 Mio	0,448 Mio
Ernährte Verbraucher je landwirtschaftlichem Beschäftigten	?	10	148
Kosten für Nahrungsmittel und Getränke am mittleren Familieneinkommen	?	>30%	ca. 14%

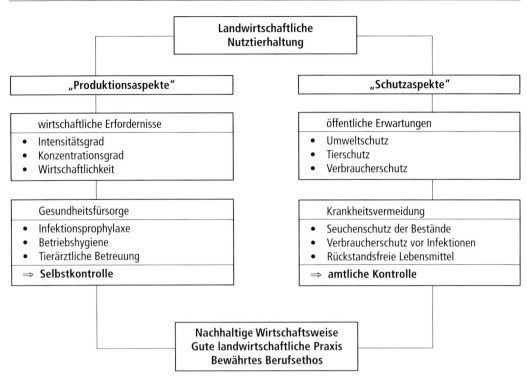

Abb. A1 Landwirtschaft im Spannungsfeld wirtschaftlicher Erfordernisse („Produktionsaspekte") und öffentlicher Erwartungen („Schutzaspekte").

hat. Gegenwärtig scheint eine Grenzsituation hinsichtlich der vertretbaren Intensität der Tierhaltung erreicht, die bei hoher Leistung mit einer verkürzten Lebensdauer der Zuchttiere und einer erhöhten Krankheitsanfälligkeit verbunden ist. Der dadurch entstandene Zielkonflikt zum Tier- und Umweltschutz wird in der Öffentlichkeit zunehmend thematisiert, woraus Sonderleistungen an die Qualität des Produktionsprozesses – mehr „Tier- und Umweltgerechtheit" – erwartet werden.

Die aktuelle **Schweinehaltung** ist zum größten Teil durch intensive, zu einem geringen Anteil durch extensive Verfahren charakterisiert. Hier wie dort bilden die wirtschaftlichen Erfordernisse („Produktionsaspekte") die Grundlage einer professionellen Tierhaltung, die ein Fortbestehen landwirtschaftlicher Existenzen ermöglicht und die notwendigen Lebensmittel und Rohstoffe preiswert erzeugt. Gleichzeitig gewinnen so genannte „Schutzaspekte" im Berufsethos des Landwirts wie im öffentlichen Bewusstsein an Bedeutung (Abb. A1). Die damit verbundenen Erfordernisse und Erwartungen bilden für den traditionell orientierten „Produzenten" eine aktuelle Herausforderung, die im Interesse der weiteren Entwicklung einer nachhaltigen Wirtschaftsweise bei hohem Produktionsstandard angenommen werden sollte.

Der in den 1960er Jahren in der damaligen Bundesrepublik geprägte Begriff der „**Massentierhaltung**" hat inzwischen in der Öffentlichkeit eine derart negative Bewertung erfahren, dass er sich ebensowenig wie der DDR-Begriff der „industriemäßigen Tierproduktion" zur Beschreibung zeitgemäßer Tierhaltungsformen in unserem Land eignet. Die Sachbezüge werden zutreffender durch den „Konzentrationsgrad", der seuchenschutz- und umweltrelevant ist, und den „Intensitätsgrad", der in engem Bezug zur Haltungsform und damit zum Tierschutz steht, beschrieben.

Der **Konzentrationsgrad** bezieht sich auf die Anzahl an Tieren, die an einem Standort gehalten werden. Die Marktvorteile und hohen Tierzahlen großer Anlagen sollen keineswegs die

Tabelle A2: Vor- und Nachteile einer intensiven Tierhaltung in größeren Einheiten

• Bedingungen	Vorteile	Nachteile
• Investitionsbedarf	• degressiv abnehmend mit Tierkonzentration und Haltungsintensität	• kommerzielle Abhängigkeiten (Finanzen, Technik)
• Arbeitsproduktivität	• zunehmende Effektivität der Arbeitskraft bei hoher Technisierung	• Arbeitsplatzverluste • reduzierte Tier-Mensch-Kontakte
• Spezialisierung	• hohes Betreuerniveau • spezialisierte Produktion	• notwendige Kooperationen • geringere Flexibilität am Markt
• Bewirtschaftung	• maximale Raumausnutzung • rhythmischer Produktionsablauf • große einheitliche Tiergruppen mit Marktvorteilen	• mehr Belastungen und Keimanreicherung • hoher Aufwand an Hygiene, Prophylaxe und Gesundheitsfürsorge

Existenzberechtigung kleinerer Betriebe infrage stellen, die sich allerdings auf eine moderne Verfahrensgestaltung (Produktionsrhythmus, Rein-Raus-Prinzip, Stufenproduktion) einzustellen haben.

Die **Intensität der Tierhaltung** ist zunächst von der Tierzahl am Standort unabhängig; in der Regel nimmt sie allerdings mit dem Konzentrationsgrad zu. Einige Vor- und Nachteile der intensiven Tierhaltung sind in Tabelle A2 zusammengestellt.

Die **strukturellen und gesellschaftlichen Entwicklungen** waren über Jahrzehnte in Ost und West sehr verschieden, entsprechend unterschiedlich sind die Betriebsstrukturen. Im Ergebnis der hier wie dort insgesamt hohen Intensität der Tierhaltung und -nutzung sanken die Aufwendungen für die menschliche Ernährung. Dieser wesentliche Baustein des Wohlstandes in den westlichen Demokratien folgt den Erwartungen der Mehrheit der Bevölkerung. Die Art der Tierhaltung wird somit durch eine gesell-

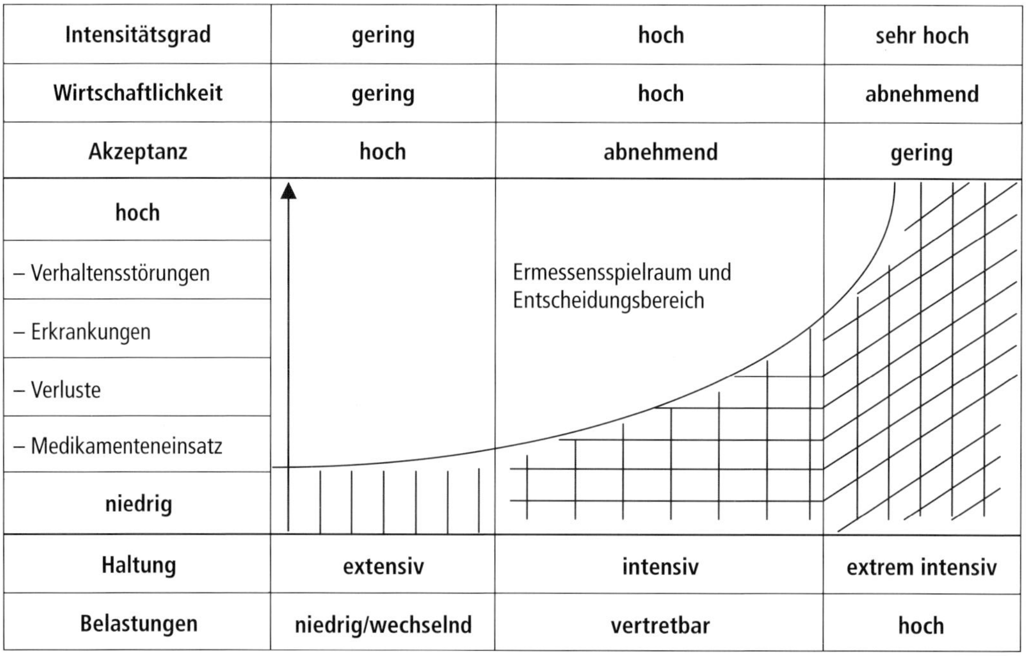

Intensitätsgrad	gering	hoch	sehr hoch
Wirtschaftlichkeit	gering	hoch	abnehmend
Akzeptanz	hoch	abnehmend	gering
hoch – Verhaltensstörungen – Erkrankungen – Verluste – Medikamenteneinsatz niedrig		Ermessensspielraum und Entscheidungsbereich	
Haltung	extensiv	intensiv	extrem intensiv
Belastungen	niedrig/wechselnd	vertretbar	hoch

Abb. A2 Orientierungs- und Entscheidungsmodell zum Grad der Intensität in der Tierhaltung (var. nach UNSHELM 1985).

schaftliche Realität bestimmt, die der Landwirtschaft die Rahmenbedingungen vorgibt.

Bei einer komplexen Betrachtung der Dinge ist jedoch zwischen den Prioritäten abzuwägen, agrarpolitische Entscheidungen verlangen die Beachtung der unterschiedlichen Ansprüche und vernünftige Kompromisse. Die jeweils **sinnvolle Produktionsintensität bzw. -extensität** ist innerhalb eines Ermessensspielraums zu finden, der von den Bedingungen bestimmt wird und daher zeitabhängig variiert (Abb. A2). Verbindlichkeiten ergeben sich einerseits aus den Zwängen zur Wirtschaftlichkeit und zum anderen aus den öffentlichen Erwartungen, die im Tierseuchen-, Tierschutz-, Arzneimittel-, Umwelt- und Lebensmittelrecht festgeschrieben werden. Ökonomische und ethische Erfordernisse ergänzen somit einander. Hierbei handelt es sich natürlich nicht um eine statische Situation, sondern um ein dynamisches Wechselspiel im Wandel der gesellschaftlichen Kräfte.

2 Tierhaltung und Tierschutz

In der bäuerlichen Nutztierhaltung waren die Beziehungen des Besitzers zum Tier, das seinen Namen hatte und angesprochen wurde, durch einen engen Kontakt gekennzeichnet, der auch als „**Du-Evidenz**" bezeichnet wird. In jenen Zeiten einer relativ extensiven Tierhaltung war die Feststellung selbstverständlich und nicht hinterfragt, dass Tiere wohlauf sind, die sich gut fortpflanzen und die erwarteten Leistungen erbringen. Tierschutzfragen standen nicht auf der Tagesordnung, einzugreifen war amtlicherseits nur bei Vernachlässigung und Tierquälerei, was äußerst selten vorkam. In den zurückliegenden Jahrzehnten wurde in West und Ost angesichts der Erwartungen der Gesellschaft nach preisgünstigen Lebensmitteln die Tierhaltung auf unterschiedlichen Wegen intensiviert (Abb. A3).

Die Erfahrungen mit der zunehmenden Klein- und Heimtierhaltung haben inzwischen bei großen Teilen der Bevölkerung ein Bild vom Tier geprägt, das durch emotionale Nähe bestimmt ist. Diese veränderte Situation wirkt sich zwangsläufig auf die öffentliche Meinungsbildung aus und trägt zu einer gewandelten Bewertung des Tieres in der Gesellschaft bei.

Das **Tierschutzgesetz** mit seinen Haltungsverordnungen verlangt unter den veränderten Bedingungen ein ethisches Mindestmaß im Verhalten des Menschen gegenüber Tieren. Von besonderer Bedeutung sind die Paragraphen 1 und 2 (Tab. A3). Deren Formulierung erhebt das Tier anstelle des früheren Status einer „Sache"

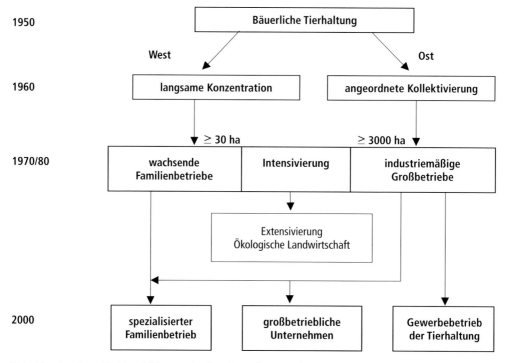

Abb. A3 Strukturelle Entwicklungen in der deutschen Landwirtschaft.

oder gar eines „Produktionsmittels" auf die Ebene eines „Mitgeschöpfes" im Sinne der abendländischen christlichen Ethik. Ihm dürfen ohne „vernünftigen Grund" keine Schmerzen, Leiden oder Schäden zugefügt werden.

Schmerzen und **Schäden** können bei Tieren aus naturwissenschaftlicher Sicht recht gut objektiviert werden. Die Schmerzäußerung ist wahrnehmbar, die Schmerzintensität jedoch nicht messbar. Dagegen ist ein körperliches und seelisches Leiden von Tieren schwierig zu bestimmen, so dass subjektive und häufig sehr willkürliche Auslegungen verbreitet sind.

Der „**vernünftige Grund**" (§ 1) billigt dem tierhaltenden Menschen die Berechtigung zu, Tiere verantwortlich zu nutzen, auch wenn ihnen kurzzeitige Unbilden zugefügt werden müssen: Betäubung von Schlacht- und Versuchstieren, äußerste Anforderungen an Sporttiere, Jagd- und Polizeihunde sowie Versuchstiere.

Jahrelange Anläufe haben im Jahr 2002 die Einfügung des Schutzes der Tiere in Artikel 20 a des **Grundgesetzes** erwirkt, wozu folgende Sprachregelung verwendet worden ist: „*Der Staat schützt auch in Verantwortung für die künftigen Generationen die natürlichen Lebensgrundlagen* und die Tiere *im Rahmen der verfassungsmäßigen Ordnung durch die Gesetzgebung und nach Maßgabe von Gesetz und Recht durch die vollziehende Gewalt und die Rechtsprechung.*"

Dieser Verfassungsrang wertet mit dem Tier den Tierschutz auf. Er betont das **ethische Mindestmaß** für das Verhalten des Menschen gegenüber Tieren, deren Empfindungsfähigkeit in allen Belangen zu beachten ist und schmerzhafte Eingriffe weiter einschränkt. Diese Nachhaltigkeitsklausel kann auf das einzelne Tier (siehe § 1 und 2 Tierschutzgesetz), auf eine (bedrohte) Spezies und auf (bedrohte) wildlebende Tiere und deren Lebensräume bezogen werden. Im Entwurf zur Änderung des Grundgesetzes wird aber auch auf eine notwendige Abwägung zwischen den berechtigten Interessen der Tiernutzung und dem Anspruch der Tiere auf Schutz vor Leiden, Schäden und Schmerzen verwiesen.

Das Gebot zur Achtung der Tiere spricht die **Landwirtschaft** somit dort direkt an, wo es um den Schutz vor nicht artgerechter Haltung und wo es um die Beeinträchtigung der Lebensräume bedrohter freilebender Tierarten geht.

Tabelle A3: Grundaussagen des deutschen Tierschutzgesetzes

§ 1 **Tier als Mitgeschöpf**
- ohne vernünftigen Grund keinem Tier **Schmerzen, Leiden oder vermeidbare Schäden** zufügen

§ 2 **Tierhalternorm**
- **art-, bedürfnis-, verhaltensgerecht** ernähren, pflegen, unterbringen
- **Einschränkung artgemäßer Bewegung** nicht so, dass... (s. § 1)
- **erforderliche Kenntnisse und Fähigkeiten** zur angemessenen Ernährung, Pflege und verhaltensgerechten Unterbringung

Tierärzte sind angehalten, die Möglichkeiten der Schmerzlinderung auszubauen und die Tötung eines Tieres grundsätzlich einer medizinischen Indikation zu unterstellen.

Das Eindringen ethischer und sozialwissenschaftlicher Vorstellungen in die Diskussion um den Umgang mit Tieren hinterfragt traditionelle Gewohnheiten und veranlasst alle Beteiligten, sich eigene Rechenschaft über die Verwendung der von ihnen gezüchteten und gehaltenen Tieren abzulegen.

Der **geistige Hintergrund** ist vielfältig; die Basis des praktischen Handelns fordert die Vernunft im Kompromiss. Im Folgenden werden 3 wesentliche Philosophien zum Umgang mit Tieren benannt.

1. Ein „**ethischer Naturalismus**" folgt extrem anthropozentrischen Vorstellungen, die das Tier als nützliche Sache bzw. in der Definition des (dialektischen) Materialismus als „Produktionsmittel" ansehen und alleinig dem „Recht des Stärkeren" unterwerfen. Dieses Denken war mit der zurückliegenden Effektivitätssteigerung der Landwirtschaft zeitweise eng verbunden.

2. Dem ganz entgegengesetzt basieren Formen der „**Gesinnungsethik**" auf fundamentalen Vorstellungen über vergleichbare Rechte von Mensch und Tier. Solches Denken ist wenig realistisch, führt in Extrempositionen und übersieht die Unterschiede zwischen Mensch und Tier. Vergleichbar ist bei Mensch und Tier das Empfinden von Angst und Schmerz, was einen ruhigen Umgang, die Vermeidung stärkerer Belastungen und die Betäubung bei schmerzhaften Eingriffen verlangt. Nicht

Tabelle A4: Maßstäbe der Verantwortungsethik für Mensch und Tier

A. **Gleiches gleich und Ungleiches ungleich behandeln**
- Dem Tier fehlt reflektierendes Bewusstsein: das Haustier lebt in der Obhut der ihm verpflichteten Menschen.
- Die Empfindungsfähigkeit ist ähnlich, daher sind Angst, Schmerz, Leiden der Tiere ohne „vernünftigen Grund" zu vermeiden.

B. **Anerkennung der „Mitgeschöpflichkeit"**
- Alle Inanspruchnahme von Tieren erfolgt auf der Grundlage eines ethischen Konzepts, das die Gesellschaft verlangt und das vom Einzelnen realisiert wird.
- Ein ethisches Konzept ist ganzheitlich, es schließt Mensch und Tier ein.

C. **Maßstab für die Inanspruchnahme der Tiere**
- Der „vernünftige Grund" ist eine veränderbare Größe, die sich aus dem gesellschaftlichen Konsens einer Zeit ergibt und das „rechte Maß" sucht.
- Akzeptabel ist das Schlachten zum Verzehr, das Töten im Notfall, die Tierzucht und der Tierversuch nach inhaltlicher und ethischer Abwägung.
- Nicht akzeptabel ist hierzulande das Schächten, alle Form von Quälerei und der Tierversuch zu Luxuszwecken (z. B. Kosmetik).

vergleichbar ist dagegen der Bewusstseinsbildung; denn das Tier lebt im jeweiligen Augenblick, ihm fehlt die Fähigkeit zur Rückbesinnung auf die Vergangenheit und zur Lebensplanung für die Zukunft.

3. In der „**Verantwortungsethik**" sehen sich diejenigen (und auch der Autor), die in vorgenanntem Sinn das Recht des Handelns und der Nutzung von Tieren beanspruchen, aber sich der Verpflichtung für einen maßvollen und verantwortlichen Umgang mit ihnen bewusst sind. Hierdurch wird das individuelle Freiheits- und Handlungsbedürfnis gleichermaßen ergänzt wie begrenzt. Damit ist der Sinnzusammenhang von der „Würde des Menschen und dem Wohl der Tiere" hergestellt, der eine sachliche und sittliche Interessenabwägung zwischen ethisch begründetem Tierschutz und der Tiernutzung ermöglicht (Tab. A4). Vorgenanntes Zitat will im Kant'schen Sinn ausdrücken, dass ein Mensch seine eigene Würde dann beschädigt, wenn er die legitimen Ansprüche der Tiere – und natürlich anderer Menschen – in egoistischem Handeln missachtet.

In der vielschichtigen Diskussion zu einem ethischen Konzept der Tierhaltung, woran sich inzwischen zahlreiche Berufssparten beteiligen, wird vielfach das „**Wohlbefinden**" der Tiere in Haltung, Transport und Betreuung angesprochen. Da der „Zustand körperlicher und seelischer Harmonie für das Tier in sich und mit der Umwelt" wissenschaftlich nicht zu definieren ist, sollte konkret argumentiert werden, etwa dass

- die ungestörte Fortpflanzung und Leistung starke Argumente für eine grundsätzliche **Bedarfsdeckung** sind und dass
- die gleichzeitige Abwesenheit von Etho- und Technopathien sowie von erhöhten Krankheits- und Todesquoten im Bestandsbezug auf ein hohes Maß an **Schadensvermeidung** hinweisen.

Die Beurteilung der „**Tiergerechtheit einer Haltung**" ist vielfach strittig, doch aber bei synoptischer Bewertung folgender Kriterien durchaus möglich: Leistungs- und Fortpflanzungsparameter, Krankheits- und Verlustgeschehen, haltungsbedingte Schäden (Technopathien), Verhaltenskriterien und -anomalien (Ethopathien) sowie die Werte physiologischer und klinisch-chemischer Parameter.

Die 4 erstgenannten Kriterien sind vor Ort nach exakter Datenerhebung zu bewerten, sofern detaillierte Aufzeichnungen vorliegen. Die letztgenannten Parameter verlangen darüber hinaus Untersuchungen an Einzeltieren bzw. Stichproben; sie können daher nur unter experimentellen Bedingungen gewonnen werden. Vertiefende Aussagen zu speziellen Schäden ergeben überdies pathologische Untersuchungen von Organveränderungen.

Die „Tiergerechtheit" einer Haltung kann somit erst bei Beachtung komplexer Zusammenhänge bewertet werden, sofern nicht bereits grobe Mängel zu offensichtlichen Schmerzen, Schäden und Leiden führen. Um diese Betrachtungsweise hat sich SUNDRUM (1994) bei der Erarbeitung des „Tiergerechtheitsindex" bemüht.

Die laufende Auseinandersetzung um den **Tierschutz in der Schweinehaltung** hat im zurückliegenden Jahrzehnt zu bemerkenswerten Verbesserungen geführt, wie

- das Verbot der Käfighaltung von Läufern und der Anbindehaltung von Sauen,
- die Forderung von mehr Bewegung für tragende Sauen,
- die Notwendigkeit von Beschäftigungsmöglichkeiten in der Gruppenbucht oder wie
- die weitere Begrenzung schmerzhafter Handlungen am Tier.

Diese Entwicklung ist im europäischen Rahmen außerordentlich dynamisch und lässt weitere Veränderungen zu Gunsten der Tiere erwarten. Bei aller Sinnhaftigkeit begründeter Veränderungen darf weder die materielle Existenz des Tierhalters noch der Anteil an nationaler Selbstversorgung mit vom Tier stammenden Lebensmitteln durch unrealistische Überforderung gefährdet werden.

3 Tiergesundheit und Lebensmittelsicherheit

- **Generelle Anforderungen und Voraussetzungen**

Qualitativ hochwertige Lebensmittel setzen gesunde Tierbestände voraus; das Freisein von Krankheitserregern, Kontaminanten und Rückständen ist oberstes Gebot. Die Qualitätserwartungen der Verbraucher betreffen einerseits traditionell übliche und andererseits zeitbestimmt aktuelle Ansprüche. Erstere fanden bereits im Jahr 1900 mit dem ersten deutschen Fleischbeschaugesetz ihren Niederschlag. Mit Hilfe der bis heute üblichen und dem jeweiligen Erkenntniszuwachs angepassten Fleischuntersuchung sind einstige Volkskrankheiten nahezu ausgerottet (z. B. TBK, Milzbrand, Bandwurmbefall). Die klassische Fleischuntersuchung findet ihre Grenzen jedoch dort, wo mit aufwendigen serologischen, biochemischen und physikalischen Methoden Rückstände und Kontaminanten im Tier oder am Schlachtprodukt zu erfassen sind. Hierzu werden neue Verfahren eingesetzt, die Probenahmen an Schlachttieren und zunehmend auch in den Herkunftsbeständen erfordern.

Derartige Untersuchungen beziehen sich auf die **Produktqualität**. Hinzu kommen die aktuellen Erwartungen an den **Produktionsprozess**, der zunehmend auch nach Kriterien des Tier- und Umweltschutzes bewertet wird. Die Komplexität zeitgemäßer Qualitätsanforderungen an die Nutztierhaltung und deren Wertschätzung auf dem Markt veranschaulicht die Abbildung A4.

Zoonosen bezeichnen Krankheiten mit wechselseitiger Erregerübertragung zwischen Tier und Mensch. Mit Nahrungsmitteln übertragene Krankheitserreger stammen zum größeren Teil von Produkten tierischer Herkunft. Bei ihnen allen handelt es sich um Mikroorganismen und Parasiten aus der Primärproduktion, aber auch um Schmierinfektionen mit Bakterien und Viren, die im Verarbeitungsprozess eingetragen werden.

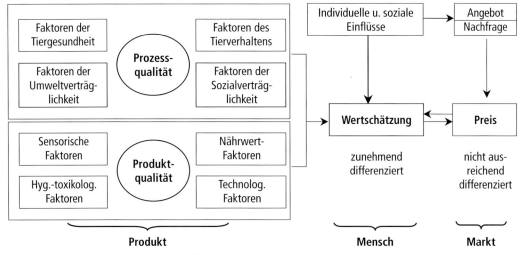

Abb. A4 Prozess- und Produktqualität der Nahrungsmittelerzeugung sowie Wertschätzung durch Verbraucher und Markt (var. nach SUNDRUM 2001).

Subklinische und persistierende Infektionen und Erregeranreicherungen in den Tierbeständen (Salmonellen, Campylobacter, enteropathogene E. coli, Listerien, Leptospiren, Viren, Parasiten), starke Belastungen von Schlachttieren auf Transporten (erleichtertes Eindringen von Keimen in den Organismus), Mängel in der Schlacht- und Verarbeitungshygiene (Verschmutzung und Schmierinfektionen) sowie der Verzehr roher Nahrungsmittel (Hackfleisch, Eier im Hausgebrauch) bilden die Ursachen der Entstehung und Übertragung von Lebensmittelinfektionen auf den Menschen.

Die gelegentliche Feststellung überschrittener Grenzwerte von **Chemikalien** (Schwermetalle, Insektizide, Herbizide, Fungizide) ist ein Ergebnis der allgemeinen Anwendung dieser Produkte in der Industrie und Landwirtschaft. Dagegen liegt das Vorkommen von **antibiotischen Rückständen** (Hemmstoffe) alleinig im Verantwortungsbereich des einzelnen Tierhalters. Diese Rückstände sind an der Entwicklung und Übertragung von Resistenzfaktoren und damit an zunehmenden Problemen der Erregerbekämpfung bei Mensch und Tier beteiligt. Das Freisein von antibiotischen Rückständen in Nahrungsmitteln gehört daher in jedes Gesundheitsprogramm und -zertifikat.

Um gesundheitlichen Risiken wirksam zu begegnen, werden künftig die tierhaltenden Bereiche in der Primärproduktion hinsichtlich des Arzneimitteleinsatzes stärker als bisher staatlich reglementiert und in die amtliche Kontrolle einbezogen. Damit verbunden ist der Ausbau der Qualitätssicherung und Selbstkontrolle der Landwirtschaft, die eine faire Kooperation der Teilnehmer voraussetzt (siehe Kap. F3).

Nach dem Nahrungsmittelkauf ist der Verbraucher allerdings selbst für die Fortführung hygienischer Erfordernisse – „**Küchenhygiene**" – zuständig, was gelegentlich vernachlässigt wird und zur Entstehung von mikrobiell verursachten Gesundheitsschäden führt.

- **Untersuchungsergebnisse zur Lebensmittelsicherheit**

Die laufenden **Untersuchungen an Lebensmitteln** der letzten Jahre untermauern die These: „Lebensmittel sind heute sicherer als je zuvor".

Amtliche lebensmittelchemische und -hygienische Untersuchungen in akkreditierten Laboratorien ermitteln „gesundheitsgefährdende" Proben von unter 1%, deren Beanstandung zumeist auf mikrobiologische Verunreinigungen zurückzuführen ist.

Weitergehende Untersuchungen dienen im Rahmen des **Lebensmittelmonitorings** der repräsentativen Beschreibung des Vorkommens von unerwünschten Stoffen in Nahrungsmitteln (Kontaminanten, Rückstände, Mykotoxine). Zwischen 1996 und 2001 wurde ein Anteil von Proben mit Höchstmengenüberschreitung von 1,4 bis 2,3% ermittelt. Für die bedeutendsten Grundlebensmittel Getreide, Kartoffeln, Brot, Fleisch und Milch belegen die Ergebnisse eine praktische Rückstandsfreiheit.

Der **Nationale Rückstandskontrollplan** ist ein weiteres zusätzliches Programm zur Ermittlung von Rückständen. Er wird seit 1989 in der gesamten EU nach einheitlichen Kriterien durchgeführt. Im Jahr 2001 wurden im Rückstandskontrollplan mehr als 325000 Untersuchungen an rund 48 400 Tieren oder tierischen Erzeugnissen durchgeführt. Insgesamt wurde auf 643 Stoffe geprüft. Seit 1996 liegt der Anteil an positiven Befunden bei unter einem Prozent; 1998 waren es 0,64%, 1999 0,26% und im Jahr 2000 0,16%.

Die Zahl der **Höchstmengenüberschreitungen bei zugelassenen Tierarzneimitteln** hat sich innerhalb von fünf Jahren halbiert und lag 2002 bei 0,2%.

Bei den **verbotenen und nicht zugelassenen Stoffen**, bei denen es sich vor allem um aus dem Verkehr gezogene Tierarzneimittel handelt, ist der Anteil an positiven Befunden ebenfalls zurückgegangen. 1998 waren beispielsweise in Sachsen-Anhalt bei Kontrollen in Schweinebeständen 1% der untersuchten Proben positiv (7 von 672 Proben), 1999 waren 2 von 702 und im Jahr 2000 war eine unter 867 Proben positiv. Hormonell wirksame Stoffe waren nur in Einzelfällen zu ermitteln.

Hinweise auf Rückstände, die ein Verbraucherrisiko z. B. im Sinne einer **Lebensmittelintoxikation** dargestellt hätten, gab es aufgrund der Ergebnisse des Nationalen Rückstandskontrollplanes nicht. Diese günstigen Ergebnisse rechtfertigen die Untersuchung von Stichproben.

Tabelle A5: Beispiel hoher Qualitäts-Anforderungen in der Schweinehaltung (LSO Foods Ltd. Finnland 1998)

1. **Einhaltung des Tierseuchen- und Tierschutzrechts**
   - Seuchentechnische Absicherung
   - Management, Haltung, Klima nach den Regeln
   - Keine ethischen Probleme
2. **Tiergesundheitliches Programm der Selbstkontrolle**
   - Planmäßige Bestandsbesuche durch den Tierarzt
   - Dokumentation aller Medikationen
   - Blut-, Milch-, Kotproben, Resistenztests
   - Keine metaphylaktische Antibiose
   - Keine antibiotischen Leistungsförderer
   - Keine Rückstände (Schwermetalle, Insektizide, Herbizide, Hormone)
   - Keine Hemmstoffe (Antibiotika, Chemotherapeutika)
   - Keine Antibiotikaapplikation in der Endmast
   - Keine Zoonosen (Yersinien, Toxoplasmen, Salmonellen-Kontrolle)
3. **Selektion beanstandeter Mastschweine aus dem Markenfleischprogramm**
   - Schweine mit klinischen Veränderungen
   - Individuell behandelte Tiere (Kennzeichnung!)
4. **Transport und Schlachtung**
   - Belastungsarmer Transport zum Schlachthof = < 8 h (∅ 2,5 h), optimale Ruhezeit (2–3 h), keine Elektrostäbe
   - Schlachtung zuerst am Morgen
   - Selektion aus dem Markenfleischprogramm bei < 55 % wertvollen Fleischteilen und gesundheitlichen Beanstandungen
   - Separater Transport selektierter Tiere und deren Schlachtung am Ende

Der gelegentliche Nachweis erhöhter **Dioxinmengen** in Futtermitteln unterstreicht die Bedeutung ständiger Eigenkontrollen durch die Wirtschaftsbeteiligten und die Notwendigkeit von amtlichen Futtermittelkontrollen durch staatliche Stellen. Mit der neuen Dioxin-Probenahme-, Untersuchungs- und Bewertungsrichtlinie für Futter- und Lebensmittel (2002) sind einheitliche europäische Kriterien in mehreren Rechtsakten festgelegt (VO [EG] 2375/2001 und Empfehlung 2002/201/EG).

Die insgesamt sehr geringe Dioxinkontamination der Menschen in Deutschland zeigt seit Jahren eine rückläufige Tendenz, die die Wirksamkeit der getroffenen staatlichen Auflagen und der amtlichen Überwachung bestätigt.

- **Bewertung des gesundheitlichen Verbraucherschutzes**

Forderungen zum **gesundheitlichen Verbraucherschutz** sind bei konventionell und ökologisch erzeugten Lebensmitteln vergleichbar aktuell. In der Ökoproduktion sind die Qualitätsgarantien (nicht gleichzusetzen mit den Qualitäten selbst) im Vergleich zur traditionellen Tierhaltung weiterentwickelt. Die Beachtung höherer Standards des Tier- und Umweltschutzes macht die Attraktivität, jedoch auch die höheren Kosten dieser Wirtschaftsweise aus (siehe Kap. A7). Doch auch bei konventioneller Produktionsweise können höchste Qualitätsstandards hinsichtlich der Tiergesundheit und der Lebensmittelsicherheit erreicht werden, wofür ein in Tabelle A5 aufgeführtes Beispiel aus Finnland stehen mag.

Im Gegensatz zu vorgenannten Aussagen zur hohen Sicherheit der Lebensmittel sind Teile der deutschen **Verbraucher hochgradig verunsichert**. Ein offensichtlich vorhandenes Angstpotential vieler Menschen wird medienwirksam mehr oder weniger gezielt auf Bereiche gelenkt, die angesichts der Anonymität der Produktion kompliziert und nur schwer zu vermitteln sind. In Deutschland stirbt vermutlich kein Mensch an den zur Diskussion stehenden Rückständen in Lebensmitteln, wohl aber eine große Anzahl an einem fehlerhaften Umgang mit Lebensmitteln im Ergebnis einer falschen Lebensweise.

Dieser ungerechtfertigten Verunsicherung sollte durch größere Offenlegung der landwirtschaftlichen Produktionsbedingungen und durch noch stärkere Bemühungen um Aufklärung – im Schulalter beginnend – entgegengetreten werden. Bei der Mehrheit der so genannten „Lebensmittelskandale" handelt es sich um Grenzwertüberschreitungen bzw. um Nachweise inzwischen verbotener Stoffe (bestimmte Arzneimittel).

4 Wirtschaftliche Bedeutung der Schweinehaltung

Der **Weltmarkt für Schweinefleisch** erbrachte im Jahr 2001 einen geschätzten Umfang von 91 Millionen t Schlachtgewicht, die zu ca. 47 % in China, zu 20 % in der Europäischen Union und zu 11 % in Nordamerika (USA und Kanada) erzeugt wurden. Während die chinesische Schweinehaltung nahezu ausschließlich der Eigenversorgung dient, vollzieht sich der Welthandel zwischen einer relativ kleinen Zahl von Staaten, vor allem innerhalb der großen Binnenmärkte der Europäischen Union (EU) und der Nordamerikanischen Freihandelszone (NAFTA). Von Bedeutung ist aber auch der Handel mit anderen Drittländern.

In der **Europäischen Union** haben sich die Anteile der einzelnen Staaten an der Gesamterzeugung in der EU beträchtlich verändert (Tab. A6). In den letzten 10 Jahren ist der EU-Beitrag Deutschlands von ca. 30 % auf 20 % gesunken, während sich die Anteile von Spanien um ca. 5 % und von Dänemark um ca. 3 % erhöht haben. Die 15 Länder der EU bilden mit gut 375 Millionen Einwohnern den größten geschlossenen Markt in der industrialisierten Welt. Der **Selbstversorgungsgrad** der EU weist Überschüsse um 7 % auf; in Deutschland lag er 1990 bei 95 %, 1995 bei 77 % und im Jahr 2002 wieder erhöht bei 91 % (ZDS 2003), wobei er in den neuen Bundesländern bei nur 40 % liegt.

Die **deutsche Landwirtschaft** bearbeitet mit ca. 17 Mio. ha etwa 50 % der Landesfläche, woran 2003 rund 449 000 Betriebe des Haupt- und Nebenerwerbs beteiligt waren. Damit ist Deutschland in der Bruttowertschöpfung nach Frankreich und Italien der drittgrößte Agrarproduzent der Gemeinschaft. Innerhalb der deutschen Landwirtschaft bilden Schlachtschweine und Schweinefleisch einen wichtigen Agrarmarkt. Die Entwicklungen auf diesem Markt sind in den letzten Jahren durch eine

Tabelle A6: Schweinefleischerzeugung in der EU 2002 (nach ZDS-Ausgabe 2003)

Land	Bruttoeigenerzeugung 1000 t	Verbrauch insgesamt 1000 t	Verbrauch je Kopf kg	Selbstversorgungsgrad %
Belgien/Luxemburg	1 060	478	45,6 ↑ [1]	222 ↓ [1]
Dänemark	1 822	345	63,4 ↓	528 ↑
Deutschland	4 017	4 433	53,7 ↓	91 ↑
Griechenland	137	343	32,3 ↑	40 ↓
Spanien	3 125	2 700	66,5 ↑	115 ↑
Frankreich	2 350	2 200	36,5 ↑	107 ↑
Irland	238	150	37,7 ↑	159 ↓
Italien	1 450	2 200	37,9 ↑	66 ↓
Niederlande	1 630	650	40,4 ↑	250 ↓
Portugal	305	452	43,8 ↑	67 ↓
Großbritannien	750	1 485	24,7 ↑	51 ↓
Finnland	181	169	32,7 ↓	107 ↑
Schweden	285	310	34,7 ↓	92 ↓
Österreich	471	460	56,4 ↓	102 ↑
EU gesamt	**17 821**	**16 375**	**43,1 ↑**	**110 ↑**

[1] Pfeile geben Tendenz zu den Vorjahren an

Tabelle A7: Internationale Trends im Bereich der Veredlungswirtschaft (var. nach WINDHORST 2000)

Trend-Bezeichnung	Merkmal
• Sektorale Konzentration	• Übergang zu größeren Produktionseinheiten
• Regionale Konzentration	• Ausbildung von agrarischen Intensivgebieten
• Horizontale bzw. vertikale Integration	• Entstehung von Verbundsystemen zwischen Produktion, Be- und Verarbeitung sowie Vermarktung
• Garantierte Produktsicherheit	• Installation von Herkunfts- und Qualitätssicherungssystemen
• Größere Veredlungstiefe	• Erhöhung der Wertschöpfung in den Gebieten der Primärproduktion
• Verringerung des ökonomischen Risikos	• Entstehung größerer Produktionseinheiten und -verbünde, Entwicklung international tätiger Agrarkonzerne

starke internationale Verflechtung mit hohen Export- und vor allem Importanteilen gekennzeichnet. Zugleich gewinnen die wachsenden Qualitätsanforderungen des Verbrauchers und der Gesellschaft immer mehr Einfluss auf die Herstellung von und den Handel mit Lebensmitteln. Die Tabelle A7 vermittelt die aus jüngeren Entwicklungen abgeleiteten Trends, an denen sich die Teilnehmer des internationalen Wettbewerbs auszurichten haben.

Der **Gesamtbestand an Schweinen** betrug im Jahr 2003 26,6 Mio., geschlachtet wurden 44,17 Mio., davon 1,2 % als Hausschlachtungen. Die Anzahl von 2,61 Mio. Zuchtsauen ist stabil bis leicht rückläufig; die Aufzuchtleistungen zeigen seit 1993 eine steigende Tendenz um jährlich etwa 1,5 %. Die Aufzucht- und Mastkapazitäten sind in den Ballungsgebieten der Schweinehaltung bei relativ mehr Zucht im Süden und mehr Mast im Norden ungleich verteilt.

Zwischen den **alten und neuen Bundesländern** besteht mit über 22 Mio. bzw. unter 4 Mio. Schweinen eine sehr unausgewogene Relation (Tab. A8). Diese ist auf den starken Rückgang der Tierzahlen im Osten nach der Einheit zurückzuführen. Bei Akzeptanz einer flächenbezogen stärkeren Viehhaltung in den bäuerlichen Familienbetrieben des Westens ist jedoch längerfristig eine Verschiebung der gegebenen Disproportion durch stärkere Investitionen in die Schweinehaltung der neuen Bundesländer erforderlich.

Deutschland ist im Rahmen der EU mit seinen 81,5 Millionen Verbrauchern mit Abstand der größte **Importeur von Schweinefleisch**. In den vergangenen Jahren entfiel ein Viertel des Schweinefleischverbrauches auf Importe, die im wesentlichen aus Belgien, den Niederlanden und Dänemark stammten. Innerhalb der zurückliegenden 10 Jahre ist die Einfuhr von Schweinefleischerzeugnissen etwa gleich geblieben (2000= 807 926 t), gleichzeitig wurde der Export verdoppelt (2000: 433 920 t) bei einem nur geringen Anstieg des Verbrauchs. Auffallend ist die überwiegende Einfuhr von Schweinefleisch und Schlachtschweinen aus solchen Staaten, die einen hohen Anteil ihrer Produktion in Verbundsystemen mit installierter Herkunfts- und Qualitätssicherung erbringen. Ganz offensichtlich sind insbesondere Dänemark und die Niederlande damit eher in der Lage, der Nachfrage der

Tabelle A8: Angaben zur Schweineproduktion in Deutschland (ZDS 2003)

Anzahl	Deutschland	
	West	Ost
• Schweinehalter (2001)	109 002	6 482
• Schweine insgesamt (in Tausend, 2001)	22 298	3 482[1]
• Schweine insg./Betrieb	205	537
• Zuchtsauen/Zuchtsauenbestand	51	229
• Anzahl Schweine/100 ha LN (Mast, 1997)	194 (70)	62 (19)

[1] Rückgang auf 43 % (Schweine) bzw. 66,7 % (Sauen) im Jahr 2002 im Vergleich zu 1990

deutschen Fleischwarenindustrie und des Lebensmittelgroßhandels zu entsprechen. Deren Erfolg erklärt sich aus einer hohen Produktqualität, verbunden mit einer lückenlosen Dokumentation der Herkunft bei attraktiven Preisen.

Bei statistischen Angaben zur **Versorgung mit Fleisch** ist der Verbrauch nicht gleichzusetzen mit dem tatsächlichen Fleischverzehr, denn ein erheblicher Teil des erschlachteten Produktes wird nicht gegessen. In der Verbrauchsmenge sind Knochen, Sehnen und Abschnittsfette sowie Verluste enthalten, die bei Zerlegung, Transport, Lagerung, Zubereitung und durch Verderb entstehen. Unter Einbeziehung aller dieser Faktoren lag der **Fleischverbrauch** im Jahr 2002 bei 53,7 kg je Kopf der Bevölkerung, der tatsächliche **Fleischverzehr** bei 40,3 kg (ZDS 2003).

Vom **gesamten Fleischverbrauch** entfielen in Deutschland im Jahr 2002 60,3% (gleichbleibend) auf das Schwein, 13,8% auf das Rind (fallend), 19,6% auf Geflügel (deutlich steigend) sowie der Rest auf andere Tierarten und Innereien.

Bei der **Verarbeitung** gehen je nach Zubereitungsmethode 10 bis 25% hauptsächlich als Wasser und Fett verloren. Von einem 100 kg schweren Schwein werden ca. 45 kg als Fleischteilstücke verwertet, ca. 30 kg werden zu Wurst und sonstigen Fleischwaren verarbeitet. Handelbare Schlachtabfälle machen etwa 20% aus; sie wurden vor der BSE-Gesellschaftskrise als Tierkörpermehl und -fett in der Tierernährung eingesetzt. Statistisch gesehen nimmt der deutsche Verbraucher im Durchschnitt je Tag ca. 165 g Fleisch (davon 110 g Schweinefleisch), 30 g Fett (davon 24,5 g Schweinefett) und insgesamt 350 kcal an Energie über Schweineprodukte auf. Danach erbringt das Schweinefleisch nahezu ein Viertel des täglichen Fettverzehrs und ca. 16% der aufgenommenen Energiemenge. Infolge des beachtlichen Gehalts an Vitaminen (B-Gruppe, A, E und D) sowie an Mineralstoffen und den Spurenelementen Zink, Selen und Eisen ist Schweinefleisch ein nährstoffreiches Lebensmittel.

Die **Nahrungsmittelpreise** sind im Zeitraum von 1991 bis 1997 nur um 12%, die übrigen Lebenshaltungskosten hingegen um rd. 22% angestiegen. Die Erlöse durch Agrarprodukte für die Landwirte sind hingegen kontinuierlich gesunken. Niedrige Agrarpreise haben die Nahrungsmittelpreise jahrelang zur Inflationsbremse Nr. 1 gemacht. Ein durchschnittlicher Vier-Personen-Arbeitnehmerhaushalt mit mittlerem Einkommen musste 1950 noch über 30% seines verfügbaren (Netto-) Einkommens für Nahrungsmittel ausgeben; heute liegt dieser Anteil bei knapp 15 Prozent. Über alle Produkte gesehen erhalten die Landwirte von einem Euro, den Verbraucher für Nahrungsmittel bezahlen, nur noch etwa 27%. Zwölf Jahre zuvor lag dieser Anteil noch bei 45%.

Zwischen **Landwirtschaft und Handel** gibt es seit Jahren erhebliche Spannungen, nachdem sich in letzterem eine dramatische Konzentration vollzieht. Der Marktanteil der fünf führenden deutschen Handelsunternehmen wird für das Jahr 2005 auf über 85% geschätzt. Das Geschäft zwischen Produzent, Verarbeiter und Händler ist zur Zeit maßgeblich durch einen scharfen Preiswettbewerb gekennzeichnet. Dies lenkt häufig vom Ziel gemeinsamer Wertschöpfung im Interesse des Verbrauchers ab. Diese Entwicklung erklärt den wachsenden ökonomischen Druck auf die Erzeuger, der bisher die Intensitätssteigerung erzwungen hat und im Interesse einer nachhaltigen Entwicklung so nicht weiterbestehen kann.

Der Lebensmittel-Einzelhandel hat die Kunden systematisch zum Niedrigpreis erzogen, ohne dabei Absatz oder Margen steigern zu können. Deutschland hat weltweit vergleichsweise sehr niedrige Lebensmittelpreise und gleichzeitig die niedrigsten Margen im Lebensmittel-Einzelhandel: Schweinefleisch für 3 €/kg oder Joghurt für 0,15 €/100 g hat nicht mehr viel mit einer soliden Wertschöpfung zu tun. Es gibt allerdings Hinweise dafür, dass in Zukunft der „Erlebniskauf" den bisherigen Siegeszug der Discounter und Quantitäten ergänzen wird, so dass sich die Preispolitik zugunsten der Qualität und der Erzeuger wandeln könnte. Hiermit sollten weitere Verbesserungen zu Gunsten von Tier-, Umwelt- und Krankheitsschutz verbunden sein. Die als „Agrarwende" bezeichnete Politik hat bereits in ihrem ersten Jahr 2001 zu einem Anstieg der Lebensmittelpreise von teilweise über 10% geführt und erstmals seit langem die Teuerungsrate der gesamten Wirtschaft angeführt, allerdings ohne dass entsprechende Gewinnanteile beim Urproduzenten angekommen sind.

5 Produktionsstrukturen der konventionellen Schweinehaltung

Die Schweineproduktion lässt sich in die Abschnitte **Zucht, Ferkelerzeugung und Mast** unterteilen. Diese Stufen werden je nach erreichtem Grad der Arbeitsteilung und Konzentration entweder in spezialisierten Betrieben (Zuchtbetriebe mit Basis- und/oder Vermehrungszucht, Ferkelerzeugerbetriebe mit Sauenhaltung, Ferkelaufzucht- und Mastbetriebe) getrennt voneinander oder in verschiedenen Kombinationen miteinander betrieben.

In Deutschland weist die **Stufenproduktion** sowohl in der Sauenhaltung als auch in der Mast strukturelle Defizite auf. Da die regionale Verteilung von Ferkelerzeugung und Mast nicht überall aufeinander abgestimmt ist, besteht ein umfangreicher überregionaler Ferkelhandel mit teilweise weiten Transportstrecken. Beispielsweise fehlten in Niedersachsen im Jahr 1999 1,1 Mio Mastferkel, die in Süddeutschland und im Ausland erzeugt wurden.

Die **Auszahlungspreise** der deutschen Versandschlachtereien und Fleischwarenfabriken lagen trotz stark schwankender Erzeugerpreise während der 90er-Jahre höher als in den Nachbarländern. Dennoch ist das Preisniveau für mittelmäßige Schweinehalter in Deutschland nicht hoch genug, um die Kosten der Produktion zufriedenstellend zu decken. Offenbar haben die ausländischen Wettbewerber weniger Probleme damit, sich unter den Bedingungen eines langfristig sinkenden Preistrends auf der Erlösseite am Markt zu behaupten.

Dass Deutschland nicht in der Lage ist, den Bedarf an Schweinefleisch aus eigener Produktion zu decken, liegt an den hohen Erzeugerkosten, die sich vor allem aus den Arbeits-, Gebäude- und Einrichtungskosten ergeben. Weitere Nachteile entstehen aus dem zersplitterten Angebot, der hohen Variabilität der Endprodukte, einer Vielzahl unterschiedlicher Erfassungs- und Vermarktungswege und dem beträchtlichen Überhang einer nicht annähernd ausgelasteten Schlachtkapazität. Wegen der größeren Bandbreite unterschiedlicher Schweinerassen ist überdies ein höherer Sortieraufwand erforderlich. Auch die Gebühren für die amtliche Schlachttier- und Fleischuntersuchung sind im Vergleich zur ausländischen Konkurrenz höher.

Die **Struktur der Schweinehaltung** innerhalb der Bundesrepublik Deutschland weist große regionale Unterschiede auf. In Ostdeutschland sowie in den nordwestdeutschen Regionen mit intensiver Veredlung liegen Bestandsstrukturen vor, die im internationalen Wettbewerb auf Dauer konkurrenzfähig sein dürften. In den Intensivregionen begrenzen allerdings Umwelt- und Seuchenrisiken mit zunehmend restriktiven Auflagen die weitere Expansion der Schweineproduktion.

Andererseits weisen insbesondere die süddeutschen Bundesländer überwiegend kleinteilige Strukturen auf, was sowohl für die Primärproduktion als auch für die Schlachtung und Zerlegung gilt. Bei zahlreichen gesellschaftlichen Vorteilen dieser Strukturen – breit verteiltes Eigentum, soziale Einbindung zahlreicher Menschen – können daraus Anpassungsprobleme an den schnell ablaufenden Strukturwandel mit der Folge von Marktverlusten erwachsen. Betrieben mit weniger als 1500 Mastplätzen bzw. 200 Sauen werden mindestens aus ökonomischer Sicht langfristig keine günstigen Aussichten für einen Verbleib im Haupterwerb zugestanden.

Feste **Ferkelerzeuger-Mäster-Beziehungen** sind in Deutschland relativ wenig verbreitet, und die vielfältigen Interessen der Marktteilnehmer führen zu belastenden Konflikten. Die regionalen Preisdifferenzen stellen z. B. für die Transporteure von Schlacht- und Nutzvieh einen Anreiz dar, Tiere über längere Distanzen zu befördern, was dem Tierschutz widerspricht und die Fleischqualität mindern kann. Viele deutsche Landwirte sind im Unterschied zu ihren Berufskollegen in anderen Ländern (insbesondere in Dänemark) bislang nur schwer für eine vertragliche Einbindung in ein vertikales Verbundsystem zu gewinnen. Die geringe Kooperationsbereitschaft erschwert den Aufbau integrierter Produktionssysteme, die bei einem gewissen „Freiheits"-Verlust jedoch eine höhere Effizienz und Qualitätsgarantie ergeben.

Der **Verbund landwirtschaftlicher Erzeugung** wird auf der Grundlage des Marktstrukturgesetzes durch Bundes- und Landesmittel gefördert. Nach dessen Aktualisierung (1997) ist ausdrücklich die verstärkte vertikale Kooperation innerhalb von Erzeugerketten angestrebt. Im Jahr 1999 waren in der deutschen Schweineproduktion 50 Erzeugerringe und 235 nach dem Marktstrukturgesetz anerkannte Erzeugergemeinschaften tätig. Die notwendigen Zuchttiere wurden von 14 Zuchtverbänden und 7 Zuchtunternehmen bereitgestellt. Neuere Zahlen fehlen. Die Vielfalt von Schweinerassen sowie von Zucht- und/oder Produktionsprogrammen erschweren ebenso wie die fehlende Transparenz eine klare Orientierung der Produzenten und Kunden. Viele deutsche Landwirte mögen sich auch hier nicht vertraglich binden. Eine Reihe von Erzeugergemeinschaften ist entweder zu klein oder wird nicht professionell genug geführt. Der Aufbau integrierter Produktionssysteme innerhalb der deutschen Schweineproduktion ist somit erst ansatzweise gelungen. In Deutschland werden reichlich 400 000 Jungsauen von wenigen großen Zuchtunternehmen vermarktet; die überwiegend regional operierenden Zuchtverbände und deren Absatzorganisationen verkaufen rund 150 000 Jungsauen.

In **Ost und West** ist die heutige deutsche Landwirtschaft von unterschiedlichen politischen Entwicklungen geprägt. Die im früheren Bundesgebiet praktizierte Agrarpolitik war und ist am Leitbild des bäuerlichen Familienbetriebes orientiert. Daher dominieren Einzelunternehmen im Haupt- und Nebenerwerb. In den neuen Bundesländern führte die Entwicklung zum Großbetrieb, beginnend mit der Kollektivierung bis 1960 und endend mit dem ideologisch bestimmten Ziel einer industriemäßigen Tierproduktion in den 1970er- und 80er-Jahren.

Nach Auflösung der sozialistischen Landwirtschaftsstrukturen sahen die meisten ehemaligen LPG-Mitglieder für sich keine Zukunft in der Eigenbewirtschaftung ihrer meist kleinen Flächen. Deshalb liegt der **Anteil des Pachtlandes** in den neuen Ländern bei 90 % der bewirtschafteten Flächen im Vergleich zu weniger als 50 % in den alten Ländern, wo die Landwirtschaft nicht den mehrfachen Strukturveränderungen und gesellschaftlichen Experimenten wie in der DDR ausgesetzt war.

Ein Großteil des ostdeutschen Schweinebestandes entfällt auf größere Anlagen bzw. Großbetriebe, die in unterschiedlichen Rechtsformen aus den Landwirtschaftlichen Produktionsgenossenschaften (LPG), Volkseigenen Gütern (VEG) bzw. deren kooperativen Einrichtungen hervorgegangen sind. **Genossenschaften, GmbH und GbR** bewirtschaften im Osten rund 60 % der landwirtschaftlichen Nutzfläche mit durchschnittlich etwa 1400, 800 bzw. 350 ha Nutzfläche. Die seit 1990 etwa halbierte und in den letzten Jahren nur wenig veränderte Zahl der Agrargenossenschaften zeigt, dass diese in den neuen Ländern einen festen Platz haben und wesentliche Elemente der agrarischen und dörflichen Struktur bilden. Es mangelt vielen Betrieben jedoch an Eigenkapital, wodurch sich Liquiditätsprobleme und Verzögerungen bei notwendigen Modernisierungen und Neubauten – auch für die Schweinehaltung – ergeben.

Einzelunternehmen (Wiedereinrichter) stellen im Osten inzwischen die Mehrzahl aller Betriebe bei mittleren 140 ha im Haupt- und 16 ha im Nebenerwerb. Viele Wiedereinrichter scheuen allerdings den Einstieg in die Schweineproduktion, weil der Neubau einer modernen Stallanlage erhebliches Kapital binden würde, weil zahlreiche Bau-, Umwelt- und Tierschutzauflagen zu beachten sind und weil zusätzliche Lohnarbeitskräfte eingestellt werden müssten. Außerdem ist die Erlösentwicklung im Schweinefleischsektor bei starken zyklischen Schwankungen bisher geringer als im Ackerbau bei ausreichender Flächenausstattung.

Der **Viehbesatz** (in Vieheinheiten) **je ha Nutzfläche** (LN) liegt in den neuen Ländern im Vergleich zu den diesbezüglich stabilen alten Bundesländern mit etwa 1,6 VE/ha nur noch bei weniger als einem Viertel mit knapp 0,40 VE/ha, vor der Wende waren es etwa 1,2 VE/ha. Der Rückgang der Schweinebestände ist im Osten erst in der 2. Hälfte der 90er-Jahre zum Stillstand gekommen, eine leichte Erholung deutet sich bereits an.

6 Entwicklungstendenzen der konventionellen Produktion

In den kommenden Jahren wird sich die **Marktsituation** für Schweinefleisch nicht entspannen, da weiterhin mit einer Überversorgung, einem liberalisierten Fleischmarkt und einem daraus resultierenden Preisdruck gerechnet werden muss. Die deutsche Schweineproduktion steht daher vor den grundsätzlichen Herausforderungen zur Senkung der Stückkosten durch erhöhte Leistungen sowie der Stärkung horizontaler und vertikal integrierter Produktionsverbände.

Kostengünstige Bestandsgrößen dienen der Sicherung hinreichender Einkommen. Wesentliche Degressionseffekte bei den Baukosten sind z. B. bei Einheiten von 400 Sauen und 2100 Mastplätzen ausgeschöpft. Die Arbeitszeiten in der Ferkelerzeugung sinken von über 20 Akh je Sau und Jahr in Beständen bis 80 Zuchtsauen auf 11 bis 12 Akh bei Beständen von über 250 Zuchtsauen. Bei dieser Größenordnung können in Abhängigkeit von den Markteinflüssen Deckungsbeiträge (DB) von 250 bis 1000 € je Sau und Jahr erwirtschaftet werden; in der Mast sollte der DB 10 € je Schlachtschwein nicht unterschreiten. Beispiele für die Berechnung des Deckungsbeitrags geben u. a. KRAPOTH (2000) und BOHERMANN (2000); siehe hierzu Kapitel F 3.1.

Als effektive Ferkelerzeugung gelten 23 bis 24 verkaufsfähige Ferkel je Sau ab Erstbelegung und Jahr. Für eine kostengünstige Mast sind über 800 g Tageszunahmen bei 2,5 kg Futterverwertung und 56 bis 57 % Magerfleischanteil erreichbare Zielstellungen.

In naher Zukunft sollte es gelingen, leistungsfähige **Verbundsysteme** aufzubauen, die regional autark organisiert sind. Dann wird ein dualer Markt in der Fleischwarenindustrie entstehen können. Die Verbundsysteme versorgen überwiegend die Fleischwarenindustrie und Handelsketten; kleinere Erzeugergemeinschaften agieren dagegen als Partnerschaft zu lokalen und regionalen Märkten.

In den bisherigen Zentren der Schweinehaltung Nordwestdeutschlands ist eine Verdichtung der Nutztierbestände aus seuchenhygienischen und ökologischen Gründen kaum noch möglich. Die auftretenden Raumnutzungskonflikte und die von der EU erlassenen Regelungen für Verdichtungsräume drängen eher auf eine Ausdünnung der Bestände. In Verbindung mit der pflanzlichen Erzeugung werden geschlossene Nährstoffkreisläufe auf lokaler bzw. regionaler Ebene angestrebt. Qualitätsgarantien und deren Zertifizierung gewinnen an Bedeutung.

Die weitere Entwicklung der Landwirtschaft wird stärker als in den zurückliegenden Jahrzehnten **Ökonomie, Ökologie und Sozialverträglichkeit** in Übereinstimmung bringen und die Balance zwischen Produktion und Umweltschutz herstellen müssen. In diesem Sinn ist das Leitbild einer umweltverträglichen Landwirtschaft wie in früheren Zeiten durch Nachhaltigkeit bestimmt, die die Bewirtschaftung der Gegenwart mit den Erwartungen der Zukunft verbindet. Ausdrücklicher als bisher verlangt die „gute fachliche Praxis" ein Gesamtkonzept, das einen schonenden Umgang mit den natürlichen Ressourcen nicht nur in Reservaten und Naturparks, sondern auf der gesamten Fläche anstrebt. Eine Zurücknahme der Intensität ist im Interesse einer hohen Selbstversorgungsrate allerdings nur partiell zu erwarten und anzustreben.

Das **Zukunftsbild** der deutschen Landwirtschaft basiert auf unterschiedlichen historischen Entwicklungen in den deutschen Regionen, vor allem in Ost und West. Daraus ergeben sich auch künftig unterschiedliche Strukturen, denen die Agrarpolitik gerecht werden muss. Selbst bei ökonomischen Nachteilen kleinerer Betriebe bilden diese einen Beitrag zum kulturellen Reichtum und zur sozialen Stabilität des Landes. Somit gehören größere und kleinere Gehöfte, intensiv und extensiv wirtschaftende Betriebe sowie Groß- und Kleinvermarktung in das Bild einer vielfältig differenzierten Landwirtschaft, die

Tabelle A9: Vergütung ökologischer und landeskultureller Leistungen der Landwirtschaft durch die Gesellschaft (var. nach Roth 1995)

1. **Vorteile für die Landwirtschaft**
   - Fördergelder werden als eine planbare Vergütung für landeskulturelle Leistungen und Pflegemaßnahmen ausgereicht.
   - Die Nachweispflicht für ökologische Leistungen führt zur Imageverbesserung der Landwirtschaft.
   - Naturschutzaufgaben bringen für den Eigentümer der Flächen ideellen und ökonomischen Nutzen.

2. **Vorteile für den Natur- und Umweltschutz**
   - Extensivierungsmaßnahmen werden mit der Förderung des Naturschutzes und der Erweiterung seiner Flächen verbunden.
   - Naturressourcen und Biotope erhalten einen finanziellen Wert und werden „marktkonform".
   - Die Landwirtschaft liefert einen aktiven Beitrag zur Förderung der biologischen Vielfalt.

3. **Vorteile für den Staat und für die Gesellschaft**
   - Gesellschaftliche Mittel fließen direkt in ökologische und landeskulturelle Leistungen.
   - Steuergelder werden für einen gesellschaftlichen Bedarf ausgegeben.
   - Gegensätzliche Interessen der produzierenden Landwirtschaft und des bewahrenden Naturschutzes werden entschärft.

ihre Leute ernährt und den gesellschaftlichen Anforderungen der Zeit gerecht wird.

Ökologische, landeskulturelle, naturschutzfördernde und soziale Leistungen der Landwirtschaft, die über die Produktionsziele hinaus zusätzlich zu erbringen sind, müssen als für die Gemeinschaft erbracht bewertet und honoriert werden. Das betrifft beispielsweise Pflegemaßnahmen (Schafbeweidung, Mahd u. a.) in Schon- und Schutzgebieten (Tab. A9).

7 Schweinehaltung nach ökologischen Richtlinien

● **Anliegen, Ziele, Ergebnisse**

Nach „ökologischen" Kriterien betriebene Tierhaltung bildet bisher eine Nische innerhalb der Landbewirtschaftung. In der Erzeugung landwirtschaftlicher Produkte sind es zur Zeit weniger als 5% des Gesamtaufkommens. Der Kauf von Lebensmitteln liegt in Deutschland noch deutlich unter vorgenanntem Anteil, während er in der Schweiz und in skandinavischen Ländern bis zu 10% erreicht – wohl im Ergebnis eines längeren Wohlstands und einer dadurch bedingten höheren Qualitätserwartung eines anspruchsvollen Verbraucheranteils.

Ein Vorteil des ökologischen Landbaus ist die tiergerechtere Haltung des Nutzviehs. Damit verbunden sind extensivere Formen der Aufstallung mit mehr Bewegung, Auslauf und Einstreu. Das führt zur besseren Konditionierung der Tiere, die wiederum eine längere Nutzungsdauer bei geringerer Stoffwechselbelastung erwarten lässt. Somit wird die ökologisch motivierte Tierhaltung höheren Tierschutzansprüchen gerecht, die Tiere werden durch größeres Platzangebot und durch mehr Bewegungsfreiheit entlastet. Damit unmittelbar verbunden ist bei hygienisch sachgerechter Bewirtschaftung eine vergleichsweise geringere Krankheitsdisposition sowie Keimanreicherung mit Erregern faktorenabhängiger Infektionskrankheiten, die allgemein verbreitet sind (siehe Kap. C3). Das führt bei professioneller Bewirtschaftung zu einem verringerten Arzneimitteleinsatz bei einer geringeren Krankheitshäufigkeit. Damit ist schließlich die Gefahr der Rückstandsbildung in Lebensmitteln erheblich verringert, wodurch ein positives Image bezüglich des gesundheitlichen Verbraucherschutzes gefördert wird. Die öffentliche Diskussion wird hierzu allerdings nicht immer sachkundig geführt. Sie ist nicht selten ideologisch unterlegt oder von Halbwissen geprägt, was mitunter zu ungerechtfertigter Abwertung der konventionellen Tiernutzung führt.

● **Verfahrensrichtlinien**

Die EU-Verordnung 2092/91 definiert den **ökologischen Landbau** als eine spezielle, nach vorgeschriebenen Standards ausgerichtete Wirtschaftsform mit verbindlichen Produktionsregeln und Kontrollen. Diese unterscheidet sich von anderen Methoden und Verfahren der Agrarproduktion, die in folgende Schwerpunkten zusammengefasst werden können:
● Arbeit im Einklang mit natürlichen Ökosystemen,
● Förderung biologischer Zyklen und der Bodenfruchtbarkeit,
● weitestmöglicher Gebrauch erneuerbarer Ressourcen,
● Produktion in geschlossenen Systemen alternativer Produktionsverfahren,
● tiergerechte Haltung und
● Erzeugung von Lebensmitteln hoher Qualität, weitestgehend ohne Rückstände.

Bei der **Rassenwahl** gibt es keine allgemeinverbindlichen Vorschriften, Probleme macht in einzelnen Verbänden die Kreuzung mit Piétrain-Ebern. Empfohlen wird hingegen die Nutzung von alten, heute in der intensiven Tierhaltung mit Hybridzuchtprogrammen nicht mehr verwendeten Rassen, z. B. des Schwäbisch-Hällischen Schweines oder des Angler Sattelschweines. Zur Fleischerzeugung wird eine Kreuzung mit Ebern aus Mutterlinien, z. B. den Edelschweinen, empfohlen.

Tierumsetzungen sind nur innerhalb eines Ökoverbundes gestattet, der nach einheitlichen Kriterien bewirtschaftet wird.

Die Ernährung erfolgt zu mindestens 50% mit Futtermitteln, die nach den Richtlinien des ökologischen Landbaus im eigenen Betrieb oder Kooperationspartner erzeugt worden sind; vorübergehende Ausnahmen hiervon sind allerdings möglich. Den Futtermitteln dürfen weder Antibiotika noch Wachstumsförderer zugesetzt sein.

Zur Vermeidung der Belastung natürlicher Ressourcen und hier insbesondere von Boden

Tabelle A10: Mindeststall- und Freiflächen zur Unterbringung von Schweinen im ökologischen Landbau (VO [EG] 1804/1999)

	Lebendgewicht/kg	Mindeststallfläche (verfügbare Nettofläche) m²/Tier	Außenfläche (Freigelände außer Weide) m²/Tier
• säugende Sau mit bis zu 40 Tage alten Ferkeln		7,5	2,5
• Mastschweine	bis 50	0,8	0,6
	bis 85	1,1	0,8
	bis 110	1,3	1,0
• Aufzuchtferkel	> 40 Tage bis 30 kg	0,6	0,4
• Zuchtschweine		• Sauen: 2,5	1,9
		• Eber: 6,0	8,0

und Wasser muss die ökologische Tierhaltung grundsätzlich **flächengebunden** sein, wobei maximal 2 Vieheinheiten je Hektar zugelassen sind. Der Tierbesatz ist so zu begrenzen, dass ein N-Eintrag von 170 kg je Hektar landwirtschaftlich genutzter Fläche und Jahr nicht überschritten wird. Auf sämtlichen Flächen darf maximal ein Düngeräquivalent von 1,4 Dung-Einheiten (DE) je ha und Jahr ausgebracht werden (1 DE = 80 kg N und 70 kg P_2O_5). Die höchstzulässige Anzahl an Schweinen je Hektar beträgt danach für die einzelnen Nutzungsklassen 74 Ferkel, 6,5 Zuchtsauen mit Saugferkeln, 14 Masttiere bzw. 14 sonstige Schweine (VO [EG] 1804/1999). Im Vergleich zur konventionellen Haltung sind für alle Altersgruppen größere Nettostallflächen mit zusätzlichen Ausläufen vorzusehen, damit die Tiere ihr natürliches Verhaltensrepertoire annähernd ausleben können (Tab. A10).

Weitere Erfordernisse sind ausreichend Licht und gutes Stallklima, eingestreute Liegeflächen und eine artgerechte Kennzeichnung. Es sind Haltungsbücher in Form eines Registers zu führen, die am Betriebssitz geführt und für Kontrollen zur Einsicht bereit liegen. Diese Dokumentationen sollen die nachfolgend aufgeführten Angaben beinhalten:
- Neuzugänge, aufgeschlüsselt nach Rasse, Herkunft und Zeitpunkt des Zuganges, Kennzeichnung, Umstellungstermine, tierärztliche Vorbehandlungen,
- Tierabgänge, Gewicht im Fall der Schlachtung, Empfänger bei Abgabe,
- Tierverluste und deren Ursachen,
- Art des Futters und dessen Zusammensetzung,
- tierärztliche prophylaktische und therapeutische Behandlungen, für die Datum, Medikament, Art der Applikation und Wartezeiten vor der Vermarktung anzugeben sind.

Medikamentöse Behandlungen erfolgen unter festgelegten Bedingungen und strikter Kontrolle. Der vorbeugende Einsatz von Antibiotika ist ebenso wie die hormonelle Synchronisation der Fortpflanzung untersagt. Impfstoffe und Parasitenbehandlungen sind dagegen erlaubt. Zur Therapie sollten vorzugsweise Naturheilverfahren (natürliche Ausgangsprodukte, Homöopathie u. a.) und erst bei deren Versagen chemisch-synthetische Arzneimittel (Allopathie) eingesetzt werden. Entsprechend behandelte und gekennzeichnete Tiere scheiden aus der zertifizierten Qualität aus. Die Wartezeiten zwischen Behandlung und Schlachtung sind zu verdoppeln. Bei der Lebensmittelherstellung ist nur eine begrenzte Anzahl an Zusatzstoffen zugelassen, um sicherzustellen, dass die bei der Primärproduktion herausgebildeten Merkmale während der Be- und Verarbeitung nicht verloren gehen.

• Bio-Siegel und Fleischqualität

Die Vergabe eines **Bio-Siegels** als staatliches Zertifikat basiert auf dem Öko-Kennzeichnungsgesetz (2001). Dessen Kriterien richten sich nach den Bestimmungen der EU-Öko-Verordnung 2092/91 des Rates vom 24. Juni 1991 über den ökologischen Landbau und die entsprechende Kennzeichnung der landwirtschaft-

Tabelle A11: Ausgewählte Merkmale der Fleischqualität des M. longissimus bei konventioneller und AGÖL-konformer Fütterung (var. nach Fischer 2002)

Merkmal	Gesamt n = 80		Gruppenmittelwerte[1)]		
	Mittelwert	s	I	II	III
• pH1	6,33	0,24	6,28	6,27	6,39
• pH24	5,46	0,23	5,47	5,50	5,42
• Grillverlust %	26,5	3,0	27,1	26,9	25,3
• Fettgehalt %	0,77	0,46	0,80	0,83	0,63
• Saftigkeit	3,2	0,7	3,1	3,3	3,2
• Zartheit	4,3	0,7	4,3	4,2	4,3
• Aroma	3,6	0,7	3,7	3,5	3,6
• Gesamteindruck[1)]	3,6	0,7	3,6	3,5	3,6

[1)] alle Vergleiche nicht signifikant

I: konventionell   II: AGÖL-konform   III: teilweiser Ersatz von Kraftfutter durch Grassilage

lichen Erzeugnisse und Lebensmittel. Mit dem Bio-Siegel können Erzeugnisse für den Lebensmittelverzehr gekennzeichnet werden, die entsprechend der EU-Öko-Verordnung produziert und kontrolliert wurden. Deren Inhalte müssen zu mindestens 95 % aus dem ökologischen Landbau stammen. Produkte mit dem Bio-Siegel können entsprechend ihrer Erzeugung auch noch mit anderen „Öko-Symbolen", wie solchen der Verbände des ökologischen Landbaues, gekennzeichnet werden. Das Bio-Siegel ist z.Z. das einzige Öko-Label, das unter staatlichem Schutz steht. Die deutsche Öko-Kennzeichnungsverordnung (2002) dient der genauen Gestaltung und Verwendung des Bio-Siegels bei strengen Sanktionen im Fall von Verstößen. Erforderlich ist eine Anmeldung als Anzeigepflicht durch die Unternehmen bei der Bio-Siegel-Informationsstelle in Bonn. Das Bio-Siegel ist beim Deutschen Patent- und Markenamt markenrechtlich geschützt. Jeder Biobetrieb muss sich den vorgeschriebenen Kontrollen unterziehen, die jährlich mindestens einmal stattfinden.

Dass Öko-Produkte für die **gesunde Ernährung** besser geeignet seien bzw. eine höhere Qualität hätten, wird ergänzend zu den zweifelsfreien Vorteilen im Bereich des Tierschutzes von Teilen der Politik und Medien verbreitet. Diese Aussagen konnten bisher wissenschaftlich nicht untermauert werden. In der Produktqualität (Nährwert, Sensorik, Verarbeitungseignung) gibt es zwischen den Erzeugungsformen „herkömmlich" und „ökologisch" beim Schweinefleisch keine signifikanten Differenzen (Tab. A11).

Die umfangreichere Bewegung der „Öko-Schweine" und der häufige Einsatz von Landrassen verbessern allerdings die Belastbarkeit der Tiere und deren Fleisch-Fett-Relation; das Auftreten von Fleischqualitätsmängeln (PSE, DFD) ist bei ihnen überaus selten.

Negative Abweichungen zeigt aber die Gewebe- und Teilstückzusammensetzung des Schlachtkörpers dann, wenn Öko-Schweine" – wie gelegentlich festzustellen – suboptimal ernährt werden bzw. wenn generelle Haltungsmängel bestehen, die bei Nutzung von Dauerausläufen zur Parasitenanreicherung führen. Die negativen Auswirkungen auf die Qualität der Schlachtkörper wirken sich dann auch negativ auf die Bezahlung bei der Klassifizierung nach dem EUROP-System aus.

• **Zusammenfassende Wertung**
Ökologische Tierhaltung ist zweifelsfrei mit einer Verringerung der Belastungen für die Tiere verbunden, was bei sachgerechter Bewirtschaftung zu weniger Krankheit und hier insbesondere der faktorenabhängigen Infektionen sowie zu einem geringeren Arzneimitteleinsatz führt. Damit verbunden ist ein positives Image hinsichtlich des Tier- und Umweltschutzes. Ein erhöhter Gesundheitswert der erzeugten Lebensmittel ist gegenüber herkömmlich erzeugten Produkten jedoch nicht nachzuweisen.

Der höhere Aufwand und die geringere Leistung in der ökologischen Tierhaltung sind durch ein erhöhtes Preisniveau zu kompensieren, da auch diese Wirtschaftsform sich ökonomisch tragen muss und nicht ausschließlich durch stärkere Förderung rentabel zu gestalten ist. Letztere ist dann kontraproduktiv, wenn unter ökologischem Landbau mehr als eine ergänzende Alternative zu den konventionellen Verfahren verstanden wird. Letztere werden auch künftig dominieren, schon um das insgesamt hohe Versorgungsniveau zu halten.

In welchem Umfang sich der ökologische Landbau mit seiner Tierhaltung weiterhin etablieren kann, ist von politischen Regulationen und vor allem vom Zuspruch der Verbraucher abhängig.

Die höheren Preise für „Öko-Fleisch" rechtfertigen sich also nicht durch eine „per se" höhere Produktqualität, sondern durch den extensiveren Erzeugungsprozess, der bestimmten ethischen Vorstellungen von der Tierproduktion und ihrer regionalen Vermarktung entgegenkommt.

B Bewirtschaftung – Grundlagen der Tiergesundheit

1 Produktionsgestaltung

1.1 Betriebsformen

Die Schweineproduktion kann unterschiedlich organisiert werden, woraus sich folgende Betriebsformen ergeben:
a) **Produktion in Haltungsabschnitten**
- **Ferkelerzeugung** bei Eigenaufzucht oder Zukauf der Sauen
  - Variante 1: Verkauf der Absatzferkel
  - Variante 2: Verkauf der Läufer
- **Läuferaufzucht** (Babyferkelaufzucht) mit Ankauf von Absatzferkeln
- **Schweinemast** mit Ankauf von Läufern
- **Zuchtschweineaufzucht** und -verkauf

b) **Produktion im geschlossenen System** mit allen vorgenannten Haltungsstufen

c) **Besamungseberstation**

Tabelle B1: Organisationsformen der Schweineproduktion mit ihren Vor- und Nachteilen

Prinzip	Vorteile	Nachteile
1. Spezialisierte Absatzferkel- oder Läuferproduktion, für alle Bestandsgrößen geeignet		
– als Endprodukt Absatzferkel oder Mastläufer für Aufzucht- und Mastbetriebe	– Spezialisierung möglich – Bereitstellung größerer Tierpartien	– erhöhte Abhängigkeit vom Ferkel- bzw. Läuferpreis und den Vertragspartnern
– **Variante 1: Reproduktion durch Jungsauenzukauf, vornehmlich zu empfehlen für mittlere und kleine Sauenbestände**		
– Jungsauen für die Bestandsreproduktion werden zugekauft	– aufwendige Eigenreproduktion entfällt – alle Ferkel gehen in die Mast – Sicherung des züchterischen Fortschritts über Zukauf	– erhöhtes Risiko der Krankheitseinschleppung – geringe züchterische Einflussnahme
– **Variante 2: Reproduktion durch eigene Jungsauenproduktion, vornehmlich zu empfehlen für die großbetriebliche Sauenhaltung**		
– Jungsauen werden im Betrieb nachgezogen – eventueller Verkauf von Zuchttieren	– züchterische Einflussnahme gewährleistet – kein Risiko der Krankheitseinschleppung durch Tierzukauf	– nur in größeren Beständen ausreichende Selektionsbasis für gute Zuchtarbeit
2. Spezialisierter Läuferaufzucht- oder Mastbetrieb, für alle Bestandsgrößen geeignet		
– Zukauf von Absatzferkeln oder Mastläufern – Verkauf von Mastläufern oder Mastschweinen	– Spezialisierung im kleinen Betrieb möglich – Aufwand für arbeitsintensive Zucht und Ferkelerzeugung entfällt	– erhöhtes Risiko der Krankheitseinschleppung – Abhängigkeit vom wechselnden Preisniveau
3. Produktion im geschlossenen System		
– alle Produktionsstufen in einem Betrieb – Eigenreproduktion	– kein Risiko der Krankheitseinschleppung durch Tierzukauf – ausgeglichener Erregerstatus – züchterische Einflussnahme und Qualitätssicherung durchgängig möglich	– Eigenreproduktion ist aufwendig – anfallende Mastschweine aus den Zuchtanpaarungen der Mutterrassen mit oft geringem Magerfleischanteil
4. Besamungseberstationen		
– Erzeugung und Verkauf von Ebersperma	– optimale Nutzung des züchterischen Fortschritts – kontrollierte Qualität des Spermas	– Lagerung und Transport des Spermas

Tabelle B2: Haltungsabschnitte und Stallbezeichnungen in den Produktionsstufen der Schweinehaltung

Produktionsstufe	Haltungsabschnitt	Stallbezeichnung
• Fortpflanzung	• güste Jung- und Altsauen • tragende Jung- und Altsauen	• Besamungsstall/Deckzentrum • Wartestall
• Saugferkel	• hochtragende und säugende Sauen • Saugferkel	• Abferkelstall
• Absatzferkel (Läufer)	• Aufzucht	• Aufzuchtstall
• Zuchtschweine	• Jungsauenaufzucht • Jungeberaufzucht	• Jungsauen- bzw. Jungeberaufzuchtstall
• Mastschweine	• Mast	• Maststall
• Spermaerzeugung	• Zuchteberhaltung	• Eberstall • Besamungseberstation

Die Vor- und Nachteile der verschiedenen Organisationsformen sind in Tabelle B1 zusammengestellt. Die Ausrichtung kleinerer Bestände auf ein eingegrenztes Produktionsziel eröffnet die leistungsfördernden Effekte der Spezialisierung. Bei sehr hoher Tierkonzentration am Standort ist aus Gründen des Seuchenschutzes dem geschlossenen System ohne Tierzuführung aus anderen Beständen der Vorzug zu geben.

Die einzelnen Produktionsstufen werden durch aufeinanderfolgende Lebensabschnitte und deren Bedingungen bestimmt (Tab. B2).

1.2 Produktionsablauf

1.2.1 Belegung der Stallbereiche

Die **Belegungsdauer** der Ställe wird von der **Haltungsdauer** der Tiere und der Zeit für die Reinigung und Desinfektion (**Serviceperiode**) gebildet. Erstere ist durch die biologischen Parameter vorgegeben und kann variiert werden (Tab. B3). Die veränderbaren Haltungszeiten sollen einerseits so kurz wie möglich sein, um eine optimale Auslastung der Tierplätze zu gewährleisten. Zum anderen müssen sie den biologischen und ethologischen Ansprüchen der Tiere entsprechen.

Der Belegungsablauf der einzelnen Ställe oder Stallabteile kann kontinuierlich oder rhythmisch nach dem Rein-Raus-Prinzip erfolgen.

Bei der **kontinuierlichen Belegung** werden die Tierplätze oder Stallbuchten nach der Ausstallung und folgenden Reinigung und Desinfektion mit nachrückenden Tieren belegt. In einem Stallabteil befinden sich daher Schweine verschiedener Altersgruppen, wodurch die Weitergabe von Infektionserregern befördert wird. Eine kontinuierliche Belegung ist in großen Beständen nur für die güsten und tragenden Sauen zu akzeptieren, bei denen infektiöse Faktorenkrankheiten eine untergeordnete Bedeutung haben. In den Ställen wachsender Tiere ist sie ansonsten nur in kleinen Betrieben (< 80 Sauen, < 300 Mastschweine) verbreitet.

Das **Rein-Raus-Prinzip** ist in größeren Betrieben in allen Haltungsstufen der Jungtieraufzucht und der Mast eine Voraussetzung für ein hohes Gesundheitsniveau, indem anlässlich der planmäßigen Reinigung und Desinfektion der Erregerdruck periodisch gesenkt wird. Das Rein-Raus-Prinzip des gesamten Betriebs unterbricht die Infektionsketten am konsequentesten. Damit werden auch indirekte Kontakte zwischen den Tiergruppen vermieden, eine Erregerübertragung kann minimiert werden (siehe Kap. C 3). Diese Verfahren stellen hohe Ansprüche an die Produktionsorganisation, die nachfolgend ausführlich darzustellen sind.

1.2.2 Produktionszyklogramm

Eine **rhythmische zyklogrammgesteuerte Produktion** ermöglicht die Rein-Raus-Belegung der Ställe. Sie verlangt die Aufgliederung

Tabelle B3: Belegungsdauer in den verschiedenen Haltungsstufen (Beispiele)

Stallbezeichnung	Belegungsdauer/anteilig	insges./Wochen
• Besamungsstall/Deckzentrum/ Eros-Center	– 7–4 Tage Güstzeit – 1.–34. Trächtigkeitstag – 2–4 Tage Serviceperiode • 42 Tage	6
• Wartestall	– 36.–109. Trächtigkeitstag – 2 Reinigungstage • 77 Tage	11
• Abferkelstall	– 110.–115. Trächtigkeitstag – 21/27/34 Tage Säugezeit – 2–3 Tage Serviceperiode • 28 35 42 Tage	4 5 6
• Läuferaufzuchtstall	– 54 Tage – 2 Tage Serviceperiode • 56 Tage	8
• Jungsauen- bzw. Jungeberaufzuchtstall	• Belegungsdauer abhängig vom Alter beim Verkauf	
• Maststall	– Belegungsdauer abhängig vom Einstallgewicht, der Masttagszunahme und dem Schlachtgewicht – 2 Tage Serviceperiode • 110–120 Tage	15–16

Tabelle B4: Vorteile der Bewirtschaftung nach einem Produktionszyklogramm

1. **Arbeitswirtschaft und Management**
- Rationalisierung der Arbeitsvorgänge → steigende Arbeitsproduktivität
- Planbare Arbeitsschwerpunkte und Perioden der Arbeitsruhe (z. B. Schaffung „abferkelfreier Wochenenden")
- Verbesserte Bestandsübersicht und Herdenführung mittels „Sauenplaner"

2. **Tierhygiene und -gesundheit**
- „Alles-rein-alles-raus"-Verfahren ermöglicht die Unterbrechung von Infektionsketten
- Konzentration der Abferkelperioden → Umsetzen zum Wurfausgleich, Senkung der Aufzuchtverluste
- Impfungen der Sauen- und Ferkelgruppen nach Programm
- Geburtsüberwachung und terminierte Pflegemaßnahmen

3. **Herdenleistung**
- Erhöhte Anzahl verkaufsfähiger Ferkel je Sau ab EB und Jahr
- Erhöhter Deckungsbeitrag gegenüber kontinuierlichem Absetzen (+ 0,98 abgesetzte Ferkel/Sau und Jahr; + 40 €/Sau Deckungsbeitrag im Familienbetrieb nach ZDS 1996–98)
- Bereitstellung ausgeglichener Ferkelpartien

des Bestandes in Tiergruppen gleichen Alters bzw. eines gleichen Reproduktionsstatus. Sie schafft damit die Voraussetzungen für die bauliche Trennung und optimale technologische Gestaltung der verschiedenen Haltungsstufen. Die Stallausrüstungen einschließlich der Klimagestaltung und Fütterung lassen sich hiermit besser an die Bedürfnisse der Tiere anpassen. Die rhythmische Produktion hat überdies den Vorteil, dass die Arbeitsorganisation exakt geplant werden kann und Arbeitsspitzen vorausschauend personell abzusichern sind. In Tabelle B4 sind die Bedingungen und Vorteile der rhythmischen Produktion zusammengestellt.

Die Arbeit nach einem festen Rhythmus begünstigt überdies die **tiergerechte Phasenfütterung** entsprechend den Anforderungen der einzelnen Reproduktionsabschnitte. Die Bildung größerer Sauengruppen, die nach dem gleichzeitigen Absetzen zur erneuten Erstbelegung anstehen, bietet auch gute Voraussetzungen für die breitere Anwendung der künstlichen Besamung. Das gleichzeitige Abferkeln der Sauengruppen erleichtert schließlich die erstrebenswerte **Überwachung der Geburten**. Dadurch lassen sich die Frühverluste senken. Zugleich fördert konzentriertes Abferkeln die planmäßige Durchführung der Pflegemaßnahmen im Interesse einer besseren Gesundheit der Neugeborenen.

Die Variablen in der Sauenhaltung und Ferkelerzeugung sind der Produktionsrhythmus, die Dauer der Säugezeit, die Gruppengröße sowie die Zahl der Abferkeleinheiten bzw. -ställe mit deren Tierplatzkapazitäten. Sie sind vor dem Aufbau einer Produktionsanlage festzulegen.

Der **Produktionsrhythmus** bestimmt den zeitlichen Abstand zwischen zwei wiederkehrenden technologischen und biologischen Ereignissen. Mit Zyklogrammen wird der Ablauf der gesamten Produktion gesteuert; denn der gewünschte Zyklus bestimmt z. B. die Anzahl und Größe der Tiergruppen und damit der Ställe bzw. Stallabteile in den verschiedenen Haltungsstufen. Alle sich zyklisch wiederholenden Aktivitäten folgen dem Produktionszyklogramm, z. B. Sauen- und Tiergruppenzyklogramme, Belegungszyklogramme, Reinigungs- und Desinfektionszyklogramme.

Die Zyklogrammgestaltung einer im 7-Tage-Rhythmus arbeitenden Großanlage ist in der Abbildung B1 dargestellt. Sie bildet die Voraussetzungen zur Bewirtschaftung großer Betriebe, die zu Beginn der 70er Jahre entwickelt wurden (Bergfeld 1975). Auch wenn sich inzwischen einige Verfahrensdetails geändert haben, wird dieses Prinzip der Produktionsorganisation in großen Einheiten unverändert angewendet.

Der zweckmäßige Rhythmus hängt von den konkreten betrieblichen Bedingungen bzw. den Anforderungen innerhalb einer Erzeugerkette ab

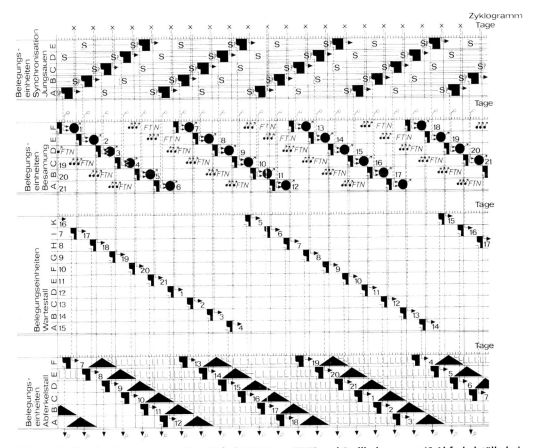

Abb. B1 Zyklus der Sauengruppen (n = 21 bei 147 Tagen ZWZ) und Stallbelegungen (6 Abferkelställe bei 42 Belegungstagen) im 7-Tage-Rhythmus einer Großanlage.

Tabelle B5: Beziehungen zwischen Produktionsrhythmus, Dauer der Säugezeit, Anzahl der Sauengruppen und Anzahl der Abferkeleinheiten

Rhythmus	Belegungszeit Tage	Säugezeit Tage	Anzahl der Sauengruppen	Korrektur	Anzahl Abferkeleinheiten
• 7 Tage	28	21	20	–	4
	35	28	21	–	5
	42	35	22	–	6
• 14 Tage	28	21	10	–	2
	35	28	(10,6)	nach 10 Gruppen 1 × 7 Tage	3
	42	35	11	–	3
• 21 Tage	28	21	(6,7)	nach 7 Gruppen 1 × 14 Tage	2
	35	28	7	–	2
	42	35	(7,4)	nach 7 Gruppen 1 × 28 Tage	2
• 28 Tage	28	21	5	–	1
• 35 Tage		21	4	–	1
		28	4	nach 3 Gruppen 1 × 42 Tage	1

und wird durch die Größe der Tiergruppen bestimmt. Vorteilhaft sind Rhythmen, die sich ganzzahlig durch 7 teilen lassen, so dass die Hauptaktivitäten dem Wochenrhythmus folgen. In extrem großen Beständen kann der 7-Tage-Rhythmus noch einmal geteilt werden.

Die nachfolgend dargestellten **Rhythmen** sind jeweils mit folgenden Säugezeiten kombinierbar (Tab. B5):

● **7-Tage-Rhythmus mit 21, 28 oder 35 Tagen Säugezeit**
Beim Einwochenrhythmus sind alle Säugezeiten möglich. Er ist in Beständen ab ca. 400 Sauen zu empfehlen. Die erforderlichen Betreuungsaktivitäten können gleichmäßig über die Woche verteilt werden. An jedem Wochentag finden stets die gleichen planbaren Arbeiten statt. Das ist vorteilhaft für die Arbeitsorganisation, birgt aber das Risiko der Monotonie in sich.

● **14-Tage-Rhythmus mit 21 oder 35 Tagen Säugezeit**
Dieser Rhythmus ist mit dem prinzipiellen Nachteil verbunden, dass die zyklischen Umrauscher in der besamungsfreien Woche anfallen und sich deshalb nicht in eine Sauengruppe einordnen lassen.

● **21-Tage-Rhythmus mit 28 Tagen Säugezeit**
Der 21-Tage-Rhythmus entspricht dem Sexualzyklus der Sau. Zyklische Umrauscher sind daher in die nachfolgende Sauengruppe einzuordnen, die Zahl der Abferkelungen außerhalb der Hauptabferkelperiode wird minimiert. Besonders geeignet ist hierbei eine Säugezeit von 28 Tagen. Die Auslastung der teuren Abferkelplätze ist gegenüber kürzeren Säugezeiten etwas geringer, da sich der Abstand zwischen dem Absetzen und dem Abferkeln der nachfolgenden Gruppe um eine Woche verlängert. Diese Kombination ist in Beständen mit weniger als 400 Sauen allgemein verbreitet.

● **28- bzw. 35-Tage-Rhythmus mit 21 bzw. 28 Tagen Säugezeit**
Diese bislang ungewöhnlichen Kombinationen sind eine Alternative zum Prinzip der Multisite-Produktion. Sie ermöglichen auch in kleineren Beständen die Erzeugung größerer Ferkelposten, die für die Gruppenbildung in der Aufzucht und Mast erforderlich sind. Ein wesentlicher Vorteil gegenüber den anderen Kombinationen besteht darin, dass im Bestand immer nur eine Abferkelgruppe gehalten wird und akute Infektionen nicht von einen in den anderen Abferkelstall übertragen werden können.

Neben diesen Kombinationen sind auch der 14-Tage-Rhythmus mit einer 28-tägigen Säugezeit oder der 21-Tage-Rhythmus mit einer 21- oder 35-tägigen Säugezeit zu kombinieren. Das führt aber dazu, dass nach dem Ablauf eines Reproduktionszyklus eine Korrektur erforderlich wird und sich der Rhythmus einmalig um 7 Tage verlängert bzw. verkürzt.

Alle Rhythmen können mit allen Säugezeiten kombiniert werden (s. Tab. B5). Rhythmusänderungen erscheinen kompliziert, sind aber in der Praxis problemlos durchzuführen. Sie müssen bei der Ablaufplanung bezüglich der Bereitstellung und Synchronisation der zutretenden Jungsauen sowie der weiteren Produktion bis zum Mastschwein beachtet werden.

Einem Ferkelerzeugerbetrieb, der bislang seine Sauen ohne festen Rhythmus belegen und abferkeln ließ, kostet es rund fünf Monate Zeit, um sich z. B. auf den 3-Wochen-Rhythmus umzustellen. Bei der Vorbereitung auf die betriebliche Umstellung der Arbeitsabläufe sollte ein erfahrener Nachbarbetrieb konsultiert oder ein ausgewiesener Berater hinzugezogen werden. In jedem Falle ist der betreuende Hoftierarzt einzubeziehen.

Tabelle B6: Beziehungen zwischen Säugezeit, Reproduktionszyklus und Gruppendurchlauf bei 100 %-iger Trächtigkeit nach EB

• Säugezeit/Tage	35	28	21
• Reproduktionszyklus/Tage	154	147	140
• Reproduktionszyklus/Wochen	22	21	20
• Reproduktionszyklen/Sau Jahr	2,37	2,48	2,61

1.3 Abferkelbereich

1.3.1 Säugezeit und Wurfhäufigkeit

Von der Dauer der **Säugezeit** hängt der Belegungsablauf des Abferkelbereiches ab, der seinerseits Impulsgeber für den Rhythmus der Anlage ist. Es werden kurze Säugezeiten angestrebt, weil sich damit die Dauer des Reproduktionszyklus der Sauen verkürzen lässt. Das ist eine Voraussetzung für die Erhöhung der Anzahl der Würfe je Sau und Jahr. Kurze Säugezeiten ermöglichen weiterhin eine bestmögliche Auslastung der teuren Abferkelplätze und das Wirtschaften mit weniger Sauengruppen (siehe Tab. B5).

Der Reproduktionszyklus errechnet sich aus der Summe der Güst-, der Trächtigkeits- und der Säugetage.

- Die **Güstzeit** der einzelnen Sau beträgt **4 bis 6 Tage** und bezeichnet den Zeitraum vom Absetzen der Ferkel bis zur erneuten erfolgreichen Belegung. Sie verlängert sich bei umrauschenden Sauen um den Zeitraum bis zur erfolgreichen Nachbesamung (Wiederholungsbelegung) bzw. bis zum Ausscheiden wegen Nichtträchtigkeit. Die mittlere Güstzeit des Bestandes schließt die Umrauscher ein und beträgt bei sehr guten Fruchtbarkeitsleistungen 10 bis 12 Tage. Sie ist durch zoo- und biotechnische Verfahren der Fortpflanzungssteuerung beeinflussbar.
- Die **Trächtigkeitsdauer** der Sauen liegt im Mittel bei **115 Tagen** (112–118), bezogen auf den ersten Belegungstag.
- Die **Säugezeit** ist variierbar und muss nach gesetzlichen Vorgaben mindestens mittlere 21 Tage betragen. Sie sollte bei intensiver Produktion nicht länger als 28 Tage dauern.

Der **Gruppendurchlauf** gibt an, wie oft eine Sauengruppe im Jahr die Haltungsstufen durchläuft und zur Abferkelung kommt. Diese **Wurfhäufigkeit** ist nicht gleichzusetzen mit der rechnerischen Anzahl an Würfen je Sau und Jahr, da nicht alle Sauen aus der Erstbesamung tragend werden. Wiederholungsbesamungen und nicht tragende Sauen verlängern damit die reale **Güst- und Zwischenwurfzeit** (ZWZ). Der in Tabelle B6 dargestellte Gruppendurchlauf ist nur bei den Sauen identisch mit der Anzahl an Würfen je Sau und Jahr, die aus der Erstbesamung (EB) tragend werden.

Zur **Sicherung der Wirtschaftlichkeit** der Ferkelerzeugung sind derzeit über 22 abgesetzte Ferkel/Sau/Jahr erforderlich. Das ist nur mit kurzen Säugezeiten möglich; 24 bis 25 abgesetzte Ferkel können bei dreiwöchiger Säugezeit und sehr guten biologischen Leistungen erreicht

Tabelle B7: Beziehungen zwischen der Dauer der Säugezeit, den Fruchtbarkeits- und Aufzuchtleistungen sowie der Anzahl an abgesetzten Ferkeln je Sau und Jahr (nach Wähner 1998)

Säugezeit	Reproduktionszyklus	Würfe/Sau Jahr bei Abferkelrate von			abgesetzte Ferkel/Sau Jahr bei abgesetzten Ferkeln je Geburtswurf										
Tage	Tage	100%	85%	75%	10,0			9,6			9,2			8,8	
• 35	154	2,37	2,30	2,23	23,7	23,0	22,3	22,8	22,1	21,4	21,8	21,2	20,5	20,9	20,2	19,6
• 28	147	2,48	2,41	2,33	24,8	24,1	23,3	23,8	23,2	22,4	22,8	22,2	21,4	21,8	21,2	20,5
• 21	140	2,61	2,53	2,43	26,1	25,3	24,3	25,1	24,3	23,3	24,0	23,3	22,4	23,0	22,3	21,4

Tabelle B8: Würfe je Sau und Jahr bei 3-wöchiger Säugezeit in Abhängigkeit von der Zwischenwurfzeit (ZWZ) und der Abferkelrate (AFR) nach Erst- und Umrauscherbelegungen (Abgänge 21 Tage nach letzter Belegung)

	ZWZ Tage	AFR	Würfe	Abgänge	Güstzeit Tage	Würfe/Jahr
• 100 EB	140	85%	85	2	5	2,61
• 13 UR 1	161	75%	10	1	26	2,27
• 2 UR 2	182	50%	1	1	47	2,00
• Abgänge				4		0,0
	144,4		96		9,2	2,53

werden. Die Kalkulation der Tabelle B7 verdeutlicht, welche Fruchtbarkeitsleistungen, bewertet anhand der Abferkelraten (AFR), und welche Aufzuchtleistungen, bewertet anhand der abgesetzten Ferkel je Geburtswurf, bei unterschiedlichen Säugezeiten erforderlich sind, um dieses Leistungsniveau zu erreichen.

Die Wurfhäufigkeit und die abgesetzten Ferkel werden in Abhängigkeit von der Abferkelrate (AFR) nach Erstbelegung in der Tabelle B8 kalkuliert, wobei die Umrauscherbesamungen (UR1, UR2) in die Berechnung eingehen. Eine finanzielle Kalkulation zu den variierenden Leistungsdaten enthält das Kapitel F 3.1.

Bei dreiwöchiger Säugezeit, 85% Abferkelrate und sehr guten Ergebnissen der Umrauscherbesamungen können 2,53 Würfe/Sau/Jahr gegenüber den theoretisch möglichen 2,61 erzielt werden, entsprechend weniger bei schlechteren Fruchtbarkeitsleistungen und längeren Säugezeiten. Durch Multiplikation mit der Anzahl abgesetzter Ferkel je Geburtswurf ergibt sich die Anzahl an abgesetzten Ferkeln je Sau und Jahr.

Die **Dauer der Säugezeit** wird vorrangig durch die Aufzuchtbedingungen für die Absetzferkel bestimmt. Sind diese nicht optimal, ist von einer dreiwöchigen Säugezeit abzuraten. Die Säugezeit von 21 Tagen erfordert ein intensives Fruchtbarkeitsmanagement, um nicht nur den Gruppendurchlauf zu erhöhen, sondern auch eine hohe Anzahl Würfe je Sau und Jahr zu erreichen. Mit dieser Verkürzung der Säugezeit sind die in Tabelle B9 dargestellten Vor- und Nachteile verbunden.

1.3.2 Sauengruppen und Sauenzyklus

Die **Sauenherde** wird beim System des gruppenweisen Abferkelns in gleichgroße Gruppen unterteilt. Die Sauen einer Gruppe durchlaufen gemeinsam alle Reprodutionsstadien vom gleichzeitigen Absetzen der Ferkel nach beendeter Säugezeit über die Belegung/Besamung, Trächtigkeit und Abferkelung bis zum erneuten Absetzen.

Der **Sauenzyklus** bestimmt das Abferkelperiodenintervall als Abstand zwischen zwei aufeinanderfolgenden Abferkelungen der gleichen Tiergruppe; er hängt vom Altsauenzyklus ab. Dieser umfasst 115 (114) Trächtigkeitstage, variable Säugetage und 5 Interimstage. Bei einer Säugezeit von 27 (28) Tagen ergibt sich für den Sauenzyklus eine Summe von 147 Tagen, die ganzzahlig durch den Produktionsrhythmus von 7 bzw. 21 Tagen teilbar ist. Daraus resultieren 21 bzw. 7 Sauengruppen, deren Anzahl somit vom Produktionsrhythmus abhängig ist (Tab. B10). Beim 3-Wochen-Rhythmus befinden sich von den zu bildenden sieben Sauengruppen zwei in den beiden Abferkelabteilen, eine im Deckzentrum, eine weitere durchläuft die Phase der Trächtigkeitskontrolle, und die übrigen drei Gruppen befinden sich im Wartestall.

Die **Größe der Sauenherde**, die bevorzugte Säugezeit und die verfügbare Stallkapazität bestimmen den Produktionsrhythmus für die Gruppenabferkelung, z. B.

- der **7-Tage-Rhythmus** für größere Betriebe in Kombination mit
- einer vierwöchigen Säugezeit (21 Sauengruppen [SG], 35 Tage Belegungszeit, 5 Abferkelställe) oder
- einer dreiwöchigen Säugezeit (20 SG, 28 Tage, 4 Ställe),
- der **14-Tage-Rhythmus**, der sowohl zur 5-wöchigen Säugezeit (11 SG, 42 Tage, 3 Ställe) als auch zum Frühabsetzen der Ferkel mit drei Wochen passt (10 SG, 28 Tage, 2 Ställe),
- der **4-Wochen-Rhythmus**, welcher bei räumlicher Trennung der abgesetzten Ferkel (Separieren) nach dreiwöchiger Säugezeit als Bestandteil von SEW-Systemen (Segregated Early Weaning) zunehmend Beachtung findet (s. Kap. C 4).

Tabelle B9: Vor- und Nachteile einer verkürzten Säugezeit auf 21 Tage

- **Vorteile**
  - Die Verkürzung um eine Woche erhöht die Wurfhäufigkeit um 0,1 und die Zahl der abgesetzten Ferkel je Sau und Jahr um 1 Ferkel.
  - Bei gleichem Leistungsniveau werden ca. 5 % weniger Sauen zur Erzeugung der gleichen Stückzahlen an Absetzferkeln benötigt.
  - Bei Neubau bzw. bei Bestandserweiterung sind weniger kostenintensive Abferkelplätze erforderlich.
  - Drei Wochen Säugezeit sind eine Voraussetzung für die erfolgreiche Anwendung des Prinzips der Multisite-Produktion (s. Kap. C 4.3).

- **Nachteile**
  - Die Fruchtbarkeits- und Wurfleistungen der Sauen können depressiv beeinflusst werden.
  - Die Abferkelperiode muss kurz sein, damit die Altersunterschiede der Ferkel gering bleiben.
  - Die Anforderungen an optimale Aufzuchtbedingungen für die Absetzferkel erhöhen sich.

1.3.3 Stallzyklus und Tierplatzbedarf

Die Zahl der Stalleinheiten ist abhängig von der Belegungsdauer und dem Produktionsrhythmus. Die **Belegungsdauer** einer Stallzeit setzt sich aus der **Haltungszeit** der Sauengruppen und der **Serviceperiode** für die Reinigung und Desinfektion zusammen. Daraus ergibt sich die Zahl der erforderlichen Stallabteile, z. B.

- 26 +2 Tage = 28 Tage : 7-Tage-Rhythmus = 4 Ställe

Tabelle B10: Zusammenhänge zwischen der Länge der Säugezeit, dem möglichen Produktionsrhythmus und der Anzahl der Sauengruppen

Biologische Teilzeiten des Altsauenzyklus			Sauenzyklus insgesamt (Tage)	Anzahl Sauengruppen beim Produktionsrhythmus von			
Trächtigkeit (Tage)	Säugezeit (Tage)	Interimszeit (Tage)		7 Tagen	14 Tagen	21 Tagen	28 Tagen
114	• 21	5	140	20	10	–	5
114	• 28	5	147	21	–	7	–
114	• 35	5	154	22	11	–	–

Tabelle B11: Sauenplatzbedarf bei 3 Wochen Säugezeit für einen Bestand mit 400 Sauen bei 3 Wochen Säugezeit (% zum Sauenbestand)

	Sauenplätze insgesamt		in Abferkelställen		in Besamungs- und Wartestallen	
	Plätze	%	Ställe × Plätze	%	Plätze	%
• 7-Tage-Rhythmus	420	105	4 × 20	20	340	85
• 14-Tage-Rhythmus	440	110	2 × 40	20	360	90
• 21-Tage-Rhythmus	460	115	2 × 60	30	340	85
• 28-Tage-Rhythmus	480	120	1 × 80	20	400	100
• 35-Tage-Rhythmus	500	125	1 × 100	25	400	100

- 38 + 4 Tage = 42 Tage : 21-Tage-Rhythmus = 2 Ställe
- 32 + 3 Tage = 35 Tage : 35-Tage-Rhythmus = 1 Stall

Eine Verlängerung des Rhythmus senkt nach vorstehender Darstellung die Anzahl der Abferkeleinheiten. Beim 7-Tage-Rhythmus verringert sich bei Reduzierung der Säugezeit um eine Woche die Zahl der Abferkeleinheiten um eine Einheit und damit auch die Anzahl der insgesamt benötigten Abferkelplätze. Ungünstig sind die Kombinationen eines 14-Tage-Rhythmus mit 28 Tagen Säugezeit oder eines 21-Tage-Rhythmus mit 21 Tagen Säugezeit, die jeweils 42 Belegungstage ergeben und die konstenintensiven Abferkelplätze nicht optimal auslasten; denn es wären nur 35 bzw. 28 Tage erforderlich: 2–3 Tage Serviceperiode + 5 Tage Vorbereitungszeit der Sauen bis zur Geburt + 27 Tage bzw. 21 Tage Säugezeit. Die hochtragenden Sauen können allerdings zeitiger in den Abferkelstall umgesetzt werden, was die notwendigen Stallplätze im Wartebereich verringern würde.

Bei der Planung der Stalleinheiten und der Abferkelplätze ist weiterhin zu beachten, dass der Keimdruck mit der Größe der Einheiten ansteigt. Es ist daher in sehr großen Betrieben zweckmäßig, eher mehrere Stalleinheiten mit etwa 25 Plätzen nebeneinander zu belegen als eine große Sauengruppe in Ställe mit der doppelten oder mehrfachen Anzahl an Abferkelplätzen unterzubringen.

Der **Tierplatzbedarf** lässt sich aus der Belegungsdauer der einzelnen Haltungsstufen ermitteln. Im Sauenbestand wird die Anzahl an Sauenplätzen insgesamt sowie der erforderliche Anteil an Abferkelplätzen durch den Produktionsrhythmus und die Dauer der Säugezeit bestimmt. Mit einer Verkürzung der Säugezeit reduziert sich die Anzahl der erforderlichen Abferkelplätze. Mit der Verlängerung des Produktionsrhythmus erhöht sich der Sauenplatzbedarf je Gruppe im Wartestall, da die Sauengruppen größer werden.

Die Sauenzahl einer Gruppe muss am Ende der Trächtigkeit der Zahl der Abferkelplätze einer Stalleinheit entsprechen. Im Besamungs- und Wartebereich ergeben sich die erforderlichen Standplätze aus der Summe aller Haltungstage aller Sauengruppen in diesen Abteilen.

Die Beziehungen zwischen Produktionsrhythmus und Tierplatzbedarf bei 3 Wochen Säugezeit sind am Beispiel eines Bestandes mit 400 Sauen in Tabelle B11 zusammengestellt. Mit Verlängerung des Produktionsrhythmus um je eine Woche erhöht sich die Anzahl an benötigten Sauenplätzen um jeweils 5%.

1.4 Frühabsetzverfahren

Die Anzahl der abgesetzten Ferkel je Sau und Jahr resultiert aus der Wurfhäufigkeit, der Wurfgröße und den Aufzuchtverlusten (siehe Tab. B7). Bei einer vorgegebenen Trächtigkeitsdauer und Güstzeit entscheidet die Länge der Säugezeit darüber, wie viele Würfe eine Sau im Jahr erbringen kann. Im Bereich von 6 bis 3 Wochen ergibt jede Vorverlegung des Absetztermins um eine Woche eine erhöhte Wurfhäufigkeit um rund 0,1. Daraus resultiert bei den derzeit praxisüblichen Aufzuchtergebnissen eine

Verbesserung um 0,9 bis 1,0 Absetzferkel je Sau und Jahr.

In den letzten Jahren hat das frühe Absetzen mit 3 Wochen ein steigendes Interesse erfahren. Frühabsetzen mit isolierter Aufzucht ist ein entscheidender Bestandteil der „Multisite"-Produktion. Es trägt zur Verbesserung der Tiergesundheit in der Aufzucht und Mast bei, da die primäre Infektionsbelastung der Ferkel mit faktorenabhängigen Erregern gering bleibt (s. Kap. C 4.3).

Die Sauen unterliegen nach **kürzeren Säugezeiten** einem geringeren Körpermasseverlust, der zulässige Wert von 15 kg wird dann selten überschritten. Wenn die Sauen nach dem Absetzen ausbleibende oder verzögerte Brunsteintritte aufweisen, kennzeichnet dies die säugezeitabhängige Spanne, die von der Laktationsanöstrie (Prolaktindominanz, Brunstlosigkeit während der Säugezeit) bis zum erneuten Brünstigwerden erforderlich ist. Letzteres lässt sich durch geeignete Stimulationsmaßnahmen im Eros-Center unterstützen. Dazu zählen insbesondere die Eberkontakte, gezielte Lichtprogramme und eine phasengerechte Fütterung. Eine biotechnische Managementhilfe besteht im Einsatz von geeigneten Zyklusstartern (s. Kap. B 4).

Nach einer dreiwöchigen Säugezeit sind die **Rückbildungsvorgänge am Uterus** weitgehend abgeschlossen, so dass die Voraussetzungen für eine erfolgreiche Konzeption gegeben sind. Eine weitere Vorverlegung des Absetztermines ist aufgrund der dann nicht abgeschlossenen uterinen Involutionsvorgänge aus physiologischen Gründen abzulehnen; verschiedene Fruchtbarkeitsparameter und hier vor allem die Konzeptionsrate werden unterhalb von 18 Säugetagen negativ beeinflusst. Außerdem erhöht sich bei einem fortgesetzten sehr frühen Absetzen das Ausfallrisiko der Sauen wegen Zuchtuntauglichkeit (Rauscheprobleme, fehlende Konzeption, niedrige Abferkelergebnisse). Derartige Selektionsgründe sind insbesondere bei Sauen nach der Aufzucht ihres ersten Wurfes (Primipara) bei einer kurzen Säugezeit deutlich erhöht, was zu höheren Remontierungsquoten führt.

Beim Frühabsetzen müssen alle Faktoren des Tiergesundheits- und Herdenmanagements optimal kontrolliert und gestaltet werden, dass die angestrebte Produktivitätssteigerung nicht durch eine Verschlechterung anderer Fortpflanzungsparameter und durch eine erhöhte Krankheitsquote der leichteren Absetzferkel wieder aufgehoben wird.

1.5 Erstellung von Arbeitsplänen

Auf der Basis der Zyklogramme werden die Arbeitspläne erstellt, in denen sämtliche **planbaren Aktivitäten** für die Bestandsführung zusammengefasst sind. An jedem Tag einer Arbeitswoche wiederholen sich beim 7-Tage-Rhythmus die auf bestimmte Haltungstage bezogenen Arbeiten, z. B. Sauenbonitur und Absetzen, Ein- und Ausstallen, Reinigung und Desinfektion, biotechnische Applikationen, diagnostische Tätigkeiten, Immunisierungen, Parasitenbehandlungen und anderes. Beim 3-Wochen-Rhythmus fallen die entsprechenden Arbeiten nur in jeder 3. Woche an. Beim 4-Wochen-Rhythmus mit 21-tägiger Säugezeit ergibt sich dagegen ein anderer Arbeitsablauf: Den ersten 2 Wochen mit ihren Arbeitsspitzen folgen weitere zwei Wochen, in denen nur die Grundversorgung des Bestandes gesichert werden muss.

Aus der Zusammenfassung der in den einzelnen Ställen anfallenden Betreuungs- und Pflegetätigkeiten ergeben sich die auf Wochentage bezogenen Arbeiten, woraus die **Arbeitspläne** für das Stallpersonal zu erstellen sind.

1.6 Aufzucht und Mast

Die Dauer der **Absetzferkel- bzw. Läuferperiode** wird durch das Absetzalter, die täglichen Zunahmen und das zu erreichende Endgewicht bestimmt. Dabei ist eine Haltungsdauer von **6 bis 9 Wochen** üblich.

Die **Mastdauer** ist vom Einstallgewicht der Mastläufer, der Höhe der Masttagszunahmen und der angestrebten Mastendmasse abhängig. Sie beträgt **3 bis 4 Monate**. Die Schweine sollten spätestens in einem Alter von 180 Tagen das Schlachtgewicht von ca. 115 bis 120 kg erreicht haben.

Betriebe im geschlossenen System erzeugen ihre Ferkel und Läufer selbst. Der Produktionsrhythmus im Sauenbestand bestimmt den Reproduktionsablauf in der nachfolgenden Ferkelaufzucht und Mast. Zur Sicherung des Rein-Raus-Prinzips muss die Tierplatzkapazität in den Aufzucht- und Mastställen den Gruppengrößen an Absetzferkeln entsprechen. Die erforderliche Anzahl an Stalleinheiten errechnet sich aus der Belegungsdauer geteilt durch den Produktionsrhythmus.

Spezialisierte Läuferaufzucht- oder Mastbetriebe kaufen die Absetzferkel bzw. Mastläufer zu. Die Reproduktionsorganisation ist in diesen Betrieben abhängig von den betriebsspezifischen Gegebenheiten bezüglich der Anzahl und Kapazität der Ställe sowie der Form des Tierzukaufes. Bei Einordnung in eine Erzeugergemeinschaft mit festen Beziehungen zu den vorgelagerten Produktionsstufen ist eine Abstimmung bezüglich Lieferzeitpunkt und -umfang zwischen Ferkelerzeugung und den nachgeordneten Aufzucht- und Mastbetrieben erforderlich. Bei Zukauf von Tieren auf dem freien Markt entscheiden die betriebsspezifischen Gegebenheiten und Anforderungen über Zeitpunkt und Umfang der Tierzukäufe. Auch hier sind die Erfordernisse einer Rein-Raus-Belegung der Ställe zu beachten.

1.7 Überbetriebliche Produktionsabstimmung

Bei der Organisation der Stufenproduktion zwischen verschiedenen spezialisierten Betrieben ist eine kontinuierliche Zusammenarbeit mit stabilen Partnerbeziehungen notwendig. Damit können die Kontinuität der Produktion sowie durchgängige Hygiene- und Prophylaxeregime in allen Produktionsstufen gewährleistet werden.

Erzeugergemeinschaften und Zuchtvereinigungen bilden eine bewährte Organisationsform für die überbetriebliche Zusammenarbeit. Die Inhalte und Intensität der Zusammenarbeit sind entsprechend den Anforderungen der Mitgliedsbetriebe sehr unterschiedlich. Sie reichen von vorrangiger Handelstätigkeit mit Tieren, Futtermitteln und sonstigem Produktionsbedarf bis hin zu konsequentem, koordiniertem Zusammenwirken über alle Produktionsstufen, wobei jeweils definierte Anforderungen an die Erzeugungs- und Produktqualität zu stellen sind. Die vorgelagerte Futtermittelindustrie sowie die nachfolgende Schlachtung und Verarbeitung sind teilweise einbezogen oder auch selbst Initiator und Organisator eines Erzeugerzusammenschlusses. Damit lassen sich einheitliche Erzeugungsrichtlinien umsetzen, die eine Voraussetzung für eine durchgängige Produktions- und Qualitätssicherung einschließlich eines hohen Tiergesundheitsniveaus sind (s. Kap. F 3). Auch die verschiedenen Zuchtorganisationen bieten neben der Genetik durchgehende Verfahrensempfehlungen von der Nukleuszucht bis zur Mast an.

Die Bündelung der vermarkteten Produkte kann dazu beitragen, die Marktposition der beteiligten Betriebe zu verbessern. Zur Sicherung der Wettbewerbsfähigkeit werden deshalb in zunehmendem Maße solche Organisationsformen auch in der deutschen Schweineerzeugung zu entwickeln sein.

Die Umsetzung des Verfahrens der **Multisite-Produktion** (s. Kap. C 4.3) erfordert von der Zuchtanlage ortsgetrennte, seuchenhygienisch isolierte Aufzuchtbestände und nachfolgende Mastbestände, die im Rein-Raus-Prinzip bewirtschaftet werden. Die Organisation der Multisite-Produktion muss den konkreten betrieblichen bzw. zwischenbetrieblichen Voraussetzungen und Möglichkeiten angepasst werden. Für ihre Anwendung in kleineren Betrieben empfiehlt sich eine dreiwöchige Säugezeit, kombiniert mit einem 4-oder auch 5-Wochen-Rhythmus. Letzterer erlaubt auch eine Säugezeit von vier Wochen. Die Ferkel werden nach der entsprechenden Säugezeit in den Läuferaufzuchtstall und von dort nach 8- bzw. 10-wöchiger Aufzuchtdauer in den nachfolgenden Maststall umgestalt.

2 Reproduktions- und Bestandsplanung

2.1 Definition und Anforderungen

Unter Reproduktion ist die beständige Erneuerung und kontinuierliche Wiederholung des Produktionsprozesses zu verstehen. Die Sauenhaltung bildet die Reproduktionsbasis; über die Ferkelerzeugung wird der gesamte Ablauf der Schweineproduktion gesteuert.

Voraussetzungen für eine **hohe Reproduktionsleistung** des Sauenbestandes sind jeweils
- optimale **Fruchtbarkeitsleistungen** der Sauen, die die Stallkapazitäten auslasten und eine Höchstzahl von Würfen in der kürzest möglichen Zeit erzeugen,
- hohe **Geburtswurfleistungen** in der Einheit von Anzahl und Gewicht der Nachkommen sowie
- gute **Aufzuchtleistungen** mit geringen Verlusten und optimalen Absetzgewichten der Ferkel.

In der nachfolgenden Aufzucht und Mast sind hohe Tageszunahmen bei niedrigem Futterverbrauch und geringen direkten und indirekten Verlusten erforderlich, so dass ein schneller Umschlag des Aufzucht- und Mastbestandes möglich wird.

Der Reproduktionsprozess ist anhand der gewählten Produktionsrhythmik exakt und real über alle Haltungsstufen von der Besamung bis zum Schlachtschwein zu planen. Das setzt die Kenntnis der betriebsspezifischen Leistungen voraus.

Ein Beispiel für einen Betrieb mit 175 Sauen bei einem Produktionsrhythmus von 21 Tagen und der Zielstellung, 3.500 Schlachtschweine im Jahr zu erzeugen, ist in Tabelle B12 dargestellt. Für den Start einer neuen Sauengruppe sind 25 Erstbesamungen (18 abgesetzte Altsauen, 7 Jungsauen) erforderlich, aus denen sich bei einer 80%igen Abferkelrate und drei aus Umrauscherbesamungen zutretenden tragenden Sauen insgesamt 23 Würfe ergeben. Bei den angegebenen Wurfgrößen und Verlusten in den aufeinander folgenden Haltungsabschnitten werden 20,0 Mastschweine je Sau und Jahr und damit 3.500 Mastschweine im Jahr als ein gutes Leistungsniveau erreicht. Von 11,5 insgesamt geborenen Ferkeln werden dann 8,7 Schweine geschlachtet, was einschließlich der Totgeburten insgesamt ca.

Tabelle B12: Planungsbeispiel für Aufzucht- und Mastleistungen in einem Bestand mit 175 Sauen bei 28 Säugetagen und einem 3-Wochen-Rhythmus (Zielstellung: 2,3 Würfe Sau/Jahr, 3500 Mastschweine/Jahr)

- 25 EB/Gruppe (18 AS, 7 JS)
- Ferkel
  - 23 Würfe (20 aus EB, 3 aus UR Bes.)
  - 265 gesamt geb. Ferkel — 11,5 Fe./Wurf
  - 0,6 Totgeburten/Wurf
  - 250 lebend geb. Ferkel — 10,9 Fe./Wurf
  - 0,6 nicht aufzuchtfähige Fe./Wurf
  - 232 aufzuchtfähige Ferkel — 10,3 Fe./Wurf
  - 1,0 Ferkelverlust/Wurf
  - 212 abgesetzte Ferkel — 9,3 Fe./Wurf
- Läufer
  - 3% Verluste
  - 206 Mastläufer — 9,0 Läufer/Wurf
- Mast
  - 3% Verluste
  - 200 Mastschweine — 8,7 Mastschweine/Wurf
  - → 8,0 Mastschweine/EB
  - → 20 Mastschweine/Sau/Jahr
  - → > 3500 Mastschweine/Jahr

25% Verlusten von der Geburt bis zur Schlachtung entspricht.

Die Reproduktionsplanung nach diesem Beispiel gibt die Zielstellungen vor, unterstützt das Erkennen von Leistungsreserven und ermöglicht eine regelmäßige Kontrolle. Diese sollte in größeren Beständen mit rhythmischer Produktion nach jedem Haltungsdurchgang, mindestens aber monatlich und kumulativ erfolgen.

2.2 Reproduktion des Sauenbestandes

2.2.1 Reproduktionsplanung

Eine Voraussetzung der erforderlichen Reproduktion ist die genaue Planung der Erneuerung des Sauenbestandes, wobei auf Abweichungen der unterstellten Leistungen umgehend reagiert werden muss.

Zwei Varianten für ein mittleres und ein sehr gutes Leistungsniveau sind in Tabelle B13 gegenübergestellt. Das Ziel ist jeweils die Bereitstellung von 25 abferkelnden Sauen je Gruppe. Bei einem hohen Niveau der Fruchtbarkeitsleistungen (Variante 2) mit 85% Abferkelrate bei den Altsauen, 80% bei Jungsauen und 75% bei Umrauschern müssen weniger Sauen wegen Nichtträchtigkeit selektiert werden als in Variante 1 mit geringeren Ergebnissen. Entsprechend geringer ist die Remontierungsquote in Variante 2, in der statt 75% (Variante 1) nur 50% des Bestandes jährlich umgeschlagen werden muss. Ein weiterer Vorteil besteht darin, dass sich auf der Basis hoher Reproduktionsleistungen auch die mittlere Nutzungsdauer der Sauen verlängert. Bei einer 50%igen Remontierungsquote liegt die mittlere Lebensleistung der Sauen bei ca. 4,5 Würfen, bei 75% aber nur bei ca. 3,0. Damit verändert sich auch die Altersstruktur des Sauenbestandes, in dem der Anteil an Sauen mit den leistungsstarken 3. bis 6. Würfen ansteigt.

Bei Variante 1 ergibt sich bei einer Säugezeit von 28 Tagen eine Wurfhäufigkeit von ca. 2,1, bei Variante 2 wegen der besseren Fruchtbarkeitsleistungen aber von ca. 2,3 Würfen je Sau und Jahr. Diese Differenz entspricht bei 9,3 abge-

Tabelle B13: Planung der Reproduktion des Sauenbestandes bei hohem (Variante 2) und mittlerem Leistungsniveau (Variante 1). Bedingungen: 180 Sauen, 21-Tage-Rhythmus; 25 Abferkelungen/Gruppe

	Variante 1 mittleres Leistungsniveau abgesetzte Altsauen	Jungsauen	Variante 2 hohes Leistungsniveau abgesetzte Altsauen	Jungsauen
• Erstbesamungen	21	8	22	5
• Abferkelrate	80%	60%	85%	80%
• tragende Sauen aus EB	17	5	19	4
• Umrauscher	4	3	3	1
• Abferkelrate Umrauscher		60%		75%
• tragende Umrauscher		4		3
• tragende Sauen insgesamt	26		26	
• Gesamtbesamungen		36		31
• Abgänge tragender Sauen		1		1
• **Wurfrate**	86,2		92,6	
• **abferkelnde Sauen**	25		25	
– davon Selektion		4		3
– davon zur Besamung	21		22	
• **Sauen zur Mast** gesamt	8		5	
• Mastsauen/Jahr	140		90	
• Zukauf Jungsauen		140		90
• **Remontierungsrate**		75%		50%

setzten Ferkeln je Wurf nahezu 2 abgesetzten Ferkeln je Sau und Jahr.

Die **Wurfrate** ist ein aussagefähiger Parameter für die Bewertung der Effektivität der Reproduktion. Sie bezeichnet den Anteil an Sauen, der nach einer Erstbesamung einen Wurf gebracht hat. Sie errechnet sich in folgender Weise:

$$\text{Wurfrate in \%} = \frac{\text{Würfe insgesamt}}{\text{Anzahl Erstbesamungen}} \times 100$$

Wurfraten von über 90% sind als „gut" zu bewerten. Bei einer hohen Wurfrate fällt nur ein geringer Anteil an Sauen nach der Besamung wegen Unfruchtbarkeit oder Gesundheitsstörungen aus. Das erhöht die Möglichkeit, eine aktive Leistungsselektion nach der Säugezeit vorzunehmen.

Erfolgreiche Besamungen ergeben eine hohe Abferkelrate sowohl nach Erstbesamung als auch nach Umrauscherbesamung. Diese ist die entscheidende Voraussetzung für eine hohe Produktivität des Sauenbestandes.

2.2.2 Jungsauenremontierung

Jungsauen ersetzen Muttertiere, die aus Altersgründen, wegen ungenügender Leistungen oder krankheitsbedingt ausscheiden. Die Bestandsergänzung (Remontierung) erfolgt je nach den betrieblichen Bedingungen entweder aus der eigenen Aufzucht oder über Zukauf. Bei der **Eigenreproduktion** bestimmt der Bedarf an zutretenden Jungsauen den Umfang der Jungsauenerzeugung. Die Stallplatzkapazitäten für die Jungsauenaufzucht sind entsprechend zu kalkulieren. Als Faustzahl gilt, dass je Zuchtwurf zwei zuchtverwendungsfähige Jungsauen rekrutiert werden müssen. Bei einer Remontierungsrate von 75% stehen demnach 15 bis 20% des Sauenbestandes für die Bestandsremontierung bereit.

Bei **Zukaufsreproduktion** sind feste Liefer- und Abnahmebedingungen zwischen dem Lieferanten (Vermehrungszuchtbetrieb, Erzeugergemeinschaft, Zuchtorganisation) und dem Ferkelerzeugerbetrieb erforderlich, um eine ausgewiesen gleichbleibende Herkunft mit definiertem Entwicklungs- und Tiergesundheitsstatus zu sichern.

Als **Reproduktionsrate** wird der Anteil von Jungsauenwürfen an den Gesamtwürfen bezeichnet und als **Remontierungsquote** die jährliche Jungsauenzuführung, bezogen auf 100 Sauen des Durchschnittsbestandes.

Als Faustregel kann man unterstellen, dass **1% Wurfrate = 1% Reproduktionsrate = 2% Remontierungsquote** entspricht.

Die Planung des Jungsauenbedarfs für die Bestandsergänzung ergibt sich aus den betriebsspezifischen Fruchtbarkeitsleistungen, die die Reproduktionsrate sowie die erforderliche Remontierungsquote bestimmen (Tab. B14).

Einen maßgeblichen Einfluss auf die Reproduktionsintensität haben also die Trächtigkeits- bzw. Abferkelrate und die Wurfrate. Gute Fruchtbarkeitsleistungen bei den Altsauen redu-

Tabelle B14: Einfluss der Fruchtbarkeit auf die Reproduktionsintensität einer Sauenherde (Ziel: 50 Würfe je Abferkelgruppe)

	Wurfrate der Altsauen %			
	78	82	86	90
• Altsauen zur Erstbesamung bei 10% Selektion nach dem Absetzen	45	45	45	45
• Altsauenwürfe	35	37	39	41
• erforderliche Jungsauenwürfe für 50 Gesamtwürfe	15	13	11	9
• **Reproduktionsrate %**	30	26	22	18
• Jungsauen zur Erstbesamung bei einer Wurfrate von − 78% − 82% − 86%	19 18 17	17 16 15	14 13 12	12 11 10
• **Remontierungsquote bei 2,3 Würfen/Sau Jahr /%**	ca. 70	ca. 60	ca. 50	ca. 40

Tabelle B15: Remontierungsquote in Abhängigkeit von der Wurffolge und dem Anteil an produktionswirksamen Jungsauen

Wurffolge	Anteil an produktionswirksamen Jungsauen/%		
	WR 80	WR 85	WR 90
• 2,0	50	47	44
• 2,2	55	52	49
• 2,4	60	56	53

zieren den erforderlichen Anteil an Jungsauenwürfen, senken also die Reproduktionsrate. Gute Fruchtbarkeitsleistungen bei den Jungsauen reduzieren den erforderlichen Anteil an zuzuführenden Jungsauen, also die Remontierungsquote. Diese wird zusätzlich dadurch beeinflusst, dass zwischen der Zuführung der Jungsauen im Alter von ca. 6 Monaten bis zur Erstbesamung Abgänge erfolgen oder Jungsauen wegen Fortpflanzungsstörungen keine Erstbesamung erhalten, also nicht produktionswirksam werden.

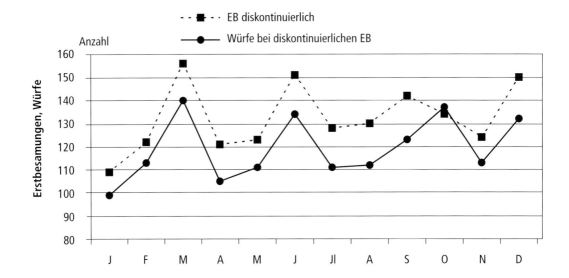

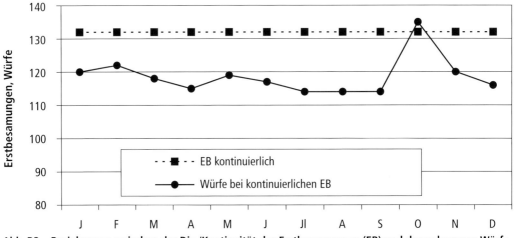

Abb. B2 Beziehungen zwischen der Dis-/Kontinuität der Erstbesamungen (EB) und der geborenen Würfe.

Die Remontierungsquote kann nach Tabelle B15 kalkuliert werden.

2.2.3 Kontinuität der Reproduktion

Voraussetzung für eine hohe Produktion ist die Sicherung einer kontinuierlichen Reproduktion. In die biologischen Abläufe des Fruchtbarkeitsgeschehens kann nicht an jeder Stelle regulierend eingegriffen werden. Es ist z. B. nicht vorauszusehen, wie viele Sauen umrauschen, wann die Umrausche erfolgt, wie hoch die Wurfgrößen sein werden oder ob Sauen aus gesundheitlichen Gründen ausscheiden. Die Sicherung der vorgesehenen Erstbesamungen ist die wichtigste Maßnahme, um aktiv auf die Kontinuität der Reproduktion einzuwirken.

Diese Aussage verdeutlicht die Abbildung B2 anhand zweier Praxisbeispiele, die die Wurffolge bei kontinuierlichen und diskontinuierlichen Erstbesamungen zeigen. Danach ist eine fortlaufend hohe Arbeitsqualität im Fruchtbarkeitsmanagement Voraussetzung für eine gleichbleibende Ferkelerzeugung.

Für die **planmäßige Bereitstellung der Sauen** zur Erstbesamung sollte folgendermaßen vorgegangen werden: Nach dem Abferkeln ist zu entscheiden, wie viele Sauen aus der Gruppe nach dem Absetzen wieder zur Besamung bereitgestellt werden sollen. Die Differenz zu der Anzahl an planmäßig vorgesehenen Erstbesamungen ist durch Jungsauen zu ergänzen. Diese Entscheidung ist so zeitig zu treffen, dass die medikamentelle Synchronisation der Jungsauen den aktuellen Bedingungen angepasst werden kann.

Über die Steuerung der Anzahl der Erstbesamungen können weiterhin vorhersebare Depressionen in den Fruchtbarkeitsleistungen abgefangen werden. Es empfiehlt sich beispielsweise, in den warmen Sommermonaten durch erhöhte Zuführung von Jungsauen die Anzahl an Erstbesamungen je Gruppe zu erhöhen, um die erforderliche Anzahl an abferkelnden Sauen und aufzuchtfähigen Ferkeln zu sichern.

Die Trächtigkeitsdiagnose ermöglicht das frühzeitige Erkennen von Schwankungen in der Fruchtbarkeit, auf die auch mit einer Veränderung der Anzahl an Erstbesamungen zu reagieren ist.

3 Schweinezüchtung

3.1 Zuchteinsatz der Schweinepopulationen

Stammform unserer Hausschweine ist das **Wildschwein** *Sus scrofa scrofa*, das in verschiedenen Formen vorkommt. Am bekanntesten sind das Europäische Wildschwein *Sus scrofa ferus* und das Asiatische Bindenschwein (*Sus vittatus*). Aus den Wildschweinformen heraus fand die Domestikation 10 000 bis 8000 v. Chr. in Ostasien und um 6000 bis 4000 v. Chr. im Mittelmeer- und Ostseeraum statt. Die Domestikation führte zur sexuellen Isolation kleiner Gruppen und damit zu genetischen Aufspaltungen; Eingriffe in das natürliche Fortpflanzungsgeschehen führten zu Genfrequenzveränderungen. Änderungen der Umwelt und Ernährung in Verbindung mit konsequenter Selektion erbrachten große Leistungssteigerungen in der Frühreife, Fruchtbarkeit, in Wachstum und Proteinansatz. Gleichlaufend haben die Sinnesleistungen der domestizierten Schweine abgenommen. Allerdings waren die am heutigen Standard gemessenen Leistungen bis in das 18. Jh. gering. Um 1800 erreichten z. B. die Landschläge in zwei bis drei Jahren nur ein Schlachtgewicht von 40 kg.

In der zweiten Hälfte das 18. Jh. begann die **Züchtung von leistungsfähigen Kulturrassen**. Ausgehend von England wurden die heimischen „primitiven" Rassen mit den auf dem Seeweg mitgebrachten frühreifen und fruchtbaren Schweinen des Vittatus-Typs gekreuzt und so neue sowohl großrahmige als auch mittelrahmige Rassen gezüchtet, wie die Large White (Yorkshire), Berkshire, Cornwall. Da Anfang des 19. Jahrhunderts auch in Deutschland leistungsfähige Schweinepopulationen gefragt waren, wurden diese neuen englischen Rassen nach Deutschland importiert und in Reinzucht gehalten bzw. zur Verbesserung der Leistungen in einheimische Landschläge eingekreuzt. Aus einer Verdrängungskreuzung entstanden das Deutsche Edelschwein und aus einer Veredelungskreuzung das Deutsche veredelte Landschwein, das um 1950 zur heutigen leistungskombinierten Mutterrasse (Landrasse) umgezüchtet worden ist. Das Deutsche Edelschwein wurde hingegen über Selektion innerhalb der Rasse zum heutigen Typ gezüchtet.

Landrasse und **Edelschwein** (international als Large White bzw. nach dem Ursprung der Herauszüchtung auch als Yorkshire bezeichnet) sind vor allem in Ländern mit hoch entwickelter Schweinehaltung zu finden. Bei beiden sind Haut und Borsten weiß. Unterscheidungsmerkmale sind die Ohren (Landrasse: Hängeohr, Edelschweine: Stehohr) und der Typ (Edelschweine sind meist kürzer mit stärker ausgebildetem Fundament). Da beide Rassen nach dem gleichen Zuchtziel gezüchtet werden, sind heute die Leistungsunterschiede gering. Edelschweine sind gegenüber Landrassetieren im Durchschnitt weniger stressanfällig, in Reinzucht aber weniger gut für die Haltung in Großbetrieben geeignet.

In **Kreuzungsprogrammen** (Hybridschweinezüchtung) werden beide weißen Rassen in der Regel als so genannte Mutterrassen, d. h. als leistungskombinierte Ausgangspartner zur Erzeugung von fruchtbaren F1-Hybriden verwendet, die durch hohe Fruchtbarkeit bei hoher Umweltstabilität sowie durch gutes Wachstum bei mittlerem Fleischanteil charakterisiert sind. Auch in der Rotationskreuzung werden sie neben weiteren Rassen bzw. Linien eingesetzt.

Zur Erzeugung von Mastschweinen im Rahmen eines systematisch organisierten Kreuzungsprogramms (Dreiwege- bzw. Vierwegekreuzung) werden für die zweite Kreuzungsstufe (F1-Hybridsau x Endstufeneber) fleischansatzbetonte Eber benötigt. Deshalb wurden seit Mitte der 50er Jahre Schweine der Rasse **Pietrain** aus Belgien − eine extreme Fleischrasse mit über 60 % Magerfleischanteil, verbunden mit hoher Stressempfindlichkeit − importiert. Diese werden, wie auch Kreuzungen mit

Abb. B3 Schematische Darstellung von Kreuzungsverfahren.

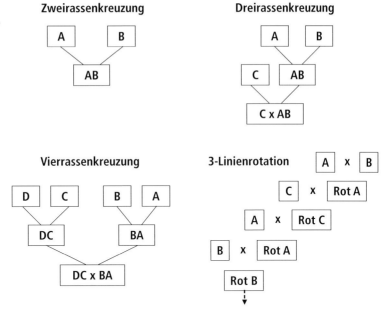

Hampshire, vor allem in Deutschland als Endstufeneber eingesetzt. Um die Stressempfindlichkeit und Neigung zu Fleischqualitätsmängeln zu senken, wird gegenwärtig versucht, MHS-genfreie Pietrainlinien zu züchten und in Kreuzungsprogrammen einzusetzen. Die angewendeten Kreuzungsverfahren zeigt Abbildung B3.

Die Rasse **Hampshire** zeichnet sich durch einen relativ hohen Fleischanteil mit guter Fleischbeschaffenheit aus. Die Schweine dieser weltweit verbreiteten Rasse sind schwarz-weiß gegürtelt, haben Stehohren und eignen sich zur Kreuzung mit Pietrain für die Erzeugung von Terminal-Ebern. Vorbehalte in der Verwendung in Reinzucht und Kreuzung betreffen die oft nicht befriedigende Fruchtbarkeit und den so genannten Hampshire-Faktor mit seinen negativen Auswirkungen auf den End-pH-Wert und das Wasserhaltevermögen des Fleisches.

Die einfarbig rotbraunen **Duroc** haben eine weltweite Bedeutung für Kreuzungsprogramme, da sie besonders stressunempfindlich sind und ihr Fleisch einen hohen intramuskulären Fettanteil (Marmorierung) aufweist. In kleineren Populationen bzw. als Genreserve werden die **Sattelschweine** (Angler und Schwäbisch-Hällisches), die in der ehemaligen DDR gezüchtete stressstabile Mutterrasse **Leicoma** und das **Bunte Bentheimer Schwein** gehalten.

Gründe für die Anwendung von Gebrauchskreuzungen (Zwei-, Drei- und Vierwegkreuzungen sowie Rotationskreuzungen) liegen in der Nutzung von Heterosis- bzw. Kombinationseffekten zwischen differenziert veranlagten Elternpopulationen. Unter **Heterosiseffekten** versteht man Leistungsabweichungen für Gebrauchskreuzungstiere vom Mittel der Leistungen beider Elternpopulationen. Gebrauchskreuzungen, insbesondere mit integrierter Leistungsprüfung und Selektion, überschreiten oft das Mittel der Leistungen der Elternpopulationen beträchtlich. Insbesondere bei den Merkmalen der Reproduktionsleistung sind Steigerungen von 5 bis 15 %, für das Jugendwachstum von etwa 5 % zu beobachten.

Die züchterische Basis der deutschen Schweineproduktion bildet die Herdbuchzucht, die Vermehrungszuchten bestückt. Die eigentliche Produktion findet in Aufzuchtbetrieben zur Ferkelerzeugung statt, von denen die Mast beliefert wird. Die Organisationsstruktur der deutschen Schweineproduktion ist in der Abbildung B4 dargestellt.

Die Farbtafel 1 (siehe Seite 97) zeigt Eber der verbreitetsten Schweinerassen.

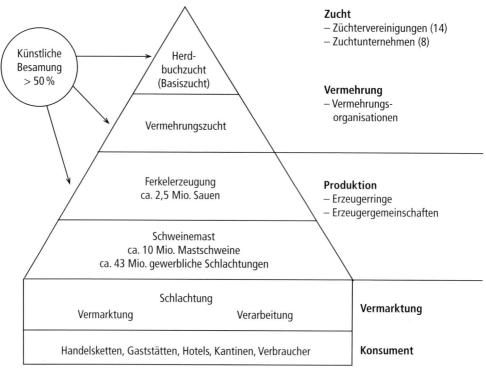

Abb. B4 Organisation der Deutschen Schweineproduktion (ZDS 2001).

3.2 Leistungsprüfung und Zuchtwertschätzung

Leistungsprüfungen sind für die Züchtung von landwirtschaftlichen Nutztieren durch das Tierzuchtgesetz vorgeschrieben. Durch eine Richtlinie des Rates (1988) wurde der EU-interne Zuchtschweineverkehr liberalisiert. Durch neue gesetzliche Vorgaben entfällt der staatliche Körzwang für im Natursprung eingesetzte Eber. Eingetragene, reinrassige oder registrierte Zuchtschweine dürfen zur Erzeugung von Nachkommen nur angeboten und abgegeben werden, wenn sie durch eine Kennzeichnung eindeutig dauerhaft identifiziert werden können und von einer Zucht- oder Herkunftsbescheinigung begleitet sind. Sperma darf nur von Besamungsstationen, Eizellen können nur von Zuchtorganisationen sowie deren Mitgliedern angeboten und abgegeben werden. Die öffentliche Förderung der Leistungsprüfung und Zuchtwertschätzung ist ebenfalls im Tierzuchtgesetz vorgesehen, wobei die Durchführung der Leistungsprüfung in der Verantwortung der Bundesländer liegt.

Die Leistungsprüfung ist traditionell eingeteilt in Stations- und Feldtests, die meist beide von den Zuchtorganisationen genutzt werden (Abb. B5). Bei Zuchtschweinen werden die **Zuchtwerte** Zuchtleistung und Fleischleistung ermittelt, bei Ebern wird zusätzlich die äußere Erscheinung beurteilt. Von Zuchtschweinen, die Eltern von Endprodukten in Kreuzungsprogrammen sind, wird die Fleischleistung durch Prüfung einer Stichprobe der Endprodukte und die Zuchtleistung durch Prüfung einer Stichprobe der Mütter von Endprodukten festgestellt.

3.2.1 Zuchtleistung

Fruchtbarkeit und Aufzuchtleistung werden im Rahmen der Zuchtleistungsprüfung erfasst. Im Einzelnen sind dies folgende Parameter:
- die lebend und tot geborenen Ferkel,
- die Zahl der am 21. Tag lebenden Ferkel (Aufzuchtleistung),

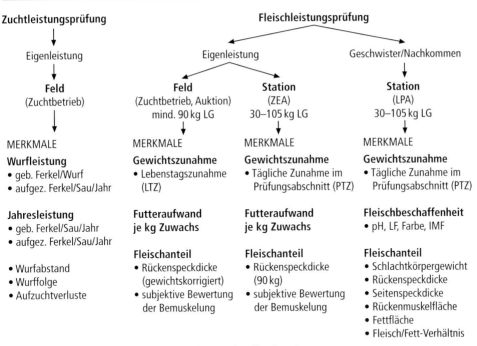

Abb. B5 Leistungsprüfungen in der Schweineherdbuchzucht.

Tabelle B16: Verteilung der Rassen in Deutschland und Prüfergebnisse der Zuchtleistungen im Jahr 2000 *(ZDS 2001)*

Rasse	HB-Tiere insg. (%) 1997	2002	Anzahl geprüfte Sauen	Anzahl Ferkel je Sau und Jahr geb.	aufgez.	je Wurf geb.	aufgez.	Verluste %
• Deutsche Landrasse (DL)	60,3	60,9	34 075	23,6	21,0	10,5	9,8	6,8
• Deutsches Edelschwein (DE)	13,5	13,4	7 141	23,4	21,4	10,4	9,6	8,4
• Pietrain (Pi)	20,1	19,4	6 460	20,3	19,0	9,9	9,3	6,2
• Landrasse B (LB)	0,8	0,0	12	19,9	19,4	10,0	9,7	2,6
• Leicoma (Lc)	3,3	1,4	610	26,3	24,2	10,9	10,1	7,9
• Angler/Dt. Sattelschwein (AS/DS)	0,3	0,4	36	18,7	16,9	10,7	9,6	9,7
• Hampshire (Ha)	0,3	0,1	38	18,8	17,1	9,1	8,3	8,8
• Duroc (Du)	0,6	0,4	137	22,5	20,3	10,5	9,5	9,4
• Schwäbisch-Hällisches Schwein (SH)	0,4	0,3	94	21,1	19,3	10,9	10,0	8,4
• Bunte Bentheimer (BB)	0,1	0,2	37	17,5	16,4	10,0	9,3	6,4

- das Alter der Sau beim ersten Ferkeln,
- die Zwischenwurfzeit und Wurffolge sowie
- die Anzahl der Zitzen, die bei Mutterrassen 7:7 betragen sollte.

Diese Prüfungen werden von den Züchtern selbst vorgenommen und von neutralen Leistungsprüfern stichprobenweise kontrolliert. Es werden nur solche Sauen ins Herdbuch aufgenommen, die mindestens 8 geborene und 7 aufgezogene Ferkel im ersten Wurf oder im Durchschnitt aller Würfe mindestens 8 aufgezogene Ferkel hatten. Ergebnisse von Zuchtleistungsprüfungen in der Basiszucht der in Deutschland verbreiteten Rassen zeigt Tabelle B16.

3.2.2 Mastleistung und Schlachtkörperwert

Diese Prüfungen finden entweder als Feldprüfung in den Züchterställen, auf Auktionen oder als Stationsprüfung in öffentlichen und unternehmenseigenen Prüfanstalten an zur Zucht bestimmten Ebern und Jungsauen (Eigenleistungsprüfung) oder deren Verwandten (Geschwister- und Nachkommenprüfung) statt. Erfasst werden Speck- und Muskeldicken am lebenden Tier (Echolotverfahren) in der Eigenleistungsprüfung im Feld. Für Eber auf der Station wird zusätzlich eine subjektive Beurteilung des Exterieurs vorgenommen (s. auch Kap. E 2.1) sowie die Zunahme im Prüfabschnitt und die Futteraufnahme je kg Zuwachs erfasst.

Die Durchführung der Geschwister- und Nachkommenprüfung erfolgt bundeseinheitlich nach den Richtlinien für die Stationsprüfung auf Mastleistung und Schlachtkörperwert beim Schwein. Die Prüfung erfolgt an zwei Wurfgeschwistern (für die Prüfung der Eber sind mindestens 4 auswertbare Würfe, d. h. 8 Tiere erforderlich) im Gewichtsbereich von 30 bis 100 kg. Für die Merkmale tägliche Zunahme, Futteraufwand je kg Zuwachs, Rückenmuskelfläche, Fleisch-Fett-Verhältnis, Rückenspeckdicke und Schinkengewicht werden Abweichungen vom geltenden Anstaltsdurchschnitt bewertet bzw. bei weniger als 40 Gruppen je Anstalt wird der Durchschnitt der in der Bundesrepublik Deutschland geprüften Tiere innerhalb der Rassen für die Korrektur herangezogen. Außerdem wird der prozentuale Fleischanteil nach der so genannten „Bonner Formel" errechnet. Für die Berechnung der Abweichungen der Fleischbeschaffenheitsmerkmale (pH-Werte, Leitfähigkeitswert) werden als Vergleichswert nur die am selben Tag geschlachteten Tiere herangezogen. Zunehmend erfasst wird auch der intramuskuläre Fettgehalt an der 13. bis 14. Rippe des *M. longissimus*. Ergebnisse der Prüfung auf Mast- und Schlachtleistung sowie Fleischbeschaffenheit sind der Tabelle B17 zu entnehmen.

Im Rahmen der Zielsetzung dieses Buches soll auf Merkmale des Wachstums und Schlachtkörperwertes nicht näher eingegangen werden. Verwiesen wird auf entsprechende Fachbücher bzw. Informationen von Zucht- und Erzeugerverbänden, die dem Internet entnommen werden können.

3.2.3 Stressempfindlichkeit und Fleischqualität

● „Stressempfindlichkeit"

Aufgrund ungünstiger anatomisch-physiologischer Gegebenheiten, wie geringes relatives Herzgewicht, ungünstiges Systolen-Diastolen-Verhältnis, relativ geringes Blutvolumen, hohe

Tabelle B17: Prüfergebnisse von Sauen (30–105 kg) zur Mastleistung, Schlachtleistung (Schlachtgewicht warm: 85 kg) und Fleischbeschaffenheit im Jahr 2002 *(ZDS* 2003)

Rasse	Anz. Prüftiere Stück	mittl. tägl. Zunahme g	Futterverbrauch je kg Zuwachs kg	Rückenmuskelfläche cm²	Fleisch-Fett-Verhältnis 1:	pH1-Kotelett[1] cm	LF1-Kotelett[2] cm²	FH[3] %
Pi	4584	786	2,41	61,8	0,18	6,18	5,4	65
DL	48	914	2,60	49,6	0,37	6,38	4,2	67
DE	18	872	2,49	46,2	0,35	6,40	4,0	61
LB	22	833	2,52	61,8	0,30	6,12	4,0	67
Lc	14	898	2,47	45,4	0,43	6,50	5,5	68
Du	37	864	2,60	47,3	0,37	6,43	4,3	71
Ha*	8	816	2,60	54,7	0,34	6,25	3,8	61
AS (2000)	10	758	3,23	36,2	0,71	6,25	3,7	68

[1] pH-Wert, gemessen 45 min post mortem
[2] LF: Leitfähigkeit, gemessen 2 h post mortem
[3] FH: Farbhelligkeit, gemessen mit Opto-Star der Fa. Matthäus
* Eber

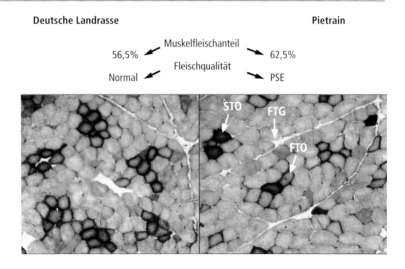

Abb. B6 Vergleich der Muskelstruktur bei Schweinen mit unterschiedlicher Fleischbeschaffenheit.

Blutviskosität, eingeschränkte Thermoregulation durch das weitgehende Fehlen von Schweißdrüsen und infolge des starken subkutanen Fettgewebes, sind Hausschweine begrenzt belastbar. Durch die Selektion auf hohen Magerfleischanteil und die Betonung der Schinkenausformung wird diese Anfälligkeit gegenüber lokomotorischen und anderen Belastungen erhöht. Die Muskulatur von Fleischschweinen weist insbesondere bei extremen Rassen (Pietrain) Eigenschaften auf, die bei Belastungen schnell zum anaeroben glykolytischen Energiestoffwechsel neigen. Beim aeroben Energieabbau werden je Mol Muskelglykogen in den Mitochondrien 39 Mol ATP gebildet, beim anaeroben jedoch nur 3 Mol ATP bei verstärkter Laktatbildung. Daraus folgt eine schnelle und wenig effektive Energiegewinnung mit hoher Wärmebildung und verstärkter Säuerung, was zur Insuffizienz der lebensnotwendigen Regulationssysteme führen kann. Ursachen hierfür sind der starke Muskelansatz durch Hypertrophie der Muskelzellen. Damit ist bei den Muskeln der fleischreichen Teilstücke, wie Kotelett und Schinken, vorrangig die Ausbildung des weißen Muskelfasertyps (fast, twitch, glykolytic = FTG) bei weniger Muskelfasern des roten Typs (slow, twitch, oxidative = STO) verbunden. Das Muskelfasertypenprofil ist also in Richtung weißer, schnell kontrahierbarer, zum glykolytischen Stoffwechsel neigender Fasern verschoben. Die Anzahl der Mitochondrien ist in diesen Zellen geringer.

Eine solche Muskulatur wird infolge der relativ geringeren Kapillarisierung außerdem weniger gut mit Sauerstoff versorgt. Hinzu kommt eine größere Neigung zur Bildung von pathologischen Muskelfasern. Eine Zwischenform stellen die Fasern vom intermediären Typ (fast, twitch, oxidative = FTO) dar (Abb. B6).

● **Messung der Belastbarkeit**

Einige Rassen (Landrasse, Pietrain) weisen auch eine eingeschränkte Kalzium-Ionenspeicherfähigkeit des Sarkoplasmatischen Retikulums (SR-System) auf, die durch eine Mutation am Ryanodinrezeptor bedingt ist. Diesem als Malignes Hyperthermie-Syndrom (MHS) bzw. früher auch als Halothan-Empfindlichkeit bezeichneten genetischen Defekt wird in den betroffenen Populationen über gezielte Selektion entgegengewirkt (Abb. B7).

In den Jahren von 1970 bis 1990 war der **Halothantest** die am weitesten verbreitete Methode, am lebenden Tier die Stressempfindlichkeit festzustellen. Nachteilig beim Halothantest ist neben dem hohen Aufwand, dass nur zwei von drei Genotypen (Reagenten PP, Nichtreagenten NN und PN) phänotypisch erkannt werden können und für das rezessive Gen außerdem eine unvollständige Penetranz vorliegt, sodass nicht alle Tiere im Testverfahren (Beatmung mit rund 3% Halothan in Sauerstoff) anhand des generalisierten Muskelspasmus erkannt werden können. Auch die Haplotypisie-

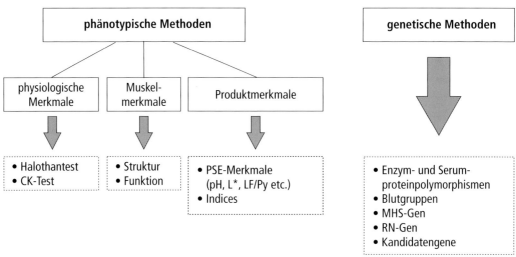

Abb. B7 Methoden der Erfassung von Stressempfindlichkeit und von Fleischqualitätsmängeln.

rung mit Markern (Blutgruppenfaktor Ha bzw. Polymorphismen von Serumproteinen) aus der Halothankopplungsgruppe war zeitaufwendig und ungenau.

Erst der molekulare Nachweis der **Mutation am Ryanodin-Rezeptor 1** (RYR-1) ermöglicht die sichere Erkennung aller drei Genotypen auf molekularem Niveau. In der Schweinezüchtung wird der so genannte **MHS-Gentest** seit 1992 bei der Landrasse als Mutterrasse verwendet. Seit einigen Jahren werden auch reinerbig stressresistente Vaterlinien (Pietrain) entwickelt. Da die Frequenz dieses Defektallels bei der Rasse Pietrain sehr hoch ist, ist der Anteil an MHS-negativen Pietrainebern noch relativ niedrig.

Ein weiterer Test zur Selektion gegen die Stressempfindlichkeit des Schweins ist der **Creatin-Kinase-Test (CK-Test)**, der auf dem Prinzip beruht, dass dieses Muskelenzym bei Tieren mit erhöhter Durchlässigkeit der Zellmembranen (insbesondere bei Belastungen) verstärkt in das Blut eintritt und dort nach standardisierter Belastung gemessen wird. Dieser Test, der nur noch in wenigen Zuchtunternehmen angewendet wird, hat den Nachteil, dass die Höhe der im Blut gemessenen Aktivität stark von der Muskelmasse des Tieres beeinflusst wird und sehr schwer standardisierbar ist.

● **Fleischqualitätsmängel**

Folgen der vorgenannten Stressempfindlichkeit sind erhöhte Aufzucht-, Mast- und Transportverluste sowie vor allem das Auftreten von belastungsbedingten Fleischqualitätsmängeln als **PSE-Fleisch** (pale = blass, soft = weich, exudative = wässrig) und **DFD-Fleisch** (dark = dunkel, firm = fest, dry = trocken). Diese Veränderungen treten besonders in den wertvollen Fleischteilstücken auf und verursachen hier durch Qualitätsminderungen hohe wirtschaftliche Verluste (Abb. B8).

Bei der Rasse Hampshire wurde ein weiteres Gen identifiziert, das die Fleischqualität beeinflusst. Bei Trägern des dominanten **RN-Allels** (Randement-Napole) kommt es aufgrund eines hohen glykolytischen Potenzials in der Skelettmuskulatur zu einem niedrigen pH-Endwert post mortem, verbunden mit einem schlechteren Wasserbindungsvermögen, so dass die Ausbeute bei der Kochschinkenherstellung geringer ausfällt. Kürzlich konnte nachgewiesen werden, dass eine Untereinheit der Adenosin-Monophosphat aktivierten Proteinkinase (PRK AG 3) für diesen Fehler verantwortlich ist (MILAN u. a. 2000). Dies ermöglicht die sichere Erkennung von Anlageträgern durch einen Gentest. Die früher vorgenomme Unterscheidung mit Parametern des Glykogenstoffwechsels und die darauf aufbauende Haplotyp-Analyse mit Markern führte hingegen oft zu Fehldiagnosen.

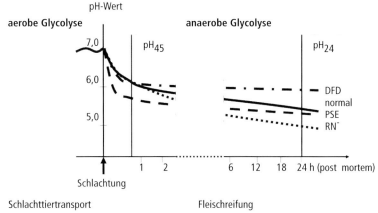

Abb. B8 Glykolyse-Verlauf bei der Entstehung von Fleischqualitätsmängeln beim Schwein.

Tabelle B18: Bedeutsame Erbdefekte beim Schwein (var. nach GLODEK 2002)

1. Defekte mit aufgeklärtem Erbgang	2. Defekte mit ungeklärtem Erbgang
• Malignes Hyperthermie-Syndrom (Stressanfälligkeit): eine mutierte Base (Argenin zu Cystin) im RYR-Gen → Gentest ermöglicht die Bestimmung von 3 Genotypen: PP, PN, NN • Hampshire-Faktor (RN-Gen) • Empfänglichkeit für E. coli-Ferkeldurchfall (FUT1-Gen)	• Hernien (Nabel, Leisten, Hoden) • Afterlosigkeit • Zwittrigkeit • Spreizbeinigkeit der Ferkel • Zitterkrankheit • Kryptorchismus • diverse Körper- und Gliedmaßenmissbildungen

Diese Defekte treten trotz Berücksichtigung in der Besamungszucht mit einer Frequenz von 0,1 bis 0,2 % auf.

3.2.4 Anomalienprüfung

Beim Einsatz von Ebern in der Besamung besteht die Gefahr der Verbreitung von Defektgenen auf eine große Anzahl von Nachkommen. **Anomalienprüfungen** sind demzufolge für Besamungseber unbedingt erforderlich. Angenommen werden in der Regel oligofaktorielle rezessive Erbgänge. Bei monogen dominant bedingten Erbfehlern werden Anlageträger phänotypisch erkannt, so dass sie von der Zucht ausgeschlossen werden können. Für verschiedene Anomalien scheint aber auch ein quantitativer (polygener) Erbgang mit meist niedriger Heritabilität vorzuliegen. Handelt es sich um einen monofaktoriellen rezessiven Erbgang, dann hängt die Wirksamkeit der Erbfehlerbekämpfung weitestgehend von den Frequenzen des Defektallels in der Population ab. Hierzu gibt es aber für die einzelnen Populationen nur unzureichende Angaben. Nach der Literatur werden in bis zu 13 % aller Würfe Anomalien gefunden, die 2 bis 5 % der Ferkelverluste ausmachen können. Die höchste Frequenz hat die Spreizbeinigkeit als multifaktorieller Erbschaden, gefolgt von Hodensackbrüchen, Zwittrigkeit, Kryptorchismus (Binneneber), Leistenbrüchen und Afterlosigkeit (Tab. B18). Zwischen Rassen und Linien gibt es dabei deutliche Unterschiede. Die Selektionswürdigkeit hängt von der Häufigkeit des Defektallels sowie der Schwere der Schadwirkung ab. Das Spreizen neugeborener Ferkel wird durch Umweltfaktoren hochgradig beeinflusst, sodass eher von einer genetischen Disproportion als von einer erblichen Anomalie zu sprechen ist.

Die **Prüfung auf Anomalien** erfolgt über Besichtigungen der Würfe bzw. durch Rückmeldungen der ersten 50 Würfe eines Besamungsebers, die Dateien werden in der Besamungsstation ausgewertet. Bei einer Frequenz des Defektallels von $q \geq 0{,}02$ und einer mittleren Wurfgröße von 10 Ferkeln sind allerdings schon 123 kontrollierte Würfe erforderlich, um mit hoher Sicherheit den Träger eines rezessiven Anomalieallels zu erkennen. Gezielte Testanpaarungen an bekannte Anlageträger erscheinen deshalb

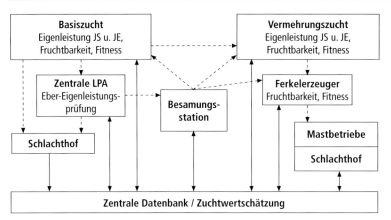

Abb. B9 **Leistungsprüfung und Zuchtwertschätzung sowie Daten- und Tierströme im Bundeshybridzuchtprogramm.**

zwar effektiver, sind jedoch ökonomisch nicht vertretbar. Molekulargenetische Tests zur Diagnose von Erbfehlern werden deshalb eine zunehmende Bedeutung bekommen. Die Nutzung von Gentransfer oder somatischer Gentherapie hängt vor allem von den gesetzlichen Rahmenbedingungen und den Kosten ab. Von echten Erbfehlern zu unterscheiden sind Phänokopien, die durch äußere Einwirkungen (z. B. Futtergifte in Pflanzen) zustande kommen können.

3.2.5 Zuchtwertschätzung

Die mittlere Leistung der Nachkommen stellt den Zuchtwert eines Tieres dar. Je nachdem, ob diese mittlere Leistung der Nachkommen oberhalb oder unterhalb des Gesamtmittels in der Nachkommengeneration liegt, spricht man vom **positiven** bzw. **negativen Zuchtwert**. Zu unterscheiden ist auch zwischen dem **allgemeinen Zuchtwert** (geschätzt aus den additiven Genwirkungen innerhalb der Rassen bzw. Linien) und dem **speziellen Zuchtwert** (geschätzt aus den nichtadditiven Genwirkungen bei Kreuzungstieren). Die Schätzung der Zuchtwerte geschieht unter Verwendung phänotypischer Beobachtungen und von Leistungserhebungen am Zuchttier selbst oder an verwandten Tieren. Um unterschiedliche Umweltwirkungen bei der Schätzung der genetischen Veranlagung zu eliminieren, werden die Beobachtungen bzw. Messwerte an einem repräsentativen Vergleichsmaßstab korrigiert und relativiert, der meist aus den gleichzeitig geprüften Probanden des Prüfdurchganges besteht.

Die **Zuchtwertschätzung** in der Schweinezucht erfolgt mit Hilfe von Selektionsindizes. Der Gesamtzuchtwert entspricht dann der linearen Funktion aus relativen ökonomischen Gewichten und Teilzuchtwerten. Zunehmend wird in den Schweinezuchten die **BLUP-Zuchtwertschätzung** mit Tiermodellen vorgenommen (best linear unbiased prediction = beste lineare, unverzerrte Voraussage). Ihr Prinzip ist die Schätzung von Zuchtwerten für jedes Tier und Merkmal. Die Einzelzuchtwerte je Tier und Merkmal werden dann mit Hilfe linearer Indizes zusammengefasst. Die Schätzungen erfolgen in Deutschland und vielen anderen Ländern mit Hilfe des Programmpaketes „PEST" oder auch vereinfacht in einigen Ländern mit dem Programm PigBLUP. Der Gesamtzuchtwert wird auf einen Mittelwert von 100 und eine Standardabweichung von 20 Punkten standardisiert. Die Schätzungen erfolgen in Deutschland wöchentlich, in einigen Ländern (Frankreich) monatlich oder auch täglich (Schweiz). Die Abbildung B9 gibt einen Überblick zu den Daten- und Tierbewegungen im Rahmen der Zuchtwertschätzung.

3.3 Selektion in Reinzucht und Kreuzung

• **Zuchttierselektion**
Eine **Selektion** findet sowohl innerhalb der Schweinepopulation (Paarungsgemeinschaften, Rassen) als auch in Kreuzungsprogrammen

statt. Bei Selektion innerhalb geschlossener Populationen besteht die Gefahr einer Inzuchtsteigerung, die sich nachteilig auf Reproduktionsmerkmale und das Auftreten von Letaldefekten (Erbfehler) auswirken kann. In den Schweinezuchten finden vereinzelt im Rahmen von Kreuzungsprogrammen bewusste Züchtungen in Linien statt, um ingezüchtete Eber als Kreuzungspartner vor allem bei der Rotationskreuzung einzusetzen.

Häufiger als in geschlossenen Populationen findet die Selektion in offenen Populationen statt, insbesondere nach dem II. Weltkrieg in Deutschland bei der Umzüchtung des Deutschen veredelten Landschweines zur Deutschen Landrasse. Im Westen Deutschlands erfolgte dies durch die stärkere Verwendung der Holländischen Landrasse, im östlichen Teil Deutschlands durch Hereinnahme von Landrasseebern aus Schweden, England und Jugoslawien.

Die **Gebrauchskreuzung** zur Erzeugung von Hybridschweinen erfordert im Gegensatz zur Reinzucht eine grundsätzliche Unterteilung zwischen Zucht- (Eltern- und Großelternzucht) und Gebrauchstieren. Nachkommen aus Gebrauchskreuzungen dienen der Erzeugung von Schlachttieren, d. h. dass mit ihnen nicht weitergezüchtet wird, sondern dass sie durch erneute Gebrauchskreuzung zwischen den Elternpopulationen immer neu erstellt werden. Die Zuchtarbeit zur Verbesserung der Endprodukte erfolgt zur Zeit fast ausschließlich in der Basiszucht, d. h. in der Reinzucht. Dabei wird erwartet, dass der erzielte genetische Zuchtfortschritt auch eine genetische Verbesserung der Kreuzungsnachkommen bewirkt. Ob und wie das geschieht, ist von den genetischen Korrelationen zwischen den Reinzucht- und Kreuzungsleistungen abhängig, welche mehrheitlich im positiven Bereich von über 0,5 liegen. Um diese Möglichkeiten der Leistungssteigerung zu nutzen, sind Besamungseber gleichzeitig in der Basis- und der Vermehrungsstufe einzusetzen.

● **Selektionskriterien**

Die in Europa angesiedelten Zuchtorganisationen nutzen für die Selektion in ihren Schweinezuchtprogrammen teilweise unterschiedliche **Leistungsdaten** (GÖTZ 2002). Danach ermitteln alle Programme die Speckdicke über Echolotmessungen, die meisten auch die tägliche Zunahme und den Magerfleischanteil bzw. den Anteil wertvoller Teilstücke des Schlachtkörpers im Stationstest. Häufig ermittelt werden die Futterverwertung und teilweise auch die Futteraufnahme. Die Erfassung der Muskel- und Fettfläche (12. bis 13. Rippe des *M. longissimus*) ist typisch für Deutschland und Tschechien.

Große Unterschiede gibt es in der Erfassung der **Fleischqualitätsmerkmale**. Am meisten genutzt werden der pH1-Wert (ca. 45 min.), zum Teil aber auch der pH-Endwert (24 h p.m.) und die Farbhelligkeit. Referenzmuskel sind allgemein der *M. longissimus*, teilweise auch zusätzlich der *M. semimembranosus*. Der intramuskuläre Fettgehalt im *M. longissimus* wird in der Schweiz, in Österreich und Deutschland erfasst.

Die lineare Bewertung des **Exterieurs** befindet sich noch in den Anfängen. Meist erfolgt die Exterieurbewertung nach einem am Zuchtziel orientierten Punktsystem von 1 bis 10.

Von den **Reproduktionsdaten** nutzen alle Systeme die Anzahl lebend geborener Ferkel, weniger auch die gesamt und davon tot geborenen. Häufig wird auch die Aufzuchtleistung erfasst. Nur wenige Zuchtprogramme erfassen das Abferkelintervall. Weitere teilweise genutzte Merkmale sind die Anzahl der Zitzen, ermittelt im Feldtest.

Wie welche Leistungsmerkmale in der züchterischen Selektion genutzt werden, hängt von deren **Erblichkeitsgrad** (Heritabilität) und der **ökonomischen Wichtung** dieser Merkmale ab. Die Fruchtbarkeitsmerkmale unterliegen einer starken Umweltbeeinflussung und bewegen sich meist im niedrigen Bereich ($h^2 < 0{,}20$). Andererseits ist das wirtschaftliche Gewicht der Fruchtbarkeitsmerkmale sehr hoch. Die alleinige Berücksichtigung der Anzahl lebend geborener Ferkel zur Bewertung des Fruchtbarkeitskomplexes ist allerdings unzureichend, da zwischen Wurfgröße und individuellem Geburtsgewicht bzw. den Ferkelverlusten negative Beziehungen bestehen. Von Röhe und Kalm (2000) wird daher vorgeschlagen, das durchschnittliche **Ferkelgewicht** als Zuchtwertmerkmal zu nutzen, da dessen relativer Anteil an den Risikofaktoren für Saugferkelverluste bei 75 % (vor 13,5 % Jahressaison-Einfluss) liegt. Hierdurch werden aber die Varianz der Geburtsgewichte und damit die Ausgeglichenheit der Würfe nicht berücksichtigt. Bei Erfassung der individuellen Geburtsge-

Tabelle B19: Ausgewählte Kandidatengene für allgemeine und spezielle Leistungsmerkmale beim Schwein (nach Literaturangaben)

Merkmalskomplex Merkmal	Genort (Symbol)	Anwendung
1. Fleischqualität		
• MHS-Empfindlichkeit	• Ryanodinrezeptor1 (RYR1)	• Zucht
• „Acid Meat"	• AMP-aktivierte Proteinkinase – γ-Untereinheit (PRKRAG3)	• Zucht (Einführung)
2. Fruchtbarkeit		
• Wurfgröße	• Östrogenrezeptor (ESR)	• Zucht
• Wurfgröße	• Prolaktinrezeptor (PRLR)	• Zucht
• Wurfgröße	• Retinol-bindendes Protein (RPB-4)	• Zucht
3. Mast- und Schlachtleistung		
• Intramuskuläres Fett	• Fettsäure-bindendes Protein (Herzmuskel/Fettgewebe; HFABP, AFABP)	• Test möglich
• Futteraufnahme, Verfettung	• Melanocortin-4-Rezeptor (MC-4R)	• Test patentiert
4. weitere Merkmale		
• Haut-/Fellfarbe	• Mast-/Stammzell-Wachstumsfaktor-Rezeptor (KIT)	• Zucht
• Haut-/Fellfarbe	• Melanocortin-1-Rezeptor (MC-1R)	• Zucht
• Ferkeldurchfall (E. coli F 18)	• α-(1,2) Fucosyltransferase (FUT-1)	• Test patentiert

wichte lässt sich bei eindeutiger Kennzeichnung die **Überlebensrate** der Ferkel, die eine sehr hohe wirtschaftliche Bedeutung hat, als Selektionskriterium nutzen.

Eine hohe ökonomische Bedeutung hat auch die **Nutzungsdauer**. Eine Steigerung der mittleren Wurfzahl von 4,5 auf 5,2 entspricht nach KRIETER (2001) einem modifizierten Grenzwert von ca. 25 € je Sau und Jahr. Die Nutzungsdauer ist ein komplexes Merkmal, bestimmt durch Gesundheit, Fruchtbarkeit und Konstitution. Zwischen den Noten der Fundamentsbeurteilung und der Lebensdauer bestehen mittlere Beziehungen.

3.4 Molekulare Methoden in der Schweinezucht

Die molekulare Gendiagnostik bietet der Tierzucht ein breites Spektrum an Nutzungsmöglichkeiten bei qualitativen Merkmalen und Erbfehlern. Molekulare Tests erlauben heute eine sichere Typisierung, die unabhängig vom Alter und Geschlecht ist. Unterschieden wird zwischen direkten und indirekten Verfahren. Bei den **direkten** Gentests ist das Gen identifiziert und charakterisiert, d. h. die vorhandenen Allele können durch molekulargenetische Verfahren auf DNA-Ebene dargestellt werden. Bei **indirekten Verfahren** ist das Gen nicht molekulargenetisch charakterisiert und die für die Variation verantwortlichen Allele sind unbekannt. Bekannt sind aber die chromosomale Lokalisation des Gens und/oder die Segregation mit einem Marker (Markeransatz). Die Sicherheit der Aussage wird umso genauer, je mehr eng miteinander gekoppelte, flankierende DNA-Marker verfügbar sind und je besser deren Kopplungsphase bekannt ist.

Die Tabelle B19 zeigt die Loci mit Einfluss auf quantitative Leistungsmerkmale beim Schwein. Da für die fruchtbarkeitsbeeinflussenden Gene eine große Variation der Effekte bei den einzelnen Schweinepopulationen vorliegt, wirken sie möglicherweise nicht direkt auf die Zielmerkmale, sondern sind mit entsprechenden Kandidatengenen eng gekoppelt.

3.5 Selektion auf Krankheitsresistenz

Unter **Krankheitsresistenz** versteht man eine genetisch determinierte Unempfindlichkeit von Arten, Rassen, Familien gegenüber bestimmten infektiösen (Mikroorganismen, Parasiten) und nicht infektiösen (Gifte u. a.) Krankheitsursachen. Die vererbbare Resistenz wird in der Regel von mehreren Genen mit unterschiedlicher Wirkung sowie von anderen Faktoren, wie Ernährungsmangel und Stress, die zu einer Verminderung der Widerstandsfähigkeit führen können, beeinflusst.

Eine **Selektion auf allgemeine Krankheitsresistenz** hat, sofern überhaupt durchgeführt, bisher noch keine Erfolge gezeigt und erscheint nach heutigem Kenntnisstand auch wenig erfolgversprechend, da diese komplizierten komplexen Regulationsmechanismen unterliegt. Voraussetzung für ein praktisches Herangehen sind große Zuchttierbestände mit differenzierter genetischer Struktur (Familien, Ebernachkommenschaften) mit genauer Erfassung des Krankheits- und Verlustgeschehens. Liegen Unterschiede zwischen Elternnachkommenschaften vor, könnte über die Zuchtwahl ein diesbezüglicher Weg beschritten werden. Einzelne Kriterien der Immunabwehr sind für eine solche Selektion nicht geeignet.

Spezifische Resistenzen gegen ganz bestimmte Pathogene werden für einen züchterischen Zweck leichter zugänglich sein. Ein Beispiel für eine durch ein Hauptgen kontrollierte spezifische Resistenz ist der durch *Escherichia coli* K88 verursachte neonatale Durchfall beim Ferkel (SELLWOOD et al. 1975).

Die gezielte **Steigerung der Krankheitsresistenz** bei landwirtschaftlichen Nutztieren kann durch additiven, deletiven oder allelersetzenden Gentransfer erreicht werden. Beim **additiven Gentransfer** werden Genkonstrukte mit Einfluss auf die Resistenz übertragen. Beim deletiven Gentransfer werden krankheitsbedingte Loci durch homologe Rekombination ausgewechselt. Beim allelersetzenden, d. h. „**Replacement-Gentransfer**" wird ein Anfälligkeitsallel gezielt durch ein Resistenzallel ersetzt (Übersicht bei MÜLLER u. BREM 1998). Für den Gentransfer eignen sich die an der Krankheitsresistenz beteiligten Gene des Major-Histokompatibilitäts-Komplexes (MHC), des T-Zellenrezeptors sowie Immunoglobin- und Zytokinin-Gene. Gentransfer-Experimente zur Beeinflussung der Krankheitsresistenz scheiterten allerdings bislang sowohl an der unzureichenden Kenntnis der pathogenen Wirtinteraktion als auch an der unzureichenden Kenntnis von Hauptgenen für Resistenzmechanismen.

Hinsichtlich möglicher Strategien zum Gentransfer mit dem Ziel der Verbesserung der Krankheitsresistenz ist zu unterscheiden zwischen somatischem Gentransfer und Keimbahn-Gentransfer. Ein Beispiel für den somatischen Gentransfer ist die **genetische Immunisierung,** wo nicht, wie bei den klassischen Impfungen, die Pathogene selbst verabreicht werden, sondern Genprodukte, die antigene Epitope kodieren. Genetische Immunisierungen werden bisher schon mit Erfolg bei landwirtschaftlichen Nutztieren durchgeführt. Jedoch sind beispielsweise deletive- und Replacement-Gentransfer-Experimente zur Steigerung der Krankheitsresistenz bisher noch nicht erfolgt. Allgemein scheint bei immunreaktiv beeinflussenden Genen die Heterozygotie vorteilhaft zu sein, insbesondere für Gene des MHC-Komplexes.

Bei der Entstehung der **Ödemkrankheit** (*Escherichia coli*-Enterotoxämie) und des Durchfalls vor und nach dem Absetzen (enterale Colibazillose) ist entscheidend, ob die toxinbildenden *E. coli*-Bakterien mit den an ihrer Oberfläche lokalisierten Fimbrien mit einem Rezeptor auf der Dünndarmschleimhaut eine Verbindung eingehen können. Ist der entsprechende Rezeptor nicht vorhanden, so haben die *E. coli*-Keime keine Möglichkeit, sich anzuheften und ihre pathogene Wirkung zu entfalten. Daraus folgt, dass solche Tiere gegenüber *E. coli*-Infektionen resistent sind. Die bisherige Typisierung der Fimbrienrezeptoren war nur anhand von Dünndarmproben von geschlachteten Tieren möglich, so dass eine züchterische Selektion nur begrenzt gegeben ist, da nur anhand der Nachkommen auf den Genotyp des Vaters und der Mutter geschlossen werden konnte.

VÖGELI et al. (1997) haben einen molekularen Marker (FUT1 (α [1,2]-Fucosyltransferase)) für den F18-Rezeptor gefunden. Entsprechende Untersuchungen beim Edelschwein und bei der Schweizer Landrasse zeigen, dass 11 bzw. 1% der Tiere dieser Rassen homozygot resistent sind (BERTSCHINGER u. VÖGELI 1998). Durch den Test ist es möglich, zukünftig resistente Linien aufzubauen. Nachteilig erscheint, dass es möglicherweise eine Kopplung der Gene für Stressempfindlichkeit und für die Resistenz gegenüber F18-*E. coli* gibt.

Bei Untersuchungen in der Schweiz wurde der Prozentsatz von Schweinen mit Resistenz gegenüber dem F18-Antigen von *E. coli* mit 6,7 % beim Edelschwein und 2,2 % bei der Veredelten Landrasse angegeben (LEEMANN 1993). In Deutschland sind im Durchschnitt verschiedener Rassen 8 % an resistenten Tieren ermittelt worden. Auffällig ist dabei ein völliges Fehlen resistenter Tiere bei den Rasse Hampshire und auch bei den Wildschweinen. Die bisherigen Ergebnisse zur Kopplung von *E. coli* F18-Resistenz mit der genetisch bedingten Stressempfindlichkeit von Schweinen sind jedoch sehr widersprüchlich und reichen nicht aus, um entsprechende Zuchtprogramme abzuleiten. Größere Tierzahlen verschiedener Rassen sind diesbezüglich sowohl mit dem MHS-Gentest als auch mit dem Test für den Nachweis des *E. coli* F18-Rezeptors zu untersuchen. Da es sich bei der Ödemkrankheit um eine Faktorenkrankheit handelt, sollten Veränderungen im Management und der Haltung vorläufig effektiver sein, bevor man sich zu Eingriffen in das Genom entscheidet. Eine größere Bedeutung könnte allerdings eine solche Fragestellung erlangen, wenn die Zucht auf Resistenz gegenüber *E. coli* F18 zu einer Verbesserung der Tiergesundheit bei verringertem Medikamenteneinsatz führen würde.

4 Fortpflanzung

4.1 Bedeutung und Definitionen

Die **Fortpflanzung** (Reproduktion) der Schweine stellt eine der wichtigsten Komponenten für die Planung und den Ablauf der Ferkelproduktion und eine grundlegende Voraussetzung für die Zuchtarbeit dar. Die Schweine zählen zu den besonders fruchtbaren Haus- und Nutztierarten. Bei ihnen ist die Fähigkeit zur Fortpflanzung (Fruchtbarkeit, Fertilität) mit einer Vermehrung verbunden, d. h. die Individuenzahl in der Tochtergeneration ist gegenüber der Elterngeneration erhöht. Es erweist sich als sinnvoll und zweckmäßig, den Begriff der **Fruchtbarkeit** auf das weibliche Tier (d. h. auf die Sauenseite) zu begrenzen und beim männlichen Tier (Zuchteber im Deck- und Besamungseinsatz) von **Befruchtungsfähigkeit** zu sprechen.

Die **Fruchtbarkeitsleistung** ist von sehr komplexer Natur. Ihre Charakterisierung erfordert die Erfassung, Dokumentation und Auswertung einer größeren Anzahl von Leistungsergebnissen. Diese umfassen auf der Sauenseite
- für Einzeltiere die Merkmale Erstabferkelalter, Wurfabstand, durchschnittliche Wurfgröße und Wurfmasse bei der Geburt sowie
- für Sauengruppen/Herden die Merkmale Östrusrate, Trächtigkeitsrate, Abferkelrate und Ferkelindex.

Die **Aufzuchtleistung** bezeichnet die Leistung von Zuchtsauen in der Aufzucht, ausgedrückt durch die Anzahl und Masse der bis zu einem ausgewiesenen Termin (z. B. 21. Lebenstag – Absetzen oder Ausstallung aus dem Flatdeck) aufgezogenen Ferkel je geborenem Wurf und/oder je Sau und Jahr einschließlich der Ammenferkel.

Die „**Sau**" wird gezählt vom ersten Belegen bis zum Abgang (Verkauf/Verlust).

Die in Tabelle B20 definierten Begriffe charakterisieren die sexuelle Jugendentwicklung der weiblichen Tiere sowie die Brunst, Belegung (Besamung/Bedeckung), Trächtigkeit und Geburt. Dabei werden die Erfordernisse der Haltung von Sauen unter verschiedenen strukturellen Verhältnissen ebenso bedacht wie die zootechnischen Möglichkeiten des Praktikers zur Erfassung und Bewertung der Fruchtbarkeitsergebnisse. Berücksichtigung finden insbesondere die vom Tierhalter erfassbaren äußerlichen Symptome und Merkmale sowie Messwerte, die am Einzeltier bei der Brunstkontrolle und Besamung der Sauen sowie während der Trächtigkeit und bei der Geburt zu erfassen sind. Weiterführende Darstellungen enthält die Übersicht von SCHNURRBUSCH u. HÜHN (1994).

4.2 Pubertät und Zuchtreife von Jungsauen

4.2.1 Biologische Grundlagen der Zuchtreife

Mit der Erlangung der **Geschlechtsreife** (Pubertät) beginnt die reproduktive Phase der Zuchtschweine. Sie ist durch das erstmalige Auftreten einer **Brunst** (Östrus) gekennzeichnet, die bei voller Ausprägung der Brunstsymptome mit sehr hoher Wahrscheinlichkeit auf eine Ovulation schließen lässt. Der Zeitpunkt des Eintritts der Geschlechtsreife wird als **Pubertätsalter** definiert. Pubertät und Beginn der Zuchtbenutzung können nicht gleichgesetzt werden. Nach dem Pubertätseintritt erfolgt von Östrus zu Östrus eine Stabilisierung des ovariellen und des endometrialen Zyklus sowie ein weiteres Wachstum des Uterus. Zugleich erhöht sich die Ovulationsrate, die die Anzahl der ovulierten Follikel innerhalb einer Brunst benennt. Eine Erstbelegung/-besamung empfiehlt sich frühestens in der zweiten Brunst.

Die ersten Anzeichen einer Geschlechtsreifung sind beim weiblichen Jungschwein ab ei-

Tabelle B20: Begriffsbestimmungen zur Kennzeichnung verschiedener Fortpflanzungsereignisse und Fruchtbarkeitsparameter

Teilkomponente	Parameter	Definition
• Sexuelle Jugendentwicklung	• Pubertätsalter	• Alter bei Erreichen der Geschlechtsreife, gekennzeichnet durch das Alter der weiblichen Jungschweine am Tage des erstmaligen Auftretens des Östrus
	• Geschlechtsreife	• Entwicklungsabschnitt, in welchem die Geschlechtsorgane ihre volle Funktionstüchtigkeit erreicht haben
	• Pubertätsrate	• Anteil der bis zu einem festgelegten Lebensalter nachweislich geschlechtsreifen Jungsauen in Bezug auf eine Jungsauengruppe
• Brunstverlauf	• Östrus = Brunst	• Periode der Paarungsbereitschaft, gekennzeichnet durch das Vorhandensein des Duldungsreflexes
	• Östrusbeginn bzw. Absetz-Östrus-Intervall	• Zeitpunkt der ersten Feststellung des Duldungsreflexes, bei Altsauen ab Tag des Absetzens der Ferkel gerechnet
	• Östrusdauer	• Zeitspanne vom Östrusbeginn bis zum Zeitpunkt der letzten Feststellung des Duldungsreflexes
	• Östrusrate	• Anteil an Sauen, die in einem definierten Zeitraum zum Östrus kommen, gemessen an der Anzahl der zur Brunstbeobachtung aufgestellten Sauen
• Belegungsmanagement	• Bedeckung	• natürlicher Sprung
	• künstliche Besamung	• Insemination, KB; KB_1 = die zuerst vorgenommene Insemination; KB_2 = Nachbesamung im gleichen Östrus
	• Erstbelegung (EB)	• erste Belegung einer zuchtreifen Jungsau oder einer Altsau nach vorausgegangener Trächtigkeit
	• Wiederholungsbelegung (WB)	• wiederholte Belegung in einem der erfolglosen Belegung folgenden Östrus
	• Gesamtbelegung	• Summe von EB und WB
• Erfolgsbeurteilung der Belegung	• Nichtumrauscherrate (Non-return-Ergebnis)	• Anteil der innerhalb eines festgesetzten Zeitraumes nach der Belegung nicht umgerauschten Sauen, gemessen an der Anzahl belegter Sauen
	• Umrauscherquote	• in der Praxis eingebürgerter Begriff zur Bezeichnung des Anteils nicht abferkelnder Sauen an den belegten Sauen
	• Trächtigkeitsrate	• Anteile der nachweisbar tragenden Sauen von der Anzahl der belegten Sauen
	• Abferkelrate	• Anteil der abgeferkelten Sauen an den belegten Sauen
• Trächtigkeit	• Trächtigkeitsdauer	• Zeitspanne von der Befruchtung bis zur Geburt des letzten Ferkels eines Sauenwurfes
• Geburt	• Partusrate	• Anteil der Abferkelungen innerhalb einer vorgegebenen Zeitspanne, bezogen auf die Anzahl der zur Geburt aufgestellten Sauen
	• Geburtsdauer	• Gesamtaustreibungszeit für alle Ferkel eines Wurfes

nem Alter von 5 Monaten und einer Körpermasse von 65 kg zu beobachten. Es kommt dabei zu einem Anstieg der hypophysären Gonadotropine (vorrangig FSH = das Follikelwachstum stimulierende Hormon) und somit zu einer Stimulierung des Follikelwachstums. Infolge LH- (Luteinisierendes Hormon) Mangels bleibt die Ovulation (Eizellfreisetzung) jedoch aus; andererseits fördert das in den Follikeln gebildete 17ß-Östradiol das präpubertale Genitalwachstum. Im pubertätsnahen Zeitraum treten bei Jungsauen häufig brunstartige Erscheinungen auf, die aber nicht mit einer Ovulation gekoppelt sind. Erst nach Ausreifung des positiven Östrogen-Feedbacks und einer Desensibilisierung des Hypothalamus-Hypophysen-Systems gegenüber

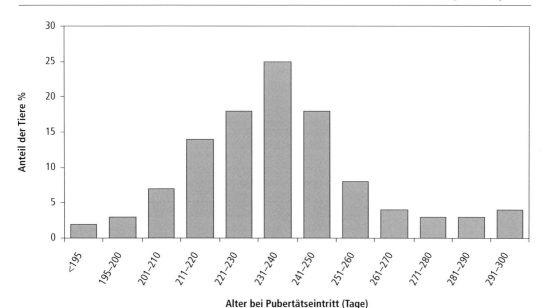

Abb. B10 Variation des Pubertätseintritts bei Jungsauen in einem Großbetrieb (WÄHNER 1997).

der gonadotropinhemmenden Östrogenwirkung kann erstmals eine ovulatorische Brunst auftreten.

Das **Pubertätsalter** zeigt eine hohe phänotypische Varianz, und auch die Pubertätsrate kann beträchtlich schwanken. Mehrjährige Beobachtungen zum Eintritt der Geschlechtsreife in Ferkelerzeugerbetrieben mit eigener Bestandsremontierung erbrachten unter großbetrieblichen Haltungsbedingungen ein mittleres Pubertätsalter von 230 bis 240 Tagen mit einer Schwankungsbreite von 160 bis 320 Tagen (Abb. B10). In der internationalen Literatur schwanken die Angaben des durchschnittlichen Pubertätsalters von 180 bis über 270 Tagen bei spätreifen Linien. Weibliche Nachkommen aus der Kreuzung bzw. Hybridisation der bedeutendsten europäischen Mutterrassen (Large White, Landrasse) erreichen die Geschlechtsreife früher als Reinzuchttiere.

Über rassebedingte Unterschiede beim Pubertätsalter wird seit langem berichtet. Umstritten sind hingegen die Ansichten zu züchterischen Möglichkeiten, den Pubertätsbeginn zu beeinflussen. Gewisse Hinweise auf genetische Einflüsse wurden durch Vergleiche der Mittelwerte weiblicher Nachkommenschaften erbracht. Tatsächlich konnte ein statistisch gesicherter Einfluss der untersuchten Besamungseber auf das mittlere Pubertätsalter und die Pubertätsrate ihrer Töchtergruppen belegt werden. Die Schwankungsbreiten erwiesen sich aber hinsichtlich einer selektiven Beeinflussung als unzureichend. Die für Jungsauen bei Haltung in großen Herden durchgeführten Heritabilitäts-(h^2)-Schätzungen sprechen für eine niedrige Erblichkeit, so dass die züchterischen Chancen zur Vorverlegung des Pubertätsalters eng begrenzt sind. Eine entsprechend hohe Bedeutung für das Fruchtbarkeitsgeschehen haben Umweltfaktoren und zootechnische Möglichkeiten.

Ein weiterer endogener Faktor, der auf den Pubertätseintritt bzw. die Fruchtbarkeit von Jungsauen einen Einfluss ausübt, ist das **Geschlechtsverhältnis innerhalb des Wurfes**, aus dem die Jungsauen abstammen. Es konnte aufgezeigt werden, dass die Nachbarschaft von weiblichen Feten gegenüber einer Überzahl von männlichen Wurfgeschwistern während der Trächtigkeit die spätere Sauenfruchtbarkeit negativ beeinflussen kann. Als Ursachen hierfür werden erhöhte Serumkonzentrationen von Testosteron während der fetalen Perioden diskutiert und intrauterine Positionseffekte (z. B. weiblicher Fetus zwischen zwei männlichen Feten bzw. männlicher Fetus zwischen zwei weiblichen Feten etc.) verantwortlich gemacht. In einer Feldstudie an 4627 weiblichen Jungschweinen konnte nachgewiesen werden, dass die Anzahl insgesamt geborener Ferkel je 100 Erstbesamungen bei den Jungsauengruppen, die aus Ausgangswürfen mit einem Anteil von über 70 % männlichen Wurfgeschwistern abstammten, signifikant vermindert ist. Daher sollten weibliche Ferkel aus Würfen mit über 70 % männlichen Wurfgeschwistern nicht zur Zucht verwendet werden. Die Bestimmung des Geschlechtsverhältnisses erfolgt unmittelbar nach Abschluss der Geburt auf der Basis der insgesamt geborenen Ferkel.

Die aus dem pränatalen Geschlechtsverhältnis erwachsenden Probleme für die spätere Zuchttauglichkeit der Jungsauen lassen sich auch anhand der so genannten Anogenitaldistanz (AGD) abschätzen. Darunter ist der kleinste Abstand zwischen den nächstliegenden Punkten des Anus und der Genitalöffnung bei den neugeborenen weiblichen Zuchtferkeln zu verstehen. Es ergaben sich signifikant größere Messwerte für die AGD bei den weiblichen Wurfgeschwistern aus männlich dominierten Würfen im Vergleich zu solchen, die weniger männliche Ferkel aufwiesen ($8{,}0 \pm 0{,}2$ mm bzw. $5{,}7 \pm 0{,}1$ mm am Tag 1 post natum).

Das Pubertätsalter und die Pubertätsrate können auch durch Erkrankungen während der Aufzucht der weiblichen Jungschweine nachteilig beeinflusst werden. Beide Parameter verschlechtern sich mit der Anzahl und Dauer der Vorerkrankungen (Hartog et al. 1986).

Die **Erkennung der Pubertät** und die Festlegung der betrieblich optimalen Zeitspanne für die erste Zuchtbenutzung haben eine beträchtliche reproduktionsbiologische und ökonomische Relevanz. Mit steigenden Bestandsgrößen und einem auf die Gruppenabferkelung ausgerichteten Herdenmanagement gewinnt die Verteilung des Pubertätseintrittes innerhalb einer Tiergruppe besondere Bedeutung. Die mittels der Brunstkontrolle erhobenen Befunde zum Pubertätseintritt lassen sich durch **Hormonanalysen** (Progesteron- und 17ß-Östradiol-Konzentration im Blutplasma) verifizieren, die bei spezieller Fragestellung sinnvoll sind. Werden beide Hormone gleichzeitig bestimmt, reicht die einmalige Untersuchung für praktische Zwecke aus. Bei alleiniger Messung der Progesteronkonzentration muss die Untersuchung zweimal im Abstand von ca. 10 Tagen erfolgen. Dabei werden die Tiere als geschlechtsreif eingestuft, wenn die Progesteronkonzentrationen im Blutplasma über 5 nmol/l oder die 17ß-Östradiolkonzentrationen über 50 pmol/l liegen.

Wenn Unklarheiten bei der Einschätzung des Pubertätsstatus bestehen und/oder die Jungsauenfruchtbarkeit nicht den Soll-Werten entspricht, kann eine **Ovarbeurteilung** vorgenommen werden (Schnurrbusch et al. 1981). In größeren Betrieben lässt sich eine Ovardiagnostik am einfachsten nach diagnostischer Schlachtung von stichprobenweise bereitgestellten Jungsauen (siehe Farbtafeln 3 und 4, Seite 131 f.) oder auf nichtinvasivem Weg mittels einer ultrasonographischen Ovardiagnostik durchführen.

4.2.2 Zootechnische Pubertätsstimulation

- **Haltungsbedingungen für Jungsauen**

Die Haltungsbedingungen der Jungsauen sollen zur Vorbereitung auf ihre erste Zuchtbenutzung die in Tabelle B21 aufgeführten Anforderungen erfüllen. Während der Jungsaueneingliederung haben soziale Kontakte zum Pflegepersonal sexualbiologische Bedeutung. Die Tiere sollen bereits vor der Einstellung in das Deckzentrum und vor der ersten Besamung an die Menschen gewöhnt werden und mit deren manueller Berührung vertraut sein. Zutrauliche Sauen sind fruchtbarer und erbringen bessere Besamungsergebnisse als ängstliche.

- **Umweltreize und deren Wirkung**

Bei gesunden Kreuzungs- bzw. Hybridjungsauen mit normgerechter Gewichtsentwicklung kann ab einem Alter von $5^{1}/_{2}$ bis 6 Monaten durch exogene Reizfaktoren und Stimulationsmaßnahmen die Geschlechtsreife angeregt werden. Die höchste pubertätsstimulierende Wirksamkeit wird erreicht, wenn Art und Intensität dieser Reize der physiologischen Reaktionsbereitschaft der Tiere angepasst und so aufeinander abgestimmt werden, dass die Einzelfaktoren im Komplex wirken und folgende biologische Voraussetzungen berücksichtigt werden:

- Bei normaler Entwicklung ist der Beginn gezielter Stimulationsmaßnahmen ab ca. 165. Tag (Hybridtiere) bzw. ab ca. 180. Tag (Reinzucht) sinnvoll.
- Bei einem Teil der Tiere tritt die Geschlechtsreife bereits nach der ersten Stimu-

Tabelle B21: Bedingungen der Jungsauenhaltung im Eingliederungsstall während der Vorbereitungsphase im großen Betrieb

- Separates Gebäude als Eingliederungsstall
- getrennte Bewirtschaftung (das gilt ebenso für Arbeitskleidung, Gerätschaften und dergleichen)
- Stallreinigung und -desinfektion
- trockener und heller Stall, Stalltemperatur ca. 20 °C, Beleuchtungsstärke 100 Lux (6-Ebenen-Messung) über 14 Stunden täglich
- mindestens 1,5 m² Platz je Jungsau
- Extrabucht für Kontakttiere zur Akklimatisierung nach drei Wochen Quarantäne
- gute Bodenbeschaffenheit, Trittsicherheit
- guter Zugang für das Betreuungspersonal

lation durch exogene zootechnische Reize ein.

- Die Brunst der Sauen ist ein Gruppenereignis: Buchtengefährtinnen regen sich gegenseitig sexuell an, so dass ein gewisses „Mach-mit-Verhalten" einzukalkulieren ist.
- Der Sexualzyklus der Sau beträgt im Durchschnitt 21 Tage, was eine Mehrfachstimulation mittels der angewendeten zootechnischen Maßnahmen im 3-Wochen-Rhythmus nahelegt.

Eine frühzeitige **Umstellungshäufigkeit**, möglichst noch im Läuferstall bzw. in der frühen Aufzuchtphase, wirkt sich positiv auf den Pubertätseintritt sowie die spätere Fruchtbarkeitsleistung aus. Nach WÄHNER (1997) bewirkt ein zweimaliger Buchtenpartnerwechsel bereits im Alter von 42 und 100 Lebenstagen eine Erhöhung der Trächtigkeitsrate um 2,6 % sowie eine Steigerung um 49 lebend geborene Ferkel je 100 Erstbesamungen.

- **Einfluss des Lichtes**

Neben der Stalltemperatur beeinflusst auch das **sichtbare Licht** (Wellenlänge 400 bis 800 nm) die Geschlechtsreife sowie weitere Fortpflanzungsfunktionen der weiblichen Schweine. Die Epiphyse (Zirbeldrüse) im Zwischenhirn bildet in Abhängigkeit von der Lichttaglänge und der Beleuchtungsstärke die Hormone Serotonin und Melatonin. Bei Dunkelheit werden diese vermehrt ausgeschüttet, sie hemmen die Sekretion der Gonadotropine. Serotonin verhindert dadurch die Freisetzung des Follikel stimulierenden Hormons (FSH), Melatonin diejenige des Luteinisierungshormons (LH) aus der Hypophyse.

Lichtregime lassen sich in Ställen mit Fenstern über zusätzliches Kunstlicht in den Morgen- und/oder Abendstunden durchführen. Im fensterlosen Stall ist das gewünschte Lichtprogramm durch das Verhältnis von Hell- und Dunkelphasen sowie durch eine festgelegte Lichtintensität und Lichtfarbe zu gestalten. Eine Stimulation der Geschlechtsorgane wird durch einen langen Lichttag (12 bis 16 Stunden pro Tag) und eine Beleuchtungsstärke von mehr als 80 Lux (Sechs-Ebenen-Messung)[1] erreicht. Nahezu alle Untersuchungen ergaben bei Jungsauen eine Vorverlegung der Geschlechtsreife im „Hellstall" bzw. im Stall mit langem (Kunst-)Lichttag und hoher Beleuchtungsstärke. Im „Dunkelstall" oder bei kurzem Lichttag verzögerte sich der Pubertätseintritt erheblich. Mit einem 14- bis 18-stündigen Kunstlichtprogramm können die gleichen Ergebnisse erreicht werden wie unter Naturlichtbedingungen.

Die zootechnischen Möglichkeiten zur Stimulation der Jungsauen sind in Tabelle B22 zusammengefasst.

Ein altersbezogenes zootechnisches Stimulationsregime wird in Tabelle B23 dargestellt. Es zielt auf die nachfolgend beschriebenen Wirkungen ab:

- Die erste zootechnische Stimulation ist häufig mit der Eigenleistungsprüfung der Jungsauen, ihrer Auslieferung oder der betrieblichen Umstallung vom Aufzucht- in den Vorbereitungsstall verbunden. Bei Zukaufsre-

---

[1] Die Messung der Beleuchtungsstärke erfolgt mit dem Luxmeter. Bei den Angaben sind zwei verschiedene Messmethoden zu beachten (weitere methodische Details sowie Untersuchungsergebnisse, siehe HOY 2000):
- Bei der Ein-Ebenen-Messung wird mit der Fotozelle des Luxmeters nach oben (zumeist in Kopfhöhe der stehenden Tiere) gemessen.
- Bei der Sechs-Ebenen-Messung wird in alle sechs Richtungen (nach oben, unten, rechts, links, hinten und vorn) gemessen und der Mittelwert daraus gebildet.
- Überschlägig lässt sich für die Umrechnung der Ergebnisse beider Methoden der Faktor 3 anwenden: Eine Beleuchtungsstärke von 100 Lux bei Sechs-Ebenen-Messung entspricht etwa 300 Lux bei Ein-Ebenen-Messung.

Tabelle B22: Zootechnische Möglichkeiten zur Stimulation der Fruchtbarkeit bei Sauen (WÄHNER 1997)

Hauptkomponente	Teilkomponente
• Kontakt zu Artgenossen	• Gruppenpartnerwechsel während der Aufzucht • Kontakt zu brünstigen Altsauen („Sympathierausche") • Eberkontakt vom Stallgang • Eberkontakt in Jungsauenbucht • Jungsauen zeitweise in leere Eberbucht (Eberpheromone)
• Ortswechsel und Bewegung	• Buchtenwechsel im Stall • Auslauf (Weidegang)
• Fütterung	• hohe tägliche Zunahmen von Beginn bis 180. Lebenstag (580 g) • ab 180. Tag um 10 % verminderte tägliche Zunahmen bis Zuchtbenutzung • bedarfsgerechte Nährstoffversorgung mit qualitativ hochwertigem Futter • zeitweiser Futterentzug („Stress") • Flushing-Fütterung
• Äußere Faktoren	• nicht zu hohe Temperaturen • sinkende Tageslichtlänge • Sauendusche („Hautreize")

Tabelle B23: Zootechnisches Stimulationsregime für Jungsauen (WÄHNER 1997)

Alter (Tage)	Zootechnische Aktivität
• 160–165	• Buchten- und Partnerwechsel • Eberkontakt (Stallgang) täglich ca. 1 Stunde
• 181	• Wiegen (inkl. Ultraschallspeckdickenmessung)
• 182–186	• Buchten- und Partnerwechsel mit Auslauf • Eberkontakt (Stallgang) täglich ca. 1 Stunde
• 203–208	• Buchten- und Partnerwechsel mit Auslauf • Eberkontakt (Stallgang) täglich ca. 1 Stunde
• 224	• Umstallung in den Synchronisationsstall mit Einzelständen (Deckzentrum)
• 225–228	• Brunstkontrolle mit Stimuliereber • Selektion nichtbrünstiger Tiere
• 231	• Beginn der medikamentellen Brunstsynchronisation (Zuchtbenutzung)

montierung gelangen die Tiere in einen Eingewöhnungsstall. Dies führt bei einem Teil der Jungsauen zur Pubertätsbrunst („Transportrausche"). Ein weiterer Teil wird entweder durch die gezielte Reizapplikation selbst oder durch östrische Buchtenpartnerinnen in eine „Pseudobrunst" mit vorzyklischen Brunsterscheinungen gebracht und in gewissem Maße biologisch „vorsynchronisiert".

• Die zweite zootechnische Stimulation erfolgt im Abstand von drei Wochen (= ein Sexualzyklus) und wirkt bei weiteren Tieren pubertätsstimulierend. Dabei kommt der erwähnten „Vorsynchronisation" eine förderliche Wirkung zu. Ein Teil der Jungsauen zeigt nach Abschluss des ersten induzierten Zyklus die zweite Brunst, weitere Tiere werden „vorsynchronisiert".

• Die dritte zootechnische Stimulation hat nach weiteren 21 Tagen denselben Effekt wie die vorangegangenen beiden Stimulationen. Sie kann mit der Umstellung der zuchtreifen Jungsauen in das Deckzentrum gekoppelt werden.

Die biologischen Auswirkungen einer gezielten zootechnischen Mehrfachstimulation auf die Ovar- und Uterusentwicklung sind in Abbildung B11 dargestellt. Bereits bei einem Körpergewicht um 90 kg entspricht die Entwicklung der Ovarien und Uteri nahezu derjenigen von geschlechtsreifen Tieren. Bei einer Jungsauenaufzucht ohne jegliche Stimulation ist die Ovar- und Uterusentwicklung selbst bei einem Körpergewicht von 120 kg als unzureichend einzuschätzen.

• **Eber- und Sauenkontakt**

Bezüglich der Eberkontaktierung hat sich für das Pubertätsgeschehen in den Jungsauengruppen ein zyklischer Einsatz des/der Stimuliereber als effektiver erwiesen als eine durchgängige Eberpräsenz. Die gruppenweise Zuordnung von präpuberalen weiblichen Jungschweinen zu einem älteren, gleichgeschlechtlichen „Stimuliertier" (Verwendung brünstiger Altsauen) erbrachte keine Synchronisation bei den Buchtenpartnerinnen.

Grundsätze des Ebereinsatzes zur Pubertätsstimulation sind in Tabelle B24 zusammengestellt.

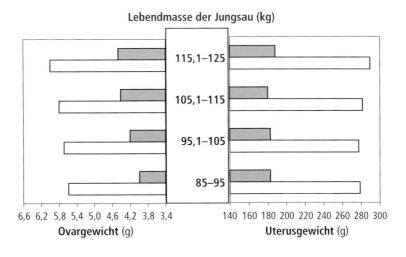

Abb. B11 Uterus- und Ovargewichte bei Jungsauen in Abhängigkeit von Lebendgewicht und zootechnischer Pubertätsstimulation während der Aufzucht (WÄHNER 1997).

□ JS mit intensiver zootechnischer Stimulation während der Aufzucht
■ JS ohne zootechnische Stimulation während der Aufzucht

● Praxisbeispiel

Wie sich eine im Abstand von drei Wochen wiederholt vorgenommene zootechnische Stimulation auf den Eintritt der Geschlechtsreife auswirkt, zeigt nach eigenen Untersuchungen Abbildung B12.

Bei 200 präpuberalen Jungsauen wurde im Anschluss an die erfolgte Selektion ein Buchten- und Partnerwechsel am 180., 201. sowie 222. Lebenstag vorgenommen. Jeweils einen Tag danach erhielten die Tiere eine Vitamin-Injektion (ADEC). Zusätzlich hatte die Hälfte der Jungsauen Auslauf (2,1 m² je Tier), während die übrigen Tiere im Stall untergebracht waren.

Die vergleichend geprüfte Auslaufhaltung bewirkte zunächst eine verhältnismäßig starke Zunahme geschlechtsreifer Jungsauen. Bis zum Ende der 3. Woche betrug der Vorsprung gegenüber den Tieren ohne Auslauf 12,6%. Am Ende der 6. Beobachtungswoche erreichten beide Gruppen annähernd die gleiche Pubertätsrate. Durch die zusätzliche Gewährung von Auslauf durchlief ein Teil der Jungsauen bis zur ersten Zuchtbenutzung einen zusätzlichen Brunstzyklus. Ein Synchronisationseffekt konnte mit Hilfe dieser Maßnahmen allerdings nicht erreicht werden.

Tabelle B24: Grundsätze des Ebereinsatzes zur Pubertätsstimulation

- Jungsauenaufzucht bis zum Stimulationsbeginn (d. h. bis 5½–6 Monate) isoliert vom Eber, um Gewöhnungseffekte zu vermeiden.
- Gezielter Eberkontakt ab 1. Umstallung der Jungsauengruppen (frühestens ab ca. 165. Lebenstag).
- Kein durchgängiger, sondern ein zyklischer Kontakt; jeweils 7 Tage lang nach einer Umstallung der Jungsauen (Buchten-Partnerwechsel).
- Täglich 30 bis 60 Minuten Kontakt durch Aufstallung in der Nachbarbucht oder durch Paradieren des Stimuliereber auf dem Kontrollgang.
- Körperliche Stimulation (Riechen, Sehen, Hören) und Berührungsreize, insbesondere Schnauze-zu-Schnauze-Kontakt.
- Auswahl geeigneter Stimuliereber (geschlechts-, insbesondere geruchsaktiv).

4.2.3 Hormonelle Brunst- und Ovulationsauslösung

Bei gesunden weiblichen Schweinen ist eine **Vorverlegung der Geschlechtsreife** durch Hormongaben möglich. Bei noch nicht geschlechtsreifen Tieren lassen sich Brunst und Ovulation am sichersten mit Gonadotropinen auslösen. Die Altersschwelle für ovarielle Reak-

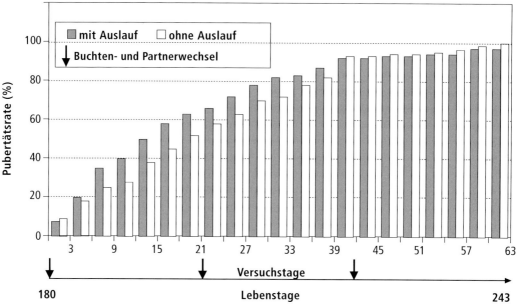

Abb. B12 Entwicklung der Pubertätsrate bei Jungsauen nach wiederholter gruppenweiser Stimulierung.

tionen auf gonadotrope Stimulierung lag im Rahmen experimenteller Untersuchungen bei etwa 10 bis 12 Wochen, wodurch normal entwickelte Keimzellen frühzeitig zu gewinnen sind und das Generationsintervall in der Schweinezucht zu verkürzen ist.

Die nach der biotechnischen Behandlung mit Gonadotropinen beobachteten ovariellen Reaktionen der pubertätsinduzierten weiblichen Tiere sind mit entsprechenden Veränderungen am Uterus und Eileiter verbunden, und die Uterusmerkmale der ovulierten Probanden stimmen annähernd mit denen von Jungsauen nach natürlichem Geschlechtsreifeeintritt überein. Bei infantilen Tieren sind hormoninduzierte Ovulationen nicht von deutlichen Brunstsymptomen begleitet, wohingegen die Periode kurz vor der natürlichen Geschlechtsreife als günstiger Zeitpunkt für die Brunst- und Ovulationsauslösung anzusehen ist. Bei zu jung und/oder zu leicht hormonbehandelten Tieren lassen sich wegen unterentwickelter Uteri trotz vorhandener Brunsterscheinungen und Ovulationen keine Trächtigkeiten erzielen. Bei Einbeziehung bereits geschlechtsreifer Jungsauen in die Behandlung besaß etwa die Hälfte der in der frühen und mittleren Lutealphase hormoninduzierten Tiere Zysten oder Blutfollikel.

Von einer **effektiven Pubertätsinduktion** kann dann gesprochen werden, wenn über 90 % der Jungsauen auf die biotechnische Behandlung mit deutlich ausgeprägten, fertilen Östren, normalen Ovulationsraten ohne pathologische Bildungen an den Ovarien sowie mit einer gleichzeitig eingeleiteten regelmäßigen Zyklustätigkeit reagieren. Günstige Ergebnisse mit 92,3 bis 97,5 % Östrussymptomen wurden in 3 Betrieben bei gleichzeitiger Verabreichung niedrig dosierter Kombinationen aus Stutenserumgonadotropin (PMSG: 400–500 I.E.) und humanem Choriongonadotropin (HCG: 200–250 I.E.) erzielt.

Die aus der Erstbelegung in der induzierten Pubertätsbrunst erzielten Abferkelergebnisse differieren in Abhängigkeit vom Tier (Alter, Gewicht und Körperkondition) sowie den Managementbedingungen im Anwenderbetrieb. Die nicht sofort belegten Jungsauen zeigen nachfolgend eine unterschiedliche Östruswiederkehr; nicht immer befriedigt deren Synchronisation. Demgegenüber sind mehrere Verfahrensvarianten für eine partielle Pubertätsinduktion sowie die Kombination einer hormonellen Einleitung der Geschlechtsreife mit weiteren zoo- und biotechnischen Maßnahmen zur terminlichen Steuerung der ersten Zuchtbenutzung entwickelt worden.

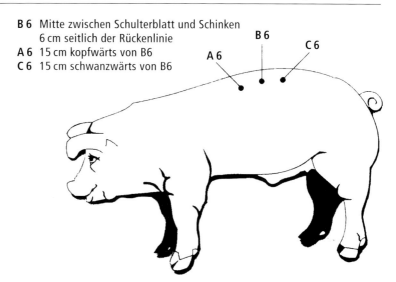

Abb. B13 Messpunkte für die Ermittlung der Seitenspeckdicke.

B 6 Mitte zwischen Schulterblatt und Schinken 6 cm seitlich der Rückenlinie
A 6 15 cm kopfwärts von B6
C 6 15 cm schwanzwärts von B6

4.2.4 Zuchtreife

Die bereitgestellten Remontetiere sollten ihre Leistungsveranlagung für den bevorstehenden Zuchteinsatz unter Beweis gestellt haben, indem sie eine Eigenleistungsprüfung bezüglich ihrer Wachstumsintensität, Fleischleistung und Zuchttauglichkeit positiv bestanden haben. Dazu zählen neben einem definierten Gesundheitsstatus vornehmlich ein typgerechter Rahmen, Frohwüchsigkeit, beiderseits sieben funktionsfähige Zitzen, normal ausgebildete Geschlechtsmerkmale, ein fehlerfreies Fundament und eine Körperzusammensetzung, die der „Fleischschweinezüchtung" gerecht wird.

Für die **Eigenleistungsprüfung** im Feld ist seit über 30 Jahren das Ultraschallverfahren die Hauptmethode zur Schätzung des Fleischanteils bzw. der Schlachtleistung. Über das Echolot-Verfahren oder das bildgebende B-Mode-Verfahren lässt sich die Speckauflage der Tiere mit hoher und die Dicke des Kotelettmuskels mit ausreichender Genauigkeit ermitteln. Die Abbildung B13 veranschaulicht die gebräuchlichen Messpunkte (Methode des ZDS) für die Ermittlung der Seitenspeckdicke. Für die Eigenleistungsprüfung eignet sich am besten der Aufzuchtabschnitt bis zum 6. Lebensmonat.

Die Jungsauen sollen mittlere **Lebenstagszunahmen** (Gewicht bei Einzeltierwägung dividiert durch Lebensalter in Tagen) von 550 bis 620 g erreichen. Zu niedrige Zunahmen von unter 500 g deuten auf eine gestörte Jugendentwicklung hin, z. B. nach Erkrankungen der Atmungsorgane oder des Verdauungsapparates. Derartige Störungen verzögern den rechtzeitigen Eintritt der Geschlechtsreife, behindern die reproduktive Fitness der Jungsauen und haben eine geringere Nutzungsdauer zur Folge. Zu hohe Zunahmen von deutlich über 620 g können während der beabsichtigten Zuchtbenutzung vermehrte Abgänge wegen gehäuft auftretender Fundamentprobleme bedingen. Für Jungsauen, die zum Zeitpunkt der Eigenleistungsprüfung bei 100 kg Lebenstagszunahmen von 550 bis 620 g aufweisen, gilt eine **mittlere Seitenspeckdicke** (gemessen mit Renko-Lean-Meater) von 10 bis 12 mm als Orientierungswert. Bei der Verwendung anderer Geräte für die Messung der Speckdicke bzw. bei der Wahl anderer Messpunkte sollte dies im Interesse der Vergleichbarkeit der Aussagen und Beratungsempfehlungen angegeben werden.

Nach bestandener Eigenleistungsprüfung sind die weiblichen Jungschweine noch keineswegs zuchtreif. Der landläufige Begriff „deckfähige Jungsau" für diese Tierkategorie könnte dazu verleiten, sie bei der ersten Rausche schon zu belegen. Tatsächlich reicht hierfür jedoch der mit sechs bis sieben Monaten vorhandene körperliche und sexuelle sowie immunologische Reifegrad der Jungtiere nicht aus. Vielmehr ist es im Hinblick auf die Erstabferkelleistung, Nutzungsdauer und Lebensleistung an erbrachten

Ferkeln von Vorteil, wenn die **Erstbelegung/ -besamung** frühestens in der zweiten, besser erst in der dritten Brunst erfolgt. Für den Start in das aktive Zuchtleben haben sich für die Hybrid- bzw. Kreuzungstiere folgende Orientierungswerte als geeignet erwiesen:
- Ein Körpergewicht von 130 kg bei der Erstbelegung/Erstbesamung (EB),
- ein EB-Alter von mindestens 220 Lebenstagen, d. h. Freigabe der Jungsauen mit spontanen Brunsteintritten ab diesem Termin für die EB; als optimal gilt ein Altersabschnitt von 220 bis 240 Tagen,
- bei Anwendung der biotechnischen Zyklussteuerung ist das Mindestalter von 220 Tagen als frühestmöglicher Beginn der Applikation des Brunstsynchronisationsmittels an die aufgestellten Jungsauen anzusehen.

In der **Konditionierungsphase** von mindestens sechs Wochen zwischen der Eigenleistungsprüfung und der ersten Zuchtbenutzung sollten die Remontetiere in mehrfacher Hinsicht vorbereitet werden. Dabei geht es neben den bereits beschriebenen Maßnahmen der Produktionstechnik und Pubertätsstimulation vornehmlich um folgende Aufgaben:
- Schrittweise Eingewöhnung der Jungsauen und Anpassung an das jeweilige Herdenmilieu und Keimspektrum des Sauenbestandes sowie Behandlung gegen Endo- und Ektoparasiten.
- Konsequente Schutzimpfung gegen Porzine Parvovirose (PPV), eventuell auch gegen Rotlauf (siehe Kap. E5). Nach der Wiederholungsimpfung sind mindestens zwei Wochen abzuwarten, ehe bei den Jungsauen die EB im spontanen Östrus bzw. die erste Regumate®-Verabreichung zur Brunstsynchronisation erfolgen kann.
- Anfüttern der erforderlichen Fettdepots, damit die Jungsauen ihr Zuchtleben mit ausreichenden Körperreserven beginnen und die nachfolgenden Reproduktionsabschnitte ungestört durchlauf können.

Das **Körperfett** ist Energielieferant in der Säugezeit. Es dient der Wärmeisolation und fungiert als Speicher fettlöslicher Vitamine und körpereigener Geschlechtshormone, insbesondere von Steroiden (Östrogene = Brunsthormone; Progesteron = Trächtigkeitsschutzhormon). Außerdem sind die Fettzellen die Bildungsstätten des Hormons Leptin, welches in vielfältiger Weise in die körpereigene Steuerung der Fortpflanzung einbezogen ist und in ausreichender Menge im Blut zirkulieren muss, um die reproduktive Fitness der Tiere zu gewährleisten.

Um die Jungsauen fütterungsmäßig in die entsprechende Zuchtkondition mit ausreichendem Körperfett und Seitenspeck zu führen, sollen sie in der Konditionierungsphase Tageszunahmen bis zu 700 g erreichen. In eigenen Untersuchungen wurde der Einfluss unterschiedlicher täglicher Zunahmen im genannten Zeitraum auf die Anzahl lebend geborener Ferkel je 100 EB geprüft. Diese Kennzahl, der so genannte Ferkelindex, stieg im untersuchten Bereich mit wachsenden Tageszunahmen von 400 bis 450 g auf über 650 g von 796 auf 928 Ferkeln an.

Nach früheren Empfehlungen der Deutschen Landwirtschaftsgesellschaft sollten Jungsauen im Lebendmassebereich von 90 bis 120 kg mit 30 MJ ME täglich versorgt werden. Dies ist für die vorliegend empfohlenen Zunahmen und den Fettansatz während der Konditionierungsphase nicht ausreichend. Die Tiere sollen vielmehr im genannten Abschnitt mit einer täglichen Energiemenge von 35 bis 40 MJ ME versorgt werden, was zur Bedarfsdeckung Tagesgaben eines geeigneten „Konditionierungsfutters" bis reichlich 3 kg je Jungsau entspricht. Bei einem Gewicht der zuchtreifen Jungsauen von 130 kg im Alter von $7^1/_2$ Monaten, einem entsprechenden Rahmen sowie einer mittleren Seitenspeckdicke von ca. 15 bis 18 mm ist die erforderliche **reproduktive Fitness** gegeben. Zahlreiche Untersuchungsergebnisse aus der Schweinezucht verdeutlichen, dass die messbare Fettausstattung und Kondition des Sauenkörpers nicht nur die Wurfgröße und Aufzuchtleistung im ersten Wurf bestimmen, sondern auch die darauffolgenden Wurfzyklen und die Lebensleistung der Zuchtsauen beeinflussen.

Während der **Eingliederung der Jungsauen** stellt die normgerechte Gewichtsentwicklung und Konditionierung einen wesentlichen Einflussfaktor auf die spätere Erstabferkelleistung dar. In Tierhaltungen, wo die Kontrolle unterbleibt, wachsen die Tiere auseinander, der Fettgehalt im Sauenkörper variiert erheblich, und die Wurfgröße im ersten Wurf weist eine große Schwankungsbreite auf (Tab. B25).

Es ist somit ratsam, mittels regelmäßiger Einzeltierwägungen und zumindest stichprobenweiser Speckdickenmessungen zu prüfen, ob die Zuchtkondition und Fettausstattung der Remontetiere mit den vorgegebenen Orientierungswerten korrespondieren. Hierfür machen einzelne Zuchtorganisationen und Zuchtschweine-Erzeugergemeinschaften spezifische Angaben. Das gilt auch für die phasenweise Jungsaueneingliederung, wofür nachfolgend ein Beispiel gegeben wird (Tab. B26).

Im Rahmen der Fortpflanzungsorganisation bieten sich für die Jungsauen verschiedene Wege zur Eingliederung in die Anpaarungsgruppen an:

- Eingliederung ohne Einsatz von biotechnischen Regimen durch kontinuierliche Brunstbeobachtung und Belegung in der spontanen Brunst (bevorzugt für kleinere Bestände sowie Bewirtschaftung im Wochen-Rhythmus).
- Eingliederung mit Einsatz von biotechnischen Regimen (bevorzugt in Beständen ab 300 Sauen).
- Kombinierte Anwendung von Anpaarung in spontaner Brunst und nach Einsatz von biotechnischen Regimen (bevorzugt in Betrieben mittlerer Größe).

Beispielhaft für den Anteil verschiedener Eingliederungswege von Jungsauen werden in Tabelle B27 Ergebnisse des Thüringer Schweinekontroll- und Beratungsdienstes aus dem Jahr 1995 dargestellt.

Tabelle B25: Variation der Körperkondition bei Beginn der Zuchtbenutzung und deren Einfluss auf die Wurfgröße (KÄMMERER et al. 1998)

Seitenspeckdicke C 6 (mm)	Tiere (Stck.)	mittl. Körpermasse (kg)*	geb. Ferkel/Wurf (Stck.) insgesamt	lebend
bis 10	74	123	10,40	9,64
11–14	484	126	10,70	9,93
15–18	462	130	11,18	10,36
19–22	213	133	11,20	10,52
23–26	54	135	11,24	10,61
über 26	5	135	11,80	11,00

* Alter am Wägetag = ca. 222 Tage, entspricht dem Termin zur Freigabe für den Zuchtbenutzungsbeginn

Tabelle B26: Plan zur Jungsaueneingliederung in drei Phasen

Zeitabschnitt	Sinnvolle Maßnahmen/Empfehlungen
• Isolieren 1. bis 3. Woche	Ruhe- und Sozialisierungsphase (belastungsfreie Eingewöhnung) • im Isolierstall • schonender Futterwechsel, intensive Tierbeobachtung, Dokumentation (z. B. Eintritt Transportrausche) • evtl. Wurmkur und Räudebehandlung • Aufbau und Intensivierung des Mensch-Tier-Verhältnisses • Parvovirus-Erstimpfung und -Nachimpfung im Rahmen der Grundimmunisierung, bestandsspezifische Impfungen
• Trainieren 4. bis 6. Woche	Immunsystem langsam an Keimflora des Betriebes heranführen • dosierter Kontakt zu Bestandstieren durch Zustallen von Schlachtsauen im Verhältnis 1 Bestandstier zu 3 Jungsauen; Alternativen mit dem Tierarzt diskutieren • evtl. anstehende Nachimpfungen • Brunstkontrolle 3 bis 6 Wochen nach der Transportrausche; Dokumentation
• Stabilisieren/Belegen 7. bis 9. Woche	Belegen (Immunsystem soll sich weiter stabilisieren) • im Deckzentrum • Sauendusche und Umstallung der Jungsauengruppe in das Deckzentrum am Absetztag der Altsauen • Sicht- und Schnauzenkontakt zu brünstigen Altsauen • zweimal täglich Kontakt zu sexuell aktivem Eber • Brunstkontrolle (Flankengriff, Rückendruck etc.) • erste Belegung zwischen dem 220. und 240. Tag und einem Gewicht von mind. 130 kg sowie einer mittleren Seitenspeckdicke von 15–18 mm

Tabelle B27: Produktionseingliederung von Jungsauen (in %)

Art der Eingliederung Anzahl Betriebe (Stück)	Bestandsgröße ab 1. Belegung				
	Gesamt 109	≤100 30	101–300 32	301–800 24	≥801 23
davon mit:					
• Spontaner Rausche	41,3	90	38	25	–
• Brunstsynchronisation/duldungsorientierter Besamung (BS/doB)	17,4	7	34	17	9
• Ovulationssynchronisation (OS)	25,7	–	6	50	61
• Kombination spontaner Rausche und BS/doB	5,5	3	13	–	4
• Kombination spontaner Rausche und OS	6,4	–	6	8	13
• sonstige Kombinationen	3,7	–	3	–	13

4.3 Geschlechtsreife und Zuchteinsatz von Ebern

4.3.1 Pubertät und Zuchtreife

Die Geschlechtsreife und Sexualpotenz werden beim männlichen Tier sowohl durch **genetische Einflüsse** als auch durch **Umweltbedingungen** bestimmt. In die Merkmalsgruppe mit deutlich mendelndem Erbgang gehören morphologische Defekte, die Unterentwicklung oder Missbildung der Geschlechtsorgane sowie Störungen der Hodenlagerung und Samenbildung (Kryptorchismus, Hermaphroditismus, Hodensackbruch, Samenstauung und Spermagranulom). So erweisen sich persistierende Akrosome an Eberspermien als erbliche Sterilitätsform mit einfach rezessivem Erbgang. Erbliche Faktoren wurden auch für die Hodenhypoplasie, das Auftreten von Störungen im Sexualverhalten sowie für die Befruchtungsfähigkeit des Spermas nachgewiesen. Indirekt werden daher auch die Fortpflanzungsleistungen auf der Sauenseite beeinträchtigt. Das gilt sowohl für die angepaarten Sauen als auch für die weiblichen Nachkommen von Deck- und Besamungsebern. Durch vergleichende Untersuchungen verschiedener väterlicher Nachkommengruppen von Besamungsebern ließ sich für wichtige Kriterien des Sexualverhaltens, der Hodenbeschaffenheit und der Spermaproduktion eine hochgradige erbliche Determiniertheit nachweisen, und auch die geschätzten Heritabilitätskoeffizienten machen eine züchterische Selektion auf Merkmale der männlichen Sexualpotenz aussichtsreich. Letzteres ist im Hinblick auf den Ausleseprozess von Besamungseberanwärtern bedeutungsvoll.

Das Entwicklungsstadium und Lebensalter männlicher Schweine, in dem die inkretorische und exkretorische Funktion der Geschlechtsdrüsen in Gang kommt, die Libido und Paarungsfähigkeit einsetzen und die maskuline Prägung erfolgt, wird als Periode der **Pubertät** bezeichnet. Von den Variationsfaktoren, die in Beziehung zur männlichen Geschlechtsreife stehen, verdienen das Alter und die Körpermasse besondere Beachtung.

Frühsexuelle Handlungen wie gegenseitiges Bespringen, Beschnuppern und Stoßen sind bei männlichen Ferkeln bereits während der Säugezeit zu beobachten. Es zeigt sich, dass besonders geschlechtsaktive Jungeber bereits im Alter von 90 bis 100 Tagen beim Aufsprung kräftige Schubbewegungen der Hinterhand gegen das Standtier vollführen. Zur Ausführung vollständiger Friktionsbewegungen sind die Tiere erst in der Lage, wenn sich der Penis vom Präputium im Alter von etwa 18 Wochen bei 60 kg Körpergewicht gelöst hat.

Das Einsetzen der Samenbildung beim Eber bestimmt den Zeitpunkt der **Geschlechtsreife** und damit die Möglichkeit, Ejakulate mit befruchtungsfähigen Spermien für die Zwecke der künstlichen Besamung zu gewinnen. Im Durchschnitt ist frühestens im Alter von 150 Tagen mit dem Vorhandensein von Samenzellen zu rechnen. Die exkretorische Funktion des Hodens ist somit etwa drei Wochen nach abgeschlossener Loslösung des Kopulationsorgans und erlangter

Ejakulationsfähigkeit nachweisbar. Die Jungeber erreichen mit 7 bis 8 Monaten die **Zuchtreife**. Das Ejakulationsvolumen sollte dann >100 ml, die Spermadichte $>0,1$ Mio/mm^3 Ejakulat und die Spermavorwärtsbeweglichkeit mindestens 60 % betragen, wobei sich mit fortschreitendem Alter diese Parameter noch verbessern. Sexuell voll belastbar sind Eber somit erst im Alter von einem Jahr.

Die tägliche **Spermabildung** beläuft sich beim erwachsenen Eber auf 17 bis 21×10^9 Samenzellen. Das Ebersperma ist eine Suspension von Spermien und Seminalplasma. Die Spermiogenesedauer beträgt von der Bildung primärer Spermatocyten bis zum Abstoßen der Spermien in das Lumen der Samenkanälchen etwa 25 Tage. Sie ist unabhängig von der sexuellen Beanspruchung. Die Zeitspanne für die Nebenhodenpassage der Spermien wird mit 12 bis 14 Tagen beziffert. Somit kann die Wirkung positiver wie auch negativer Einflussfaktoren (z. B. Fütterung, Hitzestress) auf die Spermienproduktion nicht vor Ablauf von etwa 38 Tagen festgestellt werden.

4.3.2 Sexualverhalten und natürlicher Deckakt

Neu zugekaufte Eber kommen für etwa 4 Wochen in **Quarantäne**. Innerhalb dieser Zeitspanne sollte unbedingt eine zuchthygienische Untersuchung erfolgen. Diese schließt folgende Teilschritte ein:
- Tieridentifikationskontrolle und Erstellung eines Vorberichtes (z. B. Haltung, Fütterung, evtl. Krankheiten im Herkunftsbestand),
- allgemeine klinische und spezielle Untersuchung der Genitalorgane,
- Prüfung des Paarungsverhaltens und Untersuchung des Spermas.

Die Kenntnis der **sexuellen Verhaltensweisen** beim Eber ist für den praktischen Zuchtbetrieb bzw. den Einsatz in der künstlichen Besamung von großem Interesse. Der primäre Schlüsselreiz für die Kopulation wird in den meisten Fällen visuell vermittelt. An der Auslösung der Instinkthandlung „Feststellung der Brunst" sind außerdem der Tast-, Gesichts-, Geruchs- und Geschmackssinn sowie das Gehör beteiligt. Zwischen natürlichem Deckakt und der Samengewinnung mittels Phantom und künstlicher Vagina bestehen diesbezüglich keine wesentlichen Unterschiede. Zu den motorischen Komponenten der Libido, die die Vollform des Fortpflanzungsverhaltens charakterisieren, gehören ein typisches Sexualurinieren, das Droh- und Imponiergehabe in Form des „Patschens", das Stoßen und Beschnuppern des Sexualpartners sowie spezifische Lautäußerungen. Am besten stimulieren Eber, wenn sie mindestens 10 bis 12 Monate alt sind, denn erst dann ist ihre Pheromonproduktion so stark, dass ihr Duftbouquet („Eberparfüm") brunstanregend auf die Sauen wirkt. Die sexuellen Verhaltensweisen sind angeboren. Sprungbereitschaft und Reaktionsgeschwindigkeit beim Ablauf der Reflexkette folgen der Zugehörigkeit zu einem bestimmten Nerventyp. Dabei lassen sich sexuell träge, sexuell potente und hypersexuelle Eber unterscheiden. Die Reaktionszeit des Ebers, d. h. die Zeitspanne zwischen Kontaktaufnahme zur Sau und dem ersten Aufsprungversuch, sollte um die 5 Minuten und nicht länger als 15 Minuten betragen.

Werden die Sauen des Betriebes ausschließlich im **Natursprung** belegt, dann sollte für je 20 Bestandssauen ein Deckeber vorhanden sein. Jungeber kommen zweimal wöchentlich zum Einsatz; Alteber können maximal drei- bis viermal in einer Woche zum Decken herangezogen werden. Die Sprunghäufigkeit der einzelnen Eber ist anhand eines einfachen Deckkalenders bzw. mittels „Sauenplaner" zu kontrollieren. An heißen Tagen sollte das Deckgeschäft nur früh morgens oder spät am Abend erledigt werden. Die Decklust der Eber lässt sich durch einen gelegentlichen Buchtentausch mit dem Konkurrenten steigern. Da Eber sehr empfindlich und nachtragend sind, ist ein ruhiger und besonnener Umgang mit ihnen angesagt. Sauen mit Ausfluss sollten keinesfalls gedeckt werden. Ihre Belegung ist – wenn überhaupt – mittels künstlicher Besamung vorzunehmen. Beim Deckakt wie beim Absamen sind Sauberkeit und Hygiene oberstes Gebot.

4.3.3 Einsatz von Besamungsebern

Mit zunehmender Anwendung der **künstlichen Besamung** nimmt die Bedeutung des Natursprunges ab, und der Anteil der Deckeber an den durchgeführten Belegungen ist rückläufig. Unter den Bedingungen der „Besamungszucht" und von Hybridzuchtprogrammen wird insbesondere bei den Mutterrassen zunehmend eine Aufzucht der vom Züchter bereitgestellten Eberferkel in speziellen Prüfbetrieben unter standardisierten Bedingungen für die Umweltgestaltung und züchterische Selektion favorisiert. Die in diesem Rahmen durchgeführten Leistungsprüfungen schließen bei den Besamungseberanwärtern mitunter bereits eine Tauglichkeitsprüfung auf Besamungseignung ein. Sie umfasst neben dem Training zur Samengewinnung auf dem Phantom auch eine spermatologische Prüfung der gewonnenen Ejakulate. In Abhängigkeit vom jeweiligen Zuchtziel bzw. den spezifischen Vorgaben der Zucht- bzw. Besamungsorganisationen gelangen die Jungeber in der Regel ab 8. Lebensmonat, mitunter auch erst später nach erreichter Fitness in den Besamungseinsatz.

Für die Haltung der Besamungseber, die Spermaproduktion, den Spermahandel und die Durchführung der Besamung sind eine Reihe von Gesetzen, Verordnungen und Richtlinien bindend, die es in der jeweils aktuellen Fassung zu beachten und in der täglichen Arbeit umzusetzen gilt. Sperma darf nur von anerkannten Besamungsstationen angeboten und abgegeben werden. Dabei muss gewährleistet sein, dass das Sperma überwiegend aus der Erzeugung der von der Besamungsstation gehaltenen männlichen Zuchttiere stammt. Ein reiner Spermahandel ohne eigene Tierhaltung ist in Deutschland nicht möglich. Zuständig für die Anerkennung von Besamungsstationen sind die Landwirtschaftsministerien in den Bundesländern. Die landesrechtlichen Regelungen der Bundesländer schreiben vor, Sperma nur aufgrund einer Mitgliedschaft (bei Besamungsvereinen oder Besamungsgenossenschaften) bzw. aufgrund eines schriftlichen Besamungsvertrages abzugeben.

Die **Spermagewinnung vom Eber** soll grundsätzlich so erfolgen, dass deren Paarungsverhalten nicht gestört wird, die Ejakulate nicht mehr als unvermeidbar verunreinigt werden und die Befruchtungsfähigkeit des Spermas nicht beeinträchtigt wird. Die Gewinnung von 6 Ejakulaten je Monat und Eber gilt als Optimum. Bei weiterer Steigerung der Absamfrequenz tritt ein Abfall der Spermienkonzentration und der qualitativen Spermieneigenschaften auf, was zu einer Erhöhung des Anteils an nicht zur KB geeigneten Ejakulaten führt. Regelmäßige Absampausen wirken sich vorteilhaft aus, wobei die individuellen Besonderheiten der einzelnen Eber zu berücksichtigen sind. Die Spermagewinnung erfolgt üblicherweise nach einer stimulierenden Vorbereitung und dem Aufsprung des Ebers auf ein Phantom unter Verwendung einer künstlichen Vagina oder nach der „Handmethode". An die Ausstattung einer Absambox und die Tätigkeit des Absampersonals werden hohe hygienische Anforderungen gestellt.

Das bereits filtrierte und zuverlässig gekennzeichnete **Ejakulat** ist unmittelbar nach der Gewinnung in das Spermalabor zu bringen, um es dort zu untersuchen und zur Abgabe aufzubereiten. Das Ejakulatvolumen und die Spermienkonzentration unterliegen individuellen Schwankungen innerhalb sowie zwischen den Ebern. Ein verwendungsfähiges Ejakulat hat die in Tabelle B28 zusammengestellten Mindestanforderungen zu erfüllen.

Die **spermatologischen Untersuchungen** sichern eine hohe Qualität des ausgelieferten (Besamungseberstation) bzw. selbst gewonnenen Spermas (sog. „Hofabzapfer"). Eine detaillierte Darstellung der empfehlenswerten Methoden für die Gewinnung, Aufbereitung und Lagerung sowie für den Transport von Ebersperma enthält das im Auftrage des Zentralverbandes der Deutschen Schweineproduktion erarbeitete Handbuch von STÄHR und NEHRING (1997).

Das in den Besamungseberstationen angewandte Methodenspektrum schließt im wesentlichen eine makroskopische Beurteilung sowie die mikroskopische Untersuchung der Spermienqualität ein. In Labors mit Standardausstattung zählen dazu die Messung der Spermienkonzentration im originären Sperma, die Schätzung der Spermienmotilität im nativen und konservierten Ebersperma sowie die morphologische Differenzierung der Eberspermien. Von den unter Produktionsbedingungen möglichen Spermauntersuchungen hat zweifellos die Ermittlung des Anteils morphologisch abweichender Spermien die relativ höchste Bedeutung für die Sicherung des Befruchtungsvermögens. Das Methodenspektrum wird ständig erweitert, um die Sicherheit bei der Selektion der befruchtungsfähigen Ejakulate bzw. Eber weiter zu erhöhen (Tab. B29).

Tabelle B28: Mindestanforderungen an ein verwendungsfähiges Eberejakulat

Merkmal	Mindestanforderung
• Farbe	grauweiß, milchweiß, gelbweiß
• Konsistenz	wässrig bis rahmig
• Beimengungen (Harn, Blut, Eiter)	keine
• Verschmutzungen (Kotpartikel, Haare)	keine
• Volumen des Filtrats	100 ml
• Spermienkonzentration	$0{,}20 \times 10^6/\mu l$
• Gesamtzahl der Spermien	$20{,}0\ (24{,}0)^*$ mal 10^9/Ejakulat
• Anteil motiler Spermien (= Gesamtheit vorwärts- u. ortsbeweglicher Spermien)	70%
• Anteil anormaler Spermien (pathologische Spermien und solche mit Plasmatropfen)	25%
• Anteil pathologischer Spermien	15%

* bei Unterschreitung des Wertes für Ejakulatvolumen oder Spermienkonzentration

Tabelle B29: Methodenspektrum zur Fertilitätsdiagnostik von Ebersperma (WABERSKI u. STÄHR 2003, pers. Mitt.)

	Aussage über	Fertilitätsrelevanz	Aufwand
1. Standardspermatologie			
• Motilität, in nativem und konserviertem Sperma	• komplexe Funktionen der Spermienzelle	+++	+
• Morphologie	• lichtmikroskopisch erkennbare Unversehrtheit der Grundstrukturen der Spermien	+++	++
2. Spezielle Spermatologie			
• Supravitalfärbung mit Propidiumjodid	• Plasmamembranintegrität	++	++
• Propidiumjodid/Rhodamin R123-Fluoreszenzfärbung	• Plasmamembranintegrität • Mitochondrienaktivität	++	++
• Spermienchromatin	• Chromatinstabilität	+++	+++
• In-vitro-Kapazitation (IVK)	• Membranreaktivität bei In-vitro-Reifung	+++	+++
• Volumenregulation	• Membranfunktion, Ionentransport	+++	+++
• Computerassistierte Motilitätsanalyse (CMA)	• objektivierte und erweiterte Motilitätsbeurteilung	++	++
• Oviduktexplant Assay	• Bindung im Eileiter – Spermienreservoir	+++	> +++
• Sperm Binding Assay	• Bindung an synthetisches Zonasubstrat	+?	++

4.3.4 Spermakonservierung

Für Ebersperma stellt die **Flüssigkonservierung** über einen Zeitraum bis zu 120 Stunden die Methode der Wahl dar. Demgegenüber hat die Gefrierkonservierung im internationalen Maßstab keine nennenswerte praktische Bedeutung erlangen können, wofür niedrigere Befruchtungsergebnisse und eine geringere Eberauslastung, hohe Verfahrenskosten und eine starke Eberspezifität die wichtigsten Gründe darstellen. Für die Flüssigkonservierung von Ebersamen werden im wesentlichen Glucose-Natriumcitrat-Medien in verschiedenen Modifikationen angewendet. Ein klassischer Verdünner war in den 50er- und frühen 60er-Jahren des 20. Jahrhunderts der Illinois variable temperature (IVT-)-Verdünner. Er enthält neben Glucose und Natriumcitrat weiterhin Natriumhydrogencarbonat und Kaliumchlorid. Eine entscheidende Weiterentwicklung erfuhr die Flüssigkonservierung von Ebersperma mit der Einführung

Tabelle B30: Befruchtungsleistungen bei Altsauen von Besamungsebern unterschiedlicher Rassen (GAYER 1999)

Rasse	Eber (n)	Beste Eber Abferkelrate (%)	lebend geb. Ferkel/Wurf	Ferkelindex	Schlechteste Eber Abferkelrate (%)	lebend geb. Ferkel/Wurf	Ferkelindex
DL	13	88,6	11,0	974	70,7	10,2	721
DE	10	82,1	10,6	872	73,2	9,9	727
Pi	65	86,1	11,0	944	59,9	9,8	585
HaPi	26	87,1	10,9	946	70,8	9,9	698

Ethylendiamintetraessigsäure- (EDTA-) haltiger Verdünner. Insbesondere das „Kiew-Medium" fand bei der einstufigen Verdünnung eine breite Anwendung. Der Kiew-Verdünner befindet sich heute unter den Bezeichnungen Merck I oder III im Handel. Die deutschen Besamungseberstationen verwenden hauptsächlich den EDTA-Verdünner BTS (= Beltsville Thawing Solution) mit gutem Erfolg in der Flüssigkonservierung. Zur weiteren Verlängerung der Konservierungsdauer wird in dem hierzulande benutzten Androhep-Verdünner bovines Serumalbumin (BSA) als Verdünnerbestandteil eingesetzt. Der Androhep-Verdünner gilt als „Langzeitverdünner". Er ermöglicht eine Einsatzdauer bis zu 120 Stunden, diesbezüglich ist aber eine gewisse Eberspezifik zu beobachten. Zur Hemmung von Keimwachstum im konservierten Ebersperma sind im Verdünnerkonzentrat Antibiotika enthalten, oder sie sind der Verdünnerlösung zuzusetzen.

Bezüglich der notwendigen Anzahl **Spermien je Besamungsdosis** ist eine Mindestzahl von 2×10^9 motilen Samenzellen empfehlenswert. Ausgehend von der Spermiengesamtzahl im Ejakulat und bei Beachtung eines Schwellenwertes für den Anteil motiler Spermien ist der Verdünnungsgrad festzulegen. Die Abfüllung des verdünnten Eberspermas erfolgt in Portionsbehältnisse, die zugleich Teil des Instrumentariums für die Besamung sind. Als optimal wird ein Portionsvolumen von etwa 100 ml je durchgeführte Insemination angesehen. Die in der Praxis verbreiteten Tuben haben ein Füllvolumen von 95 ml. Die optimale Lagerungstemperatur für flüssig konserviertes Ebersperma beträgt 15 bis 18 °C. Sie lässt sich durch geeignete Vorkehrungen und Behältnisse gewährleisten. In den Besamungseberstationen ist durch die Dokumentation der erfassten Daten eine effektive Organisation der kundengerechten Spermaproduktion zu sichern. Die Erstellung einer möglichst umfangreichen Datensammlung zu den einzelnen Ebern bildet die Grundlage für begründete Selektionsentscheide.

4.3.5 Kontrolle des Besamungserfolges

Bereits bei der Einführung der künstlichen Besamung zeigte sich, dass die eingesetzten Eber unterschiedliche Anpaarungsleistungen erbrachten (Tab. B30). Es bestehen somit trotz ordnungsgemäßer Spermaproduktion in den Besamungseberstationen zwischen den Ebern signifikante Leistungsdifferenzen.

Mit der routinemäßigen Anwendung des biotechnischen Verfahrens der **Schweinebesamung** und der großen Anzahl von Alt- und Jungsauen, die im Laufe eines bestimmten Auswertungszeitraumes mit Sperma von einem Besamungseber inseminiert werden, steigt die Bedeutung der Befruchtungsleistung der eingesetzten Vatertiere an. Sie zu kontrollieren und zu prüfen, liegt in der Zuständigkeit der Betreiber von Besamungseberstationen. Diese sind selbst dafür verantwortlich, dass Eber mit geringerer Befruchtungsleistung erkannt und gemerzt werden. Bei der Analyse und Bewertung von Ergebnisunterschieden sind auch die erfassten Einflussfaktoren wie Anzahl der Spermien je Besamungsdosis, Art des Spermaverdünners, Spermaalter bei Versamung, Rasse und Alter des Ebers, Einsatz bei Alt- und Jungsauen u. a. zu berücksichtigen. Dies gilt gleichermaßen für

Tabelle B31: Praxiserprobte Indizes zur Bewertung der Anpaarungsleistungen von Ebern (REDEL 2001)

Index	Formel
• Zuchtleistung Punkte (IZP, um 100)	$\{[(0,62 \times DAR) + (6,12 \times DLGF)] \times 4 \times n : 20\} + 100$
• Zuchtleistung monetär (IZ, ± EURO/ Schlachtschwein)	$[(0,62 \times DAR) + (6,12 \times DLGF)] \times n : 20$

eine Reihe von betriebsspezifischen Einflüssen in den sauenhaltenden Betrieben. In diesem Zusammenhang wird auf eine detaillierte Darstellung der Verhältnisse am Beispiel zweier in Brandenburg gelegenen Besamungseberstationen verwiesen, die GAYER (1999) vornahm.

Für eine gesicherte Aussage über den **Besamungserfolg** und die Anzahl der geborenen Ferkel ist eine Mindestanzahl von Besamungen je Eber und die Korrektur systematisch wirkender Umweltfaktoren erforderlich. Hierfür wurde ein Verfahren zur komplexen Bewertung der Anpaarungsleistung der Besamungseber entwickelt. Dabei wird zur Ausschaltung der Umwelteffekte eine Relativierung jeder Einzelleistung an den Stall- und Zeitgefährten innerhalb von Quartal und Betrieb sowie getrennt nach Jung- und Altsauen vorgenommen. Die Abweichungen (D-Werte) der Einzelleistungen für Abferkelrate (DAR) und lebend geborene Ferkel (DLGF) vom gewogenen Durchschnitt werden zu einem Index verknüpft (Index Zuchtleistung). Dabei besteht die Möglichkeit, die Merkmale nach ihrer züchterischen und ökonomischen Determiniertheit zu wichten.

Die Darstellung der Ergebnisse kann in Übereinstimmung mit der Bewertungspraxis in der deutschen Schweinezucht als Index mit dem Mittelwert 100 und der Standardabweichung ± 20 erfolgen oder als monetärer Index, ausgedrückt in Euro je Schlachtschwein. Für die Bewertung eignen sich die in Tabelle B31 aufgeführten Indizes aus den umweltkorrigierten Leistungen. Die Ergebnisse zum Eber werden erstmals nach 100 Anpaarungen (Besamungen) unter Beachtung der Genauigkeit ausgewiesen. Eine detaillierte Beschreibung des Bewertungsverfahrens ist der Originalarbeit von REDEL (2001) zu entnehmen.

4.4 Saisonale Fruchtbarkeitsschwankungen

4.4.1 Biologische Grundlagen

In der Schweinezucht und -haltung ist unter den klimatischen Bedingungen Mitteleuropas mit jahreszeitlichen Schwankungen der Fortpflanzungsfunktionen und Reproduktionsleistungen zu rechnen. Vorrangig nach langen Sommern mit sehr heißen Tagen sind vermehrt Fruchtbarkeitsstörungen zu beobachten (**Summer Infertility Syndrome**), von denen beide Geschlechter betroffen sein können. Das Ausmaß dieser Störungen und deren Wechselwirkungen zu anderen exogenen Einflussfaktoren können beträchtlich schwanken. Häufig wird in diesem Zusammenhang auf eine gewisse endogen fixierte Restsaisonalität verwiesen, die unsere Hausschweine von ihren wildlebenden Vorfahren beibehielten. Hinzu kommen zahlreiche bioklimatische Faktoren (hohe Außentemperatur, Photoperiodik, veränderte Lichttaglänge und Lichtintensität) sowie futterwirtschaftliche und arbeitsorganisatorische Gegebenheiten in den Sommermonaten. Nur selten wirkt eine Ursache für sich allein. Vielmehr treten Effekte der Sonnenscheindauer und Wärmebelastung häufig gekoppelt auf, und es gibt Interaktionen zwischen Temperatur und Photoperiodik. Bei Temperaturerhöhung über den thermoneutralen Bereich von etwa 30°C kommt es zur übermäßigen Beanspruchung der Mechanismen der Temperaturregulation, die von Störungen des Kreislaufes, des Wasserhaushaltes und des Säure-Basen-Gleichgewichts begleitet sind. Die betroffenen Tiere reagieren mit einem reduzierten Futterverzehr. Ab 20 °C aufwärts sind je 1 °C rund 100 g weniger Futteraufnahme zu erwarten und ab 25 °C wird die Gonadotropinsekretion verringert, wobei eine erhebliche individuelle und rasseabhän-

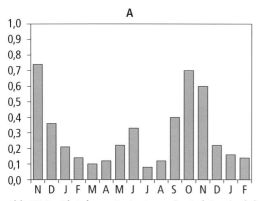 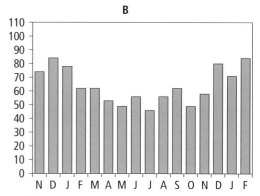

Abb. B14 Blutplasmatestosteron (ng/ml Seminalplasma, A) und Spermakonzentration (10^9 Spermien/Ejakulat, B) im Jahresverlauf bei Naturlichtverhältnissen (CLAUS et al. 1985 a, b).

gige Variation besteht. Bei Stress nimmt die Sekretion des Adrenocorticotropen Hormons (ACTH) aus der Hypophyse zu, welches die Bildung und Freisetzung des Gonadotropin-Releasing-Hormons (GnRH) im Hypothalamus hemmt und damit die Fortpflanzungsfunktionen zunehmend unterdrückt. Die häufig beobachtete Einschränkung des Futterverzehrs (= negative Energiebilanz) führt zu einer Abnahme des Glucosegehaltes im Blutplasma und zu einer Verminderung der Sekretion von Insulin, des Insulin-ähnlichen Wachstumsfaktors I und von Thyroxin. Eine mangelnde Wirksamkeit der genannten Hormone hemmt die Ausreifung von Tertiärfollikeln bzw. die Spermiogenese.

4.4.2 Fruchtbarkeitsschwankungen des Ebers

Auf Seiten der Vatertiere können in der angesprochenen Jahreszeit (besonders im III. Quartal) eine verringerte Testosteronkonzentration im Blutplasma, eine Abnahme der Spermienanzahl im Ejakulat und vermehrte Spermiogenesestörungen festgestellt werden (Abb. B14).

Zusätzlich kann sich die morphologische Spermabeschaffenheit ändern, und es kommt zu schlechteren Anpaarungsleistungen. Besonderes Interesse verdient bei der Prüfung und Selektion der gewonnenen Ejakulate der Anteil anormaler Spermien, der in Beziehung zum Befruchtungsvermögen steht. Innerhalb dieser Kategorie führt vor allem ein zunehmender Anteil von mit Plasmatropfen behafteten Spermatozoen (über 10 %) zu schlechteren Fruchtbarkeitsleistungen der belegten/besamten Sauen. Bei den im Natursprung eingesetzten Ebern bleiben auftretende Veränderungen der Samenqualität meist unerkannt. Sie werden erst spürbar, wenn die gedeckten Sauen vermehrt umrauschen, per Trächtigkeitsdetektor als nicht tragend diagnostiziert werden oder nicht abferkeln.

4.4.3 Fruchtbarkeitsschwankungen der Sau

Saisonal bedingte **Minderleistungen** können folgende Teilkomponenten der Sauenfruchtbarkeit betreffen:
- Verlängertes Intervall vom Absetzen bis zum Brunsteintritt,
- herabgesetzter Anteil brünstiger Sauen und stärkere Streuung des Brunstverlaufes (Östrusbeginn, -dauer und -intensität),
- erhöhte Umrauscherquote bzw. Nicht-Trächtigkeitsrate (mehr azyklische Umrauscher sowie „leere" Sauen ohne Brunstanzeichen),
- Zunahme an mumifizierten und tot geborenen Ferkeln sowie niedrigere Wurfleistungen (Anzahl und Qualität der geborenen Ferkel), insbesondere beim Vorliegen subklinischer Infektionen, dann auch höhere Abortrate.

Eine Ursache für temporäre Fruchtbarkeitsdepressionen sind weiterhin hohe Umgebungstemperaturen während der kritischen Reproduktionsphasen der Sauen, insbesondere im besamungsnahen Zeitraum und in der frühembryo-

Tabelle B32: Fruchtbarkeitsleistungen von Altsauen in Abhängigkeit von der maximalen Tageshöchsttemperatur in der Säugezeit (SZ) sowie der Frühträchtigkeit (FTr.) (HÜHN u. HENZE 2000)

Reproduktionsabschnitt		Erstbesamungen (Stück)	Trächtigkeitsrate (%)	geb. Ferkel/Wurf (Stück)		Ferkelindex	
SZ	FTr.			$\bar{x}$	s	(Stück)	rel.(%)
≤ 20 °C	≤ 20 °C	21 118	82,4	11,5	3,10	945	104,2
	20,1–25 °C	2 275	84,7	11,2	3,07	944	104,2
	25,1–30 °C	1 010	81,7	11,4	3,01	932	102,8
	> 30 °C	46	78,3	11,4	3,19	894	98,6
20,1–25 °C	≤ 20 °C	3 746	80,0	11,2	3,13	901	99,4
	20,1–25 °C	2 709	80,3	11,2	3,11	903	99,5
	25,1–30 °C	2 503	81,2	11,0	3,10	892	98,3
	über 30 °C	979	80,3	10,7	3,15	859	94,7
25,1–30 °C	≤ 20 °C	1 002	81,1	11,0	3,21	894	98,5
	20,1–25 °C	4 631	79,2	11,0	3,19	873	96,2
	25,1–30 °C	3 491	76,7	10,9	3,21	838	92,4
	> 30 °C	1 053	78,3	10,8	3,15	846	93,3
> 30 °C	≤ 20 °C	190	82,6	11,1	3,30	918	101,2
	20,1–25 °C	810	75,4	10,8	3,37	812	89,5
	25,1–30 °C	1 853	73,8	10,7	3,24	792	87,3
insgesamt		47 416	80,8	11,2	3,14	907	100,0

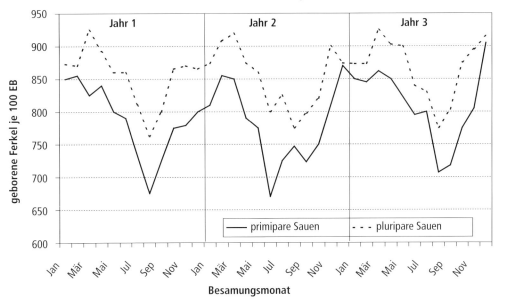

Abb. B15 Jahreszeitlich bedingte Schwankungen der Besamungsergebnisse bei primiparen und pluriparen Sauen.

nalen Entwicklung bis zur Einbettung der Früchte in die Gebärmutterschleimhaut (Tab. B32).

Häufig sind primipare Sauen (= nach der Aufzucht des 1. Wurfes) stärker betroffen und dies insbesondere bei infektiösen Ereignissen.

Eine Ergebnisanalyse von 111 541 durchgeführten Erstbesamungen in drei aufeinanderfolgenden Jahren veranschaulicht den im Sommer und Frühherbst (III. Quartal) gegenüber anderen Anpaarungsmonaten alljährlich wiederkehrenden Abfall der Ferkelrate (Abb. B15).

Tabelle B33: Maßnahmen zur Fruchtbarkeitsstabilisierung in den Sommermonaten

- Kontrolle und Steuerung der Stalltemperatur, vor allem in den Abferkelabteilen sowie im Deckzentrum bzw. im Besamungsstall, Verhinderung extremer Spitzentemperaturen durch Kühlen, Lüften oder Befeuchten. Als Richtwert für die nicht zu überschreitende maximale Tageshöchsttemperatur kann 25 °C gelten.
- Sicherung einer reichlichen Tränkwasserversorgung und Energiezufuhr durch geeignete fütterungstechnische Maßnahmen und Futterzusammensetzung.
- Vermeiden von Stresssituationen und Gewährleistung einer ausreichenden Stallruhe, notwendige Stallarbeiten und Manipulationen am Tier sollten zu kühleren Tageszeiten durchgeführt werden.
- Intensive Brunststimulation und -kontrolle im Absetz-Östrus-Intervall und Anpassung des Besamungsregimes an jahreszeitliche Schwankungen von Brunsteintritt und -dauer.
- Optimierung der zoo- und biotechnischen Maßnahmen.
- In den Besamungseberstationen erfordern unter Wärmebelastung gewonnene Ejakulate eine intensive Kontrolle der Spermawerte. Als Mindestanforderungen an ein verwendungsfähiges Ejakulat gelten: höchstens 25 % anormaler Spermien, wobei der Anteil formveränderter Spermien nicht über 15 % liegen sollte.

Eine **laktationsbedingte Lebendmasseabnahme** haben die Sauen infolge hoher Stoffwechselleistung innerhalb der Säugezeit. Wird die zulässige Obergrenze von 15 bzw. 20 kg bei JS bzw. AS überschritten, treten verzögerte Brunsteintritte, verminderte Konzeptionschancen und eine reduzierte Wurfgröße auf.

Zur **Minderung vorgenannter Reproduktionseinbußen** ist es empfehlenswert, bei den im Juni bis September durchzuführenden Belegungen/Besamungen 10 bis 15 % mehr zuchtreife Jungsauen „vorzuhalten". Bei Beachtung der in Tabelle B33 aufgeführten Maßnahmen können in gut geführten Betrieben klimatisch bedingte Fruchtbarkeitsstörungen ausgeschlossen werden (LAHRMANN u. GARDNER 1997).

4.5 Zyklusüberwachung, Brunsterkennung und -stimulation

4.5.1 Sexualzyklus und Brunst

Beim weiblichen Tier ist der **Sexualzyklus** ein sichtbarer Ausdruck für die neuroendokrine Steuerung des Fortpflanzungsgeschehens. Die im 3-wöchigen Abstand periodisch wiederkehrenden Vorgänge lassen sich in 5 Stadien einteilen (Abb. B16).

Der **Duldungsreflex** ist Ausdruck der Paarungsbereitschaft im Stadium der Brunst. Im landläufigen Sprachgebrauch, ja selbst in wissenschaftlichen Publikationen wird nicht immer klar genug zwischen den einzelnen Begriffen unterschieden. Eine Gleichsetzung der Bezeichnungen Rausche und Brunst ist jedoch nicht korrekt, wie die Abbildung B16 verdeutlicht.

Die **Brunst** ist das entscheidende Rauschestadium. Sie wird von einer Vielzahl von endogenen und exogenen Faktoren bestimmt (Abb. B17) und weist zwischen den Alt- und

Tage	1	2	3	4	5	6	7	8	9	10	11	12	13	14	15	16	17	18	19	20	21
Terminologie zoologisch		Proöstrus		Östrus		Postöstrus		Metöstrus							Diöstrus						
Terminologie zootechnisch		Vorbrunst		Brunst		Nachbrunst		Periode der Geschlechtsruhe (15–17 Tage)													
				Rausche (4–6 Tage)																	

Abb. B16 Terminologie des Sexualzyklus der Sau.

4 Fortpflanzung

Abb. B17 Einflussfaktoren auf das Brunstverhalten der Sau.

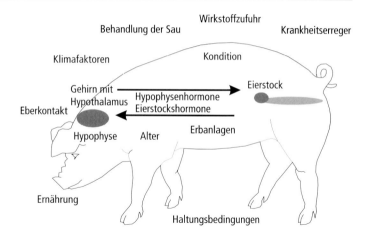

Tabelle B34: Mittlere Dauer der Zyklusstadien bei Alt- und Jungsauen (in Tagen)

Zyklusstadium	Altsauen Mittelwert	von – bis	Jungsauen Mittelwert	von – bis
• Vorbrunst	1½	½–6	2	½–9
• Brunst	2	½–4	1½	½–3½
• Nachbrunst	1	0–3	1	0–7

Jungsauen wie auch innerhalb dieser Gruppen individuelle Unterschiede auf (Tab. B34).

In Abhängigkeit vom Brunstverhalten lassen sich **drei Sauentypen** charakterisieren:
- Typ 1 – sehr früher Östruseintritt und lange Duldungsdauer,
- Typ 2 – zeitlich normaler Östruseintritt mit normal langer Duldungsdauer,
- Typ 3 – sehr später Östruseintritt und kurze Duldungsdauer.

Dabei gehört die einzelne Sau nicht lebenslang demselben Typ an, sondern mit zunehmender Wurfnummer erfolgt der Brunsteintritt tendentiell früher, und die Dauer desselben wird länger. Dabei ist die Art der Brunstsynchronisation von untergeordneter Bedeutung (WÄHNER et al. 2000). Tabelle B35 gibt einen Überblick über die wichtigsten äußerlich feststellbaren Brunstsymptome der Sau in Abhängigkeit vom Brunststadium.

Tabelle B35: Brunstsymptome beim Schwein in den einzelnen Brunststadien

- Die **Vorbrunst** ist durch ein unruhiges Verhalten der Sauen gekennzeichnet. Sie reagieren auf Geräusche und Belichtungsveränderungen. Die Fresslust ist vermindert. Sauen in der Vorbrunst reagieren Personen gegenüber durch Beschnüffeln und kräftiges Stoßen. Auch das Interesse an anderen Sauen steigt merklich an. Besonders stark fühlen sich die Sauen vom Eber angezogen. Bei Druckausübung auf den Rücken weichen sie jedoch noch aus. Die Vulva schwillt an und ist auffallend gerötet. Besonders ausgeprägt ist die Neigung, auf andere Schweine aufzuspringen.

- In der **Brunst** finden die Verhaltensänderungen der Sauen ihren Höhepunkt. Oftmals sind typische Lautäußerungen zu registrieren. Brünstige Sauen erheben sich als erste beim Eintreten eines Pflegers in den Stall, um ihn zu beschnüffeln. Wesentliches Merkmal der Brunst ist das Auftreten des Duldungsreflexes als Ausdruck der Paarungsbereitschaft. Bei Druckausübung auf den Rücken wird die Sau unbeweglich – sie „steht" bzw. sie „duldet". In diesem Zustand ist es fast unmöglich, die Sau zum Laufen zu veranlassen. Setzt man sich auf den Rücken der Sau, dann stemmt sie sich fest auf den Beinen auf dem Boden und duldet bereitwillig das Aufsitzen. Sie nimmt eine typische sägebockartige Stellung ein und hebt dabei Ohren und Schwanz leicht an. In der Brunst lassen Rötung und Schwellung der Vulva bereits nach. Bei einigen Sauen treten aus der Schamspalte geringfügige Mengen Schleim aus. Bei Einzelhaltung tritt die Brunst weniger stark ausgeprägt und unregelmäßiger in Erscheinung als bei gruppenweise aufgestallten Tieren. Erfolgt die Brunststimulation und -diagnose im Beisein bzw. in räumlicher Nähe von geschlechtsaktiven Ebern, dann tritt der Duldungsreflex früher ein, und die Brunst dauert länger.

- Die **Nachbrunst** beginnt mit dem Ende des Duldungsreflexes. Die spezifischen Erscheinungen an den äußeren Geschlechtsteilen gehen weiter zurück. Die Nachbrunst kann von unterschiedlicher Dauer sein.

4.5.2 Brunsterkennung

Die **Brunstdiagnose** beruht auf der Prüfung der äußeren Brunstsymptome der Sau. Sie bildet die Grundlage für die Festlegung aussichtsreicher Belegungs-/Besamungszeiten. Der Beginn der Brunst ist durch den Eintritt des Duldungsreflexes gekennzeichnet, nach dem der Inseminationszeitpunkt festgelegt wird. Die in Abhängigkeit von der Feststellung des Duldungsreflexes erfolgte Insemination wird als **duldungsorientierte Besamung** bezeichnet.

Die **Brunstkontrolle** erfasst gleichermaßen Brunstbeginn und Brunstdauer. Sie ist auf das Verhalten der Sauen und die sichtbaren Veränderungen der Vulva gerichtet (Abb. B18). Die Auslösung des Duldungsreflexes wird durch die vom Eber ausgehenden Schlüsselreize taktiler (Berührung), olfaktorischer (Geruch), akustischer (Paarungslaute) und visueller (Anblick) Art wesentlich stimuliert. Aus arbeitswirtschaftlichen Gründen ist jedoch die Ermittlung brünstiger Sauen durch Aufsprung eines Ebers nicht mehr anwendbar. Deshalb sind die erforderlichen Berührungsreize durch den Besamungstechniker bei Brunstkontrolle nachzuahmen. Die Nutzung der anderen natürlichen Reize wie Anblick, Lautäußerung und Geruch erfolgt durch das Mitführen eines Stimulierebers. Damit die kontrollierten Sauen den Stimuliereber riechen, hören und visuell wahrnehmen können, sollte dieser in deren Gesichtsfeld agieren und mit ihnen in Berührung kommen können. Besonders wichtig ist der Schnauze-zu-Schnauze-Kontakt. Bei Gruppenhaltung der Sauen wird das durch zeitweilige Aufstallung des Ebers in der Nachbarbucht der weiblichen Tiere, bei Einzelhaltung durch langsames Entlangtreiben oder befristete Platzierung auf dem Kontroll- bzw. Futtergang gewährleistet.

Wichtige **Grundregeln der Brunstkontrolle** sind die
- Durchführung zu stets gleichen Zeiten und außerhalb der Fütterung: zweimal täglich, morgens und nachmittags bzw. abends,

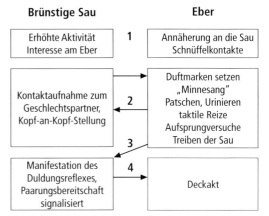

Abb. B18 Ablauf des Sexualverhaltens bei Schweinen.

- ruhige und schonende Behandlung der Sauen, Vermeidung starker und unbekannter Geräusche und Gerüche,
- Durchführung der Brunstkontrolle vom gleichen Personenkreis sowie gemeinsam mit einem geeigneten Such-/Stimuliereber.

Der Zeitaufwand für die Feststellung der Duldungsbereitschaft ist von den betrieblichen Gegebenheiten abhängig. Als Richtzahl kann ein Aufwand von 1,0 bis 1,2 Arbeitskraftminuten je Durchführung angenommen werden. Es ist zweckmäßig, die Ergebnisse der Brunstkontrolle in geeigneter Weise zu dokumentieren. Hierfür hat es sich vielerorts bewährt, einen **Brunstkalender** zu führen (Abb. B19), in dessen Kopf das Datum des Beobachtungstages eingetragen wird. Der Sauenhalter schreibt dann den Beobachtungswert als Symbol ein, getrennt für die Vor- und Nachmittagskontrolle. Folgende Symbole sind dabei zu verwenden:

- – = Tier beobachtet, keine äußeren Brunstzeichen
- x = Rötung und Schwellung der Vulva
- x̄ = Vulva stark gerötet und geschwollen
- O = Duldungsreflex vorhanden
- ∅ = Insemination durchgeführt

Stall		Brunstkalender				Ende BS/Absetzdat.			Stall		Gruppe	Blatt
Bucht-Nr.	Ohr-Nr. der Sau		Wurf-Nr.	Ergebnis der Brunstkontrolle	Anpaarung		Techn 1	KB-Nr. des Ebers	Art der Anpaarg.	Zucht eins	NR-Ergebn.	Abg.-art.	Abferkel-datum	Wurfgröße	Bemerkung
	links	rechts		BS		Tag	Uhrzeit KB 1 | KB 2	Techn 2						Tag	Monat	IGF	LGF	AFF	

Abb. B19 Brunstkalender für Schweine.

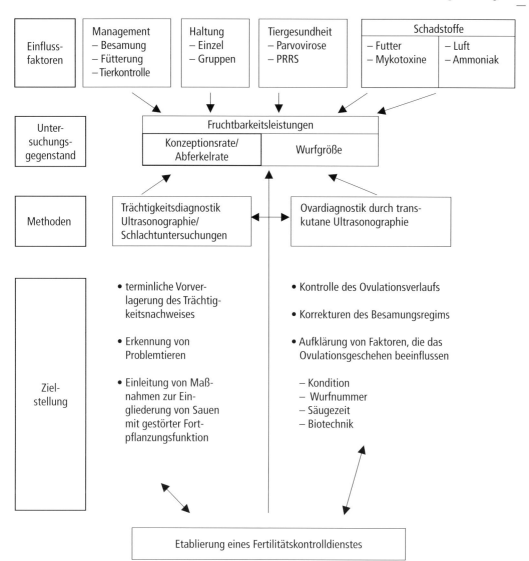

Abb. B20 Ultrasonographische Ovar- und Fertilitätsdiagnostik.

Der Brunstkalender bildet die Grundlage für die Bestimmung des Inseminationszeitpunktes in Verbindung mit dazu erforderlichen Analysen zum Brunsteintritt und zur Brunstdauer (siehe Tab. B34).

In speziellen Fällen kann es notwendig werden, zur Beurteilung des Zyklusstandes über die bei der Brunstbeobachtung ermittelten Symptome hinausgehende, genauere Aussagen zu erhalten. Das ist z. B. der Fall, wenn der Ovulationsverlauf verfolgt wird oder pathologische Zustände, z. B. Ovarialzysten, als Fruchtbarkeitsstörungen zu vermuten sind. Neben einer Betrachtung des Scheideninnenraums und des Muttermundes mittels Röhrenspekulum (Vaginoskopie) kann eine Ovarbeurteilung über **Ultraschalldiagnostik** (Abb. B20) durchgeführt werden. Voraussetzungen dazu sind die erforderlichen Geräte und Erfahrungen bei der Nutzung dieser Techniken.

Für die **Darstellung der Ovarien** per Ultraschall ist vorzugsweise die transkutane Sonographie anzuwenden, wobei der Schallkopf in der Inguinalgegend im Zwischenschenkelspalt der seitlichen Bauchwand anzulegen ist. Als wichtigster Orientierungspunkt beim Aufsuchen der Ovarien dient die Harnblase. Kranial davon können die Ovarien, meist in einer Tiefe zwischen 2 und 8 cm, sichtbar gemacht werden. Follikel und Follikelzysten sind im Ultraschallbild als schwarze Blasen erkennbar. Gelbkörper stellen sich als mehr oder weniger homogene, grau strukturierte, runde Gebilde dar; ihr Auffinden wird dann erleichtert, wenn gleichzeitig kleinere Follikel vorhanden sind.

Neben dem Ultraschall ist die **Endoskopie** (Laparoskopie) als wenig invasive Methode hervorragend geeignet, abdominale Organe zu betrachten und zudem auch manuell zu erreichen. Die Endoskopie wird am narkotisierten Tier in Rückenlage durchgeführt, wobei die Unterlage auf 45° angeschrägt sein sollte. Nach Insufflation von CO_2 in den Bauchraum erfolgt die Inzision der Haut zur Einführung des Trokars für das Endoskop in der Medianebene im Bereich des Nabels. Eine zweite Trokarierung wird zwischen dem letzten Zitzenpaar zur Einführung der Greifzange durchgeführt. Die ovariellen Funktionskörper können erst beurteilt werden, nachdem die Bursa ovarica mit der Greifzange vom Ovar abgezogen wurde.

4.5.3 Wiedereintritt der Brunst nach Absetzen der Ferkel

4.5.3.1 Laktationsanöstrie

Die Voraussetzung für eine pünktliche Rausche der abgesetzten Sauen wird bereits in der vorausgegangenen Säugezeit gelegt. Bei den säugenden Sauen ist unter den Bedingungen normaler Aufzuchtgrößen und praxisüblicher Säugezeiten bis zum Absetzen der Ferkel die Aktivität der beiden Ovarien gehemmt. Während dieser so genannten **Laktationsanöstrie** treten weder Brunst noch Ovulation ein. Eine wesentliche Ursache hierfür ist der Säugereiz der Ferkel, der die Ausschüttung von Oxytocin stimuliert und die im Puerperium ablaufenden Rückbildungsvorgänge der Gebärmutter fördert.

An der saugreizinduzierten Hemmung der Ovartätigkeit sind körpereigene Opioide (Eiweißstoffe mit morphium-ähnlicher Wirkung) beteiligt. Sie hemmen die Sekretion von Gonadotropin-Releasinghormon des Hypothalamus und damit die nachfolgende Ausschüttung von Luteinisierendem Hormon (LH) aus der Hypophyse, so dass es nicht zur Ovulation kommt. Für die Säugezeit sind hohe Prolaktin- und niedrige LH-Werte im Blutplasma der Sauen kennzeichnend. Das Säugen wirkt als positiver Stress; es stimuliert die Freisetzung von β-Endorphin, das zu einer Familie der Opioide gehört und seinerseits die Ausschüttung des Milchbildungshormons Prolaktin fördert.

Mit fortschreitender Säugezeit nimmt die hemmende Wirkung des Säugestimulus ab. Daher wird nach dem Frühabsetzen mit 3 Wochen im Durchschnitt ein längeres Absetz-Östrus-Intervall registriert als bei späteren Absetzterminen. Außerdem steht die Anzahl der Saugferkel zu verschiedenen Hormonwerten der Sauen in Beziehung. Laktierende Muttertiere mit geringer Aufzuchtgröße weisen eine deutlich niedrigere Konzentration an Prolaktin in Blutserum und Milch sowie höhere Spiegel von LH auf als solche mit normaler Anzahl an Saugferkeln. Reicht der Stimulus nicht aus, kann es bereits in der Säugezeit zur Ovulation der Sauen kommen.

Bei ovardiagnostischen Untersuchungen an abgesetzten Sauen mit vorausgehenden Störungen im Milchentzug, mit Erkrankungen und/oder zu geringer Zahl von Saugferkeln sind dann einige Tage alte Gelbkörper (Corpora lutea) zu beobachten. Folglich können die Tiere nach dem Absetzen nicht im erwarteten Zeitraum in die Brunst kommen. Die gleiche unerwünschte Wirkung kann nach dem so genannten fraktionierten bzw. partiellen Absetzen eintreten, bei welchem das vorzeitige Absammeln von Ferkeln zu einer reduzierten Wurfgröße der säugenden Sauen führt.

Die Optimalbereiche an Saugferkeln zum Zeitpunkt des Absetzens sind nach umfangreichen Praxisuntersuchungen
- bei den jüngeren Sauen (1. und 2. Würfe): 9–10 Ferkel,
- bei den Zuchtsauen im Höchstleistungsalter (Wurfnummer 3–5): 10–11 Ferkel,
- bei den älteren Sauen (ab Wurfnummer 6): nicht mehr als 10 Ferkel.

4.5.3.2 Optimierte Säuge- und Absetzregime

Zur Sicherung eines störungsfrei verlaufenden **Saug- und Absetzregimes** ist Folgendes zu empfehlen:

- Ab dritter Laktationswoche bis zum vorgesehenen Absetztermin der säugenden Sauen sind Ferkelumsetzungen zu vermeiden, die zu einer Wurfgrößenreduzierung unter den Stalldurchschnitt führen.
- Beim vorzeitigen Absetzen z. B. von schwereren Ferkeln ist eine Aufzuchtwurfgröße von mindestens 8 Saugferkeln je Wurf bis zum Ende der Säugezeit zu gewährleisten.
- Saugferkel, die in den ersten Lebenswochen zurückgeblieben sind, können von ihren säugenden Müttern abgesammelt und zu einem neuen Wurf an einer Amme, möglichst nur einmal während der regulären Säugeperiode, zusammengestellt werden.
- Die säugenden Sauen sollen nach der Geburt bis zum Absetzen nicht mehr als 15 kg (primipare Tiere) bzw. 20 kg (bei höherer Wurfnummer) an Körpergewicht verlieren.

4.5.3.3 Maßnahmen zur Brunststimulation nach dem Absetzen

Zur **Brunststimulation der Sauen** trägt ein ganzer Komplex von Maßnahmen bei. An erster Stelle stehen die **zootechnischen Komponenten**.

Nach der Trennung von den Ferkeln sollen die Sauen möglichst prompt von der körpereigenen Prolaktin-Dominanz auf die Gonadotropin-Sekretion umschalten. Das lässt sich nach dem Ausstallen aus dem Abferkelstall durch einen mehrstündigen Aufenthalt als Gruppe vor dem Einstellen in das Deckzentrum (Besamungsstall) unterstützen. Dabei ist ihnen genügend Platz zu gewähren; denn rangniedere Tiere benötigen eine Fluchtdistanz. Bei dieser kurzfristigen Gruppenhaltung sorgen soziale Kontakte und Auseinandersetzungen der Sauen für die gewünschten „Umschalteffekte". Wenn gegenseitige Beißereien zunehmen, soll in Einzelstände im Deckzentrum eingestellt werden.

Bezüglich der **Eberkontaktierung** hat sich folgendes Vorgehen bewährt:
- Beginn ab dem 3. Tag nach dem Absetzen, Dauerkontakt ist nicht notwendig,
- stundenweise Kontaktierung unter voller Ausnutzung aller Eberreize,
- Wechsel der Eber.

Während des Absetz-Östrus-Intervalles ist so reichlich zu füttern, wie die Tiere es mögen. Gut beleuchtete Deckzentren können die körpereigene Gonadotropinsekretion anregen. Empfehlenswert sind ein langer Lichttag (12 – 16 Stunden) sowie eine hohe Lichtintensität von 300 Lux (1-Ebenen-Messung) resp. 100 Lux (6-Ebenen-Messung). Dazu sollten Lichtbänder mit Leuchtstofflampen (1 Lampe – 58 W – für 2 bis 3 Sauenplätze im Kastenstand, 1,5 bis 2 m hoch über den Köpfen) installiert werden.

Die **Brunsteintritte und Östren** einer Sauengruppe, d. h. das Auftreten und die Verteilung des Duldungsreflexes, erstrecken sich über mehrere Tage. Angestrebt wird, möglichst viele Sauen bis zum 5. Tag nach dem Absetzen in eine fertile Brunst zu versetzen. Dies gelingt in der Regel bei Altsauen (ab Wurfnummer 3) leichter als bei Sauen nach der Aufzucht ihres 1. Wurfes. Mit der Verkürzung der Säugezeit unter 4 Wochen wird es schwieriger, und in den Wintermonaten und im Frühjahr ist es leichter als in der „fruchtbarkeitslabilen" Jahreszeit (Sommer/Frühherbst), Sauen in eine fertile Brunst zu versetzen; Hybridsauen reagieren besser als Reinzuchttiere.

Zur Ergänzung/Unterstützung der genannten zootechnischen Vorkehrungen eignet sich die „sanfte" Stimulation der Eierstocktätigkeit durch **biotechnische Maßnahmen**. Erprobt ist die Injektion von PMSG 24 Stunden nach dem Absetzen (750 –800 IE, max. 1000 IE, z. B. bei Sauen zum 2. Wurf). Das Verfahren kann generell oder befristet in Perioden, in welchen die Zootechnik allein nicht zufriedenstellend funktioniert, eingesetzt werden. Das betrifft Problemsauen nach dem 1. Wurf, nach sehr kurzer Säugezeit bzw. sehr großer Aufzuchtleistung. Neueste Untersuchungen haben gezeigt, dass das bislang zum Zyklusstart verwendete Stutenserumgonadotropin (PMSG) durch ein synthetisches Gonadotrpin-Releasinhormon mit FSH-auslösender Wirkung ersetzt werden kann. Das geprüfte Präparat Maprelin® XP 10 (chemische Bezeichnung des vorliegenden Wirkstoffes = Gonadorelin [5-His, 6-Asp, 7-Trp, 8-Lys]) erbringt nach intramuskulärer Injektion von 150 µg je Sau die gleiche brunststimulierende Wirkung wie beim Einsatz von 1000 IE PMSG. (Weitere Prüfungsergebnisse siehe Tagungsband 10. Bernburger Biotechnik-Workshop, Hochschule Anhalt, 2004.)

4.6 Synchronisation von Zyklus und Ovulation

4.6.1 Definitionen zur Biotechnik

In der Sauenhaltung erbringen solche Produktionssysteme tiergesundheitliche und wirtschaftliche Vorteile, bei denen die weiblichen Zuchttiere gruppenweise in einem immer wiederkehrenden Rhythmus belegt werden, abferkeln und gleichzeitig abgesetzt werden. Zudem sind am Schweinemarkt größere Partien von Ferkeln für die Zucht oder Mast gefragt, die möglichst das gleiche Geburtsdatum und Gewicht, einen definierten Gesundheitsstatus sowie eine marktgerechte genetische Konstruktion aufweisen. Dies führt dazu, dass immer mehr Schweinezüchter und Ferkelerzeuger die künstliche Besamung und Gruppenabferkelung anwenden. Zugleich wächst das Interesse an geeigneten Verfahren zur Steuerung der individuellen Sexualzyklen innerhalb der gruppenweise aufgestellten Sauen.

Die gezielte Beeinflussung der Brunst- und Ovulationstermine dient der Gleichschaltung (Synchronisation) der genannten Fortpflanzungsereignisse bei Gruppen von abgesetzten Altsauen und von geschlechtsreifen Jungsauen.

Eine steuernde Biotechnik (Abb. B21) setzt jedoch ein einwandfrei funktionierendes Management und gesunde Sauen voraus. Nur auf dieser Grundlage sind günstige Resultate zu erwarten.

Verfahren zur Zyklussynchronisation sind in den letzten Jahrzehnten in vielfältiger Form entwickelt worden. Nicht alles, was in Versuchen „machbar" war, hat sich unter Praxisbedingungen als nützlich erwiesen. Für die hierzulande angewendeten Verfahren, die im fortpflanzungsbiologischen Herdenmanagement praktische Bedeutung erlangt haben, waren die vertieften Kenntnisse über die physiologischen Grundlagen der Reproduktionsfunktionen beim Schwein, die pharmakologischen Möglichkeiten einer biotechnischen Fortpflanzungssteuerung und die sichere Wiederholbarkeit der erzielten Wirkungen und Ergebnisse erfolgsbestimmend. Es handelt sich dabei um die folgenden drei Biotechniken (Tab. B36):

1. **Zyklusstart** (Brunststimulation) bei abgesetzten Sauen mittels PMSG (Pregnant Mare Serum Gonadotropin) zur Sicherung des rechtzeitigen Brunsteintrittes.
2. **Medikamentelle Brunstsynchronisation** (BS) zur gruppenweisen Eingliederung der Remontetiere; Applikation des Biotechnikums Altrenogest (Regumate®) bei Jungsauen

Ereignisse der Reproduktions-physiologie	Zootechnik ←				→ Biotechnik	
	gänzlich ohne Biotechnik	Kombination von Zoo- und Biotechnik	Brunst-synchronisation		Brunst- und Ovulations-synchronisation	Pubertätsinduktion u. Ovulations-synchronisation
Pubertät	systematische Belastungsreize: → Kontakt zu Artgenossen – Sauen – Eber → Umgebung → andere Faktoren – Saison – Klima – Licht etc.		Ernährung, tägliche Zunahmen, Körpergewicht, Gesundheit		Körper-kondition	PMSG/hCG
Zyklus-blockade			Altrenogest (Regumate)	Anti-GnRH (Vakzine)	Altrenogest (Regumate)	hCG- oder GnRH-Infusion	
Luteolyse		PGF 2α	–	–	–	–	PGF 2α
Follikel-wachstum		PMSG	PMSG	(PMSG)	PMSG	PMSG	PMSG
Ovulation		–	–	–	hcG oder GnRH	hcG oder GnRH	hcG oder GnRH
Belegung	duldungs-orientiert	duldungs-orientiert	duldungs-orientiert	duldungs-orientiert	termin-orientiert	termin-orientiert	termin-orientiert

⁝⁝⁝⁝ Bedeutung zootechnischer Faktoren für das jeweilige Verfahren

Abb. B21 Verfahren zur Beeinflussung von Brunst und Ovulation bei Sauen (Wähner 2002).

Tabelle B36: Anwendungsgebiete für zyklussteuernde Verfahren

Biotechnisches Verfahren	Erzielte Wirkungen	Vorzugsweise Anwendung
• Zyklusstart nach dem Absetzen der Ferkel	– Sicherung kurzer Absetz-Östrus-Intervalle – Stabilisierung/Erhöhung der Wurfgröße – Minderung saisonaler Fruchtbarkeitsschwankungen	– partiell bei primiparen Sauen – saisonal befristet in der sommerlichen Jahreszeit – herdenweise zur Fruchtbarkeitssteigerung – notwendig als Vorbehandlung zur OS
• Medikamentelle Brunstsynchronisation (BS)	– effektive Einschleusung von Jungsauengruppen in periodenweise Abferkelsysteme – Gleichschaltung der Brunsteintritte und EB-Termine	– Ferkelerzeugerbetriebe, deren Gruppenabferkelung auf einem mehrwöchigen Produktionsrhythmus basiert – bei hohen Remontierungsquoten oder Aufstockung – großbetriebliche Sauenhaltung
• Ovulationssynchronisation (OS)	– Gleichschaltung der Ovulationseintritte	– Betriebe, deren Belegungsmanagement auf terminorientierte KB ausgerichtet ist

nach natürlicher oder biotechnisch ausgelöster Geschlechtsreife.

3. **Ovulationssynchronisation** (OS) zur terminlichen Gleichschaltung der Ovulationen bei Gruppen von Alt- und/oder Jungsauen, um die duldungsorientierte Besamung durch die terminorientierte Insemination zu ersetzen. Unter letzterer wird die Besamung zu vorausbestimmten Terminen in Abhängigkeit vom Zeitpunkt der ovulationsauslösenden Injektion verstanden.

Die genannten Verfahren beruhen auf einer Beeinflussung der Reproduktionsfunktionen mit biologisch aktiven Substanzen (= Arzneimittel), um die physiologischen Prozesse von Follikelwachstum, Follikelreifung und Ovulation zeitgleich in Tiergruppen zu induzieren. Um dies zu erreichen, werden die zeit- und konzentrationsabhängigen Wirkungen von Follikel stimulierendem Hormon (FSH) und Luteinisierendem Hormon (LH) auf die gonadotropinabhängigen Follikel simuliert. Nach derzeitigem Kenntnisstand gelingt das am besten durch die Anwendung von PMSG und einer nachfolgenden Ovulationsinduktion. Zeitgleiche Anwendungen von PMSG und HCG (Human Chorionic Gonadotropin) oder von HCG und Östrogenen sind nicht optimal an die physiologischen Verhältnisse des Sexualzyklus' angepasst. Letztgenannte Kombinationen können trotz der ausgelösten Rauschesymptome die endokrinen Ab-

läufe negativ beeinflussen können und zu deutlich geringeren Trächtigkeitsraten und Ferkelindizes führen.

Für den Zyklusstart und die Brunstsynchronisation stehen sehr zuverlässig wirkende **gonadotrope Hormonpräparate** zur Verfügung, die im Anschluss an die Zyklusblockade (Säugezeit bei ferkelführenden Sauen, medikamentelle BS bei geschlechtsreifen Jungsauen) eingesetzt werden. Ist zusätzlich eine Ovulationssynchronisation vorgesehen, finden ovulationsstimulierende Biotechnika Anwendung. Zur Brunststimulation ist PMSG besonders geeignet. PMSG vereinigt in sich zwei Wirkungen, die des FSH und des LH. Es stimuliert aufgrund seiner bivalenten gonadotropen Wirksamkeit und seiner relativ langen Halbwertzeit das Wachstum und Heranreifen gonadotropinabhängiger Follikel, die Östrogenbildung sowie den Eintritt der Paarungsbereitschaft mit eingeschlossenem Duldungsreflex und die sich anschließende Ovulation.

Zur Anregung und Auslösung der **Ovulationseintritte** wurden bei PMSG-vorbehandelten Sauen in der Vergangenheit ebenfalls extrahypophysäre Gonadotropine auf der Basis von HCG verwendet. Als Vorzugsdosis für HCG galten 500 IE je Behandlung. Mit dem Ziel der vollständigen HCG-Ablösung wurde das GnRH-Analogon D-Phe[6]-Gonadorelin mit protrahierter Wirkung (Präparat Depherelin Gonavet Veyx®) auf seine Eignung zur Ovulationsstimulation beim Schwein geprüft. In umfangreichen Feldversuchen erbrachte dessen Einsatz im Rahmen der biotechnischen Ovulationssynchronisation sowohl bei Alt- als auch bei Jungsauen signifikant höhere Trächtigkeitsraten und Abferkelergebnisse als nach herkömmlicher Ovulationssynchronisation mittels HCG.

Die Methode der reversiblen medikamentellen **Dämpfung (Blockade) der Brunst bei geschlechtsreifen Jungsauen** basiert auf der täglichen oralen Verabreichung von Brunstsynchronisatoren mit gestagenähnlicher Wirkung über einen Zeitraum von vorzugsweise 18 Tagen. Während der Wirkstoffzufuhr wird der Sexualzyklus durch die verminderte Gonadotropinausschüttung unterdrückt. Die gleichzeitige Beendigung dieser Medikation bei einer intakten Jungsauengruppe bewirkt bei darauf abgestimmtem Management das weitgehend synchrone Auftreten der Brunst, so dass die Inseminationen innerhalb eng begrenzter Zeitspannen durchgeführt werden können. Als einziges Mittel steht seit Anfang der 90er Jahre auch in Deutschland das Präparat Regumate® zur Verfügung (0,4 g Altrenogest je 100 ml öliger Lösung). Aus mehreren Ländern liegen Untersuchungsergebnisse über den Einsatz von Regumate® zur Zyklussynchronisation bei Jungsauen vor. In Feldversuchen erwies sich die Einstellung der Tagesdosis auf 20 mg Altrenogest (enthalten in 5 ml Regumate®) je Tier über 18 Tage in Kombination mit 750 – 800 IE PMSG 24 Stunden nach der letzten Regumate®-Gabe als besonders vorteilhaft. Durch eine PMSG-Injektion im Anschluss an die 18-tägige Regumate®-Applikation ließ sich der Synchronisationseffekt weiter verbessern. In neueren Untersuchungen zeigte ein Abstand zwischen der letzten Regumate®-Applikation und der PMSG-Injektion von 24 bis 42 Stunden deutliche Vorteile in Form höherer Besamungsergebnisse.

4.6.2 Pubertätsinduktion und Ovulationssynchronisation von Jungsauen

Zur frühen Zuchtbenutzung und bei Jungsauen, die die Geschlechtsreife nicht rechtzeitig erreichen, kann das von SCHNURRBUSCH 1998 ent-

Tabelle B37: Kombinierte Pubertätsinduktion und Ovulationssynchronisation von Jungsauen („Schnurrbusch-Methode")

- Auswahl präpuberaler Jungsauen mit einem Körpergewicht von 110 bis 115 kg und einem Alter zwischen 190 und 215 Tagen (in Abhängigkeit vom betrieblich ermittelten Pubertätsstatus) und Zusammenstellung der Synchronisationsgruppen (i. d. R. in Gruppenhaltung) = Tag 0
- Simultane intramuskuläre Injektion von 500 IE PMSG und 250 IE HCG möglichst am Tag der Zusammenstellung, maximal 1 bis 2 Tage später
- Intramuskuläre Injektion eines Prostaglandin $F_{2\alpha}$-Analogons (z. B. 175 µg Cloprostenol oder 300 µg Tiaprost) am 20. Tag nach der simultanen Injektion von PMSG und HCG
- Intramuskuläre Injektion von 800–1000 IE PMSG im Abstand von 20 bis 24 Stunden nach der Injektion des $PGF_{2\alpha}$-Analogons = Tag 21
- Intramuskuläre Injektion eines ovulationsauslösenden Präparates (z. B. 500 IE HCG oder 1 ml Depherelin Gonavet Veyx®) im Abstand von ca. 80 Stunden nach der PMSG-Injektion zur Ermöglichung der terminorientierten Besamung = Tag 24
- Erste Besamung (KB_1) im Abstand von 24 bis 26 Stunden nach der ovulations-stimulierenden Injektion = Tag 25
- Nachbesamung (KB_2) im Abstand von 10 bis 16 Stunden nach der KB_1 = Tag 26

wickelte Verfahren der kombinierten Pubertätsinduktion und Ovulationssynchronisation mit Einsatz von PGF2α-Präparaten angewendet werden (Tab. B37):
- Im pubertätsnahen Zeitraum (180–210 Lebenstage) wird bei Jungsauen durch die simultane Injektion von 500 IE PMSG und 250 IE HCG mit großer Zuverlässigkeit das Follikelwachstum und die Ovulation ausgelöst, die ca. 3 bis 7 Tage nach dieser Injektion eintritt. Daran schließt sich ein Zyklus von normaler Dauer an.
- Am Ende der Gelbkörperphase, dem 20. Tag nach der Pubertätsinduktion, kann durch ein $PGF_{2\alpha}$-Präparat die Luteolyse ausgelöst werden; innerhalb von zwei Tagen ist die Progesteronkonzentration bei allen Tieren auf den Basisspiegel abgefallen.
- Durch eine Injektion von PMSG (800 IE) im Abstand von 24 Stunden nach der PGF2α-Injektion wird das Follikelwachstum ange-

Farbtafel 1: Freilandhaltung tragender und säugender Sauen.
1 und 2) Transportable Hütten für tragende Sauen.
3) Tragende Sauen auf rotierendem Acker.
4) Freilandhaltung tragender Sauen im Winter.
5 und 6) Ferkelführende Sauen im Freiland.

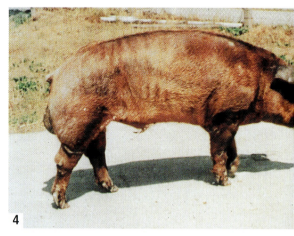

Farbtafel 2: Schweinerassen – Eber
1) Deutsche Landrasse
2) Deutsches Edelschwein
3) Pietrain
4) Duroc
5) Hampshire
6) Angler Sattelschwein

regt. Danach kann die Ovulationsauslösung in der gleichen Weise wie in dem Verfahren der Ovulationssynchronisation mit Zyklusblockade erfolgen. Bei diesem Verfahren wird ebenfalls eine zweimalige terminorientierte Besamung durchgeführt.

Im Vergleich zur Pubertätsinduktion mit Nutzung des ersten Östrus sind nach Behandlung mittels dieses Verfahrens im zweiten Östrus mehr intakte, befruchtungsfähige Eizellen ausgebildet. Überdies hat ein Uteruswachstum ähnlich wie im ersten natürlichen Zyklus stattgefunden, so dass günstigere Voraussetzungen für hohe Fruchtbarkeitsleistungen gegeben sind.

4.6.3 Brunst- und Ovulationssynchronisation von Jung- und Altsauen

Für die gezielte Beeinflussung der Brunsteintritte und Ovulationsperioden bei Gruppen von Alt- und Jungsauen haben sich die in Tabelle B38 aufgeführten biotechnischen Verfahren unter Praxisbedingungen bewährt. Bei anders gearteten Verhältnissen ist stets die Übertragbarkeit zu überprüfen. Erstanwender sollten sich zuvor umfassend beraten lassen.

Die Besamung der Sauengruppe aus Jung- und Altsauen erfolgt zum gleichen Termin. Dazu sind die unterschiedlichen Behandlungsregime

Tabelle B38: Praxiserprobte Biotechnik-Programme zur Fortpflanzungssteuerung bei Sauengruppen

Verfahren	Empfehlenswerte Behandlungsschritte
• Brunststimulation bei Altsauen nach Absetzen (= Zyklusstart)	1. gleichzeitiges Absetzen der Ferkel (vorzugsweise nach kurzen Säugezeiten von 3 bis 4 Wochen) 2. Injektion von 750 bis max. 1000 IE PMSG (höhere Dosis vorzugsweise bei Sauen nach Absetzen des 1. Wurfes) exakt 24 Std. nach dem Absetzen 3. duldungsorientierte Besamung unter Verwendung von 3 Besamungsportionen (KB_1, KB_2 und KB_3) bei Sauen mit langer Brunstdauer; bei Sauen mit mittlerer oder kurzer Brunstdauer sind 2 Besamungsportionen ausreichend, Abstand KB_1–KB_2 maximal 18 Std.
• Brunstsynchronisation bei geschlechtsreifen Jungsauen	1. 18-tägige orale Applikation von 5 ml Regumate® (20 mg Altrenogest) je Tier und Tag 2. Injektion von 750 bis 800 (u. U. bis max. 1000) IE PMSG 24–42 Std. nach der letzten Regumate®-Gabe 3. duldungsorientierte Besamung wie bei Altsauen, jedoch Abstand KB_1 – KB_2 maximal 16 Std.
• Ovulationssynchronisation bei Altsauen	1. bis 2. wie beim Zyklusstart (siehe oben) 3. Injektion von vorzugsweise 1 ml Depherelin Gonavet Veyx® (50 µg D-Phe⁶-Gonadorelin) im säugezeitspezifischen Abstand nach PMSG: – 56–58 Std. nach über 4-wöchiger Säugezeit – etwa 72 Std. nach 4-wöchiger Säugezeit – 72–80 Std. (u. U. betriebsspezifisch) nach 3-wöchiger Säugezeit 4. terminorientierte Besamung: – KB_1: 24–26 Std. nach OS (d. h. nach Depherelin Gonavet Veyx® Gabe) – KB_2: spätestens 16 Std. nach KB_1 – KB_3: ratsam bei Sauen mit langer Brunstdauer etwa 6–8 Std. nach KB_2
• Ovulationssynchronisation bei geschlechtsreifen Jungsauen	1. bis 2. wie bei Brunstsynchronisation (siehe oben) 3. Injektion von 500 IE HCG oder 1 ml Depherelin Gonavet Veyx® im Abstand von 78–80 Std. nach PMSG-Gabe 4. terminorientierte Besamung: – KB_1: 24–26 Std. nach OS – KB_2: spätestens 40 Std. nach OS – ggf. KB_3 im Abstand von etwa 6–8 Std. nach KB_2 bei Jungsauen mit langer Brunstdauer

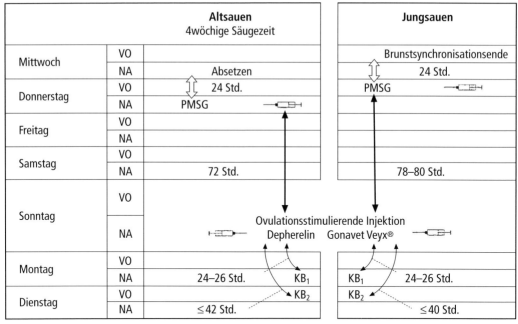

Abb. B22 Fortpflanzungsprogramm für Betriebe mit terminorientierter Besamung und vierwöchiger Säugezeit (KÖNIG u. HÜHN 1997).

von Jung- und Altsauen zeitlich aufeinander abzustimmen. In Abbildung B22 wird beispielhaft ein häufig praktiziertes Fortpflanzungsprogramm im Wochenablauf (nach 4-wöchiger Säugezeit der Altsauen) dargestellt. Ausgangspunkte hierfür bilden das Absetzen der Altsauen jeweils am Mittwochnachmittag und das Ende einer 18-tägigen Brunstsynchronisation bei einer Jungsauengruppe am Mittwochvormittag. Zeitgleich findet dann am darauffolgenden Montagnachmittag die KB_1 und am Dienstagvormittag die KB_2 statt. Betriebe, die andere Besamungstermine nutzen bzw. eine kürzere oder längere Säugezeit praktizieren, können dies durch zeitliche Versetzung der Behandlungen erreichen.

4.7 Künstliche Besamung

4.7.1 Bedeutung und Verbreitung

Die Vorteile des biotechnischen Routineverfahrens „Künstliche Besamung" (KB) führten dazu, dass sich die KB im internationalen Maßstab seit den 90er-Jahren stürmisch entwickelte. Im Jahr 1996 wurden von den weltweit gehaltenen 71 Millionen Sauen 27 % künstlich besamt, in West- und Osteuropa je etwa 50 % (Tab. B39).

Die in den Jahresberichten des Zentralverbandes der Deutschen Schweineproduktion enthaltenen Zahlenangaben (Tab. B40) beinhalten ein Ost-West-Gefälle. Während der Besamungsanteil in den neuen Bundesländern seit langem bei fast 100 % liegt, variiert er in den westlichen Bundesländern von 45 bis 80 % (ZDS 2003). Ein weiterer Anstieg ist jedoch bei letzteren absehbar.

Die Effektivität der künstlichen Besamung (KB) unterscheidet sich tierartspezifisch nach dem Entwicklungsstand der Konservierungs- und Besamungstechnik, den erreichbaren Befruchtungsergebnissen und der möglichen Erhöhung des Zuchtfortschrittes. Die **Anwendung der KB** beim Schwein hat zwei grundlegende Vorteile:
- Die Vermehrungsrate der Eber wird vervielfacht.
- Die Samenübertragung und Befruchtung erfolgen ohne direkten Kontakt der Paarungspartner.

Davon leiten sich alle anderen **Vorteile** des biotechnischen Verfahrens „Schweinebesamung" (KBS) ab. Hervorzuheben sind insbesondere

- die Erzeugung einheitlicher, großer Ferkelpartien durch die Reduzierung der Anzahl eingesetzter Zuchteber und die Nutzung periodenweiser Abferkelsysteme (Gruppenabferkelung),
- die verbesserte Zucht- und Bestandshygiene durch verminderten Tierzukauf, strengere Selektion und gesundheitliche Überwachung der Vatertiere sowie Reduzierung von Deckinfektionen,
- die Stabilisierung der Sauenfruchtbarkeit durch kontrollierte Spermaqualität und Einsatz definierter Spermaportionen, wodurch sich alle möglichen Unzulänglichkeiten (Überlastung der Eber, klimatische/saisonale Einflüsse, Impfbelastungen, Fütterungsfehler, Krankheitseinbrüche) minimieren lassen,
- die wirtschaftlichen Vorteile in der Zucht und Mast durch den Einsatz genetisch wertvoller Vererber (z. B. Top-Genetik-Eber), die positiv zuchtwertgeprüft sind.

Hinzu kommen die geringeren Belegungskosten, da der Vatertierbestand insgesamt reduziert werden kann. Die jährlichen Kosten für einen Deckeber belaufen sich auf ca. 870 €. Bei einem unterstellten Eber-Sauen-Verhältnis beim natürlichen Deckakt von 1:25, einer jährlichen Wurfhäufigkeit von 2,2 sowie einer zweijährigen Nutzungsdauer des Ebers belaufen sich die Eberkosten je Belegung auf ca. 16 €. Sie liegen damit deutlich über den Kosten für Zukaufsperma.

Die Besamungen werden heute größtenteils von den Landwirten selbst durchgeführt. Demgegenüber hat der Anteil von Besamungen, die durch einen betriebsfremden Besamungstechniker erfolgen, auf 3,1 % abgenommen (Stand 2002). Ein Fortpflanzungsprogramm für Betriebe mit terminorientierter Besamung und 4-wöchiger Säugezeit war in Abbildung B22 dargestellt.

4.7.2 Besamungsmanagement

Der **Erfolg der KB** spiegelt sich in den erzielten Befruchtungs- und Abferkelergebnissen wider. Dabei können eine Vielzahl von äußeren und in-

Tabelle B39: Geschätzter Anteil der KB in den Ländern der EU (1998)

Besamungs-anteil	Länder
70–80 %	• Finnland, Frankreich, Spanien
60–70 %	• Dänemark, Niederlande, Schweden
50–60 %	• Österreich, Deutschland, Irland
40–50 %	• Belgien, Italien, Luxemburg
20–30 %	• Griechenland, Großbritannien
< 10 %	• Portugal

Tabelle B40: Anteil künstlich besamter Sauen in Deutschland

Jahr	1995	2001
• Sauenbestand (1000 Stück)	2 587,1	2 551,5
• Anzahl Besamungen insgesamt	2 661 221	4 573 025
• Anteil Würfe aus der KB (%)	44,0	73,0
• Anteil Eigenbestandsbesamung (%)*	88,6	96,2

* bezogen auf die Anzahl der Besamungen insgesamt

neren Faktoren die KB-Ergebnisse positiv, aber auch negativ beeinflussen. Bei den besamten Sauen ist zu gewährleisten, dass das inseminierte Ebersperma termingerecht sowie in der erforderlichen Menge und Qualität zum Befruchtungsort (Eileiter) gelangt. Weiterhin ist dafür Sorge zu tragen, dass günstige Bedingungen für die Befruchtung (Konzeption) sowie für die vorgeburtliche Entwicklung der Embryonen bzw. Feten bestehen.

Häufige **Probleme** bei der praktischen Durchführung der KB im sauenhaltenden Betrieb sind in Tabelle B41 aufgeführt. Ursächlich stehen unzureichende Brunstkontrollen und ungünstige Besamungszeitpunkte im Vordergrund.

Negative Folgen von Besamungsfehlern sind Minderungen der Abferkelrate um 8 bis 15 % vom fortpflanzungsbiologisch Möglichen sowie eine Reduzierung der Wurfgröße um ca. ein halbes Ferkel. Die daraus erwachsenden betriebswirtschaftlichen Nachteile hat die Landwirtschaftskammer Westfalen-Lippe für einen Zeit-

Tabelle B41: Vorkommende Mängel im Besamungsmanagement und deren Auswirkungen auf die Sauenfruchtbarkeit

Problem	Häufigkeit des Vorkommens (%)	Auswirkungen auf die Abferkelrate (%)	Anzahl lebend geborener Ferkel/Wurf (Stück)
• unzureichende Brunstkontrolle	30	−15	−0,6
• zu geringe Anzahl von Besamungen innerhalb einer Brunst	20	−8	−0,3
• ungünstiger KB-Zeitpunkt	16	−7	−0,4
• unprofessionelle Besamungstechnik	10	−8	0,5
• zu niedrige Spermienzahl je Besamungsdosis	12	−7	−0,5
• zu geringes Spermavolumen je Insemination	12	−5	−0,5

Tabelle B42: Einfluss von Teilkomponenten der Reproduktionsleistung auf die Wirtschaftlichkeit der Sauenhaltung (FELLER 2001)

Einflussfaktoren	Gewinn/Verlust je Sau (Euro)
• einmal Umrauschen/Jahr	−58,46
• zweimal Umrauschen/Jahr	−116,89
• 1 Tag verlängerte Zwischenwurfzeit	−3,30
• + 1% Ferkelverlust	−10,86
• + 1 Ferkel/Sau und Jahr	+43,81

raum von 10 Jahren (1989−99) in einer retrospektiven Verlustbewertung zusammengestellt (Tab. B42).

4.7.3 Brunststadium, Brunstdauer und Besamungsergebnis

Der Zeitpunkt der KB innerhalb des Östrus beeinflusst sowohl die Trächtigkeitsrate als auch die Wurfgröße (Abb. B23). Als weitere Einflussfaktoren gelten die Dauer von Spermientransport und die Überlebensrate der Spermien im weiblichen Geschlechtstrakt. Letztere beträgt im Durchschnitt höchstens 24 Stunden. Mehrstündige Abweichungen einzelner Eber bzw. deren Ejakulate nach oben bzw. unten liegen im Bereich der biologischen Normalverteilung. Das Sperma benötigt im weiblichen Genitale ca. 4 ± 2 Stunden zum Erreichen seiner Befruchtungsfähigkeit (Kapazitation), wobei die Eizelle nicht länger als 6 bis 8 Stunden nach ihrer Freisetzung (Ovulation) lebens- und damit befruchtungsfähig ist.

Demzufolge führen zu **frühe KB-Zeitpunkte** zu einem Anstieg der Umrauscherquote und zu reduzierten Wurfgrößen. Bei terminlich nahe vor der Ovulation liegenden Besamungen reicht dagegen eine relativ kurze Zeit für den Transport der Spermien in den ampullären Abschnitt des Eileiters (Ovidukt) und die Spermienkapazitation aus, so dass ein hoher Anteil der Eizellen befruchtet werden kann. Im Ergebnis ist mit sehr hohen Wurfleistungen zu rechnen.

Verspätete Besamungen (z. B. 6 Stunden nach der Ovulation oder später) führen zu sinkenden Fruchtbarkeitsergebnissen. Einerseits vermindert sich die Effizienz des Spermatransportes im weiblichen Genitale, andererseits tritt ein rapider Anstieg von Polyspermie (Eindringen mehrerer Spermien in die Eizelle) auf. Außerdem treffen Besamungen, die deutlich nach der Ovulation der Sau erfolgen, auf ein Brunststadium, in dem der weibliche Genitaltrakt nur ungenügend gegen eindringende Keime geschützt ist. Die möglichen Folgen äußern sich in gehäuftem Umrauschen und/oder vermehrt auftretendem Scheidenausfluss.

Um eine hohe Trächtigkeitsrate mit einer hohen Wurfgröße zu verbinden, reicht eine nur einmalige KB der brünstigen Sauen nicht aus. Vielmehr ist eine mindestens **zweimalige Insemination je Brunst** (KB_1 und KB_2) vorzusehen. Zwischen den aufeinander folgenden Besamungen hat sich ein Abstand von maximal 16 Stunden (Jungsauen) bis 18 Stunden (Altsauen) als zweckmäßig erwiesen. Der Zeitabstand zwischen KB_1 und KB_2 kann aber auch kürzer sein. Im internationalen Maßstab gilt eine mehrmalige KB der brünstigen Sauen in Intervallen von 12 bis 18 Stunden als Standard für die Inseminationsstrategie, wenngleich auch in einer Reihe von Betrieben ein Besamungsrhythmus im Abstand von 24 Stunden üblich ist.

Wann der günstigste Zeitpunkt für die erste Besamung (KB_1) ist und wie oft die Sauen je Brunst besamt werden sollen, hängt entscheidend von der Brunstdauer ab. Umfangreiche Erhebungen ergaben für Altsauen eine mittlere Brunstlänge von 2 bis $2^{1}/_{2}$ Tagen. Zwischen dem Östrusbeginn und der Östrusdauer bestehen praktisch durchaus nutzbare Beziehungen: Je früher bei den abgesetzten Sauen nach der gruppenweisen Trennung von den Ferkeln die Brunst einsetzt, desto länger dauert sie im Mittel und umso höher sind die erzielten Besamungsergebnisse (Tab. B43).

Der dargestellte Zusammenhang zwischen Brunsteintritt und -dauer ist nach biotechnischer Brunststimulation (d. h. dosierter PMSG-Einsatz 24 Stunden nach dem Absetzen) ausgeprägter als beim Verzicht auf eine hormonelle Brunstinduktion. Er wird offenbar auch loser, wenn die vorherige Säugezeit weniger als vier Wochen betrug. Bei Jungsauen ist die Östrusdauer im Durchschnitt etwas kürzer als bei Alt-

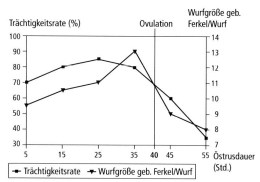

Abb. B23 Einfluss des Belegungszeitpunktes innerhalb der Brunst (Stunden Östrusdauer) auf die Fortpflanzungsleistung.

sauen. Zwischen den Tieren innerhalb und zwischen verschiedenen Herden können die Östren und Ovulationen bezüglich des zeitlichen Eintritts und der Dauer z. T. erheblich streuen (Tab. B44).

Für die **Ovulationseintritte** gilt, dass sie sich auf das Ende des 2. Drittels bzw. den Beginn des 3. Drittels der Brunst konzentrieren, jedoch können erhebliche Schwankungen auftreten (siehe Tab. B44). Es ist zu unterscheiden zwischen Sauen mit kurzer, mittlerer und langer Brunst. Bei letzterer reicht eine zweimalige Insemination für optimale Befruchtungsergebnisse mitunter nicht aus.

Es ist keinesfalls empfehlenswert, die brünstigen Tiere so lange zu besamen, wie der Duldungsreflex anhält. Insbesondere sollte eine

Tabelle B43: Fruchtbarkeitsleistungen von Altsauen (n = 104 180) nach duldungsorientierter Besamung in Abhängigkeit vom Brunsteintritt nach Absetzen der Ferkel (var. nach HENZE 1987)

Registrierter Brunsteintritt		Anteil	Brunst-dauer	Trächtig-keitsrate (%)	geborene Ferkel/Wurf		Ferkel-index
Tag nach dem Absetzen	Tageszeit	Sauen (%)	Stunden		insgesamt (Stück)	lebend (Stück)	
3	vormittags	3,4	56,0	80,6	11,0	10,4	841
	nachmittags	11,2	50,9	79,8	11,0	10,4	832
4	vormittags	52,9	46,1	82,4	11,2	10,7	881
	nachmittags	13,7	45,4	78,2	10,9	10,4	816
5	vormittags	14,1	38,6	79,3	10,9	10,4	826
	nachmittags	1,6	40,2	73,8	10,5	10,1	748
6	vormittags	1,9	36,0	66,9	10,6	9,9	660
	nachmittags	1,2	35,9	70,1	11,1	10,4	733

Tabelle B44: Variationsstatistische Angaben zum Brunst- und Ovulationsgeschehen bei abgesetzten Zuchtsauen eines Versuchsgutes (WEITZE et al. 1994)

Parameter	n	$\bar{x}$	± s
• Intervall Absetzen-Brunsteintritt (Std.)	483	124,4	94,3
• Brunstdauer (Std.)	483	59,6	14,8
• Intervall Brunsteintritt-Ovulation (Std.)	427	44,6	12,8
• Intervall Absetzen-Ovulation (Std.)	427	169,0	75,2

Tabelle B45: Orientierungswerte für die duldungsorientierte Besamung (DOB)

- Zuverlässige Durchführung der **Brunstkontrolle** zweimal täglich (vormittags, nachmittags/abends)
- Festlegung der DOB-Zeiten unter Beachtung von **Brunsteintritt und Brunstdauer**
- **Differenzierte KB-Zeitpunkte/Unterscheidung von drei Sauentypen**
- **Sauen mit frühzeitigem Brunsteintritt und erwartungsgemäß langer Brunstdauer**
  – 3 × Besamen = ratsam
  – KB1: 24 Std. nach registriertem Brunstbeginn
  – KB2: spätestens 16–18 Std. nach KB1
  – KB3: in halbtägigem Abstand nach KB2 bei Sauen mit gut ausgeprägtem Östrus
- **Sauen mit mittlerem Brunsteintritt und mittlerer Brunstdauer**
  – 2 × Besamen = ausreichend
  – KB1: ca. 1/2 Tag nach registriertem Brunstbeginn
  – KB2: spätestens 16–18 Std. nach KB1
- **Sauen mit spätem Brunsteintritt und kurzer Brunstdauer**
  – 1–2 × Besamen
  – KB1: sofort nach registriertem Brunstbeginn
  – KB2: sofern die Sau noch paarungsbereit ist (Duldungsreflex vorhanden), spätestens 1/2 Tag nach KB1

postovulatorische Insemination vermieden werden. Das gilt auch für Sauen mit einer langen Brunstdauer. Unter kontrollierten Praxisbedingungen hat sich die Verwendung von höchstens drei Besamungen innerhalb einer Brunst (KB$_1$, KB$_2$, KB$_3$) als ausreichend erwiesen. Aus den vorausgegangenen Darlegungen lassen sich die in Tabelle B45 zusammengefassten Empfehlungen für die duldungsorientierte Besamung ableiten.

Bei Jungsauen ist es unter der Voraussetzung einer zweimaligen Brunstkontrolle je Tag ratsam, die KB$_1$ einen halben Tag nach dem erstmals registrierten Duldungsreflex durchzuführen und die KB$_2$ spätestens 16 Stunden nach der KB$_1$ folgen zu lassen.

4.7.4 Spermatransport im Genitale und Befruchtungsergebnis

Bei den besamten Sauen beeinflusst die **Uterusmotorik** in entscheidendem Maße den Befruchtungserfolg und die normgerechte Entwicklung der frühen embryonalen Entwicklungsstadien. Da der Spermientransport im weiblichen Genitaltrakt größtenteils durch peristaltische Bewegungen der Gebärmutterhörner geschieht, besteht ein Zusammenhang zwischen Uterusmotorik, Intensität der Spermienaufnahme (= Ansaugaktivität) und Besamungsergebnis. Unter dem Einfluss äußerer Reize und insbesondere der angewendeten Stimulationsmaßnahmen (Klitorismassage) wird das Auftreten der Uteruskontraktionen unter Regie des hypothalamischen Sexualzentrums sowohl durch die Abgabe von Oxytocin als auch durch das vegetative Nervensystem und durch organeigene nervale Rezeptoren des Uterus gesteuert.

Bei einem Teil der Sauen kommt es während und vornehmlich nach erfolgter Insemination zu einem Spermarücklauf, d. h. zu Spermaverlusten. Praktische Studien belegen eindeutig den positiven Effekt einer hohen Ansaugaktivität des Uterus und den negativen Einfluss eines gesteigerten Spermarückflusses auf die Besamungsergebnisse (Tab. B46). Für den Rücklauf kommen vornehmlich falsche KB-Zeitpunkte, eine ungenügende sexuelle Stimulation der Sauen und eine unprofessionelle Besamungstechnik in Betracht.

Demnach kann die **Förderung des Spermientransports**, der die Spermienzahl an der Befruchtungsstelle erhöht, als konzeptionssteigernde Maßnahme angesehen werden. Unter diesem Aspekt ist auch die Wirkung eines Zusatzes uterotroper Substanzen zum Inseminat geprüft worden. So führt die **Zugabe von Oxytocin** zum Ebersperma unmittelbar vor der Insemination in der Besamungspraxis zu einer geringfügigen Erhöhung der Trächtigkeitsrate und/oder Wurfgröße:

Tabelle B46: Einfluss von Spermaansaugaktivität und Spermarückfluss auf die Besamungsergebnisse

Merkmal	Benotung	besamte Sauen (Stück)	Trächtigkeitsrate (%)	lebend geborene Ferkel je Wurf (Stück)	Ferkelindex
• Ansaugaktivität	1 bis 1,5 = stark	175	85,3	10,86	937
	2 = mittel	257	80,5	10,34	832
	2,5 bis 3 = gering	23	69,6	10,19	709
• Rückfluss	1 bis 1,5 = gering	131	87,8	10,77	946
	2 = mittel	205	82,4	10,40	857
	2,5 bis 3 = stark	119	75,6	10,52	796

- Sauen, bei denen die Geschwindigkeit der Spermaaufnahme eine kurze Inseminationszeit bedingt, weisen die höchsten Fruchtbarkeitsleistungen auf.
- Sauen mit einer längeren Besamungsdauer erreichen unter vergleichbaren Bedingungen durch Zusatz von 5 IE Oxytocin zum Inseminat eine deutliche Erhöhung der Besamungsergebnisse.

Die Wirksamkeit der letztgenannten Methode differiert in Abhängigkeit von verschiedenen Einflussfaktoren, so dass sich nicht immer eine Leistungsverbesserung erzielen lässt. Ähnliches gilt auch für den Zusatz von $PGF_{2\alpha}$.

4.7.5 Besamungshygiene

Bei der Besamung spielt die Hygiene eine sehr wesentliche Rolle. Die äußeren Geschlechtsorgane der Sau sind vor der Einführung der Besamungspipette gründlich zu reinigen. Es werden entweder Einweg- bzw. Wegwerfpipetten (z. B. Oliven-Pipette, Schaumstoff-Pipette) oder auch größere Mehrwegpipetten (z. B. Melrose-Katheter) verwendet. Letztere müssen vor dem erneuten Gebrauch gereinigt und sterilisiert werden. Es bleibt nicht aus, dass bei der KB auch verschiedene Erreger in die Vagina gelangen und bis zum Gebärmutterhals transportiert werden. Diese Krankheitskeime (Kolibakterien, Streptokokken, Chlamydien, Mykoplasmen, Parvoviren, PRRS-Viren) können zu entzündlichen Veränderungen führen, in deren Folge die Umrauscherrate ansteigt und weitere Fortpflanzungsstörungen auftreten.

Mittels eines Hygieneschutzes lässt sich der keim- und schmutzbelastete Bereich der Scheide überbrücken und ein sauberes Besamen gewährleisten. Dafür werden Einweg-Kunststoffhülsen (sog. „Cleanstarter") verwendet. An ihren Schaft wird vor ihrer Einführung in die gründlich trocken gereinigte Scham Paraffinöl oder Gleitgel aufgebracht. Durch eine perforierte Stelle wird dann die Besamungspipette geschoben, die somit nicht mit der äußeren Haut der besamten Sau in Berührung kommt. Beim sachgemäßen Einsatz sind eine bessere Besamungshygiene sowie höhere Fortpflanzungsleistungen zu erwarten. Auch Bara und Cameron (1996), die den Einfluss der Belegungshäufigkeit auf die Sauenfruchtbarkeit prüften, berichten über die Beeinträchtigung der Ergebnisse durch unhygienische Bedingungen bei Durchführung der Inseminationen (Tab. B47).

Tabelle B47: Untersuchungsergebnisse zum Einfluss der Belegungshäufigkeit und Hygiene auf die Fruchtbarkeitsleistungen von Sauen (Bara u. Cameron 1996)

Häufigkeit der Belegung	Bedingungen	Abferkelrate (%)	geborene Ferkel/Wurf (Stück) gesamt	lebend
• zweimal	• sauber	75,0	12,7	11,3
	• unhygienisch	66,7	12,6	10,5
• viermal	• sauber	91,7	14,2	11,8
	• unhygienisch	66,7	13,9	12,1

4.7.6 Besamungshilfen und Arbeitsaufwand

Bei der Bemessung des Arbeitsmaßes sind je Insemination 10 bis 12 Minuten zu veranschlagen, was 5 bis 6 besamte Sauen je Stunde ergibt. Ohne Anwendung geeigneter Besamungshilfen sollte ein Eigenbestandsbesamer je Arbeitszeit (d. h. je Vor- bzw. Nachmittag) nicht mehr als 12 (ausnahmsweise 15) Sauen besamen. Im Zusammenhang mit wachsenden Herdengrößen und Sauengruppen, die innerhalb kurzer Zeitspannen gleichzeitig besamt werden sollen, wächst das Interesse an Methoden und technischen Hilfsmitteln, mit denen sich wiederkehrende arbeitsintensive Abläufe, wie sie auch die Besamung darstellt, rationalisieren lassen. Der Einsatz von Besamungshilfen gestattet es, die taktilen Eberreize zu simulieren und zugleich mehrere Sauen parallel zu besamen.

Vom Funktionsprinzip her kann man zwischen Besamungsgurten, -bügeln und Decktaschen unterscheiden.

Besamungsgurte werden um die Flanke geschnürt. Sie verstärken die Manifestation des Duldungsreflexes. Die flexiblen Nylonbänder haben entweder einen Klettverschluss oder Löcher und Schnallen wie bei einem Gürtel. Ein vom Gurt nach hinten führendes Band dient der Fixierung des Besamungskatheters. Nach dem Anlegen des Gurtes wird die Besamungspipette eingeführt und fixiert. Anschließend wird die Spermatube aufgesteckt, und nach einsetzendem Absaugen wird am Ende eine kleine Öffnung eingeschnitten, um ein Vakuum beim Absaugen des Spermas zu verhindern. Durch den eng verschnallten Gurt erfolgt eine sehr gute Stimulation der Uterusmotorik und ein schnelles Absaugen des Spermas. Fließt Sperma zurück, gelangt dieses wieder in die Besamungsampulle und wird beim nächsten Ansaugen erneut in den Uterus befördert. Dadurch treten deutlich geringere Spermaverluste als bei der Insemination ohne die genannten Besamungshilfen auf. Die Eignung der Besamungsgurte als fruchtbarkeitssteigernde Stimulierhilfe ist bei Jungsauen nicht so eindeutig, da sich die „Erstlingstiere" erst an den Herdenbetreuer/Besamer gewöhnen müssen. Bei Sauen ab dem zweiten Wurf konnte jedoch ein deutlich positiver Einfluss des Besamungsgurtes von 10 % bis 25 % auf das Besamungsergebnis von 2 Betrieben nachgewiesen werden (Schulze et al. 1999).

Bei der Besamung mit Gurt werden gleichzeitig mehrere Sauen durch eine Arbeitskraft besamt. Dadurch kann die Besamung in durchschnittlich weniger als 4 Minuten durchgeführt werden, was einer Arbeitszeiteinsparung von ca. 50 % verglichen mit der herkömmlichen Besamungsmethode entspricht. Die Verweildauer der Inseminette im weiblichen Genitale ist aber auf ca. 15 Minuten/Sau verlängert, was die benannten besseren Ergebnisse teilweise erklärt. Zugleich werden unter Großbestandsbedingungen die bestehenden Unterschiede zwischen den eingesetzten Besamungstechnikern (Qualität der KB-Ausführung, ruhiger und sachkundiger Umgang mit den Sauen) auffällig geringer. Durch die Verwendung von Besamungshilfen kann die Monotonie der Besamungstätigkeit insbesondere bei der KB von Großgruppen deutlich vermindert werden.

Besamungsbügel werden lediglich von oben auf die zu besamenden Sauen gesteckt. Sie greifen in die Flanke der Sau, wodurch der Duldungsreflex ausgelöst wird. Sie sind aus Metall oder Kunststoff hergestellt und passen sich flexibel an die Größe der Tiere an. Besamungstube und Pipette werden dabei von einem Seil oder einer Stange gehalten.

Auch mittels eines beschwerenden **Decksackes bzw. einer Decktasche**, welche den paarungsbereiten Sauen zur Simulation des Eber-Aufsprunges auf den Rücken und die Flankengegend gelegt wird, lassen sich das Duldungsverhalten und die erzielten Besamungsergebnisse verbessern. In Feldversuchen konnte eine Erhöhung der Trächtigkeitsrate um 5,4 %, der Wurfgröße um 0,2 lebend geborene Ferkel sowie des Ferkelindex um 74 Tiere nachgewiesen werden.

4.8 Trächtigkeitskontrolle

Die rechtzeitige und zuverlässige Erkennung der Umrauscher sowie der nicht tragenden „leeren" Tiere (Durchläufer) ist betriebswirtschaftlich bedeutsam. Die möglichst frühzeitige und sichere Feststellung einer ausgebliebenen oder abgebrochenen Trächtigkeit hilft Kosten für unproduktive Haltungstage einzusparen. Diese belaufen sich bei rund 3,00 € pro Tag auf 63,00 € bis zur ersten zyklischen Umrausche und wachsen in dem Maße, wie die leeren (scheinbar trächtigen) Sauen unerkannt bleiben.

Es bestehen verschiedene Möglichkeiten der Trächtigkeitsfeststellung beim Schwein (Tab. B48). Neben der sorgfältigen Brunstbeobach-

Tabelle B48: Methoden der Trächtigkeitsfeststellung beim Schwein – Teil 1 (Koch u. Ellendorff 1982)

Test	Untersuchungsmaterial oder -methode	Nachgewiesene Substanz oder Veränderung	Reichweite	Sicherheit
• Kontrolle des Umrauschens	• Einsatz eines Such-/Stimulierebers	• Auftreten von Brunstsymptomen	• nach Ablauf einer „Zykluslänge"	ca. 95 %
• Rektale Untersuchung	• Größenvergleiche der A. iliaca ext. und der A. uterina media	• Vergrößerung der A. uterina media und Gefäßschwirren	• ca. ab 5. Woche, Gefäßschwirren ab 20. Tag	ca. 95 %
• Röntgenaufnahme	• Verknöcherung des Skeletts	• Skelettteile	• ab etwa 3. Monat	bis 100 %
• Ultraschall	• Pulsecho- und Dopplerverfahren, Realtime Ultraschall	• Reflexion an Grenzflächen (Fruchtwasser) • Frequenzänderung durch fötale Herzaktion	siehe Teil 2	
• Östrogene	• Harn	• biologischer oder chemischer Nachweis	• max. vom 23.–32. Tag und ab 75. Tag	unsicher
• Östronsulfat	• Blutplasma	• radioimmunologischer Nachweis	• ab 20. Tag	ca. 95 %
• Histologische Untersuchung	• Scheidenschleimhaut	• verringerte Zahl von Zellschichten	• ab 21. Tag	ca. 95 %
• Progesterontest	• Blutplasma	• Progesteronspiegel erhöht	• um 20. Tag oder 3 Untersuchungen im 7-Tage-Abstand	ca. 90 %
• Rosetteninhibitions-Test	• Blutserum	• immunologischer Nachweis des Early Pregnancy Factors	• ab 3. Tag	ca. 90 %

tung zur Erkennung von „Umrauschern" zählen dazu in erster Linie die rektale Palpation der Gebärmutter bzw. der diese mit Blut versorgenden Arteria uterina media, der Nachweis von Östrogenen im Harn oder von Progesteron im Blut, die Vaginalbiopsie sowie die diagnostische Injektion gonadotroper Hormone. Unter Praxisbedingungen hat neben der unverzichtbaren Umrauscherkontrolle insbesondere die Ultraschalldiagnostik Bedeutung erlangt.

Als wichtigste Methode des Trächtigkeitstests im sauenhaltenden Betrieb hat sich die gewissenhafte **Umrauscherkontrolle** im Beisein eines Such-/Stimulierebers erwiesen. Für die Durchführung wird auf die Orientierungswerte zur Brunsterkennung (siehe Kapitel B 4.5.2) verwiesen. Bezüglich der Treffsicherheit gilt für die positiv diagnostizierten Tiere, dass die festgestellten Graviditäten durch beeinträchtigende Faktoren in darauffolgenden Phasen abgebrochen werden können.

Durch den Einsatz von Ultraschallgeräten lässt sich die Umrauscherkontrolle sinnvoll ergänzen. Die Geräte basieren auf unterschiedlichen Funktionsweisen (Tab. B49).

Bei den **Echolotgeräten** werden die vom Schallkopf ausgesendeten Ultraschallwellen in ein akustisches Signal (kurze getrennte Einzeltöne für ‚nicht tragend'; längerer Dauerton für ‚tragend') und teilweise in optische Signale als Befundanzeigen umgesetzt. Die Geräte sind einfach zu handhaben und haltbar. Bei der Anschaffung sollte der Benutzer auf Geräte zurückgreifen, die durch die Deutsche Landwirtschafts-Gesellschaft (DLG) anerkannt wurden. Unter praktischen Einsatzbedingungen haben sich be-

Tabelle B49: Methoden der Trächtigkeitsfeststellung beim Schwein–Teil 2: Vergleich der Echolot- und Real-time-Ultraschallmethode (KAULFUSS 1997)

	Echolot (A-Mode)	Real-time Ultraschall (B-Mode)
• möglicher Einsatz ab	• 26. Trächtigkeitstag	• ab 20./21. Trächtigkeitstag
• Diagnosegenauigkeit bis 26. Tag n. B.	• ca. 60 %	• ca. 95 %
• Diagnosesicherheit ab 26. Tag n. B.	• ca. 99 %	• ca. 99 %
• Diagnostik von Fruchtbarkeitsstörungen	• nur indirekt über die Bestimmung der nichttragenden Schweine	• durch die bildliche Darstellung von Eierstöcken, Gebärmutter, Embryonen und Feten
• Untersuchungsdauer / Sau	• ca. 1 min	• ca. 30 Sekunden
• Stromversorgung	• netzunabhängig	• netzabhängig/-unabhängig
• Anzahl benötigter Personen	• 1 (Ein-Hand-Betrieb)	• 1 (Ein-Hand-Betrieb) oder 2 (Diagnostiker; Hilfsperson, die das Basisgerät hält)
• Verschleiß/Gefahr von Beschädigungen	• gering: die kompakte Bauweise bietet einen guten Schutz gegen innere Verschmutzung und äußere Gewalt	• hoch: Stallklima (Luftfeuchte, Staub) wirkt sich negativ auf die Elektronik des Basisgerätes aus; Basisgerät und Schallkopf sind mit einem Kabel verbunden und werden von verschiedenen Personen bedient
• Seuchenübertragung durch das Gerät und das Bedienpersonal	• gering/keine, da aufgrund der geringen Gerätekosten im Betrieb ein Gerät verbleibt	• a) gering/keine, wenn der Betrieb ein eigenes Gerät besitzt • b) deutlich höher, wenn die Diagnostik in Lohnarbeit erfolgt

stimmte Zeitabläufe besonders bewährt. So erfolgt die erste Testung vorzugsweise zwischen dem **30. und 33. Trächtigkeitstag** (bei Altsauen ab 28. Trächtigkeitstag vertretbar). Die als nicht tragend bzw. fraglich eingestuften Sauen werden i. d. R. eine Woche später nachgetestet.

Das **Ultraschalldopplerverfahren** ist zur Trächtigkeitsdiagnostik trotz hoher Genauigkeit in Deutschland nur gering verbreitet.

Bildgebende Ultraschallverfahren werden seit Mitte der 90er Jahre zur Trächtigkeitskontrolle und Fortpflanzungsdiagnostik angewendet. Deren Funktionsweise beruht auf einer bildlichen Umsetzung der ausgesendeten und im Tier reflektierten Ultraschallwellen in Form von Grauwertbildern. So lassen sich die trächtige Gebärmutter, das Fruchtwasser und die Feten direkt darstellen. Es werden vorzugsweise transportable kleine Ultraschallgeräte zur Trächtigkeitsfeststellung beim Schwein eingesetzt. Die Uterusdiagnostik ermöglicht ab Tag 20 eine zuverlässige Erkennung nicht tragender Sauen. Die Genauigkeit der Befunderhebung, insbesondere bei kurzer Untersuchungsdauer (Reihenuntersuchungen) mit kleinen Ultraschallgeräten, steigt ab Tag 23 mit der Zunahme des Größendurchmessers der Fruchtblasen und dem Sichtbarwerden der Embryonen.

Im Vergleich der Echolot- und Real-time-Ultraschallgeräte weisen beide Verfahren Vor- und Nachteile auf. Für jedes Verfahren gilt, dass
• die Diagnosegenauigkeit nur so gut wie auch der Diagnostiker ist, und
• die Diagnose immer nur für den Zeitpunkt der Untersuchung gilt.

Letztere Aussage verweist darauf, dass bis zum 30. Tag der Trächtigkeit ein vergleichsweise hoher Anteil an Fruchtresorptionen möglich ist. Demzufolge sind alle vor dem 30. Trächtigkeitstag als tragend eingestuften Sauen unabhängig von der Untersuchungsmethode ab dem 30. Tag nachzukontrollieren. Eine Wiederholung bis zum 40. Tag führt zu einer Aussagesicherheit der Trächtigkeitsdiagnostik von nahezu 100 %.

In Anbetracht der notwendigen Erfahrung der Diagnostiker und der hohen Geräteanschaffungskosten haben sich für den Einsatz des bildgebenden (Real-time) Ultraschalls zur Trächtigkeitsdiagnostik **Scannerdienste** (scan = absuchen, abfragen) etabliert. Der Scannerservice wird von Besamungsorganisationen, Beratungsdiensten und Tierarztpraxen zur überbetrieblichen Trächtigkeitskontrolle angeboten. Vielerorts werden durch die Inanspruchnahme dieser Dienstleistung nicht tragende Tiere früher erkannt, die so zügig zur Wiederholungsbelegung vorgesehen bzw. gemerzt werden können. Nutzerbetriebe lassen die Sauen in Anlehnung an den jeweiligen Produktionsrhythmus kontrollieren.

Damit die entstehenden Kosten gedeckt werden, gilt als Richtwert die Einsparung von ca. 2 Produktionstagen je Wurf. Eine darüber hinaus erreichte Senkung von Verlusttagen, die in sehr guten Betrieben etwa 10 Tage betragen, wird bereits gewinnwirksam. Auswertungen der Genossenschaft zur Förderung der Schweinehaltung e.G. (GFS) in Nordrhein-Westfalen haben gezeigt, dass in einem Jahr mit Hilfe des Scannereinsatzes ein Vorteil von 0,4 bis 0,5 Ferkeln je Sau erwirtschaftet werden kann. Das gilt insbesondere für Sauenherden mit bislang durchschnittlicher oder darunter liegender Zuchtleistung. Deren Betriebserfolg wurde nach BRÜNINGHOFF (2001) derart verbessert, dass die Gesamtverlusttage je Wurf für Betriebe des mittleren Drittels von 15,2 auf 12,1 und für solche des unteren Drittels von 25,5 auf 14,1 Tage durch den Scannereinsatz verringert werden konnten.

Für den Trächtigkeitsservice im überbetrieblichen Einsatz gelten hohe hygienische Maßstäbe: Betriebseigene Stiefel, Schutzoverall, Einweghandschuhe und Kopfbedeckung. Nach dem Einsatz wird der Schallkopf mit Kabel nass gereinigt, und anschließend sind das Ultraschallgerät und der Schallkopf zu desinfizieren. Der Monitor wird komplett mit einem Einwegkunststoffbeutel überzogen. Im Seuchenfall wird der Trächtigkeitsservice ausgesetzt.

Neben der Diagnose tragend oder nichttragend lässt der Zeitpunkt der Umrausche bzw. eines festgestellten Trächtigkeitsabbruches Rückschlüsse auf die in Betracht kommenden Ursachen zu, was die Fehlersuche erleichtert.

Sichere fortpflanzungsdiagnostische Befunde und exakte Aufzeichnungen gestatten die Einleitung wirksamer Maßnahmen zur Ergebnisverbesserung. Dies sind für Sauen mit regelmäßigem Umrauscherintervall (= zyklische Tiere) z. T. andere als bei den azyklischen Tieren. Tabelle B50 vermittelt die wichtigsten Zusammenhänge und Anhaltspunkte zur Abstellung der möglichen Ursachen für eine ausgebliebene oder abgebrochene Trächtigkeit.

4.9 Steuerung der Geburten

4.9.1 Einsatzmöglichkeiten und Verfahrensvorteile

Die physiologische Trächtigkeitsdauer beim Schwein beträgt ca. 115 Tage bei einer Schwankungsbreite von unter 111 bis über 120 Tagen (Abb. B24). So weisen größere Würfe im Durchschnitt kürzere Tragezeiten als kleinere auf. Die Infektion mit porcinen Parvoviren führt zu unerwünschten Übertragungen. Den gleichen Effekt haben direkter Jodmangel und sehr hohe Gehalte an Rapsextraktionsschrot im Futter trächtiger Sauen, die zu einem indirekten Jodmangel führten.

Innerhalb der abferkelnden Tiergruppen sollten die Geburtseintritte möglichst wenig streuen, ferner ist eine kurze Geburtsdauer der einzelnen Sauen anzustreben. Als mögliche biotechnische Verfahren stehen hierfür die Geburtssynchronisation und die Geburtsstimulation (Gleichschaltung der Geburtseintritte) zur Verfügung. Bei zweckmäßiger Einordnung in das Fortpflanzungsmanagement lassen sich „abferkelfreie Wochenenden" oder Wochentage organisieren. Die Verteilung der Tragedauer auf die Wochentage in Abhängigkeit vom Besamungstag ist für die durch 7 teilbaren Produktionsrhythmen in Tabelle B51 dargestellt.

Weitere Verfahrensvorteile der Geburtensynchronisation bei periodischen Abferkelsystemen zeigt Tabelle B52.

Die mit einer Geburtssynchronisation verknüpften arbeitswirtschaftlichen Vorteile dürfen jedoch nicht mit einer eingeschränkten Vitalität und Gewichtsentwicklung der Ferkel erkauft werden, wie sie bei der Wahl zu früher Behand-

B Bewirtschaftung – Grundlagen der Tiergesundheit

Tabelle B50: Gründe für eine ausgebliebene oder abgebrochene Trächtigkeit beim Schwein

Umrauscherintervall in Tagen nach der letzten Belegung	Bewertung	mögliche Ursachen
• weniger als 18	• zu kurzes Umrauscherintervall	• Mängel in der Brunsterkennung und daraus resultierender falscher Belegungszeitpunkt • nicht erkannte Ovulation in der Säugezeit • fehlerhafte Datenerfassung
• 18 bis 24	• zyklusgerechte (regelmäßige) Umrausche	• falsche Belegungszeiten, ausgebliebene Konzeption • Insemination oder Bedeckung mit nicht befruchtungsfähigem Sperma (verminderte Spermaqualität, fehlerhafte Lagerung des Spermas), überlastete Deckeber • vollständiger Embryonaltod vor dem 12. Trächtigkeitstag durch Stress, Krankheitserreger oder Futtervergiftungen (Mykotoxine)
• 25 bis 38	• azyklische (unregelmäßige) Umrausche	• totaler Embryonaltod in der Implantationsphase vom 12. bis 25. Trächtigkeitstag durch Stress, Krankheitserreger oder Futtervergiftungen • Embryonaltod infolge zu geringer Uterusauslastung (unter 5 Embryonen bei der Implantation; weniger als die Hälfte des Uteruslumens besetzt = totaler Verlust) • vermehrte Ovarzystenbildung, hormonelle Fehlregulation, u. U. fehlerhafte Biotechnika-Gabe
• 39 bis 45	• zyklische Umrausche	• unzureichende Brunstkontrolle im Zeitraum der 1. Umrausche, übersehene Umrausche • Stillbrünstigkeit durch Störfaktoren in der 1. Umrausche
• über 45	• azyklische Umrausche	• Embryonaltod, erregerbedingte Aborte*) in unterschiedlichen Trächtigkeitsstadien, Futtervergiftungen oder Stress sowie saisonale Einflüsse

*) Zur Unterscheidung von Aborten dienen die folgenden Begriffsbestimmungen:
 – embryonaler Abort: Abgang der Früchte, bevor die embryonale Entwicklung abgeschlossen ist, d. h. bis ca. 4 Wochen nach der Befruchtung
 – Frühabort: Abgang nicht lebensfähiger Feten/Ferkel bis 105. Trächtigkeitstag
 – Spätabort oder Frühgeburt ab 106. Trächtigkeitstag (z. B. durch PRRS-Infektion): Abgang nicht ausgereifter, u. U. jedoch lebensfähiger Ferkel (Überlebenschancen sind umso größer, je mehr sich der Termin zum 114. Trächtigkeitstag hinbewegt)

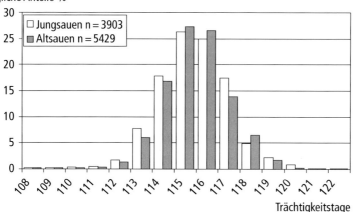

Abb. B24 Variation der Trächtigkeitsdauer bei Alt- und Jungsauen.

Tabelle B51: Wochentagsbezogene Beziehung zwischen Besamung/Belegung der Sauen und den nachfolgenden Trächtigkeitstagen bei zyklogrammgesteuerter Ferkelerzeugung

Durchführung der KB_1/KB_2	Wochentage, auf welche das Ende der Trächtigkeit fällt			
	113	114	115	116
Mo/Di	Di	Mi	Do	Fr
Di/Mi	Mi	Do	Fr	Sa
Mi/Do	Do	Fr	Sa	So
Do/Fr	Fr	Sa	So	Mo
Fr/Sa	Sa	So	Mo	Di

KB = künstliche Besamung

Tabelle B52: Vorteile einer Geburtensynchronisation bei periodischen Abferkelsystemen

Ziel	Ergebnis
• Tragezeit	• Begrenzung auf max. 115–116 Tage
• Ferkelgruppe	• geringere Altersunterschiede, besonders bedeutsam bei kurzen Säugezeiten
• Ferkelwache	• Betreuung ferkelnder Sauen über einen kürzeren Zeitraum
• Umsetzen	• Wurfausgleich begünstigt durch zeitgleiche Geburten
• Arbeitsorganisation	• Einrichtung geburtenfreier Wochenenden und -tage
• Säugezeit	• Sicherung einer Mindestsäugezeit von 21 Tagen

lungstermine (vor dem 114. Trächtigkeitstag) zu befürchten sind. Dies hängt vornehmlich mit der Ausreifung und dem pränatalen (vorgeburtlichen) Wachstum der Ferkel zusammen, die während der letzten Tage der Hochträchtigkeit Zunahmen von 80 bis 100 g pro Tag erreichen. Bei natürlicher Tragezeit ist erst nach dem 115. Trächtigkeitstag mit keinem weiteren Gewichtszuwachs der Ferkel im Mutterleib zu rechnen.

Vorstehende Erkenntnisse haben zur Empfehlung einer „**partiellen Geburtensynchronisation**" geführt. Bei dieser Verfahrensvariante werden alle spontanen Abferkelungen nach Ablauf einer natürlichen Trächtigkeitsdauer bis zum 114. Tag abgewartet. Nur Sauen mit bis dahin noch ausstehenden Geburten werden biotechnisch behandelt. Diese Vorgehensweise gewährleistet ein abgeschlossenes vorgeburtliches Wachstum der Ferkel, deren vollkommene Ausreifung sowie unbeeinträchtigte Geburtsgewichte und gute zu erwartende Tageszunahmen in der nachfolgenden Säugezeit. Sie begrenzt die Tragezeit auf 116 Tage und sichert eine programmgemäße Mindestsäugezeit der Saugferkel. Beides trägt zur Bereitstellung von gleichalten Ferkelpartien mit ausgeglichener Gewichtsentwicklung bei.

4.9.2 Geburtensynchronisation

Eine Geburtseinleitung lässt sich am sichersten durch intramuskuläre Applikation von Prostaglandin $F_{2\alpha}$ ($PGF_{2\alpha}$) bzw. einem Prostaglandin $F_{2\alpha}$-Analogon (z. B. 175 μg Cloprostenol) am 114. bzw. 115. Trächtigkeitstag erzielen.

Bei einmaliger Applikation von natürlichem $PGF_{2\alpha}$ an hochtragende Sauen kommt es nach ca. 30 Stunden zur Geburt. Bei der Verwendung von $PGF_{2\alpha}$-Analoga, z. B. nach Cloprostenol tritt die Geburt bereits ca. 20 Stunden nach der Injektion ein. Dabei reagieren jüngere Sauen im Mittel etwas langsamer als ältere Tiere. Mit zunehmender Annäherung des Behandlungszeitpunktes an den physiologischen Geburtstermin bzw. bei fortschreitender Trächtigkeitsdauer der behandelten Sauen verringert sich der Abstand zwischen der $PGF_{2\alpha}$-Injektion und dem Geburtseintritt. Nach übereinstimmenden Erfahrungsberichten sind mittlere Partusraten$_{36}$ (PR_{36} = Anteil von Sauen, die innerhalb einer wünschenswerten Zeitspanne bis 36 Std. post injectionem abferkeln) von über 93 % erreichbar, wenn die Applikation exakt durchgeführt wird.

Die nach der $PGF_{2\alpha}$-Behandlung registrierten Geburtseintritte weisen innerhalb der darauffolgenden Tage eine zweigipfelige Häufigkeitsverteilung auf. Wenn die Cloprostenol-Injektion am Morgen des 114. oder 115. Trächtigkeitstages erfolgt, konzentrieren sich die Abferkeltermine meist auf den Nachmittag des gleichen Tages (1. Gipfel) sowie auf die Vormittagsstunden des nächsten Tages (2. Gipfel). Unter den genannten Bedingungen ist die Abferkelperiode weitgehend bis zum Abend des auf die Cloprostenol-Behandlung folgenden Tages abgeschlossen. Bei Geburtsinduktion vor dem 114. TrT sinkt die PR_{36} auf 90 % und darunter ab.

4.9.3 Geburtsstimulation

Um die steuernde Einflussnahme auf den zeitlichen Eintritt, die Dauer und insbesondere die tageszeitliche Verteilung der induzierten Geburten weiter zu verbessern, wurden kombinierte Behandlungsprogramme entwickelt. Dabei wird nach dem $PGF_{2\alpha}$-Präparat das synthetische **Oxytocin-Analogon** Carbetocin (Depotocin®) mit stark verlängerter Wirkungsdauer eingesetzt. Die Applikation erfolgt dabei an solche Sauen, die nicht innerhalb von 24 Stunden nach der Cloprostenol-Gabe mit der Geburt begonnen haben. Dadurch wird eine deutliche Verkürzung der Abferkelperiode im Vergleich zur alleinigen $PGF_{2\alpha}$-Applikation erreicht (Abb. B25).

Die induzierten Geburten konzentrieren sich auf wenige Stunden nach der Depotocin®-Injektion und fallen bei frühmorgendlicher Applikation innerhalb der folgenden Arbeitszeit.

Wenn Depotocin® nach der Geburt der ersten Ferkel injiziert wird, verkürzt das Hormon die Gesamtaustreibungszeit im Vergleich zu unbehandelten Tieren und auch gegenüber Sauen mit Applikation eines natürlichen Oxytocins. Die Verabreichung von 35 µg Carbetocin je Tier hat sich als ausreichend erwiesen, höhere Dosierungen können das vorzeitige Abtropfen/Wegfließen von Kolostralmilch zur Folge haben. Mit einer kurzen Geburtsdauer sind eine hohe Vitalität der Ferkel und geringere peripartale Verluste verbunden. Die sachgerechte Anwendung geburtensteuernder Maßnahmen in Sauenanlagen mit Gruppenabferkelung und gutem Tiergesundheitsmanagement senkt auch den Anteil fiebernder puerperalkranker Sauen, wie die Bilanz

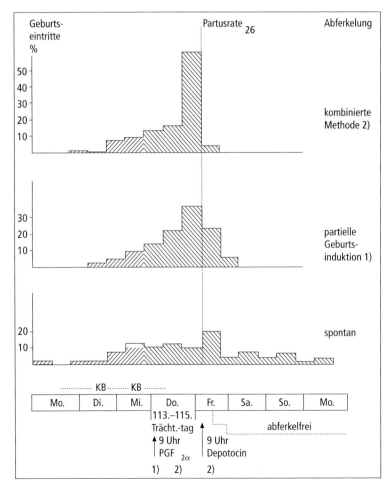

Abb. B25 Geburtseintritte bei spontaner Abferkelung, nach Geburteninduktion mit $PGF_{2\alpha}$ sowie nach kombinierter $PGF_{2\alpha}$- und Depotocin®-Behandlung.

Tabelle B53: Langzeitwirkung der biotechnischen Geburtensteuerung mittels Cloprostenol und Depotocin auf den Anteil von Sauen mit Puerperalerkrankungen (PE)

Sauengruppen	Stichprobenuntersuchungen			
	Einführungsjahr		5 Jahre später	
	Tierzahl	davon PE	Tierzahl	davon PE
• spontane Abferkelung	266	20,7	372	8,1
• biotechnisch gesteuert	505	11,3	1011	4,3
• positiver Behandlungseffekt auf das Auftreten von Puerperalerkrankungen*)	9,4 %		3,8 %	

*) signifikant (P <0,05); Sauenanlage im Regierungsbezirk Chemnitz

eines sächsischen Ferkelerzeugerbetriebes in Tabelle B53 belegt. Weitere Informationen zum Geburtseintritt und -verlauf sowie zu dessen Bedeutung für die Vitalität und Gesundheit der Ferkel enthält Kapitel D 2.1.2.

4.10 Bewertung der biotechnischen Verfahren

Bei vorherrschend kleineren Sauenbeständen sind integrierte biotechnische Konzepte vor allem in betriebsübergreifenden Organisationsformen (z. B. Zuchtorganisationen, Besamungsvereinigungen, Systeme mit arbeitsteiliger Produktion in Deck-, Warte- und Abferkelbetrieben, Erzeugergemeinschaften) sinnvoll. Auf der Basis einzelner Betriebe (Schweinezucht, Sauenhaltung, Ferkelerzeugung) können je nach Herdengröße und Struktur sowie Intensität der Bewirtschaftung und Motivation der Besitzer (z. B. ökonomisch/ökologisch) unterschiedliche Stufen und Kombinationen biotechnischer Verfahren angewendet werden.

Die dargestellten Verfahren zur Beeinflussung und terminlichen Lenkung der Brunst-, Ovulations- und Geburtseintritte von Sauengruppen bzw. Einzeltieren erwiesen sich unter einwandfreien Managementbedingungen als praktikabel, nützlich und wirtschaftlich durchführbar. Sie haben deshalb Eingang in das fortpflanzungsbiologische Herdenmanagement in der zyklogrammgesteuerten Sauenhaltung gefunden. Sie können je nach den betrieblichen Voraussetzungen und Erfordernissen entweder partiell oder komplett angewendet werden. Der Einführung biotechnischer Verfahren sowie der dafür entwickelten und zugelassenen Steuersubstanzen gingen stets umfangreiche reproduktionsbiologische Forschungsarbeiten, klinische Prüfungen und Feldversuche zur verfahrenstechnischen Erprobung voraus. Die über einen bislang mehr als 30-jährigen Anwendungszeitraum verfolgten Reproduktionsergebnisse lassen keinen nachteiligen Einfluss erkennen. Vielmehr kann die Frage nach der reproduktiven Fitness der Tiere positiv beantwortet werden.

Die mittels der Zyklussynchronisation erreichte Komprimierung der Besamungs- und Abferkelperioden erweist sich als förderlich für die Herdenführung, für die Durchführung tiergesundheitlicher Konzepte sowie für zuchtorganisatorische und produktionstechnische Belange. Diese Verfahren sind jedoch nicht anzuwenden, um Fortpflanzungsstörungen zu therapieren oder ungenügende Managementbedingungen zu kaschieren.

5 Fütterung und Futtermittel

Die Fütterung ist ein weiterer Bereich, dem im Rahmen des Bestandsmanagements und der Gesunderhaltung der Tiere eine große Bedeutung zukommt. Tabelle B54 zeigt einige Bedingungen, die im Hinblick auf die Gestaltung des Futters und der Fütterung Einfluss nehmen. Nachfolgende Ausführungen sind im Wesentlichen dem Bedarf und der Versorgung gewidmet; die Fütterungstechnik wird im folgenden Abschnitt B6 abgehandelt.

5.1 Allgemeine Anforderungen

Der **Bedarf an Energie** und **Nährstoffen** variiert in Abhängigkeit von der Nutzungsrichtung, den Haltungsbedingungen und den Leistungsansprüchen. Eine Mangelversorgung, in einigen Fällen auch eine Überversorgung, kann über einen Leistungsrückgang hinaus zu Beeinträchtigungen der Gesundheit der Tiere führen. Keines der üblichen Einzelfuttermittel, wie z. B. Weizen, Gerste oder Sojaextraktionsschrot, weist eine Zusammensetzung auf, die es als alleiniges Futtermittel zur Ernährung der Schweine anbieten würde. Vielmehr ist durch eine gezielte Mischung verschiedener Einzel- und Ergänzungsfuttermittel eine optimale Kombination zur Bedarfsdeckung sicherzustellen. Eine solche Mischung kann im Betrieb selbst hergestellt werden („hofeigene" Mischungen). Etwa die Hälfte des in Deutschland verwendeten Schweinefutters stammt allerdings aus industrieller Produktion. Hierbei wird eine Optimierung und Mischung des Futters bereits im Mischfutterwerk vorgenommen und in der Regel ein Alleinfuttermittel an den Betrieb geliefert. Von der Verantwortung für die Auswahl eines passenden Mischfutters kann der Betrieb nicht entbunden werden.

Neben dem Anspruch der Bedarfsdeckung bestehen weitere Rahmenbedingungen für die Fütterung, die hier nur kurz angesprochen werden sollen. Unter den Produktionskosten macht das Futter den weitaus größten Anteil aus (s. Kap. F 3.1). Es versteht sich daher von selbst, dass zur Sicherung einer rentablen Produktion die Notwendigkeit einer möglichst kostengünstigen Herkunft der Nährstoffe besteht. Hierbei ist zu beachten, dass derselbe Nährstoff aus verschiedenen Futtermitteln nicht immer die gleiche Verwertbarkeit für das Tier aufweist.

Eine **Futtermittelbewertung** muss die Grundlage für die gezielte Auswahl der Einzelkomponenten sein. Hierzu gehört neben der Bewertung von Nährstoffkonzentrationen in den Rationen auch deren hygienische Beurteilung sowie das Freisein von verbotenen und unerwünschten Stoffen. Insgesamt gibt es ein umfangreiches Regelwerk aus EU-Verordnungen, nationalen Gesetzen und Durchführungsverordnungen, das den Umgang und das Inverkehrbringen von Futtermitteln regelt. An diese Regeln sind nicht nur die Hersteller und Händler von Mischfuttermitteln, sondern alle Tierhalter

Tabelle B54: Rahmenbedingungen für Futteroptimierung und Fütterung gesunder und leistungsbereiter Tiere

- Der Nutzungsrichtung und Lebendmasse angepasste und bedarfsgerechte Versorgung mit Energie und Nährstoffen.
- Charakterisierung und Beachtung der Futterqualität und der Futterinhaltsstoffe.
- Geschultes und qualifiziertes Personal.
- Aneignung betriebsspezifischer Erfahrungen.
- Beachtung des rechtlichen Rahmens (Futtermittelgesetz, Umweltauflagen, Baurecht u. a.).
- Optimierung der vorhandenen Betriebstechnik und -organisation.
- Verfügbarkeit und Preiswürdigkeit von Einzel- und Mischfuttermitteln am Markt.

gebunden. Der § 3 des Futtermittelgesetzes verbietet beispielsweise grundsätzlich den Einsatz von Futtermitteln, welche „die Qualität der von den Nutztieren gewonnenen Erzeugnisse, insbesondere im Hinblick auf ihre Unbedenklichkeit für die menschliche Gesundheit" beeinträchtigen oder die Gesundheit der Tiere schädigen können. Dies mahnt selbstverständlich auch beim Einsatz betriebseigener Futtermittel die gebotene Sorgfalt an.

Darüber hinaus muss in zunehmendem Maße berücksichtigt werden, dass eine Beziehung zwischen der Fütterung und den **Emissionen** von Stoffen aus der Tierhaltung besteht. Insbesondere die Ausscheidungen von Stickstoff und Phosphor, aber auch von einigen Spurenelementen, lassen sich durch gezielte Fütterungsmaßnahmen beeinflussen. Da die Emissionen aus der Tierhaltung bei Genehmigungsverfahren für Neu- und Umbauten von Stallanlagen zunehmend Beachtung finden, ergeben sich hier zusätzliche Kriterien für die Futteroptimierung.

Im Folgenden liegt der Schwerpunkt zunächst bei den Versorgungsempfehlungen, für deren Formulierung der Bedarf der Tiere und die Ausscheidungen maßgeblich sind. Anschließend werden dann für die einzelnen Produktionsbereiche (Sauen, Eber, Aufzuchtferkel, Mastschweine) Aspekte aufgezeigt, denen bei der Fütterung und Futteroptimierung besondere Beachtung geschenkt werden sollte.

5.2 Bedarf und Versorgungsempfehlungen

Anabole Stoffwechselprozesse sind energieabhängig. Erstes Ziel der Fütterung ist daher die Deckung des Energiebedarfes. Sämtliche übrigen Nährstoffe sind dann in einem ausgewogenen Verhältnis zur Energie unter Berücksichtigung von Nutzungsrichtung und Leistungshöhe einzustellen.

5.2.1 Energie

Die **Bewertung der Energie** wird beim Schwein auf der Stufe der umsetzbaren Energie (Metabolisable Energy, ME) vorgenommen. Futtermittelspezifische Eigenschaften, die sich in der Verdaulichkeit oder der Umsetzbarkeit der Energie widerspiegeln, sind hierdurch weitgehend berücksichtigt. Tabellenwerke mit den durchschnittlichen Gehalten an ME in Einzelfuttermitteln für das Schwein werden von der Deutschen Landwirtschaftsgesellschaft (DLG) herausgegeben, sie finden sich außerdem in den gängigen Lehrbüchern zur Tierernährung. Bei dieser Futtermittelbewertung ist eine Berücksichtigung der Nutzungsrichtung (Ferkel, Sau, Mastschwein) nicht relevant.

In den Mischfuttermitteln, die in den Betrieben eingesetzt werden und deren Zusammensetzung häufig nicht bekannt ist, lässt sich der Gehalt an ME schätzen, wenn Analysenergebnisse zu den Rohnährstoffen sowie zu Stärke und Zucker vorliegen. Hierzu wird folgende **Formel** verwendet, die vom Ausschuss für Bedarfsnormen der Gesellschaft für Ernährungsphysiologie erarbeitet wurde (Rohnährstoffe in g/kg):

ME (MJ/kg) = $0{,}0223 \times$ Rohprotein + $0{,}0341 \times$ Rohfett + $0{,}017 \times$ Stärke + $0{,}0168 \times$ Zucker + $0{,}0074 \times$ Organischer Rest − $0{,}0109 \times$ Rohfaser (Organischer Rest = Organische Substanz abzüglich der Summe aus Rohprotein, Rohfett, Rohfaser, Stärke und Zucker).

Diese Formel ist eine Grundlage für die Beurteilung des Energiegehaltes der in der Schweineernährung eingesetzten Futtermittel.

Die Futtermittelbewertung und Bedarfsableitung müssen aufeinander abgestimmt sein, und folglich wird der Energiebedarf der Schweine ebenfalls auf der Stufe der ME ausgedrückt. Üblicherweise wird bei der Ermittlung des Bedarfes zwischen dem Erhaltungsbedarf und dem Leistungsbedarf unterschieden. Während sich der Erhaltungsbedarf über alle Produktionsrichtungen einheitlich berechnen lässt, gibt es beim Leistungsbedarf einige Besonderheiten zu beachten.

Der **Erhaltungsbedarf** ist im Wesentlichen eine Funktion der Lebendmasse (LM) der Tiere. Er wird mit folgender **Formel** berechnet (LM = Lebendmasse in kg):

Erhaltungsbedarf an ME (MJ/Tag) = $0{,}719 \times LM^{0{,}63}$ (für wachsende Schweine) bzw. $0{,}44 \times LM^{0{,}75}$ (für Sauen, Jungsauen, und Eber)

Je nach Haltungsbedingungen und Bewegungsaktivität der Tiere ist ein Zuschlag in der Höhe von 5 bis 20 % zu berücksichtigen. Bei tragenden Sauen wird der allergrößte Anteil der

Tabelle B55: Täglicher Gesamtbedarf wachsender Schweine an ME (MJ) in Abhängigkeit von der Lebendmasse und den täglichen Zunahmen (TZ)

TZ (g/Tag)	Lebendmasse (kg)										
	10	20	30	40	50	60	70	80	90	100	110
200	4,8										
300	6,6	8,5									
400		10,6	13,3	16,2							31,8
500		12,7	15,3	18,2	20,9	23,4			30,1	32,0	33,8
600		14,8	17,3	20,2	22,9	25,4	27,8	30,0	32,1	34,0	35,8
700			19,3	22,2	24,9	27,4	29,8	32,0	34,0	36,0	37,7
800					26,9	29,4	31,7	34,0	36,0	37,9	39,7
900						31,4	33,7	35,9	38,0	39,9	
1000						33,3	35,7	37,9	40,0		
1100							37,7	39,9			

ME zur Deckung des Erhaltungsbedarfes verwendet. Auch bei Mastschweinen beträgt dieser Anteil am Gesamtbedarf je nach Höhe der Tageszunahmen zwischen 30 und 45 %.

Der **Leistungsbedarf** ergibt sich aus Umfang und Zusammensetzung der Produkte, hier zu verstehen als LM-Zuwachs, fetales und sonstiges intrauterines Wachstum sowie Milchbildung. Zusätzlich wird berücksichtigt, mit welcher Effizienz die ME des Futters bei der Bildung dieser Produkte verwertet wird (so genannte Teilwirkungsgrade).

Im Verlaufe des Wachstums eines Schweins bleibt die Zusammensetzung des Körpers nicht konstant. Mit zunehmender LM nimmt der Anteil des Fettes kontinuierlich zu, das einen erheblich höheren Energiegehalt hat als Protein. Dies ist einer der wesentlichen Gründe dafür, weshalb mit zunehmender LM der **Mastschweine** die Futterverwertung kontinuierlich schlechter wird.

Der Gesamtbedarf wachsender Schweine an ME (Erhaltung + Leistung) ist in Tabelle B55 zusammengestellt. Mit jedem Anstieg der täglichen LM-Zunahmen um 100 g steigt der ME-Bedarf um etwa 2 MJ/Tag (entspricht etwa 150 g Futter/Tag). Ein Anstieg in der LM um 10 kg wirkt sich ebenfalls in einer Größenordnung von 2,0 bis 2,5 MJ auf den täglichen ME-Bedarf aus. Die dargestellten Richtwerte sind speziell in der Endmast der genetischen Herkunft der Tiere bzw. dem Geschlecht anzupassen (siehe Abschnitt 5.6).

Bei **Sauen** sind als Bestandteile des Leistungsbedarfes der Ansatz in den Feten, die Milchleistung und möglicherweise noch stattfindendes Wachstum zu berücksichtigen. Dabei spielt der Zuwachs der Feten während der ersten drei Viertel der Trächtigkeit quantitativ eine untergeordnete Rolle. Im Durchschnitt wird ein Gesamtbedarf an ME in Höhe von 25 (erstes bis drittes Viertel der Trächtigkeit) und 29 MJ/Tag (letztes Viertel der Trächtigkeit) angenommen. Es ist jedoch eine tierindividuelle Futterzuteilung notwendig, die auch die Körperkondition des Einzeltieres berücksichtigt (siehe Abschnitt 5.3). Noch wachsende Jungsauen benötigen etwa 20 MJ ME zusätzlich für jedes kg Zuwachs an Lebendmasse. Bei der säugenden Sau lässt sich der ME-Bedarf für Milchleistung unter praktischen Bedingungen nur indirekt über die Anzahl der säugenden Ferkel schätzen.

Deckeber benötigen je nach Beanspruchung und Lebendmasse (LM) 20 bis 30 MJ ME/Tag. Während der Aufzucht der Jungeber, in der zwischen 30 und 130 kg LM durchschnittlich etwa 750 g Zuwachs je Tag erzielt werden sollen, sind mit zunehmender LM 20 bis 35 MJ ME/Tag erforderlich.

5.2.2 Aminosäuren und Protein

Wenngleich aus energetischer Sicht in der Schweineernährung der größte Aufwand für die Deckung des Erhaltungsbedarfes und für die Fettbildung der Tiere getrieben wird, ist die Bildung hochwertigen **Proteins**, im Wesentlichen in Form von Muskelgewebe, das vorrangige Ziel der Erzeugung. Die Proteinbildung ist vom Vorhandensein aller hierfür notwendigen Aminosäuren als Bausteine für die Proteinbiosynthese abhängig. Zudem übernehmen Aminosäuren zahlreiche spezielle physiologische Funktionen. Dabei gibt es solche, die regelmäßig mit dem Futter zuzuführen sind (essentielle) und solche, die das Schwein bei Vorhandensein der entsprechenden Vorstufen selbst synthetisieren kann (nicht essentielle). Unter der hiesigen und derzeitigen Futtergrundlage, die von Getreide und dessen Verarbeitungsprodukten, Ölschroten und Körnerleguminosen geprägt ist, sind es die folgenden vier essentiellen **Aminosäuren**, die am ehesten das Wachstum bzw. die Milchbildung der Schweine limitieren: Lysin, Methionin plus Cystin, Threonin und Tryptophan. Daher wird diesen Aminosäuren sowohl bei der Bedarfsableitung als auch bei der Futterplanung und -kontrolle eine besondere Aufmerksamkeit zuteil. Ist die Versorgung mit diesen Aminosäuren bedarfsdeckend, kann auch für alle übrigen Aminosäuren eine ausreichende Zufuhr über das Futter unterstellt werden. Dennoch wird ergänzend zu den wichtigsten Aminosäuren sicherheitshalber auch die Versorgung mit Rohprotein betrachtet.

Die Schlüsselaminosäure ist das **Lysin.** Der Bedarf wird ähnlich wie der an Energie faktoriell unter Berücksichtigung von Erhaltungs- und Leistungsbedarf ermittelt und üblicherweise in g je MJ ME ausgedrückt. Hiermit wird der „Schrittmacherwirkung" der Energieversorgung für das Wachstum Rechnung getragen. Der Lysingehalt im Futter muss danach der Höhe des ME-Gehalts angepasst sein. Hiermit ist eine einheitliche Bezugsgröße gegeben, die beliebig in eine Konzentrationsangabe (g/kg Futter oder Prozent) umgerechnet werden kann.

Während des Wachstums stellt das Aufzuchtferkel bzw. das Mastschwein kontinuierlich geringer werdende Ansprüche an den Lysingehalt des Futters (Abb. B26). Dies ist im Wesentlichen eine Konsequenz daraus, dass der ME-Bedarf mit zunehmender LM stärker steigt als der Lysinbedarf und die Futterverwertung kontinuierlich schlechter wird.

Die dargestellten Gehalte sind als Mindestwerte im Hinblick auf hohe Proteinbildung zu verstehen. Sollte die skizzierte **Anpassung im Verlaufe des Wachstums** nicht vorgenommen werden, ist ein Überschuss keine unmittelbare

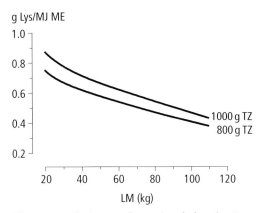

Abb. B26 Reduzierung des Lysingehaltes im Futter mit zunehmender Lebendmasse (LM) wachsender Schweine unter Berücksichtigung der täglichen LM-Zunahmen (TZ).

Belastung für das Tier, wohl aber für die Umwelt, denn der überschüssig aufgenommene Stickstoff wird in Form von Harnstoff wieder ausgeschieden. Bei der so genannten „Universalmast" wird beispielsweise dasselbe Futter durchgehend ab etwa 40 kg LM eingesetzt. Allerdings sind hierdurch Voraussetzungen für Ammoniakemissionen gegeben, was für die Tiere, den Tierbetreuer (Stallluft) und für das Umfeld einer Stallanlage nachteilig sein kann. Daher sollte eine Fütterung in Phasen in größeren Beständen selbstverständlich sein.

Bei **Sauen** ist der Lysinbedarf maßgeblich vom Reproduktionsstadium abhängig. Während der Säugezeit muss der Gehalt im Futter mit 0,65 g Lysin/MJ ME wegen der Bildung von Milchprotein deutlich höher sein als während der Trächtigkeit (0,44 g/MJ ME), in der der Erhaltungsbedarf nicht wesentlich überschritten wird.

Deckeber benötigen sowohl in der Aufzucht als auch während der Zuchtphase mit 0,80 bis 0,85 g/MJ ME relativ hohe Gehalte an Lysin im Futter.

Die Aminosäuren liegen im Körperprotein wachsender Tiere und im Protein der Sauenmilch in einem relativ konstanten Verhältnis vor. Aus diesem Grunde wird bei der Angabe des Bedarfes für weitere Aminosäuren vereinfachend lediglich die Relation zum Lysin betrachtet. In Tabelle B56 sind die Werte für Methionin plus Cystin, Threonin und Tryptophan zusammengestellt.

Tabelle B56: Mindestgehalte an weiteren Aminosäuren im Futter für Schweine (in Relation zu Lysin = 1) bei bedarfsgerechter Lysinversorgung

	Methionin plus Cystin[1]	Threonin	Tryptophan
• bis 40 kg LM	0,60	0,65	0,20
• ab 40 kg LM	0,60	0,60	0,20
• Sauen, tragend und Eber	0,60	0,60	0,20
• Sauen, säugend	0,60	0,72	0,20

[1] mindestens 55 % Methionin

Gegenwärtig erfolgt die Bewertung der Aminosäuren in der praktischen Fütterung noch auf der Basis der Brutto-Gehalte im Futter. Es ist jedoch bekannt, dass sich die Verdaulichkeiten einzelner Aminosäuren eines Proteins sowie derselben Aminosäure in verschiedenen Futterproteinen unterscheiden. Mit zunehmendem Bestreben um eine Reduzierung des Proteinaufwandes und der N-Ausscheidungen kommt solchen Unterschieden in der Verdaulichkeit auch praktische Bedeutung zu. Die Bewertung von Futterproteinen für das Schwein wird daher zunehmend auf der Grundlage der „praecaecalen" (auch ilealen) Verdaulichkeit, also der Verdaulichkeit bis zum Ende des Dünndarms vorgenommen. In einigen Ländern werden Rationen für Schweine bereits auf der Basis der praecaecal verdaulichen Aminosäuren optimiert. Es ist davon auszugehen, dass dieses System auch in Deutschland in absehbarer Zeit eingeführt wird.

5.2.3 Mineralstoffe und Vitamine

Als Mineralstoffe werden Mengen- und Spurenelemente zusammengefasst, auf die nachfolgend einzugehen ist.

• **Mengenelemente**

Die Mengenelemente Calcium (Ca), Phosphor (P), Magnesium (Mg) und Natrium (Na) müssen in den meisten Fällen gezielt ergänzt werden. Kalium (K) ist in pflanzlichen Futtermitteln ausreichend enthalten. Der Bedarf an Chlor ist nach Sicherstellung der Na-Versorgung in der Regel gedeckt.

Im Tierkörper findet sich **Ca** nahezu ausschließlich und **P** zu etwa 80 % im Skelett. Dies unterstreicht die Bedeutung der Versorgung speziell mit diesen beiden Elementen für die Mineralisation der Knochen. Bei ferkelführenden Sauen erhöht die Sekretion der Elemente mit der Milch den Bedarf. Ein Überschuss in der Versorgung insbesondere mit Phosphor ist möglichst zu vermeiden, wenn die betriebliche P-Bilanz einen Überschuss aufweist.

Wegen der besonderen Bedeutung des P hat es in der zurückliegenden Dekade zahlreiche Untersuchungen zu dessen Bedarf und Verdaulichkeit gegeben. Das Bewertungssystem ist daher für P differenzierter als für andere Elemente, nur hier werden Unterschiede in der Verdaulichkeit berücksichtigt. Dies hängt vor allem damit zusammen, dass pflanzlicher P aufgrund seiner Bindungsform nur partiell vom Schwein verdaut werden kann. Eine teilweise Kompensation ist über den Einsatz des Enzyms Phytase möglich.

Ähnlich wie bereits für die Aminosäuren beschrieben, kann die Konzentration von verdaulichem P im Futter **wachsender Schweine** mit zunehmender LM kontinuierlich vermindert werden (Abb. B27). Dies geht nicht zu Lasten der Mineralisation der Knochen, die in begrenztem Maße einen „Puffer" für Ca und P bilden. Die Versorgung mit Ca ist so einzustellen, dass bei bedarfsdeckender Versorgung mit P ein Verhältnis von Ca zu verdaulichem P im Futter von 2,5:1 bis 3,0:1 vorliegt.

Bei **Sauen** ist der Bedarf an Ca und P deutlich vom Reproduktionsstadium abhängig. Niedertragende und güste ausgewachsene Sauen haben kaum mehr als den Erhaltungsbedarf (0,1 g vP je MJ ME), während in der Laktation ein Gehalt an vP von 0,2 g/MJ ME bei o.g. Ca:vP-Verhältnis sichergestellt sein muss. Dies gilt auch für **Zuchteber**. In der Aufzucht der Jungsauen sollten die Gehalte etwa 10 % höher sein als für Mastschweine mit vergleichbarer Lebendmasse.

Die Versorgung mit Ca und P erfolgt bei hofeigenen Mischungen in der Regel über ein industriell hergestelltes Mineralfutter mit angepassten Gehalten der Elemente. Bei entsprechend großer Nachfrage werden auch Mischungen gezielt den Bedürfnissen und der Futtergrundlage eines Betriebes angepasst. Alternativ ist der Einsatz mineralischer Einzelkomponenten (z. B. Futterkalk) möglich.

Zur Erzielung einer ausreichenden Versorgung mit **Na** ist in den meisten Fällen eine Ergänzung des Futters erforderlich. Im Futter für Sauen und wachsende Schweine sollten 2,0 und 1,5 g Na je kg enthalten sein. Bei Einsatz Na-reicher Futtermittel, wie z. B. Molke, ist die Ergänzung über ein angepasstes Mineralfutter zu reduzieren oder wegzulassen. Ein Überschuss in der Versorgung mit Na wird vom Tier problemlos ausgeschieden. Allerdings ist dann die reichliche Aufnahme von Tränkwasser sicherzustellen.

- **Spurenelemente und Vitamine**

Die Versorgung mit Spurenelementen und Vitaminen wird bei hofeigenen Mischungen ebenfalls über ein Ergänzungsfutter sichergestellt. In Tabelle B57 ist zusammengefasst, welche Gehalte in **Alleinfuttermitteln** enthalten sein sollten, damit der Bedarf der Tiere gedeckt ist. Wird eine Mischung im Betrieb selbst erstellt, so ist auf entsprechend angepasste Gehalte in den zugekauften Ergänzungsfuttermitteln zu achten (z. B. Mineralfutter, Eiweißkonzentrate, etc.). Einzelheiten zum Mangel von Spurenelementen

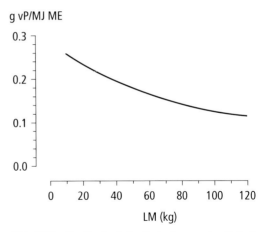

Abb. B27 Kontinuierliche Reduzierung des Gehaltes an verdaulichem Phosphor (vP) im Futter für wachsende Schweine mit zunehmender Lebendmasse.

und Vitaminen sowie Bedarfsnormen und Therapieempfehlungen enthält Kapitel D 1.4.

Bei den in Tabelle B57 dargestellten Werten handelt es sich um den physiologisch determinierten Bedarf für Gesundheit und gute Leis-

Tabelle B57: Notwendige Gehalte für die wichtigsten Spurenelemente und Vitamine in Alleinfuttermitteln[1]

(Angaben je kg)	Sauen	Aufzuchtferkel	Mastschweine bis 60 kg	Mastschweine ab 60 kg
• Eisen, mg	80	100	50	50
• Jod, mg	0,5	0,15	0,15	0,15
• Kupfer, mg	10	20	5	5
• Mangan, mg	20	30	20	20
• Selen, mg	0,20	0,25	0,20	0,20
• Zink, mg	50	90	50	50
• Vitamin A, IE	4000–8000[2]	8000	4000	3000
• Vitamin D3, IE	500–1000[2]	1000	500	400
• Vitamin E, mg	11	15	11	11
• Nikotinsäure, mg	11	25	20	20
• Panthothensäure, mg	10	10	10	10
• Vitamin B2, mg	3	3	3	3
• Vitamin B6, mg	2	3	3	3
• Vitamin B12, µg	15	20	10	10
• Vitamin K3, mg	–[3]	0,15	–	–
• Biotin, µg	100	–	–	–
• Cholin, g	1,2	1,0	0,8	0,5

[1] nach Informationen des DLG-Arbeitskreises Futter und Fütterung sowie Empfehlungen der Gesellschaft für Ernährungsphysiologie
[2] niedriger Wert bei tragenden, hoher bei säugenden Sauen
[3] keine gezielte Ergänzung erforderlich

tung. Hierbei wird nicht berücksichtigt, dass bestimmte Stoffe eine **Sonderwirkung** ausüben können, die einen höheren Einsatz rechtfertigen. Beispielsweise wurde zeitweise versucht, mit höheren Gehalten an **Kupfer** im Futter für wachsende Schweine eine Leistungssteigerung durch antimikrobielle Wirkung im Verdauungstrakt zu erreichen. Die futtermittelrechtliche Festschreibung von Höchstwerten beschränkt den Einsatz. Als weitere Beispiele für Substanzen mit Sonderwirkung können das **Vitamin E** und **Selen** angeführt werden, deren antioxidative Eigenschaften eine positive Wirkung auf die Lagerstabilität von Fleisch- und Dauerwurstwaren haben.

5.3 Fütterung der Zuchtsauen

Durch die zeitliche Trennung von Laktation und Trächtigkeit sind die Unterschiede im Anspruch an die Menge und Zusammensetzung des Futters in den verschiedenen Reproduktionsabschnitten der Zuchtsau sehr groß. Die Abbildung B28 zeigt allein die Variation in der Futtermenge.

Sowohl zur Geburt als auch nach dem Absetzen der Ferkel ändern sich die Anforderungen an die Ernährung der Sau. Dazwischen ist der Leistungsbedarf der Sau für die Milchbildung so hoch, dass er nicht über das Futter gedeckt werden kann und eine Mobilisierung von Körpergewebe stattfindet. Diese gering zu halten, ist eines der wesentlichsten Ziele in der Sauenfütterung. Hier gibt es Wechselwirkungen mit der Fütterung während der Trächtigkeit.

- **Trächtigkeit**

Während der Trächtigkeit ist die Sau so zu füttern, dass sie in guter Körperkondition in die folgende Säugeperiode gehen kann, allerdings nicht verfettet. Verfettung während der Trächtigkeit kann bekanntermaßen zu Problemen im Geburtsverlauf führen, wirkt negativ auf die Futteraufnahme während der Säugezeit und fördert somit das Auftreten von Krankheiten, die mit einer unzureichenden Energieversorgung in Zusammenhang stehen. Eine übermäßige Energieversorgung zu Beginn der Trächtigkeit wird häufig mit verstärktem embryonalen Frühtod in Verbindung gebracht. Das erfahrene Auge des Tierbetreuers ist speziell in der Mitte der Trächtigkeit gefordert, um eine Futterzuteilung vorzunehmen, die die individuelle Kondition der Sau berücksichtigt. Hierbei ist es unerheblich, ob das Futter von Hand, aus Automaten oder an einer Abrufstation verabreicht wird. Neben der Gewichtsentwicklung ist die Beurteilung mittels des „Body Condition Score" (BCS) eine gutes Kriterium. Auch die Messung der Rückenfettdicke mittels Ultraschall kann Hilfestellung geben (siehe Kapitel B4). Die Futtermengen belaufen sich auf etwa 2,3 bis 2,8 kg pro Tag bis zum 85. Trächtigkeitstag und sollten dann wegen des verstärkten intrauterinen Wachstums um etwa 0,5 kg/Tag erhöht werden.

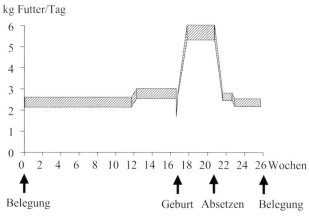

Abb. B28 Schematische Darstellung der Futtermengen für ausgewachsene Sauen im Verlaufe eines Reproduktionszyklus mit 4-wöchiger Säugedauer.

Tabelle B58: Futtermengen sowie Gehalte an Energie und einigen Nährstoffen im Alleinfutter für Sauen

	Tragefutter	Säugefutter
• Futtermenge, kg/Tag	2,0 bis 3,8[1]	1,5 + 0,5 je säugendes Ferkel
• ME, MJ/kg	11,0–11,5	13,0
• Rohprotein, g/kg	115	160
• Lysin, g/kg	5,0	9,0
• Calcium, g/kg	6,0	8,5
• Verdaulicher Phosphor, g/kg	2,0	3,3
• Gesamt-Phosphor, g/kg[2]	3,0–4,5	5,0–6,5

[1] je nach ME-Gehalt, Trächtigkeitsabschnitt und Körperkondition
[2] je nach Verdaulichkeit der eingesetzten Einzelkomponenten

Neben der tierindividuellen Lebendmasse und Kondition ist der **Energiegehalt** des Futters zu beachten. In der Regel wird während der Trächtigkeit ein Futter mit niedrigerer Energie- und Nährstoffkonzentration eingesetzt als in der Laktation (Tab. B58). Je niedriger der Energiegehalt und je höher der Rohfasergehalt ist, desto eher kann sich auch ein Sättigungsgefühl bei den Sauen einstellen. Es bietet sich an, bereits mit dem Verbringen der Sauen in den Abferkelbereich die Umstellung auf das Säugefutter vorzunehmen. Dieses wird dann zunächst in geringeren Mengen gegeben als das Tragefutter. Der Umstellungsstress wird vermindert, wenn die wesentlichen Komponenten der beiden Futtermittel möglichst gleich sind.

Am Tag vor dem erwarteten Abferkeln wird die Futtermenge reduziert. Der Zugang zu frischem Wasser darf zu keiner Zeit eingeschränkt sein.

• Säugezeit

Nach dem Abferkeln ist die Sau über einen Zeitraum von etwa einer Woche durch kontinuierliche Steigerung des Futterangebotes an hohe Futtermengen (1,5 kg/Tag plus 0,5 kg je Ferkel) zu gewöhnen. Häufig ist der freiwillige Futterverzehr nicht ausreichend hoch, eine stärkere Mobilisierung von Körpersubstanz mit eingeschränkter Ferkelentwicklung und der Gefahr folgender Fruchtbarkeitsstörungen sind die Konsequenzen. Die Erzielung einer ausreichend hohen Futteraufnahme ist daher eine zentrale Herausforderung. In Tabelle B59 werden einige Maßnahmen zusammengefasst, die in diesem Zusammenhang von Bedeutung sind. Eine Er-

Tabelle B59: Maßnahmen zur Sicherung einer hohen Futteraufnahme von Sau und Ferkeln

- Ausgeglichene Futterzusammensetzung und Nährstoffgehalte.
- Kontinuierliche Steigerung der Futtervorlage während der ersten Woche nach der Geburt.
- Frisches Futter, mindestens 2 Mahlzeiten pro Tag oder ad libitum.
- Pellets werden häufig besser gefressen als Mehl.
- Tröge sauber halten, Futterreste im Trog vermeiden.
- Ständiger Zugang zu frischem Wasser, evtl. Futter breiförmig anbieten, bei Nippeltränken Flussrate > 2 l/min.
- Überfütterung während der Trächtigkeit vermeiden.
- Rohfaserreiche Rationen während der Trächtigkeit verabreichen.
- Wurfausgleich vornehmen, damit für jedes Ferkel eine Zitze verfügbar ist.
- Ferkel ab Ende der 1. Lebenswoche beifüttern.

höhung des Fettgehaltes im Säugefutter auf bis zu 10 % hat sich als vorteilhaft erwiesen. Tiere, die infolge einer Überversorgung in der Trächtigkeit verfettet sind, fressen nach der Geburt weniger Futter.

Futterreste dürfen nicht im Trog verbleiben, da die Gefahr des Verderbs bei hohen Temperaturen und der häufig anzutreffenden Wassergabe in den Trog sehr hoch ist. Mit dem Absetzen wird die Futtervorlage über zwei bis drei Tage auf 2,5 kg/Tag reduziert.

- **Aufzucht der Jungsauen**

In der Aufzucht der Jungsauen wird eine möglichst gleichmäßige und zügige, aber nicht eine dem Mastschwein vergleichbar intensive Entwicklung angestrebt, in der das Skelett optimal mineralisiert werden kann. Die spätere Zuchtleistung der Sau wird durch eine zu intensive Aufzucht negativ beeinflusst, weshalb eine Restriktion der Futtermenge nötig ist. Bei der Erstbelegung im Alter von 220 bis 240 Tagen sollen 130 kg Lebendmasse erreicht sein, wozu durchschnittliche tägliche Zunahmen von etwa 700 g in der Aufzucht ab 30 kg erforderlich sind. Eine kurzzeitig erhöhte Energieversorgung von etwa 2 Wochen vor der ersten Belegung wirkt sich positiv auf die Ovulationsrate aus (Futterangebot ad libitum: „Flushing"-Effekt).

5.4 Fütterung der Zuchteber

Ein Nährstoffmangel, aber auch eine zu hohe Nährstoffzufuhr können die Deckaktivität, Spermamenge und -qualität negativ beeinflussen. Daher ist eine individuelle Tierbetreuung mit richtiger Fütterung bei Vermeidung einer Verfettung vorrangig. Je nach Intensität der Zuchtnutzung erhalten ausgewachsene Eber 2,0 bis 3,0 kg Futter/Tag, wobei wegen des höheren Proteingehaltes das Alleinfutter für die säugenden Sauen verwendet wird. Es ist auch eine kombinierte Fütterung mit Grundfutter und einem darauf abgestimmten Ergänzungsfutter möglich. Dies hat den Vorteil, dass die Restriktion in der Futtermenge nicht so stark ausfallen muss und eine Sättigung der Tiere eher erreicht werden kann als bei alleinigem Kraftfuttereinsatz.

Jungeber erreichen im Alter von 7 Monaten etwa 130 kg Lebendmasse (etwa 750 g tägliche Zunahmen ab 30 kg LM). Die Höhe der Futtermenge richtet sich nach der ME-Konzentration des Futters, der Rohproteingehalt beträgt bis etwa 90 kg LM mindestens 18 % bei angemessenem Aminosäuremuster zur Sicherung einer guten Gonadenentwicklung. In einem Ferkelerzeugungsbetrieb ist die ausreichende Aminosäurenversorgung am ehesten durch den Einsatz des Alleinfutters für säugende Sauen sicherzustellen. Ansonsten können Futtermischungen durch eine gezielte Proteinergänzung aufgewertet werden. Auch nach Beginn des Deckeinsatzes ist bis zum Erreichen von etwa 180 kg LM der zusätzliche Bedarf für das Wachstum zu berücksichtigen.

5.5 Fütterung der Ferkel

Eine Beschränkung im Zugang zum Gesäuge des Muttertieres darf post partum nicht vorgenommen werden. Die Aufnahme von Kolostrum unmittelbar nach der Geburt hat für das Ferkel wegen der geringen Energiereserve und der mangelnden Ausstattung mit stallspezifischen Antikörpern existentielle Bedeutung.

Während der Ferkelaufzucht ergeben sich Änderungen in der Zusammensetzung der zuwachsenden Körpermasse, die angepasste Rezepturen und Futtermengen verlangen. Das hohe Wachstumspotenzial kann häufig wegen Begrenzungen in der Menge und Zusammensetzung der Sauenmilch nicht ausgeschöpft werden. Mit dem Angebot eines Saugferkelergänzungsfutters („Prästarter") sollte zum Ende der ersten Lebenswoche begonnen werden. Hier reichen zunächst kleine Mengen in flachen Schalen, mehrmals täglich frisch verabreicht, auch wenn es sich zunächst um ein eher spielerisches Fressen handelt. Ein Ziel ist die frühzeitige Stimulierung der für eine hohe Verdaulichkeit des festen Futters erforderlichen Verdauungsenzyme; denn nach dem Absetzen sind die Ferkel ausschließlich davon abhängig. Dies ist dann ein Alleinfutter, das hinsichtlich der Zusammensetzung noch einmal anzupassen ist (Ferkelaufzuchtfutter I und II, siehe Tab. B60).

Futterumstellungen dürfen dabei nicht abrupt, sondern nur durch Verschneiden der bisherigen und neuen Futtermittel über jeweils mehrere Tage vorgenommen werden. Ein zeitliches Zusammentreffen von Futterumstellung und Absetzen der Ferkel sollte unbedingt vermieden werden, weshalb die Gewöhnung an das Ferkelaufzuchtfutter I eine Woche vor dem Absetzen beginnen sollte. In der siebten Lebenswoche kann auf das niedriger konzentrierte Ferkelaufzuchtfutter II umgestellt werden (Tab. B61).

Im **Ergänzungsfutter** bzw. im **Aufzuchtfutter** kommen spezielle Komponenten oder

Tabelle B60: Richtwerte für ausgewählte Inhaltsstoffe im Futter für Aufzuchtferkel

	Ergänzungsfutter für Saugferkel	Ferkelaufzuchtfutter I	Ferkelaufzuchtfutter II
● ME, MJ/kg	13,5	13,0	13,0
● Rohprotein, g/kg	220	185	175
● Lysin, g/kg (min.)	14	11	10
● Rohfaser, g/kg (max.)	5	6	6
● Rohfett, g/kg (max.)	6	7	7
● Calcium, g/kg	8,0	8,5	8,0
● Verdaulicher Phosphor, g/kg	3,5	3,5	3,2
● Gesamt-Phosphor[1], g/kg	5,5–7,0	5,5–7,0	5,0–6,5

[1] je nach Verdaulichkeit der eingesetzten Einzelkomponenten

Tabelle B61: Richtwerte für die Gewichtsentwicklung und den Futterverzehr in der Ferkelaufzucht

Lebenswoche	LM am Ende der Woche (kg)	Futterverzehr (g/Tag)	Futterart
3	6	< 100	Saugferkelergänzungsfutter
4	8	250	
5	10	450	
6	12	600	Ferkelaufzuchtfutter I
7	15	900	
8	18	1050	
9	22	1250	Ferkelaufzuchtfutter II
10	27	1350	

speziell behandelte Rohstoffe zum Einsatz, die der jeweiligen Verdauungskapazität angemessen sind (milchzuckerhaltige Produkte, aufgeschlossene Getreide, etc.). Problematisch ist beim jungen Ferkel die eingeschränkte Säurebildung im Magen, weshalb Protein- und Mineralstoffquellen so zu wählen sind, dass sie eine möglichst geringe Pufferwirkung ausüben. Angesichts der hohen Gehalte an Aminosäuren und Mineralstoffen, die im Ferkelfutter zur Bedarfsdeckung enthalten sein müssen, ist dies eine besondere Herausforderung für die Futtermittelhersteller und einer der Gründe für den Einsatz einzelner Aminosäuren als Komponenten im Futter. Positiv wirkt in diesem Zusammenhang der Zusatz von organischen Säuren, die im Magen pH-wirksam sind, eine keimhemmende Wirkung im Futter und Verdauungstrakt haben sowie den energetischen Wert erhöhen. Der pH-Wert sollte 4,2 bis 4,8, keinesfalls aber niedriger als 4,0 bzw. höher als 5,0 sein. Die Säurebindungskapazität (SBK) sollte im Ferkelfutter unter 700 meq/kg liegen; eine geringe SBK haben Gerste (ca. 350) und Weizen (ca. 370 meq/kg).

Als eine weitere Gruppe von **Futterzusatzstoffen** sind beim Ferkel Enzyme gebräuchlich. Im Falle eines Defizits in der tiereigenen enzymatischen Ausstattung kann der Zusatz eines gezielt ausgesuchten Enzyms einen positiven Effekt haben. Beispiele hierfür sind Polysaccharidspaltende Enzyme (Amylase, Xylanasen, ß-Glucanasen) oder Phytase. Für andere Enzymgruppen ist die Wirksamkeit bislang nicht mit überzeugender Durchgängigkeit nachgewiesen, was auf eine ausreichende tiereigene Enzymausstattung hindeutet.

Wenn Ferkel nach dem Absetzen oder während der Aufzucht den Betrieb wechseln, sollte zunächst eine vergleichbare Mischung weiterhin eingesetzt und kontinuierlich mit neuem Futter verschnitten werden. Im Falle des Zukaufs von Ferkeln unbekannter Herkunft ist in den ersten

Tabelle B62: Möglichkeiten der Ernährung zur Vermeidung von Ferkeldurchfall

- Der Verdauungskapazität der Ferkel angepasste Futterkomponenten verwenden.
- Säurebindungsvermögen des Futters reduzieren (z. B. Einsatz von Aminosäuren, hoch verdauliche Proteinträger, kein Futterkalk, Zusatz organischer Säuren).
- Einsatz von Futterzusatzstoffen nur im rechtlichen Rahmen (Antibiotika, Mikroorganismen, Enzyme).
- Im Krankheitsfall kurzfristig rohfaserreiche Futtermittel anbieten (z. B. Weizenkleie, Hafer).

Tagen das Futterangebot zu rationieren und kontinuierlich zu steigern.

Verschiedene Fütterungseinflüsse können das **Krankheitsgeschehen** in der Ferkelaufzucht begünstigen. Andererseits spielt die Fütterung in der Prophylaxe eine bedeutende Rolle. Diesbezügliche Aspekte, auf die im Zusammenhang mit der Ernährung geachtet werden sollte, sind in Tabelle B62 zusammengefasst (siehe auch Kap. D1.4).

Die Fütterung selektierter Ferkel an der Technischen Amme ist im Kapitel B 6.2.1 aufgeführt; die Tabelle B69 enthält dort Beispielrezepturen für Milchaustauscher.

5.6 Fütterung der Mastschweine

Neben der **Höhe der täglichen Zunahmen** und der **Futterverwertung** kommt dem Muskelfleischanteil in der Schweinefleischerzeugung hohe ökonomische Bedeutung zu. Eine auf das Alter und Leistungsniveau abgestimmte Energie- und Aminosäurenversorgung, speziell im letzten Drittel der Mast, ist daher für den wirtschaftlichen Erfolg bedeutsam. Andere Rahmenbedingungen, wie z. B. rechtliche Auflagen bezüglich von Emissionen oder der Ausbringung von Wirtschaftsdüngern, drängen zu einer Vermeidung von Überschüssen an Protein und Phosphor im Futter. Zwar kann man im Rahmen einer Universalfütterung durchgehend bis zum Mastende ein Futter einsetzen, das auf den Bedarf eines 30 kg-Schweins eingestellt ist, ohne dass den Tieren dadurch ein direkter Nachteil entstünde. Die Tatsache aber, dass die Ammoniakfreisetzung im Stall auch eine Funktion des Proteinüberschusses ist, könnte für Tier und Tierbetreuer bei Überschreiten des Wertes für die mittlere Arbeitsplatzkonzentration nachteilig werden.

Die **Zusammensetzung des Futters** kann im Verlaufe der Mast (Phasenfütterung) mit abnehmenden Relationen einzelner Nährstoffe zur ME angepasst werden, ohne dass eine Unterversorgung der Schweine entsteht. Dies wird im Vergleich einer Universalfütterung mit einer 3-phasigen Fütterung in Tabelle B63 für ausgewählte Nährstoffe gezeigt. Neben Lysin sind die weiteren Aminosäuren so zu optimieren, dass die in Tabelle B56 genannten Anforderungen erfüllt werden. Der Einsatz eines zugekauften Alleinfuttermittels ist dabei nur eine mögliche Variante der Fütterung. Für den Einzelbetrieb sind die unterschiedlichsten Kombinationen von Einzelkomponenten (Getreide, Ölschrote, Leguminosen, etc.) und die Kombination von Getreide mit industriell hergestellten Ergänzungsfuttermitteln denkbar. Entscheidend ist letztlich, dass die in Tabelle B63 genannten Anforderungen an die in den Schweinetrog gehende Mischung erfüllt sind. Diese lässt speziell für die **Mineralstoffe Ca und P** eine im Vergleich zu älteren Lehrbüchern deutliche Korrektur nach unten erkennen. Das fußt auf zahlreichen Untersuchungen, die speziell zum Phosphor in den zurückliegenden Jahren durchgeführt wurden. Die Frage, ob derart niedrige Empfehlungen eine ausreichende Sicherheit für praxisübliche Verhältnisse beinhalten, wurde in umfangreichen Versuchen mit Mastschweinen und mit Sauen geprüft und bejaht. Auftretende Fundamentschwächen oder die Hundesitzigkeit bei Mastschweinen können genetisch dispositioniert sein und sind noch kein sicherer Indikator für unzureichende Mineralstoffgehalte im Futter.

Der **tägliche Energiebedarf** und die damit verbundene tägliche Futterzuteilung richtet sich nach der Höhe des Zunahmeniveaus und nach dem ME-Gehalt des Futters. Abbildung B29 zeigt beispielhaft eine Futterkurve, die für ein Niveau von 800 g Tageszunahmen ausgelegt ist. Vor allem in den letzten Wochen ist zur Vermeidung einer zu starken Verfettung des Schlachtkörpers eine stärkere Restriktion der Futter-

Tabelle B63: Eckdaten für die Optimierung eines Alleinfuttermittels in der Schweinemast (800 g durchschnittliche tägliche Zunahmen)

	Vormast	Universal-mast durch-gehend	3-phasige Mast		
	ab ca. 28 kg	ab ca. 40 kg	ab ca. 30 kg	ab ca. 60 kg	ab ca. 90 kg
● ME, MJ/kg	13,4	13,4	13,4	13,4	13,0
● Rohprotein, g/kg	185	170	170	160	145
● Lysin, g/kg	10,8	9,9	9,9	8,7	7,2
● Calcium, g/kg	6,0	6,0	6,0	5,0	3,5
● Verdaulicher P, g/kg	2,8	2,6	2,6	2,3	1,6
● Gesamt-P, g/kg	4,8–5,8	4,6–5,6	4,6–5,6	4,4–5,4	3,8–4,8

menge notwendig. Je nach genetischem Material und nach dem Niveau der täglichen Zunahmen wird die Futteraufnahme von der dargestellten Kurve abweichen.

In großen Betrieben lässt sich relativ einfach eine **getrenntgeschlechtliche Haltung** der Tiere realisieren. Dies bietet die Möglichkeit, die Futteraufnahme der Börge ab etwa 80 kg LM stärker zu rationieren als die der weiblichen Tiere und somit der stärkeren und unerwünschten Verfettung der Börge vorzubeugen.

Ein **Fettzusatz zum Futter** bietet sich auch in der Schweinemast zur Erhöhung des Energiegehaltes an. Dabei kommt dem Fettsäuremuster des Futterfettes im Hinblick auf die Beschaffenheit und Stabilität des Körperfettes und damit des Verarbeitungsproduktes eine große Bedeutung zu, weil ein Teil der Fettsäuren unmittelbar in das Fettgewebe des Tieres überführt wird. Mehrfach ungesättigte Fettsäuen (vor allem Linol- und Linolensäure) machen den Speck weicher und sind mehr als andere anfällig gegen Oxidation und damit Verderb. Weil sich die pflanzlichen Futtermittel und Öle erheblich in ihrem Anteil an mehrfach ungesättigten Fettsäuren unterscheiden, ist hinsichtlich der Kombinationswirkung der Gehalte zu beachten, dass nicht mehr als 18 g Linol- plus Linolensäure je kg Futter enthalten sind.

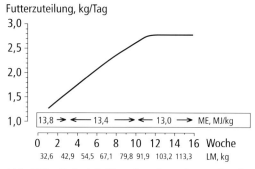

Abb. B29 Beispiel für eine Futterkurve in der Mast (ausgelegt für einen durchschnittlichen täglichen Zuwachs von 800 g/Tag).

5.7 Einsatz von Antibiotika

Beim Einsatz von Antibiotika in der Schweinehaltung und bei der Diskussion um Möglichkeiten zu deren Verzicht sind nutritive und therapeutische Anwendungen strikt voneinander zu trennen. Während die therapeutische Anwendung arzneimittelrechtlichen Regelungen unterliegt (auch bei Verabreichung über das Futter, siehe Kap. E6.2 und F1.4), sind die Details zum Einsatz von Antibiotika als **Futterzusatzstoffe** im **Futtermittelrecht** geregelt.

Nach dem geltenden Futtermittelrecht können speziell zugelassene **Antibiotika** als Zusatzstoffe (**Leistungsförderer**) in der Fütterung eingesetzt werden. Tierartspezifisch sind die Anforderungen an Dosierung, Einsatzzeitraum und Wartezeiten festgeschrieben. Die Dosierungen sind um ein Vielfaches geringer als im therapeutischen Einsatz. Das Inverkehrbringen solcher Zusatzstoffe ist mit den entsprechenden Anforderungen an die Hersteller von Vormischungen und Mischfuttern streng geregelt. Gegenwärtig (Stand Juli 2004) dürfen noch 4 antibiotische Leistungsförderer eingesetzt werden. Auch für diese Substanzen wird mit Wirkung zum 1. Januar 2006 die EU-Zulassung entzogen, so dass der Einsatz von Antibiotika als Futterzusatzstoff zukünftig entfällt.

Antibiotika wirken in nutritiven Dosierungen ausschließlich im Verdauungstrakt (gegen grampositive Keime), sie werden nicht oder kaum resorbiert. Sie können die Zusammensetzung der Darmflora positiv beeinflussen, die mikrobielle Umsetzung von Nährstoffen vermindern bzw. modifizieren und somit die Verdaulichkeit von Nährstoffen und die Energieverwertung erhöhen. Speziell beim Aufzuchtferkel kann dadurch außerdem ein Beitrag zur Vorbeuge gegen Durchfallerkrankungen geleistet werden. Messbar werden solche Effekte letztlich in bedeutsamen Leistungsverbesserungen, was insbesondere die Futterverwertung betrifft. Im Mittel ist diese in der Ferkelaufzucht und in der Schweinemast um 7 % bzw. 3 % verbessert.

Infolge dieser positiven Effekte treten angesichts des bevorstehenden Totalverbots andere Gruppen von **Zusatzstoffen** in den Vordergrund, von denen eine Wirkung erwartet wird, die ähnliche gesundheits- und leistungssteigernde Effekte hat (Mikroorganismen, Oligosaccharide, etc.). Sehr unterschiedlich ist allerdings ihre physiologische Wirkung, und damit sind auch die Möglichkeiten verschieden, eine positive Wirkung im Tier zu bewirken. Von **Kräutern** und deren Extrakten ist aus Gefäßversuchen eine antimikrobielle Wirkung bekannt. Im Bereich der Tierfütterung werden sie bislang jedoch nur als Aromastoffe eingesetzt, wenngleich eine positive Wirkung auf die Tiergesundheit und tierische Leistung als Argument häufig ins Feld geführt wird. In Tierversuchen hat sich dies bislang nicht überzeugend bestätigt.

5.8 Tränkung

Ständiger Zugang zu frischem und sauberem Tränkwasser muss selbstverständlich sein, auch beim wenige Tage alten Saugferkel. Zur Orientierung kann man annehmen, dass bei Trockenfütterung ein **Aufzuchtferkel** etwa 1,5 und ein **Mastschwein** etwa 4 Liter Wasser pro Tag bei optimalen Umgebungstemperaturen benötigt. Bei **laktierenden Sauen** beträgt der Durchschnitt etwa 20 Liter/Tag, die Wasseraufnahme kann bei hohen Stalltemperaturen bis zu 40 Liter/Tag betragen. Die Flüssigkeitsabgabe mit der Milch, eine hohe Wärmeproduktion durch den Stoffwechsel sowie die Stalltemperaturen beeinflussen die aufzunehmende Wassermenge. Allgemeine Bedarfsnormen führt die Tabelle B64 auf.

Die **Tränkwasserqualität** orientiert sich an der des Trinkwassers zum menschlichen Verzehr.

Selbsttränken bieten sich an, die regelmäßig auf Funktionsfähigkeit überprüft werden müssen. Bei Nippeltränken sollte die **Flussrate** bei Ferkeln 0,5 bis 0,8, bei Mastschweinen 0,8 bis 1,2, bei tragenden Sauen 1,2 bis 3 und bei säugenden Sauen 2 bis 4 Liter pro Minute betragen. Die Wasseraufnahme muss ungehindert möglich

Tabelle B64: Orientierungswerte zur Wasserversorgung von Schweinen

Produktionsstufe/Alter	Wasserbedarf (l/Tier/Tag)	
	Durchschnitt	von−bis
• ferkelführende Sau	30	20−50
• hochtragende Sau	15	10−25
• Ferkel − 1. Woche	0,3	0,25−0,7
− 2.−4. Woche	0,6	0,6−0,9
• Absetzferkel − 5.−9. Woche	1,4	0,8−2,5
• Jungsau, Jungeber, Mastschwein (je 50 kg Körpermasse)	8	5−15
• Eber	25	15−40

sein, was speziell in den Boxen für Aufzuchtferkel und Mastschweine eine Höhenverstellbarkeit von Selbsttränken empfiehlt. Alternativ können auch zwei Tränkestellen mit unterschiedlichem Abstand vom Boden je Bucht angebracht werden. Ein plötzlicher Rückgang im Futterverzehr kann auf unzureichende Wasserversorgung zurückzuführen sein. In der Schweinemast und in der Sauenfütterung wird unter Umständen feucht-krümelig oder flüssig gefüttert, dennoch muss eine zusätzliche Tränkwasserquelle vorhanden sein.

5.9 Hygiene von Futter, Fütterung und Tränke

• **Mikrobielle Kontamination**

Tierseuchenerreger und darunter vor allem die der Klassischen Schweinepest werden auch durch Futtermittel übertragen. Das gilt für frische Ernteprodukte in Regionen mit endemischer Wildschweinepest, vor allem aber für die Verschleppung mit menschlichen Speiseresten.

Die Verfütterung von **Lebensmittelresten** und **Speiseabfällen** aus der Nahrungsgüterwirtschaft, aus Handelseinrichtungen und Großküchen ist ein in Deutschland etablierter Beitrag zur Ressourcen schonenden Kreislaufwirtschaft. Die Bearbeitung dieser Futterreserven ist nur in amtlich zugelassenen Betrieben möglich, die sich außerhalb der Tierhaltung befinden, über geeignete Verarbeitungstechnologien verfügen und eine Verbreitung von Krankheitserregern sicher ausschließen. Zu erhitzen ist auf 100 °C über mindestens 30 Minuten in Apparaten, deren Rührwerke die Entstehung von Kälteinseln ausschließen. Der anschließende Einsatz solcherart aufbereiteter Speisereste in Schweinehaltungen verlangt ebenfalls eine amtliche Zulassung, solange derartige Verfahren überhaupt rechtlich anwendbar sind.

Zur Zurückdrängung von **Salmonellen** in Schweinebeständen sind künftig verschärfte rechtliche Vorgaben zu erwarten, die die Futtermittel einbeziehen werden.

Das Futter soll weiterhin frei von Stoffen sein, die die Gesundheit des Tieres oder die Beschaffenheit des gewonnenen Produktes negativ beeinflussen können. Hierzu zählen **pflanzeneigene Stoffe**, die je nach Konzentration giftig oder anti-nutritiv wirken können. Bestimmte Pflanzen oder Pflanzenteile sind daher völlig aus der Fütterung verbannt, oder es werden Obergrenzen für deren Einsatz definiert. Problematischer sind **Fremdstoffe**, die aus der Umwelt oder durch landwirtschaftliche Behandlungsmaßnahmen in Pflanzen und deren Verarbeitungsprodukte gelangen können. Für viele Substanzen gibt es futtermittelrechtlich festgelegte Höchstgehalte, deren Einhaltung von der zuständigen Behörde stichprobenweise geprüft wird (siehe Kap. F 3.3).

Ein Befall mit **Milben, Insekten oder Käfern** wird überwiegend als nicht unmittelbar schädlich angesehen, ist jedoch ein Indikator für abnehmende Nährstoffgehalte und für Verderb des Futters. Saubere, trockene und kühle Lagerung der Futtermittel muss daher selbstverständlich sein. Mehlförmige Mischfuttermittel sollten innerhalb von 4 Wochen verbraucht werden. Vor Neubefüllung sind die **Futtersilos** vollständig zu entleeren. Außensilos sollen beschattet sein, damit die Gefahr der Bildung von Kondenswasser vermindert wird. Bei Belüftungsmöglichkeiten muss die Gefahr des Wassereintritts ausgeschlossen sein. Flüssigfütterungsanlagen bergen ein höheres Risiko; daher ist der Anmischbottich regelmäßig gründlich zu reinigen. Restmengen sollten vor allem im Sommer nicht in diesem verbleiben. Pumpwege und Fallrohre sollen so kurz wie möglich sein.

Ein **mikrobieller Besatz** ist in allen Futtermitteln vorhanden. Der Gesamtkeimgehalt je Gramm Futter sollte den Wert von 10^4 (Pellets), 10^5 (Fischmehle) bzw. 10^6 (Schrote, mehlige industrielle Mischfutter) möglichst nicht überschreiten. Empfehlungen für Richtwerte bei unterschiedlichen Mikrobengruppen enthält die Tabelle B65.

Pathogene Keime (Seuchenerreger, Salmonellen, enteropathogene E. coli, Listerien u. a.) gehören nicht in das Schweinefutter.

Ein erhöhter unspezifischer Keimgehalt entsteht bei Verderbnis und kann zu gesundheitlichen Schäden führen.

• **Mykotoxinbelastung**

Schimmelpilze und **Mykotoxine** als deren Stoffwechselendprodukte sind in bestimmten Regionen und bei entsprechend förderlichen

Tabelle B65: Empfehlungen für mikrobiologische Richtwerte im Flüssigfutter (Werte pro Gramm oder ml Flüssigfutter; [a]grar.de 2002)

Mikroorganismen pro Gramm	noch akzeptabel	Warnwert	nicht akzeptabel
• Aerobe Kolonienzahl (Gesamtkeimzahl)	10^7	10^8	10^9
• Enterobacteriaceae	10^3	10^4	10^5
• Lactobazillen	10^6	10^7	10^8
• Hefen	10^6	10^7	10^8
• Schimmelpilze	10^4	10^5	10^6
• Aminosäuren abbauende Lactobazillen	10^3	10^4	10^5

Umweltbedingungen in einzelnen Jahren ein sehr großes Problem. Zahlreiche Untersuchungen hat es in den zurückliegenden Jahren vor allem zum **Deoxynivalenol (DON)** und zum **Zearalenon (ZEA)** gegeben; beide Toxine werden von Feldpilzen der Gattung Fusarium gebildet. Das Schwein gilt als die gegenüber DON empfindlichste Nutztierart. Verminderter Futterverzehr, Erbrechen und Leistungsrückgang sind bei überhöhten Gehalten die Reaktion. ZEA wirkt bei regelmäßiger Aufnahme östrogen-ähnlich, weibliche praepubertäre Schweine sind dann besonders betroffen. Eine Schwellung und Rötung der Scheide ist ein Indikator für ZEA-Wirkung, Fruchtbarkeitsprobleme sind vorprogrammiert. Höchstwerte wurden im rechtlich verbindlichen Sinne bislang nicht definiert. Eine Expertengruppe hat aber im Rahmen der Arbeit der DLG einen Katalog von **Orientierungswerten** erarbeitet, bei deren Unterschreitung Gesundheit und Leistungsfähigkeit der Tiere nicht beeinträchtigt werden. Dieser Orientierungswert beträgt für **DON** beim Zucht- und Mastschwein 1,0 mg/kg Futter. Für ZEA liegt der Wert bei 0,25 mg/kg im Futter für Mastschweine und Zuchtsauen sowie bei 0,05 mg/kg für Jungsauen vor Eintritt der Geschlechtsreife.

Während gegen Mikroorganismen gezielt vorgegangen werden kann, sind die **Toxine** mit üblichen Futterbehandlungsmethoden in der Praxis kaum zu entfernen. Daher ist die Prophylaxe bereits im Feldbau entscheidend, denn durch acker- und pflanzenbauliche Maßnahmen kann das Auftreten und die Verbreitung von Schimmelpilzen maßgeblich beeinflusst werden (Bodenbearbeitung, Fruchtfolge, Aussaatstärke, Sortenwahl, Pflanzenschutz, Erntezeitpunkt). Starker Pilzbefall ist in Getreide mit Klein- und Schmachtkorn vorhanden, eine Reinigung und Sortierung kann hilfreich sein.

Lagerpilze können bei zu hohem Feuchtegehalt des Getreides auftreten. Daher ist eine sichere Konservierung durch Trocknung (Ziel: Feuchtegehalte unter 14 %) oder alternativ durch Kühlung bzw. Zusatz von Konservierungsstoffen (z. B. Propionsäure) geboten. So genannte Detoxifikationsmittel haben in wissenschaftlichen Untersuchungen bislang keine überzeugend und durchgängig gute Wirksamkeit im Sinne einer Bindung von Toxinen gezeigt. Entsprechend belastetes Futter ist von Schweinen fernzuhalten bzw. in geringen Anteilen mit anderen Futterchargen zu „verschneiden", solange dies rechtlich zulässig ist.

● **Wasser und Wasseraufnahme**

Beim Bezug von **Tränkwasser** aus der öffentlichen Wasserversorgung kann von einem hohen Hygienestatus ausgegangen werden. Hofeigene Wasserquellen dürfen nicht durch Einträge mit Oberflächenwasser oder sonstigen Kontaminationen, insbesondere Nitrat, verunreinigt sein. Nippel- oder Zapfentränken gewährleisten die beste Qualität des Tränkwassers für das Tier, allerdings ist hier mit Wasserverlusten bis zu 25 % zu rechnen. Systeme mit Tränkebecken müssen täglich von Futterresten, Kot und Urin befreit werden.

Nach einer erfolgten Tränkwassermedikation ist das gesamte Leitungsnetz zu spülen, damit eine Verschleppung in andere Ställe ausgeschlossen ist.

5.10 Fütterungskontrolle

Eine Optimierung der Futterzusammensetzung und der Fütterung kann nur dann zum gewünschten Erfolg führen, wenn die Einhaltung der gesetzten Ziele durch den Betriebsverantwortlichen bzw. den Futterlieferanten sichergestellt wird. Hierzu gibt es in der Mischfutterindustrie und zunehmend auch in landwirtschaftlichen Betrieben **Kontrollmaßnahmen und Konzepte**, die die Überwachung der Einhaltung von Standards im Sinne der Selbstkontrolle beinhalten (siehe Kap. F3.3). Dennoch ist ein kritisches Begleiten vor Ort unerlässlich. Vor allem ist eine Beurteilung der eingesetzten Rohstoffe durch **Analysen** vorzunehmen und ständig zu aktualisieren. Spezialisierte Labore führen heute in vielen Fällen Routineanalysen mit Techniken durch, die auch einen größeren Probenumfang zu vertretbaren Kosten erlauben. Auch zugekaufte Mischfuttermittel kann und sollte der Landwirt hinsichtlich der Einhaltung der deklarierten Nährstoffgehalte gelegentlich überprüfen lassen. **Professionelle Fütterungsberater** von öffentlich getragenen und privaten Beratungsorganisationen oder aus der Mischfutterindustrie können in Einzelfällen bei der Interpretation von Analysendaten und bei dem Abgleich mit Sollwerten sowie bei der Fehlerfindung und -behebung helfen.

Die **amtliche Futtermittelkontrolle** hat zum Ziel, die Einhaltung der Vorgaben des Futtermittelrechts zu überprüfen. Sie dient also primär der Sicherheit und Zuverlässigkeit im Verkehr mit Futtermitteln. Ihr geht die Eigenkontrolle der Wirtschaft voraus, deren Ergebnisse in eine Überprüfung einbezogen werden und somit vorzulegen sind.

Neben der amtlichen Futtermittelüberwachung gibt es eine von unterschiedlichen Einrichtungen getragene **Qualitätskontrolle** (z. B. Verein Futtermitteltest VFT), die stichprobenartig Segmente des Mischfuttermarktes beprobt, Analysen veranlasst und die Ergebnisse dann über die Fachpresse den Landwirten zukommen lässt. Wegen der Zeitspanne zwischen Probennahme und Veröffentlichung der Ergebnisse haben solche Prüfungen für den Landwirt allerdings keinen Aussagewert für eine spezielle Futtermittelpartie, wohl aber für die Bewertung der Hersteller und ihrer Produkte.

Ungewöhnliche Veränderungen in Dauer und Höhe der **Futteraufnahme** können – nach Ausschluss von Erkrankung – ein Hinweis für Abweichungen im Gesamtsystem sein. Zum Beispiel führt eine unzureichende Wasserversorgung zur Verminderung der Futteraufnahme; innerhalb eines Stalles sind oft große Unterschiede zwischen der Flussrate einzelner Tränken zu beobachten. Dies lässt sich mit minimalem Aufwand kontrollieren. Erhöhte DON-Gehalte im Mastschweinefutter bedingen eine etwa lineare Verringerung der Futteraufnahme und damit der Tageszunahmen. Beginnende Krankheiten können sich in reduziertem Futterverzehr ankündigen (siehe auch Abb. D 27).

Die Futteraufnahme sollte täglich beurteilt und dokumentiert werden. Speziell in Betrieben mit Flüssigfütterungsanlagen (aber selbstverständlich nicht nur hier) ist regelmäßig die Technik im Hinblick auf Misch-, Transport- und Verteilgenauigkeit zu prüfen. Die einzelnen Glieder der Kette der Futteraufbereitung (einschließlich Mahlung des Getreides) und des Futtertransports sind zu überwachen.

Analysen von Blut- oder Kotproben können allenfalls als Hinweis auf Fütterungsfehler dienen. Niemals erlauben sie die Beurteilung einer Ration, und sie können eine gezielte Futtermittelanalyse und Fehlersuche nicht ersetzen.

Die Beurteilung aktueller Futterchargen beginnt mit einfachen **Kontrollmaßnahmen im Betrieb**. Oft gibt schon die grobsinnliche Beurteilung eines Futters oder der Rohstoffe durch das geschulte Auge des Betreuers Hinweise auf Qualitätsmängel (Milbenbesatz, Pilzbefall, hoher Schmachtkornanteil, ungewöhnlicher Geruch, etc.). Futter oder Einzelkomponenten, die in freier Schüttung wandnahe stehen, sollten dringend hinsichtlich des Wassergehaltes und des Schädlingsbesatzes näher untersucht werden. Ganze Körner in der Mischung mahnen die Kontrolle des Siebes in der Mühle an. Hinweise zur laboranalytischen Kontrolle enthält das Kapitel F 3.3.

6 Haltung und Fütterungstechnik

6.1 Rechtliche Vorgaben

Am Ende des Jahres 2001 traten zwei neue **EU-Richtlinien** (**2001/88/EG** des Rates vom 23.10.2001 und **2001/93/EG** der Kommission) vom 9.11.2001 (EG-Amtsblatt L 316/1, 1.12.2001) zur Änderung der Richtlinie 91/630/EWG über Mindestanforderungen für den Schutz von Schweinen in Kraft, die als **Tierschutz-Nutztierhaltungsverordnung/Schwein** in deutsches Recht umgesetzt wird.

● **Haltung und Fütterung**
Diese Richtlinien verlangen, dass jedem **Absetzferkel** und **Mastschwein/Zuchtläufer** in Gruppenhaltung mindestens die in Tabelle B66 genannte benutzbare Bodenfläche zur Verfügung steht. Die Vorgaben des zuständigen Bundesministeriums (BMVEL, Stand September 2002) orientieren sich an den niederländischen Werten und gehen damit deutlich über die EU-Werte (= dänische Vorgaben) hinaus.

Jeder gedeckten **Jungsau** und jeder **Sau** muss bei Gruppenhaltung insgesamt eine uneingeschränkt benutzbare Bodenfläche von mindestens 1,64 m² bzw. 2,25 m² zur Verfügung stehen. Bei einer Gruppenhaltung von weniger als sechs Tieren ist die Bodenfläche um 10% zu vergrößern. Bei einer Gruppenhaltung von 40 und mehr Tieren darf die Fläche um 10% verringert werden.

Bodenflächen müssen die folgenden Anforderungen erfüllen: Bei Sauen müssen mindestens 0,95 m² (Jungsau) bzw. 1,3 m² (Sauen) der o.g. Fläche planbefestigt oder so ausgeführt sein, dass die Perforationen maximal 15% dieser Fläche beanspruchen. Werden **Betonspaltenböden** in Gruppenhaltungen verwendet, darf die **Spaltenweite** bei Saugferkeln 11 mm, bei Absetzferkeln 14 mm, bei Mastschweinen/Zuchtläufern 18 mm, bei gedeckten Jungsauen und Sauen 20 mm nicht überschreiten.

Die **Auftrittsbreite** muss bei Saugferkeln und Absetzferkeln mindestens 50 mm und bei Mastschweinen/Zuchtläufern, gedeckten Jungsauen und Sauen mindestens 80 mm betragen.

Die **Anbindehaltung** von Sauen und Jungsauen ist ab 1. Januar 2006 verboten. Die Sauen sind ab der fünften Woche nach dem Decken bis zum Beginn der letzten Woche vor dem voraussichtlichen Abferkeltermin in Gruppen zu halten. Die Seiten der Gruppenbucht müssen mehr als 2,8 m lang sein. Bei weniger als sechs Tieren in Gruppenhaltung muss die Bucht über 2,4 m lang sein. Sauen und Jungsauen in Betrieben mit

Tabelle B66: Bodenmindestfläche (m²) für jedes Schwein nach verschiedenen Vorgaben (BMVEL = zuständiges Bundesministerium; NL = Niederlande; DK = Dänemark; NRW = Nordrhein-Westfalen)

		2001/88/EG	BMVEL[1]	NL	DK	NRW[2]
● Ferkel	bis 10 kg	0,15	0,31	0,4	0,15	0,35
	bis 20 kg	0,2	0,31	0,4	0,2	0,35
	bis 30 kg	0,3	0,41	0,4	0,3	0,35
● Zuchtläufer	bis 50 kg	0,4	0,57	0,6	0,4	0,5
● Mastschweine	bis 85 kg	0,55	0,81	0,8	0,55	0,75
	bis 110 kg	0,65	1,0	1,0	0,65	0,85/1,0[3]
	über 110 kg	1,0	1,0	1,3	1,0	1,25

[1] Zuschlag (10%) bei Kleingruppen, Abschlag (10%) bei Großgruppen
[2] max. 10% Spaltenanteil und weiche Unterlage (Beschichtung) bei 33% (Mast) bzw. 50% (Aufzuchtferkel) der Liegefläche; ansonsten 40% Schlitzanteil
[3] bei mehr als 16 bzw. weniger als 16 Tieren

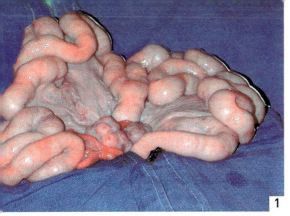
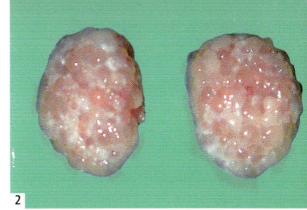
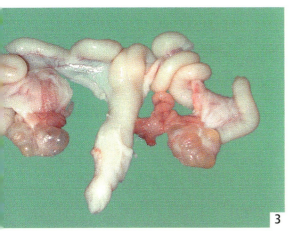
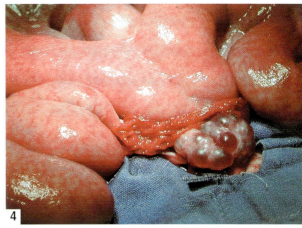
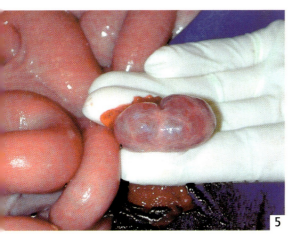
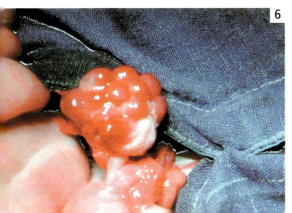

Farbtafel 3: Weibliche Geschlechtsorgane.
1) Gesamtansicht der paarig angelegten Uterushörner, Eileiter und Eierstöcke.
2) Ovarpaar eines infantilen weiblichen Schweins (Alter 35 Tage) mit zahlreichen 1 – 2 mm großen Tertiärfollikeln, Ovardurchmesser ca. 1 cm.
3) Uterus und Ovarien eines juvenilen Jungschweins (Alter 5 Monate); Tertiärfollikel 4 – 5 mm, weißlich-blass bis gelblich.
4) Präovulatorische Tertiärfollikel (Graaf'sche Follikel), 5 – 6 mm, rötlich, gute Vaskularisierung, Follikel sind über die Ovaroberfläche gewölbt; 1. Zyklus.
5) Präovulatorische Tertiärfollikel (Graaf'sche Follikel), 7 – 8 mm, rötlich, vaskularisiert, Follikel sind flach; 1. Zyklus.
6) Corpora haemorrhagica in der Ovulation, rot, Ovulationsstellen mit serös-fibrinösem Koagulum; 1. Zyklus.

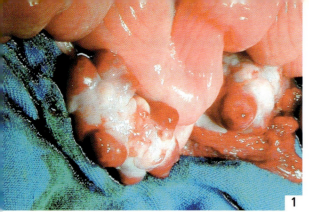
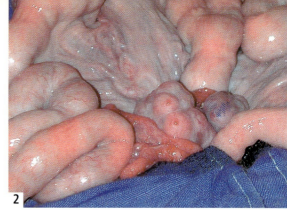
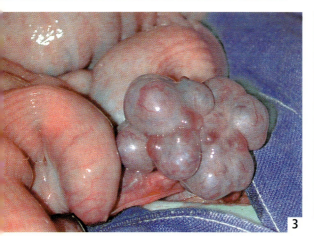
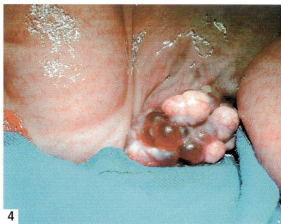

Farbtafel 4: Weibliche Geschlechtsorgane.
1) Ovarpaar mit 6 mm großen Corpora haemorrhagica; pilzförmige Ausstülpung der Ovulationsstelle (Stigma); 3 – 4 mm große gelbliche Corpora albicans zeigen einen vorgegangenen Zyklus an.
2) Ovar mit "jungen" proliferierenden Gelbkörpern (Corpora lutea periodica proliferans) 3 Tage nach der Ovulation, 8 mm groß, rötlich-blau-graue Färbung, Stigma mit kleiner Ausstülpung sichtbar.
3) Ovar mit aktiven sezernierenden Gelbkörpern (Corpora lutea periodica secernens) am Zyklustag 10, 8 – 9 mm groß, grau-rötlich, deutliche Vaskularisierung an der Oberfläche; neben den Gelbkörpern sind kleine (3 mm) wachsende Tertiärfollikel sichtbar.
4) Ovar mit Gelbkörpern in Regression (Corpora lutea periodica regrediens) am Zyklustag 17 – 18, rosa-weißlich bis porzellanfarbig, 5 mm groß; wachsende 5 mm große Tertiärfollikel.
5) Ovarpaar mit Gelbkörpern während der Gravidität (Corpora lutea graviditatis), blaurötlich bis graurötlich, deutliche Vaskularisierung, kugelförmig, 7–8 mm groß.
6) Ovarpaar mit Zysten.
   – linkes Ovar mittig: 22 mm große Luteinzyste, weißlich-rosa, Wand luteinisiert (ca. 3 mm stark);
   – rechtes Ovar: 25 – 27 mm große Follikelzysten, weißlich-rosa, dünnwandig, prall gefüllt; Ovardurchmesser ca. 5 cm.

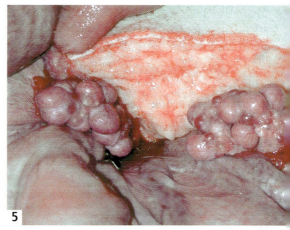

Abb. B30 Pendelbalken zur Beschäftigung in der Mastbucht.

weniger als 10 Sauen dürfen in dem oben genannten Zeitraum einzeln gehalten werden, sofern sie sich in der Bucht ungehindert umdrehen können.

Nach den EU-Richtlinien müssen alle Schweine ständig Zugang zu einem veränderbaren **Beschäftigungsmaterial**, wie Stroh, Heu, Holz, Sägemehl, Pilzkompost, Torf oder einer Mischung dieser Materialien, erhalten. Die Beschäftigungsmaterialien dürfen nicht gesundheitsschädigend sein. Die Tierschutz-Nutztierhaltungsverordnung sieht den ständigen Zugang zu mindestens zwei der folgenden drei Beschäftigungsmöglichkeiten vor:

- Futterdosiertechnik, die die Tagesration über einen längeren Zeitraum zuteilt,
- Spielketten mit befestigten Holzteilen,
- veränderbares Material (siehe oben).

In **Einstreuställen** muss daher lediglich eine geeignete Fütterungstechnik vorhanden sein, um den Anforderungen zu genügen. Brei- und Rohrbreiautomaten, Sensorfütterung und Trockenautomaten mit ad libitum-Fütterung werden danach prinzipiell anerkannt.

Für **einstreulose Ställe** ist neben der zugelassenen Fütterungstechnik ein Scheuerbaum oder eine Kette mit Holz o.ä. einzusetzen. Einfache Beschäftigungsgeräte (z. B. Pendelbalken, Kettenkreuz – Abb. B30) erweisen sich als attraktiv für die Tiere. Diese Spielzeuge müssen aufgehängt und dürfen aus hygienischen Gründen nicht auf den Fußboden gelegt werden, weil sie dort in die Kotecke geschoben werden.

Die **Fütterung** der Sauen und Jungsauen in Gruppenhaltung hat zu gewährleisten, dass jedes einzelne Tier ausreichend fressen kann, selbst wenn Futterrivalen anwesend sind.

Alle tragenden Sauen müssen genügend Grundfutter bzw. Futter mit hohem Rohfaseranteil sowie Kraftfutter erhalten, um ihren Hunger und ihr Kaubedürfnis ausreichend stillen zu können.

● **Organisation und Betreuung**

Folgende **Eingriffe bei Ferkeln** sind künftig nur nach Indikation und nicht routinemäßig bis zum 7. Lebenstag ohne Narkose erlaubt:
- Kupieren eines Teiles des **Schwanzes**,
- Abschleifen der **Eckzähne**.

Somit wird der Nachweis von Gesäuge-, Schwanz- oder Ohrverletzungen erforderlich. Vor den Eingriffen ist ein Beleg des Tierarztes notwendig, dass andere Maßnahmen nicht wirksam waren.

- Die **Kastration** männlicher Schweine ohne Betäubung bleibt bis zum siebten Lebenstag erlaubt.

In Gruppen zu haltende Schweine, die besonders aggressiv sind oder die bereits von anderen Schweinen angegriffen wurden, sowie kranke oder verletzte Tiere dürfen vorübergehend in **Einzelbuchten** aufgestallt werden. In diesem Fall muss gewährleistet sein, dass sich das Tier in der Einzelbucht ungehindert umdrehen kann, sofern dies nicht besonderen tierärztlichen Empfehlungen zuwiderläuft.

Die EU-Richtlinie 2001/93/EG legt das **Mindestabsetzalter** auf 4 Wochen fest. Allerdings dürfen als Ausnahmeregelung Ferkel bis sieben Tage früher abgesetzt werden, wenn im Alles raus – Alles rein-Prinzip gewirtschaftet wird und die Ställe von denen der Sauen getrennt sind.

In Schweineställen sind **Geräuschpegel** von 85 dBA oder mehr sowie dauerhafter oder plötzlicher Lärm zu vermeiden. Schweine müssen wenigstens acht Stunden pro Tag bei einer **Beleuchtungsstärke** von mindestens 40 Lux gehalten werden.

Die **Stallhaltung** wird in den Abschnitten 6.2 bis 6.4 dargestellt.

6.2 Abferkelbereich

6.2.1 Haltungsverfahren

Das dominierende Verfahren ist die **Einzelhaltung der ferkelnden und säugenden Sauen im Ferkelschutzkorb** (Abb. B31). Sauen können auch in Einzelbuchten mit Bewegung gehalten werden, was bis in die 70er Jahre üblich war. Allerdings treten dabei – trotz verschiedener Schutzvorkehrungen (z. B. Abweisstangen 15 cm hoch und 15 cm von der Buchtenwand entfernt) – zu hohe Erdrückungsverluste auf, was letztlich zur Entwicklung von Einzelständen führte. Neuere Untersuchungen an praxisnahen Bewegungsbuchten zeigen, dass mindestens 3 % mehr Erdrückungsverluste auftreten und höhere Arbeitsaufwendungen als in Buchten mit Ferkelschutzstand erforderlich sind.

Die **Gruppenhaltung ferkelführender Sauen** ist bislang nicht über das Experimentalstadium hinausgelangt.

Abferkelställe sind – wo immer möglich – nach dem „Alles raus – Alles rein"-Prinzip mit zwischengeschalteter Reinigung und Desinfektion zu bewirtschaften (s. Kap. C3). Vor der Einstellung sollten die Sauen gewaschen und gegen Parasiten behandelt werden. Eine **Sauendusche** soll

- auf dem Weg zum Abferkelstall gelegen sein und 0,7 bis 0,8 m² je Sau umfassen,
- einer Abferkelgruppe (oder Teilen davon) Platz bieten,
- mit einer Flachstrahldüse je 2 m² ausgestattet sein und
- mit warmem Wasser betrieben werden.

Die Sauen werden danach in den auf 20 °C erwärmten Stall eingestallt.

Der Abferkelstall muss durch hohe Haltungsstandards gekennzeichnet sein, deren wesentliche in der Tabelle B67 aufgeführt sind.

6.2.2 Abferkelbuchten

Die Abferkelbuchten werden im **Kammstall** zweireihig, in breiteren Ställen auch mehrreihig angeordnet. Ein 80 cm breiter Mittelgang zwischen zwei Buchtenreihen als Treibe- und Kontrollgang ist ausreichend. Maximal 10 Abferkelbuchten sollten in einer Reihe aufeinander folgen, da andernfalls die Laufwege zu lang sind und die Übersicht erschwert wird. Auf einen zusätzlichen Gang ist angesichts der hohen Kosten je Quadratmeter umbauten Raumes (etwa 300 €) zu verzichten. Die Abferkelbuchten können längs oder quer zum Gang als Gerade- oder Diagonalaufstellung angeordnet sein (Abb. B32 a-d).

Tabelle B67: Anforderungen an den Abferkelstall bzw. die Abferkelbucht

- Konsequentes „Alles raus - Alles rein"-Prinzip mit Reinigung und Desinfektion
- Leichte Bedienbarkeit, geringes Verletzungsrisiko für Sauen und Ferkel
- Bewegungsfreiheit für die Sau beim Abferkeln; hinter der Sau ein freier Bereich, um ein selbstständiges oder unterstütztes Abferkeln zu ermöglichen, Aufklappbarkeit des Ferkelschutzstandes
- Längen-, Höhen- und Breitenverstellbarkeit des Standes (das Engstellen des Ferkelschutzstandes um die Geburt verringert die Erdrückungsverluste um etwa 0,15 Ferkel/Wurf):
  - Breite 570 bis 630 mm (Jungsau), 650 bis 670 mm (Altsau)
  - Abstand untere Längsrohre zum Boden mind. 345 mm
  - Länge ab hinterer Trogkante 1600 bis 1800 mm
- Abstand Boden – Sauentrog bei hochgelegtem Trog mind. 150 mm
- Trogkantenhöhe 350 mm
- Kombination aus gut wärmeableitendem Material unter der Sau und gut wärmedämmendem Material außerhalb des Sauenplatzes
- Sanierung rau gewordener Betonflächen durch Oberflächenbeschichtung
- 0,7 m² großes beheiztes Ferkelnest (Liegekomfort!!)

Abb. B31 Abferkelbuchten mit variierbarem Sauenstand:

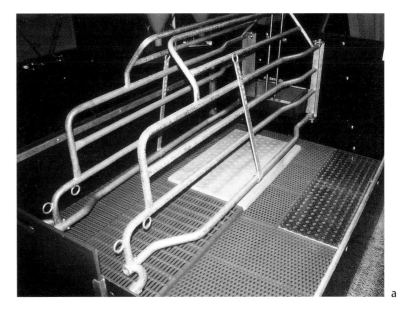

a) Sauenliegebereich mit Metallboden und planer Liegefläche, Ferkellaufbereich mit Kunststoffkotrosten.

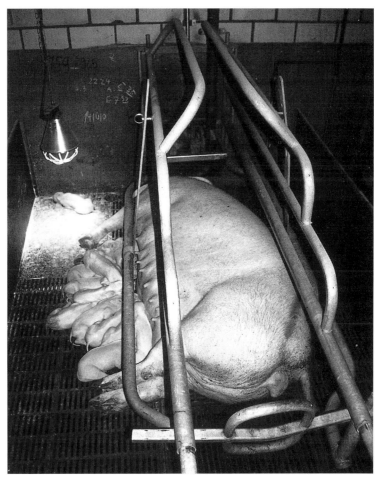

b) Säugende Sau mit guter Zugängigkeit der Zitzen unter einstellbarem Schwenkbügel.

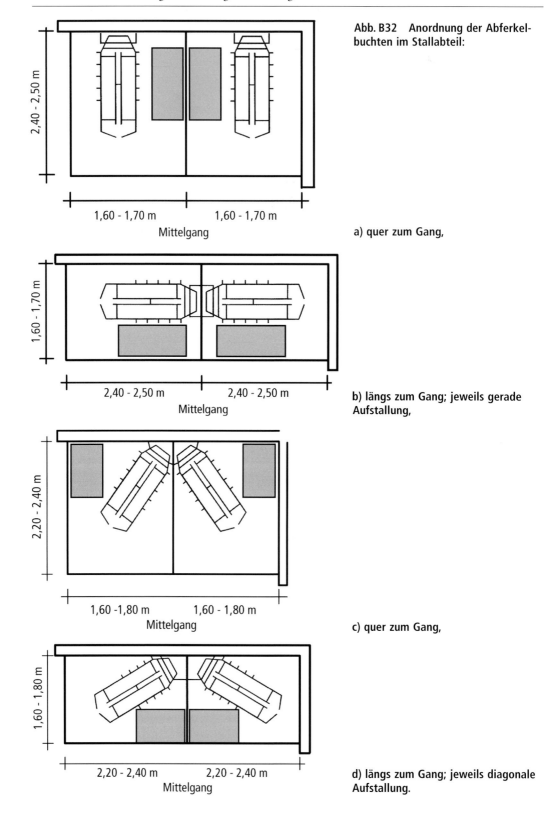

Abb. B32 Anordnung der Abferkelbuchten im Stallabteil:

a) quer zum Gang,

b) längs zum Gang; jeweils gerade Aufstallung,

c) quer zum Gang,

d) längs zum Gang; jeweils diagonale Aufstallung.

Bei der **Geradeaufstallung** (Abb. B32 a-b) befindet sich das Ferkelnest (40 bis 50 cm × 100 bis 120 cm) neben dem Sauenplatz. Die Sau reicht mit den Beinen in das Ferkelnest, was zur Beunruhigung und Verletzung der Ferkel führen kann. Diese Aufstallung bietet durch die geraden Unterzüge gute und preiswerte Möglichkeiten der Kombination verschiedener Fußbodenmaterialien (Guss-, Kunststoffroste).

Bei der **Queraufstallung** sind die Abteile breiter (5,40 bis 5,60 m) und kürzer als bei der Längsaufstallung. Der Flächenanteil für den Mittelgang ist geringer; damit entstehen etwa 50 € geringere Kosten pro Abferkelbucht. Der Sauentrog befindet sich an der Wand, die Kontrolle der Troghygiene gestaltet sich etwas schwieriger. Dafür sind die Kontrolle des Genitalbereiches der Sau und die Entfernung des Kotes leichter zu handhaben.

Bei der **Längsaufstallung** ist das Ferkelnest am Kontrollgang angeordnet, was die Gesundheitskontrolle und ggf. das Einfangen der Ferkel erleichtert. Der Trog kann vom Gang aus eingesehen werden. Die Gesäugebeurteilung ist gut möglich.

Die **Diagonalaufstallung** (Abb. B32 c-d) ist dadurch gekennzeichnet, dass das Ferkelnest neben dem Kopf der Sau angeordnet und breiter sowie kürzer als bei der Geradeaufstallung ist. Eventuell sind die Platten der Fußbodenheizung „über Eck" verlegt. Auf der gegenüberliegenden Seite des Sauenstandes entsteht allerdings ein spitzer Winkel. Die Fußbodengestaltung mit den unterschiedlichen Materialien für Sau und Ferkel ist aufwändiger und teurer als bei der Geradeaufstallung.

Buchtenwände sind – in Abhängigkeit von der Säugezeit – 45 bis 60 cm hoch. Diese niedrigen Trennwände erleichtern das Übersteigen durch Pfleger, führen zu einer besseren Übersicht im Stall und erfordern einen geringeren Materialeinsatz. Kunststoffbretter lassen sich leicht reinigen. Die Buchtentüren sollten von beiden Seiten auszuhängen und komplett entfernbar sein, was ein leichtes Aus- und Einstellen der Sauen gestattet.

Schutzvorrichtungen sind gegen ein **Erdrücken** der Ferkel in Abferkelbuchten erforderlich.

Der Liegebereich der Ferkel muss entweder ausreichend eingestreut oder wärmegedämmt und beheizbar sein. Er darf nicht perforiert oder muss abgedeckt sein und soll während der ersten 10 Tage nach der Geburt eine Temperatur von 30 Grad Celsius nicht unterschreiten.

Die Abferkelbuchten müssen so angelegt sein, dass hinter dem Liegeplatz der Sau genügend Bewegungsfreiheit für das **ungehinderte Abferkeln** sowie für geburtshilfliche Maßnahmen besteht.

6.2.3 Fußboden für Sau und Ferkel

Für den Fußboden ist eine Kombination aus gut wärmeableitendem Material im Liegebereich der Sau zur Unterstützung der Wärmeabgabe und gut wärmedämmendem Material im Liege- und Aktionsbereich der Ferkel vorzusehen. Der Fußboden muss trittsicher für Sauen und Ferkel sein. Rauhigkeit ist zu vermeiden. Er soll eine hohe Durchlässigkeit für Kot und Harn bei einer maximalen Schlitzweite von 9 mm aufweisen. Eine Koteinwurfluke kann die Entmistung unterstützen. Die Reinigung muss einfach und die Selbstreinigung hoch sein. Vor der Abferkelung können ggf. Kunstrasenstücke o.ä., vor allem bei Gussrosten, hinter oder neben die Sau gelegt werden, die der Prävention von Schürfwunden dienen.

Zur Verbesserung der Trittsicherheit für die Sau werden neuerdings Kunststoffroste mit Silikonbeschichtung der Auftrittsstege angeboten. Ein um 3 cm angehobener, 50 bis 55 cm breiter Standplatz der Sau („Step two") bringt i.d.R. keine Vorteile, macht es für kleine Ferkel eher noch schwieriger, an die Zitzen zu gelangen.

Als **Fußbodenmaterialien** kommen Kunststoffroste, kunststoffummanteltes Streckmetall oder Dreikantstahl zum Einsatz. Unter der Sau sollten vorzugsweise Gussroste oder Dreikantroste liegen. Eine hohe Qualität des Fußbodens verringert die Entstehung von Klauen- und Gliedmaßenverletzungen der Ferkel.

Deren **Schürfwunden** im Karpalbereich stellen keine harmlosen Verletzungen, sondern Eintrittspforten für Krankheitskeime (z. B. Streptokokken) dar. Die Entstehung von Schürfwunden ist von der Bodenqualität, der Wurfgröße und der Milchleistung abhängig (Abb. B33 und B34). Bei nachfolgender Infektion kann die Absetzmasse um 1,5 bis 2,2 kg gegenüber den gesunden Wurfgeschwistern vermindert sein.

138 B Bewirtschaftung – Grundlagen der Tiergesundheit

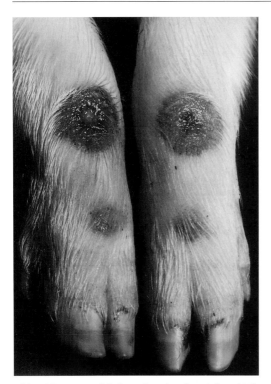

Abb. B33 Hautschürfwunden im kranialen Fußwurzel- und Fesselgelenkbereich bei einem 3 Tage alten Saugferkel.

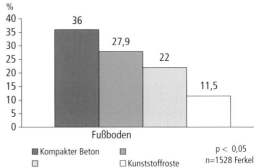

Abb. B34 Häufigkeit hochgradiger Schürfwunden bei Ferkeln auf verschiedenen Fußböden.

Tabelle B68: Anforderungen an Spaltenweite und Stegbreite bei Betonspaltenböden

Stadium der Tiere	Spaltenweite der Böden (mm)	Stegbreite der Böden (mm)
• Saugferkel	11	50
• Absatzferkel	14	50
• Mastschweine/ Zuchtläufer	18	80
• Gedeckte Jungsauen	20	80
• Sauen	20	80
• Eber	22	80

Einstreu in Buchten mit betoniertem Boden verbessert die Situation kaum, denn das Stroh wird durch die strampelnden Bewegungen von Sau und/oder Ferkeln beiseite geschoben, so dass die Ferkel sich dennoch die Vorderbeine aufscheuern. Derartig betroffene Tiere entwickeln in Abhängigkeit von Keimflora und -druck im Stall ggf. Gelenksentzündungen, die eine hohe Behandlungshäufigkeit verlangen.

Durch eine Fußbodensanierung ist es möglich, die Qualität von Betonestrichflächen zu verbessern und die Verletzungshäufigkeit um mehr als die Hälfte zu reduzieren.

Die Anforderungen an die **Spaltenweite und Stegbreite** sind für die einzelnen Alters- und Nutzungsklassen in Tabelle B68 aufgeführt.

Darüber hinaus ist dem **Liegekomfort im Ferkelnest** eine hohe Aufmerksamkeit zu schenken. Ferkel wählen zum Liegen ein weiches, warmes und flexibles Material. Daher wurde das Warmwasserbett für Ferkel entwickelt (Abb. B35), mit dem die Tiergesundheit und die Leistung verbessert werden können. In Verbindung mit einem Gelzusatz lässt sich bis 40 % Elektroenergie einsparen.

Für die **Ferkelnestheizung** kommen Strahlungsheizungen (Elektrostrahler, Gasstrahler), Elektrofußbodenheizungen oder Warmwasserfußbodenheizungen zum Einsatz, die jeweils spezifische Vor- und Nachteile haben (siehe auch Kap. B7.4). Bei einer guten Luftführung sind Abdeckungen bzw. Umhausungen („Ferkelkisten") nicht erforderlich, zumal sie den Überblick, die Tierkontrolle und Ferkelbehandlungen erschweren. Die benötigte beheizte Liegefläche beträgt 0,04 m^2 für das neugeborene Ferkel und 0,08 m^2/Ferkel am Ende der vierten Säugewoche.

6.2.4 Fütterungstechnik

Als **Fütterungstechnik** werden zunehmend Volumendosierer über den Sauentrögen mit individueller Einstellung und Befüllung über Rohrkettenförderer angewendet. Durch einen

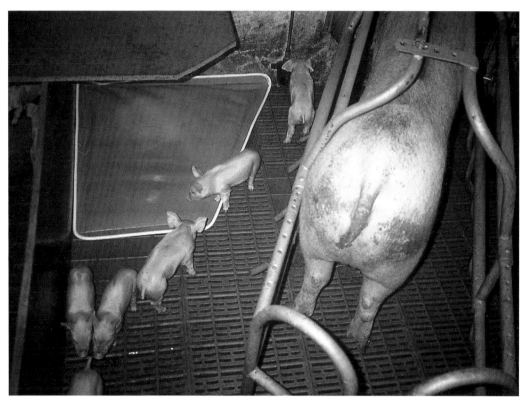

Abb. B35 Warmwasserbett als temperierter Liegeplatz für Saugferkel.

Seilzug werden alle Dosierer zeitgleich ausgelöst, so dass die Tiere gleichzeitig fressen und deren Futteraufnahme zur Gesundheitskontrolle genutzt werden kann. Durch die Tiere selbst betätigte Sattfütterungstechniken erschweren diese Kontrollmöglichkeit.

Das **Anfüttern der Saugferkel** erfolgt aus flachen, herausnehmbaren Futterschalen, die auf dem Rostenboden festgeklemmt werden. Die möglichst zweimal tägliche Futtervorlage in die zuvor gereinigte Schale unterstützt die frühzeitige Aufnahme fester Nahrung durch die Ferkel.

6.2.5 Technische Ferkelammen

Die künstliche Aufzucht von Ferkeln ist notwendig nach Verendungen von Sauen post partum oder nach Milchmangel der Mutter infolge Puerperalerkrankungen, sofern keine Ammensauen verfügbar sind. Die EU-Richtlinie 2001/93/EG erlaubt ein frühes Absetzen der Saugferkel von der Muttersau im Alter von weniger als drei Wochen, wenn das Wohlbefinden oder die Gesundheit des Muttertieres oder der Saugferkel andernfalls gefährdet wären.

Mit einer **technischen Ferkelamme** eröffnen sich Möglichkeiten, die Ferkelverluste zu verringern und die Zahl der aufgezogenen Ferkel pro Sau und Jahr zu erhöhen sowie das Auseinanderwachsen in einer Gruppe zu verringern und die Lebendmasseentwicklung der Ferkel insgesamt zu verbessern.

- **Aufbau und Funktion der Ferkelammen**

Technische Ferkelammen besitzen
- 10 bis 20 Fressplätze an einem Rund- oder Längstrog,
- einen Vorratsbehälter für Milchpulver,
- eine Dosiereinrichtung für Milchpulver und Wasser,
- einen Mikrocomputer oder eine Zeitschaltuhr als Steuerungseinheit.

Die Komponenten **Milchpulver** (Milchaustauscher) und Wasser können zu jeder Mahlzeit

Tabelle B69: Beispiel-Rezepturen für Milchaustauscher (Ferkel) zum Einsatz über Ferkelammen

Rezeptur		1	2	3
• Rohprotein	(%)	22,0	23,0	23,0
• Rohfett	(%)	14,0	14,0	10,0
• Rohasche	(%)	7,5	7,0	7,3
• Lysin	(%)	1,75	2,0	1,8
• Calcium	(%)	1,0	0,7	1,1
• Phosphor	(%)	0,7	0,65	0,8
• Vit. A	I.E.	30 000	50 000	25 000
• Vit. D_3	I.E.	4000	9500	3000
• Vit. E	mg	125	60	100
		Antioxidantien, organische Säuren, Probiotika		

Abb. B36 Futteraufnahme an der Technischen Amme – Einzel-Variante.

frisch zusammengestellt oder für eine bestimmte Zahl an Tränken bevorratet werden. Das Milchpulver wird mit Wasser in einem Verhältnis von 1 : 5,5 gemischt. Beispielrezepturen für 3 Milchaustauscher sind in Tabelle B69 zusammengestellt. Das Milchpulver darf nicht im Stall gelagert werden, da es schnell den Stallgeruch annimmt. Es sollte stets luftdicht verschlossen sein.

Die Anzahl der Mahlzeiten pro Tag und die Dosiermenge je Mahlzeit lassen sich über Computer oder Zeitschaltuhr variieren. Dabei muss das arttypische Futteraufnahmeverhalten der Saugferkel berücksichtigt werden.

Ferkel an der Sau saugen täglich etwa 30 mal mit abnehmender Häufigkeit im Verlauf der Säugezeit. Mit einer Futterkurve und -dosierung wird die charakteristische Säugehäufigkeit simuliert, und die Ferkel erhalten etwa im stündlichen Abstand Milch. Nur am ersten Tag nach dem Ansetzen an die technische Amme wird von einigen Herstellern ein zweistündiges Fütterungsintervall empfohlen, da die Ferkel die Milchaufnahme aus einer offenen Schale erst erlernen müssen.

Technische Ferkelammen werden als „Single"- oder als Komplettlösung angeboten.

Die **Einzel-Variante** (Abb. B36) ist ortsveränderlich und kann entweder in einer leeren Abferkelbucht oder im Flatdeck aufgestellt werden. Sie umfasst nur die eigentliche technische Amme, bestehend aus dem Trog mit einer unterschiedlichen Anzahl an Fressplätzen, dem Vorratsbehälter für Milchpulver oder angemischte Milch, der Dosiervorrichtung für Milchaustauscher bzw. Milch und einer Steuereinrichtung.

Abb. B37 Technische Amme als Komplettlösung.

Am Ort der Aufstellung müssen die für Ferkel erforderlichen Liegeplatztemperaturen verfügbar sein.

Bei der **Komplettlösung** (Abb. B37) werden neben der Amme verschiedene Ausstattungsvarianten, wie Warmluftbett, Tränke, Trog für Beifutter, Rostenboden, zusätzlich angeboten. Die Komplettvariante kann entweder stationär in einem gesonderten Raum eingebaut werden oder mobil auf einem Wagen angeordnet sein, der dann in einen freien Nebenraum geschoben werden kann. Komplettsysteme haben maximal 14 Tränkeeinrichtungen pro Automat, mit denen bis zu 170 Ferkel versorgt werden können.

Technische Ferkelammen werden in verschiedenen Typen angeboten. Zwischen den Modellen treten im Aufbau erhebliche Unterschiede auf. Ferkelammen gibt es mit **Kalt-** oder **Warmtränke**. Da sich bei der Kalttränke die Wasserzuleitung oder der Vorratsbehälter im geheizten Stallraum befinden, ist die Milch zumindest „raumwarm".

Ammen sind mit **Längstrog** oder **Rundtrog** für zumeist 10 bis 20 Ferkel verfügbar. Sowohl Längs- als auch Rundtrog müssen plan aufgestellt sein, damit die Milch nach dem Ausdosieren nicht nach einer Seite fließt. Die Amme sollte möglichst mehrere Dosieröffnungen haben.

Die **Verwendung von Saugern** wie bei Kälbern hat sich aus hygienischen Gründen nicht bewährt, so dass die Ferkel an einem offenen Trog getränkt werden. Die Dosierung sollte so eingestellt werden, dass bis spätestens 30 Sekunden nach der Fütterung der Trog leer gefressen ist. Die Milchmenge kann im Tränkeprogramm über eine **Futterkurve** vorgegeben sein. Sie lässt sich allerdings durch Zu- oder Abschläge variieren. Die Dosierung erfolgt dabei über die Eingabe von Ferkelzahl, Alter der Ferkel und der Sekundenzahl für die Ausdosierzeit. Die Futterkurve wird vom Hersteller mitgeliefert, wobei zu beachten ist, dass das Futterschema von Durchschnittswerten ausgeht. Eine „durchschnittliche" Ferkelgruppe über alle Betriebe gibt es jedoch nicht, so dass die Futterkurve als Leitfaden zu betrachten ist und ggf. bezüglich Zu- oder Abschlägen korrigiert werden muss. In den ersten 3 bis 5 Tagen sollen die Ferkel ausschließlich über die Amme getränkt werden, damit sie nicht zu viel Wasser und zu wenig Milch aufnehmen.

● Bewirtschaftung der Ferkelammen

Die technische Ferkelamme wird in das **Abferkelmanagement** des Ferkelerzeugers integriert. Ein gruppenweises Abferkeln ist Voraussetzung für den Einsatz, um Gruppen gleichaltriger Ferkel umsetzen zu können. Das höchste Hygieneniveau für die künstliche Amme ist in einem abgetrennten, kleinen Raum zu erreichen, in dem die hohen Temperaturansprüche der Frühabsetzer befriedigt werden können. Dieser muss nach dem Alles raus – Alles rein-Prinzip bewirtschaftet werden. Die Amme kann auch in einem teilbelegten Abferkelstall aufgestellt werden. Die Ferkelnesttemperatur beträgt 28 °C bis über 30 °C.

Bevor die Ferkel an die Amme kommen, müssen sie **Kolostrum** aufgenommen haben. Es empfiehlt sich daher, die Ferkel erst am 3. bis 4. Lebenstag an die technische Amme zu geben, wobei zuerst Saugferkel mit hohen Geburtsmassen an die Amme gesetzt werden.

Es ist auch möglich, schwache Ferkel aufzuziehen, aber der Betreuungsaufwand ist höher und die täglichen Zunahmen sind deutlich schlechter als die von gut entwickelten Ferkeln.

Es hat sich bewährt, einen **kompletten Wurf kräftiger Ferkel** mit hohen Geburtsgewichten, die bereits in den ersten drei Lebenstagen eine gute Körpermasseentwicklung genommen haben, an der Amme aufzuziehen. An die frei gewordene Sau mit guter Milchleistung werden anschließend schwächere Ferkel oder der Wurf einer ausgeschiedenen Sau gesetzt. Damit können Saugferkelverluste reduziert und das Auseinanderwachsen der Ferkel einer Gruppe eingeschränkt werden.

Die technische Ferkelamme muss für alle Tiere der Gruppe **leicht zugänglich** sein. Sie wird daher vorzugsweise mittig in der Bucht aufgestellt. Aus hygienischen Gründen empfiehlt sich ein perforierter Boden. Besonderes Augenmerk muss auf die Bekämpfung der Fliegen gerichtet werden, da sich diese in einem warmen Raum mit Milchresten gut vermehren.

Bezüglich der **Ausführung** der künstlichen Amme ist auf geringe Störanfälligkeit, Robustheit und hohen Bedienkomfort zu achten, da bei Ausfall der Steuerung stündlich per Hand gefüttert werden muss.

Technische Ferkelammen sollten ein **Spülprogramm** besitzen, um die milchführenden Leitungen zu reinigen. Bei einigen Systemen wird eine Nachspülzeit (Spülen mit Wasser) von etwa 5 Sekunden angewendet, um ein Verkleben von Pulverresten zu verhindern. Zusätzlich muss die Ferkelamme in regelmäßigen Abständen, mindestens einmal wöchentlich, möglichst aber täglich, mit der Bürste gereinigt werden, um anhaftende Milchreste zu entfernen. Nach Ausstallung jeder Ferkelgruppe ist das Gerät auseinanderzunehmen und gründlich zu reinigen, ggf. auch zu desinfizieren.

- **Tiergesundheit und Tierverhalten**

Die Erfahrungen aus dem mehrjährigen Einsatz technischer Ferkelammen besagen, dass in gut geführten Betrieben die künstliche Aufzucht mit sehr geringen Verlusten möglich ist. Dies erfordert die Selektion nicht aufzuchtfähiger Ferkel und eine intensive Gesundheitskontrolle mit mindestens zwei Kontrollgängen pro Tag. Bei den geringsten Anzeichen von Durchfall ist die Fütterung für einige Stunden zu unterbrechen. Zusätzlich muss Wasser zur freien Aufnahme zur Verfügung stehen. Ergänzend kann dann eine Elektrolyt-Lösung, z. B. bestehend aus 2 Liter Wasser, 2 Teelöffel Salz, 10 Teelöffel Traubenzucker, verabreicht werden.

Die **täglichen Zunahmen** der Ammenferkel sind aufgrund der restriktiven Fütterung und der Umweltwirkungen schlechter als bei Ferkeln, die an der Sau säugen. Mit durchschnittlich 2 bis 2,5 kg Lebendmasse werden die Saugferkel an die künstliche Amme gesetzt. Anfangs erhalten die Ferkel etwa 200 bis 250 ml Milch pro Ferkel und Tag. Mit vier Wochen wiegen die Tiere ca. 6 bis 6,5 kg und nehmen knapp 1,2 Liter Milch pro Tag auf. Daraus lässt sich eine tägliche Zunahme von etwa 160 Gramm errechnen. Die Erfahrung besagt, dass die Ammenferkel bis zum 70. Lebenstag den eingetretenen Entwicklungsrückstand im Vergleich zu den an der Sau belassenen Ferkeln verringern, aber nicht vollständig kompensieren können (Tab. B70).

Ab einem Alter von 10 Tagen wird ein **Prestarter** (25 Gramm pro Tier und Tag) in Anfütterungsschalen zusätzlich angeboten, dessen Menge schrittweise zu erhöhen ist, bis er das Milchpulver schließlich ersetzt. Bei den empfohlenen Fütterungsregimes existieren allerdings erhebliche Unterschiede zwischen den einzelnen Anbietern von technischen Ferkelammen.

Beim frühen Absetzen und der künstlichen Aufzucht an der Ferkelamme kann es zum gegenseitigen **Besaugen** kommen, da die Ferkel noch einen hohen Saugbedarf haben und diesen an ihren Buchtenpartnern (Ohren, Flanken) befriedigen wollen. Den Ferkeln sollten daher unbedingt Beschäftigungsmöglichkeiten angeboten werden.

6.3 Aufzuchtbereich

6.3.1 Haltungsverfahren

Der **Zeitraum nach dem Absetzen** stellt nach der geburtsnahen Phase den zweiten kritischen Abschnitt bei der Ferkelaufzucht dar. Besonders

Tabelle B70: Lebendmasseentwicklung von natürlich und künstlich (Ferkelamme) aufgezogenen Ferkeln (Hoy u. Bauer 1998a)

	am 28. Lebenstag von der Sau abgesetzt	Ferkelamme ab 4. Lebenstag	ab 17. Lebenstag
• Anzahl Ferkel am 1./68. LT	701/604	26/25	42/8
• Geburtsmasse (kg)	1,53	1,98	1,33
• Lebendmasse am 28. LT (kg)	8,43[ab]	6,50[a]	5,40[b]
• LTZ bis 28. LT (g)	252[ab]	161[a]	170[b]
• Lebendmasse am 68. LT (kg)	28,1	26,7	25,3
• LTZ (g)	402[ab]	369[a]	353[b]

LT = Lebenstag, LTZ = Lebenstagszunahme
a, b = jeweils gleiche hochgestellte Buchstaben kennzeichnen signifikante Unterschiede (p <0,05).

beim frühen Absetzen mit drei bis vier Wochen werden die Ferkel mit einer Situation konfrontiert, die durch folgende belastende Faktoren charakterisiert ist:
- Umstellung von vorwiegender Milchernährung auf festes Futter,
- Trennung der Ferkel von ihrer Mutter und Umstallung in einen anderen Stall,
- neue Ferkelgruppen und Rangkämpfe in den ersten Tagen,
- anderes Keimmilieu im Aufzuchtstall, vor allem bei ungenügender Reinigung und Desinfektion und bei Herkunft der Ferkel aus verschiedenen Ställen bzw. Betrieben,
- ggf. zu niedrige Temperatur im Aufzuchtstall: die früh abgesetzten Ferkel fressen zunächst nur wenig und erzeugen zu wenig Eigenwärme. Deren hohem Wärmebedarf muss durch eine Anfangstemperatur von 28 bis 31 °C entsprochen werden.

Die aktuelle **Entwicklung in der Absetzferkelhaltung** ist durch
- junge Ferkel infolge Verkürzung der Säugezeit bis auf 21 Tage,
- die Aufstallung in größeren Gruppen und durch
- die Bewirtschaftung der Aufzuchtställe nach dem „Alles raus – Alles rein"-Prinzip charakterisiert.

Im Interesse der Gesunderhaltung der Tiere kommt der räumlichen Trennung der Absetzferkel von der Sauenherde und der isolierten Aufzucht eine steigende Bedeutung zu. Dabei ist es aus fachlichen Gründen nicht erforderlich und aus rechtlichen nicht möglich, die Ferkel bereits mit 12 bis 16 Tagen abzusetzen, wie es in den USA im Rahmen des SEW-Verfahrens (SEW = Segregated Early Weaning) zum Teil praktiziert wird.

Ein **gruppenweises Absetzen** der Ferkel ist Stand der Technik und sollte im Zusammenhang mit der zyklogrammgerechten Organisation durchgeführt werden. Die Bewirtschaftung von **größeren Ferkelgruppen** hat hygienische und wirtschaftliche Vorteile, aber auch Nachteile, wie
- schlechte Übersicht über die Tiergesundheit und die Leistungen einzelner Ferkel,
- aufwändigere Einzeltierbehandlungen und Schwierigkeiten beim Fangen der Tiere,
- größere Unruhe in der Gruppe und vor allem an der Fütterungseinrichtung, da die Tiere sich nicht mehr untereinander kennen (können) und immer wieder Rangauseinandersetzungen auftreten,
- lange Wege für die Ferkel, die einen höheren Energiebedarf für die stärkere lokomotorische Aktivität zur Folge haben sowie ein
- stärkeres Auseinanderwachsen der Ferkel.

Zu Beginn des Aufzuchtabschnittes sollte eine Sortierung der Absetzferkel nach Lebendmasse und Geschlecht erfolgen. Schweinemäster führen zunehmend eine geschlechtergetrennte Mast durch. Beide Maßnahmen dienen der Aufstallung und Mästung einheitlicher Tiergruppen und der Optimierung der Fütterung (Abb. B38).

Abb. B38 Gruppenbuchten für Aufzuchtferkel mit Doppellängstrog, Kunststoffkotrosten und Deltastrahlrohren zur Temperierung des Liegeplatzes.

6.3.2 Aufzuchtbuchten

Für den Aufzuchtstall ist analog zum Abferkelstall eine **kammartige Anordnung** der Aufzuchtabteile am Stallverbinder zweckmäßig (Abb. B39). Innerhalb des Aufzuchtabteils befinden sich die Buchten links und rechts eines Bedienganges. Bei Vollspaltenboden-Buchten sind annähernd quadratische Buchtengrundrisse zu wählen. Bei rechteckigen Buchten sollte ein Breiten-Längen-Verhältnis von 1 : 2 nicht überschritten werden, da lange und schmale Buchtenformen zu Verkotungen der gesamten Bucht führen können.

Für die **Buchtenwände** genügt eine Höhe von 80 cm. Senkrechte Gitterstäbe verhindern ein Hochklettern der Ferkel. Es ist auch möglich, die Buchtenwände völlig geschlossen oder im unteren Teil geschlossen (Kunststoffplatten) und darüber verstäbt anzulegen. Bei Buchten mit Teilspaltenboden ist ein planbefestigter Bereich durch eine geschlossene Wand zur Nachbarbucht abzugrenzen, um Verkotungen im Kontaktbereich zu vermeiden.

6.3.3 Fußboden

Absetzferkel wurden bisher vor allem auf **Kunststoff- oder kunststoffummantelten Rosten** gehalten. Seit kurzem kommen auch Polymerbetonroste für die Ferkelaufzucht zum Einsatz, die z. T. in Verbindung mit Kunststoffelementen eingebaut werden. Dabei handelt es sich um einen Dreikantrost aus hochfestem, faserverstärktem Beton mit mechanisch bearbeiteten abgerundeten Kanten. Eine spezielle Spaltengeometrie soll für einen nur geringen Restkeimbesatz nach Reinigung und Desinfektion sorgen. Ein weiterer Vorteil wird in einem guten Klauenabrieb durch eine griffige Oberflächenstruktur gesehen.

Zwischen die perforierten Platten können in der Buchtenmitte kompakte Flächenelemente mit Warmwasser- oder Elektroheizung, aber auch Platten ohne Heizung, jedoch mit Kunststoffimprägnierung auf der Oberseite eingeordnet werden. Wegen der höheren Wärmeableitung von Beton- im Vergleich zu Kunststoffböden muss bei der Einstellung der Absetzferkel auf eine ausreichend hohe Stalltemperatur

Abb. B39 Gruppenbuchten für Mastschweine im Kammstall mit Zuluftrieselkanal, Deltastrahlrohren, variabler Liegeplatzabdeckung und Oberflurentlüftung.

(28 °C) und auf einen langsameren Temperaturabfall in der Folgezeit geachtet werden.

Als ein weiteres Fußbodenmaterial ist für die Ferkelaufzucht ein Betonrost mit einer Spaltenweite von 14 oder 18 mm (Zuchtläufer) und einer Kunststoffummantelung an der Unterseite und an beiden Seitenwänden verfügbar. Die Oberseite besteht aus Beton, was die Trittsicherheit verbessert und den Klauenhornabrieb fördert.

6.3.4 Fütterungstechnik

Das Fütterungsverfahren hat unter dem Aspekt der Tiergesundheit eine zentrale Bedeutung. Die traditionellen **Trockenfutterautomaten zur ad libitum-Fütterung** der Absetzferkel mit einem Tier-Fressplatz-Verhältnis von maximal 4:1 werden durch Intervallfütterungsverfahren (Längstrog- und Rundtrogfütterung) und vor allem durch Rohrbreiautomaten ersetzt.

Die **Intervallfütterung** soll vor dem Hintergrund der Prophylaxe der Ödemkrankheit dafür sorgen, dass die Ferkel mehrmals am Tage das Futter in kleinen Portionen vorgelegt bekommen, um ein „Überfressen" der stärksten Ferkel mit Auswirkungen auf die Geschwindigkeit der Darmpassage des Futterbreis und die Keimanreicherung im Magen-Darm-Kanal zu verhindern. Die Intervallfütterung existiert als **Längstrog-** (Abb. B40) oder als **Rundtrogfütterung** (Abb. B41).

Die ursprünglichen Erwartungen an die Intervallfütterung, die Durchfallmorbidität deutlich zu senken, konnte nicht völlig erfüllt werden, was angesichts der mikrobiologischen Genese der Erkrankungen verständlich ist. Nach Berichten aus der Praxis konnte jedoch die Häufigkeit der wegen Kolienterotoxämie verendeten Ferkel um ein Drittel gesenkt werden. Dem stehen die erheblichen Aufwendungen für die Fütterungstechnik und geringere tägliche Zunahmen durch die restriktive Fütterung entgegen.

Dies ist auch die Begründung, weshalb zunehmend die kostengünstigen **Rohrbreiautomaten** (Abb. B42) für die ad libitum-Fütterung mit einem Tier-Fressplatz-Verhältnis von ca. 6 bis 8 : 1 eingesetzt werden. Durch die damit verbundene Sattfütterung besteht ein erhöhtes Ri-

Abb. B40   Längstrogfütterung für Aufzuchtferkel.

Abb. B42   Rohrbreiautomaten für Aufzuchtferkel.

Abb. B41   Rundtrogfütterung für Aufzuchtferkel.

siko von Kolienterotoxämie, insbesondere bei schwereren Ferkeln. Diesem muss über die Rationsgestaltung (Zulage von organischer Säure, rohfaserreichen Rationsbestandteilen, wie z. B. Grünmehl) entgegengewirkt werden.

Einige Hersteller von Rohrautomaten empfehlen Gruppengrößen von 40 Ferkeln und mehr. Mit zunehmender Gruppengröße (von 12 bis 42 Ferkeln) und einem erweiterten Tier-Fressplatz-Verhältnis (von 6 : 1 bis 10,5 : 1) gehen jedoch die täglichen Zunahmen zurück, die Ferkel wachsen stärker auseinander. Der Trend geht allerdings hin zu größeren Gruppen.

Im Mittelpunkt des Interesses stehen zur Zeit Fütterungstechniken für Absetzferkel, die eine flüssige oder breiförmige Fütterung im Zeitintervall ermöglichen. Der „Baby-Mix-Feeder" wurde für das Anfüttern der Ferkel in den ersten zwei Wochen nach dem Absetzen entwickelt. Danach erfolgt die weitere Fütterung an Breiautomaten oder Sensortrögen. Die Besonderheit dabei ist, dass das Wasser warm dem Futter zugemischt wird, so dass ein 35 °C warmer Futterbrei entsteht. Mit dem Automaten lassen sich bis zu 640 Ferkel gleichzeitig versorgen.

Ebenfalls nur in den ersten 14 Tagen der Aufzucht wird der „**Ferkelsprinter**" (Abb. B43) eingesetzt. Danach werden die Geräte gereinigt und in die Buchten der folgenden Gruppen gebracht. Beim Ferkelsprinter wird das Trockenfutter über eine Schnecke ausdosiert, wobei gleichzeitig Wasser zugegeben wird. Die Wassermenge und damit die Futterkonsistenz sind stufenlos regelbar. Die Ferkel betätigen zum Start der Dosiereinrichtung einen Bügel. Ein Sensor im Trog verhindert das Überlaufen. Vor allem für das Anfüttern untergewichtiger bzw. in der Entwicklung zurückgebliebener Ferkel kann der Ferkelsprinter eine zweckmäßige Lösung sein, wobei jedoch die Anwendungsempfehlung von 40 Ferkeln pro Automat als zu hoch erscheint.

Beim „**Top-Feed**"-**System** wird das Futter zunächst in Vorratsbehälter gefördert und danach über ein motorgetriebenes Zellenrad ausdosiert, wobei über eine Tröpfchenleitung Wasser hinzukommt. Die Futterportionsmenge lässt sich einstellen.

Beim **Synchro-System** wird elektropneumatisch nach einer elektronisch geregelten Zeit- und Futterkurve die Futtermenge in kleinen Portionen zugeteilt, um eine zu hohe Futteraufnahme der Ferkel zu verhindern. Die Dosierung ist im Bereich von 15 bis 150 Gramm je Tier und Mahlzeit einstellbar. Sensoren verhindern bei geringer Futteraufnahme die Überfüllung des Troges. Nach dieser Anfütterungsphase, die nach den Erfahrungen der Betriebsleiter festgelegt werden soll, können die Ferkel ad libitum gefüttert werden. Das Futter wird über eine Rohrleitung unmittelbar über dem Trog gefördert, so dass bei geringer Bauhöhe die Tiergesundheit gut zu kontrollieren ist. Allerdings besteht die Gefahr der Verkotung und Verschmutzung dieses Längstroges, der frei im Raum platziert wird.

Ähnlich stellt sich das Problem möglicherweise bei einem **Kurztrog-System** mit Flüssigfütterung und Futterzuführung unter dem Trog (BELADOS für Absetzferkel). Dabei kann an einem Fütterungscomputer das Zeitintervall vorgegeben werden, nach dem die Absetzferkel stets eine kleine Futterportion dosiert bekommen. Da allerdings kein Tier-Fressplatz-Verhältnis von 1 : 1 angewendet wird und die Ferkel nicht ad libitum gefüttert werden, ist ein Auseinanderwachsen der Absetzferkel nicht auszuschließen.

Einen anderen Weg der **Kombination von Intervall- und Sattfütterung** beschreitet ein Hersteller von Rohrbreiautomaten. Dabei wird ein computergesteuertes Bauteil (**SWING MIX**) direkt am Futterautomaten angebracht. Der Computer enthält bis zu 15 Futterkurven, nach denen im wählbaren Intervall eine kleine Menge Futter portioniert wird. Gleichzeitig wird Wasser mittels eines Ventils dosiert. Nach 14 Tagen wird der SWING MIX ausgebaut und durch den Dosiermechanismus des Breiautomaten ersetzt. Ab diesem Zeitpunkt werden die Ferkel ad libitum gefüttert.

Abb. B43 Ferkelsprinter für Aufzuchtferkel in den ersten zwei Wochen nach dem Absetzen.

Die vorgestellten neuen Fütterungsverfahren verursachen höhere Investitionskosten als die Rohrbreiautomaten. Bei restriktiver Fütterung ist dabei zu beachten, dass im Interesse einer möglichst hohen Tiergesundheit die täglichen Zunahmen limitiert werden. Die betriebswirtschaftlichen Effekte werden deutlich von der tatsächlichen Senkung der durchfallbedingten Ferkelverluste abhängig sein.

Die **Wasserversorgung** der Absetzferkel muss über Schalen- oder Zapfentränken bei Durchflussmengen von 0,4 bis 0,7 Liter pro Minute gesichert sein.

6.3.5 Alternative Aufstallungsformen

Beim Stallneubau oder -umbau wird vor allem aus hygienischen und arbeitswirtschaftlichen Gründen die Haltung der Absetzferkel auf perforiertem Boden vorgesehen. Dennoch gibt es auch Betriebe – vor allem im süddeutschen Raum, in der Schweiz, vereinzelt auch in Meck-

148 B Bewirtschaftung – Grundlagen der Tiergesundheit

Abb. B44 **Offenfront-Tiefstreustall für Aufzuchtferkel.**

lenburg-Vorpommern – die folgende alternative Lösungen bevorzugen:
- Tiefstreustall, Offenfront-Tiefstreustall,
- Ferkelbungalow,
- Trobridge-Stall einschließlich verschiedener Modifikationen.

Der **Tiefstreustall** stellt ein tierfreundliches Haltungssystem dar (Abb. B44). Die gesamte Buchtenfläche ist mit Einstreu bedeckt – ggf. ist der Fressbereich lediglich planbefestigt. Beim Tiefstreustall wird nachgestreut, so dass die Tiefstreumatratze mit zunehmender Haltungszeit wächst. Es wird mit größeren Ferkelgruppen gearbeitet. Die Fütterung erfolgt über **Trocken- oder Breiautomaten**. Wassereinläufe zur Ableitung des Spritzwassers sind vorzusehen, wenn die Tränke nicht im Trog des Breiautomaten angeordnet ist. Auf gute Einstreuqualität ist zu achten, um der Kontamination mit Mykotoxinen und anderen Schadfaktoren vorzubeugen.

Bei Tiefstreu entsteht mit fortschreitender Haltungsdauer eine zunehmende Vergrößerung der Mistecke, die schließlich weit mehr als die Hälfte der Buchtenfläche einnehmen kann. In Verbindung mit steigenden Temperaturwerten sind erhebliche Ammoniak-Konzentrationen und -Emissionen die Folge. Als Auswirkungen auf die Tiere treten Reizungen der Augenschleimhäute (Konjunktivitis), die Begünstigung der Entstehung und Verstärkung der Enzootischen Pneumonie (in Verbindung mit höheren Staubgehalten bei Einstreu) und die Beeinträchtigung der täglichen Zunahmen auf. Tiergesundheitliche Probleme sind durch Spulwurmbefall und atypische Mykobakterien (bei Sägemehl) zu erwarten.

Der **Offenfront-Tiefstreustall** ist eine Modifikation der Tiefstreuhaltung in einem nach Süden offenen Stallgebäude (Abb. B45). Die Tränken müssen durch eine Heizung und/oder ein Wasserumwälzsystem vor dem Einfrieren geschützt werden. Den Läufern wird eine der Tierzahl angepasste Ferkelkiste angeboten, in der sie durch die eigene Wärmeerzeugung eine Mindesttemperatur (10 bis 15 °C) erzielen können. Die Fressplätze am Trockenautomaten befinden sich zumeist mit in der Kiste und können vom Stallgang aus beschickt werden. Die Ferkelkiste soll durch eine Jalousie im Winter möglichst dicht geschlossen werden können. Andererseits wird empfohlen, die stallgangseitige Klappe im Sommer zur besseren Durchlüftung des Liegebereiches mehrstufig zu öffnen. Schweizer Erfahrungen sprechen von einem guten Gesundheitszustand der Absetzferkel (geringer Keimdruck durch Offenstallhaltung) und hohen täglichen Zunahmen.

Der **Ferkelbungalow** stellt eine Form der Außenklimahaltung bzw. der Haltung in einer witterungsgeschützten Halle (z. B. Maschinen- oder Lagerhalle) dar, bei der den Ferkeln eine eingestreute Ferkelkiste und ein eingestreuter Laufbereich zur Verfügung stehen. Ferkelbungalows wurden ursprünglich zur Aufnahme von Ferkeln in Produktionsspitzen konzipiert, werden aber auch ganzjährig genutzt. Fütterung und Tränke erfolgen in der Kiste (Trockenautomat, Nippeltränke). Zur Vermeidung von Sonnenbrand muss der Auslauf zumindest teilweise überdacht sein. Dazu genügt ein einfacher Spriegel mit Plane eines Lastkraftwagens. Zwischen Spriegel und Ferkelkiste darf kein Spalt gelassen werden, da abfließendes Regenwasser

Abb. B45 Tiefstreuhaltung für Mastschweine im Kaltstall.

die Einstreu vor dem Eingang der Hütte durchnässt. Die Ferkel werden dadurch veranlasst, an dieser Stelle zu koten.

Der Untergrund des Auslaufes muss befestigt und mit einem Gefälle zu einer Jaucherinne (5 %) ausgestattet sein. Die Ferkelkisten (doppelschalige, wärmegedämmte Hülle) besitzen an der Eingangstür eine Jalousie und gegenüber eine Klappe zur Futterversorgung und Tierkontrolle. Die Hütte muss wärmegedämmt sein, um im Winter eine Mindesttemperatur im Innenbereich zu gewährleisten und im Sommer ein zu starkes Aufheizen zu verhindern. Ferkelbungalows erfordern vom Betreuer die ganzjährige Arbeit im Freien, sofern das System nicht in einer einfachen Halle errichtet wurde.

Der aus Großbritannien stammende **Trobridge-Stall** ist ein einfacher Fertigstall mit „kalter" Auslauffläche und wärmegedämmten Ruhekisten (Abb. B46). Im Boden der Kiste ist eine elektrische Fußbodenheizung installiert. Die Ferkel werden auf Einstreu gehalten, Spaltenboden im Auslauf ist möglich. Die Wandverkleidung besteht aus wasserfest verleimten, druckimprägnierten Sperrholzplatten, die Dacheindeckung aus Faserzementplatten. Ausläufe und Gang werden durch Space boards (Lückenschalung) geschützt. Die Ruhekisten bestehen aus Sperrholzmaterial. Zwischen Innen- und Außenwänden der Kisten befindet sich Schaumstoff als Isoliermaterial. Erst bei Außentemperaturen unter minus 10 °C sinkt bei Heizung und Anwesenheit der Tiere die Temperatur in der Kiste auf 20 °C. Eine Einstallmasse von 7 kg sollte die untere Grenze – zumindest im Winter – sein, da ansonsten Startschwierigkeiten mit verringerten täglichen Zunahmen der Ferkel entstehen. Als problematisch kann sich das Einfrieren der Wasserleitungen bzw. Tränken erweisen. Eine Ringleitung mit Heizung oder andere Varianten des Frostschutzes müssen vorgesehen werden. Vor allem im süddeutschen Raum werden gelegentlich Modifikationen der beschriebenen Außenklimaställe in Eigenleistung der Landwirte oder durch lokale Firmen errichtet.

6.4 Mastbereich

Bei der Verfahrensentwicklung der Mastschweinehaltung sind gegenwärtig zwei Trends als Warm- und als Offen- bzw. Kaltställe zu erkennen.

6.4.1 Haltung im Warmstall

Die Haltung der Tiere im **Warmstall** mit vollperforiertem Boden und in größeren Gruppen ist als Haupttrend vor allem in Nord- und Ostdeutschland verbreitet (Abb. B47).

In **größeren Gruppen** haben die Tiere relativ mehr Platz: sie legen sich beim Schlafen dicht an-

Abb. B46 Bettenkaltstall für Aufzuchtferkel.

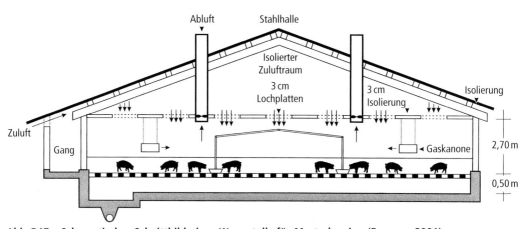

Abb. B47 Schematisches Schnittbild eines Warmstalls für Mastschweine (ELLERSIEK 2001).

einander, so dass mehr freie Aktionsflächen entstehen und größere Mindestabstände zwischen den Tieren eingehalten werden können. Dadurch wird zugleich eine Strukturierung des Raumes in Kot-, Liege- und Fressbereich möglich. Der Arbeitsaufwand für die Bewirtschaftung derartiger Haltungssysteme ist gering und das hygienische Niveau bei Trennung der Mastschweine von ihren Exkrementen hoch, wenn das „Alles raus – Alles rein"-Prinzip mit Reinigung und Desinfektion sowie normgerechter Lüftung gewährleistet ist. Während bei einer 12er Tiergruppe die Kotfläche 21,4 % der Buchtenfläche ausmacht, reduziert sich dieser Anteil bei einer 50er Tiergruppe auf 8,3 % der Buchtenfläche. Damit wird zugleich die emissionsaktive Oberfläche deutlich verkleinert. Allerdings ist bei großen Tiergruppen mehr Grundfläche erforderlich, den Tieren ist eine verstärkte Aufmerksamkeit zu widmen. Für abgedrängte oder kranke Tiere muss eine

Abb. B48 Außenklimastall für Mastschweine mit Einstreu und Liegeplatzabdeckung.

entsprechende Zahl an Krankenplätzen in separater Bucht zur Verfügung stehen.

Bei der **Güllelagerung** kann zwischen 75 cm flachen Kanälen mit Außenlagerung oder 1,50 m tiefen Kanälen mit Unterstalllagerung gewählt werden. Die Güllekanäle werden im Wechselstauverfahren betrieben.

Bei **Einstreu-, insbesondere Tiefstreuverfahren** muss im Warmstall infolge der großen emissionsaktiven Oberfläche der Streu, vor allem bei hohen Umgebungstemperaturen im Sommer, mit einem Anstieg der Ammoniak-Konzentration und -Emission gerechnet werden. Bei der Tiefstreuhaltung findet unter anaeroben Verhältnissen in der Tiefe der Einstreu eine Denitrifikation statt, so dass Lachgas (N_2O) entstehen und entweichen kann. Die gasförmigen Stickstoff-Verluste aus Ammoniak und Lachgas sind bei allen geprüften Tiefstreuvarianten höher als beim Flüssigmistsystem. Das Einstreusystem besitzt somit Vorteile aus der Sicht der Tiergerechtheit (Beschäftigungsangebot für die Tiere), aber Nachteile unter umwelthygienischen und arbeitswirtschaftlichen Gesichtspunkten.

Die **Aufstallungsformen** sind in Deutschland zu folgenden Anteilen verbreitet: Vollspaltenbodenställe (40 %), Teilspaltenboden ohne Einstreu (31 %), Dänische Aufstallung (7 %), Tiefstreu (6 %), Teilspaltenboden mit Einstreu (4 %) und sonstige Verfahren (Außenklimaställe und Mischformen). Der Anteil sauberer Liegebereiche ist im Vollspaltensystem und in Tiefstreuställen am höchsten und am niedrigsten in Ställen mit kompaktem Boden und Dänischer Aufstallung.

6.4.2 Haltung in Kaltställen

Eingestreute **Offen- und Kaltställe**, z. T. mit „Kisten" zur Erzielung eines Mikroklimas im Liegebereich, sind als weiterer Trend vor allem im süddeutschen Raum etabliert. Diese Ställe besitzen Vorteile durch niedrige Baukosten (z. T. unter 200 € je Mastplatz). Dagegen ist der Arbeitsaufwand durch Einstreuen und Entmisten höher als bei Gülleställen. Der Energieaufwand ist sehr niedrig, da auf Heizung und technische Lüftung verzichtet werden kann. Die Lungengesundheit ist wegen des geringen Infektionsdruckes bei aufgelockerter Haltung zufriedenstellend, da die Ställe in freier Belüftung gut durchgespült werden. Allerdings wird in den eingestreuten Ställen häufig ein hoher Prozentsatz parasitär bedingter Leberläsionen (Askaridenbefall) nachgewiesen. Eine Entwurmung vor dem Mastabschnitt ist daher zwingend notwendig. Untersuchungsergebnisse zeigen, dass im Außenklimastall (Abb. B48) auch unter Winterbedingungen durchschnittliche Leistungen mindestens bei robusten Landrassen erreicht werden können.

6.4.3 Fütterungstechnik

Repräsentative Untersuchungen zur Fütterungstechnik in 4141 Schweinemastbetrieben in Deutschland zeigen, dass in Betrieben mit Breifutterautomaten die höchsten Masttagszunahmen und in Mastbetrieben mit Flüssigfütterung die geringsten erreicht werden. Dazwischen liegen Betriebe mit Trockenfütterung (Tab. B71). Das spricht nicht prinzipiell gegen die Flüssigfütterung, weist jedoch darauf hin, dass bei solchen Anlagen der Futteraufnahme, dem Trockensubstanzgehalt im Futter und der Hygiene große Aufmerksamkeit zu widmen ist.

Beim Einsatz von Breifutterautomaten verschlechtert sich die Mastleistung bei zunehmender Tierzahl, vor allem aber bei mehr als 30 Tieren je Automat.

Mastbetriebe mit kontinuierlicher Belegung der Ställe durch Ferkel verschiedener Herkünfte haben um etwa 50 Gramm schlechtere Masttagszunahmen als Vergleichsbetriebe mit dem Alles raus – Alles rein-Prinzip und Ferkeln nur einer (der eigenen) Herkunft.

Weitere Bedingungen für eine erfolgreiche Schweinemast sind die schonende Futterumstellung, die Sortierung bei Umstallungen und die Verwendung wüchsiger Hybriden. Anzustreben sind weiterhin große, einheitliche Ferkelpartien bekannter Herkunft mit nachgewiesenen Qualitätsparametern (Alter, Lebendmasse, Genetik, Immunprophylaxe). Dabei beeinflusst das Leistungsniveau in der Ferkelaufzucht die Mastleistung. Mit steigenden Zunahmen bis zum 60. Lebenstag (von durchschnittlich 313 auf 387 g) erhöhen sich die Masttagszunahmen von 755 g auf über 1000 g. Auch die Geschlechtertrennung wirkt sich positiv auf die Mastleistung aus.

6.5 Jungsauenbereich

Jungsauen und Jungeber werden ähnlich wie Mastschweine in Gruppen gehalten, Jungeber allerdings möglichst nicht auf Vollspaltenboden. Für die Jungsaueneingliederung (Jungsauenzukauf) muss in größeren Betrieben (> 150 Sauen) ein separater Quarantänestall vorhanden sein, sofern Herkunfts- und Empfängerbestand keine epidemiologische Einheit bilden. Nach einer Quarantäne von 3 bis 4 Wochen bzw. direkt bei festen Vertragsbeziehungen werden die Tiere in den Betrieb eingestallt, wobei sie Kontakt mit Bestandstieren haben sollten, um eine Immunität gegen stallspezifische Keime aufzubauen.

Für maximal 12 Tiere muss eine Tränke zur Verfügung stehen. Für die Beschäftigung gelten dieselben Anforderungen wie für Mastschweine bzw. Sauen. Die Fütterung erfolgte bislang überwiegend über Brei- oder Rohrbreiautomaten zur freien Aufnahme (ad libitum). Im Zusammenhang mit Fundamentproblemen bei sehr hohen Zuwachsleistungen während der Aufzucht ist gegenwärtig eine Umorientierung hin zur rationierten Fütterung zu erkennen, um den Zuwachs zu drosseln. Als ein einfaches und kostengünstiges Verfahren steht dafür die Quickfeeder-Fütterung zur Verfügung (siehe Wartebereich).

6.6 Sauenhaltung

6.6.1 Arena/Stimubucht

Viele Sauenhalter befürchten einen Rückgang der Leistungen durch eine größere Zahl an Umrauschern und eine niedrigere Zahl lebend geborener Ferkel mit dem Übergang von der Einzel- zur Gruppenhaltung. Ein Problem stellt dabei das Auftreten von Rangkämpfen nach der Zusammenstellung der jeweiligen Gruppen dar.

Tabelle B71: Fütterung und Leistungen in deutschen Mastbetrieben (4141 Betriebe – Anonym 2000)

	Anteil Betriebe (%)	Tägliche Zunahmen im Vergleich (g)[1]	Futteraufwand im Vergleich (kg/kg)[1]
• Trockenfutter	46,0	0	0
• Breifutter	22,2	+16*	-0,03
• Flüssigfütterung mit Dosiereinrichtung	31,8	-21*	+0,04

[1] Die Leistungen der Betriebe mit Trockenfutter wurden als Basis verwendet, ausgewiesen sind positive bzw. negative Abweichungen von diesen Mittelwerten (* p < 0,05).

Mit folgenden **Strategien zur Schadensvermeidung** wird in einzelnen Betrieben versucht, die Gruppenbildung vor der Besamung/Bedeckung „stressärmer" zu gestalten:
- Anbieten einer „Arena" mit viel Platz und viel Ausweichmöglichkeiten außerhalb des Stalles,
- zeitweilige, zwei bis vier Stunden dauernde Zusammenstellung der Sauen außerhalb des Stalles auf einer befestigten Fläche oder innerhalb des Stalles,
- Nutzung einer Stimu-Bucht.

Der Begriff „**Arena**" wurde Mitte der 80er Jahre in Holland geprägt. Dabei werden Sauen in eine große Bucht gegeben, in der parallel zu den Buchtenwänden Sichtblenden eingebaut sind, hinter denen sich rangniedere Sauen verstecken können. Die Sauen sollen in dieser Arena ihre Rangordnung ausfechten, wobei genügend große Entfernungen von mehreren Metern den rangniedrigeren Sauen ausreichende soziale Mindestabstände zu den ranghohen Tieren ermöglichen.

Dieser Gedanke wurde in Süddeutschland aufgegriffen und modifiziert. Bei der dortigen Arena handelt es sich um eine befestigte oder unbefestigte Fläche, die zwischen zwei Stallgebäuden eingerichtet und wildschweinsicher umzäunt wird. Auf dieser Fläche werden die Sauen für maximal 2 bis 3 Tage nach dem Absetzen aufgestallt. Aus hygienischer Sicht (Endoparasitenbefall, z. B. Spulwürmer) sollte die Fläche allerdings befestigt und leicht zu reinigen und zu desinfizieren sein. Nach dieser Zeit des Kennenlernens werden die Sauen geduscht und in den Deckstall umgetrieben. Die Arena ist beim 3-Wochen-Rhythmus nur jede dritte Woche für 2 bis 3 Tage belegt, für diese Umtriebsgruppe wird kein teures Stallgebäude benötigt. Nach süddeutschen Angaben soll die Arena auch im Winter ohne Auswirkungen auf die Sauengesundheit genutzt werden. Dazu ist ein geschützter Liegebereich (ca. 1,20 bis 1,50 m hoch, wärmegedämmt, 1 m² pro Sau Liegefläche) mit 2 Ausgängen (Fluchtmöglichkeit, keine Sackgassen!) erforderlich. Bei tiefen Temperaturen wird reichlich eingestreut und ggf. ein Ausgang verschlossen. Idealerweise sollte die Arena zwischen Abferkelställen und Deckzentrum eingeordnet sein und mindestens 6 m² Platz je Sau bieten. Ein Quadratmeter pro Tier ist zu überdachen, denn so kann die Arena auch bei Regen, Schnee und Frost genutzt werden. Die Buchtengeometrie sollte eine Rechteckform aufweisen.

Auch die planbefestigten Flächen können eingestreut sein, damit die Sauen beim Kämpfen nicht so leicht ausrutschen. Ein Sonnenschutz gegen Sonnenbrand kann durch einfache (Tarn-)Netze gewährleistet werden. Fressstände sind nicht unbedingt erforderlich. Für die kurze Aufenthaltsdauer in der Arena kann das Futter auf den Boden geschüttet werden. Tränken sollten an den Stallwänden installiert und mit einem Zirkulationsverfahren zum Frostschutz betrieben werden. In die Arena dürfen keine scharfkantigen Gegenstände hineinragen, um eine Verletzungsgefahr auszuschließen.

Einige Betriebe treiben die Sauen nach dem Absetzen der Ferkel auch im Winter für einige Stunden entweder auf eine befestigte Fläche im Freien oder auf einen perforierten Boden in einer großen Bucht. Die letzte Variante ist allerdings teuer, da kostenintensiver Stallraum (inklusive Güllesystem) nur für eine kurze Zeit genutzt wird. Bei der Verwendung von Spaltenböden ist auf eine hohe Qualität der Verarbeitung zu achten (Entgratung der Kanten!), da bei den bewegungsreichen Kämpfen leicht Klauen- und Gliedmaßenverletzungen auftreten können.

Die kurzzeitige Haltung der abgesetzten Sauen im Freien hat neben den geringen Kosten den Vorteil der Gratisfaktoren „Luft, Licht und Sonne". Eine zwei- bis vierstündige Haltung der Sauen im Außenbereich auch bei Frost reicht nicht aus, um die Rangordnung auszukämpfen, mindert aber die Schärfe der Auseinandersetzungen im Stall und dient der Brunststimulation.

Bei der **Stimu(lations)-Bucht** steht eine Fläche von etwa 3 m²/Sau mit oder ohne Einstreu zur Verfügung (Abb. B49). Die Seitenwände können sehr einfach aus Leitplanken errichtet werden. Die Fütterung erfolgt über Trocken-, Brei- oder Rohrautomaten ad libitum. Neben der Stimubucht kann eine Eberbucht eingerichtet werden. Für die Stimulationsbucht genügt ein Kaltstall, dann allerdings vorzugsweise mit Einstreu. Nachteilig für die Stallauslastung ist die Nutzung dieser Bucht nur für zwei bis vier Tage je Sauengruppe (von Donnerstag nach dem Absetzen der Ferkel bis zum Sonnabend oder Montag).

Abb. B49 Stimulationsbucht für Sauen nach dem Absetzen der Ferkel.

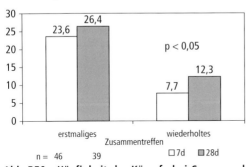

Abb. B50 Häufigkeit der Kämpfe bei Sauen nach erstmaligem und wiederholtem Zusammentreffen (BAUER u. HOY 2002).

Nach eigenen Ergebnissen werden nach dem ersten **Zusammentreffen der Tiere** bei der Gruppenbildung im Durchschnitt etwa 25 bis 30 Kämpfe pro Sau in 48 Stunden ausgetragen (Abb. B50). Danach ist die Gruppenhierarchie weitgehend entstanden. Wenn die selben Sauen nach einer Woche der Trennung durch den Aufenthalt im Deckzentrum bzw. Besamungsstall ein zweites Mal zu einer Gruppe zusammengestellt werden, tritt etwa nur ein Drittel der Kämpfe auf. Bleiben die Sauen länger in Einzelständen und werden sie nach 28 Tagen erneut zusammengeführt, so wie es die EU-Richtlinie künftig fordert, dann steigt die Zahl der Auseinandersetzungen wieder an (15 Kämpfe je Sau in 48 Stunden).

Nachteilige Auswirkungen der Stimu-Bucht bzw. der Arena auf die **Fruchtbarkeitsleistung** der Sauen sind nicht bekannt. Im Gegenteil wird erwartet, dass durch diese Stimulation der Brunsteintritt unterstützt, bei Beginn der Gruppenhaltung die Schärfe der Rangordnungskämpfe gemildert und dadurch die Fortpflanzungsleistung günstig beeinflusst wird.

6.6.2 Deckzentrum, Besamungsbereich

- **Aufstallung**

Für das Deck- bzw. Besamungszentrum gibt es folgende Möglichkeiten der Aufstallung:
- **Traditionelle Aufstallung:** Eberbucht jeweils am Ende oder versetzt in einer Reihe von Kastenständen; der Eber wird ein- bis zweimal am Tag an den Sauen entlang geführt,

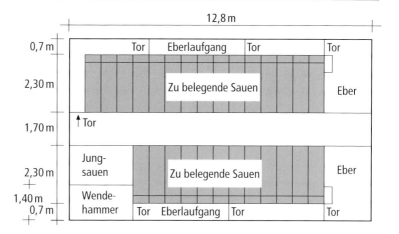

Abb. B51 Stallaufsicht eines „Profideckzentrums" für zu besamende Sauen.

- **Intensivdeckzentrum:** Je 4 bis 8 Kastenstände werden von beiden Seiten kopfseitig einer Eberbucht so zugeordnet, dass der Eber für ca. 120 Stunden (Absetzen der Ferkel von den Altsauen bis Abschluss der Belegung) zwischen den Sauenreihen steht und 8 bis 16 Sauen durch direkten Kontakt stimulieren kann,
- **Profideckstall:** Eine Kombination zwischen den beiden Varianten, wobei der Eber wahlweise an den Sauen entlang geführt wird oder über eine bestimmte Zeit hinweg unmittelbaren Kontakt zu den zu stimulierenden Sauen hat (Abb. B51).

Das Intensivdeckzentrum ist bedingt durch die größere Zahl erforderlicher Eber ein relativ teures Verfahren. Vergleichsuntersuchungen ergaben keinen Unterschied in der Fruchtbarkeitsleistung zu einem herkömmlichen Besamungszentrum mit zweimaliger Brunstkontrolle.

Das **Besamen** wird wesentlich erleichtert, wenn nach hinten abgeflachte Kastenstände gewählt werden. Wichtig ist der einfache Zugang zu den Tieren. Dazu kann die hintere Tür des Standes auch zweigeteilt oder als „Saloon"-Tür ausgeführt sein: Die Sau bleibt bei geschlossenem unteren Teil der Tür bzw. bei Öffnung nur einer Türhälfte dennoch am Standplatz fixiert. Ein- und Ausstallung erfolgen über die rückwärtige Kastenstandtür. Gelegentlich sind auch Besamungszentren mit Ausstallung über die schwenkbare Vordertür (mit Trog) anzutreffen.

Die **Treibegänge** zwischen den Standplatzreihen sind 130 bis 150 cm breit zu gestalten, damit die Sauen sich umdrehen können. Im traditionellen Deck- bzw. Besamungszentrum sowie im Profideckstall befindet sich vor den Köpfen der Sauen ein mindestens 70 cm, zumeist aber 120 bis 150 cm breiter Gang, auf dem der Eber entlang laufen kann, um die Sauen zu stimulieren. Bei 70 cm engen Gängen ist am Ende eine "Wendeschleife" für den Eber erforderlich. Der Eber soll im Profistall auch während der Besamung durch Zwischentüren jeweils vor den zu besamenden Sauen fixiert werden. Diese Zwischentüren sollten möglichst von der „Besamungsachse" aus durch Hebel o.ä. zu öffnen und zu schließen sein, um ein unnötiges Hin- und Herlaufen während der Besamung zu vermeiden.

6.6.3 Wartebereich

- **Aufstallung**

Zukünftig wird in den Ländern der Europäischen Union nur noch die Gruppenhaltung tragender Sauen ab der fünften Woche nach dem Belegen bis eine Woche vor dem voraussichtlichen Abferkeltermin erlaubt sein (EU-Richtlinie 2001/88/EG). Nur besonders aggressive oder von anderen Schweinen angegriffene sowie kranke oder verletzte Tiere dürfen vorübergehend in Einzelbuchten aufgestallt werden, in denen sie sich ungehindert umdrehen können, falls nicht der Tierarzt anders entscheidet. Diese Regelung gilt für den Stallneu- und -umbau bereits ab 1.1.2003, für alle Ställe dann ab 1.1.2013. Gegenwärtig ist das dominierende Verfahren im Wartestall noch der traditionelle Kastenstand. Die Einzelhaltung mit Bewegung in Zwillingsbuchten oder in Einzelständen mit Einzeltier-

Tabelle B72: Systematik zur Haltung tragender Sauen (HESSE et al. 2000)

- Einzelhaltung
  - Anbindehaltung (künftig unzulässig)
  - Fress-Liegestand ohne freie Bewegung (nur zeitweise)
- Gruppenhaltung
  - Integrierte Gruppenhaltung
  - Gruppenhaltung in Phasen
    - Stall ohne/mit wahlweisem Auslauf (mit Einstreu)
      - Tiefstreu, Dreiflächenbucht, Kistenhaltung
    - Stall ohne/mit wahlweisem Auslauf (ohne Einstreu)
      - Dänische Bucht, Dreiflächenbucht, Kistenhaltung, Fressliegebox
    - Stall mit Auslauf
      - Kotbereich: außen, innen
      - Fressbereich: außen, innen
    - Freilandhaltung
      - Hütten im Freiland
      - Hütten auf planbefestigtem Boden

auslass hat sich bislang nicht in der Praxis durchsetzen können und wird auch künftig aus Praktikabilitätsgründen keinen breiten Raum einnehmen. Außerdem lässt die EU-Richtlinie diese Aufstallungsformen ohnehin nur bis vier Wochen nach der Belegung zu, da danach die Gruppenhaltung stattfinden muss. Zwei Drittel aller Betriebe halten die Sauen noch im Einzelstand. Mehr als 60 % der Sauenhalter müssen ihre Warteställe demzufolge in den nächsten 10 Jahren umbauen.

Bei der **Gruppenhaltung** sind folgende Anforderungen zu berücksichtigen:
- Strukturierung der Bucht in Liege- und Aktionsbereich mit getrenntem Fress-, Tränk- und Kotplatz sowie Bewegungsareal,
- Fütterung in Abhängigkeit von der Konstitution der Sauen,
- Vermeidung von Rangkämpfen, besonders am Fressplatz bei restriktiver Fütterung,
- gute Bestandsübersicht und Tierkontrolle,
- geringe Investitions- und laufende Kosten sowie geringer Arbeitszeitaufwand.

Für die Haltung tragender Sauen existieren die in Tabelle B72 zusammengestellten Verfahren. Sie sind grundsätzlich für alle Betriebs- bzw. Gruppengrößen geeignet, wobei sich aus Kosten- und Managementgründen bestimmte Zuordnungen herausgebildet haben.

Die Buchten können mit planbefestigtem **Fußboden** und Einstreu (Flachstreu) oder mit perforiertem Fußboden und ggf. Liegekesseln (z. B. 2 m tief und 4 m breit für 8 Sauen) ohne Einstreu bewirtschaftet werden. Böden mit Perforation haben in der Praxis den deutlich höheren Anteil. Die Schlitzweite darf bei Sauen höchstens 20 mm, und die Auftrittsbreite der Balken muss mindestens 80 mm betragen.

In Kleingruppen (< 6 Tiere) werden als Fläche mindestens 2,5 m² pro Sau vorgeschrieben, in größeren Gruppen (> 40 Sauen) sind 2 m² Fläche/Tier ausreichend. Das ist biologisch durchaus sinnvoll, denn in größeren Sauengruppen legen sich die Tiere nach Etablierung der Rangordnung an den Buchtenwänden eng aneinander, so dass in der Mitte relativ viel freie Fläche entsteht. Dies bietet den Sauen zum einen die Möglichkeit, soziale Mindestdistanzen – wenn erforderlich – einzuhalten, und zum anderen wird eine deutliche Trennung in Liege-, Fress- und Eliminationsbereich geschaffen. In Kleingruppen (z. B. Gruppen mit weniger als sechs Tieren) kommen die Sauen sich häufig sehr nahe (Unterschreitung von Mindestdistanzen), so dass Auseinandersetzungen vorprogrammiert sind.

Bei Einstreuhaltungen können Höhenunterschiede leicht durch Stufen (etwa 0,30 m Auftrittstiefe und 0,15 m Höhe; bei Fressständen mit rückwärtigem Verlassen auch bis 0,25 m Höhe) überwunden werden. Die Liegefläche ist möglichst wärmegedämmt auszuführen. Bei einem eingeschränkten Tier-Fressplatz-Verhältnis sollte der Fressplatz von allen im Liegebereich befindlichen Sauen eingesehen werden können.

Bei der Gruppenhaltung von Sauen wird sowohl mit stabilen als auch mit dynamischen Gruppen gearbeitet. Letztere sind dadurch gekennzeichnet, dass Untergruppen von Sauen mit nachgewiesener Trächtigkeit in bestehende Großgruppen eingegliedert und etwa eine Woche vor der Abferkelung aus dieser Gruppe wieder ausgestallt werden. Derartige Verfahren sind zumeist mit elektronischer Einzeltiererkennung und computergesteuerter tierindividueller Fütterung verknüpft. In der Gruppenhaltung sollten konstante Großgruppen angestrebt werden, da bei dieser Haltung hinsichtlich der Rangkämpfe eine vergleichsweise günstige Situation vorhanden ist.

6.6.4 Fütterungstechnik

● **Besamungsbereich**

Die Fütterung wird mittels Volumendosierern durchgeführt, die über eine Rohrkette befüllt werden. Die **Wasserversorgung** über eine Schwimmerventiltränke im Längstrog ist Stand der Technik. Dann muss nicht jeder einzelne Standplatz mit einer Nippeltränke ausgestattet sein. Mit der Membranventiltränke wird ein konstanter Wasserstand von 3 bis 4 cm im durchgehenden Ton- oder V_2A-Trog eingehalten („Schwimmerprinzip"). Das Futter fällt aus den Volumendosierern auf den Wasserspiegel und verteilt sich sofort. Es genügt ein Dosierer für zwei nebeneinander liegende Sauenplätze. Futter und Wasser bilden einen Futterbrei, der von den Tieren zügig gefressen wird.

Im **Liegebereich** ist trogseitig ein planbefestigter Betonboden mit leichtem Gefälle nach hinten angeordnet. Hinter dem Besamungsstand kann sich ein etwa 10 cm breiter Schlitz zum Koteinwurf befinden, der während der Einstellung und bei der Besamung durch einen Holzbalken zu verschließen ist.

Neben den Besamungsständen sind im Deck- bzw. Besamungsbereich zumeist auch Gruppenbuchten für Jungsauen angeordnet (siehe Kap. 6.5).

● **Wartebereich**

Bei der Haltung tragender Sauen bietet die Wahl des Fütterungsverfahrens vielfältige Möglichkeiten (Tab. B73). Jedes einzelne Tier muss ausreichend fressen können, selbst wenn Futterrivalen anwesend sind. Es ist zwischen einer auf unterschiedliche Art rationierten und einer Sattfütterung (ad libitum-Fütterung) zu unterscheiden.

Die Vor- und Nachteile wesentlicher Fütterungsverfahren bei der Gruppenhaltung tragender Sauen sind in Tabelle B74 zusammengestellt.

● **Rationierte Fütterung**

Bei der **rationierten gruppenbezogenen Fütterung** ist keine individuelle Futtervorlage möglich. Die Sauen müssen möglichst gleichmäßig nach Lebendmasse zu (Klein-)Gruppen zusammengestellt werden. Die bekannten Verfahren der Selbstfangfressstände, Dribbel- und Quertrogfütterung erfordern vergleichsweise hohe Investitionskosten für den Fressplatz. Rohrautomaten mit Einzelfressplätzen und der Quickfeeder sind neue Systeme, die an Verbreitung noch zunehmen werden. Variomix, Bodenfütterung und Cafeteria-System spielen in Deutschland derzeit keine Rolle (siehe Tab. B73).

Selbstfangfressstände sind eine Modifikation herkömmlicher Kastenstände. Eine von den Sauen betätigte selbstwirkende Mechanik der rückwärtigen Verschlusstür gewährleistet jederzeit freien Ausgang aus dem Kastenstand, verriegelt diese jedoch gegen ein beabsichtigtes Öffnen durch Gruppenpartnerinnen, die sich im Freilauf befinden.

Eine andere Form der Fressstände sind **Kipp-Fangfressstände**. Diese dienen der Futteraufnahme und nicht für einen längeren Aufenthalt der Sauen. Sie weisen daher eine Breite von 45 bis 55 cm auf. Für eine kurzzeitige Fixierung der Sauen können die hinteren Rückwände – einzeln oder in Gruppen – manuell gekippt werden. Neu ist eine spezielle Rückwand, mit der über ein Gestänge fünf rückwärtige Türen der Stände gleichzeitig geöffnet und geschlossen werden können (Abb. B52). Das hintere Gitter ist dabei zugleich als Besamungstür gestaltet, so

Tabelle B73: Fütterungsverfahren für tragende Sauen in Gruppenhaltung

rationierte gruppenbezogene Fütterung	computergesteuerte tierindividuelle Fütterung	ad libitum-Fütterung
● Kipp-Fangfressstände ● Selbstfangfressstände ● Dribbelfütterung ● Quertrogfütterung ● Rohrautomat mit Einzelfressplätzen ● Variomix ● Bodenfütterung ● Cafeteria-System ● Quickfeeder	● Abruffütterung ● Breinuckel	● Trockenautomat ● Rohrautomat

Abb. B52 Kipp-Fang-Fressstände mit spezieller Rückwand im Wartestall.

dass auch im Wartestall Trächtigkeitsnachuntersuchungen stattfinden können. Gleichzeitig wird der Zugang zu den Sauen bei Behandlungen oder Blutentnahmen verbessert.

Bei der **Dribbelfütterung** werden die Sauen durch ein langsam ausdosiertes („herausdribbelndes") Futter biologisch am Fressplatz fixiert und durch Fressplatzteiler voneinander getrennt.

Die **Quertrogfütterung** als Verfahren der Flüssigfütterung hat bislang keine nennenswerte Verbreitung gefunden. Während sie in den alten Bundesländern nur im Einzelfall vertreten ist, wird sie in größeren Anlagen der neuen Bundesländer häufig eingesetzt – allerdings meist in Verbindung mit der Einzelhaltung. Bei einer Flüssigfütterung im Ferkelerzeugerbetrieb kann zukünftig auch die Fütterung der tragenden Sauen in Gruppenhaltung am Quertrog mit kurzen Fressplatzteilern eine interessante Alternative darstellen, wenn der Fütterungshygiene eine besondere Beachtung geschenkt wird.

Als neues Verfahren bei der Gruppenhaltung tragender Sauen wurde die rationierte Fütterung am **Rohrautomat mit Einzelfressplätzen** entwickelt (Abb. B53). Dabei werden die Sauen ein- oder zweimal am Tag rationiert mit einem betriebsüblichen Futter für tragende Sauen (z. B. 12,6 MJ ME/kg) bei Wahrung eines Tier-Fressplatz-Verhältnisses von 1 : 1 gefüttert. Die bisherigen Ergebnisse und Erfahrungen zeigen keine gravierenden Unterschiede im Futteraufnahmeverhalten zwischen den Sauen einer Gruppe und somit eine annähernde Chancengleichheit. Bei richtiger Gestaltung der Fressplätze (Länge der seitlichen Begrenzungswand zwischen den Futterplätzen ca. 80 cm von Trogmitte) treten kaum Verdrängungen fressender Sauen auf. Die Sauen rütteln kleine Futtermengen aus dem Automaten und werden damit biologisch am Fressplatz fixiert.

Untersuchungen an mehr als 1000 Würfen zeigen, dass kaum Differenzen in der Fruchtbarkeitsleistung zwischen Sauen mit durchgängiger Haltung während der Trächtigkeit im Kastenstand (n = 666; Wurfgröße: 11,29 lebend geborene Ferkel) und mit Aufstallung in 12er Gruppen zwischen dem 35. und 108. Trächtigkeitstag (nach Kondition zu Leistungsgruppen zusammengestellt) und Fütterung an Rohrautomaten mit Einzelfressplätzen (n = 343; Wurfgröße: 11,20 lebend geborene Ferkel) bestehen. Hinsichtlich der Häufigkeit von Puerperalerkrankungen sind nach eigenen Untersuchungen die Tiere aus der Grup-

Abb. B53 Rohrautomaten-Fütterung mit Einzelfressständen im Wartestall.

penhaltung (16,9 % erkrankte Tiere) gegenüber den einzeln gehaltenen Sauen (24,0 %), hochsignifikant im Vorteil (siehe auch Kap. D 2).

Der **Quickfeeder** ist ein völlig neues Fütterungsprinzip für die Gruppenhaltung tragender Sauen. Bei diesem Fütterungssystem werden die Sauen an einem Längstrog, der entweder an der Buchtenwand oder als Doppeltrog mittig in der Bucht installiert ist, gefüttert. Beim Längstrog aus Ton-Halbschalen oder aus V_2A-Stahl werden mittels 60 cm tiefen Fressplatzteilern (gerechnet ab Wand oder Trogmitte) 45 cm breite Fressplätze (lichte Weite) eingerichtet. In der Mitte zwischen zwei Fressplätzen über dem Trog ist ein Volumendosierer mit Fallrohr installiert.

Im Längstrog ist eine Schwimmerventiltränke zur freien Wasseraufnahme installiert. Zusätzliche Tränken in der Bucht sind nicht erforderlich. Die Höhe der Tränke im Trog muss so eingestellt werden, dass stets ein 3 bis 4 cm hoher Wasserpegel im Futtertrog erreicht wird. Ein Wasservolumen von 3 Liter Wasser für zwei Sauen, die pro Mahlzeit je ein Kilogramm Futter erhalten, ist ausreichend. Das Grundprinzip des Fütterungssystems besteht darin, dass aus einem Vorratsbehälter (Volumendosierer) ein vorab eingestelltes Volumen an Futter ein- oder zweimal täglich auf eine definierte Menge Wasser dosiert wird. Alle Tiere der Gruppe erhalten somit eine annähernd gleiche Menge an Futter. Das wird dadurch erreicht, dass durch die Oberflächenspannung das herabrieselnde Futter gleichmäßig über die gesamte Wasserfläche und damit auf jeden Fressplatz verteilt wird. Unmittelbar vor der Fütterung wird der Zulauf der Ventilschwimmertränke geschlossen, so dass während der Futteraufnahme der Sauen kein Wasser nachfließt.

Computergesteuerte Verfahren (Abruffütterung, Breinuckel, Flüssigfütterung) bieten die Möglichkeit, Sauen individuell nach Futterkurve und Kondition zu füttern.

Abruffutterstationen (Abb. B54) sind hinsichtlich Mechanik und Elektronik sowie Raum- und Funktionsprogramm technisch ausgereift. Die Ausstattung der Abrufstationen mit Doppel- oder Dreifacherkennung und geschlossenen Seitenwänden hat eine wesentliche Verringerung der Aggressionen – besonders zum Zeitpunkt des Futterstarts – gebracht.

Die **Breinuckel-Fütterung** stellt ein neues Fütterungssystem dar, bei dem die Tiere durch eine Antenne identifiziert werden und bei Futteranspruch eine definierte Menge Futter über eine Förderschnecke unter Wasserzusatz („Futterbrei") direkt in das Maul dosiert bekommen.

Neu ist auch ein **Flüssigfütterungssystem mit Einzeltiererkennung** und individueller Futtervorlage in Dosiermengen von 300 bis 500 cm^3 an einer offenen Futterstation (Abb. B55). Werden Sauen vom Trog verdrängt, schließt sich die Trogklappe, so dass die verdrängende Sau keinen unmittelbaren Zugang zum Futtertrog erhält. Allerdings kann das verbleibende Restfutter nach einer Verdrängung durch die nächste Sau mit Futterguthaben zusätzlich gefressen werden.

Abb. B54 Gruppenhaltung tragender Sauen mit Futterabrufstation:

a) Drängeln am Zugang,

b) Zu- und Abgang der Station,

c) Eingang zum eingestreuten Liegekaltstall,

d) freie Lauffläche zwischen Futterabrufstation und Liegekaltstall.

Abb. B55 Flüssigfütterungssystem mit Einzeltiererkennung.

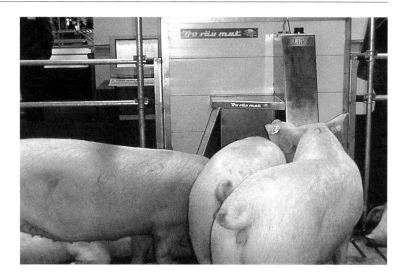

- **Ad libitum-Fütterung**

Die **Sattfütterung** (ad libitum-Fütterung) wird seit wenigen Jahren als neues Fütterungsverfahren in einigen Betrieben angewendet, das Verfahren kann sehr variabel in verschiedenen Gebäudeformen und Stallgrundrissen eingesetzt werden. Es zeichnet sich durch die mit Abstand niedrigsten Investitionskosten (ca. 18 bis 50 €/Sauenplatz für die Fütterungstechnik) aus. Bei ad libitum-Fütterung muss allerdings die Energiekonzentration im Futter gesenkt werden, um einer Verfettung der Sauen mit Auswirkungen auf die Zuchtkondition vorzubeugen. Um die Futteraufnahme zu reduzieren, wird bei den Breiautomaten die Tränke abgestellt bzw. ein Trockenautomat eingesetzt. Durch den Einsatz von Rohrautomaten mit 4 Fressplätzen können 16 Sauen an einem Automat gefüttert werden.

Bei der Sattfütterung erschweren allerdings sehr unterschiedliche Angaben zum Energiebedarf die Rationsgestaltung. Die Unsicherheiten des tatsächlichen Futterverzehrs der Sauen komplizieren die Berechnung: es soll Bedarfsdeckung, aber kein Luxuskonsum erreicht werden. Bei der ad libitum-Fütterung entstehen hohe Futterkosten durch die 1 bis 2 kg höhere Futteraufnahme. Die Sauen einer Gruppe weisen erhebliche Unterschiede im individuellen Futterverzehr und in der Körpermasseentwicklung auf; der Variationskoeffizient für die täglichen Zunahmen während der Trächtigkeit ist deutlich größer als bei der rationierten Fütterung. Die Tiergesundheitskontrolle ist schwierig, da niemals alle Sauen gleichzeitig fressen.

Die Vor- und Nachteile verschiedener Fütterungsverfahren sind in der Tabelle B74 zusammengestellt.

6.7 Eberhaltung

Eberbuchten müssen so angelegt sein, dass der Eber sich ungehindert umdrehen und andere Schweine hören, riechen und sehen kann (EU-Richtlinie 2001/88/EG). Die Bucht für einen erwachsenen Eber muss eine Fläche von mindestens 6 Quadratmetern haben. Wird die Bucht zum Decken benutzt, so muss ihre Fläche 10 m² groß sein, so dass die Sau dem Eber ausweichen und sich ungehindert umdrehen kann. Die kürzeste Seite der Eberbucht soll 2,40 m nicht unterschreiten.

Der Fußboden der Eberbucht darf mit Blick auf die Klauen- und Gliedmaßengesundheit der Eber nicht vollperforiert sein.

Während in Frankreich und in den USA Besamungseber in Stationen überwiegend in Kastenständen aufgestallt sind, werden in den Besamungsstationen Deutschlands die Eber zu 100 % in Buchten – überwiegend mit einer Fläche von 6 m² und mehr – gehalten. Einstreu ist in allen Eberbuchten vorhanden. Der überwiegende Anteil der Buchtenböden in deutschen

Tabelle B74: Vor- und Nachteile verschiedener Fütterungsverfahren bei der Gruppenhaltung tragender Sauen (Verbreitung in %)

Vorteile	Nachteile
1. Langtrog/Quertrog – Trocken- und Flüssigfutter ($\geq 10\%$)	
• geringe Investitionen	• Verdrängungsgefahr
• synchrones Fressen möglich	• nur Gruppendosierung
• gute Tierkontrolle	• nur Kleingruppen
2. Dribbelfütterung (2%)	
• synchrones Fressen möglich	• hohe Investitionen
• arttypische Aktivitätsphasen	• nur Gruppendosierung
• gute Bestandsübersicht	• nur Kleingruppen
• kein Anlernen erforderlich	• Verdrängungen am Trog möglich
3. Abrufstation (10%)	
• sehr geringer Flächenbedarf	• hohe Investitionen
• Großgruppen möglich	• kein synchrones Fressen möglich
• gute Selektionsmöglichkeiten	• Rangkämpfe am Stationseingang
• tierindividuelle Fütterung	• intensive Tierbeobachtung erforderlich
• ungestörte Futteraufnahme	• zeitaufwendiges Anlernen
• Optimierung des Managements durch Kopplung mit Sauenplaner	• hohe Anforderungen an Management
• flexible Einordnung in Gebäude	
4. Breinuckel (0,5%)	
• sehr geringer Flächenbedarf	• kein synchrones Fressen
• Großgruppen möglich	• hohe Investitionen
• tierindividuelle Fütterung	• Verdrängung rangniederer Sauen
• bei Funktionieren sind Sauen ruhig	• nicht für kleine Gruppen
	• intensive Tierbeobachtung notwendig
5. Selbstfangfreßstände – Trocken- und Flüssigfutter (1,5–8%)	
• keine Verdrängung	• sehr hohe Investitionen
• ungestörte Futteraufnahme	• nur Gruppendosierung
• guter Schutz für die Sauen	• hoher Flächenbedarf
• leichte Selektion	• viel „Metall im Stall"
• gute Bestandesübersicht	
6. ad libitum-Fütterung ($<1\%$)	
• für kleine und große Gruppen	• hohe Futterkosten
• kein Anlernen erforderlich	• erhebliche Unterschiede im individuellen Futterverzehr, Verfettungsgefahr der Sauen
• geringe Investitionen	• Beeinträchtigung der Wurfleistung
• kaum Verdrängungen	• höhere Zahl tot geborener Ferkel
• wenig Rangkämpfe	• Futter mit niedrigem Energiegehalt notwendig
• einfache Installation	• Tierkontrolle schwierig

Besamungsstationen ist planbefestigt (90%), rund 5% haben teilperforierte Flächen mit Rosten bzw. Spaltenboden und weitere 5% einen Mix aus verschiedenen Fußbodenvarianten.

Die Trennwände sind vergittert und teilweise geschlossen, so dass Rückzugsmöglichkeiten für die Eber bestehen. Die Fütterung erfolgt per Hand in Tontröge, die Wasserversorgung über Zapfentränken.

6.8 Freilandhaltung

In **Großbritannien** (GB) werden 25 bis 30% aller Sauen in oft sehr großen Betrieben mit 600 bis 2000 Sauen im Freiland gehalten. Die Freilandhaltung in Deutschland hat gegenüber der Anwendung in GB jedoch die nachstehend genannten Probleme:

- Kontinental geprägtes Klima mit stärkeren Schwankungen als in GB und mit Auswirkungen auf die ganzjährig im Freien lebenden Tiere und die dort arbeitenden Menschen,
- in tiefer gelegenen Gebieten zu schwere Böden mit der Gefahr der Verschlammung,
- dichte Wildschweinpopulation und regionale Schweinepestgefahr mit daraus erwachsenden tierseuchenrechtlichen Bestimmungen,
- hohe Stickstoff- (bis 690 kg/ha) und Phosphoreinträge (bis 495 kg/ha, in GB), die den Festlegungen der Düngeverordnung zuwiderlaufen.

Die hohen Zinsen in GB erschweren darüber hinaus Investitionen in die Landwirtschaft, insbesondere in Gebäude, was die Anwendung einfacher Lösungen für die Tierhaltung unterstützt. Außerdem sind die Landwirte häufig Pächter der Betriebe, wodurch es zu einer weniger ausgeprägten Langfristigkeit der Produktion kommt.

Untersuchungen in **Deutschland** zeigen im Winter im Vergleich zum Sommer einen hohen punktuellen Nährstoffeintrag, um ca. 135 g geringere Zunahmen, eine um 5 Tage verlängerte Mastperiode und einen unvertretbar hohen Futteraufwand von 3,7 kg je kg Zuwachs. Die **Mastschweinehaltung** im Freiland ist von diesen Leistungsparametern her kaum rentabel zu gestalten. Die Vorteile liegen bei geringen Investitionen und einem niedrigen Keimdruck.

Die **ganzjährige Freilandhaltung** von **Sauen** wird an einigen wenigen Standorten in Deutschland mit Erfolg als rotierendes System praktiziert (siehe Farbtafel 1). Voraussetzung dafür sind ein leichter wasserdurchlässiger Boden, ein möglichst ebenes Gelände ohne scharfkantige Steine, Windschutz durch Hecken, Niederschläge von weniger als 800 mm im Jahr sowie milde Winter und mäßig warme Sommer. Es werden 15 Sauen pro Hektar gerechnet, wobei nach einem Jahr Schweinehaltung drei Jahre Pflanzenbau auf dieser Fläche folgen sollten. Eine doppelte Umzäunung ist aus seuchenhygienischen Gründen zwingend vorgeschrieben.

Die Weidefläche wird meistens nach dem **Radialsystem** in einzelne Teilflächen unterteilt (wie die Stücke eines Kuchens), und die Versorgung der Tiere sowie das Umtreiben erfolgen über dessen zentralen Bereich. Dadurch entstehen kurze Wege für die Bewirtschaftung. Lediglich die Fütterung der Sauen wird über einen befestigten Weg an der Peripherie des Radialsystems vorgenommen.

Die Unterbringung der Tiere erfolgt in **wärmegedämmten Hütten** unterschiedlicher Größe und Form. Während für güste und tragende Sauen sowie Absetzferkel Gruppenhütten verwendet werden, sollte man ferkelführende Sauen einzeln halten, um Doppelbelegungen der Hütten mit der Gefahr von nochmals erhöhten Erdrückungsverlusten zu vermeiden. Diese Hütten müssen eine verschließbare Tür zum Wegsperren der Sau bei notwendigen Ferkelbehandlungen, 20 cm hohe Abweisstangen zur Minderung der Verluste, eine Lüftungsklappe zur Klimaregulierung sowie Einstreu besitzen. Vor der Hütte kann ein Ferkelauslauf durch 40 cm hohe Trennwände, die von der Sau, nicht aber von den Ferkeln überstiegen werden können, angeordnet sein. Es empfiehlt sich, auf die Oberkante der Trennwände ein Rohr aufzuschweißen, damit es nicht zu Gesäugeverletzungen der Sau kommt.

Hütten für güste und tragende Sauen sind größer und einfacher gestaltet. Bis 8 Tiere finden in einer Hütte Platz. Die Hütten für Absetzferkel sind wärmegedämmt, haben hinten und vorn Lüftungsöffnungen, Einstreu und den Futterautomaten sowie den Vorratsbehälter für Wasser unter Dach, während die Tränke außen angeordnet ist. Durch einfache Bretter (80 cm hoch) kann vor jeder Absetzferkelhütte ein kleiner Auslauf angeordnet sein (z. B. 4 × 1,80 m).

Praxiserfahrungen empfehlen den regelmäßigen **Wechsel des Standortes** der Hütten (z. T. alle zwei Wochen), um dem Ratten- und Mäusebefall vorzubeugen, der durch das Nährstoffangebot und die Wärme unter den Hütten (zumindest bei denen mit Bodenplatte) gefördert wird.

Vor dem Abferkeln darf die Hütte nicht auf eine Fläche mit zu hohem Pflanzenbewuchs gesetzt werden, denn die Sauen reißen Pflanzen ab und tragen sie zum Nestbau in die Hütte. Da das frische Grünmaterial im Vergleich zum Stroh kalt ist, steigt bei großen Mengen in der Hütte das Risiko von Unterkühlungen und Erdrückungen der Ferkel.

In gut wärmegedämmten Hütten werden auch bei Frost Temperaturen von mindestens 15 °C erreicht. Elektronetze zur Gehegeabtrennung bergen die Gefahr in sich, dass Sauen mit den Ohrmarken hängen bleiben und durch Stromstöße zu Tode kommen. Daher sind Elektrozaundrähte zu bevorzugen. Es kann vorkommen, dass gemeinsam aufgezogene Jungsauen nach Separierung zur Abferkelung bestrebt sind, wieder zueinander zu gelangen und auch Elektrozäune durchbrechen.

Das Freigehege sollte zwecks besserer Überwachung der Tiere nicht zu weit vom Gehöft entfernt sein. Sofern keine stationäre Wasserleitung vorhanden ist, muss täglich Wasser mit dem Fass gefahren werden. Die im Freien aufgestellten Futterautomaten sind möglichst zu überdachen. Eine Fangeinrichtung sollte fest installiert sein, um das Separieren, Besamen und Verladen von Tieren zu vereinfachen. Die Sauen sind angesichts der Gefahr einer Endoparasiten-Anreicherung regelmäßig mehrmals im Jahr so zu entwurmen, dass die nach der Behandlung ausgeschiedenen Parasiten und deren Entwicklungsstadien nicht in das Freigelände gelangen.

Vor der Entscheidung für eine ganzjährige Freilandhaltung muss schließlich neben den hygienischen und arbeitstechnischen Voraussetzungen bedacht werden, dass sämtliche Arbeiten ganzjährig im Freien stattfinden. Der Landwirt muss demzufolge „wetterfest und geländegängig" sein. Eine Kombination zwischen Freilandhaltung (z. B. tragende Sauen) und Stallhaltung ist möglich, verlangt aber die weitere Separierung der Tiergruppen (siehe auch Kap. C 4.4).

7 Stallklima

Das **Stallklima** besteht aus physikalischen, chemischen und biologischen Faktoren, die vorrangig über die Luft im Stall auf das Tier einwirken. Es ist ein wesentlicher Teil der Umwelt der Schweine mit hohem Einfluss auf die Tiergesundheit und Leistungen.

- **Physikalisch wirkende Größen sind**
  - Temperatur, Luftfeuchte und Luftgeschwindigkeit,
  - Licht und Schall,
  - Temperatur der Liegeflächen und der den Raum umschließenden Bauteile.
- **Chemische Komponenten** der atmosphärischen Luft sind
  - Sauerstoff, Kohlendioxid und Wasser,
  - Luftverunreinigungen und die Schadgase Ammoniak, Methan und Lachgas,
  - Geruchsstoffe, Stäube, Keime aller Art.

Die Abbildung B56 gibt eine Übersicht zu den Stallklimakomponenten im Stall.

Die Aufgabe der **Lüftung** ist es, die Raumlasten aus dem Stall zu befördern und tiergerechte Klimabedingungen zu schaffen. Die kritischen Größen sind im Sommer die Wärme, im Winter der Wasserdampf und das Kohlendioxyd. Die Mindestanforderungen an eine Lüftungsanlage enthalten die Daten der DIN 18910 „Wärmeschutz geschlossener Ställe, Wärmedämmung und Lüftung – Planung und Berechnungsgrundlagen".

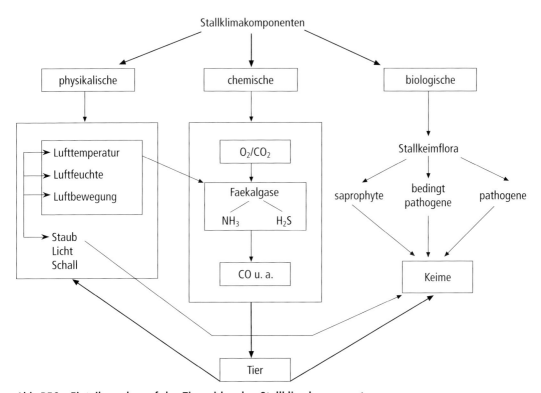

Abb. B56 Einteilung der auf das Tier wirkenden Stallklimakomponenten.

7.1 Physikalische Klimakomponenten

Für das Stallklima bilden die Temperatur, relative Luftfeuchte und Luftgeschwindigkeit die entscheidenden Parameter.

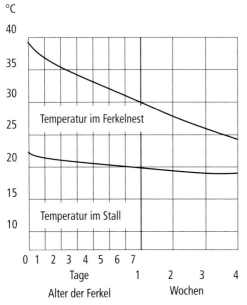

Abb. B57 Veränderung der Temperaturansprüche während der Säugezeit am Ferkelliegeplatz und am Sauenplatz.

7.1.1 Temperatur

Die Umwelttemperatur besitzt innerhalb des thermohygrischen Faktorenkomplexes und seiner Wechselwirkungen mit dem tierischen Organismus die größte Bedeutung. Alle übrigen Faktoren – Luftfeuchte, Luftgeschwindigkeit, Wärmestrahlung – beeinflussen die Temperaturwirkung auf den Organismus im Sinne einer Verminderung oder Verstärkung. Tiefe und hohe Umwelttemperaturen steigern den Energieumsatz der Tiere, wodurch es zu einem Verlust an Energie für den Tierertrag kommt; entsprechend sinken die Zunahme und Futterverwertung.

Die Temperatur wirkt als Lufttemperatur und als Temperatur der sie berührenden Bauteile direkt auf das Tier ein. Die Auswirkungen auf das Tier sind von dessen Thermoregulationsvermögen abhängig und nach Tierart, Rasse, Wachstumsabschnitt und Reproduktionsstadium unterschiedlich. Die Tabelle B75 enthält die Temperaturrichtwerte, wobei die Angaben der DIN 18910 anhand vorliegender Praxiserfahrungen teilweise nach oben korrigiert sind. Der optimale Bereich kennzeichnet die Temperatur, bei der die Tiere mit geringem Energieaufwand hohe Leistungen erbringen können. In Abferkelställen werden unterschiedliche Anforderungen an das Raumklima und an die Liegeplatztemperaturen der Ferkel gestellt. Die sich ändernden Temperaturansprüche im Verlauf der Säugezeit zeigt Abbildung B57.

Tabelle B75: Optimale Temperaturen in Warmställen der Haltungsabschnitte

Haltungsstufe	Aufstallungsform	Temperatur °C
• Güste u. niedertragende Sauen (Besamungsstall)	• strohlos, Kastenstand • Einstreu	16–20 14–16
• Tragende Sauen (Wartestall)	• strohlos, Gruppen • Einstreu, Gruppen	17–20 15–18
• Säugende Sauen (Abferkelstall)	• strohlos • Einstreu	22–18 20–16
• Saugferkel-Liegeplatz (bis 8 kg)	• strohlos, Zonenheizung • Einstreu, Zonenheizung	35–24[1)] 32–22
• Ferkelaufzucht (Aufzuchtstall) (bis 25 kg)	• strohlos • Einstreu, Zonenheizung	28–22 24–18
• Mastschweine (Maststall)	• strohlos • Einstreu	24–16 ≤ 20

[1)] Oberfläche des Ferkelliegeplatzes: 40 bis 30 °C

7.1.2 Relative Luftfeuchte

Die **maximale Luftfeuchte** (g/m³) bezeichnet den von der Luft in Abhängigkeit von der Temperatur aufnehmbaren Wassergehalt. Die **absolute Luftfeuchte** (g/m²) ist somit durch den tatsächlich vorhandenen Wassergehalt der Luft charakterisiert. Ein Sättigungsdefizit betrifft die Differenz zwischen der maximal möglichen und der tatsächlichen (absoluten) Wasserbindung.

Die **relative Luftfeuchte** hat große Bedeutung für das Wohlbefinden; sie steigt mit abnehmender und sinkt mit zunehmender Temperatur. Feuchteberechnungen ergeben sich aus folgender Gleichung:

- Relative Luftfeuchte (%) = $\frac{\text{absolute Luftfeuchte}}{\text{maximale Luftfeuchte}} \times 100$

Der absolute Wasserdampfgehalt der Luft variiert in Abhängigkeit von der Lufttemperatur, mit deren Anstieg zunehmend viel Wasser aufgenommen werden kann. Die Wassersättigung ist danach temperaturabhängig und wird als relative Luftfeuchte (%) bestimmt. Ein m³ Luft nimmt bei +10 °C 9,42 g, bei +20 °C aber 17,3 g Wasser bei 100 %iger Sättigung auf, weitere Angaben enthält hierzu die Tabelle B76.

Die Optimalwerte für die relative Luftfeuchte sind mit 50 bis 80 % über alle Haltungsabschnitte für die Tiere etwa gleichbleibend. Eine zu geringe Luftfeuchte (unter 40 %) kann in Verbindung mit Stäuben zu Lungenschädigungen führen. Eine zu hohe Luftfeuchte fördert in Verbindung mit niedrigen Stalltemperaturen Erkältungen. Die relative Luftfeuchte wird von der Außenluft, von der Wasserabgabe über die Atemluft, der Verdunstung von vernässter Stallausrüstung und von den Schwankungen der Stalltemperatur beeinflusst. Bei hohen Temperaturen und hoher Luftfeuchtigkeit kann über die Atemluft kaum noch Wärme abgegeben werden. Die wirksamste Wärmeabgabe ist die an trockene Luft.

7.1.3 Luftbewegung

Die Luftbewegung im Stall interessiert hinsichtlich ihrer Strömungsgeschwindigkeit sowie ihrer Richtung und Ausbreitung, anhand derer die Qualität der Lüftung bewertet werden kann. Um Frischluft zugfrei zuzuführen, sollte die Luftgeschwindigkeit nicht mehr als maximal 0,3 m/s bei über 12 °C im Umfeld der Schweine betragen. Bei geringeren Temperaturen muss sie niedriger eingestellt werden. Eine geringe Luftbewegung verringert den Luftwechsel im Stall, was bei höheren Temperaturen zur Anreicherung von Schadgasen führt.

Die durch den Luftstrom erzeugte **Abkühlungsgröße** steigt mit abnehmender Temperatur und zunehmender Luftgeschwindigkeit an. Sie ist ein Maß für den Wärmeverlust des Körpers, der sich aus Sicht der physiologischen Temperaturregulation bei hohen Stalltemperaturen vorteilhaft und bei niedrigen nachteilig auswirkt. Sie wird mit einem thermischen Anemometer gemessen, das die Kühlung eines beheizten Widerstandes durch den Luftzug auf die Luftgeschwindigkeit umrechnet. In der Tabelle B77 sind Abkühlungsgrößen in Beziehung zu Temperatur und Luftgeschwindigkeit zusammengestellt.

Tabelle B76: Absoluter Wasserdampfgehalt der Luft in g/m³ in Abhängigkeit von relativer Feuchte und Temperatur bei 1013 kPa Luftdruck

Temperatur (°C)	Relative Feuchte (%)					
	100	90	80	70	60	50
40	50,98	45,88	40,78	35,69	30,59	25,49
30	30,30	27,27	24,24	21,21	18,18	15,15
20	17,31	15,58	13,84	12,11	10,39	8,66
10	9,42	8,48	7,54	6,60	5,65	4,71
0	4,85	4,37	3,88	3,40	2,91	2,43
−10	2,15	1,94	1,72	1,51	1,29	1,08
−20	0,88	0,79	0,71	0,62	0,53	0,44

Tabelle B77: Abkühlungsgrößen (mcal · cm^{-2} · s^{-1}) bei verschiedenen Luftgeschwindigkeiten (V) und Temperaturen (T, °C)

T	V 0,10	0,20	0,30	0,40	0,50	0,60	0,70	0,80	m · s^{-1}
30	2,1	2,5	2,7	3,0	3,1	3,3	3,5	3,6	Abkühlung zu gering für
25	3,8	4,4	4,8	5,2	5,6	5,9	6,2	6,4	Zucht- und Mastschweine
20	5,4	6,3	6,9	7,5	8,0	8,4	8,8	9,2	Abkühlung günstig
15	7,0	8,2	9,0	9,7	10,4	11,0	11,5	12,0	Abkühlung zu groß
10	8,6	10,0	11,1	12,0	12,8	13,5	14,2	14,8	(Zugluft)

Bei überhöhten Stalltemperaturen ist die Kühlwirkung stärkerer Luftströme durch Mitnahme von Wärme (Konvektion) erwünscht, so dass – mit Ausnahme bei Saugferkeln – dann höhere Luftgeschwindigkeiten zeitweise angeboten werden können. Bei Sauen und Mastschweinen (≥ 70 kg Körpergewicht) kann man bis auf 1,5 m/s (bei über 30 °C) gehen, um die nötige Abkühlung zu erreichen. Eine überhöhte Abkühlungsgröße führt jedoch zum Kältestress, der insbesondere bei jüngeren Tieren die Entstehung infektiöser Faktorenkrankheiten des Atmungsapparates fördert.

7.1.4 Licht

Sichtbares Licht hat den Spektralbereich von 400 bis 800 nm. Licht beeinflusst über die Augen und Körperoberfläche die Orientierung der Tiere und deren Geschlechtsfunktion sowie den Stoffumsatz und hier insbesondere die Vitamin-D$_3$-Bildung. Die Lichtwirkung ist abhängig sowohl von der Dauer der Einwirkung als auch von der Intensität und der spektralen Zusammensetzung. Bedeutsam ist außerdem der Licht-Dunkel-Wechsel im Laufe des natürlichen Tagesganges sowie die Zu- und Abnahme der Lichtlänge im Jahresgang. Die Lichtstärke sollte mindestens 50 Lux über 8 Stunden betragen, im Deckzentrum dagegen 200 bis 300 Lux. Das Verhalten der Schweine wird zudem durch eine Lichtperiodizität gesteuert, in die Kunstlichtregime einzuordnen sind. Mastställe können fensterlos sein, wenn mindestens 8 Stunden Kunstlicht in einer dem Tageslicht ähnlichen Spektralbreite angeboten wird. Eine Fensterfläche ist dann richtig bemessen, wenn in Sauen- und Mastställen die genannte Lichthelligkeit am Tag erreicht wird. Dunkelställe sind nicht mehr zulässig.

7.1.5 Staub

Laut MAK-Liste (DFG 2001) sind Stäube disperse Verteilungen fester Stoffe in Gasen, die durch mechanische Prozesse oder durch Aufwirbelung entstehen. Staub ist der unbelebte Bestandteil von Bioaerosolen. Belebte Bestandteile sind Mikroorganismen vielfältiger Art. Belebte und unbelebte Bestandteile treten als Agglomerate auf, wobei vor allem das Futter Stallstaub verursacht. Weitere Quellen sind Einstreu, getrockneter Kot und die Tiere selbst. Eine umfassende Darstellung enthält die KTBL-Schrift 393 „Stäube und Mikroorganismen in der Tierhaltung" (SEEDORF u. HARTUNG 2002).

Die biologische Bedeutung von **Staub** besteht in

- dessen Trägerfunktion für mikrobielle Krankheitserreger,
- der mechanischen Reizung der Atemwege (Hustenreiz),
- der Einschränkung des Gasaustausches am Alveolarepithel der Lunge.

Die Einteilung des Staubes zeigt Tabelle B78. Die Größe der Teilchen und deren Sinkgeschwindigkeit sind die entscheidenden Eigen-

Tabelle B78: Zusammenhang zwischen Teilchendurchmesser und Sinkgeschwindigkeit von Stäuben (MEHLHORN 1979)

Staubfraktion	Teilchen-durch-messer µm	Sinkgeschwindig-keit cm/sec
• Grobstaub	500–50	300–15
• Mittelstaub	50–10	15–0,6
• Feinstaub	10–0,5	$0,6 - 2 \times 10^{-3}$
• Feinststaub	0,5–0,1	$2 \times 10^{-3} - 2 \times 10^{-4}$

schaften für eine mögliche Gesundheitsschädigung. In Schweineställen wird mit einem Anteil von 70 bis 80 % alveolengängigem Staub gerechnet.

Zulässige Grenzwertkonzentrationen variieren in verschiedenen Ländern zwischen 3 bis 5 mg/m³ (Dänemark, Norwegen) und 10 bis 15 mg/m³ Gesamtstaub. Der zulässige alveolengängige Staub wird – in den Ländern unterschiedlich und in Deutschland nicht geregelt – mit 0 bis 6 mg/m³ angegeben. In der DDR wurden 6 mg/m³ als maximal vertretbare Konzentration am Tierplatz empfohlen (STOLPE u. BRESK 1975).

Tiergesundheitlich relevant sind Partikelgrößen unter 5 µm, da diese bis in die Alveolen gelangen. Dort lösen sie unspezifische Abwehrreaktionen (Phagozytose durch Makrophagen) aus. Bei stärkerer Beladung mit Erregern kann es zu deren Haftung und zur Infektion kommen.

Eine Minderung ist durch die funktionsfähige Lüftung, die Verminderung von Futterstäuben durch Futteröle, eine strohlose Haltung sowie die Reinigung und Desinfektion zwischenzeitlich und nach jeder Ausstallung zu erreichen.

7.1.6 Schall

Mit „Schall" bezeichnet man mechanische Schwingungen materieller Teilchen in einem elastischen Medium, in dem sie sich ausbreiten. Übertragungsmedien für den Schall sind Gase, Flüssigkeiten und elastische Körper. Üblicherweise ist die Luft das Übertragungsmedium; im Stall geht es daher nur um den Luftschall. Schallwellen können durch zwei Größen beschrieben werden:
1. Zahl der Schwingungen je Sekunde (Frequenz).
2. Höhe der relativen Druckänderung (Schalldruck).

Der **Schalldruck** p (in µbar oder Pa) entspricht dem Wechseldruck, der dem atmosphärischen Druck überlagert ist. Der Schalldruck l bezeichnet den Hörbereich des Menschen und wird in Dezibel (dB) ausgewiesen. 0 dB bedeuten die Hörschwelle, 120 dB die Schmerzgrenze. Der Schalldruckpegel L_{pA}, der in dB(A) angegeben wird, simuliert die Schallempfindlichkeit des menschlichen Ohres, weil die subjektiv empfundene Lautstärke in keinem Verhältnis zum physikalisch messbaren Schalldruck steht. Laut Richtlinie 2001/88/EG des Rates vom 23. 10. 2001 sind in dem Teil eines Gebäudes, in dem Schweine gehalten werden, Geräuschpegel ab 85 dBA sowie dauerhafter oder plötzlicher Lärm zu vermeiden. In Schweineställen wird Lärm durch die Tiere selbst und durch technische Einrichtungen, besonders Ventilatoren und Futteraufbereitungsanlagen, erzeugt. Das Geschrei von Schweinen verursacht 90 bis 120 Dezibel Schalldruck.

Bei gleichzeitiger Fütterung von Sauen (Volumendosierer) oder einer ad libitum-Fütterung von Mastschweinen kann bei ersterer die Lärmdauer entscheidend verkürzt und bei letzterer fast vermieden werden.

7.2 Chemische Klimakomponenten (Gase)

Die atmosphärische Luft ist ein Gemisch verschiedener Gase, das vor allem durch Stickstoff (78 Vol.-%) und Sauerstoff (21 Vol.-%) nebst zahlreichen Spurengasen gebildet wird (Tab. B79). Bei den Schadgasgehalten im Stall ist zwischen maximaler Arbeitsplatzkonzentration (MAK) und maximaler Tierplatzkonzentration (MTK) zu unterscheiden. Letztere sollte auf Dauer bei richtiger Lüftung nicht 50 % der empfohlenen Grenzwerte übersteigen. Eine erhöhte Gasbildung im Stall schädigt einerseits die Gesundheit und Leistungen, zum anderen belastet sie die Umwelt. Gasgehalte werden als „pars pro million" (ppm) oder Volumen-% angegeben, wobei 1 ppm gleich 10^{-4} Vol.-% (10 000 ppm = 1 Vol.-%) entspricht.

Tabelle B79: Hauptbestandteile der reinen atmosphärischen Luft bei 0 °C und 760 Torr[1]

Komponente	Volumen %	Gewicht %
• Stickstoff	78,09	75,51
• Sauerstoff	20,95	23,15
• Argon	0,93	1,28
• Kohlendioxid	0,03	0,046

[1] in geringen Mengen außerdem Neon, Helium, Methan, Krypton, Xenon, Wasserstoff, Ozon

7.2.1 Sauerstoff und Kohlendioxid

Der **Sauerstoffgehalt** (O_2) der atmosphärischen Luft liegt bei 21 Vol. % und schwankt maximal um 0,1 Vol. %. Sauerstoff ist für alle höheren Tiere lebensnotwendig. Der Gasaustausch von O_2 und CO_2 findet beim Warmblüter zwischen der Alveolarluft und dem Blut der Lungenkapillaren statt. Entscheidend ist das Druckgefälle beider Gase. Unter normalen Bedingungen ist der Partialdruck des O_2 in den Alveolen immer höher als im venösen Kapillarblut, der CO_2-Partialdruck ist dort dagegen stets höher als in der Alveolen. In der Stalluft treten bei intakter Lüftung kaum Abweichungen zum Sauerstoffgehalt der Außenluft ein. Die Schweine sind diesbezüglich sehr empfindlich, da sie nur eine geringe O_2-Transportkapazität haben. Gefährlich kann es werden, wenn die Lüftung ausfällt und der CO_2-Gehalt der Stalluft stark ansteigt. Alarmanlagen und die technische Gestaltung der Lüftung müssen garantieren, dass es bei Havarien nicht zu akutem Sauerstoffmangel der Schweine und damit zu Kreislaufproblemen kommt. Diese entstehen bei weniger als 12 bis 15 Vol.-% im Umfeld der Tiere.

Das farb- und geruchslose **Kohlendioxid** (CO_2) wird durch die vollständige Oxydation von Kohlenstoff und seinen Verbindungen gebildet. Es ist das Abprodukt des Gasstoffwechsels des tierischen Organismus. CO_2-Quellen sind neben der Ausatemluft der Schweine auch Gärungs- und Fäulnisprozesse in den Abprodukten sowie Gasheizanlagen im Stall. Im Umfeld der Tiere darf ein Gehalt von 2000 ppm bei einer MTK von 3500 ppm nicht anhaltend überschritten werden. Eine tragende Sau erzeugt bis 120 g je Stunde, eine säugende Sau mit Ferkeln bis 340 g/h und ein Mastschwein bis 90 g/h CO_2.

CO_2 ist darüber hinaus ein umweltrelevantes Gas, das für den Treibhauseffekt mitverantwortlich gemacht wird. Die Außenluft enthält etwa 300 ppm (= 0,03 %).

7.2.2 Schadgase und Geruchsstoffe

Von konventionellen Spaltenböden werden bei optimaler Luftführung die geringsten, von Kotrosten mit weniger als 10 % Schlitzanteil und verschmutzten planbefestigen Flächen der Teilspaltenböden höhere und von zu gering ergänzter Tiefstreu hohe Schadgasmengen gebildet. Somit steht deren Freisetzung in enger Beziehung zur Verschmutzung und Pflege der Böden bzw. Einstreu.

- **Schwefelwasserstoff (H_2S)**

Schwefelwasserstoff ist ein farbloses, giftiges, nach faulen Eiern riechendes Gas, das in sehr hohen Konzentrationen nicht wahrgenommen wird. Es brennt mit blauer Flamme und ist schwerer als Luft. Es entsteht durch anaerobe bakterielle Zersetzung von schwefelhaltigen Eiweißbestandteilen. Der MTK-Wert wird mit 5 ppm angegeben, die Stalluft sollte aber frei von H_2S sein. Bei über 250 ppm führt es zu irreversiblen Nervenschädigungen. Als letale Dosis werden 500 bis 1000 ppm (717 bis 1434 mg/m³Luft) angesehen (MEHLHORN 1979). Beim Aufrühren von Gülle kann Schwefelwasserstoff freigesetzt werden. Vor dem Einstieg in Güllekanäle bzw. -gruben und/oder dem Aufrühren von Gülle ist maximal zu lüften.

- **Ammoniak (NH_3)**

Ammoniak ist ein farbloses Gas mit stechendem Geruch. Es ist in allen Ställen nachweisbar und gilt als Hauptschadgas in der Tierproduktion. Laut VDI-Richtlinie 3471 sind maximal 20 ppm vertretbar. NH_3 entsteht durch bakterielle und enzymatische Zersetzung stickstoffhaltiger Verbindungen, vor allem von Harnstoff in den Exkrementen. Ammoniak ist leichter als Luft, 50 bis 100 ppm führen zu Reizungen und Ätzungen der Bindehäute und der oberen Luftwege. Bei über 2500 ppm besteht Lebensgefahr für die Tiere, wozu es im Extremfall bei Lüftungsstillstand und hohen Temperaturen im Sommer – besonders beim Geflügel – kommen kann. Es gibt gegenwärtig über 60 Güllezusatzstoffe, die zur Verminderung von Ammoniakemissionen führen sollen. Die Ergebnisse sind oft widersprüchlich. Emissionsmindernd ist in jedem Fall die Senkung des pH-Wertes und der Temperatur. Behälter für Schweineflüssigmist sind mit einer Abdeckung zu versehen, da die Gülle keine Schwimmschicht bildet.

- **Geruchsstoffe**

Geruchsstoffe werden mittels Geruchsrezeptoren des Riechepithels nach Qualität und Intensität wahrgenommen, unangenehme Gerüche sind für den Menschen lästig oder penetrant. Die diesbezügliche Wahrnehmung der Schweine ist nicht objektivierbar. Der Stallgeruch wird von mehr als 50 Komponenten gebildet, unter denen Skatol, Indol, Ammoniak, Alkylamine, Buttersäure, Schwefelwasserstoff, Merkaptane und Aldehyde besonders geruchsintensiv sind.

Die Gerüche von Luftproben werden olfaktorisch festgestellt: Vier Probanden bestimmen in drei Wiederholungen die Geruchsschwelle der Probeluft, die in zunehmendem Abstand von der Stallanlage bewertet wird. Die Ergebnisse werden für die Bestimmung der Geruchsfahne einer Stallanlage und damit zur Festlegung des Abstandes zwischen Stall- und Wohnbauten benötigt.

7.3 Biologische Klimakomponenten (Keime)

Bakterien, Pilze, Viren und Milben werden von Staubpartikeln getragen und verbreitet. Die Keimkonzentration der Stallluft beträgt bei einstreulosen Ställen bis zu 10^3 koloniebildende Einheiten (KBE) je Liter Luft, bei stärkeren Staubquellen (Einstreu, Trockenfutter) kann sich die Konzentration auf 10^4 KBE/l und mehr erhöhen. Im Staubsediment sind bei Verwendung geeigneter Nährböden gleichermaßen apathogene wie fakultativ und obligat pathogene Keime nachzuweisen. Mit der Haltungsdauer der Tiere und Nutzungsdauer der Ställe reichern sich Staub und Keime – auch in der Lüftungstechnik – an.

Der Staub- und Keimgehalt der Luft ist zu verringern durch
- Futterstaubbindung mittels Futterölen,
- Produktion nach dem Rein-Raus-Prinzip mit Reinigung und Desinfektion der Ställe,
- Reinigung der Sauen vor der Einstellung in trockene Ställe,
- Zwischendesinfektionen während der Belegung und durch
- Trennung der Kot- und Liegebereiche sowie eine geringe Vernässung der Buchten durch geeignete Buchtengestaltung.

7.4 Stallklimatisierung

Schweine erzeugen mit steigender Lebendmasse im Stall eine jeweils zunehmende Menge an Wärme, Wasserdampf und CO_2 (Tab. B80).

Im Winter hat die Lüftung die Raumlasten Wasserdampf, Kohlendioxid, Stäube und Keime aus dem Stall abzuführen, und durch Heizung muss das Wärmedefizit zwischen Außentemperatur und Wärmebedarf der Tiere ausgeglichen werden. Im Sommer geht es vor allem darum, die von den Tieren abgegebene Wärme aus dem Stall zu transportieren. Die Sommer- und Winterluftraten sind daher unterschiedlich und werden in Abhängigkeit von der Lebendmasse je Tier geregelt (Tab. B81). Vor dem Einbau einer Lüftungsanlage ist eine Wärmehaushaltberechnung durchzuführen, die einem Antrag auf Baugenehmigung beigefügt wird. Die erforderlichen Luftwechselraten unterscheiden sich im Sommer und Winter wesentlich (Faktor 1 : 10).

Der Wärmeproduktion der Tiere steht der Wärmeverlust durch Lüftung und Bauteile gegenüber. Der Luftvolumenstrom muss im Winter bei minimaler Stallbelegung und im Sommer bei maximaler Stallbelegung berechnet werden. Eine Berechnungsgrundlage ist in Tabelle B82 am Beispiel eines Maststalles dargestellt.

Tabelle B80: Wärme-, Wasserdampf- und CO_2-Bildung von Mastschweinen in Abhängigkeit vom Körpergewicht bei 16 °C und 80 % relativer Luftfeuchtigkeit

Körpermasse (kg)	Wärme (W)	Wasserdampf (g/h)	Kohlendioxid (l/h)
30	104	62	17
40	129	77	21
50	153	92	25
60	175	105	29
70	197	118	32
80	218	131	36
90	238	143	39
≥ 100	≥ 257	≥ 154	≥ 42

Tabelle B81: Sommer- und Winterluftraten für Schweineställe (DIN 18910)

Lebendmasse	Sommerluftraten Sommertemperaturen				Winterluftraten Wintertemperaturen
	>26 °C ti−ta [1]) = 1,5 K	ti−ta = 2,0 K	<26 °C ti−ta = 2,5 K	ti−ta = 3,0 K	<14 °C 70% rel. Luftfeuchte
kg LM	m³/h	m³/h	m³/h	m³/h	m³/h
10	40	30	24	20	3,6
20	64	48	38	32	5,7
30	83	62	50	41	7,2
40	98	73	59	49	8,6
50	113	85	68	56	9,7
60	125	94	75	63	10,8
70	138	104	83	69	11,8
80	149	112	89	74	12,8
100	168	126	101	84	14,4
150[2])	259	195	156	130	23,9
200[2])	293	220	176	147	26,8
250[2])	325	244	195	163	29,5
300[2])	355	266	213	178	32,0

[1]) ti−ta = Differenz der Innen- zur Außentemperatur
[2]) Werte für ferkelführende Sauen

Tabelle B82: Wärmehaushalt und Lüftung eines Stalles für 600 Mastschweine (80 g mittleres Gewicht) bei 20 °C und einer Wasserdampferzeugung von 60 000 g je Stunde

Außentemperatur	°C	−15	−10	−5	±0	+5	+10	+15	max.
• Lüftungsbedarf	m³/h	5500	5800	6300	7300	8600	12 000	19 400	42 000
• Luftrate je Tier	m³/h	9,2	9,7	10,5	12,2	14,3	20	31	70
• Luftwechsel im Stall	kcal/h	2,8	2,9	3,1	3,7	4,3	6	10	21
• Wärmebedarf für die Lüftung	kcal/h	95 000	88 000	83 000	78 000	73 000	70 000	62 000	−
• Wärmeverlust durch Bauteile	kcal/h	35 000	30 000	24 000	19 000	14 000	10 000	3000	−
• Wärmebedarf insgesamt	kcal/h	130 000	118 000	107 000	97 000	87 000	80 000	65 000	−
• Nutzbare Wärme für die Tiere	kcal/h	60 000	60 000	60 000	60 000	60 000	60 000	60 000	−
• Heizungsbedarf	kcal/h	70 000	58 000	47 000	37 000	27 000	20 000	5000	
• Heizlast	kcal/h m³	36	30	24	19	14	10	2,5	

7.4.1 Klimasteuerung und -kontrolle

Die **Klimasteuerung** beinhaltet die Regelung der Zu- bzw. Abluftströme in Abhängigkeit von Temperatur, Temperaturverlauf und Luftfeuchtigkeit. Sie ist über Einzelgeräte oder Klimacomputer möglich. Für einzeln stehende Ställe sind Einzelgeräte geeignet, die sich direkt am Stalleingang befinden und ein unmittelbares Eingreifen gestatten.

Für oben genannte Klimaparameter gibt es Verlaufskurven, nach denen die Zu- bzw. Abluftventilatoren gesteuert werden. Weitere Regelgrößen wären Schadgase; allerdings sind die Sensoren für Ammoniak bzw. Kohlendioxid

Abb. B58 Überprüfung der Stallklimawerte.

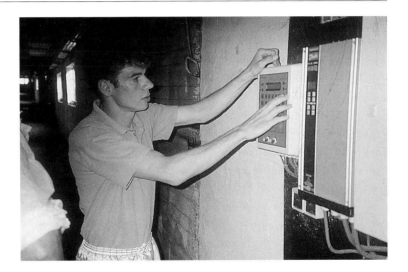

noch zu teuer und kurzlebig und daher nicht im praktischen Einsatz. Die Regelung des Stallklimas kann mit dem Fütterungssystem gekoppelt sein, indem bei hohen Temperaturen z. B. Flüssigfutter mit einem höheren Wassergehalt verteilt wird.

Ein wichtiger Regelbereich ist die langsame Temperaturabsenkung bei einem starken Rückgang der Außentemperatur (Nacht, Gewitter). Hier muss gewährleistet sein, dass die Temperatur nur um maximal 0,5 °C je Stunde sinkt. Andernfalls werden trotz Einhaltung der Optimalwerte Erkrankungen der Atmungsorgane gefördert, besonders bei Absetzferkeln und Mastschweinen.

Grundlegende Regelprinzipien sind die Gruppenschaltung und Drehzahlregelung der Ventilatoren sowie die Drosselregelung des Luftstromes.

Die **Gruppenschaltung der Ventilatoren** setzt voraus, dass alle Ventilatoren die gleiche Größe und den gleichen Luftvolumenstrom haben. Je nach Bedarf erfolgt die Zu- oder Abschaltung eines Ventilators. Außer Betrieb genommene Ventilatoren müssen verschlossen werden. Das Zu- und Abschalten von Ventilatoren ist im Winter energetisch vorteilhaft.

Bei der **Drehzahlregelung** von Ventilatoren kann die Drehzahl durch Phasenanschnitttechnik, Transformatoren oder durch Frequenzumrichter verändert werden.

Die **Drosselregelung** ist eine Ergänzung zur Drehzahlregelung, welche in Ställen mit nur ei-

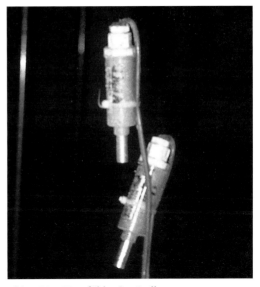

Abb. B59 Messfühler im Stall.

nem Ventilator unverzichtbar ist, um die erforderlichen Sommer- und Winterluftraten zu gewährleisten.

Der Energieverbrauch sinkt vom ersten bis zum letzten Verfahren.

Die **Kontrolle des Stallklimas** ist anlässlich der täglichen Stalldurchgänge erforderlich. Neben der subjektiven Einschätzung ist der aktuelle Wert an den automatisch arbeitenden Regelaggregaten abzulesen (Abb. B58).

Periodisch sollten die tatsächlichen Werte im Bereich des Messfühlers (Abb. B59) nachgemes-

174 B Bewirtschaftung – Grundlagen der Tiergesundheit

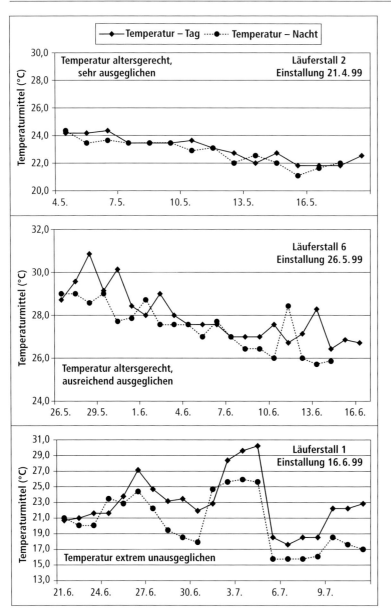

Abb. B60 Mittlere Tages- und Nachttemperaturen in 3 Ferkelaufzuchtställen einer 1000er Sauenanlage (Tages- und Nachtwerte ermittelt aus 10-min.-Werten).

sen und mit der Anzeige am Display verglichen werden. Bei deutlichen Abweichungen ist die Messtechnik neu einzuregulieren. Dies gilt auch und besonders für die Zonenheizung an den Saug- und Absatzferkelliegeplätzen. Als Beispiel für eine unterschiedliche Qualität der Klimaführung sind in Abbildung B60 die Temperaturverläufe in verschiedenen Aufzuchtställen eines Betriebes für jeweils mehrere Tage bei optimaler und bei mangelhafter Regelung dargestellt.

Leistungsminderungen der Tiere sind häufig die Folge von Defiziten der Klimatisierung. Einfache Untersuchungen können vom Betrieb und Tierarzt durchgeführt werden. Aufwendige Analysen der Klimaführung und Lüftung erfordern die Hinzuziehung von Spezialisten. Die Tabelle B83 enthält einige in der Praxis einsetzbare Messverfahren und deren Bewertung.

Tabelle B83: Messverfahren zur Überprüfung und Beurteilung des Stallklimas

Parameter	Messtechnik	Messprinzip	Messgenauigkeit	Bemerkungen
• Temperatur (°C)[1a]	Sensor	elektrischer Widerstand	+/− 0,5 °C	Regelgröße für Stallklima
• relative Luftfeuchte (%)[1a]	Hygrometer	kapazitiv	+/− 3−5 % rel. Feuchte	regelmäßig abgleichen
• Luftgeschwindigkeit[1b]	Anemometer	mechanisch	+/− 0,1 m/s	
• Luftvolumenstrom (Hz) (Luftwechselrate)	Messventilator	mechanisch, Drehfrequenz	B > 99 % bei einem Messbereich von 10 bis 60 Hz	Regelgröße für Ventilatoren
• Schadgase (ppm)[1c]	Multigas-Monitor (NH_3, CO_2, CH_4, N_2O)	Photoakustische Infrarot-Spektroskopie	Bereichsdrift 1− 2,5 %, Temperatur- und Druckeinfluss +/− 0,5 % mbar	Einsatz bei Genehmigungsverfahren und für wiss. Untersuchungen
• Geruchsstoffkonzentration ($GE^{2)}/m^3$)	„Olfaktometer"	menschlicher Geruchssinn in einem rechnergesteuerten Messsystem	Streuung der Einstellung der Verdünnungsstufen < 10 %	Einsatz für Abstandsregelung und wiss. Untersuchungen
• Staub	Staubmessgerät (Dust-Monitor)	Fraktionierung, (Grob-, Fein-, Kolloidstaub), Gravimetrie	+/− 2 % bei konstanter Temperatur +/− 1 µg/m³	für spezielle Untersuchungen
• Keime	Nährböden	Zählung der Keimkolonien je cm²	menschliches Ermessen	für wissenschaftliche Untersuchungen

[1] Praxisgängige Meßgeräte: [a] Thermohygrograph, [b] Zuluftverteilung mit Nebelgerät
[c] Gase semiquantitativ mit Gasröhrchen (Dräger)
[2] GE = Geruchseinheit

7.4.2 Lüftungssysteme

Der Luftaustausch erfolgt durch Be- und Entlüftung. Die Luftrate ist die je Tier und Stunde zugeführte Luftmenge, und der Luftwechsel bezeichnet die Häufigkeit der Lufterneuerung je Stunde. Hierzu eignen sich Verfahren der mechanischen Lüftung und der freien Lüftung, deren wesentliche Merkmale in Tabelle B84 zusammengefasst sind.

7.4.2.1 Mechanische Lüftung

Mechanisch belüftete Ställe dominieren in der Schweinehaltung. Zu unterscheiden ist die Überdruck-, Gleichdruck- und Unterdrucklüftung.
- Die **Überdrucklüftung** ist dadurch gekennzeichnet, dass mittels Ventilatoren bei leichtem Überdruck Frischluft geregelt in den Stall gefördert wird. Die Abluft entweicht durch die dafür vorgesehenen Öffnungen. Dieses Lüftungsprinzip ist nicht mehr zu empfehlen, da die Abluft auch über undichte Stellen, also unkontrolliert aus dem Stall entweichen kann.
- Bei **Gleichdrucklüftung** werden sowohl die Zuluft als auch die Abluft durch geregelte Ventilatoren in den und aus dem Stall gefördert. Dieses Lüftungssystem ist in der Praxis kaum noch zu finden, weil der doppelte Lüfterbesatz zu vergleichsweise hohen Investitionen und Kosten führt.
- Bei **Unterdrucklüftung** wird die Abluft durch geregelte Ventilatoren bei leichtem Unterdruck aus dem Stall abgesaugt, und die Frischluft strömt durch vorgesehene Öffnungen nach. Dieses Lüftungsverfahren wird in Schweineställen bevorzugt angewendet. Es ist darauf zu achten, dass keine undichten Stellen in der Umhausung bestehen. Dadurch bedingte Zugluft und unbeabsichtigte Abkühlung können außen offene Güllekanäle oder

176 B Bewirtschaftung – Grundlagen der Tiergesundheit

Tabelle B84: Übersicht zu den Lüftungssystemen in der Schweinehaltung

Verfahren	Zuluft	Abluft	Bemerkungen
1. Freie Lüftung (kleine Kaltställe)	• Trauf-, Wandschlitze	• Monoschacht (5 m Höhe, teuer) • mehrere Schächte (mit Drosselklappen)	• keine Thermik bei hohen Außentemp. → dann zu geringer Luftwechsel
2. Mechanische Lüftung (alle größeren Ställe)	• Wand-, Deckenöffnungen • Kanäle, Schlitz-, Lochplatten	• geregelte Ventilatoren • über oder unter Flur	• keine unkontrollierte Luftzufuhr, z. B. über außen offene Güllekanäle

2.1 Abluftsysteme	Elemente	Funktion	Bemerkungen
a) Oberflurentlüftung	• Ventilator im Abluftkamin, Anzahl der Raumgröße und Leistung angepasst	• Unterdruck und Förderleistung auf Stalltemperatur bezogen	• regelmäßige Reinigung der Schächte und Ventilatoren
b) Unterflurentlüftung	• Unterbodenkante und höchster Güllestand: ≥ 50 cm	• Luft absaugen über Zentralgang und Abluftkamin mit Ventilator	• beste Luftqualität, doch teures System

2.2 Zuluftsysteme	Elemente	Funktion	Bemerkungen
a) Strahllüftung	• Öffnungen dicht unterhalb Decke	• hohe Luftgeschwindigkeit (LG) am Einlass: 1,0–4,0 m/s	• bei geringer LG Zug durch fallende Kaltluft
b) Verdrängungslüftungen	• Luftzuführungskanal mit Lochplatten (max. 15 m Länge) • Porendecke (mind. 50% der Fläche)	• gleichmäßiger Lufteinstrom • Druckraum mind. 50 cm Höhe, Lufteintritt max. 2 m/s	• kein Rückstrom bei der Reinigung, da dann Verstopfen der Poren
Kombination von a) und b)	• Kanäle mit Poren und Seitenventil	• Ventile im Winter geschlossen = b) • bei hohen Temp. Ventile offen = a)	• gute Anpassung an Außentemperaturen
c) Stallganglüftung	• Öffnung im unteren Türbereich (LG ca. 2,5 m/s im Sommer, max. Stallänge 12 m)	• Luftwalze erreicht die Buchten über Wände, die zum Gang dicht sind	• sehr preiswertes System • für kleine Abferkel- und Aufzuchtställe

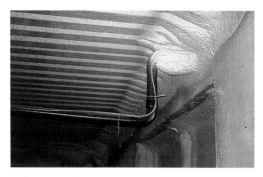

Abb. B61 Luftdichte Verschäumung der Gebäudespalten zwischen Porendecke und Außenwand.

Gebäudespalten verursachen. Ein Beipiel für die mit Bauschaum komplett abgedichteten Bauteile zeigt Abbildung B61, wodurch die Zuluft nur über die Porendecke einströmt. Als Zuluftelemente haben sich sowohl Wand- und Deckenöffnungen mit Luftleitplanken als auch Lüftungskanäle mit Schlitz- oder Lochplatten bewährt. Beim Einbau einer Unterdrucklüftung ist die Anordnung der Zu- und Abluftöffnungen abhängig von der Stallbreite und der Stallhöhe. Die Eindringtiefe der Luft ist maximal auf das Vierfache der Raumhöhe beschränkt.

7.4.2.2 Freie Lüftung

Bei der freien Lüftung wirken natürliche Kräfte (Auftrieb, Wind).

Die Luft strömt durch Fenster, Jalousien oder Wandschlitze in den Stall und wird über Abluftschächte oder den Firstschlitz abgeleitet.

Der Einsatz freier Lüftungssysteme ist gegenüber mechanischer Lüftung energetisch und finanziell vorteilhaft. Problematisch sind die schwierig zu definierenden Bedingungen für die Ableitung der Luft, die von der Auftriebshöhe, dem Temperaturunterschied innen zu außen sowie den Querschnitten von Zuluftöffnungen und Schächten einschließlich deren Isolierung bestimmt werden. Bei hohen Außentemperaturen ist keine Thermik vorhanden, die notwendigen Luftwechselraten werden nicht erreicht. Der Luftwechsel wird durch den Wind positiv oder negativ beeinflusst. Der Luftumsatz steigt mit der Temperaturdifferenz zwischen kälterer Zu- und wärmerer Abluft sowie mit der Höhe der Luftsäule zwischen Ein- und Austrittsort. Daher sind hohe Abluftkamine bzw. hohe Dachfirste bei hoher Neigung ($\geq 25°$) des wärmegedämmten Daches erforderlich.

Schwerkraftlüftungen sind in Ställen tragender Sauen einsetzbar. In der Mast wird die freie Lüftung in kleineren Kaltställen mit heizbaren Liegekisten erfolgreich angewendet. Hier sind die Systeme vorteilhaft infolge niedriger Baukosten, der einfachen Bedienung, einer langen Lebensdauer sowie infolge des energie-, lärm- und wartungsarmen Betriebs.

Freie Lüftungssysteme können auf folgende Art gestaltet werden:

- **Trauf-First-Lüftung**: Die Luft strömt an der Traufe in den Stall und durch den Dachfirst wieder hinaus. Diese in Kuhställen sehr verbreitete Luftführung wird in der Schweinehaltung vereinzelt in Kistenställen angewendet.
- **Schachtlüftung ohne oder mit Unterstützungsventilatoren**: Hierzu gehört die **Monoschachtlüftung**, die die gesamte Abluft des Stalles über einen Schacht abführt, der das Dach an einer Stelle durchbricht. Die Schachthöhe beträgt mindestens 5 m ab Decke, sie ist nur bis zu einem Verhältnis von Stallänge zu Stallbreite von 4:1 funktionssicher. Nachteilig sind die hohen Investitionen. Bei der **Mehrschachtlüftung** sind die Schächte im Abstand von 6 bis 9 m angeordnet. Die Abluftförderleistung kann durch Drosselklappen geregelt werden.
- **Windinduzierte Lüftungen** verlangen offene Seitenwände mit Vorhängen, deren Funktion steuerbar sein muss. Derartige in der Rinderhaltung zunehmend anzutreffende Verfahren sind bei Sauen und Mastschweinen dort anwendbar, wo mit Zonenheizung z. B. in Liegekisten gearbeitet wird.

7.4.2.3 Zu- und Abluftsysteme

- **Zuluftsysteme**

Der **Zuluftführung** dienen bei

- **Strahllüftung** Decken- oder Wandelemente,
- bei **Verdrängungslüftung** ein Rieselkanal und Porendecken,
- bei **kombinierten Systemen** ein Rieselkanal, der einen perforierten Boden und seitliche Zuluftelemente hat.
- Die **Futterganglüftung** ist eine weitere Möglichkeit für die Luftzufuhr.

Bei der Strahllüftung gelangt die Zuluft mit relativ hoher Geschwindigkeit durch wenige Öffnungen in den Stall. Die gesamte Raumluft wird mit dem Impuls des Lufteintritts in Bewegung versetzt. Es können Zugluftprobleme auftreten, wenn bei zu geringer Einströmgeschwindigkeit Kaltluft auf die Tiere „fällt". Pendelklappen sollen im Winter dafür sorgen, dass die gedrosselte Außenluftmenge mit einer unverminderten Geschwindigkeit von über 1 m/s (maximal 4 m/s) eintritt. Die Zuluftöffnungen müssen dicht unter der Decke angeordnet werden, damit sich der Luftstrahl an die Decke „lehnt" (Coandaeffekt) und weit in den Raum eindringt.

Verdrängungslüftungen sind dadurch charakterisiert, dass die Zuluft durch eine Vielzahl kleiner Öffnungen (perforierte Lochplatten bzw. Gewebefolien) in den Raum strömt. Die Impulswirkung ist gering und Zugluft wird vermieden. Im Kanal sollte die Luftgeschwindigkeit nicht größer als 2 m/s sein, um einen gleichmäßigen Luftaustritt zu gewährleisten. Bei einseitiger Lufteinspeisung ist eine Kanallänge von 12 bis maximal 15 m möglich (Abb. B62).

Poren- und Lochplattendecken funktionieren nach dem gleichen Prinzip, der perforierte Anteil übersteigt aber 50 % der Deckenfläche (Abb. B63). Die Zuluft gelangt gleichmäßig in den Stall. Die Höhe des Druckraums zwischen

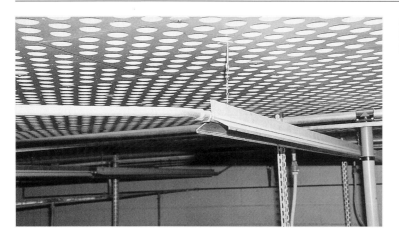

Abb. B62 Zuluftführung über Rieselkanäle im Maststall.

Porendecke und Stallabteildecke sollte mindestens 500 mm betragen, die Einströmgeschwindigkeit in den Dachraum maximal 2 m/s.

Bei Verdrängungslüftungen ist zu beachten, dass auch während der Reinigung des Stalles die Richtung des Luftstromes eingehalten wird. Strömt Luft in umgekehrte Richtung aus dem Stallraum durch die Porendecke, dann kommt es zur Durchfeuchtung und Verstopfung der Poren durch Wasserdampf und Stäube mit einer Verringerung des Lufteinstroms.

Eine **Kombination von Strahl- und Verdrängungslüftung** sind Zuluftkanäle mit perforiertem Boden und Seitenventilen sowie die Stallganglüftungen.

Bei einer **Strahllüftung** bleiben bei niedrigen Luftwechselraten im Winter die Seitenventile geschlossen; es wird dann nur die Verdrängungslüftung genutzt. Bei hohen Temperaturen wird durch den Lufteinlass über Ventile der Luftaustausch unterstützt und dadurch zusätzlich die Strahllüftung eingesetzt.

Bei der **Stallganglüftung** strömt die Luft durch eine Öffnung im untersten Teil der Tür in den Stallgang, um über die Buchtentrennwände in die Buchten zu gelangen (Abb. B65). Im Sommer wird ein Luftstrom von etwa 2,5 m/s erreicht und damit eine Luftwalze im Gang erzeugt, im Winter strömt die Luft nur sehr langsam in den Stallgang und über die Buchtentrennwand in die Buchten. Voraussetzung einer zugfreien Funktion sind zum Gang hin geschlossene Buchtentrennwände und eine Stallganglänge von maximal 12 m. Im Vergleich zu den Porendecken bzw. -kanälen ist dieses Verfahren sehr preiswert. Es wird deshalb in kleinen Abferkel- und Ferkelaufzuchtabteilen bevorzugt dort verwendet, wo angewärmte Zuluft über einen Verbinder in die Stallabteile gelangt. Um Staubwirbelung zu vermeiden, ist der Stallgang peinlich sauber zu halten.

● **Abluftsysteme**

Die Stallluft kann oberflur oder unterflur abgeführt werden. Vorrangig werden Systeme mit **Oberflurentlüftung** eingesetzt (siehe Abb. B63b). Üblicherweise befinden sich die Schächte mit den Ventilatoren in der Stalldecke. Sie sollen möglichst zentral im Raum angeordnet sein, um eine gleichmäßige Absaugung der Abluft aus allen Stallteilen zu erreichen. In größeren Abteilen ist es vorteilhafter, mit mehreren Schächten zu entlüften. Im Winter kann dann ein Ventilator abgeschaltet werden, der mit einem Schieber verschlossen wird. Ventilatoren müssen ruhig laufen und wie die Abluftkamine regelmäßig gereinigt werden, um die geplante Förderleistung anhaltend zu sichern. Die Abluftschächte sind stabil und funktionsbeständig auszuführen und oberhalb des Daches zu isolieren. Sie müssen bei Notwendigkeit (Maßnahmen nach einer Tierseuche) desinfiziert werden können.

Bei der **Unterflurentlüftung** wird die Luft unter den Spaltenböden abgesaugt und über einen Zentralgang zum Abluftkamin geleitet (siehe Abb. B63a). Die Luft im Tierbereich ist gegenüber der Oberflurentlüftung reiner, da keine

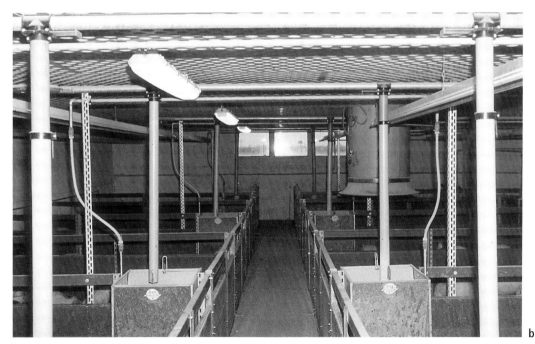

Abb. B63 Unterdrucklüftungen und Deltarohrstrahler:
a) Abferkelstall – Zuluft über Porendecke, Abluft unterflur;
b) Aufzuchtstall – Zuluft über Lochplatten, Abluft oberflur.

180 B Bewirtschaftung – Grundlagen der Tiergesundheit

Abb. B64 Hohe Abluftschächte zur Beschleunigung des Auftriebs.

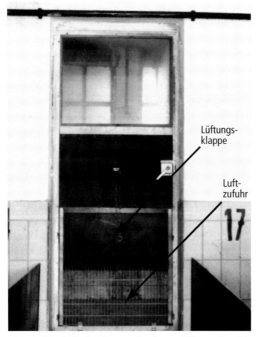

Abb. B65 Lufteintritt zur Stallganglüftung im Abferkelstall.

Gase in die Tierbuchten aufgesaugt werden. Das Verfahren ist aber teurer, weil tiefere Entmistungskanäle erforderlich sind; denn zwischen dem höchsten Güllestand und der Unterkante des Spaltenbodens ist ein Freiraum von 500 mm vorzusehen.

Anzahl und Förderleistung der einzusetzenden Ventilatoren wird vom errechneten maximalen Luftvolumenstrom in Abhängigkeit vom Ventilatordurchmesser bestimmt (Tab. B85). Der Durchmesser der Abluftschächte ist von der Größe der Ventilatoren abhängig. Die Form der Schächte beeinflusst den Strömungswiderstand und damit den Energieverbrauch der Ventilatoren. Abgedeckte oder sich verjüngende Abluftschächte, so genannte Weitwurfdüsen, erhöhen den Strömungswiderstand und sollten vermieden werden. Hohe Schächte fördern bei guter Isolierung und kühleren Außentemperaturen den Auftrieb der Abluft (Abb. B64).

Tabelle B85: Luftvolumenstrom in Abhängigkeit vom Ventilatordurchmesser

• Durchmesser mm	350	400; 450	500; 560	630	710	910
• Volumenstrom m³/h bei 50 Pa	2000 bis 3000	4000 bis 7000	6500 bis 11000	9000 bis 12000	11000 bis 15000	17000 bis 20000

7.4.2.4 Abluftreinigung

Forderungen nach Abluftreinigung werden gelegentlich an Tierhaltungen in großer Nähe zu Wohnsiedlungen gestellt. Auch wenn die verfügbaren Verfahren derzeit ökonomisch nicht tragbar sind, kann mit zukünftig kostengünstigen Entwicklungen gerechnet werden.

Grundsätzlich eignen sich Verfahren zur Abluftreinigung für Betriebe mit Zwangslüftung und geregelter Abluftführung. In Tierkörperbeseitigungsanstalten wird die Reinigung der Abluft seit Jahren angewendet, indem diese zunächst in eine mehrstufige Wäsche geleitet wird, die einen hohen Wirkungsgrad bei Ammoniak (über 90%) erreicht. Danach wird die gewaschene Abluft in einer Biofiltration über eine Druckkammer von unten nach oben durch Wurzelholz und Rindenmulch eines Biobettes geführt, um nahezu geruchlos (Wirkungsgrad bis über 80%) sowie staub- ($\geq 90\%$) und gasarm ($NH_3 > 90\%$) ins Freie zu entweichen.

Eine Geruchsverdünnung ist auch nach dem Wasserstrahlpumpenprinzip zu erreichen; ihm fehlt bislang ebenfalls die Praxisreife für Tierställe. Die Verringerung von Geruch, Gas- und Staubgehalten beginnt jedoch bei der Bewirtschaftung der Ställe, deren Quellenkonzentrationen bei Beachtung hygienischer, chemischer und lüftungstechnischer Erfordernisse niedrig zu halten sind.

7.4.3 Wärmedämmung am Bau

Der Wärmedurchgang durch Baustoffe soll gering sein. Der **Taupunkt** ist erreicht, wenn bei Abkühlung die maximale der relativen Luftfeuchte von 100% entspricht. Bei weiterem Absinken der Temperatur kondensiert der nicht mehr fassbare Wassergehalt als Nebel im Freien bzw. als Niederschlag an Wand und Decke. Um diese Kondensation mit folgender Durchfeuchtung der Bauteile und Minderung ihrer Wärmedämmung zu vermeiden, müssen Wand- und Deckenelemente im Warmstall in einer den Bedingungen der Tierhaltung und des Außenklimas angepassten Weise wärmegedämmt sein.

Dämmstoffe haben die Funktion, Menschen und Tiere vor Einflüssen des Wetters und Bauten vor den klimatischen Folgen ihrer Bewirtschaftung zu schützen. Dämmstoffe sind Baustoffe, die als Wärmedämmstoffe und/oder Schalldämmstoffe zur Wärme- und/oder Schalldämmung dienen. Nach DIN 4108, Teil 2, werden Baustoffe als Dämmstoffe bezeichnet, wenn ihre Wärmeleitfähigkeit $\lambda \leq 0,10$ W/(m x K) beträgt (K = Kelvin). Letztere ist abhängig von der Baustoffart, -dichte und -dicke. Darüber hinaus müssen Dämmstoffe die Anforderungen hinsichtlich des Brandschutzes erfüllen (DIN 4102 und „Euro-Norm" DIN EN ISO 6946). Danach gibt es nicht brennbare (A) und schwer brennbare Dämmstoffe (B). Brennbare Dämmstoffe sind in Bauten nicht zugelassen. Der Charakterisierung von Dämmstoffen dienen drei bauphysikalische Größen:

- Die **Wärmeleitfähigkeit** (λ = klein Lambda) gibt an, welche Wärmemenge (W . s) von der einen Seite eines Körpers von 1 m² Fläche und 1 m Dicke bei einem Unterschied von 1 K in einer Stunde zur anderen Seite hindurchfließt. Sie wird für Baustoffe in [W/(m . K)] angegeben.
- Der **Wärmedurchgangswiderstand** (Λ = groß Lambda) errechnet sich aus der Teilung der Stoffdicke in Metern (m) durch die Wärmeleitfähigkeit (λ_R) des Baustoffes. Da die Wände in der Regel mehrschichtig sind, ergibt sich der gesamte Wärmdurchlasswiderstand aus den Werten der einzelnen Baustoffschichten. Er ist deshalb für jedes Bauteil zu berechnen.
- Der **Wärmedurchgangskoeffizient** (k) ist die dritte Größe. Er beschreibt den Wärmestrom durch einen Quadratmeter Wand je Kelvin (K) Temperaturunterschied in [W/m² × K] vom hohen zum niedrigen Temperaturniveau innerhalb einer Stunde.
- Der **Wärmeverlust** (Q) resultiert aus der Summe aller raumumschließenden Bauteile: Fläche (F/m²) x Wärmedurchganskoeffizient (k) x Temperaturdifferenz zwischen Stall- und Außenluft ($Q = \Sigma F \cdot k \cdot \Delta t$).

Die Wärmeleitfähigkeit ist abhängig von der Art und Rohdichte des Baustoffs. Für verschiedene Baustoffe werden zwecks gleicher Wärmedämmung sehr unterschiedliche Wanddicken erforderlich (Tab. B86).

Dämmstoffe werden zur Isolierung des Daches, der Wände und des Fußbodens eingesetzt. Eine mangelnde Wärmedämmung eines Stalles führt

- infolge hoher Wärmeverluste zu hohen Heizkosten,

Tabelle B86: Erforderliche Materialstärken in Abhängigkeit von der Wärmeleitfähigkeit (WLF) bei gleichem Wärmedurchgangskoeffizienten (k-Wert) (KLUSSMANN 1998)

Material	WLF [Watt(m · K)]	k-Wert [W/(m² · K)]	Materialstärke (mm)
• Polyurethan – Hartschaum (PUR)	0,025	0,461	50
• Polystyrol Extruderschaum (XPS)	0,030	0,461	60
• Polystyrol Partikelschaum (EPS)	0,035	0,461	70
• Mineralwolle	0,040	0,461	80
• Holz	0,130	0,461	260
• Ziegel	0,210	0,461	420
• Beton	2,100	0,461	4200

- zur Tauwasserbildung an der Oberfläche und damit zur Schimmelbildung am Bauwerk und
- zur Tauwasserbildung in den Wänden und damit zu Bauschäden (Frost).

Eine **dauerhafte Wärmedämmung** stellt hohe Anforderungen an Material und Einbau. Sie verlangt Dämmstoffe, deren Wärmeleitfähigkeit unter λ < 1 W/m K liegt. Dabei ist vor allem zu beachten, dass

- Beschädigungen durch die Tiere, aber auch durch Schadnager vermieden werden,
- von außen und innen keine Feuchtigkeit eindringt, da dann die Wärmeleitung erhöht und der beabsichtigte Dämmeffekt verringert wird,
- der Taupunkt nicht innerhalb der Dämmung unterschritten wird, was ebenfalls zur Durchfeuchtung führt,
- die verwendeten Materialien dauerhaft, nicht brennbar und nicht gesundheitsschädigend sind.

Im Winter wandert der Wasserdampf von innen nach außen. Der Diffusionswiderstand muss in gleicher Richtung abnehmen, damit Kernkondensate im Mauerwerk vermieden werden.

Die **Wärmespeicherung** ist bei hoch wärmegedämmten Materialien (Leichtbauwände) mit geringer Dichte niedrig, was bei wechselnden Wärmelasten zu starken Temperaturschwankungen im Raum führt. Um dies zu vermeiden, benötigen Warmställe eine massive Innenwand (Kalkstein, Ziegel) mit hohem Wärmespeichervermögen. Bei zu geringer Dicke ist der Wand eine Außendämmung mit Hinterlüftung zur Abführung von Kondensaten und ein Fassadenschutz anzufügen.

7.4.4 Heizung

Bei negativer Wärmebilanz des Stalles muss zum Erreichen der Solltemperatur Wärme zugeführt werden. Das ist bei strohloser Aufstallung von Schweinen in allen Haltungsabschnitten im Winterhalbjahr notwendig.

Grundsätzlich kann eine **Raumheizung**, eine **Zonenheizung** oder die **Kombination beider Heizsysteme** installiert werden.

7.4.4.1 Raumheizung

Bei der Raumheizung sind Tiere mit gleichem Temperaturanspruch im Abteil aufgestallt. Sie kann somit in den Ställen aller Altersklassen, muss jedoch in denen der wachsenden Schweine verwendet werden. Die erforderliche Heizleistung ergibt sich aus dem Zusatzwärmebedarf der Tiere. Dieser ist bei geringer Wärmedämmung der raumumschließenden Bauteile höher als bei stärkerer Dämmung. Im Winter entstehen trotz bereits reduzierter Lüftung erhebliche Wärmeverluste.

- **Warmwasser- bzw. Warmluftheizungen**: Sie reagieren träge, sind gut regelbar und ergeben ausgeglichene Temperaturen. Das erwärmte Wasser wird durch Leitungen (Delta-, Twinrohre) oder Plattenheizkörper in den Stall befördert. Die Erwärmung beruht bei Deltarohren vorrangig auf Konvektion, die der direkten Lufterwärmung vorzuziehen ist.

- **Direktverbrennung**: Gasbrenner mit eingebautem Lüftungsventilator können die erwärmte Luft bis zu 50 m weit in den Stall befördern. Die Heizleistung ist nicht regelbar und führt durch den Intervallbetrieb zu wechselnden Temperaturen. Daher ist dieses System in Abferkel-, Aufzucht- und Vormastställen nicht zu verwenden. Die „Gaskanonen" erwärmen die Luft direkt; sie verbrauchen O_2 und erzeugen CO_2 und Wasserdampf, woraus sich ein leicht erhöhter Lüftungsbedarf ergibt.

7.4.4.2 Zonenheizung

Zonenheizungen erwärmen lediglich bestimmte Stallbereiche, z. B. Ferkelliegeplätze in beheizten Abferkelställen sowie Liegekisten von Zucht- und Masttieren in Kaltställen.

Die **Kombination der Raum- und Zonenheizung** wird im Abferkelstall verwendet, da Sauen und Ferkel unterschiedliche Temperaturansprüche haben. Die Stalltemperaturen werden auf einem möglichst gleichmäßigen Niveau gehalten, wobei den Ferkeln höhere Werte (über 20 °C), den Sauen aber geringere entgegen kommen. Einen Kompromiss der unterschiedlichen Ansprüche an die Raumtemperatur bilden wärmegedämmte Bodenmaterialien im Aktionsbereich der Ferkel und wärmeableitende Böden im Liegebereich der säugenden Sauen. Dann kann mit ferkelfreundlichen Werten von bis maximal 22 °C Raumtemperatur gearbeitet werden.

Im **Abferkelstall** benötigen die Ferkelliegeplätze eine zusätzliche Zonenbeheizung als
- **Fußbodenwarmwasser- oder -elektrobeheizung** (letztere ist auch buchtenweise regulierbar) und/oder als
- **Wärmestrahlung** durch höhenregulierbare Infrarot-Wärmestrahler mit Bodenisolierung. Erstere übertragen ihre Wärme vor allem durch Leitung an die Tiere, letztere durch Strahlung, die absorbiert wird und nicht „weggelüftet" werden kann. Das ergibt eine optimale Temperaturgestaltung (35 bis 28 °C abnehmend) am Liegeplatz, die Strahler können nach einigen Tagen ausgeschaltet werden.

Bei Nutzung der Bodenheizung werden häufig Liegeplatzabdeckungen – gelegentlich mit Öffnungen für kurzzeitig einzusetzende Strahler – verwendet, die eine Energieersparnis bewirken (Abb. B66).

Am **Liegeverhalten** der Ferkel ist die Temperatursituation im Ferkelnest ablesbar. Eine lockere Verteilung verweist auf optimale Bedingungen, die Haufenlage spricht für zu niedrige Temperaturen (Verhaltenswärmeregulation) und ein Ausweichen aus dem Kernbereich des Strahlers zeigt lokal zu hohe Werte an (siehe Farbtafel 5).

Untersuchungen in mehreren Betrieben ergaben teilweise erhebliche Temperaturunterschiede zwischen den Ferkelliegeflächen desselben Stalles, die auf die Notwendigkeit einer routinemäßigen Überprüfung vor Geburtsbeginn verweisen.

Auch in **Aufzuchtställen** ist die zusätzliche Zonenbeheizung der in den Buchten mittel- oder randständig angeordneten Liegeflächen über Fußboden- oder Strahlplattenerwärmung erforderlich, um dem hohen Wärmebedarf der abgesetzten Ferkel zu entsprechen (Abb. B67).

7.4.4.3 Energiequellen

Als Energiequellen werden vor allem die (teure) Elektroenergie bzw. Heizöl, Erdgas, Flüssiggas und/oder Abwärme verwendet. Vor Neu- und Umbauten erfolgt die Entscheidung für ein geeignetes Lüftungs- und Heizungssystem, das nach funktionalen und ökonomischen Gesichtspunkten durch Fachleute auszuwählen ist.

Alternative Energiequellen sind aus Abprodukten gewonnene Wärme und Elektrizität. Die Rückgewinnung der aus den Tierställen entweichenden Wärme ist dann sinnvoll, wenn die dreifache Wärmemenge des zur Rückgewinnung eingesetzten elektrischen Stromes erreicht wird (OLDENBURG 2002). Wärmerückgewinnungsanlagen müssen daher einen hohen Wirkungsgrad bei geringem Stromverbrauch haben.
- In **Luft-Luft-Wärmetauschern** wird die kühlere Zuluft in Röhren-, Platten- oder Folienwärmetauschern im Quer- oder Gegenstrom geführt, ohne dass es zu einer Vermischung kommt. Durch regelmäßige Wartung müssen die aus Staub und Kondenswasser entstandenen Krusten entfernt werden. Auf dem Markt ist lediglich ein vertikaler Wärmetauscher.
- **Erdwärmetauscher** sind dagegen verbreitet. Die Bodentemperaturen variieren mit der Tiefe zunehmend zeitverzögert gegenüber den Außenlufttemperaturen. Da die Erde un-

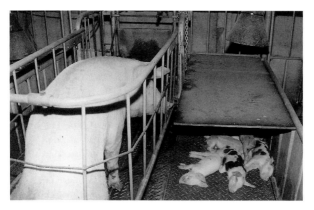

Abb. B66 Abdeckung des beheizten Ferkelliegeplatzes, der aufzuklappen ist:

a) ohne Öffnung für Heizstrahler,

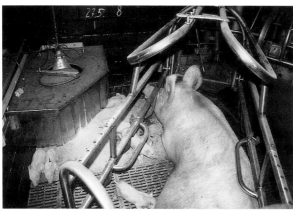

b) mit Öffnung für Heizstrahler.

Abb. B67 Heizung durch Wärmestrahler, Abdeckplatte über dem Gummimatten-Liegebereich im Aufzuchtstall.

ter dem Stall am wärmsten ist, wird hier die Außenluft im Winterhalbjahr mit abnehmender Tiefe zunehmend angewärmt. Im Sommer und in den Übergangszeiten werden allerdings mit solchem System die Temperaturextreme weniger deutlich gebrochen.
In einer Tiefe von mindestens 2 m werden Rohrlängen von 9 bis 11 m (Drainagerippenrohre aus PVC, Nennweite 160−200 mm, keine Beschädigungen oder Einengungen) neben oder unter dem Stall verlegt. Aus ihnen wird die erwärmte bzw. gekühlte Zuluft seitlich oder mittig in den Stall geleitet.

- In einer **Biogasanlage** können Gülle, Einstreu und andere organische Materialien unter Luftabschluss anaerob vergären (siehe Kap. C 10.3.2). Die Energiedichte des Substrates kann durch Futter- und Ernteeste erhöht werden. Elektrischer Strom wird aus Methan in einem Verbrennungsmotor erzeugt, dessen Abwärme ebenfalls zu nutzen ist. Derartige Anlagen sind in größeren Ferkelaufzuchtbetrieben besonders sinnvoll, da die rückgewonnene Wärme als Warmwasserbodenheizung des Ferkelnestes eingesetzt werden kann.

7.4.5 Kühlung

Eine Luftkühlung kann an Sommertagen zweckmäßig sein. Überhöhte Temperaturen belasten die Tiere mit den Folgen verringerten Zuwachses und erniedrigter Reproduktionsergebnisse. Frischluft sollte bei hohen Temperaturen keinesfalls aus einem nicht isolierten Dachraum, sondern aus wandständigen Zuluftklappen angesaugt werden. Zur Senkung der Stalltemperaturen eignen sich in Mitteleuropa mit in den meisten Jahren nur wenigen Temperaturspitzen zwei Verfahren:

- **Erdwärmetauscher** (Erdspeicherverfahren) brechen die Temperaturspitzen um 2 bis 3 °C, vor allem bei großen Tag-Nacht-Schwankungen. Im Sommer wird die Frischluft über die im Boden (Baugrube!) verlegten Rippenrohre abgekühlt und im Winter angewärmt. Die Wirkung hängt von der Verlegetiefe, Kontaktzeit und dem Grundwasserstand ab. Der Kühleffekt auf die Zuluft nimmt mit der Dauer ihrer Nutzung durch die Erderwärmung ab. Die Vor- und Nachteile des Verfahrens gleichen sich etwa aus.

- Bei der **Verdunstungskühlung** erreicht man durch Aufnahme von Wasserdampf in relativ trockene Stalluft eine Temperaturabsenkung um 2 bis 4 °C erreicht (adiabatische Kühlung). Durch Hochdruckvernebelung (ca. 70 bar) von 2 bis 5 g Wasser je m^3 Luft wird in von der Temperatur abhängigen Zeitintervallen ein Wassernebel erzeugt, der der Luft Wärmeenergie entzieht und dadurch eine Abkühlung bewirkt, ohne dass Tiere und Ausrüstung feucht werden. Gleichzeitig wird die bei hohen Temperaturen verringerte Luftfeuchte erhöht, was innerhalb optimaler Werte das Wohlbefinden der Tiere fördert, den Staub bindet und zur Stabilisierung der Leistungen beiträgt. Ein ähnlicher Effekt ist durch entsprechende Befeuchtung des Zuluftstromes mittels Luftkühlern dort zu erreichen, wo die Frischluft über Kanäle zugeleitet wird. Für beide Systeme werden technische Lösungen angeboten, die auch automatisch zu regeln sind. Angefeuchtete Luft sollte nicht durch Porendecken eingesaugt werden.

Auch wenn in Deutschland nur wenige Hitzetage anstehen, verlangen wegen der hohen Belastung der Tiere weitreichende Tierschutzforderungen z. B. in Nordrhein-Westfalen (auch in Dänemark), dass in „Stallungen für Mastschweine ab 30 kg Körpergewicht Einrichtungen zu installieren sind, die eine Abkühlung bei hohen Stallinnentemperaturen sicherstellen". Die Funktionsfähigkeit vorgenannter Kühlungsverfahren muss sich erst noch in der Praxis bewähren. Ein Kühleffekt wird ebenfalls durch Erhöhung der Luftbewegung − auch durch Umluftventilatoren − erreicht, die jedoch bei plötzlichem Temperaturabfall (z. B. beim Gewitter) schnell zurückgenommen werden muss.

7.5 Stallklima und Tiergesundheit

7.5.1 Funktionelle Voraussetzungen

Die stallklimatischen Bedingungen bilden für die Tiere den wichtigsten Umweltfaktor, der andauernd die Wärmeregulation, Lungenatmung, Sauerstoffversorgung und den Kreislauf beeinflusst. Klimamängel mindern das Abwehrvermögen und bilden somit einen begünstigenden Faktor insbesondere für die Entstehung von Saugferkelverlusten und Erkrankungen des Atmungsapparates bei wachsenden Schweinen. Für die Mast ist überdies mit Zunahmeeinbußen von bis zu 20 % zu rechnen, wenn die Tiere einen kalten Stall durch einen erhöhten Futtereinsatz „heizen" müssen. Eine optimale Klimagestaltung ist somit die Voraussetzung für die Stabilisierung der Gesundheit und die Ausschöpfung des Leistungsvermögens.

● **Wärmebildung**

Sämtliche chemischen Umsetzungen und Verbrennungsprozesse erzeugen auch Wärme, die durch Leitung von Gewebe zu Gewebe und von Organ zu Organ sowie vor allem durch den Blutkreislauf innerhalb des Körpers verteilt wird.

Eine gleichbleibende **Kerntemperatur** sichert die ungestörten Funktionen der lebenswichtigen Organe einschließlich des Gehirns. Dagegen variiert in Abhängigkeit von den Außenwerten die Temperatur der **Körperschale**, die die Extremitätenspitzen, die Ohren, den Schwanz und die gesamte Hautoberfläche einbezieht. Durch Einschränkung der Kapillardurchblutung kann die Wärmezufuhr aus dem Körperinneren gedrosselt und damit der Wärmeverlust des Organismus nach außen verringert werden. Eine Überforderung dieses Regulationsprinzips führt zur Auskühlung des Organismus mit Untertemperaturen, was zur Schädigung zahlreicher Organfunktionen führen kann (Leberstoffwechsel, Immunabwehr, Energiegewinnung u. a.). Infolge der gegenläufigen Beziehung von Körpermasse und Hautoberfläche und damit von Wärmebildung und Wärmeabgabe sind die Regelmöglichkeiten der leichtesten Tiere und hier der Saugferkel besonders eingeschränkt.

Ein optimal geregelter **Wärme- und Wasserhaushalt** ist somit eine Voraussetzung des gesunden und leistungsfähigen Organismus. Kalt- und Warmrezeptoren registrieren Abweichungen von den physiologischen Temperaturwerten des Organismus, was insbesondere die Körperschale betrifft. Die kompensatorischen Regulationen erfolgen dann neurovegetativ zur Aufrechterhaltung der Homoiothermie. Ferkel werden von zu geringen, schwere Schweine dagegen von zu hohen Umgebungstemperaturen besonders belastet. Darauf ist die Stallklimatisierung einzustellen.

Neugeborene Ferkel können zum einen infolge geringer Energiereserven den Stoffwechsel nur geringfügig steigern, beispielsweise durch zitterfreie Wärmebildung aus dem braunen Fettgewebe. Die Glukoneogenese gelingt zunächst nur ansatzweise. Zum anderen entstehen bei zu geringen Umgebungstemperaturen hohe Wärmeverluste durch die schwache Isolation des Körpers und durch das ungünstige Verhältnis von Körpervolumen und -oberfläche. Bei der Geburt wechseln die Ferkel aus einer hohen Umgebungstemperatur von etwa 39 °C im Muttertier in die kühle Stallumgebung von 18 bis 22 °C, wodurch die Körpertemperatur absinkt. Der Temperaturverlust ist umso ausgeprägter, je ungünstigere Körperwerte (Geburtsmasse) die Neugeborenen haben, je geringer die Außentemperaturen sind und je länger die Zeitspanne zwischen Geburt und erster Kolostralmilchaufnahme ist. In den ersten Lebenstagen einer noch unausgereiften Wärmeregulation benötigen die Tiere ein Mikroklima am Ferkelliegeplatz, das sich der thermischen Neutralzone von 35 bis 38 °C nähert. Dann erzeugen die Tiere in Ruhelage minimale Wärmemengen, die aus dem Grundumsatz resultieren. Die Temperatur des Körperkerns entspricht in solcher Situation etwa der der Körperschale (Haut, Extremitäten, Ohren, Schwanz) bei einer sehr geringen Wärmeabgabe. Um diese bei verringerten Außenwerten einzuschränken, kann die Hautdurchblutung durch Gefäßkontraktion gedrosselt werden – ein Mechanismus, der in den ersten Lebenstagen noch unterentwickelt ist.

Eine **Untertemperatur nach der Geburt** (Hypothermie post partum) verzögert die Stoffwechsel- und Lebensvorgänge und damit die Vitalität der Tiere (siehe Kap. D 2.7). Als weitere Defizite folgen eine eingeschränkte Bewegungsaktivität und verringerte Kolostralmilchaufnahme, dadurch die zu geringe Energiezufuhr mit verzögerter Normalisierung der Temperatur, mit Trägheit und erhöhter Gefahr des Erdrücktwerdens.

Ab etwa **5. Lebenstag** sind die Mechanismen der Wärmeregulation ausgereift. Das betrifft die Wärmegewinnung durch „Kältezittern" infolge Erhöhung des Muskeltonus (bis 4facher Energieumsatz), die verhaltensbedingte Wärmeregulation durch Haufenbildung am Liegeplatz, das Temperaturauswahlvermögen und die Wärmerückhaltung durch Gefäßkontraktion in der Körperschale. Bei zu geringen Temperaturen sind überhöhte Wärmeverluste auf Kosten anderer Funktionen, insbesondere der Ansatzleistung, auszugleichen. Eine besondere Aufmerksamkeit ist daher der Gestaltung des Liegeplatzes der Saugferkel und dessen Temperierung zu widmen. Die unterschiedlichen Temperaturansprüche von Sau und Ferkeln verlangen bei intensiven Haltungsformen einen entsprechend hohen technischen Standard, der beide Bereiche betrifft (siehe Abb. B57).

Mastschweine und Sauen haben ein schlechtes Anpassungsvermögen an überhöhte Außentemperaturen angesichts des hohen Energieumsatzes, der isolierenden Fettschicht, einer allgemeinen Herz-Kreislaufschwäche sowie des weitestgehenden Fehlens von Schweißdrüsen. Zur Überhitzung (Hyperthermie) des gesunden Organismus kommt es bei anhaltenden Warmwetterperioden, bei dichter Belegung und geringem Luftraum sowie nach erhitzenden Transporten. Ein Wärmestau belastet die Kreislaufregulation und schwächt das Immunsystem. Dem Abbau der Hyperthermie dienen die Beschleunigung der Atmung und ein erhöhter Harnfluss, wenn reichlich Wasser aufgenommen wird. Von außen her wird überhöhte Wärme durch Erhöhung der Luftbewegung, durch Luftkühlung (Vernebelung von Wasser) und Kühlung über die angefeuchtete Liegefläche und Haut der Tiere abgeführt.

Die Regulation der Körpertemperatur ist danach hochgradig abhängig von exogenen und endogenen Faktoren. Im Organismus ist die Bildung und Abgabe der Temperatur mit dem Wasserhaushalt und Blutkreislauf sowie mit der Muskeltätigkeit und Stoffwechselaktivität eng vernetzt.

- **Wärmeabgabe**

Vom Tier **wird Wärme** auf verschiedene Art abgegeben (Abb. B68).
- **Strahlung** (Radiation) hängt von der Temperatur der Luft (bis etwa 25 °C) und der Raumoberflächen ab. Ein zu hoher Wärmetausch über Strahlung kann vermieden werden, wenn die Temperatur der den Raum

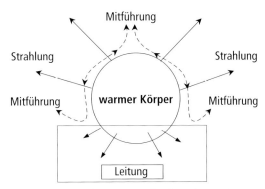

Abb. B68 Art der Wärmeabgabe eines Körpers (MARSCHANG 1981).

umschließenden Teile der Raumtemperatur etwa entspricht.
- **Leitung** (Konduktion) stellt den Wärmefluss von einem Körper zum anderen dar, z. B. von der Hautoberfläche zur Unterlage oder von Tier zu Tier. Bei niedriger Temperatur der Liegefläche strömt die Wärme vom Tier zur Liegefläche auf Kosten der Wärmebilanz des Organismus. Im Wasser ist die Wärmeleitung mehrfach erhöht, weshalb Schweine bei Überhitzung feuchte (Kot-) Bereiche im Stall bzw. die Suhle im Freien aufsuchen.
- **Mitführung** (Konvektion) ist die Wärmeübertragung an den Luftstrom zwischen bewegten festen, flüssigen oder gasförmigen Medien. Beim Schwein bleibt dieser Anteil der Wärmeabgabe im Gegensatz zum Vorgenannten gering, er kann aber durch stärkere Luftbewegung erhöht werden.
- **Verdunstung** erfolgt fast ausschließlich über die Ausatemluft (Respiration) mit etwa 95 % relativer Luftfeuchte. Bei der Verdunstung des Wassers zu Wasserdampf wird Energie benötigt. Durch erhöhte Atemfrequenz „kühlen" sich Schweine bei hohen Temperaturen; hierzu wird die Wasseraufnahme erhöht. Schweißdrüsen sind beim Schwein kaum ausgebildet und daher für die Wärmeregulation nahezu bedeutungslos.

Art und Umfang der Wasserdampf- und Wärmeabgabe sind von der Stoffwechselintensität (Körpergewicht), der Stalltemperatur und -feuchte abhängig. Mehr Wasserdampf wird bei hohen, mehr Wärme bei geringen Temperaturen abgegeben (Abb. B69). Hohe Wärmeverluste

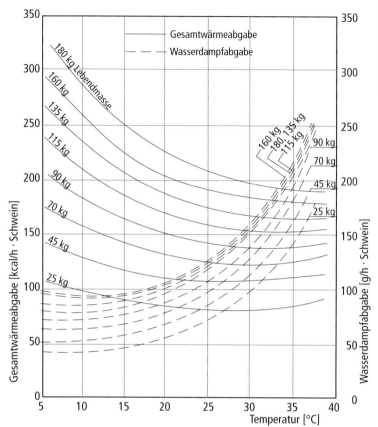

Abb. B69 Gesamtwärme- und Wasserdampfabgabe von Schweinen unterschiedlicher Lebendmasse in Abhängigkeit von der Stalltemperatur (MOTHES 1975).

müssen durch erhöhte Energiezufuhr ausgeglichen werden, woraus – von Gesundheitsschäden ganz abgesehen – eine ungünstige Futterverwertung und verringerte Gewichtsentwicklung resultieren.

• **Fieber bei Erkrankung**
Die mit **Fieber** (ab 39,5 °C) verbundene Temperaturerhöhung ist ein pathophysiologischer Vorgang, der auf anderen Regelmechanismen beruht. Durch endogene und exogene Pyrogene entsteht bei Infektion und Intoxikation mit Allgemeinerkrankung eine krankheitsbedingte Erhöhung des zentral regulierten Temperatur-Sollwertes. Dadurch werden krankheitsauslösende Erreger durch Beschleunigung des Stoffwechsels und der Abwehrmechanismen im Organismus inaktiviert. Dieser energetisch aufwändige Vorgang klingt mit der Normalisierung des Sollwertes ab, sobald die krankheitsverursachenden Fremdstoffe abgebaut sind.

7.5.2 Bedeutung spezieller Klimabelastungen

Die **Sauerstoffversorgung** bildet die Grundlage der Stoffwechselprozesse. O_2-Defizite in der Stallluft sind die Folge einer zu geringen Lüftung.

Bis zu einem O_2-Partialdruck von ca. 120 Torr (= 16 Vol. % unter Normbedingungen), der der Expirationsluft entspricht, sind keine Krankheitszeichen zu erwarten. Eine Verringerung auf 115 bis 90 Torr (15–12 Vol. %) wird durch Erhöhung der Atem- und Herzfrequenz sowie der Atemtiefe kompensiert, was bei überhöhten Stalltemperaturen nur noch partiell gelingt. Eine weitere Verringerung des O_2-Partialdrucks führt zu pathophysiologischen Veränderungen, zu Krankheit und schließlich zum Tod.

Kohlendioxid ist nur in Spuren in der atmosphärischen Luft enthalten (0,03 Vol. %). Stark erhöhte CO_2-Konzentrationen sind in der Regel

Abb. B70 Akute Pneumonien (Pneu) bei Jungsauen nach Mehrfachbelastungen
(7920 Jungsauen unterschiedlicher Herkunft in 10 Belegungen, Transport, neue Umwelt, intensive Aufstallung: ca. 800 Tiere/Stall, 0,6 m²/Tier, 20 Tiere/Bucht, Vollspalten).

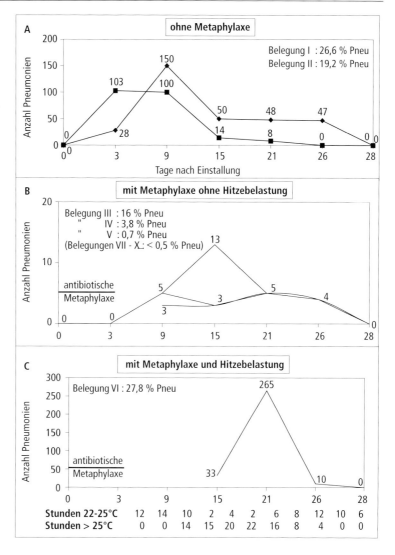

mit einer O_2-Verringerung verbunden. Erhöhte Kohlensäurewerte im Blut lösen die reflektorische Steigerung von Atem- und Kreislauffunktionen aus, die unter den krankhaften Bedingungen eines gestörten Gasaustausches und Säure-Basen-Haushalts anhaltend verändert sein können.

Die **klassischen Schadgase** Ammoniak (NH_3), Schwefelwasserstoff (H_2S) und Methan (CH_4) entstehen durch bakterielle und chemische Gärungs- und Fäulnisprozesse des Kot-Harngemisches. Ihre Konzentration ist abhängig vom Alter der Tiere und der Belegungsdichte, vom Luftwechsel und der Lüftung, von der Stalltemperatur und -feuchtigkeit sowie von der Technologie der Abproduktebeseitigung. Bereits geringe NH_3-Konzentrationen reizen die Schleimhäute der Atemwege und die Bindehäute der Augen. Gesundheitsschäden entstehen ab etwa 30 ppm NH_3-Gehalt der Stalluft. H_2S ist das giftigste Schadgas, das in erhöhten Konzentrationen zu schneller Krankheit und zum Tod durch Schädigung des Atemzentrums führt. Bereits gering erhöhte, längerfristig einwirkende Konzentrationen verursachen eine gesteigerte Erregbarkeit der Tiere. Besondere Vorsicht ist beim Aufrühren und Ablassen der Gülle aus Unterflurlagern geboten, die in der Serviceperiode nach Räumung des Stalles entleert werden sollten.

Eine deutlich verringerte **Luftfeuchtigkeit** im Stall (< 40 rel. %) schränkt die mechanische Staubentfernung aus den Atemwegen (Wimperfunktion des Tracheal- und Bronchialepithels) ein, was insbesondere bei erhöhten Staub- und Keimlasten der Stalluft die Abwehrfunktion gegenüber Erregern einschränkt.

Zu geringe **Stall- und Liegeplatztemperaturen** sind vor allem bei jungen Tieren hochgradige Belastungsfaktoren, die die Gesundheit direkt (Temperaturabfall bei Neugeborenen) bzw. indirekt schädigen (Belastung der Stoffwechselregulationen und Schwächung der Abwehrkräfte). Daher ist die Beheizung der Ferkelliegeplätze aufmerksam zu kontrollieren und in der Serviceperiode für alle Plätze zu überprüfen. Bei schweren Schweinen wird der Zuwachs durch zu geringe Stalltemperaturen verringert („Heizen mit Futter").

Zu hohe Temperaturwerte führen zum Wärmestau im Organismus, von dem wachsende und schwere Tiere mit abnehmender Oberfläche-Masse-Relation zunehmend betroffen sind, insbesondere bei hoher relativer Luftfeuchte. In solcher Situation sinken einerseits die Futteraufnahme und der Zuwachs, zum anderen wird das Immunsystem geschwächt. Im ungünstigsten Fall kommt es zum Tod durch Kreislaufkollaps.

Die **Luftführung im Abferkelstall** kann die Häufigkeit von Krankheiten im Puerperium bei Sauen (MMA-Komplex) beeinflussen. Nach Untersuchungen von Hoy (2002) erkrankten in Abferkelbuchten eines Betriebes mit perforierten Böden in der Nähe von Fenstern, Türöffnungen und Ventilatoren im Winter über 50% der Sauen, weil sie von ständiger Zugluft betroffen waren.

Am Beispiel der Entstehung **akuter Pneumonien bei Jungsauen**, die zwecks Vorbereitung auf die Erstbelegung einer neuen Großanlage aus einer Vielzahl von Herkünften zusammengeführt wurden, wird nachfolgend die Bedeutung einer Temperaturbelastung durch anhaltende Stallüberhitzung dargestellt (Abb. B70). Im Ergebnis von Ein- und Umstallstressoren und eines heterogenen Keimspektrums entstanden in den ersten beiden Haltungswochen der Belegungen I und II (Abb. B70 A) massenhaft akute Pneumonien, die antibiotisch meist erfolgreich behandelt werden konnten (siehe Tab. C6 in Kap. C 1.6).

Durch orale antibiotische Mesophylaxe während der ersten 6 Haltungstage war das Geschehen in den Folgebelegungen weitestgehend zu unterdrücken (Abb. B70 B), bis eine Hitzeperiode in Belegung VI die Tiere nach Abklingen der antibiotischen Wirkung erneut so stark schwächte (Abb. B70 C), dass etwa 28% aller Jungsauen dieser Stallgruppe massiv erkrankten. Dieses einzigartige Beispiel der Folgen von hochgradigen Mehrfachbelastungen bei zur Besamung anstehenden Jungsauen resultiert aus den Möglichkeiten einer zentralistischen Planwirtschaft, die gleichermaßen den Bau extremer Großanlagen wie die Zulieferung einer sehr großen Anzahl von Zuchttieren aus allen verfügbaren Betrieben anordnen und durchsetzen konnte.

8 Transport von Schweinen

Tiertransporte werden mit Straßenfahrzeugen, Schiffen, Flugzeugen und der Eisenbahn durchgeführt. Während vor 5 Jahrzehnten die Schweine noch überwiegend mit der Bahn zu den Schlachtstätten gefahren wurden, ist an deren Stelle der LKW-Transport getreten. Zum Transport gehören das Ausstallen, Beladen, Fahren, Entladen und Einstellen in die Schlachtstätte bzw. den Empfängerbetrieb. Der Straßentransport kann unterteilt werden in

- den Werkverkehr mit bis zu 75 km Radius (ohne Fahrtenschreiber) und
- den Fernverkehr über größere Strecken (mit Fahrtenschreiber).

8.1 Rechtsgrundlagen

Dem Tiertransport wird ein großes öffentliches Interesse aus Sicht des Tierschutzes entgegengebracht, da mit ihm hochgradige Belastungen verbunden sein können. Durch Beachtung der gesetzlich vorgeschriebenen Mindestvoraussetzungen sollen Schmerzen, Schäden und Verluste von Tieren sowie Fleischqualitätsminderungen weitestgehend vermieden werden. Für Schweinetransporte in der EU sind die Festlegungen der **Richtlinie 95/29/EG** des Rates vom 29. 06. 1995 zu beachten. Die EU-Staaten können strengere, nicht jedoch weichere Standards für den nationalen Gebrauch festlegen. In Deutschland gilt die in nationales Recht umgesetzte „**Tierschutztransportverordnung – TierSchTrV**" in der Fassung vom 11. 06. 1999. Sie verlangt unter anderem

- die Begrenzung von Schlachttiertransporten auf 8 Stunden,
- die Registrierpflicht für gewerbliche Transporteure,
- die Einführung eines Sachkundenachweises des für den Umgang mit Tieren verantwortlichen Transportpersonals sowie
- einen Transportplan für länger dauernde (Zuchttier)Transporte mit Festlegung der Ruhepausen und der Tränk- und Fütterungsintervalle.
- Die Tiere müssen außerdem so gekennzeichnet sein, dass während des Transports ihre Herkunft festzustellen ist.

Die vorgenannte Transportzeit kann bei (Zucht-)Schweinen auf maximal 24 Stunden verlängert werden, wenn in Spezialfahrzeugen folgende Voraussetzungen erfüllt sind:

- Ausreichend Einstreu und direkter Zugang zu den Tieren,
- bewegliche Trennwände zur Einrichtung von Boxen, Absperren erkrankter Tiere,
- Anpassung der Belüftung an die Innen- und Außentemperaturen,
- Mitführen von ausreichend Wasser, Außenanschluss zur Wasserführung und ständiger Zugang der Schweine zur Tränke.

Die Auflagen der EU-Richtlinie sind weiterhin in der nationalen „**Verordnung zum Schutz kranker oder verletzter Tiere vor Belastungen beim Transport**" vom 22.6.1993 (Transport-SchutzVO) umgesetzt. Danach dürfen zur Vermeidung weiterer Schmerzen, Leiden und Schäden keine kranken, gebärenden und säugenden Tiere ohne Muttertier transportiert werden. Ausnahmen sind bei tierärztlicher Anordnung zu diagnostischen, therapeutischen und anderen Zwecken zulässig. Kranke und gesunde Tiere dürfen dann nicht gemeinsam befördert werden.

Für **internationale Transporte** ist die „**Verordnung zum Schutz von Tieren beim grenzüberschreitenden Transport**" (29. 3. 1983) anzuwenden. Neuerlich verschärfte Nachweispflichten verlangen eine „**Internationale Transportbescheinigung**", die Folgendes fordert (LORENZ 1996):

- Erstellung eines Transportplans bei über 8 Stunden Dauer durch den registrierten Transporteur,

Tabelle B87: Flächenbedarf beim Transport von Schweinen auf der Straße

Tierart/Schweine	Gewicht in kg	erforderliche Fläche pro Tier/m²
• Ferkel	25	0,18
	30	0,21
	35	0,23
• Mastschweine	40	0,26
	70	0,37
	100	0,45
	110	0,50
	120	0,55
• Sauen	120	0,70

- Eignung des Transportfahrzeugs hinsichtlich seiner Beschaffenheit und Ausrüstung (Ladefläche, Rampe, Trenngitter, Tränkgefäße, Fütterungsmöglichkeit u. a.),
- Festsetzung von Gruppengröße und Belegdichte nach den „Empfehlungen für den internationalen Straßentransport" (Tab. B87),
- Benennung anerkannter Versorgungsstationen bei langdauernden Ferntransporten und
- ordnungsgemäße Versorgung und tierschutzgerechte Behandlung der Tiere am Zielort/-hafen (Bescheinigung vom zuständigen Veterinäramt).

In Zeiten besonderer **Seuchengefahr** (MKS, Schweinepest) werden für den internationalen, den EU-internen und den nationalen Tierverkehr spezielle Vorschriften vom Gesetzgeber und den zuständigen Behörden erlassen, die bindend sind.

8.2 Transportbelastungen

Beim Transport werden Tiere einer Vielzahl an physischen und psychischen **Belastungen** (Stressoren) ausgesetzt, die das Herz-Kreislaufsystem, den Energiestoffwechsel sowie den Wärme- und Wasserhaushaltes hochgradig beanspruchen.

Belastungen entstehen durch

- das Trennen von Artgenossen und gewohnter Umgebung,
- das Zusammenkommen mit fremden Tieren und neue Gruppenbildung unter eingeengten Bedingungen,
- das Be- und Entladen der ansonsten bewegungsarm gehaltenen Tiere,
- neue und ungewohnte sonstige Einwirkungen wie Fahrzeugbewegung und veränderte klimatische Bedingungen gegenüber der bisherigen Haltung sowie durch
- das Aussetzen der Wasseraufnahme über zahlreiche Stunden.

Negative ökonomische Auswirkungen ergeben sich aus den während des Transportes verendeten Tieren, durch transport-bedingte Notschlachtungen, durch Körpergewichtsverluste, Verletzungen, Hämatome und Hautschäden sowie durch Fleischqualitätsmängel (PSE-/DFD-Fleisch). Transportverluste belaufen sich auf 0,1 bis 0,4 % der verladenen Schlachttiere. Sie können bei schwülwarmer Witterung und ungünstigen Transportbedingungen jedoch auch bei 1 % und darüber liegen. An solchen Tagen ist mit hohen Anteilen an Qualitätsabweichungen des Fleisches insbesondere bei „stressempfindlichen" Tieren (s. Kap. B3 und D1.4.5) zu rechnen.

8.3 Pathophysiologische Belastungsreaktionen

Heutige Schlachttiere verfügen im Vergleich zu früheren Zuchtrichtungen über eine wesentlich größere Muskelmasse, einen geringeren Fettansatz und ein schnelleres Wachstumsvermögen. Dieses auf hohen Eiweißansatz gezüchtete Hausschwein hat nicht nur deutliche **Schwachstellen** im kardiovaskulären System (niedriges relatives Herzgewicht und Blutvolumen, ungünstiges Systole-Diastole-Verhältnis insbesondere bei Belastungen), sondern auch mangelhaft ausgestattete Wärmeabgabemechanismen und eine niedrige Erregungsschwelle. Bei „stressempfindlichen" Schweinen kommt die Insuffizienz der Skelettmuskulatur hinzu (verringertes Ca^{++}-Speichervermögen, hoher Anteil weißer Muskelfasern, verringerte Kapillarisierung der Muskulatur). Die Sauerstoffverfügbarkeit ist demzufolge begrenzt, eine anaerobe Stoffwechsellage wird schnell erreicht. Beim Transport werden durch nervale und lokomotorische **Belastungen** Stoffwechselzustände induziert, die die Adaptationsfähigkeit des Tieres bis zur Grenze der Regulierbarkeit beanspruchen. Bei belastungsschwachen Tieren kann das zum Tod führen. Reaktionen auf Transportbelastungen sind ein Anstieg der Herz- und Atemfrequenz, der Körpertemperatur sowie einiger Parameter des Blutbildes (Hämatokrit), des Energiestoffwechsels (Creatinkinase [CK], Laktat, Laktatdehydrogenase [LDH]) und der hormonellen Regulation (Cortisol). Bei Transportbelastungen treten vermehrt Enzyme der Skelettmuskulatur in den extrazellulären Raum (CK, LDH), bei zunehmender Belastungsintensität und -dauer reagieren Herz, Leber und andere Organe ebenfalls mit verstärkten Enzymaustritten (GLDH, ASAT, ALAT u. a., Tab. B88).

Bei Tieren mit starkem Anstieg der belastungsabhängigen Enzyme und Metabolite ist die Homöostase durch pH-Wert-Absenkung bereits vor der Betäubung gestört, wodurch in Kombination mit der folgenden anaeroben Glykolyse eine „Übersäuerung" mit Fleischqualitätsänderung (PSE) entsteht.

Die Kenntnis der **Reaktion einiger Funktionskreise** bildet eine Grundlage zur Bewertung einer Belastungssituation unter experimentellen Verfahrensprüfungen. Die **Herzfrequenz (HF)** wird bei stärker stressempfindlichen Tieren höher als bei weniger stressempfindlichen Schweinen ausgelenkt. Beim Heraustreiben des Schweines und Beladen kann dessen Herzfrequenz um das Doppelte ansteigen. Weitere Belastungsspitzen stellen länger anhaltende Fahrzeugstopps (Stau), das Entladen und Eintreiben in den Schlachthof sowie ein aufregendes Einführen zur Betäubung dar (Abb. B71).

Die Veränderungen der **Hämatokrit- und Serumlaktat-Gehalte** bei definiertem Transport der Tiere sind in Abbildung B72 dargestellt. Die Verlaufskurven dieser belastungsarm über Dauerkatheter ermittelten Parameter zeigen
- deutliche Auslenkungen beim Ausstallen und Beladen der Fahrzeuge,

Tabelle B88: Signifikante Veränderungen von Enzymwerten im Blutplasma durch Transport und Schlachtung (Ruhewert = Basiswert 1,00, LENGERKEN u. PFEIFFER 1977)

Variable	gemessen im Blut nach Transport	gemessen im Schlachtblut nach Betäubung
CK	1,98	3,11
MDH	1,41	1,82
SP	1,35	1,68
LDH gesamt	1,36	1,82
LDH-1	0,84	0,69
LDH-4	1,48	2,20
LDH-5	5,61	10,70
ICDH	2,03	2,25

LDH – Laktatdehydrogenase (Isoenzyme 1,4,5)
MDH – Malatdehydrogenase
ICDH – Isocitratdehydrogenase
SP – Saure Phosphatase
CK – Creatinphosphokinase

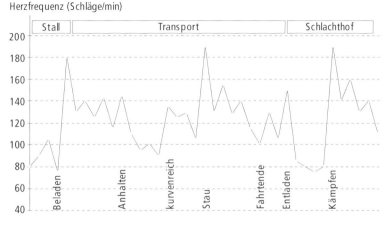

Abb. B71 Verlauf der Herzfrequenz während und nach dem Transport von Schlachtschweinen (v. MICKWITZ 1994).

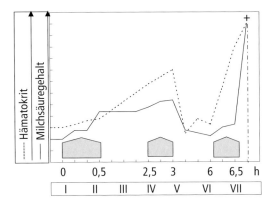

Die Pfeile kennzeichnen die Belastungsschwerpunkte
I   Ausgangssituation in der Stallbucht
II Ausstallung und Beladen des Transportfahrzeugs
III eigentlicher Transport
IV Entladen des Transportfahrzeugs und Treiben in die Ruhebucht
V   Ruhezeit
VI Treiben von der Ruhebucht in die Waschbucht und Waschen
VII Treiben in die Betäubungsbucht, Betäuben, Ausbluten

Abb. B72 Schematische Darstellung der Abweichungen des Laktatgehaltes im Blutplasma sowie des Hämatokrits vom Ausgangswert bei Schweinen zwischen Ausstallung und Betäubung (Prange et al. 1977, 1978).

- die Bedeutung eines ruhigen Fahrens, vor allem aber der Ruhezeit von ca. 2 Stunden für die Rückführung der erhöhten Werte und
- die hochgradigen Belastungen und Parameteranstiege beim Zutrieb zur und während der Betäubung (mit Elektrozange in der Betäubungsbucht).

Letztgenannte Belastungen wirken so stark, dass die Bedeutung aller vorangegangenen Transportphasen in den Hintergrund tritt. Diesen Erkenntnissen folgend sind in den zurückliegenden 2 Jahrzehnten praxisreife belastungsarme Technologien für den Zutrieb zur Betäubung entwickelt worden.

Hochgradige pathophysiologische Veränderungen im Organismus schwächen überdies die **Immunabwehr** und fördern die Erregervermehrung und -verbreitung. Sie erleichtern damit auch Lebensmittel-„Vergiftern" (z. B. Salmonellen) ein Durchdringen der durch Epithelbarrieren und das Lymphsystem gegebenen Abwehrmechanismen, was zu stärkerer Kontamination der Organe nach einem belastenden Transport führen kann.

8.4 Vorbereitung des Transports

Tiertransporte werden mit den Abnehmern und Transporteuren geplant. Markt- und transportfähige Tiere werden ausgewählt, gewogen und bezüglich ihrer Kennzeichnung erfasst. Ein belastungsarmer und verlustfreier Transport verlangt die richtige Vorbereitung der Tiere und deren behutsame Verladung.

8.4.1 Nüchterung der Tiere

Der mehrstündige **Futterentzug (Nüchterung)** vor Transportbeginn soll einerseits zusätzliche Belastungen der Tiere durch einen vollen Verdauungstrakt und zum anderen unnötige Futterverluste vermeiden. Längere Nüchterungszeiten sind immer mit Gewichtseinbußen verbunden. Sie liegen beim Schwein zwischen 0,12 und 0,20 % pro Stunde und werden zunächst durch die Ausscheidung von Kot und Harn verursacht. Die Reduzierung der Schlachtkörpersubstanz beginnt in Abhängigkeit von den gegebenen Bedingungen zwischen 9 und 18 Stunden nach der letzten Fütterung.

Futterentzug beeinflusst die spätere Fleischbeschaffenheit einerseits dahingehend, dass nach langer Nüchterungszeit weniger PSE-Fleisch (pale, soft, exudative) infolge höherer End-pH-Werte in der Kotelett- und Schinkenmuskulatur auftritt. Bei sehr langem Futterentzug (24 Stunden) vor der Schlachtung kann andererseits der Energievorrat so weit verbraucht sein, dass die postmortale Fleischsäuerung zu gering ist, so dass infolge unerwünscht hoher End-pH-Werte eine deutliche Verschiebung in den DFD-Bereich (dark, firm, dry) entsteht. Zu kurze wie zu lange Nüchterungszeiten sind daher keine sinnvollen Beiträge zur Verbesserung der Fleischqualität. Entscheidend ist nicht nur der Zeitpunkt des Futterentzugs vor dem Transport, sondern die gesamte **Nüchterungszeit** bis zur Schlachtung. Diese sollte unter Beachtung der Kriterien Gewichtsverlust, Mortalität beim Transport, hygienische Anforderungen (Darm-Blut-Schranke) und Fleischqualität zwischen 8 bis 18 Stunden liegen. In Abhängigkeit von der Länge der Ausruhzeit sollten Schweine also 4 bis 12 Stunden vor Transportbeginn kein Futter mehr aufnehmen können.

Tränkwasser muss jederzeit verfügbar sein.

8.4.2 Ausstallen und Verladen

Zum Schutz vor Einschleppung infektiöser Erkrankungen muss beim Ausstallen und Verladen der Tiere das **Schwarz-Weiß-Prinzip** gewahrt werden, indem der Austrieb vom Betriebspersonal durchgeführt wird und die Transporteure den Weißbereich weder betreten noch befahren.

Der **Treibweg** innerhalb des Stalles und auf der Rampe muss einen griffigen Boden (Beton) haben, um ein Ausrutschen zu vermeiden. Scharfe Kanten, die zu Verletzungen führen können, sind ebenso zu vermeiden wie Wegänderungen, die nicht einsehbar sind und den Treibvorgang abbremsen. Die Treibstrecke einschließlich des Fahrzeuginnenraums sollte so gut ausgeleuchtet sein, dass die Tiere vom Dunkleren (ca. 70 Lux) ins Hellere (120–170 Lux) gehen, ohne geblendet zu werden. Spiegelnde Flächen und Schlagschatten sind zu vermeiden. Die Treibgänge sollten eine Breite von minimal 80 cm haben, besser aber so breit sein, dass 3 bis 4 Tiere nebeneinander laufen und sich überholen können, ohne zu verkeilen.

Das **Verladen** hat in Ruhe mit Hilfe einer den Tieren bekannten Person zu erfolgen. Lärm und Zwangsmittel sind zu vermeiden. Vom Personal gemachte Fehler beruhen oft auf hohem Zeitdruck, aber auch auf unzureichenden ethologischen Kenntnissen und Erfahrungen, so dass es nicht gelingt, die Tiere unter Ausnutzung ihres Erkundungsverhaltens, ihres Herdentriebs und ihrer jeweiligen Fluchtzonen zur ruhigen Vorwärtsbewegung zu veranlassen. Ferkel werden vom Stall zum Fahrzeug über weite Strecken besser gefahren als getrieben.

Der mindestens 100 cm breite **Verladebereich** sollte überdacht und regengeschützt, gut ausgeleuchtet sowie mit einem leichten Gefälle (2 bis 3 %) vom Gebäude zum LKW ausgeführt sein. Eine einwandfreie Jaucheabführung und Reinigung sind zu gewährleisten.

Als **Ver- und Entladevorrichtungen** kommen Rampen und Hebebühnen in Betracht. Die Laderampe sollte eine Neigung von weniger als 20° besitzen (Abb. B73).

Die Verwendung **elektrischer Treibstöcke** ist zwar verboten. Ausnahmen sind aber gestattet bei gesunden, nicht verletzten und über 4 Monate alten Schweinen, die die Fortbewegung hartnäckig verweigern. Die Stromstöße dürfen in solchen Fällen nur auf die hintere Extremitätenmuskulatur mit einem Gerät verabreicht werden, dessen Einwirkung auf höchstens zwei Sekunden begrenzt ist. Die Anwendung des Elektrotreibstabes ist für das betroffene Tier schmerzhaft und belastend, die negativen Auswirkungen verstärken sich bei mehrfacher Anwendung. Es kann schnell zu Panikreaktionen

Abb. B73 Rampe zur Geradeausverladung von Mastschweinen.

Abb. B74 Ruhiges Beladen mit Hilfe von Kunststoffschilden (aber: 90°-Winkel im Treibweg).

kommen, die die späteren Abweichungen der Fleischqualität begünstigen. Besonders unsinnig ist es, mit Stromreizen Tiere anzutreiben, die keine Fluchtmöglichkeit nach vorne haben.

Unter der **Fluchtzone** ist eine gedachte kreisförmige Linie um das Tier zu verstehen, deren Überschreitung in der Regel durch Fluchtreaktion beantwortet wird. Dringt ein Treiber beispielsweise von schräg hinten in diesen Bereich ein, wird das Tier vorrücken, um die Distanz wieder herzustellen. Kommt die Person dem Tier innerhalb der Fluchtzone zu rasch zu nahe, wird es nach vorne ausbrechen oder bei blockiertem Weg sich wenden und versuchen, hinter den Treiber zu gelangen. Beim gruppenweisen Treiben besteht eine größere gemeinsame Fluchtzone. Die Beachtung dieser Verhaltenskriterien fördert die kontrollierte, belastungsarme Vorwärtsbewegung.

Geeignetere **Treibhilfen** sind Treibschilde, Klatschen oder Plastik- bzw. Gummirohre zum Lenken ausweichender Tiere und zum Schlagen gegen das Treibschild (Abb. B74).

Hebebühnen sind so zu konstruieren, dass Tiere nicht eingeklemmt werden können. Deren Boden ist rutschfest durch Querleisten (2 cm hoch im Abstand von 20 cm) zu gestalten. **Laderampen** und Ladeplattformen sind günstigerweise mit einem undurchsichtigen Seitenschutz zu versehen (Verblendung für Schweine bis mind. 0,70 m Höhe). Die Stufe zum Fahrzeugboden sollte nicht höher als 12 cm, der Spalt zwischen der Rampe bzw. der Ladeplattform und dem Ladeboden des Fahrzeugs nicht größer als 1,5 cm sein (Abb. B75).

Auf dem Fahrzeug werden voneinander abgetrennte **Tiergruppen** mit maximal 30 Ferkeln, 15 Mastschweinen bzw. 5 Sauen gebildet. Der Fahrer ist für die Tiere verantwortlich. Er hat deren Zustand zu überwachen, die Lüftung zu regulieren, für Tränkung und Fütterung in den vorgeschriebenen Zeitabständen zu sorgen und die Fahrweise den Bedingungen anzupassen.

8.5 Transportbedingungen

8.5.1 Technische Voraussetzungen

Die Mehrzahl der Schlachttiere wird innerhalb der EU-Länder weniger als 2 Stunden mit einer **Distanz** unter 100 km transportiert. Längere Transporte ergeben sich vor allem beim Überfahren von Landesgrenzen, aber auch bei größeren Differenzen der Abrechnungspreise verschiedener Schlachthöfe. Im grenzüberschreitenden Transport des EU-Binnenmarktes werden jährlich etwa 4,5 Mio. Mastschweine bewegt mit teilweise langen Transportzeiten (6 bis 15 Stunden und teilweise länger).

Das **Fahrzeug** muss einen absolut wasserdichten Boden haben, um die kommunal- und seuchenhygienischen Vorgaben zu erfüllen. Die

Abb. B75 Stau vor zu hoher Stufe zwischen Rampe und Fahrzeugboden.

Bodenausführung und Einstreu hat den Anforderungen der Tiere zu entsprechen. Der Boden muss rutschfest und wärmegedämmt sein, besonders für Ferkeltransporte. Die Transportfahrzeuge für den gewerblichen Gebrauch werden neuerdings zunehmend standardisiert und zertifiziert.

Die **Reinigung und Desinfektion** muss einfach durchführbar sein und nach jedem Transport erfolgen. Im Fahrzeug ist ein diesbezügliches Kontrollbuch mitzuführen.

Beim Transport mit **Lastkraftwagen** kommen sowohl kleinere Fahrzeuge mit Kastenaufbau und ein oder zwei Ladedecks als auch größere Einheiten aus Zugmaschine und Anhänger oder Auflieger (Trailer) mit zwei oder drei Ladedecks zum Einsatz (Abb. B76). Um die Ausstallung und den Abtransport vorab planen zu können, sollten Tierzahl und Ladekapazitäten abgestimmt sein. Letztere setzen die Kenntnis der Fahrzeuge voraus, deren Ladevolumen in Tabelle B89 aufgeführt ist.

Abb. B76 Mehrgeschossiges Großraumfahrzeug im Ladekanal einer Großanlage.

Tabelle B89: Zuladekapazitäten von Schweinen*) auf Lkw und Zentralachsanhänger bzw. EU-Lkw-Sattelzug (LORENZ 1996)

Tierart			Ferkel	Mastschweine	Jungsauen	Sauen	Eber und Sauen
• ca. Gewicht/Tier (kg)			30	110	120	200	250
• Fläche/Tier (m²)			0,13	0,46	0,51	0,86	1,37
Lkw	**Zuladung**		**Tiere**				
• Ladeboden einstöckig 5000 mm × 2400 mm	t m²	2,80 12,00	92	26	23	14	9
• Ladeboden einstöckig 7250 mm × 2400 mm	t m²	4,10 17,40	134	38	34	20	13
• Ladeboden einstöckig 8000 mm × 2400 mm	t m²	4,50 19,20	148	42	38	22	14
• Ladeboden zweistöckig 7250 mm × 2400 mm	t m²	8,20 34,80	268	76	68	40	25
• Ladeboden dreistöckig 7250 mm × 2400 mm	t m²	12,30 52,20	402	113	102	61	38
Anhänger	**Zuladung**		**Tiere**				
• Ladeboden einstöckig 7500 mm × 2400 mm	t m²	4,20 18,00	138	39	35	21	13
• Ladeboden zweistöckig 7500 mm × 2400 mm	t m²	8,40 36,00	276	78	70	42	26
• Ladeboden dreistöckig 7500 mm × 2400 mm	t m²	12,60 54,00	414	117	105	63	39
Sattelauflieger	**Zuladung**		**Tiere**				
• Ladeboden zweistöckig 13 500 mm × 2400 mm	t m²	15,30 64,80	498	140	127	75	47
• Ladeboden dreistöckig 13 500 mm × 2400 mm	t m²	23,00 97,20	747	210	191	113	71

*) = pro m² Ladefläche ca. 0,235 t maximales Ladegewicht

Die Mindesthöhe eines Decks soll 30 cm über der größten Widerristhöhe liegen. Transporte mit kleineren Fahrzeugen ohne Anhänger sind für die Tiere oft belastender, da diese häufig schneller gefahren werden und stärker auf die Straße und Fahrweise reagieren als größere Transporteinheiten. Lkw mit drei Ladeebenen erschweren das Entladen, da die Entleerung des untersten Decks von innen nur in gebückter Haltung des Personals möglich ist. Um dies zu vermeiden, wird gelegentlich von außen durch die Lüftungsklappen mit ungeeigneten Gegenständen auf die Tiere eingewirkt, was aus Gründen des Tierschutzes und der Produktqualität (Rotfärbung der Schwarte) bedenklich ist.

Der **Transportraum** und seine Zusatzeinrichtungen müssen so beschaffen sein, dass sie den Tieren keinen Schaden zufügen und Belastungen oder äußere Einwirkungen von ihnen abhalten. Zu beachten ist Folgendes:

- Der Laderaum ist überdacht und zur Orientierung der Tiere hinreichend beleuchtet. Er weist stumpfe Kanten und glatte Seitenwände auf.
- Der Fußboden ist rutschfest, stufenlos waagerecht und mit einer saugfähigen Einstreu versehen. Der Fußboden der oberen Etagen mehrstöckiger Fahrzeuge ist flüssigkeitsdicht.
- Der Transportraum kann durch Trennwände oder -gitter variabel unterteilt werden und die Bildung kleiner Transportgruppen ermöglichen. Die Trennwände besitzen eine hinreichende Höhe und sichere Verankerung.
- Die Ladeklappe reicht über die ganze Fahrzeugbreite und besitzt Vorrichtungen, die das

Herausfallen der Tiere beim Öffnen der Türen zuverlässig verhindern.
- Die Belüftung dient der Frischluftzufuhr und Wärmeabfuhr, sie erfolgt über Lüftungsöffnungen an den Vorder- und Seitenwänden in etwa 40 cm Höhe. Die Klappen können nach Bedarf geöffnet oder geschlossen werden. Die Luftumwälzung ist klimaabhängig und beträgt mindestens 85 m^3 je Stunde und 100 kg Lebendgewicht.
- Bei Ferntransporten sollte außerdem die Möglichkeit zur Zwangsbelüftung bestehen, die sinnvollerweise zentral aus der Fahrerkabine bedient wird.
- Jedes Abteil muss von der Seite her zugängig sein, damit verletzte Schweine entnommen werden können.

Für Großraum-LKW und längere Transporte kann die Installation einer Videokamera zur visuellen Kontrolle des Laderaumes sinnvoll sein, mittels derer der Transportverlauf beobachtet und auch im Nachhinein – z. B. zur Klärung bzw. Einigung in Schadensfällen – bewertet werden kann. Der Mobilfunk stellt eine sinnvolle Ergänzung zur raschen Benachrichtigung bei Notfällen und zur besseren organisatorischen Steuerung der Transporte dar.

8.5.2 Ladedichte und Fahrweise

Eine geeignete **Ladedichte**, die das Niederlegen aller Tiere ermöglicht, ist eine wesentliche Voraussetzung für geringe Transportbelastungen. Deutsche Empfehlungen orientieren auf
- 0,18 bis 0,23 m^2 je 25 bis 35 kg schwere Läufer,
- 0,45 bis 0,55 m^2 je 100 bis 120 kg schwere Mastschweine und auf mindestens
- $\geq$ 0,70 m^2 je Jungsau von etwa 120 kg.

Eine zu geringe Dichte hat den Nachteil, dass es beim Halt in gemischten Gruppen zu Kämpfen kommt. Die neueren EU-Festlegungen zum Schutz von Tieren während des Transportes legen maximal 235 kg/m^2 (0,425 m^2 je 100 kg) fest, nach Witterung und Transportzeit können bis zu 20 % Raumfläche dazugegeben werden (0,510 m^2/100 kg). Mit zunehmender Belegungsdichte, die ein bequemes Liegen der Tiere behindert, steigen die Belastungen, mit ihnen die Gesundheitsschäden und Fleischqualitätsmängel, und dies besonders bei hohen Temperaturen.

Die **Fahrweise** beeinflusst das Befinden der Tiere. Jedes Anfahren, Beschleunigen, Bremsen und Kurvenfahren führt zu Schub- und Fliehkräften. Eine belastende Fahrweise entsteht bei zu hoher Geschwindigkeit, aber auch auf Fahrstrecken mit schlechter Wegebeschaffenheit und Stop-and-Go-Verkehr. Schlachtbetriebe mit guter Verkehrsanbindung im Erzeugergebiet haben daher Standortvorteile.

8.5.3 Transportzeit und -entfernung

In öffentlichen Diskussionen wird der **Entfernung** und **Dauer der Transporte** eine besondere Beachtung geschenkt. Daraus kann nicht allein auf die tatsächliche Belastung rückgeschlossen werden, da z. B. lange und ruhige Fahrten bei günstigen Verhältnissen nicht besonders negativ auf die Tiere wirken.

Dennoch ist die Begrenzung der Transportdauer sinnvoll. Das betrifft einerseits die Weglänge, zum anderen die zeitverzögernden Nebenumstände des Transportes, wie Stau und schleppender Verkehr. An warmen Tagen kann ein Verkehrsstillstand zu einem dramatischen Wärmestau führen. Unter kleinbetrieblichen Verhältnissen kommt zur Fahrzeit die zeitliche Verlängerung durch das Anfahren mehrerer Erzeugerbetriebe hinzu.

Unter **deutschen Verhältnissen** erscheint eine Transportdauer für Schlachtschweine von 6 Stunden als Regelwert durchaus realisierbar, eine Höchstdauer von 8 Stunden sollte keinesfalls überschritten werden. Eine starke Verkürzung der Transportdauer führt nicht generell zu befriedigenderen Ergebnissen bei der Fleischqualität, da sich die Belastung der Tiere aus der Summe aller beteiligten Faktoren ergibt. Belastungsarme Bedingungen verlangen daher die Optimierung aller Teilbereiche des Transports.

8.6 Klimaeinflüsse

Das Wetter beeinflusst nicht nur den Belastungsstatus der Tiere während der Fahrt, sondern es bestimmt auch die Kondition der Tiere vor und nach dem Transport. Mit steigenden Außentemperaturen werden die Bedingungen

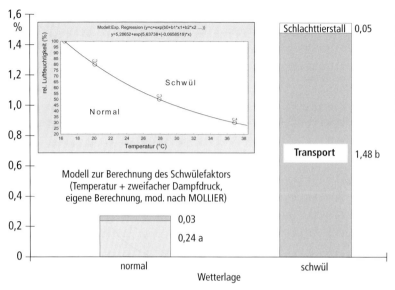

Abb. B77 Anteil der auf dem Transport und im Schlachttierstall verendeten Schweine in Abhängigkeit von der Wetterlage (mit einem Modell zur Berechnung des Schwülefaktors).

ungünstiger, was zu mehr Verlusten (Abb. B77) und zu Fleischqualitätsmängeln führt. Wenn zur erhöhten Außentemperatur auch noch ein hoher Schwülefaktor (bei gleichzeitig hoher Luftfeuchtigkeit) hinzukommt, dann können die Tiere immer weniger überschüssige Wärme abgeben. Daraus resultieren höhere Körpertemperaturen und eine zunehmend azidotische Stoffwechsellage, und dies nicht nur bei genetisch „stressempfindlichen" Tieren. Daher sind Transporte an warmen Tagen generell problematisch. Dies gilt um so mehr, je größer die Abweichung des aktuellen Schwülefaktors von den Werten der vorausgegangenen Tage ist.

Dagegen können sehr niedrige Temperaturen auf dem Fahrzeug dazu beitragen, dass die Schweine während des Transports nicht zur Ruhe kommen. Schlachtschweintransporte sollten deshalb bei extremen Witterungsverhältnissen (unter -10 °C oder wesentlich über +20 °C) nicht durchgeführt werden. An warmen Tagen ist der Transport auf die frühen Morgenstunden zu legen, um die in der warmen Jahreszeit ohnehin höheren Ausfälle zu minimieren.

Ferkel und Mastläufer dürfen keinen Kältebelastungen ausgesetzt werden (kräftige Einstreu, keine Zugluft, Beheizung).

8.7 Entladen am Schlachtbetrieb

Nach dem Eintreffen des Fahrzeugs auf dem Schlachthof sind die Tiere unverzüglich abzuladen; dafür gelten dieselben Grundsätze wie für das Beladen. Das Einstallen in den Schlachthof erfolgt in Ruhe, so dass die Lebendbeschau jedes einzelnen Schweines durch den amtlichen Tierarzt durchgeführt werden kann.

● Kontrolle der Tiergesundheit
Im Rahmen der Lebenduntersuchung nach dem Transport können pathophysiologische Kriterien nicht herangezogen werden. Von Interesse sind jedoch alle visuell erfassbaren Krankheitszeichen und Verhaltensabweichungen, wie Hecheln, Speichelfluss, Konjunktivenrötung, Stauung der Ohrvenen sowie in schweren Fällen eine Verweigerung der Fortbewegung und das Niederlegen des erschöpften Tieres. Der bevorstehende Tod durch einen Kreislaufkollaps (Herzfrequenz über 200/min, Rektaltemperatur über 41 °C) kann durch Kühlung (Besprühen), Ruhen und notfalls durch eine rückstandsfreie Kreislaufmedikation vielfach abgewendet werden. Offensichtlich erkrankte und traumatisierte Tiere selektiert der Beschautierarzt; sie werden separat behandelt, sofort geschlachtet oder getötet.

• **Kontrolle der Transportbedingungen**
Der **Eigenkontrolle** aller Prozessschritte der Fleischerzeugung, -gewinnung und –verarbeitung durch die Wirtschaftsbeteiligten kommt eine große Bedeutung zu. So hat ein Schlachtbetrieb mit installiertem Qualitätsmanagementsystem die Dienstleistung „Schlachttiertransport" des Spediteurs bei Ankunft am Schlachthof gewissenhaft zu prüfen. Es sind die technische Ausstattung und der Zustand des Lkw, die Transportbedingungen (z. B. Ladedichte, Trennung von Mastgruppen, Klimabedingungen), das Handling beim Entladen sowie das Allgemeinbefinden der Tiere zu kontrollieren. Die Fahrtenschreiber sind aufzubewahren und für amtliche Überprüfungen bereit zu halten. Die betriebliche Eigenprüfung und Dokumentation kann z. B. mit Hilfe einer Checkliste erfolgen und die einzelnen Lieferanten (Spediteure) bewerten. Die Ergebnisse gehen in eine Lieferantenkartei ein und dienen als Kriterium für deren Auswahl.

Transporteure benötigen einen tierschutzrechtlichen **Sachkundenachweis**. Jeder Transport führt den Herkunftsnachweis der geladenen Schweine mit, der den Tierhalter, den Versand- und den Bestimmungsort sowie die Tag- und Uhrzeit des Verladebeginns enthält. Tiertransporte dürfen auch während der Fahrt allerorts angehalten und kontrolliert werden.

Solche **amtlichen Kontrollen** werden nach der Neufassung der EU-Transportrichtlinie verstärkt durchgeführt. Eigenkontrollen stehen vor amtlichen Kontrollen. Ihre Ergebnisse werden bei der Bewertung von Tierschutz- und Gesundheitskriterien durch den amtlichen Beschautierarzt für jeden Transport und durch den zuständigen Amtstierarzt in Stichproben herangezogen.

Bei der Ausfuhr von Zucht- und (seltener) Mastschweinen in Drittländer werden die Transporte beim Verlassen des EU-Gemeinschaftsgebietes an der Drittlandgrenze nochmals kontrolliert, wobei ein Transportplan vorzulegen ist, aus dem die Fahrtroute sowie die Ruhepausen mit dem Füttern und Tränken der Tiere ersichtlich sind. Exporterstattungen für lebende Zuchttiere sollten künftig nur gezahlt werden, wenn diese in gutem Zustand am Bestimmungsort angekommen sind. Beauftragte der Kommission überwachen die Einhaltung der EU-rechtlichen Vorschriften auch in Drittländern. Bei Verstößen droht ein Entzug der Transportgenehmigung und das Einbehalten der Exporterstattungen.

8.8 Ruhestall im Schlachtbetrieb

• **Baulich-technische Anforderungen**
Die Einstellung gesunder Mastschweine in Gruppenbuchten dient
• dem Ausruhen zur Normalisierung von Kreislauf, Körpertemperatur und der beanspruchten Stoffwechselsysteme,
• dem Vorstapeln zur kontinuierlichen Bereitstellung der Tiere für die Schlachtung, die in modernen Schlachtstätten einem Zeittakt folgt.

Allgemeine bauliche Anforderungen an die Schlachthofstallungen sind
• ein baulich allseits geschlossener Stall mit Isolation gegen Hitze und Frost,
• ein Lüftungssystem zum Ausgleich größerer Temperatur- und Luftfeuchtigkeitsschwankungen,
• trittsichere Bodenflächen, von denen Flüssigkeiten vollständig abfließen können,
• eine Beleuchtung, die die Orientierung der Tiere und deren Beobachtung jederzeit ermöglicht,
• eine ständige Trinkwasserversorgung, gegebenenfalls auch Krippen zum Füttern bei längerem Warten,
• Einrichtungen zur Befeuchtung der Tiere.

In modernen Schlachtstätten haben sich in den letzten Jahren überwiegend lange, schmale **Wartebuchten** mit Tränkeinrichtungen und mechanischen Belüftungssystemen durchgesetzt. In der warmen Jahreszeit werden die Tiere zusätzlich mit Wasser berieselt. Häufig werden zu viele Tiere in einer Bucht gehalten; bei zu großen Gruppen (mehr als 20 Tiere) ist eine wirksame Beruhigung nicht immer zu erreichen. Parallel zu den Ruhebuchten sind Personalgänge vorzusehen.

Als **Ausruhfläche** sind 0,50 m² je Schwein ausreichend, sofern ein Zugang zum Wasser gesichert ist. Besser sind 0,55 bis 0,67 m²/100 kg bei maximal 15 Tieren je Bucht. Höhere Belegungsdichten und Tierzahlen führen zu vermehrten Hautschäden und zu geminderter Ausruhwirkung.

• **Ausruhzeiten**

Die optimale Länge der Ausruhzeit wird kontrovers diskutiert. Letztendlich ist ein Kompromiss anzustreben zwischen ökonomischen Anforderungen sowie denen des Tierschutzes und der Qualitätssicherung. Bei ruhigen Transporten reicht für Schweine eine 2- bis 3-stündige Ruhezeit aus, bei Berieselung mit Wasser genügen auch 1 bis 2 Stunden. Zu lange Ruhezeiten können zu erneuten Rangordnungskämpfen führen. So haben LENGERKEN u. PFEIFFER (1977) bei stressunempfindlichen Hybridschweinen nach einem 30 km langen Transport einen Anteil an Fleischqualitätsmängeln im *M. longissimus* (PSE-/DFD-Fleisch) bei sofortiger Schlachtung von bis zu 20 %, nach einer Ausruhzeit von 8 Stunden von bis zu 10 % und nach 24 Stunden von bis zu 17 % festgestellt. Zu kurze Ruhezeiten führen meist zum erhöhten PSE-Anteil, sehr lange „Ruhezeiten" verbunden mit Hunger zu erhöhten DFD-Abweichungen.

Der Genotyp (Rasse, Linie, Kreuzungsprodukt) hat bei stressunempfindlichen Schweinen einen geringen Einfluss auf die Fleischqualität in Relation zu den Bedingungen des jeweiligen Schlachttages (Transport, Klima, Behandlung des Tieres vor und während der Schlachtung) sowie der Art der Betäubung und postmortalen Fleischkühlung. Bei stressempfindlichen Tieren (MHS-Genotyp nn bzw. auch Nn) und bei Endprodukten der Vaterrasse Pietrain hat der genetische Faktor hingegen eine sehr große Bedeutung.

• **Zutrieb zur Betäubung**

Für den belastungsarmen Zutrieb zur Betäubung gelten die im Umgang mit den Tieren bereits dargelegten Erfordernisse. Früher wurden die Schweine per Hand elektrisch betäubt, wozu der Eintrieb kleiner Tiergruppen in eine Vorstapelbucht bzw. direkt in die Betäubungsbucht erfolgte. Das mit Aufregung verbundene Greifen der Tiere verursachte ein Fluchtverhalten mit hochgradiger psychischer und physischer Erregung, die die stressabhängigen Parameter erheblich auslenkte, und das selbst dann, wenn eine optimale Ruhezeit vorausging (s. Abb. B72). Der dann bereits vor der Tötung erniedrigte pH-Wert beschleunigt die postmortale Übersäuerung mit gehäufter Ausbildung von PSE-Fleischqualitätsmängeln.

Es gehört zu den Fortschritten im Interesse des Schutzes der Tiere und der Qualitätsverbesserung, dass durch die Weiterentwicklung der Tiertransportfahrzeuge und eine von der menschlichen Hand unabhängige automatische Betäubung (Elektrogerät oder CO_2-Falle) die Tiere geringer belastet werden und die häufigen Betäubungsfehler früherer Verfahren – falsche Spannung und Stromstärke, zu kurze Betäubungszeiten, falscher Ansatz der Elektrozange – weitestgehend zu vermeiden sind.

C Tierhygiene – Sicherung der Tiergesundheit

1 Entstehung und Verhütung von Krankheit

1.1 Definitionen zur Gesundheit und Krankheit

• **Gesundheit und Krankheit im Fließgleichgewicht**

Gesundheit ist aus naturwissenschaftlicher Sicht zunächst als Einregulierung hochgradig vernetzter Funktionskreise auf die Sollwerte einer Homöostase zu verstehen. Diese komplexe Zustandsform unterliegt einer biologischen Schwankungsbreite, die sich aus der variierenden Konstitution und Kondition des Organismus ergibt und zu unterschiedlichen Reaktionen auf endogene Reize und exogene Einflüsse führt. Bei Beachtung einer schwierigen Grenzziehung von Gesundheit und Krankheit erlaubt der wissenschaftliche Kenntnisstand, Normalwertgrenzen für die meisten messbaren Parameter festzulegen, innerhalb derer die Abwesenheit von Krankheit sehr wahrscheinlich ist (s. Kap. E 3).

Die Gesundheit des Tieres wurde lange genug in einer einseitigen Betrachtungsweise mit der Erbringung einer optimalen Fortpflanzung und Leistung gleichgesetzt. Diese Bewertung ist angesichts der Erkenntnisse der vergleichenden Medizin und Verhaltensforschung nicht mehr haltbar. Vielmehr muss auch dem hochentwickelten Tier über die objektivierbaren Funktionen hinausgehend eine subjektive Komponente der Umweltwahrnehmung und eigenen Befindlichkeit zugestanden werden.

Gesundheit ist nach einer weiterführenden Definition der Weltgesundheitsorganisation (WHO) der „Zustand vollkommenen körperlichen, seelischen und sozialen Wohlbefindens". Die darauf bezogene Bewertung trifft der Zeitgeist. Sie hat im Tierschutzgesetz, das das Tier in seiner „Mitgeschöpflichkeit" anerkennt, und in den Rechtsetzungen zur Haltung und Betreuung der Tiere ihren Niederschlag gefunden. Dabei ist nicht zu übersehen, dass die Begriffe des Gesund- und Krankseins von Tieren durch die Einbeziehung der Kategorien Wohlbefinden, Schmerz und Leiden in den öffentlichen Diskussionen vielfach überstrapaziert werden. Das geschieht vor allem dann, wenn Menschen ihr eigenes subjektives Erleben ungefiltert auf das Tier übertragen.

Krankheit stört die Homöostase und führt zu abweichenden morphologischen und funktionellen Bedingungen sowie Verhaltensformen. Das Resultat der Krankheit ist mit einer kurzzeitigen (akuten) oder langzeitigen (chronischen) klinischen, aber auch mit einer unterschwelligen (subklinischen) Störung der Homöostase verbunden.

Krankhafte Veränderungen sind in der Regel in ihrer Ätiologie (Ursache) und Pathogenese (Ausbildung im Organismus) aufzuklären sowie in ihrer Symptomatik (Summe der Krankheitszeichen) so zu beschreiben, dass eine Diagnose nach Abklärung ähnlicher Erkrankungen (Differentialdiagnostik) gestellt werden kann.

Krankheitsbedingte Funktionsstörungen führen zu Leistungsminderungen, die Teil der Symptomatik sind. Sie können bei subklinischen Veränderungen oft die ersten bzw. einzigen Krankheitszeichen sein. Daher kommt ihnen ein hoher diagnostischer Informationsgehalt zu.

Monokausale Krankheiten sind eher durch eine typische Symptomatik charakterisiert, während **multikausale Krankheitsbilder** in Abhängigkeit von den beteiligten Faktoren und Erregern stärker variieren (Tab. C1).

• **Krankheitsentstehung und Infektionsabwehr**

Aus veterinärrechtlicher Sicht ist der Begriff der „Krankheit" in bestimmten Fällen auch dann zu verwenden, wenn es sich (noch) um klinisch gesunde Tiere handelt. Das betrifft beispielsweise

- im Tierschutz das Auftreten markanter Verhaltensstörungen, z. B. das Schwanzbeißen als kannibalische Kompensationshandlung einzelner Mastschweine,
- im Tierseuchenschutz das Vorkommen persistierender Infektionen, die zum Keimträ-

Tabelle C1: Ätiologie der Infektionskrankheiten

Art der Infektion	Beispiel	Kennzeichen
1. Monokausal	• ESP, MKS, AK	• Erreger obligat pathogen • Henle-Kochsche Postulate erfüllt • Krankheitsmanifestation unterschiedlich • Krankheitsbild erregerspezifisch
2. Multikausal	• EP, Ras, Koliruhr	• Erreger fakultativ pathogen • Mischinfektionen als Regelfall • Belastende biotische und abiotische Faktoren • Krankheitsbild nicht erregerspezifisch
3. Latent	• Salmonellen • Trichinellen	• Erreger latent im Organismus • Mögliche Pathogenität für den Menschen
4. Immunopathogen	• Autoimmunkrankheiten	• Allergien nach Erregerkontakt

gertum und zur Ausscheidung von Erregern führen können, z. B. bei Klassischer Schweinepest unterhalb einer – nicht mehr zulässigen – Impfdecke,
- in der Zoonosenabwehr die latente Infektion mit Dauerausscheidung von Erregern, z. B. der Salmonellen.

An der **Krankheitsausbildung** ist eine Vielzahl endogener und exogener sowie biotischer und abiotischer Faktoren beteiligt, die zu Mangel- und Stoffwechselkrankheiten, zu nichtinfektiösen Organerkrankungen sowie zu Infektionskrankheiten durch obligat oder fakultativ pathogene Erreger führen. Das Auftreten der verschiedenen Krankheitsgruppen variiert in Abhängigkeit von den örtlichen Bedingungen und Einflussfaktoren, vor allem aber vom Alter und Entwicklungsstand der Tiere. Hierzu werden im folgenden Kapitel (D 2) detaillierte Ausführungen gemacht. Die Tabelle C2 gibt eine Übersicht zur Definition von Fachbegriffen, die im Rahmen der Krankheitsentstehung und -abwehr üblicherweise verwendet werden.

1.2 Tierhygienische Voraussetzungen

Veterinärhygienische Aufgabengebiete betreffen
- die **Tierhygiene im engeren Sinn**,
- Teilbereiche der **Fleisch-, Milch- und Lebensmittelhygiene** sowie
- die **Umwelthygiene**.

Die „Tierhygiene im engeren Sinn" befasst sich vorzugsweise mit den **Wechselwirkungen** zwischen **Tier und Umwelt** unter Produktionsbedingungen. Tierhygienisches Handeln orientiert sowohl auf die beteiligten Einzelfaktoren als auch auf die Komplexität ihres Zusammenwirkens.

Die Folgen stärkerer Belastungen der Tiere und erhöhter Erregeranreicherung in der intensiven Tierhaltung können durch Hygienemaßnahmen im Allgemeinen und durch Infektionsprophylaxe im Speziellen in Grenzen gehalten werden. Die zurückliegenden Erfahrungen haben hinreichend deutlich gezeigt, dass eine Anpassung der Tiere an Technologien und Haltungsformen letztendlich nur bedingt gelingt. Negative Beispiele sind die lebenslange Einzelhaltung der Sauen in Kastenständen oder gar im Anbindestand ebenso wie die frühere Aufzucht der Läufer in Doppelgeschosskäfigen.

Die **Tierhygiene** dient der Förderung der Leistungen, der Erhaltung und Wiederherstellung der Gesundheit sowie der gesundheitlichen Unbedenklichkeit der erzeugten Produkte durch
- Fernhalten von Infektionserregern und anderen schädigenden Substanzen,
- Unterbinden der Ausbreitung und Anreicherung von obligat und fakultativ pathogenen Infektionserregern,
- optimale Gestaltung der Tierumwelt, insbesondere der Fütterung, Produktionsorganisation, Haltung und des Stallklimas und durch
- den Einsatz eines Tiergutes, dessen Konstitution und Belastbarkeit den gegebenen Umweltbedingungen angepasst ist.

Tabelle C2: Definitionen zur Krankheitsentstehung und -abwehr

- **Entstehung und Ausbildung**
  - Ätiologie — Ursache und Entstehung der Krankheit
  - Pathogenese — Ausbildung und Verlauf der Krankheit
  - Noxe — krankmachender Faktor (Erreger)

- **Epidemiologische Bewertung** (in % der Tierzahl)
  - Inzidenz — Neuerkrankungen/Verluste im definierten Zeitraum
  - Prävalenz — Krankheitshäufigkeit im Istzustand

- **Eigenschaften des Erregers** (im stetigen Wandel)
  - Infektiosität — Eigenschaft von Erregern zum Haften, Eindringen, Vermehren im Organismus
  - Kontagiosität — Gradmesser der Ansteckungskraft (Übertragbarkeit, Haftfähigkeit) nach direktem Kontakt
  - Pathogenität — Gesamtheit krankmachender Potenzen (Krankheitsauslösung)
  - Virulenz — Quantität krankmachender Eigenschaften in Beziehung zum Organismus
  - Antigenität — Vermögen zur Anregung spezifischer Antikörperbildung

- **Eigenschaften des Organismus** (im stetigen Wandel)
  - Konstitution — Summe der rasse- und individualbedingten, ererbten und langzeitig erworbenen Körperverfassung und Widerstandskräfte gegenüber Infektionen und Umweltbelastungen
  - Kondition — aktueller (Trainings)Zustand gegenüber Belastungen (Zucht-, Mastkondition); Summe erworbener Abwehreigenschaften
  - Disposition — rasse-, geschlechts-, alters-, individualabhängige Krankheitsbereitschaft (ererbt, erworben)
    - **Empfänglichkeit** als qualitatives Merkmal der Anfälligkeit
    - **Empfindlichkeit** als quantitatives Merkmal der Anfälligkeit
  - Resistenz — unspezifische rasse-, geschlechts-, alters-, individualabhängige Abwehrbereitschaft
  - Immunität — spezifische Abwehrbereitschaft gegen spezielle Erreger (humorale, zellvermittelte):
    - passive Immunität: Empfang andernorts gebildeter Antikörper
    - aktive Grundimmunität: Ergebnis der erfolgreichen Auseinandersetzung mit dem Erreger (natürlich erworben)
    - aktive Impfimmunität: Ergebnis der erfolgreichen Auseinandersetzung mit der Erreger-spezifischen Vakzine (künstlich induziert)

Eine erfolgreiche Bewirtschaftung der Tierbestände verlangt die enge Zusammenarbeit von Landwirt und Tierarzt, die zeitweise – gar nicht unpassend – unter die Formel der „Einheit von Hygiene und Produktion" gestellt war. Dies erfordert eine synoptische Betrachtung und Gestaltung aller beteiligten Bedingungen.

1.3 Wechselwirkungen zwischen Organismus, Erreger und Umwelt

Bei wachsenden Schweinen stehen **erregerbedingte Krankheiten** im Vordergrund, an denen
- die Funktionen des **Organismus** der Tiere,
- die krankmachenden Eigenschaften der vorhandenen **Mikroorganismen** und
- die Einflüsse der biotischen und abiotischen **Umweltfaktoren**

in hochgradig komplexer Weise zusammenwirken (Abb. C1).

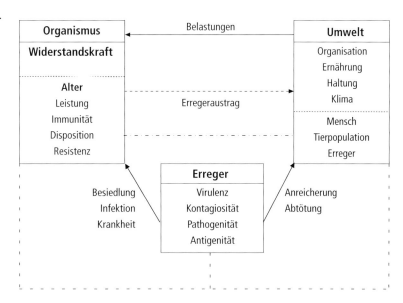

Abb. C1　Wechselwirkungen zwischen Organismus, Umwelt und Erregern als Voraussetzung von Gesundheit und Entstehung von Krankheit.

In Abhängigkeit von den gegebenen Bedingungen enthält jedes der vorgenannten Systeme krankheitshemmende und -fördernde Faktoren, die untereinander in Wechselwirkung stehen und einer laufenden Veränderung unterworfen sind. Bei Summierung der fördernden oder bei einem Mangel an hemmenden Faktoren entsteht eine Ereigniskette, die zum Ausbruch einer Krankheit führen kann. Diese ist danach nicht nur die Folge von Einzelursachen, sondern das Ergebnis des Zusammenwirkens mehrerer bis zahlreicher Faktoren. Dies trifft in besonderer Weise für die infektiös bedingten multikausalen Erkrankungen zu.

Darüber hinaus sind durch Ernährungs- und vor allem Haltungsmängel geförderte **nichtinfektiöse Erkrankungen** bedeutsam, unter denen die Organkrankheiten der Sauen und Endmastschweine hervortreten. Hierbei können genetische Dispositionen beteiligt sein, die erkannt und durch Selektion eliminiert werden müssen.

Die Tiere setzen sich mit einer Vielzahl von Umwelteinflüssen und Belastungen auseinander, die bei gelungener Anpassung eher positive Wirkungen (Eustress), bei überforderter Anpassung aber negative Folgen (Distress) haben. Während erstere die Leistungsbereitschaft fördern, wird diese durch letztere gehemmt. Besonders solche Faktoren bestimmen die Entwicklung eines Krankheitsgeschehens, die in den vorgenannten Systemen am stärksten vom Optimum abweichen.

● **Infektionsfördernde Faktoren**
Infektionsfördernde Faktoren ergeben sich in größeren Beständen mit intensiver Haltung aus hohen Tierkonzentrationen vor Ort und dem Zusammendrängen der Tiere auf engem Raum, wodurch sich
- die Haftungschance der Erreger infolge einer größeren Zahl empfänglicher Tiere erhöht,
- deren Ausbreitung durch vielfältige direkte und indirekte Kontakte zunimmt (Tiere, Luft, Futter, lebende Vektoren),
- die Virulenz der Erreger durch zahlreiche aufeinanderfolgende Tierpassagen ansteigt.

Schließlich erhöht die Anhäufung von Infektionserregern im gleichen Umfeld die Infektionswahrscheinlichkeit. Bei wachsenden Schweinen stehen enzootische und faktorenabhängige Krankheiten im Vordergrund, deren Bedeutung mit der Intensität der Haltung, dem Konzentrationsgrad am Standort sowie dem Nebeneinander der verschiedenen Alters- und Nutzungsgruppen wiederum zunimmt (Tab. C3).

● **Infektionshemmende Faktoren**
Der erhöhten Infektions- und Krankheitsgefährdung ist durch gezielte Maßnahmen der seuchentechnischen Absicherung, eines kontrollierten Tierhandels, der Betriebshygiene und der Immunprophylaxe zu begegnen. Ein komplexes

Tabelle C3: Ursachen der erhöhten Infektionsgefährdung bei intensiver Schweinehaltung

System	Art der Faktoren	Folgen
1. Wirt	• Unterschiedliches Alter, heterogene Herkunft und unausgeglichene Immunität, hohe Leistung, keine Resistenz, qualitative oder quantitative Mangelernährung	• erhöhte Empfänglichkeit, geringeres Abwehrvermögen
2. Erreger	• erhöhte Einschleppungsgefahr spezifischer Erreger • erhöhte Haftungschance im großen Bestand • Virulenzsteigerung durch schnelle Tierpassagen	• erhöhte Gefahr des Auftretens monokausaler Infektionskrankheiten
	• Anreicherung und Virulenzsteigerung schwach virulenter und fakultativ pathogener Erreger (stallspezifische Keime, Hospitalismus) • Massierung von Erregern in Tierabgängen und Rückübertragung auf folgende Tiergruppen • Veränderungen von ubiquitär vorkommenden Erregern über Mutation • nur teilweise Durchseuchung mit stallspezifischen Erregern, Einschleppung stallfremder Keime bei Tierzuführung und bei Mischung von Belegungsgruppen	• Auftreten multikausaler Faktoreninfektionen • Zunahme infektiöser Faktorenkrankheiten • evtl. Wandlung des Krankheitsbildes • erhöhte Krankheitsgefährdung neugeborener, wachsender und neu eingestallter Tiere
3. Umwelt	• einseitige, qualitativ unzureichende Ernährung • Mängel in Haltung, Betreuung, Organisation • Überbelegung und sonstige Dauerbelastungen • Krankheitseinschleppung durch Zwischenträger	• Schwächung des Abwehrvermögens, vermehrte Faktoreninfektionen

antimikrobielles Regime kompensiert die vorgenannten infektionsfördernden Faktoren. Es schwächt die Erreger, erhöht die Abwehrkraft und dient der Erhaltung des Gleichgewichtes zwischen Wirt, Erreger und Umwelt. Somit ist für die Gesunderhaltung eines großen Bestandes im Vergleich zur kleinen und extensiven Haltung ein höherer hygienischer Aufwand notwendig.

1.4 Bedingungen und Folgen der Infektion

Eine **Infektionskrankheit** setzt sowohl die Empfänglichkeit des Wirtes als auch die Infektiosität und Pathogenität des Erregers voraus, der sich identisch und im Frühstadium der Krankheit logarithmisch vermehrt. Die Virulenz des Erregers, die aufgenommene Erregermenge und die Abwehrbereitschaft des Körpers entscheiden über den Grad der Krankheitsausbildung.

Obligat pathogene Erreger verursachen die Krankheit nach Kontaktaufnahme und erfolgreicher Infektion (Beispiel: MKS, Klassische Schweinepest).

Fakultativ pathogene Erreger benötigen zur Krankheitsauslösung ergänzende Belastungsfaktoren. Diese in den Beständen verbreiteten Erkrankungen werden daher auch als **infektiöse Faktorenkrankheiten** bezeichnet, deren Ätiologie und Pathogenese sich von Tierseuchen und primär pathogenen Infektionen – bei fließenden Übergängen – unterscheiden.

Monoinfektionen sind häufige Ursachen von Tierseuchen, deren Ausprägung durch Superinfektion mit dem gleichen Erreger verstärkt werden kann bzw. die bei Abheilung nach Reinfektion erneut auftreten. Die Anerkennung eines Mikroorganismus als Erreger einer monokausalen Infektion setzt die Erfüllung der **Henle-Kochschen Postulate** voraus, die Folgendes verlangen (MAYR 1993):
1. Der Erreger muss bei der betreffenden Krankheit nachweisbar sein unter Verhältnissen, die den klinischen Symptomen und pathogischen Veränderungen entsprechen.
2. Der Erreger darf bei keiner anderen Krankheit als zufälliger Keim vorkommen.
3. Der isolierte Erreger muss außerhalb des Wirtes in reiner Form gezüchtet werden können und imstande sein, nach Infektion eines natürlichen Wirtes die Krankheit zu reproduzieren.

Bei **Mischinfektionen** sind mehrere Erregerarten beteiligt, die zeitgleich oder nacheinander als Primär- oder Sekundärinfektion in den Organismus eindringen. Dieser Krankheitsgruppe sind i.d.R. die Faktoreninfektionen der verschiedenen Organsysteme zuzuordnen. Für sie gelten die Henle-Kochschen Postulate nur bedingt, da neben den Erregern Umwelteinflüsse eine hohe Bedeutung für die Krankheitsentstehung haben.

Infektionskrankheiten werden durch **wirtsspezifische** (monophage) und **wirtsunspezifische** (polyphage) **Erreger** ausgelöst. Beispiele ersterer sind die Klassische Schweinepest und Dysenterie, für letztere stehen die MKS und Tollwut.

1.5 Ausbildung und Verlauf der Infektionskrankheit

Die **verschiedenen Wirkungsabläufe** der Infektion sind in Abbildung C2 schematisiert dargestellt. Der Erreger wird beseitigt, oder er setzt sich fest, und es entsteht die klinische Erkrankung. Deren Ausheilung ist mit einer Erregereliminierung und Immunreaktion verbunden. Es kann aber auch eine persistierende Infektion zurückbleiben, oder diese entsteht ohne erkennbare Krankheitszeichen. Sie führt hier wie dort zum Keimträgertum. Bei schweren oder kombinierten Belastungen kann sich aus einer latenten Infektion bzw. subklinischen Erkrankung eine

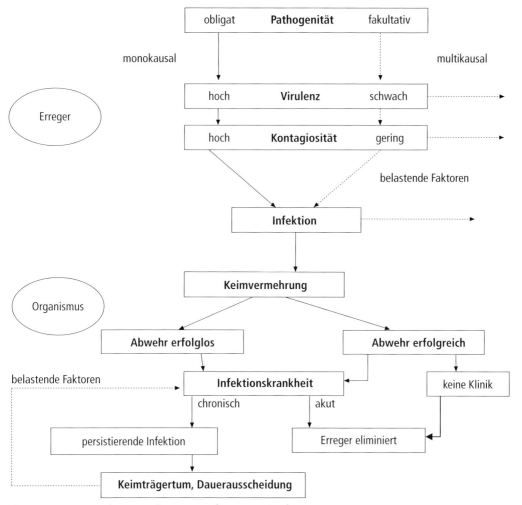

Abb. C2 Schematische Darstellung von Infektion und Infektionskrankheit.

Tabelle C4: Krankheitskategorien mit Erregerbeteiligung (Z = auch als Zoonosen)

Krankheitskategorie	Bekämpfung	Beispiele
• Tierseuchen (anzeigepflichtig)	• staatlich	• MKS, Schweinepest
• Einzeltierkrankheiten (anzeigepflichtig)	• staatlichstaatlich	• Tollwut (Z), Milzbrand (Z)
• Enzootien (z. T. meldepflichtig)	• staatlichImmunprophylaxe, Hygiene, medikamentelle Metaphylaxe	• Dysenterie, Schnüffelkrankheit, Rotlauf, Parvovirose
• Faktoreninfektionen	• staatlichHygiene, Immunprophylaxe, medikamentelle Metaphylaxe	• Lungen-, Serosenentzündungen • Magen-Darmerkrankungen • Puerperalerkrankungen
• Parasitosen	• staatlichHygiene, medikamentelle Mesophylaxe	• Spulwürmer, Trichinellen (Z) • Räude, Toxoplasmen (Z)
• Lebensmittel-Infektion	• staatlichHygieneprogramme	• Salmonellen (Z), Campylobacter (Z), Leptospiren (Z)

Tabelle C5: Definitionen zur Ausbreitung von Infektionserkrankungen

Verlaufsform	Krankheits-häufung	Merkmale	Beispiele	Bemerkungen
• Enzootie	meist gering	• bodenständig • räumlich begrenzt • zeitlich unbegrenzt	• Rotlauf • Dysenterie • Wildschweine-Pest	• belastende Faktoren bedeutsam
• Epizootie	hoch	• zeitlich u. räumlich begrenzt • verschiedene Stadien, bei „Einnistung" entsteht Enzootie	• Schweinepest • Aujeszkysche Krankheit (in freien Gebieten)	• Gefahr der Einschleppung, hohe Kontagiosität
• Panzootie	sehr hoch	• zeitlich begrenzt • großflächig, höchste Intensität der Epizootie	• MKS • Afrikanische Schweinepest	• Gefahr der Einschleppung, sehr hohe Kontagiosität

klinisch apparente Infektionskrankheit entwickeln.

Die Erkrankungen können überwiegend **lokal** (Beispiele: Metritis, Pneumonie, Enteritis) oder **systemisch** (Beispiele: alle Tierseuchen und Septikämien) ablaufen. Ihre **Inkubationszeiten**, die die Zeitdauer von der Infektion bis zum Ausbruch der Krankheit angeben, variieren zwischen sehr kurz (Stunden bis Tage, z. B. TGE), kurz (2 bis 12 Tage, z. B. MKS; Schweinepest) und lang (Wochen bis Monate, z. B. Tollwut, Brucellose).

Die **Verlaufsform** einer Krankheit ist **perakut** (TGE, Clostridium perfringens D-Enteritis, Kolienterotoxämie), **akut** (Schweinepest, Streptokokken-Septikämie, Kolienteritis), **chronisch** (Gelenkrotlauf, Rhinitis atrophicans, Dysenterie, Porcine Intestinale Adenomatose) oder eher **subklinisch** (Parvovirose, PRRS, Enzootische Pneumonie), wobei zwischen den vorgenannten Formen fließende Übergänge bestehen.

Erkrankungen mit Erregerbeteiligung lassen sich verschiedenen **Krankheitskategorien** zuordnen (Tab. C4). Die monokausalen Infektionen (Seuchen) werden infolge unterschiedlicher epidemiologischer **Ausbreitungsformen** nach den in Tabelle C5 dargestellten Definitionen gruppiert.

Die **Folgen von Infektion und Erregervermehrung** führen

• zur direkten Schädigung von Organen (lokale Infektion) oder des Gesamtorganismus (systemische Infektion mit Bakteriämie bzw. Virämie),

- zur damit verbundenen Freisetzung von Toxinen und Pyrogenen durch Ausscheidungen oder Zerfallsprodukte der Erreger,
- zu Veränderungen der Homöostase als Folge von Stoffwechselstörungen im Rahmen der pathophysiologischen Wirt-Erreger-Auseinandersetzung sowie
- zu nachfolgenden indirekten Schadwirkungen an bereits funktionsgestörten Organsystemen.

Am Beginn einer klinisch apparenten Krankheit steht eine mehr oder weniger ausgeprägte **akute Entzündung**. Diese ist mit einer so genannten Akute-Phase-Reaktion (APR) verbunden, die zur Freisetzung von Akute-Phase-Proteinen (Haptoglobin, Zytokine [Interleukin-1, IL-6, Tumornekrosefaktor]) aus Monozyten und Makrophagen, T-Lymphozyten, Fibroblasten und anderen Zelltypen führt. Dem Auftreten dieser ersten Entzündungsmediatoren folgen in der Regel weitere Zytokinwellen, die die Körpertemperatur erhöhen (pyrogene Wirkung) und die Stoffwechsel- wie Abwehrprozesse beschleunigen, sofern letztere nicht überfordert sind.

Die unspezifisch wirkenden Akute-Phase-Proteine verstärken bei positivem Ausgang die **spezifische Immunantwort** durch Aktivierung der Abwehrmechanismen über das „neuroimmunoendokrine System". Die an **Gammaglobuline** gebundene spezifische Antikörperwirkung ist nach dem Schlüssel-Schloss-Prinzip gegen einen bestimmten Erreger bzw. dessen Serovar gerichtet, wobei B-Lymphozyten und – aus diesen entstehend – Plasmazellen systemisch wirksame Antikörper und T-Lymphozyten lokal wirkende Abwehrstoffe bilden.

In Kombination mit weiteren entzündlich bedingten Stoffwechselveränderungen entstehen Permeabilitätsstörungen z. B. des Darmes, die das Eindringen pathogener Darmbakterien fördern und zur Erhöhung zirkulierender Endotoxine beitragen. Die Gesamtheit krankhafter Veränderungen verringert das Wachstum und mindert die Nahrungsaufnahme. Die Gewichtsabnahme erkrankter Tiere ist einerseits auf das entstehende Nahrungsdefizit und zum anderen auf den fieberbedingten Energiemehrverbrauch zurückzuführen, der als Folge kataboler Wirkungen den Fett-, Muskel- und sonstigen Eiweißabbau erhöht. Durch die Verstoffwechselung von Speicherfett wird wiederum Endotoxin freigesetzt, das eine zeitweise Aufrechterhaltung vorgenannter Veränderungen bedingt.

Die **Behandlung** derartiger Krankheitszustände hat sich danach gleichermaßen auf die Erregereliminierung, die Einregulierung der gestörten Homöostase und gegebenenfalls auch auf die Entgiftung des betroffenen Körpers zu konzentrieren.

1.6 Prognostische Einschätzung von Krankheiten

Der Vorbericht und die Ergebnisse der klinischen Untersuchungen ermöglichen auf der Grundlage der gestellten Diagnose und vorhandener Erfahrungen eine Voraussage zum wahrscheinlichen Verlauf und Ausgang auftretender Erkrankungen am Einzeltier und in der Tiergruppe.

Die **Krankheitsprognose** wird bezüglich der weiteren Leistungs- und Lebensfähigkeit für das einzelne Individuum als **gut, fraglich, schlecht oder aussichtslos** gestellt. Die prognostische Einschätzung ist in jedem Fall eine Grundlage für Entscheidungen zur Einleitung von Therapiemaßnahmen. Kranke Schweine mit fraglicher Prognose werden häufig, solche mit schlechter und aussichtsloser in jedem Fall selektiert. Die tiermedizinischen Kriterien der Krankheitsprognose werden bei Nutztieren durch ökonomische Aspekte ergänzt, deren Gewichtung in den letzten Jahren zugenommen hat und die die erforderlichen Entscheidungen wesentlich mitbestimmen.

Die Verteilung der Krankheiten und deren Prognose ist in jedem Betrieb anders und innerhalb desselben bestimmten Wandlungen unterworfen. Am Beispiel der Tabelle C6 wird die prognostische Aussage zu 5 Krankheitskomplexen bei Jungsauen der Rassen Deutsches Edelschwein und Deutsche Landrasse dargestellt, die zur Erstbelegung eines Großbetriebs (Eberswalde) aus über 40 Zuchtbetrieben der DDR in einer neuerbauten Mastanlage mit ca. 8000 Plätzen (Müncheberg) innerhalb von 6 Monaten zusammengestellt wurden.

Tabelle C6: Prognose am Beispiel von 5 Erkrankungskomplexen einer großen Jungsauenstichprobe

	Zahl der Erkrankungen[1] (E)	Zahl der Krankschlachtungen (KS)	Zahl der Verendungen (V)	Zahl der Gesamtabgänge (KS + V)	Verhältnis (E : KS + V) als prognostische Aussage	Prognose im Herdenbezug
• akute Pneumonien	1186	10	10	20	59,4 : 1	sehr gut
• schwere Gliedmaßenerkrankungen	1023	441	3	444	2,3 : 1	oft schlecht
• Magen-Darm-Erkrankungen	271	–	13	13	20,8 : 1	meist gut
• Abszesse und Phlegmonen	603	50	3	53	11,9 : 1	noch gut
• Herz-Kreislauf-Erkrankungen	74	6	123	129	0,57 : 1	sehr schlecht

[1] indikationsgerechte tierärztliche Behandlung der erkrankten Tiere

Die dargestellten Verhältniszahlen haben einen hohen prognostischen Informationsgehalt. Es ist zweckmäßig, besonders in der Einlaufphase neuer Anlagen und Verfahren sowie bei der Prüfung von Medikamenten und Vakzinen derartige Auswertungen zum Krankheitsausgang vorzunehmen.

2 Schutz vor Seucheneinschleppung

Dramatische Seucheneinbrüche stellen die wirtschaftliche Existenz tierhaltender Betriebe grundsätzlich infrage. Sie bilden überdies einen bemerkenswerten Kostenfaktor für die Gesellschaft, ganz zu schweigen von den begleitenden Imageproblemen. Die Bilanz für die verheerenden Auswirkungen der Europäischen Schweinepest in den 1990er-Jahren in Deutschland waren über eine Million getöteter Schweine und ein geschätzter Gesamtschaden von 1,3 bis 1,5 Milliarden DM.

Die Vorbeuge derartiger tatsächlicher Katastrophen verlangt die korrekte Einhaltung der Seuchenschutzmaßnahmen, die nicht überall gegeben ist. Hierzu gibt es unter den Bedingungen der Nichtimpf-Politik der Europäischen Union bei den Pan- und Epizootien MKS und Europäische Schweinepest keine Alternative. Die in Zeiten der Ost-West-Blockade des kalten Krieges und einer stärker regionalen Handelstätigkeit übliche flächendeckende prophylaktische Immunisierung verbietet sich heute nicht nur infolge der europaweit hohen Impfkosten, sondern auch wegen des dann gestörten bzw. beendeten internationalen Handels mit Zucht- und Nutzvieh sowie mit Fleisch und Fleischerzeugnissen.

2.1 Ursachen der Erregerübertragung

Seuchen werden aktiv und passiv verschleppt. Die **passive Übertragung** durch Personen, Fahrzeuge, Geräte, aber auch durch Schadnager und Abprodukte betrifft vor allem hochkontagiöse Erreger von Viruskrankheiten. Einschließlich der ungeklärten Übertragungswege war vorgenannter Ursachenkomplex bei der Schweinepest zu über 50 % der Fälle beteiligt (Abb. C3). Hiermit ist die Bedeutung des betrieblichen Seuchenschutzes herausgestellt, der das Verbot der – nicht amtlich genehmigten – Verfütterung von Speiseresten und die besondere Vorsicht in Regionen mit Wildschweinpest einschließt.

Die offizielle **Verwertung von Speiseresten** in der Schweinefütterung ist an die behördliche Genehmigung mit Auflagen gebunden, wozu

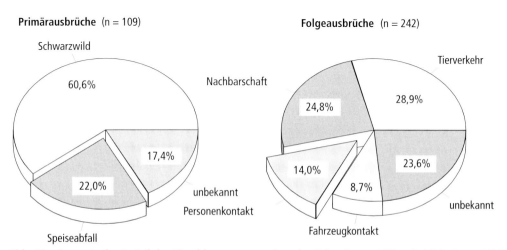

Abb. C3 Prozentualer Anteil der Einschleppungsursachen des Schweinepest-Virus bei Primär- und Folgeausbrüchen im Zeitraum 1993–2002 (TEUFFERT et al. 2003).

eine sichere Verarbeitungstechnologie vorzuweisen ist. Eine durch unkontrolliertes Verfüttern ausgelöste Seuche stellt einen Straftatbestand dar, der für den verursachenden Betrieb kostspielig bis existenzvernichtend werden kann.

Der **Kontrolle von Futtermitteln** ist auch aus seuchenprophylaktischen Gründen eine hohe Aufmerksamkeit zu widmen, was gleichermaßen den Import über Außengrenzen wie die Herstellung und Vertreibung im Inland betrifft. Hierzu werden die zuständigen Behörden gegenwärtig mit weitergehenden Kompetenzen und Untersuchungsmöglichkeiten ausgestattet.

Die **aktive Erregerübertragung** erfolgt vor allem durch den Tierverkehr selbst, auf den etwa 30 % der Folgeausbrüche von Schweinepest zurückzuführen sind. Anteilig gewinnt dieser Infektionsweg bei weniger kontagiösen Infektionskrankheiten eine noch größere Bedeutung. Ein Beispiel ist unter den anzeigepflichtigen Krankheiten die Aujeszkysche Krankheit. Eine Krankheitsverbreitung ist besonders dort zu erwarten, wo unzureichende Regeln bestehen. Unkontrollierter Tierhandel und -verkehr kann in Seuchenzeiten katastrophale Folgen haben.

2.2 Baulich-funktioneller Seuchenschutz

Der tierhaltende Betrieb hat sich vor der Einschleppung von Seuchenerregern selbst zu schützen. Das gelingt durch **baulich-funktionelle** und **organisatorische Maßnahmen**, die den gegebenen Bedingungen und Möglichkeiten jeweils anzupassen sind. Nachfolgend werden die Grundprinzipien abgehandelt.

2.2.1 Standortbedingungen

Die Standorte der **bäuerlichen Familienbetriebe** haben sich – landestypisch unterschiedlich – als Gehöfte innerhalb der Ortschaften oder als Einzellieger außerhalb derselben in den lokalen Traditionen historisch entwickelt. Sie prägen das Bild des ländlichen Raumes und sind ein unverzichtbarer Bestandteil einer vielgestaltigen Kulturlandschaft. Dieser Tradition des ländlichen Lebens- und Betriebsstandortes steht eine gewisse Priorität zu.

Andere Standortbedingungen haben sich im **Osten Deutschlands** entwickelt, nachdem aus den durch Zwangskollektivierung bis 1960 zusammengefassten Bauernwirtschaften in den 1960er- und 70er-Jahren zunehmend große Betriebe entwickelt wurden. Die in aller Regel an den Dorfrändern oder im freien Feld neu erstellten Gebäude der Tierhaltungen ermöglichten eine gezielte Standortplanung, in die Kriterien des Seuchenschutzes und der Betriebshygiene eingingen. Bei der Entwicklung so genannter „Angebotsprojekte" flossen tierhygienische Erfordernisse nach dem Kenntnisstand der Zeit und den besonderen Möglichkeiten einer zentralisierten Staatswirtschaft in die Projekte ein. Bei der Standortanpassung hatten die zuständigen Kreistierärzte mit Hilfe von Spezialisten der Tiergesundheitsdienste die tierhygienischen Fragestellungen zu bearbeiten.

Die dem Seuchenschutz dienenden Elemente vorgenannter Tierhaltungen bilden den Schwerpunkt der folgenden Ausführungen. Sie sind für Neubauten auch gegenwärtig aktuell, für historisch gewachsene Gehöfte zunächst nur partiell umsetzbar, bei steigender Tierzahl jedoch ebenfalls streng reguliert (siehe Anhänge 2 und 3).

Der **Standort** einer Produktionsanlage ist das unmittelbar bebaute Gelände mit seiner direkten Umgebung. Die Festlegung eines neuen Standortes erfolgt nach meteorologischen und geographischen Gesichtspunkten, nach betriebswirtschaftlichen, kommunal- und veterinärhygienischen Erfordernissen sowie unter Beachtung wasserwirtschaftlicher und verkehrstechnischer Gegebenheiten (siehe Kap. C 10.1–2). Darüber hinaus werden Anforderungen des Natur- und Umweltschutzes sowie der Landschaftsgestaltung und Territorialplanung berücksichtigt. Die Standortwahl wird schließlich vom Produktionsumfang und -ziel sowie von weiteren Faktoren bestimmt, die örtlich variieren. Entscheidend für die Standortwahl sind die Eigentumsverhältnisse, die in der staatlichen Planwirtschaft der DDR unbeachtet blieben und die Errichtung neuer Anlagen im freien Feld erleichterten.

Vor Baumaßnahmen war und ist eine Vielzahl von **Genehmigungen** einzuholen. Die zuständige Veterinärbehörde hat die Projektunterlagen bezüglich aller rechtlichen Belange zum Seuchen-, Umwelt- und Tierschutz zu prüfen (Tab. C7). Der besonderen Gefährdung durch endemische **Wildschweinepest** ist durch höhere amtliche Auflagen vorzubeugen. Solche sind das Verbot von Freilandhaltung sowie Einschränkungen für die Auslaufhaltung und Einstreuegewinnung.

Der Standort stellt eine betriebswirtschaftliche Einheit dar. Hierfür kann der Begriff des **Makrostandorts** verwendet werden, wenn Betriebsteile als **Mikro-** oder **Teilstandorte** innerhalb eines einheitlich bewirtschafteten Betriebsverbundes auseinandergerückt sind.

2.2.2 Standortgestaltung und Schwarz-Weiß-Prinzip

Die erfolgreiche Seuchenabwehr verlangt die Umsetzung projekt- und standortgebundener sowie hygienisch-organisatorischer Erfordernisse (Abb. C4).

Tabelle C7: Kriterien für das amtliche Genehmigungsverfahren für Stallneubauten und -rekonstruktionen

1. **Kriterien für die Seuchenabwehr**
   - Anforderungen der Schweinehaltungshygiene-Verordnung in Abhängigkeit von der Betriebsgröße
2. **Kriterien für die tiergerechte Haltung**
   - Allgemeine Anforderung des § 2 des Tierschutzgesetzes (artgemäße Haltung und Versorgung)
   - Allgemeine Anforderungen der Tierschutz-Nutztierhaltungsverordnung
   - Ländererlasse zur Umsetzung von tiergerechten Haltungsanforderungen
3. **Kriterien des Tierhandels**
   - Viehverkehrsordnung: Bestandsanzeige nach § 24 b ViehVerkVO bei der zuständigen Veterinärbehörde
   - Schweinehaltungshygiene-Verordnung
     - Isolierstall für Stallhaltungsbetriebe nach Anlage 3
     - Absonderungsmöglichkeit für Freilandhaltungsbetriebe nach Anlage 5

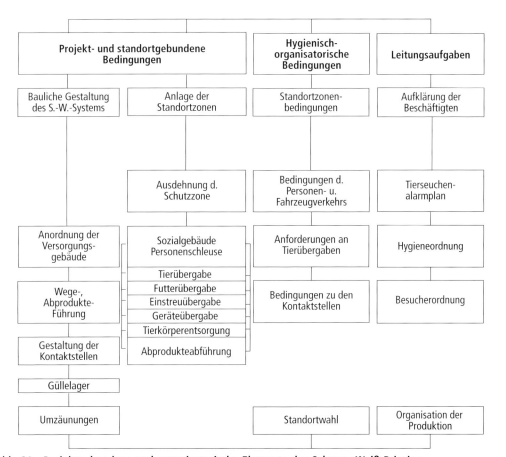

Abb. C4 Projektgebundene und organisatorische Elemente des Schwarz-Weiß-Prinzips.

Tabelle C8: Aufteilung eines Standortes in verschiedene Zonen

Standortbereich	Standortelemente	Anordnung
1. **Produktionszone** (Weißbereich)	• Stalleinheiten der Haltungsstufen, innere (weiße) Versorgungseinrichtungen, begrenzt von Zäunen und Gebäudewänden = eigentlicher Produktionsbereich	• Schwarz-Weiß-Begrenzung zwischen Versorgungs- und Produktionszone = Unterbrechung aller direkten Kontakte
2. **Versorgungszone** (Schwarzbereich)	• äußere (schwarze) Versorgungseinrichtungen • Wirtschafts- und Verwaltungsräume, begrenzt vom Außenzaun und Gebäuden • verschließbarer Zugang zu allen Kontakt- und Übergabestellen	• umgibt 1-, 2-, 3- oder 4-seitig die Produktionszone • Begrenzung des Personen- und Fahrzeugverkehrs = Unterteilung in 2 Schwarzbereiche zweckmäßig
3. **Schutzzone**	• Umgebung der Anlage, je nach Betriebsgröße und Territorialstruktur als engerer oder erweiterter Bereich	• Schutzzonenbedingungen können die Infektionsgefährdung aus der Umgebung einschränken

Der **Produktionsstandort** sollte so strukturiert und bewirtschaftet werden, dass bereits durch die Anordnung der Funktionsbauten und ihres Umfeldes die passive Einschleppung von Seuchenerregern erschwert wird (Tab. C8).

Im Fall der Neuerrichtung einer Anlage ist die

- eigentliche **Produktionszone (Weißbereich)** von der
- umgebenden **Versorgungszone (Schwarzbereich)** abzugrenzen.

Als **Schutzzone** (Außenbereich) kann das den Betrieb umgebende Gelände mit dessen Funktionen deklariert werden.

Die vorgenannte Form der Standortaufteilung hat sich in Kombination mit den organisatorischen Erfordernissen bewährt, was zu einer vergleichsweise geringen Infektion derartiger Tierbestände mit hochkontagiösen Schweineseuchen vor und nach 1990 geführt hat. Das durch diese Standortaufteilung ermöglichte **Schwarz-Weiß-System** (S.-W.-Prinzip) stellt somit eine seuchenpräventive Maßnahme gegen die Einschleppung von Infektionskrankheiten dar. Dieser Schutz richtet sich gegen hochkontagiöse Krankheitserreger (MKS, Schweinepest), nicht aber gegen ubiquitär verbreitete, pathogene Infektionskeime. Für Spezifiziert-pathogenfreie Bestände (SPF) wird durch das S.-W.-Prinzip darüber hinaus auch die Gefahr der Einschleppung von enzootisch verbreiteten Krankheitserregern vermindert.

Die funktionelle Trennung zwischen Produktions-, Versorgungs- und Schutzzone ist am Beispiel einer Mastanlage mit 6000 Plätzen in Abbildung C5 dargestellt. Sie wird durch folgende **bauliche Maßnahmen** gewährleistet:

- Lückenlose Umgrenzung des Weißbereiches durch Zäune und/oder Baukörpergrenzen.
- Errichtung von Sozialgebäude, Futterhaus, Einstreubergeraum, Tierkörperverwahrhäuschen und von anderen Versorgungsgebäuden mit geeigneten Übergabestellen an der Grenze des Weiß- zum Schwarz- bzw. Außenbereich.
- Lückenlose Umgrenzung der Gesamtanlage durch eine äußere Umzäunung bzw. durch Bauaußenwände, die keinen Zugang ermöglichen.

Die Aufteilung des Standortes und der Verlauf der Schwarz-Weiß-Begrenzung differieren naturgemäß sehr stark in Abhängigkeit von den gegebenen Bedingungen.

2.2.2.1 Schutzzone (Außenbereich)

Außerhalb des eigentlichen Produktionsstandortes sollten solche Bauten angeordnet werden, die nicht zum unmittelbaren Betrieb der Tierhaltung benötigt werden. Das betrifft beispielsweise **Parkmöglichkeiten** für Mitarbeiter und Gäste sowie **Löschwasserbecken**, **Notstromaggregate** und alternative **Energiequellen**. In Biogasanlagen dürfen keine Abprodukte aus anderen Tierhaltungen verarbeitet werden. Gemeinschaftlich zu nutzende **Biogasanlagen** müssen daher ebenso wie andere kritische Einrichtungen (Tierkörperbeseitigungsanstalt, Schlachthof, andere Anlagen der Tierhaltung) im nötigen Abstand vom Betrieb errichtet werden.

2 Schutz vor Seucheneinschleppung

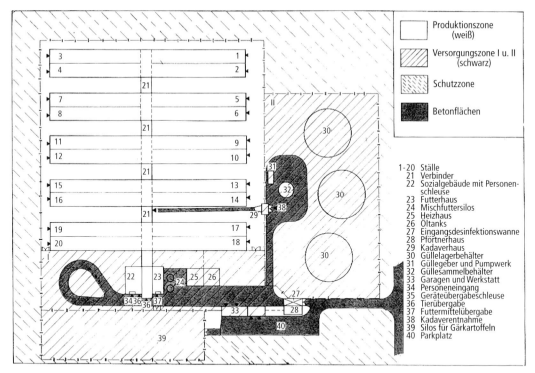

Abb. C5 Standortaufteilung einer Mastanlage nach veterinärhygienischen Gesichtspunkten (variiert nach Angebotsprojekt für 6000 Mastschweine).

2.2.2.2 Versorgungszone (Schwarzbereich)

Sämtliche Ver- und Entsorgung der Tiere geht durch den Schwarzbereich, der bei günstigen Standortbedingungen unterteilt werden kann. Die Versorgungsleistungen sind der Produktionszone dann direkt vorgelagert, die Entsorgung kritischer Produkte (Kadaver, Gülle) erfolgt günstigerweise über einen separaten Schwarzbereich. Im Einzelnen ist für große Anlagen der Schweinehaltung Folgendes zu beachten:

- Der **Schwarzbereich** wird lückenlos vom Außenzaun bzw. von Baukörpergrenzen umgeben und durch eine oder mehrere verschließbare Einfahrten befahren.
- Auf der Einfahrt muss eine **Desinfektionsmöglichkeit** anzuordnen sein, die bei Seuchengefahr zu benutzen ist.
- **Garagen** können in den Außenzaunbereich der Versorgungszone mit Zufahrt von außen und ohne Durchgang nach innen angelegt werden.
- Im abgegrenzten Schwarzbereich befinden sich die **Güllelagerbehälter**, die **Müllsammelstelle**, das **Pumpenhaus**, eventuell eine **Gülletrennanlage** und bei Notwendigkeit die **Dunglegen**. Die Zufahrt erfolgt günstigerweise durch einen separaten Eingang. Noch sicherer ist die Abfuhr von außen.
- Eine **Scheune für Einstreu** wird in die S.-W.-Begrenzung so eingefügt, dass sie von außen beschickt, dann verschlossen und von innen entleert werden kann.
- **Tierübergaben** erfolgen an der S.-W.-Begrenzung entweder an zentralen Übergabestellen (z. B. am Verbinderende) oder an den Stallgiebeln. Im letztgenannten Fall wird i.d.R. ein für den Tierabtransport zu öffnender gesonderter Versorgungsbereich ausgezäunt.
- Bei vorgesehener **Einstufung von Zuchttieren** im Weißbereich einer Zuchtanlage wird den Käufern eine Sichtmöglichkeit von der Versorgungszone her ermöglicht.
- Die **Tierkörper-, Nachgeburten- und Müllübergabe** erfolgt über Einrichtungen, die in die S.-W.-Grenze zum separaten

Schwarzbereich bzw. in den Außenzaun so eingeordnet sind, dass die entsorgenden Fahrzeuge so weit als möglich von den Tieren entfernt bleiben. Großanlagen mit 12 000 Sauen (mit und ohne Mast) hatten in der DDR eine der Kadaverlagerung benachbarte eigene **Prosektur** mit eigenem Personal zur laufenden pathologischen Diagnostik.
- Sämtliche **Räume der Betriebsleitung und Verwaltung** werden dem Schwarzbereich zugeordnet, da diese Personen überwiegend dort tätig sind.

2.2.2.3 Produktionszone (Weißbereich)

Die Abgrenzung des Weißbereiches zum Schwarz- und Außenbereich ist so zu gestalten, dass ein unbefugter Zutritt über ungesicherte Durchgänge ausgeschlossen ist. Letzteres gilt insbesondere für den Zugang zu randständig angeordneten Ställen, für die Tierein- und Ausstallung sowie für die Futter- und Geräteversorgung. Dabei ist Folgendes zu beachten:
- Die **Ställe** sind das Herzstück der Anlage und für Personen nur über einen offiziellen Zugang zu erreichen. Hierbei handelt es sich in größeren Betrieben um eine **Personenschleuse**, die aus für Geschlechter getrennten Umkleideräumen auf der schwarzen und weißen Seite des Sozialgebäudes mit zwischenstehender (Zwangs-) Dusche besteht.
- Eine **Wäschekammer** befindet sich auf der schwarzen Seite; hier wird die saubere Schutzkleidung für Mitarbeiter und Gäste gelagert und ausgegeben.
- Ein **Speiseraum** für das mit den Tieren arbeitende Personal ist dem Weißbereich zugeordnet, so dass die Personenschleuse während der Arbeitspausen nicht passiert wird. Vor dem Eintritt sollte die Gelegenheit zum Hände- und Stiefelreinigen, ggfs. auch -wechseln bestehen.
- In sehr großen Betrieben kann es außerdem einen **Aufenthaltsraum im Schwarzbereich** für die in der Versorgungszone tätigen Mitarbeiter geben. Eine Küche ist dann so anzuordnen, dass sie dem S.-Bereich angehört, aber Speisen auch in den W.-Bereich durchzureichen sind.
- Angelieferte **Futtermittel** gelangen in Silos, die im S.-Bereich stehen, bzw. das Futter wird über Leitungen in ein Futterhaus gepumpt, das sich üblicherweise an der S.-W.-Grenze befindet.
- Sofern eine **tierärztliche Apotheke** einer Betriebstierarztpraxis bzw. ein tierärztlicher Arbeitsraum benötigt wird, befindet sich dieser im Weißbereich. Gleiches gilt für weitere Arbeitsbereiche (Computerraum in großen Betrieben u. a.), die die unmittelbare Nähe zum Tierbestand benötigen.
- Eine **Geräteschleuse** kann in die Schwarz-Weiß-Grenze so eingeordnet werden, dass in Seuchenzeiten eine Desinfektion vorzunehmen ist.

Ansichten zur Standortaufteilung nach dem Schwarz-Weiß-Prinzip enthalten die Fotos der Abbildung C6.

a

Abb. C6 Standort einer komplett umzäunten Aufzuchtanlage für 1280 Sauen außerhalb der Dorflage:
a) Umzäunter Betriebsstandort in Pavillionbauweise mit kompakter Zuordnung durch einen Zentralverbinder;
b) Stallkomplex für die Läuferaufzucht mit Ausstallluke in den Schwarzbereich I;
c/d) Geräteübergabeschleuse und Futtereinfüllstutzen an der Schwarz-Weiß-Gebäudegrenze;

b

c

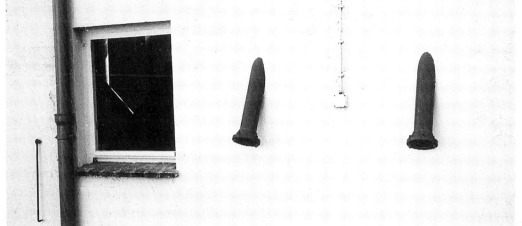
d

e

f

g

2 Schutz vor Seucheneinschleppung

Abb. C6
e) Betriebseinfahrt mit Desinfektionsdurchfahrwanne; Fahrzeuge verbleiben im Außenbereich (Schutzzone);
f) Scheune und Kadaverhaus an der Schwarz-Weiß-Grenze;
g) Kadaverhaus außerhalb der Ställe am Schwarzbereich II;
h) Güllabfülleinrichtung im Schwarzbereich II.

2.3 Hygienisch-organisatorische Schutzmaßnahmen

2.3.1 Organisation und Tierverkehr

Der Tierverkehr und sämtliche Maßnahmen zur Ver- und Entsorgung der Anlage können bei Beachtung vorgenannter Empfehlungen bautechnisch und organisatorisch so gesteuert werden, dass die Gefahr der Seucheneinschleppung minimiert wird.

Die bautechnischen Voraussetzungen bilden die eine, deren ständige organisatorische Ausfüllung die andere Seite des Seuchenschutzes. Hierzu sind ortsspezifische Festlegungen zu treffen. Verbindliche Richtlinien enthalten **betriebliche Ordnungen** zum Hygienemanagement einschließlich Reinigung und Desinfektion sowie die Festlegungen im **Tierseuchenalarmplan**. Inhaltliche Schwerpunkte sind in der SchwHaltHygVO unter Beachtung der Betriebsgrößen vorgegeben (siehe Kap. F 1 und Anhänge J 2.1 bis J 2.2).

Der **Verbesserung des Seuchenschutzes** im internationalen und nationalen Tierverkehr dienen
- die strikte Trennung von Schlachthöfen und Viehsammelstellen,
- die Kontrolle und Desinfektion der Viehtransportfahrzeuge an Vermarktungsorten, Schlachtstätten und in Betrieben,
- ergänzende Polizeikontrollen an Haupt- und Seitenstraßen im Grenzbereich und innerhalb der EU sowie
- das GPS-System (Global Positioning System) für alle gewerblichen Viehtransporter (siehe Kap. F 1.3.2).

Vor der amtlichen Überwachung ist es eine Aufgabe der landwirtschaftlichen Selbstkontrolle, das Freisein von Tierseuchen und von endemisch verbreiteten Infektionen zwischen den Liefer- und Empfängerbetrieben abzusichern. Die gesundheitlichen Anforderungen an die Herkunftsbetriebe und deren abzugebende Schweine müssen zwischen den Partnern genau festgelegt werden. Das gilt gleichermaßen für laufende Bestandsergänzungen wie für Neu- oder Ersatzbelegungen.

2.3.2 Quarantäne

Der externen Absicherung gegen Erregereinschleppung dient die **Quarantäne**. Sie verlangt die isolierte Aufstallung von Zukauftieren über einen Zeitraum von etwa 4 Wochen, um die Inkubationszeit der wichtigsten Infektionskrankheiten zu erfassen. Sofern neu ankommende Schweine zugestallt werden, verlängert sich die Quarantäne für die bereits vorhandenen Tiere um die gesamte Wartezeit. Durch Verlängerung der üblichen Quarantäne, durch zusätzliche Laboruntersuchungen und das Zustellen von Kontakttieren kann die Schutzfunktion erhöht werden.

An eine **klassische Quarantäne** mit räumlicher und personeller Trennung von der eigentlichen Tierhaltung sind spezielle Anforderungen zu stellen (Tab. C9). Sie ermöglichen bei Zustellung von Kontakttieren in der Regel die klinische Aufdeckung hochkontagiöser Tierseuchen, wie MKS, Vesikuläre Schweinekrankheit und Schweinepest. Durch labordiagnostische Zusatzuntersuchungen können überdies chronisch erkrankte, latent infizierte und seropositive Tiere erkannt werden. Das betrifft die AK, TGE, Brucellose, Leptospirose, eine atypisch verlaufende Schweinepest sowie Erreger zahlreicher nicht meldepflichtiger enzootischer Infektionen. Die konkreten Anforderungen an die Quarantäne werden vor Ort festgelegt.

Die **Bedingungen der Quarantäne** haben sich insofern geändert, als bei Einschleppung hochkontagiöser Pan- und Epizootien (MKS, Schweinepest u. a.) in den Isolierstall die amtlich verfügten Maßnahmen für das Sperrgebiet wirksam werden und die Erhaltung des eigentlichen Bestandes nur dann zu erwarten ist, wenn sich der Quarantänestall für zugeführte Tiere in größerer Entfernung befindet.

Eine Erzeugerkette ist bei arbeitsteiliger Spezialisierung der Schweineproduktion mit rhythmischer Zuführung von Tiergruppen aus vorgelagerten Produktionseinheiten als ein in sich geschlossener Verbund zu handhaben, der eine Quarantäne mit nochmaliger Umstallung erübrigt.

Dann müssen auch sämtliche Tierbewegungen innerhalb eines Verbundes rückverfolgbar sein. Unter bestens kontrollierten, mit dem öffentlichen Veterinärwesen abgestimmten Bedin-

Tabelle C9: Tiergesundheitliche Kontrollen und Behandlungen in der Zeit der Quarantäne bzw. nach Direkteinstallung

• Vorbericht	• Freisein des Herkunftsbetriebes und -gebietes von anzeigepflichtigen und sonstigen festgelegten Erkrankungen
• Zuführung	• Einstellung von klinisch gesunden, normal entwickelten Tieren
• Hygiene	• Belegung im Rein-Raus-Prinzip mit Reinigung und Desinfektion • gegebenenfalls Zustellen von Kontakttieren • separate Betreuung und Versorgung • keine direkten und indirekten Kontakte mit dem eigentlichen Betrieb • Waschen der Sauen vor Umstallung
• Diagnostik	• tägliche klinische Diagnostik durch den Betreuer • Kotuntersuchungen auf Salmonellen, Endo- und Ektoparasitenkontrolle • Serologische Blutuntersuchungen (AK, ESP, Brucellose, Leptospirose, TGE u. a.) • Sektion verendeter Tiere
• Behandlung (in 2. Hälfte)	• Parasitenbehandlung nach Plan und Erfordernis • Immunisierungen nach Plan (z. B. Rotlauf, Parvovirose)

In **Betrieben mit Zukauf von Tiergruppen** aus Risikoregionen sollten amtliche Kontrollen, ggfs. mit Serodiagnostik, in den der Einstallung folgenden Tagen in der Quarantäne durchgeführt werden. Die staatliche Kontrolle kann weitergehende Untersuchungsmethoden anwenden, um auch untypische oder subklinische Krankheitsverläufe sowie positive Antikörpertiter aufzuspüren.

Die exakte **Kennzeichnung der Zucht- und Masttiere** sowie aller Tierbewegungen ist eine Voraussetzung zum Rückverfolgen von verdächtigen Tierlieferungen und zur Aufklärung der Seucheneinschleppung.

gungen kann bei einer vertraglich geregelten Zufuhr von Jungsauen die zusätzliche Quarantäne entfallen.

Tierzuführungen aus Herkünften außerhalb der Mitgliedsbetriebe stellen einen hohen Risikofaktor dar, der durch klassische Quarantänisierung zu verringern ist.

So gesundheitsfördernd eine professionell organisierte **arbeitsteilige Schweineproduktion** hinsichtlich der Zurückdrängung von Faktoreninfektionen ist (siehe Kap. C 4), so riskant und gefährdet wird diese in Zeiten ausufernder Pan- und Epizootien. Deshalb hat der Seuchenschutz auch hier höchste Priorität. Nachlässigkeiten in einzelnen Betrieben gefährden die gesamte Erzeugerkette. Ein Seucheneinbruch in einen Produktionsverbund kann diesen zeitweise lahmlegen oder gar sprengen, wenn es zur Sperrung und Ausräumung von Betrieben kommt.

Gleiches gilt für große Anlagen, die angesichts ihrer hohen Tierkonzentration bei Seuchenausbruch schwerste wirtschaftliche, soziale und gesellschaftliche Schäden (Image-Probleme) erleiden. Die höchste Sicherheit bietet hier die Produktion im geschlossenen System, das lediglich Ebersamen einlässt und jede Tierzuführung ausschließt oder nur über eine entfernt gelegene Quarantäne erlaubt.

3 Schutz vor Keimanreicherung

Die Bekämpfung der in den Betrieben verbreiteten Erreger von Faktoreninfektionen, Enzootien und Parasitosen erfolgt durch komplexe hygienische und tiergesundheitliche Maßnahmen. Deren Kernelemente sind gegen die Erregerausbreitung und -anreicherung im Betrieb gerichtet. Sie können in ihrer Gesamtheit als **antimikrobielles Regime** bezeichnet werden (Abb. C7). Die Kombination von Präventive, Prophylaxe, Umweltgestaltung, Therapie, Hygiene und Konstitutionsstärkung ergibt synergistische infektionshemmende und gesundheitsfördernde Effekte.

3.1 Bauhygienische Voraussetzungen

Bei der Planung von Neubauten und Rekonstruktionsmaßnahmen muss unbedingt vorrausschauende Klarheit über alle wesentlichen produktionsorganisatorischen Parameter bestehen, aus denen wiederum bauhygienische Erfordernisse zum Beispiel bezüglich der Anzahl und Belegungskapazität der Ställe abzuleiten sind (s. Kap. B 1).

Die wesentlichste Hygienemaßnahme ist in größeren Beständen die **periodische Unterbrechung der Infektionsketten** und Erregeranreicherungen. Hierzu muss der Produktionsablauf so gesteuert werden, dass die Ställe wachsender Tiere gleichzeitig belegt und entleert werden. Diesem Ziel dient das „**Rein-Raus-Prinzip**", das einen rhythmischen Produktionsablauf voraussetzt. Künftig ist die Frage zu beantworten, ob im Besamungs- und Wartebereich sehr großer Betriebe (> 1000 Sauen) eine Rein-Raus-Belegung ebenfalls gesundheitliche Vorteile erbringt.

Kleine Stalleinheiten, kurze Abferkelperioden und **ein ausgeglichenes Alter** der Ferkel einer (Teil-)Gruppe bilden weitere Bedingungen einer erfolgreichen Aufzucht in kleinen wie großen Beständen. Die Abbildung C8 zeigt bei ansonsten vergleichbaren Bedingungen den ungünstigen Einfluss großer Ställe (152 Abferkelplätze) auf den Gesundheitszustand von Saugferkeln. Der hier stärkere Keimdruck ergab mehr schwere Pneumonien, Durchfälle und Behandlungen bei erkrankten Ferkeln im Vergleich zu kleineren Stalleinheiten (33 Plätze) desselben Betriebes.

		Allgemeine Infektionsprophylaxe	Antimikrobielles Regime
Maßnahmen gegen Erregereinschleppung	Standortwahl		
	Standortaufteilung		
	Standortzonenbedingungen		
	Schwarz-Weiß-Prinzip		
	Gesundheitsanforderungen an einzustallende Tiere		
	Quarantäne		
	(Produktion im geschlossenen System)		
Maßnahmen gegen Erregerausbreitung und -anreicherung	Isolierung erkrankter Tiere		
	spezielle Produktionsverfahren (Isowean, Multisite)		
	Rein-Raus-Belegung		
	Reinigung und Desinfektion		
	Ordnung und Sauberkeit		
	Schadtierbekämpfung		
	Tierkörperbeseitigung		
	Abprodukteentfernung		
	Geburtshygiene		
Stärkung der Widerstandskraft des Organismus	Spezielle Infektionsprophylaxe		
	Konstitutionspflege		
	Fütterungshygiene		
	Produktionshygiene		

Abb. C7 Hygienemaßnahmen gegen Erregereinschleppung, -ausbreitung und -anreicherung sowie Möglichkeiten zur Stärkung der Widerstandkraft und Abwehrbereitschaft des Organismus.

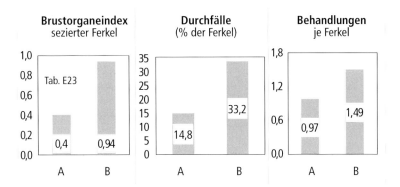

Abb. C8 Erkrankungen von Saugferkeln in unterschiedlich großen Stallabteilen desselben Großbetriebs (A = 33, B = 152 Abferkelplätze; 2 bzw. 4 Gruppen mit 629 bzw. 5098 Ferkeln; PRANGE et al. 2000).

Die **Rhythmen** und **Belegungsgrößen der Ställe** sollten zwischen den Haltungsstufen so abgestimmt werden, dass einheitliche Tiergruppen diese durchlaufen und nicht nach jeder Etappe neu gemischt wird. Das gilt gleichermaßen bei der Zusammenfassung mehrerer Haltungsstufen an einem Standort wie bei arbeitsteiliger Produktion mit separaten Standorten.

Bei vorausschauend geplanten **Aufzuchtanlagen**, die alle Nutzungs- und Altersklassen von der tragenden Jungsau bis zum verkaufsfähigen Mastläufer führen, gelingt vorgenanntes Erfordernis. Hier ist die Zuordnung der Ställe und Funktionseinheiten so zu gestalten, dass **wechselseitige Kontakte** im Tier-, Personen- und Versorgungsverkehr so gering als möglich gehalten werden, was in praxi allerdings sehr schwierig ist.

In den einzelnen Haltungsstufen müssen die **Ställe als separate Abteile** bewirtschaftet werden. Deren Klimatisierung ist so zu gestalten, dass ein Luftaustausch, der stets auch eine Staub- und Keimverschleppung mit sich bringt, vermieden wird.

In **komplexen Zucht-Mastanlagen** sind die direkten wie indirekten Kontakte zwischen den Sauen- und Mastställen auf der einen und den Ferkelaufzuchtställen auf der anderen Seite zu minimieren, da sie in besonderer Weise zur Keimverbreitung beitragen. Auf die Vorteile separater Standorte der Haltungsstufen wird nachfolgend näher eingegangen.

Die Gestaltung der Stall- und Versorgungsbereiche hat weiterhin so zu erfolgen, dass die Voraussetzungen für wirksame Reinigungs- und Desinfektionsmaßnahmen gegeben sind.

Die Art der **Aufstallung, Haltung und Bodengestaltung** beeinflusst die Kondition und Widerstandskraft der Tiere. Technisch bedingten Verletzungen (Technopathien) wird durch die Verwendung bewährter Haltungselemente vorgebeugt.

3.2 Hygienische Erfordernisse bei der Produktionsvorbereitung

In den verschiedenen Phasen der Vorbereitung und des Aufbaus einer Schweineproduktionsanlage ist veterinärmedizinische Mitarbeit als privatwirtschaftliche Beratung angebracht sowie als amtstierärztliche Überprüfung und Genehmigung erforderlich. Dabei geht es um Folgendes:

- Komplexe tierhygienische Bewertung von Neubau- und Rekonstruktionsprojekten (reibungsloser Betriebsablauf),
- Gliederung des Standortes in Schwarz- und Weißbereiche (Seuchenschutz),
- Verwendung leistungseffizienter, tier- und umweltfreundlicher Aufstallungsverfahren sowie Haltungs- und Fütterungstechniken (Tiergesundheit, Tier- und Umweltschutz),
- Inhaltliche und organisatorische Vorbereitung der gesundheitlichen Betreuung (Tiergesundheit und Leistungen).

Kriterien, die in besonderer Weise die Tiergesundheit tangieren, sind in Tabelle C10 aufgeführt. Tierärztliche Spezialberatung hat sich in der Vergangenheit bewährt, um bauhygienische

Tabelle C10: Tiergesundheitliche Aufgaben zur Vorbereitung einer Schweineproduktionsanlage

Aufgabenbereich	Maßnahmen
• Mitarbeit beim Anlagenaufbau und bei Umbauten	• Standortwahl unter Beachtung hygienischer Anforderungen, insbesondere der Standortzonen und des Schwarz-Weiß-Prinzips • Optimierung der baulichen Voraussetzungen zu Seuchenschutz und Infektionsprophylaxe • tierfreundliche Gestaltung und Funktion der unmittelbaren Tierumwelt-Einrichtungen • optimale Fütterungs- und Tränkeinrichtungen
• Mitarbeit bei der organisatorischen Vorbereitung	• Festlegung des Produktionszyklogramms mit Stall- und Reproduktionszyklen • Erarbeitung der innerbetrieblichen Dokumentationen und entsprechenden Auswertungen

• Erarbeitung veterinärhygienischer Unterlagen	• Tierhygienevorschriften
	  – Tierseuchenschutz
	  – Desinfektionsmaßnahmen
	  – Besucherverkehr
	  – Quarantänemaßnahmen

• Vorbereitung der veterinärmedizinischen Betreuung	• Erarbeitung veterinärmedizinischer Betreuungsprogramme für alle Haltungsstufen
	  – inhaltliche Festlegung planbarer diagnostischer, prophylaktischer, mesophylaktischer, therapeutischer Maßnahmen und der möglichen Substitutionen
	  – Einordnung planbarer Maßnahmen in das Zyklogramm der Haltungsstufen
	• Erarbeitung eines Systems der Dokumentation und Auswertung von Gesundheitsdaten (möglichst kombiniert mit Leistungsdaten)
	• Ausstattung des tierärztlichen Arbeitsraumes (in Großanlagen)

• Vorbereitung der Tiere und Erstbelegung	• diagnostische Abklärungen zur Vermeidung von Krankheitseinschleppung • abschließende Funktionsüberprüfung der Anlage • Überwachung der Tierzuführung und der Einstellung der Tiere, Selektion erkrankter Einzeltiere

Defizite beizeiten zu vermeiden und die Bedingungen für optimale Gesundheits- und Hygieneregime zu schaffen. Hiervon unberührt bleibt die Mitwirkung der zuständigen Veterinärbehörde im Rahmen eines amtlichen Genehmigungsverfahrens.

3.3 Hygienische Erfordernisse bei laufender Produktion

Der Gefährdungsgrad durch Infektionskrankheiten hängt von den speziellen betrieblichen Bedingungen ab, wie Tierkonzentration, Standort, Belegungsgrößen der Ställe, Tierzuführung und Produktionsgestaltung. Dementsprechend sind die notwendigen hygienischen Maßnahmen jeweils der örtlichen Situation anzupassen.

Die bauhygienischen Voraussetzungen müssen durch laufende Hygienemaßnahmen zum Schutz vor Seuchenerregern, Enzootien und Keimanreicherung der Faktoreninfektionen organisatorisch untersetzt werden. Wesentliche Erfordernisse sind hierzu in Tabelle C11 zusammengestellt. Sie treffen grundsätzlich für alle Schweinehaltungen zu, auch wenn die Schweinehaltungshygiene-Verordnung die Auflagen für kleine und große Betriebe sowie Freilandhaltungen differenziert (siehe Anhänge J 3).

Die hygienischen Erfordernisse sollten betriebsspezifisch im **Tierseuchenalarmplan** sowie in den **Tierhygiene-, Desinfektions- und**

3 Schutz vor Keimanreicherung 227

Tabelle C11: Organisatorische Erfordernisse zur Abwehr der Einschleppung und Anreicherung von Erregern

1. **Erfordernisse zur Abwehr von Seuchenerregern**
   Reglementierung der Tierzuführung
   - mit Quarantäne bei unsicherer Herkunft, bei Einstallung von Einzeltieren (Eber) in geschlossene Anlagen
   - ohne Quarantäne bei vertraglichen Lieferbedingungen zwischen Betrieben mit abgestimmten Gesundheits- und Hygienestrategien und zugesicherten Eigenschaften
     – Wahrung des Schwarz-Weiß-Prinzips beim Personen- und Futterzeugverkehr sowie der Tier-, Futter-, Einstreu-, Geräte- und sonstigen Warenübergabe
     – Abfuhr von Kadavern, Müll und Gülle von außerhalb der Anlage bzw. aus separatem Schwarzbereich
     – keine Verfütterung von Küchenabfällen (Ausnahme: zugelassene Erhitzungsanlage außerhalb des Standortes)
     – keine Möglichkeiten eines Wildschweinkontaktes
     – Einhaltung behördlicher Auflagen zum Seuchenschutz

2. **Erfordernisse gegen die Keimanreicherung im Betrieb**
   - Zufuhr und Umstallung einheitlicher Tiergruppen bekannter Herkunft (ansonsten Quarantäne)
   - Ein- und Ausstallung wachsender Tiere im Rein-Raus-Prinzip mit Reinigung und Desinfektion der entleerten Ställe
   - Sauberkeit und Ordnung, ggfs. Zwischendesinfektionen im belegten Stall
   - Abgrenzung erkrankter Tiere, keine Zurückstellung unterentwickelter Tiere
   - Wahrung der Erfordernisse der Produktions-, Fütterungs-, Haltungs-, Geburts-, Fortpflanzungs- und Aufzuchthygiene
   - Vermeidung anhaltender Belastungen und kurzzeitiger Mehrfachbelastungen der Tiere
   - sachgerechte Kadaver- und Abprodukteebeseitigung, -lagerung und -abholung
   - permanente Schadnager- und Ungezieferbekämpfung
   - tägliche klinische Gesundheitskontrolle
   - Aufklärung der Krankheits- und Todesursachen, periodische Sektionen
   - komplexe tierärztliche Bestandsbetreuung mit Diagnostik, Impfprophylaxis, Metaphylaxe und Therapie

Tabelle C12: Umgang mit erkrankten und verendeten Schweinen

- Merzung lebensschwacher Ferkel nach der Geburt und von Kümmerern bei Anfall
- Aufzucht gesunder leichter Absetzferkel in separaten Räumen (mit Ammensauen und/oder einer Ferkellamme)
- Behandlung erkrankter Tiere am Standort; bei schwerer Verlaufsform Isolierung in Krankenbuchten bzw. im separaten Einstreustall
- Beachtung der Wartezeiten und Auflagen in Qualitätsprogrammen bei medikamenteller Behandlung
- Entfernung von Nachgeburten und verendeten Tieren mehrmals täglich; Abtransport in desinfizierten Behältnissen zur Lagerstätte an der Betriebsaußengrenze

Besucher-Ordnungen festgelegt werden (siehe Anhänge J 2). Letztere berücksichtigen
- den Personen-, Fahrzeug- und Tierverkehr,
- die laufend erforderlichen betriebshygienischen Maßnahmen einschließlich
- der Reinigung und Desinfektion,
- die Bedingungen für die Beschäftigten sowie
- den Umgang mit erkrankten und verendeten Schweinen (Tab. C12).

4 Gesundheitsfördernde Produktionsverfahren

Die bisherigen Fortschritte zur Verbesserung des Gesundheitszustandes bei Anwendung der vorstehend beschriebenen präventiven und produktionsbegleitenden Maßnahmen (siehe Kap. C 2 und C 3) sind insgesamt nicht zufriedenstellend, um auch in großen Beständen mit intensiver Bewirtschaftung die Faktorenkrankheiten zu beherrschen und eine hohe Auslastung des Leistungsvermögens zu erreichen. Neue Impfstoffe, breitenwirksame Antibiotika und Desinfektionsmittel sowie intensive betriebliche Hygieneregime bringen jeweils Teilerfolge. Doch erst die einander ergänzende Gesamtheit aller „taktischen" und „strategischen" Maßnahmen schafft ein hohes Niveau der Tiergesundheit über alle Haltungs- und Produktionsstufen hinweg von der Sau bis zum Schlachtschwein. Dafür bedarf es weiterführender produktionshygienischer und -organisatorischer Konzepte.

Zur nachhaltigen Verbesserung des Gesundheitsniveaus in den Schweinebeständen werden international verschiedene Verfahren angewendet, deren Ziel die weitestgehende Zurückdrängung der infektiösen Faktorenkrankheiten (Enzootische Pneumonie, Rhinitis atrophicans, Dysenterie, Porcine Intestinale Adenomatose) und des Parasitenbefalls (insbesondere Spulwürmer, Räude, Läuse) ist. Die weiterführenden Verfahrensprinzipien können in Abhängigkeit von den angestrebten Zielstellungen nach Tabelle C13 geordnet werden.

4.1 Spezifiziert-pathogenfreie Aufzucht (SPF)

In den 60iger-Jahren wurde das SPF-Verfahren entwickelt. Dessen Ziel besteht im Freisein von wesentlichen Krankheitserregern, die weder direkt (z. B. durch Anzüchtung) noch indirekt (z. B. durch spezifischen Antikörpernachweis) feststellbar sein dürfen. Es gibt keinen allgemeinen, sondern stets nur einen spezifischen erregerbezogenen SPF-Status.

Beim **klassischen SPF-Verfahren** werden die Ferkel der Primärgeneration unter strengen aseptischen Kautelen operativ entbunden und isoliert aufgezogen. Unmittelbar nach der Betäubung wird die gravide Gebärmutter in toto

Tabelle C13: Verfahrensprinzipien zur Sicherung eines hohen Tiergesundheitsniveaus

Zielstellung	Verfahren
• Erregerfreiheit	• **SPF-** (Spezifiziert pathogenfrei) **Verfahren** Erreichen des Freiseins von definierten Erregern – per Kaiserschnitt (primär, sekundär...) – durch medikamentelle Sanierung
• Senkung des Erregerdruckes	• **Extensivierung des Produktionsprozesses** „Verdünnung" des Infektionsrisikos, z. B. Freilandhaltung • **MD-** (Minimal Disease) **Verfahren** Gleichzeitige Senkung des Erregerdruckes sowohl in den Schweinen als auch in der Umwelt durch komplexe haltungshygienische, medikamentelle und immunologische Maßnahmen.
• Unterbrechung der Infektionsketten	• **Multisite-Produktion** Isolierte Ferkelerzeugung, Absetzferkelaufzucht und Mast an getrennten Standorten, die möglichst im geschlossenen Rein-Raus-Prinzip bewirtschaftet werden, um Infektionsketten zu unterbrechen.

entnommen und über eine Desinfektionsschleuse in einen isolierten Raum verbracht, wo die Uteri geöffnet, die Neonaten entbunden und die so entwickelten Ferkel in Inkubatoren verbracht werden. Diese Tiere sind frei von allen ökonomisch bedeutsamen Erregern, sofern diese nicht schon intrauterin auf die Feten übertragen wurden. Mit diesen primären SPF-Tieren werden neue Zuchtbestände aufgebaut, in denen die Ferkel der Folgegenerationen als sekundäre, tertiäre … SPF-Tiere wie üblich aufzuziehen sind.

Dieses Verfahren bietet eine hohe Sicherheit für die Erregereliminierung und ergibt einen sehr guten Gesundheitszustand mit der höchsten Leistungsausschöpfung. Die zu sanierenden Bestände müssen total geräumt, gereinigt und desinfiziert werden, bevor die Wiederbelegung mit SPF-Tieren erfolgen kann. Zwischen dem Auslaufen des alten Bestandes und der Wiederbelegung mit SPF-Tieren liegt eine längere produktionsfreie Zeit. Das Reinfektionsrisiko ist bei den Erregern unterschiedlich und liegt bei bis zu 10% pro Jahr. Das SPF-Verfahren wird in verschiedenen Zuchtorganisationen einiger Länder mit intensiver Schweineproduktion (Schweiz, Dänemark, USA) partiell und dann vorrangig in den Nukleuszuchten angewendet, um über die nachgeordneten Gebrauchszuchten und die Mast weitergeführt zu werden. In Dänemark sind 10 bis 15% der Betriebe dem SPF-Verbund angeschlossen.

Mit Hilfe von „Minimal-Disease"- Verfahren können ähnliche Effekte bei geringeren Aufwendungen erreicht werden (siehe Kap. C4.2.2).

4.2 Senkung des Keimdrucks

Eine anhaltende Senkung des Erregerdruckes kann durch komplexe antimikrobielle Maßnahmen erreicht werden. Geringe Tierkonzentrationen am Standort und extensive Haltungsformen – mehr Platz, Luftraum, Bewegung, Auslauf und Verhaltensinventar – verringern den Keimdruck und damit die nachteiligen Folgen der faktorenabhängigen Infektionen. Darauf verweist die in Abbildung C9 ablesbare sehr gute Gesundheit der Schweine aus Kleinstbeständen im Gegensatz zu der in größeren und großen Betrieben.

4.2.1 Freilandhaltung

Mit der modernen Freilandhaltung z. B. in England und Frankreich hat in den letzten Jahren das über ein halbes Jahrhundert alte „Schwedische Verfahren" von WALDMANN (1934) und KÖBE (1934), modifiziert als „Riemser Hüttenverfahren" auch in Deutschland bekannt, eine beachtliche Renaissance mit zunehmender Ausweitung erfahren, weil der Gesundheitszustand der Tiere aus der Freilandhaltung, insbesondere bezüglich der Atemwegserkrankungen, im Allgemeinen sehr gut ist. Das Prinzip besteht in einer Haltung der Schweine mit Trennung der Altersabschnitte bei Einhaltung entsprechender Distanzen, um eine Erregerübertragung zu verhindern und eine Unterbrechung von Infektionsketten zu erreichen. Nach sächsischer Erfahrung wiesen intensiv mikrobiologisch untersuchte Mastschweine nach 2-jähriger Laufzeit einer Freilandhaltung, die mit Sauen aus der konventionellen Produktion begonnen wurde, nur vereinzelt *Mycoplasma hyorrhinis* und (nicht toxinbildende) Pasteurellen auf. Bei den anderen bedeutsamen Erregern war nahezu ein SPF-Status erreicht worden (HÖRÜGEL u. SCHIMMEL 2000). Besonders erfolgreich ist das Verfahren, wenn der Standort der Freilandhaltung in die Rotation der Fruchtfolge eingeordnet und jährlich gewechselt wird.

4.2.2 „Minimal-Disease"-Verfahren

Minimal-Disease- (MD) Programme bieten sich bei Neubelegung eines Zuchtbestandes sowie bei laufender Produktion in Betrieben mit geringem Leistungsniveau infolge hoher Krankheitshäufigkeit dort an, wo die personellen und organisatorischen Voraussetzungen gegeben sind.

Zielstellung ist eine geringe Erkrankungshäufigkeit vorrangig bei den Atemwegserkrankungen, bei chronischen Darminfektionen und den Parasitosen.

Das Prinzip des Verfahrens besteht in der Senkung des Erregerdrucks durch die gleichzeitige Durchführung hygienischer, immunprophylaktischer, antibiotischer und antiparasitärer Maßnahmen. Die wesentlichen Säulen der Verfahrenskonzeption im Zuchtbestand sind danach die Reduzierung der Erreger in den Tieren und in deren Umwelt. Die nach Durchführung des

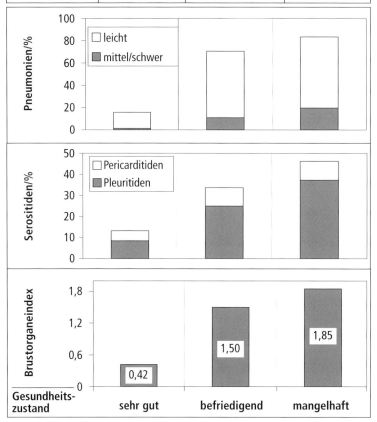

Abb. C9 Pneumonien und Serositiden bei Schlachtschweinen aus unterschiedlichen Betriebsformen (in % var. nach BENNEWITZ 1991).

MD-Programms geborenen Ferkel sind dann einem geringeren Infektionsdruck ausgesetzt und können erkrankungsarm aufwachsen. Die nachfolgend beschriebenen Maßnahmen müssen deshalb im Zuchtbestand beginnen und bis zur Mast fortgeführt werden; denn das Endziel eines solchen Programms ist das erkrankungsarm aufgezogene gesunde Schlachtschwein.

- **Zweimalige Behandlung des gesamten Bestandes**

Es werden alle Tiere des Bestandes – Saug- und Absetzferkel, Jungschweine, Sauen und Eber – gleichzeitig mit einem Breitbandantibiotikum und Endektozid als Futtermedikation über einen Zeitraum von 10 Tagen behandelt. Bewährt haben sich tiamulinhaltige Präparate, mit denen die wesentlichen Erreger der Atemwegserkrankungen sowie *Brachyspira hyodysenteriae* und *Lawsonia intracellulare* erreicht werden sowie Ivermectin zur Spulwurm-, Räude- und Läusebekämpfung. Die Saugferkel aller Altersgruppen bekommen einmalig am Tage des Beginns der Bestandsbehandlung ein Langzeit-Breitbandantibiotikum injiziert.

Diese Behandlung des gesamten Bestandes ist nach drei Wochen zu wiederholen. Das erhöht die Wirksamkeit und ist zur Parasitenbekämpfung unbedingt erforderlich, da die Parasiteneier und Wanderlarven des Spulwurmes durch die erste Medikation nicht abgetötet wurden. Die sich entwickelnden Adulten müssen vor der Geschlechtsreife durch die zweite Behandlung eliminiert werden, wenn eine Parasitenfreiheit angestrebt werden soll.

- **Immunisierungen gegen die Erreger der Atemwegserkrankungen**

Die anhaltende Senkung des Erregerdrucks wird durch die komplette Immunisierung (Muttertier- und Jungtierschutzimpfung) gegen die Erreger der Atemwegserkrankungen wirksam unterstützt, mit der so zeitig begonnen werden sollte, dass zum Zeitpunkt der medikamentellen Behandlung schon eine Bestandsimmunität aufgebaut ist. Gegen welche Erreger immunisiert wird, ist anhand der bestandsspezifischen Situation zu entscheiden.

- **Generalreinigung und -desinfektion der gesamten Zuchtanlage**

Die Gesamtreinigung und -desinfektion ist so zu organisieren, dass alle Tiere nach Abschluss der ersten medikamentellen Bestandsbehandlung in einem frisch gereinigten und desinfizierten Stall stehen. Die komplexe Erregerbekämpfung muss so koordiniert werden, dass eine Reinfektion der Tiere aus der Umwelt nach der Behandlung, aber auch dass ein Erregereintrag in die gereinigten und desinfizierten Ställe durch noch nicht behandelte Tiere unterbunden wird. Daher werden die Reinigungs- und Desinfektionsmaßnahmen in einem Zeitraum durchgeführt, in dem die Tiere unter antibiotischem bzw. antiparasitärem Schutz stehen. In den im Rein-Raus-Prinzip bewirtschafteten Haltungsstufen (Abferkel- und Absetzferkelställe) erfolgt die intensive Reinigung und Desinfektion zyklogrammgerecht in der Serviceperiode.

In den anderen Haltungsstufen (Zuchtläufer- und Jungsauenhaltung, Reproduktionssauen) ist eine stallweise Reinigung und Desinfektion erforderlich. Dafür sind vorbereitend vor dem Beginn der ersten Bestandsbehandlung aus einem Stall „1" durch vorübergehende Erhöhung der Belegungsdichte in den anderen Ställen oder durch Nutzung von Provisorien, z. B. Außenhaltung, alle Schweine auszustallen. Der Stall wird dann gereinigt und desinfiziert. Am Morgen des vierten Behandlungstages werden alle seit 3 Tagen behandelten Schweine eines Stalles „2" in den Stall „1" umgestallt. Dieser entleerte Stall „2" wird dann gereinigt und desinfiziert; am fünften Tag werden die Tiere des Stalles „3" umgesetzt usw. Innerhalb von sieben aufeinanderfolgenden Tagen sind auf diese Art alle Zuchtläufer, Jungsauen und Reproduktionssauen umzustallen; denn die Generalreinigung und -desinfektion muss am letzten Behandlungstag abgeschlossen sein, weil die Schutzwirkung der Medikamente nach der letzten Aufnahme schnell abfällt. Wenn dann noch behandelte Tiere in einem nicht gereinigten Stall stehen, infizieren sie sich wieder aus dem Stallmilieu, und der Erfolg des Gesamtvorhabens wird gefährdet.

Daraus ergibt sich eine enorme Arbeitsspitze, die exakt geplant und erforderlichenfalls mit Fremdarbeitskräften abgesichert werden muss.

- **Hygieneregime in der Mast**

Mit dem Hygieneregime in der Mast ist zu sichern, dass die nach Durchführung des MD-Programms im Zuchtbestand geborenen und erregerarm aufgezogenen Mastläufer weiter bei geringem Infektionsdruck gehalten werden. Sie müssen in gereinigte und desinfizierte Ställe eingestallt werden und dürfen keinen direkten Kontakt zu den Schweinen aus dem unbehandelten Bestand bekommen. Im Mastbestand wird eine rollende Generalreinigung und -desinfektion während der Service-Periode durchgeführt, die entsprechend der Mastdauer synchron mit dem Auslaufen des unbehandelten Mastbestandes nach ca. 5 Monaten abgeschlossen ist.

Die gelegentliche öffentliche **Polemik gegen den prophylaktischen Antibiotikaeinsatz** ist für vorgenannte Verfahren besten Gewissens in folgender Weise zu entkräften:

- Es werden therapeutische Dosen langzeitig an alle Tiere verabreicht, so dass keine Resistenzentwicklung zu erwarten ist.
- Nach Abschluss des Sanierungsverfahrens wird ein Gesundheitszustand erreicht, der den bisher verbreiteten mesophylaktischen Antibiotikaeinsatz bei Zusammenstellung neuer Tiergruppen erübrigt. Im sanierten Betrieb werden daher weniger Medikamente als zuvor angewendet.
- Im Fleisch geschlachteter Schweine befinden sich keine Medikamentenrückstände, zumal die Masttiere ohnehin nicht in die Behandlungen einbezogen sind.

Tabelle C14: Pathologisch-anatomische Schlachtkörperbefunde vor und nach der Durchführung des Minimal-Disease-Programmes in einem komplexen Großbestand (in %)

MD-Programm	Befunde zuvor 1993/94	1995	Befunde danach August 1996 – Januar 1997
• Schlachtschweine	244 %	99 %	495 %
• Pneumonie	29,5	33,3	16,0
• Pleuritis/Pericarditis	12,8	31,3	12,1

Bei sachgerechter Durchführung kann ein **erregerarmer Status mit hoher Leistungsausschöpfung** erreicht werden, ohne dass die höheren Aufwendungen des klassischen SPF-Verfahrens erforderlich werden. Der dauerhafte Erfolg wird gefährdet durch Reinfektionen und neue Erregeranreicherung insbesondere bei steigender Bestandsgröße und Intensität der Haltung, bei auftretenden Hygienemängeln und Umweltbelastungen sowie bei einer hohen Betriebsdichte in der Region. Aus diesen und weiteren Faktoren wird in Dänemark ein „Risikofaktor" berechnet, mit dessen Hilfe die jeweilige Sinnhaftigkeit des anzuwendenden Verfahrens für einen Betrieb im Voraus abzuschätzen ist.

4.2.3 Neubelegung eines Zuchtbestandes

Bei der Neubelegung eines Ferkelerzeugerbetriebes ist davon auszugehen, dass nach der Abschlussdesinfektion vor Belegungsbeginn das Stallmilieu frei von den Erregern der infektiösen Faktorenkrankheiten und Parasitosen ist. Diese werden mit den zugeführten Tieren eingetragen. Es ist deshalb zu empfehlen, bei diesen Tieren eine gezielte Antibiotikaprophylaxe sowie Immunisierungen vorzunehmen, um die Erregerausscheidung in den „sauberen" Stall und damit den Infektionsdruck für die nachfolgend geborenen Ferkel zu minimieren. Die Immunisierungen sollten schon in den Zulieferbetrieben vorgenommen werden, um den vollen Immunschutz zum Zeitpunkt der Belegung zu gewährleisten. Die Antibiotikaverabreichung über insgesamt 10 Tage sollte spätestens drei Tage vor der Umstallung in der Quarantäne bzw. im Zulieferbetrieb beginnen und bis zum siebenten Tag nach der Einstellung im Zuchtbestand fortgeführt werden. Antiparasitäre Maßnahmen sind auf entsprechende Art einzubeziehen. Damit werden günstige Bedingungen für eine erkrankungsarme Erzeugung im neu belegten Bestand geschaffen.

4.2.4 Verfahren bei laufender Produktion

Am **Beispiel eines kombinierten Zucht-Mast-Bestandes** mit 1.300 Sauen und 6.000 Mastplätzen werden Ergebnisse des 1996/97 durchgeführten Programms in Tabelle C14 dargestellt. Danach ist eine beachtliche Verbesserung des Gesundheits- und Leistungsniveaus erreicht worden. Im Vergleich zur Ausgangssituation hatten die Tiere, die als Ferkel oder Läufer im Zuchtbestand in die Behandlungen einbezogen waren, ca. 15 g höhere Lebenstagszunahmen. Dagegen erreichten die nach der Durchführung des Programms geborenen Tiere (ohne Antibiotika-Prophylaxe) um 25 g höhere Lebenstagszunahmen im Ergebnis des verringerten Erregerdrucks, die einem um 5 kg erhöhten Mastendgewicht bzw. einer um ca. 7 Tage kürzeren Mastdauer entsprachen.

Die Durchführung des Programms erfordert eine gründliche Vorbereitung und exakte Planung, insbesondere auch der Tierumstallungen im Zeitraum der Reinigung und Desinfektion. Der reduzierte Erregerdruck kann bei konsequenter Durchführung der laufenden produktionshygienischen Maßnahmen über einen langen Zeitraum erhalten werden.

4.3 Unterbrechung der Infektketten – „Multisite"

In den meisten Schweinezuchtbetrieben werden die Sauen-, Abferkel- und Aufzuchtbereiche bisher zusammengefasst. In komplexen Anlagen befindet sich auch ein Mastbereich am gleichen

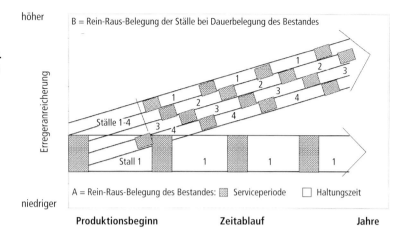

Abb. C10 Modell zur Keimentwicklung bei Rein-Raus-Belegung der gesamten Anlage (A) bzw. der einzelnen Ställe eines fortlaufend belegten Betriebes (B).

Standort. In diesen Beständen erfolgt jedoch eine permanente Erregerverbreitung mit bestandsspezifischen „Hauskeimen", die zu Infektionsketten in und zwischen den Tiergruppen führt. Dadurch bleiben die Möglichkeiten solcher Verfahren selbst dann limitiert, wenn Betreuung und Hygiene optimal sind.

Die hohen Aufwendungen des SPF-Verfahrens und die permanente Gefahr einer Reinfektion führten Anfang der 1980er-Jahre zur Entwicklung des „Multisite"-Verfahrens, das nicht mehr auf eine Erregerfreiheit in den Zuchtbetrieben zielt. Vielmehr soll durch ein **frühes Absetzen der Ferkel** mit **nachfolgender isolierter Aufzucht und Mast** an standorträumlich getrennten Betriebsteilen eine Verringerung der Übertragung faktorenabhängiger Infektionserreger zwischen Sauen und Absetzferkeln und der nachfolgenden Mast erreicht werden.

Wenn Aufzucht- und Mastbetriebe im **geschlossenen Rein-Raus-Prinzip** bewirtschaftet werden, gefährden mögliche Reinfektionen das Gesamtsystem nicht, da diese Bestände vor der neuen Belegung komplett ausgewechselt werden. Durch die Reinigung und Desinfektion der gesamten Anlage wird eine Erregerübertragung auf die nachfolgende Belegung unterbunden. Insbesondere mit diesem System ist eine erregerarme Aufzucht möglich, ohne dass die Zuchtbestände erregerfrei sein müssen. Die Sicherheit des Verfahrens resultiert daraus, dass es sich ständig neu reproduziert und Reinfektionen nur im betroffenen Durchgang ökonomische Schäden bewirken können. Ein kontinuierlicher Aufbau des Keimdrucks in der Anlage entfällt

bei sehr guter Reinigung und Desinfektion im Vergleich mit Anlagen mit ständiger Anwesenheit von Tieren (Abb. C10).

Für eine weitgehende Keimarmut ist eine **kurze Kontaktzeit der Sauen mit den Ferkeln**, die zunächst durch die Kolostralimmunität partiell geschützt sind, erforderlich. Der Infektionszeitpunkt wird für die zu eliminierenden Erreger unterschiedlich angegeben. „Früh infizierende" Faktorenkeime haften schon in den ersten 3 bis 6 Lebenstagen (Bordetellen, Hämophile, Streptokokken), „spät infizierende" brauchen einige Tage mehr (Pasteurellen, Mykoplasmen, Actinobacillen), und bei verschiedenen Viren werden bis zu 21 Tage mitgeteilt. Bis zu 3 Wochen alte Tiere erkranken daher seltener und nehmen weniger Erreger von Erkrankungen des Atmungsapparates im Vergleich zu länger säugenden Ferkeln auf (Tab. C15).

Tabelle C15: Altersabhängiges Auftreten von Erkrankungen der Atmungsorgane bei verendeten und gemerzten Ferkeln aus 2 Großbetrieben mit hohem Keimdruck (n = 278 Sektionen)

Alter/ Wochen	Krankheitshäufigkeit/%			Brustorgane-Index (s. E 4)
	Nase	Serosen	Lunge	
1	2	0	5	0,1
2	8	5	15	0,3
3	34	8	30	1,0
4	56	12	75	1,7
5 + 6	38	20	93	3,4
7–10	25	12	88	3,3

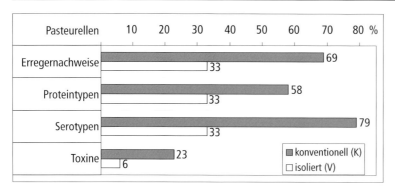

Abb. C11 Pasteurellenbefunde in Rachenmandeln bei isoliert (36 Proben) und konventionell (48) gemästeten Schlachtschweinen (var. nach HÖRÜGEL u. SCHIMMEL 2000).

Die Absetzferkel werden in vom Sauenbestand getrennten Aufzuchtställen aufgezogen – „Segregated Early Weaning" (SEW). Dieses Verfahren kann durch die Verabreichung von Antibiotika an die hochtragenden bzw. ferkelführenden Sauen sowie an die abgesetzten Ferkel zur Verringerung einer Erregerausscheidung bei vorgenannten Zielen zusätzlich abgesichert werden – „Medicated Early Weaning" (MEW).

Mit vorgenannten Verfahren der Multisite-Produktion lässt sich, ein vorzüglicher Gesundheitszustand erreichen, beurteilt anhand der klinischen Erkrankungen während der Aufzucht und Mast sowie der pathologisch-anatomischen Schlachtkörperuntersuchung. Das Verfahren lässt sich auch mit der in der EU geforderten Mindestsäugezeit von 21 Tagen vorteilhaft anwenden, selbst wenn vorhandene Erreger mitgenommen werden.

Die Ergebnisse des „genetischen Fingerabdruckes" von Pasteurellenisolaten sind für separat aufgezogene Versuchstiere (V) in Abbildung C11 den durch die konventionelle Haltung gegangenen Kontrolltieren (K) gegenübergestellt. Bei den Versuchstieren wurden nur ein Serotyp, zwei Proteintypen und zwei Ribotypen nachgewiesen, während bei den in konventioneller Haltung gehaltenen Geschwistern alle bestimmbaren Typen gefunden werden konnten. Durch das Verfahren wird gesichert, dass sich die Tiere zeitlebens nur mit Erregern auseinandersetzen müssen, die sie im Abferkelstall von ihren Müttern aufgenommen haben. Weitere Superinfektionen mit „Hauskeimen", die in der konventionellen Aufzucht und Mast ständig stattfinden, werden infolge separater Haltung in den nachfolgenden Haltungsstufen vermieden.

Eine entscheidende Voraussetzung für die Anwendung des Verfahrens ist die Erzeugung größerer Partien gleich alter Schweine, die die Kapazitäten der isolierten Aufzucht- und Mastbestände auslasten. Dafür bietet sich der Zusammenschluss mehrerer Ferkelerzeuger mit nachfolgender gemeinsamer isolierter Babyferkelaufzucht und Mast an.

Eine weitere Möglichkeit, das Verfahren auch in kleineren Dimensionen umzusetzen, ist die Verlängerung des Produktionsrhythmus in der Ferkelerzeugung auf einen bislang ungewöhnlichen 4- oder gar 5-Wochen-Rhythmus. Dadurch wird die Zahl der Sauengruppen im Bestand verringert, und es erhöht sich die Anzahl an Sauen und Ferkeln je Gruppe. Es wird im Bestand immer nur eine Saugferkelgruppe gehalten, wodurch die Infektionsketten zwischen säugenden Sauen und Saugferkeln verringert und ein niedriges Erkrankungs- und Verlustniveau im Abferkelstall besonders bei den infektiösen Saugferkeldurchfällen und Puerperalerkrankungen der Sauen zu erreichen ist.

Der Säugeperiode folgen bei beiden Varianten zwei isolierte Aufzuchtbestände, die abwechselnd belegt werden. Für die Mast sind beim 4-Wochen-Rhythmus vier und beim 5-Wochen-Rhythmus drei voneinander isolierte Masteinheiten notwendig. Dieses Prinzip ist für einen Bestand mit 600 Sauen in Tabelle C16 beispielhaft dargestellt. Das Verfahren kann mit 3 Haltungsstufen in folgender Weise umgesetzt werden: 120 Sauen werden je Gruppe in einem oder in mehreren Betrieben besamt. Sie erzeugen aller vier Wochen etwa 1100 Ferkel, die den Abferkelbetrieb nach 3 Wochen Säugezeit verlassen. Nach einer Haltungsdauer von 8 Wochen im Aufzuchtbetrieb werden diese Mastläufer in ei-

Tabelle C16: Organisation des „Multisite"-Verfahrens für einen Bestand mit 600 Sauen mit Rein-Raus-Belegung der Ferkelaufzucht und Mast (Beispiel)

Ferkelerzeugung 600 Sauen	Ferkelaufzucht Mast	Anzahl Betriebsstandorte	erzeugte Tiere je Betrieb/Jahr
• 120 Sauen je Gruppe im • 4-Wochen-Rhythmus mit • 3-Wochen Säugezeit in • 5 Sauengruppen	• →1100 Absatzferkel ↓ alle 4 Wochen • 1050 Mastläufer ↓ alle 8 Wochen • 1000 Schlachtschweine alle 16 Wochen	• 1 Zucht • 2 Aufzucht • 4 Mast	• 13 200 • 6 300 • 3 250

Tabelle C17: Niederbruch des hohen Gesundheitsniveaus im Freiland aufgezogener Saugferkel durch Vermischung der Tiergruppen in intensiver Folgeaufstallung (800 Sauen im Freiland)

	Saugferkel	Absatzferkel	Mastschweine
• Bedingungen	• extensiv im Freiland, isolierte eingestreute Hütten, Auslauf von 450m²/Wurf, 28 Tage Säugezeit	• intensiv in Flatdecks, Vollspalten, 5 Stallabteile in 2 Gebäuden	• intensiv auf Vollspalten, ca. 0,8 m²/Tier, 8 Abteile
• Organisationsmängel	• zu lange Abferkelperioden der Sauengruppen (8–10 Tage) im 2-Wochen-Rhythmus	• kein Rein-Raus-Prinzip; keine Einheit der Tiergruppen; Einstallantibiose	• inkonsequentes Rein-Raus- Prinzip, Zuführung von Läufern anderer Herkünfte, Einstallantibiose
• Verluste/% (Jahr 2001)	• 10,5 % der lebend geb. Ferkel, davon ca. 7 % Erdrückungen (absolut)	• 10 %, nach intensiver Behandlung 5,5 %	• 5,2 % im Jahresmittel
• Leistungen	• 22,2 aufgezogene Ferkel/Sau Jahr	?	• ca. 600 g Masttagszunahmen

nen nachgeordneten, ebenfalls im kompletten Rein-Raus-Prinzip bewirtschafteten Mastbetrieb umgestaltet. Bei solcher Organisation entfällt eine Superinfektion von Tiergruppe zu Tiergruppe, wie sie im fortlaufend belegten Bestand trotz des Rein-Raus-Prinzips der einzelnen Ställe unvermeidbar ist.

Mit vorgenannten Partiegrößen lässt sich das Prinzip der Multisite-Produktion auch in einer isolierten Mast bis zur Schlachtung fortführen. Ein Verbringen der bei geringem Infektionsdruck aufgezogenen Mastläufer in eine konventionelle Mastanlage würde die Tiere einer massiven Erregerbesiedlung aussetzen, gegen die keine bzw. eine nur schwache immunologische Abwehr besteht. Die Folge ist eine stark erhöhte Erkrankungshäufigkeit. Der gesundheitsfördernde Effekt des Verfahrens wird dann in das Gegenteil umgekehrt, wie es z. B. für Tiere aus einer Freilandhaltung mit folgender Vermischung der Gruppen in der Aufzucht und Mast nachgewiesen werden konnte (Tab. C17).

4.4 Vergleichende Bewertung der Verfahren

Nach vorstehenden Ausführungen bestehen praktikable Möglichkeiten zur längerzeitigen Sicherung eines hohen Tiergesundheitsniveaus. Unverzichtbar sind dabei die produktionsbegleitenden Hygiene-Maßnahmen. Die Produktionsorganisation ist so zu gestalten, dass die Voraussetzungen für eine gesundheitsfördernde Haltung geschaffen werden. Die dargestellten Verfahren sind nicht starr, sondern können und müssen den konkreten betrieblichen Bedingungen und Voraussetzungen angepasst werden. Das setzt eine intensive Bestandsdiagnostik und Ursachenermittlung voraus, um wirksame Entscheidungen zu treffen.

Die Breitenanwendung von **SPF-Verfahren** ist wegen der hohen Aufwendungen, der längeren produktionslosen Zeit bei der Umstellung der Betriebe sowie infolge des hohen Reinfektionsrisikos in Mitteleuropa kaum zu erwarten. Von einigen in- und ausländischen Zuchtorganisationen werden Jungsauen mit definiertem SPF-Status angeboten. Für die Neubelegung von Zuchtanlagen sind diese zu empfehlen, wenn eine ausreichende Sicherheit besteht, den Status zu erhalten und bis zum Schlachtschwein weiterzuführen.

Das weitaus größte Potential zur Verbesserung des Gesundheitsniveaus liegt in der konsequenten Anwendung des Prinzips der **Multisite-Produktion**, dessen Elastizität eine Anpassung an die verschiedenen Bestandsgrößen und Organisationsformen erlaubt. Für kleinere Bestände ist die Kombination einer 3-wöchigen Säugezeit mit einem 4-Wochenrhythmus günstig, weil damit größere Tiergruppen sowie eine Unterbrechung der Infektionsketten im Abferkelbereich möglich werden. Erzeugerzusammenschlüssen ist die Umsetzung des Prinzips der Multisite-Produktion zu empfehlen. Die Idealvariante bildet die Einstellung keimarm aufgezogener Ferkel in kleinere Anlagen, die **geschlossen geräumt und belegt** werden. Hier kann einer nachfolgenden Erregeranreicherung wirksamer begegnet werden als bei rhythmischer Produktion mit ständiger Anwesenheit von Tieren im größeren Betrieb.

5 Schutz vor Haltungsschäden

5.1 Direkte und indirekte Schadfaktoren

Mängel der technischen Haltungsumwelt können zu direkten und indirekten Schadwirkungen an den Tieren führen.

Direkte Haltungsschäden werden auch als **Technopathien** bezeichnet. Es handelt sich insbesondere um Gliedmaßen- und Hautverletzungen, denen daher nachfolgend die besondere Aufmerksamkeit gewidmet wird. Ein Beispiel aus zurückliegender Zeit sind Wunden und Einschnürungen als Folge der Halsanbindung von Sauen. Diese Haltungsform ist infolge häufiger Schadwirkungen und der extremen Bewegungsarmut der Sauen inzwischen verboten und ausgelaufen.

Gelegentlich ist die Aufstallung von Sauen in zu engen bzw. mangelhaft angepassten Kastenständen anzutreffen, die eine tierschutzwidrige Einengung der Sau und ein Verdecken der oberen Gesäugeleiste bedingt (Abb. C12).

Als **indirekte Schadfaktoren** können einfache und komplexe, kurzzeitig und langzeitig wirkende Belastungen (Abb. C13) wirken, die den Organismus und dessen Abwehrbereitschaft schwächen. Sie sind insbesondere an der Entstehung und Ausbildung **infektiöser Faktorenkrankheiten** beteiligt. Sie können aber auch

Abb. C12 Verdeckte obere Gesäugeleiste in zu engem Abferkelstand.

nichtinfektiöse Erkrankungen innerer Organe fördern, ein verbreitetes Beispiel sind hierfür die **Magengeschwüre**. Durch Stallklimamängel verursachte Gesundheitsschäden wurden bereits im Abschnitt B7.5 angesprochen.

5.2 Fußboden und Tiergesundheit

Der Fußboden ist gleichermaßen Stand- und Liegeplatz sowie Ort der Fortbewegung. Aus dieser Funktion ergeben sich die Anforderungen an seine Gestaltung. Der ständige Kontakt zum

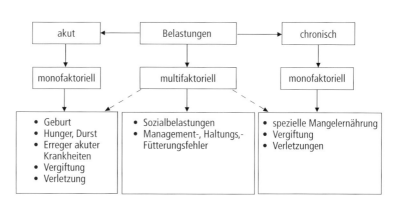

Abb. C13 Akute und chronische mono- und multifaktorielle Belastungen (mögliche Folgen sind Leistungsminderung, Etho-, Technopathie, Krankheit, Tod).

Tier lässt den Boden zu einem der wesentlichsten Umweltfaktoren mit hohem Einfluss auf Leistungen und Gesundheit werden. In der Schweineproduktion werden planbefestigte Böden mit und ohne Einstreu, Teilspalten- und Vollspaltenböden sowie die Haltung auf Tiefstreu eingesetzt.

5.2.1 Verwendung von Einstreu

Vor 5 Jahrzehnten wurden Schweine unter bäuerlichen Produktionsbedingungen noch nahezu ausschließlich mit Einstreu gehalten. Veränderte Wirtschaftsformen mit höherer Intensität und Arbeitsproduktivität haben die Stroheinstreu weitgehend verdrängt. Die Anforderungen des Tierschutzes erweitern die bislang vorrangig ökonomische Produktionsbewertung um Gesichtspunkte, die die tiergerechte Haltung stärker in das Blickfeld rücken. Das Wohlbefinden der Schweine in Stallhaltung wird durch gute Einstreu gefördert, die Arbeitsaufwendungen und Kosten sind jedoch deutlich höher. Hinsichtlich letzterer gibt es allerdings auch neuere Aussagen, nach denen mit Einstreu betriebene Außenklimaställe in der Mast (ab ca. 35 kg) vergleichbare Leistungen ohne höhere Kosten – siehe geringe Investitionen und Betriebskosten – erreichen. Für extensive Haltungsformen, die Freilandhaltung mit Hütten und für die Verfahren der ökologischen Landwirtschaft ist Einstreu erforderlich; allerdings werden deren Vorteile nur wirksam, wenn eine hohe Qualität gesichert ist (Tab. C18).

Die Zukunft wird zeigen, welche Prioritäten sich durchsetzen. Gegenwärtig stehen arbeitssparende und intensive Verfahren eindeutig im Vordergrund; denn in der Schweinemast werden vorrangig Vollspaltenböden (ca. 70%), gefolgt von Teilspalten (17%) und Stroh (13%) eingesetzt.

5.2.2 Planbefestigte Böden

Planbefestigte Böden sind als Ferkelliegeplatz in Abferkelbuchten und als Liegebereich bei Teilspaltenböden allgemein verbreitet. Folgende hygienisch relevante Eigenschaften werden vom planen Bodenteil erwartet:
- Festigkeit gegenüber Druck, Verformung und Verschleiß durch Abrieb,
- Sperrung vor aufsteigender Feuchtigkeit,
- geringe Wärmeableitung und gute Wärmedämmung,
- Beständigkeit gegenüber Exkrementen, Futtersäuren und Desinfektionsmitteln,
- geringe Porosität der Oberfläche, kein Eindringen von Flüssigkeiten,
- gute Stand- und Trittsicherheit durch geeignete Oberflächenprofilierung ohne Rauheiten, Scharfkantigkeit und Oberflächenschäden,

Tabelle C18: Bedingungen für den Einsatz von Einstreu[1)]

• Vorteile	• geringere Wärmeableitung und bessere Standsicherheit
	• weniger Verletzungen und bessere Haltungshygiene
	– Reinigungseffekt, Sauberkeit (bei viel Stroh)
	– besseres Mikroklima (nur bei frischem Stroh)
	• Möglichkeiten der Beschäftigung und Strohaufnahme
• Nachteile	• erhöhter Arbeitsaufwand und höhere Kosten
	• bei ungepflegter Tiefstreu höhere Schadgaskonzentrationen
	• höhere gasförmige Stickstoffverluste als bei perforierten Böden
	• mögliche Anreicherung von Endoparasiten (Spulwurmbefall) und pathogenen Erregern (Strahlenpilz, Salmonellen)
	• mögliche Mytoxinbelastung durch ungeeignetes Stroh
• Erfordernisse	• Verfügbarkeit selbst erwirtschafteter Einstreu
	• handarbeitsarme Bewirtschaftung
	• hohe Qualität der Einstreu
	• geeignete Mistlagerung und -verwertung

[1)] Einstreu in der Mast: Tretmiststall = höchster, Schrägbodenstall = mittlerer, Ruhekisten = geringer Bedarf

- leichte Reinigungs- und Desinfektionsfähigkeit,
- Freisein von toxischen Substanzen.

Der planbefestigte Fußboden besteht aus folgenden 3 bis 4 Schichten:
1. Untergrund des Stallfußbodens: trockener Boden, ohne organische Substanz.
2. Ungebundener Unterbau: Übertragung der Lasten auf den Untergrund, Unterbindung des Aufsteigens von Feuchtigkeit (Kapillarbrechung): 150 bis 200 mm dicke Schicht aus grobem Schotter, Kies oder abgelagerter Schlacke.
3. Wärmedämmschicht: 50 bis 100 mm Schlacken-, Ziegelsplitt-, Leichtbeton oder andere beständige Materialien.
4. Oberflächenschicht: 20 mm Zementestrich mit Dichtungsmitteln zur Abweisung der Feuchtigkeit; massive Ziegel als Flachschicht mit Porenverschluss durch Zementmörtel, Kunststoffe oder Bitumenprodukte.

Entlang der Tröge bewähren sich bei feuchter Fütterung säurefeste Klinkerplatten bzw. andere beständigere Materialien bis zu 300 mm Breite, um der besonderen Korrosionsgefahr in diesem Bodenabschnitt entgegenzuwirken. Gegenwärtig werden vorzugsweise spezielle Beschichtungen angewendet, z. B. Epoxidbeschichtungen, mit denen auch Oberflächenschäden von Betonböden zu sanieren sind.

5.2.3 Spaltenböden

Spaltenböden bestehen aus tragenden Verbundsystemen, gelegentlich auch aus Einzelträgern. Sie bilden den
- Kotplatz bzw. Fress-Kotplatz (Teilspaltenboden) oder den
- Fress-Kot-Liege-Platz (Vollspaltenboden).

Die Kotroste ermöglichen eine Selbstreinigung infolge des Durchgangs von Harn und Kot. Sie verringern damit die manuelle Arbeit. Folgende Anforderungen sind zu stellen (s. auch DIN 18908):
- Formbeständige Materialien mit langer Nutzungsdauer und Maßhaltigkeit, Trittfestigkeit und Gliedmaßenverträglichkeit,
- ebene, griffige und gratfreie Oberfläche mit klauenfreundlich abgerundeten Kanten,
- möglichst geringe Wärmeableitung (außer am Liegeplatz säugender Sauen),
- gute Selbstreinigung und Trockenheit bei geeigneter Relation der Balken- zur Spaltenbreite (ca. 80 : 20 %),
- leichte Reinigungs- und Desinfektionsfähigkeit der Ober- und Seitenflächen (spitz auslaufender Unterteil von Betonkotrosten).

Auch wenn diese Anforderungen nicht in einem Spaltenboden vereint werden können, sind für die einzelnen Aufstallungsformen und Altersgruppen Böden entwickelt worden, die den vorgenannten Vorstellungen recht nahe kommen (s. Kap. B 6). Bei den gegebenen Vorteilen des Einsatzes der Spaltenböden bleiben Nachteile, die eine höhere Wärmeableitung, mehr Gliedmaßenschäden und die Einschränkung der Bedarfsdeckung betreffen.

Die wesentlichen Eigenschaften verschiedener Kotroste werden in Tabelle C19 vergleichend bewertet. Danach sind kunststoffummantelte Stahlkotroste für Tiere bis etwa 30 kg sowie gute Beton- oder Metallböden für Sauen und Mastschweine geeignet. Die Fähigkeit zur Selbstreinigung stellt neben der Arbeitsersparnis den eigentlichen Vorteil der Kotrostanwendung dar. Die Sauberkeit des Bodens ist dabei abhängig von der Relation der Balkenbreite zur Spaltenweite, der absoluten Spaltenweite sowie der Form und Struktur von Oberfläche, Höhe und Querschnitt der Balken.

Manueller Reinigungsaufwand bleibt notwendig
- bei Gruppenhaltung auf Teilspaltenböden (feste Liegefläche),
- bei der Einzelhaltung der Sauen auf Teilspaltenböden (Einkehren des Kotes, Einbau von Kotklappen bzw. Säuberungsrosten oder −schlitzen),
- beim Einsatz von Vollspaltenböden in der Abferkelbucht (Einkehren des Sauenkotes, Säuberung bei Durchfall).

Zu geringe Spaltenweiten entstehen durch Verwendung ungeeigneter Abmessungen, durch unsachgemäßes Verlegen oder durch Materialveränderungen. Sie vermindern den Selbstreinigungseffekt und begünstigen die Verschmutzung. Durch Kantenabbruch oder Korrosion vergrößerte Weiten führen zu Verletzungen und müssen beseitigt werden.

Tabelle C19: Bewertung von unterschiedlichen Vollspaltenböden aus hygienischer und tiergesundheitlicher Sicht

Bodenausführung	Stahlbeton	Lochblech verzinkt	Profilstahl	Gusseisen	Kunststoffummantelter Stahl	Kunststoffprofile
Anwendung	ab ca. 25 kg	ab Geburt	Sauenplatz im Abferkelstall	ab 35 kg	bis ca. 30 kg	bis ca. 30 kg
– Materialbeständigkeit	+++	++	+++	++++	+++	++
– Sauberkeit, Trockenheit	+	+	++	++	++	++
– Reinigung, Desinfektion	++	+++	+++	+++	++++	++++
– Wärmedämmung	+	–	–	–	++	++
– Hornabnutzung	+++	+	+	++	–	–
– Trittsicherheit	+++	++	++	++	+	+
– Gliedmaßenverträglichkeit	genügend	genügend	genügend	genügend	gut	genügend

Bewertung: – = negativ, + = brauchbar, ++ bis ++++ = zunehmend positiv

Stärkere Verschmutzungen von Boden und Tieren bewirken eine Verringerung der Trittsicherheit, die Förderung eitriger Entzündungen nach Verletzungen und die Entstehung urogenital aufsteigender Infektionen.

Die Wirkung einer **Desinfektion** ist vom Reinigungsgrad, dem anzuwendenden Desinfektionsmittel (Korrosion beachten), dem Querschnitt der Kotrosten und dem Material abhängig, das den Schmutz und die Erreger unterschiedlich bindet. Materialien mit gutem Eindringvermögen für Feuchtigkeit (nicht abgedichtete Ziegel oder Beton, Holz, Gummimattenunterseite) erschweren die vollständige Reinigung und fördern eine Erregeranreicherung (siehe Kap. C7).

5.3 Wärmedämmung

Die **Wärmeableitung** ist von der Wärmeleitfähigkeit und -speicherung der Materialien sowie vom Stallklima und letztlich auch von der Belegungsdichte der Böden abhängig. Eine gute Wärmedämmung fördert das Wohlbefinden und die Zuwachsleistung insbesondere der jüngeren Tiere. Beim Vorliegen zu geringer Stalltemperaturen entsteht einerseits auf Kotrosten mit hoher Wärmeableitung eine Dauerbelastung, die zu Leistungsminderungen und erhöhter Krankheitsanfälligkeit bei wachsenden Tieren führt. Auf deren anderen Seite führt eine zu geringe Wärmeableitung bei Sauen und schweren Mastschweinen in Zeiten hoher Stalltemperaturen zum leistungsmindernden Wärmestau. Beide Aspekte sind bei der Ausrüstung der Ställe zu beachten. Im warmen Abferkelstall sollte die durchbrochene Liegefläche der Sauen bei Kastenstandhaltung durch stark wärmeleitendes Material gebildet werden (z. B. Metallstäbe), um eine Temperaturentlastung zu erreichen.

Saugferkel haben ein hohes Wärmebedürfnis und verlangen in den ersten Lebenstagen eine Liegeplatztemperatur von 30 bis 35 °C bei sehr guter Wärmedämmung oder Beheizung des Bodens. Je niedriger die Umwelttemperatur, je kälter der Stallboden und je geringer die Geburtsmasse der Tiere, desto höher ist der Abfall der Körperinnentemperatur post partum, der seinerseits eine Stoffwechseldepression mit Hypoglykämie entstehen lässt. Die damit verbundene Einschränkung der Vitalität und Sauglust der Ferkel führt zur mangelhaften Aufnahme von Kolostralmilch. Diese bewirkt wiederum eine verzögerte Normalisierung der Körpertemperatur und eine verringerte Kolostralimmunität und Infektionsabwehr.

Während bei herkömmlicher Bewirtschaftung die nötige Bodenisolierung durch das Strohlager gegeben ist, wird bei einstreuarmer und -loser Haltung der Liegeplatz wärmegedämmt und durch Infrarotstrahler erwärmt bzw. durch eine Warmwasser- oder Elektro-Bodenheizung so beheizt, dass die Ansprüche der Ferkel erfüllt sind.

Die **Bodenbeheizung** des Ferkelliegeplatzes muss

- eine Schaltung in Stufen zur Anpassung der Bodentemperatur an die Ansprüche unterschiedlich alter Tiere ermöglichen,
- die Wärmeübertragung zum Sauenliegeplatz verhindern,
- eine Infrarotstrahlung – von den ersten Lebenstagen abgesehen – erübrigen sowie
- ökonomische und technisch zuverlässige Einsatzbedingungen gewährleisten.

Vor allem hat aber die Bodenheizung in allen Buchten auf Dauer zu funktionieren. Temperaturmessungen auf den Liegeflächen nach beendeter Geburt ergaben das ernüchternde Ergebnis, dass in zwei Dritteln der untersuchten Betriebe zu große Differenzen zwischen den Ferkelliegeplätzen bestanden und dass in einem Drittel einige Heizplatten völlig ausgefallen waren. Daher sollte deren Funktion vor Geburtsbeginn stets überprüft und einreguliert werden.

In allen Altersstadien mit Ausnahme der säugenden Sauen im Abferkelstall ist der Einsatz wärmegedämmter Elemente vorteilhaft, um die Wärmeableitung zu verringern und optimale Liegeplatztemperaturen zu erreichen. Betonstäbe haben etwa den doppelten Wert wie gute PVC-Roste (siehe Kap. B7).

5.4 Gliedmaßenschäden und -erkrankungen

Erkrankungen des Bewegungsapparates sowie Verletzungen von Haut und Klauen bilden die bedeutendste Krankheitsgruppe der primär nichtinfektiösen Organveränderungen. Gliedmaßenerkrankungen haben innere und äußere Ursachen (Abb. C14).

- **Klauen- und Zehenschäden**

Flächenhafte Scheuerwunden entstehen häufig bei **Saugferkeln** im vorderen Karpal- und Fesselbereich. Sie sind besonders in zu großen Würfen und bei Milchmangel der Sauen festzustellen. Diese Schäden treten gleichermaßen bei Verwendung von geringer Einstreu wie bei strohloser Haltung in den ersten Lebenstagen als Folge der Streckbewegungen beim Säugen auf, wobei die Betriebssituation und die Bodengestaltung einen bedeutenden Einfluss haben. Die Hautwunden heilen in den folgenden 2 bis 3 Wochen ab. Bei Unsauberkeit und Keimanreicherung können vermehrte Erkrankungen und Abgänge durch fortgeleitete lokale Entzündungen, Gelenkserkrankungen und Allgemeininfektionen auftreten. Kronranderosionen entstehen bei zu weiten und obendrein scharfkantigen Spalten der Kotrosten.

Klauen- und Zehenschäden sind auch in allen anderen Altersgruppen sehr verbreitet (Abb. C15 c–h). Das betrifft insbesondere **Mastschweine** und **Sauen**, die auf rauhen und scharfkantigen Spaltenböden bzw. auf rutschigen Kunststoffböden gehalten werden. Bei den Gliedmaßenveränderungen handelt es sich vor allem um

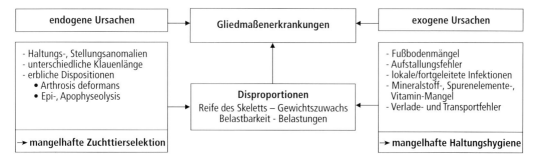

Abb. C14 Endogene und exogene Ursachen der Gliedmaßenerkrankungen

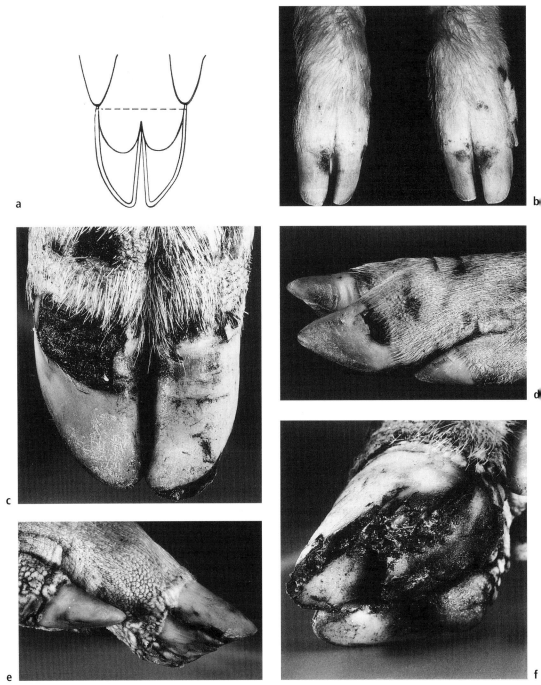

Abb. C15 Klauenschäden bei Ferkeln, Läufern und Mastschweinen auf erodierten Betonspaltenböden:
a) Normale Klauen-, Ballen-, Afterklauenform hinten;
b) Kronranderosionen bei Saugferkeln;
c), d) schwere Wandhorn- und Kronranddefekte;
e), f) tiefe Spalten in Wandhorn und weißer Linie mit fortgeleiteter Lederhautentzündung;

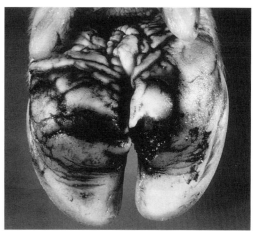

Abb. C15
g) Stallklauenbildung mit Ballenerosion;
h) schwere Ballenverletzungen.

- Horndefekte, -spalten, -klüfte mit Lederhautentzündungen und Panaritium im Bereich der Klauen,
- Erosionen, Blutungen und Ulzera der Gliedmaßenhaut,
- Schleimbeutel- und Sehnenscheidenentzündungen (Abb. C16) sowie um
- tiefer reichende eitrige Phlegmonen und fortgeleitete Gelenksentzündungen.

Bei bewegungsarm auf Stroh oder Kunststoffoberflächen gehaltenen Sauen entstehen außerdem häufig Klauendeformationen bis zur Stallklauenbildung der Haupt- und Nebenzehen.

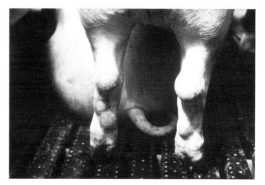

Abb. C16 Schleimbeutel- und Sehnenscheidenentzündungen auf glatten Kunststoffkotrosten.

Tabelle C20: Beteiligung von Gliedmaßenerkrankungen an den Gesamtabgängen in unterschiedlichen Altersgruppen

Haltungsstufe	Erkrankungen	Abgänge[1]	Abgangsursachen (Verbreitung)
Saugferkel	Hautwunden, Zehenschäden	≤ 5 %	Spreizen (+/++), Wunden (+), Arthritiden (±/++)
Absatzferkel	Hautwunden, Zehenschäden	5–10 %	Wundinfektionen (+/++), Arthritiden (+), Glässersche Krankheit (±/+)
Mastschweine	Bursitiden, Haut- und Zehenschäden, Beinschwächesyndrom	30–50 %	Osteochondrosen (+/++), Arthritiden (+), Abszesse (+/++), Frakturen (±)
Sauen	Zehenschäden, Klauen-Deformationen, Hautwunden, -decubitus	50–75 %[2]	Arthritiden (+/++), Osteochondrosen (±/+), Frakturen (±)

[1] Anteile auf Vollspalten höher als bei anderen Haltungsformen
[2] Selektion infolge Fruchtbarkeitsstörungen, Leistungsmängeln und Alter sind nicht berücksichtigt

Tabelle C21: Krankheitsverteilung nach klinischer Diagnostik mit den Abgangsraten (n = 425, mittel- und hochgradig erkrankte Tiere mit 238 Abgängen [56,0 %])

	Krankheitsverteilung (Morbidität) Anzahl	Abgangsrate der kranken Tiere in % (Letalität)
• ausgeprägte Klauen-, Zehenerkrankungen	53	30
• Arthritiden	204	60
• Zehengelenke	38	61
• Karpal-, Sprunggelenke (einschl. Beinschwächesyndrom)	66	38
• Ellenbogen-, Kniegelenke	26	73
• Schulter-, Hüftgelenke (einschl. Epiphyseolysis)	42	69
• Polyarthritiden	32	84
• Kreuzlahmheiten	36	90
• lokal infektiös (Bursitiden, Abszesse u. a.)	26	13
• Frakturen	12	100
• Sonstiges u. unbekannt	94	41

[1] Vollspalten, 11–12 Tiere/Bucht, 0,65 m²/Tier, 400 Schweine je Stall; Beteiligung der Gliedmaßenerkrankungen zu 35 % an insgesamt hohen Verlusten (7 %)

• Erkrankungen und Abgänge

Mit dem Alter und Gewicht der Tiere steigt der Anteil an Gliedmaßenerkrankungen an den Abgängen (Tab. C20).

Bei Sauen und Mastschweinen werden vor allem auf Vollspalten vielfältige Veränderungen festgestellt. Dabei haben Jung- im Vergleich zu Altsauen und Tiere von Betonböden im Vergleich zu solchen von Metallböden in der Regel geringere Schäden. Zu Abgängen führen vor allem Arthritiden, Kreuzlahmheiten und Frakturen. Am Beispiel einer Untersuchung in einem größeren **Mastbestand** wird in Tabelle C21 die Häufigkeitsverteilung ausgeprägter Gliedmaßenerkrankungen sowie deren Abgangsrate (Todesfälle und Krankschlachtungen) dargestellt. Aus derartigen Analysen können prognostische Aussagen zu den Möglichkeiten und Erfolgen einer Behandlung der verschiedenen Krankheitsformen abgeleitet werden. Mit dem Alter und Gewicht der Tiere steigt die Häufigkeit der Gliedmaßenerkrankungen. Im ersten und zweiten Mastdrittel entstehen eher verletzungsbedingte Schäden und im letzten relativ häufiger Gelenksveränderungen, Kreuzschäden, schweres Ausgrätschen und teilweise auch Frakturen.

• Bewertung und Vorbeuge

Auffällige **Leistungsminderungen** werden – von akuten Abgangsgründen wie Frakturen, Epi- und Apophyseolysis ganz abgesehen – bei Lahmheiten und hier insbesondere bei chronischen Arthritiden und fortgeleiteten Infektionen und Abszedierungen beobachtet. Die wachstumshemmende Bedeutung von lokaler Entzündung und Schmerz sowie von Lauf- und Fußungsproblemen ist dagegen kaum zu erfassen und schon gar nicht zu quantifizieren.

Die **intensive bewegungsarme Haltung auf Vollspalten** fördert zweifelsfrei die Entstehung von Gliedmaßenschäden im Vergleich zur herkömmlichen Einstreuhaltung.

Der in den vergangenen Jahrzehnten beobachtete Anstieg der Häufigkeit von Gliedmaßenerkrankungen bei Zucht- und Mastschweinen und deren hoher Anteil an den Abgangsursachen ist zurückzuführen auf

- den Einsatz schnellwüchsiger Fleischschweine mit einem im Schlachtalter unreifen Skelett,
- mangelhaftes physisches Training bei bewegungsarmer Haltung,
- die Aufstallung auf nicht immer geeigneten perforierten Böden mit hoher Dauerbeanspruchung der unteren Extremitätenbereiche sowie auf
- die Haltung disponierter Rassen, z. B. Edelschweine, auf problematischen Kotrosten.

Zur Verbesserung der Situation sind folgende vorbeugende Maßnahmen zu beachten:

- Erhöhung der Belastbarkeit des Bewegungsapparates durch züchterische Selektion auf Gliedmaßengesundheit bei Nutzung des Hybrideffektes,
- optimale Versorgung mit Mineralstoffen, Spurenelementen und Vitaminen,
- Verwendung von Fußbodenelementen, die der Belastbarkeit des Bewegungsapparates in den einzelnen Altersstufen angepasst sind,
- optimale Aufstallung hinsichtlich der Buchtengestaltung, Gruppengröße, Grundfläche und Ausgeglichenheit der Tiergruppen.

5.5 Gesäuge- und Zitzenverletzungen

Gesäuge- und Zitzenverletzungen sind weitere Beispiele für haltungstechnisch verursachte Gesundheitsschäden.

Oberflächliche Hautverletzungen wurden bisher bei Einzeltieraufstallung in zu engen Kastenständen vor allem im hinteren Gesäugedrittel der Altsauen beobachtet (Abb. C17). Die Verletzungen entstehen beim Liegen der Sau durch die Hinterklauen der Nachbartiere und dies verstärkt bei Stallklauenbildung infolge mangelhafter Hornabnutzung. Auch wenn derartige Läsionen in der Säugezeit abheilen, bilden sie Eintrittspforten für Erreger z. B. der Gesäugeaktinomykose (Actinomyces spp.), die geschwulstähnliche Knoten bildet und häufig zum Verlust von Drüsenteilen führt. Derartige Verletzungen des Gesäuges tragender Sauen werden bei Gruppenhaltung kaum beobachtet.

Abb. C17 Oberflächliche Verletzungen der Gesäugehaut (a) durch Nachbarsauen in zu engen Ständen im Wartestall (b).

Zitzenverletzungen entstehen durch den Klauentritt, häufiger aber durch das Einklemmen und Aufreißen an schadhaften bzw. ungeeigneten Kotrosten (Abb. C18).

Beispielhaft wird der Anteil an entsprechenden Verletzungen in Abbildung C18 für einen Betrieb dargestellt, der in einigen Ställen scharfkantige, durch Rostansatz verschlissene Metall-

Abb. C18 Zitzenverletzungen der Sauen auf perforierten Metall- bzw. Kunststoffböden im Abferkelstall eines Großbetriebes.

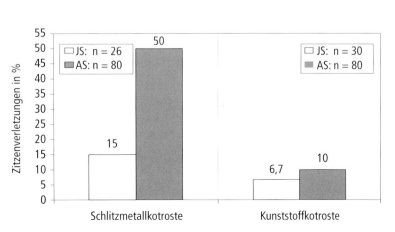

kotroste und in anderen Abferkelställen kunststoffummantelte neue Kotroste verwendete. Der hierdurch mögliche Haltungsvergleich ergab wesentlich bessere Zitzenbefunde auf den Kunststoff- im Vergleich zu den Metallböden; Jungsauen waren naturgemäß geringer betroffen als Altsauen. Ein Ergebnis von Mängeln der Haltungsumwelt war in diesem Betrieb außerdem der hohe Anteil an Altsauen mit in zurückliegenden Säugezeiten **verlorenen Zitzen** (21 % aller Tiere mit im Mittel 1,3 abgetrennten „toten" Zitzen).

5.6 Folgen psychosozialer Belastungen

Die vielfältigen Umwelteinflüsse wirken einerseits anregend (**Eustress**) und zum anderen oft überfordernd (**Distress**) auf die Tiere. Überstarke Wirkfaktoren bzw. die Summe mehrerer ungünstiger Einflüsse können kurz- oder langandauerde Belastungen verursachen.

Beim Schwein ist die Bedeutung **neurovegetativer Reaktionen** auf Belastungen wenig aufgeklärt. In dem Zusammenhang sind zu nennen
– eine psychosoziale Überforderung bei anhaltender Überbelegung („Crowding Effekt"),
– Selbstbehauptungsschwächen als Folge einer niederen Hierarchiestellung in der Gruppe,
– die emotionale Beeinträchtigung durch Angst, wie sie beim Schwein von aggressiven Buchtenpartnern, z. B. Schwanzbeißern, ausgehen kann.

Haltungsbedingte Mehrfachstressoren sowie Bewegungs- und Beschäftigungsmangel verschärfen die vorgenannten sozialen Belastungen. Auch die Entstehung von Magengeschwüren kann in diesem Zusammenhang gesehen werden.

● **Auftreten von Magengeschwüren**
Magengeschwüre sind unter intensiven Haltungsbedingungen weit verbreitet. Sie werden bereits nach dem Absetzen in der Läuferaufzucht, vor allem bei Mastschweinen, aber auch bei bewegungsarm gehaltenen Sauen beobachtet. Die Ursachen sind multifaktoriell bei besonderer Bedeutung von belastenden Haltungsbedingungen und einer Futterstruktur, die zu einer schnellen Magenentleerung führt (Tab. C22).

Bei den Ulzerationen handelt es sich um eine primär nichtinfektiöse Schädigung der kutanen Magenschleimhaut der Pars proventricularis. Die Ulzera entstehen schrittweise über Hyper- und Parakeratosen mit folgender Abschilferung, Spalten- und Erosionsbildung der geschädigten Schleimhautpartien. Aus akuten entstehen chronische Ulzera, die nach der Zerstörung tieferer Gewebeschichten bluten und zur Verblutung führen können. Erreger wie Helicobacter spp. haben keine primär pathogene Bedeutung beim Schwein.

Der Einfluss nutritiver Faktoren wird dadurch deutlich, dass auf Einstreu gehaltene Tiere im Vergleich zur einstreulosen Haltung

Tabelle C22: Ursachen und begünstigende Faktoren der Entstehung von Magengeschwüren – gleichzeitig als Hinweise zur Vorbeuge

Ursachen		begünstigende Faktoren	
● einstreulose, beschäftigungs- und bewegungsarme Intensivhaltung	+++	● Gelatinierung von Mais und Weizen durch Hitzepelletierung	++
● fehlende olfaktorische und nutritive Betätigung (Stroh, Holz, Erde)	+++	● verdorbenes, kontaminiertes Futter (Peroxidbildung, Mykotoxine, ranziges Fett)	++
● zu geringe Partikelgröße, zu hoher Vermahlungsgrad des Getreides	+++	● instabiles Fütterungsregime, mangelhafte Sättigung; Mangel an Fressplätzen und Vitamin A, E, B_1	++
● zu schnelle Magenentleerung und -säuerung, besonders bei geringer Partikelgröße und fließfähigem, rohfaserarmem Futter	+++	● Rangkämpfe u. instabile Hierarchie bei Überbelegung, zu geringer Grundfläche, Gruppenneubildung	++
● genetische Disposition zu hoher neuroendokriner Erregbarkeit	++	● Schwächung des Organismus durch Erkrankung, Parasiten u. weitere Belastungen	+
		● saisonale Einflüsse und Hitzebelastung	+

Tabelle C23: Kombiniertes Auftreten von Magengeschwüren und Tod durch Verbluten in einem Betrieb mit 6000 Sauen in Beziehung zur Umstallung der Absatzferkel in Aufzuchtkäfige (var. nach PRANGE u. BAIER 2000)

Käfighaltung Wochen nach Umstallung	Magengeschwüre Sektion gemerzter Tiere im Institut	Geschwüre %	Tod durch Verbluten[1] Sektion gemerzter u. verendeter Tiere im Betrieb	Verblutungstod sezierter Tiere %	Verbluten über Magengeschwüre %
1–2	44	31,8[2]	532	19,5[2]	17,4[2]
3–4	56	21,4	146	6,8	6,0
5–6	32	18,4	334	3,6	3,1
≥ 7	20	20,0	810	2,2	2,0

[1] Blutungssyndrom im Magen-Darm-Trakt, Herzmuskel und in der Leber primär verursacht durch Mykotoxine (Ochratoxin A, Trichothecen B) und gefördert durch Magengeschwüre als locus minoris resistentiae
[2] 1 bis 2 zu 3 bis 4 Wochen (und danach): signifikanter Unterschied ($p < 0,01$, Chi-Quadrat-Test)

auf Vollspalten nur selten Ulzera entwickeln bzw. diese relativ schnell zurückbilden. Bei letztgenannter Aufstallung ist das Verhaltensinventar der Tiere stark eingeschränkt, was unter ungünstigen Bedingungen zu Dauerbelastungen führt. Am Beispiel eines problematischen Großbetriebs werden hohe Krankheits- und Verlustquoten in Tabelle C23 aufgezeigt, die in deutlicher Beziehung zu den vielfältigen Belastungen nach dem Absetzen und Umstallen mit Haltungs- und Klimamängeln stehen. Dieser Zusammenhang verweist auf die Bedeutung von Distress in der Pathogenese der Krankheit, was deren Zuordnung zu „verdeckten" Haltungsschäden im Sinne einer Neurose-ähnlichen Organerkrankung nahelegt.

5.7 Prüfung von Verfahren und Haltungselementen

Um Schadwirkungen auf die Tiere zu vermeiden bzw. so gering als möglich zu halten, sollten neue Verfahren und Haltungselemente vor deren Breiteneinsatz durch den Hersteller nicht nur hinsichtlich ihrer funktionellen Eignung, sondern auch bezüglich der tierschutz- und gesundheitsrelevanten Eigenschaften geprüft werden. In der Schweiz ist hierzu ein amtliches Prüfverfahren vorgeschrieben, dessen Konsequenzen einerseits die gesundheitlichen Risiken verringert und die Tiergerechtheit verbessert, zum anderen aber längere Zeit bis zur Freigabe und Praxiseinführung benötigt. In Deutschland bietet die Deutsche Landwirtschaftsgesellschaft ein freiwilliges Verfahren zur Prüfung neuer Haltungstechniken auf Tiergerechtheit an, das in der Mehrzahl der Fälle zur Aufdeckung und Beseitigung von Mängeln führt.

Im Rahmen derartiger Prüfungen ist das Zusammenwirken biologisch-medizinischer und verfahrenstechnischer Gegebenheiten einer komplexen Bewertung zu unterziehen. Das Verabsolutieren von Einzelaspekten sollte im Interesse einer ausgewogenen Gesamtaussage vermieden werden.

Der **Einfluss von Verfahren und Umweltfaktoren** auf die Tiere wird unter Produktionsbedingungen in der Abfolge von Verhaltensänderung, Leistungsminderung, Krankheitsentstehung und Todesfällen erkennbar. Die Beurteilung spezieller Umwelteinflüsse auf die Tiere und die Bewertung tierschutzrelevanter Veränderungen verlangt somit deren gemeinsame Erfassung und Auswertung:

- **Produktionsleistungen** ergeben wesentliche Teilaussagen; sie sind jedoch von vielen Faktoren abhängig. Negative Leistungsdaten resultieren aber häufig aus gestörter Organfunktion und Gesundheitsstörung.
- **Kriterien des Gesundheitszustandes** haben als Krankheits- und Abgangsquoten mit deren Ursachen eine besondere Bedeutung. Diesbezügliche Beurteilungsschwierigkeiten entstehen stets dann, wenn krankhafte Veränderungen dem Prüfgegenstand nicht direkt zugeordnet werden können und dennoch zu

Tabelle C24: Spezifische und unspezifische Reaktionen des Organismus (erweitert nach UNSHELM 2002)

Anwendungsbereich	Beispiele
1. Spezifische Reaktionen zur Beurteilung von Störungen einzelner Organe und Organsysteme	1. Enzymaktivitäten und sonstige physiologisch-biochemische Merkmale zur Funktionsüberprüfung von Organen 2. Biophysikalische Parameter zur Beurteilung der Funktionsfähigkeit von Organen und Organsystemen 3. Hormone zur Beurteilung der Funktionsfähigkeit endokriner Organe

2. Unspezifische Reaktionen zur Beurteilung von endogen und exogen bedingten Belastungen	1. Nebennierenrinden- und Nebennierenmark-Hormone sowie biophysikalische Parameter (Herzfrequenz, Atmung, Körpertemperatur, Hautreaktionen u. a.)
	  a) zur Beurteilung der Reaktion auf umweltbedingte Belastungen und Sozialaktivitäten, Aufstallungssysteme, Belegungsdichte, Transport u. a.
	  b) als Begleitreaktion auf spezifische Störungen, wie Überlastungen, Technopathien, sonstige Krankheiten
	2. Akute-Phase-Proteine, die schnelle Reaktionen auf infektiöse und entzündliche Ereignisse darstellen (Haptoglobin, Lymphokine u. a.)
	3. Sonstige unspezifische Parameter, z. B. des Energiestoffwechsels (Glukose, Insulin, Laktat) und körpereigene Opioide (Endorphine)

diesem in einer indirekten Beziehung stehen können.

- **Verhaltensmerkmale** sind wesentliche Indikatoren zur Beurteilung des Tieres in seiner Umwelt und damit geeignet, ethologisch definierbare und hygienisch praktikable Mindestbedürfnisse festzulegen. Dabei bleibt oft unklar, ob eine umweltbedingte Verhaltensreduktion schon zur Beeinträchtigung von Wohlbefinden, Leistungsvermögen und Tiergesundheit führt. Besondere Bedeutung haben Verhaltensstörungen, wie Stereotypien, Aggressionen und Untugenden.
- **Physiologische Belastungsparameter** können bei Beachtung einer stressfreien Blutgewinnung, der tagesrhythmischen Schwankungen und eines vergleichbaren Versuchsansatzes zur Bewertung ethologischer Parameter, die miterfasst werden, und spezieller Umwelteinflüsse unter experimentellen Versuchsbedingungen herangezogen werden. Hierzu eignen sich Kriterien unspezifischer Reaktionen, während spezifische Parameter eher spezielle Organprofile und Funktionsabläufe repräsentieren (Tab. C24).

Die Intensivierung der Produktion hat letztlich auf Kosten der Tiere zur Durchsetzung energie- und technikintensiver Verfahren geführt, die durch arbeitswirtschaftliche und ökonomische Vorteile begründet wurden. Eine zeitgerechte Tierhaltung verlangt darüber hinaus, dass die Tiere altersgerecht ernährt und gepflegt sowie tiergerecht untergebracht werden (§ 2 des Tierschutzgesetzes).

Einer tierschutzgerechten Haltung entspricht letztlich die gleichermaßen auf das einzelne Tier wie auf die Tiergruppe bezogene Formulierung und Durchsetzung veterinärhygienischer Normative, die zukünftig noch stärker als bisher an den morphologischen und funktionellen Voraussetzungen des Organismus orientiert werden müssen.

6 Schutz vor Verhaltensstörungen

6.1 Normverhalten und Bedarfsdeckung

Das **Verhalten eines Nutztiers** ereignet sich auf der Grundlage eines inneren Zustandes zwischen den Extremen freier und erzwungener Verhaltensmöglichkeiten. Dabei entstehen Lernerfahrungen, die in der Jugendentwicklung zur „Prägung" führen.

Die Existenz eines Lebewesens verlangt zuerst die Absicherung genereller **quantitativer Ansprüche**, die seiner Erhaltung dienen, den Stoffwechsel aufrechterhalten, die Fortpflanzung ermöglichen und den Schutz gewährleisten.

Spezielle **qualitative Ansprüche** regeln alle Teilfunktionen des Organismus im Zusammenleben mit Artgenossen und in der Auseinandersetzung mit den verschiedensten Umwelteinflüssen.

Die Erfüllung dieser Ansprüche bildet eine Voraussetzung für die sachgerechte Organisation einer leistungsstarken modernen Tierhaltung.

Ethologische Erkenntnisse verlangen jedoch mehr und unterscheiden die **Funktionskreise des Verhaltens** als Sexual-, Brutpflege-, Nahrungsaufnahme-, Bewegungs-, Komfort-, Ausruh-, Sozial-, Kampf- und Fluchtverhalten sowie als Kommunikation zwischen Tier und Mensch.

Die **Optimierung eines positiven Reizangebotes** fördert die morphologische und funktionelle Entwicklung der Organsysteme; das betrifft zum Beispiel eine normale Entwicklung des Bewegungs- und Kreislaufapparates sowie die Ausformung des Immunsystems. Eine extensive Haltung ermöglicht einen im Vergleich zur intensiven Aufstallung höheren Grad an Verhaltensinventar. In Tabelle C25 sind Verhaltensmerkmale und Anforderungen an eine art- (tier-)gerechte Haltung zusammengestellt.

Tabelle C25: Verhaltensweisen und Anforderungen an eine artgerechte Haltung

Verhalten Kriterien	Merkmale	Umsetzung zur artgemäßen Haltung	
		konventionell	extensiver
• Aktivität und Bewegung	• tag- und bewegungsaktiv	• freie Bewegung der Sauen	• Auslauf und mehr Bewegung
• Erkundungs- und Spielverhalten	• olfaktorische und nutritive Reize, starke Umgebungserkundung	• Beschäftigungsmaterialien	• Einstreu, strukturierte Buchten mit mehr Platz
• Sozialverhalten	• gesellig bei stabiler Gruppenhierarchie • Isolation zum Abferkeln	• kleine Gruppen • separate Abferkelbucht	• Nestbaumaterial, Abferkeln ohne Fixierung der Sau • Mutterfamilien
• Ruheverhalten	• ruhig geschützte Seitenlage	• geschlossene Seitenwände am Ferkelliegeplatz	
• Futteraufnahme, Futtersuch- und Kauverhalten • Komfortverhalten • Ausscheidungen	• gemeinsame Futteraufnahme, Sättigungsbedürfnis • Kau- und Wühlbedürfnis • Scheuern, Suhlen • Trennung von Ruhen und Koten	• Fressplatzabtrennung • mehr Aktivitäten am Trocken- als am Beifutterautomat • Scheuermöglichkeiten • getrennte Fress-, Liege-, Kotbereiche	• Abkühlmöglichkeiten
• Tier-Mensch-Beziehung • Umweltgestaltung	• Bedürfnis nach akustischer und taktiler Kommunikation • Wohlbefinden, Gesundheit, Leistung	• regelmäßiger Pflegerkontakt, Ansprache • Optimierung aller Einflussfaktoren	

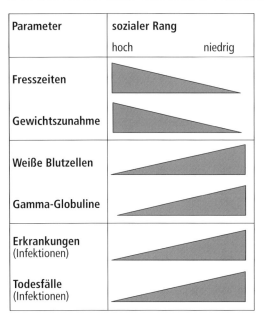

Abb. C19 Beziehungen zwischen sozialem Rang sowie Leistung, Tiergesundheit und Abwehrvermögen (HESSING et al. 1991).

Das **Sozialverhalten** wird durch eine feste **Rangordnung** in jeder Tiergruppe beeinflusst, die gleichermaßen eine hierarchische Gliederung und soziale Bindung zwischen den Individuen darstellt. Der Sinn einer Rangordnung besteht u. a. darin, den Ausgang von Differenzen ohne erneuten Kampf festzulegen. Bloßes Drohen ersetzt dann oft bereits ernsthafte Auseinandersetzungen.

Die Platzierung innerhalb der sozialen Hierarchie steht in enger Beziehung zu Körpermasse, Geschlecht, Temperament, individueller Aggressivität und anderen Faktoren, die das Kampfgeschick beeinflussen. Innerhalb der Rangfolge wird der verfügbare Lebensraum aufgeteilt und gegeneinander sowie nach außen verteidigt. Ein Absinken innerhalb der Rangfolge ist bei Erkrankungen zu beobachten. Die Bedeutung der Rangordnung für Leistung, Abwehrvermögen und Gesundheit wird in Abbildung C19 schematisch dargestellt.

6.2 Beziehung zwischen Mensch und Tieren

Unter traditionell-bäuerlichen Bedingungen war eine enge Beziehung zwischen Mensch und Tieren gegeben („**Du-Evidenz**"). Auch unter intensiven Haltungsbedingungen ist ein positiver Mensch-Tier-Kontakt unverzichtbar, der über die optimale Gestaltung der Tierumwelt und Betreuung hinausgeht. Wenn auch kaum objektivierbar, so wirken doch Charaktereigenschaften des Betreuers, wie Einstellung, Motivation und Umgang mit den Tieren, auf die Wahrnehmung der Schweine, denen eine (uns Menschen weitestgehend verborgene) subjektive Komponente von Erlebnis und Erfahrung zuzugestehen ist.

Die **Gesamtheit des Pflegereinflusses** wird beispielsweise in wiederholt unterschiedlichen Leistungen und Gesundheitsparametern zwischen verschiedenen Tiergruppen und Ställen bei ansonsten sehr vergleichbaren Bedingungen eines Betriebes deutlich.

Der **enge Betreuerkontakt** ermöglicht schließlich die Beurteilung des Verhaltens der Tiere und Tiergruppen. Verhaltensstörungen gehen nicht selten Krankheitssymptomen voraus. Ihre frühzeitige Erkennung ist Teil der gesundheitlichen Bestandsbetreuung und Voraussetzung der zu ergreifenden Behandlungsmaßnahmen. Die Tiere gewinnen überdies aus der stets wiederkehrenden Nähe desselben Menschen eine natürliche Beziehung, die Maßnahmen mit und an ihnen ohne größere Aufregung ermöglicht.

6.3 Praxisrelevante Verhaltenserfordernisse

Im Folgenden werden **Praxiserfahrungen** zusammengestellt, denen tier- und gruppenspezifische Verhaltensmerkmale zu Grunde liegen. Ihre Beachtung ist Teil einer tiergerechten Haltung und Betreuung, die einerseits das Wohlbefinden der Tiere und zum anderen deren Gesundheit und Leistung fördert.

Störungen der Rangordnung, wie sie z. B. durch Einbringen eines Schweines in eine Tiergruppe entstehen, führen zu neuen Kämpfen.

Hierzu kommt es verstärkt bei ungeeigneten Haltungsbedingungen, zum Beispiel bei zu hoher Besatzdichte und zu geringer Grundfläche je Tier, bei Gruppenneubildungen, zu wenigen Fressplätzen und bei zahlreichen anderen Umweltmängeln. Dabei entfalten mehrere gleichzeitig wirkende pessimale Bedingungen eine summierende bis kumulierende Wirkung.

Bei **eingeschränkter Anzahl an Fressplätzen** werden leichte Tiere benachteiligt und die rangniedrigsten abgedrängt. Daher ist bei allen Formen der rationierten Fütterung für jedes Tier ein ausreichend breiter, seitlich abgegrenzter Fressplatz erforderlich. Selbst bei ausreichenden Fressplätzen können rangniedere Schweine bei rationierter Fütterung den Kürzeren ziehen, weil sie in der Regel eine geringere Verzehrgeschwindigkeit als die schweren Tiere haben. Dadurch wird das Auseinderwachsen der Buchtenpartner − von dispositionellen und krankheitsbedingten Ursachen ganz abgesehen − gefördert. Ihm ist durch ein Zusammenstellen ausgeglichener Gruppen in allen Haltungsstufen zu begegnen.

Der **Kotplatz** einer Schweinegruppe hat eine hygienische und soziale Funktion, der das Bedürfnis nach Distanz von den eigenen Exkrementen zugrunde liegt. Auf Böden mit sehr starker Verschmutzung und anhaltender Schadgasbildung kann es zu größerer Unruhe mit Leistungsminderung kommen.

Die soziale Funktion des Kotplatzes wird damit erklärt, dass die Exkremente als Markierungsmittel und zur Abgrenzung gegenüber fremden Artgenossen dienen. Daher wird auf Teilspaltenböden die Sauberkeit der Liegefläche gefördert, wenn eine geschlossene Trennwand den befestigten Buchtenteil zur Nachbarbucht begrenzt. Der durch eine durchbrochene Wand abgegrenzte Buchtenteil wird dann randständig als Kotplatz benutzt.

Die **Einzelhaltung der ferkelnden und säugenden Sauen** schränkt zwar deren Verhaltensrepertoire und insbesondere das Nestbauverhalten ein, kommt aber der Überlebenschance der Ferkel durch Verringerung der Erdrückungen entgegen. Die Verhaltensmöglichkeiten der Sau werden somit im Interesse der Ferkelgesundheit zeitweise eingeschränkt.

Neugeborene Ferkel suchen nach der Befreiung von den Fruchthüllen, durch Locklaute der Sau aktiviert, innerhalb weniger Minuten das Gesäuge auf und stimulieren damit ihrerseits wieder den Fortgang der Geburt. Die Zitzensuche findet bei etwa 80 % aller Ferkel auf kürzestem Weg mittels der Tastempfindlichkeit der Schnauzenspitze (Thigmotaxis) und von Geruchsstoffen im Kolostrum (Pheromone) statt. Die Sauen dürfen in und unmittelbar nach der Geburt nicht gestört werden, da dann die Ferkel den Kontakt zur Mutter verlieren, sich verirren, verspätet an Kolostrum herankommen, dadurch weitere Körpertemperatur verlieren und schließlich leichter erdrückt werden können. Da dies bei einem Teil der Ferkel dennoch passiert, ist die Aufmerksamkeit der Geburtenwache gefordert.

Die **vitalsten Ferkel** nehmen die milchergiebigsten Zitzen in Besitz, während den schwächsten Tieren vor allem die schwächeren hinteren, oft verdeckten unteren Zitzen bleiben. Die Hierarchie im Wurf wird durch die Saugordnung bestimmt, die in den ersten 3 bis 5 Lebenstagen entsteht. Danach ist ein Zusammensetzen mehrerer Sauen mit ihren Würfen möglich.

Fremde Ferkel werden in den ersten Tagen nach der Geburt von den Sauen gewöhnlich ohne größere Schwierigkeit angenommen, wodurch die Grundlage für das Umsetzen (nach Kolostrumaufnahme) gegeben ist. Eine mögliche Abwehrhaltung der Sau kann durch das Einreiben der zugesetzten Ferkel mit den Exkrementen der neuen Mutter überwunden werden.

Beim Schwein ist der **Mamillarreflex** als Reaktion auf die Massage des Unterbauches sehr ausgeprägt. Er nimmt von kaudal nach kranial bis zum Hals hin zu und kann von der Ferkelwache genutzt werden, um ein Aufwerfen des Gesäuges zu erreichen und damit den Zugang zu den verdeckten unteren Zitzen zu erleichtern.

Zwischen den **mütterlichen Verhaltensweisen** (Nestbau, Locken, Art des Abliegens, Aufwerfen des Gesäuges, Umgang mit den Ferkeln) und lokomotorischen Aktivitäten des Muttertieres (Gehen, Wühlen) bestehen ebenso enge Zusammenhänge wie zwischen jenen und dem Saugverhalten der Ferkel (Saugaktivität, Vor- und Nachmassage). Bei Sauen in Mastkondition ist diese Beziehung gelockert im Vergleich zu normal konditionierten Tieren, was zu den bekannten negativen Folgen für das Aufzuchtergebnis führt.

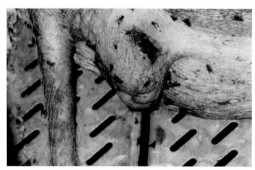

Abb. C20 Bissverletzung der Vulva nach Drängeleien am automatischen Einzelfressstand.

Tragende Sauen im Wartestall sind künftig generell in Gruppen zu halten. Die Verwendung von Futterautomaten mit Einzeltierdosierung wird dem Bedürfnis der Tiere allerdings nicht gerecht, gemeinsam zu fressen, auch wenn mehrere Dosierautomaten angeboten werden. Daher entstehen vor dem Eintritt in die Abrufstation häufig Drängeleien, die zu fetalen Frühverlusten (erhöhter Anteil an Mumien) und Vulvaverletzungen durch Beißereien (Abb. C20) führen können. Um diese Schäden zu verringern, sollte der Liegeplatz kräftig eingestreut und möglichst weit vom Futterautomaten entfernt sein. Weitere Erfordernisse sind

- die baulich-funktionelle Trennung der Ein- und Ausgänge in die Station, die weit auseinander liegen sollten,
- genügend Raum zum Ausweichen der Tiere am Eingang in die Station,
- ein Futterstart in den Nacht- oder frühen Morgenstunden und
- gegebenenfalls eine zusätzliche Ablenkfütterung (Hoy 2002).

Ein Wechsel der Haltungsform bei Umstallungen bewirkt Verhaltensänderungen und verlangt Energien zur Anpassung. Das kann sich in verringerten Zunahmen niederschlagen und wird durch weitere Mängel, wie Überbelegung, große Gruppe, heterogene Herkunft mit unterschiedlicher physischer Konditionierung, noch komplizierter. Bei einer Mast in 2 Phasen sollte daher so umgestallt werden, dass die Buchtengruppen beieinander bleiben.

Die Bedeutung der **Fütterungssignale** für das Schwein in Form des Betretens eines Stalles, des Lichteinschaltens und anderer Vorbereitungen einer zeitbestimmten Futtervorlage resultiert aus dem Bedürfnis der gemeinsamen Futteraufnahme. Mittels dieser Signale wird die Verdauung in Form bedingter Reflexe vorbereitet, so dass dann eine Stallgruppe auch gleichzeitig gefüttert werden muss. Derartige Signale entfallen jedoch bei Automatenfütterung ohne menschlichen Kontakt.

Die ohnehin dominierende **Liegezeit** nimmt mit steigendem Alter und zunehmender Körpermasse innerhalb des Verhaltensrepertoires ständig zu. Daher bildet ein trockener, zugfreier und nicht zu heller Schlafplatz mit geringer Wärmeableitung – bei Ausnahme für säugende Sauen – die Voraussetzung für gute Tageszunahmen. Bei ausreichendem Platzangebot teilen bewegungsfrei gehaltene Schweine ihren verfügbaren Raum in die Bereiche **Liege-, Mist- und Futterplatz** auf. Daher können sie mehr Verhaltensmerkmale im Gegensatz zu Tieren in Intensivhaltung ausleben. Einzeln gehaltene Sauen haben andererseits weniger Aggressionen gegen ihre Nachbarn. Sie entwickeln aber wesentlich mehr stereotype Verhaltensweisen.

Grundsätzliche Anforderungen zur Bedarfsdeckung und Schadensvermeidung sind in Tabelle C26 zusammengestellt.

6.4 Verhaltensstörungen

Der Schutz vor Haltungsschäden und Verhaltensstörungen der Tiere findet im europäischen und nationalen **Tierschutzrecht,** das gegenwärtig eine hohe Entwicklungsdynamik aufweist, eine zunehmende Beachtung.

Die natürlichen Verhaltensansprüche der Tiere können bei intensiver Haltung nur partiell erfüllt werden. Eine reizarme Lebensumwelt schwächt bestimmte Schlüsselreize ab, modifiziert die Verhaltensweisen und verringert die physische wie infektiöse Belastbarkeit. Hier liegen die Unterschiede zwischen der intensiven, auf Höchstleistungen orientierten Nutztierhaltung auf der einen und einer extensiveren Haltung auf der anderen Seite. Letztere Haltungsformen sollen den allgemeinen Konflikt zwischen ökonomisch-betriebswirtschaftlichen und ökologisch-tierschützerischen Gesichtspunkten

Tabelle C26: **Beispiele für die Bedarfsdeckung und Schadensvermeidung als Voraussetzungen artgemäßer und verhaltensgerechter Haltungsbedingungen**

Bedarfsdeckung Schwein		Schadensvermeidung	
• Liegefläche und Kotplatz	• Licht, Feuchtigkeit am Kotplatz und Bezug zur Nachbarbucht	• kurze Geburtsdauer	• erforderliche Vitalität zur Kolostrumaufnahme
• Lernen am Erfolg (Erkundungs- und Spielverhalten)	• Bedienung von Futter- und Tränkautomaten	• Umsetzen von Ferkeln möglichst nur am 1. LT	• nach Kolostrumaufnahme
• Reiz- und Betätigungsangebote	• Stroh, hängende Hölzer u. a.	• Einzelhaltung säugender Sauen	• erst nach 7 Tagen Gruppen möglich
• Ungestörte Futteraufnahme	• je Tier ein Fressplatz bei rationierter Fütterung	• geeignete Böden	• Vermeidung von Verletzungen
		• optimales Mikroklima im Ferkelnest	• begrenzte Thermoregulation, schnelle Temperaturnormalisierung
		• Vorbeuge des Schwanzbeißens	• kleine Gruppen, Reizangebote, keine Haltungsmängel

aufheben bzw. abschwächen. Das gelingt allerdings nur bei Beachtung gesamtökonomischer Gegebenheiten und einem Preisauftrieb entsprechend erzeugter Lebensmittel.

Die **Intensivierung der Tierhaltung** hat weitgehende Verhaltensänderungen verursacht, die die natürlichen Folgen der Domestikation noch verstärken. Daraus resultieren Störungen des arteigenen Verhaltens (z. B. geänderte Motivationen, gestörte angeborene Auslösemechanismen), Störungen der Rezeptorik und Motorik (Stereotypien, Handlungen am Ersatzobjekt), Störungen im Sozialverhalten (Aggressionen, Ausstoßen von Einzeltieren) sowie Hysterien und Neurosen (Kannibalismus, Magengeschwüre).

Störungen der Beziehung zwischen dem Organismus und seiner Umwelt führen zu vorgenannten Verhaltensstörungen, die bei klinisch offensichtlicher Ausprägung auch als **Ethopathien** bezeichnet werden (Tab. C27). Angstzustände sind bei Schweinen leicht auslösbar und auch zu erkennen. Neurosen und Hysterien, besonders aber Stereotypien, können mit der Freisetzung morphinähnlich wirkender endogener Opiate (Endorphine) verbunden sein, die der Selbstberuhigung dienen. Immerhin gelingt es den Tieren, hierdurch Frustrationen zu kompensieren, indem sie sich in einen zeitweisen „Rauschzustand" versetzen.

Als Beispiele mit großer praktischer Bedeutung werden nachfolgend die Aggressivität und das Schwanzbeißen abgehandelt.

6.4.1 Aggressivität

Die **natürliche Aggressivität** der Schweine weist individuelle und rassespezifische Unterschiede auf. Kampfhandlungen entstehen bereits in den ersten Lebenstagen gleichermaßen im Spiel und bei der Herstellung einer Saugordnung. Sie dienen in allen Lebensabschnitten zur Erhaltung der Rangfolge. Wachsende und erwachsene Schweine kämpfen am häufigsten während der Fütterung sowie nach Zusammenstellung neuer Tiergruppen, wobei die Auseinandersetzungen in der Reihenfolge Eber-Sauen-Mastschweine-Absetzferkel nachlassen.

Eber kämpfen anhaltend und verbissen und bei fehlender Fluchtmöglichkeit auch gelegentlich bis zum Exitus des Schwächeren. Andererseits vertragen sich Eber dann, wenn sie gemeinsam in einer Gruppe aufgewachsen sind und eine feste Hierarchie entwickelt haben.

Bei **säugenden Sauen** kann sich das natürliche Verhalten, den eigenen Wurf zu verteidigen,

Tabelle C27: Verhaltensstörungen und deren Ursachen

Verhaltensweisen	fehlerhafte Bedingungen	Verhaltensstörungen
• Aktivität und Bewegung	• Bewegungsarmut • gestörte Hell-Dunkel-Phasen	• Schwanz-, Ohren-, Flankenbeißen • Analmassage
• Erkundungs- und Spielverhalten	• Mangel an Beschäftigungsmöglichkeiten (Stroh, Holz usw.)	• gesteigerte Aggressivität von Einzeltieren • Scheinwühlen
• Sozialverhalten	• Einzelhaltung auf Dauer • Zurücksetzen von Einzeltieren • ungeeignete Gruppenbildung	• Stereotypien: Nasenrückenreiben, Stangenbeißen • Aggressivität u. verschärfte Kämpfe
• Ruheverhalten	• unzureichende Liegefläche • erhöhte Verschmutzung	• Unruhe, gestörtes Seitenliegen • Verletzungen
• Futteraufnahme, Futtersuch- und Kauverhalten	• Einzelfressstände für Sauengruppen • variierende Futterzeiten • keine Sättigung • Mangel an nutritiven und olfaktorischen Reizen	• Stangenbeißen, Weben, Schaumschlagen • Kotfressen, Leerkauen • Verdrängung und Vulvabeißen (Sauengruppe mit elektronischer Abrufstation)
• Komfortverhalten	• begrenzte Möglichkeiten	• mangelhafte Körperpflege
• Ausscheidungen	• keine getrennten Funktionsbereiche	• Verschmutzung
• Tier-Mensch-Beziehung	• falscher Umgang • Betreuungs- und Managementfehler	• Angst und Distanz • erhöhte Schreckhaftigkeit und Flucht
• Umweltgestaltung	• Aufstallungs-, Haltungs-, Klimamängel • dauerhafte Umweltbelastungen	• Verschärfung von Verhaltensstörungen, verringerte Belastbarkeit und Krankheit • gestörtes Liegeverhalten der Saugferkel

als Aggressivität gegenüber sich nähernden Menschen auswirken, während Angriffe auf die eigenen Ferkel („Ferkelfressen") mit dem Verlust mütterlicher Verhaltensmotivation erklärt werden und die Selektion aus dem weiteren Zuchtgeschehen erfordern.

Mit **zunehmender Gruppengröße und Belegungsdichte** steigt die Aggressivität. Wiederholte Niederlagen können bei den rangniedrigsten Tieren einen Angstreflex entwickeln, der eine besondere Zurückhaltung und verminderte Futteraufnahme selbst dann zur Folge hat, wenn genügend Nahrung vorhanden ist. Eine Summierung negativer Erfahrungen fördert dieses Fehlverhalten und verursacht verringerte Zunahmen, verspätete Geschlechtsreife, mehr Todesfälle und eine erhöhte Krankheitsanfälligkeit der rangniedrigen Tiere.

Einer verstärkten Aggressivität liegen meist **Frustrationen** zugrunde, die in einer Umgebung restriktiver Lebensbedingungen entstehen können. Zur Auslösung aggressiver Verhaltensweisen ist dann nur noch ein minimaler Anlass erforderlich. Bei einer Verringerung der Grundfläche je Tier von 1,2 m^2 auf 0,8 m^2 bzw. 0,6 m^2 steigen z. B. die Auseinandersetzungen am Trog auf das Doppelte bzw. das Vierfache an, entsprechend geringer sind die Leistungen und um so höher die Krankheitsraten. Diese Auseinandersetzungen können auf ein Mindestmaß begrenzt werden, wenn optimale Umwelt- und Haltungsbedingungen eine stabile soziale Rangfolge in der Tiergruppe entstehen lassen und ein Ausleben der Verhaltensansprüche ermöglichen.

6.4.2 Schwanzbeißen

Die am weitesten verbreitete Untugend in der modernen Schweinehaltung ist das Schwanzbeißen. Allgemeine Ursache dieser multifaktoriell

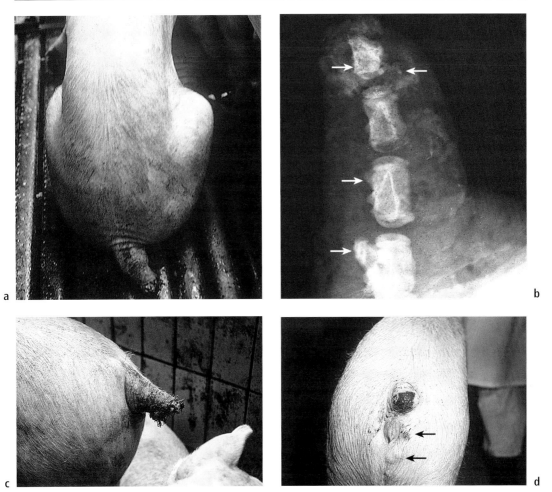

Abb. C21 a–d Schwanzwurzelentzündung (a, c) mit Periostitis der Schwanzwirbel (b) sowie Kreuzlahmheit (c) und fortgeleiteten Abszessen (d).

bedingten Verhaltensstörung sind Faktoren, die die Behaglichkeit der Tiere stören und zu erhöhter Unruhe führen. Schwanzbeißen entsteht bei einstreulosen und bewegungsarmen Haltungsformen, in großen Gruppen mit geringer Grundfläche und bei Überbelegung, bei nicht optimalen Stalltemperaturen und Schadgasanreicherungen, bei Ernährungs- und sonstigen Haltungsmängeln sowie insbesondere bei einer Kombination defizitärer Bedingungen. Dabei scheinen die leicht erregbaren modernen Fleischschweinrassen stärker zu reagieren als traditionell gezüchtete Landschweine.

Bei dieser Untugend „spielt" zunächst ein Tier mit dem Schwanz eines anderen. Hieraus entwickeln sich früher oder später durch Verletzung und Blutaustritt heftige Beißereien, bei denen die Opfer gejagt und ihre Schwänze immer stärker verletzt werden. Mit zunehmender Dauer und Unruhe wird eine größere Tierzahl aktiv oder passiv in diesen nun **kannibalischen Zustand** einbezogen. Dadurch kommt es zur Verstümmelung des Schwanzes bei mehreren Tieren einer Gruppe. Betroffen sind vor allem Mastschweine zwischen 30 und 70 kg Körpermasse, in geringerem Umfang auch ältere oder intensiv gehaltene jüngere Tiere (Abb. C21).

Schwanzbeißen verursacht erhebliche wirtschaftliche Einbußen

- durch Zuwachsminderung als Folge größerer Unruhe (bis zu 10% der Zunahmen),
- durch plötzliche Todesfälle nach Kreislaufkollaps (bis zu 2% der Tiere) und
- durch multiple Abszedierungen nach örtlicher Infektion, die zum Kümmern, zur Merzung und zu Tierkörperteilbeanstandungen führen.

Beim Beginn des Schwanzbeißens sind die Beißer aus den Buchten zu entfernen. Geschädigte Schwänze werden mit geruchsabweisenden und antiphlogistischen Substanzen (z. B. Buchenholzteer) eingestrichen. Der größere Teil verbissener Schwänze heilt komplikationslos ab. Tiere mit stärkeren Verletzungen und entzündlichen Veränderungen sollten in Krankenbuchten überführt und frühzeitig antibiotisch behandelt werden. Schwanzphlegmonen verursachen ansonsten über eine lymphogene und hämatogene Erregerausbreitung häufig **multiple Abszesse** mit bevorzugter Lokalisation im Becken, in der Wirbelsäule, in den Gelenken und in der Lunge. Derartige mit Lahmheiten, Lähmungen und Entwicklungsstörungen einhergehende Erkrankungen entstehen 3 bis 6 Wochen nach der Schwanzverletzung und sind dann therapeutisch nicht mehr zu beeinflussen.

Bei lang kupierten Schwänzen kann ein **Schwanzstumpfbeißen** entstehen, auf das die Tiere wie auch beim **Ohren- und Flankenbeißen** zeitiger abwehrend reagieren, so dass die krankhaften Veränderungen gering bleiben.

Die **Vorbeuge** beginnt mit der Schaffung optimaler Haltungs- und Ernährungsbedingungen sowie mit der Zusammenstellung ausgeglichener Tiergruppen. Tritt dennoch Schwanzbeißen in mehr als einem Viertel aller Buchten auf, dann sollten die Schwänze während der ersten 3 Lebenstage auf ein Drittel ihrer Länge kupiert werden (Emaskulator oder Schere und Jodtupfer). Inzwischen hat sich das Kupieren der Schwänze am 1. Lebenstag allgemein durchgesetzt.

Schwanzbeißen wird gegenwärtig seltener als vor Jahrzehnten beobachtet, was einerseits auf das Kupieren der Schwänze und zum anderen auf eine Verbesserung der Haltung zurückzuführen ist. In anderen Ländern mit sehr hohen Tierschutzstandards, z. B. Schweden, ist das Kupieren der Schwänze nicht mehr erlaubt, bzw. eine Betäubung ist vorgeschrieben.

7 Reinigung und Desinfektion (R und D)

Reinigungs- und Desinfektionsmaßnahmen (R+D) sind aus der modernen Tierhaltung, sei sie konventionell oder alternativ, ebenso wenig wegzudenken wie aus vielen Bereichen der Pharmazeutischen Industrie, der Nahrungsmittelproduktion und aus dem Krankenhausbetrieb. Der Gesetzgeber hat im Tierseuchenrecht und für die Zoonosenprävention entsprechende Desinfektionsgebote formuliert.

Je spezialisierter der Betrieb und je größer die Tierzahl, desto höher ist der Stellenwert der Desinfektion bei den Maßnahmen zur Gesunderhaltung der Tiere zu veranschlagen.

Nahezu 100 % der Schweinemäster und 87 % der Ferkelerzeuger/-züchter desinfizieren nach hiesigen Umfragen ihren Stall in regelmäßigen oder unregelmäßigen Abständen.

Für die sachgerechte Ausführung von R+D sind sowohl organisatorische Maßnahmen als auch technische Hilfsmittel notwendig. Einflussfaktoren für die R+D sind die Art der gehaltenen Nutztiere, deren Aufstallung, die jahreszeitlichen und klimatischen Gegebenheiten, die Art und Beschaffenheit von Gebäuden und Außenanlagen sowie die Umstände, unter denen diese Maßnahmen durchgeführt werden (z. B. vorbeugende oder Tierseuchen-Desinfektion).

Für Großbetriebe sind zusätzliche organisatorische Maßnahmen notwendig. Hier müssen Hygiene- und Desinfektionspläne vorliegen, in denen Zeitpunkte und Umfang der R+D-Maßnahmen genau festgelegt sind. Weitere Maßnahmen, wie die Insektenbekämpfung, sollten in sinnvoller zeitlicher Beziehung zur R+D stehen. Solche Pläne enthalten die genaue Bezeichnung und Konzentration der für den jeweiligen Bereich vorgesehenen R+D-Mittel, die notwendigen Maßnahmen zur Kontrolle der Wirksamkeit und die Verantwortlichkeit für die jeweilige Ausführung der Arbeiten.

7.1 Systematik und Ziele

Desinfektionsmaßnahmen können nach dem Anwendungsziel, nach der eingesetzten Technik und nach dem sie betreffenden organisatorischen Rahmen systematisiert werden (Tab. C28). Grundsätzlich zu unterscheiden sind die vom Tierhalter eigenverantwortlich durchgeführte Reinigung und Desinfektion sowie die amtlich angeordneten Maßnahmen aufgrund gesetzlicher Vorgaben. Bei der eigenverantwortlich durchgeführten R+D ist unabhängig von den Anwendungszielen zwischen einer vorbeugenden und einer speziellen Desinfektion zu unterscheiden. Die Tierseuchendesinfektion ist immer eine spezielle Desinfektion. Je nach Bedarf werden unterschiedliche Ziele angestrebt und die jeweils geeigneten Techniken eingesetzt. Detaillierte Angaben zur Systematik sind bei STRAUCH u. BÖHM (2002) zu finden.

Bei den **Zielen** ist zwischen qualitativen und quantitativen zu unterscheiden. Während bei Tierseuchen- und anderen speziellen Desinfektionen die möglichst vollständige Eliminierung bestimmter Krankheitserreger angestrebt wird, sind die Aufgaben der vorbeugenden Desinfektion komplexer zu sehen. Im Verlauf einer Haltungsperiode steigt der Keimgehalt im Stall ständig an. Die Keime befinden sich in der Stallluft, im Staub, an den Tieren und besonders auf den verschmutzten Flächen. Über eine Milliarde Keime/cm^2 Stallfläche sind keine Seltenheit. Mit der Menge der Gesamtkeime steigt auch die Anzahl der Problemkeime und damit die Gefährdung der Tiergesundheit.

Problemkeime sind
- eingeschleppte Krankheitserreger,
- von den Tieren ausgeschiedene Erreger von Faktorenkrankheiten,
- resistente Keime nach der Behandlung mit Antibiotika,

Tabelle C28: Systematik von Desinfektionsmaßnahmen in der Tierhaltung

Anwendungsziel	Organisatorischer Rahmen	Eingesetzte Technik
– Zeitliches Ziel • vorläufige Desinfektion • ständige Desinfektion • Zwischendesinfektion • Schlussdesinfektion – Räumliches Ziel • Teildesinfektion • Flächendesinfektion • Gerätedesinfektion • Stiefeldesinfektion • Reifendesinfektion • Fahrzeugdesinfektion • Tierdesinfektion • Hautdesinfektion • Gülledesinfektion • Festmistdesinfektion	– Betriebliche Veranlassung • vorbeugende Desinfektion • spezielle Desinfektion – Amtliche Veranlassung • Tierseuchendesinfektion	– **Physikalische Verfahren** • UV-Desinfektion • Abflammen • Dampfdesinfektion • Pasteurisierung • Abkochen – **Chemische Verfahren** • Scheuerdesinfektion • Wischdesinfektion • Sprühdesinfektion • Feinsprühdesinfektion • Aerosoldesinfektion • Gasdesinfektion – **Biologische Verfahren** • Aerob-thermophile Stabilisierung (ATS) • Anaerob-thermophile Behandlung (Biogasanlage) • Kompostierung

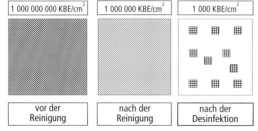

Abb. C22 Verminderung der Gesamtbakterienzahl auf rauen Stalloberflächen durch Reinigung und Desinfektion.

- Erreger, die begünstigt durch eine hohe Tierzahl auf engem Raum durch Virulenzerhöhung krankmachende Eigenschaften entwickelt haben.

Mit der Länge der Haltungsdauer reichern sich die Problemkeime im Stall an. Daraus sind folgende **qualitative Ziele** abzuleiten:

- Während der Haltungsperiode müssen die Problemkeime zu einem möglichst günstigen Zeitpunkt vermindert werden, um den Produktionserfolg nicht zu gefährden.
- Vor dem Einstallen muss dafür gesorgt werden, dass die neuen Tiere in eine möglichst unbelastete Umgebung kommen und der Teufelskreis der Keimanreicherung auf niedrigem Niveau beginnt.

Es ist das **quantitative Ziel** der vorbeugenden Desinfektion, durch die Verwendung von Desinfektionsmitteln mit breitem Wirkungsspektrum den Keimgehalt auf etwa 1000 Bakterien/cm^2 Stallfläche herabzusetzen. Die Abbildung C22 zeigt, dass dieses Ziel nicht ohne vorhergehende Reinigung zu erreichen ist. Deshalb gilt für jede Desinfektionsmaßnahme die Devise: Erst reinigen – dann desinfizieren.

7.2 Geräte und Hilfsmittel

Der Einsatz geeigneter **technischer Hilfsmittel** hat das Ziel höchstmöglicher Effektivität. Er ist von der Betriebsgröße und Beschaffenheit der zu desinfizierenden Räumlichkeiten und Einrichtungen abhängig.

Bei der **Reinigung** muss zwischen Trocken- und Nassreinigung unterschieden werden. Bei der **Trockenreinigung** sind die stallüblichen Hilfsmittel – Schaufel, Besen, Schrubber, Kratzer usw. – in der Regel ausreichend. Hilfreich ist der Einsatz eines auch für den Nassbetrieb ausgelegten Staubsaugers, speziell zur Trockenreinigung von Motoren und eingehausten, schwer zugänglichen Einrichtungsteilen. Für die **Nassreinigung** ist aus Gründen der Arbeitswirtschaftlichkeit und der Reinigungseffektivität der Einsatz von geeigneten **Hochdruckreinigern** (HD-Reiniger) erforderlich. Erworben werden sollten nur HD-Reiniger, die auf ihre Einsatzeignung im beabsichtigten Anwendungsbereich geprüft wurden. Eine aktuelle Zusammenstellung von geprüften Hochdruckreinigern mit dazugehörigen Prüfberichten können bei der Deutschen Landwirtschaftsgesellschaft e. V. (DLG)* angefordert werden. Umfragen bei Anwendern haben ergeben, dass zur Stallreinigung überwiegend kaltes Wasser (66,3 %), zur Tierreinigung aber – wie es sein sollte – meist warmes Wasser (72,7 %) verwendet wird, wobei vor allem Flachstrahldüsen benutzt werden (HOLZWARTH 1988).

Als Desinfektionstechnik in der Schweinehaltung wird hauptsächlich die **Sprühdesinfektion** eingesetzt. Seltener kommen die Feinsprühdesinfektion oder gar die Begasung in Frage. In Bereichen, die mit wenig Flüssigkeitsaufwand desinfiziert werden und in Situationen, in denen feuchte Flächen desinfiziert werden müssen, kann auch der Einsatz der Scheuerdesinfektion sinnvoll sein. Im Betrieb sollten mindestens eine Flachstrahl-, eine Rundstrahl- und eine Sprühdüse vorhanden sein. Spezialdüsen und verschiedene Vorsätze für spezielle Anwendungszwecke können hilfreich sein.

Geräte zur Sprühdesinfektion sind die Rückentragespritze, der Hochdruckreiniger und sonstige Desinfektionsspritzen. Es empfiehlt sich, außer bei den speziell für diesen Zweck hergestellten Desinfektionsspritzen, die in der Regel eine ausreichende Dosiergenauigkeit haben, fertig vorverdünnte Desinfektionsmittel-Lösungen anzumischen und dann mittels Rückentragespritze oder Hochdruckreiniger auszubringen. Letzterer muss auf das Ansaugen von Wasser oder wässrigen Lösungen eingerichtet sein.

Als **Feinsprühgeräte** sind Heiß- oder Kaltvernebler anzuwenden, wie sie für die Ausbringung von Pflanzenschutzmitteln verwendet werden. Ihr Einsatz ist aber in der Schweinehaltung im Gegensatz zur Geflügelhaltung selten. Für die **Scheuerdesinfektion** bei glatten Flächen

---
* DLG: Eschborner Straße 122, D-60489 Frankfurt/M., Internet: www.dlg-frankfurt.de

sind vorher sauber gewaschene Scheuertücher oder Schwämme geeignet. Bei rauhen Flächen wie Holz und Beton ist der Einsatz von Scheuerbürsten angezeigt.

Zum **persönlichen Schutz** bei der Desinfektion sind wasserundurchlässige Schutzhandschuhe und Schutzanzüge anzulegen. Beim Umgang mit konzentrierten Chemikalien muss zusätzlich mindestens eine Schutzbrille aufgesetzt werden, beim Ausbringen der Desinfektionsmittel-Lösung sollten die Augenschleimhäute ebenfalls durch eine dicht schließende Schutzbrille und der Atemtrakt durch einen Atemschutz M 3 geschützt werden. Eine bessere Wirkung hat eine Gasmaske mit Kohlefilter.

7.3 Grundsätzliches Vorgehen

Unabhängig von der Art der Haltung und dem Alter der Tiere ist das grundsätzliche Vorgehen bei der R+D in allen Produktionsstufen gleich. Zuerst erfolgt die Reinigung, dann die Desinfektion. In bestimmten Situationen ist der Reinigung eine vorläufige Desinfektion vorangestellt, im Seuchenfall wird vor allen Maßnahmen der R+D eine Entwesung durchgeführt. Die Reinigung umfasst die Arbeitsschritte Vorarbeiten, Trockenreinigung, Nassreinigung, Trocknen (Tab. C29).

7.3.1 Reinigung

An die **Reinigungsmaßnahmen** sind folgende Forderungen zu stellen:
- Eine visuelle Sauberkeit des Objektes lässt die Oberflächenstruktur, die Farbe sowie die ursprüngliche Beschaffenheit des Materials überall deutlich erkennen.
- Das abfließende Spülwasser bleibt frei von Schmutzpartikeln.
- Der Zeitaufwand ist möglichst gering.
- Der Wasserverbrauch soll mit Rücksicht auf die Kosten von Lagerung und Transport von Flüssigmist bzw. Jauche niedrig bleiben.

Zuerst werden die **Vorarbeiten** und die **Trockenreinigung** durchgeführt. Wenn der Stall besenrein ist, folgt die Nassreinigung. Im Rahmen der Vorarbeiten werden alle nicht benötigten

Tabelle C29: Arbeitsgänge bei der Reinigung und Desinfektion von Ställen

Reihenfolge	Arbeiten	Arbeit mit dem Hochdruckreiniger	Bemerkungen
1. Vorarbeiten	• bewegliche Einrichtungen entfernen und extra behandeln • Stall ausmisten (besenrein) • herausnehmbare Spaltenböden hochkippen, Unterseite und Seitenflächen der Balken reinigen; • nicht vergessen: Nebenräume des Stalles, Fenster, Lüftungs- und Fütterungsanlagen, Abflussrinnen, Buchten- und Stallwände, Trenngitter		• nicht benötigte elektrische Anlagen abschalten, • nicht wassergeschützte elektrische Anlagen demontieren oder abdecken
2. Reinigung	**Einweichen:** • 1 bis 1,5 l Wasser/m², Einwirkzeit ca. 2 Std. • kurz vor dem Reinigen noch einmal ca. 0,3 l Wasser/m² versprühen, • im Abferkelstall dem Einweichwasser Reinigungsmittel zusetzen **Reinigen:** • 13 bis 15 l Wasser/min mit 40 °C bis Oberflächenstruktur, Farbe und ursprüngliche Beschaffenheit der Baumaterialien deutlich erkennbar sind und abfließendes Spülwasser frei von Schmutzteilchen ist • bei Verwendung von Reinigungsmitteln gründlich nachspülen, da diese die Wirksamkeit der Desinfektionsmittel verringern **Trocknen:** • Wasserreste entfernen, Stall abtrocknen lassen	• Druck. ca. 10 bar • Arbeitsabstand: 1,5 bis 2,0 m • Flachstrahldüse • Druck: 80 bis 100 bar, • Arbeitsabstand: bis 40 cm Flachstrahldüse, • über 40 cm Rundstrahldüse	• Lüftung abschalten • Lüftung einschalten
3. Desinfektion	• Ausbringen und Einwirken: Lösung nach Gebrauchsanweisung herstellen, ca. 0,4 l/m² mit 40 °C (außer Chlor- und Sauerstoffabspalter) auf alle gereinigten Flächen und Gegenstände ausbringen (gründlich benetzen) und nach Vorschrift einwirken lassen	• Druck: 10 bis 12 bar • Durchflussmenge: 400 bis 500 l/Std., Arbeitsabstand 1,5 bis 2 m, • Desinfektions- oder Flachstrahldüse	• Lüftung abschalten, im teilweise belegten Stall jedoch für eine gute Lüftung sorgen
4. Nacharbeiten	• Reste aus Tränke- und Fütterungseinrichtungen entfernen, • Stall trocknen und 4–5 Tage leer stehen lassen, besser 2 Wochen, falls möglich		• Lüftung einschalten

Gegenstände aus dem Stall entfernt und je nach Wert und Zweckbestimmung separat behandelt oder vernichtet. Elektrische Anlagen werden soweit als möglich stromlos geschaltet und falls exponiert, durch geeignete Schutzmaßnahmen vor Feuchtigkeit und Chemikalien geschützt.

Der erste Schritt der **Trockenreinigung** ist die Reinigung der Lüftungsein- und -auslässe von außen. Die Lüftungs- und Fütterungsanlagen werden so weit wie möglich mit mechanischen Reinigungshilfen (Bürsten, Pinseln und Staubsaugern) bearbeitet, um Staub und Futterreste zu entfernen. Im übrigen Stallbereich werden die Schmutzkrusten und angetrockneten Kotreste mittels Schabern und Schaufeln gelöst. Je kompletter dies gelingt, desto erfolgreicher lässt sich die Feuchtreinigung durchführen. Ein besonderes Problem stellen die elektrischen Anlagen dar. Nicht wassergeschützte elektrische Anlagen und Geräte sollen, wenn möglich, demontiert werden. Ist dies nicht möglich, muss eine Reinigung mittels Bürste, Staubsauger und/oder Druckluft erfolgen. Anschließend werden die Oberflächen einer Wischdesinfektion unterzogen und mittels Folie und wasserfestem Klebeband abgeklebt.

Die **Nassreinigung** besteht aus dem Einweichen und eigentlichen Reinigen, wozu ein HD – Reiniger verwendet wird. **Eingeweicht** wird mit 1 bis 1,5 l Wasser/m² über 3 Stunden, bei Bedarf mit Zugabe eines Reinigungsmittels; zweimaliges Einweichen verbessert das Ergebnis. Kurz vor der Reinigung werden nochmals 0,2 bis 0,3 l Wasser/m² versprüht, wodurch die Reinigungszeit um etwa 40 % reduziert werden kann.

Das Versprühen erfolgt mit niedrigem Druck (10–15 bar) und einer Sprühdüse. Es folgt die eigentliche **Hochdruckreinigung** mit 13 bis 15 l Wasser/min mittels Flachstrahldüsen und einem Druck von 75 bis 120 bar je nach Verschmutzung und Arbeitsentfernung. Flachstrahldüsen bringen auf großen Flächen eine Arbeitsersparnis von 45 % gegenüber Rundstrahldüsen, und sie mindern den Wasserverbrauch um etwa 55 %. Für Ecken, Spalten, Lüftungsanlagen und Flächen in größerer Entfernung sind Rundstrahldüsen besser geeignet. Auf etwa 40 °C erwärmtes Wasser verbessert die Reinigungswirkung.

Nach Abschluss der Reinigungsarbeiten müssen die gereinigten Flächen, Einrichtungen und Geräte **abtrocknen,** um eine Verdünnung des nachfolgend ausgebrachten Desinfektionsmittels zu vermeiden und das Eindringen des Desinfektionsmittels in die Poren des Materials zu ermöglichen. Der Trockenvorgang kann durch Einschalten der Lüftung und erforderlichenfalls auch der Raumheizung beschleunigt werden. Wasserreste aus Fütterungs- und Tränkeeinrichtungen müssen entfernt werden. Sind die äußeren Bedingungen für ein gutes Abtrocknen schlecht, dann kann auch zusätzlich ein Wassersauger zur schnellen Entfernung der Wasserfilme eingesetzt werden. Da bei sachgemäßer Reinigung die Desinfektion nicht am gleichen Tag stattfindet, reicht in der Regel der über Nacht zur Verfügung stehende Zeitraum zum Trocknen.

Die **Reihenfolge der Reinigungsarbeiten** wird nachfolgend zusammengefasst:
- **Außenbereich:**
  – Stallaußenwände, Abluftöffnungen
  – stark verschmutzte Dachflächen
- **Innenbereich:**
  – Grobreinigung des Fußbodens, der Stalldecke und -wände einschließlich der Lüftungsanlagen, der Ausrüstung sowie von ortsfesten Fütterungs- und Tränkeeinrichtungen,
  – Feinreinigung von Fußböden und – falls vorhanden – der Gummimatten, der Abflussrinnen und Sinkkästen sowie ggf. der Güllekanäle; bei Spaltenböden ist ein besonderes Augenmerk auf die Seitenflächen der Balken zu richten (herausnehmbare Spaltenböden hochkippen und die Unterseite reinigen),
  – Reinigung der Stallgänge und Nebenräume,
  – abschließend Beleuchtungsanlagen und Fenster putzen.

7.3.2 Desinfektion

Sind die Flächen gereinigt und abgetrocknet, folgt die aus den folgenden drei Arbeitsabschnitten bestehende Desinfektion:
- Auswahl und Ansetzen des Desinfektionsmittels,
- Ausbringung und Einwirken des Desinfektionsmittels,
- Durchführung der Nacharbeiten.

Zur vorbeugenden Desinfektion werden in der Regel Handelspräparate eingesetzt. Im Falle der Tierseuchendesinfektion kommen aber auch eine Reihe von Reinsubstanzen zur Anwendung. Da es in Deutschland bisher noch keine Zulassung von Desinfektionsmitteln für die Tierhaltung gibt und jedes Präparat, das die chemikalienrechtlichen Voraussetzungen erfüllt, auf den Markt kommt, kann nur der Einsatz **DVG-geprüfter und gelisteter Desinfektionsmittel** für die jeweiligen Krankheitserreger empfohlen werden (Tab. C30).

Vor dem Ansetzen der Gebrauchslösung des ausgewählten Desinfektionsmittels muss die Ge-

Tabelle C30: Auswahl geeigneter Desinfektionsmittel aus der DVG-Liste bei wichtigen Krankheitserregern des Schweines (Zusammenstellung ohne anzeigepflichtige Tierseuchen)

Krankheitserreger	Typ	Krankheit	Spalte in der DVG-Liste
• Mykoplasmen	B	• Enzootische Pneumonie	4a
• Bordetellen	B	• Schnüffelkrankheit	4a
• Pasteurellen	B	• Brüllhusten, Schnüffelkrankheit	4a
• Campylobakter	B	• Durchfall	4a
• Escherichia coli	B	• Durchfall, Ödemkrankheit, MMA	4a
• Erysipelothrix	B	• Rotlauf	4a
• Haemophile	B	• Lungen- und Brustfellentzündung, Gelenksentzündungen	4a
• Salmonellen	B	• Durchfall	4a
• Staphylokokken	B	• Ferkelruß	4a
• Streptokokken	B	• Abszesse, Wundinfektionen	4a
• Circoviren	Vn	• Postweaning Multisystemic Wasting Syndrome (PMWS)	1,5 x 7a [1]
• Coronaviren	Vb	• Transmissible Gastroenteritis (TGE)	7b
	Vb	• Epizootische Virusdiarrhoe (EVD)	7b
	Vb	• Kümmern und Erbrechen der Ferkel (HEV)	7b
• Parvoviren	Vn	• Parvovirusinfektion der Schweine (SMEDI)	7a
• Pockenviren	Vb	• Pocken	7b
• Ascariden	Pa	• Spulwurmbefall	8a
• Strongyloides	Pa	• Zwergfadenwurmbefall	8a
• Oesophagostomum	Pa	• Knötchenwurmbefall	8a
• Trichophyton	P	• Glatzflechte	6

B = Bakterien–Spalte 4a–4b DVG-Liste, Vb = Viren behüllt–Spalte 7b DVG-Liste, Vn = Viren unbehüllt–Spalte 7a DVG-Liste, Pa = Parasiten–Spalte 8 DVG-Liste, P = Pilze–Spalte 6 DVG-Liste

[1] Circoviren gelten als widerstandsfähig gegenüber Desinfektionsmitteln. Solange keine Ergebnisse von vergleichenden Untersuchungen mit den Prüfviren der DVG für alle Wirkstoffgruppen vorliegen, wird aus Vorsorgegründen eine höhere Einsatzkonzentration empfohlen.

samtfläche von Fußboden, Decke und Wänden bekannt sein, um auf der Basis der **auszubringenden Menge von 0,4 l/m²** das benötigte Volumen der Gebrauchsverdünnung zu berechnen. Hinzu kommt ein Zuschlag für die Stalleinbauten von mindestens 30 %. Bei Ställen mit vielen Einbauten muss bei Beachtung der gemachten Erfahrungen unter Umständen die doppelte Menge angesetzt werden.

Vor der Ausbringung der Desinfektionsmittel-Gebrauchsverdünnung wird die Trockenheit der Flächen kontrolliert und überprüft, ob die Abklebung von feuchtigkeitsempfindlichen Einbauten noch intakt ist. **Einrichtungen zur Fütterung** und die **Tränken**, speziell wenn es sich um Niederdrucksysteme mit Schwimmerkästen handelt, sollten zuerst separat desinfiziert werden. Das Desinfektionsmittel wird mit einer Sprühdüse (Flachstrahl) oder einer speziellen Desinfektionsdüse mit niedrigem Druck ausgebracht. Je geringer der Druck, desto geringer ist die Gefahr der Bildung von Sekundäraerosolen, die später die Flächen rekontaminieren können. Die Ausbringungsmenge beträgt 0,4 l/m²; geringere Mengen führen selbst bei Einhaltung der wirksamen Konzentrationen bei der Sprühdesinfektion nicht zu einem ausreichenden Desinfektionserfolg auf vertikalen Flächen.

Beim Ausbringen von Desinfektionsmitteln wird von der Hinterwand des Gebäudes aus und dabei von der Decke zum Boden gearbeitet. Ein unbelegter Stall sollte über Nacht exponiert sein. Während der Einwirkungszeit bleibt die Lüftung ausgeschaltet.

Im teilweise belegten Stall muss die Lüftung laufen, dadurch trocknen aber die Flächen schneller ab. Unter diesen Umständen muss ein Desinfektionsmittel aus der DVG-Liste gewählt werden, das mit einer kurzen Einwirkungszeit (≤ 1 h) gelistet ist.

Bei den **Nacharbeiten** werden zuerst alle Desinfektionsmittelreste vom Fußboden sowie aus den Tränke- und Fütterungseinrichtungen entfernt. Nachgespült wird bei der Stalldesinfektion generell nicht, außer bei seltenen Desinfektionssituationen mit hohen Desinfektionsmittel-Konzentrationen im Tierseuchenfall oder bei der Anwendung antiparasitär wirksamer Desinfektionsmittel, bei denen eine Rückstandsbildung möglich ist. Anschließend werden alle Abklebungen von den empfindlichen Geräten entfernt, und diese Bereiche werden noch einmal mittels Wischdesinfektion sorgfältig behandelt. Die Einrichtung wird auf Schäden kontrolliert, schadhafte Teile werden ersetzt und Schäden an der Bausubstanz ausgebessert. Die entfernten und separat behandelten Einrichtungen werden wieder eingebaut, die Elektrik geschaltet und ihre einwandfreie Funktion kontrolliert.

Der vorbereitete Stall sollte vor einer Neubelegung einige Tage leer stehen, besser wären zwei Wochen, falls dies möglich ist. In diesem Zeitraum können auch zusätzliche Maßnahmen, wie z. B. das Anbringen eines Kalkanstrichs, durchgeführt werden. Eine derart lange Serviceperiode ist nicht für im Rein-Raus-Prinzip belegte Ställe größerer Anlagen möglich. Hier wie dort empfiehlt sich die gelegentliche mikrobiologische Kontrolle des Desinfektionserfolgs.

Befestigte Außenanlagen müssen in die R+D-Maßnahmen einbezogen werden, was in der kalten Jahreszeit nur einen begrenzten Erfolg bringt. Bei Tierwaagen, Verladerampen und Triebwegen sind R+D-Maßnahmen nach jeder Benutzung gemäß den o.a. Grundsätzen durchzuführen.

Futtersilos werden in der Regel nur in Ausnahmefällen desinfiziert, sollten aber mehrmals jährlich trocken gereinigt werden, wobei die notwendigen persönlichen Schutzmaßnahmen (Staubexposition) zu beachten sind.

7.4 Auswahl geeigneter Desinfektionsmittel

In der Regel wird in der Tierhaltung eine **chemische Desinfektion** durchgeführt. Dabei können Reinsubstanzen wie Formaldehyd oder Ameisensäure zum Einsatz kommen, oder es werden fertig konfektionierte Handelspräparate verwendet. Obwohl eine Vielzahl von Desinfektionsmitteln auf dem deutschen Markt angeboten wird, die von den Herstellern und/oder Vertreibern mit hervorragenden Anwendungseigenschaften in niedrigen Konzentrationen angepriesen werden, muss strikt dazu geraten werden, **nur geprüfte Desinfektionsmittel zu verwenden**. Entsprechende Validierungen für Präparate zur Anwendung in der Tierhaltung führen in Deutschland nur die Deutsche Veterinärmedizinische Gesellschaft (DVG) und die Deutsche Landwirtschaftsgesellschaft (DLG) durch, die sich in ihren Prüfzielen gegenseitig ergänzen. Der von verschiedenen Herstellern und/oder Vertreibern, die oft eine praxisnahe anwendungsorientierte Prüfung scheuen, als Werbeargument benutzte Hinweis auf das Erfüllen einer Europäischen Norm (EN 1040, EN 1656 und EN 283) ist hinsichtlich der Anwendungskonzentrationen und Einwirkungszeiten wertlos, da es sich bei diesen Prüfungen um reine Reagenzglasversuche handelt. Diese sind zur Beurteilung der Wirkung auf der Fläche ungeeignet.

Ein wesentlicher Bestandteil der **Validierung durch die DVG** ist die Festlegung der Listeneintragungen aufgrund zweier unabhängiger Gutachten durch das zuständige Expertengremium, entsprechend geht die DLG bei der Erstellung ihrer Listungen vor. Der Kopf der DVG-Liste ist in der derzeitigen Fassung in der Tabelle C31 dargestellt.* Den **Prüfberichten** können so wichtige Informationen wie die Materialverträglichkeit, Benetzungsfähigkeit, die Ausbringungseigenschaften bei Verwendung eines Hochdruckreinigers sowie die Verträglichkeit für Mensch und Tier entnommen werden. Für die vorbeugende Desinfektion in allen hier interessierenden Bereichen sind die in der Spalte 4b der DVG-Liste (Tab. C31) aufgeführten Konzentrations-Einwirkungszeit-Kombinationen zu beachten.

Bei speziellen Problemen mit spezifischen **bakteriellen oder viralen Erkrankungen** sowie zur Bekämpfung der **Dauerformen von Endoparasiten** sind die Eintragungen in den übrigen Spalten relevant. Bei anzeigepflichtigen

---

* Die aktuelle Liste kann bei der Geschäftsstelle der DVG, Frankfurter Str. 89, D-35392 Gießen, Internet: www.dvg.net, angefordert werden. Prüfberichte zu den Anwendungseigenschaften versendet auf Anforderung die DLG-Geschäftsstelle, Eschborner Landstraße 122, D-60489 Frankfurt/M., Internet: www.dlg-frankfurt.de.

Tabelle C31: Kopf der Liste der nach den Richtlinien der Deutschen Veterinärmedizinischen Gesellschaft e.V. (DVG) geprüften und als wirksam befundenen Desinfektionsmittel für den Stallbereich

Die Konzentrationen gelten nur bei Ausbringung von 0,4 l Gebrauchslösung pro m² Oberfläche!			Gebrauchskonzentration und Mindesteinwirkzeit in Volumen-Prozent (V-%) und Stunden (h)							
Name	Hersteller/ Vertreiber	Wirkstoffe	Bakterizidie		Tuberkulozidie	Fungizidie	Viruzidie		Antiparasitäre Wirkung	
			spez. Des.	vorbeug. Des.			viruzid	begrenzt viruzid	Wurmeier	Kokzidien
1	2	3	4a	4b	5	6	7a	7b	8a	8b

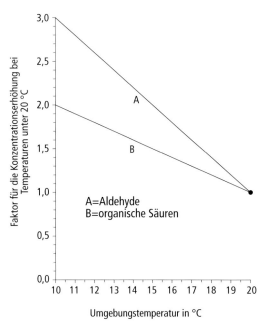

Abb. C23 Diagramm zur Bestimmung des Faktors für eine Konzentrationserhöhung bei Temperaturen unter 20 °C (Abgelesener Faktor × Konzentration bei 20 °C = Anwendungskonzentration bei aktueller Temperatur und gleicher Einwirkungszeit).

Seuchen erfolgt die Desinfektion nach Maßgabe des Amtstierarztes; hier gelten zusätzliche Anforderungen für die Handels-Desinfektionsmittel.

Da die Desinfektionsmittel-Prüfung bei 20 °C durchgeführt wird und Aldehyde, Phenole, Quaternäre Ammoniumverbindungen, Amphotenside und organische Säuren bei tiefen Temperaturen an Wirksamkeit einbüßen, muss dieser Verlust durch Erhöhung der Konzentration ausgeglichen werden. Die erforderliche Konzentration im Bereich zwischen 10 und 20 °C ist der Abbildung C23 zu entnehmen.

7.5 Spezielle Reinigungs- und Desinfektions-Maßnahmen

Im Bereich der Schweinehaltung gilt: Je intensiver die Produktion, desto sorgfältiger und konsequenter müssen die notwendigen Hygienemaßnahmen durchgeführt werden. Das betrifft einerseits die Voraussetzungen zur Durchführung von Desinfektionsmaßnahmen und zum anderen die Stalldesinfektion selbst. Problembereiche in der Schweinehaltung sind die Spaltenböden mit darunter liegendem Güllekeller bzw. -kanal sowie die Lüftungs- und Fütterungseinrichtungen. In Betrieben, die nach dem Rein-Raus-Prinzip arbeiten, lassen sich die R+D-Maßnahmen nach jedem Ausstallen sehr effektiv durchführen. Bei allen anderen Betriebsformen müssen Abstriche hinsichtlich der Wirksamkeit der vorstehend aufgeführten R+D-Maßnahmen gemacht werden.

Abb. C24 Zwischendesinfektion einer belegten Abferkelbucht.

7.5.1 Reinigung und Desinfektion in Abferkel- und Aufzuchtställen

Abferkelställe sind ein hygienisch besonders anspruchsvoller Bereich. Einerseits ist die Sau nach dem Ferkeln geschwächt und bei unzureichender Hygiene hinsichtlich Puerperalinfektionen und damit verbundenen Gesundheitsstörungen (MMA) erhöht gefährdet, andererseits sind die Neugeborenen für eine Reihe von Infektionskrankheiten besonders empfänglich. Daraus resultiert die Notwendigkeit, die Anreicherung von obligat und fakultativ pathogenen Erregern zu unterbinden.

Die **Sauen** sollten vor dem Verbringen in den Abferkelstall – ggfs. mit Ektoparasitenbehandlung – gewaschen werden. In speziell konstruierten Waschständen können auch Hochdruckreiniger eingesetzt werden. Allerdings muss warmes Wasser (etwa 37 °C) mit einem Durchfluss von etwa 350 l/h bei mäßigem Druck (10–15 bar) in Kombination mit einem speziell für die Tierwäsche und -desinfektion geeigneten Präparat verwendet werden. Die Düse sollte einen großen Spritzwinkel (40°–80°) haben, und gearbeitet wird in einem Abstand von 30 bis 40 cm zum Tierkörper. Auch hier wird erst vorgeweicht (2–3 min) und dann abgespritzt (3–4 min/Tier). Zu Beginn der Arbeit muss darauf geachtet werden, dass der Strahl erst auf das Tier gerichtet wird, wenn die Lösung wirklich warm aus der Düse kommt.

Die belegten **Abferkelbuchten** und bei Notwendigkeit auch die Aufzuchtbucht können zur Verringerung des Keimdrucks (Abb. C24) milde desinfiziert werden; vorhandene Einstreu ist dabei zu entfernen und anschließend durch frische zu ersetzen. Nach dem Räumen der Bucht ist eine gründliche Reinigung und Desinfektion notwendig (Abb. C25). Abferkelbuchten, die längere Zeit leer gestanden haben, sollten 2 bis 3 Tage vor der Neubelegung wieder einer R+D unterzogen werden.

7.5.2 Reinigung und Desinfektion in Mastställen

Im Rein-Raus-Prinzip bewirtschaftete Mastställe sind nach Freiwerden umgehend einer gründlichen R+D zu unterziehen, die alle Bereiche des Stallgebäudes und seiner Einrichtungen umfasst. Während der Haltungsperiode empfiehlt es sich, die Stallgänge nach Bedarf zumindest zu reinigen, besser auch regelmäßig zu desinfizieren.

In Mastställen, die nicht im Rein-Raus-System betrieben werden, sollten größere Bereiche, Abteile oder Standreihen bei Leerstand einer umfassenden Reinigung und Desinfektion unterzogen werden, die alle beweglichen und festen Bestandteile einschließlich der Versorgungs-

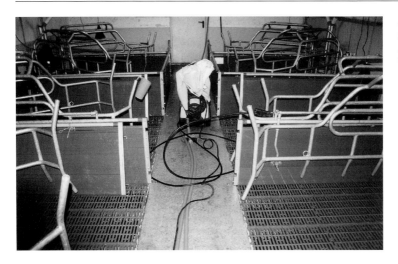

Abb. C25 Gründlich gereinigte und desinfizierte Abferkelbucht in der Serviceperiode.

räume, Wände, Decken, Ventilatorschächte usw. einbezieht. Werden die Ställe nur in Teilbereichen geräumt, dann erfolgen die R+D-Maßnahmen nach der Räumung von Buchten.

Ein generelles, aber bisher unzureichend gelöstes Problem stellt die ordentliche R+D von Spalten- und Rostböden und hier besonders der Seiten- und Unterflächen dar. Wird mit HD-Geräten von oben gereinigt, dann sind nur die Oberseiten sauber. An den Seitenflächen der Balken und Stege ist die Reinigungswirkung nur mäßig, an den Unterseiten der Balken und T-Roste ist sie gar nicht mehr feststellbar. Die aus diesen Gegebenheiten resultierende Forderung, solche Böden und Roste bei den R+D-Maßnahmen abzuheben oder hochzuklappen, ist aber in der Praxis häufig nicht zu erfüllen. Es sind einige Spezialgeräte und Vorsätze für Hochdruckreiniger auf dem Markt, die die Reinigung und Desinfektion dieser kritischen Stellen erleichtern.

Kotkanäle können in den meisten Fällen ebenfalls nicht gereinigt und desinfiziert werden. Ein nicht desinfizierter Kotkanal stellt bei einigen Infektionskrankheiten (Tierseuchen, Dysenterie u. a.) eine Rekontaminationsquelle dar. Daher muss dieser Bereich bei entsprechend spezieller Desinfektion mit einbezogen werden.

7.6 Tierseuchendesinfektion

Für die **Desinfektion im Seuchenfall** werden nach Anweisung des Amtstierarztes Mittel und Verfahren angewendet, die in der derzeit gültigen Richtlinie des zuständigen Bundesministeriums für die Durchführung der Desinfektion bei anzeigepflichtigen Tierseuchen genannt sind (siehe Anhänge J 1.1–1.5). Im Rahmen der Tierseuchenbekämpfung wird auf einen breiten Katalog von Maßnahmen zurückgegriffen, die nach den jeweiligen epidemiologischen Gegebenheiten komplett oder teilweise durchzuführen sind (STRAUCH u. BÖHM 2002). Dieser Katalog beinhaltet die Entwesung zur Bekämpfung von Schadnagern und Insekten, die vorläufige Desinfektion, die Reinigung, die laufende Desinfektion und die Schlussdesinfektion.

Bei der **vorläufigen Desinfektion** ist die Auswahl der Desinfektionsmittel auf Natronlauge, aldehydhaltige Präparate oder Ameisensäure beschränkt. Sauerstoff- oder Chlorabspalter zerfallen zu schnell auf den verschmutzten Flächen (siehe Anhänge J 1.2).

Für die der Reinigung folgende **Schlussdesinfektion** sind in der Regel alle Wirkstoffe, sofern sie als geeignete Flächen-Desinfektionsmittel in der Richtlinie bezeichnet werden, einsetzbar. In die R+D sind auch die Gülle bzw. die Jauche und der Festmist einzubeziehen.

Die **Stiefeldesinfektion** erfolgt in Behältnissen, die zusätzlich zum Eintauchen in die

Desinfektionslösung eine mechanische Bearbeitung ermöglichen.

Die **Fahrzeugreifendesinfektion** ist gebunden an die Füllung von Durchfahrbecken, die im Tierseuchenfall als zusätzliche, aber nicht ausreichende Desinfektionsmaßnahme zu betrachten sind. Das Mittel der Wahl ist hier Natronlauge, aber auch Ameisensäure kann verwendet werden (siehe Anhänge J 1.4).

7.7 Einflussfaktoren bei R- und D-Maßnahmen

● **Einflussfaktoren**

Es gibt primäre und sekundäre Einflussfaktoren auf den Desinfektionserfolg.

Die wichtigsten **primären Faktoren** sind
- die Menge und Art der zu desinfizierenden Mikroorganismen,
- die Menge, Art, Konzentration und Einwirkungszeit des verwendeten Desinfektionsmittels,
- der Reinheitsgrad sowie die Art und Beschaffenheit der zu desinfizierenden Flächen.

Von den primären Faktoren bestimmen Menge und Art der zu desinfizierenden Mikroorganismen den Erfolg der Desinfektion ganz entscheidend. Häufig werden prozentuale Angaben zum Desinfektionserfolg gemacht. Diese sind wertlos, wenn nicht gleichzeitig die Höhe der Anfangskeimbelastung bekannt ist. Menge, Art, Konzentration und Einwirkungszeit werden in der Regel durch Erfahrungswerte oder durch gezielte Prüfung von Desinfektionsmitteln für den jeweiligen Anwendungszweck festgelegt. Die Beurteilung und Kompensation des möglichen Einflusses von Reinheitsgrad, Art und Beschaffenheit der zu desinfizierenden Materialien obliegt dem Anwender, der durch entsprechende Maßnahmen die für eine erfolgreiche Desinfektion notwendigen Umstände schaffen kann.

Die wichtigsten **sekundären Faktoren** sind
- die Umgebungs- und Materialtemperatur,
- die Härte des Verdünnungswassers,
- die relative Luftfeuchte und Luftgeschwindigkeit.

● **Temperatur bei der Desinfektion**

Da die Desinfektionsmittel-Prüfung nach den Richtlinien der DVG bei 20 °C durchgeführt wird und Aldehyde, Phenole, Quaternäre Ammoniumverbindungen, Amphotenside und organische Säuren bei tiefen Temperaturen an Wirksamkeit einbüßen, muss dieser Verlust durch Erhöhung der Konzentration ausgeglichen werden. Eine Verlängerung der Einwirkungszeit führt in der Regel nicht zum gewünschten Erfolg, da die Flächen vorher abtrocknen. Aus der Abbildung C23 war zu entnehmen, wie hoch diese Konzentrationserhöhung mindestens sein muss. Eine Kompensation ist aber nur in engen Grenzen möglich und von der Art des Wirkstoffes sowie der Desinfektionstechnik abhängig. Daher sollten zur Flächendesinfektion ohne mechanische Aktion (Sprühdesinfektion) Präparate, die Aldehyde, organische Säuren oder Phenole als Hauptwirkstoffe enthalten, nicht bei Temperaturen unter 10 °C eingesetzt werden.

● **Bauliche Voraussetzungen**

Art und Beschaffenheit der Bausubstanz, der Bauteile und Stalleinrichtungen bestimmen ganz wesentlich den Erfolg von R+D-Maßnahmen. Es gibt Materialien und Einrichtungen, wie poröse Stalldecken, die einfach nicht ausreichend zu reinigen und zu desinfizieren sind. Dies wird häufig von Stallplanern und Tierhaltern nicht oder nur unzureichend berücksichtigt.

An die **bauliche Gestaltung** in Bezug auf die R+D von Stallanlagen sind deshalb folgende Anforderungen zu stellen:
- Die Bau- und Einrichtungsmaterialien müssen bei ausreichender Widerstandsfähigkeit gegen Hochdruckreinigung und chemische Desinfektionsmittel leicht zu reinigen und zu desinfizieren sein.
- Baulicherseits sollten keine unnötigen Ecken vorhanden sein.
- Einrichtungen sollten herausgenommen werden können.
- Spaltenböden, Gitterroste sollten hochklappbar sowie Jauche- und Güllekanäle so konstruiert sein, dass sie allseitig einer Reinigung und Desinfektion zugänglich sind.
- Steuereinheiten für Fütterungs- und Lüftungsanlagen sind grundsätzlich außerhalb des Tierbereichs anzubringen, um sie möglichst von Krankheitserregern freizuhalten, so dass ihre Desinfektion vermieden werden kann. Vor allem müssen sie staubdicht abgedeckt sein.

Ein besonders kritischer Bereich ist die Gestaltung von Fütterungs- und Lüftungseinrichtungen. Sie sollten gut zugänglich sein, oder es müssen systemadaptierte Spezialgeräte zur R+D zur Verfügung stehen bzw. in die R+D-Maßnahme integrierbar sein.

7.8 Erfolgskontrolle der Reinigung und Desinfektion

Zur **Kontrolle der Wirksamkeit** durchgeführter Maßnahmen stehen indirekte und direkte Methoden zur Verfügung.

Indirekte Methoden schließen vom verbliebenen Wirkstoffgehalt auf den Desinfektionserfolg gemäß zuvor ermittelter Erfahrungswerte. Die Kontrolle der Wirkstoffreste lässt sich bei sauren oder alkalischen Mitteln über den pH-Wert durchführen oder durch eine gezielte Wirkstoffbestimmung, z. B. der Chlorkonzentration. Dieses Verfahren ist für die Erfolgskontrolle in Flüssigkeiten geeignet, auf der Fläche stößt es schnell an Grenzen. Im Stallbereich ist es deshalb nur in Sonderfällen (z. B. Tränkwasserdesinfektion) anwendbar.

Zur Bestimmung des Restkeimgehalts auf den Flächen werden als **direkte Methoden** Abklatsch-, Abstrich- und Abspülverfahren beschrieben. Für den Stallbereich sind die Abklatschverfahren am wenigsten geeignet. Geeignete Geräte zur Durchführung des Abspülverfahrens, das die effektivste Methode darstellt, sind derzeit nicht auf dem Markt.

Am gebräuchlichsten ist die **Tupfer-Abschüttelmethode**. Zwei sterile Tupfer mit je 10 g Watte werden mit sterilem gepuffertem Peptonwasser (und gewünschtem Enthemmer) befeuchtet. Damit wird die mittels einer Schablone markierte Fläche von 10 cm² mit kreisenden Bewegungen für jeweils 20 Sekunden unter drehender Bewegung und bei gleichmäßigem Druck abgetupfert. Beide Tupfer werden dann in 50 ml Abschüttelflüssigkeit gegeben und 24 h im Kühlraum bei 4 °C und 200 Upm geschüttelt. Zum besseren Ausschütteln der Keime werden der Abschüttelflüssigkeit Glasperlen bis zur Hälfte des Volumens zugegeben. Von der Abschüttelflüssigkeit wird jeweils 1 ml zur Keimzählung in die Verdünnungsreihe (gepuffertes Peptonwasser mit Enthemmer) gebracht. Jeweils 0,1 ml aus der Abschüttelflüssigkeit und aus den jeweiligen Verdünnungsstufen werden auf Nähragar (TSA + Enthemmer) ausgebracht. Die Nachweisgrenze liegt hier bei etwa 10^2 KBE/cm², Keimzahlen darunter sind nur durch Filtration der Abschüttelflüssigkeit zu bestimmen. Folgende multivalente Neutralisationsmittel (Enthemmer) sind zu empfehlen (Endkonzentration im Agar und/oder in der Flüssigkeit):

- Handelspräparate außer Chlor- und Sauerstoffabspaltern:
  3 % Tween 80 + 0,3 % Lecithin + 3 % Saponin + 0,1 % Histidin
- Handelspräparate auf der Basis von Chlor- und Sauerstoffabspaltern:
  3 % Tween 80 + 3 % Saponin + 0,1 % Histidin + 0,1 % Cystein.

Für Reinsubstanzen können auch einfacher zusammengesetzte Neutralisationsmittel, wie sie für die Desinfektionsmittelprüfung beschrieben sind, verwendet werden (STRAUCH u. BÖHM 2002).

Es sollten mindestens 10 Proben vom Boden, 10 Proben von den Einrichtungen und 10 Proben von den Wänden genommen werden. Auf Holz und Betonflächen ist ein ausreichender Erfolg bei der vorbeugenden Desinfektion erreicht, wenn die Gesamtbakterienzahl bei 37 °C pro cm² zwischen 10^4 und 10^3 KBE liegt. Bei speziellen Desinfektionen dürfen die entsprechenden Krankheitserreger nicht mehr auf der Fläche nachweisbar sein. Für die Hygienekontrolle nach R+D-Maßnahmen in Betrieben mit Qualitätssicherungsprogrammen müssen die gezogenen Proben mindestens frei von Salmonellen sein.

7.9 Desinfektion tierischer Fäkalien

Im Rahmen der Bekämpfung anzeigepflichtiger Seuchen, aber auch im Zusammenhang mit gezielten Maßnahmen zur Bestandssanierung bei anderen Infektionskrankheiten ist die Inaktivierung von Krankheitserregern in tierischen Fäkalien notwendig; denn diese können dort lange überleben. Das kann in Fest- und Flüssigmist

Tabelle C32: Empfehlungen zur chemischen Desinfektion von Flüssigmist

Wirkstoff	Vegetative Bakterien	Unbehüllte Viren	Behüllte Viren	Mykobakterien	Sporen
• Kalkmilch 40%ig	60 kg/m³	60 kg/m³	40 kg/m³	–	–
Einwirkzeit	4 d	4 d	4 d		
• Natronlauge 50%		30 l/m³ (1,5% NaOH)	30 l/m³	20 l/m³ (0,8% NaOH)	–
Einwirkzeit	4 d	4 d	4 d		
• Formalin (37% Formaldehyd)	15 l (kg)/m³ (1,5% Formalin)	15 l/m³	10 l (kg)/m³ (0,6% Formalin)	25 l (kg)/m³ (2,5% Formalin)	bis 5% Feststoffgehalt 50 kg/m³ 5–10% Feststoffgehalt 100 kg/m³
Einwirkzeit	4 d	4 d	4 d	14 d	4 d
• Peressigsäure (PES 15 = 15%ig)		25 l/m³ (0,375% Peressigs.)	–	40 l/m³ (0,6% Peressigs.)	–
Einwirkzeit	1 h		4 d		–
• Kalkstickstoff[1]	20 kg/m³	–	–	20 kg/m³	–
Einwirkzeit	7 d			1 Monat	–

[1] Starkes Rührwerk zum Einrühren des Kalkstickstoffs erforderlich, bis dieser in Lösung gegangen ist. Andernfalls setzt er sich am Boden ab und ist nur schwer wieder aus dem Behälter zu entfernen.

durch biologische, physikalische und chemische Verfahren bzw. Vorgänge erfolgen. Nachfolgend wird nur auf die chemische Desinfektion eingegangen, wobei zwischen Flüssigmist und Jauche einerseits sowie Festmist andererseits große Unterschiede bestehen.

7.9.1 Desinfektion von Flüssigmist und Jauche

Der Durchführung der **Flüssigmistdesinfektion** wird zu Unrecht ein hoher Schwierigkeitsgrad zugeschrieben. Aus diesem Grund besteht in der Praxis eine starke Tendenz, auf diese Maßnahme zu verzichten. Es ist aber nur bei wenigen anzeigepflichtigen Seuchen durch wissenschaftliche Untersuchungen und durch Beobachtungen in der Praxis festgestellt worden, dass die Verbreitung der Erreger durch Fäkalien keine epidemiologische Relevanz hat. Somit ist im Rahmen der Tierseuchenbekämpfung, insbesondere bei Schweinepest und MKS, eine Desinfektion der kontaminierten Gülle unumgänglich. In der Regel kann nur die Verwendung flüssiger Desinfektionsmittel empfohlen werden.

Steht allerdings ein starkes Rührwerk (über 40 kW) zur Verfügung, können auch feste Chemikalien eingemischt werden.

Für die Desinfektion von Flüssigmist und Jauche sind folgende Wirkstoffe zu verwenden: **Kalk** in Form von Kalkmilch, **Formalin** (37%ige stabilisierte wässrige Lösung von Formaldehyd) und **Natronlauge** technisch (50%ige Lösung). Die Tabelle C32 enthält eine Reihe von erprobten Anwendungskonzentrationen und Einwirkungszeiten. **Peressigsäure** ist nur zur Desinfektion kleiner Volumina und nur bei bakteriellen Krankheitserregern zu empfehlen, wobei die korrosive Wirkung, der hohe Preis und die starke Schaumbildung zu beachten sind.

Bei der chemischen Desinfektion der **Gülle** ist eine hervorragende Durchmischung notwendig. Die Tabelle C33 gibt Hinweise auf die Anforderungen an die Rührgeräte in Abhängigkeit von der Behältergröße und der Art des Flüssigmistes. Vor der Zugabe des Desinfektionsmittels ist die Gülle vollständig zu homogenisieren. Die Grenze für die Homogenisierbarkeit von Rinder- und Schweinegülle liegt bei 12 bis 13% Trockensubstanzgehalt. Das Präparat soll tun-

Tabelle C33: Einsatzgrenzen für verschiedene Rührsysteme (KOWALEWSKY 1999)[1]

Art des Systems	Kosten (ca. €)	Maximale Behältergröße bei		
		Rinderflüssigmist (m^3)	Schweineflüssigmist (m^3)	Hühnerflüssigmist (m^3)
1. Hydraulische Systeme[2]				
• Pumpe außerhalb des Behälters				
– Nennleistung 3000 l/min	10 000	500	400	200
– Nennleistung 5000 l/min	12 500	800	600	400
• Tauchmotorpumpe				
– 7,5-kW-E-Motor	9 000	800	600	400
– 13-kW-E-Motor	11 000	1200	900	600
2. Mechanische Systeme				
• Propeller durch Behälterwand				
– 40-kW-Schlepper	3 500	900	700	500
– 80-kW-Schlepper	4 500	1200	1000	800
• Tauchmotor-Rührwerk				
– 7,5-kW-E-Motor	5 000	1300	1000	700
– 13-kW-E-Motor	7 500	1800	1500	1100
• Turmmixer				
– 60-kW-Schlepper	7 500	1800	1500	1100
– 100-kW-Schlepper	15 000	2100	1800	1300

[1] Die Werte gelten für Flüssigmist mit üblichem Trockensubstanzgehalt und für Behälter mit einem Verhältnis von Durchmesser zu Höhe von 4 : 1.
[2] Hydraulische Systeme sind auch zur Behälterbefüllung nutzbar.

lichst in den Turbulenzbereich des Behälters eingespeist werden. Seine Zugabe kann besonders bei größeren Volumina mit dem Güllestrahl, also druck- oder saugseitig in die Rohrleitung erfolgen. Die Zugabe soll innerhalb von sechs Stunden bei laufenden Homogenisierungseinrichtungen beendet sein. Nachfolgend werden die zu beachtenden Kriterien stichpunktartig zusammengefasst:

- Je gründlicher das Aufrühren vor der Desinfektionsmittel-Zugabe erfolgt und je häufiger und besser die Durchmischung während der Einwirkzeit stattfindet (mindestens 1 h täglich bei der Einwirkzeit von 4 Tagen), desto besser ist der Desinfektionserfolg.
- Nur Gülle in runden Behältern ist sicher zu desinfizieren, weil nur hier eine gleichmäßige Durchmischung erfolgen kann. In viereckigen Güllelagern muss das Material in den „toten Ecken" mittels geeigneter schwenkbarer Rührwerke aufgewirbelt werden.
- Kleine Mengen von Gülle mit bakteriellen Krankheitserregern können bei der Ausbringung im Güllefass mit Peressigsäure desinfiziert werden; gefüllte Lagerbehälter werden durch Zugabe billigerer Wirkstoffe behandelt.
- Desinfizierte Gülle sollte auf Ackerland ausgebracht und sofort untergepflügt werden. Dies ist unumgänglich bei der Desinfektion vom Mykobakterien und Sporen. Falls die Ausbringung auf Grünland erfolgt, sollte die Ausbringungsmenge von 20 m^3/ha nicht überschritten werden.
- Bei der Desinfektion mit Alkalien muss mit Stickstoffverlusten gerechnet werden.
- Schäden für die Umwelt sind bei sachgemäßem Vorgehen nicht zu befürchten.
- Viskositätsänderungen treten nur bei der Verwendung von Natronlauge ab einer Konzentration von 2% auf (MARKERT 1990).
- Desinfizierter Flüssigmist sollte nie längere Zeit im Behälter lagern, weil sonst Korrosionsgefahr für die Pumpaggregate und Metallteile besteht.

7.9.2 Desinfektion von Festmist

Entgegen früherer Annahmen kommt es nur in den wenigsten Fällen bei gelagertem, gestapeltem oder gepacktem Festmist zu einer Temperaturerhöhung, die zu einer Inaktivierung von Krankheitserregern führt. Deshalb muss der

Mist zur Inaktivierung von Keimen chemisch desinfiziert oder verbrannt werden. Das Verfahren ist mit den in einem Festmistbetrieb vorhandenen Gerätschaften unter Verwendung von gekörntem **Branntkalk** ohne großen Aufwand durchzuführen. Das Prinzip der Düngerpackung ist in der Abbildung C26 dargestellt.

Im Bereich der vorgesehenen **Düngerpackung** wird eine mindestens 25 cm hohe Strohschicht ausgebreitet. Darauf kommt eine möglichst geschlossene Lage von Löschkalk (etwa 10 kg/m² Kalkhydrat Ca[OH]2), der die aus dem Mist austretende Flüssigkeit bindet. Die für den Erfolg der Maßnahme notwendige gleichmäßige Durchmischung ist mit einem Miststreuer zu erreichen, dessen Streubreite 2 bis 3 m nicht überschreiten. Der zu desinfizierende Festmist wird auf den Miststreuer geladen. Während des Aufladens wird gekörnter Branntkalk (ungelöschter Kalk, CaO) in mindestens zwei Schichten gleichmäßig dem Dünger zugesetzt. Als Richtwert gilt ein Zusatz von 100 kg gekörntem Branntkalk je Kubikmeter Stallmist.

Anschließend wird das Festmist-Branntkalkgemisch von dem Miststreuer unter ständigem kräftigen Befeuchten mit breitem Wasserstrahl möglichst langsam abgedreht und dadurch eine etwa 1,5 m hohe Miete aufgesetzt. Diese wird dann mit einer stabilen schwarzen Silo-Folie allseitig abgedeckt, die im Bereich des Bodenanschlusses mit Steinen o.ä. beschwert wird, um sie gegen Windeinwirkungen zu schützen. Was darüber hinaus noch zu beachten ist und welches

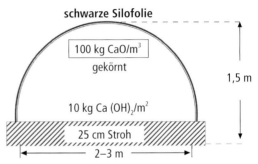

Abb. C26 Schematischer Aufbau der Festmistpackung mit gekörntem Branntkalk zu Desinfektionszwecken.

alternative Vorgehen möglich ist, kann bei STRAUCH u. BÖHM (2002) nachgelesen werden.

Beim Aufsetzen von Düngerpackungen ist ein befestigter Platz dem unbefestigten Boden vorzuziehen. Der Standort sollte sich fern von Gebäuden und brennbarem Material befinden, weil eine Selbstentflammung der Strohunterlage bei der Düngerpackung nicht gänzlich auszuschließen ist. Diese Düngerpackung ist für die Dauer von mindestens fünf Wochen zu lagern. Danach wird der Dünger auf unbestelltes Ackerland aufgebracht und sofort untergepflügt. Fehlt diese Möglichkeit des sofortigen Unterpflügens oder muss der Dünger auf Grünland oder bestellte Feldfutteranbauflächen aufgebracht werden, ist die Düngerpackung nach 5 Wochen umzusetzen und insgesamt mindestens 10 Wochen zu lagern.

8 Schadtierbekämpfung

Die Bekämpfung von unerwünschten oder schädlichen Insekten sowie Schadnagern in der Schweinehaltung erfolgt einerseits als rein prophylaktische Maßnahme, zum anderen findet sie im Rahmen der Bekämpfung von bestimmten Krankheiten oder Tierseuchen statt. Im Fall von Lästlingen wie Fliegen geht es auch um den Schutz etwaiger Anwohner vor Belästigungen, was insbesondere in Dorflagen oder an siedlungsnahen Standorten zutrifft. Schadtiere können in betroffenen Beständen Belästigungen und Leistungsabfall, direkte Gesundheitsschäden und Übertragung von Krankheiten, eine Beeinträchtigung der Futterqualität, Verschmutzungen sowie Material- und Geräteschäden sowie Imageverluste verursachen.

Schweineställe bieten häufig günstige Bedingungen zur Entwicklung von Schadtierpopulationen, die sich dort mit gewissen jahreszeitlichen Schwankungen vermehren können. Ställe sind zudem attraktiv im Sinne einer Lockwirkung für aktiv einwandernde Tiere. Sie bieten überdies günstige Besiedlungsbedingungen für eingeschleppte Schädlinge. Verschiedene biotische (Erreger, Räuber, Konkurrenten) und abiotische Faktoren (Klima, Pestizide, Nahrung) beeinflussen die Entwicklung der Schadtiere, wobei die Temperatur und Luftfeuchtigkeit sowie das Licht und Nahrungsangebot besonders bedeutsam sind.

Hinsichtlich des Lebensraumes sind zu beachten
- Verstecke für Schädlinge und die Übersichtlichkeit zu deren Entdeckung,
- Reinigungsmöglichkeiten, insbesondere die Beseitigung von Futterresten, Schmutz und von anderen Substraten,
- die Verhinderung stagnierender Luft mit hohen Luftfeuchtigkeiten, wodurch die Anreicherung von Mikroorganismen, Milben, Schimmelkäfern und anderen Organismen begünstigt wird.

Nachfolgend sollen die wichtigsten Erfordernisse zur Vorbeuge und Bekämpfung von Schadnagern und Insekten getrennt dargestellt werden, obwohl diese in vielen Fällen gleichzeitig auftreten.

8.1 Schadnagerbekämpfung

Die bedeutendsten Schadnager in der Tierhaltung sind Ratten und Mäuse. Bei den **Ratten** sind die Populationen in Deutschland regional unterschiedlich verteilt. Während im westlichen und südlichen Teil die Wanderratte *(Rattus norvegicus)* überwiegt, ist im östlichen und nördlichen Bereich die Hausratte *(Rattus rattus)* stärker vertreten. Die wichtigsten Eigenschaften der in Deutschland vertretenen Schadnager sind in der Tabelle C34 zusammengefasst.

8.1.1 Vorbeugemaßnahmen

Die **Prophylaxe** zur Abwehr von Schadnagern beruht auf folgenden Prinzipien:
- Eindringen und Ausbreiten verhindern,
- Lebensgrundlagen entziehen (Nahrung, Feuchtigkeit, Verstecke, Nistplätze).

Bauliche und organisatorische Maßnahmen bereiten bei alter Bausubstanz oft erhebliche Probleme. Folgende vorbeugende Maßnahmen werden im Einzelnen empfohlen:
- **Bau und Ausrüstungen:**
  - Verwendung von „nagerfesten" Baumaterialien, insbesondere Vermeidung von organischem Dämmmaterial.
  - Absicherung von Mauerwerk und Fundamenten mit Beton.
  - Abdichten von Schadstellen, Kabelkanälen und Rohrdurchbrüchen.
  - Sicherung von Gebäudeöffnungen (Fenster, Türen, Lüftungsöffnungen, Abwasserabläufe) mit Gittern, von Abwasserkanälen mit Rückstauklappen, von Schorn-

Tabelle C34: Biologische Daten von Schadnagern (var. nach Voigt 1989)

Übliche Namen	Wanderratte Wasserratte Rott, Kellerratte, Ratz	Hausratte, Dachratte, Schiffsratte, Ägypt. Ratte	Maus, Hausmaus, Stadtmaus, Kleine Maus
• Wiss. Name	• *Rattus norvegicus*	• *Rattus rattus*	• *Mus musculus*
• Geschlechtsreife	• in 2–3 Monaten	• in 2 Monaten	• in 1–1,5 Monaten
• Tragezeit	• ca. 23 Tage	• ca. 22 Tage	• ca. 19 Tage
• Junge pro Wurf	• ca. 8–12	• ca. 6–8	• ca. 5–6
• Zahl der Würfe/Jahr	• ca. 4–7	• ca. 4–6	• bis zu 10
• Gewicht/g	• 280–480	• 230–340	• 12–30
• Gesamtlänge/cm	• 32–46	• 35–45	• 15–19
• Kopf • Körper Körperlänge/cm	• stumpfe Schnauze • schwer, dick • 18–26	• spitzere Schnauze • schlanker • 16–20	• klein • 6–9
• Schwanz Schwanzlänge/cm	• kürzer als Körper, wird relativ ruhig getragen. Unterseite heller • 14–20	• länger als Körper, wird oft peitschenartig bewegt • 19–25	• gleichlang oder ein wenig länger als der Körper • 8–10
• Ohren	• klein, halb im Fell verschwunden	• größer, ragen deutlich aus dem Fell heraus	• deutlich und in Relation zum Körper ziemlich groß
• Fell	• dicht, rotbraun-graubraun	• schwarz-schiefergrau, oben lohfarben, unten grau-weiß; oder: • lohfarben oben, Bauch weiß-gelblich	• seidenweich, dunkelgrau, mausgrau

steinen mit Rauchklappen, von Roll- und Schiebetoren mit Bürstensäumen.
   – Sicherung von Leitungen, Fallrohren und Blitzableitern durch Barrieren aus Stahlblech, von Rohrleitungen und Kabelzuführungen durch kegelförmige Manschetten sowie von Kabeln und Leinen durch „Rattenteller".
• **Beurteilung und Hygiene:**
   – Ordnung, Übersichtlichkeit und Sauberkeit im Stall, in den Nebenräumen und im Außenbereich.
   – Für Nager weitgehend unzugängliche Lagerung des Futters.
   – Beseitigung von Verstecken und Nistplätzen.
   – Sichere Lagerung von Material in Gebäudenähe, insbesondere keine Stapelung unter ungeschützten Fenstern.
   – Übersichtliche Gestaltung und Ordnung der Außenanlagen; keine Bodenbedecker als Bepflanzung, Äste und herumliegende Dinge in Gebäudenähe entfernen.

8.1.2 Bekämpfung von Schadnagern

Schadnager können biologisch, physikalisch und chemisch bekämpft werden. Die Bekämpfung darf nicht nur einmalig, sondern muss fortlaufend durchgeführt werden. Eine erfolgreiche Abwehr der Schadnager verlangt die Kenntnis ihres Verhaltens (Tab. C35).

Zur biologischen Bekämpfung kommen Katzen und Hunde in Frage. Als physikalische Verfahren werden Schlag- und Lebendfallen verwendet; Leimfallen gehören nur in die Hände von professionellen Schädlingsbekämpfern (aber: Tierschutzproblematik!). Durch Einsatz von Ultraschallgeräten werden Schadnager vertrieben, nicht wirklich bekämpft. Beim Aufstellen von mechanischen Fallen muss darauf geachtet werden, dass keine anderen Tiere gefangen werden, also ist ein Einsatz außerhalb von Gebäuden nicht zu empfehlen (Singvögel!).

Zur Bekämpfung mit chemischen Substanzen stehen Rodentizide als Akutgifte oder als Anti-

Tabelle C35: Für Abwehr und Bekämpfung relevante Eigenschaften von Schadnagern (AUERSWALD 1999)

	Hausmaus	Wanderratte
• Durchschlupf	> 6 mm	> 12 mm
• Untergraben	• Mauerwerk bis ca. 80 cm Tiefe	
• Erklettern	• alle rauen Wände; Sträucher, Bäume, Telefon- u. a. Leitungen; in senkrechten Rohren; Maus besonders beweglich	
• Springen, senkrecht aus dem Stand	• jung 50 cm	• ca. 75 cm
• Fallen unverletzt	• aus über 4,5 m Höhe	
• Nagen	• Holz, Kunststoffe, Aluminium, frischer Zement u. a.	
• Nest	• selten im Freien	• meist in Wassernähe im Freien
• Reviergröße	• 5–10 m um das Nest	• 30–50 m um das Nest
• Generelles Verhalten	• neugierig	• misstrauisch
• Nahrungsaufnahme (g/Tag)	• 1–4	• 20–25
• Fressverhalten	• nascht gerne	• frisst relativ viel an wenigen akzeptierten Köderplätzen
• Wasserbedarf	• kann ohne Wasser auskommen	• muss täglich trinken
• Bekämpfung mit Antikoagulantien	• widerstandsfähiger	• empfindlicher

Tabelle C36: Rodentizide Wirkstoffe und ihre Toxizität für Schadnager und Haustiere (zusammengestellt von AUERSWALD 1999)

Wirkstoffgruppe	Wirkstoff	LD_{50} oral akut (mg/kg KG)			
		Wanderratte	Hausratte	Maus	Haustiere
• Akutgifte 1. Generation	• Thalliumsulfat	16–25		16–27	
	• Zinkphosphid	27–40	21	32–53	
	• Alphachloralose	200–400		190–300	
• Akutgifte 2. Generation (verzögerte Wirkung)	• Alphachlorohydrin	150			
	• Bromethalin	2			
	• Calciferol	43,6–56		23,7–42,5	
• Antikoagulantien 1. Generation	• Chlorphacinon	20,5			
	• Coumatetralyl	16,5			
	• Warfarin	14–20		374	Katze: 35 Schwein: 150 Hund: 5–15
	• Diphacinon	3,0		142–340	Katze: 15
• Antikoagulantien 2. Generation	• Difenacoum	1,8		0,8	Schwein, Hund: > 50 Katze: > 100
	• Bromadiolon	1,1–1,8		1,75	
	• Difethialon	0,56		1,29	
	• Flocoumafen	0,25–0,56	1,0–1,8	0,8–2,4	Hund: 0,075–0,25
	• Brodifacoum	0,22–0,27	0,65–0,73	0,4	Katze: ca. 25 Hund: 0,25

koagulantien zur Verfügung (Tab. C36). Die Anwendung von Akutgiften durch Nichtfachleute kann nicht empfohlen werden. Angewendet werden heute fast ausschließlich Rodentizide, die die Blutgerinnung hemmen und zu inneren Verblutungen der Tiere führen (Antikoagulantien). Zur direkten Bekämpfung wird ein Nahrungsmittel (auch Wasser in manchen Fällen) als Locksubstanz mit dem Wirkstoff gemischt (Köder). Voraussetzung für eine gute Wirkung ist eine höhere Attraktivität des Köders als die Umgebung, damit jener von den Schädlingen angenommen wird und diese auch über eine gewisse Entfernung anlockt.

Fertigköder sind auf den Zielschädling und Anwendungsort abgestimmt. Sie werden in verschiedenen Variationen im Handel angeboten als
- Blöcke, Kerzen, besonders für nasse Stellen,
- samen- oder haferflockenhaltige Granulate, wenn viele Stellen beködert werden sollen,
- Pellets gegen Ratten,
- Gelformen, die in kleinen Portionen in versteckte Stellen einzubringen sind,
- Pasten, die von Nagern mit dem Fell aufgenommen werden und beim Putzen in den Darmtrakt gelangen,
- Flüssigköder für Tränken, wenn keine anderen Wasserstellen zur Verfügung stehen.

Außerdem gibt es Streu- und Flüssigpräparate zum Selbstherstellen von Ködern. Dies bietet sich besonders dann an, wenn die Annahme eines bestimmten Nahrungsmittels vorher mit frischen Ködern erfolgreich getestet wurde. Alte Köder werden oft abgelehnt.

Bei Herstellung und Aufbewahrung ist aber die Giftigkeit der verwendeten Wirkstoffe zu beachten und äußerste Vorsicht geboten, damit Kinder und Haustiere (oder Vögel) die Köder weder entfernen noch aufnehmen können. Von der Industrie werden geeignete, z. T. abschließbare Köderboxen angeboten.

Eine Anwendung der Präparate gehört insbesondere in größeren Schweinehaltungen mit Schadnagerproblemen in die Hand eines erfahrenen Schädlingsbekämpfers, der vor der Aktion die Populationsdichte, das befallene Areal und die günstigsten Ausbringungsstellen für die Köder ermitteln muss und fortlaufend eine sorgfältige Erfolgskontrolle durchführt.

Die Bekämpfung der Hausmaus gestaltet sich etwas schwieriger als die der Ratten, da Mäuse meist nur wenig Nahrung an einer Stelle aufnehmen und deshalb die notwendige letale Menge des Antikoagulans im Köder nicht immer erreicht wird. Eine höhere Anzahl an Köderstellen ist deshalb erforderlich.

8.2 Schadinsektenbekämpfung

Zu Schadinsekten, die in der Schweinehaltung vorkommen können, gehören Schaben, Käfer und Fliegen. In diesem Abschnitt sollen nur einige Arten kurz behandelt werden, die in Ställen häufig vorkommen und bei gehäuftem Auftreten bedeutende Schäden anrichten können. Futtermilben werden nicht berücksichtigt.

8.2.1 Vorkommen von Schadinsekten

Die Anzahl der tatsächlich auftretenden Arten ist sehr hoch. So wurden nach STEIN (2002) in Ställen allein 207 Fliegenarten ermittelt. In Deutschland kommen zwei Arten von **Schaben** vor, die Orientalische Schabe *(Blatta orientalis)* und die Deutsche Schabe *(Blattella germanica)*. In Ställen sind sie an feuchten und warmen Orten zu finden. Sie können Krankheitserreger übertragen, das Futter verunreinigen und die Schweine beunruhigen.

Bei den **Käfern** ist es insbesondere der glänzendschwarze Getreideschimmelkäfer, der wie in der Geflügelhaltung als Vektor für verschiedene Krankheitserreger und als Verursacher von Materialschäden durch Nagetätigkeit eine größere Bedeutung hat.

Die **Stubenfliege** *(Musca domestica)* beunruhigt die Tiere. Sie ist auch ein Vektor für Krankheitserreger sowie die Ursache von Streitigkeiten mit Anwohnern, die sich durch die Fliegen belästigt fühlen. Schadwirkungen verursacht der Fraß durch die **Larven** (Maden, fußlos).

8.2.2 Vorbeugemaßnahmen

Prophylaxe und Bekämpfung müssen Hand in Hand gehen. Bei der Vorbeuge gilt wie auch bei den Schadnagern, dass das Eindringen und die

Ausbreitung verhindert werden müssen und dass den Tieren im Stall oder in dessen unmittelbarer Umgebung die Lebensgrundlage entzogen wird. Hierzu eignen sich folgende Maßnahmen:

- **Ordnung, Übersichtlichkeit und Sauberkeit im Stall und in den Nebenräumen:** Da viele Schädlinge lichtscheu sind, können sie oft übersehen werden und in Verstecken eine Massenvermehrung starten. Solche Möglichkeiten sind z. B. hinter losen Platten, Schaltkästen usw. gegeben, wo sich vor allem Schaben halten und vermehren.
- **Vermeidung von Hohlräumen:** Doppelwände (Sandwich-Bauweise) haben in dieser Beziehung eine besondere Bedeutung, wenn Dehnungsfugen nicht durch elastisches Material (z. B. Silikon) abgedichtet sind. Solche Doppelwände spielen vor allem als Refugium für den Getreideschimmelkäfer eine Rolle, wodurch Erfolge bei seiner Bekämpfung oft zunichte gemacht werden.
- **Beseitigung von toten Winkeln:** Bei den normalen Reinigungsarbeiten nicht erfasste Gebäudestellen ermöglichen die Anhäufung von Unrat, der manchen Schädlingen eine ungestörte Vermehrung ermöglicht.
- **Abdichten von Schadstellen:** Um das Eindringen von Schädlingen zu verhindern und Verstecke zu beseitigen, müssen schadhafte Stellen in Wänden, Decken und Böden abgedichtet werden.
- **Einbau von Fliegengittern:** Entwickeln sich Fliegen außerhalb der Gebäude in großen Mengen, so kann der Einflug durch ein dichtmaschiges Gitter vor den Fenstern verringert werden. Ein gewisser Schutz ist auch durch Fransenvorhänge an den Gebäudeöffnungen zu erreichen.
- **Für ausreichende Luftbewegung sorgen:** Vor allem Fliegen sind empfindlich gegen Luftzug. Entsprechende Belüftungsanlagen können diese Tiere von bevorzugten Aufenthaltsorten vertreiben bzw. die Eiablage an Exkrementen reduzieren. Gleichzeitig kann dadurch stehende Luft verhindert werden, die zur Ansiedlung von Mikroorganismen und feuchtigkeitsliebendem Ungeziefer (Milben, Schimmelkäfer u. a.) beiträgt.
- **Sichere Mistlagerung:** Vor allem Stubenfliegen entwickeln sich in Misthaufen, von wo die erwachsenen Tiere dann in die Ställe und Häuser in großer Anzahl eindringen. Beim Lagern von Festmist in unmittelbarer Nähe des Stalles sollte ein Abstand von offenen Fenstern und Türen gewahrt werden, um den Einflug der Fliegen zumindest zu erschweren. Eine Abdeckung mit Planen kann die Massenentwicklung ebenfalls verhindern. Beim Flüssigmist kann durch bauliche Maßnahmen der Zugang erschwert und durch Beseitigung der Schwimmdecke die Entwicklung der Maden gestört werden (Belüftung).

8.2.3 Bekämpfung von Schadinsekten

Zur Bekämpfung von Insekten können physikalische, biologische und chemische Verfahren eingesetzt werden. Eine Übersicht über die Maßnahmen und die damit verbundene Problematik für die drei wichtigsten Schädlinge zeigt Tabelle C37.

Eine **biologische Bekämpfung** erfolgt durch den Einsatz der **Deponie- oder Güllefliege** (*Ophyra aenescens*)[*], die ein Antagonist der Stubenfliege *Musca domestica* ist. Beide Arten entwickeln sich am gleichen Ort in den Ställen. Die räuberisch lebenden Larven von *Ophyra* können während ihres Lebens bis zu 20 *Musca*-Larven fressen. Im Unterschied zur Stubenfliege sind die erwachsenen Deponiefliegen sehr flugunlustig, zeigen eine enge Bindung an das Brutsubstrat und bleiben so in den Güllekanälen, ohne die Tiere zu belästigen. Eine künstliche Ansiedlung kann die Stubenfliegenpopulation auf Dauer niedrig halten. Nachteile dieser Methode sind bisher noch nicht bekannt geworden. Beim vollständigen Entleeren der Güllekanäle geht allerdings ein Großteil der Brut verloren.

Als **physikalische Verfahren** sind Licht- und Klebefallen für fliegende Insekten zu nennen. Nach STEIN (2002) ist zu den Lichtfallen Folgendes zu bemerken:

Die Strahlungsquellen bei **Lichtfallen** mit einem hohen Anteil an UV-Licht (Schwarzlicht) locken zahlreiche fliegende Insekten an. In

---
[*] Bezugsquelle der Fliege: z. B. Fa. Agrinova, D-74847 Obrigheim

Tabelle C37: Bekämpfung der wichtigsten Schadinsekten im Überblick (var. nach STEIN 2002)

1. **Schaben** (*Blatta orientalis* und *Blattella germanica*)	• Wegen der versteckten und nächtlichen Lebensweise sehr schwierig, zumal auch die Eier in den Oothken oft nicht erfasst werden • die nach einigen Wochen ausschlüpfenden Larven starten einen Neubefall • Wichtig ist vor allem die Behandlung der Verstecke (Sprühen oder Injektion aus Druckbehältern). Mithilfe von repellenten Insektiziden (z. B. Pyrethrum oder Pyrethroiden) kann man die Schaben aus den Verstecken treiben, sie an bestimmten Stellen konzentrieren und dort gezielter vernichten. • Kontrolle des Erfolgs mit Lockstofffallen
2. **Getreideschimmelkäfer** (*Alphitobius diaperinus*)	• Sehr schwierig und selten Ausrottung, da sich Larven und Käfer oft in Verstecken aufhalten und die wenigen Tage zwischen zwei Mastperioden kaum ausreichen, alle möglichen Gegenmaßnahmen zu ergreifen • Im Einzelnen bieten sich an: Befallene Einstreu sorgfältig ausräumen und vernichten – Leeren Stall intensiv reinigen – Risse und Dehnungsfugen in Wänden und Decken abdichten – In kalten Jahreszeiten den Stall zwischen zwei Mastperioden gut auskühlen lassen – Hohe Temperaturen (über 45 °C) lassen sich mit Bodenheizung oder mit Wärmebändern entlang der Wände erreichen – Chemische Bekämpfung: Ganzstallbehandlung zwischen zwei Mastperioden, aber Larven und Käfer in Verstecken werden nur unvollkommen erfasst. An den Wänden kann in 80 bis 100 cm Höhe, unerreichbar für die Haustiere, ein 50–60 cm breites Insektizidband aufgetragen werden, das emporkriechende Schädlinge abtötet • Mit integrierten Maßnahmen sind die besten Erfolge zu erzielen (siehe Spezialliteratur)
3. **Stubenfliege** (*Musca domestica*)	• Allgemeine Hygienemaßnahmen • Zuflug verhindern • Entwicklung in Fest und Flüssigmist unterbinden • biologische Bekämpfung, Leimbänder, chemische Bekämpfung

Kombination mit Leimflächen oder Gittern, die unter Starkstrom stehen, werden unterschiedliche Lichtfallen im Handel angeboten. In kleineren dunklen Räumen können solche Fallen durchaus eine gute Wirkung haben. Diese wird eingeschränkt durch andere Lichtquellen (Sonneneinstrahlung), starke Gerüche oder den dauernden Einflug neuer Insekten. In Ställen haben deshalb solche Lampen als alleinige Maßnahme keine große Bedeutung, Hinzu kommt, dass die kontinuierliche Wartung (Entleerung der Fallen, Auswechseln der Lichtquellen oder Leimstreifen) allzu oft vernachlässigt wird und die toten Tiere in den Fangschalen dann obendrein noch Vermehrungsmöglichkeiten für andere Ungezieferarten (besonders Milben) bieten. Im Freien bietet sich der Einsatz von Fanglampen wegen der hohen Beifänge indifferenter und nützlicher Insekten überhaupt nicht an.

Zur Bekämpfung von Fliegen in Ställen gibt es **Leimfallen** in verschiedener Größe und Form.* Bei einem starken Befall sind die Leimflächen in kürzester Zeit schwarz von angeklebten Fliegen. Der Erfolg lässt sich aber nur dann abschätzen, wenn auch ermittelt wird, welcher Prozentsatz der vorhandenen Fliegenpopulation dadurch vernichtet wird. Bei einem starken Einflug von außen oder einer Massenvermehrung innerhalb der Ställe erreicht die Methode keinen durchschlagenden Erfolg.

Durch die alleinige Anwendung von physikalischen Bekämpfungsmethoden ist eine wirksame und schlagartige Vernichtung von Schädlingen, wenn überhaupt, nur selten möglich. Somit haben nach wie vor **chemische Methoden**

---
* Bezugsquelle: z. B. Fa. Aeroxon, D-71332 Waiblingen

trotz aller Bedenken die größte Bedeutung. Pestizide können in fester, flüssiger oder gasförmiger Konsistenz eingesetzt werden; entsprechend unterschiedlich sind auch die verwendeten Methoden und Geräte. Oft werden die verkaufsfertigen Produkte auch zur direkten Anwendung angeboten. Die Bekämpfungsmittel haben Fraß-, Kontakt- oder Atemgiftwirkung, manche besitzen auch einen kombinierten Effekt. Es gibt auch Präparate, die aus mehreren Mitteln mit unterschiedlicher Wirkungsweise zusammengesetzt sind.

Auf Fraßgifte soll hier wegen der im Vergleich zur Schadnagerbekämpfung untergeordneten Bedeutung nicht ausführlich eingegangen werden. In Ställen werden dagegen Insektizide häufig als **Anstriche** eingesetzt. Das sind insektizidhaltige Mittel, die außerhalb der Reichweite der Schweine zur Bekämpfung von Fliegen verwendet werden können.

Gelöste oder emulgierte Pestizide können mit geeigneten Geräten gerichtet oder ungerichtet in geräumten Ställen versprüht werden. Mit solchen Methoden ist eine gezielte Behandlung auch kleiner Flächen, z. B. bevorzugte Sitzstellen von Fliegen oder Verstecke von Schaben, möglich. Vor der Anwendung müssen ggf. die Ställe geräumt werden, und die Tiere dürfen erst nach dem Antrocknen der Beläge und nach ausreichender Belüftung wieder eingebracht werden. Das Räumen des Stalles ist zwar nicht bei allen Mitteln erforderlich, aber doch ratsam und dies besonders bei Jungtieren. Eventuell ist nach der Vernichtung der Schädlinge eine Dekontamination zur Beseitigung von Insektizidresten erforderlich. Tierfutter muss vorher entfernt oder wenigstens dicht abgedeckt werden.

Weiterhin werden hormonell oder antagonistisch auf die Larvenentwicklung wirkende Mittel eingesetzt, z. B. zur Bekämpfung von Stubenfliegen und des Getreideschimmelkäfers. Außer den **Chitinsynthesehemmern** („Dimilin") kommen **Juvenoide**, das sind künstlich hergestellte Juvenilhormone, zum Einsatz. Werden sie zum richtigen Zeitpunkt in den Stoffwechsel der Insekten eingeschleust, dann ist deren gesamte Entwicklung gestört: Es entstehen Zwischenformen zwischen Larve und Puppe, die Häutungen laufen nicht normal ab, die Eier werden steril u. a. Die Anwendung kann über Lecksteine, in Granulatform oder über das Futter erfolgen.

Nach der Darmpassage befindet sich der nicht resorbierte Wachstumsregulator im Kot, wo er bei den sich darin entwickelnden Insekten weiterhin seine Wirkung entfaltet (Feed-through-Methode).

Im Flüssigmist kann die Entwicklung von Fliegenlarven durch den Einsatz einer Lösung von **Cyanamid** unterbunden werden.* Die Einsatzkonzentration liegt bei 0,1 % (1 l Alzogur/m^3 Gülle). Es muss wie bei der Dysenteriebekämpfung peinlich darauf geachtet werden, dass die Schweine kein Alzogur aufnehmen können.

8.3 Anwendung von Bekämpfungsmitteln

Bei der Anwendung von Mitteln zur Schädlingsbekämpfung gelten bei genauer Beachtung der Gebrauchsanweisung folgende Regeln:
- Unter den wirksamen Mitteln ist das mit der geringsten Warmblütertoxizität auszuwählen.
- Beim Ansatz von Spritz-, Sprüh- oder Nebelpräparaten dürfen keine Rechenfehler gemacht werden.
- Bei der Anwendung ist Schutzkleidung zu tragen; Essen, Trinken oder Rauchen ist untersagt.
- Bei Behandlung von Ställen sind die Tiere vorher auszustallen. Futtervorräte müssen geschützt werden.
- Nach der Anwendung wird die Schutzkleidung gesäubert, freie Hautpartien werden gründlich gewaschen.
- Nicht verbrauchte Pestizidreste sind als Sondermüll zu entsorgen, flüssige Mittel dürfen nicht in Abflüsse oder ins Gelände gegossen werden (Grundwassergefährdung!).
- Nach einer Bekämpfungsaktion sind eventuell die Räume oder bestimmte Stellen zu dekontaminieren, um noch vorhandene Rückstände zu beseitigen. Entsprechende Mittel werden hierzu von der Industrie angeboten.

Eine sinnvolle Kombination der genannten Gegenmaßnahmen führt zum gewünschten Erfolg einer Vernichtung oder wenigstens einer Reduzierung der Schädlingspopulation. Die Er

---
* Alzogur, SKW Trostberg, D-83303 Trostberg

folgskontrolle soll nicht nur oberflächlich erfolgen, sondern auch die Verstecke erfassen, in denen Reste einer Schädlingspopulation die Bekämpfungsaktion überlebt haben. Man darf sich auch nicht durch eine große Anzahl von abgetöteten Schädlingen täuschen lassen, da manche Mittel eine starke Anfangswirkung haben, aber nur eine geringe Dauerwirkung. Die Kontrolle muss sich bei Schaben über mehrere Wochen hinziehen, da aus nicht getroffenen Eikokons später Larven ausschlüpfen können, die dann bei nachlassender Wirkung der Gegenmaßnahmen überleben und den Befall wieder neu aufleben lassen. Nach jeder Bekämpfungsaktion soll überlegt werden, wie vorbeugende Maßnahmen durchgeführt werden können, um einen Neubefall oder einen Wiederanstieg der Populationsdichte zu verhindern.

9 Tierkörperbeseitigung

Die Schweinehaltung ist mit einem zahlen- und mengenmäßig großen Anteil verendeter Tiere einschließlich Tot- und Nachgeburten am Gesamtkadaveraufkommen der Tierkörperbeseitigungsanstalten (TBA) beteiligt. Immerhin verenden 20 bis 25 % aller Schweine von der Geburt bis zum Mastende. Die verendeten Tiere und Nachgeburten sind im Weißbereich so zu sammeln und abzuführen, dass hygienische Erfordernisse beachtet und eine Erregerverbreitung vermieden werden (Abb. C27 a, b).

9.1 Kadaverlagerung und -abführung

Die Lagerung und vorübergehende Aufbewahrung von beseitigungspflichtigem Material (verendete Schweine, Tierkörperteile und Nachgeburten) hat in einer vollumbauten Einrichtung zu erfolgen. Dieser Raum muss außerhalb des Stallbereiches und möglichst an der Betriebsgrenze liegen. Am besten wird er in den Außenzaun des Weißbereiches eingeordnet. Aus Emissionsschutzgründen sollte er ausreichend weit von Wohnbebauung entfernt sein, da es zur Geruchsentwicklung besonders in den Sommermonaten kommt. Folgende Anforderungen sind zu stellen:
- Der Raum muss verschließbar, schadnagerdicht und leicht zu reinigen und zu desinfizieren sein.
- Ein Abfluss ist an die Kanalisation bzw. Gülle-, Jauche- oder sonstige Auffangbehälter anzubinden.

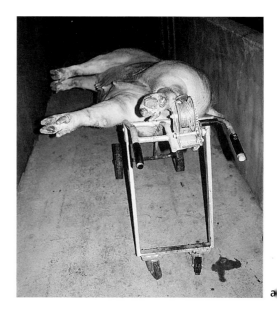

Abb. C27 Hygienisch korrekter Kadavertransport innerhalb eines Großbetriebs.
a) Transportwagen für verendete Sau.
b) Ferkel- und Nachgeburtentransport in gereinigten und desinfizierten Behältern.

- In kleinen Betrieben können anstelle eines Raumes auch einfache Wagen als flüssigkeitsdichte, leicht zu reinigende und zu desinfizierende sowie verschließbare, schadnagerdichte Behälter dienen (möglichst mit Kühleinrichtung). Besser eignen sich Container mit voll schließbaren Abdeckhauben. Die Größe muss dem jeweiligen Umfang der Schweinehaltung entsprechen. Die Einrichtung ist außerhalb der Stallungen an der Betriebsgrenze aufzustellen.
- Die Übergabestellen für die Tierkörperbeseitigungsfahrzeuge müssen befestigt, zu reinigen und zu desinfizieren sein. Am Raum bzw. Container muss ein witterungsfestes Behältnis für die Papiere angebracht sein.
- Der Raum bzw. Container sollte auf das jeweilige Entsorgungssystem der zuständigen Tierkörperbeseitigungsanstalt abgestellt sein (SchHaltHygV 1999).

Hinweise zur Abführung toter Tiere und Nachgeburten aus den Ställen enthält das Kapitel C3, im Abschnitt F 1.2 sind rechtliche Grundlagen zur Tierkörperbeseitigung und -verarbeitung aufgeführt.

9.2 Tierkörperverarbeitung

Im dichtbesiedelten Deutschland besteht seit vielen Jahren ein effektives System der Tierkörperbeseitigung als unverzichtbarer Bestandteil der Tierseuchenbekämpfung und des vorbeugenden Gesundheitsschutzes. Nach dem Tierkörperbeseitigungsgesetz (TierKBG) unterliegen verendete und getötete Tiere, verworfene Tierkörper und beanstandete Tierkörperteile sowie Nachgeburten der Beseitigungspflicht durch den Staat, der die Abholung und Verarbeitung hinsichtlich der hierfür notwendigen Zuständigkeiten regelt. Die Beseitigungspflichtigen bzw. dazu Beauftragten betreiben Tierkörperbeseitigungsanstalten (TBA), denen vom Land Entsorgungsbereiche für die dem Gesetz unterliegenden Materialien zugewiesen werden. Damit wird abgesichert, dass Kadaver auf kurzem Weg entsorgt, Gesundheitsbeeinträchtigungen der Menschen vermieden, keine schädlichen Umwelteinwirkungen herbeigeführt und Tierseuchen nicht leichtfertig verbreitet werden.

Neben den beseitigungspflichtigen Materialien sind frei handelbare Schlachtrückstände (Knochen u. a.) zu verarbeiten. Derartige Rohmaterialien fallen von etwa 38 Mio. Schweinen, 4 Mio. Rindern, etwa 500 000 Kälbern und 750 000 Schafen und Ziegen sowie von 650 000 Tonnen Geflügel jährlich an. Im Jahr 1999 gingen insgesamt etwa 2,7 Mio. Tonnen zur Verarbeitung in die Tierkörperbeseitigungsanstalten. Die Schlachtabfälle tauglich beurteilter Tiere und beanstandete Lebensmittel können nach Marktkriterien frei gehandelt werden. Seit den „BSE"-Regelungen ist die klassische Funktion der Rückführung in den Stoffkreislauf als Tierkörpermehl und -fett aufgrund gesetzlicher Vorgaben zur Zeit nicht möglich.

Der Tierhalter ist angehalten, dem Beseitigungspflichtigen (Bürgermeister bzw. Landrat, meistens dem mit Vertrag beauftragten Dritten – der TBA) die angefallenen Tierkörper zu melden. Die TBA muss die beseitigungspflichtigen Kadaver kurzfristig abholen. In flüssigkeitsdichten Spezialfahrzeugen werden die Konfiskate an die Tierkörperbeseitigungsanstalten angeliefert und in eine Rohwarenmulde eingegeben. Danach erfolgt die Weiterverarbeitung bis zum Tierkörpermehl und Tierfett (Abb. C28 a–i).

Die **Sterilisationsstandards** im Batch-Verfahren sehen nach deutschem Recht wie folgt aus:
- Vorzerkleinerung auf eine Größe von ca. 50 mm,
- Vorerhitzung bis zum Verfall der Weichteile,
- indirekte Erhitzung mit Manteldampf unter ständigem Umrühren (in der Praxis etwa 12-mal pro Minute mit Hilfe eines Paddelrührwerkes und entsprechenden Quetschflächen),
- Halten der Temperatur bei 133 °C und 3 Bar Druck während 20 Minuten. In der Praxis wird vielfach eine Überschwing-Phase der Temperatur bis zu etwa 140 °C beobachtet, nachdem der bis zu 160 °C heiße Manteldampf abgeschaltet ist.
- Der Erhitzungsprozess (Sterilisation) wird mit Temperatur-Druck-Schreibern aufgezeichnet.

Das sterilisierte Material wird getrocknet und entfettet. Die Entfettung erfolgt in der Regel mechanisch in Sieb-, Kolben- oder Schneckenpressen bzw. in Separatoren (Zentrifugen). Ge-

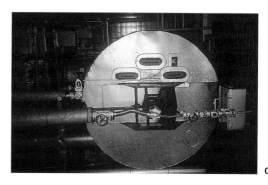

trocknet wird mit Trommel- und Scheibentrocknern.

In der EU gibt es verschiedene Verfahren, die zum Teil hinsichtlich ihrer Zuverlässigkeit unterschiedlich beurteilt werden. Die Umstellung vom Batch-Verfahren zu kontinuierlichen Verfahren mit reduzierten Temperaturen und einer verminderten Extraktion von Fett (mit Lösungsmitteln) in einigen Mitgliedsstaaten hat sehr wahrscheinlich zum Eintrag von BSE-Erregern in die Futterkette und damit in die Rinderpopulation Großbritanniens geführt. Nachdem allerdings seit 1. Dezember 2000 ein generelles Verfütterungsverbot für Tiermehl und Tierfette an alle Nutztiere besteht (Verbot der Verfütterung an Rinder bereits seit 1994 in der EU), wird Tiermehl nach der Herstellung verbrannt. Diese Vorgehensweise kann aus ökologischen und ökonomischen Gründen nur ein temporäres Geschehen sein, denn es werden wertvolle Mineral- und Eiweißzusatzstoffe aus dem Kreislauf entfernt.

Die **Verordnung (EG) Nr. 1774/2002** des europäischen Parlaments und des Rates hat mit den „Hygienevorschriften für nicht für den menschlichen Verzehr bestimmte tierische Nebenprodukte" eine rechtliche Grundlage für eine zukünftig EU-weit einheitliche Verwertung von tierischen Reststoffen in Tierkörperbeseiti-

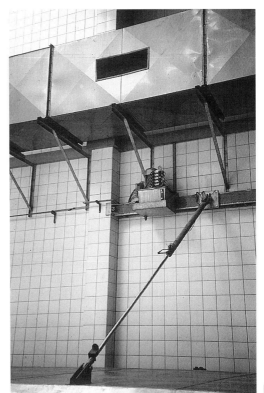

Abb. C28: Ansichten aus einer zeitgemäßen Tierkörperverarbeitungsanlage (a):
b), c) Entladeraum und -wanne für die Ausgangsmaterialien (Schlachtabfälle, Kadaver u. a.) im Schwarzbereich;
d) Sterilisator zur Druckerhitzung (mind. 3 Bar, 133 °C, 20 min.) der zerkleinerten Materialien;
e) LKW-Reinigungs- und Desinfektionsanlage;
f), g) Fettlagerbehälter bzw. mobile Kadaversammelbehälter im Weißbereich;
h), i) Luftabführung innerhalb sowie Abluftreinigung im Biobett außerhalb der Anlage.

gungsanstalten und Biogasanlagen geschaffen. Eine grundsätzliche Neuerung ist die Einteilung der Nebenprodukte in 3 Materialkategorien in Abhängigkeit von den Risiken für die Gesundheit von Menschen und Tieren. Die Zuordnung der Materialien ist in einer Anlage zur Verordnung aufgeführt:

- Materialien der **Kategorie I** können danach nur direkt verbrannt bzw. nach Vorbehandlung in einer TBA verbrannt oder deponiert werden. Das gilt beispielsweise für BSE-Risikomaterialien der Rinder.
- Materialien der **Kategorie II** können zusätzlich für die Biogasgewinnung und Kompostierung nach entsprechender Vorbehandlung eingesetzt werden. Das betrifft Fette, Fettderivate, Eiweiße sowie Dünger.
- Für Materialien der **Kategorie III** ist nach entsprechender Vorbehandlung auch eine Verwendung als Futtermittel(zusatz) möglich.

Als Rohstoffe zur Herstellung von verwertbaren Produkten darf entsprechend der EG-Verordnung nur Material der Kategorie III verwendet werden. Das sind Nebenprodukte von im Schlachthof geschlachteten und für die menschliche Ernährung als tauglich befundenen Tieren, die nicht Träger von TSE-Erregern sein können. Derartige Nebenerzeugnisse dürfen nicht an dieselbe Tierart verfüttert werden, von der sie stammen. Die Herstellung von Tiermehlen darf nur in zugelassenen und überwachten Anlagen erfolgen.

Um in Tierkörperbeseitigungsanstalten eine seuchenhygienisch unbedenkliche Verwertung der Tierkörper, Tierkörperteile und Erzeugnisse zu gewährleisten, müssen neben dem strikten Einhalten der oben genannten Anforderungen weitere Hygienemaßnahmen im Betrieb befolgt werden, die in der Tierkörperbeseitigungsanstalten-Verordnung des Bundes detailliert festgeschrieben sind. Die hygienischen Anforderungen betreffen

- eine Standort- und Betriebsunterteilung in Schwarz- und Weißbereiche,
- Hygieneregime für die Arbeitsabläufe sowie Schutzkleidung für Mitarbeiter und Besucher,
- die sachgerechte Bearbeitung und Druck-Erhitzung sämtlicher zu bearbeitender Materialien,
- Reinigungs- und Desinfektionsmöglichkeiten für Fahrzeuge und Behälter, die beim Verlassen des Betriebes frei von Krankheitserregern sein müssen,
- physikalische und biologische Reinigungsverfahren für die Abluft, die in der Regel über ein Biobett geruchs- und keimarm in die Außenluft gelangt.

10 Umwelthygiene

Umwelthygienische Bedeutung haben
- die Emissionen aus Stallanlagen sowie aus der Gülle-, Jauche-, Festmistlagerung und -ausbringung,
- die Tierkörperbeseitigung und Schadtierbekämpfung,
- der Verbleib von Reinigungs-, Desinfektions- und Arzneimittelresten sowie
- die Ausbringung und Anreicherung von Mikroorganismen und Parasitenentwicklungsstadien.

Umweltschäden sind vor allem bei intensiver Tierhaltung zu erwarten.

10.1 Genehmigungspflicht für Schweinehaltungen

Mit zunehmender Konzentrierung der Schweinehaltung auf weniger und immer größere Betriebe steigt die Anzahl der genehmigungsbedürftigen Anlagen für Schweinehaltungen. Nach der neuen „Technischen Anleitung zur Reinhaltung der Luft" (TA Luft), die am 1. Oktober 2002 in Kraft getreten ist, werden Genehmigungsverfahren für Tierhaltungsanlagen in Zukunft aufwendiger. Nicht nur Gerüche, auch Ammoniak und Schwebstaub können genehmigungsrelevant sein, wenn sich in der Nähe einer Stallanlage Wohnhäuser oder Wald befinden. Die Neufassung ersetzt die in vielen Teilen überholte TA Luft von 1986 und setzt Richtlinien der EU in deutsches Recht um, wie z. B. solche zur Luftqualität und über die integrierte Vermeidung und Verminderung der Umweltverschmutzung (IVU). Die wichtigsten Bestimmungen und Folgen für die Tierhaltung werden nachfolgend beschrieben.

Die **TA Luft** ist eine verbindliche Regelung für die Verwaltungsbehörden der Länder. Sie gilt für genehmigungsbedürftige Anlagen nach dem Bundes-Immissionsschutzgesetz (BImSchG),

Tabelle C38: Genehmigungspflichtige Anlagenkapazitäten für landwirtschaftliche Tierhaltungen nach TA Luft (2002)

Art der Anlage	Kapazität
• **Mastschweine** ($>= 30$ kg)	1 500 Plätze
• **Sauen** (inkl. Ferkel <30 kg)	560 Plätze
• **Ferkel** (Aufzucht 10–30 kg)	4 500 Plätze
• Legehennen	15 000 Plätze
• Junghennen	30 000 Plätze
• Mastgeflügel	130 000 Plätze
• Truthühner	15 000 Plätze
• Rind	250 Plätze
• Kalb	300 Plätze
• Pelztiere	750 Plätze
• **Anlagen unabhängig von der Tierart** und der Nutzungsrichtung	50 GV und >2 GV je ha
• **Einzelstehende Güllebehälter** 2500 m^3	

die die in Tabelle C38 angegebenen Tierzahlen erreicht oder überschreitet. Sie konkretisiert die Schutz- und Vorsorgeanforderungen des BImSchG (§ 5 BImSchG). Die Behörden müssen auf Grundlage der TA Luft Anträge zum Neubau oder zur Änderung von genehmigungsbedürftigen Anlagen prüfen (§§ 6, 16 BImSchG), Entscheidungen über nachträgliche Anordnungen fällen (§ 17 BImSchG) und die Genehmigungsbedürftigkeit von baulichen Änderungen prüfen (§ 15 (2) BImSchG). Die Anforderungen werden durch Bescheid nach Abwägung im Einzelfall wirksam und binden damit den Antragsteller. Er muss die Bestimmungen bei der Planung und Realisierung seines Vorhabens umsetzen und bezahlen.

Die TA Luft soll in eingeschränkter Weise auch bei nicht genehmigungsbedürftigen Anlagen, für die eine Baugenehmigung ausreicht, herangezogen werden (§ 22 BImSchG). Dies gilt zur Ermittlung und Beurteilung von Immissionen sowie für die technischen Anforderungen der TA Luft zwecks Emissionsminderung (bauliche und betriebliche Anforderungen). Dabei ist allerdings der Grundsatz der Verhältnismäßigkeit zu beachten. Das heißt, dass umfangreiche und kostspielige Untersuchungen oder bauliche Auflagen nur dann verlangt werden können, wenn sie in einem angemessenen Verhältnis zur getätigten Investitionssumme stehen.

Die TA Luft stellt auch an vorhandene Anlagen (sog. Altanlagen) Anforderungen. Nach angemessenen Übergangsfristen, spätestens aber bis zum 30. 10. 2007, müssen diese Anlagen an den Stand der Technik von Neuanlagen herangeführt werden. Dies gilt auch für die nach § 67 BImSchG angezeigten Anlagen, selbst wenn sie noch nicht dem Stand der Technik entsprechend TA Luft 1986 entsprechen. Zudem sollen die Behörden bei Altanlagen prüfen, ob Schadfaktoren auf die Umwelt wirken. Bestehen hierfür Anhaltspunkte, dann muss die Behörde genauer ermitteln und ggf. Maßnahmen zur Emissionsminderung fordern, die über das hinausgehen können, was die TA Luft regulär nach dem Stand der Technik verlangt. Es soll auch geprüft werden, inwieweit ein ausreichender Schutz durch Verbesserung der Ableitbedingungen sichergestellt werden kann. Sollten alle Maßnahmen nicht greifen oder nicht umsetzbar sein, kann im Einzelfall die Genehmigung widerrufen werden.

10.2 Immissionen und Emissionen (TA Luft)

Auch die neue **TA Luft** ist in einen Immissions- und einen Emissionsteil gegliedert.

Der **Immissionsteil** enthält Vorschriften zum Schutz der Nachbarschaft und der Umwelt vor unvertretbar hohen Schadstoffbelastungen. Zu diesem Zweck werden Immissionsgrenzwerte für Schadstoffe und die Art ihrer Beurteilung festgelegt. Dabei ist nicht nur die Belastung durch das eigene Unternehmen zu berücksichtigen (Zusatzbelastung), sondern auch die Beiträge aus anderen Quellen (Vorbelastung) müssen beachtet werden.

Der **Emissionsteil** enthält insbesondere Grenzwerte für die Ausscheidung verschiedener Schadstoffe sowie bauliche und organisatorische Anforderungen zur Emissionsminderung. Erstere sollen gemäß EU-Luftqualitätsrichtlinie 1999/30/EG, hier insbesondere für Schwebstaub, bis 2005 eingehalten werden.

Neben den Geruchsimmissionen können in Zukunft die Umweltwirkungen von Ammoniak und Stickstoff sowie Schwebstaub in Genehmigungsverfahren eine Rolle spielen. Bisher wurden Ammoniak und Stickstoff nur vereinzelt, z. B. im Rahmen von Umweltverträglichkeitsprüfungen, behandelt. Staub war bislang kein Thema bei Stallbaugenehmigungen. Im Immissionsteil ist für die Landwirtschaft entscheidend, dass entgegen der ursprünglichen Planung die Geruchsimmissionsrichtlinie (GIRL), die in einigen Bundesländern zur Beurteilung von Geruchsimmissionen gefordert wird, nicht in die TA Luft aufgenommen ist und dadurch nicht bundesweit gültig wurde. Die GIRL ist insbesondere von Seiten der Wirtschaft stark umstritten. Hier bleibt es also bei der üblichen Praxis, die zunächst auf den Mindestabstandsregelungen der VDI-Richtlinien „Emissionsminderung Tierhaltung" (VDI 3471 Schweine) basiert. Zudem wurde auf die Immissionswerte für Ammoniak zum Schutz landwirtschaftlicher Nutzpflanzen und der sonstigen Vegetation (75 µg/m³ als Jahresmittelwert und 350 µg/m³ als Tagesmittelwert) verzichtet, um unnötige Immissionsuntersuchungen zu vermeiden. Die tatsächliche Ammoniakbelastung in Deutschland ist so niedrig, dass diese Werte nicht greifen würden.

Bei der **Standortwahl** eines zu bauenden, genehmigungspflichtigen Stalles oder einer Stallanlage sollte auch die Akzeptanz in der Bevölkerung berücksichtigt werden. Ein falsch gewählter Standort kann u. U. erhebliche Kosten zur Nachbesserung (Eingrünung, verbesserte Luftabführung über Biofilter etc.) nach sich ziehen.

Beeinträchtigungen von Wasser, Boden und Luft dürfen durch die Wahl des Standortes nicht entstehen. Auch die Entfernung zu Betrieben der Nahrungsmittelherstellung muss in Betracht gezogen werden. Vor dem Bau einer Stallanlage empfiehlt es sich, Standortüberprüfungen bzw. Betrachtungen zur Umweltverträglichkeit sowie Emissions- und Immissionsprognosen hinsichtlich der zu erwartenden Gerüche sowie Belastungen durch Lärm und Stäube für den jeweiligen Standort durchzuführen. Standorte in den Wasserschutzzonen I und II kommen nicht in Frage. Bezüglich der Mindestabstände sollten am jeweiligen Standort meteorologische Sachverständige herangezogen werden, um spezielle kleinklimatische, standortspezifische Gegebenheiten zu beurteilen; z. B. kann das häufige Auftreten von Luftschichtungen eine überweite Verfrachtung von Staub, Keimen und Gerüchen bedingen.

Die **Abstände zwischen genehmigungspflichtigen Anlagen** zum Halten oder zur getrennten Aufzucht von Rindern und Schweinen sollten generell 500 m betragen. Bei 2000 Mastschweinen muss in der Regel ein Abstand von 500 m zum nächsten Wald eingehalten werden, gegenüber der nächsten Wohnbebauung (Schutz vor Geruchsbelästigungen) sind es „nur" 310 m! Hierbei ist die mögliche aerogene Verbreitung von Krankheitserregern und anderen Mikroorganismen weniger ausschlaggebend als die Verschleppung der Erreger durch belebte (Wild- oder Haustiere und Personen) und unbelebte Vektoren (Arbeitsgeräte und Fahrzeuge). Besonders bei gemeinschaftlich und im überbetrieblichen Einsatz genutzten Maschinen (z. B. Güllefass, Dungstreuer etc.) werden Reinigungs- und Desinfektionsmaßnahmen beim Verlassen des jeweiligen Betriebes erforderlich. Dasselbe gilt für die Fahrzeuge zur Futterversorgung der Tiere. Details dazu sind in der SchHaltHygV beschrieben (s. auch Kap. C2 und Anhang J3).

10.3 Gülle, Jauche und Festmist

Aus der Schweinehaltung sind im Jahre 2000 etwa 64 Mio. t Gülle, 11,3 Mio. t Festmist (bei 4,5 kg Einstreu je Tag/VE) und 4,6 Mio. t Jauche angefallen. Der Gesamtanfall an Wirtschaftsdüngern tierischer Herkunft betrug im gleichen Jahr etwa 206,8 Mio. t; er lag damit um rund 10,6 Mio. t unter der Menge von 1994 (−4,9 %).

Der Trockensubstratgehalt beträgt in Schweinegülle etwa 5 % und in Rindergülle 10 %.

10.3.1 Gülle- und Jauchelagerung

Zu den in der Schweinehaltung anfallenden Mengen an Kot und Harn addieren sich Einstreu und Futterreste sowie Abwasser aus der Reinigung und Desinfektion der Ställe und Wirtschaftsräume. Alle diese Stoffe müssen so gelagert werden, dass keine negative Beeinflussung der Umwelt zu erwarten ist. Das verlangt standsichere sowie gegen mechanische, thermische und chemische Einflüsse ausreichend widerstandsfähige Lagerstätten. Bei deren Errichtung sind rechtliche Regelungen zu beachten, vorrangig das Wasserhaushaltsgesetz (WHG). Anlagen zum Lagern und Abfüllen von Jauche, Gülle und Silagesickersäften (JGS-Anlagen) müssen so errichtet und betrieben werden, dass der bestmögliche Schutz der Gewässer vor Verunreinigung erreicht wird. Zusätzlich beschreibt die TA Luft als bundesweit gültige Verwaltungsvorschrift bauliche und betriebliche Maßnahmen, die in der Regel anzuwenden sind. Danach ist bei Flüssigmistverfahren ein entsprechender Abfüllplatz anzulegen, der über einen Ablauf in einen Lagerbehälter verfügt. Zusätzlich sind technische Regelwerke zu berücksichtigen, welche die allgemein anerkannten Regeln der Technik definieren. Dazu zählt die DIN 11622, die neben allgemeinen Anforderungen zur Bemessung, Bauausführung und Beschaffenheit von entsprechenden Anlagen ebenfalls Vorgaben hinsichtlich Wartung und Kontrolle beinhalten. Zur Interpretation bzw. als Hilfe bei der baulichen Umsetzung der Flut von Vorschriften stehen fachtechnisch-wissenschaftliche Vereinigungen, wie z. B. die Abwassertechnische Vereinigung e.V. oder das Kuratorium für Technik und Bauwesen in der Landwirtschaft e.V. (KTBL), beratend zur Seite.

Die verschiedenen Möglichkeiten der **Lagerung von Flüssig- und Festmist** zeigt Tabelle C39. Düngerechtliche Vorgaben zur pflanzenbedarfsgerechten Verwertung von Wirtschaftsdüngern bestimmen die Lagerkapazität der Behälter. Dabei werden die spezifischen Bedingungen am Standort und die Fruchtfolge eines Betriebes berücksichtigt. Die bemessene Lagerzeit beträgt in der Regel mindestens 6 Monate. Bei offenen Behältern ist ein Zuschlag für Niederschlagswasser zu beachten. Zur Emissionsminderung können die Behälter für Flüssigmist mit einer natürli-

Tabelle C39: Varianten zur Lagerung von Flüssig- und Festmist (BVT 2001)

Flüssigmist	Festmist
• im Stall: – Güllekeller – Güllekanäle	• im Stall: – Tiefstreustall
• außerhalb des Stalles: – Tiefbehälter – Hochbehälter	• außerhalb des Stalles: – befestigte Mistlagerstätte mit Jauchebehälter

Tabelle C40: Prozentuale Verringerung an Emissionen durch verschiedene Arten der Abdeckung bei Schweinegülle (BVT 2001)

Art der Abdeckung	Minderung der Emissionen[1] (in %)
• Natürliche Schwimmdecke	30
• Künstliche Schwimmdecke[2] – Strohhäcksel (≥ 7 kg/m² bzw. ≥ 15 cm hoch) – Granulate (z. B. Kunststoff, Ton, Perlit) – Schwimmfolie	 80 85 85
• Leichtdächer	85
• Zeltdach	90
• Befahrbare Betondecke	95

[1] Mittelwert im Vergleich zur offenen Lagerung (Spannweite)
[2] geschlossene natürliche Schwimmdecken bilden sich insbesondere bei rohfaserreicher Fütterung

chen oder künstlichen Schwimmdecke (z. B. Granulatschüttungen, Strohhäcksel, Schwimmfolien) oder einer festen Abdeckung (z. B. Zeltdach, Betondecke) versehen sein. Inwieweit eine erhebliche Geruchseinschränkung durch Zugabe des Bakteriums Rhodobacter PS9 (rote Färbung der Gülle bei ≥ 15 °C) im Sommer zu erreichen ist, muss die Zukunft zeigen.

„Güllekeller" sind innerhalb des Stalles in der Regel aus Betonformsteinen gefertigt. Wichtige Einrichtungen stellen dabei die Leitungen (Kanäle, Rinnen, Gruben, Rohre, Schieber) zum Sammeln und Fördern von Jauche, Gülle oder Sickersäften dar. Der Flüssigkeitsspiegel soll dabei höchstens bis zehn Zentimeter unterhalb der Betonroste ansteigen, bei Unterflurentlüftung muss der freie Luftraum mindestens 40 cm hoch

sein. Weitere wichtige Einrichtungen sind die Vorgrube sowie die Zuleitung zur Vorgrube und die Pumpstation. Besondere Anforderungen sind dabei an technische Einrichtungen zum Homogenisieren und Abfüllen der Gülle und Jauche zu stellen. Dazu gehören die Abfüllplätze mit den entsprechenden Befülleinrichtungen (Pumpen, Schieber), die wasserundurchlässig und desinfizierbar sowie mit einem Ablauf in einen abflusslosen Behälter (z. B. Vorgrube, Pumpstation) versehen sein müssen.

Außerhalb des Stalles finden sich **Flüssigmistbehälter** als oberirdische Behälter (Hochbehälter), die in der Regel rund sind und aus Ortbeton-, Betonfertigteil- oder Stahlplattenbauweise gefertigt werden und ein Fassungsvolumen bis etwa 2000 m³ haben. Tiefbehälter sind teilweise oder vollständig in die Erde gebaut, in der Regel auch rund und aus Ortbeton- oder Betonfertigteilbauweise mit bis zu 2000 m³ Inhalt. Klassische Jauchebehälter sind Tiefbehälter. Bei den Behältern außerhalb des Stalles muss eine große Sorgfalt auf die Leckerkennung sowie die bauliche Einrichtung der Vorgrube oder Pumpstation, der Füll- und Entnahmeleitungen, der Absperreinrichtungen und des Abfüllplatzes gelegt werden. Weiterhin ist ein Anfahrschutz notwendig. Rundbehälter mit senkrechten Wänden ergeben eine statisch günstige Form, wobei große Behälter vorteilhafter als kleine sind. Jedoch ergibt sich bei über 2000 m³ kaum noch eine Kostendegression, und die Homogenisierung wird problematisch. Bei kleinerem Durchmesser verringern sich die emittierende Oberfläche sowie die Kosten für Abdeckungen und Einrichtungen zur Leckerkennung. Extrem hohe Behälter passen sich schlechter in die Landschaft ein und erschweren zudem die Homogenisierung erheblich. Ein teilweiser Einbau des Hochbehälters in das Erdreich würde den Frostschutz vereinfachen, doch dann wird in jedem Fall ein Kontrolldrain unumgänglich. Künstliche Schwimmdecken, z. B. aus Strohhäcksel (Tab. C40), die ähnliche Emissionsminderungen bewirken wie andere Abdeckungen, können unter Umständen in Eigenleistung relativ günstig hergestellt werden. Eine Ableitung von Regenwasser wird jedoch nur mit Dächern erreicht.

Bei den Tiefbehältern für die Lagerung von Gülle und/oder Jauche sind Rundbehälter ebenfalls aus statischen Gründen im Vorteil. Der teilweise Einbau in das Erdreich vereinfacht die Gründung und den Frostschutz. Ein vollständiger Einbau in das Erdreich ermöglicht ggf. einen direkten Zulauf ohne Vorgrube. Bei größeren Tiefen erhöhen sich allerdings die Kosten überproportional. In beengter Lage können Behälter mit überfahrbarer Betondecke sinnvoll sein, die jedoch ab etwa 10 m Durchmesser sehr teuer sind.

10.3.2 Güllebehandlung und -ausbringung

Zur Gülle- oder Flüssigmistbehandlung steht ein breites Angebot an technischen Verfahren zur Verfügung. Grundsätzlich sollen die Verfahren dazu beitragen, Probleme bei der Gülleausbringung zu verringern, um die Umwelt weniger zu belasten. Ein weiterer wichtiger Aspekt ist die optimale Düngung, die sich auf die Wirtschaftlichkeit des landwirtschaftlichen Betriebs auswirkt. Die Flüssigmistbehandlung besteht aus dem Homogenisieren, der weitergehenden Behandlung und der Aufbereitung.

10.3.2.1 Homogenisieren

Das Durchmischen des Flüssigmistes ist die Grundvoraussetzung für eine umwelt- und pflanzenbedarfsgerechte Verwertung des Wirtschaftsdüngers. Für jeden Betrieb sind dazu Rühraggregate notwendig, die für die verschiedenen Lagerbehälter (Größe, Hoch- oder Tiefbehälter) variieren.

Beim Homogenisieren werden Sinkschichten und Schwimmdecken zerstört, damit die Nährstoffkonzentrationen bei der Gülleausbringung gleich bleiben. Die Rühraggregate müssen daher in allen Behälterbereichen die gleiche Rührintensität entwickeln.

In Schweinegülle sind vor allem Sinkschichten aufzulösen. Es sollte während der Gesamtdauer der Ausbringung gerührt werden, um die festen Bestandteile „in Schwebe" zu halten. Strömungsgeschwindigkeiten von etwa 0,5 m/s sind dazu erforderlich. Zum Aufrühren der Gülle werden entweder hydraulische Rühreinrichtungen (Tauchschneidepumpen, Drehkolbenpumpe, Exzenterschneckenpumpen) oder mechanische Tauchmotorrührwerke und Turmmixer (Propellerrührwerke mit elektromotorischem Antrieb oder durch Zapfwelle) angewendet. Neben fest eingebauten Geräten gewinnen die im Dreipunktanbau am Schlepper befestigten Propellerrührwerke an Bedeutung. Sie sind variabel sowohl in Hoch- als auch in Tiefbehälter einsetzbar und eignen sich daher auch gut im überbetrieblichen Einsatz.

10.3.2.2 Weitergehende Behandlung

Durch weitere Behandlung sollen folgende Probleme verringert werden, die bei der Lagerung und Ausbringung entstehen:
- Entmischung während der Lagerzeit,
- Geruchsstoff- und Ammoniakemissionen bei der Lagerung, Homogenisierung und Ausbringung,
- mögliche Freisetzung von Krankheitserregern bei der Ausbringung,
- die z. T. unbefriedigende Düngewirkung,
- die Pflanzenverschmutzung bei der Ausbringung auf Pflanzenbestände,
- die schwierige technische Handhabbarkeit aufgrund von Fremdkörpern und
- die schlechte Fließfähigkeit.

Für die Güllebehandlung kennt man „**Einfachverfahren**", wozu neben dem Wasserzusatz die Mazerierung, die Feststoffabtrennung (Separierung), die Zugabe von Behandlungsmitteln und – mit Einschränkung – die Belüftung, die anaerobe Behandlung in Biogasanlagen sowie die Entseuchung zählen (AID 1996).

Alle zur Auswahl stehenden Verfahren sind mit Vor- und Nachteilen behaftet. Der **Wasserzusatz** wird nur bei Kleinbetrieben in Ausnahmefällen zur vorübergehenden Verdünnung der Gülle zum Tragen kommen. Die **Feststoffabtrennung** ist wirtschaftlich nur interessant, wenn die abgetrennten Feststoffe aufbereitet und verkauft werden können. Vor diesem Hintergrund hat dieses Verfahren seine Berechtigung beim Ausschleusen von Gülle aus Wasserschutzgebieten oder aus Gegenden mit einem zu hohen Viehbesatz.

Die **Belüftung** von Gülle bringt eine Verbesserung der Fließfähigkeit und Verminderung der Geruchsstofffreisetzung bei der Ausbringung. Höhere Stickstoffverluste in Form von Ammoniak verschlechtern allerdings die Düngewirkung des Flüssigmistes trotz besserer Pflanzenverträglichkeit. Ein Vorteil kann die gleichzeitige Entseuchung der Gülle durch **Temperaturerhöhung** auf über 65 °C in belüfteten Reaktoren sein. Die erheblichen Kosten und die verstärkte Ammoniakfreisetzung haben allerdings dazu geführt, dass die Belüftung sich in der Praxis, ähnlich wie alle anderen Verfahren, nicht in größerem Umfange durchgesetzt hat.

10.3.2.3 Anaerobe Gülleaufbereitung (Biogas)

Die **Biogaserzeugung** hat das Ziel, aus Wirtschaftsdüngern und anderen organischen Stoffen Energie zu gewinnen. In derartigen Anlagen wird Gülle unter Luftabschluss bei erhöhter Temperatur vergoren. Sie ist danach fließfähiger, und bei der Ausbringung werden weniger Geruchsstoffe freigesetzt. Da diese Technik momentan einen wahren Boom erfährt und zukünftig auf Grund finanzieller Anreize weiter expandieren wird, soll die Biogastechnologie als Gülleaufbereitungsverfahren am Beispiel einer einfachen „Durchflussanlage" näher erläutert werden (BVT 2001).

Die **Durchflussanlage** ist ein Biogasverfahren, das in der Landwirtschaft die größte Verbreitung hat. Bei diesem Verfahren ist der Faulbehälter zu jedem Zeitpunkt gleichmäßig gefüllt, und es werden in der Regel die zu vergärenden Substrate kontinuierlich in gleichmäßigen Abständen in den Fermenter eingegeben. Damit ist die Voraussetzung für eine gewisse Stabilität des anaeroben Prozesses und für eine gleichmäßige Biogasproduktion gegeben. Biogas entsteht beim Abbau organischer Substanz als Stoffwechselprodukt anaerober Bakterien (Methanbakterien). Die Biomasse ist das Gärsubstrat, es besteht bei landwirtschaftlichen Biogasanlagen aus Kot und Harn des Tierbestandes. Vermehrt werden zusätzlich Kosubstrate (z. B. nachwachsende Rohstoffe, Speisereste etc.) einbezogen. Es ist auch möglich, Stoffe wie z. B. Maissilage, Grassilage, Ganzpflanzensilage oder Rübensilage als Gärsubstrat zu verwenden. Die Eingangsstoffe werden von fermentativen Bakterien in Zucker, organische Säuren und Alkohole umgesetzt. Essigsäurebildende Bakterien produzieren hieraus Essigsäure und Wasserstoff. Schließlich entsteht durch die methanbildenden Bakterien das Biogas. Es setzt sich aus Methan (40−75%), Kohlendioxid (25−60%) sowie in geringen Mengen aus Stickstoff (0−7%), Sauerstoff (0−2%), Wasserstoff (0−1%) und Schwefelwasserstoff (0−1%) zusammen.

Am Überlauf des Fermenters gelangt während der Einspeisung etwa die gleiche Menge an ausgefaultem Substrat in das Substratlager. Dieses kann gasdicht konstruiert sein und damit als Nachgärbehälter dienen. Der Fermenter ist wärmegedämmt, um Wärmeverluste zu minimieren. Eine Zusatzheizung hält das Faulsubstrat auf der gewünschten Temperatur. Wird der Fermenter statt im mesophilen Temperaturbereich (30−35 °C) bei etwa 55 °C (thermophiler Bereich) betrieben, dann kann bei richtiger Prozessführung eine Entseuchung der Gülle bzw. der Kosubstrate erreicht werden. Üblicherweise werden jedoch zum Zwecke der Entseuchung oder Desinfektion die zu vergärenden Substrate bei Notwendigkeit vor der Einspeisung in den Fermenter eine Stunde lang auf 70 °C erhitzt.

Ein langsam laufendes Rührwerk sorgt für eine gleichmäßige Durchmischung des Reaktors. Damit ist die Gasausbeute gleichmäßig, was Vorteile bei der Verwertung des Gases hat. Das Biogasverfahren eignet sich nicht nur für die Behandlung von Schweinegülle, sondern gleichermaßen auch für Rinder- und Hühnergülle. Es führt zu einer Verringerung klimaschädlicher Methan-Emissionen aus Güllelagerbehältern und zu einer deutlichen Reduzierung geruchsbildender Substanzen. Es verbessert die Fließfähigkeit der Gülle und führt demzufolge zu einer besseren Anwendbarkeit auf Acker- und Grünland. Durch den Abbau organischer Substanz wird die unmittelbare Stickstoff-Düngewirkung der Wirtschaftsdünger durch die Erhöhung des Ammoniumstickstoffgehaltes verbessert. Der höhere NH_4-Gehalt vergorener Gülle verlangt jedoch den Einsatz emissionsarmer Applikationstechniken sowie eine noch engere Ausrichtung der Ausbringung am aktuellen Pflanzenbedarf, so dass die angestrebte Düngewirkung schnell eintritt.

Zusammenfassend sind die **Umwelt- und Düngungsaspekte** sowohl im Bereich der Biogasanlage als auch bei der Verwertung des Gärrückstandes insgesamt positiv zu bewerten. In Abhängigkeit von der jeweiligen Anlagengestaltung, Ausführung und Auslastung entstehen Kosten in unterschiedlicher Höhe, die jedoch bei günstiger Planung und unter Berücksichtigung der aktuellen rechtlichen Rahmenbedingungen (garantierte Einspeisevergütung) beim

Tabelle C41: Behandlungsverfahren für Gülle bei Beachtung von Umwelt, Düngewirkung, Durchführbarkeit und Ökonomie (AID 1996)

Verfahren	Umweltaspekte				Sonstige Aspekte		
	Ammoniakfreisetzung	Geruchsstofffreisetzung	Nitratverlagerung	Düngewirkung	Handhabbarkeit der Gülle	Kosten	Arbeitsaufwand
• Wasser	++	++	+	++	++	mittel bis hoch	hoch
• Mazerierung	+	+	+	+	++	gering	gering
• Separierung	++	++	+	+ bis ++	+++	hoch	hoch
• Zusätze	+ bis ++	+ bis ++	+	+	+ bis ++	mittel	mittel
• Nitrifikationshemmer	+	+	+++	+ bis ++	+	hoch	gering
• Belüftung	+ bis −	+ bis +++	+	+ bis −	++	hoch	gering
• Biogas	+ bis −	++ bis +++	+ bis ++	+ bis ++	+++	sehr hoch	hoch

− = schlecht   + = brauchbar   ++ = gut   +++ = sehr gut

Biogasverfahren – im Gegensatz zu anderen Wirtschaftsdüngerbehandlungsverfahren – einen Nettogewinn erzielbar machen.

In der Tabelle C41 wird eine zusammenfassende Beurteilung von weitergehenden Güllebehandlungsverfahren unter Umwelt- und sonstigen Aspekten gegeben.

10.3.2.4 Entseuchung und Arzneimittelabbau

Generell besteht keine Notwendigkeit, die in Schweinehaltungen anfallende **Gülle** bzw. den **Flüssigmist** von klinisch gesunden Tieren vor der Ausbringung zu desinfizieren, wenn auch gelegentlich Krankheitserreger vorkommen können. Gibt es ein Bestandsproblem oder treten klassische Tierseuchenerreger auf, dann ist eine fachgerechte Desinfektion durchzuführen (siehe C7.9). Daher sollten möglichst 2 separate Lagerbehälter verfügbar sein. Wird im Tierbestand eine „Anzeigepflichtige Tierseuche" festgestellt, sind die im Tierseuchenrecht für die jeweilige Tierseuche vorgeschriebenen Maßnahmen zur Desinfektion der Gülle nach den Anweisungen des Amtstierarztes strikt zu befolgen. Wer dies nicht mit der nötigen Sorgfalt befolgt, macht sich einerseits strafbar und verliert zum anderen den Anspruch auf Entschädigung seines Tierbestandes.

Nach Untersuchungen zum Vorkommen von Salmonellen in Flüssigmist aus Rinder- und Schweinebeständen ist davon auszugehen, dass bei kleinen und mittelgroßen Betrieben in bis zu fünf Prozent der Güllen mit einer Kontamination durch Salmonellen gerechnet werden muss, ohne dass im jeweiligen Tierbestand Symptome einer Salmonellose zu erkennen sind (PHILIPP et al. 1990). Bereits im Jahr 1992 hat das zuständige Bundesministerium festgestellt, dass Gülle „seuchenhygienisch unbedenklich" ist, wenn sie

- aus einem Bestand stammt, der keinen tierseuchenrechtlichen Sperrmaßnahmen unterliegt, oder wenn
- sie vor der Ausbringung einem Behandlungsverfahren zur Abtötung bzw. Reduzierung der Zahl pathogener Erreger unterzogen worden ist oder wenn
- sie mindestens 6 Monate ohne Zufluss gelagert wurde.

Eventuelle Umweltwirkungen von **Arzneimitteln** werden neuerdings stärker diskutiert. Einer aktuellen Arbeit folgend, in der der Abbau von Oxytetracyclin, Tylosin und Sulfachloropyridazin experimentell untersucht wurde, besteht kein Risiko der Anreicherung im Boden und Grundwasser, da durch physikalische, biologische und chemische Selbstreinigungsprozesse die in extrem niedrigen Konzentrationen zugeführten Substanzen abgebaut werden (BLACK-WELL et al. 2003).

10.3.2.5 Gülleausbringung und -einarbeitung

Gülle stellt für jeden landwirtschaftlichen Betrieb einen **wertvollen Wirtschaftsdünger** dar. Sie muss daher pflanzenbedarfsgerecht und umweltfreundlich ausgebracht werden.

Für die **Ausbringung** stehen schleppergezogene oder selbstfahrende Ausbringfahrzeuge zur Verfügung. Letztere sind relativ teuer und kommen daher nur für den überbetrieblichen Einsatz oder für Großbetriebe in Betracht. Dabei werden kombinierte wie auch geteilte Verfahren verwendet, wobei erstere derzeit in der Praxis überwiegen. Die Verteiltechniken üben einen entscheidenden Einfluss bei der Gülleausbringung auf mögliche Umweltbelastungen aus.

Die Fahrzeuge und Tankwagen können nach dem Nutzungsziel, der anfallenden Gülle und den verfügbaren Flächen betriebsspezifisch ausgewählt werden. Voraussetzungen für eine pflanzenbedarfsgerechte Ausbringung sind ein geeigneter Ausbringungstermin und die gleichmäßige Verteilung (Längs- und Querverteilung) durch die Verteilsysteme. Nach Art der Flüssigkeitsablage auf der Fläche lassen sich fünf **Verteilerbauarten** unterscheiden:

- Breitverteiler, die den Flüssigmist/Gülle breitflächig über 6 bis 12 m auf der Fläche verspritzen,
- Schleppschlauchverteiler, die den Flüssigmist/Gülle streifenförmig auf der Bodenoberfläche mit einer Arbeitsbreite von 9 bis 24 m verteilen,
- Schleppkufen, die Flüssigmist/Gülle unter die Pflanzen in den obersten Krumenbereich ablegen (3–7 m Breite, bis 3 cm Tiefe),
- Schleppscheiben, die Flüssigmist/Gülle im oberen Krumenbereich ablegen (3–7 m Breite, bis 8 cm Tiefe),
- Gülleinjektoren, die Flüssigmist/Gülle im mittleren Krumenbereich ablegen (3–6 m, 5–15 cm).

Die **Breitverteilung** hat den Nachteil der großen Kontaktfläche zwischen der Gülle und der Umgebungsluft während des Verteilvorganges, was zu hohen Geruchs- und Ammoniakemissionen führt. Windeinflüsse setzen die Verteilgenauigkeit zusätzlich stark herab.

Alle anderen Verteiltechniken reduzieren bei der Ausbringung der Gülle die Geruchs- und Ammoniakemissionen, so dass durch den Einsatz der entsprechenden Emissionsminderungstechniken ein wertvoller Beitrag zum Umweltschutz geleistet wird.

Mit dem **Schleppschlauch** wird die Gülle auf die Bodenoberfläche ausgebracht mit dem Vorteil einer im Vergleich zur Breitverteilung bei Schweinegülle zu etwa 30 % und bei Rindergülle zu etwa 10 % geringeren NH_3-Freisetzung auf unbewachsenem Boden (Außentemperatur 15 °C). Größere Minderungen von bis zu 30 % bei Rindergülle und 50 % bei Schweinegülle sind mit dieser Technik auf bewachsenem Ackerland und auf Grünland zu erzielen. Weitere Vorteile liegen in der problemlosen Anwendung bei steinigen Böden und bei Windeinflüssen. Bei zu steilen Hanglagen wird die Verteilgenauigkeit negativ beeinflusst (Abb. C29).

Schleppkufen besitzen am Ende jedes Ablaufes spezielle Verteileinrichtungen, die als Schleifkufe ausgeführt sind und die Gülle oberflächlich (1–3 cm Tiefe) einbringen, wodurch die NH_3-Emission sehr gering ist. Gegenüber dem Schleppschlauch liegt der Vorteil vor allem in der genauen Verteilmöglichkeit auch in steilen Hanglagen. Allerdings besteht generell ein höherer Zugkraftbedarf, der durch kleinere Arbeitsbreiten kompensiert wird.

Schleppscheibenverteiler („Gülleschlitztechnik") sind mit der Schleppkufe vergleichbar, hier wird eine Schneidescheibe oder ein Messer vorweggeführt. Je tiefer die Einarbeitung ist, um so größer ist die NH_3-Emissionsminderung. Bei Ausbringung von Rindergülle auf Grünland sind Emissionsminderungen von 60 % und bei Schweinegülle von 80 % im Vergleich zum Breitverteiler möglich. Steillagen und steinige Böden scheiden bei dieser Technik allerdings aus. Der hohe Zugkraftbedarf mindert generell die Ausbringleistung dieses Verfahrens.

Bei **Gülleinjektoren** sind wie beim Schleppschlauchverteiler die Ablaufschläuche an einem Grubber angebracht, mit dem eine hohe Eindringtiefe erreicht wird. Weitere NH_3-Emissionsminderungen und ein direktes Einbringen des Güllestickstoffs in den Nahbereich der Pflanzenwurzeln sind wesentliche Vorteile gegenüber den vorgenannten Ausbringtechniken. Geringere Arbeitsbreiten, ein höheres Gewicht und der höhere Zugkraftbedarf führen jedoch zu deutlichen Minderungen in der Ausbringleistung des Verfahrens.

Die **Einarbeitung der Gülle** hat unverzüglich zu erfolgen, um Umweltemissionen möglichst gering zu halten. Wird die Gülle mit Schleppschuhen oder Injektoren ausgebracht, erübrigt sich die zusätzliche Einarbeitung. Mit der Kombination von Ausbringung und unmittelbar anschließender Bodenbearbeitung (z. B. Grubbern oder Saatbettbereitung) sind auf unbewachsenem Ackerland NH_3-Emissionsminderungen von bis zu 80 % erzielbar. Einen zusammenfassenden Überblick zur Beurteilung der Verteiltechniken bei der Gülleausbringung gibt Tabelle C42 unter Berücksichtigung der technischen, der umwelt- und düngewirksamen Gesichtspunkte sowie spezieller Grünlandaspekte und der Kosten.

Abb. C29 Gülleausbringung mit Schleppschläuchen am Großraumtank.

Tabelle C42: Beurteilung verschiedener Gülleverteiltechniken (AID 1996)

	Breitverteiler	Schleppschlauch	Schleppschuh	Injektionen
1. Technische Aspekte				
• Verstopfungsgefahr	+++	+	++	++
• Seitenwindempfindlichkeit	+	+++	+++	+++
• Anschlussverfahren	+	+++	+++	+++
• Arbeitsbreite	+++	+++	++	+
• Zugleistungsbedarf	+++	+++	++	-
• Straßenverkehrseignung	+++	++	++	+
2. Umwelt- und Düngeaspekte				
• Nitratauswaschung	++	+++	+++	+++
• Geruchsstofffreisetzung	-	+	++	+++
• Ammoniakfreisetzung	-	+	++	+++
• Oberflächenabfluss	++	-	++	+++
• Verteilgenauigkeit	+	+++	+++	+++
• Düngewirkung	+	++	+++	+++
3. Spezielle Grünlandaspekte				
• Futterverschmutzung	-	+	++	+++
• Gärqualität	-	+	++	+++
• Beweidemöglichkeit	-	+	++	+++
• Narbenschäden	+	+	++	-
• Ätzschäden	+	+	+++	+++
• Fahrspurschäden	++	++	++	+
4. Kosten				
• Investitionsbedarf	+++	+	-	-
• Kosten je m³ Gülle	+++	++	+	-

− = schlechte Beurteilung, + bis +++ = zunehmend bessere Beurteilung bzw. höhere Kosten

10.3.3 Festmistlagerung

Festmist ist ein Gemisch aus Kot, Harn und unterschiedlichen Mengen an Einstreumaterial. In Deutschland halten etwa 20 % der Betriebe die Schweine in Stallsystemen mit Stroheinstreu. Wenn es sich nicht um Tiefstreustallungen handelt, fällt der Mist kontinuierlich an und muss auf einer befestigten Dungplatte in Stallnähe gelagert werden. In Ausnahmefällen kann eine Zwischenlagerung auch außerhalb der befestigten Lagerstätten erforderlich sein, z. B.

- bei beengter Hoflage und begrenzter Lagerkapazität,
- bei witterungsbedingt eingeschränkter Befahrbarkeit der Böden,
- bei ungeeignetem Entwicklungszustand der Kulturpflanzen und bei Arbeitsspitzen
- sowie bei Kompostierung des Mistes zwecks Verbesserung des Düngewertes.

In einem Positionspapier „**Festmistaußenlagerung**" des Kuratoriums für Technik und Bauwesen in der Landwirtschaft e.V. werden neben den allgemeinen wasserrechtlichen Vorschriften und strafrechtlichen Bestimmungen neuere Erkenntnisse zu den Problemen Sickerwasser und Nitratverlagerung in tiefere Bodenschichten dargestellt. Diese Angaben beziehen sich auf eine vorübergehende Zwischenlagerung des Mistes außerhalb befestigter Lagerstätten, die keine Dauerlösung sein kann.

Folgende Eckdaten sind bei dauerhafter Lagerung von Festmist auf einer undurchlässigen Betonplatte zu beachten:

- Durch Gefälle, Aufkantung, Stützwände und andere Maßnahmen ist sicherzustellen, dass Jauche bzw. Sickerwasser in die Jauchegrube entweder über Löcher in der Betondecke oder über eine Rinne geleitet wird und dass kein Niederschlagswasser von Nachbarflächen auf die Festmistplatte gelangen kann.
- Lagert die Jauchegrube direkt unter der Festmistplatte, so wird keine zusätzliche Abdeckung erforderlich. Durch Stützwände (aus Beton oder Holz) lässt sich der Mist platzsparender stapeln.
- Eine Überdachung verringert zwar das Bemessungsvolumen der Jauchegrube, ist aber aus Kostengründen nur selten zu realisieren. In niederschlagsreichen Regionen (> 1000 mm/Jahr) und bei Geflügelmist sollte jedoch ein Dach über der Festmistplatte angebracht werden.
- Hinsichtlich der Dimensionierung ist zu beachten, dass 100 Mastschweineplätze pro Jahr etwa 80 Tonnen Festmist produzieren. Bei Annahme einer trapezförmigen Mietenlagerung (Mietenhöhe 1,3−1,5 m, Dichte etwa 0,8 t/m^3) wird ein Lagerplatz von etwa 80 m^2 benötigt. Mit dem Ansteigen des Miststapels kann auf derselben Grundfläche eine größere Mistmenge gelagert werden (KTBL 2002 a).

Die Stapelung und Desinfektion des Festmists mit dem Ziel der Entseuchung ist im Kapitel C 7.9.2 dargestellt.

10.3.4 Festmistausbringung und -einarbeitung

Die Festmistausbringung erfolgte bislang meist mit **Stalldungstreuern**, die zwei liegende bzw. zwei bis vier stehende Streuwalzen haben. Diese derzeit noch weit verbreiteten Geräte haben eine Arbeitsbreite von 2 bis 6 m. Da bei diesen Streuern der Festmist ohne Vorzerkleinerung ausgebracht wird, erreichen sie bei größeren Arbeitsbreiten meist nur unzureichende Verteilgenauigkeiten.

Heute werden in Abhängigkeit von der Betriebsgröße bzw. der Anzahl der auf Festmist gehaltenen Schweine überwiegend **Stalldungbreitstreuer** eingesetzt, die in angehängter oder aufgebauter Bauweise (auf Selbstfahrer und allradgetriebenem LKW) gefertigt sind. Sie besitzen ein Ladevolumen von bis zu 27 m^3, ein Gesamtgewicht von bis zu 32 t und eine Nutzlast von max. 20 t. Breitstreuer erreichen in der Regel eine Streubreite von bis zu 20 m. Bei guter Verteilgenauigkeit und in Hanglagen sinken die Arbeitsbreiten. Die Stalldungbreitstreuer sind üblicherweise mit Streuwerkzeugen als 2 oder 4 waagrechte oder geneigte Streuteller oder mit einem Streutisch mit Räumwerkzeugen ausgestattet, wobei sich Anzahl, Form, Anstellung und Umfangsgeschwindigkeit der Wurfelemente unterscheiden. Die Stalldungbreitstreuer neuester Bauart sind hochtechnisch ausgestattet, um z. B. die Ausbringgabe pro Fläche bei wechselnder Fahrgeschwindigkeit (Schlupf, Hangneigung) konstant zu halten.

Die **Einarbeitung** des Mistes sollte innerhalb von 1 bis 4 Stunden nach der Ausbringung erfolgen, um gasförmige Emissionen (NH₃) zu verringern. Zur Kosteneinsparung sollte der Festmist bei einer ohnehin erforderlichen Bodenbearbeitung im Zuge der Saatbettbereitung eingearbeitet werden. Demzufolge kann eine wirkungsvolle Festmisteinarbeitung nur auf unbewachsenem Ackerland mit Hilfe eines Grubbers, der Fräse oder des Pfluges erfolgen.

10.4 Schadwirkungen durch Emissionen

Durch die Tierhaltung können vielfältige Umweltschäden entstehen, deren wesentliche in Tabelle C43 aufgeführt sind.

10.4.1 Klimawirksame Spurengase

Als klimawirksame Spurengase gelten vor allem Methan (CH_4), Stickoxid (N_2O) und Kohlendioxid (CO_2), an deren Auf- und Abbau sich Nicht-Methan-Kohlenwasserstoffe beteiligen. **Methan** entsteht bei anaerober bakterieller Umsetzung, wozu die Güllelagerung ideale Bedingungen bietet, während im Festmist lediglich begrenzte Entwicklungsmöglichkeiten bestehen. Etwa 16 % des insgesamt freigesetzten Methans stammt aus der Tierhaltung. Der vorgenannte Wert ist das Ergebnis einer ca. 4fachen Erhöhung in den zurückliegenden 100 Jahren. Die Schweineproduktion ist mit knapp 40 % an der Methanfreisetzung aus Tierexkrementen in Deutschland beteiligt.

Durch **Stickoxid** und **Ammoniak** wird Stickstoff in die Atmosphäre, in den Boden sowie in das Oberflächen- und schließlich in das Grundwasser abgegeben. Bei sehr hohen Konzentrationen folgen die Versäuerung der Böden mit Nährstoffungleichgewichten und einer pH-Wert-Senkung. Ökosystemänderungen sind die Eutrophierung der Gewässer und Waldschäden, letztere bedingt vor allem durch Wurzelschädigung. Stehende Oberflächengewässer können infolge starker Biomassebildung eintrüben und nach anhaltendem O_2-Mangel schließlich „umkippen" und in lebensfeindliche Fäulnis übergehen.

Maßnahmen zur Reduzierung klimawirksamer Spurengase bis 2050 wurden auf der UN-

Tabelle C43: Mögliche Umweltschäden bei intensiver Tierhaltung

• Allgemeine Umweltschäden	• verunstaltetes Dorf- und Landschaftsbild • ungeeignete Dung-Zwischenlagerung • Gewässerbelastung durch intensive Fischmast
• Probleme mit der Gülle	• überhöhte Tierzahl in der Region ($> 2-3$ DE/ha) • Großanlagen ohne ausreichende Fläche • Ausbringungsbeschränkungen
• Oberflächen- und Grundwasser	• Gefahr der Nitrat- und Phosphat-Kontamination
• Abluft, Gülleemission	• Geruchseinwirkungen über das „ortsübliche Maß" • Ammoniak-Emission als „saurer Regen" mit Waldschäden
• Mikroorganismen und Parasiten	• Anreicherung im Boden bei stationären Ausläufen • Verbreitung über Tierbewegungen und Zwischenwirte

Konferenz in Rio de Janeiro (Artikel 2 der Klimarahmenkonvention) weltweit vereinbart mit dem Ziel, die chemische Zusammensetzung der Atmosphäre zu stabilisieren. Folgende Schadstoffminderungen sind vorgesehen:
- $CO_2 = 60-80\%$, $N_2O =$ bis 80 %, $CH_4 = 15-20\%$ und freie Kohlenwasserstoffe (FCKW) $= 60-90\%$.

Nur wenige Staaten haben diese klimaschonende Konvention nicht unterzeichnet.

Sehr hohe Tierkonzentrationen an unpassenden Standorten (Nähe von Nadelwald, schlecht belüftete Tallagen) können infolge der Emissionen zu hochgradigen Umweltschäden führen. Das traf für zahlreiche DDR-Großanlagen zu, deren Schadwirkungen zwar erfasst, aber als „vertrauliche Dienstsache" selbst vor der landeseigenen Fachwelt weitestgehend verschlossen wurden (Tab. C44).

Auch wenn vorgenannte Beispiele Extremsituationen darstellen und nicht den allgemeinen Bedingungen der konventionellen Tierhaltung entsprechen, verweisen sie auf die gegebenenfalls hohe Umweltrelevanz der Produktion mit

Tabelle C44: Waldschäden durch Tiergroßanlagen im Bezirk Gera bis 1987 (VEB Forstprojektierung Potsdam 1987)

Betrieb	Tierplätze/Anlage	Produktionsbeginn	Schadzonen/ha[1] I	II
T.	1 250 Sauen	1976	14	113
L.	24 000 Mastplätze	1975	27	81
N.	13 000 Sauen plus 80 000 Mastplätze	1978	584	222

[1] Schadzonen: Nadelwald abgestorben (I) bzw. so schwer geschädigt (II), dass ein Abtrieb erfolgen musste

Tabelle C45: Maßnahmen zur Reduzierung der NH_3- und CH_4- Emissionen (Enquete-Kommission des Bundestages „Schutz der Erdatmosphäre", 1994)

- Reduzierung des Eiweißüberschusses bei Tier und Mensch
- Wirtschaftliche Dungverwertung bei angemessener Besatzdichte (bis 2 Dungeinheiten [DE]/ha)[1, 2]
- Ersatz von Importfutter durch selbst erzeugte Futtermittel (Erübrigung der Stilllegungen)
- Reintegration von Tierhaltung und Pflanzenbau mit verstärkter Wiedereinführung der Festmistwirtschaft (Gülleabgabe bis 1,5 DE/ha)
- Differenzierung des Einkommensausgleichs nach tier- und umweltgerechter Tierhaltung
- Verschärfte Auflagen für Genehmigungsverfahren durch Novellierung des Bundesemissionsgesetzes (siehe C10.1)

[1] zu geringe Besatzdichte in den neuen Bundesländern mit unter 0,4 Großvieheinheiten/ha landwirtschaftliche Nutzfläche
[2] eine Dungeinheit (DE) wird von einer Großvieheinheit (VE = 3 Sauen mit Ferkeln) freigesetzt und entspricht etwa 80 kg Gesamtstickstoff

Tabelle C46: Geschätzte Stickstoffmengen in den unterschiedlichen Verarbeitungsstufen der Gülle eines Großbetriebes (Lit. bei PRANGE et al. 1991)

	N-Menge (t/Jahr)	N-Gehalt (mg/l)
• Rohgülle	2600	2364
– Feststoffe nach Fest-Flüssig-Trennung	400	
– Emission bei 2-stufiger Belüftung	400	
• Ins Teichsystem abgeleitete Gülle	1800	1638
– Emission bei 400-tägiger Lagerung	1000	
– Ablagerung in Sedimenten	700	
• Ableitung in die Saale (ca. 40 % des Fugates)	112	200–250

Tieren. Die Landwirtschaft hat somit auch weiterhin ihren Beitrag zur Verringerung der Stickstoffemissionen durch bestmögliche Nutzung der Techniken und Rohstoffe zu erbringen. Diesbezügliche Vorschläge der Enquete-Kommission des Bundestages (1994) sind auszugsweise in Tabelle C45 wiedergegeben.

10.4.2 Extreme Tierkonzentration und Waldschäden

Als spektakuläres Beispiel wird nachfolgend eine **extrem große Schweineproduktionsstätte** mit 13 000 Sauen- und 80 000 Mastplätzen dargestellt, die schwerste Umweltschäden verur-

Abb. C30 Waldschäden durch NH$_3$-Emissionen einer extremen Großanlage und deren Güllelagunen.

a) Teilansicht mit Aufzuchtanlage II (links, ca. 6500 Sauen) und Mastanlage (hinten, 80000 Plätze);

b) Güllebelüftung am Anlagenstandort;

c) Sedimentationsbecken der 5 km entfernten Güllelagerung.

298 C Tierhygiene – Sicherung der Tiergesundheit

Abb. C30 Waldschäden durch NH$_3$-Emissionen einer extremen Großanlage und deren Güllelagunen.

d) Oxidationslagunen der 5 km entfernten Güllelagerung;

e, f) Abgestorbener und zusammengebrochener Wald an den Anlagen- bzw. Lagunenstandorten.

sachte (Abb. C30 a–f). Der gut organisierte Betrieb mit über 700 Mitarbeitern und vielseitiger Infrastruktur war in waldreicher Vorgebirgslandschaft errichtet worden. Nach bereits 5 Produktionsjahren entstanden erste (219 ha) und nach 10 Jahren umfangreiche Schäden an etwa 800 ha Fichtenaltbeständen, die zusammenbrachen bzw. abgetrieben werden mussten. Dabei führten die NH_3-Freisetzungen am Anlagenstandort (mit Güllevorstapelung und -belüftung sowie Fest-Flüssig-Trennung) und an den 5 km entfernten Oxydationslagunen (16 Teiche mit 71 ha Gesamtfläche) zu vergleichbar starken Schäden. Hinzu kamen rund 1700 ha leicht geschädigter Wald.

Bei einer Ackerverregung von etwa 40% der zentrifugierten Rohgülle, die mit aufbereitetem Abwasser verdünnt und auf 680 ha Ackerfläche ausgebracht worden ist (110 mm Jahr), verblieb über die Hälfte der angefallenen Gülle für eine langzeitbiologische Aufbereitung in dem Teichsystem. Durch Oxydation wurde hier jedoch nur ein Drittel des Stickstoffs gebunden und abgelagert, zwei Drittel dunsteten als Ammoniak ab und verursachten vergleichbare Waldschäden wie die Anlage mit der ersten Gülleaufbereitungsstufe. Die in der Gülle verarbeiteten Stickstoffmengen und deren Gehalte in den einzelnen Klärstufen sind in Tabelle C46 dargestellt.

Eine grobe Bilanzierung des Stickstoffumsatzes im Betrieb wurde anhand der Zu- und Abführung berechnet (Tab. C47), wonach rund 60% des über die Nahrung zugeführten Stickstoffs als Emissionen verloren gingen und nur gut ein Fünftel in Fleisch umgesetzt worden ist. Dieser geringe Ausnutzungsgrad wird dadurch bestätigt, dass bei mittleren 605 g Masttagszunahmen insgesamt 4,1 kg Kraftfutter je kg Zuwachs benötigt worden sind (PRANGE u. PETZOLD 1996).

Dieses Beispiel steht retrospektiv auch für eine Agrarpolitik des „real existierenden Sozialismus", die auf die Erzeugung hoher Quantitäten ausgerichtet war, unabhängig von den Kosten und jenseits einer nach heutigen Maßstäben bewerteten Produktionseffektivität und -qualität.

Tabelle C47: Geschätzte Stickstoffbilanz eines Schweinezucht- und Mastkombinates mit 13000 Sauen und 80000 Mastplätzen (Lit. bei PRANGE et al. 1991)

	Tonnen N/Jahr
1. Eingabe über Futter	4379
2. Abgabe in	
• Fleisch	735
• Abprodukte (Nutzung) – Güllefeststoffe – Überschussschlamm – Verregnung	890
• Emissionen – Stallluft – Güllebelüftung	1759
• Oxidationsteiche	924
• Vorfluter	71

D Tiergesundheit und Leistungen

1 Übersichten zu den Schweinekrankheiten

Bedeutsame Krankheiten werden im Folgenden zur Orientierung tabellarisch aufgeführt; diese Darstellungen erheben jedoch keinen Anspruch auf Vollständigkeit (siehe auch Kap. E3 und Anhänge 5.2−5.8). Weiterführende Angaben zu den Krankheiten des Schweines enthalten veterinärmedizinische Fachbücher (NEUNDORF u. SEIDEL 1987, STRAW et al. 1999, WALDMANN u. WENDT 2001) bzw. diesbezügliche populärwissenschaftliche Editionen (EICH u. SCHMIDT 1998, HELLWIG 1996) sowie spezielle Werke der Mikrobiologie, Parasitologie, Pathologie, Epidemiologie und Immunologie.

1.1 Infektionskrankheiten

1.1.1 Anzeige- und meldepflichtige Krankheiten

● **Anzeigepflichtige Krankheiten**
Als anzeigepflichtige Tierseuchen werden gefährliche Infektionskrankheiten staatlich eingestuft und bekämpft. Das betrifft Epizootien, deren Einschleppung zu verhindern ist und deren Erreger zu eliminieren sind (Tab. D1).

Die Bekämpfung derartiger Erkrankungen liegt im Interesse der Gesellschaft, da

- verheerende wirtschaftliche Schäden in den Betrieben entstehen können,
- eine landes-, bundes- oder weltweite Handelssperre beim Auftreten bzw. Weiterbestehen der Seuche folgen kann oder/und weil
- die menschliche Gesundheit bei Zoonosen gefährdet sein kann.

Der Verdacht des Auftretens anzeigepflichtiger Tierseuchen ist durch den Tierarzt und durch andere sachkundige Personen der zuständigen Behörde − Veterinäramt − anzuzeigen. Direkte Verluste in Form selektierter, verendeter und gekeulter Tiere werden über die Tierseuchenkasse nach ihrem Zeitwert entschädigt. Beim Schwein sind außer den in Tabelle D1 genannten Krankheiten weiterhin der Milzbrand und Rauschbrand sowie die Tollwut und der Trichinenbefall anzeigepflichtig, letzterer im Ergebnis der Trichinenuntersuchung des Schlachtkörpers.

● **Meldepflichtige Krankheiten und Zoonosen**
Meldepflichtige Krankheiten werden von den Behörden beobachtet, ohne dass eine staatliche Bekämpfungs- und Entschädigungspflicht besteht. Der Staat kann sich an freiwilligen Bekämpfungsprogrammen beteiligen bzw. diese festlegen oder bei gehäuftem Auftreten eine Anzeigepflicht verfügen. Meldepflichtig sind zur

Tabelle D1: Anzeigepflichtige Infektionskrankheiten des Hausschweines (Z = Zoonose)

Krankheit	Wirtspezifität	Virulenz	Auftreten als	gemeldete Fälle 1999	2000	2001
● Maul- und Klauenseuche	mehrere Spezies	sehr hoch	Massenerkrankung	0	0	0
● Schweinepest	Schwein	hoch	„	6	2	5
● Afrikanische Schweinepest	Schwein	sehr hoch	„	0	0	0
● Aujeszkysche Krankheit	mehrere Spezies	mittelgradig	Herdenerkrankung	9	6	0
● Stomatitis vesicularis	mehrere Spezies	hoch	Massenerkrankung	0	0	0
● Ansteckende Schweinelähmung	Schwein	mittelgradig	Herdenerkrankung	0	0	0
	Schwein	„	„	0	0	0
● Vesikuläre Schweinekrankheit	Schwein (Z)	„	„	1	1	0
	mehrere Spezies			?	?	?
● Schweinebrucellose		mittelgradig	mittelgradig	?	?	?

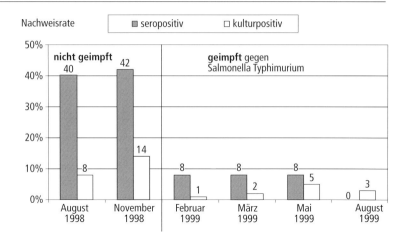

Abb. D1 Verlauf der Salmonellen-Nachweise bei Schlachtschweinen (SELBITZ et al. 2001).

Zeit die Leptospirose, Rhinitis atrophicans, Toxoplasmose und die Transmissible Virale Gastroenteritis (TGE). Besondere Aufmerksamkeit erfahren außerdem der Rotlauf und Salmonellosen bei Schweinen.

Während die eigentlichen Schweinekrankheiten die Gesundheit und Wirtschaftlichkeit der Bestände einschränken, sind die Toxoplasmen- und Leptospiren-, vor allem aber die Salmonellen-Infektionen bedeutsame **Zoonosen**, die vorzugsweise durch vom Tier stammende Lebensmittel übertragen werden und den Menschen aktuell gefährden.

Das Zurückdrängen der aktiven **Salmonellen-Infektion**, die etwa 6% der Schlachtschweine bei steigender Tendenz betrifft, ist eine vorrangige Aufgabe der Qualitätssicherung im Rahmen des gesundheitlichen Verbraucherschutzes. In Dänemark wird seit Jahren ein landesweites Programm angewendet, das zur deutlich geringeren Salmonellen- Belastung des Fleisches und zu einer entsprechend höheren Marktakzeptanz der Produkte geführt hat.

In Deutschland sind in den Jahren 1998/99 im Rahmen der „Leitlinie für ein Programm zur Reduzierung des Eintrags von Salmonellen durch Schlachtschweine in die Fleischgewinnung" (12.2.1998) etwa 1,5 Mio Schlachtschweine aus rund 2700 Betrieben auf freiwilliger Basis beprobt worden. Dieser Erkundungsphase soll ein staatliches Programm auf der Basis einer **Schweine-Salmonellen-Verordnung** folgen, deren serologische Untersuchungen auf Salmonellen-Antikörper mit Hilfe eines Fleischsaft- bzw. (in Zukunft) eines Blutserum-ELISAs durchgeführt werden. Diese ermöglichen eine Klassifizierung in Betriebe

- mit geringer Durchseuchung (Status I): weniger als 20% serologisch positive Tiere,
- mit mäßiger Durchseuchung (Status II): 20 bis 40% positive Tiere und
- mit hoher Durchseuchung (Status III): über 40% positive Tiere.

In der Erhebungsphase entfielen 90% der Betriebe auf die Kategorie I sowie 8% bzw. 2% in die Kategorien II bzw. III. Mäßig, vor allem aber stark durchseuchte Betriebe haben nach amtlicher Anweisung hygienische Auflagen zu erfüllen. Durch ergänzende prophylaktische Bestandsimpfung ist der Infektionsdruck wirksam zu verringern (Abb. D1). Die Statusgruppe III hat überdies mit handelsbezogenen und finanziellen Restriktionen zu rechnen. Qualitätssiegel (QS) können nur an Betriebe der Statusgruppen I und II vergeben werden; die Anerkennung erfolgt erstmals nach einjähriger Überwachung.

1.1.2 Infektiöse Faktorenkrankheiten und Enzootien

Das Freisein von Tierseuchen ist eine Voraussetzung, die Bekämpfung von Bestandsinfektionen die fortlaufende Notwendigkeit für eine erfolgreiche Tierhaltung. Endemisch verbreitete Erkrankungen sind

- die **enzootischen Infektionskrankheiten** Parvovirose, PRRS, Circovirosen, Dysenterie, Leptospirose, Enzootische Pneumonie, Rhinitis atrophicans, Pleuropneumonie, Glässer-

Tabelle D2: Wirtschaftlich bedeutsame Enzootien und Faktoreninfektionen der Schweine

Organkomplex	Krankheit	Erreger
• Gesamtorganismus	• Rotlauf • Kolienterotoxämie • PMWS/PDNS	• *Erysipelothrix rhusiopahtiae* • *Escherichia coli* • Porzines Circovirus (PCV) Typ 2 + PRRS Virus u. a.
• Tragende Gebärmutter	• Fruchttod, Totgeburten, Lebensschwäche (SMEDI)	• Parvoviren, PRRS-Viren, Streptokokken, Leptospiren, Brucellen, Listerien, Chlamydien
• Gesäuge, Gebärmutter	• Mastitis-Metritis-Agalaktie-Komplex • Puerperalerkrankungen	• Streptokokken, Staphylokokken • *Escherichia coli*, PRRS Virus
• Atmungsorgane	• Enzootische Pneumonie • Rhinitis atrophicans (Schnüffelkrankheit) • Pleuropneumonie (Lungen-Brustfellentzündung) • Pneumonien schwerer Schweine	• Mykoplasmen, Influenzaviren • *Pasteurella multocida*, toxinbildend • *Bordetella bronchiseptica* • *Actinobacillus pleuropneumonie* • s. o., PRRS Virus, Influenzaviren
• Verdauungsorgane	• Enteritiden • Nekrotische Enteritis • Parasitosen • Dysenterie • Porzine Intestinale Adenomatose • Salmonellose	• Rota-, Corona-, Circoviren Typ 2, *Escherichia coli* • *Clostridium perfringens* Typ C • Endoparasiten (Würmer, Einzeller) • *Brachispira hyodysenteriae* • *Lawsonia intracellularis* • *S. Choleraesuis, S. Typhimurium* u. a.
• Seröse Höhlen	• Glässersche Krankheit • Gelenkentzündungen der Saugferkel	• *Haemophilus parasuis* • Streptokokken u. a.
• Haut	• Räude • Läuse	• *Sarcoptes scabiei var. suis* • *Haematopinus suis*

sche Krankheit, Rotlauf und Porzine Intestinale Adenomatose sowie
• die vorrangig **faktorenabhängigen Infektionen**. Hierzu gehören Durchfallerkrankungen der Ferkel, Infektionen des Puerperiums und der Harnwege der Sauen, Lungen-, Brust- und Bauchfellentzündungen der wachsenden Schweine sowie systemische und lokale Infektionen mit Streptokokken, Staphylokokken, Pasteurellen und anderen Erregern.

Die Unterscheidung der beiden vorgenannten Krankheitsgruppen ist eher theoretischer Art, da hier wie dort endogene, vor allem aber exogene Faktoren das Kranksein beeinflussen. Die Erreger der Faktoreninfektionen sind regelmäßig auch in gesunden Tieren aus betroffenen Beständen nachzuweisen.

Die Krankheitsschwerpunkte wesentlicher Organsysteme zeigt Tabelle D2, deren Bedeutung und Verlaufsform für die Altersgruppen die Tabelle D3.

Chronische Atemwegs- und Serosenerkrankungen sind vorrangige Zielkrankheiten für Hygiene- und Prophylaxemaßnahmen. Sie werden verursacht durch meist kombiniert vorkommende Erreger (*Mycoplasma hyopneumoniae*, Influenzaviren, toxinbildende *Pasteurella multocida, Bordetella bronchiseptica, Actinobacillus pleuropneumoniae, Hämophilus suis* [Glässersche Krankheit]).

Akute Krankheiten der Verdauungsorgane betreffen vor allem die Saug- und Absatzferkel, insbesondere verursacht durch Rota- und Coronaviren sowie durch E. coli- und Clostridium-perfringens Serovare. **Chronische Darmerkrankungen** werden durch die Dysenterie (*Brachyspira hyodysenteriae*), die Porzine Intestinale Adenomatose (PIA, *Lawsonia intracellularis*) und durch Endoparasiten verursacht, hier vor allem durch den Spulwurmbefall.

Indirekte Verluste durch Leistungsminderung stehen bei wachsenden Schweinen und hier insbesondere im Mastabschnitt — anders als bei

Tabelle D3: Rangfolge infektiöser Faktorenkrankheiten verschiedener Organsysteme in den Haltungsabschnitten

Haltungsabschnitt	Faktorenkrankheiten	Verlaufsform	Bedeutung
1. Saugferkel	1. Verdauungsorgane	akut	hoch
	2. Atmungsorgane + Serosen	„	gering
	3. Wundinfektionen generalisiert	„/chronisch	wechselnd
2. Absatzferkel	1. Atmungsorgane + Serosen	akut/chronisch	hoch
	2. Verdauungsorgane	akut	„
3. Mast	1. Atmungsorgane + Serosen	chronisch	sehr hoch
	2. Verdauungsorgane	akut/chronisch	wechselnd
	3. Wundinfektionen lokal	chronisch	hoch
4. Sauen	1. Fortpflanzungsstörungen (SMEDI)	subklinisch	hoch
	2. Puerperalerkrankungen (MMA)	akut/chronisch	„

Tabelle D4: Krankheitsschwerpunkte in 19 untersuchten Aufzuchtbetrieben und 15 Mastanlagen (Sachsen-Anhalt 2000, mit Mehrfachnennungen)

	Krankheitsschwerpunkte	Anzahl Betriebe
1. Sauen	• MMA-Syndrom	14
	• Milchmangel	11
	• Räude	6
	• PRRS	5
	• SMEDI-Syndrom	3
	• Durchfall	2
	• Salmonellose, Puerperalstörungen, Parvovirose, Klauen-Zehenschäden, Fundamentmängel	je 1
2. Saugferkel	• Gelenkentzündungen	14
	• Clostridien-Durchfälle	2
	• E. coli-Durchfälle	1
3. Absatzferkel	• Schwanz-, Ohrenbeißen	4
	• Ohrrandnekrosen (Ursache?)	2
	• Dysenterie	2
	• Glässersche Krankheit, Kolienterotoxämie, Spulwürmer, Schnüffelkrankheit	je 1
4. Mast	• Enzootische Pneumonie	13
	• Schnüffelkrankheit	6
	• Schwanz-, Ohrenbeißen	5
	• PRRS	2
	• Dysenterie	2
	• APP, Ohrrandnekrosen, Influenza, Räude, Osteochondropathien	je 1

Saug- und Absatzferkeln – im Vordergrund. Bei gegenwärtigen Masttagszunahmen von 600 bis 850 g wird eine rasseabhängig unterschiedliche Ausschöpfung der Leistungsveranlagung von etwa 60 bis 90 % erreicht. Das bestehende Defizit bei geringen Zunahmen ist großteils durch Krankheiten sowie durch den Aufwand zur Anpassung an Belastungssituationen bedingt. Ein Räude- und Läusebefall kann ebenfalls zu bemerkenswerten Leistungsminderungen führen. Die am häufigsten beobachteten **Krankheitsprobleme** sind nach eigener Untersuchung in Sachsen-Anhalt in Tabelle D4 aufgeführt.

Herdenprogramme und -profile sollten in Zukunft zur Absicherung des Gesundheitsstatus in den einzelnen Produktionsketten erstellt werden. Dabei ist zu beachten

1. der Erregernachweis mit Ausmaß und Zeitpunkt der Infektion in den Nutzungs- und Altersgruppen,
2. der Nachweis maternaler Antikörper nach Höhe und Dauer,

3. die Mitteilung des Herdenstatus an die nächste Produktionsstufe und kein Vermischen von Tieren mit unterschiedlichem Gesundheitszustand,
4. die Prophylaxe durch Impfung von Sauen, Ebern, Ferkeln und Mastschweinen bei Berücksichtigung der Schutzwirkung (Titerverlauf und -dauer),
5. eine verstärkte Durchführung von Sanierungsprogrammen mit Erfolgskontrolle,
6. ein klinisches Freisein von spezifischen Erregern durch Überwachung und Zertifizierung.

1.2 Parasitenbefall

1.2.1 Wesen des Parasitismus

Der **Parasitismus** basiert auf 5 Postulaten:
- Er wird als ein **Patho-Bio-Phänomen**, das die Evolution begleitet hat, aufgefasst und stellt eine eigene Lebensform dar.
- Er ist eine **weit verbreitete Erscheinung** in allen Organismenreichen.
- Er basiert auf einer **Gast-Wirt-Assoziation** (pathogene Somatoxenie), die von apathogenen Somatoxenieformen – Kommensalismus, Mutualismus, Symbiose i.e.S., Phoresie – abgrenzbar ist.
- Hauptkriterium für die parasitäre Lebensform ist die **Schädigung** (Alteration) des Wirtes als Folge der pathogenen Eigenschaften des Parasiten und der **Empfänglichkeit** (Suszeptibilität) des Wirtsorganismus.
- Die parasitäre Lebensform führt in der Phylogenese nicht nur zu Alterationen des Wirtes, sondern auch zu solchen des Parasiten.

Der **Parasitenbefall** in Schweinebeständen verdient Beachtung
- als Auslöser von Gesundheitsstörungen vom leistungsmindernd-chronischen bis zum akut-seuchenhaften Verlauf im Bestand,
- als fleischhygienisches Problem und
- als mögliche Infektionsquelle für den Menschen.

Parasitäre Erreger sind Protozoen, Helminthen und Arthropoden. Sie besitzen in ihren Genomen pathogene Eigenschaften, die neben Organschäden die Funktion des Gesamtorganismus beeinträchtigen können. Je nach definitivem Sitz wird Endo- und Ektoparasitenbefall unterschieden. Immunreaktionen werden von Parasiten in Form einer durch deren Gegenwart bedingten Immunität ausgelöst, die für die Aufdeckung der Krankheitsentstehung (Pathogenese) sowie für die Diagnostik und Bekämpfung genutzt werden kann.

Populationsbiologisch betrachtet beruht der Parasitenbefall auf einer Auseinandersetzung artverschiedener Organismen auf der Basis von Gast–Wirt-Beziehungen. Aus epidemiologischer Sicht vermag der Parasitenbefall insbesondere unter den Bedingungen der intensiven Schweinehaltung nachteilige Auswirkungen von volks- und betriebswirtschaftlicher Bedeutung auszulösen. In der Definition „Der Parasit ist ein Lebewesen, das zum Zwecke der Nahrungsaufnahme und Fortpflanzung dauernd oder vorübergehend in oder auf einem andersartigen Lebewesen, dem Wirtsorganismus, wohnt und diesen schädigt" kommt zum Ausdruck, dass die Schädigung ein Wesensmerkmal der parasitären Lebensweise ist.

Die **Hauptschadwirkungen** der Parasiten sind
- **mechanisch** durch intra- oder extrazellulär raumfordernde Prozesse,
- **nutritiv** durch Entzug von Nahrung (Parasiten gehören zur Kategorie der Wirkstoffverzehrer) und
- **toxisch** entweder durch Toxinbildner oder toxische Metaboliten.

Neben diesen vorrangig zusammenwirkenden Schadfaktoren können manche Parasiten **immunpathogen** (allergisch, autoaggressiv) wirken oder im Zusammenspiel mit anderen Krankheitserregern **opportunistische** Eigenschaften entfalten, die das jeweilige Krankheitsbild beeinflussen. Schließlich können einige Parasiten, insbesondere aus den Gruppen der Arthropoden und Helminthen, Vektorenfunktionen übernehmen, wobei vornehmlich pathogene Mikroorganismen (Viren, Bakterien, Protozoen) übertragen werden. Parasitismus ist von anderen Formen der Gast–Wirt-Beziehungen wie Symbiose, Kommensalismus, Mutualismus und Phoresie, die den Wirtsorganismus nicht nachteilig beeinflussen, abzugrenzen. Die Empfänglichkeit und Empfindlichkeit des Organismus auf der einen und die krankmachenden Eigenschaften des Parasiten auf der anderen Seite entscheiden über

Abb. D2 Übersicht zu den Wirt-Parasit-Beziehungen.

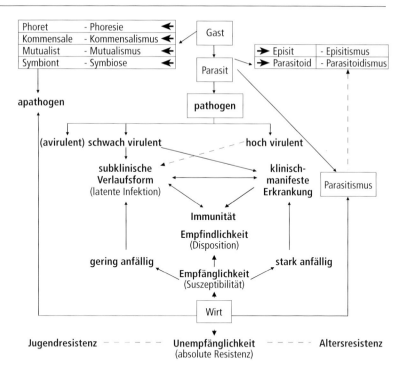

die Entstehung von Krankheit und deren Verlaufsform (Abb. D2).

1.2.2 Parasitosen des Schweines

Beim Schwein parasitiert in den verschiedenen Nutzungsgruppen eine Vielzahl von Endo- und Ektoparasiten-Arten. Die durch parasitäre Erreger bedingten Leistungsminderungen und Schadwirkungen können insbesondere unter intensiven Haltungsbedingungen gravierend und nutzeffektbegrenzend sein. Die wichtigsten Daten über die unter einheimischen Bedingungen beachtenswerten „Schweine-Parasiten" sind in den Tabellen D5 und D6 zusammengestellt.

- **Endoparasiten**

Unter den **protozoären Endoparasiten** treten besonders bei Intensivhaltungen im Saugferkelalter **Isospora suis-Infektionen** häufig auf. Vor allem Infektionen in der 1. Lebenswoche führen zu Durchfall mit nachfolgenden Wachstumsdepressionen, ungleichmässigen Gewichtszunahmen und einem Auseinanderwachsen in den Würfen, mitunter entstehen auch Todesfälle.

Neonatales Durchfallgeschehen kann jedoch auch von **Kryptosporidien** ausgelöst werden; dies ist durch koproskopische Untersuchungen von Infektionen mit Darmkokzidien und Giardien abgrenzbar. **Sarkosporidiose** ist in den Schweinebeständen weit verbreitet. Deren Bedeutung wurde bisher vorrangig fleischhygienisch, jedoch weniger als krankheitsauslösender Faktor betrachtet. Durch experimentelle Untersuchungen ist jedoch nachgewiesen, dass Ferkelverluste durch die rapide ungeschlechtliche Vermehrung der Sarcocystis-Entwicklungsstadien ausgelöst werden können. Eine Differenzierung der 3 Sarcocystis-Arten (S. miescheriana: Schwein−Hund, S. suihominis: Schwein−Mensch; S. porcifelis: Schwein−Katze) im Fleisch ist notwendig und möglich. Die **Toxoplasmose** verläuft beim Schwein in allen Nutzungsgruppen in der Regel symptomlos, als Schweinekrankheit ist sie ohne Bedeutung. Rohes Schweinefleisch (Hackfleisch, Schinken) und Rohwurst verdienen als potentielle Toxoplasma-Infektionsquellen für den Menschen neben den Katzen als Toxoplasma-Oozysten-Ausscheider ständige Aufmerksamkeit.

Von dem durch **Helminthen** bedingten Endoparasitenbefall des Schweines ist zweifellos die **Spulwurm-Infektion** zuerst zu nennen. Als „Reservoire" sind sowohl die spulwurmbe-

D Tiergesundheit und Leistungen

Tabelle D5: Bedeutsame Parasiten – Helminthen

Erreger	Spulwurm *Ascaris suum*	Zwergfadenwurm *Strongyloides ransomi*	Knötchenwurm *Oesophagostomum spp.*	Roter Magenwurm *Hyostrongylus rubidus*	Trichinen *Trichinella spiralis* u. a.
• Größe/ Gestalt • Infektion	• bis 40 cm, rund • Ei-oral	• 3–5 mm, haarfein • La.-perkutan u. a.	• 1–1,5 mm, rund • La-oral	• 4–11 mm • La-oral	• 1–3,7 mm, La. 1 mm • Fleischverzehr
• Sitz/ Lebensraum	• vorderer Dünndarm; Eier in Außenwelt	• Dünndarm-Adulte, La. im Euter. Eier, Larven in Außenwelt	• Dünndarm-Knötchen-La., Dick-, Blinddarm-Adulte, Weide/Auslauf – Eier, La.	• Magen-Adulte, Auslauf, Weide – Eier, La.	• Dünndarm-Adulte, La. im Skelettmusk.
• Wirtsspektrum	• Haus-/ Wildschwein	• Haus-/Wildschwein, v. a. Ferkel	• Hausschwein	• Haus- und Wildschwein	• Schwein, Mensch; Fuchs u. a.; breites Wirtsspektrum
• Lebenszyklus	• Geohelminthen • Ei-Larvenwanderung; Darm	• Geohelminthen • Eindringen über Haut, mitunter über Milch, selten oral • Körperwanderung: Blut–Lunge–Darm	• Geohelminthen • Larvenaufnahme, in Schleimhaut, Häutung im Darmlumen	• Geohelminthen in Magendrüsen La.-Wurm	• Biohelminthen • Larvenaufnahme durch Fleischverzehr, Würmer im Darm: 4–6 Wo., Larven in Muskulatur
• Entwicklungsdauer	• 8–9 Wo. im Schwein, 2–4 Wo. im Ei	• 6 Tage Eiablage	• 3–5 Wo.	• 3 Wo.	• 2–3 Wo.
• Überleben	• 1–2 bis 10 Jahre (Ei)	• mehrere Wo.	• wenige Wo./ mehrere Monate		• mehrere Jahre/ nicht möglich
• Schadwirkung/ Symptome	• Lungen-, Darm-, Leberschäden (Milkspots), Leistungsminderung, Durchfall, Atembeschwerden, Entwicklungsstörungen	• Abmagerung, verringerter Appetit in 2. Woche, Todesfälle; Dermatitis, Auseinanderwachsen, Pneumonie: Husten, Durchfall, Anämie, Kümmern	• erhöhte Verluste, verringerte Leistungen in jedem Alter – Ferkel: blutiger Durchfall, Kümmern, Tod – Mast: Leistungsabfall	• Magenerosionen, Minderleistungen, Tod – Schleimhautknoten, Durchfall, Anämie • Abmagerung	• Entzündungen der Darm-Schleimhaut, Trichinen-Kapsel unauffällig; Muskelbeschwerden, Atemnot
• Diagnostik	• Wurmeier im Kot, Schlachtbefund: Adulte im Darm, Milkspots in Leber	• Wurmeier im Kot (bis 6 h)	• Wurmeier im Kot, Schlachtbefund	• Wurmeier im Kot	• amtl. Trichinenschau (Larvennachweis i. Musk.)
• Bekämpfung	• Entwurmung aller Altersgruppen; Reinigung/Desinf.	• Entwurmung der Saugferkel; Reinigung und Desinfektion	• Entwurmung v. a. Sauen	• Entwurmung v. a. Sauen	• Fleischhygienische Maßnahmen!
• Sonstiges	• IgE-Bildner!	–	–	• Eiausscheidung bes. peripartal!	• Zoonose-Erreger

1 Übersichten zu den Schweinekrankheiten

Tabelle D6: Bedeutsame Parasiten – Protozoen und Schadarthropoden

Erreger	Kokzidien *Isospora suis*	Kryptosporidien *Cryptosporidium parvum*	Sarkosporidien *Sarcocystis spp.*	Toxoplasmen *Toxoplasma gondii*	Schweinelaus *Haematopinus suis*	Räudemilbe *Sarcoptes suis*	Stallfliegen *Musca domestica*
• Größe/Gestalt	Oozyste 17–25 × 16–21 μm	Oozyste 5 μm	Mikro-, Makro-Sarcocysten (1–4 mm)	100–300 μm; kugelig	5–6 mm	0,3–0,5 mm	7–9 mm
• Infektion	oral	oral; Auto-Infektion	oral	↑	Kontakt	↑	↑
• Sitz/Lebensraum	Dünndarm-Epithel	mittlerer Dünndarm-Epithel	Muskulatur	Gehirn, Muskulatur u. a.	auf der Haut, stationär	in der Haut, bes. Kopf, Ohren, Generalisation	auf der Haut
Wirtsspektrum • Lebenszyklus	Saugferkel Einwirte-Zykl. exog. Phase	↑ Einwirte-Zykl.	Schwein Zweiwirte-Zykl. • Schwein-Mensch • Schwein-Hund • Schwein-Katze	euryxen Zweiwirte-Zykl. Katze-Tiere-Mensch, Fleisch-Mensch	Hausschwein Nissen an Haaren, Schlupf – 3 Häutungen – adulte Laus	Schwein Ei-La.-Nymphe adulte Milbe	Stallraum-Fliegen Kot/Gülle-Larven euryxen Ei-La.-Puppe-adulte Fliege
• Entwicklungsdauer • Überleben in/außer Wirt • Schadwirkung	5–7 d 8–16 d Dünndarm-Entzündung	4–6 d 1–2 Wo./Monate Entwicklungsstörung Exsikkose	mehrere Wochen Monate Fleischhyg. Problem, Aufzuchtverluste	mehrere Wochen bis 13 Monate (Oozysten) Schwein = Infekt.quelle f. d. Menschen	3–4 Wochen wenige Stunden Larven/Läuse saugen Blut	2–3 Wochen 3–4 Wochen Leistungsminderung Minderzunahme Fortpflanzungsstörung	etwa 2–3 Wochen 2–4 Wochen Leistungsminderung Vektor
• Symptome	neonat. Durchfall v. 5.–15. Lebenstag	neonat. Durchfall	Septikämie, latente Infekt.	vorwiegend latente Infekt.	Juckreiz, Haarausfall, Ekzem, Blutarmut	Juckreiz, chron. Ekzem	Unruhe, Belästigung von Schwein und Mensch; Vektor für Erreger
• Diagnostik	Kot-Untersuchung	↑	Fleischbeschau	serologisch	bloßes Auge	Hautgeschabsel mikroskopisch	bloßes Auge
• Bekämpfung	Antikokzidia Reinigung u. Desinfektion	Spez. Antiprotozoika ↑	Haltungshygiene ↑	↑ ↑	↑ Antiparasitika-Einsatz	↑ Schutz vor Einschleppung	↑ Raumspray mit Insektiziden; biolog. Fliegenbekämpfung
• Sonstiges	Komplikation Rota-Viren	Zoonose-Erreger	↑	↑		↑	

fallenen, eiausscheidenden Zuchtsauen als auch die in der Aussenwelt (Ausläufe, Restschmutz im Stall) sehr widerstandsfähigen Spulwurmeier anzusehen. Der Spulwurmbefall führt sowohl durch die wandernden Spulwurmlarven in den Lungen (kompliziert durch bakterielle Infektionen) und in der Leber (Milchflecken [Leberverwürfe], IgE-Ausschüttung) als auch durch die erwachsenen, im Dünndarm parasitierenden Würmer zu Krankheitserscheinungen mit nachfolgenden Entwicklungsstörungen und Leistungsminderungen. Er bedarf daher der ständigen Kontrolle in allen Produktionsstufen.

Die **Strongyloidose** gehört zu den typischen Aufzuchtkrankheiten. Sie bedingt durch die wandernden Larven Haut- und Lungenveränderungen sowie durch die im Dünndarm sitzenden weiblichen Zwergfadenwürmer Durchfall und Entwicklungsstörungen.

Regional unterschiedlich häufig ist der Befall mit weiteren Helminthen des Magen-Darm-Traktes: **Roter Magenwurm, Knötchenwürmer und Peitschenwurm**. Je nach Befallstärke vermögen diese Erregerarten unterschiedlich ausgeprägte Verdauungs- und Entwicklungsstörungen hervorzurufen.

„Trichinen" hingegen sind als Dünndarmbewohner relativ unauffällig, als langlebige larvale Parasiten der Muskulatur jedoch ein international kostenaufwendiges fleischhygienisches Problem; denn *Trichinella spiralis* gehört zu den klassischen Zoonose-Erregern. Bei Verzehr trichinösen Fleisches kann es zum Auftreten fatal verlaufender Krankheitshäufungen des Menschen kommen. Durch die flächendeckende Trichinenschau der gesamten Wild- und Schlachtschwein-Population ist es gelungen, diese Parasitose in Deutschland und in anderen Ländern zu tilgen. Nach neueren Untersuchungen gibt es 4 weitere, labordiagnostisch zu differenzierende Trichinella-Arten (*T. britovi, T. nativa, T. nelsoni, T. pseudospiralis*), die alle für den Menschen infektiös sind, aber unterschiedliche krankmachende Eigenschaften aufweisen.

Schließlich verdienen 2 Bandwurmarten als weitere Zoonose-Erreger Beachtung: die **Schweinefinne**, *Cysticerus cellulosae*, als ein Muskelparasit, der beim Verzehr von Schweinefleisch zum Befall des Menschen mit dem im Dünndarm schmarotzenden **Schweinefinnenbandwurm**, *Taenia solium*, führt oder die sog. Gehirn-Zystizerkose auszulösen vermag. Dieser Parasit kommt zwar in den einheimischen Schweinebeständen gegenwärtig nicht mehr vor, ist aber z. B. in Mittel- und Südamerika weit verbreitet. Eine Einschleppung über Schweinefleisch- und Zuchtschweine-Einfuhr oder durch Einreise befallener Menschen ist jederzeit möglich. Deshalb ist dieser Parasit auf die **Liste importierbarer Krankheiten** zu setzen.

Schließlich ist der **Kleine Hundebandwurm**, *Echinococcus granulosus*, als ein weiterer Zoonose-Erreger erwähnenswert, dessen Larven in Leber, Lungen und Nieren parasitieren und fleischhygienisch erfassbare blasenförmige Finnen bilden.

● **Ektoparasiten**

Als häufige Ektoparasiten treten in Schweinebeständen und hier wiederum insbesondere in der Intensivhaltung in allen Produktionsstufen die **Räudemilben** und der **Läusebefall auf**. Sie sind nicht nur Erreger von Hautkrankheiten, sondern können bei starkem Befall den Gesamtorganismus schädigen: die Schweinelaus insbesondere durch Blutentzug und damit Verlust von Hb-Eisen, die Sarkoptes-Milbe vor allem durch Beeinträchtigung des Hautstoffwechsels und als Zoonose-Erreger.

Unter den Bedingungen der Spalten-Fußböden tritt relativ häufig **Fliegenplage** (*Musca domestica*) auf (siehe Kap. C8.2). Gelegentlich ist auch eine Flohplage möglich, verursacht durch den **Menschenfloh**, *Pulex irritans*, oder den **Katzenfloh**, *Ctenocephalides felis*. Beide Flohartikel können die in diesen Anlagen tätigen Menschen befallen. Sowohl Stallfliegen als auch Flöhe vermögen sich unter vorerwähnten Haltungsbedingungen rapide zu vermehren (siehe Kap. C8.2).

1.3 Organerkrankungen

1.3.1 Krankheiten des Atmungsapparates

Atemwegserkrankungen sind ein Hauptproblem der intensiven Schweinehaltung. Befördernd wirken die Schweinedichte und Intensität der Haltung sowie ein Vermischen von Schweinen unterschiedlicher Herkunft mit unterschiedlichem Gesundheitsstatus.

Wesentliche Erkrankungen mit Beteiligung der Atmungsorgane sind in Tabelle D7 zusammengestellt. Dazu ist Folgendes anzumerken:

- Die Stellung einer Bestandsdiagnose verlangt neben der Erfassung der klinischen Symptome die Durchführung pathologischer, mikrobiologischer und serologischer Untersuchungen, da anhand der Klinik die Abgrenzung der verschiedenen Krankheitsursachen schon wegen der regelmäßigen Beteiligung mehrerer Erreger häufig gelingt.
- Die erfolgreiche Bekämpfung der Erkrankungen erfordert die laufende Beobachtung der Wirksamkeit von Arzneimitteln, vor deren Einsatz die Resistenzsituation gegen die zu bekämpfenden bakteriellen Erreger bekannt sein muss.
- Durch geeignete Organisations- und Hygienemaßnahmen sowie durch Einsatz der Immunprophylaxe können diese Faktoreninfektionen wirksam zurückgedrängt werden.

Obwohl gegen die infektiösen Erkrankungen der Atemwege zahlreiche Impfstoffe zur Verfügung stehen und ein umfangreicher Antibiotikaeinsatz erfolgt, ist eine Verbesserung der Gesundheit bisher nur partiell gelungen. Die Ursachen liegen in der Vielzahl der beteiligten, potentiell krankmachenden Erreger und in der hohen Abhängigkeit dieser Faktoreninfektionen von den Management-, Hygiene- und Haltungsbedingungen. Zahlreiche Erkrankungen werden durch das gleichzeitige Auftreten mehrerer Erreger und die Beteiligung mehrerer Organe verursacht und kompliziert. Um die Vielzahl möglicher Veränderungen innerhalb definierbarer „Syndromerkrankungen" zu subsummieren, wurden für einige Komplexerkrankungen neue Begriffe geprägt. Ein aktuelles Beispiel bildet die Beteiligung von Circoviren, die als neu beschriebene Infektion (1991 Kanada, 1996 Frankreich) in Schweinebeständen weit verbreitet sind und an der Entstehung von Atemwegs- und anderen Erkrankungen mit Kümmern (Postweaning Multisystemic Syndrome, PMWS), von Hautveränderungen (Porzines Dermatitis-Nephropathie Syndrom, PDNS) und von anderen Veränderungen beteiligt sind.

Durch klinische Einzeltier- und Herdendiagnostik lassen sich die verschiedenen Krankheiten nur teilweise, durch aufwendige Laboruntersuchungen jedoch weitgehend voneinander abgrenzen. Die diagnostischen Probleme resultieren aus der Vielzahl möglicher Erreger und begünstigender Faktoren für die Ausbildung der Krankheiten (Abb. D3).

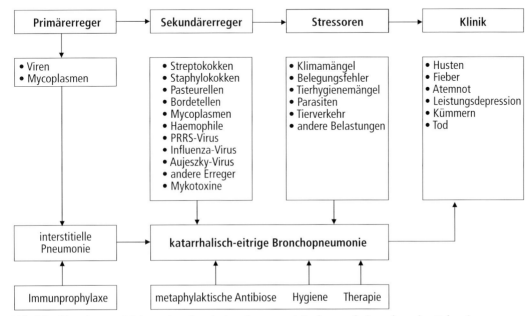

Abb. D3 Ursachen und Folgen der chronischen Lungenentzündungen bei wachsenden Schweinen.

Tabelle D7: Krankheiten des Atmungsapparates

	Aujeszkysche Krankheit	Influenza	Enzootische Pneumonie (EP)	Rhinitis atrophicans (R.a.)	Pleuro-Pneumonie (APP)	Broncho-Pneumonie	Polyserositis (Glässersche Krankheit)	Metastrongylose	PRDC	PMWS
• Auftreten/ Altersklasse	Ferkel, Läufer Zuchttiere	Läufer	Ferkel, Läufer	Läufer, Mast	Läufer	Ferkel, Läufer	Ferkel	Läufer	Läufer	Läufer
• Verbreitung in Beständen	keine	hoch	→[1]	→	→	→	mittel	gering	hoch	→
• Ätiologie/ Erreger	Herpes-Virus	Influenza A-Virus	Mycoplasma hyopneumoniae u. a.	tox. Pasteurellen Bordetellen	APP-Bakterien	Bordetella bronchiseptica Streptokokken	Haemophilus parasuis	Metastrongylus plus Bakterien	PRRS-Virus, Myco-, Influenza-Viren	PRRS-Virus Circovirus
• Leitsymptome	Husten Schläfrigkeit	bellender Husten Hundesitz	Schnupfen Niesen, Husten	Niesen, Tränenfluss Nasenverbiegung	Husten	Husten u. a.	Husten, frequente Atmung	Husten	Husten	Kümmern
• Verlauf	akut	→	→	chronisch	akut/chronisch	→	→	→	akut	→
• Erregerisolierung Labordiagnostik – Mikrobiologie	schwierig Serologie Virus isolieren	gut →	schwierig →	möglich Nasentupfer	sehr gut Serologie	→ Bakteriologie	möglich →	→ Kotuntersuchung Bakteriologie	gut Serologie	↑ ↑
• Antikörpernachweis	sehr gut	gut	≤ 6 Mon.	sehr gut	→	→	mittel	ü	gut	↑
• Diagnosestellung	Klinik Pathologie	→ Serologie	↑ ↑	→ Mikrobiologie	→ Serologie	→ Bakteriologie	→ Bakteriologie	→ Sektion	Sektion Serologie	↑ ↑
• Differential-Diagnose	Influenza	M. Auj.	Bronchopneumonie	EP im Frühstadium	EP	APP	EP	APP EP	APP EP	APP EP
• Prophylaxe Hygiene	Tierhandel, Serologie	Impfprogramm	→	→ Hygiene	→	↑ ↑	↑ ↑	↑ ↑	↑ ↑	–
• Therapie	keine	antibiotische Behandlung	→	→	→	↑ ↑	→	antiparasitäre Behandlung	–	
• Bekämpfungsprogramme	Tierseuchenbekämpfung	Impfung	→	Sanierung	Impfung	Prod.-Hygiene	→	"	PRRS-Impfung	PRRS-Impfung

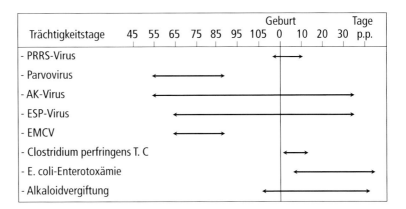

Abb. D4 Zeitliches Auftreten von Aborten, Totgeburten und Saugferkelverlusten bei verschiedenen Infektionen (OHLINGER 1999).

1.3.2 Krankheiten der Geschlechtsorgane

Um Leistungsminderungen frühzeitig zu erkennen, müssen die Reproduktionsdaten fortlaufend mit Hilfe von Computerprogrammen ausgewertet werden. Dieses **betriebliche Monitoring** gibt eine ständige Übersicht und verweist auf gruppenbezogene Grenzwerte, deren Überschreitung Handlungsbedarf anzeigt (s. Kap. B4 und E 3). Das betrifft beispielsweise
- ein Erstbelegungsalter von über 240 Tagen,
- ein Intervall zwischen Absetzen und Belegen von über 12 Tagen,
- ein periodisches Umrauschen von mehr als 20% der Sauen,
- eine Abferkelrate von unter 80%,
- ein unregelmäßiges Umrauschen bei mehr als 6%,
- Aborte von über 2,5%, Mumien von über 3% und Totgeburten von mehr als 7 bzw. 8% bei Jung- bzw. Altsauen.

Hormonelle Fehlregulationen und **Krankheiten der Geschlechtsorgane** verursachen in den Sauenbeständen umfangreiche Fruchtbarkeitsstörungen und Organerkrankungen sowie verringerte Abferkel- und Aufzuchtergebnisse. Neben spezifischen Infektionen (Parvovirose, PRRS, Brucellose) werden die Fortpflanzungsfunktionen durch eine Vielzahl weiterer Krankheiten beeinträchtigt (Tab. D8).

In Problemsituationen sind die infektiösen Ursachen von den nicht infektiösen abzugrenzen. Die Ursachen sind beispielsweise bei Aborten und infektiös bedingtem Fruchttod vielfältig und oft mangels ausreichender Diagnostik nicht zu erkennen. Parvoviren setzen vor allem in den ersten beiden Trächtigkeitsdritteln, die PRRS-Viren aber eher zum Ende der Tragezeit und im perinatalen Zeitraum die überwiegenden Schäden (Abb. D4).

In der laufenden Praxis werden kaum mehr als ein Drittel der Aborte und sonstigen Fruchtbarkeitsstörungen ursächlich aufgeklärt. Zur differentialdiagnostischen Abklärung der Ursachen von Fruchtbarkeitsstörungen als Herdenproblem sind herden- und labordiagnostische Methoden kombiniert einzusetzen (Tab. D9).

Die Resultate der Futter-, Blut- und Galle-Untersuchungen auf **Mykotoxine** sind nur bedingt speziellen klinischen Symptomen zuzuordnen. Bisher liegen noch zu wenige Grenzwertangaben vor, um die Beeinflussung der Sauenfruchtbarkeit durch Pilzgifte ausreichend beurteilen zu können.

Als „SMEDI"-Sydrom (S = Stillbirth, M = Mumification, ED = Embryonic Death, I = Infertility) werden Störungen im Fortpflanzungsgeschehen zusammengefasst. Daran sind vorrangig Entero-, Reo- und Adenoviren und vor allem Parvoviren beteiligt. Der Prophylaxe dienen Gesundheitsprogramme zur Bestandsfreihaltung (kontrollierte Zuführung serologisch negativer Tiere aus freien Beständen) und vorbeugende Vakzinationen (Parvovirus, PRRS-Virus) der Jungsauen und der Altsauen, die als periodische Impfungen im Rhythmus der Sauengruppen – bzw. gleichzeitig aller Sauen in kleineren Beständen – durchgeführt werden. Darüber hinaus ist die gemeinsame Haltung von Alt- und Jungsauen im Wartebereich erforderlich, wodurch ein einheitlicher Immunstatus durch direkten Erregeraustausch gefördert wird. Die Infektionen verlaufen bei den einzelnen Sauen

Tabelle D8: Krankheiten der Geschlechtsorgane (Sauen, Eber)

	KSP	M. Auj.	SMEDI	Influenza	PRRS	Rotlauf	Listeriose	Leptospirose	Mykotoxine	Belastungen	Impotenz
• Auftreten/ Altersklasse	alle Schweine	alle Schweine	Sauen	Sauen	Sauen	Sauen	Sauen	Eber, Sauen	Sauen	Sauen	Eber
• Verbreitung in Beständen	keine	keine	sehr hoch	gering	sehr hoch	gering	→	→	wechselnd	hoch	wechselnd
• Ätiologie/ Erreger	Toga-Virus	Herpes-Virus	Parvo oder a. Viren	Influenza A-Virus	PRRS-Virus	E. rhusiopathiae	Listerien	Leptospiren	Pilzgifte	Haltungsmängel	Krankheit, Disposition
• Leitsymptome	Fruchtbarkeitsstörungen, Aborte, Mumien, Lebensschwäche				Spätaborte Lebensschwäche	Aborte	Aborte	Aborte Lebensschwäche	Aborte Mumien	Aborte Mumien	vermehrtes Umrauschen
• Pathogenese	virämische bzw. bakteriämische Erregerausbreitung mit folgenden Organschäden								Toxin	Stress	–
• Labordiagnostik	Serologie und Erregernachweise								Futteruntersuchung	Umweltanalyse	mikroskop. Sperma-U.
• Diagnosestellung	Klinik Serologie Pathologie	Klinik, Serologie	Klinik, Serologie	Serologie	Klinik, Serologie	Pathologie, Serologie	Serologie	Serologie	–	Ausschlussdiagnose	Mikroskopie, Fruchtbarkeit
• Differentialdiagnose	M. Auj.	KSP	M. Auj., KSP	M. Auj. KSP	Listeriose, Leptospirose	Listeriose, Leptospirose	PRRS	PRRS	Infektion	Infektion	M. Auj., KSP
• Prophylaxe	seuchentech. Absicherung, Serologie	Tierhandel	Tierhandel mit serologischer Blutuntersuchung			Impfung	Fütterung, Hygiene	Haltung, Hygiene	Futterqual.	Keine Belastungen	Belas-Genetik
• Hygiene			antimikrobielles Regime						Futterhyg.	Fütterung, Aufstallung optimieren	Kondition, Gesundheit
• Therapie	keine	keine	ggfs. symptomatische Behandlung					Antibiotika	keine	keine	Selektion
• Bekämpfungsprogramme	Tierseuchenbekämpfung		Bestandsimpfungen				keine	keine	keine	keine	Selektion

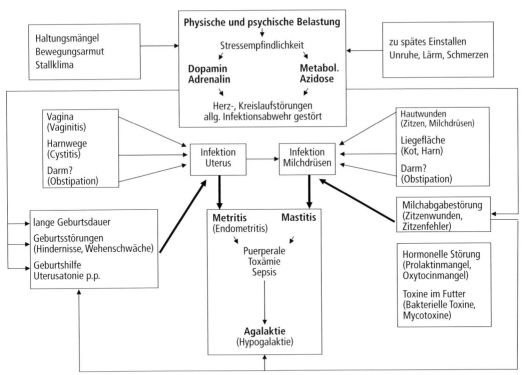

Abb. D5 Zusammenwirken endogener und exogener Faktoren bei der Pathogenese des Metritis-Mastitis-Agalaktie-Syndroms (MMA) der Sau (var. nach BERNER 1987).

häufig unauffällig (subklinisch). Bei der serologischen Untersuchung von Blutproben gibt es keine sicheren Grenzwerte, allerdings haben Titerverschiebungen oft einen diagnostischen Wert. Sie können aber auch die Folge von Stresssituationen sein.

Serologische Herdenuntersuchungen ergeben – gebietsweise unterschiedlich – einen Anteil positiver Bestände von 30 bis 80 % bei PRRS, von 60 bis 100 % bei Parvovirose und von 30 bis 80 % bei Circovirusinfektionen. Skandinavische und andere Länder haben allerdings einen diesbezüglich wesentlich besseren Gesundheitsstatus.

Nach der Geburt sind Erkrankungen des Gesäuges und der Gebärmutter mit den Folgen von Milchmangel und gestörter Konzeption weit verbreitet. Vielfach verlangen schwere Lokal- und Allgemeinerkrankungen ein vorzeitiges Ab- und Umsetzen der Ferkel sowie die intensive Behandlung des Muttertieres. Das komplexe Infektionsgeschehen mit faktorenabhängigen Erregern (Streptokokken, Staphylokokken, E. coli u. a.) und dadurch ausgelöste Entzündungen der Geburtswege und des Euters werden als **Mastitis-Metritis-Agalaktie-Syndrom (MMA)** zusammengefasst (Abb. D5). Darüber hinaus entstehen bei verfetteten Sauen und nach starken Belastungen hormonell bedingte Milchmangelzustände (Hypo-, Agalaktie).

1.3.3 Krankheiten des Bewegungsapparates

Gliedmaßenerkrankungen werden gefördert durch erbliche Disposition (Fehlhaltungen und -stellungen, Chondro- und Osteopathien) sowie verursacht durch Klauen- Zehenschäden, fortgeleitete Entzündungen, Arthritiden, Traumata und durch Beteiligung an Infektionskrankheiten (Polyarthritiden [Streptokokken, Glässersche Krankheit], Gelenkrotlauf). Bewegungsstörungen durch Mangelernährung (Ca-, P-, Vit. D-Mangel) sind dagegen äußerst selten geworden (siehe Kap. D 1.4).

Tabelle D9: Diagnostische Möglichkeiten zur Aufklärung von Fruchtbarkeitsstörungen

1. Situation im Bestand ermitteln (Leistungen, Erkrankungen, Verluste, Management, Klima, Fütterung)
2. Fruchtbarkeitsparameter und wirtschaftlichen Schaden feststellen
3. Untersuchung der Sau:
   - Allgemeine Untersuchung (Gliedmaßen, Harnwege, vaginale und rektale Untersuchung)
   - Cervixtupferentnahme zur bakteriologischen Untersuchung (mit Resistenztest)
   - Blutproben zur Untersuchung auf PPV, AK, ESP, Brucellose, Leptospirose, Rotlauf, Listeriose, PRRS, Circovirus-Typ 2, Stoffwechselstörungen, Mangelsituationen
   - Urinproben zur bakteriologischen, physikalischen und biochemischen Untersuchung
   - Geschlachtete Sauen: Pathologisch-anatomische und bakteriologische Untersuchungen, besonders der Fortpflanzungs- und Urogenitalorgane
4. Leistungsanalyse und andrologische Untersuchung der eingesetzten Eber

Vorgenannte Veränderungen werden durch Haltungsmängel (ungeeignete Böden, Verletzungsgefahren [Technopathien], Überbelegung), aber auch durch hohen Keimdruck bei intensiver Haltung (Polyarthritiden der Ferkel nach Verletzungen) gefördert (siehe Kap. B 6 und C 5). Eine Übersicht zu den häufigsten Gliedmaßenerkrankungen gibt Tabelle D10.

Inwieweit oberflächliche Schäden (Verletzungen, Bursitiden), Stellungsanomalien und Stallklauenbildung auch Schmerzen und Leistungsminderungen verursachen, ist kaum objektivierbar. Dagegen führen tiefreichende und multiple Veränderungen einerseits zur Lahmheit und andererseits auch zu Erregerstreuung und Folgeschäden mit zunehmenden Krankheitssymptomen, die zum Absinken betroffener Tiere innerhalb der Gruppenhierarchie, zu verringerter Futteraufnahme sowie zu Leistungsminderung und Gewichtsabnahme führen. Die Prognose schwer geschädigter Tiere ist ungünstig, weshalb eine Einzeltierbehandlung im Frühstadium der Veränderungen erfolgen sollte. Die Heilungsaussichten werden hier wie auch bei anderen Erkrankungen durch Separierung der Tiere und Haltung auf Einstreu gefördert.

1.3.4 Magen-Darmerkrankungen

Magen-Darmerkrankungen werden in der Mehrzahl der Fälle durch hochgradig faktorenabhängige Bakterien verursacht (Tab. D11). Im Vordergrund stehen E.coli- und Clostridium perfringens-Durchfälle bei Ferkeln, denen durch Immunisierung der Sauen zu begegnen ist. TGE-/EVD-Viren kommen in der Schweinepopulation weiterhin vor, verursachen aber nur noch selten akute Gastroenteritiden, da sich im Laufe der Jahre eine allgemeine Resistenz aufgebaut bzw. die Virulenz des Erregers abgebaut hat. Parasitär bedingte Durchfallerkrankungen sind zu beherrschen, da gut wirksame Antiparasitika zur Verfügung stehen. In Freihaltungen mit Weidegang oder in Auslaufhaltungen treten Darminfektionen und Endoparasiten dann vermehrt auf, wenn hygienische Mängel bestehen. Beispielsweise kann es zur Anreicherung von Spulwurmeiern kommen.

Diagnostisch lassen sich die bakteriellen Darmerkrankungen i.d.R. erst auf dem Sektionstisch voneinander abgrenzen, da unterschiedliche Darmabschnitte betroffen sind. Die meisten Magen-Darm-Erkrankungen haben einen mehr oder weniger deutlichen Altersbezug, der die klinische Diagnostik ergänzt (Tab. D12).

Bei antibiotischer Behandlung ist die Kenntnis der Resistenzsituation erforderlich, wobei Darmerkrankungen stets die Behandlung der Tiergruppe – Bucht oder auch Stallabteil – verlangen. Die Dysenterie-, Salmonellen- und die PIA-Erkrankungen nehmen gegenwärtig in zahlreichen Beständen zu, wohl auch weil antibiotische Leistungsförderer immer weniger eingesetzt werden. Die Ursachen für Magengeschwüre sind zahlreich, ihr gehäuftes Auftreten kann durch Sektionen festgestellt werden (siehe auch Kap. C 5.6).

Geschädigte Bestände können von den Erregern der **Dysenterie** (*Brachyspira hyodysenteriae*) und der **Porzinen Intestinalen Adenomatose** (*Lawsonia intracellularis*) saniert werden. Entsprechende Programme zielen auf die Vernichtung des Erregers im Tier, die Beseitigung des Erregers aus der Umwelt (einschließlich Güllesystem und Schadnager) und auf die Verhinderung einer Reinfektion.

Bei kompletter Umsetzung aller damit verbundenen Maßnahmen ist ein lang anhaltender

1 Übersichten zu den Schweinekrankheiten

Tabelle D10: Krankheiten des Bewegungsapparates

	Gelenk-rotlauf	Bursitis	Arthritis	Glässersche Krankheit	Epi-, Apo-physeolysis	Stellungs-, Haltungs-Anomalien	Klauen-verletzungen	Chondro-osteo-pathien, Sonstiges
● Auftreten/ Altersklasse	Sauen, Eber, Mastschweine	Mast	besonders Ferkel	Ferkel Läufer	Zucht- und schwere Mastschweine	Zuchtschweine	alle Schweinegruppen	Sauen Mastschweine
● Verbreitung in Bestände	niedrig	hoch	wechselnd	hoch	niedrig	hoch	sehr hoch	niedrig
● Ätiologie/ Erreger	E. rhusiopathiae	Streptokokken u. a., Boden	Mycoplasmen u. Bakterien	Haemophilus parasuis	Ca-P-Verhältnis Ca-Mangel Disposition, Boden	Disposition Boden Bewegungsmöglichkeit	Bodenmängel	Ca-P-Mangel
● Leitsymptome	Lahmheit Trippeln	Schwellung	Lahmheit Schwellung	Kümmern Lahmheit	schwerste Lahmheit	Fehlstellung Stallklauen	z. T. Lahmheit	Lahmheit
● Verlauf	chronisch	chonisch	akut/chronisch	→	akut	chronisch	akut/chronisch	→
● Pathogenese	Septikämie	fortgeleitete Infektion	Bakterieämie Fortleitung	Bakterieämie	Mineralstoffinbalance, Genetik	Technopathie	→	Fütterungsfehler
● Labordiagnostik	Serologie Pathologie	Bakteriologie	→	→, Pathologie	Pathologie			Mineralstoffanalyse
● Diagnosestellung	Klinik, Pathologie	→	→ Bakteriologie	→ Pathologie	→	→	→	→, Rationsprüfung
● Differentialdiagnose	sonstige Gelenkentzündung		Arthritis	Rotlauf	Gelenkentzündungen	→	→	Gelenkentzündungen
● Prophylaxe	Impfung	Hygiene	→	→, Impfung	züchterische Selektion	→ Haltung optimieren	→	ausgeglichenes Ca-P-Verhältnis
● Therapie	Antiobiotika im Frühstadium	→	→	→	keine	→	ev. Antibiose	symptomatisch
● Prognose	ungünstig	→	→	→	→	selektieren	günstig	→

Erfolg zu erwarten. Der Schweinegesundheitsdienst ist jeweils der kompetente Ansprechpartner zur Verfahrensgestaltung. Zwecks Vermeidung einer neuen Infektion dürfen nur anerkannt freie Bestände miteinander Tierhandel betreiben.

Tabelle D11: Krankheiten des Magen-Darm-Kanals

	Koli-Ruhr	Coli-Enterotoxämie	Clostridien-Infektion	Dysenterie	Salmonellose	PIA	TGE/EVD	Coccidose	Strongyloidose	Ascaridose	Magengeschwüre
• Auftreten/ Altersklasse	Ferkel Läufer	Läufer	Ferkel Läufer	Ferkel Läufer	Läufer Mast	Ferkel Läufer Zuchttiere	Ferkel	Läufer	Saugferkel	Ferkel Läufer	Läufer Mast Sauen
• Verbreitung in Beständen	hoch	hoch	hoch	hoch	zunehmend	zunehmend	selten	hoch	selten	hoch	hoch
• Ätiologie/ Erreger	E. coli-Stämme	häm. E. coli	Cl. perfringens A, D	Brachyspira hyodysenteriae	Salmonella Cholerae suis u. a.	Lawsonia intracellularis	Virus	Isospora suis	Strongyloides ransomi	Ascaris suum	Futtervermahlung Stress
• Leitsymptome	Durchfall	Krämpfe Ödeme	blutiger Durchfall	↑	↑	↑	wässriger Durchfall	gelblich-pastöser Durchfall	Durchfall	Durchfall Leberflecken	Abmagerung, blutiger Kot
• Verlauf	akut	perakut/ akut	akut	akut/ chron.	↑	↑	akut	↑	↑	akut/ chron.	Verbluten chronisch
• Labordiagnostik	Bakteriologie	↑	↑	Serologie Bakteriologie PCR	Bakteriologie Serologie PCR	Serologie PCR	↑	Mikroskopie	↑	↑	↑
• Diagnosestellung	Klinik Pathologie Labor	↑ ↑ ↑	↑ ↑ ↑	↑ ↑ ↑	↑ ↑ ↑	↑ ↑ ↑	↑ ↑ ↑	↑ Mikroskopie	Pathologie ↑	↑ ↑	Klinik Pathologie
• Differentialdiagnose	TGE/EVD	TGE/EVD	Dysenterie PIA	↑ ↑	↑ Endoparasitosen	Clostridien	Coli-Infekt	Strongyloidose	Coccidose	Coli-Infektion	Dysenterie PIA
• Prophylaxe	Sauenimpfung Futterangebot	↑ ↑	↑ ↑	Haltung Hygiene	↑ ↑ Impfung	↑ ↑	Hygiene	↑	↑	↑	Fütterung Hygiene
• Therapie	Antibiotika laut R-Test	↑	↑	↑	↑	↑ ↑	symptomatisch	antiparasitäre Behandlung	antiparasitäre Behandlung	↑	symptomatisch
• Prognose	günstig	ungünstig	↑	Erfolg	ungünstig	Erfolg	ungünstig	günstig	↑	↑	ungünstig

Tabelle D12: Altersbezug von Magen-Darmerkrankungen (var. nach HELLWIG 1996)

Altersgruppe	Ferkel Säugezeit	Ferkel nach Absetzen	Läufer	Mastschweine	Zuchttiere	bevorzugter Darmbereich
• Clostridien	++++	−	−	−	−	• Leerdarm
• Koliruhr	++++	+++	++	−	−	• ges. Dünndarm
• Ödemkrankheit (E. coli)	−	++++	++	−	−	• ges. Dünndarm
• Campylobacter	−	++	+	−	+	• Dünn-, Dick-, Blinddarm
• Salmonellen	−	+	++	++	+	• Dünn-, Dick-, Blinddarm
• Dysenterie	+	+	++	+++	++	• Blind-, Dickdarm
• Coronaviren						Dünndarm
− Epizootische Virusdiarrhoe	++	++	++	++	+	
− Transmissible Gastroenteritis	+++	+	+	+	−	
− Vomiting and Wasting Disease	+++	+	−	−	−	
• Magengeschwüre	−	−	++	++	++	• kutane Magenschleimhaut
• Endoparasiten	++	+++	++++	+++	+	• artabhängig
• Porzine Infektiöse Adenomatose	−	−	+++	++	+	• bes. Dickdarm-Schleimhaut

1.3.5 Hauterkrankungen

Hautkrankheiten werden durch Bakterien, Viren oder Parasiten verursacht. Verbreitet sind weiterhin haltungs- und verhaltensbedingte Verletzungen, die durch Erreger besiedelt werden können (siehe Kap. 5 und 6). Als eigenständige Hautkrankheiten können Hautrotlauf, das Porzine Dermatitis-Nephropathie Syndrom, Zink-Mangel und Räude gewertet werden. Die Erkrankungen lassen sich durch Laboruntersuchungen voneinander abgrenzen und i. d. R. erfolgreich behandeln (Tab. D13).

1.3.6 Krankheiten des Zentralnervensystems

Die Klassische Schweinepest (KSP) und die Aujeszkysche Erkrankung (M. Auj.) verursachen neben anderen Symptomen auch Veränderungen des Zentralnervensystems. Differentialdiagnostisch sind diese Tierseuchen von anderen ZNS-Störungen wie eitrige Meningitis, Zitterkrankheit oder Kochsalzvergiftung abzugrenzen (Tab. D14). Dazu werden Sektionen sowie serologische, bakteriologische und toxikologische Untersuchungen erforderlich.

Die eitrige Meningitis kommt überwiegend beim Saugferkel als bakterielle Folgeerkrankung vor, ausgelöst durch eine Infektion mit *Streptococcus hyicus*. Die Zitterkrankheit der Ferkel, deren Ursachen bisher in einem genetischen Defekt in Verbindung mit Umwelteinflüssen (Mykotoxine) oder Viren vermutet werden, führt zu verringerter Nahrungsaufnahme und zum Verhungern. Die heute selten auftretende Kochsalzvergiftung wird durch einen übermäßigen Kochsalzgehalt im Futter, speziell in Speiseresten verursacht. Von anderen ZNS-Störungen lässt sie sich bereits durch eine Futteranalyse (Mineralstoffbestimmung) abgrenzen.

Tabelle D13: Krankheiten der Haut

	Hautrotlauf	Ferkelruß	Eperythrozoonose	PDNS	Verletzungen	Zink-Mangel	Räude
• Auftreten/ Altersklasse	Eber, Sauen	Saugferkel	Ferkel	Läufer, Vormast	Läufer, Mastschweine	Sauen/Eber, Ferkel, Läufer	Schweine jeden Alters
• Verbreitung in Beständen	30–50 %	hoch	verbreitet	gering	sehr hoch	gering	hoch
• Ätiologie/ Erreger	*Erysipelothrix rhusiopathiae*	*Staphylococcus hyicus*	*Eperythrozoon suis*	PRRS, Circovirus Typ II	Strepto- und Staphylococcen	Zn-Mangel	*Sarcoptes scabiei var. suis*
• Leitsymptome	lokale Hautrötungen	Hautentzündungen	hämolytische Anämie	Hautblutungen	Hautabschürfungen, Verletzungen, Schwanzbeißen	blutige Borken	Jucken, Hautrötung
• Verlauf	akut	→	akut/chronisch	akut	akut/chronisch	→	→
• Pathogenese	Bakteriämie	Bakteriämie	Bakteriämie	unklar	Sekundärinfektion	Fütterungsfehler	Entwicklungszyklen
• Pathologie	Backsteinblattern	Epidermitis	hämolytischer Ikterus	Dermatitis Nephritis	Dermatitis Geschwüre	Borken, schmierigfeucht	Ekzeme
• Labordiagnostik	Serologie	bakt. Untersuchung, Resistenztest	Blutausstrich	Serologie	bakt. Untersuchung	Spurenelemente	Hautgeschabsel, Mikroskopie, Blut-Serologie
• Diagnosestellung	Klinik	→ Labordiagnostik	→	→	Klinik	Klinik, Futteranalyse	Klinik, Labordiagnostik
• Differentialdiagnose	–	Zn-Mangel, Räude	Fe-Mangel	Infekt.-Krankheit	–	Räude, Ferkelruß	Ferkelruß
• Prophylaxe	Impfung, Vermeidung Stress	Hygiene	→ Vermeidung Verletzungen	→ Kümmerer merzen	Haltung, Boden, Überbelegung vermeiden	Fütterung	antiparasitäre Behandlung, Hygiene
• Therapie	Antibiotika	→	→	symptomatisch	→	Zn-Substitution	End-Ektozid-Applikation
• Bekämpfungsprogramme	Bestandsimpfung	stallspez. Impfstoff	antibiotische Bestandbehandlung	Impfprogramm	Schwänze kupieren	Fütterung opt.	Bestandssanierung
• Prognose	günstig	ungünstig	→	→	günstig	→	→

Tabelle D14: Krankheiten des Zentralnervensystems

	KSP	M. Auj.	Eitrige Meningitis	Zitterkrankheit	Kochsalzvergiftung
• Auftreten/Altersklasse	alle Gruppen	→	Ferkel, Läufer	Saugferkel	Läufer
• Verbreitung/Bestände	niedrig	→	hoch	niedrig	selten
• Ätiologie/Erreger	Toga-Virus	Herpes-Virus	*Streptococcus suis*	Disposition, ev. Infektion PMWS	Fütterung
• Leitsymptome	Blutungen	Bewegungsstörungen	→	Zittern	Krämpfe
• Verlauf	akut, chronisch	→	→	akut	→
• Pathogenese	Virämie	→	Bakteriämie	ev. Virämie	Überangebot von NaCl
• Pathologie	Blutungen der Organe	nichteitrige Meningitis	eitrige Meningitis	Histologie	Histologie
• Labordiagnostik	Antikörper Virusisolierung	→ →	Bakteriologie	Virusanzüchtung	Laboruntersuchung des Futters
• Diagnosestellung	Klinik, Pathologie	→	→	Klinik	Klinik, Futteranalyse
• Differentialdiagnose	M. Auj., eitr. Meningitis	KSP, eitr. Meningitis	KSP, M. Auj.	KSP, M. Auj.	KSP, M. Auj.
• Prophylaxe	Kontrolle Tierverkehr	→	antimikrob. Regime	keine	normale Fütterung
• Therapie	keine	keine	Antibiotika nach Resistenztest	keine	Mineralstoffe
• Bekämpfungsprogramme	Tierseuchenbekämpfung	→	Vakzination der Sauen, Hygiene	Ausmerzen betroffener Würfe	Fütterung
• Prognose	Ausmerzen	Ausmerzen	ungünstig	→	→

1.4 Mangel- und Stoffwechselkrankheiten

In der modernen Schweineproduktion sind Mangelkrankheiten infolge einer unzureichenden, nicht den Bedarf deckenden Aufnahme von Mineralstoffen, Spurenelementen und Vitaminen relativ selten zu beobachten, da sowohl industriell als auch im Betrieb hergestellte Futtermischungen bedarfsdeckend ergänzt werden.

Andererseits haben Belastungsmyopathien als Ursache von Tierverlusten und Fleischqualitätsmängeln nach wie vor eine Bedeutung, da das für die Erkrankungen verantwortliche Gen mit der Ausbildung magerfleischreicher Tierkörper verbunden ist und da die in der Regel bewegungsarm gehaltenen, dabei aber leicht erregbaren Schweine unzureichend motorisch trainiert sind (siehe Kap. B 3). Nachfolgend werden die in praxi zu erwartenden Mangel- und Stoffwechselkrankheiten dargestellt.

1.4.1 Eisen-, Jod- und Zinkmangel

Eisen steht in der Sauenmilch nicht in ausreichendem Maße zur Verfügung. Die Eisenzufuhr an die Saugferkel nach der Geburt ist daher eine unverzichtbare Maßnahme, wenn das Leistungspotential der Tiere in der Säugeperiode ausgeschöpft werden soll. Üblich ist die Injektion von 200 mg dextrangebundenem Eisen am 2. oder 3. Lebenstag. Damit kann bei einem frühzeitigen Angebot eines mit Eisen angereicherten Saugferkelbeifutters ein Hämoglobinspiegel von 25 mmol/l Blut in den ersten Lebenswochen gewährleistet werden.

Eine weitere Möglichkeit der Eisenzufuhr stellt die Verabreichung geeigneter Eisenpräparate per os am 1. Lebenstag dar, der eine Eiseninjektion am 10. Lebenstag folgen sollte. Hierbei ist zu bedenken, dass die hohe Eisenkonzentration im Magendarmkanal eine Vermehrung eisenabhängiger enterotoxischer *E. coli* fördern kann.

Eine Erhöhung der Eisendosis von 200 auf 300 mg ist nicht zu empfehlen, da bei einer geringen Geburtsmasse mit höheren Tierverlusten sowie verminderten Zunahmen im Vergleich zur Verabreichung von 150 mg Eisen per os am 1. LT, gefolgt von 200 mg injiziertem Eisen am 10. LT, zu rechnen ist.

Bei **Zinkmangel** können parakeratotische Veränderungen der Haut entstehen. Sie werden auch verursacht, wenn die Ration bei marginaler Zinkkonzentration im Futter weit über den Bedarf hinausgehende Mengen an Kalziumkarbonat enthält. Das Kalzium schränkt dann als Antagonist des Zinks dessen Verfügbarkeit im Organismus ein; in solcher Situation sind Zinkzulagen zum Futter diagnostisch und therapeutisch bedeutsam.

Durch **Biotinmangel** verursachte Haut- und Klauenschäden sind äußerst selten und werden hier nicht berücksichtigt.

Ein **Jodmangel** und die Kropfbildung bei Schweinen wurde vor Jahren außer durch einen zu geringen Jodgehalt im Futter und Trinkwasser (insbesondere in meerfernen Regionen) in erster Linie durch die Einbeziehung von Rapsextraktionsschrot (RES) mit hohen Konzentrationen an Glukosinolaten bzw. deren Abbauprodukten ausgelöst. Die Folgen waren eine Beeinträchtigung des Futterverzehrs, des Wachstums und der Funktion der Schilddrüse, wobei sich gleichzeitig Wirkungen auf den Jod-, Zink-, Kupfer- und Vitamin A-Status ergaben. Durch pflanzenzüchterische Maßnahmen konnte in den zurückliegenden Jahren der Gehalt des Rapses an Glukosinolaten und Erucasäure deutlich gesenkt werden, so dass man heute von Raps mit Doppelnull-Qualität spricht. Bei einem Zusatz von 500 µg Jod/kg Futter ist bis zu Konzentrationen an Glukosinolaten von 2 mmol/kg in der Ration keine weitere Jodzulage notwendig, die inzwischen durch Jodierung der Futtermittel ohnehin weitestgehend gesichert ist. Weitere Hinweise zu den Ursachen und Symptomen sowie zur Diagnose und Prophylaxe des Eisen-, Jod- und Zinkmangels enthält Tabelle D15.

1.4.2 Chondroosteopathien

Ernährungsbedingte Chondroosteopathien sind beim Schwein selten zu beobachten, wenn die Futtermittel ausreichende Zusätze an Kalzium, Phosphor und Vitamin D_3 enthalten. Bei Rationen auf der Basis von Getreide, Mais und Soja ist jedoch der Phosphor im Getreide infolge Bindung an Phytensäure nur partiell verfügbar.

Durch den Zusatz von Kalziumkarbonat zum Futter kann dessen Schmackhaftigkeit und damit dessen Verzehr beeinträchtigt werden, und es besteht eher die Gefahr einer Überdosierung. Ein Zuviel an Kalzium wirkt sich auch negativ auf die Phosphatresorption aus, umgekehrt hat dagegen ein Zuviel an Phosphor keinen Einfluss auf die Kalziumverwertung.

Bei einer Überversorgung mit Vitamin D_3 kann es zu Kalkablagerungen in Organen von langlebigen Zuchtschweinen und letztlich zum Tod durch Nierenversagen kommen.

Einen Steckbrief zu den Chondroosteopathien enthält Tabelle D16.

Bei der **erblichen Rachitis** handelt es sich um eine rezessiv vererbte Erkrankung im Ferkel- und Läuferalter, die auf eine gestörte Aktivierung von Vitamin D_3 infolge sehr niedriger Aktivitäten der Hydroxylase in den Nieren zurückzuführen ist. Es folgt eine unzureichende Bildung des 1α,25- und 24,25-Hydroxyvitamins D3. Die erstgenannte Verbindung (Calcitriol) fördert an der Dünndarmmukosa die Überführung von Kalzium aus dem Darminhalt in das Blut sowie in der Niere die Reabsorption von

Tabelle D15: Eisen-, Jod- und Zinkmangel

Erkrankung	Eisenmangel	Jodmangel	Zinkmangel
• Vorkommen	Saugferkel	alle Altersgruppen	bes. Mastschweine
• Ursachen	Fe-Mangel in ersten Lebenswochen	prim. J-Mangel, sek. durch thyreostatische Verbindungen (z. B. > 3–5 % Rapsextr.-Schrot im Futter)	Zn-Mangel Ca-Überschuss (>1 g Ca/kg Futter)
• Klinik	Anämie (<8 g Hb/100 ml), Blässe, erhöhte Anfälligkeit, Kümmern	Kropf, Kümmern, Fortpflanz.-Störungen, faltige Haut	Parakeratose: flächige, braunschwarze Borken, kein Juckreiz, verringertes Wachstum
• Verlauf	chronisch	→	→
• Diagnose	Klinik, Hämatologie (Hb ↓, Hk ↓, MCH ↓, MCHC ↓, Fe ↓)	Klinik, Labordiagnostik, Pathologie (BEJ ↓, T$_4$ ↓, TRH-Test ↓, **Gesamtjod im Serum: normal 40–150 µg/l**)	Klinik, Futteranalyse
• Differentialdiagnose	Hypoglykämie	Erbliche Rachitis und Haarlosigkeit	Räude, Staphyl. aureus-Infektion
• Prophylaxe	200 mg Fe im. am 1.–3. LT (oder oral 1. LT + Inj. am 10. LT)	Futtersubstitution an trag. und säug. Sauen (500 µgJ/kg Futter), Reduzierung RES u. a. thyreostat. Verbindungen	Bedarfsdeckung
• Therapie	Fe-Substitution und symptomatisch	Jod-Substitution über das Futter	Zink-Substitution über das Futter (0,5 g Zn/Tg über 3 Wochen)

Kalzium und Phosphat; außerdem verbessert Calcitriol die Mineralisierung des Skeletts.

Es erkranken nur einzelne Tiere eines Wurfes und zeigen etwa von der 5. Lebenswoche an Verkürzungen und Verbiegungen der Extremitäten sowie aufgetriebene Gelenke, Verkümmerungen der Wirbelsäule, Hyperästhesie und Wachstumsstillstand. Gegenüber einer Therapie mit üblichen Dosen an Vitamin D sind erkrankte Tiere resistent.

1.4.3 Hypoglykämie der Saugferkel

Die Hauptursache einer postnatal auftretenden Hypoglykämie mit anhaltender Hypothermie sind entzündliche Erkrankungen des Gesäuges der Sau, die im Rahmen des Mastitis-Metritis-Agalaktie-Syndroms auftreten. Dabei wird nicht nur die Milchbildung stark eingeschränkt, sondern die Sauen legen sich auch auf das Gesäuge, um ein offensichtlich schmerzhaftes Säugen der Ferkel zu unterbinden und um Kühlung zu finden. Während durch die rechtzeitige Behandlung der erkrankten Sau deren Heilung mit Wiederherstellung der Laktation erreicht wird, können bei hochgradig geschwächten Ferkeln auch unter diesen Bedingungen erhebliche Verluste auftreten. Hypoglykämische Mangelzustände entstehen aber auch bei Unerreichbarkeit verdeckter Gesäugekomplexe in ungeeigneten Kastenständen und bei zu geringen Temperaturen im Stall und am Ferkelliegeplatz, wodurch die Vitalität und Sauglust der Ferkel insbesondere in den ersten Lebenstagen eingeschränkt werden. Besonders disponiert sind leichte Ferkel, bei denen unter ungünstigen Bedingungen die Körpertemperatur post partum stärker absinkt und dadurch die Vitalität und Milchaufnahme wiederum verringert ist.

Begünstigende endogene Faktoren für den hypoglykämischen Mangelzustand sind die geringe Wärmeisolation und der niedrige Fettanteil (1–2% der Körpermasse), unzureichende Enzymaktivitäten und die mangelhafte Bereitstellung glukoplastisch verwertbarer Substrate

Tabelle D16: Genetisch disponierte und ernährungsbedingte Chondroosteopathien

Erkrankung	Genetische Disposition		Ernährungsmängel[1]	
	Beinschwäche-Syndrom (*Arthropathia deformans*)	Epi-, Apophyseolysis (Osteochondrose-Syndrom)	Ca-Mangel	P-Mangel
• Vorkommen	verbreitet, doch rückläufig, ab ca. 50 kg KM zunehmend	→ E.: ab ca. 5 Mon., bes. Eber 8–12 Mon. A.: meist JS vor/nach Geburt	gelegentlich bei schnell wachsenden Schweinen und graviden Sauen	
• Ursachen	Genetik + Haltung + Wachstum: schneller Ansatz, schwache Knochenstruktur, $h^2 = 0{,}2$–$0{,}6$	erbliche Disposition, Traumata (Ausrutschen), auch bei Ca-Mangel	Ca-Mangel, Vit. D3-Überdosierung	hohe Phytinkonz. bei Getreidemast, Ca-Überschuss
• Klinik	unspez. Bewegungsstörungen, veränderte Gliedmaßenstellung, Lahmheit, *Impotentia coeundi*	typische Bewegungsstörungen/Lahmheit E.: Spitzenfußung A.: Hundesitz	Bewegungsstörungen, Lahmheiten, Knochenverformungen (*Arthrophathia deformans*), Rachitis, Frakturneigung	
• Verlauf	chronisch, verringerte Zunahmen, erhöhte Abgänge	E.: plötzlich schwere Lahmheit A.: →	chronisch	
• Diagnose	Klinik, Pathologie (Gelenksschäden = *Chondrosis dissecans*, Exostosen)	Klinik, Pathologie, Blutparameter o.B.	Klinik, Futteranalyse, Blut-Untersuchung bei Lahmheiten Plasma-Ca (↓) Plasma-P (↑) AP ↑	(↑) (↓) ↑
• Differentialdiagnose	Mangelerkrankungen, chron. Infektionen (Gelenkrotlauf), Klauenschäden	schwere Arthritiden, andere Ursachen von Hundesitz, Frakturen	Polyarthritiden, Klauenschäden, erbl. Rachitis, *Arthropathia deformans*	
• Prophylaxe (Bedarfsdeckung)	Zuchtauswahl (mit diagnostischen Problemen), Selbstselektion auf Vollspalten	bedarfsgerechte Fütterung, belastungsarme Aufstallung, verhaltene Zunahmen der Zuchttiere	Ferkel: 8 g/kg Futter Mast: 3,5–6 g/kg Futter trag. Sauen: 6 g/kg Futter säugende Sauen: 8,5 g/kg Futter	5–7 g Gesamt-P (3,2–3,5 g verdaul. P.) 3,8–5,6 g Gesamt P (1,6–2,8 g verdaul. P.) 3–4,5 Gesamt P (2,0 g verdaul. P.) 5–6,5 Gesamt P (3,3 g verdaul. P.)
• Therapie	schmerzlindernd, Haltungsänderung	einseitig: Spontanheilung möglich		

[1] Schweine für Vit. D-Mangel rel. unempfindlich; Bedarf: 400–1500 IE Vit. D3/kg Futter oder 5–10 IE/kg KM

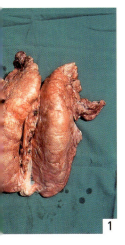 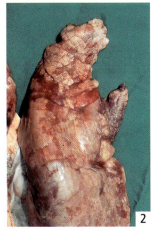 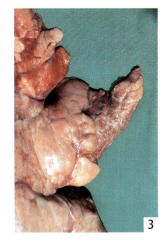 

Farbtafel 5: Organbefunde vom Schlachtkörper.
1) Schweinelunge mit chronischer Spitzenlappenpneumonie am Vorderlappen (rechts, ca. 3 Punkte) und am Mittellappen (links, ca. 5 P.) = 8 Punkte bzw. 8 % verändert = 0,8 Lungenindex.
2 und 3) Narben und akute Pneumonie (Pn.) im Vorder- (ca. 4 P.), chronische Pn. im Mittellappen (ca. 3 P.).
4) Schweinelunge mit Blutaspiration beim Töten, linker Vorlappen geringe Pn.
5) Fibröse Pleuritis (Pl.) mit angewachsener Lunge, hier einseitig (= 2,0 Pleuraindex).
6) wie 5, dazu fibröse Percarditis (= 3,0 Herzbeutelindex)
7) Einzelne Milchflecken der Leber nach Spulwurmbefall (Leberindex 1).
8 und 9) Hochgradige Hepatitis parasitaria multiplex nach Spulwurmbefall (Leberindex 4).

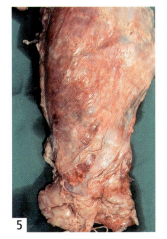 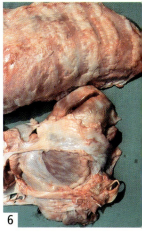

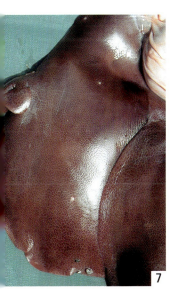  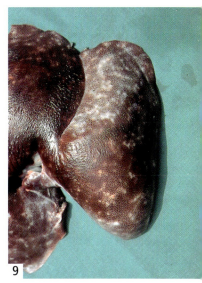

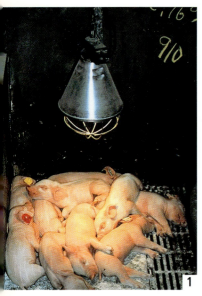  

Farbtafel 6: Liegeverhalten der Saugferkel.
1 und 4)   Normales Ruhen auf optimal temperierter Liegefläche.
2 und 3)   Ausweichen der Ferkel von der überhitzten Liegefläche (Lampe und Bodenheizung).
5 und 6)   Haufenlage zur Verhaltenswärmeregulation.

mit den Folgen einer eingeschränkten Fettsäureoxidation und Glukoneogenese. Neben den im Kapitel D2 dargestellten Erfordernissen der optimalen Umweltgestaltung und Ferkelpflege kann im Einzelfall Glukose 20%ig (1–2 g/kg KM) intraperitional bis zur Normalisierung der Rektaltemperatur wiederholt verabreicht werden.

1.4.4 Ernährungsbedingte Myopathien

Beim Schwein sind mehrere Erkrankungen bekannt, die durch ein Defizit von Vitamin E und/oder Selen, verbunden mit der Aufnahme übermäßiger Mengen mehrfach ungesättigter Fettsäuren, verursacht werden. Im Einzelnen sind dies die **Maulbeerherzkrankheit**, die **ernährungsbedingte Myopathie** sowie die **Hepatosis diaetetica**. Wirtschaftlich sind diese Erkrankungen nicht bedeutsam, da die industriell sowie im Betrieb hergestellten Futtermittel in aller Regel bedarfsdeckende Zusätze an Vitamin E und Selen enthalten. Bei übermäßig langer Lagerung des Futters besteht allerdings die Gefahr, dass ein Teil des Vitamin E durch Oxidation zerstört wird. In Tabelle D17 sind weitere Informationen zu den beiden erstgenannten Krankheiten aufgeführt.

Vitamin E und Selen sind Bestandteil von Glutathion-Peroxidasen und wirken im Stoffwechsel als Antioxidantien. Bei verschiedenen Stoffwechselvorgängen von lipiden Nukleinsäuren, Hormonen und Vitaminen entstehen Oxidationsprodukte. Mehrfach ungesättigte Fettsäuren werden in der Plasmamembran und intrazellulär in Fettsäureperoxide umgewandelt. In einer gleichsam ersten Abwehrkette in der Membran werden diese Peroxide in unschädliche Hydroperoxide übergeführt, wobei gleichzeitig aus Tokopherol Radikale entstehen.

Im folgenden Schritt wird das Tokopheryloxylradikal durch die wasserlösliche Askorbinsäure in α-Tokopherol zurückgeführt, es geht dabei selbst in Dehydroaskorbinsäure über. In einer zweiten Abwehrkette im Zytoplasma wird schließlich die Dehydroaskorbinsäure durch die selenhaltige Glutathion-Peroxidase in Ascorbinsäure zurückgewandelt. Das dabei entstehende oxidierte Glutathion wird schließlich durch Glutathion-Reduktase wieder in reduziertes Glutathion zurückgeführt. Bei einem Mangel an Vitamin E und Selen kann ersteres auch ein Defizit an Selen ausgleichen, nicht aber umgekehrt.

1.4.5 Genetisch disponierte Belastungsmyopathien

Die **Belastungsmyopathien** haben eine große wirtschaftliche Bedeutung (Tab. D18). Die Einbußen bestehen in Qualitätsmängeln des Fleisches mit entweder blassem, weichem und wässrigem (engl. pale, soft, exudative meat, PSE) oder trockenem, festem und dunklem Fleisch (dry, firm, dark meat, DFD), wodurch dessen Verarbeitungseigenschaften gemindert werden. Bemerkenswert ist, dass dabei stets die gleichen Muskelgruppen (mit hohem Anteil weißer Muskelfasern) betroffen sind: Rücken-, Lenden- und Oberschenkelmuskulatur. Zum anderen können Tierverluste durch Verenden von Schweinen mit akuter Belastungsmyopathie auftreten.

Die Ursache der Erkrankungen ist eine erbliche Disposition zur Stressanfälligkeit (siehe Kap. B3). Das hierfür verantwortliche mutierte P-Allel des Gens des Ryanodin-Rezeptors (Cytosin) wurde durch Thymin ersetzt, wodurch der als Kalziumkanal fungierende Rezeptor bei anhaltenden Belastungen zu einer erhöhten Freisetzung von Kalzium führt, was Dauerkontraktionen der Myofibrillen mit hochgradiger anaerober Glykolyse und Laktatbildung (pH-Wert-Senkung) sowie Hyperthermie zur Folge hat.

Bei Tieren mit klinisch unauffälliger **latenter Belastungsmyopathie** führt eine Erregung der Tiere vor und bei der Betäubung und dem nachfolgenden Blutentzug beim Schlachtvorgang zur gesteigerten Glykolyse und Laktatbildung (siehe Kap. B 8.3). Die Totenstarre tritt beschleunigt ein, der pH-Wert im Muskel fällt unter gesteigerter Wärmebildung beschleunigt ab (nach 45 Minuten pH-Wert ≤ 5,6 im *Musculus longissimus* bei > 40°C im Fleisch). Die biochemischen Veränderungen in den Muskelzellen führen zu einer irreversiblen Denaturierung der Proteine, erkennbar am PSE-Fleisch. Wenn allerdings die Schlachtung erst zahlreiche Stunden nach der Belastung erfolgt, ist das zur Fleischsäuerung notwendige Glykogen häufig verbraucht, so dass zu geringere Laktatkonzentrationen anfallen (pH-Wert ≥ 6,2). Die Folge kann die Ausbildung von DFD-Fleisch sein.

Tabelle D17: Ernährungsbedingte Muskelerkrankungen bei wachsenden Schweinen

Erkrankung	Myopathie	Maulbeerherzkrankheit (MHK)
• Vorkommen	Läufer, junge Mastschweine	besonders Läufer
• Ursachen	Mangel an Vitamin E und/oder Selen bei verdorbenem Getreide, unsachgemäßer o. zu langer Lagerung von Alleinfutter oder Getreide, hohem Angebot an mehrfach ungesättigten Fettsäuren (Fischzulagen) und Baumwollsaatprodukten	prim./sek. Vitamin E-Mangel bei Überdosierung von Ionophorantibiotika o. Baumwollsaat, Oxidation des Vit. E (siehe Myopathie), bei überdosierter Fe-Injektion
• Klinik	Symptome unspezifisch, teilweise Apathie, Inappetenz, Muskelzittern, Paresen, Ataxie, bei Ferkeln gelegentlich hundesitzige Stellung	Futterverzehr vermindert, Bewegungsschwäche, Exophthalmus, Dyspnoe, Zyanose, Anämie, Tod infolge Herzinsuffizienz und Lungenödem
• Verlauf	meist subakut o. protrahiert	meist akut
• Diagnose	Klinik, Labordiagnostik (CK > 2000 U/l, CK: ASAT-Quotient < 20[1], α-Tokopherol ↓, Selen ↓, Histologie	Klinik, Labordiagnostik (CK > 2000 U/l, CK: ASAT-Quotient: 10–30), Histologie
• Differentialdiagnose	MHK, Belastungsmyopathie, Ionophorantibiotika-Intoxikation, Infektionen	Myopathien anderer Genese, Ödemkrankheit, Infektionen (kein Selen-Mangel)
• Prophylaxe	Futterumstellung, Vitamin E und Se-Substitution, (siehe Bedarf Kap. B5)	Vitamin E-Substitution (10–40 mg × Tokopherol/kg Futter)
• Therapie	Vit. E und Se-Applikation	Vit. E-Applikation, symptomatisch

[1] CK: ASAT-Quotient < 20: Verdacht auf Hepatopathie

Im Falle der **akuten Belastungsmyopathie** können ungewöhnliche Stressoren im Bestand und beim Transport bei entsprechend veranlagten Tieren zu hochgradigen klinischen Symptomen und zum Tod durch kardiogenen Schock führen. Histologisch sind dann Degenerationen oder schon Nekrosen von Muskelfasern nachweisbar.

Fleischqualitätsmängel werden erfasst durch
- die Bestimmung des pH-Wertes im M. *longissimus* bzw. M. *semimembranosus* 45 Minuten und 24 Stunden nach der Schlachtung,
- die Ermittlung der Leitfähigkeit, die bei Vergrößerung des extrazellulären Raumes erhöht ist, und durch
- den Nachweis der Farbhelligkeit im Anschnitt der Rückenmuskulatur.

Die Elimination homozygot positiver Merkmalsträger aus der Zucht wird am lebenden Tier mit Hilfe des MHS-Gentests durchgeführt. Hiermit lassen sich unter Verwendung geeigneter Restriktionsenzyme alle Varianten der DNA-Sequenzen bestimmen. Im Unterschied zum Creatinkinase- und Halothan-Test ist eine Unterscheidung der Genotypen NN (resistent) Nn und nn (Anlageträger) möglich.

Tabelle D18: Genetisch disponierte Belastungsmyopathien bei fleischreichen Rassen

Erkrankung	Latente Belastungsmyopathie (1)	Akute Belastungsmyopathie (2)	Akute Rückenmuskelnekrose
• Vorkommen	Mastschweine	→	→
• Ursachen	genetische Disposition, physische (u. psychische) Belastungen bes. vor Schlachtung	→ →	→ →
• Klinik	unauffällig, postmortal PSE-Fleisch (s. Kp. B3)	Kreislaufinsuffizienz (HF ↑, AF ↑, Zyanose), steifer Gang, Tremor	→ aufgewölbter Rücken, Muskelschwellung und -schmerz, Bewegungsstörungen bis Festliegen
• Verlauf	subklinisch, postmortale Befunde	perakut bis akut	akut bis subklinisch, nach (2)
• Diagnose	MHS-Test (s. Kap. 3), Labordiagnostik (CK > 1000 U/l, CK/ASAT >50, Laktat ↑) PSE- Symtomatik p.m.	Klinik, → (CK > 2000 U/l, CK/ASAT > 50, Laktat ↑) →	→ → (CK > 10000 U/l, CK/ASAT > 100) →
• Differentialdiagnostik	-	MHS, Intoxikation, Septikämien	Myopathien, Polyarthritiden u. a. Bewegungsstörungen
• Prophylaxe	schonende Be- und Entladung, ausreichende Ruhezeit vor der Schlachtung, Selektion homozygoter Merkmalsträger	Vermeidung starker Belastungen → →	→ → →
• Therapie	-	symptomatisch	→

2 Gesundheit und Leistungen in den Altersgruppen

2.1 Geburt der Sau

Zur Geburt kommen die ausgetragenen Ferkel, nachdem in den verschiedenen Phasen der Tragezeit Abgänge durch Ernährungsmangel und genetische Defekte, vor allem aber durch Infektionen und Erkrankung vorausgegangen sein können (Tab. D19). Verluste im Alter ab etwa 6 Wochen führen zur Mumifikation einzelner Feten oder zum Abort des gesamten Wurfes.

2.1.1 Vorbereitung auf die Geburt

Normale Geburtsverläufe und vitale Neugeborene mit guten Aufzuchtchancen erfordern Rahmenbedingungen, die bereits vor dem Geburtenbeginn einer Sauengruppe zu regeln sind.

Das **Betriebsmanagement** orientiert auf ein gruppenweises Abferkeln. Unabdingbare Voraussetzung sind die gründliche Reinigung und Desinfektion in der Serviceperiode und die „Alles-rein-alles-raus"-Belegung der zueinander abgetrennten Stallabteile.

Bei hoher Sauenzahl sollten zur Verringerung des Keimdrucks eher mehrere **kleine Stallabteile** (max. 25 Plätze) nebeneinander als ein großer Stall je Gruppe so belegt werden, dass kurze Abferkelperioden entstehen.

Der gereinigte, desinfizierte und getrocknete **Abferkelstall** wird vor Einstellung der Sauengruppe auf 18 bis 20 °C vorgewärmt. Die Technik wird in der Serviceperiode überprüft und gegebenenfalls repariert (Fütterungsaggregate, Klimatechnik, Funktion der Selbsttränken und der beheizten Ferkelliegeplätze). Kastenstände sind der Größe der Muttertiere so anzupassen, dass Einklemmungen vermieden werden, ein langsames Abliegen möglich ist und alle Zitzen beider Milchleisten von den Ferkeln erreicht werden können.

Die **physische Kondition der Sau** entscheidet ganz wesentlich über den Geburtsablauf und die Vitalität der Neugeborenen. Freie

Tabelle D19: Fruchtverluste zwischen Konzeption und Geburt

Art des Abgangs	Zeit/Alter	Kennzeichen	Situation normal	erhöhte Werte durch Belastungen, Infektion, Erkrankung
1. Embryonale Mortalität	• bis 3 Wochen	• Resorption nicht befruchteter Eizellen	• bis 30 % der Eizellen	• Parvovirose u. a. Infektionen
2. Fetale Frühmortalität Fetale Spätmortalität	• 3–6 Wochen • ab 6 Wochen	• Resorption, Mumifikation • Mazeration, Mumifikation	• bis 5 % der Früchte	• Parvovirose u. a. • PRRS u. a.
3. Abort des Wurfes	• ca. 30.–100. Tag	• frischtote Früchte	• bis 2 % der Sauen	• schwere Erkrankungen, Infektionen • fehlerhafte Biotechnik
4. Totgeburt	• in der Geburt	• Zustand abhängig vom Absterbezeitpunkt	• max. 5 % (JS), 7 % (AS)	• Erkrankung • lange Geburten, Wehenschwäche
5. Postpartaler Tod	• direkt nach Geburt	• frischtotes Ferkel (ohne Darmpech)	• 2–4 %	• lange Geburten • Lebensschwäche

Bewegung in der Tragezeit trainiert die Organsysteme, verkürzt die Geburtsdauer, verringert die Totgeburtenrate und reduziert die Ausfälle der Sauen, so dass deren Nutzungsdauer länger wird. Durch Rempeleien an Einzelfressständen können allerdings etwas höhere Todesfälle der Feten (als Mumien) entstehen. Erkrankungen von Sauen (hochgradige Lahmheiten u. a.), latente oder gar klinisch manifeste Bestandsinfektionen (PRRS u. a.) und schwere Belastungen führen dagegen zu verlängerten Geburten, vermehrten Mumien, tot und lebensschwach geborenen Ferkeln sowie zu erhöhten Ferkelfrühverlusten.

Optimal ernährte Sauen haben größere Würfe, höhere Wurfgewichte und kürzere Geburten als abgemagerte oder mastige Sauen. Vor, während und nach der Geburt ist die Futterration so anzupassen, dass einerseits keine Energiedefizite, andererseits keine Geburtserschwernisse durch Verstopfung entstehen. Die Darmperistaltik kann durch Zugabe von Stroh, Kleie und gegebenenfalls von laxierenden Präparaten (z. B. Glaubersalz) angeregt werden.

Zur Schaffung eines **einheitlichen Immunstatus** gegen bestandstypische infektiöse Faktorenkrankheiten sollten die Jung- und Altsauen einer Gruppe spätestens in der 2. Trächtigkeitshälfte beieinander stehen. Durch Vakzinierung der tragenden Sauen mit Handelsvakzinen und/oder bestandsspezifischen Impfstoffen kann die Immunabwehr gegen Problemerkrankungen des Bestandes verbessert werden. Jungsauen sind einer Doppelimpfung zu unterziehen.

Eine **antiparasitäre Behandlung** aller hochtragenden Sauen ist etwa 2 Wochen vor der Geburt durchzuführen.

Die **Einstellung der Sauengruppe** erfolgt bis zum 110. Trächtigkeitstag und damit 2 Tage vor den ersten Geburten. Am Einstalltag und tags darauf ferkelnde Sauen sind oft nicht genügend eingewöhnt, wodurch längere Geburten mit höheren Ausfällen entstehen können. Vor Einstallung sollten die Sauen mit warmem Wasser gewaschen und bei Notwendigkeit gegen Ektoparasiten behandelt werden.

Kurze Abferkelperioden von 3 bis 4 Tagen sind eine Voraussetzung für ausgeglichene Ferkelgruppen insbesondere dort, wo mit Säugezeiten unter 4 Wochen gewirtschaftet wird. Sie setzen zeitgleiche Besamungen der Sauengruppe und biotechnische Maßnahmen zur Geburtensynchronisation voraus (siehe Kap. B 4.9).

2.1.2 Steuerung und Ablauf der Geburt

● **Natürlicher Geburtsverlauf**

Vorbereitung und Ablauf der Geburt werden durch komplexe Regulationen gesteuert, die in Abbildung D6 dargestellt sind. Die hormonelle Einleitung der Geburt erfolgt durch einen ansteigenden Spiegel von Steroiden aus den Nebennieren der Feten sowie durch die aus Gebärmutter und Plazenten stammenden Prostaglandine, die zur Auflösung der die Trächtigkeit schützenden Gelbkörper führen.

In den letzten Tagen vor Geburtsbeginn bedingen **Hormonwirkungen** (Relaxin, Östrogene) eine Ödematisierung des weichen und die Lockerung der Bänder des knöchernen Geburtsweges. Das Drüsen- und Gangsystem des Gesäuges füllt sich (Prolaktineinfluss), eine seröse Sekretion kann frühestens 24 h und ein deutlicher Milchfluss ab 6 bis 12 h vor der Geburt erwartet werden. Der ansteigende Östrogenspiegel beendet die Vorbereitungsphase der Geburt. Kontraktionswellen der sensibilisierten Uterusmuskulatur werden schließlich durch Oxytocin in Kombination mit Prostaglandin F2α ausgelöst. Das Säugen der ersten Ferkel aktiviert wiederum diese Hormonausschüttung und fördert damit den Fortgang der Geburt.

Die funktionellen und morphologischen Vorbereitungen werden von **Verhaltensänderungen** begleitet, die in den letzten 2 Trächtigkeitstagen zu Unruhe mit Auf- und Ablegen, häufigen Lagewechseln sowie zum Nestbauverhalten bei Strohhaltung führen. Die letzten Stunden vor der Geburt des ersten Ferkels nehmen die Sauen eine ruhige Seitenlage ein, in der Uteruswehen die **Austreibungsphase** einleiten. Zu diesem Zeitpunkt beginnen sich die Plazenten zu lösen, was zu Sauerstoffmangelzuständen der zuletzt geborenen Tiere insbesondere bei einer langen Geburtsdauer führen kann. Durch zusätzliche Bauchpresse werden die Ferkel vorgeschoben, der Druck auf den Geburtsweg nimmt zu und vollendet die Öffnung des Gebärmutterhalses. Dann platzen die Fruchtblasen und schleimen den Geburtsweg ein. Das Ferkel be-

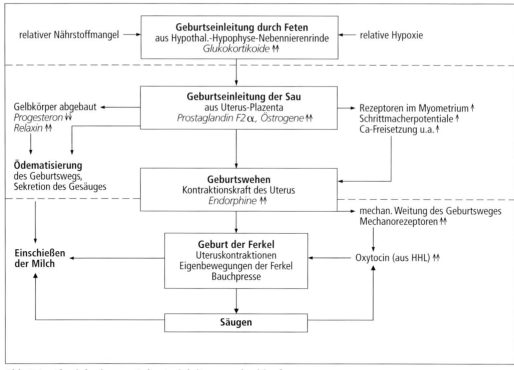

Abb. D6 Physiologie von Geburtseinleitung und -ablauf.

Tabelle D20: Stadien eines normalen Geburtsablaufes

1. Vorbereitung: 2–3 Tage a.p.	• Durchsaftung des Geburtsweges • Lockerung von Symphyse und Beckenbändern • Nestbauverhalten
2. Eröffnung:	• Uteruswehen und Öffnung des Geburtsweges • Fruchtblasen platzen → Einschleimung • Einschießen der Milch
3. Austreibung:	• Uteruswehen werden stärker (20–25 Kontraktionen/h) • Bauchpresse wird hinzugefügt
4. Nachgeburtsstadium:	• Abgang der letzten Nachgeburten bis 1,5 h nach Geburtsende
5. Pueperalstadium: 2–3 Wochen	• Rückbildung des Uterus, Drüsenschleimhaut regeneriert Hauptpuerp.: Nach- und Spätpuerp.: neue Follikelbildung: Lochialfluss bis 3 Wochen ab 6–7 Tage p.p. wenige Tage

freit sich in der Geburt von den Eihäuten, so dass nach Geburtsende eine ungehinderte Atmung möglich ist.

Die einzelnen Stadien von der Vorbereitung der Geburt bis zum Abschluss des Puerperiums sind in Tabelle D20 aufgeführt.

Etwa zwei Drittel aller Ferkel werden in **Vorderendlage** mit an den Leib nach hinten angelegten Vordergliedmaßen geboren, ein Drittel der Tiere erreicht in **Hinterendlage** mit vorangestreckten Beinen die Außenwelt. Insbesondere bei diesen Tieren kann ein verzögerter Geburtsablauf zum vorzeitigen Absterben führen, wenn erste Atemzüge im Geburtsweg erfolgen.

Die Uterushörner geben in der Regel wechselnd die Feten ab; ein Horn kann sich auch schneller als das andere leeren. In seltenen Fällen überspringt ein Ferkel das vorangegangene noch im Geburtsweg, und nicht selten werden 2 Ferkel direkt nacheinander geboren.

Die **Geburtsverlauf** variiert zeitlich sehr stark und stellt eine schwere Belastung für Sau und Neugeborene dar. Das einzelne Ferkel wird jedoch normalerweise leicht geboren. Der Übergang von der frischen zur verschleppten Geburt ist fließend. Normale (frische) Geburten fallen innerhalb von 3 bis 4 Stunden. Doch selbst dann bestehen für die letztgeborenen Ferkel unabhängig von medikamentellen Eingriffen geringere Überlebenschancen infolge zunehmenden Sauerstoffmangels. Diese Situation wird verschärft bei verzögerten Geburten, die 8 und mehr Stunden benötigen. Während die Sau unter diesen Bedingungen gewöhnlich noch einen ungestörten Gesundheitszustand aufweist, führt jeder weitere Zeitverzug zur verschleppten Geburt mit einem deutlichen Anstieg von Totgeburten; häufig folgen Puerperalerkrankungen des Muttertieres. Derartige Geburtsstörungen sind nicht selten auf eine vorbestehende Erkrankung mit primärer Wehenschwäche oder auf die Erschöpfung der Sau mit sekundärer Wehenschwäche bei Geburtshindernissen zurückzuführen.

Stellungs- und Lagefehler der Ferkel können ebenso wie übergroße Früchte zur Stockung der Geburt führen, z. B. bei einer beidseitigen Hüftbeuge- oder Kopf-Brust-Haltung und dieses insbesondere bei sehr schweren Feten. Enge Geburtswege bei leichten Jungsauen werden insbesondere dann zum Problem, wenn kleine Würfe starke Ferkel entwickelt haben. Der Geburtsablauf wird in der Regel durch abgestorbene Feten verzögert.

Durch starke **Belastungen** (große Unruhe, Schmerz bei Verletzungen, Überhitzung im Stall) können die physiologischen Regulationen gestört werden, da es zur Freisetzung gegenläufig wirkender Stresshormone kommt. Lärmintensive Arbeitsgänge oder Angst verbreitende Maßnahmen dürfen daher nicht in die Abferkelperiode fallen. In Tabelle D21 sind die wesentlichen endogenen und exogenen Faktoren zusammengestellt, die zu verlängerten Geburten führen.

Nach beendeter Geburt und dem ersten Säugen der Ferkel stehen die Sauen häufig auf, bzw. sie sollten freundlich aufgetrieben werden.

Tabelle D21: Verlängerung der Geburtsdauer durch endogene und exogene Faktoren

Exogene Faktoren	Endogene Faktoren
• Infektionen	• Trächtigkeitsdauer > 117 Tage
• Intoxikationen	• große Würfe
• Belastungen vor/in der Geburt	• absolut zu große Früchte
• rüder Umgang, Schmerzen	• abgestorbene Ferkel
• Ernährungsmängel	• Konditionsschwäche der Sau
• Mastkondition	• Erkrankung der Sau
• Verstopfung	• primäre/sekundäre Wehenschwäche
• Wassermangel	
• ungeeignete Fütterung vor der Geburt	
• extrem bewegungsarme Haltung	

Sie interessieren sich jetzt für die Ferkel und ihre Umgebung und nehmen gerne breiiges Futter und Wasser auf.

Die letzten **Nachgeburten** gehen innerhalb einer Stunde, gelegentlich aber mit größerer Verzögerung ab. Eigentliche Nachgeburtsverhaltungen von über 10 und mehr Stunden entstehen beim Schwein relativ selten und dann in Verbindung mit sehr spät ausgestoßenen, oft faulttoten Ferkeln, denen nicht selten Puerperalerkrankungen folgen. Derartige Sauen erfordern die besondere Aufmerksamkeit in der Betreuung.

In der frühen **Reinigungsphase** entlässt die Gebärmutter über ein bis zwei Tage nach der Geburt einen geringen geruchlosen, wässrig-schleimigen Ausfluss. Die Uterus-Involution ist nach 16 bis 20 Tagen post partum abgeschlossen. Erst dann ist der frühestmögliche Zeitpunkt einer neuen Belegung erreicht, die hohe Fruchtbarkeits- und Abferkelergebnisse erwarten lässt.

● **Biotechnische Geburtensteuerung**

Zur **Synchronisation der Geburten** einer Sauengruppe kann durch eine Prostaglandin-Injektion (siehe Kap. B 4.9) am 114. Tragetag das synchrone Abferkeln der noch zur Geburt anstehenden Sauen erreicht werden. Eine nach 24 Stunden folgende **Geburtsinduktion** wird häufig durchgeführt, um die ausstehenden Abferkelungen noch stärker zu konzentrieren und innerhalb von etwa 8 Stunden zum Abschluss zu bringen. Der Erfolg dieser Maßnahme ist kritisch zu beobachten. Sie sollte nach hiesiger Erfahrung

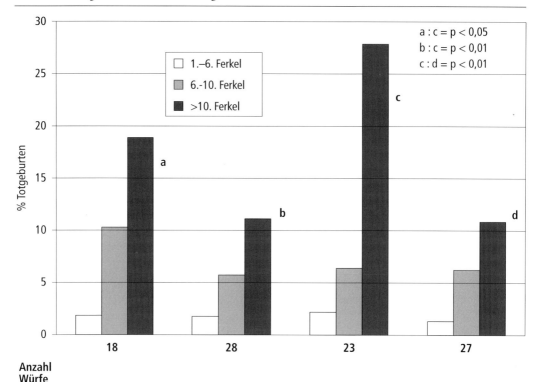

a) → Geburten ohne Medikation
b) → Prostaglandin-Injektion am 114. Trächtigkeitstag **vor** begonnener Geburt
c) → wie b, nach 24 Stunden Depotoxytocin-Injektion **vor** begonnener Geburt
d) → wie b, aber Depotoxytocin-Injektion **nach** begonnener Geburt

Abb. D7 Totgeburtenquoten der Altsauen in den Geburtsdritteln einer Abferkelgruppe nach unterschiedlichen Medikationen.

nur dort angewendet werden, wo gut konditionierte Sauen im Gruppenmittel eine kurze Geburtsdauer mit normalen Totgeburtenquoten nach der Applikation haben. Einer zu frühen Stimulation der Uterusmuskulatur kann eine verlängerte Geburtsdauer mit mehr Totgeburten bei solchen Sauen folgen, die erst mehrere Stunden nach der Hormongabe mit der Geburt beginnen (Abb. D7). Beispielsweise hatten Tiere mit einem Geburtsbeginn von über 2 Stunden Abstand nach der Applikation eine Geburtsdauer von 3,8 Stunden mit 12,8 % Totgeburten im Vergleich zu Sauen, die innerhalb der ersten beiden Stunden nach der Hormongabe ferkelten (2,6 h und 8,5 %). Daher sollte bei bestehender Notwendigkeit – insgesamt zu lange Geburten und zu hohe Totgeburtenquoten bei Altsauen – ein Depotoxytocin-Präparat besser nach dem 3. bis 6. Ferkel injiziert werden. Entsprechende Applikationen ergaben im gleichen Betrieb eine Geburtsdauer von 2,1 h mit 6,2 % Totgeburten. Diese Behandlung beschleunigt den weiteren Geburtsverlauf und verringert den Anteil der durch O_2-Mangel tot und lebensschwach geborenen Ferkel (Abb. D7). Allerdings setzt diese mesophylaktische Medikation eine intensive Betreuung der ferkelnden Sauengruppe mit genauer Kenntnis der Geburtsverläufe voraus.

2.1.3 Geburtshilfe und Ferkelwache

Der Tierhalter führt **geburtshilfliche Eingriffe** bei Notwendigkeit zunächst selbst durch. Dazu ist Sachkenntnis erforderlich, die über eine geeignete Ausbildung, langjährige Erfahrung und die notwendige Kommunikation mit dem Haustierarzt erlangt wird.

Die **Geburtshygiene** erfordert eine Reinigung und Desinfektion der Genitalregion, die Verwendung von Gleitmittel und sterilem Handschuh sowie die Durchführung gefühlvoller Auszugsversuche. Verletzungen des weichen Geburtsweges sind zu vermeiden, da diese Eintrittspforten für Erreger und Ursachen nachfolgender Puerperalerkrankungen bilden. Narbenbildungen können überdies spätere Geburten behindern. Bei Sauen mit manueller Geburtshilfe ist ein deutlich höherer Anteil an Puerperalerkrankungen, insbesondere an Endometritiden, zu erwarten.

Die **tierärztliche Geburtshilfe** wird in Problemfällen nach Untersuchung des Allgemeinbefindens der Sau und des Geburtsweges bei Beachtung des bisherigen Gebärverlaufes auf konservative oder operative Weise durchgeführt. Der Kaiserschnitt ist bei Verlegung des Geburtsweges bzw. bei Erkrankungen mit primärer Wehenschwäche im Früh- und Hochstadium der Geburt angezeigt. Eine rechtzeitige Sectio wird von der Sau gut vertragen, sie ist ökonomisch zu rechtfertigen. Der Euthanasie aus wirtschaftlichen Gründen stehen ernsthafte ethische Bedenken entgegen, während die Tötung bei stark verzögerten Geburten mit autolytischen Feten und hochgradig verändertem Allgemeinbefinden der Sau ein letzter Ausweg ist.

Die **Geburts- und Ferkelwache** bildet einen unverzichtbaren Bestandteil einer qualifizierten Tierbetreuung, selbst wenn sie in großen Betrieben vielfach weggelassen wird. Die hierzu erforderlichen Aufwendungen sind von den örtlichen Bedingungen und hier vor allem von der Kondition der Sauen, dem Ablauf der Geburten, der Totgeburtenquote und den Ferkelfrühverlusten abhängig. Bei einem 3-Wochen-Rhythmus sind 2 bis 3 Tage und Nächte einzuplanen.

2.2 Abferkelleistungen

Als **Abferkelleistungen** interessieren die Größe und das Gesamtgewicht des Wurfes, der Anteil tot, lebend und aufzuchtfähig geborener Ferkel sowie die mittlere Ferkelmasse und deren Streuung. Normalerweise liegen die Differenzen zwischen Jung- und Altsauenwürfen bei 1,0 bis 1,5 geborenen bzw. 0,7 bis 1,2 abgesetzten Ferkeln. Größere Unterschiede verweisen auf Mängel im Jungsauenmanagement. Fehlende Differenzen lassen Fehler in der Fortpflanzungssteuerung der Altsauen vermuten, sofern nicht Dokumentations- bzw. Auswertfehler vorliegen.

2.2.1 Wurfgröße

Die Wurfgröße hängt wesentlich von der Ovulationsrate, dem Besamungszeitpunkt sowie der embryonalen und fetalen Mortalität ab. Sie wird von den lebend und tot geborenen Ferkeln gebildet, die Mumien zählen nicht dazu. In Abbildung D8 sind die vielfältigen Faktoren mit ihren wechselseitigen Beziehungen zusammengestellt, die die Wurfgröße positiv (fördernd) oder negativ (hemmend) beeinflussen.

Die Ferkelanzahl differiert in den Würfen in recht weiten Grenzen, deren Einengung ein Ziel züchterischer Maßnahmen und deren Ausgleich eine Aufgabe der Betreuung ist.

Gelegentlich werden die „aufzuchtfähig geborenen Ferkel", die das eigentliche Produktionsziel zu diesem Zeitpunkt darstellen, als Bezugsgröße für die Aufzuchtverluste herangezogen. Damit ist allerdings eine ungenaue Definition und willkürliche Beeinflussung der Abgangszahlen verbunden, da sich dieser Parameter aus der Differenz der lebend geborenen Tiere abzüglich der am 1. Tag gemerzten und verendeten Ferkel ergibt. Die Aufzuchtverluste sollten daher auf die lebend geborenen Ferkel bezogen werden; Gesamtverluste beziehen die Totgeburten ein. Die Bewertung der Höhe verlangt in jedem Fall deren Definition und die Beachtung der Abferkel- und Aufzuchtleistungen.

Das Abferkel- und Aufzuchtergebnis ist insofern aufeinander bezogen, als größere Würfe im Mittel mehr abgesetzte Ferkel erbringen, obwohl die Verluste mit zunehmender Wurfgröße ansteigen (Abb. D9). Hierdurch wird der Anzahl aufzuziehender Ferkel eine natürliche Grenze gesetzt, die etwa bei der Zahl funktionsfähiger Zitzen liegt.

2.2.2 Geburtsgewicht

Das **Geburtsgewicht** bildet den entscheidenden Parameter für die Überlebensfähigkeit des Ferkels und damit den größten Risikofaktor für Erkrankungen und Verluste. Schwere Ferkel ha-

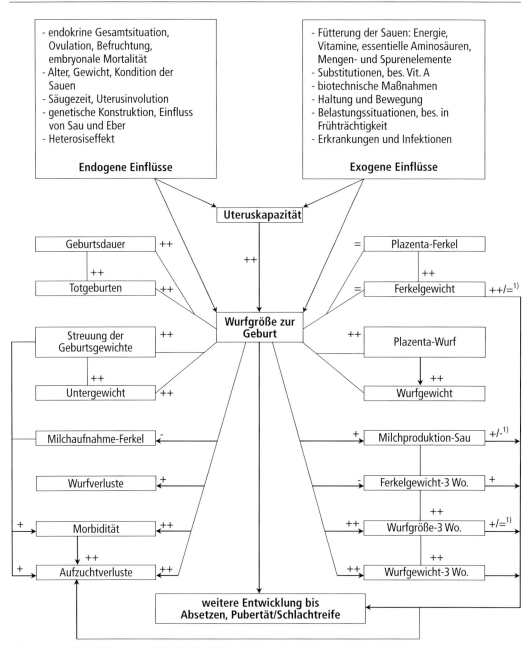

Abb. D8 Einflussfaktoren auf die Wurfgröße und deren Beziehung zu Gesundheits- und Leistungsparametern (1: -/=; +/++: mittlere/hohe negative bzw. positive Korrelation).

ben eine Reihe biologischer Vorteile, wie eine größere Körperoberfläche, höhere Energiereserven, einen höheren Hämatokritgehalt und geringere Cortisol-Dauerwerte. Das ermöglicht ihnen eine stärkere Wärmebildung bei gleichzeitig geringeren Wärmeverlusten sowie eine bessere Kompensation der vielfältigen Belastungen bei einer insgesamt höheren Vitalität, die zur früheren und intensiveren Kolostrumaufnahme mit wiederum positiven Folgen für die Energiezufuhr und Immunabwehr führt. Solche Ferkel wachsen schneller und nehmen mehr Beifutter auf, was die Futterumstellung beim Absetzen wiederum erleichtert.

Optimale **Ferkelgewichte** liegen bei 1500 bis 1600 g, besser bei 1600 bis 1800 g. Männliche Tiere sind im Mittel 30 bis 50 g schwerer als die weiblichen, haben aber dennoch ungünstigere Aufwuchsresultate. Das Geburtsgewicht ist weiterhin vom Betriebseinfluss (Management, Fütterung), von der Genetik der Sauen, von der Tragedauer, von der Wurfgröße sowie vom Gewicht und Alter der Jungsauen, die nicht vor dem 345. Lebenstag ferkeln und über 220 kg wiegen sollten, abhängig.

Zwischen Geburtsgewicht sowie Plazentamasse und -oberfläche besteht ein enger Zusammenhang (r = + 0,75 bis 0,85), weshalb größere Sauen mit größerer Gebärmutter höhergewichtige Ferkel und größere Würfe entwickeln. Die Würfe der Altsauen sind aus diesem Grund bei der Geburt um 2 bis 3 kg schwerer als die der Jungsauen, wenn ausreichende Zeit für die Rückbildung der Gebärmutter nach der Geburt gegeben war.

Wurfgröße und Ferkelgewicht sind miteinander negativ korreliert, da mit steigender Wurfgröße das mittlere Ferkelgewicht zurückgeht (ab 10 bis 12 Neugeborene minus 20 bis 40 g je Ferkel). Weiterhin nimmt in großen Würfen die Streuung der Geburtsgewichte innerhalb des Wurfes zu, wodurch der relative Anteil schwacher Ferkel ansteigt.

Die **Entwicklung der Abferkelergebnisse** in den vergangenen 3 Jahrzehnten ergibt eine Erhöhung von 1,0 bis 1,5 lebend geborenen Ferkeln je Wurf, was einerseits auf einen Masse- und Größenzuwachs der Sauen und zum anderen auf die Nutzung des Heterosiseffektes in Kreuzungswürfen zurückzuführen ist. Selbst wenn zukünftig die Wurfgröße durch gezielte Anpaarung auf genetischer Basis erhöht und dadurch deren geringe Erblichkeit (h^2 = ≤ 0,1) umgangen werden könnte, bleibt die Frage nach dem Sinn derartigen Vorgehens, denn ein optimaler Leistungszuwachs kann nur im Rahmen der morphologischen und physiologischen Möglichkeiten des Organismus erreicht werden.

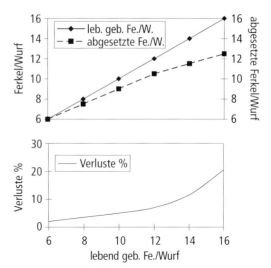

Abb. D9 Wurfgröße bei der Geburt und beim Absetzen bei Beachtung der mit der Wurfgröße exponentiell ansteigenden Aufzuchtverluste.

2.3 Mumifizierte Früchte

„Mumien" sind ab etwa der 5. Lebenswoche abgestorben. Sie werden als mazerierte und/oder mumifizierte Früchte während der Normalgeburt ausgestoßen, wenn es sich nur um einzelne oder wenige Frühausfälle handelt. Die Ursachen können genetisch bedingt sein. Beim Absterben mehrerer Früchte handelt es sich eher um hormonelle oder erregerbedingte Ursachen. Anhand des Gewichtes und der Scheitel-Steiß-Länge (SSL) kann auf den Absterbezeitpunkt geschlossen werden. Dabei ist zu beachten, dass der mumifizierte Fetus um etwa 30 % schrumpft.

Die Geburtsmasse der Mumien liegt im Mittel bei 300 bis 500 g mit weiten Schwankungen zwischen < 50 g und > 1000 g. Höhere Ausfälle als mittlere 0,2 bzw. 0,3 Mumien je Jung- bzw. Altsauenwurf entstehen bei traumatischen Einwirkungen, Infektionen und Intoxikationen. Bei PRRS entstehen zeitweise bis zu 3,0 und mehr Mumien je Wurf im Gruppendurchschnitt. Jungsauen reagieren bei florierendem Infektionsgeschehen in der Regel mit mehr Aborten, Mumien und Totgeburten als Altsauen, die meist eine günstigere Abwehrlage haben.

Die Kenntnis der **mittleren Anzahl Mumien** je Wurf in einer Abferkelgruppe ist wie die der Aborte und Totgeburten ein unverzichtbarer Bestandteil der laufenden Gesundheitsüberwachung. Das gilt insbesondere auch deshalb, weil diese Ausfälle nicht nur bei faktorenabhängigen Infektionen (Parvovirose, PRRS) und Intoxikationen (Mykotoxine), sondern auch bei anzeigepflichtigen Seuchen (Europäische Schweinepest, Aujeszkysche Krankheit, Brucellose) vermehrt auftreten.

2.4 Tot geborene Ferkel

Totgeburten sind voll entwickelt, jedoch ohne Lebensäußerung. Ihr prozentualer Anteil wird auf die gesamt geborenen Ferkel (ohne Mumien) bezogen. Sie bilden gemeinsam mit den am ersten Lebenstag verendeten bzw. gemerzten Tieren die perinatalen Verluste. Bei fehlender Geburtsüberwachung und nur gelegentlichem Betreten des Abferkelstalles zum Geburtszeitraum werden die nach der Geburt (p.p.) verendeten Tiere häufig den Totgeburten zugerechnet, die dann um 2 bis 4 % über dem tatsächlichen Anteil liegen.

Die Anteile an tot und lebensschwach geborenen Ferkeln steigen wie auch die Aufzuchtverluste mit der **Wurfgröße** im statistischen Mittel exponentiell an (Abb. D10), was auf die in großen Würfen abnehmenden durchschnittlichen Ferkelgewichte sowie zunehmenden Gewichtsstreuungen zurückzuführen ist. Leichte Ferkel sind danach stärker gefährdet. Totgeburten haben bei großen betrieblichen Unterschieden ein um 200 bis 300 Gramm geringeres Gewicht als ihre lebenden Wurfgeschwister. Andererseits kommen auch sehr große Früchte aus sehr kleinen Würfen insbesondere bei Jungsauen relativ häufiger durch Geburtsprobleme ad exitum.

Der Tod ist die Folge einer unterbrochenen O_2-Zufuhr durch Lösung der Plazenta und/oder Unterbrechung der **Nabelschnur**, die bei den allermeisten Totgeburten bereits vor dem Geburtsende durchtrennt ist. Bei Sauerstoffmangel entsteht eine Hypoxie mit nachfolgender Azidose, deren erhöhter CO_2-Partialdruck das Atemzentrum erregt und erste Atemzüge bereits im Geburtsweg auslöst (Tab. D22).

Die **Austreibung der Totgeburten** dauert länger als die der lebenden Ferkel (30 Minuten bis über 1 Stunde), da durch fehlende Eigenbewegung sowohl die aktive Teilnahme am Geburtsvorgang als auch die taktile Reizung des Uterus zur Auslösung neuer Kontraktionen wegfallen.

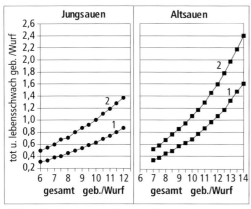

Abb. D10 Exponentieller Anstieg der tot und lebensschwach geborenen Ferkel in Beziehung zur Wurfgröße (2 Bewertungsklassen, PRANGE 1981).

Tabelle D22: Stoffwechseltod in der Geburt (Azidose) als Folge des Sauerstoff (O_2)-Mangels

primäre Auswirkungen	sekundäre Auswirkungen
• O_2-Mangel (Hypoxie, verstärkt bei Anämie) Glykogenabbau in anaerober Glykolyse	• metabolische Übersäuerung (Azidose): Laktat ↑, pH ↓, p CO_2 ↑, p O_2 ↓
• verstärkte Darmperistaltik: Öffnen des Sphinkter ani und Abgang von Mekonium	• **Mekonium** in Amnionflüssigkeit, auf Haut
• Aktivierung des Atemzentrums infolge erhöhtem CO_2-Partialdruck	• **vorzeitige Atmung**, Fruchtwasser mit Mekonium im Atmungs- und vorderen Verdauungstrakt
• keine O_2 Aufnahme (Anoxie)	• **Lebensschwäche** bzw. **Tod** in gemischt respiratorisch-metabolischer Azidose

2 Gesundheit und Leistungen in den Altersgruppen

Genetische Faktoren sind wie bei anderen Fruchtbarkeitsmerkmalen nur gering beteiligt. Chromosomenberrationen können in Einzelfällen Tot- und Missgeburten verursachen, auch einzelne Eber weisen gelegentlich höhere Ausfallquoten unter ihren Nachkommen auf. Unterschiede zwischen verschiedenen Rassen und Linien sind letztlich auf deren Differenzen in den Wurfgrößen und Ferkelgeburtsgewichten zurückzuführen. **Kreuzungswürfe** haben als positive Folge des Heterosiseffektes bei gleichem Geburtsgewicht weniger tot und lebensschwach geborene Ferkel als vergleichbare Reinzuchtwürfe. Die Ausfallrate ist bei **männlichen Ferkeln** in der Regel höher als bei weiblichen, obwohl sie im Mittel ein höheres Geburtsgewicht haben.

Eine Übersicht zu den vielfältigen **Ursachen der Totgeburten** und deren Beziehungen zu anderen Parametern gibt die Abbildung D11. Vor und zu Beginn der Geburt sterben etwa 10 bis 20 % der tot geborenen Ferkel, verursacht durch heftige traumatische Einwirkungen, Infektionen und sonstige Erkrankungen im geburtsnahen Zeitraum. Während der Austreibungsphase verenden 80 bis 90 %, davon bis zu Dreiviertel im letzten Geburtsdrittel (s. Abb. D7). Zuletzt geborene Ferkel haben häufi-

Tabelle D23: Merkmale zur Bestimmung des Absterbezeitpunktes von Totgeburten

- Absterben vor Geburtsbeginn
  - deutliche Autolyse (grau-weiße Verfärbung der Organe, Ödematisierung)
- Absterben zwischen Geburtsbeginn und -ende
  - Darmpech auf grauer Haut; in Maulhöhle, Lunge, Magen
  - Muskulatur, Organe, Unterhaut ödematös
  - Lunge sinkt im Wasser (Schwimmtest)
- Absterben direkt nach der Geburt
  - frische Haut ohne Darmpech, trockene Nabelschnur
  - Ferkel häufig von Fruchthüllen umschlossen
  - ausklingender Herzschlag, Schnappatmung

ger gerissene Nabelschnüre, was auf deren Dehnung bei mangelhafter Retraktion der Uterushörner zurückzuführen ist. Der Absterbezeitpunkt kann anhand morphologischer Merkmale recht gut beurteilt werden (Tab. D23).

Bei zahlreichen Feten ohne erkennbare Atmung kann post partum noch Herztätigkeit nachgewiesen werden, die nach einigen Minuten erlischt. Sie bildet die Voraussetzung für **Reanimationsversuche** bei gut entwickelten Ferkeln

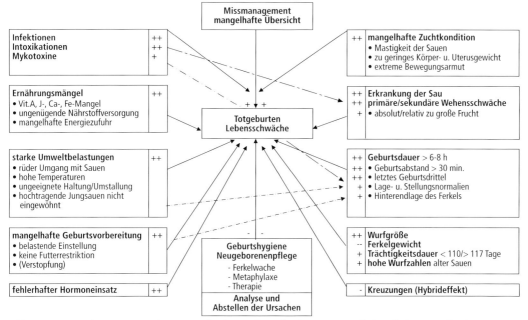

Abb. D11 Ursachen von Totgeburten und Lebensschwäche (–/=; +/++: mittlere/hohe negative bzw. positive Korrelation).

durch Befreiung der Atemwege von Fruchtwasser, durch Thoraxdruck als Herzmassage zur Anregung der Atmung, kaltes Abduschen und Trocknen sowie durch medikamentelle Anregung des Atemzentrums.

Die gute Hälfte aller Würfe hat keine Totgeburten. Sauen mit mehr als 2 bis 3 tot und lebensschwach geborenen Ferkeln können bereits vorgeschädigt bzw. durch die Geburt so geschwächt sein, dass häufig eine Puerperalerkrankung nachfolgt. Diesen Tieren ist beizeiten eine besondere Aufmerksamkeit zu widmen. Gleiches gilt für Sauen, die in vorangegangen Würfen Geburts- und Gesundheitsprobleme hatten. Nachfolgende Sauenerkrankungen führen in aller Regel zu hohen Aufzuchtverlusten.

Als obere Normwerte für Totgeburten können 6 % bei Jungsauen und 8 % in Altsauenwürfen bei optimalen Wurfgrößen akzeptiert werden. Höhere Totgeburtenanteile bedürfen der Aufklärung aus wirtschaftlichen und seuchenhygienischen Gründen, letzteres auch deshalb, weil sie gehäuft bei anzeigepflichtigen Krankheiten (Schweinepest, Aujeszkysche Krankheit u. a.) entstehen.

2.5 Lebend geborene Ferkel

2.5.1 Lebensschwach geborene Ferkel

Die **Lebensfähigkeit** der neugeborenen Ferkel steht zunächst in enger Beziehung zum Geburtsverlauf der Ferkel. Lange und verschleppte Geburten führen zur Lebensschwäche infolge O_2-Mangel (Hypoxie) insbesondere der letztgeborenen Ferkel, sofern diese nicht bereits intrapartal abgestorben sind. Die Folge ist eine verringerte Vitalität der Neugeborenen. Diese Tiere erreichen relativ spät die Milchleiste, nehmen zu wenig Milch auf und können ihr ohnehin vorhandenes Energiedefizit nicht beizeiten ausgleichen.

Das **Absterben der jeweils leichtesten Ferkel** in und nach der Geburt kann auch als ein biologischer Regelmechanismus verstanden werden, der die schwächsten Tiere beizeiten selektiert. Daher ist das Merzen untergewichtiger wie missgebildeter Ferkel biologisch gerechtfertigt, wirtschaftlich sinnvoll und aus Tierschutzgründen angemessen. Die jeweils untere Gewichtsgrenze der Aufzuchtfähigkeit wird von den betrieblichen Bedingungen bestimmt und hier insbesondere von der Synchronität der Geburten und den Möglichkeiten des Umsetzens, der Zuchtkondition der Sauen und vor allem von der Betreuungsintensität vor Ort. Empfehlungen zur Merzungsgrenze schwanken daher erheblich; zu orientieren ist auf etwa 800 g als untere Grenze der Aufzuchtwürdigkeit. Häufig werden die Ferkel unter 1000 g als Problemtiere angesehen und nur bedingt zur Aufzucht herangezogen.

Die Gewichtsdefizite einzelner Neugeborener werden durch nachfolgendes Wachstum nicht kompensiert. Bessere Chancen haben allerdings durchgehend leichtere Ferkel aus sehr großen Würfen, sofern ein Wurfausgleich vorgenommen wird. Deren Mindergewicht ist nicht auf genetische Ursachen sondern auf intrauterine Versorgungsmängel infolge Raumnot zurückzuführen.

Lebensschwäche besteht weiterhin bei erblich verursachten **Missbildungen** (Analverschluss) und entwicklungsbedingten **Anomalien** (hochgradiges Spreizsyndrom). Derartige Ferkel sind zu merzen und deren Wurfgeschwister nicht zur Zucht zu verwenden.

Der **Anteil lebensschwach geborener Ferkel** ist vom Gewicht und Alter der Sauen, von der Wurfgröße, dem mittleren Ferkelgewicht und dessen Streuungen abhängig. Lebensschwache Ferkel sollten 5 bzw. 6 % der lebend geborenen Ferkel in Jung- bzw. Altsauenwürfen nicht übersteigen. Die Obergrenze der tot und lebensschwach geborenen Ferkel sollte nicht über 11 % (JS) bzw. 13 % (AS) liegen. Um dieses Ergebnis nicht zu überschreiten, sollten die in Tabelle 24 zusammengestellten Maßnahmen beachtet werden.

2.5.2 Aufzuchtfähige Ferkel

Das **neugeborene Ferkel** strebt so schnell als möglich zum Gesäuge, um frühzeitig Kolostrum aufzunehmen. Die **Vitalität** kann anhand von Verhaltensmerkmalen beurteilt und durch physiologische Parameter im Experiment objektiviert werden. Erstere sind durch die vergehende Zeit bis zum Aufstehen (bis ca. 15 min.), Laufen (20 min.) und bis zum Erreichen einer Körperseite (8–30 min) zu beurteilen. Je kürzer diese Zeiten, desto besser sind die Überlebenschancen. Ein Maximum an Kolostralmilch soll daher bereits in den ersten 4 bis 6 Lebensstunden, vor allem in der ersten Stunde aufgenommen werden, denn die Resorptionsfähigkeit der Immunglobuline sinkt um etwa 50% in den der Geburt folgenden 12 Stunden ab.

Die Sau kommuniziert mit dem Nachwuchs nach der Geburt des ersten Ferkels durch häufige Lockrufe, hinzu kommt eine zunehmende Wachsamkeit frei beweglicher Muttertiere. In Einzelfällen wird der Nachwuchs von Jungsauen abgebissen, was durch Vorlegen eines toten Ferkels (im Kastenstand), gegebenenfalls auch durch die medikamentelle Ruhigstellung des Muttertieres unterbunden werden kann. Die in der 2. Hälfte einer normalen Geburt geborenen Ferkel erreichen infolge der Lock- und Kontaktrufe relativ schneller das Gesäuge als die Erstgeborenen.

Die **Entwicklung der Körpertemperatur** nach der Geburt ist von besonderer Bedeutung für die Vitalität und damit für die Kolostralmilchaufnahme und Überlebenschance. Leichte Ferkel haben unter gleichen Bedingungen einen stärkeren Abfall der Körpertemperatur post partum als schwere Tiere (Abb. D12). Die Temperatur fällt weiterhin mit zunehmendem Zeitverzug zwischen der Geburt und der ersten Milchaufnahme, wobei leichte Ferkel stärker betroffen sind. Dieser

Tabelle D24: Maßnahmen zur Verringerung der tot und lebensschwach geborenen Ferkel

- Periodisches Abferkeln, Rein-Raus-Belegung, kurze Wurfperioden in kleinen Ställen
- Gesunde, gut konditionierte Sauen
- Optimal ernährte und angepasst gefütterte Sauen (breiiger Kot zur Geburt)
- Nutzung des Hybrideffekts zur Vitalitätserhöhung
- Hohe Ferkelgewichte mit geringen Streuungen
- Vermeidung stärkerer Belastungen und Erregungen vor und in der Geburt
- Kurze Geburtsdauer, ggfs. medikamentell nach Geburtsbeginn stimuliert
- Intensive Geburtsüberwachung von Sau und Ferkeln, Wiederbelebung scheintoter Tiere
- Abtrocknen der Neugeborenen, schnelle Kolostrumaufnahme
- Keine Zuchtverwendung von Ferkeln aus Würfen mit mehreren tot und lebensschwach geborenen sowie mit anormalen und missgebildeten Ferkeln
- Optimale Umweltgestaltung (Stallklima, Mikroklima des Ferkelliegeplatzes, Fußbodengestaltung, Sauenstände)

negative Effekt wird durch niedrige Stalltemperaturen verstärkt. Die Wärmeverluste der Ferkel können dagegen durch höhere Temperaturen in der Abferkelperiode (22–23 °C; nur bei stark wärmeleitendem Sauenliegeplatz!), durch eine

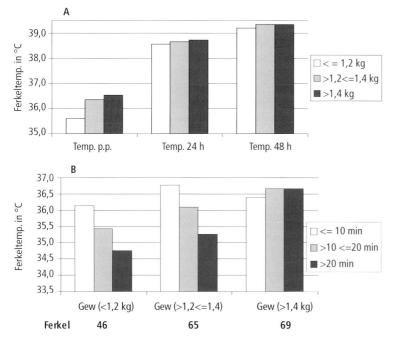

Abb. D12 Entwicklung der Körpertemperaturen post partum (p. p.) in Abhängigkeit vom Geburtsgewicht (A) und der Zeitdauer zwischen Geburt und Erreichen des Gesäuges (B) sowie deren Normalisierung in den folgenden 2 Tagen (180 Ferkel aus Jungsauenwürfen, optimaler Experimentierstall).

Wärmelampe hinter der Sau, vor allem aber durch ein schnelles Abtrocknen und Ansetzen der Ferkel verringert werden. Schwere Ferkel erreichen früher die Normaltemperatur (um 39,5 °C) als die leichteren, deren Defizite auf eine ungünstigere Masse-Oberfläche-Relation sowie auf einen geringeren Energievorrat (Glykogen) und Hämoglobingehalt mit verminderter Sauerstofftransportkapazität zurückzuführen sind.

Eine frühe **Kontamination mit Erregern** ist besonders bei Kastenstandhaltung zu erwarten, da sich der Abkotbereich der Sau und der Geburtsort der Ferkel an gleicher Stelle befinden. Neben laufenden Reinigungsarbeiten können Zwischendesinfektionen der Buchten und Tiere mit milden organischen Säuren sinnvoll sein, um die Keimanreicherung in der Abferkelperiode zu verringern. Bei hohem Keimdruck in großen Ställen und Sauengruppen sind die letztgeborenen Würfe oft stärker betroffen. Nachgeburten und tote Ferkel werden in leicht desinfizierbaren Behältern gesammelt, nicht aber auf dem Stallgang abgelegt, wo sie einen geeigneten Nährboden für Erreger hinterlassen.

Die **Begleitung der Geburt** und die **Pflegemaßnahmen** in dieser frühen Lebensphase stellen wesentliche Weichen für die weitere Entwicklung der Ferkel. Sie beeinflussen die Höhe der Ferkelfrühverluste, die folgenden Ferkelerkrankungen und frühen Lebenstagzunahmen. Die durch Körpermasse, Innentemperatur und O_2-Versorgung in der Geburt bestimmte Vitalität der Ferkel beeinflusst deren Saugaktivität und Kolostrumaufnahme. Somit liegt ein circulus vitiosus vor, der durch die Temperaturverhältnisse und Energieaufnahme p.p. wesentlich bestimmt wird.

Eine **umsichtige Geburtsüberwachung** wirkt in die postpartale Phase hinein, indem die Gesundheit der Sauen kontrolliert und dadurch deren Krankheitsgefährdung verringert wird, wodurch wiederum Ursachen für weitere Ferkelverluste eingeschränkt werden. Das **Fiebermessen** der Sauen über 2 bis 3 Tage ist neben der mehrmals täglichen Kontrolle der Futteraufnahme, der Milchabgabe und des Allgemeinbefindens eine frühdiagnostische Maßnahme, auf die in Problembeständen nicht verzichtet werden sollte. Die Temperaturwerte sind in der Puerperalphase auf bis zu 39,5 °C erhöht; Werte über 40 °C erfordern therapeutische Eingriffe.

Die Farbtafel 5 (siehe Seite 325) zeigt Mumien, tot, lebensschwach und vital geborene Ferkel.

2.6 Aufzuchtleistungen

Schwere Ferkel wachsen bis zum Mastende schneller als leichte, so dass sich die Gewichtsunterschiede vergrößern (Tab. D25). Bei 250 bis 300 g Tageszunahmen werden Gewichte von 7 bis 8 kg nach 3 Wochen bzw. von 10 bis 11 kg nach 4 Wochen Säugezeit erreicht. Voraussetzungen für solch hohe Leistungen sind ein sehr guter Gesundheitszustand und eine fehlerfreie Fütterung der Sauen (Zusammensetzung des Futters, Fütterungshygiene und -technik) sowie ein optimal klimatisierter Stall (18–22 °C) und Ferkelliegebereich (isolierter bzw. beheizter Boden). Frühes Absetzen setzt belastbare Ferkel mit einem hohen mittleren Geburtsgewicht von mindestens 1500 g voraus.

Hohe Aufzuchtergebnisse erfordern somit große, ausgeglichene und schwere Würfe. Unter optimalen Bedingungen und kurzen Säugezeiten (21–24 Tage) können 24 bis 26 Ferkel je Sau bei bis zu 2,5 Würfen pro Jahr abgesetzt werden. Eckdaten zu den **Leistungs- und Gesundheitsparametern** sind in Tabelle D26 zusammengefasst. Diese Leistungen setzen ein optimales Produktions-, Hygiene- und Gesundheitsmanagement voraus. Krankheitsbedingte Wachstumsdefizite werden in der Säugezeit kaum aufgeholt, zumal diese vor allem die ohnehin benachteiligten leichteren Ferkel betreffen.

Nicht **verkaufsfähige Ferkel** haben zu geringe Absetzgewichte. Sie können an Ammensauen oder an der künstlichen Amme nachwachsen, sollten aber nicht das Rein-Raus-Prinzip

Tabelle D25: Tageszunahmen und Absetzgewichte von Saugferkeln bei 24- bis 26-tägiger Säugezeit in Beziehung zum Geburtsgewicht (MEYER 2002)

	individuelles Geburtsgewicht/g		
	850–1450	1450–1600	>1600
• Zunahmen/ g Tag	201	217	245
• Absetzgewichte/kg	5970	6890	8120

Tabelle D26: **Optimale Leistungs- und Gesundheitsparameter bei Sauen und Ferkeln im geburtsnahen Zeitraum und in der Säugezeit**

Parameter		Jungsauen	Altsauen
• Trächtigkeitsdauer/Tage		115	115
• Geburtsdauer je Wurf/h		2–4	3–5
• Geburtsabstand je Ferkel/min.		10–15	10–15
• Abgang Nachgeburt/h		1	1–2
• Geburtsdauer >6 h/%		≤10	≤20
• Mumifizierte Früchte/Wurf		≤0,2	≤0,3
• Gesamt geborene Ferkel/Wurf		10,5–11,5	11,5–12,5
• Würfe mit <8 ges. geb. Ferkeln/%		≤15	≤10
• Mittleres Geburtsgewicht/Ferkel		1500 g	1600 g
• Totgeburtenquote/%		≤6	≤7
• Lebend geborene Ferkel/Wurf		10–11	11–12
• Lebensschwache Ferkel/%		≤5	≤6
• tot u. lebensschwach geb. Ferkel/%		≤11	≤13
• Aufzuchtfähige Ferkel/Wurf		9,5–10,5	10,5–11,5
• Geburt mit intakter Nabelschnur/%		70–90	60–80
• erste Milchaufnahme/min. p.p.		≤20	≤20
• Aufzuchtverluste/% leb. geb. Ferkel		≤10	≤12
• abgesetzte Ferkel/Wurf		9–10	10–11
• abgesetzte Ferkel/Sau Jahr		22–24	22–24
• mittlere Absetzgewichte	• 21 Tage Säugezeit/kg	• ≥6	• ≥7
	• 28 Tage Säugezeit/kg	• ≥8	• ≥10

durch ein Zurücksetzen in die folgende Gruppe verletzen. Unter günstigen Bedingungen bei schweren Geburtsgewichten, ausgeglichenen Würfen und rechtzeitigen Selektionen liegt ihr Anteil bei unter 3 % der abgesetzten Ferkel.

2.7 Erkrankungen und Verluste der Saugferkel

Die Krankheits- und Abgangshäufigkeit lebend geborener Ferkel differiert ebenso wie die der Ursachen auf Grund der Vielzahl einwirkender Faktoren innerhalb und zwischen den Beständen. Verallgemeinerungen können nur grobe Annäherungen darstellen. Sie lassen dennoch die Möglichkeit des Vergleichs und der Situationsbeurteilung zu und sollen daher nachfolgend vorgenommen werden. In den zurückliegenden Jahrzehnten konnten die Aufzuchtergebnisse erhöht, die Ausfälle jedoch nicht verringert werden.

2.7.1 Anfall und Höhe der Verluste

Die **Gesundheit von Sau und Ferkeln** entscheidet über die anfallenden Aufzuchtverluste, die hier auf die lebend geborenen Ferkel bezogen werden. Am häufigsten werden Werte zwischen 12 % und 16 % angegeben. Besonders erfolgreiche Betriebe halten die Ausfallquoten lebend geborener Ferkel unter 12 %.

Das **Überleben der neugeborenen Ferkel** ist einerseits von den Bedingungen der Umwelt und zum anderen von den Möglichkeiten der Anpassung des Organismus an die Belastungen abhängig. Neugeborene Ferkel haben nur etwa 1 % der Lebendmasse ausgewachsener Tiere und sind in einigen Funktionskreisen unausgereift. Die Defizite des Energie-, Eiweiß- und Lipidstoffwechsels sowie eine unzureichende Wärmebereitstellung führen nach der Geburt zu den genannten Temperaturverlusten. Diese sind durch eine optimale Temperatur im Stall und am Ferkelliegeplatz sowie durch reichliche Energieversorgung über die Kolostralmilch zu kompen-

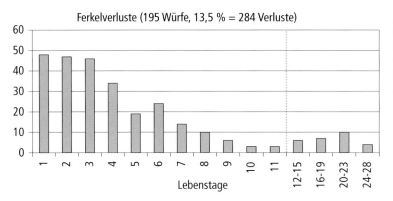

Abb. D13 Typische Verlustekurve der lebend geborenen Ferkel von der Geburt bis zum Absetzen (einschließlich Merzungen).

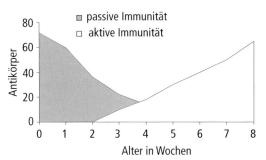

Abb. D14 Entwicklung der Immunität.

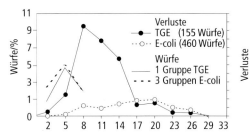

Abb. D15 Verlustekurven bei perakutem TGE-Durchfall und bei E.-coli-Durchfällen in unterschiedlichen Ställen einer Großanlage.

sieren. Letztere hat absolute Priorität, da die geringe Glykogenreserve unter normalen Bedingungen nach etwa 12 Stunden in der Leber nahezu verbraucht und nach 24 Stunden in der Skelettmuskulatur um die Hälfte reduziert ist.

Ferkelfrühverluste entstehen in den ersten 2 Lebenstagen und betreffen überwiegend in ihrer Vitalität geschwächte Tiere; hinzu kommen die Erdrückungen von Ferkeln aller Gewichtsklassen. Die Höhe dieser Frühverluste kann einschließlich der lebensschwach geborenen Ferkel bis zu zwei Drittel aller Aufzuchtverluste betragen. In der ersten Lebenswoche fallen bei großen Betriebsunterschieden bis zu vier Fünftel der Gesamtverluste an (Abb. D13). Diese frühe Krankheits- und Verlustespitze kann bei Infektionen in Abhängigkeit vom zeitlichen Schwerpunkt der Erkrankungen verstärkt oder auch verzögert sein. Bei Infektionskrankheiten entsteht in der 3. Lebenswoche eine kleine Abgangsspitze, die eine Folge der dann geringen Antikörpergehalte zu einem Zeitpunkt ist, an dem die kolostrale, passiv erworbene Immunität ausläuft, die aktive Auseinandersetzung des Organismus mit den anwesenden Keimen jedoch erst einsetzt (Abb. D14).

Jungsauenwürfe haben infolge geringerer Ferkelzahlen und Erdrückungen im Mittel weniger Verluste. Bei infektiösen Durchfallerkrankungen sind sie dagegen wegen der geringeren Immunabwehr stärker als Altsauenwürfe betroffen. Hierzu wird als markantes Beispiel der Verlauf einer TGE-Erkrankung in einem Abferkelstall mit 156 Abferkelplätzen einer Großanlage in Abbildung D15 gezeigt. Die höheren Krankheits- und Verlustequoten der JS-Würfe (100 % bzw. 74 %) im Vergleich zu den AS-Würfen (52 % bzw. 23 %) waren umgekehrt proportional zu den durchschnittlichen TGE-Antikörpertitern (1:50 bzw. 1:400) bei den untersuchten Jung- und Altsauen (n = 12 bzw. 20). Bei Koliruhr in anderen Ställen waren die Unterschiede deutlich geringer, auch wenn wieder relativ mehr Würfe von Jung- als Altsauen erkrankten.

2.7.2 Ursachen der Verluste

Die an den Saugferkelverlusten beteiligten **Erkrankungen** werden in der Tabelle D27 nach ihrer Häufigkeit unter den Abgängen, nach ihrer Verbreitung in den Beständen sowie nach der Er-

Tabelle D27: Verlustursachen (= 100 %) der lebend geborenen Saugferkel

Verlustursachen Bezeichnungen	Beteiligung in %	Verbreitung in Beständen + selten ++ regelmäßig +++ häufig	Erkrankungen + einzelne ++ mehere +++ zahlreiche	Verendungen + gering ++ mittel +++ hoch
• **Lebensschwäche**	5–10			+++
– Untergewicht		+++	+++	+++
– Hypoxie nach verzögerter Geburt		+++	++	
• **Erb-, Entwicklungs-Mängel**	5–10			
– Atresia ani et recti		+	+	++
– weitere Missbildungen		+	+	+++
– Hernien, Geschlechtsanomalien				
– Spreizen, Zitterkrankheit		+	+	+
		++	++	++
• **Mechanische Ursachen**	10–30			
– Erdrücken u. Treten		+++	+	+++
– Ferkelfressen		+	+	+++
• **Erkrankungen der Sau**	20–30			
- Hypo-, Agalaktie		++	+	++
- MMA-Symdrom		+++	++	++
• **Mangelsituationen**	10–30			
– Eisen, andere Spurenelemente, Vitamine, Eiweiß		+	+++	+
– Hypoglykämie		++	+++	+++
• **Haltungsschäden**	10–20			
– Arthritiden		++	++	++
– Wunden		++	+++	+
– Unfälle		+	+	+++
• **Infektionskrankheiten**	30–50			
– Durchfälle (Koliruhr u. a.)		+++	+++	+
– Kolienterotoxämie		+	+	+++
– Pneumonien		+	++	+
– Polyserositis und -arthritis		++	++	+++
– TGE		+	+++	+++
– Salmonellose		+	+	++
– Clostridium-perfringens-Enterotoxämie (Typ A, C)		++	++	+++
– weitere Infektionskrankheiten		++	+	++
• **Sonstige Krankheiten**	0–20			
– Intoxikationen		+	+++	unterschiedlich
– Endoparasitenbefall		++	+++	+

krankungs- und Todesrate klassifiziert. Die Angaben ermöglichen eine Einschätzung der wirtschaftlichen Bedeutung der verschiedenen Verlustursachen und weisen auf die vorrangig zu bekämpfenden Erkrankungen bei Saugferkeln hin.

Die Konzentration der Tierbestände und die Einführung intensiver Haltungsformen haben in den zurückliegenden Jahrzehnten zu **Verschiebungen in den Abgangsursachen** geführt. Der Anteil tot und lenbensschwach geborener Ferkel ist bei gleichzeitiger Erhöhung der Wurfgröße angestiegen. Erdrückungen sind durch Anwendung geeigneter Sauenstände bei bewegungsarmer Haltung sowie durch Erhöhung des

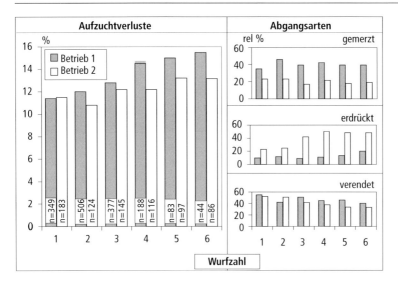

Abb. D16 Aufzuchtverluste der lebend geborenen Ferkel und deren Abgangsarten in Beziehung zur Wurfzahl in 2 Betrieben mit sehr verschiedenen Verteilungen.

Anteils an Jungsauen dagegen zurückgegangen. Mangelerscheinungen und hier insbesondere Energiemangel p.p. sind unverändert verbreitet, insbesondere weil erforderliche Pflegemaßnahmen im geburtsnahen Zeitraum aus arbeitswirtschaftlichen Gründen vielfach unterbleiben. Infektiös bedingte Magen-Darm-Erkrankungen haben in Großbetrieben als Folge verbesserter Bedingungen der Produktionsorganisation, Umweltgestaltung und der Immunprophylaxe an Bedeutung verloren; allerdings ist eine Verschiebung im Erregerspektrum durch neue Infektionen (Clostridien) zu beobachten.

Erdrückungen sind sehr verbreitet, wobei die schwerfälligeren Altsauen häufiger erdrücken als Jungsauen. Mit hohen Erdrückungsverlusten ist dann zu rechnen, wenn
- die ferkelnde Sau auf Langstroh mit freier Bewegung gehalten wird (besonders in Freilandhütten),
- hohe Anteile lebensschwacher Ferkel anfallen oder die Vitalität anderweitig geschwächt ist (Milchmangel, Unterkühlung),
- die Sauen unzureichend konditioniert und mastig, überaltert oder erkrankt und daher weniger beweglich sind.

Der Anteil an Erdrückungen kann durch geeignete Aufstallungsformen, wie zum Beispiel Kastenstand in der ersten Lebenswoche im Abferkelstall, Abwehrstangen an den Buchtenwänden bei freier Bewegung, Verwendung von Kurzstroh sowie durch eine intensive Ferkelüberwachung besonders in den ersten Lebenstagen niedrig gehalten werden.

Merzungen sind nach der Geburt üblich und betreffen untergewichtige Tiere, Ferkel mit Missbildungen und Anomalien (Afterverschluss, hochgradiges Spreizen) sowie in sonstiger Weise schwer geschädigte Tiere mit einer schlechten Prognose. Ihre Höhe kann bis zu einem Viertel aller Verluste der lebend geborenen Ferkel betreffen. Sachgerecht und diskret durchgeführte Merzungen sind sowohl aus wirtschaftlicher Sicht als auch aus der des Tierschutzes zu rechtfertigen.

Verendungen folgen in der Regel infektiös bedingten Krankheiten. Bei Faktoreninfektionen ist der entstehende Keimdruck von der Produktionsgestaltung, dem Immunstatus und von den hygienischen Bedingungen abhängig. Am Beispiel von 2 größeren Betrieben wird in Abbildung D16 die unterschiedliche Beteiligung an den Abgangsarten dargestellt: Ein Betrieb merzte hohe Ferkelzahlen und hatte geringere Erdrückungen (Betrieb 1), im anderen Bestand lief es umgekehrt mit geringen Merzungen und hohen Erdrückungen (B.2). Die Abbildung zeigt weiterhin hier wie dort die Zunahme der Gesamtverluste mit dem Alter (Wurfzahl) der Sauen, die auf zunehmend große Würfe bis zum 3. Wurf und danach vor allem auf steigende Erdrückungen zurückzuführen ist.

Die Kenntnis der **Abgangsursachen** ist eine Voraussetzung für die Verringerung der Ver-

luste. Trotz erheblicher Unterschiede zwischen Ställen, Jahreszeiten und Betrieben können die folgenden **Verallgemeinerungen** getroffen werden:
- Tote und lebensschwache Ferkel stellen bis zu 50 % der Ausfälle der gesamt geborenen Ferkel.
- Traumatische Schäden durch Erdrücken, Treten, Beißen und Unfälle betreffen einen hohen Anteil der Verluste aufzuchtfähig geborener Ferkel.
- Bei Abwesenheit spezifischer Infektionskrankheiten und Seuchen (Europäische Schweinepest, Aujeszkysche Krankheit, TGE u. a.) ist das Auftreten infektiöser Faktorenkrankheiten stets von den gegebenen keimfördernden und -hemmenden Faktoren abhängig.
- Clostridien- und E. coli-Infektionen dominieren unter den durchfallbedingten Krankheiten. Streptokokken- und Staphylokokkeninfektionen können zu gehäuften Polyarthritiden führen.
- Ernährungsbedingte Mangelerscheinungen (Hypovitaminosen, unzureichende Antikörperspiegel, Eisenmangelanämie u. a.) sowie Hypoglykämien als Folge zu geringer Milchaufnahme begünstigen Faktoreninfektionen, sofern derartig geschädigte Tiere nicht erdrückt oder frühzeitig verendet sind.

Nach den ersten 2 bis 3 Lebenstagen stehen die **Erkrankungen des Verdauungsapparates** sowie lokale und generalisierte bakterielle Infektionen im Vordergrund. Durch Clostridium perfringens Typen A und C sowie durch die TGE verursachte Durchfälle können bereits in den ersten Lebenstagen, gelegentlich schon ab der Geburt vorkommen, während Kolidurchfälle ihren Höhepunkt meistens in der zweiten und dritten Lebenswoche erreichen.

Über **Verletzungen der Haut** und hier insbesondere der vorderen Karpalbereiche (rauer Fußboden, Strampeln bei Milchmangel) sowie nach Eröffnen der Zahnhöhle (splitterndes Abkneifen der Eckzähne) können Streptokokken und andere Bakterien eindringen, die zu Polyarthritiden, Serositiden und gelegentlich auch zu Meningoenzephalitiden führen. Je stärker der Keimdruck ist, desto früher und häufiger entstehen entsprechende Veränderungen.

2.7.3 Begünstigende Faktoren für Erkrankungen

Die Erkrankungen und Abgänge haben vielfältige endogene und exogene Ursachen, deren wesentliche in Abbildung D17 zusammengestellt und in Tabelle D28 erläutert sind. Zur Bewertung der Erkrankungen müssen die beteiligten Faktoren erkannt werden, um diese durch hygienische und prophylaktische Maßnahmen abstellen zu können. Analysen in zahlreichen Betrieben ergaben jedoch, dass die Position „unbekannte Abgangsursache" häufig den größten Anteil ausmachte. Letzteres weist auf die Notwendigkeit einer genaueren Darstellung der Ursachen und einer vertiefenden postmortalen Diagnostik (Sektionen) in Situationen erhöhter Krankheits- und Verlustefrequenzen hin.

- **Einfluss endogener Faktoren**

Geburtsmasse, Wurfgröße, Wurfzahl, Geschlecht der Ferkel und deren genetische Konstruktion beeinflussen die Belastbarkeit und das Anpassungsvermögen der Tiere.

Das **relative Risiko für Saugferkelverluste** ist am stärksten durch das Geburtsgewicht (Abb. D18) bestimmt (75 % der Varianz). Bedeutsam sind nach RÖHE und KALM (2000) weiterhin
- der Genotyp der Sau (Risiko der Large White im Vergleich zu Landrasse wie 1:2),
- die Wurfnummer der Sau (1. zu 5. Wurf wie 1:2,2; aber siehe größere Würfe in Nummer 2–5),
- der Saisoneinfluss mit dem höchsten Risiko für Geburten zwischen Oktober und Dezember (IV–VI zu IX–XII wie 1:1,6),
- das Erstferkelalter der Jungsauen (>345 zu <345 Tage wie 1:1,3),
- das Geschlecht des Ferkels (weiblich zu männlich wie 1:1,5) sowie
- das geringere Geburtsgewicht in großen Würfen bei kurzer Tragezeit (≥115 Tage zu <113 wie 1:1,6).

Mit steigender **Wurfgröße** steigen die Aufzuchtverluste ebenso wie die perinatalen Ausfälle (Abb. D18) exponentiell an. Somit haben große Würfe im statistischen Mittel höhere Verluste und dennoch unter normalen Bedingungen ein besseres Aufzuchtergebnis, wie das folgende Beispiel zeigt:

Tabelle D28: Begünstigende Faktoren der Erkrankungen und Verluste bei Saugferkeln

Ursachenkomplex	Faktor	Auswirkungen
• Sauen	– Ernährungsmängel	– kleine und unausgeglichene Würfe, geringe Geburtsmasse, Anämie
	– ungeeignete Haltung, zu geringe Vorbereitungszeit	– kleine Würfe, vermehrt Totgeburten
	– Wehenschwäche und verschleppte Geburten	– vermehrt tote und lebensschwache Ferkel
	– kranke und überalterte Sauen	– kleine Würfe, vermehrt Totgeburten und Erdrückungen
	– Agalaktie, Puerperalerkrankungen	– verringerte Kolostralimmunität, Hypoglykämie, erhöhte Verluste
	– nicht ausreichende Immunprophylaxe bei Sauen	– erhöhte Morbidität und Verluste
• Jungsauen	– geringere Geburtsmasse (minus 100 g), geringerer Immunschutz	– höhere Morbidität und Verluste bei Infektionen
• Organisation	– mangelhafte Qualifikation	– Fehlentscheidungen
	– Mängel in der Dokumentation, Auswertung und Information	– fehlende Übersicht, mangelhafte Kontrolle und Selbstkontrolle
	– nicht ausreichende Aktualität der Leitungsunterlagen	– mangelhafte Zielorientierung, erschwerte Soll-Ist-Vergleiche
• Hygiene	– fehlende Rein-Raus-Belegung	– Erregerausbreitung, Keimanreicherung, vermehrt Erkrankungen und Verluste
	– hygienische Mängel, wie Unsauberkeit, nasse Buchten	
	– fehlerhafte Reinigung u. Desinfektion	
• Gesundheitsüberwachung	– mangelhafte Geburtsüberwachung	– vermehrt Totgeburten und Frühverluste, zu späte Therapie und Metaphylaxe
	– zu späte Merzungen und Selektionen	– vermehrt direkte Tierverluste und Keimanreicherungen
• Zootechnische Faktoren	– abnehmende Geburtsmasse in sehr großen Würfen	– geringere Belastbarkeit und Anstieg der Verluste
	– hoher Anteil an Jungsauen	– vermehrt Morbidität bei Infektionen
	– Sauen heterogener Herkunft	– unterschiedliche Immunitätslage
	– zu lange Abferkelperiode	– großer Altersunterschied der Würfe
	– zu große Belegungseinheiten	
• Haltung	– zu niedrige Temperaturen im Stall/am Ferkelliegeplatz	– stärkere Körpertemperatur-Erniedrigung, geschwächte Vitalität Saugunlust, mangelhafte Kolostrumaufnahme
	– zu kalter/nasser Ferkelliegeplatz	– vermehrt Erdrückungen
	– Zugluft am Liegeplatz, Kältestrahlung	– Morbiditäts- und Verlusteanstieg
	– Fehlen von Erdrückungsschutz und Ferkelwache	– Verletzungen und Infektion, Unfälle
	– Umstallung säugender Sauen	
	– direkte Haltungsschäden, bes. durch den Fußboden	
• Fütterung der Sau	– Futterintoxikationen	– erhöhte Morbidität, Verluste, Wehenschwäche
	– Fütterungsfehler (Ration, Zusammensetzung, Qualität, Futterumstellungen)	– Milchmangel, Gastroenteritiden der Ferkel
	– Unterernährung, Eiweiß- und Vitaminmangel	– Verringerung von Wurfgröße, -gewicht, -ausgeglichenheit
• Fütterung der Ferkel	– fehlendes oder mangelhaftes Trinkwasser	– geringe Wurfgröße, hoher Anteil tot und lebensschwach geb. Ferkel
	– Fe-Mangelanämie	– Jauchesaufen, Gastroenteritiden
		– eingeschränkte Infektabwehr, verminderte Zunahmen
• Infektionen	– Infektionskrankheiten	– erhöhte Morbidität und Abgänge, besonders in JS-Würfen
	– stärkerer Parasitenbefall	– Schwächung des Organismus, mangelhafte Entwicklung, Durchfälle

2 Gesundheit und Leistungen in den Altersgruppen

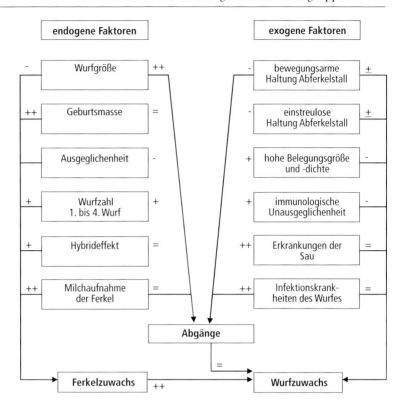

Abb. D17 Bedeutung endogener und exogener Faktoren für die Verluste und Zuwachsleistungen (-, =/+, ++: mittlere, höhere negative bzw. positive Korrelation).

- Betrieb 1: Eine Sauengruppe mit durchschnittlich 12 lebend geborenen Ferkeln und 14 % Verlusten ergibt 10,3 abgesetzte Ferkel je Wurf,
- Betrieb 2: Eine Gruppe mit 10 lebend geborenen Ferkeln und 10 % Verlusten hat lediglich 9,0 abgesetzte Ferkel je Wurf.

Die allgemein höheren Abgänge des **männlichen Geschlechts** entstehen vor allem nach dem achten Lebenstag. Sie sind teilweise auf Kastrationsfolgen zurückzuführen, woran eine Betäubung während der Kastration nach einschlägigen Versuchen nichts ändert. Das männliche Geschlecht verfügt überdies über eine geringere Belastbarkeit, denn es ist trotz höherer Geburtsgewichte auch relativ häufiger an den Totgeburten, der Lebensschwäche und an den Ferkelfrühverlusten beteiligt.

Es besteht kaum eine erbliche **Disposition** für das Krankheits- und Verlustegeschehen. Dagegen bestehen Unterschiede zwischen den Rassen, und Kreuzungsferkel haben eine höhere Vitalität und Überlebenschance, die sich auf geringere Totgeburten, Lebensschwäche und Aufzuchtverluste auswirkt.

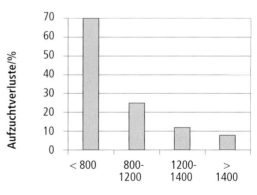

Abb. D18 Aufzuchtverluste in Abhängigkeit vom Geburtsgewicht der Ferkel (10 Betriebe, 617 Abgänge).

Mit der **Wurfzahl** steigen vom 1. bis 3. Wurf die Wurfgröße und mit ihr die Aufzuchtverluste. Letztere nehmen mit dem Sauenalter weiter zu, was vor allem auf zunehmende Erdrückungen durch schwere Sauen zurückzuführen ist (siehe Abb. D16). In den Jungsauenwürfen dominieren dagegen die Verendungen, insbesondere bei ho-

Tabelle D29: Einfluss der PRRS-Infektion auf den Gesundheitsstatus (1–5: unverdächtig, 6–7: subklinische PRRS)

Betriebe (untersuchte Würfe)	Mumien je Wurf	gesamt geborene Ferkel	abgesetzte Ferkel	Geburtsdauer (h)	Geburten >6 h %	Totgeburten %	Aufzuchtverluste %
1–5 (133)	0,16	11,7	9,3	3,92 ± 2,54	16,1	6,4	15,6
6–7 (156)	0,43	12,1	8,6	5,47 ± 3,13	50,0	9,0	22,8

hem Keimdruck. Ein hoher Anteil von Jungsauenwürfen wird daher unter schwierigen Produktionsbedingungen (große Abteile, hoher Keimdruck, Infektionen, Hygienemängel) zu einem Unsicherheitsfaktor für die Gesundheit und Leistung.

• **Einfluss exogener Faktoren**

Die Ferkelgesundheit wird insbesondere von der Haltungsumwelt und Sauengesundheit beeinflusst. Mit der **Anzahl an Sauenplätzen** und einer zunehmend dichten Belegung im Abferkelstall steigt die Gefahr der Keimanreicherung. Frühere Untersuchungen haben gezeigt, dass bei langen Abferkelperioden in großen Ställen höhere Krankheitsquoten bei den zuletzt geborenen Würfen entstanden. Daher sollte mit kleinen Stallabteilen (max. 25 Plätze) und kurzen Abferkelperioden (3–4 Tage) gearbeitet werden. Letztere sind bei den inzwischen üblichen kurzen Säugezeiten zur Erreichung ausgeglichener Ferkelgruppen ohnehin notwendig.

Fehlender **Erdrückungsschutz** und **ungeeignete Haltungselemente** verursachen vermehrte Erdrückungen, gehäufte Zehenverletzungen oder eine mangelhafte Milchaufnahme bei Verdeckung einer Gesäugeleiste. Besonders ungünstige **Kombinationswirkungen** entstehen dann, wenn große Ställe, lange Abferkelperioden, zusätzliche Klimamängel und Hygienedefizite zusammenkommen.

Eine **immunologische Unausgeglichenheit** der Sauengruppe ist zu erwarten, wenn Sauen unterschiedlicher Herkunft oder wenn Jung- und Altsauen von verschiedenen Standorten zu spät im Wartestall oder gar erst im Abferkelstall zusammengeführt werden.

Auf **Geburtsstörungen** folgen häufig auch erhöhte Ferkelfrühverluste. Auf diesen Zusammenhang weist in Tabelle D29 der Vergleich der Ausfälle in PRRS-unverdächtigen und in subklinischen PRRS-Betrieben hin. Letztere hatten bei längeren Geburten mehr Ausfälle in und nach der Geburt.

Puerperalerkrankungen und **Milchmangel** haben einen entscheidenden Einfluss auf den Gesundheitszustand und das Aufzuchtergebnis der Ferkel. Schwere chronische Erkrankungen der Sau, wie Gelenksentzündungen mit hochgradigen Lahmheiten, können zum Totalausfall eines Wurfes – beginnend mit der verlängerten Geburt – führen. Die Ferkelverluste bei Puerperalerkrankungen sind um so höher, je früher die Sauen nach der Geburt erkranken und je später sie behandelt werden.

Unter den Umwelteinflüssen ist dem **Stallklima** in Verbindung mit der Bodenisolierung größte Aufmerksamkeit zu widmen. In der Farbtafel 8 (siehe Seite 326) wird das Liegeverhalten der Ferkel in Abhängigkeit von der Temperierung des Liegeplatzes gezeigt.

Die **technologischen Veränderungen** und **ökonomischen Zwänge** der zurückliegenden Jahrzehnte haben bei zunehmender Bestandskonzentration und Haltungsintensität und hier insbesondere bei einstreuloser, bewegungsarmer Aufstallung zunächst zu folgenden **gesundheitlichen Nachteilen** geführt (Abb. D19):

• Zunahme der infektiös bedingten Faktorenerkrankungen,
• Anstieg der Morbidität und des Behandlungsaufwandes von Sau und Ferkeln,
• Anstieg des Anteils von Geburtsstörungen und Puerperalerkrankungen,
• gehäuftes Auftreten von Haltungsschäden bei mangelhaften Haltungselementen und Fußböden.

Diese Nachteile können durch eine optimale Umweltgestaltung, intensive Betreuung sowie durch ein komplexes Hygiene- und Gesundheitsmanagement bei in der Regel höheren Kosten kompensiert werden.

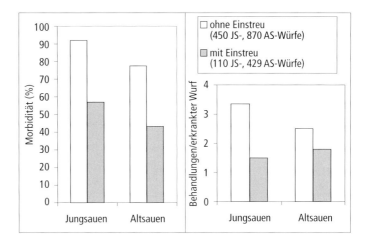

Abb. D19 Durchfallerkrankungen und Behandlungshäufigkeiten der Ferkel bei einstreuloser und Einstreuhaltung eines problematischen Großbetriebs.

Tabelle D30: Einfluss der Verlustehöhe auf die Anzahl abgesetzter Ferkel und den Deckungsbeitrag (DB) je Sau und Jahr

Leistungsvoraussetzungen	Kriterien	Aufzuchtverluste/%		
		10	14	18
• 2,2 Würfe	• abgesetzte Ferkel/Sau Jahr:	19,8	18,9	18,0
22 leb. geb. Fe./Sau	DB/Sau in %:	91	87	82
2,4 Würfe	abgesetzte Ferkel/Sau Jahr:	**21,6**	20,6	19,6
24 leb. geb. Fe./Sau	DB/Sau in %:	**100**	95	90
2,6 Würfe	abgesetzte Ferkel/Sau Jahr:	23,4	22,4	21,3
26 leb. geb. Fe./Sau	DB/Sau in %:	110	105	99

2.7.4 Wirtschaftliche Bedeutung der Verluste

Eine Senkung der Verluste um 4% erhöht das Aufzuchtergebnis je Sau und Jahr um etwa ein Ferkel (Tab. D30). Je Abferkelplatz und Jahr werden 4 bis 5 Ferkel mehr aufgezogen, und der Deckungsbeitrag steigt um etwa 5%.

Die durch Krankheit verursachte Leistungseinschränkung wird am besten durch den **Wurfzuwachs** dargestellt, der die Verluste und Lebenstagszunahmen der Ferkel in einem Parameter zusammenfasst. Diesbezüglich verringerte Zuwachsleistungen von 20 bis 80% bei Ferkeln, die eine Koliruhr bzw. TGE überlebt hatten, sind in Abbildung D20 beispielhaft dargestellt.

Jedes Krankheitsgeschehen wirkt sich darüber hinaus in erhöhtem Behandlungsaufwand mit vermehrten Arzneimittelkosten, in zusätzlichen Hygienemaßnahmen und schließlich auch in einer unvollständigen Auslastung der Stallkapazität aus. Hieraus ergibt sich der durch Krankheit verursachte Einkommensverlust. Das Arbeitseinkommen sinkt je Verlustprozent um etwa ein Achtel (Abb. D21).

2.8 Um- und Absetzen der Saugferkel

• **Umsetzen**

Das gruppenweise Abferkeln bietet günstige Möglichkeiten zum **Wurfausgleich**, mit dem die Ferkelzahl der Anzahl funktionsfähiger Zitzen angepasst wird, die Ferkelgewichte ausgeglichen und das Aufzuchtergebnis verbessert werden.

Die Ferkel sind in den ersten 2 bis 3 Lebenstagen unter Beachtung der in Tabelle D31 zusammengestellten Hinweise umzusetzen, nachdem mehrere oder alle Geburten einer Gruppe gefallen sind. Das Versetzen von Ferkeln kann auch noch in höherem Alter sinnvoll sein, obwohl dann die Saugordnung des Empfängerwurfes empfindlich gestört wird.

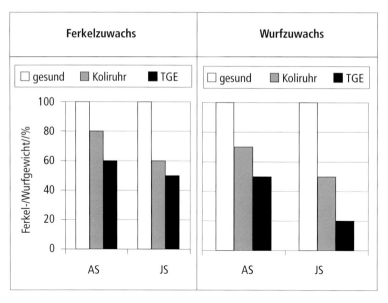

Abb. D20 Verminderte Zuwachsleistungen von Ferkeln und Würfen bis zu 28 Tagen bei Koliruhr und TGE im Vergleich zu gesunden Ferkeln und Würfen in einem Großbetrieb mit 6000 Sauen (112 JS-, 335 AS-Würfe).

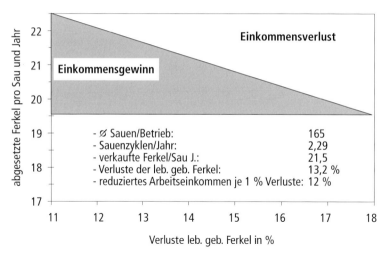

Abb. D21 Beziehungen zwischen Ferkelverlusten und Leistungsparametern (JENSEN 1997).

Tabelle D31: Sachgerechte Durchführung des Umsetzens von Ferkeln

- **Umsetzen in den ersten Lebenstagen**
  - Kolostralmilchaufnahme bei der eigenen Mutter
  - Versetzen in gleichaltrige oder jüngere Würfe
  - bei Agalaktie des Muttertieres Versetzen in zeitgleich geborene Würfe
  - schwere Ferkel versetzen, leichte bei der Mutter belassen
- **Umsetzen in höherem Alter**
  - Größen- und Gewichtsausgleich von problematischen Würfen, dann auch stärkeres Mischen derselben

Im Bestand sollten nicht mehr als 15 bis 20 % der neugeborenen Ferkel versetzt werden; denn umgesetzte Ferkel haben stets höhere Verluste und geringere Zunahmen als gleichgewichtige, von der eigenen Mutter aufgezogene Tiere. Die Entwicklungsdefizite steigen wiederum bei mehrfachem Umsetzen desselben Ferkels, und sie werden im späteren Wachstum nur teilweise kompensiert.

Die Weg- und Zusetzungen sind in den Sauenkarten zu dokumentieren, um die realen Leistungen der säugenden Muttertiere beurteilen zu können.

- **Absetzen**

Die Ferkel werden zwischen mittleren 21. und 28. Säugetagen, gelegentlich auch nach längerer Säugezeit abgesetzt. Beim gruppenweisen Abferkeln in Ställen, die nach dem Rein-Raus-Prinzip bewirtschaftet sind, werden die Stallabteile dem Produktionsrhythmus folgend gleichzeitig geleert. Eine seltene und teure Haltungsform stellt die einphasige Aufzucht der Ferkel dar, bei der die Ferkel bis zum Verkauf als Läufer in ihren Buchten bleiben, nachdem die Sauen ausgestallt wurden. Hiermit können die Verluste nach dem Absetzen allerdings deutlich verringert und die Zunahmen gesteigert werden.

Vor dem Absetzen werden die **Sauen** anhand ihrer Abferkel- und Aufzuchtleistungen sowie ihres Gesundheitszustandes beurteilt. Bei Beachtung der Ergebnisse vorangegangener Würfe ist zu entscheiden, ob die Sauen erneut zur Fortpflanzung aufzustellen oder aus der Zucht zu selektieren sind.

Am Absetztag werden die **Ferkel** aus den Sauenbuchten entnommen, belastungsarm transportiert und vor Einstellung in die Aufzuchtbuchten nach Gewicht und gegebenenfalls auch nach Geschlecht sortiert.

Ein **fraktioniertes Absetzen** sammelt einige Tage vor der Entleerung des Abferkelstalles die schwersten Ferkel ab, um diese in kleineren Gruppen zu verkaufen. In diesem Fall können die verbleibenden Saugferkel durch stärkere Milchaufnahme ihren Entwicklungsrückstand aufholen. Ein solches Vorgehen ist kaum mit einem rhythmischen Produktionsablauf im größeren Betrieb zu vereinbaren.

Technische Ammen sind inzwischen verbreitet. Ihnen werden nicht nur leichte abgesetzte Ferkel zugeführt, sondern sie können auch in den Wurfausgleich einbezogen werden oder Würfe ausgefallener Sauen aufnehmen (s. Kap. B 6.2.1). Als **natürliche Ammen** dienen gut laktierende Altsauen, die selektiert werden sollen. Ihnen werden einige Stunden nach dem Absetzen der eigenen Ferkel die fremden Tiere zugesetzt, wobei zuvor günstigerweise Oxytocin injiziert wurde.

Die **leichtesten Ferkel** ergeben ansonsten in der folgenden Haltungsstufe die höchsten Verluste. Sie sollten deshalb an einer Ammensau oder künstlichen Amme so lange gehalten werden, bis sie ein optimales Umsetzgewicht bei guter Gesundheit erreicht haben. Derartige Tiere sind zu kennzeichnen. Solche Maßnahmen sollten so organisiert werden, dass kein Rücksetzen in nachfolgende Abferkelställe erfolgt, das Rein-Raus-Prinzip nicht durchbrochen wird und die Produktionsrhythmik ungestört verläuft.

2.9 Absatzferkel

2.9.1 Zuwachs, Erkrankungen und Verluste

Die **Tageszunahmen** erreichen unter optimalen Haltungsbedingungen im Aufzuchtstall bis zum 60. Lebenstag maximal 400 g, sodass dann ein Gewicht von etwa 23 kg erreicht ist.

Ausfälle der eingestallten Läufer entfallen bei intensiver Haltung auf Verendungen, Merzungen und bei geeigneten Möglichkeiten auch auf die Selektion zur Nachnutzung unter extensiven Bedingungen. Verluste treten vor allem in den ersten 3 Haltungswochen nach der Umstallung aus dem Abferkelstall auf. Sie bilden etwa zwei Drittel der in der gesamten Aufzuchtperiode anfallenden Abgänge und sollten insgesamt 2 bis 3 % nicht übersteigen.

Die **wesentlichen Abgangsursachen** dieser Haltungsstufe sind in der Tabelle D32 zusammengestellt. Die meisten Todesfälle entstehen durch faktorenabhängige Magen-Darm-Erkrankungen (bis 60 %), durch Kümmern als Folge von Pneumonien und Rhinitiden (bis 25 %), durch die Glässersche Krankheit mit Arthritiden und Serositiden (bis 20 %) und durch die Ödemkrankheit bei großen Unterschieden zwischen den Betrieben. Die Erkrankungen der Brustorgane erreichen nach der Umstallung in die Aufzuchtställe einen Höhepunkt, womit wiederum die Krankheitsanfälligkeit für Magen-Darm-Erkrankungen sowie Entwicklungsstörungen und Kümmern zunimmt.

Darüber hinaus sind in zahlreichen Beständen die faktorenabhängigen Erkrankungen mit Beteiligung des Porzinen Circovirus Typ 2 und des PRRS-Virus bedeutsam, die in der Symptomatik des Postweaning Multisystemic Wasting Syndrome (PMWS) eine zeitweise erhöhte Morbidität und Mortalität verursachen können. Als gelegentliche Todesfälle sind weiterhin Polyarthriti-

Tabelle D32: Verlustursachen (= 100 %) der abgesetzten Ferkel (7–30 kg LM)

Verlustursachen	Beteiligung in %	Verbreitung in Beständen	Erkrankungen	Abgänge
Bezeichnungen:		+ gelegentlich ++ ständig	+ einzelne ++ mehrere +++ zahlreiche	+ gering ++ mittel +++ hoch
• **Infektionen**	40–80			
– Kolienterotoxämie		++	++	+++
– Salmonellose		+	++	++
– Kolienteritis		++	+++	++
– Dysenterie		+	++	++
– Polyserositis und -arthritis		++	++	+++
– Pneumonien, Pleuritiden, Perikarditiden		++	+++	++
– sonstige Infektionskrankheiten		+	unterschiedlich	
• **Ernährungsschäden**	30–50			
– Gastroenteritiden (unspez.)		++	+++	+
– Mangelerkrankungen		+	++	+
• **Haltungsschäden**	20–30			
– Abszesse, Wundinfektionen		++	++	+
– Unfälle, Havariefolgen		+	+	+
• **Organerkrankungen**	10–20			
– Herz-Kreislauf-Tod		+	+	++
– Ulcus ventriculi		+	+	+
– Gliedmaßenerkrankungen		++	++	++
• **Sonstige Erkrankungen**	5–20			
– Parasitenbefall		++	+++	+
– Intoxikationen		+	unterschiedlich	
– Erbschäden, Kryptorchiden		++	+	–

den als Folge von Streptokokkeninfektionen, Peritonitiden nach verschleppten Nabelstrangentzündungen, traumatische Veränderungen mit Direktausfällen oder mit nachfolgenden örtlichen Eiterungen, nekrotische Entzündungen von Kastrationswunden und Kümmern infolge vorgenannter Krankheitsursachen zu nennen.

2.9.2 Begünstigende Faktoren für Erkrankungen

Der **belastungsarme Übergang** von der Säuge- zur Aufzuchtperiode ist von besonderer Bedeutung. Zu diesem Zeitpunkt wirken das Entwöhnen vom Muttertier, eine veränderte Ernährung, die neue Gruppenbildung und Haltungsumwelt als belastend. Die erforderlichen Anpassungsleistungen sind mit einem zeitweisen Entwicklungsstop, nicht selten auch mit geschwächter Immunitätslage und akuten Krankheitserscheinungen verbunden. Stärker gefährdet sind in solcher Situation Ferkel mit zuvor kürzeren als längeren Säugezeiten und hier wie dort in besonderer Weise die jeweils leichtesten Tiere. Unter ungünstigen Bedingungen gelingt der Übergang nur unter mesophylaktischer Antibiose.

Bei Problemen sollte eine längere **Säugezeit** – z. B. 25 bis 28 Tage – gegeben werden, auch wenn dann die Abferkelplätze geringer ausgelastet sind bzw. ein zusätzlicher Stall beim 7-Tage-Rhythmus benötigt wird.

Impfungen zur Zeit der Umstallung stellen zusätzliche Belastungen dar; und die Antikörperausbildung kann in dieser Haltungsphase eingeschränkt sein.

Aus tiergesundheitlicher Sicht kann die **zeitliche Trennung von Absetzen und Umstallen** die Vielfalt belastender Einflüsse verringern, etwa indem die Ferkel weitere 2 Tage nach Ausstallung der Sauen in ihrer Bucht verbleiben. Dieses entlastende Vorgehen ist nur bei Säugezeiten ab etwa 24 Tagen möglich; es wird aus gesamtwirtschaftlichen Erwägungen nur selten angewendet.

Wesentliche belastende Faktoren, die zu Leistungsminderung und Krankheit führen

Tabelle D33: Begünstigende Faktoren für Erkrankungen und Verluste bei Absatzferkeln

Ursachen-komplex	Faktor	Auswirkungen
• Haltung	– kombinierte Belastungen beim Absetzen, keine allmählichen Übergänge – stärkere Transportbelastungen im Winterhalbjahr – ungeeignetes Stallklima (zu geringe Temperaturen, zu hohe relative Feuchte und Luftbewegung, Schadgasgehalte) – kalter und nasser Liegeplatz, einstreulose Haltung ohne Fußbodenheizung – ungeeigneter Spaltenboden mit erhöhter Verletzungsgefahr – zu große Tiergruppen, Überbelegungen, zu geringe Grundfläche – phenolhaltiger Bodenbelag – Zwischenumstallungen mit Mischung der Gruppen	– Anpassungsstörungen, Erkrankungen, Verluste – Schwächung des Organismus – Zunahme akuter und chronischer Erkrankungen der Atmungs- und Verdauungsorgane – Gliedmaßenverletzungen, Panaritium, Ulzerationen – erhöhte Unruhe, verringerter Zuwachs, erhöhte Erkrankungen, Verluste, Leistungsminderungen – Intoxikationen – Leistungsdepressionen, neue Krankheitshäufung
• Fütterung	– Futterwechsel beim Absetzen, keine Diät nach Umstallung, Überfütterung – quantitative und qualitative Mangelernährung – verdorbene Futtermittel – unsachgemäße Futterverabreichung, häufiger Futterwechsel – fehlendes, zu kaltes oder unsauberes Trinkwasser	– Doppelbelastung, Kolienterotoxämie – Schwächung des Organismus, Eiweiß-, Vitamin- und Mineralstoffmangel – Gastroenteritiden, Förderung von Sekundärinfektionen
• Infektionen	– Infektionskrankheiten – stärkerer Parasitenbefall	– erhöhte Morbidität – mangelhafte Entwicklung, Leistungsminderungen
• Organisation und Hygiene	– relativ zu geringe Umstallmasse, unausgeglichene Tiergruppen – kein Rein-Raus-Prinzip, unzureichende Reinigung und Desinfektion – fraktionierte Belegung der Aufzuchtställe – Zurückstellen zu leichter Tiere – mangelhafte allgemeine und spezielle Seuchenprophylaxe	– erhöhte Erkrankungen und Abgänge, besonders der leichten Tiere – Keimanreicherung und -ausbreitung, vermehrte Erkrankungen und Abgänge – Keimverbreitung, durchbrochenes Rein-Raus-Prinzip – Einschleppung und Ausbreitung von Infektionskrankheiten
• Tierzuführung	– heterogenes Tiergut – Bestandsneugründungen	– unausgeglichener Immunstatus, erhöhte Morbidität
• Betreuung	– mangelhafte Motivation, Qualifikation – unzureichende Selektionen, Merzungen – unzureichende Gesundheitsüberwachung – nicht professionelle Arzneimittelanwendung	– Organisationsfehler, verringertes Produktionsergebnis – verstärkte Erregerverbreitung – zu späte Behandlung und Selektion erkrankter Tiere – erhöhte Morbidität und Mortalität, Resistenzausbildung – Gesetzesverstöße

können, sind für die Absatzferkel in Tabelle D33 zusammengestellt. Folgendes ist zur Entlastung der Tiere zu beachten:

• Rein-Raus-Bewirtschaftung möglichst kleiner Aufzuchtställe mit gründlicher Reinigung und Desinfektion in der Serviceperiode.

• Vorwärmen der Stalleinheiten, sofern es sich nicht um Tiefstreu mit vor Zug und Kälte geschützten Liegeflächen handelt.

- Einstallung von homogenen Tiergruppen aus gleicher Herkunft, möglichst aus demselben Abferkelstall.
- Sortieren der Ferkel beim Einstallen nach dem Gewicht, gegebenenfalls zusätzlich nach dem Geschlecht.
- Optimale Klimatisierung mit hohen Anfangstemperaturen (28 °C) und rückläufiger Temperaturkurve.
- Verabreichung einer Wassermahlzeit am Umstallungstag, allmähliche Erhöhung der Ration an den folgenden Tagen.
- Verabreichung desselben Futters vor und nach dem Absetzen bei Beachtung diätetischer Erfordernisse zur Vorbeuge der Enterotoxämie.

Spezielle Bedingungen bestehen bei der Zusammenführung zahlreicher kleiner Ferkelposten aus zahlreichen Herkünften in **Aufzuchtstationen** für „Babyferkel". Selbst bei ansonsten optimalen Haltungs-, Fütterungs- und Pflegebedingungen sowie einer zwischen den Betrieben abgestimmten Impfprophylaxe kommt hier ein heterogenes Tiergut verschiedener Vorbereitung und mit unterschiedlichem Keimspektrum zusammen. Das bedingt eine stärkere Krankheitsgefährdung und dies insbesondere bei intensiver konzentrierter Haltung. In solcher Situation kann ein antibiotischer Schutz erforderlich sein. Ein Ziel dieser gemeinsamen Aufzucht heterogener Ferkelposten ist die Schaffung größerer Tiergruppen, die die nachfolgenden Mastställe bzw. -betriebe so belegen, dass dort eine neuerliche Vermischung der Tiergruppen vermieden wird und eine antibiotische Mesophylaxe überflüssig ist.

2.10 Mastschweine

2.10.1 Mastleistungen

Unter den optimalen Bedingungen der Mastleistungsprüfung werden Tageszunahmen von 1000 g und mehr erreicht. Höchste Zunahmen in der Mast setzen hohe Leistungen in den vorangegangenen Haltungsabschnitten voraus, die wiederum auf einem hohen Geburtsgewicht aufbauen.

Die Leistungsausschöpfung erreicht unter günstigen Produktionsbedingungen 80–85 % des unter Prüfverhältnissen realisierbaren Zuwachses. Belastungen durch Haltungs-, Ernährungs-, Betreuungs- und Hygienemängel fördern die Ausbildung von klinisch feststellbaren, vor allem aber von subklinisch ablaufenden chronischen Erkrankungen. Die Folge sind direkte Ausfälle und indirekte Verluste der wachsenden Schweine.

Optimale Leistungen unter Produktionsbedingungen liegen bei 800 bis 850 g Masttagszunahmen, bei weniger als 3 kg Futtereinsatz je kg Zuwachs und bei 56 % wertvollen Fleischanteilen des Schlachtkörpers.

2.10.2 Direkte und indirekte Verluste

Direkte Verluste entstehen als Todesfälle infolge akuter Krankheitsereignisse, die bei mehrfachem Auftreten eine diagnostische Abklärung und gezielte (Bestands-) Behandlung erfordern. Weiterhin sind sie die Folge chronischer Erkrankungen, die zum Tod oder zur Merzung – oft nach anhaltendem Kümmern – führen. Das Verlustgeschehen gibt einen ersten Einblick in den Gesundheitszustand einer Tiergruppe.

Die direkten Verluste sollten in Beständen mit guter Leistungsausschöpfung unter 2 % der zugeführten Tiere liegen, was eine sorgsame Selektion bei der Einstallung und die Bildung ausgeglichener Buchtengruppen voraussetzt. Nach aktuellen Bestandsanalysen in Sachsen-Anhalt hatten 25 % der Betriebe bis zu 2 %, 42 % der Betriebe 2 bis 4 % und 33 % zwischen 4 % und 7 % Verluste.

Indirekte Verluste entstehen durch verringerte tägliche Gewichtszunahmen, einen erhöhten Futterverbrauch infolge geringerer Futterverwertung sowie durch vermehrte Organ- und Tierkörperbeanstandungen bei der Fleischuntersuchung.

Zu krankheitsbedingten **Leistungsminderungen** kommt es
- **kurzzeitig** beim Auftreten akuter Infektionskrankheiten,
- über **längere Zeiträume** bei Ausbildung chronischer, jedoch wieder abheilender Erkrankungen,
- **dauerhaft** bei Erkrankungen, die irreparable Veränderungen hinterlassen (z. B. Schnüffelkrankheit, multiple Abszesse, Arthrosen, per-

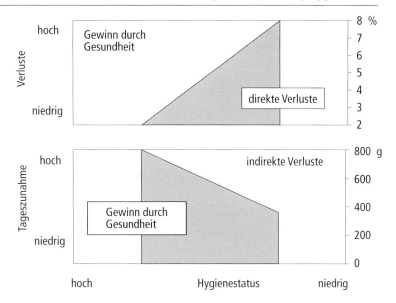

Abb D22 Zusammenhang von direkten Verlusten und Minderzunahmen in der Schweinemast.

sistierende Pneumonien und Serositiden) sowie
- bei starkem Befall mit **Endoparasiten** (besonders Spulwürmer) und **Ektoparasiten** (Läuse, Räudemilben).

Im allgemeinen besteht ein recht enger Zusammenhang zwischen der Abgangshöhe und den Leistungsparametern (Abb. D22). Die indirekten wirtschaftlichen Schäden einer Krankheit nehmen zu mit der Länge der Krankheitsdauer, dem Schweregrad der Erkrankung und dem Umfang entstandener Organschäden.

Die Bewertung von Schlachtkörperbefunden gibt bei Kenntnis des Leistungsstandes und der direkten Verluste eines Betriebes tiefere Einblicke in das chronische Krankheitsgeschehen im Endstadium der Mast, was insbesondere die enzootischen Faktoreninfektionen und den Spulwurmbefall betrifft (siehe Kap. E 4.3).

2.10.3 Krankheits- und Verlusteursachen

Die **Krankheits- und Verlusteursachen** variieren von Bestand zu Bestand erheblich und das insbesondere beim Vorkommen von spezifischen Infektionen. Mangels genauerer Dokumentation sind Übersichten zu den Krankheits- und Verlusteursachen aus der Praxis eher selten. Mehr Informationen ergeben spezielle Krankheitssituationen mit erhöhter Krankheits- und Verlusteursachen-

terate, die üblicherweise mit dem nötigen diagnostischen Aufwand abgeklärt werden. Übersichten zu den bei Mastschweinen verbreiteten Abgangsursachen geben die Sektionsstatistiken von Untersuchungseinrichtungen, die allerdings auf einem vorausgewählten Tiergut eines größeren Einzugsgebietes basieren.

Die **wesentlichen Abgangsursachen** der Mastschweine sind mit der Häufigkeit ihres Vorkommens in Tabelle D34 aufgeführt.

Im **ersten Haltungsdrittel** der Mast dominieren Erreger-bedingte Pneumonien, die Glässersche Krankheit und die respiratorische Form der PRRS. Zeitweise entstehen bei Fütterungsfehlern erhebliche Ausfälle an der E. coli-bedingten Ödemkrankheit.

Im **zweiten Mastdrittel** gewinnen neben Kümmern und der Schnüffelkrankheit (Ras) die chronischen Organkrankheiten und lokalen Eiterungen an Bedeutung, letztere häufig als Folge von Gliedmaßenschäden (Schleimbeutelentzündungen, Verletzungen) auf problematischen Fußböden sowie nach stärkerem Schwanzbeißen.

Im **dritten Mastdrittel** stehen neben der Schnüffelkrankheit (bei mangelhafter Bekämpfung und Selektion) die degenerativen und sekundär infektiösen Krankheiten der Gliedmaßen im Vordergrund der Ausfälle und Selektionen.

Eine hohe **Unausgeglichenheit** innerhalb der Buchtengruppen ist stets Ausdruck eines un-

Tabelle D34: Verlustursachen der Mastschweine (25–120 kg LM)

Verlustursachen	Beteiligung in %	Verbreitung in den Beständen	betroffene Tiere	Todesrate
Bezeichnungen:		+ gelegentlich ++ ständig	+ einzelne ++ mehrere +++ zahlreiche	+ gering ++ mittel +++ hoch
• **Haltungsschäden**	20–30			
– Kümmerer		++	++	++
– Entwicklungsstörungen		+	++	+
– Klauen-Zehen-Erkrankungen		++	+	+
– traum. bedingte Gliedmaßenerkrankungen		++	+	++
• **Infektionskrankheiten**	40–60			
– Enzootische/chronische Pneumonien		++	++	++
– Rhinitis atrophicans		++	++	+
– Salmonellen		+	++	+
– Dysenterie		+	+++	++
– Koliinfektionen		+	++	+
– Rotlauf, sonstige Infektionen		+	++	++
• **Parasiten**	0–10			
– Endoparasitosen		++	+++	+
– Ektoparasitosen		+	+++	–
• **Organerkrankungen**	20–30			
– Herz-Kreislauf-Erkrankungen		++	+	+++
– Arthrosen, Arthritiden		++	++	++
– Epiphyseo-, Apophyseolysis		+	+	+++
– Ulcus ventriculi		++	++	+
– Decubitus, Abszesse, Hautwunden		++	++	+
• **Sonstige Erkrankungen**	0–20			
– Intoxikationen		+	++	+
– Gastroenteritiden, unspezifisch		++	++	+++
– Gastroenteritiden, hämorrhagisch		+	+	+++
– Mastdarmvorfälle		+	++	+++

befriedigenden Gesundheitszustandes bei oft gravierenden Betreuungs- und Umweltmängeln. Bei letzteren gewinnen überdies generalisierte und lokale Infektionen (Pyobazillose), letztere vor allem nach Schwanzbeißen und bei gehäuften Verletzungen, eine größere Bedeutung. Zunehmend häufig wird weiterhin vom Auftreten der Magengeschwüre berichtet, die besonders nach Einsatz feinstkörniger Fertigfuttermittel bei dauerhaften Belastungssituationen entstehen.

Die gemeinsame Betrachtung **verschiedener diagnostischer Verfahren** gibt erst einen vollständigen Einblick in das gesamte Krankheits- und Todesursachenspektrum eines Bestandes, z. B. die vergleichende Darstellung der Befunde aus der klinischen Diagnostik, aus (früheren) Krank- und Notschlachtungen und aus Sektionen (Tab. D35).

2.10.4 Wirtschaftliche Bedeutung der Erkrankungen

Durch die **klinische Diagnostik** werden die krankhaften Veränderungen erfasst und Krankheitsgruppen zugeordnet. Nachfolgend werden Ergebnisse zum Umfang und zeitlichen Anfall der Erkrankungen in einem erfolgreichen Großbetrieb mit unterschiedlichem Krankheitsgeschehen in verschiedenen Ställen beispielhaft dargestellt.

Bedingungen: *ca. 15 000 Mastplätze im Kombi-Betrieb, 18 Ställe je 800 Plätze, 11 bis 12 Tiere je Bucht, 0,7 m²/Tier, Vollspalten; gute Betreuung und Klimatisierung. Einstellung einheitlicher, geschlechtsgetrennter Tiergruppen aus eigener Nachzucht; Einzeltierbehandlungen in der Bucht; keine Krankenbuchten. Zwischenwägungen 14-tägig.*

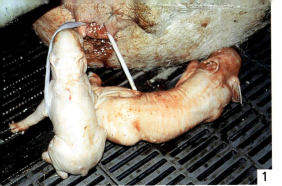

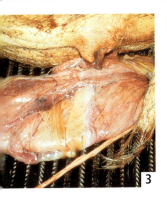
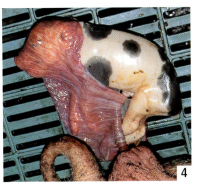

Farbtafel 7: Neugeborene Ferkel – Mumien, Tot- und Lebendgeburten.
1) Geburt von 2 normal entwickelten Ferkeln mit intakter Nabelschnur und erstem Aufstehversuch.
2) Geburt von 2 normal entwickelten toten Ferkeln.
3 und 4) In den Fruchthäuten post partum erstickte, normal entwickelte Ferkel.
5) Tote Ferkel eines Wurfes – von oben nach unten: zwei Erdrückungen, ein in und zwei vor und in der Geburt gestorbene Ferkel mit Mekonium auf der Haut.
6) Mumifizierte Frucht (ca. 100 g) aus einem ansonsten normalen Wurf.
7) Abortierter Wurf im Alter von ca. 3 Monaten nach Fehlapplikation von Prostaglandin zur Geburtensynchronisation infolge falscher Gruppenzuordnung der Sau.

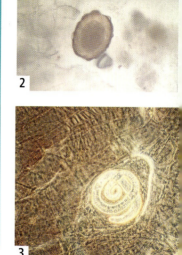

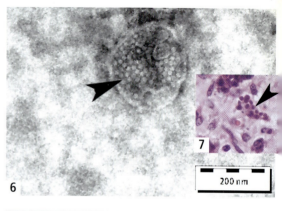
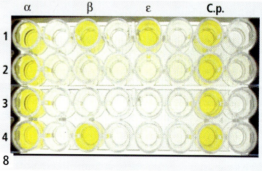
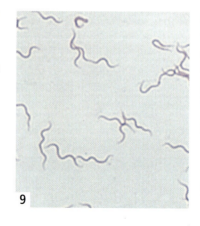

Farbtafel 8: Laborbefunde zur Krankheitsdiagnostik.
1) Staphylococcus hycius-Infektion der Haut ("Ferkelruß") beim Absatzferkel.
2) Doppelwandiges Ei des Spulwurms, Ascaris suum (Flotationsmethode aus dem Kot).
3) Larve von Trichinella spiralis aus der Zwerchfellmuskulatur eines Wildschweins (Kompressionsmethode).
4) Räudemilbe, Sarcoptes sp. (Nativpräparat vom Hautgeschabsel).
5) Empfindlichkeitsprüfung von Pasteurella multocida, Agardiffusionsmethode mit unterschiedlich wirksamen Antibiotika (breiter roter Hof: hohe Empfindlichkeit).
6) Viruspartikel des Circovirus vom Schwein (Pfeil), dargestellt durch die Elektronenmikroskopie (Negativkontrastmethode).
7) Viruseinschlusskörper des Circovirus (Pfeil) im histologischen Schnitt des Darmepithels (Hämatoxylin-Eosin-Färbung).
8) Toxinnachweis von Clostridium perfringens im Antigen-ELISA (gelb = positiv), a: alpha-Toxin, b: beta-Toxin, e: epsilon-Toxin, C.p.: Cl. perfr.-Antigen, 1: Kontrolle, 2: Typ A, 3: Typ B, 4: Typ C.
9) Brachyspira hyodysenteriae als Erreger der Dysenterie des Schweins (Kulturmaterial, Färbung nach Gram).
10) Rotfärbung von Brucella suis-Bakterien in einer Zelle des Lochialsekrets der Sau (Färbung nach Stamp).

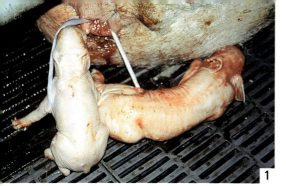

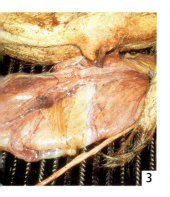
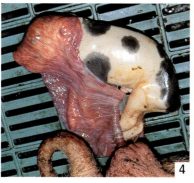

Farbtafel 7: Neugeborene Ferkel – Mumien, Tot- und Lebendgeburten.
1) Geburt von 2 normal entwickelten Ferkeln mit intakter Nabelschnur und erstem Aufstehversuch.
2) Geburt von 2 normal entwickelten toten Ferkeln.
3 und 4) In den Fruchthäuten post partum erstickte, normal entwickelte Ferkel.
5) Tote Ferkel eines Wurfes – von oben nach unten: zwei Erdrückungen, ein in und zwei vor und in der Geburt gestorbene Ferkel mit Mekonium auf der Haut.
6) Mumifizierte Frucht (ca. 100 g) aus einem ansonsten normalen Wurf.
7) Abortierter Wurf im Alter von ca. 3 Monaten nach Fehlapplikation von Prostaglandin zur Geburtensynchronisation infolge falscher Gruppenzuordnung der Sau.

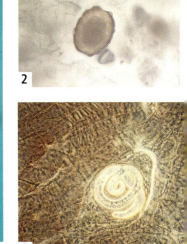

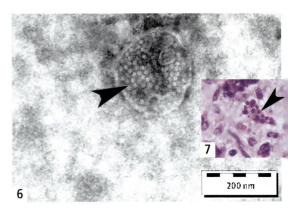
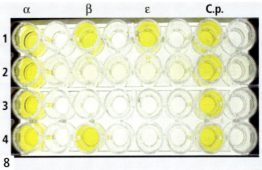
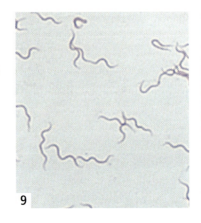

Farbtafel 8: Laborbefunde zur Krankheitsdiagnostik.
1) Staphylococcus hyicus-Infektion der Haut ("Ferkelruß") beim Absatzferkel.
2) Doppelwandiges Ei des Spulwurms, Ascaris suum (Flotationsmethode aus dem Kot).
3) Larve von Trichinella spiralis aus der Zwerchfellmuskulatur eines Wildschweins (Kompressionsmethode).
4) Räudemilbe, Sarcoptes sp. (Nativpräparat vom Hautgeschabsel).
5) Empfindlichkeitsprüfung von Pasteurella multocida, Agardiffusionsmethode mit unterschiedlich wirksamen Antibiotika (breiter roter Hof: hohe Empfindlichkeit).
6) Viruspartikel des Circovirus vom Schwein (Pfeil), dargestellt durch die Elektronenmikroskopie (Negativkontrastmethode).
7) Viruseinschlusskörper des Circovirus (Pfeil) im histologischen Schnitt des Darmepithels (Hämatoxylin-Eosin-Färbung).
8) Toxinnachweis von Clostridium perfringens im Antigen-ELISA (gelb = positiv), a: alpha-Toxin, b: beta-Toxin, e: epsilon-Toxin, C.p.: Cl. perfr.-Antigen, 1: Kontrolle, 2: Typ A, 3: Typ B, 4: Typ C.
9) Brachyspira hyodysenteriae als Erreger der Dysenterie des Schweins (Kulturmaterial, Färbung nach Gram).
10) Rotfärbung von Brucella suis-Bakterien in einer Zelle des Lochialsekrets der Sau (Färbung nach Stamp).

Tabelle D35: Verteilung der Erkrankungen und Abgangsursachen nach unterschiedlichen Diagnoseverfahren am Tiergut eines großen Mastbetriebes (in %)

Krankheiten	klinische Diagnostik	Sektion	Krank- und Notschlachtung
• Krankheiten der Bewegungsorgane	33,5	13,5	56,3
• Krankheiten des Respirationstraktes und Kümmern	41,0	24,0	20,0
• Krankheiten des Magen-Darmkanals	2,5	0,9	1,5
• Krankheiten des Kreislaufapparates	4,0	25,0	1,0
• Infektionskrankheiten	3,8	9,4	1,5
• Abszedierungen	3,2	3,8	6,2
• Schwanzphlegmonen	5,1	1,0	7,0
• Krankheiten der Leber	–	2,8	4,2
• sonstige Erkrankungen	6,9	10,2	2,3
Anzahl untersuchter Tiere	4822	96	493

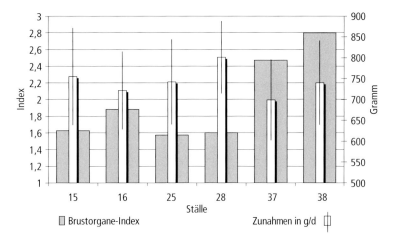

Abb. D23 Brustorganeindex und Zunahmen in verschiedenen Ställen eines Großbetriebs (siehe Kap. E4.32).

Versuchsbedingte klinische Diagnostik im 4-wöchentlichen Abstand für je 16 Buchten aus 6 Ställen.

In diesem Betrieb unterschied sich der Gesundheitszustand trotz vergleichbarer Bedingungen zwischen den Ställen erheblich, die Behandlungshäufigkeit erkrankter Tiere variierte zwischen 4% und 37% der Mastschweine je Stall. Die Behandlungen – meist mit Antibiotika – entfielen zu 82% auf Krankheiten der Atmungsorgane, zu 16% auf Gliedmaßenerkrankungen und zu 2% auf sonstige Veränderungen. In den 6 untersuchten Ställen wurden bei durchschnittlich 776,5 g Tageszunahmen je Tier und weniger als 3% Verlusten deutliche Zusammenhänge zwischen den Veränderungen der Brustorgane am Schlachtkörper (BO-Index = 2,0; Definition siehe Kapitel E 4.3) und den Tageszunahmen nachgewiesen (Abb. D23).

Die Beziehungen zwischen den Organveränderungen, Masttagszunahmen und Minderleistungen zeigt die Tabelle D36. Bei Tieren mit Veränderungen der Brustorgane betrugen die Minderzunahmen im Mittel 29 g je Tier und Tag bei Differenzen zwischen den einzelnen Ställen von 5 bis 62 g, bezogen auf Lungenentzündungen. Bei Darstellung der Einzeldaten aller Ställe fällt die enorme Streuung der Werte auf (Abb. D24). Die großen Unterschiede sind das Resultat unterschiedlicher Krankheitsverläufe in den Ställen.

Die Befundung **klinisch erkrankter Tiere**, die durch Ohrmarke gekennzeichnet und in den Buchten behandelt wurden, ergab anhand der am Schlachthof ermittelten Veränderungen der Brustorgane die folgenden eindeutigen Beziehungen zu den Minderleistungen:

Tabelle D36: Einfluss krankhafter Organveränderungen auf die Mastleistungen in einem erfolgreichen Großbetrieb (bewertet nach Schlachtkörperbefunden)

	Tiere Anzahl	%	Brustorgane-Index (BOI)[1]	Masttagszunahme[2] g/Tag	Minderzunahme g/Tag	%
Tiere ohne Veränderungen der Brustorgane und Leber	169	19,1	0,00	774	0	0 (=100%)
Brustorgane-Veränderungen (gesunde Leber)	709	80,1	1,84	745	29	−3,7
Pneumonien allein	269	30,4	0,57	759	15	−1,9
Pleuritiden allein	25	2,8	1,60	769	5	−0,6
Pneum. + Pleuri. + Perik.	18	2,0	4,10	737	37	−4,7
Pleuri. + Pneum.	404	45,6	2,61	735	39	−4,8
Leberveränderungen insgesamt (gesunde Brustorgane)	7	0,8	1,3	765	9	−1,2

[1] s. Kapitel E. 4.3.2.
[2] mittlere Mastdauer: 111,2 Tage, Mastdauer gesunder Tiere: 107,7 Tage

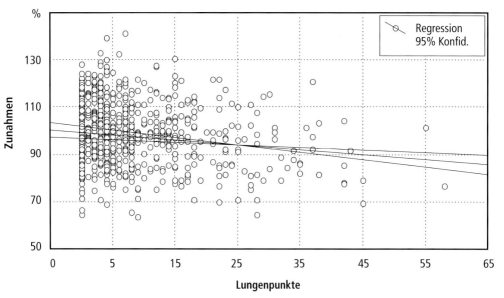

Zunahmen in Prozent = 101,87 - 0,276 Lungenpunkte
Korrelation: r = -0,19, p < 0,05

Abb. D24 Regression der Tageszunahmen in Abhängigkeit von den am Schlachtkörper ermittelten Lungen-Punkten (6 Ställe eines Großbetriebs mit 12 × 800 Mastplätzen).

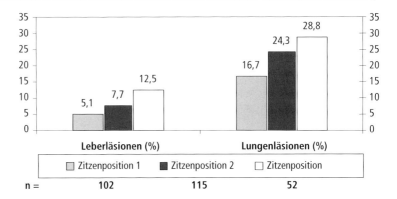

Abb. D25 Anteil der Lungen- und Leberveränderungen am Schlachtkörper in Abhängigkeit von der Zitzenposition als Ausdruck der Hierarchie im Wurf (Puppe et al. 1991).

- −34 g je 10% veränderter Lungenbereich,
- −48 g bei 50%iger Pleuraverwachsung und zusammengefasst von
- −42 g je einem Brustorgane-Indexpunkt (siehe Kap. E4.3.2).

Diese Ergebnisse bestätigen die Befunde anderer Autoren. Sie verweisen aber auch auf vielfältig beteiligte, von Stall zu Stall variierende Einflussfaktoren innerhalb desselben Betriebs.

Die **Leberbewertung** am Schlachtkörper (siehe Kap. E 4) ergibt diagnostisch gut verwertbare Befunde zum Befall mit Spulwürmern, deren wandernden Larven bindegewebige Narben (weiße „Milchflecke") im Gewebe hinterlassen. Betriebsvergleiche ergaben mittel- bis hochgradige Veränderungen zwischen 0% und über 50%, wobei im allgemeinen geringere Schadwirkungen auf intakten, gut zu reinigenden Vollspalten im Vergleich zu planbefestigten Böden entstehen. Besonders betroffen ist die Haltung mit stark begangenen stationären Ausläufen, wenn ein strenges Behandlungsregime nicht von Anfang an eingehalten wird. Bei sachgerechter Medikation der Läufer und Sauen wird ein bis zu 5 kg höherer Zuwachs im Vergleich zu Tieren aus nicht behandelten, verwurmten Betrieben erreicht.

2.10.5 Begünstigende Faktoren für Erkrankungen

Unter den **endogenen Einflussgrößen** ist das jeweilige Ausgangsgewicht bei der Geburt, bei Um- und Einstallungen sowie innerhalb der Gruppen bedeutsam, da leichtere Tiere eine nachrangige Stellung in der Gruppenhierarchie und dadurch ungünstigere Entwicklungschancen haben. Diese Einflussgröße kann bis zur Säugeordnung zurückverfolgt werden. Dominante Tiere haben nach den in Abbildung D25 dargestellten Ergebnissen in allen Entwicklungsphasen von der Säugezeit bis zum Mastende bessere Zunahmen bei geringeren Lungen- und Leberveränderungen im Vergleich zu subdominanten Schweinen.

Von den **exogenen Einflüssen** hängt die Ausschöpfung der Leistungsveranlagung ganz wesentlich ab. Die Tabelle D37 fasst die begünstigenden Faktoren von Krankheit und krankheitsbedingten Abgängen zusammen, unter denen folgende Mängel am häufigsten anzutreffen sind:

- zahlreiche Herkünfte
  - → ungeschützte Teilpopulation, erhöhte Morbidität
- ungeregelter Tierverkehr
  - → Erregereinschleppung und Seuchenverbreitung
- fehlendes Rein-Raus-Prinzip
  - → Erregeranreicherung, Infektion nachfolgender Gruppen
- mangelhafte Selektion von Kümmerern
  - → Erregerverbreitung, Erhöhung des Keimdrucks
- Haltungs-, Klima-, Betreuungsmängel
  - → Schwächung der Widerstandskraft und Förderung der Krankheitshäufigkeit

Die Auswertungen zur Bedeutung einiger Einflussfaktoren auf den Deckungsbeitrag in einer großen Zahl von Betrieben in Weser-Ems ergab bei der Mast eigener Läufer einen Vorteil von +15,1% bzw. von Läufern mit nur einer Herkunft von +4,2% zum Durchschnitt aller Betriebe (van Dieken 1994). Tiere unterschiedlicher Herkünfte bringen ein differenzier-

Tabelle D37: Begünstigende Faktoren der Erkrankungen bei Mastschweinen

Ursachenkomplex	Faktor	Auswirkungen
• Haltung	– ungeeignetes Stallklima, bes. im Winter und Hochsommer – ungeeignete Bodenausführung – konzentrierte Haltung in großen Ställen – zu große Tiergruppen bei intensiver Aufstallung (> 12 T.) und zu geringer Liegefläche/Tier (< 0,7 m²) – belastende Zwischenumstallungen, Änderung der Gruppenpartner – Mängel in Vorbereitung und Durchführung des Transports – fehlende Ruhezeit vor Schlachtung	– Zunahme von Faktorenkrankheiten, Kümmern, Zurückbleiben – Anstieg der Gliedmaßenerkrankungen – Leistungsminderungen, Anstieg der Morbidität und Abgänge – Transporttodesfälle, starke Erregung der Tiere – pH-Wert ↓, vermehrt PSE-Fleisch

• Fütterung	– Futtermangel:
	  – Fehler in der Zusammensetzung, zu geringer Energie- und Rohfaseranteil
	  – Mineralstoff-, Eiweiß-, Vit.-A-Mangel
	– verdorbene und ungeeignete Futtermittel (Säuerung, Pilzbefall, Vermilbung)
	– hohe Fütterungsintensität vor Umstallungen und Transporten
	– Mangel an Fressplätzen bzw. zu geringe Fressplatzbreite bei rationierter Fütterung (< 330 mm)
	– Futterwechsel und unregelmäßige Fütterung
	– Wassermangel bzw. schlechte Qualität
		– zu geringe Zunahme
		
		– Mangelerscheinungen
		– Förderung der Gastroenteritiden und Magengeschwüre
		
		– Kolienterotoxämie
		
		– Förderung von Rangordnungskämpfen, Abdrängen und Zurückbleiben schwacher Tiere
		– Belastungssituationen

• Infektionen, Intoxikationen	– Infektionskrankheiten – Parasitenbefall – Mykotoxine	– Anstieg der Morbidität und Abgangsrate – Leistungsminderungen, Organverwürfe – Immunsuppression, Organschäden
• Tiergut	– heterogenes Tiermaterial mit unterschiedlichem Keimspektrum – Konstitutionsmängel bestimmter Rassen und Genkonstruktionen mit mangelhafter Belastbarkeit verschiedener Organsysteme	– Leistungsminderungen, erhöhte Morbidität und Verluste – steigende Morbidität und Abgänge durch Krankheiten der Kreislauf- und Bewegungsorgane
• Organisation und Hygiene	– relativ zu geringe Einstallmasse – kein Rein-Raus-Prinzip, fraktionierte Belegung der Ställe in großen Einheiten – Mängel in der Reinigung und Desinfektion – mangelhafte Ordnung und Sauberkeit u. a. Hygienemängel – mangelhafte allgemeine und spezielle Seuchenprophylaxe	– erschwerte Anpassung, erhöhte Morbidität und Abgänge – Erregeranreicherung und Begünstigung chronischer Infektionskrankheiten, vermehrte Verluste, geringe Leistungsausschöpfung – Einschleppung und Ausbreitung von Infektionskrankheiten
• Betreuung	– siehe Saug- und Absatzferkel	

tes Keimspektrum mit, außerdem sind sie durch die vorausgegangene Haltung und Fütterung unterschiedlich konditioniert. Das erklärt die oft großen Differenzen der Krankheits- und Verlustehäufigkeiten unter gleichen Mastbedingungen. Diese Erfahrungen verweisen auf die Notwendigkeit der Zuführung eines homogenen Tiergutes bei guter Abstimmung der Bedingungen zwischen Liefer- und Empfängerbetrieben.

2.11 Sauen

2.11.1 Leistungen und Wurfzahl

Die **Wirtschaftlichkeit** eines Aufzuchtbetriebes ist von der Leistung der Sauen und der Auslastung der Stallplätze abhängig. Sie wird erreicht, wenn über 22 verkaufsfähige Ferkel abgesetzt werden und eine 10-malige Belegung aller Abferkelbuchten pro Jahr gegeben ist.

Risiken für die Gesundheit der Sauen sind
- eine ungeeignete Vorbereitung auf die Geburt,
- ein hoher Keimdruck im Besamungs- und Abferkelstall als Folge von Management- und Hygienemängeln,
- zu junge und schwach entwickelte, überalterte sowie unter- und überernährte Muttertiere (unter 12 mm, über 26 mm Rückenspeckdicke),
- Fütterungsfehler und Wassermangel im Vorbereitungs- und geburtsnahen Zeitraum,
- Geburtsprobleme, hohe Totgeburtenquoten und Puerperalerkrankungen.
- **Ungünstige Außeneinflüsse** sind überdies
- hohe Tierzahlen in großen Abferkelabteilen (über 30 Plätze),
- starke Stalltemperaturschwankungen während der Konzeption und Frühträchtigkeit sowie zu hohe Temperaturen im Abferkelstall (über 22 °C),
- eine fehlende Geburtsüberwachung und mangelhafte Bestandsbetreuung mit zu später tierindividueller Diagnostik und Therapie.

Die Abferkel- und Aufzuchtleistungen sind vom Sauenalter und -gewicht abhängig, die Wurfgrößen der Jungsauen werden überdies von der Zahl der Rauschen bis zur Erstbelegung beeinflusst. Wurfgröße und Wurfgewicht steigen i.d.R. vom 1. bis zum 3. Wurf an, um bei extrem bewegungsarmer Haltung ab 4. Wurf wieder abzufallen. Jungsauen haben im Vergleich zu Altsauen im Mittel 1,0 bis 1,5 weniger geborene und 0,7 bis 1,2 weniger abgesetzte Ferkel, die bei der Geburt um bis zu 150 leichter als die AS-Ferkel sind. Gut konditionierte Sauen halten bis zum 5. und 6. Wurf, in Einzelfällen auch länger ein hohes Leistungsniveau.

Sauen des modernen Genotyps können bei Nutzung aller Zitzen etwa 10 bis 12 kg Milch pro Tag erzeugen, sofern sie optimal vorbereitet (19−23 mm Seitenspeckdicke) und sachgerecht gefüttert werden (3 kg Kraftfutter plus 0,5 kg Rohfaser zur Vorbereitung, ab 2. Tag p.p. tägliche Steigerung um 1 kg bis maximal 8,5 kg mit 13 MJME). Die Saugaktivität kräftiger Ferkel trägt weiterhin zu hoher Milchbildung bei.

Im 3. bis 4. Wurf wird die höchste Milchleistung mit Zunahmen bis 300 g je Tag und Ferkel erreicht. In späteren Würfen fällt das Niveau auf das der Jungsauen, die infolge Beachtung der ungünstigeren Abwehrlage ihrer Ferkel gegen Erreger von Faktorenkrankheiten keine Leistungsvorteile gegenüber dem 5. und 6. Wurf bringen.

Durch Geburt und Laktation verlieren die Sauen etwa 40 kg Körpermasse, von denen etwa je eine Hälfte auf den Wurf mit Fruchtwasser und Nachgeburten sowie auf die Gewichtsabnahme in der Säugezeit entfallen. Bei zu hohen Gewichtsrückgängen folgen verringerte Fruchtbarkeitsergebnisse in der folgenden Reproduktionsperiode.

2.11.2 Krankheitsschwerpunkte und Abgangsursachen

Die jährliche **Verlusterate** der Sauen zeigt seit Jahren mit bis zu 6 % krankheitsbedingten Ausfällen eine steigende Tendenz, die mit einer abnehmenden Nutzungsdauer der hochgezüchteten, bewegungsarm gehaltenen Tiere verbunden ist. Vermehrt auftretende Abgänge verweisen auf Herdenprobleme, die sich als erhöhte Krankheitshäufigkeit und verringerte Leistungen bereits vorausgehend andeuten. Die Verteilung und Bedeutung der gängigen Verlustursachen zeigt Tabelle D38.

Erkrankungen und Todesfälle betreffen in der Regel einzelne Sauen. Sie treten vor allem in der Zeit starker Belastungen um die Geburt und in

Tabelle D38: Verlustursachen der Sauen aller Reproduktionsstadien

Verlustursachen	Beteiligung in %	Verbreitung in den Beständen	Erkrankte Tiere	Abgangsrate erkrankter Sauen
• Krankheiten des Bewegungsapparates	40–65			
– Arthritiden		++	++	++
– Arthrosen		++	+	+
– Frakturen		+	+	+++
– Epiphyseo-, Apophyseolysis		+	+	+++
– Klauenschäden		+++	++	+
• Krankheiten der Harn- u. Geschlechtsorgane	25–40			
– Schwergeburten/Prolaps uteri		++	++	++
– Retention mazerierter Feten/Intoxikation		+	+	+++
– Endometritis, Mastitis, puerperale Septikämie und Intoxikation (MMA)		+++	+++	++
– Hypo-, Agalaktie		++	++	–
– Nephritis, Zystitis		+	+	+
• Krankheiten der Kreislauforgane	10–30	+	+	+++
• Weitere Erkrankungen	20–30			
– Pneumonien		++	+	+
– Lebererkrankungen		+	+	+
– Abszesse, Phlegmonen, Verletzungen		++	++	+
– Infektionen (Rotlauf u. a.)		+	+	+
– Gastroenteritiden		+	++	+
– Ulcus ventriculi		++	+	+
– Intoxikationen		+	++	–

+, ++, +++: gering, mittel, hoch

der Säugeperiode auf. Ihre Häufigkeit differiert in Abhängigkeit von den betrieblichen Bedingungen, der Jahreszeit und Genetik in weiteren Grenzen.

Kurze **Geburtsverläufe** und vitale Neugeborene sind ein Zeichen von Gesundheit und guter Kondition, gleichzeitig bilden sie die Voraussetzung für ein ungestörtes Puerperium. Krankhafte Veränderungen in der Geburt stellt die Tabelle D39 zusammen.

Puerperalerkrankungen folgen langen Geburten und Schwergeburten, oft auch mehreren tot und lebensschwach geborenen Ferkeln im Wurf. Puerperalerkrankungen sind durch lokale Infektion und/oder Intoxikation gekennzeichnet. Die vielschichtige Symptomatik bezieht das Allgemeinbefinden, das Gesäuge und die Fortpflanzungsorgane ein (Tab. D40). Rechtzeitige Behandlungen führen in der Regel zur Genesung der Sau, nicht immer aber zur ausreichenden Laktation und Versorgung der Ferkel, die gegebenenfalls umzusetzen sind. Von besonderer Bedeutung sind vorbeugende Maßnahmen, die gleichermaßen die Umweltbedingungen (Klima, Fußboden, Keimarmut, Belegungsdichte usw.), die Vorbereitung der Sauen (Gesundheit, Kondition, Fütterung, Belastungsarmut) sowie die Überwachung der Geburten und Neugeborenen (Ferkelwache) betreffen.

Begünstigende Faktoren für Sauenerkrankungen und -verluste fasst die Tabelle D41 zusammen. Infolge fehlerhafter **Fundamente** scheiden 10 bis 15 % aller Sauen vorzeitig aus. Daher ist die Beurteilung der Stellung, Haltung und Bewegung vor Einbeziehung in die Zucht eine wesentliche Voraussetzung zur Verringerung späterer Ausfälle. Dabei sind folgende Fehler vor allem zu beachten (siehe Anhang J 4.1):

Tabelle D39: Krankhafte Veränderungen der Sauen während der Geburt

Erkrankung	Leitsymptome	begünstigende Faktoren	Prophylaxe	Therapie	Häufigkeit	Anmerkungen
• Schwergeburt	• kein Geburtsbeginn • Geburtsintervalle > 2 h • Geburtsstockung trotz Presswehen • primäre/sekundäre Wehenschwäche	• Erkrankungen • mechanische Hindernisse (Strikturen, zu enger knöcherner Geburtsweg = relativ zu große Frucht) • Uterustorsion, -flexion • absolut zu große Frucht • Oxytocin-Überdosierung	• Bewegung in der Tragezeit • optimale Geburtsvorbereitung der Sau • konditions- u. geburtsgerechte Fütterung	• Dehnung • Zughilfe • Medikation • Kaiserschnitt	• regelmäßig	• sorgfältige Geburtsüberwachung • bei längerer Dauer Absterben der Feten, Kreislaufprobleme, Infektion
• Geteilte Geburt (Superfetation)	• 2 Würfe im Abstand von Tagen	• einmalige oder mehrmalige Belegung mit partieller Keimruhe	–	–	• sehr selten	• ausgetragene, meist lebende Ferkel
• Gebärmuttervorfall (Scheidenvorfall, Blasenvorfall)	• Umstülpung des Uterus • Stauung und Ödem des Uterus bald Kreislaufprobleme	• Altsauen in mäßigen EZ • abschüssiger Sauenstand	–	• Presswehen stoppen • Reposition selten erfolgreich, dann Vulvaverschluss • Amputation	• selten	• ggfs. zusätzlich Mastdarmvorfall • Schlachtung bzw. Tötung bei Kreislaufinsuffizienz
• Geburtspsychose	• Aggressivität von Jungsauen gegenüber Neugeborenen • Geburtsverzögerung (Adrenalin)	• erste Geburt • erbliche Disposition	• züchterische Selektion	• medikam. Beruhigung	• regelmäßig	–
• Eklampsie	• Krämpfe, Apathie	• Hypokalzämie	• vollwertige Ernährung	• Ca-Lösungen i. v. sonst. Medikation • Kaiserschnitt	• gelegentlich, eher bei Extensivhaltung	• Wehenschwäche, Kreislauftod

Tabelle D40: Krankhafte Veränderungen der Sauen nach der Geburt

Erkrankung	Leitsymptome	begünstigende Faktoren	Prophylaxe	Therapie	Häufigkeit	Anmerkungen
• Mastitis-Metritis-Agalaktie-Syndrom (MMA)	• akute Mastitis • Endo-, Myometritis, Scheidenausfluss • Septikämie (Bakteriämie) • Fieber (RT ≥ 39,8 °C) • Inappetenz, gestörtes Allgemeinbefinden • Hypo-, Agalaktie (nach 12–48 h) • Unruhe, Suchen und Flüssigkeitsaufnahme der Ferkel • Dehydration, Hypoglykämie, Apathie, Durchfall der Ferkel	• Hypotonie des Myometrium • lokale Infektionen (E. coli, Staphylokokken) • Intoxikation (Endotoxine) • Belastungen vor, in Geburt • mehrere Totgeburten • Entzündungen der Harnorgane • lange Geburtsdauer, gestörte Geburten • Ca-Mangel, Stoffwechselstörungen • Schwächung durch Krankheiten • grobe Hygienemängel	• Keimanreicherung vermeiden • Gesundheit der Sauen fördern • optimale Kondition durch Bewegung und geeignete Ernährung • Förderung normaler Geburtsverläufe • Geburtshygiene • optimale Klima- u. Umweltgestaltung (18–22 °C)	• medikamentelle Therapie (Antibiose, Kreislauf u. a.) • intrauterine Behandlungen (bei Antibiose siehe Resistogramm) • Versorgung und Umsetzen der Ferkel	• regelmäßig, z. T. häufig	• Erregerbeteiligung • unterschiedliche Organbeteiligungen • folgende Konzeptionsstörungen nach chronischer Endometritis
• Laktationshyperthermie	• erhöhte RT ohne Klinik (≥ 39,5 °C) • Hypogalaktie	• Überfütterung • mastige Kondition • zu warmer Stall/Liegeplatz	• Abstellen der Ursachen	• symptomatisch • optimales Fütterungsregime • Abführmittel	• regelmäßig	• nicht infektiös
• Agalaktie	• hormonelle Laktationsstörung • keine Entzündung, kein Fieber	• Stressfaktoren • verlängerte Tragezeit • Wassermangel • Stoffwechselstörung	• Abstellung begünstigender Faktoren • reichlich Wasser	• Hormonmedikation u. a.	• gelegentlich	• nicht infektiös

Tabelle D41: Begünstigende Faktoren für Erkrankungen und Verluste bei Sauen

Ursachen-komplex	Faktor	Auswirkungen
• Haltung	– ungeeignete Aufstallung: Gruppen über 5 Tiere bei einer Grundfläche unter 1,5 m², Vollspaltenböden, Mangel an Fressplätzen, zu geringe Freßplatzbreite (< 400 mm) – Überbelegungen	– vermehrte Kämpfe, Abdrängen, verringertes Abferkelergebnis, erhöhte Morbidität
	– ungeeignete Bodenausführung: glatte Oberfläche, Verletzungsgefahren, falsches Gefälle, nasse Liegefläche	– vermehrt Skelett-Gliedmaßenerkrankungen
	– durch Bodenheizung erwärmte Sauenliegeplätze	– vermehrte Puerperalerkrankungen, bes. Mastitiden
	– belastende Transporte, lange Treibstrecken, bes. in Hochträchtigkeit	– Abgänge durch plötzliche Todesfälle, traumatische Schäden, Aborte
	– Haltungsänderungen zwischen den Reproduktionsphasen	– Anpassungsschäden (s. o.)
• Ernährung und Fütterung	– siehe Mastschweine – zusätzlich: – Mangel an Mineralstoffen, Vitaminen und Spurenelementen (Vitamin- und Mineralstoffstöße geben!)	– Förderung der Skelett-Gliedmaßenerkrankungen, embryonaler Frühtod, unausgeglichene Würfe, Lebensschwäche, Fortpflanzungsstörungen
	– keine Diätfütterung zur Zeit der Geburt	– Verstopfungen, Förderung puerperaler Erkrankungen
• Infektionen	– Parvovirose, PRRS, Leptospirose, Brucellose, Salmonellose u. a.	– Förderung von Fruchttod, Aborten, Totgeburten, Unausgeglichenheit und Kleinheit der Würfe
	– unspezifische bakterielle Infektionen – Parasitosen	– negative Auswirkungen auf das Abferkel- und Aufzuchtergbnis
• Tiergut	– bei Herdenneugründung heterogene Herkunft und Zusatzbelastungen	– Ausbreitung faktorenabhängiger Infektionskrankheiten
	– Fremdreproduktion in großen Herden	– ständige Infektionsgefährdung
	– mangelhafte Belastbarkeit der Bewegungs- und Kreislauforgane bei bestimmten Rassen und Genkonstruktionen	– erhöhte Morbidität und Abgänge
• Organisation, Hygiene, Betreuung	– Mängel in der Geburtsvorbereitung, -hygiene und -überwachung	– s. o.
	– fehlende Rein-Raus-Belegung im Abferkelstall,	– Keimanreicherung, Förderung der puerperalen und Aufzuchterkrankungen
	– zu große Belegungseinheiten – zu lange Abferkelperioden	– stark differierendes Ferkelalter
	– fehlende Desinfektionen im Wartestall bei hohen Tierkonzentrationen	– gehäufte Aborte bei Infektionen

- Stellung und Fesselung: steile, durchtrittige Fesselung; kuhhessige Stellung, Unterschieben der Extremitäten,
- Größe und Form der Klauen: unterschiedliche Größe innen und außen, zu lange Klauen,
- Auftreten von druckbedingten Geschwüren (in Gelenknähe als Decubitus), von Schleimbeutelvergrößerungen (druckbedingte, zunächst aseptische Entzündungen), Sehnenscheiden- und Gelenkschäden.

Gesunde Fundamente verlangen die frühzeitige Selektion von Zuchttieren mit Stellungs-, Haltungs- und Bewegungsmängeln und eine kräftige Entwicklung des Bewegungsapparates.

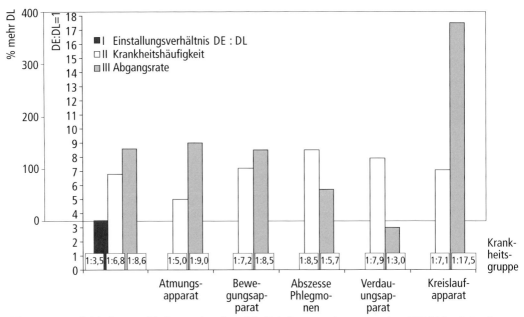

Abb. D26 Vergleich der Krankheits- und Verlustehäufigkeiten von Jungsauen (n = 7920 Tiere) des Deutschen Edelschweins (DE) und der Deutschen Landrasse (DL) in der Zeit zwischen Brunstsynchronisation und Hochträchtigkeit (PRANGE et al. 1972).

Diese wird gefördert durch reichliche Bewegung in der Jungenaufzucht und Tragezeit, Jungtiere sind ab etwa 25 kg auf Beton-(spalten)-böden bei intensiver Haltung zu bringen, um eine ausreichende Hornabnutzung bzw. „Selbstselektion" krankheitsdisponierter Tiere zu erreichen. Wünschenswert ist ein gleichmäßiges Wachstum ohne Zuwachsschübe in allen Phasen der Aufzucht bei insgesamt mittleren Zunahmen, um das zunächst unreife Skelett nicht zu überlasten.

Ein bemerkenswertes Beispiel für eine **rassebedingte Krankheitsdisposition** gibt die Abbildung D26, in der die Krankheits- und Verlusteraten bei Jungsauen des Deutschen Edelschweins (DE) und der Deutschen Landrasse (DL) für eine große Stichprobe aufgezeigt sind. Die Tiere wurden aus vielen Zuchtbetrieben der DDR in einer neu errichteten Mastanlage zusammengestellt, dort synchronisiert, besamt und auf die Belegung eines seinerzeit ebenfalls neu errichteten Großbetriebes vorbereitet. Die Landschweine hatten durchgehend höhere Krankheits- und Abgangsquoten und erwiesen sich damit – wie allgemein bekannt – als geringer belastbar unter den harten Bedingungen einer konzentrierten bewegungsarmen Haltung.

Erkrankungsbedingte **Fruchtbarkeitsstörungen** entstehen durch Infektionen (Parvovirose, PRRS, Influenza, Leptospirose u. a.) und Mykotoxin-Belastungen. Sie verursachen erhebliche wirtschaftliche Schäden infolge niedriger Trächtigkeits- bzw. Abferkelraten, vermehrter Aborte, verringerter Wurfgrößen sowie erhöhter Anteile an toten, untergewichtigen und spreizenden Ferkeln. Als Beispiel für die hohe wirtschaftliche Bedeutung von Fruchtbarkeitsstörungen ist in Abbildung D27 der Verlauf des Ferkelindex nach Fusariumtoxin-Einwirkung über das Futter dargestellt. Die Anzahl gesamt geborener Ferkel je 100 Erstbesamungen sank im zweiten Jahr der Verfütterung belasteten Getreides bei Alt- und Jungsauen (Eigenbestandsremontierung) auf ein sehr niedriges Niveau. Das Abferkelergebnis erholte sich mit dem Einsatz eines unbelasteten Futters im dritten Jahr und erreichte erst im vierten Jahr wieder das betriebsspezifische Leistungsniveau. Auch solche Ereignisse können einen Betrieb an den Rand des wirtschaftlichen Ruins bringen.

Chronische Erkrankungen der Atmungsorgane führen ebenfalls zu verminderten Fruchtbarkeitsleistungen. Sauen mit pneumoni-

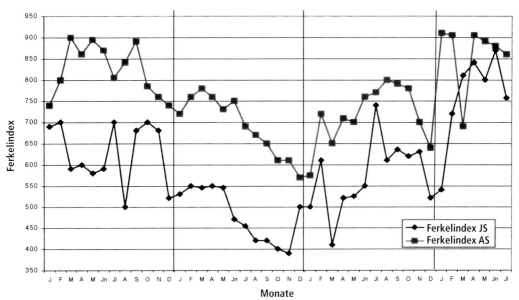

Abb. D27 Entwicklung der Ferkelindices durch Einwirken von Fusariumtoxinen (HÜHN 2002, in litt.).

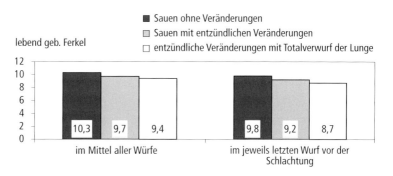

Abb. D28 Lebend geborene Ferkel in Abhängigkeit von entzündlichen Lungenveränderungen bei Sauen (HOY et al. 1987).

schen Veränderungen, die nach der Schlachtung diagnostiziert wurden, hatte niedrigere Wurfgrößen als gesunde Sauen (Abb. D28).

Ausgeheilte Erkrankungen, die zum Verlust von Körpermasse geführt haben, können weiterhin Leistungsminderungen verursachen. Die reduzierten Reserven verringern dann die Wurfleistungen vor und nach der Geburt.

2.11.3 Selektion und Reproduktion

Die geordnete **Selektion der Sauen** aus der Abferkelgruppe erfolgt beim Absetzen. Anlässlich einer visuellen Bewertung wird der Gesundheitszustand beurteilt; in die Entscheidung gehen die Leistungen ein. Bei Altsauen sind auch die Aufzuchtergebnisse vorangegangener Würfe einzubeziehen; die Kenntnis zurückliegender Erkrankungen und Behandlungen erleichtert die Entscheidung. Daher ist es sinnvoll, entsprechende Informationen der Sau zuzuordnen und diese auf der Sauenkarte abzudrucken oder auf andere Art bereit zu stellen.

Zu hohe **Merzungsraten** liegen dann vor, wenn eine Reproduktionsrate an Jungsauen von 30 % je Gruppe bzw. eine Remontierungsquote von 60 % im Jahr überschritten werden (siehe Kapitel B2). Dann sinkt infolge geringerer Leistungen der Jungsauen die mittlere Zahl abgesetzter Würfe und Ferkel je Sau und Jahr. Hohe Jungsauenanteile stellen überdies ein höheres Gesundheitsrisiko für die Würfe bei Infektionskrankheiten infolge ihrer schwächeren Immunabwehr dar.

Sehr niedrige Merzungsraten und weniger als 20 % Jungsauenwürfe bzw. eine Remontierungsquote unter 40 % verlangsamen den Zuchtfortschritt. Bei einer Überalterung eines größeren Teils der Sauen sind darüber hinaus höhere Erdrückungen, geringere Fruchtbarkeitsresultate und vermehrte Organkrankheiten zu erwarten. Gegenwärtig kann in Hochleistungszuchten bei bewegungsarmer, einstreuloser Haltung durchschnittlich mit 4 Würfen, bei reichlicher Bewegung dagegen mit 5 bis 6 Würfen gerechnet werden.

Unter den **krankheitsbedingten Abgangsursachen** der güsten und tragenden Sauen stehen die Krankheiten der Bewegungsorgane im Vordergrund, innerhalb derer entzündliche und degenerative Gelenksveränderungen nach Traumatisierung und Fehlbelastungen dominieren. Eine große Bedeutung haben Klauen-Zehenschäden bei Altsauen, die durch eine geringe Hornabnutzung und oft fehlende Klauenpflege insbesondere bei bewegungsarmer Haltung gefördert werden.

2.12 Eber

Die **Aufzucht von Ebern** erfolgt überwiegend im Zuchtbetrieb oder in Form der Eigenleistungsprüfung in Prüfstationen (Stationsprüfung) nach einer Richtlinie des Ausschusses für Leistungsprüfungen und Zuchtwertfeststellung beim Schwein (ALZ) des Zentralverbandes der Deutschen Schweineproduktion (ZDS). In der Station beginnt die Prüfung bei einem Lebendgewicht von 30 kg; daher muss die Anlieferung der Prüftiere bis zu einem Gewicht von 28 kg erfolgt sein. Die zuständige Zuchtorganisation und der Schweinegesundheitsdienst (SGD) tragen dafür Sorge, dass nur gesunde Tiere aus gesunden Beständen zur Prüfung kommen.

Die Prüfung kann gewichts- oder altersabhängig erfolgen. Mit Hilfe eines von der ALZ zugelassenen Ultraschallgerätes (US) werden 3 Speckdicken (Rücken- u. Seitenspeckdicke) und (fakultativ) die Muskeldicke erfasst. Für die Merkmale Alter bei Prüfende, tägliche Zunahme, Futteraufwand je kg Zuwachs, mittlere US-Speckdicke und Muskeldicke (fakultativ) werden Abweichungen vom gleitenden Vergleichswert der Anstalt für die einzelnen „Rasse-Geschlechts-Gruppen" errechnet bzw. die geschätzten, genetisch bedingten Leistungsabweichungen vom Populationsmittel (z. B. BLUP-Methode) angegeben. Infolge des hohen Selektionsdrucks werden von 100 ausgewählten Eberläufern nur 3 bis 5 als Zuchteber zugelassen. Das ermöglicht den Einsatz leistungsstärkster Eber in der Zucht und Produktion.

Die wesentlichen Selektionsgründe in den einzelnen Entwicklungsstadien der zur Zucht bestimmten männlichen Tiere enthält Tabelle D42.

Anomalien der Körperhaltung sowie Gliedmaßenstellung und -bewegung treten mit steigender Lebensmasse zunehmend in Erscheinung (siehe Anhang J4.1). Dadurch scheiden in der II. und III. Entwicklungsperiode trotz Vorauswahl der Eberläufer etwa ein Drittel und in der IV. Periode noch einmal ein geringer Teil der Tiere aus.

Eine **mangelhafte Entwicklung** (< 400 g tägliche Zunahme) stellt bei Eberferkeln ein Hauptselektionsmerkmal dar. Eine nicht dem Zuchtziel entsprechende Entwicklung äußert sich weiterhin in Typabweichungen sowie in bei der Einstellung übersehenen Mängeln, wie nicht standardgerechte Zitzenzahl, Fehlanpaarungen und Hernien. Diese Tiere werden im Prüfzeitraum ermittelt und selektiert.

Mängel im Sexualverhalten und der Spermaqualität treten mit Beginn des Ebertrainings in der Entwicklungsperiode III auf. Erstere äußern sich vor allem in der Nichtannahme des Phantoms, sie gehen mit steigendem Alter zurück. Dagegen haben die Spermamängel als Hauptabgangsursache für Besamungseber eine große Bedeutung.

Die **Ausfälle durch Erkrankungen** betreffen bei Zuchtläufern chronische Krankheiten der Atmungsorgane mit Entwicklungsstörungen vor den Gliedmaßen-, Herz-Kreislauf- und Magen-Darm-Erkrankungen. Mit zunehmendem Alter treten auch hier Organkrankheiten und unter diesen vor allem die des Bewegungs- und Kreislaufapparates in den Vordergrund. Bei Besamungseberanwärtern können auch Krankheiten der Harn- und Geschlechtsorgane zur regelmäßigen Abgangsursache werden.

Bei **Besamungsebern** sind ein Drittel bis die Hälfte aller Ausfälle auf Erkrankungen des

Tabelle D42: Selektionsgründe der Vatertiere in den einzelnen Entwicklungsperioden

Entwicklungsperiode	Lebenstage ca.	Lebendmasse	Selektionsgründe	Selektionen/ Abgänge aufgestallter Tiere
I Eberferkel in Aufzuchtanlagen	~32–101	~7–34	1. Erkrankungen 2. mangelhafte Entwicklung 3. Exterieurmängel 4. Gliedmaßenschäden	bis 60%
II Zuchtläufer im Prüfzeitraum	101–182	34–108	wie I	bis 60%
III Jungeber mit Bewegungstraining Einstufung	183–220 210	109–132	1. Mängel im Sexualverhalten 2. Spermamängel 3. Bewegungsanomalien 4. nicht dem Zuchtziel entsprechende Leistungen (Zunahme, US-Test)	bis 75%
IV Verwahreber	221–600	>132	1. Zuchtwertmängel 2. Mängel im Sperma und Sexualverhalten 3. Gliedmaßenschäden 4. sonstige Erkrankungen	5–10%
V Zuchtwertgeprüfte Besamungseber	ab Vergabe des Zuchtwertes	>132	1. Spermamenge und -mängel 2. Gliedmaßenschäden 3. Mängel im Sexualverhalten 4. sonstige Erkrankungen 5. negativer Zuchtwert	Zuchtverwendung im Mittel über 2 Jahre

Bewegungsapparates mit besonderer Beteiligung von Arthrosen, Arthritiden und Osteopathien zurückzuführen. Von wirtschaftlicher Bedeutung als Abgangsursache sind darüber hinaus Krankheiten der Harn- und Geschlechtsorgane, gelegentlich auch Pneumonien und Herz-Kreislaufversagen. Die krankheitsbedingten Abgänge können durch geeignete Aufstallung und gliedmaßenverträgliche Ausführung des Bodens der Eberbucht, der Treibwege und des Absamstandes, durch Vermeidung anhaltender Überforderungen und durch regelmäßige Klauenpflege verringert werden.

3 Datenerfassung und -bearbeitung

3.1 Inner- und zwischenbetriebliche Informationssysteme

Die Kenntnis der Wirtschafts-, Leistungs- und Gesundheitsdaten ist eine Basis für die erfolgreiche inner- und zwischenbetriebliche Produktionsgestaltung.

• **Datenmanagement in Verbundsystemen**
In Verbundsystemen der Primärerzeugung und Verarbeitung werden in zahlreichen Ländern und Regionen mit hochentwickelter Schweinehaltung praxisrelevante Daten erfasst und ausgetauscht bzw. miteinander vernetzt, um den Gesundheits- und Leistungsstand zu überwachen und letztlich aktuellen Markt- und Qualitätserfordernissen bestmöglich zu genügen. Das Erfolgskonzept derartiger Programme, die durch einen sinnvollen Informationsfluss untersetzt sind, basiert auf einer logistischen Feinabstimmung zwischen den Partnern, die Motivation und Kooperationsbereitschaft sowie Kompetenz und Akzeptanz der Koordinatoren (siehe Kap. F 3.2) voraussetzt. Ein unter der Bündelung eines Schlachtbetriebs stehendes Informationsnetz mit zentraler Datenbank für die vereinbarten Parameter der beteiligten Betriebe ist in Abbildung D29 dargestellt.

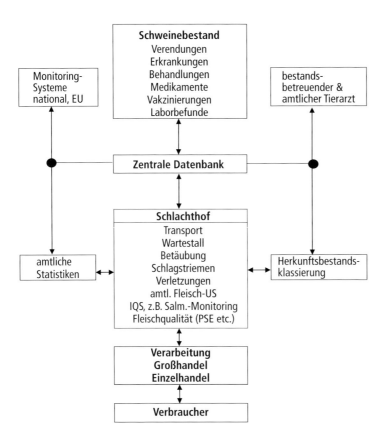

Abb. D29 Datenflussmodell zur Umsetzung von Qualitätssicherung als „Pre-harvest Food Safety" (BLAHA 2001).

Tabelle D43: Anfallende Leistungs- und Gesundheitsdaten im Produktionsbetrieb

Leistungen und Gesundheit in den Haltungsabschnitten
1: **Reproduktionsdaten**
2: **Leistungsdaten** in den Haltungsabschnitten
3: **Gesundheitsdaten** in den Haltungsabschnitten
• **Dokumentation** nach: Anfall
• **Auswertungen** je: • Tier-/Sauengruppe nach Gruppenabschluss/pro Jahr
• ev. weitere **Analysen** – Sau/Gruppe/Monat/Jahr
– Pfleger, Jahreszeit, Stall, Eber u. a.

Verschlüsselungen	
• Verlusteursachen/Erkrankungen:	1 → ×
• Behandlungsschemata:	1 → ×
• Stall:	Nr.

• **Datenmanagement im Schweinebestand**

Im Betrieb steigt der Aufwand für die Datenerfassung und -auswertung mit der Spezialisierung und Tierkonzentration, weil der Produktionsprozess dann zunehmend komplexer wird und schwerer zu überblicken ist. Daher müssen Statistiken periodisch erstellt und bewertet werden. Die Bedeutung spezieller Einflussfaktoren – neue Verfahren, veränderte Fütterung, Erkrankungen, Impfstrategien u. a. – kann nur anhand systematischer Auswertungen bewertet werden.

Das betriebliche Datenmanagement muss **aktuelle und periodische Übersichten** zu allen gesundheits- und produktionsrelevanten Parametern liefern. Dokumentationslücken und Auswertmängel können Defizite verbergen und die Prozessoptimierung behindern. Die Schwerpunkte eines komplexen betrieblichen Datenmanagements sind in Tabelle D43 dargestellt. Hierin wird von der Einheit der Leistungs- und Gesundheitsparameter ausgegangen.

Die **Leistungen** und die **Ausfälle** aller Tiergruppen sind so auszuwerten, dass sie nach dem Gruppendurchlauf bzw. am Monatsende für die einzelnen Haltungsstufen vorliegen. Der Informationsgehalt derartiger Auswertungen ist von der Genauigkeit der Datenerfassung abhängig.

Die eigentlichen **Gesundheitsdaten** sind anhand der Behandlungen zu dokumentieren. Sie werden in der Regel nicht mit den Leistungsdaten in gemeinsamen Übersichten zusammengeführt, was für die einzelne Sau zur Gesamtbewertung von Leistung und Gesundheit künftig unverzichtbar ist.

3.2 Definitionen zu den Leistungsdaten

3.2.1 Aufgezogene Ferkel je Sau und Jahr

Die **Anzahl abgesetzter** bzw. verkaufsfähiger Ferkel je Sau und Jahr errechnet sich für den Bestandsdurchschnitt in folgender Art:

• **Abgesetzte Ferkel je Sau und Jahr**

$$= \frac{\text{mittlere Anzahl abgesetzter Ferkel/Wurf} \times \text{Wurffolge der Sauen} \times \text{Abferkelrate}}{100}$$

oder einfacher

$$= \frac{\text{Gesamtzahl aufgezogener Ferkel/Jahr}}{\text{Sauen ab EB/Jahr}}$$

In diesem entscheidenden Leistungskriterium sind alle Fruchtbarkeitsparameter ab Erstbelegung der Sauen bzw. ab Erstabferkelung (Berechnungsgrundlage beachten!) enthalten. Entscheidende Variablen bilden die Trächtigkeits- bzw. Abferkelrate sowie die Säugezeit und daraus resultierend die Wurffolge. Die errechneten Leistungsdaten gehen von einer **theoretischen Wurffolge** (WF) aus (Tab. D44), die sich aus dem Sauenzyklus ergibt, dessen Variable die Säugezeit bildet. Beim Zyklus von 147 Tagen (115 + 27 + 5 Tage) ferkelt jede Sau theoretisch 2,48-mal pro Jahr ab.

Tabelle D44: Aufgezogene Ferkel je Sau und Jahr

Zahl lebend od. lebensfähig geb. Ferkel/Wurf	Verluste in % 7	9	11	13	15
• Tafel 1 WA[1]: 140 Tage, SZ[1]: 21 Tage, theoretische WF[1]: 2,60					
9,0	21,8	21,3	20,8	20,4	19,9
9,5	23,0	22,5	22,0	21,5	21,0
10,0	24,2	23,7	23,1	22,6	22,1
10,5	25,4	24,8	24,3	23,8	23,2
11,0	26,6	26,3	25,5	25,0	24,3
11,5	27,8	27,2	26,6	26,0	25,4
• Tafel 2 WA: 147 Tage, SZ: 28 Tage, theor. WF: 2,48					
9,0	20,8	20,3	19,9	19,4	18,8
9,5	21,9	21,4	21,0	20,5	20,0
10,0	23,1	22,6	22,1	21,6	21,1
10,5	24,2	23,7	23,2	22,7	22,1
11,0	25,4	25,0	24,3	23,8	23,2
11,5	26,5	24,8	25,4	24,8	24,2
• Tafel 3 WA: 154 Tage, SZ: 35 Tage, theor. WF: 2,37					
9,0	19,8	19,4	19,0	18,6	18,1
9,5	20,9	20,5	20,0	19,6	19,1
10,0	22,0	21,6	21,1	20,6	20,1
10,5	23,2	22,7	22,2	21,7	21,2
11,0	24,2	23,9	23,2	22,8	22,2
11,5	25,4	24,8	24,3	23,7	23,2
• Tafel 4 WA: 161 Tage, SZ: 42 Tage, theor. WF: 2,27					
9,0	19,0	18,6	18,2	17,8	17,4
9,5	20,1	19,6	19,1	18,8	18,3
10,0	21,1	20,7	20,2	19,8	19,3
10,5	22,2	21,7	21,2	20,7	20,3
11,0	23,2	22,9	22,2	21,8	21,2
11,5	24,3	23,7	23,3	22,7	22,2

[1] WA = Wurfabstand: 115 Tage + Säugezeit (SZ) + 4 Tage Güstzeit = theoretische Wurffolge als Organisationskennzahl (= TR_{EB}100).

Die **tatsächliche Wurffolge** bezieht aber die Umrauscher ein. Bei einer Trächtigkeitsrate (TrR) von z. B. 90% ergeben sich bei unterschiedlichen Säugezeiten folgende Aufzuchtleistungen:

a) Bei 147 Tagen Sauenzyklus mit 28 Tagen Säugezeit, 10,5 lebend geborenen Ferkeln und 10% Verlusten mit einer theoretischen Wurffolge von **2,48** liegt die reale Wurffolge bei etwa **2,40** und das Aufzuchtergebnis bei **22,7** Ferkeln.

b) Die Verringerung der Säugezeit auf mittlere 21 Tage ergibt bei einem Sauenzyklus von 140 Tagen, einer theoretischen Wurffolge von **2,60** und 10,5 lebend geborenen Ferkeln eine reale Wurffolge von **2,50** mit 23,6 Ferkeln je Sau und Jahr bei wiederum 10% Verlusten.

Die **Differenz zwischen theoretischer und realer Wurffolge** resultiert aus dem Anteil nicht trächtiger Sauen aus Erst- und Folgebesamungen und damit aus der Differenz zwischen 100% theoretischer und × % tatsächlicher Trächtigkeits- bzw. Abferkelrate. Somit müssen die in Tabelle D44 auf diese theoretische Wurffolge bezogenen Zahlen der tatsächlichen Fruchtbarkeit (Mittelwert der TR_{EB} aus den Anteilen der Jung- und Altsauen) angepasst werden. Danach ergeben sich folgende Korrekturen:

TR_{EB} 88 = 6% Abzug 64 = 18% Abzug
      84 = 8% Abzug 60 = 20% Abzug
      80 = 10% Abzug 56 = 23% Abzug
      76 = 12% Abzug 52 = 26% Abzug
      72 = 14% Abzug 48 = 29% Abzug
      68 = 16% Abzug

Beim Vorliegen von Zwischenwerten der Eingangsgrößen (Zahl lebender oder lebensfähig geborener Ferkel, Verluste in %, TR_{EB}) werden die

Ausgangsgrößen (Tabellenwerte) entsprechend interpoliert.

Bei dieser Berechnung bleiben nicht tragende „Durchläufer" unberücksichtigt (= 0%); sie reduzieren das Aufzuchtergebnis noch einmal um deren Prozentanteil an allen Sauen, z. B. für vorstehende Variante b) bei 2 „Durchläufern" unter 100 Sauen um weitere 2%.

In **Anlagen mit Aufzucht der Absatzferkel** kann die Anzahl der aufgezogenen bzw. verkauften Läufer in gleicher Weise auf die Sauen bezogen werden. Eine Verringerung zu den Zahlen des Absetzergebnisses der Tabelle D44 ergibt sich aus den Verlusten im Aufzuchtstall. Bei Bezugnahme auf die verkäuflichen Läufer wird die Anzahl nicht verkaufsfähiger Tiere von den auszustallenden Läufern zusätzlich abgezogen.

Eine **separate Bewertung der Läuferaufzucht** berücksichtigt die Anzahl auszustallender Tiere in Beziehung zu den eingestallten. Darzustellen sind die Verluste, die Tageszunahmen, der Futterverbrauch und der Anteil nicht verkaufsfähiger Tiere.

3.2.2 Aufgezogene Ferkel je Abferkelplatz und Jahr

Dieser Parameter kann für die Effektivitätsbewertung eines Betriebes bedeutsam sein, auch wenn er nur selten ausgewertet wird. Hier bilden die Belegungsdauer und die Auslastung der Stallplätze die Variablen:

- **Aufgezogene Ferkel je Abferkelplatz**

$$= \frac{\text{mittlere Anzahl abgesetzter Fe./Wurf} \times \text{Belegungshäufigkeit des Stalles} \times \text{Auslastung}^1 \text{ der Abferkelplätze in \%}}{100}$$

oder einfacher

$$= \frac{\text{Gesamtzahl aufgezogener Ferkel/Jahr}}{\text{Anzahl Abferkelplätze}}$$

Die **Belegungshäufigkeit des Stalles** ergibt sich aus der Belegungsdauer, die durch die Jahrestage zu teilen ist. Eine Belegungsdauer von beispielsweise 35 Tagen besteht aus der Anzahl Tage von der Einstallung der Sauen bis zum Abferkelhöhepunkt, der mittleren Anzahl Säugetage und der Dauer der Serviceperiode. Mit zunehmender Länge der Vorbereitungs- und der Säugezeit steigt die Belegungsdauer und sinkt die Belegungshäufigkeit. Die Aufzuchtleistungen je Abferkelplatz sind das Resultat von Abferkelergebnis, Belegungshäufigkeit und Verlustehöhe (Tab. D45). Für den theoretischen Wert, der die 100%ige Belegung aller Abferkelbuchten in allen Durchgängen voraussetzt, sollen folgende Beispiele stehen:

a) Bei 10,5 lebend geborenen Ferkeln, 10% Verlusten sowie 10,4 Belegungen bei einer Belegungsdauer von 35 Tagen (27/28 Tage Säugezeit) werden 98 Ferkel je Abferkelplatz im Jahr aufgezogen.

b) Bei 10,5 lebend geborenen Ferkeln, 10% Verlusten sowie 13,0 Belegungen bei einer Belegungsdauer von 28 Tagen (21 Tage Säugezeit) werden 123 Ferkel je Abferkelplatz aufgezogen.

Vorgenannte Zahlen sind mit der Auslastung der Abferkelplätze zu verrechnen, was bei 90%-iger Auslastung der Stallabteile rund 88 bzw. 111 Ferkel ergibt. Dieser Parameter ist besonders gut zur vergleichenden Bewertung von Betriebsergebnissen bei stallgebundener Haltung heranzuziehen.

Die virtuose Nutzung einiger über die Gruppengröße hinausgehender „**Reservesauen**" bzw. die Einrichtung provisorischer Abferkelmöglichkeiten bei übergroßen Gruppen ermöglicht die volle Auslastung der Abferkelkapazität, die den teuersten Teil der Tierplätze bildet.

Ein stärkeres **Abweichen der erreichten Aufzuchtergebnisse** von den Werten der Tabellen D44 und D45 kann begründet sein in einer

- ungenauen Angabe der Zahl lebend/lebensfähig geborener Ferkel je Sau und Jahr,
- ungenauen Angabe der Zwischenwurfzeit für die Sauenherde,
- ungenauen Angabe der Verluste,
- Produktion mit leerstehenden Abferkelplätzen bzw. in der zusätzlichen Nutzung provisorischer Abferkelplätze

sowie vor allem

- durch Gleichsetzung der realen mit der theoretischen Wurffolge (letztere ist auf eine 100%ige Trächtigkeitsrate bezogen).

---
[1] belegte Plätze : vorhandene Plätze (≤ 1)

Tabelle D45: Aufgezogene Ferkel je Abferkelplatz und Jahr

Zahl lebend od. lebensfähig geb. Ferkel/Wurf	Verluste in % 7	9	11	13	15
● Tafel 1 Belegungsdauer 28 Tage[1], Belegungshäufigkeit 13,0					
9,0	109	106	104	102	99,5
9,5	115	112	110	107	105
10,0	121	118	115	113	110
10,5	127	124	121	119	116
11,0	133	131	127	125	121
11,5	139	136	133	130	127
● Tafel 2 Belegungsdauer 35 Tage, Belegungshäufigkeit 10,4					
9,0	87,1	85,1	83,3	81,7	79,6
9,5	91,9	89,9	87,9	86,0	84,0
10,0	96,7	94,6	92,6	90,5	88,4
10,5	102	99,4	97,2	95,0	92,8
11,0	107	105	102	99,8	97,3
11,5	111	109	107	104	101
● Tafel 3 Belegungsdauer 42 Tage, Belegungshäufigkeit 8,7					
9,0	73,0	71,5	70,1	68,2	66,8
9,5	77,3	75,5	74,1	72,2	70,8
10,0	81,1	79,3	77,6	75,8	74,1
10,5	84,9	83,1	81,0	79,5	77,3
11,0	88,8	87,7	85,5	83,7	81,5
11,5	93,2	91,0	89,2	87,0	85,5
● Tafel 4 Belegungsdauer 49 Tage, Belegungshäufigkeit 7,5					
9,0	62,2	60,5	59,3	58,0	56,7
9,5	65,4	64,1	63,1	61,2	59,9
10,0	69,2	67,6	66,0	64,4	62,8
10,5	72,5	70,8	69,6	67,9	66,7
11,0	77,0	75,7	73,3	72,0	70,0
11,5	80,3	78,3	77,0	75,0	73,3

[1] Belegungsdauer im Abferkelstall = Haltungsdauer der Sauen (Vorbereitungs- und Säugezeit) + Tage Reinigung und Desinfektion.

3.3 Definitionen zu den Gesundheitsdaten

Zur Bewertung der gesundheitlichen Situation im Bestand gehört das Wissen um den Umfang, Schweregrad und Ausgang der Erkrankungen bei den Tieren. Diese Informationen können mit Hilfe der nachfolgend dargestellten Parameter zusammengestellt und vergleichend beurteilt werden. Bei Angabe von **Krankheits- und Verlustziffern** müssen in jedem Fall
- die Haltungsstufe, Stalleinheit oder der Bestand,
- die Zahl der berücksichtigten Haltungstage im Gruppendurchschnitt als zugrunde gelegte Zeiteinheit und
- die Tierzahl als Ausgangsgröße bekannt sein.

Zahlenangaben ohne Bezugsdaten haben keinen vergleichbaren Wert.

3.3.1 Tierverluste

● Die **Verlustquote** (Mortalität) kann bei Berücksichtigung der verschiedenen Abgangsarten folgendermaßen definiert werden:
– Mortalität (%)

$$= \frac{\text{Anzahl der Verendungen} \times 100}{\text{Anzahl Tiere/Gruppe}} \text{ pro Zeiteinheit}$$

– Abgangsrate (%)

$$= \frac{\text{Anzahl der Verendungen} + \text{Merzungen/Tötungen}}{\text{Anzahl Tiere/Gruppe}} \text{ pro Zeiteinheit}$$

Bei gegebenenfalls durchgeführten Notschlachtungen werden diese mit den Verendungen und Merzungen/Tötungen in einer **Gesamtabgangsrate** zusammengefasst.

Zur weiterführenden **Beurteilung des Verlustegeschehens** eignen sich folgende Kriterien:
- **Abgangsarten** als erdrückte, verendete, gemerzte, getötete und gegebenenfalls notgeschlachtete Tiere.
- **Todesursachenstatistik** als Zusammenstellung der durch klinische Diagnostik ermittelten bzw. der durch pathologisch-anatomische Untersuchungen objektivierten Abgangsursachen verendeter und gemerzter Tiere.
- **Verlustedynamik** als zeitliche Verteilung der anfallenden Abgänge auf einen definierten Haltungszeitraum oder Lebensabschnitt.

Die vorstehend dargestellten Parameter sind nicht in jedem Fall der üblichen Dokumentation zu entnehmen und erfordern bei Bedarf einen zusätzlichen Erfassungsaufwand.

Bei „**Rein-Raus-Belegungen**" der Ställe werden die Verlustedaten auf die Zahl eingestallter Tiere bzw. auf die Zahl der gesamt, lebend und/oder aufzuchtfähig geborenen Ferkel bezogen.

Bei **kontinuierlicher Ein- und Ausstallung** im Kleinbestand sind die Verluste für den jeweiligen Erfassungszeitraum zum Durchschnittstierbestand der Nutzungsgruppe in Beziehung zu setzen. Letzterer ist der mittlere Tierbestand für einen bestimmten Zeitabschnitt, z. B.
- Jahresdurchschnittsbestand

$$= \frac{\text{Anfangsbestand} + 12 \text{ Monatsendbestände}}{13}$$

oder
- Durchschnittsbestand im Zeitabschnitt

$$= \frac{\text{Anfangsbestand} + \text{Summe Monatsendbestände}}{\text{Anzahl der Monate} + 1}$$

Die Genauigkeit der Angaben nimmt bei letztgenannter Berechnungsart mit der Länge der berücksichtigten Zeitdauer zu.

Direkte Verluste bezeichnen den Abgang von Tieren aus dem normalen Produktionsprozess, der durch Verendungen, Merzungen bzw. Tötungen und Notschlachtungen verursacht wird. Sie können exakt ermittelt werden und stellen einen Maßstab zur Beurteilung der Gesundheit eines Bestandes dar.

Indirekte Verluste beinhalten dagegen krankheitsbedingte Minderleistungen, die als Vergleich des aktuellen Leistungsstandes zu realistischen Leistungszielen beurteilt werden können.

Selektionen zurückgebliebener Tiere am Haltungsende bzw. von Sauen nach dem Absetzen sind ebenfalls zu erfassen, aber separat auszuweisen.

3.3.2 Erkrankungen

Die **Krankheitshäufigkeit** (Morbidität) ist eine Kennziffer, die den Anteil der erkrankten Tiere eines Tierbestandes in einer Zeiteinheit ausdrückt. Derartige Auswertungen gehen über das Praxisübliche hinaus. Bei Versuchsanstellungen sind diese Parameter jedoch zu beachten und exakt zu definieren.
- **Morbidität** (%)

$$= \frac{\text{Anzahl der erkrankten Tiere} \times 100}{\text{Anzahl Tiere/Gruppe}} \quad \text{pro Zeiteinheit}$$

Bei entsprechenden Angaben muss klargestellt sein, ob sich die benannte Morbidität auf eine bestimmte Erkrankung oder auf das gesamte Krankheitsgeschehen bezieht.
- Die **Abgangsquote erkrankter Tiere** (Letalität) wird auf folgende Weise definiert:
- **Letalität** (%)

$$= \frac{\text{Anzahl der Verendungen} \times 100}{\text{Anzahl erkrankter Tiere/Gruppe}} \quad \text{pro Zeiteinheit}$$

Mit diesem Parameter kann die Prognose und der Schweregrad spezieller Erkrankungen gekennzeichnet werden.
- Die **Heilungsquote** entspricht dagegen dem prozentualen Anteil genesener Tiere an der Gesamtzahl an Erkrankungen in der Zeiteinheit, jeweils bezogen auf spezielle Erkrankungen.

Für eine differenziertere Beurteilung des Krankheitsgeschehens und seiner ökonomischen Auswirkungen eignen sich außerdem die folgenden Parameter:

- **Krankheitsstatistik** als Zusammenstellung der mit klinischen Methoden ermittelten Diagnosen bzw. Krankheitskomplexe.
- **Krankheitsdynamik** als zeitliche Verteilung anfallender Erkrankungen während eines definierten Haltungszeitraumes oder Lebensabschnittes.
- **Anzahl Wurfbehandlungen je 100 Würfe** als ein Maß für die Morbidität und den Schweregrad spezieller Erkrankungen.
- **Tierarztkosten je Sau und Jahr** (mit Saugferkeln) als ein Maß für die Gesamtheit veterinärmedizinischer Aufwendungen, wobei deutlich sein muss, ob Kosten für biotechnische Maßnahmen und/oder für Absetzferkel (Läufer) einbezogen sind (siehe Kap. E 1.4).

3.4 Dokumentationen und Auswertungen

3.4.1 Leistungs- und Verlustedaten

Die lückenlose Tier- und Gruppenübersicht sowie die exakte Dokumentation der anfallenden Leistungs- und Gesundheitsdaten bilden gleichermaßen die Basis für die aktuelle Situationsbeurteilung wie für periodische Auswertungen und Analysen.

- Dokumentation der Daten
- Sauenkarten im Stall

Zur **Dokumentation** im Abferkelstall sind **Sauenkarten** geeignet (Abb. D30), die bei der Belegung der Sauen eingerichtet werden und diese bis zum Absetzen der Ferkel begleiten. Auf ihnen können der berechnete Abferkeltermin als orientierende Zielgröße und das tatsächliche Geburtsdatum, die Abferkel- und Aufzuchtdaten, die Verluste und deren Ursachen sowie Erkrankungen und Behandlungen von Sauen und Würfen erfasst werden. Diese Informationen werden zwischenzeitlich, spätestens aber nach dem Absetzen der Ferkel in den Computer übernommen. Sauen mit vorangegangenen Geburts- und Gesundheitsproblemen oder zuvor erhöhten Totgeburten und Aufzuchtverlusten sollten als Risikotiere beizeiten bekannt sein, um intensiver diagnostisch und therapeutisch begleitet zu werden. Das setzt allerdings voraus, dass auch entsprechende Daten zurückliegender Würfe dargestellt werden.

Das Betreuungspersonal sollte den **Geburtsbeginn** als zwischenzeitliche Kurzinformation mit Kreide auf die Buchtenwand schreiben, um im Bilde zu bleiben. Geburtsstörungen mit Behandlungen werden auf den Karten vermerkt. Gleiches gilt für **Sauentemperaturen** ab etwa 40 °C, die bis 3 Tage p.p. bei Notwendigkeit erfasst werden.

Die anfallenden **Verluste** können in die Sauenkarte unter der Abgangsursache mit dem Todesdatum (Lebenstag) vermerkt werden, so dass bei Bedarf auch Auswertungen zum zeitlichen Auftreten der Abgänge möglich sind. Ergänzend zur Verwendung der Datenträger können **Verlustelisten** am Stalleingang geführt werden, die täglich fortzuschreiben sind und einen schnellen Überblick geben.

Ohr-Nr.:		Gruppe:		Geb.dat.:		Eber:	gedeckt:
Besamer:				erwartetes Geb.datum:			
Geb.datum:	von:		bis:	Puerperium:		Absetzalter:	
leb.	tot	Mum	weg	zu	Verl (Urs)	abg Fe	Behandlung Sau:
		Verlusteursachen					Behandlung Ferkel:
1:	2:	3:	4:	5:	6:		
7:	8:	9:	10:	11:	12:		
Wurf*)	Datum	ges. leb.	Mum. tot	Geb. dauer	Verl.	abges.	Säuge- tage	Zwisch. w.tage	Krankh. Sau

Abb. D30 Vorschlag einer Sauenkarte für die Datenerfassung im Abferkelstall.

Tabelle D46: Beispiel einer Verschlüsselung der Verlustursachen von Saugferkeln (ggfs. ergänzt mit S = behandelte Spreizer, mit U = Umsetzer)

1	Merzung/Untergewicht	5	Hypoglykämie/Verhungern	9	Kümmerer
2	Merzung/Missbildung	6	Gliedmaßen-Erkrankungen	10	Totbeißen
3	Merzung/Spreizer	7	Magen-Darm-Erkrankungen	11	Unfälle
4	erdrückt	8	Erkrankungen Atmungsorgane	12	sonstige

Sämtliche Eintragungen erfolgen günstigerweise mit einfachen **Schlüsselnummern** (Kürzel oder Zahlen), die für die Krankheits- und Todesursachen der Ferkel einzurichten und im Stall auszuhängen sind (Tab D46). Die Datenerfassung ist den jeweiligen Informationszielen anzupassen. Gleiche Schlüsselnummern für Erkrankungen und Verlustursachen erleichtern den Umgang mit den Daten. Bei vermehrten Erkrankungen innerhalb einzelner Krankheitsgruppen sind ebenso wie generell bei Sauenkrankheiten detaillierte Diagnosen zu stellen. Die dokumentierten Daten ergeben eine tagfertige Übersicht, und sie bilden eine Grundlage für die laufende Betreuung.

• **Auswertung der Daten**
Die **Auswertung erfolgt nach Gruppenabschluss**, wobei für jede Sau eine Karteikarte ausgedruckt werden sollte. Ein Beispiel zeigt die Abbildung D31, deren Daten die wesentlichen Leistungen, Verluste und Gesundheitsdaten auch der zurückliegenden Würfe enthält. Beim 7-Tage-Rhythmus sollte im Wochenabstand ein Gruppenabschluss ausgewiesen werden. Das ist in zahlreichen Betrieben dann nicht der Fall, wenn – der Software für kleine Sauenhaltungen folgend – jeweils 4 Gruppen in Monatsauswertungen zusammengefasst werden. Der dadurch entstehende Zeitverlust kann die Erkennung und Bekämpfung von Leistungsminderungen und Krankheitssituationen verzögern.

Die interessierenden **Kennziffern zur Auswertung nach Gruppenabschluss** sind in Tabelle D47 zusammengestellt.

Die wesentlichen **Kennziffern für jährliche Übersichten** enthält Tabelle D48.

Der Computereinsatz erlaubt auch weitergehende Auswertungen, z. B. Ist-Sollwert-Vergleiche der Jahreszeiten oder Jahre. Bei Bedarf kann

Abb. D31 Ausdruck einer Sauen-Karteikarte nach Geburt des 3. Wurfes.

Sauen-Karteikarte am 3.10.97		Index: 231.90	Stall-Nr.: 1		Sau 21860					
Buchtnummer	1/6	Tät./-HBNR:	21860	Mutter:	20544					
Geb.datum:	21.12.95	Transp. N:		Vater:	Fermi					
Alter bei EB (Tage):	242			Rasse:	LC					
Einst. dat. JS:	9.8.96	Gewicht/kg:	96.00	Ausw. Kennz.	LVA					
Sauenjahre	0.80	leb./Jahr			24.85					
Aufz. Verluste (%)	13.60	tot/Jahr			1.24					
Wurf	2.00	abg./Jahr			22.50					
ges./W	10.50	Geb. gew./Ferkel			1.36					
leb./W	10.00	Abs. gew./Ferkel			7.63					
tot/W	0.50	Leertage/W			5.00					
abg./W	9.00	Säugedauer/W			27.50					
Würfe/Jahr	2.48	Umrauscher/W			0.00					
Mumien/Wurf	0.50	% Anomalien			0.00					
Wurf	Eber	Belegen	Grp	Kommentar	Abferkeln	Absetzen	Erkrankungen	leb tot mu an weg Verl abg
1	Flori	19.8.96	765	Prod.-Sau ZS3)	6.12.96	3.1.97		10 0 0 2 2 1 11
2	Canasta	13.1.97	786	Prod.-Sau ZS3)	8.5.97	4.6.97	Agalactie	10 1 0 0 1 2 7
3	WaExPa	9.6.97	807	Prod.-Sau ZS3)	2.10.97	0		0 0 0 0 0 0 0

Tabelle D47: Leistungskennziffern zur Auswertung nach Gruppenabschluss in den Haltungsabschnitten

Haltungsstufe	Parameter[1]	Maßeinheit	Berechnung
• Säugeperiode	1. insgesamt geborene Ferkel/Wurf (IGF/Wurf)	Anzahl	• alle bei der Geburt voll entwickelten Feten, unabhängig ob tot oder lebend
	2. lebend geborene Ferkel/Wurf (LGF/Wurf)	Anzahl	• alle nach der Geburt lebenden Ferkel
	3. aufzuchtfähige Ferkel/Wurf (AFF/Wurf)	Anzahl	• alle am Tag nach der Geburt zur Aufzucht vorhandenen Ferkel
	4. tot geborene Ferkel/Wurf	Anzahl	• alle nach der Geburt voll entwickelten Feten ohne Lebensäußerung
	5. umgesetzte Ferkel	%	• der lebend/aufzuchtwürdig geborenen Ferkel
	6. abgesetzte Ferkel/Wurf	Anzahl	• alle zum Zeitpunkt des Absetzens vorhandenen Ferkel
	7. Ferkel-/Wurfmasse nach Geburt/am 21. LT	kg	• Wägung der Ferkel bzw. des Wurfes
	8. Ausstallmasse/Tier	kg	• $\dfrac{\text{Gesamtausstallmasse der Ferkel}}{\text{Tierzahl}}$
	9. Anteil JS-Würfe in der Abferkelgruppe	%	• $\dfrac{\text{JS-Würfe} \times 100}{\text{Anzahl aller geborenen Würfe}}$
• Läuferaufzucht	1. Ein-/Ausstallmasse/Tier	kg	• $\dfrac{\text{Gesamtein-/ausstallmasse}}{\text{Tierzahl}}$
	2. Zunahme je Haltungstag gesamt	kg	• $\dfrac{\text{Ausstallmasse} - \text{Einstallmasse}}{\text{Anzahl Tiere} \times \text{Haltungstage}}$
	3. Lebenstagszunahmen bis Ausstalltag gesamt	g	• $\dfrac{\text{Ausstallmasse/Tier}}{\text{Anzahl Tiere} \times \text{Lebenstage}}$
• Jungsauenaufzucht	1. Lebenstagszunahmen	g	• $\dfrac{\text{Lebendmasse am Stichtag}}{\text{Lebenstage}}$
	2. aufgezogene JS zu BS und Verkauf	%	• $\dfrac{\text{Jungsauen} \times 100}{\text{eingestallte Zuchtläufer}}$
• Sauen	1. Östrusrate (OER)	%	• $\dfrac{\text{Anzahl Sauen mit Duldungsreflex} \times 100}{\text{Anzahl der zur Erstbelegung aufgestellten Sauen}}$
	2. Trächtigkeitsrate (TR)	%	• $\dfrac{\text{Anzahl tragender Würfe aus Erstbelegung} \times 100}{\text{Anzahl Erstbelegungen}}$
	3. Abferkelrate (AFR)	%	• $\dfrac{\text{Anzahl geborener Würfe aus Erstbelegung} \times 100}{\text{Anzahl Erstbelegungen}}$
	4. Ferkelrate (FR) – insgesamt geb. Ferkel	Anzahl	• AFR × Anzahl gesamt geborener Ferkel/Wurf
	– lebend geb. Ferkel	Anzahl	• AFR × Anzahl lebend geborener Ferkel/Wurf
• Mast	1. Ein-, Ausstallmasse/Tier	kg	• $\dfrac{\text{Gesamtein-/ausstallmasse}}{\text{Tierzahl}}$
	2. Masttagszunahmen gesamt	g	• $\dfrac{\text{Ausstallmasse} - \text{Einstallmasse}}{\text{Anzahl Tiere} \times \text{Haltungstage}}$

Tabelle D48: Leistungskennziffern zur jährlichen Auswertung in den Haltungsabschnitten (siehe auch Parameter in Tab. D47)

Haltungsstufe	Parameter	Maßeinheit	Berechnung
• Säugeperiode	1. abgesetze Ferkel/ Abferkelplatz	Anzahl	$\dfrac{\text{Gesamtzahl abgesetzter Ferkel/Jahr}}{\text{Gesamtzahl Abferkelplätze}}$
	2. abgesetze Ferkel/ Sau	Anzahl	$\dfrac{\text{Gesamtzahl abgesetzter Ferkel/Jahr}}{\text{Sauendurchschnittsbestand}^1}$
	3. Wurfhäufigkeit	Index	$\dfrac{365 \text{ Tage}}{\text{Wurfabstand in Tagen}}$ oder $\dfrac{\text{Gesamtzahl Würfe/Jahr}}{\text{Sauendurchschnittsbestand}^1}$
	4. Belegungshäufigkeit der Ställe	Index	$\dfrac{365 \text{ Tage}}{\text{Belegungsdauer}}$
	5. Auslastung der Abferkelplätze	%	$\dfrac{\text{Gesamtzahl Würfe/Jahr} \times 100}{\text{Gesamtzahl Abferkelplätze}}$
• Läuferaufzucht	1. aufgezogene Läufer/Abferkelplatz	Anzahl	$\dfrac{\text{Gesamtzahl aufgezogener Läufer/Jahr}}{\text{Gesamtzahl Abferkelplätze}}$
	2. aufgezogene Läufer/Sau	Anzahl	$\dfrac{\text{Gesamtzahl aufgezogener Läufer/Jahr}}{\text{Sauendurchschnittsbestand}^1}$
• Jungsauenaufzucht	1. Erstbesamungsalter in LT	Tage	• Lebenstage der JS bei EB
• Sauen	1. Wurffolge (praktische WF als Produktionskennzahl)	Index	$\dfrac{\text{Gesamtzahl Würfe/Jahr}}{\text{Sauendurchschnittsbestand}^1}$
	2. Sauendurchschnittsbestand^1	Anzahl	$\dfrac{\text{Jahresanfangsbestand + Monatsendbestände}}{\text{Zahl der Monate + 1}}$
	3. Reproduktionsrate/Gruppe	%	• Anteil JS-Würfe/Abferkelgruppe
	4. Remontierungsquote	%	• Anteil Jungsauen/Jahr
• Mast	1. Eigenproduktion/ Mastplatz	dt	$\dfrac{\text{Gesamtausstallmasse/Jahr} - \text{Gesamteinstallmasse/Jahr}}{\text{Gesamtzahl Mastplätze}}$
	2. Bruttoproduktion/ Mastplatz (in Komplexanlagen)	dt	$\dfrac{\text{Gesamtausstallmasse/Jahr}}{\text{Gesamtzahl Mastplätze}}$
	3. Bruttoproduktion/ Sau (in Komplexanlagen)	dt	$\dfrac{\text{Gesamtausstallmasse/Jahr}}{\text{Sauendurchschnittsbestand}^1}$
	4. Futterverbrauch/ dt Zuwachs	Efs	$\dfrac{\text{dt Futtermasse/Jahr}}{\text{dt Eigenproduktion/Jahr}}$
	5. Tageszunahmen gesamt^2	g	$\dfrac{\text{Ausstallmasse} - \text{Einstallmasse}}{\text{Anzahl Tiere} \times \text{Haltungstage}}$

^{1} Bezugsbasis klarstellen als Sauendurchschnittsbestand ab Erstbesamung bzw. ab 1. Wurf der Jungsauen
^{2} gegebenfalls für die Läuferaufzucht auf gleiche Art berechnen

in die Tiefe gegangen werden, um Ställe, Betreuer, genetische Konstruktionen, Besamungsanstalten, Eber usw. miteinander zu vergleichen.

3.4.2 Gesundheitsdaten

• **Dokumentation der Daten**
Erkrankungen werden als Behandlungen in **Stallbücher** dokumentiert, die ständig griffbereit sein müssen. Infolge fehlender Verschlüsselung und elektronischer Datenbearbeitung erfolgt eine Bestands- bzw. tiergruppenbezogene Auswertung in aller Regel nicht. Systematisierte Datenträger sind auch hier wie bei der Leistungserfassung zukünftig sinnvoll.

• **Auswertung der Daten**
In die **üblichen Auswertprogramme** sind bisher nur die **Tierverluste** einbezogen, wobei die Abgangsursachen meistens bereits fehlen.

Die darzustellenden **Verlustekennziffern** sind in Tabelle D49 für die einzelnen Haltungsstufen zusammengestellt. Zur sachgerechten Beurteilung der Verluste in der Säugeperiode können

- **tot geborene Ferkel** (Differenz der gesamt zu den lebend geborenen),
- **lebensschwach geborene Ferkel** (Differenz der lebend zu den aufzuchtfähig geborenen Ferkeln) und
- **Aufzuchtverluste** (Differenz der lebend bzw. aufzuchtwürdig geborenen zu den abgesetzten Ferkeln)

getrennt ausgewiesen werden.

Die **Verluste der gesamt geborenen Ferkel** fassen alle Ausfälle zusammen und sind am besten geeignet, das Abgangsgeschehen im Abferkelstall in einem Parameter darzustellen.

Die Informationen zu Erkrankungen, deren Vorbeuge und Behandlung sind von der Art der gesundheitlichen Betreuung und dem Informationsbedarf abhängig. Die anfallenden **Gesamtinformationen zur Tiergesundheit** und zu den gesundheitsfördernden Maßnahmen sind in Tabelle D50 zusammengefasst, ihre geeignete Handhabung ist Teil der Bestandsbetreuung.

Die **präzise Erfassung der Primärdaten** bildet die Voraussetzung für informationsträchtige Auswertungen. In zahlreichen Betrieben fehlt die Darstellung wesentlicher Parameter, beginnend mit der Unterscheidung der Daten von Jung- und Altsauenwürfen und endend bei der genauen Angabe der Totgeburten oder Mumien, wodurch herdendiagnostisch bedeutsame Informationen ausgelassen werden. Die Motivation zur Verbesserung der vielerorts kritikwürdigen Datenerfassung kann durch einen hochwertigen Informationsrückfluss gestärkt werden. Die Schwerpunkte des betrieblichen Datenmanagement sind in Tabelle D51 abschließend zusammengefasst.

Für die **Auswertung von Gesundheitsdaten** ergeben sich verschiedene Möglichkeiten, die von der Art und dem Umfang der Dokumentation und dem Ziel der Datenverarbeitung abhängen. Sie beziehen sich auf

- die Auswertung von **Tiergruppen** nach Abschluss von Stall- bzw. Gruppendurchgängen,
- die Auswertung dokumentierter Daten für die einzelnen **Zuchttiere**, z. B. als Hilfe für Selektionsentscheidungen,
- die Zuordnung der Gesundheitsdaten zu verschiedenen Genkonstruktionen und **Eberabstammungen** (derartige Auswertungen sind unter Produktionsbedingungen routinemäßig nicht erforderlich),
- Vergleiche zwischen verschiedenen **Jahren, Jahreszeiten, Haltungsformen** u. a.; sie können bei herkömmlicher Datenbearbeitung nur sehr begrenzt, dagegen bei Computer-Einsatz routinemäßig vorgenommen werden.

Die weiterführenden Informationen sind bei speziellen Untersuchungen erforderlich, aber auch zur Aufklärung der Ursachen erhöhter Krankheits- und Verlustezahlen notwendig. Vorgenannte Statistiken bilden schließlich die Basis zur Bewertung eines Behandlungserfolgs für spezielle Krankheiten sowie zur langfristigen Beurteilung der Tiergesundheit in einem Bestand.

Der betriebene **Auswertaufwand** hängt von den jeweils gegebenen Bedingungen ab. Er ist in Problemsituationen und in großen Beständen höher als unter Normalbedingungen und bei geringer Tierzahl. Erfahrungsgemäß ist der Informationsbedarf in der Anlaufphase einer neuen Anlage größer als bei eingelaufener Produktion. Danach wird der Umfang zu dokumentierender Daten ebenso wie der für die Auswertungen erforderliche Aufwand auf das notwendige Mindestmaß beschränkt, aus dem die anstehenden Entscheidungen abzuleiten sind.

Tabelle D49: Kennziffern zu den Tierverlusten in den einzelnen Haltungsstufen

Haltungsstufe	Parameter	Maßeinheit	Bemerkungen
● Abferkelställe[1]) Saugferkel	– Mumien	– Anzahl je Wurf	– mumifizierte u. mazerierte Früchte
	– tot geborene Ferkel	– Anzahl in JS/AS-Würfen – % der gesamt geborenen Ferkel[2])	– normal entwickelte, bei Geburt tote Ferkel
	– lebensschwach geborene Ferkel	– Anzahl in JS/AS-Würfen – % der lebend geborenen Ferkel[2])	– am 1. LT verendete und gemerzte Ferkel
	– Ferkelverluste der lebend/aufzuchtfähig geb. Ferkel	– Anzahl in JS/AS-Würfen – % der lebend/ aufzuchtfähig geb. Ferkel	– Verluste ab Geburt bzw. 2. Tag
	– Abgangsursachen an den Gesamtverlusten	– % (relativ)	– bezogen auf Verluste der lebensfähig geborenen Ferkel (= 100 %)
	– beim Absetzen selektierte Ferkel	– % der abgesetzten Ferkel	– infolge Untergewicht selektierte Absatzferkel, die nicht in den Aufzuchtstall umgesetzt werden
● Sauen	– Verluste	– %	– bezogen auf eingestallte Sauen in der Gruppe
	– Abgangsursachen	– % (relativ)	– bezogen auf Verluste an Sauen (= 100 %)
	– Sauenselektion	– %	– bezogen auf Anzahl abgesetzter Sauen
	– Selektionsgründe	– % (relativ)	– bezogen auf selektierte Sauen (= 100 %)
● Läuferaufzuchtställe	– Verluste – Abgangsursachen – beim Ausstallen selektierte Läufer	– % – % (relativ) – %	– bezogen auf eingestallte Läufer – bezogen auf Verluste der Läufer (=100 %) – bezogen auf eingestallte Läufer je Gruppe (= 100 %)
● Jungsauenaufzuchtställe	– Verluste – Abgangsursachen	– % – % (relativ)	– bezogen auf eingestallte Tiere[3]) – bezogen auf Verluste (= 100 %)
● Sauenställe Synchronisation, Besamung, Trächtigkeit	– Verluste – Abgangsursachen – Selektion aus zuchthygienischen Gründen	– % – % (relativ) – %	– bezogen auf eingestallte Tiere[3]) – bezogen auf Verluste (= 100 %) – bezogen auf eingestallte Tiere[3])
● Mastställe[1])	– Verluste – Abgangsursachen	– % – % (relativ)	– bezogen auf eingestallte Tiere – bezogen auf Verluste (= 100 %)

[1]) Rein-Raus-Belegung der Ställe zugrunde gelegt.
[2]) Summe der tot und lebensschwach geborenen Ferkel wird auf die gesamt geborenen Ferkel bezogen.
[3]) Bei kontinuierlicher Belegung Bezugnahme auf den Durchschnittsbestand je Zeiteinheit.

Tabelle D50: Dokumentation (und Auswertung) der gesundheitlichen Betreuung in allen Haltungsstufen

A. Planmäßige Maßnahmen (nach Zeitplan)	Bezugsbasis
• Impfungen/Impfprogramme • Parasitenprophylaxe • Substitutionen • Mesophylaktische Arzneiapplikationen • Prophylaktische Diagnostik	• Tiergruppe/Bestand • „ • „ • Lebens-, Haltungs-, Tragetag • Lebens-, Haltungstage • Tiergruppe/Bestand
B. Therapeutische Maßnahmen (nach Erfordernis)	**Bezugsbasis**

• erkrankte Tiere (Behandlungen)
   • Einzeltiere
   • Tiergruppen
• Krankheitsgruppen/Diagnosen
   • Einzeltiere
   • Tiergruppen
	• insges./% der Tiere
	
	• Anteil % erkrankter Tiere

C. Veterinärmedizinische Leistungen	**Kosten der Leistungen**

• Planmäßige Leistungen (Programme siehe A)
• Therapeutische Leistungen (siehe B)
• Medikamente
   • Impfstoffe
   • Antiparasitika
   • Antibiotika/Sulfonamide
      • orale Mesophylaxe
      • Therapie
   • Substituentien
      • orale Applikation
      • parenterale Applikation
   • sonstige Medikamente
	• planmäßige Leistungen
	• Leistungen nach Anfall
	• Fahrtkosten
	
	• Medikamentenkosten
	
	• Kosten insgesamt

D. Leistungen für Nachfolgeuntersuchungen (in diagnostischen Einrichtungen)	
• Sektionen mit Erregerdifferenzierung, Resistenzbestimmungen u. a. • Serologie, Mikrobiologie, Parasitologie • sonstige Untersuchungen → Art der Leistungen, Anzahl der Leistungen, Kosten	(s. Kap. E)

3.5 Anwendung von Computerprogrammen

Eine wesentliche Hilfe im Herden- und Datenmanagement sind Computerprogramme, die für die Sauenhaltung und Mast angeboten werden. Als untere Grenze für einen wirtschaftlichen Einsatz sind etwa 50 Sauen bzw. 500 Mastplätze je Betrieb anzunehmen. Der Computereinsatz erfüllt vielfältige Aufgaben in den Betrieben, ist aber ebenfalls für vergleichende Auswertungen in überbetrieblichen Vereinigungen geeignet. Auch wenn die erfassten Daten vorrangig für die Bestandsplanung und Abrechnung, für Analysen zu den Leistungen, für deren Vergleich mit Referenzwerten sowie zur Darstellung der Fruchtbarkeit von Sauen und Ebern benötigt werden, sollten sie ebenso für die Auswertung von Gesundheitsdaten und zur speziellen Untersuchung von Schwachstellen im Betrieb anzuwenden sein.

Verschiedene Möglichkeiten der Nutzung eines Sauenplaners zeigt die Abbildung D32, die Daten zu den Leistungen, zum Management, zur Gesundheitsbewertung und zur Zuchtwertschätzung miteinander kombiniert. Während die Verluste gegenwärtig mehr oder weniger kom-

Tabelle D51: Erfordernisse eines optimalen Datenmanagements im Betrieb

1. Lückenlose Tier- und Gruppenübersicht sowie Tier- und Standortkennzeichnung.
2. Eintragung der Leistungs-, Abgangs- und Krankheitsdaten direkt auf Sauenkarten, die zusätzlich über vorangegangene Wurfergebnisse informieren.
3. Abferkel- und Aufzuchtdaten für Jung- und Altsauen separat ausweisen.
4. Mumien, Totgeburten und Lebensschwäche sind wie Aufzuchtverluste exakt zu erfassen und auszuwerten.
5. Erfassung der Abgangsursachen als eine Voraussetzung zur Verlustesenkung.
6. Einsatz von Computerprogrammen zur Bearbeitung der großen Datenmenge und einer Vielzahl von Fragestellungen.
7. Optimale Kombination unmittelbar verfügbarer Informationen mit periodischen Analysen zur Leistung und Gesundheit, die sehr bald nach Gruppenabschluss vorliegen sollten.
8. Mangelhafte Bestandsübersicht, unvollständige Dateneingaben, zu grobe Auswertungen und der Verzicht auf tieferreichende Analysen bei Leistungs- und Gesundheitsmängeln sind Ursachen der vielfach unbefriedigenden Produktionsergebnisse.

Abb. D32   Der „Sauenplaner" als zentrale Datenquelle (var. nach BRANDT 2002).

plett dargestellt werden, fehlt in aller Regel die Zuordnung der Verlusteursachen und der behandelten Erkrankungen von Zuchttieren. Hier besteht allgemeiner Nachholbedarf.

Überbetriebliche Vergleiche wesentlicher Referenzwerte stellen neben den Durchschnittszahlen häufig das beste und schlechteste Viertel der einbezogenen Betriebe dar, wodurch der eigene Bestand eingeordnet werden kann.

E Betreuung – Erhaltung der Tiergesundheit

1 Tiergesundheitliche Betreuung

1.1 Allgemeine Zielstellungen

Gesundheitliche Mängel sind häufig die Folge von Defiziten in der tiergesundheitlichen Betreuung und Beratung. Grundsätzliche Bedeutung haben folgende Zielstellungen:
- Die **Ausschöpfung des Leistungsvermögens** verlangt die komplexe Anwendung organisatorischer, technologischer, hygienischer und medizinischer Maßnahmen.
- Die Erhaltung und Wiederherstellung der Gesundheit bilden einen **Tierschutzbeitrag** durch Vermeidung, Beseitigung und Linderung von Schmerzen, Leiden und Schäden.
- Die **Tierhaltung** ist die Basis der Erzeugung qualitativ hochwertiger und gesundheitlich unbedenklicher Lebensmittel. In diesem Sinn ist sie dem **Gesundheitsschutz des Menschen** verpflichtet.
- Die Umsetzung und richtige Einordnung gesundheitsfördernder Maßnahmen bedarf einer **tierärztlichen Bestandsbetreuung**.

Tierärztliche Einflussnahmen auf den Produktionsprozess erfolgen durch **niedergelassene Tierärzte** und **Amtstierärzte**, deren Aufgaben unter marktwirtschaftlichen Bedingungen strikt voneinander getrennt sind. Die Veterinärmedizin wird damit sowohl ihrer öffentlichen Verantwortung wie ihrer spezialisierten Dienstleistung im Rahmen der tierärztlichen Bestandsbetreuung gerecht (Abb. E1).

Die **öffentliche Überwachung** zieht zur Entscheidungsfindung im Rechtsvollzug die Untersuchungsbefunde spezialisierter Laboratorien (Tierseuchendiagnostik) und die Beratungen durch Tiergesundheitsdienste (Tierhaltung und Tierschutz) bei Notwendigkeit hinzu. Da der vorbeugende Gesundheitsschutz des Menschen eine hohe Priorität hat und die fleischhygienische Diagnostik am Schlachtkörper einige Zoonoseerreger nicht erfasst, wird amtlicherseits zunehmend in die Betriebe und in die Produkte gegangen. In entsprechende Probenahmen können wie bei der Tierseuchendiagnostik niedergelassene Tierärzte einbezogen werden. Festgestellte Defizite und Verfehlungen werden zunächst durch Beratung und Auflagen, bei mangelndem Erfolg durch Bußgelder und im schlimmsten Fall mittels Strafverfahren abgestellt. Weiterführende Ausführungen zur amtstierärztlichen Überwachung enthält das Kapitel F 1.

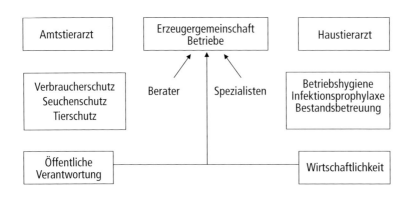

Abb. E1 Tiermedizinische Einflussnahmen in der Nutztierhaltung.

1.2 Tierärztliche Bestandsbetreuung

1.2.1 Entwicklung der Bestandsbetreuung

Die **Tätigkeit des praktizierenden Tierarztes** am Nutztier hat sich innerhalb eines halben Jahrhunderts von der vorwiegenden Behandlung des erkrankten Einzeltiers, zunächst vor allem des Pferdes, über zunehmend prophylaktische Maßnahmen am größer gewordenen Nutztierbestand hin zur komplexen tiergesundheitlichen Bestandsbetreuung entwickelt (Abb. E2). Die Anpassung des tiermedizinischen Wirkens an die landwirtschaftlichen Strukturen ist dabei in Ost und West als Folge unterschiedlicher gesellschaftlicher Entwicklungen und Eigentumsstrukturen sehr verschieden abgelaufen (Abb. E3). Im Gegensatz zu einem langsamen Konzentrationsprozess ohne größere gesellschaftliche Umbrüche in der alten Bundesrepublik war es in Ostdeutschland ein dramatischer Weg der Strukturveränderungen innerhalb einer zentralistischen staatlichen Agrarpolitik und Planwirtschaft. Diese entwickelte Großbetriebe mit hohen Tierkonzentrationen, deren erfolgreiche Bewirtschaftung eine intensive und komplexe veterinärmedizinische Bestandsbetreuung verlangt und seit den 1970er-Jahren ausgeformt hat.

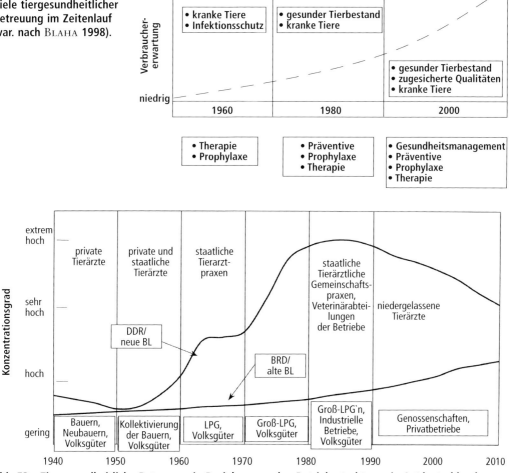

Abb. E2 Entwicklung der Ziele tiergesundheitlicher Betreuung im Zeitenlauf (var. nach BLAHA 1998).

Abb. E3 Tiergesundheitliche Betreuung in Beziehung zu den Betriebsstrukturen in Ostdeutschland.

Tabelle E1: Bedingungen der tierärztlichen Gemeinschaftsarbeit

1. Voraussetzungen	• gemeinsamer Praxisstandort • vergleichbare Arbeitsintensität und -motivation • Teamfähigkeit, Fairness, Toleranz • definierte Zuständigkeiten in territorialer und/oder spezialisierter Betreuung
2. Vorteile	• Weiter- und Fortbildung sowie laufender Erfahrungsaustausch • kostengünstige Investitionen, Bewirtschaftung und Einkäufe • größere Praxiseinheit mit geringerem Existenzdruck • Anstellung von Mitarbeitern und Arbeitsteilung • höhere Lebens- und Arbeitsqualität durch Freizeit und Urlaub
3. Resultate	• bessere Organisation planbarer Tätigkeiten • höhere Spezialisierung und verbessertes Leistungsangebot • bessere Auslastung der medizintechnischen Einrichtungen • Wettbewerbsvorteile durch größeres Praxisvolumen und Preisvorteile

In den alten Bundesländern (BL) hat die **tierärztliche Niederlassung** eine lange Tradition, während sie in den neuen BL zu Gunsten einer staatlichen Anstellung ab Mitte der 1950er-Jahre schrittweise beendet wurde. Die westdeutschen Praxen entwickelten sich in weitgehender Übereinstimmung mit den Ansprüchen und Bedingungen der Landwirtschaft, während in den neuen Bundesländern die aktuellen Strukturen – meistens als Einzelpraxen – an die überwiegende Großbestands-Viehhaltung wenig angepasst sind. Daher erscheint eine tierärztliche Gemeinschaftsarbeit sinnvoll, deren Bedingungen die Tabelle E1 darstellt.

Der Rückgang der Tierzahlen und eine zunehmende Selbstbehandlung durch die Tierbesitzer hat einen Schrumpfungsprozess der Nutztierpraxis in den letzten Jahren eingeleitet. Im ungünstigen Fall ist der Tierarzt zum Arzneimittelhändler geworden; die damit verbundenen Risiken für die Tierbestände und Endverbraucher sind bekannt. Unter optimalen Bedingungen werden gesundheitsfördernde Maßnahmen im Rahmen einer „**integrierten tierärztlichen Bestandsbetreuung**" durchgeführt (Tab. E2), die durch

- vorbeugendes Denken und Handeln zur Vermeidung von Krankheiten,
- Optimierung der Hygiene und Haltungsumwelt sowie durch
- die Minimierung von Belastungen und Gesundheitsrisiken

gekennzeichnet ist.

Neuere Regelungen schreiben die Einheit von Medikamentenabgabe und Bestandsbetreuung fest (s. Kap. E 6). Die Zusammenarbeit von Landwirt und Tierarzt hat neben den kommerziellen Zielen den Tier-, Verbraucher- und Umweltschutz zu beachten. Eine erfolgreiche tierärztliche Bestandsbetreuung verlangt eine durch Kompetenz und Vertrauen gekennzeichnete Partnerschaft. Neue Formen der Zusammenarbeit sollten auch die Beratung honorieren, die z. B. in Form von Betreuungsverträgen mit Betrieben und Kooperationsverbänden vereinbart werden kann. Der Erfolg der Bestandsbetreuung wird durch die Qualität und Intensität, die Zuverlässigkeit und Transparenz bestimmt.

Die neueren Regelungen zum Arzneimittelgesetz sollen die Zusammenarbeit mit dem Tierhalter im Sinne einer kontinuierlichen Bestandsbetreuung vertiefen und den Arzneimitteleinsatz, insbesondere den der Antibiotika, verringern bzw. indikationsgerechter gestalten (s. Kap. E 6).

1.2.2 Inhalte der Bestandsbetreuung

Mit steigendem Konzentrations- und Intensivierungsgrad der Tierhaltung ist ein zunehmender Aufwand an präventiv und prophylaktisch wirksamen hygienischen und medizinischen Maßnahmen erforderlich. Ein Gesamtkonzept der tierärztlichen Bestandsbetreuung zeigt die Abbildung E4.

Präventive Erfordernisse werden bereits vor Produktionsbeginn im Rahmen der Projektierung und Planung von Neubauten oder Rekonstruktionen beachtet. Sie haben weitreichende Auswirkungen auf den Gesundheitszustand und berücksichtigen die veterinärhygienischen Anforderungen an die Haltung, den Bau, die Ausrüstung, den Standort und die Produktionsgestaltung (Zyklogramm). Somit sind unter Präventive alle Maßnahmen zu verstehen, die

1 Tiergesundheitliche Betreuung

Tabelle E2: Komplexes Hygiene- und Gesundheitsmanagement im Rahmen einer integrierten tierärztlichen Bestandsbetreuung

1. Präventiv-hygienische Maßnahmen	• seuchentechnische Absicherung mit Schwarz-Weiß-Prinzip am Standort • geeigneter Produktionsrhythmus mit Abstimmung von Belegungsrhythmus, Stall- und Sauenzyklen • Rein-Raus-Prinzip für Abferkel-, Aufzucht-, Mastställe • optimale Gestaltung von Haltung, Klimatisierung, Betreuung, Fütterung • Beachtung bauhygienischer Voraussetzungen
2. Planmäßige Prophylaxe und Hygiene	• Impfregime und Parasitenbekämpfung • Reinigung und Desinfektion in den Serviceperioden u. a. • Schadnager- und Ungezieferbekämpfung • sachgerechte Kadaverbeseitigung, Ordnung und Sauberkeit • Personalhygiene und Zutrittsbeschränkung • Tierzuführung nach festgelegten Kriterien
3. Diagnostik	• Herdenüberwachung durch tägliche Kontrollgänge und Ferkelwache in der Abferkelperiode • diagnostische Abklärung vermehrter Todesfälle (Einsendungen) • Auswertung von Schlachttierbefunden • Labordiagnostische Kontrolluntersuchungen (Resistenzsituation, Mangelzustände) • Serodiagnostik auf Tierseuchen nach amtlicher Vorgabe
4. Mesophylaxe und Therapie	• Substitutionen und Pflegemaßnahmen post partum • mesophylaktische Gruppenbehandlungen • therapeutische Einzelbehandlungen • geeigneter Umgang mit schwerer erkrankten Tieren
5. Datenmanagement und Betriebsanalysen	• Kennzeichnung der Tiere und Gruppenübersicht • optimale Datenerfassung und Dokumentation • zeitnahe Auswertungen zu den Tiergruppen • periodische Leistungs-, Gesundheits- und Umweltanalysen • jährliche Bewertung der Zusammenarbeit in Erzeugergemeinschaften

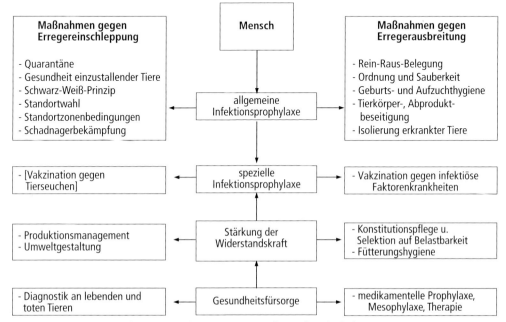

Abb. E4 Gesamtkonzept der Bestandsbetreuung in großen Schweinehaltungen.

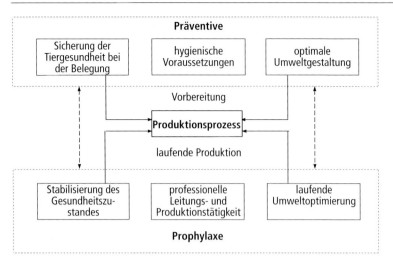

Abb. E5 Präventive und Prophylaxe (im weiteren Sinn) als Voraussetzungen einer ungestörten Produktion.

der Vorbereitung eines Produktionsprozesses dienen. Präventive und prophylaktische Maßnahmen ergänzen einander und bilden die Voraussetzungen für optimale Produktionsbedingungen (Abb. E5).

Prophylaktische Maßnahmen sind dagegen auf spezielle Erkrankungen bezogen. Sie dienen ihrer Vorbeuge im laufenden Produktionsprozess durch Immunprophylaxe, Parasitenbekämpfung, Substitutionen und prophylaktische Diagnostik.

Tierhygienische Erfordernisse sind auf die seuchentechnischen Absicherung, die Haltungs- und Fütterungshygiene sowie auf alle Maßnahmen der Gesundheitspflege orientiert.

Die **medikamentelle Mesophylaxe** betrifft den Einsatz von Medikamenten zu einem Zeitpunkt, an dem ein Krankheitsgeschehen erfahrungsgemäß zu erwarten ist, z. B. nach Zusammenstellung heterogener Tiergruppen unter belastenden Bedingungen. Eine mesophylaktische Antibiose soll in solcher Situation das Entstehen von Krankheit verhindern bzw. durch Schwächung des infektiösen Agens die ökonomischen Ausfälle mindern. Sie darf jedoch nicht unzureichende Umweltbedingungen kompensieren oder deren Optimierung verzögern.

Die **Therapie** umfasst sämtliche Aufgaben zur Heilung klinisch manifester Erkrankungen als medikamentelle Kurative. Das therapeutische Vorgehen bei Nutztieren hat die Rückgewinnung der Leistungsfähigkeit der Tiere zum Ziel. Der Kurative sind daher ökonomische Grenzen gesetzt. Sie verlangen die Selektion solcher erkrankter Tiere, die den ökonomischen Mindestanforderungen nicht mehr gerecht werden, zur Streuung von Infektionserregern oder zur Gefährdung des Menschen führen.

Die Erfahrungen zeigen, dass nicht nur in Kleinbeständen, sondern auch unter konzentrierten Produktionsbedingungen in allen Haltungsstufen therapeutische Maßnahmen erforderlich sind, wobei die Behandlung von Tiergruppen im Vordergrund steht. Einzeltierbehandlungen bleiben besonders bei Zuchttieren, jedoch auch in der Jungtieraufzucht und Mast ein ökonomisch gerechtfertigter und medizinisch indizierter Bestandteil der kurativen Tätigkeit.

Die **Heilbehandlung** erkrankter Tiere erfolgt vor allem durch den Einsatz von spritzfähigen Präparaten, wobei der Arbeitsablauf und -aufwand durch die Möglichkeiten zur Schematisierung der Arbeiten bestimmt wird (siehe Kap. E 6).

Die **Trinkwasserapplikation** von Medikamenten an Tiergruppen ist in der Aufzucht und Mast verbreitet. Sie wird durch Dosiergeräte ermöglicht, die in die Wasserleitungen der Ställe an vorgesehenen Zapfstellen eingesetzt werden. Der Arzneimitteltransport über das Trinkwasser verlangt Leitungen, die keine Metallionen abgeben (Kunststoff, V2A-Stahl), einen Mindestdruck von 2 atü garantieren und gegen einen Rückfluss des substituierten Wassers gesichert sind. Auf Grund des Tropfverlustes beim Benutzen von Zapftränken muss mit einem etwa 25 % über der wirksamen Dosis liegenden Medikamenteneinsatz gerechnet werden.

Das **Futter** bietet sich weniger gut zur therapeutischen, wohl aber zur mesophylaktischen Verabreichung von Arzneimitteln an. Bei dieser Anwendung sind geeignete Zubereitungsformen erforderlich, die vor einer Zerstörung durch Futterinhaltsstoffe schützen und nicht zur Entmischung führen. Restmengen dürfen nicht in andere Ställe verschleppt werden. Die Fütterungsarzneimittel werden nach tierärztlichem Rezept indikationsgerecht in einem hierfür zugelassenen Mischbetrieb hergestellt, Fertigpräparate können im Betrieb in therapeutischer Dosis oral verabreicht werden.

Die kombinierte **aerogene Applikation** von Lebendimpfstoffen z. B. gegen Schweinepest und Rotlauf war ein praxisreifes Verfahren in der DDR, das mittels einer Tierimmunisierungsschleuse in Großbetrieben angewendet wurde. Dieses Verfahren ist inzwischen aus inhaltlichen und technologischen Erwägungen (vorerst?) aufgegeben.

1.2.3 Einordnung in das Zyklogramm

Die planbaren Maßnahmen zur Erhaltung und Wiederherstellung der Gesundheit von Tieren sind im großen Betrieb durch die Systematik ihrer Durchführung gekennzeichnet. Das gilt gleichermaßen für diagnostische und prophylaktische Aufgaben wie für mesophylaktische und therapeutische Routinetätigkeiten.

Für jede im Zyklogramm arbeitende Schweinehaltung sollte ein detailliertes, mit dem Produktionsrhythmus abgestimmtes **Programm der gesundheitlichen Betreuung** vorliegen, wozu der Tierarzt das technologische Konzept des Betriebes genau kennen muss. Das Betreuungsprogramm wird auf der Grundlage vorliegender Erfahrungen erstellt und im Arbeitsprozess an die betriebsspezifische Situation angepasst. Dabei werden gesundheitsfördernde Aufgaben (Stallvisiten, Neugeborenenpflege, Substitutionen, Zähne kürzen, Umsetzen, Kastration u. a.) und eigentliche tiermedizinische Tätigkeiten (spezielle diagnostische Maßnahmen, Immunprophylaxe, Arzneimittelverabreichung, chirurgische Eingriffe) separat aufgeführt.

Die Häufigkeit **täglicher Stallvisiten** variiert nach dem Alter der Tiere (Haltungsstufen) und den betrieblichen Bedingungen. Neuere gesetzliche Regelungen steuern Betreuungsdefiziten auf Kosten der Tiere entgegen und verlangen mindestens ein bis zwei tägliche Kontrollen für Tier und Technik, die im Abferkelstall und hier besonders in der Abferkelperiode wesentlich häufiger erforderlich sind.

Die **Inhalte der gesundheitlichen Betreuung** werden für die einzelnen Haltungsstufen jeweils separat festgelegt. Da die Bedingungen in jedem Betrieb anders sind und sich verändern können, müssen die durchzuführenden Maßnahmen von Anlage zu Anlage und von Zeit zu Zeit zwangsläufig variieren.

Nach Festlegung der notwendigen veterinärmedizinischen und gesundheitsfördernden Aufgaben werden diese in die Zyklogramme der einzelnen Haltungsstufen eingeordnet. Technologische Voraussetzungen bilden dabei der Produktionsrhythmus, die Zahl der Ställe bzw. Tiergruppen je Haltungsstufe sowie der Wochentag der Ein- und Ausstallung. Im Abferkelstall werden die Maßnahmen zusätzlich von der Länge der Abferkelperiode und Säugezeit bestimmt. Sämtliche planmäßig durchzuführenden Tätigkeiten wiederholen sich in dem vom Produktionsrhythmus vorgegebenen Zeitabstand. Wenn dieser bei 7 Tagen liegt, sind entsprechende Arbeiten an den jeweils gleichen Wochentagen durchzuführen. Aus der Summierung der Tätigkeiten in den Ställen ergeben sich die jeweiligen Tagesaufgaben. Das Wochenende kann von Massentätigkeiten weitgehend frei gehalten werden, wenn die Geburten zwischen Montag und Donnerstag fallen. Beim Rhythmus von 3 Wochen wiederholen sich diese Arbeiten im entsprechend größeren Abstand, was der von Woche zu Woche ständig gleichen Inanspruchnahme entgegenwirkt.

Die terminliche Zuordnung auf die Wochentage führt zu **Wochenarbeitsplänen**, die die tiergesundheitliche Betreuung ordnen. Daraus ergibt sich eine Systematik und Planbarkeit, die das längere Probieren z. B. nach Produktionsbeginn vermeidet und die ohnehin auftretenden Anfangsschwierigkeiten gering hält. Mit zunehmender Bestandsgröße steigt der Grad der Spezialisierung der Mitarbeiter, deren Zuständigkeit im großen Betrieb auf bestimmte Haltungsbereiche einzuengen ist.

Planbare Massentätigkeiten und Aufwandmengen, wie benötigte Impfstoffe, Substituentien, Medikamente, zu entnehmende Blut- und Kotproben u. a. werden nach den Gruppengrößen terminlich eingeordnet. Danach lassen sich auch für längere Zeitabschnitte relativ genaue Planungen vornehmen.

Grundaufgaben der tiergesundheitlichen Betreuung werden vom Besitzer bzw. von Tierpflegern durchgeführt, die auch in den großen Anlagen der neuen Bundesländer diese Tätigkeiten früherer Mitarbeiter des staatlichen Veterinärwesens weitgehend übernommen haben (s. MIETH et al. 2000). Der betreuende Tierarzt ist in solchen Betrieben regelmäßig präsent. In kleineren Betrieben wird die Besuchshäufigkeit des Haustierarztes letztlich durch die gegebenen Erfordernisse und die Vorschriften zur Arzneimittelabgabe bestimmt; sie sollte in spezialisierten Vollerwerbsbetrieben den 4-Wochen-Abstand nicht überschreiten.

1.3 Bestandsbetreuung in den Haltungsstufen

1.3.1 Betreuung im Abferkelbereich

Im Abferkelstall ist ein hoher Aufwand zur Gesundheitspflege, klinischen Diagnostik, medikamentellen Therapie und zur Substitution erforderlich (Tab. E3, Abb. E6).

Die **planbaren Tätigkeiten** werden schematisiert. Der zuständige Tierarzt überprüft

Tabelle E3: Programm der gesundheitlichen Betreuung im Abferkelstall

Maßnahmen	Zeitpunkt	Durchführung	Bemerkungen
1. Sauen und Würfe			
• Zwischendesinfektion im Stall	– 2 × wöchentlich bis 1 × täglich	– Sprühen, Aerosol	– während und nach der Abferkelperiode bei Notwendigkeit
• Reinigung und Ektoparasitenbehandlung der Sauen	– Einstallung	– Waschen, Duschen	– Einordnung in den Treibweg (warmes Wasser)
• medikamentelle Unterstützung der Geburt	– im ersten Geburtsdrittel	– standardisierte Applikation	– bei gehäuft verlängerter Geburtsdauer (AS)
• medikamentelle Förderung der puerperalen Uterusinvolution	– nach abgeschlossener Geburt	– parenteral, intrauterin (Uterotonika, Antibiotika)	– nach verlängerten Geburten und bei gehäuften Puerperalstörungen
• Substitution der Sauen	– vor/beim Absetzen	– parenteral, oral	– bei Eisen- und Vitaminversorgung
• Geburtshilfen und andere therapeutische Maßnahmen	– nach Anfall	– Geburtshilfe-Besteck	
• Behandlung erkrankter Sauen und Würfe	– täglich	– parenteral, intrauterin	– nach der täglichen Stallvisite
• Bonitierung und Selektion der Sauen	– vor dem Absetzen		– Festlegung der weiteren Verwendung
2. Saugferkel			
• Eckzähne abschleifen	– LT[1]) 1 bei Bedarf	– Zahnschleifer	– Desinfektion von Wurf zu Wurf
• Schwänze kupieren	– LT 1	– Emaskulator	– Stumpf iodieren
• Umsetzen von Ferkeln	– LT 1–2 und später	– nach Kolostralmilchaufnahme	– Ausgleichen der Würfe
• Merzen lebensschwacher Ferkel	– LT 1	– nach Vorgabe	– Untergewicht; Missbildungen
• Merzen von Kümmerern u. a.	– bei Anfall	– nach Vorgabe	
• Ferkel kastrieren	– LT 4–8	– OP-Besteck	– ohne Narkose
• Bandagieren von Spreizern	– LT 1	– Achtertouren	– Hinterextremitäten
• Eisensubstitution	– LT 2 und später	– oral, parenteral	– alle Ferkel
• Substitution schwacher Ferkel	– LT 1 bei Bedarf	– parenteral bei Bedarf	– Vitamine, Energieträger, Elektrolyte, γ-Globulin
• Operation von Hernien	– LT 21 und später	– OP-Bestecke	
• Selektion unterentwickelter Absetzferkel	– beim Absetzen	– Ammensau, künstl. Amme	– separate Aufzucht

[1]) LT = Lebenstag, HAT = Haltungstag

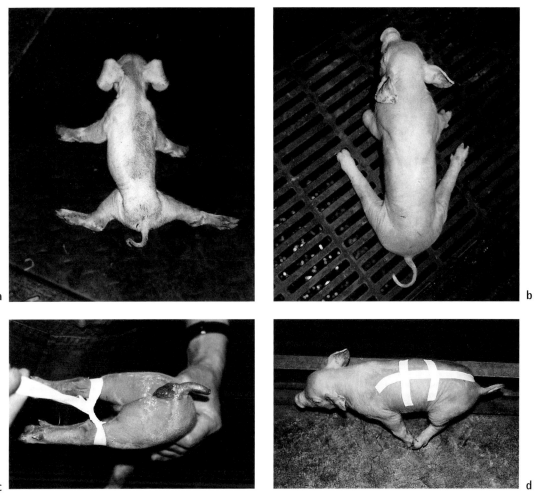

Abb. E6 Spreizferkel nach der Geburt und deren Behandlung:
a) Spreizen aller 4 Extremitäten: ausslchtsluse Prognose;
b) Spreizen der Hintergliedmaßen: gute Prognose bei ≥ 1200 Geburtsgewicht;
c, d) Binden eines Spreizferkels am ersten Lebenstag.

ihre Wirksamkeit anhand der klinischen Symptomatik, der Krankheits- und Abgangsquoten sowie der Resistenzentwicklung bakterieller Erreger. Die Behandlungsschemata werden dem jeweils aktuellen Stand angepasst; die Möglichkeit zur Schematisierung – auch der Therapie – ergibt sich aus den Wiederholungshäufigkeiten der einzelnen Aktivitäten.

Ferkelwachen sollten im großen Betrieb die Geburten kontrollieren, die vorgegebenen medikamentellen und manuellen Eingriffe ausführen und – wenn nötig – Ferkel ansetzen, um eine frühzeitige Kolostrumaufnahme zu sichern. Weiterhin obliegt ihnen das durch tierärztliche Empfehlung legitimierte Abschleifen der Eckzähne und das Kupieren eines Schwanzteils sowie die Verabreichung eines Eisenpräparates.

Beim **Absetzen zu leichte Ferkel** sollten weder in die Aufzuchtställe noch in nachfolgende Abferkelabteile überstellt werden, sondern an künstlichen bzw. natürlichen Ammen an separatem Standort an ein Normgewicht herangeführt werden. Diese Maßnahmen betreffen 5 bis 10 % der Absetzferkel und dienen der Verlustesenkung in der folgenden Haltungsstufe.

Tabelle E4: **Planmäßig durchgeführte Behandlungs- und Pflegemaßnahmen im Abferkelstall in 22 Aufzuchtbetrieben (Sachsen-Anhalt)**

Ferkel	Mittelwert Tage	Min. Tage	Max. Tage	Betriebe/%
• systematische Ferkelwache	2,5	2	3	18
• orale antibiotische Mesophylaxe p. p.	1			9
• Eisenapplikation	2,5	1	4	100
• Eckzähne abschleifen	1,3	1	3	68
• Binden der Spreizer	1,0	1	2	55
• Schwanz kupieren	1,5	1	4	100
• Umsetzen der Ferkel[1]	2,0	1	5	95
• Kastration	5,7	1	21	100
• Beginn der Zufütterung/Tag[2]	6,9	1	21	100
• Wägung des Wurfes	in Stichproben nach Absetzen			55

Sauen	Mittelwert Tag	Min. Tag	Max. Tag	Betriebe/%
• Einstalltag der Sauen[3]/Trächtigkeitstag	106,7	93	112	–
• Prostaglandin-Applikation/Trächtigkeitstag	114,1	113	115	64
• Depotoxytocin mesophylaktisch/Trächtigkeitstag	115	114	116	41
• Fiebermessen der Sauen	2,2 Tage p. p.	1	3	27
• Antibiotische MMA-Mesophylaxe	4 Tage p. p.	–	–	5
• Antibiotische Uterusinfusion bei AS	Tag 1 p. p.	–	–	5
• Uterotonische Medikation bei AS	Tag 1 p. p.	–	–	5

[1] 5 Betriebe setzen in gesamter Säugezeit um
[2] Sauen- und Ferkeltränken in allen Betrieben vorhanden
[3] Alles-rein-alles-raus-Belegung in 21 von 22 Betrieben

Am Beispiel von **Analysen** in 22 Betrieben Sachsen-Anhalts mit einer durchschnittlichen Bestandsgröße von 520 Sauen (150 bis 3500) werden die dort üblichen Pflegemaßnahmen in Tabelle E4 dargestellt. Die Daten verweisen auf eine überwiegend professionelle Durchführung der gesundheitlichen Betreuung. Die Aufstellung zeigt aber auch den weitgehenden Verzicht einer systematischen Geburtsüberwachung, was eine Folge von Personaleinsparung ist und zu insgesamt vermehrten tot und lebensschwach geborenen Ferkeln ($\bar{x}$ = 13,5 %, 9,5–19,0) sowie Ferkelverlusten ($\bar{x}$ = 15,5 %, 8,0–21,0) geführt hat.

1.3.2 Betreuung in der Ferkelaufzucht und Mast

In der **Läuferaufzucht** sollten heftig erkrankte, zurückbleibende und für Operationen vorgesehene Einzeltiere selektiert und in speziellen Buchten zusammengefasst werden, in denen sie behandelt werden. Deren Zurücksetzen in die Herkunftsbuchten entfällt. Dagegen können Buchtengruppen aufgelöst und neu zusammengestellt werden.

Die **Mastläufer** werden vor der Einstellung einer sorgfältigen Kontrolle und gegebenenfalls Selektion unterzogen, wobei dem Entwicklungszustand, der Gliedmaßengesundheit und chronischen Krankheitszeichen eine besondere Aufmerksamkeit zu widmen ist. Während der Einstallung werden häufig prophylaktische Impfungen durchgeführt, deren Wirksamkeit allerdings als Folge der Mehrfachbelastungen eingeschränkt sein dürfte und nicht zu empfehlen ist. Eine „Starthilfe" (Vitamine) oder antibiotische Mesophylaxe ist nach Einstellung in die Mastställe bei einer Summierung belastender Faktoren nicht selten notwendig. Um von antibiotischen Behandlungen wegzukommen, sind die Belastungen und Herkünfte der Tiere so gering als möglich zu halten.

Für den Einsatz von Medikamenten über das Wasser oder Futter gelten bei Läufern und Mastschweinen dieselben Grundsätze. Einer entsprechenden Behandlung werden in Abhän-

Abb. E7 Zugabe eines Arzneimittels im Verbindergang (links) in die Tränkwasserleitung für ein Stallabteil (rechts).

gigkeit von der Symptomatik Buchten- oder ganze Stallgruppen unterzogen (Abb. E7).

Erkrankte Einzeltiere sind zunächst in den Buchten zu behandeln. Bei ausgeprägtem Krankheitsbild kommen die Tiere in Selektionsbuchten oder in Nachnutzungsställe, in denen unter günstigen Bedingungen bis zu 80 % ausgemästet werden können.

1.3.3 Betreuung der Sauen und Eber

Arzneimittelapplikationen an **Sauen** betreffen die zyklogrammgerecht durchzuführenden biotechnischen Maßnahmen zur Fortpflanzungssteuerung und Geburtensynchronisation sowie die Immunprophylaxe und Behandlung erkrankter Tiere. Letztere wird am Standort bzw. in den Buchten nach Notwendigkeit durchgeführt. Schwerer erkrankte Tiere sollten bei Gruppenhaltung in Krankenbuchten umgesetzt werden. Dort erfolgt die Behandlung mit dem Mindestziel, tragende Sauen zur Abferkelung zu bringen. Termingerecht durchzuführende Maßnahmen betreffen Substitutionen mit Vitaminen, Mengen- und Spurenelementen, die beim Vorliegen von Mangelerscheinungen bis zur Optimierung der Ernährung sinnvoll sein können (siehe Kap. D1.3).

Endo- und Ektoparasitenbehandlungen sind vor Überführung der Tiere in den Abferkelstall und in Ausläufe vorzunehmen.

Abortierende Sauen werden in der Regel aus dem Zuchtgeschehen selektiert. Gleiches gilt für Tiere, die infolge schwerer Erkrankung eine normale Geburt nicht erwarten lassen.

Erkrankte **Eber** werden infolge ihres hohen Wertes einer frühzeitigen Behandlung durch den Tierarzt unterzogen. Die Therapie ergibt sich aus der Symptomatik und Diagnose, wodurch eine Schematisierung wie in anderen Haltungsabschnitten entfällt. Allerdings sind die Eber in gängige Impfprogramme und Parasitenbehandlungen einzubeziehen. Das gilt gleichermaßen für die Jungeberaufzucht, für Besamungseber und die in großen Anlagen stehenden Such- und Deckeber. Notwendig ist die regelmäßige Gliedmaßenkontrolle und die Durchführung der Klauenpflege beim Auftreten von Klauendeformationen, Bewegungsstörungen und Lahmheiten.

1.4 Kosten der tiermedizinischen Betreuung

In den **Kostenstellen der Betriebe** sind in aller Regel die Tierarztkosten als eine eigene Position ausgewiesen, die sich aus Leistungen, Medikamenten, Fahrtkosten und speziellen diagnostischen Aufwendungen zusammensetzt. Aufgaben der Gesundheitsfürsorge und Betriebshygiene sind in den Tätigkeitsmerkmalen des Pflegeper-

Tabelle E5: Anteilige Tierarztkosten an den Gesamtkosten in der Ferkelaufzucht Sachsen-Anhalts (47 Betriebe, im Mittel 644 produktive Sauen, 19,6 aufgezogene Ferkel/Sau Jahr, 18,9 % Verluste der gesamt geborenen Ferkel, Remontierungsquote 49,5 %)

Jahresabschluss 2000/01 (LKV 2001) Bezug: aufgezogenes Ferkel	geprüfte Betriebe unteres Drittel	mittleres Drittel	oberes Drittel
• Erlöse/€	63,51	66,34	66,57
• Kosten/€	69,16	61,60	46,61
• Deckungsbeitrag/€ zum Mittelwert	−5,65	+4,73	+19,96
• Tierarzt/Medikamente/€	5,05	4,39	3,68
• Tierarzt/Medikamente/% aller Kosten	7,30	7,13	7,89

sonals enthalten und nicht separat darstellbar. Mittel zur Gesundheitspflege, Reinigung, Desinfektion und Schädlingsbekämpfung kauft der Betrieb i.d.R. direkt ein, während Medikamente über eine Tierärztliche Hausapotheke erworben und vom Tierarzt − auch beim Vorliegen eines Betreuungsvertrages − in Rechnung gestellt werden. Ein anderweitiger Erwerb apotheken- und rezeptpflichtiger Arzneimittel ist − von öffentlichen Apotheken abgesehen − nicht zulässig. Die Zuführung von Medikamenten über „Autobahntierärzte", Tierhändler und Sonstige sowie der Einsatz von Medikamenten ohne tierärztliche Bestandsbetreuung verstößt gegen geltendes Recht.

Die Differenz zwischen Ankauf- und Abgabepreis für Arzneimittel ist weitgehend festgeschrieben und zur Deckung der Allgemeinkosten und der mit der Behandlung verbundenen Beratungsleistung vorgesehen. Durch große Einkaufpositionen für hohe Tierzahlen gewonnene Rabatte werden absprachegemäß gehandhabt.

Die finanzielle Abrechnung für tierärztliche Leistungen erfolgt nach der „**Gebührenordnung für Tierärzte**" vom 28.7.1999. Danach stehen den Tierärzten Vergütungen für ihre Berufstätigkeit zu (§ 1: Gebühren, Entschädigungen, Barauslagen sowie Entgelte für Arzneimittel und Verbrauchsmaterialien). Die Gebührenhöhe (§ 2) wird unter Beachtung der Art und Schwierigkeit der Leistungen, des Zeitaufwandes sowie der örtlichen Verhältnisse bei landwirtschaftlichen Nutztieren nach dem einfachen Satz bestimmt. Unter- und Überschreitungen von jeweils 20 % bedürfen der schriftlichen Vereinbarung mit dem Klientel. In den neuen Bundesländern können die Gebühren für tierärztliche Leistungen nach dem jeweils aktuellen Stand − für 2004 um 16 % − gemindert werden.

Sonderregelungen sind bei einer geregelten Bestandsbetreuung in Form von „**Betreuungsverträgen**" möglich und für große Bestände sinnvoll. Sie bedürfen seitens des Tierarztes der Vorlage und Genehmigung durch die zuständige Landestierärztekammer.

Die „**Tierarztkosten**" variieren von Betrieb zu Betrieb in Abhängigkeit vom Betreuungsregime und der Tiergesundheit.

Für eine **Sau mit Ferkelaufzucht** bis zum Absetzen sind nach der Literatur zwischen 30 und 75 € pro Jahr, nach eigenen Erhebungen von 57 bis 100 € zu planen. Eine intensive gesundheitliche Betreuung hat ihren Preis, dem in aller Regel ein Leistungszuwachs gegenübersteht. Daher sind die jährlichen Kosten je Sau mit Nachwuchs und Jahr in guten Betrieben oft höher als in schlechten (Abb. E8). Die in Tabelle E5 aufgeführten Ergebnisse von Betriebsvergleichen ergeben allerdings nur geringe Differenzen in den Tierarztkosten bei ansonsten hohen Ergebnisschwankungen der erzeugten Ferkel verschiedener Betriebe.

Die **Relation zwischen Leistungs- und Medikamentenkosten** liegt bei einer angemessenen Betreuung mit regelmäßiger Präsenz des Tierarztes in großen Betrieben bei etwa 1 : 3 mit bzw. bei 1 : 2 ohne Anwendung von Hormonpräparaten zur biotechnischen Fortpflanzungssteuerung. Ein deutlich weiteres Verhältnis (über 1 : 5) verweist auf eingesparte tierärztliche Leistung, die nach hiesigen Erfahrungen mehrheitlich mit schwächeren Produktionsergebnissen und dadurch letztendlich mit deutlichen Gewinneinbußen verbunden ist. Die Verteilung der tierärztlichen Gesamtkosten von etwa 60 € je

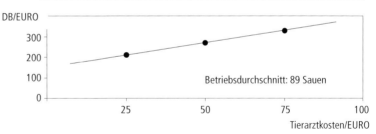

Abb. E8 Beziehungen zwischen Tierarztkosten und Deckungsbeitrag (DB) in einer Analyse zur Ferkelproduktion Baden-Württembergs (ZEDDIES et al. 1997).

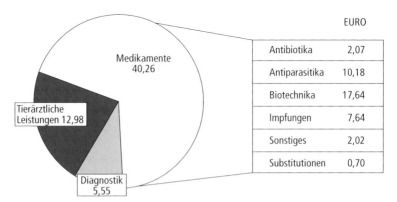

Abb. E9 Aufschlüsselung der gesamten Betreuungskosten (115,00 DM/Sau Jahr) eines Aufzuchtbetriebs im Wirtschaftsjahr 1997/98 (270 Sauen, 21,5 abgesetzte Ferkel/Sau Jahr).

Tabelle E6: Gesamtkosten und Tierarztkosten je Jungsau (KÖHN 2001)

Zeitabschnitt	¹Laufende Gesamtkosten	²Tierarztkosten	
	€	€	% an¹
• Zukauf (50 Tage vor EB)	94,43	5,74	6,1
• Trächtigkeit (115 Tage)	157,32	13,21	8,4
• Umrauschen (Kosten je Leertag ab EB 2,54 €)	53,33	2,41	4,5

¹ Gesamtkosten ohne Zukaufkosten der Sau
² Leistungen, Medikamente mit Biotechnik

Sau und Jahr ist für einen gut geführten Betrieb in Abbildung E9 dargestellt. Bei sehr geringem Antibiotikaeinsatz stehen hier die Medikamentenkosten für Biotechnika vor denen der Antiparasitika und der Impfstoffe.

Für die **Schweinemast** ist bei großen betrieblichen Schwankungen zwischen 0,8 und 2,5 € je Mastschwein im Gegensatz zur Ferkelaufzucht eine deutliche Beziehung zwischen Leistungen und Kosten für die gesundheitliche Betreuung dahingehend nachzuweisen, dass mit abnehmender Gesundheit und Leistung die Tierarztkosten und hier insbesondere die Aufwendungen für Medikamente ansteigen. Da es sich bei letzteren überwiegend um Antibiotika handelt, sind hiermit zusätzliche Imageprobleme verbunden.

Eine Untersuchung der finanziellen Aufwendungen im Rahmen der **Jungsaueneingliederung** (mit Biotechnik) war mit den in Tabelle E6 ausgewiesenen Tierarztkosten verbunden.

Der **Anteil der Tierarztkosten an den Gesamtkosten** beträgt in der Ferkelaufzucht 5 bis 9 %. In der Mast ist mit 2 bis 4 % Tierarztkosten zu rechnen. Deutlich höhere Aufwendungen sind in aller Regel mit nachhaltigen Gesund-

heitsproblemen und Minderleistungen verbunden.
 Die Regelungen der AMG-Novellen erfordern einen tierärztlichen Mehraufwand, der vor allem bei Kurzbesuchen in Kleinbeständen entsteht. Die daraus resultierenden Mehrkosten könnten sich kontraproduktiv zu den Zielstellungen auswirken (Blaha 2003).

1.5 Spezialisierte tiergesundheitliche Betreuung

1.5.1 Inhalte der spezialisierten Betreuung

Als spezialisierte Betreuung kann die periodische Einbeziehung einer tiergesundheitlichen Spezialberatung verstanden werden, die die haustierärztliche Betreuung ergänzt und in der Regel von **Tiergesundheitsdiensten** im Rahmen vertraglicher Vereinbarungen mit Zuchtverbänden oder Erzeugergemeinschaften durchgeführt wird. Dabei geht es um Folgendes:
1. Die **Aufklärung gehäuft auftretender, auch unbekannter und vielleicht neuartiger Krankheitssituationen** führt zur Hinzuziehung überregional tätiger Spezialisten von Tiergesundheitsdiensten, Universitäten sowie Bundes- und Landesinstituten. Im Fall des Verdachts einer anzeigepflichtigen Tierseuche ist der Amtstierarzt einzubeziehen, der in der Regel eine fachgutachterliche Stellungnahme eines Seuchenbekämpfungsdienstes anfordert. In aller Regel sind weiterführende Untersuchungen im Rahmen der klinischen, der postmortalen und der laborbezogenen Diagnostik einzuleiten, um die Diagnose zu stellen. Bei Notwendigkeit können darüber hinaus spezielle Untersuchungen zur Umwelt der Tiere (Klimaparameter, Lüftung, Futterqualität u. a.) erforderlich werden, zu denen gegebenenfalls weitere Fachleute hinzuzuziehen sind.
2. Die **komplexe Bewertung des Betriebs** verlangt eine Tiefenanalyse, die durch Beurteilung der Leistungs-, Gesundheits-, Umwelt- und Verfahrenskriterien ein Gesamtbild erstellt (Tab. E7). Die bestehenden Defizite sind bei Beachtung der Wechselwirkungen

Tabelle E7: Vorgehen anlässlich eines Betriebsbesuchs im Rahmen der Bestandsberatung

1. Tierarzt-Landwirt-Beratung
   - Datenmanagement
   - Analyse der Leistungs- und Gesundheitsdaten, Kostenpositionen
   - Problemsituationen
   - Veränderungen und deren Ergebnis
2. Bestandsbesichtigung
   - Produktionsmanagement
     – Zyklogramm, Gruppenbildung, Auslastung der Ställe…
   - Tierbetreuung
     – Qualität der Stalldurchgänge
     – Geburtsüberwachung
     – Pflegemaßnahmen, Umsetzen
     – Dokumentationen
   - Umweltsituation, Hygienestatus
     – Stallklima, Fütterung, Haltung
     – Hygienemaßnahmen
   - Tiergesundheit
     – Klinische Bestandsdiagnostik
     – Verbleib erkrankter Tiere
     – Einhaltung und Wirkung der Behandlungsschemata
     – Dokumentation von Arzneimitteleinsatz und Krankenbehandlung
3. Bewertung der Rechtskonformität
   - Nutztierhaltungs-VO (Tierschutzrecht)
   - Schweinehaltungshygiene-VO (Tierseuchenrecht)
   - Medikamentenabgabe u. -einsatz (Arzneimittelrecht)
4. Abschlussberatung
   - Mängelkritik, notwendige Veränderungen
   - aktualisierte Diagnostik-, Impf-, Hygieneprogramme
   - aktualisierte Behandlungsschemata (Mesophylaxe, Therapie)
5. Protokollierung auf Vordruckformularen
   → diese Analyse und Beratung ergänzt die laufende tierärztliche Betreuung

zwischen Tieren, beteiligten Krankheitserregern und Umweltfaktoren ursächlich aufzuklären.
 Auch wenn das hierzu erforderliche Wissen beim kompetenten Tierhalter und Haustierarzt vorhanden ist, können durch gelegentliche Fremdanalysen der „Betriebsblindheit" geschuldete Mängel aufgedeckt werden. Diese periodischen Betriebsanalysen sollten als dienliche Hilfestellung empfunden und so vereinbart werden, dass das Vertrauensver-

Tabelle E8: Merkmale eines definierten Hygiene- und Gesundheitsstatus für Bestände eines Zuchtverbandes bzw. einer Erzeugergemeinschaft

1. **Seuchenfreisein, stabiler Gesundheitsstatus, hohes Hygieneniveau**
   - Freisein von Europäischer Schweinepest, Brucellose, Aujeszkysche Krankheit u. a.
   - geringe Tierverluste und Krankheitsquoten, hohe Leistungen
   - komplettes Hygieneregime einschließlich Schwarz-Weiß und Rein-Raus-Prinzip
2. **(Klinisches) Freisein von wirtschaftlich bedeutsamen Krankheiten**
   - Dysenterie
   - Pleuropneumonie
   - PIA
   - Schnüffelkrankheit
   - Räude, Läuse
3. **Immunprophylaktische Maßnahmen gegen infektiöse Erkrankungen (nach Bedarf)**
   - Rotlauf, Parvovirose, PRRS
   - *E. coli-*, *Bordetella bronchiseptica-*, *Pasteurella multocida-*, Mykoplasmen-, *Clostridium perfringens* D-Infektionen (*Cl. p.* A als stallspezifische Vakzine)
4. **Zurückdrängung („Freisein") von Salmonellen und Endoparasiten**
   - *Salmonella* Enteritidis, *S.* Typhimurium
   - Befall an Spulwürmern, Zwergfadenwürmern u. a.
5. **Erzeugung von rückstandsfreien Lebensmitteln**
   - Senkung des Arzneimittel-Einsatzes, keine Antibiotika in 2. Masthälfte
   - Keine Grenzwertüberschreitung bzw. keine Nachweise von Schwermetallen und Pestiziden im Fleisch
6. **Tiergerechte Aufstallung und Haltung**
   - Vermeidung von Haltungsschäden, Techno- und Ethopathien
   - Beschäftigungsmöglichkeiten für die Tiere
7. **Rechtskonformität bezüglich**
   - Nutztierhaltungs-VO (Tierschutzrecht)
   - Schweinehaltungshygiene-VO (Tierseuchenrecht)
   - Tierärztliche Betreuung und Medikamenteneinsatz (Arzneimittelrecht)

hältnis zwischen Haustierarzt und Betriebsverantwortlichem nicht beschädigt wird.

3. Die **Entwicklung von speziellen Tiergesundheits- und Qualitätsprogrammen** bedarf in aller Regel der Hinzuziehung von überregional tätigen Fachleuten. Basisqualitätsprogramme beginnen mit der Sicherung des gesetzlich verfügten Seuchen-, Tier- und Umweltschutzes sowie des gesundheitlichen Verbraucherschutzes. Die Optimierung des Gesamtsystems zielt auf **definierte Gesundheitsstandards**, wofür ein Beispiel in Tabelle E8 steht (siehe Kapitel C 4).

Weitergehende Ansprüche orientieren auf das Freisein von speziellen Krankheiten und Krankheitserregern im Tierbestand und in der Erzeugerkette. Hierzu sind technologische und tiergesundheitliche Verfahren anzuwenden, die gleichzeitig die Struktur der herkömmlichen Bewirtschaftung weiterentwickeln. Nachfolgend werden einige erfolgreiche Konzepte benannt:

- Das **SPF-Verfahren** bietet für den Tierbestand, dessen Produkte und damit für den Verbraucher das höchste Gesundheitsniveau, sofern das Verfahren bis zum Mastende durchgehalten wird und keine Reinfektionen erfolgen. Die Schwerpunkte eines dänischen SPF-Programms sind in Tabelle E9 aufgeführt (siehe Kap. C 4).
- Die „**Minimal-Disease-Verfahren**" lassen den nächstgünstigen Gesundheits- und Erregerstatus erwarten, wenn auch hier eine isolierte Haltung fortgeführt und der Bestand von Zoonose-Erregern freigehalten wird (siehe Kap. C 4).
- „**Salmonellen-kontrollierte Bestände**" haben ein verringertes Risiko der Salmonellen-Übertragung durch Lebensmittel. Nach dänischem Vorbild wird ein staatlich kontrolliertes Bekämpfungsprogramm in Deutschland vorbereitet.

Tabelle E9: Dänisches SPF-Schweineproduktionssystem (nach SPF-Selskabet Info-Material 1996)

1. Gesundheitsstatus
   - Freisein von anzeigenpflichtigen Tierseuchen
   - Freisein von Faktoreninfektionen
     - *Mycoplasma hyopneumoniae* (Enzootische Pneumonie)[1]
     - *Actinobacillus pleuropneumoniae* (Pleuropneumonie) (Serotypen 1, 2, 4, 5, 7, 8, 9, 10)[2]
     - toxinbildende *Pasteurella multocida* (Rhinitis atrophicans)
     - *Brachyspira hyodysenteriae* (Dysenterie)
     - PRRS, Leptospirose,
   - Freisein von Parasiten
     - *Haematopinus suis* (Läuse), *Sarcoptes scabiei v. suis* (Räude)
     - Endoparasiten (Spulwürmer u. a.)
   - Freisein von Zonose-Erregern
     - *Salmonella* Enteritides, *S.* Typhimurium. *S.* Choleraesuis
     - Enterohämorrhagische *Escherichia coli*

2. Management und Gesundheitsüberwachung[3]
   - geschlossener Produktionsverbund
   - Vorgaben zu Gesundheitsüberwachung
     - planmäßige Tierarztbesuche, Nasentupferproben, serologische Untersuchungen
     - Durchführung der notwendigen Immunprophylaxe und Endoparasitenbekämpfung
     - Durchführung von Sektionen und Verfolgungsuntersuchungen
     - restriktive Abgabe von Arzneimitteln für begrenzte Zeitspannen

[1] nach Reinfektionen mit Mykoplasmen = „MS"-Bestände
[2] Vorkommen der milden Typen 6 und 12 wird deklariert
[3] Differenzierung nach Zuchtebene und Betriebsgröße

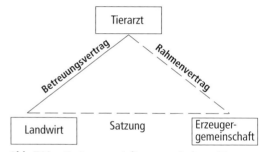

Abb. E10 Vertragsgestaltung zwischen Tierarzt und Landwirt in einer Erzeugergemeinschaft Niedersachsens (WELP 1997).

1.5.2 Organisation der spezialisierten Betreuung

Die Organisation der spezialisierten Betreuung von Betrieben und Erzeugergemeinschaften ist variantenreich. Nachfolgend werden hierzu einige Möglichkeiten aufgeführt.

- **Hochspezialisierte Haustierärzte**, die in der Regel aus Gruppen- oder Gemeinschaftspraxen kommen, übernehmen die vorgenannten Aufgaben. Diese tierärztlichen Spezialisten sind durch mündliche Absprachen oder durch Betreuungsverträge mit dem Tierhalter verbunden (Abb. E10).
- Die **tierärztlichen Mitarbeiter großer Zuchtunternehmen** oder **privatwirtschaftlich organisierter Tiergesundheitsdienste** fahren nach Programm und Inhalt die Mitgliedsbetriebe an, um eine vertraglich festgelegte Diagnostik und Beratung durchzuführen. Hierbei handelt es sich um eine für alle Beteiligten vorteilhafte Ergänzung der tierärztlichen Basisbetreuung. Sofern auch Letztere durch tierärztliche Gesellschaften übernommen wird, können folgende Probleme auftreten: Zum einen kollidieren zu geringe Besuchsfrequenzen mit aktuellen Vorschriften zur Arzneimittelabgabe und tierärztlichen Grundbetreuung. Zum anderen entstehen hohe Kosten und Zeitverzug, wenn beim Auftreten akuter Gesundheitsstörungen weite Anfahrwege erforderlich sind.
- Die vertraglich vereinbarte **Zusammenarbeit von Landwirt, Haustierarzt und spezialisiertem Tiergesundheitsdienst** überwindet die vorgenannte Konfliktsituation. Hierzu gibt es erfolgreiche Beispiele für Erzeugergemeinschaften, die geeignet erscheinen, den komplexen Aufgaben zur Erhaltung der Tiergesundheit und Leistungsfähigkeit sowie zur Sicherung des Seuchen-, Tier-, Umwelt- und Verbraucherschutzes gerecht zu werden. Dieser ganzheitliche Ansatz einer komplexen tierärztlichen Bestandsbetreuung verlangt Kooperationsbereitschaft von allen Beteiligten. Er bindet den Tierarzt stärker als üblich in den Produktionsablauf ein und gibt ihm eine vertraglich honorierte Mitverantwortung, die der Erfüllung vorgenannter Ziele – möglichst unter Verringerung des Arzneimitteleinsatzes und der Kosten – dient. Die Abbildung E11 zeigt ein Beispiel aus Österreich, das den Tiergesundheitsdienst als Koordinator der inhaltlichen Ziele des Gesundheits- und Qualitätsprogramms

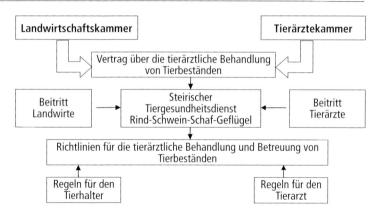

Abb. E11 Arbeitsweise der im „Steirischen Tiergesundheitsdienst" vereinten Landwirte und Tierärzte (KÖFER 1995, DIEBER 2003).

Tabelle E10: Gesundheitsmanagement in der arbeitsteiligen Schweineproduktion Baden-Württembergs (GINDELE 2001)

• Struktur:	• geschlossener Verbund bäuerlicher Schweinehalter • vorgegebene Fütterungs-, Hygiene-, Gesundheitsprogramme (mit Rein-Raus-Belegung der Ställe bzw. Betriebe)
• Teilnahmebedingungen:	• Ausmerzung des herkömmlich bewirtschafteten Bestandes • (eventueller) Umbau nach technischen und hygienischen Erfordernissen • Neubelegung aus ein bis zwei Aufzuchtbetrieben
• Systemverbund:	• Haustierarzt (mit Betreuungsvertrag), • Fachbeirat (je 3 Vertreter Landwirtschaft und Landestierärztekammer) • Schweinegesundheitsdienst im Fachbeirat erlässt verbindliche Hygiene- und Prophylaxe-Richtlinien
• Bewährte Maßnahmen: (Beispiele)	• abgestimmte Impfprogramme (Parvovirus, Rotlauf, PRRS, Influenza, *E. coli*, Clostridien, Mykoplasmen nach Indikation) • Ansätze zur Reduzierung der Säugezeit auf 21 Tage (ab 1999) nach Bildung hochspezialisierter Betriebe (z. B. Deck-, Sauen-, Abferkel-, Aufzucht-, Mastbetrieb im Baukastensystem bzw. als „Kompaktsysteme") • rhythmische Produktion (seit 1999) mit Bildung von Sauengruppen und geschlossenen Abferkeleinheiten zur Erzeugung größerer Ferkel-, Läufer-, Mastpartien

sieht und den Landwirt und den Tierarzt gleichermaßen einbindet.

Ein anderes voranschreitendes Beispiel kommt aus Baden-Württemberg, wo arbeitsteilige Betriebsverbünde mit höchsten Gesundheitsanforderungen seit etwa 20 Jahren erfolgreich betrieben werden (Tab. E 10).

1.5.3 Tierärztliche Bestandsbetreuung in Dänemark

Die überaus erfolgreiche Schweinefleischerzeugung in Dänemark mit ihrem sehr hohen Exportanteil basiert ähnlich wie die der Niederlande auf

- einer entwickelten Kooperation zwischen den Betrieben innerhalb von Erzeugerverbänden,
- einem guten Gesundheitszustand durch Anwendung produktionshygienischer Grundsätze innerhalb und zwischen den Betrieben sowie erfolgreicher Sanierungsprogramme,
- einer fortgeschrittenen Gesetzgebung zur gesundheitlichen Betreuung und Zoonosenbekämpfung sowie auf
- der gesetzlich geregelten Zusammenarbeit von Landwirt und spezialisierten Tierärzten.

Die tierärztliche Bestandsbetreuung wurde in Dänemark im zurückliegenden Jahrzehnt unter Beachtung der Gesichtspunkte des Verbraucher- und Umweltschutzes konsequent neu geregelt.

Tabelle E11: Beispiel einer tierärztlichen Bestandsbetreuung in Dänemark (P. Johannsen: die Gemeinschaftspraxis betreut rund 200 Schweinebetriebe)

1. Gesetzliche Voraussetzungen	• monatlich ein **Betriebsbesuch** (Mind. 6 pro Jahr als komplette Beratungsleistung) • **Rezeptieren** von Arzneimitteln, Impfstoffen, Antiparasitika; Bezug zu • ca. 85 % aus Apotheken, • ca. 15 % vom Großhandel an Futtermischwerke • **Vorrat von Medikamenten** im Betrieb: • 35 Tage mit Betreuungsvertrag • 5 Tage ohne Betreuungsvertrag • **Substituentien** (Eisen, Vitamine) und Desinfektionsmittel sind frei: Bezug über Landhandel
2. Staatliche Kontrollen	• Überwachung der tierärztlichen Betreuung und Arzneimittelanwendung durch **Amtstierarzt** • Erfassung des **Antibiotika-Verbrauchs** über landesweite Datenbank (Vet. Med. Statistics)–Meldung durch abgebende Apotheken (künftig zusätzlich durch Tierärzte)
3. Tierärztlicher Bestandsbesuch • mit Stalldurchgang • Ausfüllen von zahlreichen Formblättern • Beratung zu allen Bereichen • Probenahmen u. a. • Auswertungen und Analysen	Aufzeichnungen/Formblätter: 1. **Behandlungen** mit Präparaten, Dosis, Tier-, Bucht-Nr. 2. **Medikamentenbestand** im Betrieb 3. **Rezepte** und **Impfstoffbestellungen** 4. **Untersuchungsergebnisse** 5. aktuelle **Produktions- und Verlustedaten** (nach Sauenplaner) 6. **Exportbescheinigung** (bei Ferkel- oder Zuchttierexporten) 7. **Besuchsprotokoll** zum Gesundheitszustand und mit den durchzuführenden Maßnahmen
4. Durchführung der gesundheitlichen Betreuung	• Landwirt wendet Arzneimittel selbst an • Sämtliche Protokolle und Formblätter werden beim Tierarzt und Landwirt auf gleiche Art abgeheftet → Betriebsbetreuung durch Telefonate und Besuche • 2–4 Betriebsbesuche/Tag für 135–165 EUR/Stunde → ca. 4 Stunden eines 8-Stunden-Arbeitstages werden auf vorgenannte Art berechnet

Hierzu wird in Tabelle E11 ein Beispiel vorgestellt.

Dänische Tierärzte sind in der Schweineproduktion umfassend beratend tätig, was eine hohe Spezialisierung mit einem Rundumwissen, mit vielseitigen Kontakten für Nachfragen und einer laufenden Fortbildung voraussetzt. In der Regel wird die tierärztliche Betreuung vertraglich mit dem Landwirt geregelt, die Berechnung des Beratungshonorars erfolgt nach der aufgewendeten Zeit. Die Konkurrenz unter den oft großen Tierarztpraxen findet auf hohem fachlichem Niveau bei einer ständigen Servicebereitschaft statt (Johannsen 2001, pers. Mitt.).

1.6 Töten von Tieren

Die Verantwortung des Tierhalters für die tiergerechte Haltung, Fütterung und Betreuung schließt sachgerechte und ethisch verantwortbare Entscheidungen in Grenzsituationen ein. Das betrifft das Töten von Tieren im Bestand auf der Basis des „vernünftigen Grundes" (§ 1 Tierschutzgesetz). Dieser liegt unter folgenden Bedingungen vor (Abb. E12):
• Bei einer schlechten Krankheitsprognose können den Tieren weitere Schmerzen und Leiden erspart werden.
• Gesundheitliche Problemtiere mit eindeutig ungünstigen Entwicklungschancen und hoher Erregerstreuung sollten beizeiten gemerzt werden.

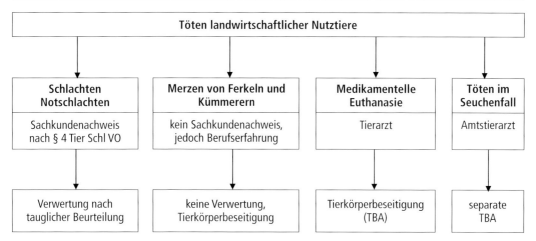

Abb. E12 Das ethisch gerechtfertigte Töten landwirtschaftlicher Nutztiere auf der Basis des „Vernünftigen Grundes" (§ 1 Tierschutzgesetz).

Im Interesse der Eradikation gefährlicher Tierseuchen (MKS, Schweinepest) müssen infizierte, erkrankte oder auch nur kontaktierte bzw. besonders gefährdete, noch gesunde Tiere auf amtliche Anordnung getötet werden.

Tötungshandlungen sind sachgerecht, diskret und mit Augenmaß so durchzuführen, dass weder dem Tier weitere Schmerzen entstehen noch dass Außenstehende (Kinder!!) mental verletzt werden. Das früher übliche Verfahren der Notschlachtung ist weitgehend gegenstandslos geworden, nachdem ein novelliertes Fleischhygienerecht die Nutzung der Schlachtprodukte nach Wertminderung (seinerzeit „minderwertig" oder „bedingt tauglich") nicht mehr vorsieht, letztere aber bei krank- und notgeschlachteten Schweinen überwiegend zu erwarten ist. Dadurch werden **Tötungen im Stall** auch bei Mastschweinen und Sauen erforderlich, die schwer erkrankt und erfahrungsgemäß nicht heilbar sind bzw. für die ein Transport angesichts der damit verbundenen Belastungen weder zumutbar noch zulässig ist.

Der Tötungsvorgang selbst erfolgt im Betrieb durch sachkundige Personen in Form von
- Kopfschlag und Entblutung (lebensschwache Ferkel und Kümmerer bis etwa 10 kg),
- medikamenteller Euthanasie (nur durch den Tierarzt auszuführen),
- Elektrotötung (Eber, schwere Sauen) im Seuchenfall.

Beim **Schlachtvorgang** werden dagegen die Tiere wirksam betäubt (Elektro- oder CO_2- Betäubung) und danach durch Ausbluten getötet. Die Schlachtung setzt eine nachgewiesene Sachkunde voraus und hat so zu erfolgen, dass den Tieren „*nicht mehr als unvermeidbare Aufregung, Schmerzen, Leiden oder Schäden*" zugefügt werden (Tierschlachtverordnung 1997).

Tötungsentscheidungen sind keineswegs aus vordergründig kommerziellen Gesichtspunkten abzuleiten, etwa im Interesse der Arbeits- und Kostenersparnis bei Schwergeburten von Sauen, denen operativ zu helfen wäre.

2 Klinische Diagnostik

Die Anwendung von Medikamenten zur Erhaltung und Wiederherstellung der Tiergesundheit setzt eine professionelle tierärztliche Diagnostik voraus. Sie zielt auf die Diagnosestellung am kranken Einzeltier oder an einer Tiergruppe, deren Krankheitsbild sich aus den Symptomen der erkrankten Schweine ergibt. Diagnostische Informationen bilden danach sowohl die Grundlage für ein unmittelbares kuratives Vorgehen als auch für eine planmäßig durchzuführende medikamentelle Prophylaxe und Mesophylaxe.

2.1 Diagnostik am Einzeltier

Die Diagnostik und Behandlung erkrankter Einzeltiere ist in kleinen wie großen Beständen üblich; die erforderlichen Untersuchungen folgen einem diagnostischen Programm (Tab. E12). Insbesondere bei männlichen Zuchttieren wird eine ergänzende Bewertung des Bewegungsapparates vor Einstufung und Zuchtverwendung erforderlich, um diesbezüg-

Tabelle E12: Klinische Untersuchung des Schweines

Kriterium	Merkmale	Bemerkungen
1. Kennzeichen	• Lebendmasse bzw. Alter, Geschlecht, Rasse bzw. Genkonstruktion, Kennzeichnung	
2. Vorbericht	• Krankheitsdauer, Symptome, Zahl erkrankter Tiere, Kontakte, Haltung, Fütterung, Tränkung, Pflege, Futteraufnahme	• stets zu ermitteln
3. Befunde am Tier		
3.1 Adspektion	• Beurteilung von Entwicklungs-, Allgemein-, Pflegezustand (Sauberkeit) • Besichtigung der äußeren Schleimhäute • Adspektion von kranial nach kaudal, von dorsal nach ventral, in Ruhe und Bewegung, ggf. bei der Fütterung • bes. Beachtung von Kopf, Gliedmaßen, Haut und Kot sowie des Verhaltens, der Atmung	• generell durchzuführen
3.2 Palpation	• bei Veränderungen der Körperoberfläche, bei Krankheiten der Bewegungsorgane, bei Mastitiden, zur Beurteilung entzündlicher Veränderungen	• ggf. durchzuführen
3.3 Auskultation	• Herz bei Krankheiten der Kreislauforgane	• bei Sauen und Ebern
3.4 Thermometrieren	• Messung der Rektaltemperatur bei Störung des Allgemeinbefindens und Verdacht auf Infektion	• ggf. bei Sauen p. p. und Erkrankungen aller Tiergruppen
3.5 Weitere Untersuchungen	• Schmerzperkussion • Bewegung der Gliedmaßen • Prüfung der Sensibilität	• ggf. durchzuführen
4. Spezielle Untersuchungsverfahren	• Untersuchung von Probematerialien (Hautgeschabsel, Blut, Kot und Harn) • Röntgen der Gliedmaßen • spezielle Untersuchung bestimmter Organsysteme (Ultraschall, Endoskopie) • geburtshilfliche Untersuchung • Ebergesundheitsdienst mit Spermauntersuchung	• vorwiegend unter Klinikbedingungen • regelmäßig nach Plan

Tabelle E13: Anlässe für die klinische Diagnostik im Tierbestand

Diagnostik	Anlass	Umfang	Ziel
1. Periodisch und nach Zyklogramm			
• Eber	– Einschätzung der Gesundheit bei Körungen (Einstufung)	Adspektion einschl. Bewegungsapparat, ggf. weitere Untersuchungsgänge	Entscheidung über Zuchtverwendbarkeit
• Jungsauen	– Einschätzung der Gesundheit vor Verkauf		
• Sauen	– Bonitierung vor dem Absetzen	– Auswertung der Leistungs- und Gesundheitsdaten, Adspektion	– Festlegung der weiteren Verwendung
• Saugferkel	– beim Absetzen	Adspektion, ggf. weitere Untersuchungsgänge	Selektion erkrankter und mangelhaft entwickelter Tiere
• Läufer	– beim Ausstallen		
• Zuchtjungschweine	– beim Übergang in die folgende Haltungsstufe		
2. Ständig bei Notwendigkeit			
• Sauen	– Erkrankung des Einzeltieres	intensive klinische Untersuchung	Stellung der Diagnose
• Eber			
• Saugferkel	– Erkrankung des Wurfes		
• Tiere aller Alters- und Haltungsstufen	– Auftreten von Herdenerkrankungen	– klinische Untersuchung an erkrankten Tieren (Stichprobe)	– Stellung der Herdendiagnose
3. Zeitweise nach besonderem Programm			
• Tiere aller Alters- und Haltungsstufen	– spezielle Untersuchungen – wissenschaftliche Experimente	– Untersuchungsgang und einbezogene Kriterien nach Fragestellung	– Ermittlung von Schäden, Schmerzen, Erkrankungen, Belastungsreaktionen, Arzneimittel-, Impfstoffwirkung

liche Krankheitsdispositionen auszuschalten (siehe Anhang J 4.1).

Ständige, periodische und zeitweise Untersuchungen an Einzeltieren ergänzen die täglichen Stalldurchgänge um Informationen, die zur Diagnosestellung bei Herdenerkrankungen, zur Festlegung des Arzneimitteleinsatzes und für Selektionsentscheidungen erforderlich sind (Tab. E13). Eine **Diagnose** wird **direkt** gestellt, wenn sich die Symptome einer eng umgrenzten Krankheitsform zuordnen lassen. Die **indirekte Diagnosestellung** erfordert den differentialdiagnostischen Ausschluss ähnlicher Erkrankungen. In vielen Fällen führt selbst eine umfangreiche klinische Diagnostik lediglich zur **Verdachtsdiagnose**, die durch labordiagnostische Verfahren zu bestätigen ist.

Besamungseber werden in regelmäßigen Abständen von spezialisierten Fachtierärzten aus der Niederlassung bzw. dem Schweinegesundheitsdienst einer Untersuchung unterzogen. Diese betrifft
• die klinische Untersuchung der Eber,
• die Kontrolle des Spermas mit morphologischen, serologischen und bakteriologischen Methoden sowie
• die serologische Untersuchung der Eber auf anzeigepflichtige (Schweinepest, Aujeszkysche Krankheit) und wirtschaftlich bedeutsame Krankheiten (nach Vereinbarung).

Zugekaufte Vatertiere sind abseits des Produktionsstandortes zu quarantänisieren und auf das Freisein von oben genannten Infektionskrankheiten zu untersuchen. Die Erteilung der Besamungserlaubnis verlangt außerdem das Freisein von Krankheitszeichen, Stellungs-, Haltungs- und Bewegungsanomalien sowie Qualitätsmängeln des Spermas. Ein retrospektiv erbrachter Nachweis gehäuft auftretender Erb- und Dispositionsmängel führt zur nachträglichen Ausmusterung; er kann Regressansprüche nach sich ziehen.

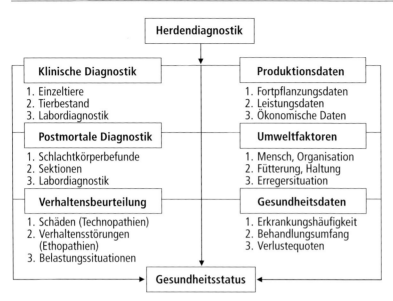

Abb. E13 Kriterien der Herdendiagnostik für eine komplexe Leistungs- und Gesundheitsanalyse.

2.2 Herdendiagnostik

Die Gesamtheit herdendiagnostisch verwertbarer Informationen ist in Abbildung E13 dargestellt. Der Umfang an diagnostischen Maßnahmen, analytischen Erhebungen und Bewertungen zur Umweltsituation wird durch das Untersuchungsziel bestimmt: je komplexer die Fragestellung ist bzw. je komplizierter sich ein Krankheitsgeschehen darstellt, desto mehr Daten sind zur Klärung des Sachverhaltes erforderlich. Für den Diagnostiker baut sich mit den Jahren ein Wissens- und Erfahrungshorizont auf, der verkürzte Untersuchungswege im Interesse eines zeiteffektiven Arbeitsablaufes ermöglicht. Aber auch dann ist eine regelmäßige Selbstkontrolle unverzichtbar, die die Resultate der klinischen Diagnostik durch Hinzuziehung von Verfolgsuntersuchungen (Labordiagnostik, Sektionen, Schlachttierbefunde) überprüft und komplettiert.

Die **Art und Intensität der Diagnostik** ist auf die Klärung der Krankheitsursache und deren begünstigende Bedingungen abzustellen. Die klinische Diagnostik geht allen anderen Untersuchungen voran, die gegebenenfalls erforderlich werden. Bei ihren vielfältigen Möglichkeiten hat sie ihre Grenzen, die insbesondere das Vorkommen subklinischer und chronischer Gesundheitsstörungen sowie die Beteiligung von Erregern und ihren Resistenzen betreffen. Bei Herdenkrankheiten wird häufig eine „Mosaikdiagnose" gestellt, die die Symptome verschiedener Tiere und diagnostischer Verfahren zum Gesamtbild zusammenfügt. Die mit klinischen Methoden gestellte Diagnose ist die Basis vorzunehmender Behandlungen, die häufig vor Abschluss klärender Verfolgsuntersuchungen einzuleiten sind und ihrerseits anhand des Therapieerfolgs die vorläufige Diagnose festigen oder infrage stellen.

Herdendiagnostische Verfahren führen die Leistungs- und Gesundheitsdaten sowie die Beurteilung der Umweltbedingungen zusammen, um auch weiterreichende Entscheidungen zu präventiven, prophylaktischen und mesophylaktischen Maßnahmen sowie zur Optimierung der Umwelt und Ernährung der Tiere treffen zu können.

Klinisch-herdendiagnostische Untersuchungen dienen somit

- der laufenden Gesundheitsüberwachung eines Bestandes als Basis für Sofortentscheidungen,
- der Aufklärung aktueller Herdenerkrankungen zur Festlegung der Bekämpfungsstrategie und
- der periodischen Bewertung des Gesundheits- und Leistungsstandes zwecks Optimie-

rung der Prophylaxe, Mesophylaxe und der Produktionsbedingungen.

2.2.1 Fortlaufende Gesundheitsüberwachung

Der Gesundheitszustand wird fortlaufend überwacht. Hierzu sind **tägliche Stalldurchgänge** erforderlich, die zur Bestandsbetreuung durch den Besitzer gehören und in der Schweinehaltungshygiene-Verordnung vorgeschrieben sind. Die Häufigkeit und Intensität wird während kritischer Situationen (Geburt, Umstallungen, Havarien) sowie bei gehäuften Krankheits- und Todesfällen erhöht. Erkrankte Tiere werden gekennzeichnet und behandelt oder selektiert. Durch die tägliche Bestandsüberwachung werden Gesundheitsstörungen und technische Fehler frühzeitig erkannt.

Der Tierarzt führt anlässlich des Besuchs **systematische Visiten** durch, die günstigerweise bei den jüngsten Tieren beginnen, den Haltungsstufen folgen und im Wartestall bzw. in der Mast enden. Hierbei sind jeweils die Gesamtbedingungen unter Beachtung von Vorinformationen (Vorbericht), von Produktionsdaten und Tierbewegungen, der Krankheits- und Verlustequoten, der Hygiene- und Umweltsituation sowie der Untersuchungsbefunde von Dritteinrichtungen zu bewerten. Der Gesundheitszustand wird in Kenntnis bisheriger Prophylaxe- und Behandlungsstrategien beurteilt, die fortzuführen oder gegebenenfalls zu ändern sind.

Bei **Herdenerkrankungen** werden weitergehende Untersuchungen durchgeführt, die
- die Tiergruppen in Ruhe und Bewegung (Auftreiben) beurteilen,
- erkrankte Tiere bezüglich veränderter Organe und Funktionen diagnostizieren sowie
- vertiefende Untersuchungen durch Materialentnahmen und Sektionen von Tieren mit deutlichen Symptomen einleiten.

Der begründete Verdacht auf anzeigepflichtige Tierseuchen verlangt seitens des Tierarztes, aber auch des Tierbesitzers und anderer sachkundiger Personen die umgehende Meldung an die zuständige Behörde.

2.2.2 Leistungs-, Gesundheits- und Umweltanalysen

● **Leistungskontrollen**

Der erfahrende Schweinehalter kann die **Zuwachsleistungen** in der Regel visuell beurteilen. Diese Einschätzung sollte jedoch gelegentlich durch Wägungen überprüft werden, die bei Saugferkeln anlässlich des Absetzens, bei Läufern und Masttieren während der Ein- und Ausstallung vorzunehmen sind. Der Zuwachs in der Mast ist auch anhand der Schlachtkörpergewichte (ca. 80% des Lebendgewichts) zu errechnen.

Periodische Wägungen von Stichproben liefern ergänzende Informationen zur klinischen Diagnostik. Sie lassen Unterschiede zwischen Ställen, Buchten und Tiergruppen, aber auch von Haltungsformen und Jahreszeiten erkennen, die oft verborgen bleiben, solange kein erkennbares Krankheitsgeschehen vorliegt. Am Beispiel eines Stalles aus einem gut geführten Großbetrieb (2500 Sauen, eigene Aufzucht, Produktion im geschlossenen System, 800 Mastschweine je Stallabteil, Rein-Raus-Prinzip) wird in Abbildung E14 die Gewichtsentwicklung in jeweils benachbarten Buchten anhand von Wägestichproben dargestellt. Die Abbildungen zeigen einerseits recht repräsentative Wachstumskurven, zum anderen aber auch deutliche Zuwachsdifferenzen zwischen benachbarten Buchtengruppen.

Die durchschnittlichen Masttagszunahmen in 6 benachbarten Ställen vorgenannten Betriebs sind in Abbildung E15 dargestellt; sie wurden zeitnahe im 7-Tage-Abstand (September und Oktober 1999) belegt. Die Befunde verweisen auf teilweise erhebliche Leistungsdifferenzen trotz äußerlich konstanter Bedingungen. Daher können die Daten *einzelner* Tiergruppen bzw. Ställe bei angewandt-wissenschaftlichen Untersuchungen in der Praxis (Impfstoffprüfung, Haltungs- und Fütterungsvarianten) noch nicht verallgemeinert werden. Versuchsansätze unter Praxisbedingungen sind somit stets mehrfach zu wiederholen.

Der Abbildung E15 ist weiterhin zu entnehmen, wie übereinstimmend Stichprobenwägungen von etwa 10% der Tiere (hier 6 von 66 Buchten) und die nachträglich ermittelten Schlachtkörpergewichte den Zuwachs wiedergeben.

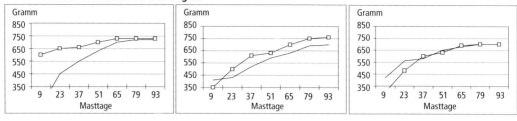
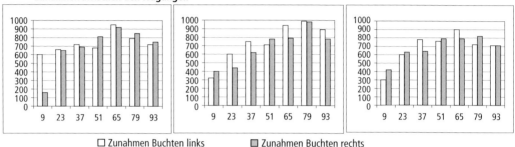

Abb. E14 Masttagszunahmen der Wägegruppen von jeweils 3 Buchtenpaaren (12–13 Tiere, Doppeltrog) eines Großbetriebs (weibliche Tiere, Einstallgewicht 33,3 kg, 720 g Masttagszunahmen).

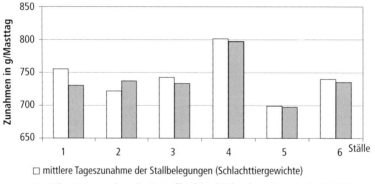

Abb. E15 Masttagszunahmen gewogener Buchtengruppen im Vergleich zur Gesamtgruppe anhand der Schlachtkörpergewichte.

Analysen zur Tiergesundheit

Die Erfassung und Bewertung von Leistungs-, Gesundheits- und Umweltdaten gehört zur **betrieblichen Selbstkontrolle**. Der Informationsgehalt der Auswertungen hängt von der Art und Intensität der Datenerfassung ab. Derartige Analysen folgen dem betriebsspezifischen Informationsbedarf, der mit der Bestandsgröße und dem Einsatz von Lohnarbeitskräften gewöhnlich ansteigt. Aber auch kleinere Betriebe sollten sich periodisch Rechenschaft über die Leistungs- und Gesundheitsdaten längerer Zeiträume durch qualifizierte Analysen geben (s. Kap. D 3).

Komplexe Analysen zur Gesundheit sind von Zeit zu Zeit dort erforderlich,
- wo der Leistungsstand ohne akute Krankheitssituationen unbefriedigend ist,
- wo Betriebe speziellen Betreuungsrichtlinien von Zuchtvereinigungen und Erzeugergemeinschaften unterliegen,
- wo Zertifizierungen als Nachweis besonderer Qualitätsmerkmale anstehen und
- wo „Betriebsblindheit" zu erwarten ist und verdeckte Defizite durch Außenkontrollen, z. B. durch Tiergesundheitsdienste, eher aufgeklärt werden können.

Weitergehende Analysen werden erforderlich, wenn
- innerbetriebliche Vergleiche (Jahreszeiten, Ställe, Arbeitskräfte, Genetik der Tiere, Herkunft u. a.) anstehen,
- der Verlauf von Erkrankungen bzw. das Auftreten von Krankheitssymptomen dargestellt werden soll oder wenn
- spezielle Impfstoffe, Medikamente oder Behandlungsstrategien hinsichtlich ihres Erfolges zu überprüfen sind.

Gegebenenfalls sind hämatologische und klinisch-chemische Parameter sowie die Befunde geschlachteter und verendeter Tiere hinzuzuziehen. Angesichts der Komplexität der den Gesundheitszustand beeinflussenden Faktoren ist es unwahrscheinlich, diesen anhand einzelner Parameter (z. B. mit dem Akute-Phase-Protein Haptoglobin) sachgerecht, zeitnahe und betreuungsrelevant bewerten zu wollen. Hier ist die Kompetenz des tierärztlichen Spezialisten gefragt, mit dem in Kenntnis der betriebsspezifischen Situation sinnvolle Parameter, Stichprobengrößen und Bewertungskriterien für die jeweils gegebenen Bedingungen und Fragestellungen festzulegen sind.

3 Labordiagnostik

3.1 Zielstellungen

Neben der klinischen Diagnostik am Einzeltier und an der Herde kommt der labordiagnostischen Untersuchung verschiedener Materialien eine wesentliche Bedeutung zur Differentialdiagnostik und Diagnosesicherung sowie zur Verlaufskontrolle von Tiererkrankungen zu. Während die klinische Labordiagnostik am lebenden Tier durchgeführt wird, befasst sich die postmortale mit Untersuchungen an Schlachttieren bzw. an verendeten Tieren.

Zielstellungen sind
- die Diagnostik einer Funktionsstörung oder einer Organveränderung zur Objektivierung der klinischen Verdachtsdiagnose,
- die differentialdiagnostische Abklärung eines unspezifischen klinischen Bildes,
- die Verlaufskontrolle von Tiererkrankungen bzw. von Behandlungsmaßnahmen,
- die Feststellung oder der Ausschluss von anzeigepflichtigen Tierseuchen, meldepflichtigen Tierkrankheiten und Zoonosen,
- Untersuchungen im Rahmen von Programmen zur Krankheitsbekämpfung bzw. -sanierung sowie des Qualitätsmanagements.

Die Aussagekraft und die Sicherheit von labordiagnostischen Untersuchungen sind von einer Reihe verschiedener Faktoren abhängig, die stets den Gesamtkomplex von klinischem Bild, Auswahl des Laborverfahrens, Ergebnis der Laboranalyse und Wertung des Laborergebnisses umfassen sollten (Abb. E16).

Vorberichtliche Angaben, klinische Untersuchungen und epidemiologische Erhebungen sind Voraussetzungen sowohl für die gezielte Auswahl der Probanden, der labordiagnostischen Verfahren und Parameter als auch für die Beurteilung der Laborergebnisse, die durch eine Vielzahl von Faktoren beeinflusst werden (Tab. E14).

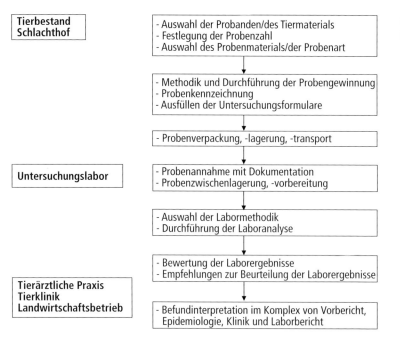

Abb. E16 Ablaufschema der Labordiagnostik.

Tabelle E14: Einflussfaktoren auf die Aussagekraft und Sicherheit von Laboranalysen

Einflussfaktoren	Erfordernisse
1. Präanalytische Faktoren • Auswahl der Probanden • Festlegung der Probenzahl • Auswahl des Probenmaterials • Methodik der Probenahme • Probenverwahrung/-transport • Methodik Probenvorbereitung	→ repräsentatives Tiergut → Anwendung statistischer Verfahren → nach dem klinischen Erkrankungsbild → nach dem gewählten Probenmaterial → keine Beeinflussung der Laboranalyse → in Abhängigkeit vom Laborverfahren
2. Analytische Faktoren • Auswahl der Labormethodik • Durchführung Laboranalyse • Labor-Qualitätskontrolle	→ Screening-/Bestätigungsverfahren → anerkannte Prüfverfahren → Richtigkeits-/Präzisionskontrolle → Spezifität und Empfindlichkeit
3. Postanalytische Faktoren • Bewertung Laborergebnis • Beurteilung Laborergebnisse	→ Plausibilitätskontrolle → Vergleich mit Referenzwerten → Beachtung der Labormethode

3.2 Probenahme und Probenmanagement

Die Probenahme und das Probenmanagement beeinflussen in erheblichem Maße (bis zu 50 %) die Ergebnissicherheit labordiagnostischer Untersuchungen, weshalb auf die nachfolgenden Aspekte ein besonderes Augenmerk gelegt werden sollte.

Auswahl der Probanden: Entsprechend der Zielstellung von labordiagnostischen Untersuchungen müssen nach qualitativen (typische Merkmale) und quantitativen (ausreichende Probenzahl) Gesichtspunkten ausgewählte Tiere im Sinne einer repräsentativen Stichprobe beprobt werden. Dabei ist die Anwendung statistischer Verfahren für wissenschaftliche Erhebungen, gesetzlich vorgeschriebene Überwachungsuntersuchungen und Zertifizierungsanalysen unumgänglich. Für diagnostische und differentialdiagnostische Laboruntersuchungen sind Probenmaterialien möglichst von akut erkrankten unbehandelten Tieren zu entnehmen.

Auswahl des Probenmaterials: Das zu gewinnende Probenmaterial wird nach Art und Menge durch das erforderliche labordiagnostische Verfahren und den zu prüfenden Parameter bestimmt. Blut (Serum, Plasma aus EDTA-/Citrat-/Heparin-Blut), Kot, Urin, Milch, Sperma, Hautgeschabsel, Tupferabstriche, diagnostische Spülproben, Punktate und Gewebeproben sind die wesentlichsten Probenmaterialien in der tierärztlichen Schweinepraxis. Die Verwendung von Vollblut ist wegen der leichten Hämolyse bei Schweineproben nicht anzuraten.

Auswahl der Probenahmetechnik: Die Entnahmetechnik richtet sich nach dem erforderlichen Probenmaterial. Die Probengefäße müssen der Entnahmetechnik und dem Probenmaterial adäquat sein. Durch die Entnahmegeräte darf keine Verschleppung von Bestandteilen zwischen den einzelnen Proben erfolgen. Diese Anforderung wird bei Verwendung von Einwegmaterialien grundsätzlich erfüllt. Die Entnahme von Blutproben sollte nach Möglichkeit stets bei exakter Fixation am nüchternen ruhigen Tier, hämolysefrei und mittels eines geschlossenen Entnahmesystems erfolgen. Urinproben können als Spontanurin oder unter Verwendung eines Diuretikums in der Praxis bei Verwendung eines sterilen Harnsammelgerätes gewonnen werden. Kotproben werden vom Einzeltier anal oder – mit eingeschränkter Aussagekraft – vom Kotgang als Sammelprobe entnommen. Tupferproben müssen stets genügend anhaftendes Material (besonders Epithelzellen) aufweisen. Das Hautgeschabsel ist am Übergang zwischen gesunden und kranken Gewebeteilen zu entnehmen.

Eine Übersicht zu den möglichen Probenahmen gibt Tabelle E15. Kleine Blutmengen können bei der Sau aus der Ohr- oder Schwanzvene entnommen werden.

Tabelle E15: Übersicht zu den Probenahmetechniken

Probenmaterial	Entnahmetechnik	Bemerkungen
• Blutproben in Monovetten für Serum bzw. Plasmen	• Punktion V. jugularis ext./int. bei größeren Tieren • V. cava cran. bei Ferkeln	• im Stehen mit Nasenschlinge fixieren • in Rückenlage
• Tupferproben als sterile Tupfer (1–2 Tupfer)	• Hautabstriche • Abstrich an Augen- oder Genitalschleimhaut	• Eiter und Exkremente Entfernen, kräftiges Abtupfen der Schleimhäute
• Kotproben im verschließbaren Kotbecher (mind. 5–20 g)	• rektale Probenahme vom Einzeltier mittels Kotlöffel oder per Hand	• Proben vom Kotgang mit eingeschränkter Aussage (Kontaminationen)
• Hautgeschabsel im verschließbaren Gefäß (mind. 1 g)	• Abtragen der oberen Hautschichten mittels scharfem Löffel oder Skalpell bis zur Blutung	• Übergangsstelle vom gesunden zum kranken Gewebe
• Punktate, Bioptate, Organproben in sterilen Gefäßen (mind. 3–20 g)	• mittels chirurgischer Instrumente am veränderten Gewebe	• Beschreibung der Entnahmestelle
• Diagnostische Spülungen in sterilen Gefäßen (mind. 5–10 ml)	• Lungenspülungen • Uterus-/Präputialspülungen	• sterile physiologische Kochsalzlösung
• Milchproben im Na-Acid-Röhrchen (mind. 3–5 ml)	• Säubern des Gesäuges, Anwendung von Oxytocin möglich	• nach Möglichkeit Endgemelk

Dokumentation des Probenmaterials und Ausfüllen der Einsendeformulare, die die Labors ausgeben: Die Probengefäße müssen eindeutig gekennzeichnet sein und eine unverwechselbare Zuordnung zum Einsendeformular und Probanden garantieren. Am sichersten wird diese Forderung bei Verwendung von Barcode-Etiketten gewährleistet, welche sowohl auf den Probengefäßen als auch auf den Einsendeformularen unter exakter Zuordnung der Tierkennzeichnung (Ohrmarke, weitere Kennzeichen) aufgeklebt werden. Dieser Barcode steuert in der Labor-Informationstechnik die gesamte Laboranalyse bis zum Befundbericht und zur Rechnungslegung. Für Untersuchungen mit rechtlicher Relevanz (insbesondere tierseuchendiagnostische und tierzüchterische Untersuchungen) müssen die gesetzlich vorgeschriebenen Kennzeichnungen nach der Viehverkehrsverordnung auf dem Einsendeformular enthalten sein (Registriernummer des Betriebes, Ohrmarke des Tieres).

Jede **Probeneinsendung an das Labor** muss die nachfolgenden Angaben enthalten:
- Wer sendet ein? (Name, Betrieb/Einrichtung, Anschrift; Tierarztpraxis)
- Was wird eingesendet? (Art des Probenmaterials, von welchen Tieren, Anzahl der Proben)
- Was soll untersucht werden? (Untersuchungsauftrag, Parameterauswahl)
- Welche Veränderungen wurden am Tier/in der Herde beobachtet? (anamnestischer Vorbericht)
- Welche Maßnahmen wurden am Probahmetier bereits getroffen? (Beeinflussung des Laborergebnisses z. B. durch Antibiotika).

Alle Proben sollten möglichst schnell nach der Entnahme untersucht werden. Für die Zwischenlagerung und den Transport ist in der Regel ein Zeitraum von zwei Tagen zwischen Entnahme und Anlieferung im Labor bei +4 °C ausreichend, um repräsentative Untersuchungsergebnisse zu erstellen. Bei längerer Lagerung sind die Proben einzufrieren (-20 °C) und ohne Unterbrechung der Kühlkette zu lagern und zu transportieren. Für hämatologische Untersuchungen und bei kälteempfindlichen Infektionserregern ist die Tiefkühllagerung zu vermeiden. Eine Übersicht zur Gewinnung und Aufbewahrung von Probematerialien gibt der Anhang J 5.1.

Mit der **Probenverpackung** wird eine Transportsicherung für das Material (Qualitätsproblematik) und für die Umwelt (Gefahrenproblematik) gewährleistet. Bei Kurierdiensttransport ist der Transporteur und bei Versand der

Tabelle E16: Verpackungsvorschriften für diagnostische Proben

- **Grundsatzforderung** – Verpackung von guter Qualität, die allen normalerweise bei der Beförderung auftretenden Belastungen standhält und einen Austritt von Probenmaterial wirksam verhindert
- **Versandstück aus drei Verpackungsteilen:**
  - Innenverpackungen (Probengefäß) enthält das Probenmaterial, flüssigkeitsdicht verschlossen, nicht mehr als 100 g oder 100 ml;
  - wasserdichte Zweitverpackung (Schutzgefäß) i. d. R. als Kunststoffgefäß mit saugfähigem Zwischenmaterial;
  - Außenverpackung (Versandhülle) aus stabilem Papier, Pappe, Kunststoff oder Metall, nicht mehr als 500 g oder 500 ml
- **Kennzeichnung** – Aufschrift („Diagnostische Proben" auf der Außenverpackung)

Absender des Probenmaterials für die Einhaltung der gefahrgutrechtlichen Vorschriften verantwortlich. Für den öffentlichen Transport von diagnostischen Proben, von denen nicht anzunehmen ist, dass sie Krankheitserreger enthalten (klinisch-chemische Untersuchung) sowie von solchen mit Verdacht auf Erreger der Risikogruppen 1, 2 und 3 (alle tierpathogenen Keime) gilt die Europäische Norm EN 829 bzw. die multilaterale staatliche Vereinbarung M 96 (Tab. E16).

Nach der Probenanlieferung obliegt die Verantwortung für das weitere Probenmanagement dem **Untersuchungslabor**. Zur Qualitätssicherung sind die Untersuchungseinrichtungen nach ISO/DIN 90001 zertifiziert bzw. nach ISO/DIN 17025 akkreditiert. Die Vielfalt labordiagnostischer Verfahren und Probenmaterialien zeigt eine Übersicht in Tabelle E17.

Tabelle E17: Übersicht zu Laborverfahren und Probenmaterialien

Laborverfahren	Probenmaterial	Bemerkungen
Mikrobiologische Untersuchungen direkter Erregernachweis (einschl. Resistenztest)	Blut mit Gerinnungshemmung (EDTA, Citrat, Heparin)	Erregernachweis in zellulären Bestandteilen (insb. Leukozyten) für virologische Untersuchungen, IFT-, PCR-Untersuchungen
	Tupferproben	Transportmedium (Amies/Stuart) für bakteriologische und mykologische Untersuchungen sowie Chlamydiennachweis
	Kotproben	frischer Kot mit wenig Fremdkontamination
	Harnproben	Spontanurin stets mit Keimen aus den harnabführenden Wegen
	Milchproben	nach Möglichkeit Endgemelk
	Hautgeschabsel	Haare mit veränderten Hautstellen
	Organteile, Abortmaterial, Bioptate, Punktate	kein autolytisches Material
Mikrobiologische Untersuchungen (indirekter Erregernachweis)	Blutserum Blutplasma Milch Muskelsaft (Zwerchfell)	nach Möglichkeit hämolysefrei EDTA-/Heparin-Plasma keine Tiere mit behandelter Mastitis Salmonellen-Serologie
Parasitologische Untersuchungen (direkter Erregernachweis)	Kotproben Blut mit Gerinnungshemmung Organe, Tierkörper Muskulatur Hautgeschabsel einzelne Parasiten	rektale Entnahme Blutausstrich/Protozonennachweis Sektion, Organe, veränderte Teile Zwerchfell (Trichinenschau) aus oberen Hautschichten Artdifferenzierung
Parasitologische Untersuchungen (indirekter Erregernachweis)	Blutserum Blutplasma	nach Möglichkeit hämolysefrei EDTA-Heparin-Plasma (nicht für alle Parameter geeignet: KBR)

Tabelle E17: Übersicht zu Laborverfahren und Probenmaterialien (Fortsetzung)

Laborverfahren	Probenmaterial	Bemerkungen
• Hämatologische Untersuchungen	• Blut mit Gerinnungshemmung (EDTA)	• Probe gründlich schwenken • Blutausstrich herstellen
• Klinisch-chemische Stoffwechseluntersuchungen	• Blutserum • Blutplasma • Blut mit Gerinnungshemmung • Fluorid-Plasma • Harn • Leber • Milch	• hämolysefrei • möglichst Gewinnung von Serum und Plasma innerhalb von 2 Stunden • Gerinnungsdiagnostik • Glukose-/Laktatbestimmung • Hormonbestimmung • Vitaminbestimmung • Protein-, Mineralstoff-, Spurenelementbestimmung

3.3 Mikrobiologische Untersuchungen

Labordiagnostische Verfahren zur **Identifizierung von Mikroorganismen** umfassen den Nachweis von Bakterien, Viren und Pilzen mittels
- Erregerisolierung durch Anzüchtung in geeigneten Kultursystemen mit anschließender Typisierung der Erregerart,
- direktem Erregernachweis durch Antigendarstellung, Nachweis erregerspezifischer Nukleinsäure bzw. durch Erregerbestimmung mit gleichzeitiger Typisierung,
- indirektem Erregernachweis anhand der Immunantwort durch Nachweis von spezifischen Antikörpern in unterschiedlichen Substraten.

3.3.1 Virologische Verfahren

Die diagnostischen Verfahren zum Nachweis von Virusinfektionen sind in Abbildung E17 aufgeführt.

Da virologische Untersuchungsverfahren zumeist eine spezifische Diagnostik darstellen, sind ausreichende vorberichtliche und epidemiologische Angaben für die Einleitung des richtigen Laborverfahrens erforderlich. Die geäußerte Verdachtsdiagnose wird durch die Untersuchung bestätigt oder ausgeräumt. Der richtigen Auswahl des Probenmaterials (wo sind Virus und Antikörper konzentriert vorhanden?) und des optimalen Entnahmezeitpunktes (wann ist die höchste Viruskonzentration zu erwarten?) kommen entscheidende Bedeutung zu. Als Regel gilt: je akuter das Geschehen, desto geeigneter die Probenahme für den Virusnachweis. Verunreinigungen des Probenmaterials durch Bakterien, Pilze, Konservierungs- oder Fixationsmittel sind unbedingt zu vermeiden. Der direkte Virusnachweis mittels Elektronenmikroskopie ermöglicht die gleichzeitige Abklärung mehrerer Virusarten, wenn die erforderliche Partikelzahl ($>10 000$ pro Gramm) vorhanden ist.

Indirekte Nachweisverfahren im Blutserum oder in der Milch erfordern für akute Geschehen eine Doppelprobe im Abstand von 2 bis 3 Wochen zur Abklärung der Titerentwicklung und für eine Quantifizierung des Antikörpergehaltes.

Der Untersuchungszeitraum für den direkten und den indirekten Virusnachweis beträgt wenige Stunden bis 2 Tage; die Virusanzüchtung erfordert mindestens 2 bis 4 Tage für die 1. Passage.

Diagnoseverfahren zum Nachweis von Viruskrankheiten des Schweines sind im Anhang J 5.2 zusammengestellt.

3.3.2 Bakteriologische und mykologische Verfahren

• **Bakteriologie**

Die bakteriologische Diagnostik nutzt **Screening-Methoden** mittels universeller Nährmedien und mittels Mikroskopie mit/ohne Färbung sowie **Bestätigungsverfahren** mittels Indikator-/Selektivnährböden, spezieller Färbemethoden, spezifischer Immunfluoreszenzen

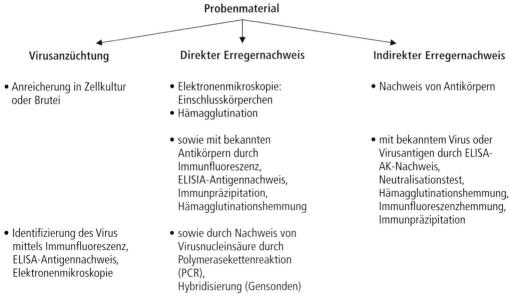

Abb. E17   Überblick zur Diagnostik von Virusinfektionen (siehe Anhang J 5.2).

und spezieller PCR-/Gensondennachweise zur Bakterienanzüchtung bzw. zum direkten Erregernachweis (Abb. E18). Untersuchungsauftrag und Untersuchungsziel bestimmen das labordiagnostische Vorgehen. Das Untersuchungsmaterial muss gezielt am Ort des Infektionsgeschehens entnommen werden. Der Grad der jeweiligen Standortflora ist bei der Befundinterpretation zu berücksichtigen.

Unter normalen Bedingungen beträgt der Untersuchungszeitraum 48 bis 72 h, wobei mikroskopische Befunde, Immunfluoreszenzergebnisse und molekularbiologische Daten bereits innerhalb weniger Stunden vorliegen können.

Die **indirekten Nachweisverfahren** (auch als serologische Untersuchungen bezeichnet) bedienen sich der Substrate Blutserum/-plasma, Liquor, Punktate und Milch. Spezifische Antikörper werden in der Regel erst 2 bis 3 Wochen nach der Infektion nachgewiesen, so dass Doppelblutproben zur Abschätzung eines Titerverlaufes und zur sicheren Befundinterpretation unumgänglich sind. Der Untersuchungszeitraum für serologische Nachweise beträgt 1 bis 2 Tage. Die Diagnostik wichtiger bakterieller Erkrankungen vermittelt Anlage J 5.3.

● **Mykologie**

Die Labordiagnostik von Pilzen und deren Stoffwechselprodukten als Krankheitsagens beinhaltet bei **Mykosen** die Isolierung und Identifikation des jeweiligen Pilzkeimes und bei **Mykotoxikosen** die qualitative und quantitative Toxinbestimmung.

Die Untersuchungstechniken umfassen mikroskopische Verfahren (Nativpräparat mit Anfärbung bzw. Aufhellung), Kulturverfahren (universelle Sabouraud-Nährböden, Selektivnährmedien), serologische Verfahren (ELISA), physikalisch-chemische Verfahren (Dünnschicht-, Hochdruckflüssig-, Gaschromatographie) und toxikologische Verfahren (einschl. Tierversuche, Zellkulturtest).

Während zum Nachweis von Mykosen veränderte Gewebeteile/Hautgeschabsel als Probenmaterial eingesetzt werden, erfolgt die Abklärung von Mykotoxikosen über Untersuchung von Futtermitteln in Verbindung mit Toxinanalysen im Blutserum, in inneren Organen (Niere, Leber) und Milch. Für Kulturverfahren werden z. T. mehrwöchige Anzüchtungszeiten und für die anderen Verfahren wenige Stunden bis 2 Tage zur Diagnosestellung benötigt.

Die Diagnoseverfahren von Mykosen und Mykotoxikosen sind im Anhang J 5.4 zusammengestellt. Siehe auch Farbtafel 7 Seite 359.

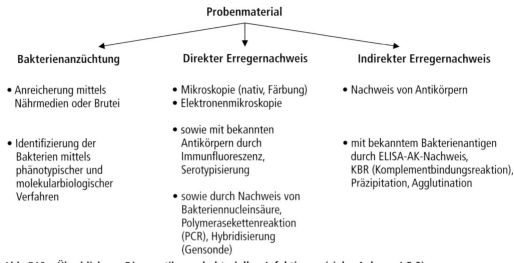

Abb. E18 Überblick zur Diagnostik von bakteriellen Infektionen (siehe Anhang J 5.3).

3.3.3 Bemessung der Stichprobengröße zur Infektionsdiagnostik

Um zu beweisen, dass eine Krankheit in einer bestimmten Population nicht vorhanden ist, muss jedes empfängliche Tier der Population getestet werden.

Aus ökonomischen Gründen werden aber in der Regel Stichproben ausgewählt, die keine absoluten Aussagen ermöglichen. Die Stichprobengröße sollte aber zumindest so gewählt werden, dass die Krankheit mit 95%iger Sicherheit auch dann in der Population erkannt wird, wenn ihre Prävalenz deutlich unter derjenigen liegt, die für eine infizierte Population allgemein angenommen wird.

Konkret ergibt sich die Stichprobengröße aus folgenden Parametern:
- Größe der zu untersuchenden Population (N),
- angenommene Prävalenz, falls die Krankheit vorhanden ist (d),
- gewünschte statistische Sicherheit der Erhebung (meist 95%, evtl. auch 99%).

Die erforderlichen Stichprobengrößen für Aujeszkysche Krankheit und Schweinepest können der Tabelle E18 entnommen werden, für nicht ausgewiesene Werte muss interpoliert werden.

Dieser Stichprobenschlüssel deckt sich mit den statistischen Vorgaben für den Fall einer gewünschten statistischen Sicherheit von 95% für das Erkennen mindestens eines infizierten Tieres bei gleichzeitiger Annahme, dass eine Infektion im Bestand zu mindestens 20% erkrankten Tieren in der Population führen würde. Bei Mastschweinen ist der Zusammenhang von Infektion und Serokonversion hoch.

Der Stichprobenschlüssel für Sauen verlangt relativ größere Probenzahlen (siehe Tab. E18), weil bei adulten Schweinen offensichtliche Infektionen selten sind. Entsprechend niedriger ist die Korrelation zwischen Infektion und Serokonversion. Die relativ hohen Beprobungszahlen tragen demnach dem Risiko Rechnung, dass bei mindestens 20% infizierter Population nicht alle Tiere testpositiv werden, obwohl sie die Erkrankung als latente Virusträger verbreiten können.

Zur Schweinepest-Bekämpfung regelt die VO zum Schutz gegen die Schweinepest und Afrikanische Schweinepest (2002) die Stichprobennahme bei den nach Seuchenfeststellung getöteten Schweinen sowie die Probennahme im Schweinepest-Sperrbezirk. In der Entscheidung 2002/106/EG ist statt Zahlenangaben vorgegeben, dass eine Stichprobe so gewählt werden muss, dass eine Bestandsuntereinheit mit einer angenommenen Seroprävalenz von 10% (5% in Zuchtsauenbeständen, außer bei Tötung nach Seuchenfeststellung) mit 95%iger statistischer Sicherheit als infiziert erkannt wird. Die amtlich

Tabelle E18: Stichprobenschlüssel zur serologischen Untersuchung auf Aujeszkysche Krankheit und Schweinepest

Aujeszkysche Krankheit Anzahl der Schweine pro Bestand	Anzahl der zu untersuchenden Schweine	Schweinepest Anzahl Schweine	zu untersuchende Tiere Zucht (Präv. 5 %)	Mast (Präv. 10 %)
1– 10	max. 8 Tiere	10	10	10
11– 20	max. 10 Tiere	50	22	35
21– 30	max. 11 Tiere	100	25	45
31– 60	max. 12 Tiere	500	28	56
61–200	max. 13 Tiere	1000	29	57
>200	max. 14 Tiere			

festzulegenden Stichprobengrößen ergeben sich dann aus anerkannten statistischen Daten.

3.3.4 Resistenzbestimmungen und diagnostische Tierversuche

Die Resistenzbestimmung umfasst die Wirksamkeitsprüfung antimikrobieller Wirkstoffe, die unter dem Begriff „Antiinfektiva" zusammengefasst sind. Deren Wirkung wird mit der minimalen Hemmstoffkonzentration (MHK) angegeben. Hierbei handelt es sich um diejenige Wirkstoffmenge, die noch eine volle Hemmung des Bakterienwachstums im Flüssigmedium bei Zugabe einer konstanten Bakterienmenge bewirkt. Beim Agardiffusionstest auf beimpften Agar-Nährböden wird der Hemmhofdurchmesser um die standardisierten antibiotikahaltigen Plättchen als Maß der Wirksamkeit (sensibel) bzw. der Unwirksamkeit (intermediär oder resistent) gegenüber dem getesteten, reinen Bakterienisolat festgestellt. MHK und Agardiffusionstest sind in der Aussage weitgehend identisch. Eine Sonderform der Agardiffusion ist der E-Test, welcher mit einem Wirkstoffgradienten auf dem Teststreifen arbeitet.

Die normierten Testverfahren zur Resistenzbestimmung basieren auf den Leitlinien der NCCLS (National Committee of Clinical Laboratory Standards), um vergleichbare Testergebnisse zwischen den Laboratorien zu erzielen. Das Resistogramm zur Befundmitteilung enthält Angaben zu den geprüften Antiinfektiva und deren Resistenzverhalten in vitro.

Vorraussetzung für aussagekräftige Resistenzbestimmungen ist ein aus dem Substrat gewonnenes reines Bakterienisolat ohne Fremdkeime. Somit erklärt sich auch die minimale Dauer von 2 Tagen bis zum Vorliegen eines Resistogrammes. Nach den neuen rechtlichen Bestimmungen in Verbindung mit den Antibiotika-Leitlinien bedarf der Tierarzneimitteleinsatz generell einer fundierten Kenntnis zur Resistenzlage in den einzelnen Tierhaltungen. Aus diesem Grund sind regelmäßige labordiagnostische Untersuchungen mit Resistenzbestimmung der isolierten Keime für die Schweinebestände durch den behandelnden Tierarzt zu veranlassen.

Diagnostische Tierversuche dürfen nach den strengen Vorschriften des Tierschutzgesetzes für diagnostische Zwecke nur an Labortieren (Mäuse, Meerschweinchen, Ratten) durchgeführt werden, wenn keine anderen Diagnoseverfahren verfügbar sind. Grundsätzlich sind alternative Testverfahren (z. B. Zellkulturen) dem Tierversuch dann vorzuziehen, wenn vergleichbare Ergebnisse erbracht werden.

Bei Schweinen kommt der Tierversuch nur noch zur Diagnostik von *Brucella suis* u. a. pathogenen Keimen bei stark kontaminiertem Material zum Einsatz.

3.3.5 Bewertung mikrobiologischer Untersuchungen

Die Beurteilung der Laborergebnisse im Sinne einer abschließenden Befundinterpretation im Komplex von Vorbericht, Epidemiologie, Klinik und Laborbericht erfolgt für das Einzeltier und die Herde stets im Tierbestand durch den Hoftierarzt, bei Tierseuchenverdacht durch den Amtstierarzt.

Die Erregerisolierung und der direkte Erregernachweis sind im Rahmen der Diagnostik von anzeigepflichtigen Tierseuchen durch den amtlichen Tierarzt beweisend für das Vorliegen der speziellen Tierseuche. Positive Ergebnisse des indirekten Erregernachweises bilden die Grundlage für einen Tierseuchenverdacht oder können im Zusammenhang mit klinischen Untersuchungen und epidemiologischen Erhebungen auch die amtliche Feststellung einer Tierseuche zur Folge haben. Einzelheiten regeln die spezifischen Verordnungen zum Tierseuchengesetz.

Zur Überwachung der Tierseuchenfreiheit nach den einschlägigen EU- und nationalen Vorschriften zur Klassischen Schweinepest (KSP), zur Aujeszkyschen Krankheit (AK) und zur Brucellose der Schweine sind als Eigenkontrolle des Tierhalters regelmäßige serologische Untersuchungen von repräsentativen, statistisch gesicherten Stichproben zu veranlassen. Verdächtige oder positive Laborergebnisse werden nach einheitlichen Kriterien des Bundesmaßnahmekataloges „Tierseuchenbekämpfung" beurteilt, sind dem Amtstierarzt mitzuteilen und führen zu weiteren Erhebungen sowie zu amtlichen Maßnahmen.

Bekämpfungs- und Tilgungsprogramme von Tierseuchen bzw. Tiererkrankungen bedienen sich labordiagnostisch in der Regel der laufenden blutserologischen Kontrolluntersuchung; bei der Salmonellenbekämpfung auch der Fleischsaftuntersuchung. Die Interpretation der serologischen Befunde ist dabei von der Zielstellung entsprechender Sanierungsprogramme abhängig:

- Positive Befunde bei Tilgungsprogrammen erfordern konsequente Maßnahmen mit Entfernung der Reagenten (KSP, AK, Brucellose),
- positive Befunde bei Minimierungsprogrammen erfordern Maßnahmen zur Reduzierung des Erregereintrages (Salmonellose, Mycoplasmose, PRRS u. a.).

Bei gleichzeitiger Anwendung von Impfmaßnahmen sind markierte bzw. definierte Impfstoffe und dazugehörige serologische Testsysteme zur Unterscheidung einer Serokonversion nach Vaccineeinsatz oder Feldkeiminfektion erforderlich, wie dies z. B. im Rahmen der AK-Tilgung mittels gI-Vaccinen praktiziert wird.

3.4 Diagnostik von Mykotoxinen

Futtermitteluntersuchungen auf Mykotoxine besitzen nur bei positivem Resultat bzw. nach Mehrfachuntersuchungen einen diagnostischen Wert, da die Toxine nestweise und dadurch inhomogen verteilt sind. Weiterführende Aussagen ergeben Untersuchungen an Tieren, die „als natürliche Probenehmer" die aufgenommenen Schadstoffe aufweisen und gegebenfalls anreichern.

Ochratoxin A wird im Schwein nur wenig transformiert und stark an Serumalbumin gebunden, weshalb es lange im Blut nachweisbar ist (Halbwertzeit $t^1/_2$: 80–120 h). Wird dieses Mykotoxin über eine längere Zeit in einer bestimmten Konzentration mit dem Futter verabreicht, so stellt sich im Blut nach 8 bis 14 Tagen eine stabile Konzentration ein, die etwa 1/3 bis 2/3 der des Futtermittels entspricht. Da bei Langzeitfütterung erste pathologische Veränderungen beim Schwein erst bei einem Ochratoxin A-Gehalt von 200 µg/kg Futter ausgelöst werden können, dürften Ochratoxin A-Konzentrationen von 50 µg/ml Blut zwar kaum von klinischer, allerdings aber von lebensmittelhygienischer Bedeutung sein.

Deoxynivalenol (DON) wird vergleichsweise rasch ausgeschieden ($t^1/_2$: 2–4 h), weshalb der Abstand zwischen der letzten Nahrungsaufnahme und der Probengewinnung zur Bewertung der Ergebnisse bedeutsam ist. Selbst nach einer mehrwöchigen Verabreichung einer Futterration mit einem DON-Gehalt von 2,2 bis 3 mg/kg, die zu eindeutigen Leitungseinbußen führt, konnten 24 h nach der letzten Fütterung nur bis zu 62,7 ng DON pro ml Galle gemessen werden (BAUER 2001).

T-2 Toxin und **Diacetoxyscirpenol** werden sehr rasch und vielfältig metabolisiert und haben damit eine sehr kurze Halbwertszeit im Körper ($t^1/_2$: 10–15 min.). Aus diesem Grund muss die Angabe positiver Werte dieser Verbindungen in Geweben und Körperflüssigkeiten stark hinterfragt werden.

Zearalenon gilt als Ursache von Fruchtbarkeitsstörungen bei Sauen und wird teilweise zu α- und β-Zearalenol transformiert und/oder an Glucuronsäure konjugiert. Dieses Mykotoxin

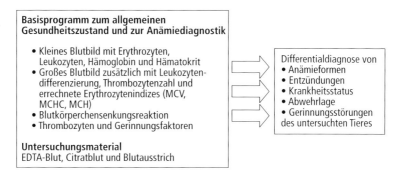

Abb. E19 Inhalte und Ziele hämatologischer Untersuchungen.

wird in den entero-hepatischen Kreislauf eingeschleust und lässt sich deshalb gut in der Galle nachweisen. Ein tendenzieller Zusammenhang zu Fruchtbarkeitsstörungen ist ab einer Konzentration von ≥ 60 ng/ml zu erwarten.

3.5 Hämatologische Untersuchungen

Hämatologisch wird Vollblut auf korpuskuläre Bestandteile, auf Blutfarbstoff und physikochemische Parameter untersucht; daraus sind erythrozytäre Rechenwerte (Erythrozytenindizes) zu ermitteln.

Die Parameter des **roten Blutbildes** beinhalten die **Erythrozytenzahl**, die Hämoglobin-Konzentration (**Hb**), den Hämatokritwert (**Hk**), das mittlere Zellvolumen (**MCV**), den mittleren Hb-Gehalt eines Erythrozyten (**MCH**) sowie die mittlere korpuskuläre Hb-Konzentration (**MCHC**).

In der Regel als Einzeltieruntersuchung durchgeführt, können Aussagen zum allgemeinen Gesundheitsstatus, zur Funktionsfähigkeit einiger Organe und zur Abwehrlage des Organismus getroffen werden (Abb. E19).

Blutbilduntersuchungen bei Schweinen sind vor allem zur Abklärung von Eisenmangelanämien indiziert. Neben dem Abfall der Hämoglobinkonzentration sind die Erythrozytenindizes vermindert (insb. MCV und MCHC) und zeigen eine mikrozytäre, hypochrome Anämie an.

Innerhalb des weißen Blutbildes gibt die **Gesamtleukozytenzahl** in Verbindung mit dem **Differentialblutbild** einen guten Einblick in die aktuelle Abwehrlage des Organismus (Krankheits-/Genesungsphase) und erlaubt in der Regel eine grobe Differenzierung von Infektionsursachen (Leukozytose = Bakterien, Pilze, Rikettsien, Protozoen; Leukopenie = Virusinfektion). Mit der Beurteilung des Differentialblutbildes anhand eines gefärbten Blutausstrichs werden die einzelnen Reifestadien der Granulozyten und deren Anfärbbarkeit sowie die Lymphozyten und Monozyten anteilig als Prozentwerte erfasst. Das vermehrte Auftreten von jugendlichen stabkernigen Granulozyten im peripheren Blut wird als Linksverschiebung bezeichnet und weist auf entzündliche Prozesse hin (siehe auch Leukozytenkurve nach Schilling).

3.6 Klinisch-chemische Untersuchungen

Parameter in Harn und Milch sowie vor allem Stoffwechselmetaboliten und Enzyme im Blutserum bzw. -plasma werden klinisch-chemisch untersucht. Für spezielle Fragestellungen werden auch Liquor, Sperma, Kot, Speichel und Organe (Leber, Knochenmark) herangezogen. Die ermittelten Werte verweisen auf den Versorgungsgrad mit Nährstoffen und auf die zellbildende sowie stoffwechselaktive Funktion von Organsystemen. Die klinisch-chemischen Untersuchungen sind vornehmlich an **Suchprogrammen** nach Organ- bzw. Krankheitsprofilen ausgerichtet. Durch die Kombination von ausgewählten Stoffwechselmetaboliten und organspezifischen Enzymen können fundierte labordiagnostische Hinweise zur Krankheitsursache und zur Organmanifestation gegeben wer-

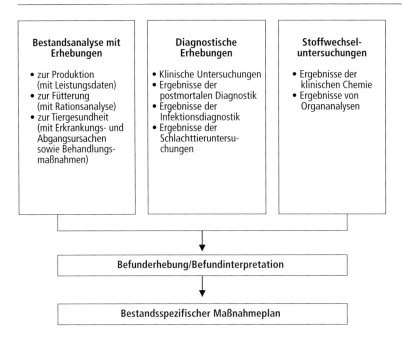

Abb. E20 Stoffwechselüberwachungssystem im Schweinebestand.

den. Die Art der Aufbewahrung und die Haltbarkeit der Proben sind im Anhang J 5.1. dargestellt.

Neben den Laboruntersuchungen stehen dem praktizierenden Tierarzt auch **Schnellmethoden** zur unmittelbaren Analytik in der Nähe des Tierbestandes zur Verfügung:

- **Trockenchemie** mit Reflexionsphotometrie für Blut- und Harnuntersuchungen auf Substrat- und Enzymkonzentrationen (z. B. Kodak-Ektachem; Reflotron, Boehringer/Mannheim; Vettest 8008; Vision-Abbott).
- **Teststreifen** für ausgewählte Blut- und Harnuntersuchungen (z. B. Merckognost-, Visedex II-, Hämo-Teststreifen).
- Anämie-, Calcium-, γ-Globulin-Schnelltests mittels spezieller **Teströhrchen**.

Die labordiagnostische Bewertung der Untersuchungsergebnisse erfolgt anhand von physiologischen Norm- und Grenzwerten in Abhängigkeit vom Tieralter, Geschlecht und Nutzungstyp der Schweine (siehe Anhänge J 5.5–5.8). Der labordiagnostische Befund spiegelt sowohl die Normabweichungen des Einzelparameters als auch der Parameterkombination unter Beachtung der vorberichtlichen Angaben wider. Mit den Methoden variieren die Normwerte von Labor zu Labor, was bei der Ergebnisbewertung zu beachten ist.

3.6.1 Stoffwechseluntersuchungen im Bestand

Stoffwechselanalysen umfassen die **klinisch-chemischen Untersuchungen** zur Diagnostik ernährungsbedingter (Nährstoffimbalancen), fütterungsbedingter (Fehlernährung, Schadfaktoren) bzw. leistungsbedingter Störungen (Zufuhr-, Bedarfsdefizit) des Stoffwechsels (siehe auch Kap. D 1.4). Bei alimentär bedingten Leistungsminderungen, zur Sicherung klinischer Diagnosen und zur Empfehlung spezifischer Änderungen in der Futterrationsgestaltung können gezielte Untersuchungen von Blut-, Harn-, Milch- und Organproben einer ausgewählten Tiergruppe vorgenommen werden. Voraussetzung ist die Einbindung der Stoffwechselanalytik in ein Gesamtsystem der Gesundheitsüberwachung mit dem Ziel der Früherkennung bzw. Verhütung von Stoffwechselstörungen bei Ferkeln, Masttieren und Zuchtschweinen (Abb. E20).

Die **Organisation der Stoffwechselüberwachung** betrifft einerseits den Produktionsprozess begleitende Untersuchungen an klinisch gesunden Tieren als Teil der Eigenkontrolle bei Bedarf im großen Bestand und zum anderen gezielte diagnostische Erhebungen an suspekten Tieren in Tierbeständen mit Gesundheitsstörungen und/oder Leistungsdepressionen (siehe Anhang 5.5.)

Tabelle E19: Hämotologische und klinisch-chemische Suchprogramme und –parameter beim Vorliegen eines klinischen Verdachts (H. GÜRTLER u. R. KÖRBER)

Erkrankung	Suchprogramme/-parameter im Blut	
• Anämie	• Hb, Hk (MCHC berechnen)	• weiterführende Untersuchung: Plasma-Fe, TEBK (ev. Gesamtbilirubin)
• Hepatopathien	• ASAT, CK für Differentialdiagnose	• weiterführende Untersuchungen: Enzyme (s. u.), Gesamtbilirubin
• Myopathien	• CK, LDH, ALAT • ASAT für Differentialdiagnose	• weiterführende Untersuchung. MHS-Test (s. Kap. B3)
• Osteopathien	• Alkalische Phosphatase (AP) • Phosphor anorganisch (Pa + Ca)	• s. unten Skelett
• Bakterielle und virale Infektionen	• Leukozytenzahl	• weiterführende Untersuchung: Differentialblutbild
• Hypoglykämie der Saugferkel	• Glucose	• Hb für Differentialdiagnose
• Intoxikationen	• je nach Toxinwirkung Bestimmung des Leber-, Nieren-, Muskel-, Anämieprofils	• Bestimmung des Giftstoffes bei konkretem Verdacht
• Fortpflanzungsstörungen	• Metaboliten (Gesamteiweiß, Eiweißfraktionen, Vitamine, Mineralstoffe, Spurenelemente)	• im Bedarfsfall Hormonbestimmungen und Spermauntersuchungen
• Störung des Fett- und Kohlenhydratstoffwechsels	• Metaboliten (Glukose, Ketonkörper, Harnstoff, Glykogen in Leber)	• im Bedarfsfall Bestimmung der freien Fettsäuren
Organprofile	**Parameter**	**Bemerkungen**
• Leber	• Metaboliten (Gesamteiweiß, Serumproteine, Gesamtbilirubin, direktes Bilirubin) • Enzyme (ASAT, SDH, OCT, GLDH, LAP, Arginase, γ-GT)	• Abklärung ernährungsbedingter, infektiöser und mykotoxikologischer Ursachen (Galle)
• Niere	• Metaboliten (Gesamteiweiß, Serumproteine, Harnstoff, Kreatinin) • Mineralien (Natrium, Kalium)	• im Bedarfsfall Harnanalyse (Sedimentanalyse, Natrium, Kreatinin, Gesamteiweiß)
• Schilddrüse	• Hormone (T_3, T_4), BEJ • T_4-Bindungsprotein	• im Bedarfsfall TRH-Stimulationstest sowie Jod-Bestimmung im Serum oder Harn
• Muskulatur	• Metaboliten (Laktat) • Enzyme (CK, ALAT, LDH) • Selen, Vitamin E	• im Bedarfsfall ASAT zur Differenzierung von Herz- und Skelettmuskelläsionen
• Skelett	• Alkalische Phosphatase • Mineralien (Calcium, Phosphor) • Vitamin D	• im Bedarfsfall Harnanalytik auf Mineralien
• OP-Vorbereitung	• Hb, Hk (Differentialblutbild)	• bei Notwendigkeit durchführen

Hb = Hämoglobin, Hk = Hämatokrit, MCHC = mittlere korpuskuläre Hb-Konzentration, Plasma-Fe= Plasmaeisen, TEBK = Totale Eisenbindungskapazität, Pa = anorganisches Phosphat, BEJ = butanolextrahierbares Jod, TRH = Thyreoidea Releasing Hormon, OP = Operation, Enzyme siehe Abkürzungsverzeichnis

Ernährungsbedingte Stoffwechselstörungen (Mangelsituationen, Imbalanzen) treten insbesondere nach der Geburt sowie in Lebensabschnitten mit hoher Zuwachsleistung und in der Reproduktionsphase auf. Die im Anhang 5.5. aufgeführten Untersuchungszeitpunkte in den Tiergruppen haben sich bei Anwendung allgemeingültiger, standardisierter Methoden ebenso wie die in Tabelle E19 dargestellten Suchprogramme bei Stoffwechsel- und Mangelerkrankungen in Tierhaltungen mit zyklischer Produktionsorganisation bewährt. Die Stichprobengröße je Tiergruppe beträgt etwa 10 Probanden.

Bei ökologischer Tierhaltung mit verlängerten Aufzucht- und Mastzeiten sind Laborkontrollen den Gegebenheiten anzupassen; die Untersuchungszeitpunkte werden auf die Alters- und Nutzungsgruppen eingestellt.

3.6.2 Bewertung der Stoffwechseluntersuchungen

Die Bewertung der klinisch-chemischen Parameter erfolgt wie die der hämatologischen Werte anhand einer repräsentativen Stichprobe durch Vergleich mit Normalwerten, die den physiologischen Bereich der jeweiligen Tiergruppe charakterisieren. Die Normalwerte sind als Arbeitswerte zwischen oberen bzw. unteren Grenzwerten oder im Sinne einer physiologischen Schwankungsbreite in einer randomisierten Stichprobe zu verstehen. Die **Darstellungen physiologischer Werte** in den Anhängen J 5.6 bis 5.8 basieren auf umfangreichen Erhebungen an klinisch gesunden, normal entwickelten Saug- und Absatzferkeln, Jung- und Mastschweinen sowie niedertragenden, hochtragenden und laktierenden Sauen in ca. 50 Schweinezucht- und -mastanlagen unter intensiven Haltungsbedingungen (Autorenkollektiv 1984).

Die Ergebnisse der Stoffwechseluntersuchungen sind in einem ersten Schritt als Einzelwerte zu bewerten. Anschließend erfolgt die Bewertung der untersuchten Tiergruppe. Dabei sind die Tiere einer Stichprobe bezüglich eines Parameters als unphysiologisch bzw. suspekt zu werten, wenn mehr als 20 % der Einzelwerte unter bzw. über dem Grenzwert oder außerhalb der physiologischen Schwankungsbreite liegen. Zur Erleichterung der Auswertung haben sich grafische Darstellungen der untersuchten Parameter im direkten Vergleich mit den Normalwerten bewährt.

Mit Hilfe der bestandsanalytischen Erhebungen können unter Beachtung der eingesetzten Futterrationen und der Ergebnisse weiterer diagnostischer Erhebungen Krankheitsursachen, Leistungsminderungen und Mangelzustände aufgeklärt werden. Derartige Analysen dienen im Bedarfsfall der Optimierung von Ernährung und Futterrationsgestaltung.

3.7 Parasitologische Untersuchungen

Labordiagnostische Verfahren zur Feststellung eines Parasitenbefalls zielen letztendlich darauf ab, den gattungs- bzw. artspezifischen Erregernachweis zu führen. Sie basieren auf zuverlässigen Untersuchungsmethoden vom direkten Erregernachweis durch makroskopische und mikroskopische Untersuchungen über Anreicherungsverfahren und Parasitenkultivierung bis hin zu parasitenspezifischen Antikörper- und Antigen-Nachweisen. Ergänzend kann die Erfassung der Parasitenfauna im Biotop sinnvoll sein (siehe auch Kap. D 1.2 und E 7).

Eine Übersicht zu den Diagnoseverfahren gibt die Abbildung E21. Einzelheiten zur Labordiagnostik wesentlicher Parasitosen sind im Anhang J 6 zusammengestellt.

Die labordiagnostische Sicherung von Endo- und Ektoparasitosen ist unumgänglich zur Durchführung einer gezielten Bekämpfung. Insbesondere die Untersuchung von Kot-, Blut- und Hautgeschabselproben kann mit geringem Aufwand an Labormaterialien und unter Verwendung von Lichtmikroskopen zu schnellen und hinreichend sicheren Ergebnissen durch geübte Labordiagnostiker führen. Dabei stehen Einzeltieruntersuchungen zur Diagnosesicherung sowie Screening-Untersuchungen von Tiergruppen zur Kontrolle der Bestandsituation und von Behandlungsverfahren im Vordergrund. Zur Erfassung der parasitären Situation im Bestand sowie zur Abklärung ausgeprägter Krankheitserscheinungen eignen sich vor allem die parasitologische Sektion ganzer Tierkörper oder verdächtiger Organe mit nachfolgenden Laboruntersuchungen. Die Organbefundung an Schlachtkörpern gibt eine Übersicht zum Auftreten insbesondere des Band- und Spulwurmbefalls.

Indirekte Erregeruntersuchungen mittels serologischer Verfahren erfordern den Vergleich mit methodenspezifischen Grenztitern und die Überprüfung im Tierbestand. In Abbildung E22 ist der Verlauf eines Sarcoptes-Titers mittels ELISA-Serologie beispielhaft für einen Eber vor und nach Räudetilgung dargestellt.

Die serologische ELISA-Trichinenuntersuchung von Schlachtschweinegruppen kann der-

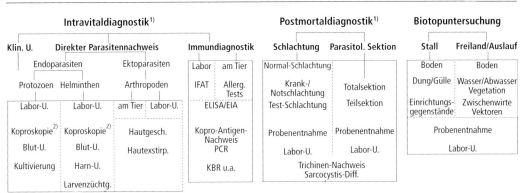

Abb. E21   Verfahren zur Untersuchung (U.) von Parasiten und Parasitenbefall.

zeit nicht die mikroskopische Untersuchung im Rahmen der Fleischbeschau ersetzen, die im positiven Fall nach der Zusammenführung mehrerer Proben (i. d. R. 100 Tiere) für das Verdauungsverfahren auf das Einzeltier zurückgeht.

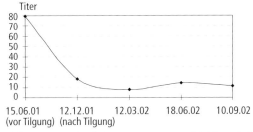

Abb. E22   Verlauf eines Sarcoptes-ELISA-Titers bei einem Eber (MATTHES et al. 2003).

4 Postmortale Diagnostik

Die **Untersuchung verendeter und getöteter Tiere** dient
- der amtlichen Abklärung eines Seuchenverdachtes,
- der Aufklärung eines aktuellen Krankheitsgeschehens und
- der periodischen Beurteilung des Krankheitsspektrums, insbesondere chronischer Erkrankungen mit den beteiligten Erregern und ihren Arzneimittelresistenzen.

4.1 Krankheits- und Todesursachenstatistiken

Statistische Darstellungen zu den Ursachen auftretender Erkrankungen und anfallender Todesfälle vertiefen die fortlaufende gesundheitliche Betreuung durch Übersichten, die über längere Zeitabschnitte für Alters- und Nutzungsgruppen, Betriebsteile und Haltungsverfahren, Geschlechter und genetische Konstruktionen in großen Betrieben erarbeitet werden sollten.

Erkrankungsstatistiken vermitteln die Art und Häufigkeit der an lebenden Tieren ermittelten Erkrankungen, wobei Krankheitsgruppen gebildet werden. Im Rahmen weiterführender Untersuchungen wird darüber hinaus ein spezifiziertes Krankheitsspektrum erfasst, das jedoch nicht Gegenstand der Routinediagnostik ist.

Die aus **Schlachtkörperuntersuchungen** ermittelten Organbefunde ergeben **Befundstatistiken** mit Einblick in die Verbreitung chronischer Krankheiten und die Folgeschäden eines Spulwurmbefalls.

Todesursachenstatistiken charakterisieren anhand der zum Abgang (Verendung, Tötung) führenden **Hauptbefunde** die Verteilung der Erkrankungen mit letalem Ausgang, wobei morphologische Veränderungen mit mikrobiologischen und anderen Ergebnissen zur Diagnose zusammengeführt werden. Für die Bewertung des Gesundheitszustandes eines Tierbestandes eignen sich bei regelmäßigen Sektionen überdies die **Nebenbefunde**, die Auskunft zur Bedeutung der Faktoreninfektionen, von Haut- und Gliedmaßenschäden, Magengeschwüren und anderen Organkrankheiten geben.

Derartige **Statistiken** setzen die systematische Durchführung entspechender Untersuchungen voraus. Ihr Informationsgehalt steigt mit dem Umfang und der Breite der einbezogenen Stichproben. Im Rahmen des Staatlichen Veterinärwesens und der staatlich geführten Landwirtschaftsbetriebe der DDR wurde ein enormer diagnostischer Aufwand betrieben, der unter den Bedingungen einer Mangelwirtschaft mit hoher Priorität des Agrarsektors die Darstellung umfangreicher Statistiken ermöglichte. Das betraf auch und in besonderer Weise die Großbetriebe der Schweineproduktion.

Unter den aktuellen marktwirtschaftlichen Bedingungen ist zwar die Intensität postmortaler Untersuchungen stark zurückgegangen; intensive Untersuchungen sind jedoch gleichermaßen erforderlich bei höheren Ausfällen und bei Seuchenverdacht.

Vergleichende Krankheits- und Todesstatistiken unterschiedlicher Stichproben sind im Rahmen von Experimenten und Praxisprüfungen (Impfstoffe, Medikamente) übliche Verfahren der gesundheitsbezogenen Informationsgewinnung. Deren Bedeutung dürfte in Zukunft dann zunehmen, wenn staatliche Prüfungen neuer Haltungsformen nach dem Tierschutzrecht wie etwa in der Schweiz verlangt werden.

Die **Zusammenführung mehrerer Befundstatistiken** gibt bei ausreichender Stichprobengröße eine nahezu komplette Übersicht zum **Krankheits- und Todesursachenspektrum**. Zur Veranschaulichung dieses Synergieeffektes werden in Tabelle E20 die Krankheits- und Verlustequoten einer Jungsauenhaltung dargestellt, in der 7920 Zuchttiere (70–90 kg) aus 68 Stammzuchtbetrieben der DDR zusammen-

Tabelle E20: Krankheits- und Abgangsursachen nach unterschiedlichen Diagnoseverfahren bei Jungsauen (in %)

Diagnostische Verfahren	Klinische Diagnostik	Hauptbefund bei Krankschlachtungen (KS)	Sektion (S)	S + KS
Art der Statistik	Krankheitsstatistik	Abgangsursachenstatistik	Todesursachenstatistik	Gesamtabgangsursachenstatistik
	Erkrankungen	Not- und Krankschlachtungen	Verendungen	Gesamtausfälle
Anzahl der Tiere	3660	575	181	756
% des Bestandes	46,2 (= 100)	7,3 (= 100)	2,3 (= 100)	9,6 (= 100)
• Pneumonien	32,5	1,7	5,5	2,6
• Herz- Kreislauf-Erkrankungen	1,9	1,0	68,0	17,1
• Gliedmaßenerkrankungen	28,1	68,2	1,7	52,3
– Frakturen	3,8	24,9	1,1	19,2
– Epiphyseolysis	0,2	0,9	0,6	0,8
– Arthritiden	7,0	21,0	–	16,0
– Klauenerkrankungen[1]	12,9	7,8	–	6,0
– Spreizen (Hundesitz)	1,9	11,0	–	8,3
– Sonstige	2,3	2,6	–	2,0
• Traumata	–	6,3	–	4,8
• Abszesse/Phlegmonen	16,4	0,5	2,2	2,6
• Abszesse in WS[2] (Festliegen)	–	7,7	0,7	6,0
• Magen-Darm-Erkrankungen	7,4	0,3	7,7	2,5
• Nieren-, Lebererkrankungen	–	1,0	2,8	1,5
• Sonstiges und unbekannt	2,6	9,9	12,1	10,2

[1] mit Arthritiden des Klauen- und Krongelenks
[2] Wirbelsäulenabszesse nach Schwanzphlegmonen

geführt, besamt und auf die Erstbelegung einer Großanlage vorbereitet wurden. Die Statistiken zeigen die unterschiedliche Verteilung der Diagnosen in den verschiedenen Abgangsarten und diagnostischen Verfahren in jenem staatlich beauftragten Untersuchungsprogramm, das in diesem Umfang seinesgleichen sucht.

Unter den Abgangsursachen fallen die ungewöhnlich hohen Anteile von Frakturen, Arthritiden, Spreizen der Hinterextremitäten und von schweren Klauenschäden auf. Sie waren eine Folge zu glatter Plastevollspaltenböden und überbelegter Buchten, in denen 14 bis 20 Tiere mit 0,6 bis 0,7 m² Grundfläche je Jungsau gehalten wurden. Unter den Not- und Krankschlachtungen standen die Gliedmaßenschäden und unter den Verendungen die Herz-Kreislauf-Erkrankungen im Vordergrund. Im Morbiditätsspektrum fällt außerdem der hohe Anteil von Abszessen, vor allem aber von Pneumonien auf, wobei letztere – ungewöhnlich für diese Altersklasse – einen akuten Verlauf hatten. Sie waren die Folge kombinierter Belastungen durch Transport, Futterumstellung, hochintensive Aufstallung sowie eines sehr heterogen Keimmilieus infolge der Vielzahl an Herkünften mit unterschiedlich konditionierten Tieren.

Für **Sofortentscheidungen** am kranken Tierbestand nimmt die Bedeutung der diagnostischen Verfahren in der Reihenfolge klinische Diagnostik, Sektionsdiagnostik mit Nachfolgeuntersuchungen sowie Befunde von Not-, Krank-, Schlachttieren ab. Die durch Sektionen und Schlachttierbefunde ermittelten Befundstatistiken sind dagegen für periodische Bewertungen des Gesundheitszustandes unverzichtbar.

4.2 Pathologisch- anatomische Untersuchungen

Die **pathologisch-anatomische Untersuchung** ausgewählter verendeter und/oder getöteter Tiere wird in diagnostischen Einrichtungen durchgeführt, deren Fachtierärzte über spezielle Techniken und Methoden verfügen. Die Untersuchungstätigkeit obliegt eigenständigen Fachdisziplinen (Pathologie, Mikrobiologie, Parasitologie, Virologie u. a.), die die Befunde erarbeiten und die Diagnosen stellen. Hierauf wird nachfolgend nicht weiter eingegangen.

Sektionen haben mit ihren nachfolgenden Laboruntersuchungen den höchsten Informationsgehalt zu den krankhaften Veränderungen des untersuchten Einzeltieres sowie nach Autopsie mehrerer Schweine zum Krankheitsspektrum innerhalb einer Tiergruppe. Sie dienen der Aufklärung aktueller Erkrankungen und der Darstellung von Übersichten, die eine Bewertung und Wichtung des Krankheitsgeschehens unter speziellen Zielstellungen erlauben.

Sektionen sind zwingend notwendig zur Abklärung von Seuchenverdacht und gehäuften Krankheiten. Sie sollten aber auch unter normalen Produktionsbedingungen dann periodisch veranlasst werden, wenn Gruppenbehandlungen anstehen; denn zur Diagnose gehört die Kenntnis der beteiligten Erreger mit deren Resistenzen gegenüber antibiotischen Arzneimitteln.

Zur Sektion bestimmte Tiere müssen frischtot bzw. im fortgeschrittenen Krankheitsstadium gemerzt sein und per Kurier zur Untersuchungseinrichtung gebracht werden.

Die **Berichte zur Sektion** enthalten eine Darstellung der pathologisch-anatomischen Veränderungen, der nachgewiesenen Erreger mit ihren Arzneimittelempfindlichkeiten sowie der parasitologischen und sonstigen Befunde. Diese geben dem betreuenden Haustierarzt Informationen zur Festlegung prophylaktischer, mesophylaktischer und therapeutischer Behandlungsstrategien. Ein Verzicht auf diese vertiefenden Befunde führt irgendwann zu Behandlungsfehlern; denn ein indikationsgerechter Medikamenten- und Impfstoffeinsatz kann auf Dauer nicht alleine der klinisch-diagnostischen Erfahrung folgen.

Gut ausgebaute betriebseigene **Prosekturen** (je 1 Tierarzt und Veterinäringenieur) waren den großen Komplexanlagen (12 000 Sauen, 80 000 Mastschweine) zugeordnet. Dort wurden Routinesektionen nach Plan und bei Notwendigkeit mit ergänzenden Untersuchungen durchgeführt. Eine betriebliche Untersuchungseinrichtung ist nur zu betreiben bei einer Trennung der Räume, des Instrumentariums und des Personals zum Tierbestand. Behandelnde Tierärzte dürfen keine regelmäßige Sektionstätigkeit durchführen. Damit erübrigt sich diese zweifellos sehr effektive Form der krankheitsbezogenen Informationsgewinnung unter den gegebenen Bedingungen der Schweinehaltung.

4.3 Befunderhebung an Schlachttieren

4.3.1 Amtliche Untersuchungen

Befunde von Schlachttieren liefern eine Vielzahl von Informationen zur Tiergesundheit, die in die Bestandsbewertung einfließen und der gesundheitlichen Selbstkontrolle einer Schweinehaltung dienen.

Hoheitliche Aufgaben regeln im Rahmen des Fleischhygienerechts die Lebenduntersuchung der Schlachtschweine nach dem Transportende, die Fleischuntersuchung mit gegebenenfalls ergänzender Befunderhebung beim Schlachtvorgang sowie die Probenahme zur Trichinen-, Salmonellen- und Rückstandskontrolle. Vermehrt festzustellende spezielle Befunde geben Hinweise auf

- **Tierschutzvergehen** (z. B. volle Mägen, Schlagstriemen und -wunden, transportbedingte Frakturen und Todesfälle),
- **Pflege-, Haltungs- und Zuchtmängel** (z. B. chronische Schleimbeutelentzündungen, Druckstellen, Gelenkveränderungen, Schwanzbeißen, Stallklauen bei Sauen),
- **Gesundheitsprobleme** (z. B. hohe Anteile an speziellen Organerkrankungen, stärkerer Spulwurmbefall, Hautveränderungen durch Räude),
- **Hygiene- und Verfahrensmängel** des Transport- und Schlachtvorgangs (z. B. nachträgliche Verunreinigungen, mangelhafte Ausblutung, Organverluste, Frakturen und Wirbelbrüche).

Tabelle E21: Möglichkeiten und Grenzen der Lebendtier- und Fleischuntersuchung im Schlachtbetrieb

Veränderungen/Mängel	werden erfasst	ergänzende Untersuchungen
• Pathologisch-anatomische Veränderungen bei Organkrankheiten	ja	• bakteriologische Untersuchung und Ergänzungsbeschau
• Schwere Traumata (Knochenbrüche u. a.)	ja	
• Infektionskrankheiten (TBK, Milzbrand, Parasiten u. a.)	ja	
• Infektionserreger (Salmonellen, Yersinien, Listerien, Campylobacter, Toxoplasmen)	nein	• künftig z. T. zu erwarten • Bestandskontrollen
• Rückstände (Tierarzneimittel, Chemikalien)	nein	• Stichproben im Lebensmittelmonitoring und Rückstandskontrollplan
• Kontamination mit Erregern beim Schlachtprozess	nein	• Hygienekontrollen im Schlacht- und Verarbeitungsprozess
• Fleischqualitätsmängel (PSE-, DFD-Fleisch)	teilweise	• nicht amtlich reglementiert

Die **tierärztliche Lebendtieruntersuchung** erfasst über einen sehr verkürzten Untersuchungsgang beim Entladen verendete und auffällig erkrankte Tiere, die gegebenenfalls separiert und notgeschlachtet werden. Von besonderer Bedeutung ist die Bewertung hoheitlicher Tatbestände für die Tiergruppe und damit für den Herkunftsbestand und Transporteur, zum Beispiel Hinweise auf anzeigepflichtige Krankheiten, auf zu lange Transportzeiten oder auf offensichtliche Transportschäden.

Die **Untersuchung des Schlachtkörpers** erfasst die visuell erkennbaren Schäden, Mängel und krankheitsbedingten Veränderungen an den Oberflächen und Anschnitten. Beanstandungen führen zum Verwurf von Organen und Körperteilen sowie zur vorläufigen Beschlagnahme des Schlachtkörpers, deren Ursache über Verfolgsuntersuchungen (Bakteriologie, Organoleptik u. a.) abzuklären ist. Die Beanstandungen werden dem Betrieb gemeldet und in Rechnung gestellt. Diese gesetzlich vorgeschriebenen Untersuchungen bilden einen unverzichtbaren Beitrag zum gesundheitlichen Verbraucherschutz. Auf dieser Basis sind frühere Volkskrankheiten (Tuberkulose) und Parasitosen (Trichinellen, Bandwürmer) weitestgehend getilgt worden.

Mit der herkömmlichen Schlachttier- und Fleischuntersuchung sind jedoch allgemein verbreitete, mehr oder weniger häufige Krankheitserreger beim Menschen (Salmonellen, Campylobacter, Listerien, Toxoplasmen) ebensowenig zu erfassen wie Arzneimittelrückstände (Antibiotika) und chemische Kontaminanten (Tab. E21). Hierzu werden Proben von Schlachtkörpern, zunehmend auch von lebenden Tieren in den Herkunftsbeständen entnommen und in Speziallaboratorien untersucht, deren Ergebnisse den Lieferbetrieben – gegebenenfalls mit Auflagen (Salmonellen) bzw. belastenden Verwaltungsakten (antibiotische Hemmstoffe) – zugeordnet werden.

Antibiotika-Rückständen in Lebensmitteln wird dabei angesichts der Gefahr der Übertragung von Resistenzfaktoren eine besondere Bedeutung beigemessen. Positive Befunde sind am ehesten bei beanstandeten Tierkörpern zu erwarten. Beispielsweise haben Schweine mit schweren Lungenentzündungen eine mehrfach höhere Rückstandshäufigkeit.

4.3.2 Retrospektive Organdiagnostik

Der Informationsgehalt einer intensiven Organdiagnostik an den Schlachtkörpern ist für die Selbstkontrolle der Landwirtschaft vielfach nicht ausgeschöpft. Durch detaillierte Erfassung chronischer Organerkrankungen kann der Gesundheitszustand für die Endmast eines Herkunftsbetriebs beurteilt werden. Derartige Befunderhebungen sollten im Rahmen von Kooperationsverbänden und Qualitätsfleischprogrammen vereinbart werden. Zu erfassen sind alle

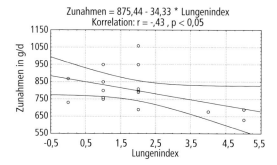
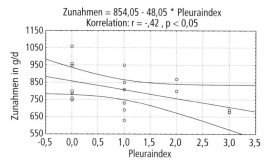
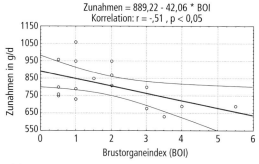

Abb. E23 Lungen-, Pleura- und Brustorganeindex in Beziehung zu den Zunahmen bei klinisch auffälligen hustenden Tieren in einem Großbetrieb.

Schlachttiere (a, b) oder Stichproben (c). Solche Informationen betreffen
a) die **Vorbereitung der Schlachttiere**, die in den letzten 12 Stunden vor Transportbeginn nicht zu füttern sind (Beispiel: volle Mägen),
b) die **Behandlung beim Transport**, der schonend zu erfolgen hat (Beispiel: Schlagstriemen, Knochenbrüche),
c) **Organveränderungen**, die auf chronische Erkrankungen und Parasitenbefall zurückzuführen sind.
Während die unter a) und b) genannten Beanstandungen in den zurückliegenden Jahrzehnten verringert wurden, gelang dies für Veränderungen der Brust- und Bewegungsorgane angesichts der hohen Komplexität ihrer Ursachen nicht ausreichend.

Die Eignung spezieller Schlachttierbefunde zur **Bewertung chronischer Faktoreninfektionen** der Brustorgane und zur Beurteilung des **Spulwurmbefalls** anhand von Leberveränderungen ist unbestritten. Ebenso deutlich sind die mit der Krankheitsausprägung verbundenen Leistungseinbußen. In Abbildung E23 wird ein deutlicher Zusammenhang zwischen diesen und den Organveränderungen dargestellt, wobei allerdings große individuelle Differenzen bestehen, die auf eine unterschiedliche Konstitution und Abwehrkraft der Tiere einer Gruppe zurückzuführen sind.

Ein **Bewertungsschlüssel** zur Beurteilung der Veränderungen der Brustorgane wurde von BLAHA et al. (1994) vorgelegt, dessen Prinzip früheren DDR-Erfahrungen mit einem seinerzeit flächendeckenden Rückmeldesystem folgt (FRANKE et al. 1971). Die Bestandsgesundheit wird anhand einer Note nach den prozentualen Häufigkeiten der Organveränderungen beurteilt. Dazu werden mittel- und hochgradige Pneumonien erfasst und im Vergleich zu den Brustfell- und Herzbeutelentzündungen jeweils doppelt bewertet; letztere erhalten nach den in Tabelle E22 ausgewiesenen Prozentanteilen jeweils einen Punkt. Diese gesundheitliche Beurteilung einer Tiergruppe ist den Möglichkeiten der **qualitativen Befunderhebung** im Schlachtbetrieb angepasst; sie hat sich zur Rückinformation an die Betriebe bewährt.

Dieser Bewertungsschlüssel findet jedoch dort seine Grenzen, wo eine **quantitative Beurteilung** der Veränderungen beabsichtigt ist. Nach hiesiger Bewertung (Halle) wird die vollständige Veränderung je eines Spitzen- und Mittellappens sowie des Anhangslappens mit jeweils 10 Punkten (= 1,0 Indexpunkt) bewertet, beide Hauptlappen erhalten jeweils 25 Punkte (= 2,5 Indexpunkte, Tab. E23). Bei einer vollständigen Veränderung der Lunge würde das 100 Punkte = 10 Indexpunkte ergeben. In der Abbildung E24 ist das Herangehen schematisch dargestellt.

Die Summierung der in Tabelle E23 dargestellten Organ-Indices bildet den **Brustorgane-Index (BOI)**, der auf 3 (bis 4) Kriterien aufbaut und gesund (Index = 0) bis schwer erkrankt

Tabelle E22: Bewertung der Organveränderungen geschlachteter Schweine (nach BLAHA et al. 1994)

Lungenveränderungen/% Tiere der Schlachtgruppe[1]	Punkte	Pleuraveränderungen/% Tiere der Schlachtgruppe	Punkte	Herzbeutelveränderungen/% Tiere der Schlachtgruppe	Punkte	Tiergesundheit der Schlachttiergruppe Bewertung	Punkte gesamt
< 1	0	< 1	0	< 1	0	sehr gut	0–3
1–10	2	1–10	1	1–5	1	gut	4–7
11–30	4	11–30	2	6–10	2	mäßig	7–9
31–50	6	31–50	3	11–15	3	schlecht	10–12
> 50	8	> 50	4	> 15	4	sehr schlecht	13–16

[1] betrifft mittel- und hochgradige Veränderungen

Tabelle E23: Bewertung der Organveränderungen nach einem differenzierten Schlüssel (aus Halle)

A. Bewertung der <u>Veränderungen von Lunge, Pleura und Herzbeutel</u> am Einzeltier

Lunge % Veränderung	Index	Pleura Veränderung	Index[1]	Herzbeutel Veränderung	Index
0–10	0,0–1,0	unverändert	0	unverändert	0
10–20	1,1–2,0	fibrinös	1	fibrinös	1
21–30	2,1–3,0	≤ fibrös[2]	2	≤ fibrös[2]	2
30–40	3,1–4,0	> fibrös[2]	3	> fibrös[2]	3
> 40	> 4,0	–	–	–	–

[1] zusätzlich 1 Punkt bei Abszessen (abszedierende Pleuropneumonie)
[2] ≤/> 50% fibröse Verwachsung

B. Berechnung des <u>Brustorgane-Index (BOI)</u>

1. BOI am Einzeltier: Summe von Lungen-, Herz-, Pleura-Indices (min. BOI 0, max. BOI > 10)
2. BOI der Schlachttiergruppe: $\dfrac{\text{Summe der Brustorgane-Indices aller Tiere}}{\text{Anzahl Tiere}}$

C. Bewertung des <u>Gesundheitszustandes einer Schlachttiergruppe</u> nach dem BOI

Zusammengefasster Brustorgane-Index zur Bestandsbewertung:
≤ 0,5 = sehr gut   > 1,0–1,5 = befriedigend   > 2,0–2,5 = schlecht
> 0,5–1,0 = gut   > 1,5–2,0 = mangelhaft   > 2,5 = sehr schlecht

D. Klassifizierung der <u>Milchflecken nach Spulwurmbefall</u>

Indexpunkte am Einzeltier: 0 = ohne, 1 = < 5 sichtbare Flecken, 2 = 5–10, 3 = > 10 sichtbare Flecken, 4 = Leber weitgehend verändert

Bestandsbewertung: (Berechnung s. B2)
-0–0,2: sehr geringe   0,31–0,6: mäßige   > 1,0: sehr hohe Leberveränderungen
0,21–0,3: geringe   0,61–1,0: hohe

(> 3) anzeigt. Dieses Herangehen ist sowohl bei Schlachtkörperbewertungen als auch bei Seriensektionen mit epidemiologischer Auswertung anwendbar. Hiermit sind zunächst die Einzeltiere zu charakterisieren. Deren Ergebnisse werden zum quantitativen Durchschnittswert für die untersuchte Tiergruppe zusammengefasst, der alle kranken und gesunden Tiere berücksichtigt.

Ein Beispiel zeigt in Tabelle E24 die Ergebnisse der klinischen und postmortalen Diagnostik für zwei Haltungsformen innerhalb desselben heblichen Vorteil der Haltung in kleinen Abferkelställen, in denen ein geringerer Keimdruck bestand.

Die durch **Wanderung von Spulwurmlarven** verursachten bindegewebigen (weißen) **Lebernarben** sind einfach zu erfassen. Normalerweise werden nur die infolge stärkerer Veränderung (ab 3 Index-Punkte) verworfenen Lebern gemeldet und verrechnet (siehe Tab. E23).

- **Bedingungen zusätzlicher Organbefundungen**

Die **Durchführung vorgenannter zusätzlicher Datenerhebungen** ist an folgende Voraussetzungen gebunden, die nicht überall gegeben sind:
- Klarheit über die Informationsziele mit Klärung der Finanzierung des entstehenden Zusatzaufwandes,
- Verschlüsselung der krankhaften Veränderungen in einer praktikablen Art (s. Tab. E23A),
- maschinelle Erfassung der Daten durch Einrichtung mehrerer Computerterminals im laufenden Arbeitsprozess,
- Einordnung dieser zusätzlichen Aufgabe in die Tätigkeitsmerkmale und Zeitbudgets eines geübten Beschauerpersonals.

Der erforderliche Zeitaufwand zur genauen Beurteilung des Geschlinges lag in einer Stichprobe bei 9 Sekunden (8–12) je Schlachttier, wobei die Veränderungen an Lungen, Herz und Leber erfasst, die der Brusthälften und Bauchorgane jedoch nicht berücksichtigt wurden. Die so ermittelten Daten geben einen ausreichenden Einblick in die Verbreitung von Pneumonien, Pleuritiden, Pericarditiden und Leberschäden. Die zur Dateneingabe erforderlichen Zusatzzeiten betragen bei 2000 geschlachteten Schweinen ca. 4 Stunden, die bei der Arbeitsplanung zu beachten sind. Der Umfang der Untersuchungen kann allerdings durch gezielte Stichproben für die am Programm beteiligten Erzeugerbetriebe deutlich verringert werden.

Die **Rückmeldung der Befunde** sollte so erfolgen, dass der Produzent eine schnelle Übersicht über den jeweils letzten Schlachtposten erhält, dessen Ergebnisse mit den kumulativen Daten des Jahres ausgedruckt werden.

Anhand der Schlachtkörperbefunde ist nicht auf Beginn, Dauer und Schweregrad von

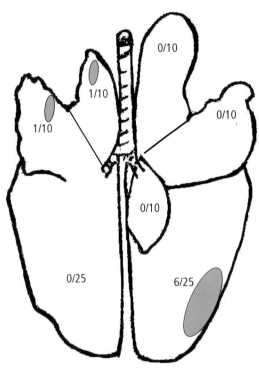

Abb. E24 Punktierung von Lungenerkrankungen (hier: 8 von max. 100 Punkten).

Tabelle E24: Quantitativer Vergleich der krankhaften Veränderungen bei Saugferkeln aus kleinen (klein) und großen Abferkelställen (groß) desselben Betriebs (33 bzw. 152 Abferkelbuchten).

Abferkelställe[1]	klein	groß
• erkrankte Ferkel/%	40	36
• Pneumonie-Index	0,53	2,37
• Serositiden-Index	0,15	0,32
• **Brustorgane-Index**[2]	**0,40**	**1,17**
• Gesundheitszustand	sehr gut	befriedigend

[1] Diagnostik in je 2 Gruppen
[2] 20 (klein) bzw. 50 (groß) selektierte, getötete und sezierte Tiere

Großbetriebes. Hier wurden Ferkel in kleinen und in großen Abferkelställen (33 bzw. 152 Plätze) zeitgleich unter ansonsten gleichen Bedingungen aufgezogen. Bei alleiniger Betrachtung der Häufigkeit der Pneumonien besteht kein deutlicher Unterschied. Erst die zusätzliche Bewertung ihres Schweregrades zeigt den er-

Erkrankungen in der gesamten Mast zu schließen. Außerdem muss offen bleiben, welche Wechselwirkungen zwischen verschiedenen Krankheiten bestanden haben. Diese Unklarheiten stehen hinter den üblicherweise großen Betriebs- und Stallgruppendifferenzen. Deshalb stellen die Schlachtkörperdaten nur einen, wenn auch wichtigen Teilbefund im Rahmen der laufenden Bestandsdiagnostik dar. Die Einordnung und Bewertung der Befunde setzt somit die Kenntnis des betrieblichen Hintergrundes voraus (Morbidität, Behandlungshäufigkeit, Tierverluste, Leistungen).

In der Farbtafel 8 sind einige Beispiele zur retrospektiven Organdiagnostik an Lunge, Brust- und Herzfell sowie Leber dargestellt. Die unter Praxisbedingungen nur annähernd mögliche Punktierung und Indexbildung (siehe Tab. E23) ist ausreichend informativ und gibt einen guten Einblick zum Gesundheitszustand der Brustorgane und Leber.

5 Spezifische Immunprophylaxe

5.1 Grundlagen

Die spezifische Immunprophylaxe hat in der Schweineproduktion einen hohen Stellenwert, der sich angesichts der absehbaren weiteren Beschränkung des Einsatzes von Antiinfektiva noch erhöhen wird. Bei intensiver Haltung von Nutztieren steigt in aller Regel die Erregerdichte faktorenabhängiger Krankheiten, was mit höheren Krankheitsraten insbesondere bei wachsenden Tieren verbunden ist. Unter solchen Bedingungen haben differenzierte, der jeweils gegebenen Situation angepasste Vakzinationen eine hohe und steigende Bedeutung zur Gesunderhaltung der Tierbestände.

Ziele der Impfmaßnahmen sind einerseits die **Vorbeuge** des Eindringens bzw. der Ausbildung von Infektionskrankheiten (z. B. Rotlauf, APP). Zum anderen sollen der **Infektionsdruck** und die wirtschaftlichen Folgen von Erkrankungen minimiert werden, deren Erreger in den Beständen ohnehin verbreitet sind (Enzootische Pneumonie, Coliinfektionen).

Impfungen gegen diese Krankheitskomplexe entfalten nur dann ihre volle Wirkung, wenn Ernährung, Management, Haltung und Hygiene optimal gestaltet werden. Mesophylaktische Immunisierungen sind somit nur sehr bedingt in der Lage, Umwelt-, Betreuungs- und Hygienemängel auszugleichen. Selbst wenn dann partielle Erfolge erzielt werden, ist jederzeit mit Rückschlägen zu rechnen.

Impfmaßnahmen gegen **anzeigepflichtige Infektionen** erfolgen auf der Grundlage gesetzlicher Regelungen bzw. von Anordnungen durch die Veterinärverwaltung.

Labordiagnostische Untersuchungen sind sowohl für die Stellung der Impfindikation als auch für die Überwachung des Impferfolges unverzichtbar. Mit der Neuentwicklung von Impfstoffen sind ergänzende Diagnostika zur Überprüfung ihrer Wirkung vorzusehen.

Bei der **Auswahl eines Impfstoffes** darf man sich nicht nur auf die Erregerart konzentrieren, denn zu einer Art gehören Stämme mit unterschiedlichen Virulenzmerkmalen. Daraus ergeben sich Konsequenzen für die Auswahl der Impfantigene. Die Bakterienart *Escherichia coli* mit ihren verschiedenen Fimbrien (F4/K88; F5/K99; F6/987p; F18) und Toxinen (hitzelabiles Enterotoxin, Shigatoxin) ist dafür ein gutes Beispiel.

Impfungen induzieren wie die Infektion selbst ein breites Spektrum von Abwehrmechanismen, die in humorale und zellvermittelte Reaktionen eingeteilt werden. Träger der **humoralen Immunreaktionen** sind die B-Lymphozyten (Bursa-L.); als Effektoren wirken die Antikörper der verschiedenen Immunglobulin-Klassen. Basis der **zellvermittelten Immunreaktionen** sind T-Lymphozyten (Thymus-L.); wichtige Effektoren sind cytotoxische Zellen. Allerdings laufen die B- und T-Zellreaktionen nicht schematisch und getrennt voneinander ab. Es existieren vielmehr komplexe Wechselwirkungen, bei denen z. B. so genannte T-Helfer-Zellen Einfluss auf die Antikörperbildung nehmen.

Durch die **serologischen Untersuchungsmethoden** werden nur die humoralen Antikörper nachgewiesen; zur Prüfung der zellvermittelten Immunität fehlen vergleichbare praxisrelevante Labormethoden. Für die Abwehr intrazellulär parasitierender Erreger spielen diese zellvermittelten Reaktionen aber eine besondere Rolle. Sie werden durch Lebendimpfstoffe stärker stimuliert als durch Inaktivatvakzinen.

5.2 Einteilung und Arten von Impfstoffen

• **Passive Immunisierung**
Durch passive Immunisierung werden Antikörper (γ-Globuline) verabreicht, die eine Sofortwirkung entfalten. Sie haben derzeit nur noch

Tabelle E25: Vorteile von Lebend- und Inaktivatvakzinen im Vergleich

Lebendvakzinen	Inaktivierte Vakzinen
• geringere Impfdosis, weniger Applikationen	• einfachere Lagerung
• bessere Eignung für lokale Verabreichung	• keine Gefahr der Virulenzreversion
• Adjuvanzien entbehrlich	• keine/geringere Gefahr der Kontamination mit anderen Erregern
• geringere Gefahr von Hypersensitivitätsreaktionen	• keine Ausscheidung von Impfstämmen (keine diagnostischen Probleme)
• Induktion von unspezifischen Abwehrmechanismen (z. B. Interferone)	
• schnellerer Wirkungseintritt und relativ billig	

einen sehr geringen Stellenwert. In Deutschland sind lediglich drei Serumpräparate für die Anwendung bei Schweinen zugelassen. Es handelt sich dabei um vom Pferd gewonnene Seren zur Behandlung von Rotlauf-, Coli- und Pasteurelleninfektionen.

• **Aktive Immunisierung**

Die traditionelle Einteilung der aktiven Immunisierung in **Lebendimpfstoffe** und **Tot-** bzw. **Inaktivatimpfstoffe** ist noch immer hilfreich. Eine Gegenüberstellung ihrer jeweiligen Vorteile beinhaltet die Tabelle E 25.

• **Lebendimpfstoffe** werden seit langem auf der Basis natürlich vorkommender avirulenter Stämme sowie durch Kultur- oder Tierpassagen adaptierter Stämme hergestellt. Durch gentechnische Methoden sind neue Möglichkeiten eröffnet. So können Virulenzgene gezielt deletiert werden, um dadurch Stämme für Lebendimpfstoffe zu nutzen. Eine andere Variante sind die Vektorvakzinen (rekombinante Vakzinen), wozu lebenden Impfstämmen genetische Informationen zur Expression fremder Antigene eingepflanzt werden.

• Herkömmliche **Inaktivatimpfstoffe** basieren auf vorrangig mit Formaldehyd oder auf andere Art inaktivierten Bakterienzellen (Vollbakterienimpfstoffe) oder Viruspartikeln.

• Als **Toxoide** werden durch chemische Behandlung ungiftig gemachte bakterielle Proteintoxine, z. B. von Clostridien, bezeichnet.

• Zu höheren Konzentrationen der immunisierenden Antigene gelangt man bei den **Spalt-** bzw. **Subunitvakzinen**. Hier werden immunisierende Antigene von kultivierten Bakterien oder Viren abgetrennt und konzentriert. Subunits werden nicht nur durch Auftrennung von Kulturmaterial gewonnen, sie können auch durch gentechnisch manipulierte andere Bakterien- oder Virusstämme produziert werden.

• Eine Sonderform der Inaktivatimpfstoffe sind **Peptidvakzinen**, die auf synthetisch hergestellten und damit ebenfalls nicht vermehrungsfähigen Antigenen beruhen.

Den Inaktivaten müssen immer Hilfsstoffe, die so genannten **Adjuvanzien**, zugesetzt werden, um eine ausreichende Immunogenität zu sichern. Je mehr das Impfantigen in reiner Form vorliegt, z. B. bei Subunitvakzinen, umso höhere Anforderungen werden an diese Adjuvanzien gestellt. Seit Jahrzehnten wird Aluminiumhydroxid als Adjuvans in vielen Schweineimpfstoffen verwendet. Es zeichnet sich durch eine gute Verträglichkeit aus, erfüllt aber nicht immer alle Ansprüche an eine lange Immunitätsdauer. In dieser Hinsicht sind Ölemulsionen (Wasser-in-Öl/Öl-in-Wasser) überlegen, bei denen allerdings die lokale Verträglichkeit sorgfältig zu prüfen ist.

Noch nicht absehbar ist die praktische Bedeutung von **DNA-Vakzinen**. Ihr Prinzip beruht nicht auf der Impfung mit Antigenen. Vielmehr wird die genetische Information für die Expression dieser Antigene verimpft, und der Körper des geimpften Tieres bildet zuerst die Antigene und dann die dagegen gerichteten Abwehrfaktoren aus. Bisher wurden allerdings nur Versuche unter Laborbedingungen angestellt.

Schließlich muss die Antigenexpression in gentechnisch modifizierten Pflanzen erwähnt werden, die seit einigen Jahren ebenfalls möglich ist. Damit könnte es prinzipiell möglich werden, künftig Futterpflanzen anzubauen, die gleichzeitig immunisierende Antigene enthalten.

Die Begriffe Muttertierimpfstoffe und Markerimpfstoffe haben übergreifenden Charakter, es kann sich bei ihnen sowohl um Lebend- als auch um Inaktivatimpfstoffe handeln.

Markerimpfstoffe erlauben es, mittels serologischer Reaktionen nachgewiesene Antikörper als infektions- oder impfbedingt zu differenzieren. Erst durch sie ist es möglich geworden, trotz Impfungen serologische Überwachungsprogramme durchzuführen. Beim Schwein haben die Markervakzinen einen wesentlichen Beitrag zur Bekämpfung der Aujeszkyschen Krankheit geleistet, entsprechende Vakzinen sind auch für die Schweinepest verfügbar.

Muttertierimpfstoffe werden beim Schwein häufig eingesetzt. Die Sau wird während der Trächtigkeit mit dem Ziel immunisiert, verstärkt Antikörper zu bilden und über das Kolostrum und die Milch an die Saugferkel weiterzugeben. Für die Saugferkel handelt es sich dabei um eine passive Immunisierung. Die Wirkung hängt einerseits von der Immunreaktion des Muttertieres und andererseits von der ausreichenden Aufnahme des Kolostrums ab. Ist letztere gesichert, reichern die Ferkel die Antikörper auf einem Niveau an, das etwa dem des Muttertieres entspricht (HEINRITZI 2003).

Kombinationsvakzinen werden von der Praxis verständlicherweise zunehmend gefordert, um die erforderliche Anzahl von Impfungen zu reduzieren. Die Kombinationen gegen **Rotlauf** und **Parvovirose**, gegen **Coliinfektionen** und **Nekrotisierende Enteritis** sowie gegen **Pasteurellen** und **Bordetellen** haben sich bewährt, letztere zur Prophylaxe der Rhinitis atrophicans und von Sekundärinfektionen der Enzootischen Pneumonie. Neuentwicklungen müssen aber mögliche gegenseitige Beeinflussungen verschiedener Antigene und die durchaus unterschiedliche Passfähigkeit bestimmter Adjuvanzien und Antigene berücksichtigen, weshalb vor zu hohen Erwartungen an neue Kombinationen zu warnen ist.

5.3 Grundsätze der Impfstoffanwendung

● **Handelsvakzinen**

Der rechtliche Rahmen für die Herstellung von Handelsvakzinen wird durch das Tierseuchengesetz und die **Tierimpfstoffverordnung** (Fassung vom 12.11 1993) vorgegeben. Entscheidende Eckpunkte sind die

- Staatliche Zulassung für Impfstoffe (Ausnahme Bestandsimpfstoffe),
- Erlaubnis der zuständigen Behörde für den Impfstoffhersteller,
- Verschreibungspflicht aller Tierimpfstoffe und die
- Anwendung ausschließlich durch Tierärzte (§ 34,1, Tierimpfstoff-Verordnung).

Die Gebrauchsinformation hat bindenden Charakter. Ein eigenmächtiges Herstellen von Kombinationsimpfstoffen durch Mischen ist verboten. Außerdem bestehen generelle Impfverbote, z. B. gegen MKS und Schweinepest.

● **Bestandsspezifische Vakzinen**

Die bestandsspezifischen Impfstoffe (Bestandsvakzinen, stallspezifische Vakzinen) sind nach § 17 c,1 des Tierseuchengesetzes von der Zulassungspflicht befreit. Voraussetzung ist, dass sie unter Verwendung von in einem bestimmten Bestand isolierten Krankheitserregern hergestellt worden sind und nur in diesem angewendet werden. Wer solche Bestandsimpfstoffe herstellen will, benötigt aber eine Herstellungserlaubnis (§ 17 d, Tierseuchengesetz); denn das tierärztliche Dispensierrecht deckt die Impfstoffherstellung nicht ab. Einige Merkmale dieser Impfstoffe sind in Tabelle E26 zusammengestellt.

● **Verabreichung von Vakzinen**

Die Verabreichung von Impfstoffen erfolgt grundsätzlich nur von Tierärzten. Das hat gute Gründe, die vor allem in der Beurteilung der Impffähigkeit/-würdigkeit des Bestandes und der Tiere bestehen. Mit einer Impfung ist eine Belastung verbunden; nur ein gesunder Organismus kann sie risikolos vertragen und mit den gewünschten Abwehrreaktionen antworten. Aus Gründen der Praktikabilität gibt es aber die Möglichkeit der Ausnahmeregelung, die die zuständige Behörde auf Antrag eines Tierarztes dem Tierhalter zur Impfung seiner Tiere erteilt, sofern dem keine Belange der Seuchenbekämpfung entgegenstehen. Beim Vorliegen einer Ausnahmegenehmigung dürfen Impfstoffe nur mit einer tierärztlichen Behandlungsanweisung angewendet werden.

Ein Impfstoff darf nur mit einer Packungsbeilage, der **Gebrauchsinformation** in deutscher Sprache, abgegeben werden. Deren Angaben sind bindend. Sie betreffen
- die zugelassene Tierart und Tierkategorie (z. B. tragende Sauen),
- das Mindestimpfalter der Tiere,
- die Impfdosis und Applikationsart,
- den Impfzeitpunkt und die Impfintervalle (Wiederholungsimpfungen),
- die Art der Lagerung und Kennzeichnung,
- die Wartezeit bei Lebensmittel liefernden Tieren,
- die Neben- und Wechselwirkungen und
- die Verwendbarkeitsdauer.

Schweine werden fast ausschließlich mittels **intramuskulärer** (i.m.) oder **subkutaner** (s.c.) Injektion geimpft. Bei Salmonellenimpfstoffen ist auch die **orale** Impfung zugelassen. **Intradermale** Impfungen haben sich bezüglich der Aujeszkyschen Krankheit bewährt; sie wurden experimentell auch mit anderen Impfantigenen erprobt. Künftig ist durchaus mit einer stärkeren Anwendung dieser Methode zu rechnen. Die **aerogene** Verabreichung von Impfstoffen ist ebenfalls wirksam, aber an technische Voraussetzungen gebunden. In Großanlagen der DDR wurde in Impfräumen mittels Aerosolaggregaten ein Rotlauf-Schweinepest-Impfstoff aerogen appliziert. Gegenwärtig sind keine Schweineimpfstoffe für diese Applikationsart zugelassen.

Für die **Grundimmunisierung** mit Inaktivatimpfstoffen sind immer zwei Applikationen im Abstand von mindestens 2 bis 4 Wochen erforderlich. Nach der 1. Immunisierung wird vorwiegend Immunglobulin der Klasse M (IgM) gebildet, dann entstehen neben IgG auch Gedächtniszellen. Die 2. Impfung (Boosterung) löst die so genannte Sekundärantwort oder anamnestische Reaktion aus. Sie ist infolge der bereits vorhandenen Gedächtniszellen durch die schnell einsetzende Bildung hoher IgG-Spiegel charakterisiert. Da B-Lymphozyten selektiert werden, die Antikörper mit einer höheren Affinität bilden, wird die Spezifität der Immunantwort erhöht. Die schneller einsetzende und höher ausfallende Bildung spezifischer IgG-Antikörper bestimmt also die Reaktion auf eine Boosterimpfung. Auch Gedächtniszellen werden nach der 2. Impfung in bedeutend höherem Maß gebildet. IgM-Antikörper werden nach der 2. Impfung in gleichem Umfang wie nach der Erstimpfung produziert, weil für sie keine immunologische Gedächtnisreaktion wirksam wird. Neuerdings wurden auch Inaktivatvakzinen zugelassen, die nur einmal verimpft zu werden brauchen. Hierzu werden die höhere Antigendosis und neuartige Adjuvanzien als Begründung angeführt.

Impfungen sind ursprünglich klassische **Prophylaxemaßnahmen**, d. h. es werden gesunde, nicht infizierte Tiere geimpft, um sie vor Infektionen zu schützen. Aus wirtschaftlichen Gründen werden beim Schwein aber häufig auch Impfungen eingesetzt, wenn im Bestand eine bestimmte Infektionskrankheit aufgetreten ist, oder wenn Erkrankungen und Verluste eine gewisse Schwelle überschritten haben bzw. zu erwarten sind. Solche Impfmaßnahmen sind der **Mesophylaxe** der Krankheitsbekämpfung zuzuordnen, sie betreffen insbesondere die Fakto-

Tabelle E26: Kriterien der bestandsspezifischen Impfstoffe

Herstellung	• Genehmigung nach dem Tierseuchengesetz
	• Isolierung und Inaktivierung des bestandstypischen Erregers
	• keine Zulassung des Impfstoffes erforderlich
Einsatz	• Beratung mit dem Tierhalter (Kosten-Nutzen, Risiken)
	• Einsatz nur im Ausgangsbestand, wenn keine Handelsvakzine verfügbar
Vorteile	• Reagieren auf die epidemiologische Situation mit bestandstypischem Antigenspektrum
	• besonderes Erfolgserlebnis bei positiver Wirkung
Nachteile	• Wirksamkeitsnachweis nicht geprüft
	• Verträglichkeitsprüfung nicht vorgeschrieben
	• Zeitverzug (3–4 Wochen) zwischen Erregerisolierung und verfügbarer Vakzine (Sterilitätsprüfung: 2 Wochen)
	• größeres Risiko von Impfkomplikationen, daher Testung an Einzeltieren

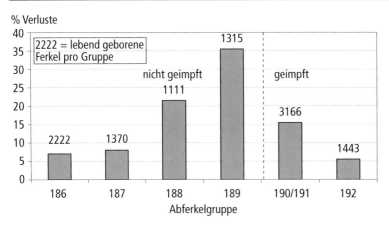

Abb. E25 Entwicklung der Saugferkelverluste in einem Schweinebestand mit Nekrotisierender Enteritis; Impfung der Sauen ab Gruppe 190/191 (SPRINGER u. SELBITZ 1999).

reninfektionen der Atmungs- und Verdauungsorgane wachsender Tiere. Damit wird zwangsläufig die Impfung bereits infizierter Tiere mit allen möglichen Komplikationen bis zur Verstärkung der klinischen Symptome bzw. der Aktivierung latenter Infektionen in Kauf genommen. Ein Beispiel für die Wirksamkeit derartiger Impfungen zeigt die Abbildung E25.

5.4 Verfügbare Impfstoffe

Zur Immunisierung von Schweinen werden über 60 Vakzinen unterschiedlicher Hersteller angeboten, von denen 10 Kombinationsvakzinen gegen die vorgenannten Krankheitspaare wirken (s. Tierärztl. Umschau SPEZIAL, 58 8, 2003: 1–31). Die Tabellen E27 bis E29 vermitteln eine nach Altersgruppen geordnete Übersicht über die Indikationen, für die in Deutschland Impfstoffe für Schweine am 1. 8. 2003 zugelassen waren.

• **Impfung von Zuchttieren**
Werden **Zuchtsauen** mit der Zielstellung geimpft, die Saugferkel mit erhöhten Kolostral- und Milchantikörpern zu versorgen, ergeben sich die Impfzeitpunkte aus dem Reproduktionsverlauf (Tab. E30). Das jeweils sinnvolle Impfregime empfiehlt der Tierarzt im Ergebnis der epidemiologischen Situation im Betrieb, deren Bewertung von Zeit zu Zeit pathologisch-anatomische und mikrobiologische Untersuchungen verlangt. Im Besamungszeitraum wird nicht geimpft.

Tabelle E27: Impfungen bei Zuchtsauen

Infektionskrankheit/ Indikation	Bemerkungen
• Rotlauf	• Standard auch bei Jungsauen zum Verkauf
• Parvovirose	• häufig kombiniert mit Rotlauf
• Salmonellose (*S.* Choleraesuis, *S.* Typhimurium)	• jeweils ein Lebendimpfstoff verfügbar
• Influenza	
• PRRS	• Lebend- oder Indikativimpfstoff
• Colidiarrhoe der Saugferkel	• Muttertierschutzimpfung
• Nekrotisierende Enteritis der Saugferkel (*Clostridium perfringens* C)	• Muttertierschutzimpfung, auch Kombination mit *E. coli*
• Rhinitis atrophicans/ Enzootische Pneumonie (Sekundärinfektionen)	• Muttertierschutzimpfung gegen *Pasteurella multocida*, *Bordetella bronchiseptica*, Pasteurellentoxoid

Tabelle E28: Impfungen bei Saugferkeln

Infektionskrankheit/ Indikation	Bemerkungen
• PRRS	• ab 3 Wochen Alter
• Enzootische Pneumonie (*Mycoplasma hyopneumoniae*)	• Erstimpfung ab 1. Lebenswoche (LW) möglich
• Salmonellose (*S.* Choleraesuis, *S.* Typhimurium)	• orale Impfung mit beiden Präparaten ab vollendeter 3. Lebenswoche

Für Impfungen, die sich gegen Infektionskrankheiten richten, die die Fortpflanzung (**PRRS, Parvovirose**) bedrohen, ist zwischen einem termin- und einem reproduktionsorientierten Impfschema zu unterscheiden.

Das **reproduktionsorientierte Impfregime** beinhaltet z. B. eine PRRS-Vakzination der Sauen jeweils 3 bis 4 Wochen vor der Besamung. Eine Boosterung erfolgt jeweils etwa eine Woche vor dem Absetzen der Ferkel.

Dagegen sehen **terminorientierte Impfpläne** den bestandsweiten Einsatz von **PRRS-Vakzinen** unabhängig vom Trächtigkeitsstadium alle 4 bis 5 Monate in kleineren Beständen vor.

Parvoviroseimpfungen erfolgen 2-mal jährlich. Zu Beginn eines Impfprogramms ist wegen des schnelleren Aufbaus einer Herdenimmunität immer ein terminorientiertes Herangehen empfehlenswert. Voraussetzung für die effektive Parvoviroseimpfung ist in jedem Fall der Abschluss der Grundimmunisierung 2 Wochen vor der 1. Besamung bzw. Belegung. Wegen der möglichen Persistenz maternaler Antikörper sollte die Erstimpfung nicht vor dem 180. Lebenstag erfolgen, im Zweifelsfall dürfte aber der Abstand zwischen der Zweitimpfung und dem Besamungstermin am wichtigsten sein.

Werden **Parvovirose-Rotlauf-Kombinationsimpfstoffe** eingesetzt, muss an die Lücke gedacht werden, die zwischen dem optimalen Termin für die 1. Rotlaufimpfung um den 100. Lebenstag und dem Einsatz des Kombinationsimpfstoffes besteht. Im Bedarfsfall kann hier die Erstimpfung mit einem Rotlauf-Monoimpfstoff Abhilfe schaffen.

Tabelle E29: Impfungen in der Aufzucht und Mast

Infektionskrankheit/ Indikation	Bemerkungen
• PRRS	
• Enzootische Pneumonie *(Mycoplasma hyopneumoniae)*	• auch zur Einmalimpfung
• Rhinitis atrophicans/ Enzootische Pneumonie (Sekundärinfektionen)	• *Pasteurella multocida, Bordetella bronchiseptica,* Pasteurellentoxoid
• Rotlauf	• auch ein Lebendimpfstoff verfügbar
• Parvovirose	• Grundimmunisierung der Jungsauen vor 1. Besamung abschließen
• Salmonellose *(S. Choleraesuis, S. Typhimurium)*	• jeweils ein Lebendimpfstoff verfügbar
• Pleuropneumonie *(Actinobacillus pleuropneumoniae = APP)*	
• Influenza	

Tabelle E30: Beispiel eines reproduktionsorientierten Impfprogramms für Sauen (S) und Saugferkel (F) bei intensiver Haltung

Monat	durch Krankheit gefährdeter Lebensabschnitt	5 Auswahl JS	6 JS-Zukauf	8–12 1. Trächtigkeit	13 Säugen	14–18 2. Trächtigkeit
• Parvovirose	Embryonen, Feten bis ca. 70 Tag		SS[1]		S	
• PRRS	Embryonen, Feten		S		SF	
• Colidurchfall	Saugferkel		S	SS		S/SS
• Clostridiendurchfall	neugeborene Ferkel			SS		S/SS
• Rhinitis atrophicans	wachsende Schweine ab Saugferkel			SS		S
• Influenza	Sauen	SS	S		S	
• Rotlauf	Sauen	SS			S	
• Mykoplasmen (EP)	Saugferkel				F	

[1] SS = 2 Applikationen zur Grundimmunisierung von Jungsauen

In **PRRS**-freien Zuchtbeständen, die Jungsauen verkaufen, ist der Einsatz eines Inaktivatimpfstoffes eine Möglichkeit, die umzustellenden Tiere mit Impfschutz zu versehen. Sollen derartige Jungsauen in einen PRRS-Bestand eingestallt werden, ist es ratsam, sie im Eingliederungsstall sofort und unabhängig von der Vorbehandlung mit Lebendimpfstoff zu versorgen.

- **Impfung von Ferkeln**

Die Impfung gegen **Mycoplasma-hyopneumoniae-Infektionen** (Enzootische Pneumonie) hat sich in den letzten Jahren fest etabliert. Dabei ist es zu einem Wandel der Auffassungen über die Impfzeitpunkte gekommen. Ursprünglich wurde nur die in der 1. Lebenswoche beginnende Impfung mit einer Boosterung nach 2 bis 4 Wochen praktiziert. Im Jahr 2002 wurden in Deutschland erstmals Impfstoffe zugelassen, die ab der 1. oder 3. Lebenswoche verabreicht werden. Eine Möglichkeit zur bestandsspezifischen Bestimmung des Impfzeitpunktes besteht in der Ermittlung des Eintrittes der Serokonversion. Der Impfzeitpunkt sollte dann 4 bis 5 Wochen vor diesen Termin gelegt werden.

- **Impfanalyse**

Die Befragung von 22 meist großen Betrieben mit Ferkelaufzucht in Mitteldeutschland (Halle 2002) ergab folgende Impfaktivitäten:
- Sauen: Parvovirose 93% der Betriebe impfen, E.coli 86%, Rotlauf 68%, PRRS 46%, Pasteurellen, Bordetellen und Clostridien je 9%, Influenza 5%.
- Ferkel, Läufer, Mast: Mykoplasmen (EP) 53%, PRRS 9%, Past./Bord., APP, Salmonellen, Streptokokken bestandsspezifisch je 4,5%.

- **Impfverbot bei anzeigepflichtigen Krankheiten**

Gegen **Aujeszkysche Krankheit, Europäische Schweinepest** und **Maul- und Klauen-Seuche** (MKS) sind ebenfalls Impfstoffe zugelassen; ihre Anwendung wird staatlich geregelt.

Die Verordnung zum Schutz gegen die **Aujeszkysche Krankheit** (AK) verbietet zwar die Impfung, die zuständigen Behörden dürfen aber Ausnahmen festlegen und sogar Impfungen anordnen, wenn diese im Interesse der Seuchenbekämpfung erforderlich sind. Auf dieser Grundlage ist die Bekämpfung der AK beim Schwein erfolgreich durchgeführt worden. In allen als frei von dieser Tierseuche anerkannten Bundesländern gilt das Impfverbot.

Die Impfung gegen **Schweinepest** und **MKS** ist in der gesamten EU verboten, von den rechtlich möglichen Ausnahmeregelungen wurde in Deutschland bisher nur in Bezug auf die orale Impfung von Wildschweinen gegen Schweinepest Gebrauch gemacht. Gegen Schweinepest wurden Markervakzinen entwickelt, die das europäische Zulassungsverfahren durchlaufen haben. Die Entwicklung von Markervakzinen gegen MKS bzw. die Etablierung von Methoden zur Differenzierung von Impf- und Infektionsantikörpern laufen. Mit der Rückkehr zu Flächenimpfungen ist weder gegen Schweinepest noch MKS zu rechnen. Die Verfügbarkeit von Markervakzinen wird aber die Diskussion über die Erleichterung von Not- und Ringimpfungen im Seuchenfall beeinflussen, die natürlich auch unter ethischen Gesichtspunkten geführt werden muss.

5.5 Bewertung der Wirksamkeit von Impfungen

Die wichtigsten Voraussetzungen für die **Wirksamkeit von Impfungen** sind
- eine sachgerechte Anwendung des Impfstoffes (Indikation, Impffähigkeit, Applikation lege artis),
- die Schaffung einer geschlossenen Impfdecke im Bestand,
- eine ausreichend lange Anwendungszeit und
- die Einordnung in ein Gesamtkonzept des Tiergesundheitsmanagements.
- Basiskategorien für die **Beurteilung der Wirksamkeit** von Impfungen sind
- die Verhinderung bzw. deutliche Reduzierung von Erkrankungen und Todesfällen,
- die Beeinflussung der Haftung, Vermehrung und Persistenz der Erreger bis zur Unterbrechung von Infektketten und
- die Erhöhung der Wirtschaftlichkeit durch höhere Tageszunahmen, Verringerung des Medikamentenverbrauches und Reduzierung von Organverwürfen nach der Schlachtung.

Bei einzelnen Impfstoffen können diese Kriterien durchaus eine differenzierte Bedeutung haben. Beispielsweise spielt bei der Impfung gegen *Salmonella*-Typhimurium-Infektionen die Senkung des Infektionsdruckes auf Bestandsebene und damit die Verringerung des Eintrags von Salmonellen in Lebensmittel eine größere Rolle als der Schutz der Tiere vor Erkrankung, die selten auftritt.

Die Möglichkeiten zur **Prüfung der Wirksamkeit** von Impfstoffen können folgendermaßen zusammengefasst werden:
a) Nachweis von Parametern der humoralen und zellvermittelten Immunität mit Labortests,
b) Infektionsversuche an Versuchstieren und Schweinen sowie
c) klinische Prüfung im Feldversuch.

Für die Praxis kommen die Varianten a und c in Betracht, während die Infektionsversuche (b) als Voraussetzung für Zulassungsverfahren unter Laborbedingungen durchgeführt werden. Trotz intensiver Diskussionen über den Tierschutz und alternative Methoden zu Tierversuchen fordern die Monographien des Europäischen Arzneibuches für die Zulassung von Impfstoffen in vielen Fällen den Wirksamkeitsnachweis über Infektionsversuche geimpfter Tiere.

Zum **Nachweis der Immunität** sind zur Zeit nur serologische Labortests auf Antikörper praxisrelevant. Dabei darf aus dem Nachweis spezifischer Antikörper nicht automatisch auf einen vorhandenen Schutz geschlossen werden, da nicht alle Antikörper protektiv wirken. Es ist auch nicht möglich, allgemeine Regeln aufzustellen, ab welcher Höhe eine Antikörperkonzentration als schützend gelten kann. Voraussetzung für sichere Aussagen sind immer die Berücksichtigung des Impfantigens, des konkreten Impfstoffes und der Untersuchungsmethode. Das betrifft auch serologische Untersuchungen, mit denen lediglich nachgewiesen werden soll, ob die Tiere überhaupt einer Impfung unterzogen worden sind.

Für die **Entwicklung von Labortests** ist die Erforschung der für den jeweiligen Erreger relevanten Abwehrmechanismen wesentlich. Gegen Clostridien-Intoxikationen und Rotlauf werden allein durch humorale Antikörper belastbare Schutzeffekte vermittelt, wohingegen die noch nicht restlos aufgeklärte Immunabwehr gegen *Mycoplasma hyopneumoniae* sowohl auf humoralen als auch zellvermittelten Reaktionen beruht.

Salmonellen werden als fakultativ intrazelluläre „Parasiten" besonders von zellvermittelten Immunreaktionen inaktiviert, was ein Grund für die Überlegenheit von Lebendimpfstoffen ist.

In **Feldversuchen**, deren Ergebnisse für Zulassungsverfahren oder wissenschaftliche Auswertungen herangezogen werden sollten, sind ungeimpfte, parallel laufende Kontrollgruppen notwendig. In der Praxis stößt ihre Einrichtung aber häufig auf große Schwierigkeiten. Als Alternative bleibt dann der Vergleich jeweils einiger Haltungsperioden in den gleichen Stalleinheiten vor und nach dem Impfstoffeinsatz (siehe Kap. C 5.7.).

Zur Bewertung der **Wirksamkeit eines Impfstoffes** können unter Praxisbedingungen folgende Parameter dienen:
- Morbidität und Mortalität,
- Schweregrad des klinischen Bildes,
- Leistungsparameter (Masttagszunahmen, Anzahl geborener und abgesetzter Ferkel usw.),
- Medikamenteneinsatz,
- Organbefunde nach der Schlachtung,
- Organkeimgehalte und Erregerausscheidung.

Zur Sicherung einer größtmöglichen Objektivität und Aussagefähigkeit sollten die Bewertungsmaßstäbe vor Beginn der Untersuchungen festgelegt werden. Besonders wichtig ist es, für die Beurteilung von klinischen Symptomen und Organveränderungen exakte Festlegungen zu treffen. 100%ige Schutzeffekte dürfen nicht erwartet werden. Wenn eine Population erstmals grundimmunisiert ist, werden im allgemeinen Schutzwerte von etwa 80% zugrunde gelegt.

Ein einfaches Beispiel für die Auswertung der Wirkung eines Impfstoffes gegen **Nekrotisierende Enteritis der Ferkel** hat Abbildung E25 gezeigt (siehe S. 440). Darin sind die absoluten Zahlen lebend geborener Ferkel und die Ferkelverluste für 6 aufeinander folgende Abferkelgruppen dargestellt. Nekrotisierende Enteritis trat in einem großen Bestand ab Gruppe 187 klinisch zutage. Eine ungeimpfte Kontrollgruppe konnte nicht mitgeführt werden, demzufolge müssen die Werte der ungeimpften Gruppen 186 bis 189 mit denen der Impfgruppen 190/191 und 192 verglichen werden. Dieses Verfahren ist geeignet, in einem Bestand ohne großen Aufwand den Effekt eines begonnenen Impfprogramms zu überprüfen, wenn jeweils mehrere

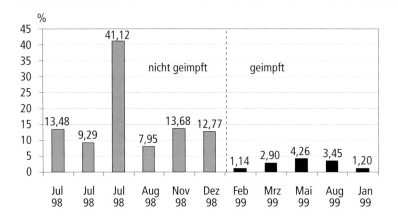

Abb. E26 Nachweis des S.Typhimurium-Wildstamms in den Lnn. ileocolici bei nicht geimpften (graue Säulen) und mit S.-Typhimurium-Lebendimpfstoff (5x10e8 – 5x10e9 kbE/ Dosis) geimpften (schwarz) Schlachtschweinen (N1 = 98, N2 = 140, N3 = 107, N4 = 88, N5 = 95, N6 = 94; N7 = 88, N8 = 69, N9 = 94, N10 = 87, N11 = 83) (Dr. Lindner, IDT GmbH).

Tiergruppen mit ausreichend großen Tierzahlen einbezogen werden.

In der Abbildung E26 wird dagegen gezeigt, wie die **Salmonellenbelastung** eines Schweinebestandes durch Anwendung eines *Salmonella*-Typhimurium-Lebendimpfstoffes zurückgeht. Als Maßstab dient die prozentuale Häufigkeit der Anzüchtung des Erregers aus Darmlymphknoten von Schlachtschweinen.

5.6 Nebenwirkungen und Impfkomplikationen

Die Definition von MAYR (2002), wonach die Impfkomplikationen in Impferkrankungen, Impfschäden und Impfdurchbrüche aufgeteilt werden, hat sich allgemein durchgesetzt.

Unter **Impferkrankungen** sind jene Fälle zu verstehen, in denen der im Impfstoff enthaltene Erregerstamm zur Erkrankung des geimpften Tieres führt. Ursachen sind entweder eine ungenügende Inaktivierung bei Inaktivatimpfstoffen oder eine Virulenzreversion bei Lebendimpfstoffen.

Als **Impfdurchbrüche** werden dagegen Erkrankungen trotz entsprechender Impfungen bezeichnet, d. h. der Impfschutz ist nicht stabil genug. Voraussetzung für die Anerkennung eines Impfdurchbruches ist aber selbstverständlich der Nachweis einer korrekt durchgeführten Impfung, der bei der Impffähigkeit des Tieres/Bestandes beginnt und bei der lege artis ausgeführten Impfstoffapplikation endet. In diesem Zusammenhang muss auch beachtet werden, dass die Erwartung eines vollständigen, 100 %igen Schutzes unrealistisch ist. Grundlage der Bewertung kann nur die Angabe des Impfstoffherstellers zum beanspruchten Effekt des Präparates sein, die in der Gebrauchsinformation unter „Anwendungsgebiete" dargestellt ist. Der Text der Gebrauchsinformation wird im Rahmen des Zulassungsverfahrens geprüft, alle Aussagen sind durch den Impfstoffhersteller zu belegen. Für darüber hinausgehende Ansprüche an Impfstoffe kann der Hersteller nicht verantwortlich gemacht werden. Der Impfstoffanwender hat durch das auf europäischer Ebene geregelte Zulassungsverfahren eine hohe Sicherheit in Bezug auf die vom Hersteller deklarierte Wirksamkeit eines Präparates. Impfdurchbrüche als Folge mangelhafter Haltungsbedingungen und eines hohen Keimdrucks bei faktorenabhängigen Infektionen liegen jedoch in der Verantwortung des Tierhalters.

Impfschäden sind vom Impfstoff oder auch vom Impfakt ausgehende, aber nicht auf den Antigenen beruhende Beeinträchtigungen. Dazu gehören lokale und systemische Unverträglichkeitsreaktionen durch erhöhte Endotoxingehalte und bestimmte Adjuvanzien. Auch durch die Impfung ausgelöste Stressreaktionen, die Provokation latenter Infektionen, Abszessbildungen infolge nicht korrekter Applikation oder unsteriler Kanülen, die Kontamination des Impfstoffes mit Erregern beim Entnahmevorgang und der Eintrag pathogener Keime von der Hautoberfläche beim Impfen gehören in den Bereich der Impfschäden.

6 Therapie und Arzneimitteleinsatz

Jede Anwendung von Arzneimitteln hat grundsätzliche ökonomische Bedeutung für den Tierbesitzer. Daher ist die Entscheidung für eine medikamentelle **Therapie** mit dem Tierbesitzer vorab sorgfältig abzustimmen. Nach Erfüllung der Anforderungen des Tierschutzes ist der Erhalt der Leistung der behandelten Tiere bei der Therapieentscheidung ein wesentliches Kriterium. Das tierärztliche Handeln erfordert hinsichtlich der Diagnostik und der Behandlungsplanung eine auf den gesamten Bestand ausgerichtete Erfahrung und Sicht.

6.1 Therapie und Mesophylaxe

Vom rein therapeutischen Arzneimitteleinsatz bei erkrankten Tieren sind eine mesophylaktische und insbesondere eine prophylaktische Arzneimittelanwendung klar abzugrenzen. Im Falle des Auftretens einer Infektionskrankheit mit fortschreitender Durchseuchung eines Bestandes zeigt zumeist nur ein Teil der gemeinsam gehaltenen Tiere am Tage des Ausbruchs beziehungsweise der Feststellung der Erkrankung Krankheitssymptome. Ein weiterer Teil der Tiere befindet sich in der Inkubationsphase; andere Tiere sind hingegen nicht oder noch nicht infiziert. Abhängig von der vorliegenden Erkrankung nimmt der Anteil der klinisch erkrankenden Tiere mehr oder weniger rasch zu. Es kann daher durchaus sinnvoll und auch notwendig sein, alle Tiere des Bestandes – also auch Tiere, die bei Stellung der Diagnose noch keine Krankheitssymptome zeigen – von Beginn an zu behandeln, um größeren Schaden von der betroffenen Herde fernzuhalten.

Diese mit dem Begriff **Meso- bzw. Metaphylaxe** zu beschreibende Vorgehensweise ist wie der therapeutische Arzneimitteleinsatz gerechtfertigt, wenn die Behandlung auch aus wirtschaftlichen Gründen verantwortet werden kann und da aufgrund der einzuhaltenden Wartezeiten nach einer Therepaie enorme finanzielle Einbußen entstehen können. Unter Berücksichtigung tierschützerischer Aspekte sind die mit einem Arzneimitteleinsatz verbundenen direkten und indirekten Kosten gegen mögliche Leistungseinbußen bei Unterlassen einer Behandlung abzuwägen. Eine Arzneimittelanwendung im Sinne einer **Prophylaxe** ist – abgesehen von der Immunisierung – kritisch zu hinterfragen. Insbesondere ist eine prophylaktische Verwendung antibakteriell wirksamer Chemotherapeutika nur in sehr seltenen Fällen gerechtfertigt – so beispielsweise bei immunsupprimierten Patienten. In diesem Zusammenhang wird auf die Ausführungen in den *Leitlinien für den sorgfältigen Umgang mit Antibiotika* (Antibiotika-Leitlinien) verwiesen.

Gerade beim Einsatz der antibakteriell wirksamen Stoffe trägt der behandelnde Tierarzt besondere Verantwortung, da jeder Einsatz dieser Stoffe die Entwicklung übertragbarer bakterieller Resistenzen fördern kann, insbesondere bei Unterdosierungen oder zu kurzen Behandlungszeiten. Dies gefährdet den Therapieerfolg im vorliegenden Behandlungsfall ebenso wie den Erfolg späterer Antibiotikaanwendungen in dem Bestand, bei anderen Tieren und auch beim Menschen. Nicht mehr behandelbare und damit lebensbedrohliche bakterielle Infektionen von Mensch und Tier können die Folge sein. So ist die Praxis der prophylaktischen Verabreichung so genannter „Aufstallungsmischungen" als sehr fragwürdig einzustufen.

6.2 Bestandsbehandlungen

Mit den aktuellen Änderungen arzneimittelrechtlicher Vorschriften (s. 6.4) wird das Ziel verfolgt, den Einsatz von Tierarzneimitteln bei lebensmittelliefernden Tieren auf ein unabdingbares, therapeutisch notwendiges Maß zu reduzieren. Für Tierärzte besteht die Pflicht zur Ausfüllung eines Tierarzneimittelabgabebeleges und für den Landwirt zur Führung eines Bestandsbuches, in das sämtliche Arzneimittelanwendungen einzutragen sind. Mit den Leitlinien zur Anwendung von antibiotischen Tierarzneimitteln wurde die wissenschaftliche Basis für die Praxisanwendung gestrafft.

Der Entscheidung für einen Einsatz von Arzneimitteln in einem Bestand und der Auswahl des zu verwendenden Wirkstoffes folgt die Festlegung der geeigneten Art der Verabreichung. Aus Gründen der Praktikabilität werden Bestandsbehandlungen in der Regel über das Trinkwasser oder das Futter vorgenommen. Die arzneimittelrechtlichen Regelungen sind entsprechend zu berücksichtigen (siehe Kap. F 1.4).

6.2.1 Behandlung über das Tränkwasser

Die Tränkwassermedikation stellt eine praktikable Behandlungsart dar, sofern im Bestand entsprechende technische Voraussetzungen vorhanden sind. Von grundlegender Bedeutung ist die sehr sorgfältig vorgenommene genaue Lösung des Arzneimittels im Wasser. Eine regelmäßige Überwachung und Wartung des Tränksystems (Hygiene, Verhinderung von Ausfällungen und Ausflockungen; regelmäßige Reinigung der Rohrleitungen) sind eine selbstverständliche Grundbedingung für eine erfolgreiche Therapie. Der Vorteil der Arzneimittelapplikation über das Tränkwasser gegenüber der Behandlung mit Fütterungsarzneimitteln liegt darin, dass die Maßnahme praktisch sofort begonnen werden kann.

Die **Dosierung** oder auch ein Wechsel des Arzneimittels können ebenfalls sehr rasch verändert werden. Die Dosierung des Arzneimittels muss dem Tränkwasserverbrauch der zu behandelnden Tiere angepasst werden. Dabei ist einerseits zu beachten, dass der Wirkstoff die Wasseraufnahme auf Grund einer geschmacklichen Beeinträchtigung negativ beeinflussen kann; zum anderen ist mit bis zu 25 % Arzneiverlusten zu rechnen. Daher müssen Wasserdurchlauf und -aufnahme bei der Arzneimittelapplikation über das Tränkwasser sorgfältig kontrolliert werden.

Nach Beendigung einer Behandlung ist das Tränksystem in geeigneter Weise zu reinigen, um eine Aufnahme subtherapeutischer und damit resistenzfördernder Restmengen des eingesetzten Antibiotikums zu vermeiden. Weiterhin ist ein beachtenswerter Vorteil der Tränkwassermedikation gegenüber der Futtermedikation dadurch gegeben, dass kranke Tiere zumeist länger trinken als fressen. Ein kurzfristiges Dursten kann die Tränkwasseraufnahme und damit die initiale Arzneimittelaufnahme zusätzlich steigern.

Die **Löslichkeit** des jeweiligen Wirkstoffes für eine Wassermedikation und die Stabilität der Lösung über definierte Zeiträume sind mit der Arzneimittelzulassung grundsätzlich gegeben. Die Löslichkeit und die Stabilität werden jedoch nicht allein durch die physikalisch-chemischen Eigenschaften des Arzneistoffes, sondern auch durch die Qualität des Lösungsmittels (Tränkwasser) beeinflusst. Hier bestehen insofern Probleme, als dass die Wasserqualität regional erhebliche Unterschiede aufweisen kann. Dies gilt insbesondere für Brunnenwasser, das häufig für die Wasserversorgung der Tiere verwendet wird. Die Löslichkeit des jeweiligen Arzneistoffes kann aufgrund des pH-Wertes, des Härtegrades des Wassers oder aber auch durch andere Faktoren vermindert sein, so dass ein Ansetzen der Lösung gemäß Angabe des Arzneimittelherstellers erschwert oder unmöglich wird.

Auch Fehler beim Auswiegen der Arzneimittel beziehungsweise bei der Volumenmessung können die Ursache fehlerhafter Dosierungen und damit ausbleibender Behandlungserfolge sein. Neben der Löslichkeit wird auch die Stabilität der Wirkstoffe in der Lösung durch die Qualität des verwendeten Wassers beeinflusst; die Veränderung des Wirkstoffes (beispielsweise Zerfall oder Komplexierung) muss dabei nicht augenfällig werden. So sind Aminopenicilline (Ampicillin, Amoxycillin) in wässeriger Lösung recht instabil.

6.2.2 Orale Behandlung und Futtermedikation

Neben der erwähnten Tränkwassermedikation besteht die Möglichkeit der **oralen Behandlung** im Sinne einer direkten oralen Applikation beim Einzeltier sowie bei Tieren einer Gruppe oder eines Bestandes. Fütterungsarzneimittel werden bestandsweise in beachtenswertem Umfang eingesetzt. Für deren Verordnung und Herstellung bestehen besondere arzneimittelrechtliche Vorschriften.

Wird ein Arzneimittel **oral** an Einzeltiere oder Tiergruppen verabreicht, ohne dass ein Fütterungsarzneimittel verwendet wird, dann ist dafür zu sorgen, dass allen zu behandelnden Tieren eine ausreichende Wirkstoffmenge zugeführt wird und dass Tiere, die nicht behandelt werden sollen, keine Arzneimittel aufnehmen. Unter Berücksichtigung der im Bestand gegebenen Bedingungen ist daher zu entscheiden, auf welchem Weg dieses Ziel zu erreichen ist. Bei einer Applikation über das Futter kann die Resorption und damit die Bioverfügbarkeit des Wirkstoffes teilweise ein erhebliches Problem darstellen. Schlechte geschmackliche Eigenschaften können zudem eine maßgebliche Verringerung der Futteraufnahme bedingen, so dass wirksame Konzentrationen im Tier nicht erreicht werden.

Ausgehend von der pro Kilogramm Körpermasse notwendigen Dosis müssen die notwendigen Konzentrationen im Futter oder Wasser in Abhängigkeit vom Tränkwasser- beziehungsweise Futterverzehr berechnet werden. Hersteller geben teilweise noch immer zu niedrige Dosierungen von Arzneimitteln an, insbesondere von so genannten „Alt-Präparaten". Die laufende Nachzulassung dieser Präparate wird jedoch zu einer Lösung dieser Problematik beitragen. Ein behandelnder Tierarzt hat in eigener Verantwortung das Recht, im Einzelfall vorgegebene Dosierungen zu überschreiten.

Bei der Verwendung von **Fütterungsarzneimitteln**, d.h. einer Einmischung von Arzneistoffen als Bestandteil zugelassener Arzneimittelvormischungen in das Futter (Verschreibung, bis zum 1.9.2004 auch Herstellungsaufträge), sind die Homogenität und Stabilität der Mischung des Wirkstoffes in ein Mischfuttermittel wesentliche Voraussetzung für eine gleichmäßige und ausreichende Versorgung der Tiere. Es muss sichergestellt werden, dass jedes zu behandelnde Tier mit dem Futter eine ausreichende Wirkstoffmenge aufnimmt.

6.3 Auswahl von Wirkstoffen und Arzneimitteln

Bei der Arzneimittelbehandlung der Schweine stehen antibakteriell wirksame **Chemotherapeutika** (Antibiotika) mengenmäßig im Vordergrund, gefolgt von den **Antiparasitika**. Wie bereits erwähnt wurde, muss der Resistenzproblematik beim Einsatz der Antibiotika besonderes Augenmerk geschenkt werden. Die Zunahme der übertragbaren Resistenzen birgt die Gefahr, dass bakterielle Infektionen von Mensch und Tier aufgrund übertragbarer bakterieller Resistenzen, die sich schließlich gegen alle zur Verfügung stehenden Antibiotika richten, nicht mehr erfolgreich behandelt werden können. Die deutsche Tierärzteschaft trägt dieser Problematik mit den *Leitlinien für den sorgfältigen Umgang mit Antibiotika* (Antibiotika-Leitlinien) Rechnung. Diese Leitlinien entsprechen dem aktuellen Stand der tierärztlichen Wissenschaft. Danach ist ein Einsatz von Antibiotika nur gerechtfertigt, wenn durch die gestellte Diagnose belegt oder mit großer Sicherheit anzunehmen ist, dass die Krankheit durch einen gegenüber dem zu verwendenden Antibiotikum empfindlichen Erreger verursacht wurde.

Grundsätzlich darf nur ein Tierarzt über den **Einsatz von Antibiotika** entscheiden, dessen Voraussetzung eine fachgerecht gestellte Diagnose ist. Wenn eine bakterielle Infektionserkrankung festgestellt wird, der Erreger aber noch nicht eindeutig identifiziert ist und aufgrund der Schwere der Erkrankung eine sofortige Behandlung erforderlich wird, muss der Tierarzt mit der Behandlung beginnen. Nachfolgende mikrobiologische Befunde dienen der Selbstkontrolle und einem künftig treffsicheren Arzneimitteleinsatz. Eine mikrobiologische Diagnostik mit Erregeridentifizierung und Antibiogramm ermöglicht eine gezielte Weiterbehandlung gemäß den Leitlinien gerade bei einem Therapiewechsel, falls mit dem zuerst ausgewählten Antibiotikum nicht der gewünschte Behandlungserfolg erreicht werden kann. Regelmäßige Erregerdifferenzierungen und Resistenzbestimmungen von erkrankten Tieren ermöglichen außerdem die generelle Beurteilung der mikrobiellen Situation im Bestand.

Erlaubt das Krankheitsbild den Rückschluss auf einen bestimmten Erreger, der durch ein Antibiotikum mit schmalem Spektrum bekämpft werden kann, dann genügt eine stichprobenweise mikrobiologische Untersuchung zur Absicherung der Diagnose und Resistenzlage. Deutet das Krankheitsbild hingegen auf eine bakterielle Infektion hin, ohne dass auf einen bestimmten Erreger geschlossen werden kann, dann muss in der Regel ein **Breitspektrum-Antibiotikum** eingesetzt werden. Die mikrobiologische Diagnostik dient in diesem Fall der Abklärung der beteiligten Erreger und vorliegender Resistenzen. Bei einer schweren bakteriellen Erkrankung, bei der ein Rückschluss auf einen bestimmten Erreger nicht möglich ist, ist in jedem Fall eine mikrobiologische Untersuchung angezeigt.

Die Grundsätze einer „Guten Veterinärmedizinischen Praxis" bei Anwendung von Arzneimitteln gegen bakterielle Infektionen sind in Abbildung E27 dargestellt.

Vor der Erstellung eines **Antibiogramms** ist stets eine Erregerdifferenzierung notwendig. Ein Antibiogramm auf einem unspezifischen bakteriellen Probeflora-Rasen zu erstellen, entspricht nicht mikrobiologischen Standardanforderungen. Eine mikrobiologische Diagnostik soll durchgeführt werden,
- wenn ein Wechsel des Antibiotikums notwendig ist,
- wenn in einem Tierbestand im Rahmen von Hygiene- und Vorbeugeprogrammen wiederholt Antibiotika, z. B. in bestimmten Alters- und Produktionsabschnitten oder bei der Einstellung, eingesetzt werden müssen,
- wenn mehrere Antibiotika, die nicht als fixe Kombination zugelassen sind, bei der gleichen Grunderkrankung kombiniert verabreicht werden sollen.

Kommt zu der ersten Erkrankung eine **weitere Infektionserkrankung** durch einen anderen Erreger hinzu, so kann die Verabreichung eines weiteren Antibiotikums gerechtfertigt sein, wenn der neue Erreger nicht gegen das zuerst eingesetzte Antibiotikum empfindlich ist. Nur eine sehr begrenzte Zahl von Wirkstoffkombinationen kann jedoch als sinnvoll eingestuft werden.Beispiele sind die Sulfonamid-Trimethoprim-Kombination oder die Kombination von Aminoglykosidantibiotika mit Penicillinen.

In den meisten Fällen kann davon ausgegangen werden, dass bei einer Infektionserkrankung mehrere Stoffe mit antibakterieller Wirkung für den therapeutischen Einsatz geeignet sind. Demzufolge sind verschiedene **Auswahlkriterien für Antibiotika** zu beachten:
- Wirkungsspektrum und Wirkungstyp (bakterizid, bakteriostatisch) des Antibiotikums,
- Resistenzlage,
- Verträglichkeit des Arzneimittels,
- pharmakokinetische Eigenschaften (Bioverfügbarkeit, Verteilung im Organismus).

Der Wirkstoff, der die größte Übereinstimmung mit vorgenannten Auswahlkriterien aufweist, ist bevorzugt einzusetzen. Kommen für die Behandlung einer bakteriellen Infektion mehrere Wirkstoffe in Frage, so ist nach Möglichkeit das Antibiotikum mit dem schmalsten Spektrum, der größten therapeutischen Breite und, falls erforderlich, mit einer guten Gewebegängigkeit auszuwählen. Da bei der Behandlung der Tiere, die in engem Kontakt mit Menschen stehen, bakterielle Resistenzen selektiert werden, die in der Humanmedizin von Bedeutung sein können, ist die Anwendung solcher Antibiotika bei Tieren äußerst restriktiv zu handhaben.

Gleiches gilt für antibiotische **Reservemittel für die Humanmedizin**. Unter den für Tiere zugelassenen Antibiotika sind auch moderne Wirkstoffe, die zur Behandlung schwerer Infektionen beim Menschen wichtig sind (z. B. Fluochinolone). Für die Anwendung dieser Wirkstoffe muss eine besonders strenge Indikationsstellung insbesondere dann gelten, wenn Tiergruppen behandelt werden sollen. Zulassungsbedingungen sind einzuhalten, vor allem was die Dosierung (s.u.), die Therapiedauer sowie die Kriterien für die Auswahl des Antibiotikums angeht. In Notfallsituationen kann der Tierarzt das geeignete Antibiotikum aufgrund klinischer Befunde und auf Basis seiner Erfahrungen hinsichtlich der betriebsspezifischen Gegebenheiten, des Einzelfalles oder auch epidemiologischer Erkenntnisse auswählen. Eine wichtige Entscheidungshilfe liefert ein regelmäßiges Resistenz-Monitoring in einem durch den Tierarzt fortdauernd betreuten Bestand.

Antibiotika müssen immer mindestens in der **Dosis** verabreicht werden, die in der Gebrauchsanweisung angegeben ist. Sollte aufgrund der Resistenzlage der beteiligten Erreger eine höhere Dosierung als in der Gebrauchsinformation angegeben, erforderlich sein, so muss dies durch entsprechende Befunde zur jeweiligen Resistenz-

```
┌─────────────────────────────────────────────────────────────────────┐
│              „Gute Veterinärmedizinische Praxis"                     │
│        bei der Therapie von bakteriellen Infektionskrankheiten       │
└─────────────────────────────────────────────────────────────────────┘

┌─────────────────────────────────────────────────────────────────────┐
│                      Tierärztliche Kompetenz                         │
│ (Fachwissen, klinische Erfahrung, Nutzung labordiagnostischer        │
│  Möglichkeiten, Weiterbildung)                                       │
└─────────────────────────────────────────────────────────────────────┘

┌─────────────────────────────────────────────────────────────────────┐
│                         Krankheitsdiagnose                           │
│ "Die exakte Untersuchung ist die Grundlage tierärztlichen Handelns"  │
│                             (Götze)                                  │
└─────────────────────────────────────────────────────────────────────┘

┌──────────────────┐  ┌──────────────────────┐  ┌───────────────────┐
│ Krankheitsbild   │  │  Krankheitsbild      │  │ Schweres Krank-   │
│ erlaubt          │  │  deutet auf eine     │  │ heitsbild ermög-  │
│ eindeutigen      │  │  bakterielle         │  │ licht keinen      │
│ Rückschluss auf  │  │  Infektion hin       │  │ Rückschluss auf   │
│ den Erreger      │  │                      │  │ den Erreger       │
└──────────────────┘  └──────────────────────┘  └───────────────────┘
```

Einleitung einer mikrobiologischen Untersuchung
mit Erstellung eines Antibiogramms nach Erregerisolierung in angemessenem Umfang:

– Angemessene Stichprobe nach	Lage des Falles –	in jedem Fall
zur Absicherung der Diagnose oder einer bekannt niedrigen Resistenz	zur Abklärung der beteiligten Erreger und ihrer Resistenzraten	

Wahl eines Antibiotikums entsprechend den fachlichen Entscheidungskriterien

mit gezielt schmalem Wirkungsspektrum, das erfahrungsgemäß in diesen Fällen gegen den Erreger wirksam ist.	mit breitem Wirkungsspektrum, das erfahrungsgemäß in diesen Fällen wirksam ist.

Nach Vorliegen der mikrobiologischen Befunde
gegebenenfalls Fortsetzung/Änderung der Therapie möglichst mit einem Antibiotikum mit gezielt schmalem Wirkungsspektrum

Bei Therapieversagern Wiederholung der mikrobiologischen Untersuchung mit Erstellung eines Antibiogramms nach Erregerisolierung

Nach Kontrolle des Behandlungserfolges
Bewertung des diagnostischen und therapeutischen Vorgehens

Abb. E27 Gute Veterinärmedizinische Praxis bei der Therapie von bakteriell bedingten Infektionskrankheiten.

situation begründet sein. Behandlungsintervalle sind so festzulegen, dass während der gesamten Behandlungsdauer ausreichend hohe Konzentrationen des Antibiotikums am Infektionsort erreicht und aufrechterhalten werden.

Um den Selektionsdruck auf die Bakterien und damit die Gefahr einer **Resistenzentwicklung** möglichst gering zu halten, ist die Behandlungsdauer auf ein therapeutisch unbedingt erforderliches Mindestmaß zu beschränken. Jede unnötige Exposition der Tiere gegenüber Antibiotika ist zu vermeiden. Dies gilt insbesondere für die Behandlung von Tierbeständen. In den meisten Fällen ist es zur Therapie oder Mesophylaxe bakterieller Infektionen ausreichend, Antibiotika drei bis sieben Tage zu verabreichen.

6.4 Rechtliche Bestimmungen

Das **tierärztliche Dispensierrecht** ist durch das seit dem 1.11 2002 in Kraft getretene „Elfte Gesetz zur Änderung des Arzneimittelgesetzes" (11. AMG-Novelle) eingeschränkt worden. Zielsetzung dieser Gesetzesänderung ist es,
- den Arzneimittelbestand beim Tierhalter zu minimieren,
- die tierärztliche Leistung im Rahmen der Arzneimittelabgabe stärker zu betonen, um den Arzneimitteleinsatz zu reduzieren,
- die Sicherheit im Tierarzneimittelverkehr insbesondere im Hinblick auf eine Verringerung der Rückstandsbelastung und Resistenzbildung weiter zu verbessern,
- die Qualität von Tierarzneimitteln und damit den Tierschutz und Verbraucherschutz dadurch zu erhöhen, dass durch Einschränkung der Herstellungsmöglichkeiten in erster Linie nur noch Fertigarzneimittel eingesetzt werden und der Herstellungsauftrag für Fütterungsarzneimittel entfällt,
- mögliche Einfallstore für den illegalen Umgang mit Tierarzneimitteln und Rohstoffen zu schließen,
- die Überwachung des Verkehrs mit Tierarzneimitteln zu vereinfachen.

Der Tierarzt darf nach Inkrafttreten der 11. AMG-Novelle am 1.11 2002 **apotheken- und verschreibungspflichtige Stoffe nur noch in Form zugelassener Fertigarzneimittel beziehen**. Dies bedeutet auch, dass eine **Herstellung von apothekenpflichtigen Arzneimitteln** mit stofflicher Bearbeitung in der Tierärztlichen Hausapotheke nicht mehr möglich ist, so dass grundsätzlich nur noch Fertigarzneimittel aus dieser abgegeben werden können.

Ausnahmen vom Herstellungsverbot in der Nutztierpraxis sind
- die Herstellung freiverkäuflicher und homöopathischer Arzneimittel (für Lebensmittel liefernde Tiere ab D6),
- das Umfüllen, Abpacken und die Kennzeichnung von Fertigarzneimitteln in unveränderter Form, wenn keine geeigneten Packungsgrößen im Handel sind,
- das Verdünnen von Fertigarzneimitteln im „Therapienotstand",
- die Herstellung vom Tierarzt selbst angewendeter Arzneimittel.

Diese Regelung erlaubt es dem Tierarzt zwar, auch ohne Vorliegen eines „Therapienotstands" Arzneimittel, die apotheken- oder verschreibungspflichtige, arzneilich wirksame Stoffe enthalten, herzustellen. Diese dürfen jedoch nicht in den Verkehr gebracht werden, d. h. sie dürfen nur durch den Tierarzt angewendet und nicht an Tierhalter abgegeben werden.

Änderungen der **Verordnung zur Herstellung von Fütterungsarzneimitteln** treten nach einer Übergangsfrist zum 1.9.2004 in Kraft. Sie beinhalten
- die Abschaffung des Herstellungsauftrags durch Tierärzte für Fütterungsarzneimittel,
- die Abschaffung der Einmischung von Arzneimittelvormischungen in das Futter auf dem Hof („Hofmischung"),
- die Verschreibung von Fütterungsarzneimitteln zur Abgabe durch einen pharmazeutischen Hersteller nach § 13 Abs. 1 AMG als alleinige Möglichkeit der Verordnung eines Fütterungsarzneimittels, für dessen Herstellung ausschließlich Arzneimittelvormischungen verwendet werden,
- das Verbot des Bezugs von Arzneimittelvormischungen, die nicht zugleich als Fertigarzneimittel zugelassen sind, durch Tierärzte, sowie das Verbot der Abgabe an Tierhalter,
- die Beschränkung der zu verschreibenden Menge von Fütterungsarzneimitteln mit verschreibungspflichtigen Vormischungen auf einen Behandlungszeitraum von maximal sieben Tagen nach der Abgabe, sofern die Zulassungsbedingungen nicht eine längere Anwendungsdauer vorsehen.

Ein Hersteller darf nach § 13 Abs. 1 AMG Fütterungsarzneimittel auch auf Vorrat herstellen, was die Abgabe kleinerer bedarfsgerechter Mengen ermöglicht und so die Zahl der notwendigen Spülchargen und das Problem der Verschleppung von Wirkstoffen verringert. Die Gesamtverantwortung für die Qualität und Kennzeichnung hergestellter Fütterungsarzneimittel liegt dabei allein beim Hersteller.

Weiterhin wird auch eine Verordnung individueller Rezepturen von Fütterungsarzneimitteln mit mehreren Arzneimittelvormischungen möglich sein. Es besteht jedoch eine Beschränkung der Verschreibung auf maximal drei Arzneimittelvormischungen, die für die zu behandelnde Tierart zugelassen sind, wobei nicht mehr als zwei antibiotikahaltige Vormischungen (mit jeweils nicht mehr als einem antibakteriellen Wirkstoff) enthalten sein dürfen.

Die Verabreichung von **Fertigarzneimitteln zur oralen Applikation** über das Futter bleibt weiterhin möglich, sofern dieser Verabreichungsweg für das Arzneimittel nach der Zulassung vorgesehen ist. Arzneimittelvormischungen sind dagegen bereits ab dem 1.11 2002 ausschließlich zur Herstellung von Fütterungsarzneimitteln bestimmt. Sie dürfen daher nicht mehr an Tierhalter abgegeben werden, worauf vorstehend bereits verwiesen wurde.

Der **Abgabezeitraum für verschreibungspflichtige Arzneimittel mit Wartezeit**, die für Lebensmittel liefernde Tiere bestimmt sind, wird auf einen Zeitraum von bis zu sieben Tagen nach der Abgabe beschränkt. **Keine entsprechende Beschränkung besteht**, wenn durch die Zulassungsbedingungen
- eine längere Anwendungsdauer vorgesehen ist oder wenn
- für das jeweilige Arzneimittel keine Wartezeit festgesetzt ist.

Im Rahmen einer **tierärztlichen Bestandsbetreuung** mit mindestens einmal monatlicher Begutachtung des Bestandes kann der Abgabezeitraum für alle Fertigarzneimittel auf bis zu **31 Tage** verlängert werden. Das betrifft jedoch nicht Antibiotika, die zur systemischen Anwendung bestimmt sind.

Die Arzneimittelauswahl hat der so genannten **Kaskadenregelung** zu folgen. Eine Umwidmung von Arzneimitteln kann erfolgen, wenn ein „Therapienotstand" vorliegt, d. h. für das Anwendungsgebiet oder die Tierart kein geeignetes zugelassenes Arzneimittel zur Verfügung steht (d. h. nicht im Handel ist) und die notwendige arzneiliche Versorgung ansonsten ernstlich gefährdet wäre.

Die **Möglichkeiten der Umwidmung** von Arzneimitteln gliedern sich bei Tieren, die der Lebensmittelgewinnung dienen, in fünf Stufen:

1. Das Arzneimittel ist für die zu behandelnde Tierart und das Anwendungsgebiet zugelassen.
2. Kein Arzneimittel nach 1. steht zur Verfügung; es gibt aber ein Arzneimittel für die zu behandelnde Tierart, das für ein anderes Anwendungsgebiet zugelassen ist.
3. Kein Arzneimittel nach 2. steht zur Verfügung; aber ein für eine andere Lebensmittel liefernde Tierart zugelassenes Arzneimittel ist verfügbar.
4. Kein Arzneimittel nach 3. steht zur Verfügung; es kann aber ein Arzneimittel verwendet werden, welches nicht für Lebensmittel liefernde Tiere zugelassen ist, jedoch nur Wirkstoffe enthält, die in Anhang I, II oder III der Verordnung des Rates (EWG) 2377/90 aufgeführt sind (z. B. Humanarzneimittel).
5. Kein Arzneimittel nach 4. ist verwendbar; es besteht zuletzt die Möglichkeit der Verdünnung eines (unter Punkt 1 bis 4 aufgeführten) Fertigarzneimittels.

Bei jeder **Abweichung von den Zulassungsbedingungen** liegt die Verantwortung für die Sicherheit der behandelten Tiere und die Gewährleistung der Verbrauchersicherheit beim Tierarzt. Dieser hat im Falle der Umwidmung die festzulegenden Wartezeiten so zu bemessen, dass festgesetzte Rückstandshöchstwerte nicht überschritten werden. Die Wartezeit muss dann mindestens 28 Tage für essbare Gewebe betragen.

Auch eine **Änderung der Anwendungsform** oder eine **Erhöhung der Dosis** (keine Umwidmung) kann die Rückstandsbildung verändern (z. B. verlängern). Da die angegebenen Wartezeiten nur für die in der Gebrauchsanweisung genannten Verabreichungswege und Dosierungen geprüft sind, hat der Tierarzt bei jeder Abweichung hiervon eine für den jeweiligen Fall ausreichend lange Wartezeit schriftlich festzusetzen, die gewährleisten muss, dass die festgelegten Rückstandshöchstmengen nicht überschritten werden.

Eine weitere wesentliche Beschränkung besteht insofern, als dass umgewidmete Arzneimittel bei Lebensmittel liefernden Tieren grundsätzlich nur durch den behandelnden Tierarzt selbst angewendet werden dürfen. Im Fall einer geregelten tierärztlichen Bestandsbetreuung

(s. o.) dürfen Arzneimittel (inklusive Antibiotika) jedoch auch zur Verabreichung durch den Tierhalter abgegeben werden. Auf die Ausstellung von **Arzneimittelanwendungs- und Abgabebelegen** durch den behandelnden Tierarzt sowie auf die vom Tierhalter vorzunehmenden Eintragungen in Bestandsbücher wird nochmals verwiesen. Von einem Tierbesitzer sollte künftig für die ihm vom Tierarzt übertragene Verwahrung und Anwendung von apothekenpflichtigen Arzneimitteln ein Sachkundenachweis verlangt werden.

Die Verordnung des Rates (EWG) 2377/90 legt für die EU einheitliche **Rückstandshöchstmengen** fest. Eine Grundvoraussetzung der Anwendung von Arzneistoffen ist neben der Zulassung als Arzneimittel für die zu behandelnde Tierart (s. auch Kaskadenregelung) stets, dass die Wirkstoffe in Anhang I, II oder III dieser Verordnung aufgeführt sind:

- Anhang I enthält Stoffe, für die eine endgültige Festlegung von Rückstandshöchstmengen erfolgt ist.
- Anhang II fasst die Stoffe zusammen, für die keine Rückstandshöchstmengen festgelegt werden mussten.
- In Anhang III sind die Stoffe enthalten, für die vorläufige Grenzwerte festgesetzt sind.
- Anhang IV beinhaltet die Stoffe, deren Anwendung bei Tieren, die der Lebensmittelgewinnung dienen, ohne jede Einschränkung verboten ist (z. B. Chloramphenicol, Nitrofurane, Nitroimidazole u. a.).

Eine tagesaktuelle Auflistung der Anhänge zur Verordnung des Rates (EWG) 2377/90 findet sich im Internet unter der Adresse www.vetidata.de. Dieser „**Veterinärmedizinische Informationsdienst für Arzneimittelanwendung, Toxikologie und Arzneimittelrecht**" informiert Tierärzte, die sich als Teilnehmer registrieren lassen, weiterhin

- über das zeitnahe geordnete Arzneimittelrecht, anerkannt von der Überwachungsbehörde für Tierärztliche Hausapotheken,
- über handelbare Arzneimittel, deren Anwendungsgebiete und die herstellenden Firmen, die unter den entsprechenden Schlagworten abgefragt werden können, sowie
- über aktuelle Vorträge, Erklärungen und Fragen mit Antworten zu anstehenden Therapie-, Toxikologie- und Rechtsproblemen.

7 Parasitenbekämpfung

7.1 Prävention, Prophylaxe und Therapie

Der weit verbreitete Parasitenbefall in Schweinebeständen und die damit verbundenen Gefahren gesundheitsbedingter und ökonomischer Schäden sowie potenzielle Risiken für parasitäre Infektionen des Menschen erfordern ständige Überwachungs- und Bekämpfungsmaßnahmen mit folgenden Zielstellungen:
- Tilgung der Parasiten,
- Schadensminderung nach dem Prinzip der Erregerverdünnung bzw.
- Heilung nach Auftreten eines Krankheitsausbruches.

Die einzuschlagenden Bekämpfungswege (Abb. E28) umfassen sämtliche Maßnahmen gegen Parasitenbefall, wobei prinzipiell 3 Kategorien – Prävention, Prophylaxe, Therapie – existieren. Dabei werden Prävention und Prophylaxe in 2 strategisch unterschiedliche Kategorien für „Vorbeuge-Maßnahmen" eingeteilt.

Die Prävention umfasst die in Abbildung E28 aufgeführten 6 Problemkreise, die vor Produktionsbeginn berücksichtigt werden sollten. Zunächst sind alle am Produktionsprozess Beteiligten auf die bevorstehenden Aufgaben vorzubereiten mit dem Ziel, das Auftreten von Parasitosen zu verhindern. Sowohl das Haltungs- als auch das Entsorgungssystem in den verschiedenen Produktionsstufen erfordern eine Palette von Maßnahmen, durch welche schweinespezifische Parasitenpopulationen reglementiert werden können. Wird für bestimmte Zwecke eine SPF-Haltung angestrebt, so kann über Indikatorparasiten des Schweines (*Ascaris suum, Isospora suis, Toxoplasma gondii, Sarcocystis spp., Sarcoptes suis, Haematopinus suis*) das Freisein kontrolliert werden. Die durchzuführenden Maßnahmen sind relativ kostenaufwendig, tragen jedoch zur Stabilisierung der Schweineproduktion wesentlich bei.

Die **medikamentöse Mesophylaxe** nimmt einen breiten Raum in der Parasitenbekämpfung des Schweines ein. Der diesbezügliche Antiparasitika-Einsatz ist stets auf der Basis der jeweiligen Parasitenfauna sowie eines diagnostischen Kontrollsystems, in das die Erregerresistenzbestimmung einbezogen wird, nach den arzneimittelrechtlichen Bestimmungen vorzunehmen. Die hierfür zugelassenen Antiparasitika sind in Tabelle E31 zusammengestellt. Die Antiparasitika-Palette bei nahrungsmittelspendenden Tieren wurde durch eine EU-Liste (1999) und die 11. Novelle zum Arzneimittelgesetz (2002) wesentlich eingeengt. Durch gezielte integrierte Bekämpfungsprogramme gegen wirtschaftlich bedeutsame Parasitosen, wie z. B. Spulwurmbefall, Räude und Läusebefall, ist es unter Einbeziehung von hygienisch-prophylaktischen Maßnahmen jedoch möglich, die jeweils gesteckten

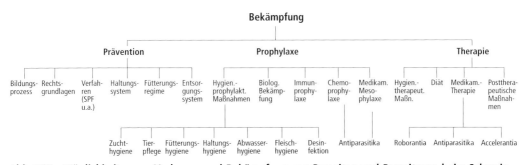

Abb. E28 Möglichkeiten zur Vorbeuge und Bekämpfung von Parasiten und Parasitosen beim Schwein.

Tabelle E31: Einsatz von Antiparasitika und deren Wirkung zur Bekämpfung von Parasiten und Parasitosen (KLUGE u. UNGEMACH 2000, UNGEMACH 2003)

Wirkung − = unwirksam + = gering ++ = mittel +++ = hoch	Wirkungsspektrum bei unterschiedlichen Parasiten								Verabreichung				Warte-zeit (Tage)
	Läuse	Räude-milben	Spul-wurm	Roter Magen-wurm	Zwerg-faden-wurm	Knöt-chen-wurm	Peit-schen-wurm	Lun-gen-wurm	Injek-tion	oral	ein-malig	mehr-tägig (Tage)	
Wirkstoff[1]													
• Doramectin	+++	+++	+++	+++	+++	+++	−	+++	x	−	x		56
• Febantel	−	−	+++	+++	++	+++	++	++	−	x	x		6
• Fenbendazol	−	−	+++	+++	++	+++	++	+++	−	x	−	5−10	5
• Flubendazol	−	−	+++	+++	++	+++	+++	+++	−	x	−	5−10	14
• Ivermectin	+++	+++	+++	+++	+++	+++	−	+++	x	x	x	x	28/7
• Levamisol	−	−	+++	++	++	++	+	+++	x	x	x		8
• Phoxim	+++	++	−	−	−	−	−	−	percutan		×		28/16

[1] Lt. EU-Liste v. Juni 1999 und der 11. Novelle zum Arzneimittelgesetz vom 1. 11. 2002 für das Schwein zugelassen.

Ziele einer Tilgung oder Schadensminderung zu erreichen.

Die **Therapie** verlustreicher Parasitosen tritt bei Einhaltung der unter den Kategorien Prävention und Prophylaxe angegebenen Bekämpfungswege in den Hintergrund. Im Zentrum des Therapie-Komplexes steht zweifellos der **Antiparasitika-Einsatz**. Er ist von Fall zu Fall durch andere Tierarzneimittel − Roborantia (Stärkungsmittel) und Accelerantia (Beschleuniger, z. B. bei bakteriellen Komplikationen durch antibakterielle Mittel) − zu ergänzen. Dies gilt ebenso für hygienisch-therapeutische Maßnahmen als auch für die Diät, die eine der jeweiligen Parasitose angepasste Ernährung vorsieht.

Posttherapeutische Maßnahmen haben das Ziel, eine Restitutio ad integrum, d. h. eine völlige Wiederherstellung incl. hoher Leistungsfähigkeit zu erreichen. Die mitunter kostspielige „Posttherapie" ist auf hochleistungsfähige Zuchteber und -sauen sowie auf die Aufzuchtperiode begrenzt.

Die Immun- und Chemoprophylaxe wird gegenwärtig nur in Ausnahmefällen zur Verhütung von Parasitosen angewandt.

7.2 Hygienisch-prophylaktische Erfordernisse

Die hygienisch-prophylaktischen Maßnahmen enthalten mehrere, methodisch unterschiedliche Bekämpfungswege:

- Aus parasitologischer Sicht verdient die **Zucht- bzw. Reproduktionshygiene** insofern Beachtung, als durch die künstliche Besamung und Zuchtselektion ein relativ homogenes genetisches Tiergut in der Schweineintensivhaltung vorherrscht. Für eine Reihe parasitärer Erreger (*Ascaris suum, Isospora suis, Sarcocystis*-Spezies, *Haematopinus suis* u. a.) sind somit optimale Lebensbedingungen gegeben; gleichzeitig wird dadurch der Eber als Infektionsquelle für *Sarcoptes suis* ausgeschlossen, sofern es nicht zum Kontakt der Stimulationseber mit Sauen kommt (Kontaktinfektionen als häufigste Infektionsquelle!).
- **Tierpflege und Haltungshygiene** vermögen Kontakt- und orale Schmutzinfektionen (Ektoparasiten-, Spulwurm-, Zwergfadenwurm-, Kokzidienbefall) zu mindern. Es gilt als nachgewiesen, dass durch Fernhalten von Katzen und Hunden in Schweinegroßanlagen *Toxoplasma gondii*- und Sarkosporidien-Infektionen sowie die larvale Echinokokkose

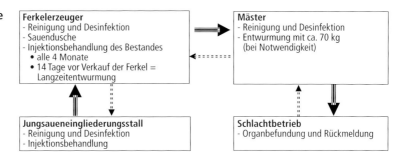

Abb. E29 Beispiel für die durchgehende Parasitenbekämpfung vom Ferkelerzeuger- zum Mastbetrieb (BAIER 2003).

(Hund — Schwein / Mensch!) verhindert werden können.
- Durch Einhaltung der vorgeschriebenen **fleischhygienischen Kontrolle** können Schweineparasiten, die in den Nahrungsketten kursieren (z. B. *Trichinella spiralis*, *Echinococcus granulosus* u. a.), ausgeschlossen bzw. zurückgedrängt werden.
- Besondere Bedeutung ist der **Reinigung und Desinfektion** unter den Bedingungen der Stallhaltung beizumessen. Da nahezu alle parasitären Erreger des Schweines (eine Ausnahme bildet *Trichinella spiralis*) eine Außenweltphase durchlaufen, ist es möglich, durch Hochdruckreinigung und flächendeckende chemische Desinfektion gegen Eier, Oozysten, Sporozysten, Zysten und Larven einen Verdünnungseffekt zu erreichen und massive Infektionen auszuschließen. Hierbei werden registrierte parasitenspezifische Desinfektionsmittel z. B. auf Phenol-/Kresolbasis (z. B. Neopredisan u. a.) verwendet. Der chemischen Desinfektion muss stets eine Reinigung vorausgehen mit dem Ziel, die oftmals an den Restschmutz gebundenen, eine hohe Tenazität aufweisenden exogenen Parasitenstadien zu eliminieren (siehe Kap. C 7)

Mit den aufgezeigten Bekämpfungsmaßnahmen ist es möglich, Parasitosen als gesundheitsgefährdenden und ökonomischen Problemkreis in der Schweinehaltung zu beherrschen. Hierfür ist ein auf die jeweilige Parasitose ausgerichtetes Vorgehen unerlässlich, das die bestandsspezifischen Verhältnisse berücksichtigt. Das bekämpfungsstrategische Ziel „Tilgung" kann bei einigen Parasitosen, wie Askaridose, Sarkoptesräude, Läusebefall und Toxoplasmose, angestrebt werden. Dabei wird zum Abschluss des Bekämpfungsprogramms die Sterilisatio magna mit absolutem Freisein vom jeweiligen parasitären Erreger ge-

fordert und zertifiziert. Wenn dieses Ziel nicht erreicht wird, kann durch ein den Haltungsabschnitten folgendes antiparasitäres Vorgehen der Schaden minimiert werden (Abb. E29).

Der Erfolg der Parasitenbekämpfung ist abhängig von den Verfahrens- und Betriebsstrukturen, den hygienischen und medikamentösen Maßnahmen sowie der Konsequenz ihrer Durchführung. Der Kontrolle des Erfolgs dienen labordiagnostische Untersuchungen (siehe Kap. E 3.7 und Anhang J 6) und die Bewertung der Schlachttierbefunde.

7.3 Zertifizierung „Räudefreier Bestand"

Als Beispiel für eine Tilgung werden Richtlinien zur Zertifizierung „**Räudefreier Schweinebestand**" vorgestellt, die gemeinsam vom Schweinegesundheitsdienst, Haustierarzt und der Betriebsleitung zu realisieren sind. Das Programm regelt den Einsatz des ausgewählten Antiparasitikums sowie die Kontrolle des Bekämpfungserfolgs. Sämtliche Schweine des Bestandes sind zu einem bestimmten Zeitpunkt mit einem arzneimittelrechtlich zugelassenen Antektoparasitikum auf der Wirkstoffbasis makrozyklischer Laktone – gegenwärtig Ivermectin oder Doramectin – nach Vorgaben des Haustierarztes zu behandeln. Der Betrieb stellt die Unterlagen zur Erhebung des Vorberichtes zur Verfügung, anhand derer Art und Umfang der klinischen Untersuchung des Bestandes, die Probenentnahme zu diagnostischen Zwecken und die notwendigen antiparasitären Sanierungsmaßnahmen festgelegt werden.

Der Zustand „**Freisein von Räude**" liegt vor, wenn in den vorausgegangenen 6 Monaten die folgenden Kriterien erfüllt worden sind:

- Klinisch verdächtige Symptome, die für die Schweineräude typisch sind, wie Hautveränderungen und Juckreiz, konnten unter Ausschluss anderer Krankheiten durch tierärztliche Untersuchungen an Einzeltieren im Bestand nicht festgestellt werden.
- *Sarcocystis*-Milben sind durch den Lebend- oder Totmilben-Test in Ohrausschnitten gemerzter/geschlachteter Schweine nicht nachgewiesen worden. Der Stichprobenumfang ist relativ zur Bestandsgröße festzulegen.
- Antektoparasitika wurden – mit Ausnahme des Quarantänestalles – nicht mehr eingesetzt.
- An gebrühten Schlachtkörpern waren Veränderungen durch eine papuläre Dermatitis als Anzeichen von Räude nicht festzustellen
- *Sarcoptes*-spezifische Antikörper sind mit einem anerkannten ELISA-Test nicht nachweisbar, bzw. vor der Tilgungsaktion vorhandene *Sarcoptes-Antikörper* sind nicht mehr auffindbar (siehe Abb. E 22).
- Die Stichprobe ist vorrangig von Jungsauen zu entnehmen und soll mindestens 30 Proben umfassen.

Die Zertifizierung „**Räudefreier Schweinebestand**" erfolgt frühestens 12 Monate nach Abschluss der Behandlung; der Antrag auf Anerkennung ist vom Betrieb zu stellen. In Deutschland besteht gegenüber anderen Ländern, wie der Schweiz, den Niederlanden oder Dänemark, derzeit ein deutlicher Nachholbedarf.

F Qualitätssicherung und Amtliche Überwachung

1 Amtliche Veterinärüberwachung

Die amtliche Überwachung der Tierhaltung und primären Nahrungsmittelerzeugung, der nachgeordneten Lebensmittelindustrie und des gesamten Handels mit Nahrungsmitteln und Bedarfsgegenständen ist Aufgabe der zuständigen Veterinärverwaltungen der Landkreise und kreisfreien Städte. Die von der EU, dem Bund und den Ländern erlassenen und zu beachtenden Rechtswerke sind umfangreich, sodass zu deren sachgerechter Anwendung eine Subspezialisierung innerhalb der Ämter sinnvoll ist. Diesbezügliche Aufgabenbereiche werden hier nur andeutungsweise benannt (Abb. F1).

Im Folgenden interessieren die Zuständigkeiten des Amtstierarztes in der landwirtschaftlichen Primärproduktion im Rahmen des Tierseuchen-, Tierkörperbeseitigungs-, Tierschutz- und Arzneimittelrechts. Die Vertreter der Behörden sind berechtigt und verpflichtet, durch nicht angemeldete Kontrollen die Betriebe und ihre Betriebsführung vor Ort zu überprüfen. Derartige Überprüfungen nutzen die Ergebnisse der landwirtschaftlichen Selbstkontrolle, deren Unterlagen das amtliche Vorgehen vereinfachen.

1.1 Tierseuchenschutz

1.1.1 Rechtsgrundlagen

Das Tierseuchengesetz ist die wichtigste Rechtsgrundlage für die Tierseuchenbekämpfung in Deutschland. Alle anderen Vorschriften, die beim Auftreten einer speziellen Tierseuche oder für vorbeugende Maßnahmen angewendet werden, beruhen auf den im Gesetz festgelegten allgemeinen Grundsätzen der Tierseuchenprophylaxe und -bekämpfung. Den Rahmen für die Rechtsvorschriften gibt die Europäische Union vor.

Wichtige Detailvorschriften für die tierärztliche Bestandsbetreuung in der Schweinepraxis sind die **Anzeigepflicht** beim Verdacht einer anzeigepflichtigen Tierseuche für Tierhalter, Tierarzt und Personen, die Umgang mit Tieren haben. Diese Anzeige hat bei der für den jeweils betroffenen Betrieb zuständigen Veterinärbehörde zu erfolgen.

Unter diese Anzeigepflicht fällt auch die Einleitung von weiterführenden Untersuchungen

			Öffentliche Verantwortung der Tierhaltung				
Umweltrecht	Tierseuchenrecht Tierkörperbeseitigungsrecht	Tierschutzrecht	Arzneimittelrecht	Lebensmittelrecht	Fleischhygiene-, Geflügelfleischhygienerecht	Futtermittelrecht
• Umwelthygiene bzgl. Emissionen, Gülle, Mist, Jauche u. a. Abprodukte • Desinfektion im Seuchenfall	• Baulich-funktioneller u. hygienisch-organisatorischer Seuchenschutz, Tierhandel, Tierkennzeichnung; • Beseitigungspflichtige Tierkörper, -teile, sachgerechte Abfuhr und Verarbeitung	• Produktionsgestaltung • Haltung, Transport • Schlachtvorbereitung u. Betäubung	• Arzneimittelabgabe, -anwendung, -dokumentation • Rückstandsuntersuchungen	• Inhaltsstoffe • Hygienische Beschaffenheit auf allen Ebenen • Kennzeichnung	• Schlachttier- u. Schlachtkörperuntersuchung, • Untersuchung chemischer Kontaminanten	• Untersuchung auf Kontaminanten und antibiotische Leistungsförderer • Hygienische Futterbeschaffenheit

Amtliche Überwachung durch Amtstierärzte

Abb. F1 Rechtsrahmen zur Hygiene und Haltung von Tieren sowie zur Erzeugung von Lebensmitteln.

zur Abklärung von Verdachtsdiagnosen, die beim vermehrten Auftreten von fieberhaften Erkrankungen, Kümmerern oder Todesfällen oder erhöhten Umrausch- und Abortquoten gestellt werden (siehe Tab. F5). In solchen Fällen ist die zuständige Veterinärbehörde zumindest zum Zeitpunkt der Probeneinsendung zu unterrichten, insbesondere auch wegen der Frage der Kostenübernahme für amtliche Untersuchungen.

Das Tierseuchengesetz erlaubt neben dem Amtstierarzt die Beteiligung anderer approbierter Tierärzte – „amtliche Tierärzte" – bei der Wahrnehmung von Aufgaben im Rahmen der Seuchenbekämpfung. Durch die Veterinärbehörden wird von dieser Bestimmung bei Probenahmen und bei der Durchführung von Bekämpfungsprogrammen, wie zuletzt bei der Aujeszky-Sanierung, umfangreich Gebrauch gemacht.

Das Tierseuchenrecht greift in das Eigentumsrecht des Tierhalters ein. Der Vollzug des Arzneimittel-, Lebensmittel- und Fleischhygienerechts betrifft vor allem die vor- und nachgelagerten Bereiche, aber zunehmend auch die Urproduktion.

Ziele der staatlichen Tierseuchenbekämpfung sind
- das Verhindern der Einschleppung nicht heimischer Tierseuchen in die Bundesrepublik (Beispiel: Afrikanische Schweinepest) durch Handelsüberwachung, Quarantäne und Warnsysteme des Internationalen Tierseuchenamtes (OIE Paris),
- die Isolierung und Beseitigung von Ausbrüchen gefährlicher Tierseuchen (z. B. MKS, Europäische Schweinepest) durch Tötung und unschädliche Beseitigung erkrankter, verdächtiger und gefährdeter Tiere,
- die Tilgung endemischer Tierseuchen mit Sanierungs- und Bekämpfungsverfahren (z. B. Aujeszkysche Krankheit), durch diagnostische Überwachung und zeitweilige Impfprogramme,
- die Verringerung von Zoonose-Erregern (z. B. Salmonellen im Tierbestand).

Im Ergebnis der Schweinepest-Seuchenzüge der 1990er Jahre ist die **Schweinehaltungshygiene-Verordnung** (07.06.1999) erlassen worden. Mit ihr soll einerseits die Gefahr der Einschleppung von Seuchen verringert und zum anderen deren frühe Erkennung gefördert werden (Anlage J3).

Die **Viehverkehrsverordnung** ist eine Sammlung gesetzlicher Vorschriften zu allen Problembereichen des Handels mit Vieh. Neben den Anforderungen an Räume, Plätze, Fahrzeuge und die dabei zu beachtenden Reinigungs- und Desinfektionsmaßnahmen legt sie die Anforderungen an die Registrierung von Nutztierhaltungen, die Kennzeichnung von Vieh, die Aufzeichnungspflichten im Viehhandel und in den Nutztierbeständen über Tierbewegungen sowie die Form und Handhabung von Begleitdokumenten (z. B. Rinder- u. Equidenpass) fest. Diese und weitere Pflichten für den Schweinehalter fasst die Übersicht in Tabelle F1 zusammen.

1.1.2 Strategien der Seuchenbekämpfung

Die Bekämpfungsstrategie wird der jeweiligen Tierseuche durch Experten aktuell angepasst und auf dem Verwaltungsweg staatlich verbindlich geregelt. Dabei können zeitlich unterschiedliche Maßnahmen in Abhängigkeit von den Bedingungen einer speziellen Krankheit und deren Wandlungen angewendet werden.

Die Festlegung der **Strategie zur Bekämpfung** von Tierseuchen berücksichtigt
- den Grad der Gefährdung für Mensch und Tier,
- die Ausbreitungstendenz und den Grad der Durchseuchung im Bestand, in dessen Umgebung und im Territorium,
- die Größe und Lage des betroffenen Bestandes,
- Kontaktmöglichkeiten über Verkehrswege, Personen- und sonstigen Verkehr sowie
- die Auswirkung der Bekämpfungsmaßnahmen auf andere Wirtschaftszweige (bei Sperrmaßnahmen beispielsweise auf den Berufsverkehr, Versorgungseinrichtungen u. a.).

Aus der Einschätzung aller Umstände leitet sich die spezifische Bekämpfungsstrategie ab. Mögliche **Bekämpfungsstrategien** sind
- die **Merzung des Bestandes** zur Vernichtung des Erregerreservoirs und zur Unterbrechung jeglicher Weiterverbreitung von

Tabelle F1: Pflichten des Schweinehalters nach der Viehverkehrsordnung

• **Bestandsanzeige/Betriebsregistrierung** (§ 24 b)	• Anmeldung der Tierhaltung bei der zuständigen Veterinärbehörde; zusätzlich Anzahl der im Jahr durchschnittlich gehaltenen Tiere, Nutzungsart, Standort mitteilen • Änderungen unverzüglich anzeigen
• **Kennzeichnungspflicht** (§ 19 b)	• Kennzeichnung im Ursprungsbestand spätestens beim Absetzen mit amtlicher Ohrmarke (auch im geschlossenen Bestand): Buchstaben DE, des KFZ-Kennzeichens und letzte sieben Zahlenstellen der Registrier-Nr. des Herkunftsbetriebes, bestehend aus Gemeindekennziffer und Betriebs-Nr., in schwarzer Schrift auf weißem Grund. Bei Verlust der Ohrmarke unverzüglich nachkennzeichnen. • Schlachtschweine sind ausgenommen, die mit Schlagstempel gekennzeichnet sind.
• **Bestandsregister** (§ 24 c)	• Jeder Schweinehalter führt ein Bestandsregister: Vorhandene Schweine, Zu- und Abgänge mit Ohrmarkennummern. Bei Zugängen Name und Anschrift des Herkunftsbetriebes und Datum des Zugangs, bei Abgängen Name und Anschrift des Erwerbers und Datum des Abganges. Register ist mit Seitenzahlen zu versehen. Führung des Bestandsregisters gebunden, als Loseblattsammlung oder per EDV. • Aufbewahrungsfrist 3 Jahre.
• **Verfütterungsverbot für Speise- und Schlachtabfälle** (§ 24 a)	• Die Verfütterung von Schlacht- und Speiseabfällen an Klauentiere ist verboten. • Bis 2006 ist sie nur zulässig, wenn ordnungsgemäße Erhitzung der Abfälle in zugelassener und überwachter Anlage erfolgt.
• **Schweinedatenbank** (§ 19 c) Bundesweit wird diese von „HI-Tier" (Herkunftssicherungs- und Informationssystem Tierhaltung) betreut.	• Schweinehalter (Landwirt, Viehhändler, Transportunternehmer, Sammelstelle, Schlachtbetrieb) haben innerhalb 7 Tagen an beauftragte Stelle die Übernahme von Schweinen zu melden mit Angabe von – eigener Registrier-Nr. – Registrier-Nr. des Abgebenden – Anzahl der übernommenen Schweine – Datum der Übernahme

hochansteckenden Krankheiten, die mit erheblichen Schäden einhergehen. Die betroffenen und verdächtigen Tierhaltungen werden geräumt, Bestände mit möglichem Erregerkontakt durch Nachbarschaft, territoriale Nähe oder Tier- und Personenverkehr können einbezogen werden (Beispiele MKS, Schweinepest),
– die **Sperre des Bestandes** für jeglichen Tierhandel, die Merzung betroffener Schweine und ein Auslaufen des Bestandes nach Ausmast der Tiere (Beispiele: Brucellose im großen Zuchtbestand, Aujeszkysche Krankheit im großen Mastbestand im freien Gebiet),
– die **Entfernung erkrankter Tiere** bzw. Tiergruppen einschließlich der labordiagnostisch als positiv identifizierten Zuchttiere (Beispiele: Tollwut, Milzbrand, Leptospirose),
– ein **Verzicht auf weitere staatliche Bekämpfung** bei Krankheiten, die infolge ihrer zunehmenden Verbreitung, ihrer untergeordneten gesamtgesellschaftlichen Bedeutung sowie ihrer hohen Faktorenabhängigkeit und vergleichsweise geringen Schadwirkung als Enzootien einzustufen und bestenfalls den meldepflichtigen Krankheiten zuzuordnen sind. Solche Erkrankungen können durch angemessene hygienische und immunprophylaktische Maßnahmen vor Ort unter Kontrolle gehalten werden (Beispiele: Rotlauf, Parvovirose, TGE, PRRS).

Zu dieser zeitbegrenzt betriebs- oder gebietsweit notwendigen Tierseuchenbekämpfung kommen **landesweite Programme zur Zoo-**

nosenbekämpfung. Sie gelten auftretenden Tiererkrankungen, meist aber latenten Erregerkontaminationen, die ihrerseits durch Lebensmittelinfektion die menschliche Gesundheit gefährden können (Beispiel: Salmonellen). In diesem Bereich sind mit dem Erkenntnisfortschritt zukünftig weitere Programme zu erwarten (Beispiele: Toxoplasmen, enterohaemorrhagische E. coli, Campylobacter).

Gegebenenfalls können **staatlich bzw. durch die Tierseuchenkasse geförderte Programme** zur Zurückdrängung einer wirtschaftlich bedeutsamen Krankheit und ihres Erregers beitragen (Beispiel: Schnüffelkrankheit durch Nasentupferuntersuchungen in Zuchtbetrieben einiger Länder).

1.1.3 Instrumente der Seuchenbekämpfung

Auf der Grundlage von Gesetzen in der Hierarchie Europäische Union → Bund → Land erfolgt die staatliche Bekämpfung von Tierseuchen und anderer besonderer Gefahren.

EU-Richtlinien aus Brüssel geben generelle Handlungsweisen vor, die üblicherweise innerhalb von 2 Jahren in Gesetze oder Verordnungen des Bundes umgesetzt werden müssen.

EU-Verordnungen sind dagegen für alle EU-Staaten direkt rechtsverbindlich, sie können besondere Seuchen und Gefährdungen betreffen (denkbares Beispiel: Auftreten der Afrikanischen Schweinepest).

Im Tierseuchenrecht schöpfen die EU und der Bund ihre Rechtskompetenzen weitgehend aus. Die Bundesländer erlassen dazu Ausführungsgesetze, Durchführungsbestimmungen und weitere Verwaltungsvorschriften, die Einzelheiten zum Vollzug regeln. Das Tierseuchenrecht wird ständig fortgeschrieben, im Internet verbreitet, in Gesetzestexten fixiert und zur Anwendung ausgelegt. Ein Beispiel einer Verwaltungsvorschrift zum Tierseuchengesetz zeigt die Tabelle F2.

Die **epidemiologische Bearbeitung** der Ursachen eines Seuchenfalls begleitet die Maßnahmen der Bekämpfung. Bei Notwendigkeit zieht die zuständige Behörde Spezialisten hinzu, die aus den verfügbaren Informationen ein epidemiologisches Gesamtbild erstellen. Das Ergebnis geht in eine zentral geführte Datenbank

Tabelle F2: Verwaltungsvorschrift zur Durchführung des Tierseuchengesetzes auf Landesebene

1. Bienenseuchensachverständige
   - Bestellung, Aufgaben, Entschädigung
   - Tätigkeit im Auftrag des Amtstierarztes (ATA)

2. Beitragserhebung für die Tierseuchenkasse
   - Hebelisten und Leistungsbescheide, Beitragsübersichten durch Gemeinden
   - Abzug der Hebegebühr, Kreisübersichten
   - Beitragsabführung an die Tierseuchenkasse

3. Gebührenerstattung für abgelieferte Tierkörper (TBA)
   - Ablieferungsbescheinigung, Unterschriften: Tierbesitzer und Abholender
   - Tierseuchenkasse finanziert Besitzeranteil (1. Drittel) und vorfinanziert Landesanteil (2. Drittel), ATA bestätigt Zahlungen des Landkreises (3. Drittel) an die Geschäftsstelle (Beispiel)
   - TBA stellt monatlich entsorgte Tierkörper für Veterinärämter zusammen

4. Feststellung einer anzeigenpflichtigen Krankheit
   - Anzeige eines Verdachts durch Tierbesitzer, Tierarzt, Tierhändler u. a.
   - Untersuchungen an lebenden und toten Tieren durch ATA = amtlicher Verdacht
   - labordiagnostische Verfolgsuntersuchungen = Bestätigung des Verdachts
   - Nachprüfungen und Diagnosestellung: amtliche Diagnose durch den Amtstierarzt

5. Schätzung und Finanzierung zu tötender Tiere
   - Bestellung eines amtlichen Schätzers und der Schätzkommission (mit ATA und Tierbesitzer), Wertschätzung der Tiere vor der Tötung
   - Schätzurkunde verbindlich für Entschädigungsverpflichteten
   - Schätzurkunde an Tierseuchenkasse (mit Sektionsbericht, Gutachten, Abrechnungen, Beitragsbestätigung, Abrechnung für den Schätzer)
   - in der Tierseuchenkasse wird die Entschädigungssumme festgelegt (nach Einholung aller Unterlagen und Kontrolle der zurückliegenden Beitragszahlungen des Betriebes)

6. Kostenanteil des Landes
   - Untersuchungen, Gebühren

ein, die für EU-weite Regelungen genutzt wird und die Fachbehörden informiert. Deren Analysen dienen der Klärung der Übertragungswege und Erregerreservoire sowie der Bewertung angewendeter Bekämpfungsstrategien. Die Kenntnis der im Referenzlabor ermittelten Genotypen eines Seuchenerregers trägt zur Aufklärung seiner Herkunft bei. Die gesetzlich vorgeschriebenen Aufzeichnungen von Tierbewegungen bilden gleichermaßen einen Beitrag zur Tierseuchenvorbeuge und -bekämpfung.

Die **Daten zu den anzeigepflichtigen Seuchen** werden aus den Kreisen in das EDV-Programm „Tierseuchennachrichten" eingegeben. Die Bundesforschungsanstalt für Viruskrankheiten der Tiere und das zuständige Bundesministerium stellen sie zusammen und übermitteln sie an die EU-Kommission und das Office International des Epizooties (O.I.E.) in Paris.

Die Bundesländer haben **Tierseuchenkassen** eingerichtet, die vom landwirtschaftlich orientierten Vorstand geführt werden; die Geschäftsleitung ist in der Regel einem Tierarzt übertragen. Die Tierseuchenkasse bildet eine gemeinnützige Solidargemeinschaft mit der Pflicht zur Beitragszahlung für Tierhalter. In diese ist für alle gemeldeten Nutztiere – vom Pferd bis zum Bienenvolk – ein Beitrag einzuzahlen. Die Gelder werden für Entschädigungen, Beihilfen, Tierkörperbeseitigungskosten und für vom Vorstand festgelegte Diagnostik- und Bekämpfungsprogramme ausgegeben. Die staatliche Entschädigung für im Seuchenfall gekeulte Tierbestände wird über die Tierseuchenkasse ausgereicht (siehe Tab. F2).

Durch die Gemeinden für den Landkreis erstellte Viehzählungen und Hebelisten der Beiträge ergeben eine Übersicht zu den vorhandenen Tierbeständen. Erhebliche Unstimmigkeiten zwischen gemeldeten und im Seuchenfall tatsächlich vorhandenen Tierzahlen eines Tierhalters können ebenso wie die bewusste Verzögerung der Meldung einer anzeigepflichtigen Seuche geahndet werden und im groben Fall zur Kürzung oder zum Wegfall der Entschädigung führen.

An Hand der Meldepflicht beobachtet der Staat einige kritische Krankheiten. **Meldepflichtige Tierkrankheiten** erfasst ebenfalls die zuständige Veterinärbehörde mit Hilfe der Tierärzte der Praxis, der Tiergesundheitsdienste, der Schlachtstätten und der Untersuchungsstellen.

Die **zuständige Behörde** für die Tierseuchenbekämpfung vor Ort ist die Veterinärbehörde des Landkreises oder der kreisfreien Stadt. In besonderen Ausnahmesituationen, z. B. beim Auftreten der MKS, kann eine übergeordnete Veterinärbehörde des Landes die Zuständigkeit an sich ziehen, sodass der letztendliche Vollzug bei ihr liegt.

1.1.4 Schweinehaltungshygiene-Verordnung

● **Ziele und Zweck**

Sinn und Zweck der SchwHaltHygVO vom 7.6.1999 ist der Schutz von Schweinebeständen vor der Einschleppung und Übertragung ansteckender Tierseuchen, die zu erheblichen wirtschaftlichen Auswirkungen für den Einzelbetrieb, seine unmittelbare Nachbarschaft und für eine ganze Region führen können. Deshalb gilt die Verordnung grundsätzlich für alle schweinehaltenden Betriebe einschließlich Kleinst- und Hobbybetrieben sowie Freilandhaltungen. Sie wurde im Ergebnis des Schweinepest-Seuchenzuges der 1990er Jahre erlassen. Der Seuchenverlauf hat gezeigt, dass ca. 50 % der Seuchenfälle durch Personen- und Tierverkehr verursacht wurden und die Seuche vor allem in kleineren Betrieben ausbrach.

Die Verordnung stellt einerseits ein Bindeglied zwischen öffentlicher Ordnung (Amtstierarzt) und privatwirtschaftlicher Tierhaltung (Landwirt) dar, zum anderen fördert sie die engere Zusammenarbeit von Tierhalter und Haustierarzt im Interesse der Tiergesundheit und der Seuchenvorbeuge.

Im Einzelnen wird in der **SchwHaltHygVO** folgendes gesetzlich geregelt:
- Dokumentationspflichten zur Tiergesundheit und Fortpflanzung,
- betriebseigene Kontrollen zur tierärztlichen Bestandsbetreuung, Tiergesundheit, zum baulichen Zustand und zur Dokumentation,
- baulich-funktionelle und hygienisch-organisatorische Anforderungen zum Seuchen- und Infektionsschutz (Umkleiden, Reinigung und Desinfektion, Futterlagerung, Kadaverlagerung und -abfuhr, Tierverkehr),
- die Pflicht zur Umfriedung von Betrieben ab 100 Sauen bzw. 700 Mastplätzen und von Gemischtbetrieben (Tab. F3),
- die Genehmigungspflicht von Freilandhaltungen,
- der getrennte Transport von Nutz- und Zuchtschweinen sowie von Schlachtschweinen aus anderen Betrieben.

● **Auflagen für verschiedene Betriebsgrößen**
Die Verordnung differenziert die Auflagen nach 3 **Betriebsgrößenklassen** (Tab. F4). Für die mittelgroßen und großen Betriebe mit Stallhaltung (Klasse II und III) sind Anforderungen an den baulichen Zustand, die Betriebsführung, Reinigung und Desinfektion, den Tierverkehr und die Lagerung von Dung und Gülle in den Anlagen 2 und 3 der Verordnung sowie für die Freilandhaltungen in den Anlagen 4 und 5 festgelegt.

Die **Freilandhaltung** ist nur noch mit einer Genehmigung durch die zuständige Veterinärbehörde möglich. In Gebieten, die durch Schweinepest bei Wildschweinen gefährdet sind, kann diese Genehmigung versagt werden.

Für jeden Schweinebestand hat der Halter eine **tierärztliche Betreuung** sicherzustellen, wodurch das Prinzip des Haustierarztes gestärkt werden soll. Bei mehr als 3 Sauen und mehr als 20 Mast- oder Aufzuchtplätzen ist mindestens 2-mal jährlich, im reinen Mastbetrieb mindestens einmal pro Mastdurchgang eine zusätzliche Hygiene- und Gesundheitsanalyse durchzuführen.

Der **betreuende Tierarzt** muss über ein besonderes Fachwissen in den Bereichen der Schweinehaltung, -hygiene und -gesundheit verfügen. Dazu hat er regelmäßig an Fortbildungsveranstaltungen teilzunehmen, die insbesondere
● tierseuchenrechtliche Vorschriften und epidemiologische Zusammenhänge,
● seuchenprophylaktische und betriebshygienische Maßnahmen sowie
● die Medikation und Arzneimittelanwendungen betreffen.

Die durchgeführten tierärztlichen Untersuchungen und Behandlungen sowie weitergehende Untersuchungen und deren Ergebnisse sind in einem Bestandskontrollbuch bzw. im Bestandsregister oder durch Besuchsprotokolle zu dokumentieren.

Alle Betriebe sind darüber hinaus verpflichtet, komplette Dokumentationen zu den Tierbewegungen (Bestandsregister) sowie zu den Fortpflanzungsdaten und Tierverlusten vorzulegen. Bei Überschreitung der in Tabelle F5 genannten Parameterwerte wird die tierärztliche Abklärung innerhalb von 7 Tagen bzw. nach zeitnaher Auswertung der abgeschlossenen Tiergruppe gefordert. Bei akutem Krankheits- und Verlustgeschehen ungeklärter Ursache ist umgehend zu handeln, wozu klinische und labordiagnostische Methoden einzusetzen sind.

Der **Beaufsichtigung durch den beamteten Tierarzt** unterliegen alle Schweinebestände nach § 10 der Verordnung. Sie veranlasst den Amtstierarzt zu Kontrollen, denen bei Notwendigkeit Auflagen oder Geldbußen folgen. Die Besuchsfrequenz und Kosten der amtlichen Kontrollen werden vom zuständigen Landesministerium auf dem Erlassweg festgelegt. Schließlich ist die zuständige Veterinärbehörde ermächtigt, auch weitergehende Unter-

Tabelle F3: Einfriedungspflicht bei Gemischtbeständen mit weniger als 100 Sauen (§ 11 Schw Halt Hyg VO)

Sauenplätze	Mastschweinplätze
99	7
98	14
95	35
90	70
85	105
80	140
75	175
70	210
65	245
60	280
55	315
50	350
45	385
40	420
35	455
25	525
20	560
15	595
10	630
5	665
1	693

Tabelle F4: Festlegung der Betriebsgrößen bei Stallhaltung in der Schw Halt Hyg VO

Betriebsgröße	Sauen	Läuferaufzucht- bzw. Mastplätze	Mischbetriebe[1]
I	≤ 3	≤ 20	–
II	> 3–150	> 20–700	≤ 100 Sauen
III	> 150	> 700	> 100 Sauen

[1] Bei gemischten Betrieben ist die Anzahl der Mastplätze nach § 2 Nr. 9 in Sauenplätze umzurechnen, die als „fiktive Sauenplätze" den tatsächlich vorhandenen Sauenplätzen hinzuzufügen sind (7 Mastplätze ≙ 1 Sauenplatz). Damit gelten auch für zahlreiche gemischte Betriebe mit weniger als 100 Sauenplätzen die Anforderungen nach Anlage 3 (siehe Tab. F3).

Tabelle F5: Auflagen zur Meldung erhöhter Krankheitsdaten und Fortpflanzungsstörungen (ab Betriebsgröße II)

• **Todesfälle** je Durchgang	(Ursachenklärung innerhalb 7 Tagen)
– Saugferkel	• > 20 % (II), > 10 % (III, V)
– Läufer	• > 5 % (II, IV), > 3 % (III, V)
– Mast	• > 5 % (II, IV), > 3 % (III, V)
• **Kümmern**	• > 15 Tiere in den 10 letzten Würfen (II)
	• > 30 Tiere = > 7 % in den 10 letzten Würfen (III, Freiland)
• **Fieberhafte Erkrankungen**	• (≳40,5 °C) gehäuft über einen Zeitraum von 7 Tagen
• **Aborte** in 4 Wochen	• > 2,5 %
• **Umtauschquote** in 4 Wochen	• > 20 %

suchungen zu veranlassen, wenn diese zur Seuchenvorbeuge bzw. -abklärung erforderlich sind. Sie kann zudem die Ausstallung von Schweinen aus Beständen beschränken, die nicht die Anforderungen einhalten oder deren Besitzer die Schweinehaltung nicht nach § 24b der Viehverkehrsordnung angezeigt hat. Ausnahmen sind möglich, wenn der Schutzzweck der Verordnung erfüllt wird.

1.2 Tierkörperbeseitigung

Durch das In-Kraft-Treten der EU-Verordnung über Tierische Nebenprodukte (Verordnung (EG) 1774/2002 des Europäischen Parlaments und des Rates vom 3. Oktober 2002 mit Hygienevorschriften für nicht für den menschlichen Verzehr bestimmte tierische Nebenprodukte) im Mai 2003 wurde das bisher geltende nationale Tierkörperbeseitigungsrecht stark verändert. An die Stelle der für Mensch, Tier und Umwelt unschädlichen Beseitigung von Tierkörpern, Tierkörperteilen und Erzeugnissen, insbesondere verendeter oder genußuntauglicher Tiere, tritt eine Verwertung von Materialien, die in Abhängigkeit von ihrem seuchenhygienischen Risiko in 3 Kategorien eingeteilt sind: *Neben der Verbrennung oder Deponierung vorbehandelter Materialien mit hohem seuchenhygienischen Risiko (Kategorie 1 und 2) ist auch ein Einsatz in Biogas- oder Kompostieranlagen oder als Düngemittel nach entsprechender Vorbehandlung für Material mit geringem seuchenhygienischen Risiko (Kategorie 3) möglich.*

Die Bestimmungen für die Beseitigung verendeter Tiere im landwirtschaftlichen Betrieb werden durch das Tierische Nebenprodukte-Beseitigungsgesetz (TierNebG) vom 25.01.2004 geregelt (BGBl. I, S. 82).

Die Tierkörper verendeter Schweine sind nach Artikel 5 der VO (EG) 1774/2002 Material der Kategorie 2 und müssen einer Tierkörperbeseitigungsanstalt zugeführt werden. Das im alten Tierkörperbeseitigungsgesetz erlaubte Vergraben verendeter einzelner Ferkel, die in Kleinhaltungen anfielen, ist nach neuem Recht nicht mehr statthaft. Ferner unterliegen die Verwendung von Mist und Gülle unter veterinärrechtlichen Aspekten den Bestimmungen der EU-Verordnung Tierische Nebenprodukte.

Auch nach dem neuen TierNebG gelten folgende Pflichten für alle Halter von Schweinen und sonstigen landwirtschaftlichen Nutztieren:
- Der Tierbesitzer hat den Anfall von toten Klauentieren **unverzüglich** zu melden. Er ist ferner zur Mitwirkung bei der Herausgabe der Tierkörper nach Lagerung an einem der TBA bekannten Abholort bzw. Lagerplatz verpflichtet.
- Das **Abhäuten, Eröffnen und Zerlegen** von Tieren ist im landwirtschaftlichen Betrieb grundsätzlich verboten; lediglich der Amtstierarzt darf im landwirtschaftlichen Betrieb eine Zerlegung durchführen bzw. anordnen.
- Die **Lagerung von Tierkörpern** erfolgt getrennt von anderen Abfällen. Menschen dürfen nicht unbefugt und Tiere keinesfalls mit ihnen in Berührung kommen.

Die SchwHaltHygVO hat die Bestimmungen zur Lagerung der Kadaver in den Betrieben weiter konkretisiert, wobei **Kleinstbetriebe** mit bis zu 3 Sauen und/oder 20 Mastschweinen einbezogen sind. **Größere Betriebe** mit Stallhaltung müssen entweder über einen verschließbaren

Raum, einen geschlossenen fugendichten Behälter oder über eine sonstige geeignete Vorrichtung zur Lagerung von Kadavern verfügen. Diese Einrichtungen müssen gegen unbefugten Zugriff durch Menschen, das Eindringen von Schadnagern und das Auslaufen von Flüssigkeiten gesichert und leicht zu reinigen und zu desinfizieren sein. Für die Abholung sind die fugendichten Behälter oder sonstigen Vorrichtungen so aufzustellen, dass sie möglichst ohne Befahren des Betriebsgeländes durch die TBA-Fahrzeuge entleert werden können (Anlage 2, Abschnitt I).

Freilandhaltungen benötigen zur Aufbewahrung von Tierkörpern ebenfalls einen geschlossenen fugendichten Behälter.

Großbetriebe sollten zur Verminderung von Erregervermehrung die Kadaver bei der Lagerung kühlen. Sie werden als sogenannte Terminkunden in Absprache mit der zuständigen Tierkörperbeseitigungsanstalt an festgelegten Tagen pro Woche vom TBA-Fahrzeug angefahren.

Grundsätzlich ist bei allen Baumaßnahmen die Lagerung und Abholung der anfallenden Tierkörper zu berücksichtigen und in die Planung einzubeziehen. Hierauf wird im Rahmen der amtlichen Baugenehmigung geachtet.

Beseitigungspflichtige Tierabprodukte werden von einer durch das Land bestimmten, amtstierärztlich überwachten Tierkörperbeseitigungsanstalt (TBA) abgeholt. Diese hat für jede Füllung des Verarbeitungskessels durch Aufzeichnung nachzuweisen, dass in dessen Zentrum 133 °C bei 3 Bar Druck über 20 Minuten erreicht wurden. Derartige Werte genügen, um sämtliche Krankheitserreger einschließlich der Prionen (TSE) abzutöten (siehe Kap. C9).

1.3 Tierschutz

1.3.1 Rechtsgrundlagen zur Tierhaltung

Das **Tierschutzgesetz** (Fassung vom 25.5.1998) und die Allgemeine Verwaltungsvorschrift zu dessen Umsetzung (9.2.2001) regeln den Umgang mit den Haustieren. Der § 1 definiert das Tier im Sinne der christlichen Ethik und abendländischen Kultur als „Mitgeschöpf", dem ohne „vernünftigen Grund" keine Schmerzen, Schäden, Leiden zugefügt werden dürfen. Im Tierhalterparagraph 2 werden Haltungsanforderungen dahingehend formuliert, dass durch Bewegungseinschränkung und Haltungsdefizite keine vermeidbaren Schmerzen, Schäden, Leiden entstehen dürfen. Im Verbotsparagraphen 3 werden Einschränkungen zum Umgang mit Tieren geregelt, und im § 4 sind Vorschriften zum Töten von Tieren enthalten. Das Vorgehen bei schmerzhaften Eingriffen formuliert der Paragraph 5.

Der **Vollzug tierschutzrechtlicher Regelungen** des Bundes erfolgt zur Zeit mit Hilfe von Verordnungen des Bundes, die sich im Wesentlichen an den EU-Vorgaben orientieren, jedoch teilweise auch darüber hinausgehen. Diesbezügliche Erfahrungen des Landes Niedersachsen liegen beispielsweise in dessen „**Leitlinien für eine tiergerechte Schweinehaltung**" vor. Derartige Vorgaben bilden eine Wegweisung für amtliche Betriebsüberprüfungen, die üblicherweise mit vorbereiteten Checklisten erfolgen.

Besondere Bedeutung haben die Folgeregelungen des Bundes zur früheren **Schweinehaltungs-Verordnung** (1994). Sie stellen konkrete Anforderungen an die Aufstallung und Haltung, damit den Tieren weder Bedingungen auferlegt noch Leistungen abverlangt werden, die deren Belastbarkeit überfordern und dadurch vermeidbare Schmerzen, Leiden oder Schäden verursachen (siehe Kapitel B 5 und B 6).

Die **Tierschutz-Schlachttier-Verordnung** (1997) trifft für den Schweinehalter zu, der Tiere zur Direktvermarktung selbst schlachtet. Nachzuweisen sind dann Sachkunde sowie die erforderlichen Betäubungs- und Tötungseinrichtungen.

1.3.2 Überwachung von Tiertransporten

Der Transport von Schweinen stellt den größten Anteil aller Nutztiertransporte in Deutschland und innerhalb der Europäischen Union dar. Jedes der in Deutschland jährlich geschlachteten Schweine wird zumindest einmal auf dem Weg zum Schlachtbetrieb transportiert, viele bereits als Ferkel vom Erzeuger- zum Aufzucht- oder Mastbetrieb. Vielfach werden im Rahmen der arbeitsteiligen Schweinehaltung in verschiedenen Betrieben auch Zuchttiere innerhalb des sogenannten Sauenkarussells zwischen Deckzentrum, Wartebereich und Abferkelstall regelmäßig bewegt. Diese Transporte finden überwiegend innerstaatlich statt, jedoch wird auch eine erhebliche Anzahl von Ferkeln und Schlachtschweinen in andere Mitgliedstaaten der EU befördert. Hinzu kommt eine große Zahl von Tiertransporten aus anderen EU-Ländern zu deutschen Betrieben und Schlachthöfen.

Die beim Transport zu beachtenden **tierschutzrechtlichen Anforderungen** sind nach dem Stand der aktuellen Erfahrungen EU-weit in der Richtlinie 91/628/EWG, zuletzt geändert durch die Richtlinie 95/29/EG vom 29.06.1995, vorgegeben.

In deutsches Recht wurden diese Bestimmungen durch die **Tierschutztransport-Verordnung** (1997) umgesetzt, aktuell gilt die Neufassung vom 11.06.1999. Sie regelt hauptsächlich den gewerblichen Transport von Tieren durch den Viehhandel. Allerdings gelten die allgemeinen Anforderungen an die Beschaffenheit von Transportfahrzeugen und die Sachkunde des Beförderers auch für die von Schweinehaltern selbst durchgeführten Transporte (siehe Kap. B8).

Die Einhaltung der Bestimmungen wird von den Veterinärbehörden der Landkreise und kreisfreien Städte in Zusammenarbeit mit den Polizeibehörden überwacht (§41). Danach können Tiertransporte jederzeit angehalten und kontrolliert werden, wenn dies zur Vermeidung von Schmerzen, Leiden oder Schäden der beförderten Tiere erforderlich erscheint bzw. wenn eine Gefahr für die öffentliche Sicherheit oder Ordnung abzuwenden ist. Bei den Kontrollen werden die Begleitbescheinigungen, vor allem aber die Transportfähigkeit der beförderten Nutztiere, der technische Zustand des bzw. der Fahrzeuge, die Ladedichte, die Abtrennung der Transportgruppen, die zulässige Gruppengröße, die Höhe des Laderaumes, die Beschaffenheit der Boden- und Rampenflächen usw. mit Checklisten überprüft. Festgestellte Verstöße werden protokolliert und angemessen geahndet. Die nachfolgenden Maßnahmen werden angeordnet, sofern dies erforderlich ist. Dabei handelt es sich um Folgendes:

- Weiterführung des Transportes, sofern der körperliche Zustand der Tiere dies erlaubt; jedoch Ahndung der festgestellten Verstöße im Rahmen von Straf- oder Ordnungswidrigkeitenverfahren.
- Rücksendung der Tiere zum Versandort auf dem kürzesten Weg, sofern die Entfernung und der körperliche Zustand der Tiere dies erlauben.
- Entladen und Versorgung der Tiere, bis eine den Anforderungen der Verordnung entsprechende Fortführung des Transportes sichergestellt ist.
- Schlachtung der Tiere oder Tötung unter Vermeidung von Schmerzen und Leiden.

Beförderer und Transportführer haben diese Maßnahmen zu dulden und die mit der Durchführung dieser Maßnahmen beauftragten Personen zu unterstützen. Zu beachten sind die Formalien (Erlaubnis nach § 11 Tierschutztransport-VO, Sachkundebescheinigung des Transportführers oder seines Begleiters nach § 13) sowie die Vollständigkeit und Plausibilität der Eintragungen in das Transportkontrollbuch, zumeist kombiniert mit dem erforderlichen Reinigungs- und Desinfektionskontrollbuch.

Eine **Kontrolle aller angelieferten Tiere** durch „amtliche" oder beamtete Tierärzte erfolgt an Schlachtbetrieben (Lebendtieruntersuchung bei der Entladung) sowie auf Viehmärkten und Tierschauen (Auftriebsuntersuchung). Amtstierärzte übernehmen die Abfertigung grenzüberschreitender Tiertransporte an Drittlandgrenzen und auf zugelassenen Sammelstellen. Weiterhin werden zu exportierende Zuchttiere im Herkunftsbetrieb vor der Ausfuhr klinisch beurteilt.

1.4 Arzneimittelkontrolle

- **Anwendung von Tierarzneimitteln**

Die Anwendung aller apotheken- und verschreibungspflichtigen Arzneimittel an Tieren, die der Gewinnung von Lebensmitteln dienen, muß nach den geänderten Bestimmungen der Tierärztlichen Hausapotheken-VO und der Verordnung über Nachweispflichten für Arzneimittel seit September 2001 lückenlos dokumentiert werden (siehe Kap. E6).

Der **Tierarzt** ist durch die Neufassung der **Tierärztlichen Hausapothekenverordnung** (§ 13) verpflichtet, bei der Abgabe von Arzneimitteln einen Arzneimittelabgabe- und Anwendungsbeleg dem Tierhalter auszuhändigen, aus dem Anzahl, Art und Identität der zu behandelnden Tiere, die festgestellte Diagnose, Arzneimittel- und Chargenbezeichnung, Anwendungsmenge und die Art der Verabreichung und Menge der abgegebenen Arzneimittel, die Dosierung pro Tier und Tag, die Dauer der Anwendung und schließlich die zu beachtende Wartezeit zu ersehen sind. Für Arzneimittel, die der Tierarzt selbst anwendet, muss er für die Eintragung in das Bestandsbuch dem Tierhalter die Arzneimittelbezeichnung, die verabreichte Menge je Tier und die zu beachtende Wartezeit mitteilen.

Der **Tierhalter** ist für die Durchführung dieser Aufzeichnungen verantwortlich. Er hat sie und die dazugehörigen Arzneimittelabgabe- und -anwendungsbelege für einen Zeitraum von 5 Jahren aufzubewahren und auf Verlangen der zuständigen Überwachungsbehörde vorzulegen.

- **Überwachung und Probenahmen im Betrieb**

Für die **Überwachung der Arzneimittelanwendung** in den landwirtschaftlichen Betrieben sind die Veterinärbehörden der Landkreise und kreisfreien Städte zuständig. Stichproben werden bei besonderem Anlass gezogen. Zusätzlich werden auch geplante **Proben** in Erzeugerbetrieben (Blut-, Urin- und andere Proben, zumeist bei Masttieren) nach dem bundesdeutschen **Rückstandskontrollplan**, der die Vorgaben der EU-Richtlinie 96/23/EG umsetzt, entnommen (Rechtsgrundlage für den Rückstandskontrollplan ist die Fleischhygiene-VO, Anlage 1, Kap. 2 Nr. 2.2.).

Art und Anzahl der Proben werden jährlich in Abstimmung zwischen dem Bund und den Ländern festgelegt, die zuständigen Behörden nehmen sie vor Ort vor. Zeitgleich mit der Probenahme erfolgt auch eine arzneimittelrechtliche Überprüfung des Betriebes.

Kontrollen der Bestandsaufzeichnungen erfolgen außerdem nach Feststellung von positiven Rückstandsbefunden in Organ- und Muskelproben, die am Schlachtbetrieb routinemäßig nach den Vorgaben des Rückstandskontrollplanes genommen werden (zur Zeit 0,5 % aller Schlachtschweine), weiterhin bei Gelegenheit anderer Betriebskontrollen mit tierseuchen-, tierschutz- oder futtermittelrechtlichen Anlässen.

Überprüft werden die Vollständigkeit und Plausibilität der Dokumentation zum Arzneimittelbezug und -einsatz im Betrieb durch Einsichtnahme in die vorhandenen Arzneimittelabgabe- und -anwendungsbelege, Rechnungen und in das Arzneimittel-Bestandsbuch.

Zusätzlich erfolgt eine **Bestandsaufnahme** der im Betrieb vorhandenen Arzneimittel und Impfstoffe. Von der zuständigen Behörde ist weiterhin Folgendes zu beachten:
- Angaben zum Hoftierarzt sowie zu einem eventuell vorhandenen Betreuungsvertrag zwischen Betrieb und Tierarzt,
- eine evtl. vorhandene Ausnahmegenehmigung nach § 34 Tierimpfstoffverordnung über die Anwendung von Impfstoffen durch den Tierhalter,
- der Einsatz bestandsspezifischer Vakzinen,
- der Bezug und Einsatz von Fütterungsarzneimitteln.

- **Maßnahmen bei Verstößen**

Bei **Feststellung von Verstößen** gegen arzneimittel- oder lebensmittelrechtliche Bestimmungen sind abhängig von Art und Ausmaß der Regelabweichung sowie dem Grad der potentiellen Verbrauchergefährdung folgende Maßnahmen zu ergreifen:
- Einräumen von Fristen zur Beseitigung festgestellter Fehler und Mängel (die besonders häufig die Dokumentation betreffen),
- Einleitung von Maßnahmen nach § 69 Abs. 1 Arzneimittelgesetz,
- Maßnahmen nach dem Fleischhygiene- und Lebensmittelrecht, beispielsweise eine ordnungsbehördliche Verfügung nach § 7 Abs. 1 Fleischhygienegesetz, wonach die Schlachtung vor dem Schlachttag bei der zuständigen Veterinär- und Lebensmittelüberwachungsbehörde anzumelden ist,
- Ahndung von Ordnungswidrigkeiten (Bußgeld...) bzw. Maßnahmen nach dem Verwaltungsverfahrensgesetz (Anhörung und ordnungsbehördliche Verfügung), ggfs. mit Strafanzeige bei der Staatsanwaltschaft.

Dieses verwaltungsrechtliche Vorgehen ist im Interesse der gesamten Gesellschaft unverzichtbar, um die öffentliche Sicherheit bezüglich Tierseuchen-, Verbraucher-, Umwelt- und Tierschutz zu gewährleisten. Ergebnisse und Unterlagen von Maßnahmen der Eigenkontrolle und Qualitätssicherung im Betrieb und landwirtschaftlichen Verbund werden berücksichtigt. Ihre Qualität beeinflusst einerseits die amtliche Kontrolltiefe und andererseits das verwaltungsrechtliche Vorgehen bei Verstößen.

1.5 Lebensmittelüberwachung

Das System der Lebensmittel- und Futtermittelüberwachung wird in der EU seit Jahren grundlegend umgestellt und dabei insbesondere auf den gesundheitlichen Verbraucherschutz fokussiert. Die künftige Strategie der deutschen Land- und Ernährungswirtschaft wird vor allem an der Frage entschieden, wie sich die Verbraucher im Wettbewerb um hohe Qualitätsstandards der Lebensmittel verhalten werden. **Qualitätsstandards** beinhalten den vorsorgenden Verbraucherschutz, die Prozess- und Produktqualität sowie die umwelt- und tiergerechte Erzeugung.

Die **institutionellen Maßnahmen** zur Verbesserung der Lebensmittelsicherheit zielen auf
- die Trennung von Risikobewertung und Risikomanagement in der Lebensmittelüberwachung, um die Unabhängigkeit der wissenschaftlichen Einrichtungen gegenüber den Vollzugsbehörden zu garantieren,
- die Herstellung kompatibler Strukturen zwischen EU, Bund und Bundesländern zur Verbesserung der Risikokommunikation und eines einheitlichen Handelns,
- die Zusammenführung von Lebensmittel- und Futtermittelüberwachung, um die gesamte Erzeugerkette vom Feld bis zum Verbraucher nach einheitlichen Kriterien betrachten zu können.

Das Europäische Lebensmittelrecht regelt mit einer neuen Verordnung (VO [EG] Nr. 178/2002) für alle EU-Staaten verbindlich und einheitlich die Zuständigkeiten und Strukturen, die Untersuchungs- und Überwachungsaufgaben sowie die Wege zur Entscheidungsfindung im Vollzug des Lebensmittel- und Futtermittelrechts. Als wesentliche Elemente werden dabei die Risikoanalyse, das Vorsorgeprinzip, die Rückverfolgbarkeit, das Schnellwarnsystem und das Krisenmanagement angewendet. Diese und weitere Rechtsetzungen betreffen die Hygiene beim Herstellen und Inverkehrbringen von Lebensmitteln tierischen Ursprungs und bei ihrer Einfuhr aus Drittländern. **Überwachungs-Verordnungen** regeln die amtliche Futtermittel- und Lebensmittelüberwachung sowie Verfahrensvorschriften für die amtliche Untersuchung von Lebensmitteln tierischer Herkunft. Die hierzu geschaffenen rechtlichen und institutionellen Grundlagen zeigt Tabelle F6.

Die europäischen **lebensmittel- und fleischhygienerechtlichen Regelungen** betreffen vorrangig die Höchstmengen für Rückstände und Kontaminanten. Besonders hinzuweisen ist auf die Neufestsetzung von Dioxin-Höchstmengen in Futtermitteln, Lebensmitteln und Fleisch. Die Kontrollprogramme auf Pflanzenschutzmittel- und Tierarzneimittelrückstände, Umweltkontaminanten, Mykotoxine, Nitrat und Nitrit wurden verdichtet und zwischen EU, Bund und Bundesländern weitestgehend angeglichen (siehe Kap. A 3). Hierzu werden Proben an Schlachtkörpern und zunehmend auch in Tierbeständen in Verbindung mit amtlichen Kontrollen gezogen.

Der **Vollzug des Lebensmittelrechts** wie auch des Tierseuchen-, Tierschutz- und Arzneimittelrechts wird in den Kreisen und kreisfreien

Tabelle F6: Verbraucherschutzstrukturen in der Europäischen Union und in Deutschland

EU-Recht und EU-Gremien	Nationales Recht und nationale Gremien
• VO (EG) Nr. 178/2002 zur Festlegung der allgemeinen Grundsätze und Anforderungen des Lebensmittelrechts, zur Errichtung der Europäischen Behörde für Lebensmittelsicherheit und zur Festlegung von Verfahren zur Lebensmittelsicherheit	• Gesetz zur Neuordnung des gesundheitlichen Verbraucherschutzes und der Lebensmittelsicherheit (BGBl. I Nr. 57, 2002, S. 3082) (Lebensmittel-, Futtermittel-, Pflanzenschutz-, Tierseuchen-, Fleischhygiene-, Chemikalienrecht)
• Generaldirektion für Gesundheit und Verbraucherschutz (DG SANCO)	• Bundesministerium für Verbraucherschutz, Ernährung und Landwirtschaft
• Europäischen Behörde für Lebensmittelsicherheit (EFSA)	• Bundesinstitut für Risikobewertung (BfR)
• Lebensmittel- und Veterinäramt (FVO)	• Bundesamt für Verbraucherschutz und Lebensmittelsicherheit (BVL)

Städten durch **Veterinär- und Lebensmittelüberwachungsämter** durchgeführt. Die Kontroll- und Untersuchungstätigkeit betrifft vor allem die Lebensmittelherstellung sowie den Handel mit Lebensmitteln und Bedarfsgegenständen. Die Ämter ziehen routinemäßig und gezielt Plan-, Verfolgs- bzw. Verdachtsproben. Für erstere werden etwa 5 Proben im Jahr je 1000 Einwohner genommen, die mehrheitlich die leicht verderblichen Lebensmittel tierischer Herkunft betreffen.

Zur **Untersuchung von Probenmaterial** arbeiten in jedem Bundesland akkreditierte

- privatwirtschaftliche Untersuchungseinrichtungen zur Durchführung der Eigenkontrollmaßnahmen der Wirtschaft und
- staatliche Untersuchungsämter, deren Labore die staatliche Überwachungstätigkeit mit objektivierten Meßergebnissen unterlegen.

2 Qualitätssicherung der tierärztlichen Tätigkeit

2.1 Berufsfelder und Berufspflichten

In Deutschland waren Ende 2003 rund 32 000 **Tierärztinnen und Tierärzte** im Rahmen der Nutz- und Heimtiermedizin, des Seuchen- und Tierschutzes, der Fleischhygiene und Lebensmittelüberwachung sowie innerhalb vielfältiger labordiagnostischer und tiergesundheitlicher Aufgaben tätig. Als weitere Bereiche einer insgesamt breiten, vielseitigen Berufsbasis kommen Aufgaben in der Forschung und Lehre, in der Arzneimittelentwicklung, -erprobung und im -vertrieb, in der Versuchstierkunde und bei Tierversuchen sowie in der Zoo- und Wildtiermedizin hinzu. Praktizierende Tierärzte in eigener oder gemeinsamer Niederlassung mit und ohne Assistenten bilden den Kernbereich der Tätigkeit. Diese basiert auf verschiedenen Rechtsetzungen zum Umgang mit dem Tier, der Klientel und der Kollegenschaft (Tab. F7).

Die **amtliche veterinärmedizinische Tätigkeit** ist weitgehend durch Gesetze und Verordnungen geregelt. Künftige Amtstierärzte/innen durchlaufen vor ihrer Anstellung im öffentlichen Dienst in den meisten Bundesländern einen 2-jährigen Vorbereitungsdienst (Volontärzeit) bzw. ein Kursprogramm. Beides endet mit einer Staatsprüfung, nachdem verschiedene Arbeitsbereiche mehrerer Verwaltungsebenen und Untersuchungseinrichtungen durchlaufen wurden. Kommen eine erfolgreiche Promotion und die geforderte Praxiserfahrung hinzu, dann sind die eigentlichen Voraussetzungen für eine Anstellung im Rechtsvollzug gegeben.

Tabelle F7: Die tierärztliche Tätigkeit bestimmende Rechtsetzungen

1. **Rechtsakte auf Bundesebene:**

1.1 **Bundes-Tierärzteordnung** in der Neufassung vom 20. 11. 1981 (BGBl. I S. 1193), zuletzt geändert durch Art. 42 des Gesetzes zur Gleichstellung behinderter Menschen und zur Änderung anderer Gesetze vom 27. April 2002 (BGBl. S. 1467, 1478)
   Schwerpunkte: • Beschreibung des Berufsbildes Tierärztin/Tierarzt;
   • Voraussetzungen zum Führen der Berufsbezeichnung Tierärztin/Tierarzt

1.2 **Verordnung zur Approbation von Tierärztinnen und Tierärzten** sowie zur Änderung anderer approbationsrechtlicher Vorschriften vom 10. 11. 1999 (BGBl. I S. 2162), zuletzt geändert am 12. 01. 2001 (BGBl. 2001, S. 119) = **TAppO**
   Schwerpunkte: • Dauer und Inhalt der tierärztlichen Ausbildung, Prüfungen

2. **Rechtsakte auf Landesebene:**

2.1 **Heilberufegesetz** der einzelnen Bundesländer
   Schwerpunkte: • Rahmenvorschriften zur Berufsausübung/Berufspflichten (u. a. Pflicht der Berufsangehörigen, sich fortzubilden; gewissenhafte Berufsausübung-GVP)
   • Rahmenvorschriften zur Weiterbildung

3. **Rechtsakte der Selbstverwaltungskörperschaften** (Tierärztekammern der Länder):

3.1 **Berufsordnung**
   Schwerpunkte: • Tierärztliche Berufspflichten und -rechte (Niederlassung, Berufsaufgaben, Praxisführung, Vertretung, Gebühren, Werbung, Klinik u. a.)

3.2 **Weiterbildungsordnung**
   Schwerpunkte: • Anforderungen für das Erwerben der Facharztanerkennungen und von Zusatzbezeichnungen (Ziel, Durchführung der Weiterbildung, Zulassung von Weiterbildungsstätten, Prüfungsverfahren)

Um die aus dem **Weißbuch zur Lebensmittelsicherheit** resultierenden Aufgaben flächendeckend im Interesse des gesundheitlichen Verbraucherschutzes durchführen zu können, ist der zusätzliche Einsatz **„amtlicher Tierärzte"** (siehe Anforderungskatalog der EU ab 1.1.2005) notwendig. Durch Ausbildung und ergänzende Qualifizierung werden hierzu die Voraussetzungen für diesbezüglich engagierte Tierärzte geschaffen. Der 23. Deutsche Tierärztetag in Magdeburg 2003 hat dazu einige Schwerpunkte formuliert:
- Approbierte Tierärzte können grundsätzlich die amtlichen Aufgaben übernehmen. Praktizierende Tierärzte müssen an der Qualifikation zum amtlichen Tierarzt teilhaben können.
- Die tierärztliche Weiter- und Fortbildung ist mit der Qualifikation zum amtlichen Tierarzt zu vernetzen. Die Berufsbilder im Lebensmittelbereich müssen erhalten und ausgebaut sowie in der Aus-, Weiter- und Fortbildung neu geprägt werden.
- Betriebseigenes Personal ist für die Wahrnehmung amtlicher Aufgaben und Untersuchungen nicht akzeptabel; diesem obliegt jedoch die der amtlichen Überwachung vorausgehende Eigenkontrolle.

Staatliche wie private Laboratorien und Tiergesundheitsdienste erarbeiten Untersuchungsbefunde und gutachterliche Stellungnahmen, mit deren Ergebnissen die amtliche und dienstleistende Tätigkeit untersetzt wird. Im Interesse der Vergleichbarkeit labordiagnostischer Befunde stimmen sich die Laboratorien methodisch miteinander über Ringtests und Validierungen ab. Diese Selbstkontrollen sind zeitgemäße Voraussetzungen für einen ausgeglichenen Qualitätsstandard und eine Zertifizierung.

Die allgemeinen Berufspflichten sind in speziellen Katalogen festgelegt, die alle Berufsbereiche betreffen und von der **Bundestierärztekammer** als Vereinigung und Interessenvertretung der Landestierärztekammern erstellt werden. Diese sind den jeweils gegebenen Bedingungen durch die **Landestierärztekammern** anzupassen, die als Selbstverwaltungsorgane mit hoheitlichen Aufgaben (Weiter- und Fortbildung, Berufsgerichtsbarkeit, Versorgungswerk u.a.) agieren und in denen alle approbierten Personen des Berufsstandes zahlende

Tabelle F8: Elementarpflichten aller tierärztlich tätigen Personen

„Gute Veterinärmedizinische Praxis" (GVP)
- „Ehrenkodex" im Umgang mit der Klientel und den Tieren
- Weiterbildung und laufende Fortbildung zur Spezialisierung auf einem Fachgebiet
- Grund- und Notfallversorgung durch jeden praktizierenden Tierarzt
- Diagnostik, Prophylaxe und Therapie an Einzeltieren sowie tierärztliche Bestandsbetreuung nach den Grundsätzen der GVP

Berufsständische Verpflichtungen
- Zwangsmitgliedschaft in der Landestierärztekammer (LTÄKa)
- Teilnahme am Bereitschaftsdienst für jeden praktizierenden Tierarzt
- Einhaltung des Berufs- und Standesrechts

Pflichtmitglieder sind. Allgemeine Verhaltenskriterien sind bereits in der Berufsordnung festgelegt (Tab. F8). Sie betreffen die Schweigepflicht bezüglich der Klientel sowie Pflichten zur gegenseitigen Vertretung und Teilnahme an Bereitschaftsdiensten, zur kollegialen Zusammenarbeit und zur Vermeidung eines unredlichen Wettbewerbs, wie unzulässige Eigenwerbung, gezielte Preisunterbietung, negative Nachrede, Vereinnahmung überwiesener Patienten oder ein Sich-selbst-Anbieten bei der Klientel.

2.2 Fort- und Weiterbildung

Die Expansion des Wissens und der Wissenschaft verpflichtet künftig mehr denn je zum „lebenslangen Lernen". Ein **Studienziel** muss daher bei ungeteilter Approbation die Ausbildung des zur Weiter- und Fortbildung befähigten Tierarztes sein, der erste Berufserfahrung (praktisches Jahr) und die Eignung zur wissenschaftlichen Bearbeitung von im Berufsalltag entstehenden Fragestellungen mitbringen sollte. Um das zu erreichen, ist eine Reformierung des Studienablaufs wünschenswert.

Mit dem Studium ist die tierärztliche **Berufsfähigkeit** erworben und durch die staatliche Approbation bescheinigt. **Berufsfertigkeiten** erwirbt sich der Berufsanfänger am ehesten im mehrjährigen Anstellungsverhältnis durch

Tabelle F9: Zertifikate der Weiterbildung für die tierärztliche Betreuung von Schweinebeständen

Zertifikat	Weiterbildung	Ausgabe durch
• Fachtierarzt für Schweine(-krankheiten)	– 4 Jahre ganztags[2]	– Landestierärztekammer
• European Certificate	– in Entwicklung	– Europäische Vereinigung
• Zusatzbezeichnung für Tiergesundheits- und Tierseuchenmanagement	– 2 Jahre, Kursteilnahmen	– Landestierärztekammer
• Sachkundenachweis[1]	– Kursteilnahmen	– Landestierärztekammer

[1] Gemäß § 7 Abs. 2 Nr. 2 SchHaltHygVO ist ein Sachkundenachweis zur Betreuung von Schweinebeständen zu erbringen, der durch die Landestierärztekammern ausgestellt wird. Diese Bestätigung ist befristet, sodass spätestens nach 3 Jahren eine Wiederholung des Kurses zur Erneuerung des Sachkundenachweises zu erfolgen hat.
[2] In den Ländern unterschiedlich geregelt; bei zusätzlichem Kursbesuch in Sachsen-Anhalt 3 Jahre.

Anleitung und wachsende eigene Erfahrung. Die berufliche Kompetenz besteht nach MARTENS (2001) aus
- der **spezifischen Fachkompetenz** in Form von Kenntnissen, Fertigkeiten und Erfahrungen,
- der **psychosozialen Kompetenz** als Fähigkeit zur Kommunikation innerhalb des Teams und mit der Klientel sowie
- aus der **lerntechnischen Kompetenz** in der Bereitschaft, die eigenen Grenzen erkennen und durch Weiter- und Fortbildung erweitern zu müssen.

● **Fortbildung**

Eine obligatorische postgraduale **Fortbildung** ergänzt den Wissens- und Erfahrungsstand unabhängig von dem durch Zertifikat – Fachtierarzt, Zusatzbezeichnung – erreichten Spezialisierungsgrad. Die zuständigen Tierärztekammern und Berufsverbände, aber auch private Fortbildungseinrichtungen bieten in Zusammenarbeit mit Spezialisten der Universitäten und Forschungsinstitute vielfältige Möglichkeiten an. Das betrifft die gut etablierten berufsbezogenen Fortbildungstage, die Einrichtung weiterer Kurssysteme und zukünftig verstärkt auch die Durchführung postgradualer Studiengänge auf nationaler und europäischer Ebene.

Eine festgelegte Zahl an Fortbildungsstunden ist überdies zur Aufrechterhaltung der nachfolgend aufgeführten Zertifikate nachzuweisen. Um dies zu ermöglichen, vergibt die der Bundestierärztekammer nachgeordnete **Akademie für tierärztliche Fortbildung** (ATF) für sämtliche bei ihr gemeldeten und von ihr anerkannten Veranstaltungen eine Fort- und Weiterbildungsdauer, die die Teilnehmer dokumentiert bekommen.

Zur persönlichen beruflichen Fortbildung gehört aber auch der offene Erfahrungsaustausch im Arbeitsprozess, womit gleichzeitig die Arbeitsqualität zu Gunsten der Klientel verbessert wird.

● **Weiterbildung**

Weiterbildung führt zur Spezialisierung, die angesichts der steigenden Anforderungen an die Qualitätssicherung der tierärztlichen Arbeit im Sinne des „Kodex Gute Veterinärmedizinische Praxis (GVP)" zunehmend erforderlich ist.

Maßnahmen der Weiterbildung zielen auf die Erwerbung folgender Zertifikate (Tab. F9):
a) Der **Fachtierarzt bzw. die Fachtierärztin** hat über einen in der Regel 4-jährigen Weiterbildungsgang die Bezeichnung für ein Fachgebiet erworben, in dem der Kandidat/die Kandidatin ganztags tätig war und ist. Der gebührenpflichtige Erwerb des Zertifikats verlangt
- die Anleitung durch einen zur Weiterbildung **berechtigten Fachtierarzt**,
- eine **anerkannte Weiterbildungsstätte**, in der Vorgenannte(r) tätig ist, und
- die **Ablegung einer Prüfung** vor einem berufenen Prüfungsausschuss.

Eine Ausnahme bildet die **Weiterbildung aus eigener Praxis** bzw. aus Einrichtungen ohne vorgenannte Voraussetzungen; sie wird in den Ländern unterschiedlich und grundsätzlich restriktiv gehandhabt. Hierzu sind Kursteilnahmen und die Mentorenschaft eines Fachtierarztes erforderlich, sofern das Heilberufegesetz derartige Ausnahmen für ausgewiesene Fachleute erlaubt. Derartige Anträge kommen vor allem aus den neuen Bundesländern, in denen einige Jahrgänge junger Tierärzte/innen aus den klassischen Weiterbildungsgängen herausgefallen sind. Sie wurden einerseits nicht mehr durch die im Kurssystem organisierten DDR-Weiterbildungsgänge erfasst. Sie können andererseits nach der Neuverteilung des um ca. 50 % geschrumpften Praxisvolumens nach der Wende der Anforderung eines Anstellungswechsels nicht bzw. nur unter Aufgabe der bisherigen Existenz entsprechen.

Ein **europäisches Zertifikat** kann ergänzend zur Qualifikation in den deutschen Ländern für die meisten Gebietsbezeichnungen erworben werden, das – von den englischsprachigen Voraussetzungen ganz abgesehen – neuerliche kostenaufwändige Kursbeteiligungen verlangt und zu einer europaweit akzeptierten Graduierung für Spezialisten führt.

b) **Zusatzbezeichnungen** werden neben vorgenannter Gebietsbezeichnung oder auf diese aufbauend erworben. Diese Weiterbildung setzt praktische Erfahrung voraus und erfolgt in der Regel im Kurssystem, wozu spezielle Veranstaltungen angeboten werden.
Als Qualifikationsnachweise für die Bestandsbetreuung bieten sich u. a. der „**Fachtierarzt für Schweine(-krankheiten)**" und die Zusatzbezeichnung für „**Tiergesundheits- und Tierseuchenmanagement**" an.

c) **Sachkundenachweise** können unabhängig von vorgenannten Graduierungen für bestimmte Tätigkeiten erforderlich werden. Die Kursteilnahme zur Auseinandersetzung mit der „**Schweinehaltungshygiene-Verordnung**" (12. 6. 1999) ist eine gesetzliche Voraussetzung für die Betreuung von Schweinebeständen als Konsequenz der Schweinepest in den 1990er- Jahren. Mit Hilfe dieses Zertifikats wird die Sachkunde im Rahmen der Seuchenpräventive, -prophylaxe und -diagnostik auf den aktuellen Erfahrungsstand gebracht.

Vorgenannte Qualifizierungsziele werden von einer großen Vielfalt an Fortbildungsmöglichkeiten untersetzt, die der dynamischen Entwicklung der Tierhaltung und dem Erkenntnisfortschritt in der Veterinärmedizin entsprechen. Letzterer betrifft die eigentlichen Fachinhalte, aber auch das Praxismanagement, die Formen der Kommunikation nach innen und außen sowie aktuelle Lehr- und Forschungsstrategien.

Die Länderkammern folgen der geltenden Landesgesetzgebung (Heilberufegesetz) und ihren einschlägigen Satzungen (Weiterbildungsordnungen). Die auf diesem Weg in den verschiedenen Länderkammern erworbenen Qualifikationen für die Bestandsbetreuung variieren von Bundesland zu Bundesland nur geringfügig.

2.3 Qualitätsstandards in der Tierarztpraxis

Aktuelle Bestrebungen der tierhaltenden Betriebe um die Verleihung von **Qualitätsprädikaten** sind angemessene Reaktionen auf gewachsene Qualitätsansprüche einer zunehmend kritischen Öffentlichkeit. Sie sollen die Prozess- und Produktqualität der tierischen Erzeugung verbessern und die in Rechtsetzung und Programmgestaltung formulierten Anforderungen nachvollziehbar umsetzen.

Tierärzte sollten am Prozess der Zertifizierung der betreuten Betriebe aktiv mitwirken. Das bedarf einer spezialisierten tierärztlichen Betreuungs- und Beratungstätigkeit, die ihrerseits durch ein eigenes berufsbezogenes Qualitätssicherungssystem legitimiert sein muss (siehe auch Kap. E 1).

Die **tierärztliche Praxistätigkeit** betrifft die Betreuung von Nutztierbeständen auf der einen und die Versorgung von Klein-, Heim- und Freizeittieren auf der anderen Seite. Die Betreuungsziele sind somit auf eine Vielzahl unterschiedlicher Tierarten mit ihren variierenden Haltungs- und Lebensbedingungen bezogen. Das macht einerseits den Reiz und die Vielgestaltigkeit der tierärztlichen praktischen Arbeit aus, zum anderen ist dadurch die Aufstellung einheitlicher Qualitätsstandards kaum möglich.

Die **Gestaltung der tierärztlichen Praxis** wird von ihrer Zielfunktion her bestimmt. Sie arbeitet in Form der Einzel-, Gruppen- oder Gemeinschaftspraxis

- als Klein- und Heimtierpraxis, teilweise mit einer weiteren Spezialisierung,
- als Groß- und Nutztierpraxis bzw.
- als Gemischtpraxis mit variierenden Groß- und Kleintieranteilen.

Die **Praxisstrukturen** sind den gegebenen Bedingungen angepasst, z. B.
- in einem traditionell bäuerlichen Umfeld überwiegend nach dem Prinzip des auf Breite orientierten Haustierarztes,
- im Umfeld intensiver Tierhaltungen als spezialisierte Bestandsbetreuung oder
- in der größeren Stadt als spezialisierte Klein- und Heimtierpraxis.

Die spezialisierte **Betreuung größerer Schweinehaltungen** ist durch eine komplexe tiergesundheitliche Bestandsbetreuung und -beratung mit Medikamentenabgabe gekennzeichnet, deren wesentliche Merkmale im Kapitel E 1 aufgeführt sind.

Die Qualitätsmerkmale sowohl der haustierärztlichen als auch der spezialisierten Betreuung werden einerseits durch **subjektive Voraussetzungen** der Persönlichkeit des Tierarztes bestimmt, indem und wie
- aktuelles Wissen angewendet wird,
- ein vertrauensvolles Verhältnis zu den Kunden entwickelt wird,
- Konfliktsituationen bewältigt werden,
- die Rechtsvorgaben beachtet und gemeinsam mit dem Tierbesitzer umgesetzt werden,
- sich der Tierarzt dem auferlegten Berufsethos im Umgang mit dem Tier, der Klientel und der Kollegen/innenschaft verpflichtet weiß.

Objektivierbare Außenbedingungen prägen zum anderen den Ablauf des tierärztlichen Arbeitsprogramms, das einen geeigneten Zuschnitt der Praxisausstattung und -führung verlangt.

Zertifizierungen von Praxen können insbesondere dort zur Qualitätsverbesserung führen, wo komplizierte logistische Aufgaben mit einer Vielzahl von Betrieben und Anforderungen anstehen und wo ein hoher Informations- und Auswertbedarf im Rahmen einer spezialisierten Bestandsbetreuung besteht.

Im Prozess einer Zertifizierung sind die Schwachstellen zu erkennen, zu benennen, auszuwerten und schrittweise abzustellen. Grundsätzliche und für die verschiedensten Praxisformen gleichermaßen verbindliche **Erfordernisse** werden nachfolgend benannt:
- Die **Betriebs- und Personalhygiene** betrifft
  - Ordnung und Sauberkeit in den Räumen und im Fahrzeug,
  - die Vermeidung von Erreger- und Seuchenübertragung im Rahmen von Betriebsbesuchen und Dienstleistungen (Kleidungswechsel, Reinigung und Desinfektion von Gerätschaften u. a. [siehe Kap. C 2 und C 3]),
  - die Sterilität von Operationsbestecken und die Vermeidung von Hospitalismus,
  - die Anwendung geeigneter Desinfektionsmittel für den jeweiligen Zweck (siehe DVG-Liste, Kap. C 7).
- Die **Arbeitsräume** und deren Ausstattung müssen den Betreuungszielen und dem Leistungsumfang entsprechen, dabei leicht zu reinigen und bei Notwendigkeit zu desinfizieren sein.
- An **klinische Einrichtungen** werden spezielle Anforderungen gestellt, die die Tierärztekammer vor der Zuerkennung des **Klinikstatus** überprüft. Das betrifft die Anzahl und Ausstattung der Behandlungs- und Operationsräume, die Verfügbarkeit von diagnostischen Einrichtungen und Instrumenten, das Vorhandensein einer Station zur Einstellung kranker Tiere sowie eine aktive Tag- und Nachtbereitschaft, die nur durch mehrere Tierärzte zu leisten ist. Hierin wird allerdings die Schweinepraxis kaum einbezogen.
- Der Bezug, die Lagerung, Abgabe und Anwendung von **Arzneimitteln** unterliegt strengen Regularien durch den Gesetzgeber, die von der Veterinärverwaltung regelmäßig kontrolliert werden (siehe Kap. E 6 und F 1). Die Abgabe und Anwendung von Medikamenten ist gleichermaßen an medizinischen Erfordernissen wie am Tier- und gesundheitlichen Verbraucherschutz orientiert. Arzneimittel sollen indikationsgerecht in der richtigen Dosierung nach wissenschaftlichen bzw. medizinisch-empirischen und ökonomischen Kriterien angewendet werden. Auf Risiken und Nebenwirkungen ist hinzuweisen, Wartezeiten sind zu beachten und Zwischenfälle zu melden.
- Die Vorschriften zur Führung der nichtöffentlichen **Tierärztlichen Apotheke** betreffen die Ausstattung, Lagerbedingungen und die Dokumentation. Im Fahrzeug ist der laufende Bedarf in geeigneter Weise mitzuführen und vor Unbefugten unter Verschluss zu halten.

- Unter Beachtung der **Umweltschonung** sind überlagerte und in der Wirkung geschädigte Arzneimittel sachgerecht zu entsorgen. Zur Einschränkung der Müllflut sollten Mehrwegartikel dort verwendet werden, wo sie vertretbar anzuwenden sind.

Bei einer beabsichtigten Zertifizierung der Klinik oder Praxis können Empfehlungen für geeignete Qualitätsstandards und für die Durchführung des Verfahrens von der zuständigen Landestierärztekammer bzw. vom Bundes- oder Landesverband der praktizierenden Tierärzte abgefordert werden.

Bei aller Rechtsetzung, Vertragspflicht und „Guten Veterinärmedizinischen Praxis" (GVP) funktioniert die tierärztliche Betreuung jedoch letztlich nur im vertrauensvollen Verhältnis zwischen Tierarzt und Klientel, das eine umfassende Aufklärung, ein partnerschaftliches Handeln (mit dem Landwirt), ein faires Wirtschaftsverhalten und ein Vermeiden überflüssiger Bürokratie voraussetzt.

3 Qualitätssicherung in der Fleischerzeugung

3.1 Betriebswirtschaftliche Eigenkontrolle

Betriebliche Qualitätskontrollen entsprechen einer Eigenkontrolle, die in landwirtschaftlichen Betrieben die Prinzipien der „**Guten Landwirtschaftlichen Praxis**" überwacht. Danach sind die neueren fachlichen Erkenntnisse einer umwelt- und qualitätsgerechten Produktion praxiswirksam umzusetzen. Teilbereiche betreffen
- die nachhaltige Bewirtschaftung und Nutzung der Tiere,
- tiergerechte und umweltfreundliche Verfahren,
- die Dokumentation und Auswertung der anfallenden Leistungs- und Gesundheitsdaten,
- eine periodische Verfahrensbewertung einschließlich der Kosten und Gewinne, um Schwachpunkte aufzudecken und die weitere Optimierung des Gesamtsystems anzustreben.

Beobachten, Messen, Wiegen und Rechnen sind schon seit jeher die Wege für tierhaltende Landwirte, um die Produktionsabläufe zu kontrollieren, Erfahrungen zu sammeln und darauf aufbauend Entscheidungen zu treffen. Der zeitgemäßen Gestaltung einer erfolgreichen Unternehmensführung dient das „Controlling", das die Grundfunktionen Planung, Kontrolle, Information und Steuerung des Produktionsprozesses umfasst. Durch Kontrollen werden Produktionsziele sowohl hinsichtlich wertmäßiger Angaben als auch bezüglich Mengen, Qualitäten und Termineinhaltung regelmäßig überprüft. Wichtige methodische Hilfsmittel sind Soll/Ist- bzw. Plan/Ist-Vergleiche sowie Betriebs- bzw. Betriebszweigvergleiche. Das Gegenüberstellen von Vergleichsgrößen und unternehmensrelevanten Daten ermöglicht die Einschätzung der Wettbewerbsfähigkeit und das Aufdecken von Schwachstellen.

3.1.1 Ferkelaufzucht

Eine wesentliche Kenngröße zur Produktionskontrolle in der Ferkelproduktion stellt die Anzahl der **abgesetzten Ferkel je Sau und Jahr** dar. Deren Höhe entscheidet über die Wirtschaftlichkeit der Produktion und eignet sich deshalb gut zur betrieblichen Eigenkontrolle. Tabelle F10 zeigt die Auswirkungen einer unterschiedlichen Anzahl abgesetzter Ferkel je Sau und Jahr bei differenzierten Vollkosten auf die Kosten je Ferkel.

Beispiel: Ein Landwirtschaftsbetrieb erreicht 21,30 abgesetzte Ferkel je Sau und Jahr.

Tabelle F10: Auswirkungen der Anzahl abgesetzter Ferkel auf die Kosten je Ferkel

Vollkosten je Sau und Jahr in €	Kosten je Ferkel in € in Abhängigkeit von der Anzahl abgesetzter Ferkel je Sau und Jahr							
	18	19	20	21	22	23	24	25
1300	72,22	68,42	65,00	61,90	59,09	56,52	54,17	52,00
1250	69,44	65,79	62,50	59,52	56,82	54,35	52,08	50,00
1200	66,67	63,16	60,00	57,14	54,55	52,17	50,00	48,00
1150	63,89	60,53	57,50	54,76	52,27	50,00	47,92	46,00
1100	61,11	57,89	55,00	52,38	50,00	47,83	45,83	44,00
1050	58,33	55,26	52,50	50,00	47,73	45,65	43,75	42,00
1000	55,56	52,63	50,00	47,62	45,45	43,48	41,67	40,00
950	52,78	50,00	47,50	45,24	43,18	41,30	39,58	38,00
900	50,00	47,37	45,00	42,86	40,91	39,13	37,50	36,00
850	47,22	44,74	42,50	40,48	38,64	36,96	35,42	34,00

Tabelle F11: Auswirkungen einer höheren Anzahl abgesetzter Ferkel auf den Erlös und die leistungsabhängigen Kosten

Kennzahl	Maßeinheit	abgesetzte Ferkel je Sau und Jahr		Differenz
		21,30	23,30	
• Erlös Ferkel[1)]	€/Sau	1100,15	1203,45	103,30
• Kosten Ferkel				
• Sauenalleinfutter	€/Sau	222,75	226,85	4,10
• Ferkelaufzuchtfutter	€/Sau	158,16	176,06	17,89
• Tierarzt/Medikamente	€/Sau	54,19	57,26	3,07
• Wasser/Energie	€/Sau	17,38	17,90	0,52
• Maschinen/Sonstiges	€/Sau	102,26	105,84	3,58
• Personalkosten	€/Sau	163,61	168,21	4,60
• Mehrkosten insgesamt	€/Sau			33,76

Quelle: Eigene Kalkulationen
[1)] Ferkelpreis 51,65 €

Tabelle F12: Auswirkungen je Prozent Ferkelverluste bei differenzierten Ferkelpreisen und gleichbleibender Leistung (A) sowie bei unterschiedlichem Leistungsniveau und gleichbleibendem Preis (B)

A Gleiche Leistung	• Ferkelpreis in € (23 abgesetzte Ferkel pro Sau und Jahr)				
	40	45	50	55	60
• Kosten pro % Ferkelverluste in €	9,20	10,35	11,50	12,65	13,80
B Gleicher Preis	• Abgesetzte Ferkel pro Sau und Jahr (Ferkelpreis: 55 €)				
	21	22	23	24	25
• Kosten pro % Ferkelverluste in €	11,55	12,10	12,65	13,20	13,75

Ein Vergleich mit dem Zuchtreport Schweinezucht für das Jahr 2000/2001 zeigt, dass von den unteren 25% der Betriebe 19,02 Ferkel, von den oberen 25% aber 23,30 Ferkel und im Mittel 21,39 Ferkel je Sau und Jahr abgesetzt wurden. Das Ergebnis des Beispielbetriebs liegt zwar nahe dem Mittelwert, in Relation zu den besseren Betrieben werden jedoch zwei Ferkel pro Sau weniger verkauft. Wenn das Unternehmen die Leistung der oberen Betriebsgruppe erreichen will, ist zu berücksichtigen, dass sich neben der Marktleistung auch einige leistungsabhängige Kostenpositionen verändern. Eine Orientierung zu den zu erwartenden Differenzen gibt Tabelle F11.

Danach zehren die steigenden leistungsabhängigen Kosten knapp ein Drittel des höheren Markterlöses je Ferkel auf. Durch geeignete Marketingaktivitäten sind die **Ferkelerlöse** zwar im engen Rahmen zu beeinflussen, deutliche Marktpreisschwankungen lassen sich dadurch jedoch kaum abfedern.

Die **Verlustentwicklung** hat auch erheblichen Einfluss auf die Höhe des zu erzielenden Erlöses, worauf die Tabelle F12 bei Beachtung von Ferkelpreis und Leistungsniveau verweist.

Wie wirtschaftlich die Produktion ist, lässt sich erst nach Ermittlung der **Gesamtkosten** je Sau und der **Stückkosten** je Ferkel erkennen. Hierzu wird in Tabelle F13 die Wirkung einer geringeren und höheren Ferkelanzahl auf die Stückkosten je Ferkel dargestellt.

Wenn im Zuge der Produktionskontrolle im Beispielbetrieb die Ferkelstückkosten ermittelt werden, zeigt sich, dass sie den Ferkelpreis von 51,65 € um 0,70 € übersteigen. Die Produktion ist bereits unrentabel. Eine Leistungssteigerung um zwei abgesetzte Ferkel pro Sau und Jahr könnte die Situation deutlich verbessern; je Ferkel wäre nun ein Gewinnbetrag von 2,34 € zu realisieren.

3.1.2 Schweinemast

Die Erlös- und Kostenpositionen sind in der Mastschweineproduktion in Tabelle F14 dargestellt. Danach sind unterschiedlichen Ergebnisse zwischen den Jahren nicht zuletzt auf die sehr

Tabelle F13: Kontrolle der Auswirkungen einer höheren Anzahl abgesetzter Ferkel auf die Kosten je Sau und die Stückkosten je Ferkel

Kennzahl	Maßeinheit	abgesetzte Ferkel je Sau und Jahr		Differenz
		21,30	23,30	
• Leistungsabhängige Kosten	€/Sau	718,35	752,11	+33,76
• Bestandsergänzung (50 %)	€/Sau	117,60	117,60	0
• Besamung/Biotechnik	€/Sau	36,30	36,30	0
• Gebäude/Ausrüstungen (Neubau)	€/Sau	243,00	243,00	0
• Leistungsunabhängige Kosten	€/Sau	396,90	396,90	0
• Kosten insgesamt	€/Sau	1115,25	1149,01	+33,76
• Stückkosten je Ferkel	€/Ferkel	52,35	49,31	−3,04

Tabelle F14: Entwicklung der Erlöse und Kosten in der Mastschweineproduktion (€ je verkauftes Mastschwein, BERGFELD et al. 2002)

	Mittelwert 1996–2001	Richtwert
• Anzahl Betriebe	164	
• Durchschnittlicher Bestand an Mastschweinen	3223	
• Im Mittel produzierte Mastschweine	8768	
• Masttagszunahme (g)	673	800
• Erlöse gesamt	126,7	126,8
• Kosten		
• *Variable Kosten*		
− Bestandsergänzung	53,7	50,9
− Futtermittel	48,9	43,1
− Tierarzt/Medikamente/Chemikalien	1,6	1,4
− Versicherungen	1,0	0,9
− Transporte	1,8	1,7
− Energie/Wasser/Heizung	2,9	2,5
− Unterhalt Maschinen/Geräte	0,9	1,0
− Sonstige variable Kosten	0,8	0,4
• Variable Kosten insgesamt	111,5	101,7
• Deckungsbeitrag	15,2	25,1
• *Fixe Kosten*		
− Personalkosten	7,0	4,2
− Abschreibung	5,0	5,5
− Unterhaltung Gebäude	1,0	0,8
− Zinsen	0,7	2,7
− Miete/Pacht/Steuern	0,5	0,2
− Allg. Betriebsaufwand	2,5	1,6
• Fixe Kosten insgesamt	16,7	14,9
• Gesamtkosten	128,2	116,7
• Gesamtkosten je kg Schlachtgewicht	1,41	1,28
• Gewinn (vor Steuer)	−1,5	10,1
• Gewinn + Abschreibung	3,5	15,6

schwankenden Preise zurückzuführen. Der **Gewinn vor Steuern** differiert zwischen den 25 % besten zu den 25 % schlechtesten Betrieben zwischen +17,1 € bis -9,0 € je Mastschwein, im Einzelfall sogar von +44,5 bis -21,9 €. Reserven ergeben sich durch die Verringerung der Differenziertheit im Effektivitätsniveau zwischen den Betrieben.

Tabelle F15: Auswirkungen differenzierter Ferkelpreise auf die Gesamtkosten der Mast (€ je kg Schlachtgewicht)

	Ferkelpreis in €				
	40	45	50	55	60
• Variable Kosten–Mast [1]	1,04	1,10	1,15	1,21	1,26
• Fixkosten–Mast [1]	0,31	0,31	0,31	0,31	0,31
• Gesamtkosten in € je kg Schlachtgewicht	1,35	1,41	1,46	1,52	1,57

[1] In € je kg Schlachtgewicht bei 91 kg und 675 g tägliche Zunahme

Tabelle F16: Auswirkungen der Verlusthöhe auf die Kosten (Cent je kg Schlachtgewicht) bei unterschiedlichen Ferkelpreisen

Verluste an Mastschweinen in %	Ferkelpreis in €				
	40	45	50	55	60
3	1,93	2,10	2,26	2,43	2,59
4	2,57	2,79	3,01	3,23	3,45
5	3,22	3,49	3,77	4,04	4,32
6	3,86	4,19	4,52	4,85	5,18
7	4,50	4,89	5,27	5,66	6,04

Schlachtgewicht: 91 kg

Ferkel- und Futterkosten sind die wichtigsten Kostenpositionen; sie bestimmen die Effektivität der Schweinemast. Auf die Ferkel- bzw. Läuferkosten wirken neben unterschiedlichen Gewichten und Qualitäten (Genetik, Gesundheitsstatus, Partiegröße) die Art der Beschaffung (Zukauf oder Eigenproduktion) sowie das Management des Einkäufers. Die Futterkosten werden durch den Futteraufwand je kg Zuwachs und den Futterpreis stark beeinflusst.

Wie sich verschiedene **Ferkelpreise** auf das Ergebnis der Schweinemast auswirken können, zeigt Tabelle F15. In Abhängigkeit vom jeweils aktuellen Marktpreis je kg Schlachtgewicht kann eine mehr oder weniger vollständige Faktorentlohnung erreicht werden. Im Sommer 2004 wurden in den neuen Bundesländern mittlere Erzeugerpreise von 1,41 bis 1,55 € je kg Schlachtgewicht erzielt. Bei gleichzeitig mittleren Ferkelpreisen konnte nach den in Tabelle F15 unterstellten Kosten kostendeckend gearbeitet werden.

Hygienemaßnahmen und Stallmanagement beeinflussen die **Leistungen** der Mastschweine. Aus betriebswirtschaftlicher Sicht lassen sich die Wirkungen am deutlichsten an der erzielten Futterverwertung und an den erreichten Masttagszunahmen bestimmen. Die Wirtschaftlichkeit sollte deshalb ein wesentliches Feld der betrieblichen Kontrolle darstellen. Sie hängt in erheblichem Maße von den Leistungen der Tiere ab, die wiederum durch die Tiergesundheit wesentlich beeinflusst werden.

Der **Gesamtkostenunterschied** von 0,13 € je kg Schlachtgewicht zwischen 673 g Masttagszunahmen (1,41 €/kg) und 800 g (1,28 €/kg) erscheint zwar relativ gering; bei den genannten Erzeugerpreisen kann dieser Betrag aber bereits über Erfolg oder Misserfolg entscheiden.

Wesentliche Auswirkungen von Hygienemaßnahmen zeigen sich anhand der **Verlustentwicklung** im Bestand. Untersuchungen eines Landeskontrollverbandes für Leistungs- und Qualitätsprüfung ergaben in den Jahren 1997 bis 2001 Tierverluste zwischen 3,05 und 7,22 %. Wie sich diese unterschiedliche Verlusthöhe auf die Erzeugungskosten bei Beachtung der Ferkelkosten auswirken kann, zeigt Tabelle F16. Danach ist bei mittlerem Ferkelpreis nur bei unter 5 % Verlusten eine Rentabilität zu erreichen.

3.2 Qualitätssicherung im Produktionsverbund

3.2.1 Qualitätskennzeichen

Verbraucherverbände und Handelseinrichtungen erwarten zunehmend Qualitätsgarantien von den Primärproduzenten. Diese betreffen einerseits den Tier-, Umwelt- und Gesundheitsschutz in der Produktion sowie andererseits zugesicherte Eigenschaften und eine gesundheitliche Unbedenklichkeit für die erzeugten Produkte. In diesem Bemühen wurde eine große Zahl von Qualitätskennzeichen geschaffen, die oft vergleichbare Inhalte vertreten. Länder wie Dänemark und die Niederlande nutzen bereits mit guten Erfolgen umfassende Konzepte der Qualitätssicherung (QS), die alle Stufen der Erzeugung einbeziehen und mit einheitlichen Standards versehen. Teilbereiche betreffen

- die Schweinezüchtung und -haltung (Landwirtschaft),
- die Futtermittelherstellung (Futtermittelindustrie),
- Transport, Schlachtung und Zerlegung (Schlachtbetrieb),
- die Verarbeitung (Fleischwarenindustrie),
- Kühlung, Transport und den Lebensmitteleinzelhandel.

Unschwer ist abzusehen, dass künftig eine Teilnahme an derartigen Konzepten eine wesentliche Voraussetzung für den Marktzugang sein wird. Die älteren Konzepte waren eher objektorientiert, die aktuellen Verfahren dagegen sind zusätzlich prozessorientiert.

3.2.2 Organisation der Qualitätssicherung

In jüngster Zeit haben die an der konventionellen Erzeugung und Vermarktung von Fleisch und Fleischwaren Beteiligten und die CMA (Zentrale Marketing Gesellschaft der deutschen Agrarwirtschaft) ein neues, umfassendes Konzept für die Qualitäts- und Herkunftssicherung entwickelt, das vom zuständigen Bundesministerium und der Wirtschaft als das verbindliche Sicherungssystem empfohlen wird. Wichtige Ziele dieses Programms „QS – Qualität und Sicherheit für Lebensmittel vom Erzeuger bis zum Verbraucher" sind

- Transparenz in allen Stufen der Herstellung zu schaffen,
- die Herkunft der Rohstoffe rückverfolgbar zu gestalten,
- dem Tierschutz Rechnung zu tragen und
- Verbraucherinteressen stärker zu berücksichtigen.

Die Organisationsstruktur und Strategie des Qualitätssicherungssystems sind in der Abbildung F2 dargestellt.

Zu deren Umsetzung auf der Ebene der Landwirtschaft wirken so genannte **„Bündeler"**, die selbst Systemteilnehmer sind. Diese

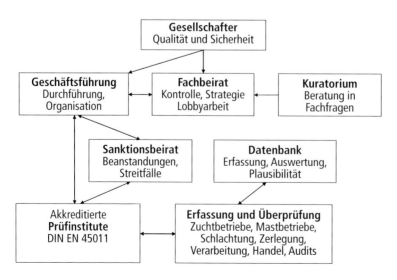

Abb. F2 Organisation des QS-Systems „Qualität und Sicherheit für Lebensmittel vom Erzeuger bis zum Verbraucher".

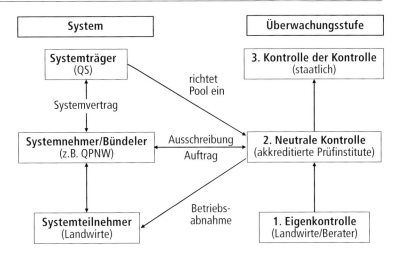

Abb. F3 Gesamtstrategie „Qualität und Sicherheit für Lebensmittel vom Erzeuger bis zum Verbraucher".

fassen landwirtschaftliche Betriebe zusammen und dienen als Kommunikationsplattform. Alle Aktivitäten, wie Datenübertragung, Kontrollen, Sanktionen bis zum Abstellen von Mängeln und Sicherung des finanziellen Ablaufes, werden vom Bündeler veranlasst, der als natürliche oder juristische Person (Erzeugergemeinschaft, Schlachthof, regionale Organisation) auftritt. Wichtiger Bestandteil ist ein mehrstufiges Kontrollsystem mit Eigenkontrolle, neutraler Kontrolle und amtlicher „Kontrolle der Kontrolle", wodurch stufenübergreifend die Prozessqualität, die Dokumentation und Kennzeichnung sowie Art und Umfang der Überprüfungen abgesichert werden (Abb. F3).

- **Eigenkontrolle**

Die Basis ist eine Eigenkontrolle, die über betriebszweigbezogene Checklisten vorgenommen wird. Das Eigenkontrollsystem beinhaltet
- die Darstellung des gesamten Leitungsprozesses,
- die Identifizierung und Beschreibung von kritischen Kontrollpunkten (CCP's),
- Maßnahmen und Verfahren zur Beherrschung der CCP's,
- die Dokumentation und
- die Durchführung der vorgeschriebenen Untersuchungen.

Eine solche Checkliste erfasst eine Vielzahl von Faktoren und Daten. Die Beurteilungskriterien stimmen dabei weitestgehend mit den Anforderungen der Schweinehaltungshygiene-Verordnung überein. Die angeführten Kriterien müssen ständig intern überprüft werden, und eventuelle Abweichungen bzw. Mängel sind umgehend zu beseitigen.

- **Neutrale Kontrolle**

Die neutrale Kontrolle ist Hauptaufgabe eines Bündelers. Sie erfolgt durch die Einbeziehung von Prüfinstitutionen, die nach DIN EN 45011 akkreditiert sein müssen. Geschulte Prüfer (Auditoren) führen die Erstabnahme im ersten Jahr sowie Nachaudits in den Folgejahren durch. Die Prüfdichte hängt von der Einstufung in die jeweiligen QS-Standardklassen ab. Die Kontrolle beruht auf einer Stichprobenprüfung. Der Beurteilung liegt nachfolgendes Punktesystem zu Grunde:
- A = 100 Pkt. (keine Mängel),
- B ≥ 85 Pkt. (Abweichungen leichter Art),
- C ≥ 70 Pkt. (noch korrigierbare Mängel),
- D < 70 Pkt. (nicht erfüllt).

- **Kontrolle der Kontrolle**

Die letzte Kontrollstufe wird durch staatliche Stellen – ggf. von der Wirtschaft selbst – vorgenommen. Sie bezieht sich vor allem auf Bündeler und Prüfinstitute.

Der Sanktionsbeirat wird nur bei Verstößen gegen das Regelwerk durch Verhängen von Konventionalstrafen aktiv, er ist für die Schlichtung von Streitfällen zuständig. Aus den Vorgaben des QS-Systems sowie durch Gesetze und Verordnungen ergeben sich für die Betriebe eine Vielzahl von Dokumentationsverpflichtungen

Tabelle F17: Muster eines Ablageregisters, das der amtlichen Überprüfung gerecht wird

1. Allgemeine Betriebsdaten
2. Lagepläne, Hofstelle/Gebäude
3. Bestandsregister
4. Lieferscheine (Tierein- und -verkauf)
5. Lieferscheine Futtermittel
6. Ergebnisse Futtermittelanalysen
7. Mischprotokolle
8. Betreuungsvertrag (Tierarzt)
9. Tierbestandsbuch
10. Arzneimittelabgabebelege
11. Herstellungsaufträge für Fütterungsarzneimittel
12. Aufzeichnung jedes Medikamenteneinsatzes
13. Protokoll Reinigung und Desinfektion
14. Protokoll Schädlingsbekämpfung
15. Checkliste Eigenkontrolle
16. Nährstoffvergleich
17. Darlegung Salmonellenstatus
18. Befunddaten (Schlachttiere, Sektionen, Laboruntersuchungen)
19. QS-Anmeldung und Bestätigung
20. Protokolle neutraler Kontrollen

(Tab. F17), die einer systematischen Kontrolle unterliegen.

- **Kosten**

Die jährlichen Kosten für die teilnehmenden Betriebe sind nach gegenwärtigen Kalkulationen beträchtlich und setzen sich aus folgenden Elementen zusammen:
- Eingangskontrolle durch ein Prüfinstitut,
- Datenbankeingabe,
- Verwaltungskosten, Lizenzgebühren, neutrale Kontrolle und
- Futtermitteluntersuchungen bei Eigenmischern.

Je Betrieb und Jahr ist mit Grundkosten von etwa 300 bis 500 € zu rechnen. Dies betrifft jedoch nur die Kosten für die Einhaltung der Mindeststandards. Spezielle Leistungen, wie Salmonellenmonitoring usw., bedingen zusätzliche Kosten, die der landwirtschaftliche Betrieb allein nur bedingt tragen kann. Mit einem Qualitätssiegel ausgewiesene Ware muss, wenn das System erfolgreich bestehen soll, preislich honoriert werden. Dazu sind vom Lebensmittelhandel eindeutige Signale zu erwarten.

3.2.3 Zertifizierung und Gesamtbewertung

Deutsche Einzelhändler haben für die Erstellung von Eigenmarken den **International Food Standard** (IFS) entwickelt. Dieser geht aus von der Global Food Safety Initiative (GFSI), die im Jahr 2000 zur Verbesserung der Lebensmittelsicherheit durch den Wirtschaftsverband CIES – Global Food Business Forum – gegründet wurde (LISICKI 2003). Der IFS gliedert sich in die Kapitel
- Anforderungen an das Qualitätsmanagementsystem,
- Verantwortlichkeiten des Managements,
- Ressourcenmanagement,
- Herstellungsprozess,
- Messungen, Analysen, Verbesserungen.

Schöpferische Anwendung finden das HACCP-System, die GMP (Good Manufacturing Practise), die DIN EN ISO 9000, der BRC (Britischer QM-Standard) und lebensmittelrechtliche Bestimmungen. Während QS den unmittelbaren Produktionsprozess konkreter beschreibt und über Checklisten prüft, liegt der Schwerpunkt beim IFS mehr im Bereich von Qualitätspolitik, Managementanforderungen, Produktentwicklung und Kundenorientierung (KOLLOWA 2003).

Einen **erweiterten Anspruch an Qualitätsaussagen** erfüllen Zertifikate mit speziellen inhaltlichen Zielsetzungen, zum Beispiel hinsichtlich des Freiseins von verbreiteten enzootischen Tiererkrankungen bzw. Erregern oder für den Einsatz „tiergerechter" Haltungsformen im Rahmen „extensiver" Verfahren. Zur Vergabe des **Bio-Siegels** als staatliches Kennzeichen für Ökoprodukte siehe Kapitel A 7.

Eine Zertifizierung der Produktion durch „akkreditierte" Unternehmen ist eine zunehmend verbreitete Praxis zur Gewinnung des Verbrauchervertrauens, der Absatzsicherung und einer Marktbehauptung. Angebote sollten jedoch dahingehend geprüft werden, ob sie in dieser Hinsicht auch wirksam werden.

Eine Gesamtbewertung der Tierhaltung durch Spezialisten ist von Zeit zu Zeit – etwa im Jahresabstand – sinnvoll; einzubeziehen sind eine Beurteilung der Leistungs- und Gesundheitsparameter, die Arbeit der Betriebsleitung und nicht zuletzt eine Bewertung der ökonomischen Bilanzen (s. Kap. D 3 und F 3.1). Fachspezialisten der Tiergesundheitsdienste und Untersuchungsämter sollten hinzugezogen werden, wenn Krankheitssituationen zu befürchten sind. Die Abstellung technischer Mängel verlangt in der Regel die Beauftragung von Technikeinrichtungen.

Die Zusammenarbeit zwischen Erzeuger und Abnehmer, zwischen Landwirt und Tierarzt regelt sich in der Praxis aufgrund wechselseitiger Erfahrungen und des gewachsenen Vertrauens zueinander.

3.3 Qualitätssicherung bei Futtermitteln

Ergänzend zum Kapitel B5 „Fütterung und Futtermittel" werden nachfolgend Methodik und Verfahren der Qualitätskontrolle dargelegt.

3.3.1 Gesetzliche Regelungen

In der Bundesrepublik Deutschland sind Handel und Verkehr von Futtermitteln gesetzlich geregelt. Die Grundlage hierfür bildet das **Futtermittelgesetz** (FMG) vom 2. Juli 1975 in seiner Neufassung vom 28.8.2000 (BGBl. Teil I Nr. 41).

Der § 1 fordert unter anderem, dass
- die Leistungsfähigkeit der Nutztiere erhalten und verbessert wird,
- durch Futtermittel die Gesundheit von Tieren nicht beeinträchtigt wird,
- die von Nutztieren gewonnenen Erzeugnisse den an sie gestellten qualitativen Anforderungen insbesondere im Hinblick auf ihre Unbedenklichkeit für die menschliche Gesundheit entsprechen,
- der Schutz vor Täuschung im Verkehr mit Futtermitteln, Zusatzstoffen und Vormischungen gewährleistet ist.

Das **Futtermittelgesetz (FMG)** ist als Rahmengesetz konzipiert. Es enthält allgemeine Regeln und Normen und Regelungen über den gewerbsmäßigen Verkehr. Es ermächtigt den verantwortlichen Bundesminister, weitergehende Detailregelungen mit Zustimmung des Bundesrates durch Verordnungen zu treffen. Dies erfolgte mit der **Futtermittelverordnung** (FMV) in ihrer Neufassung vom 23.11.2000 (BGBl. Teil I Nr. 51) sowie durch die Vierte Verordnung zur Änderung futtermittelrechtlicher Verordnungen vom 12.3.2001 (BGBl. Teil I S. 1656).

Futtermittelrechtliche Vorschriften werden nach Notwendigkeit geändert bzw. ergänzt, um einerseits den Notwendigkeiten der Praxis und neuen Entwicklungen Rechnung zu tragen sowie andererseits futtermittelrechtliche Vorschriften der EU in nationales Recht zu überführen.

Das FMG enthält allgemeine Regelungen über Futtermittel, wie Verbote zur Gefahrenabwehr und Regelungen über den gewerbsmäßigen Verkehr, wie
- Anforderungen an und Zusammensetzung von Mischfuttermitteln,
- Verwendungszwecke für Diätfuttermittel,
- Bezeichnung, Kennzeichnung und Ausnahmen von der Verpackungspflicht,
- vorgeschriebene Angaben über Inhaltsstoffe und Zusammensetzung,
- Toleranzen und zusätzliche Angaben.

Unerwünschte Stoffe mit zulässigen Höchstgehalten sind gelistet. Berücksichtigt werden ebenfalls die **toxischen Elemente** wie Blei, Quecksilber, Kadmium, Arsen sowie Nitrite, giftige bzw. den Stoffwechsel hemmende Inhaltsstoffe bestimmter Pflanzen und giftig wirkende Samen.

Von den bisher bekannten **Mykotoxinen** wird in Anlage 5 das Aflatoxin B1 aufgeführt. Dem verstärkten Auftreten von Fusariumpilzen in Getreide und Mais tragen Orientierungswerte für die Gehalte an Deoxynivalenol (DON) und Zearalenon (ZEA) in Futtermitteln Rechnung. Gemäß Rundschreiben des zuständigen Bundesministeriums vom 29.6.2000 sollen diese in einer Gesamtration unterschritten werden, damit ein mögliches Risiko für Menschen und Tiere gering bleibt (siehe auch RAZAZZI-FAZELI et al. 2003).

Grenzwerte für kontaminierte Futtermittel mit **chlorierten Kohlenwasserstoffen** oder **Dioxin** sind in Anlage 5 des FMG aufgeführt. In einer ergänzenden Anlage 5a werden „Höchstgehalte an Rückständen von **Schädlingsbekämpfungsmitteln**" berücksichtigt.

Zu den verbotenen Stoffen zählen u.a. Tierexkremente, feste kommunale Abfälle, gebeiztes Saatgut, Verpackungen und Verpackungsteile.

Die **Überwachung der Einhaltung** der futtermittelrechtlichen Vorschriften obliegt gemäß § 19 der nach Landesrecht zuständigen Behörde.

3.3.2 Gegenstand der Qualitätssicherung

Für Schweine stellen Mischfuttermittel (Kraftfutter, Alleinfutter) die wesentlichste Futtergrundlage dar. Verschiedenartige Faktoren nehmen Einfluss auf die Futterwerte und damit auf die Qualität der Ausgangsprodukte. Die Grundkomponenten (Getreide, pflanzliche Eiweißfuttermittel) werden vom Produktionsstandort (Bodenart, Niederschlagsmenge), von allgemeinen Bewirtschaftungsweisen (Düngungsintensität, Nutzungszeit) und von Futterbehandlungen beeinflusst. Letztere dienen der Erhaltung der Qualität, der Gewährleistung des Transports sowie der Verbesserung von Futterwert, Verzehrseigenschaften und Hygienezustand. Hierzu gehören Konservierung, Reinigung, Zerkleinerung und thermische bzw. hydro-thermische Behandlung (Toastung, Pelletierung). Entsprechende Futterbehandlungen können zu veränderten Gebrauchswerteigenschaften führen, die in den jeweiligen Rezepturen zu berücksichtigen und zu kontrollieren sind. Darüber hinaus ist der Produktionsprozess von Mischfutter, Futtergemischen und Vormischungen im Hinblick auf Mischgüte und Rezeptur unter Kontrolle zu halten. Die Kontrollmaßnahmen erfolgen auf verschiedenen Ebenen:

- Kontrolle der Einhaltung der Rezeptur und Deklaration von wertbestimmenden Inhaltsstoffen im Produktionsprozess industriell hergestellter Futtermittel. Hergeleitet werden die Anforderungen und Vorgaben aus wissenschaftlichen Versuchsanstellungen, in begrenztem Umfang erfolgt auch in einigen Bundesländern eine aktuelle Überprüfung im Tierversuch.
- Laboranalytische Prüfung der Endprodukte.
- unter Einbeziehung der analytischen Qualitätssicherung (AQS).

Im Allgemeinen weist die Kontrolle der Mischfutter für Schweine alljährlich ein relativ konstantes Qualitätsniveau aus, das jedoch unterschiedlich mit Bezug auf die einzelnen Qualitätskriterien zu bewerten ist. So liegen jährliche Beanstandungsquoten für Nährstoffe, Aminosäuren und Mengenelemente unter 7 % sowie von Spurenelementen und Wirkstoffen bei 12 bis 15 % je Inhalts- bzw. Zusatzstoff (Jahresstatistik 2002). Die allgemein zu hohen Beanstandungsraten haben oft ihre Ursache in einem ungenügenden Verteilungsgrad der Komponenten sowie in der Neigung zur stärkeren Entmischung. Eine zuverlässige Qualität ist hier gebunden an die Herstellung von „homogeneren" oder grundsätzlich pelletierten Mischfuttermitteln.

Für unerwünschte und verbotene Stoffe werden heute nur noch geringe Beanstandungsraten von deutlich unter 0,5 % festgestellt, sodass ein Übergang (carry-over) von **Pflanzenschutzmittelrückständen** und **Schwermetallen** in das Tierprodukt allgemein sehr begrenzt bleibt, wie auch diesbezügliche Untersuchungen bei Schweinefleisch zeigen. Ungeachtet dessen sind diese Verbindungen auch weiterhin gezielt zu kontrollieren, um mögliche „punktuelle Belastungen" im Rahmen der Vorsorge aufzuspüren. Entsprechend sind **Mykotoxine** (ZEA, DON) des Getreides in die Amtliche Futtermittelüberwachung einzubeziehen, da sie in zurückliegenden Jahren zu größeren Schäden in Schweinebeständen geführt haben. Gegebenenfalls sollte dies in Abhängigkeit von den Witterungsbedingungen während der Getreideblüte sowie von den Ernte- und Lagerungsbedingungen erfolgen.

Die Qualitätskriterien für Schweinemastfuttermittel sind in Tabelle F18 zusammengestellt.

3.3.3 Strukturen der Qualitätssicherung

- **Amtliche Futtermittelüberwachung**

Durch die Amtliche Futtermittelüberwachung wird im Rahmen staatlicher Vorsorge geprüft, ob Deklarationsangaben eingehalten werden und das Futtermittel den Vorgaben aus Futtermittelgesetz und Futtermittelverordnung entspricht (Abb. F4). Ein „Nationaler Kontrollplan" legt den Prüfumfang in Abhängigkeit von Tierarten sowie Tierzahl der Bundesländer fest. Die zu prüfenden Mischfutterarten und die erforderlichen Analysen werden den Ländern als Mindestumfang vorgegeben.

Gewerbsmäßig arbeitende Betriebe, die Futtermittel herstellen und in den Handel bringen, haben sich grundsätzlich anerkennen bzw. registrieren zu lassen. Die Beprobung erfolgt über amtlich ausgebildete Probenehmer. Die Proben werden in der Regel in Landwirtschaftlichen Untersuchungs- und Forschungsanstalten

Tabelle F18: Qualitätskriterien für Schweinemastfuttermittel

Kriterien des Nährwertes	Kriterien der Futtermittelsicherheit
• Zusammensetzung, Rezeptur Bestandteile, Form (lose, pelletiert)	• Schwermetalle Kadmium, Blei, Quecksilber
• Frische Hygienestatus (mikrobiologischer Befund, Geruch)	• Organische Schadstoffe Rückstände von Pflanzenschutzmitteln, Dioxine, Polychlorierte Biphenyle
• Energiekonzentration Umsetzbare Energie	• Mykotoxine z. B. Zearalenon, Deoxynivalenon, ggf. Ochratoxin A, Citrinin
• Wertbestimmende Nährstoffe Gehalte an Protein bzw. Aminosäuren (Lysin, ggf. Methionin/Cystin, Threonin), Rohfett, Rohfaser, Stärke	• Unerwünschte und verbotene Stoffe Datura, Mutterkorn, ggf. antinutritive Futterinhaltsstoffe, Tiermehl
• Zusatzstoffe Vitamine A und D	• Tierische Schädlinge z. B. Milben
• Mineralstoffe (nativ und als Zusatzstoffe) Mengenelemente (Kalzium, Phosphor, Natrium), Spurenelemente (Kupfer, Zink, ggf. Eisen und Mangan)	

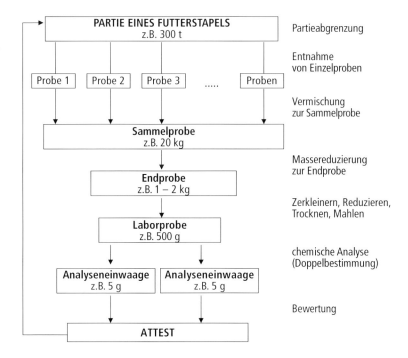

Abb. F4 Vorgehen bei Entnahme und Untersuchung einer Futtermittelprobe.

(LUFA), ggf. durch staatlich „anerkannte" Laboratorien, untersucht. Die Prüfergebnisse werden rechtlich gewürdigt, und Verstöße gegen das geltende Futtermittelrecht werden geahndet. Die Zuständigkeit hierfür ist in den einzelnen Bundesländern unterschiedlich geregelt. Ergebnisse der amtlichen Überwachung werden jährlich anonym in zusammengefasster Form durch das zuständige Bundesministerium zusammengestellt und veröffentlicht.

Ergänzend zu den Vorgaben im Nationalen Kontrollplan werden bei Auftreten bestimmter Qualitätsprobleme weitere Untersuchungen bzw. Monitorings, z. B. bezüglich Salmonellen oder Mykotoxine, veranlasst. In die Kontrolle einbezogen sind auch Untersuchungen, die durch das Schnellwarnsystem der EU bzw. des Ministeriums prüfrelevant werden.

Bei der Überwachung der Betriebe werden die Buchführungsunterlagen, die Rückstellmuster, betrieblichen Abläufe, eventuelle Produktionswechsel, der Annahmevorgang und die Lager sowie die Verwendung von Abrieb, Spülchargen und Filtermehlen überprüft.

- **Landwirtschaftliche Selbstkontrollen zur Futtermittelqualität**

Der **Verein Futtermitteltest (VFT)** fungiert wie die Stiftung Warentest auf dem Futtermittelsektor als landwirtschaftliche Eigenkontrolle. Kontrolliert und beprobt werden industriell hergestellte Mischfuttermittel im Betrieb auf der Basis der Freiwilligkeit. Der VFT gibt Anzahl und Art der zu kontrollierenden und zu beprobenden Mischfuttermittel vor. Erklärt ein Betrieb seine Bereitschaft zur Teilnahme, so informiert er unabhängige Probenehmer über den Termin der Futtermittellieferung. Die Probenahme erfolgt dann bei Übergabe des Futtermittels an den landwirtschaftlichen Betrieb direkt aus dem laufenden Strom. Überprüft wird insbesondere die Einhaltung der Deklarationstreue. Schwerpunkte der wechselnden Programme betreffen die Energiekonzentration, Nährstoffe (Rohnährstoffe nach Weende, einbezogen Lysin und Stärke), Wirkstoffe (Vitamine A und D), Mineralstoffgehalte (Kalzium, Phosphor, Natrium) und Spurenelemente (Kupfer, Zink, Eisen). Die Ergebnisse werden bewertet sowie zentral und länderabhängig veröffentlicht. Damit wird ein betriebs- und länderübergreifender Vergleich ermöglicht.

Das **Qualitätsmanagementsystem** „Qualität und Sicherheit für Lebensmittel vom Erzeuger bis zum Verbraucher" ist auf Kontrollen der Technologie, der Produktqualität sowie auf die Einhaltung umweltgerechter Produktionsbedingungen gerichtet. Für Futtermittel wird Folgendes gefordert:

- Anerkennung von Lieferanten nach den Bedingungen des Futtermittelrechts,
- Kontrollplan mit definierten Kontrollen für Grund-, Einzel- und Mischfutter,
- Entnahme von Rückstellproben aus jeder Produktionscharge,
- ausschließliche Verwendung von Rohstoffen/ Einzelfuttermitteln gemäß Positivliste,
- „Offene Deklaration" der Zusammensetzung von Mischfutter in absteigender Reihenfolge sowie
- ein Lieferschein mit QS-Registrierung für die Abnehmer.

DLG-Gütezeichen können von Mischfuttermittelherstellern beantragt werden. Bei Anerkennung wird der Betrieb bzw. die Mischfutterproduktion durch unabhängige Probenehmer nach einem von der DLG vorgegebenen Prüfmodus unangemeldet kontrolliert. Überprüft wird die Einhaltung der Deklarationstreue. Mit dem Gütesiegel deklarierte Mischfutter einschließlich des Herstellers werden jährlich in einer Broschüre veröffentlicht.

3.4 Qualitätssicherung beim Fleisch

3.4.1 Gesetzliche Regelungen

Über **Gesetze und Verordnungen** ist geregelt, dass nur gesundheitlich unbedenkliches Fleisch in den Handel gelangt. Daher hat sich jeder Produzent, der Fleisch in den Verkehr bringt, der Schlachttier- und Fleischuntersuchung durch das amtliche Veterinärwesen zu unterwerfen. Das Fleischhygienerecht beruht auf Vorschriften der EU und des Bundes. Für die Fleischerzeugung in Deutschland gelten die in Tabelle F19 aufgeführten Gesetze und Verordnungen in der jeweils gültigen Fassung sowie das **Weißbuch** der Europäischen Kommission zur Lebensmittelsicherheit.

Für **Fleisch** und **Fleischwaren** werden umfangreiche Eingangs-, Zwischen- und Endprüfungen gefordert. Besondere Probleme bestehen in der einheitlichen Verteilung von Qualitätsmerkmalen in der Charge sowie zwischen den Chargen. Nicht zuletzt deshalb wird bei der **Wareneingangsprüfung** vorzugsweise nur auf die wesentlichen qualitätsbestimmenden Merkmale zurückgegriffen wie Frische, Zu-

3 Qualitätssicherung in der Fleischerzeugung

Tabelle F19: Gesetze und Verordnungen im Rahmen der Fleischerzeugung und des Fleischhygienerechts

1. Tierschutzgesetz
   - Tierschutz-Nutztierhaltungs-VO (in Vorber.)
   - Tierschutztransport-VO
   - Tierschutzschlacht-VO
2. VO- über gesetzliche Handelsklassen für Schweinehälften
3. Lebensmittel- und Bedarfsgegenständegesetz
   - Lebensmittel-Bestrahlungs-VO
   - Lebensmittelhygiene-VO
   - Lebensmittel-Kontrolleur-VO
4. Fleischhygiene-Gesetz
   - Rückstandshöchstmengen-VO
   - Lebensmittelkennzeichnungs-VO
   - Hackfleisch-VO
   - Novel-Food-VO
5. Produkthaftungsgesetz
6. Einfuhruntersuchungs-VO

schnitt, Verschmutzung, Fremdkörper, Hygienezustand.

Zwischenprüfungen hingegen sind spezifisch auf die qualitätsgefährdenden Prozesse bzw. Produkte ausgerichtet. Sie beinhalten Temperaturmessung, Gewichtserfassung, chemische und physikalische Prüfungen sowie mikrobiologische Kontrollen.

Endprodukte werden überwiegend im Rahmen einer Stichprobenkontrolle geprüft durch sensorische, chemische und mikrobielle Analysen. Ergänzend erfolgen Monitorings, die sich auf Produkte oder Produktgruppen beziehen, die den Stand von Kontaminationen (z. B. Salmonellen) erfassen. Dies erfolgt in Umsetzung des **HACCP-Konzepts** (Hazard Analysis and Critical Control Points), dem eine zentrale Bedeutung zukommt. Nach diesem werden alle Risiken eines Herstellungsprozesses systematisch analysiert und der Produktionsprozess entsprechend gelenkt. Für die betriebliche Eigenprüfung finden auch noch sog. **Qualitätsregelkar**ten Anwendung. Hier werden statistische Kenntnisse über den Herstellungsprozess für Warn- und Eingriffsgrenzen ausgewertet.

3.4.2 Qualitätsbewertung und Lebensmittelsicherheit

- **Produkt- und Prozessqualität**

Ungeachtet dessen, dass Produzenten nach Qualitätszielen bzw. -vorgaben produzieren, wird letztlich die Qualität von Produkten (Futtermittel, Fleisch) durch eine Produktprüfung, d. h. erst über den Prüfprozess und eine Bewertung der Ergebnisse, festgestellt. Für Qualitätsaussagen kommt deshalb der Zuverlässigkeit (Repräsentanz) von Prüf-, Kontroll- oder Untersuchungsergebnissen eine entscheidende Rolle zu.

Bei der **Fleischqualität** wird zwischen der Produkt- und Prozessqualität (Abb. F5) unterschieden. Der Gesundheitswert beinhaltet den Hygienezustand sowie die Nährstoffzusammensetzung.

Abb. F5 Qualitätsbestandteile der vom Tier stammenden Lebensmittel.

Produktqualität
- Ernährungsphysiologische Faktoren
- sensorische Faktoren
- verarbeitungstechnologische Faktoren
- hygienisch-toxikologische Faktoren

Prozessqualität
- Züchtung (Rasse)
- Haltung und Transport
- Tiergesundheit
- Schlachtung
- Be- und Verarbeitung

Marketingfaktoren
- Teilstückgröße
- Zuschnitt
- Präsentation
- ideelle Kriterien (ökologisch, tiergerecht, Verbraucherschutz)

Unter **Produktqualität** sind bewertete Kriterien der Stoffeigenschaften der Produkte zu verstehen (LENGERKEN 2003). Somit werden Eigenschaften von Produkten bzw. deren Inhaltsstoffe bezüglich ihrer Gebrauchseigenschaften bewertet. Resultierende Gebrauchswerte bestimmen damit die Produktqualität. Die jeweiligen Inhaltsstoffe bzw. Verarbeitungseigenschaften sind durch Labormethoden bestimmbar (messbar), damit objektivierbar und direkt miteinander vergleichbar. Demgegenüber ist die Bewertung der Gebrauchseigenschaften grundsätzlich subjektiver Natur. Sie bedarf deshalb konkreter Verständigung darüber,

- was unter Qualität im konkreten Fall verstanden wird,
- welche Gebrauchswerte bzw. Kriterien die Qualität oder den Qualitätsausweis bestimmen,
- wie diese hinsichtlich des vorgesehenen Verwendungszwecks im Rahmen von Qualitätsanforderungen (Bewertungsgrundlagen) zu bewerten sind.

Aus fachlichen und marktwirtschaftlichen Gründen erfolgt die Bewertung auf der Basis vereinbarter Beurteilungsvorgaben, die vom jeweiligen Stand der Kenntnisse der Handelnden und deren Konsens abhängig sind.

Der **Prozessqualität** wird eine zunehmende Bedeutung beigemessen, während in früheren Jahren die Produktqualität fast ausschließlich die Gesamtqualität bestimmte. Die Prozessqualität bewertet Kriterien des Erzeugungsprozesses wie Herkunft des Produkts, Art der Erzeugung, Art der Tierhaltung und Fütterung, Prozesse der Produktion und Verarbeitung sowie Art und Umfang von Kontrollen des Erzeugungsprozesses. Sie soll den Kriterien einer nachhaltigen Landwirtschaft entsprechen. Diese werden über Aufzeichnung und Dokumentation erfasst, während die Parameter der Produktqualität messbar sind.

Die **Lebensmittelsicherheit** ist ein Teilaspekt der Produktqualität. Sie bezieht sich auf den vorbeugenden Gesundheitsschutz. Allerdings entsprechen die Risiken beim Verzehr von Tierprodukten, wie sie allgemein von der Bevölkerung insbesondere durch so genannte „Lebensmittelskandale" wahrgenommen werden, nicht annähernd den Tatsachen. Die wirklichen Risiken betreffen überwiegend die Fehlernährung – nach neueren Erhebungen zu annähernd zwei Dritteln – und den mangelnden Frischezustand der verzehrten Produkte.

Eine dominierende Rolle für Qualitätsbeurteilungen durch die Bevölkerung spielt die Akzeptanz, d. h. die **Wertschätzung**, die einem Produkt zugeordnet wird (BRANSCHEID et al. 1998). So beruhen „**Ökologischer Wert**" und „**Sozialwert**" vorwiegend auf ideellen Vorstellungen und Werten. Der Bindung an „Markenprodukte" liegen oft positive Erfahrungen zu Qualitätsgarantien sowie zur Transparenz des Produktionsprozesses zugrunde. Mit Bezug auf den ökologischen Wert werden die Auswirkungen der Produkterzeugung auch auf die Umwelt beurteilt (Energie- und Wasserverbrauch, Abwasserbelastung, Rohstoffverbrauch, Exkrementanfall, Müllanfall).

Weiterhin ist Folgendes zu beachten:
- An ein Produkt mit „höherer Qualität" sollten auch höhere Anforderungen an die Gebrauchswerte gestellt werden.
- Der Ausweis einer Gesamtqualitätsnote, z. B. für die Preisgestaltung, erfordert eine Gewichtung der einzelnen Bewertungskriterien, die an Qualitätsstandards bzw. entsprechende Richtlinien gebunden ist.
- Ergebnisse der Kontrolltätigkeit, die in das Zertifikat eines Qualitätsausweises münden, sollten vorrangig auf chemischen, physikalischen, mikrobiologischen und sensorischen Laboratoriumsergebnissen basieren.
- Die Qualität landwirtschaftlicher Produkte wird oft nur anhand weniger Gebrauchseigenschaften (z. B. pH-Wert und Leitfähigkeitswerte bei Fleisch, Sensorik und Trockenmasse bei Futtermitteln) festgelegt, in anderen Fällen ergänzend durch ein umfangreiches Analysenspektrum ausgewiesen. Infolge unterschiedlicher Kontrollverfahren kommt es zu unterschiedlich zuverlässigen Aussagen.
- Ein Zusammenhang von Qualität und Preis kann, er muss aber nicht gegeben sein.

● **Erfordernisse zur Qualitätsverbesserung**

Die seit 1954 begonnene Umzüchtung eines „Mehrzweckschweines" zum „Fleischschwein" hat in den zurückliegenden Jahren zu großen Problemen bei der Fleischqualität geführt. Durch die Stressempfindlichkeit der Fleischschweine treten insbesondere nach hohen Belastungen vor der Schlachtung Fleischqualitätsmängel wie PSE- und DFD-Fleisch in den wertbestimmenden Teilstücken auf. Verschlechtert hat sich diese Situation durch die Verwendung von Piétrain-Ebern in verschiedenen Hybridschweinezuchtprogrammen. Durch eine jahrelange Selektion gegen die Stressempfindlichkeit (Halothan- bzw. neuerdings MHS-Gentest, s. Kapitel B 3) wird diesen Fleischmängeln entgegengewirkt. Heute müssen alle Tiere aus Mutterrassen MHS-Gen-frei sein. Homozygote Allelträger werden deshalb auch nicht mehr als Eber eingesetzt. Dieser Weg ist konsequent weiter zu beschreiten. Positiv haben sich auch Kreuzungsprogramme sowie verbesserte Transport- und Schlachtbedingungen ausgewirkt.

Weiterhin nicht befriedigend ist jedoch der zu niedrige intramuskuläre Fettgehalt des Skelettmuskelfleisches, da dieser für den Genusswert des Fleisches große Bedeutung hat. In Hybridzuchtprogrammen verwendete Rassen liegen mit unter 1,3 % im Referenzmuskel (*M. longissimus*) deutlich unter dem erforderlichen Gehalt von ca. 2,0 %. Solange das EUROP-System – und nicht der eigentliche Handelswert – Grundlage einer Bezahlung ist, wird sich diese unbefriedigende Situation jedoch nicht wesentlich verbessern.

3.5 Anforderungen an den Prüfprozess

Ergebnisse der Kontrolltätigkeit, die auf der Bewertung von Laborergebnissen beruhen, münden allgemein in einen Qualitätsausweis. Hier ist zu beachten, dass die Qualität landwirtschaftlicher Produkte mitunter nur anhand weniger Gebrauchseigenschaften (z. B. pH-Wert und Leitfähigkeitswerte bei Fleisch, Sensorik und Trockenmasse bei Futtermitteln), in anderen Fällen ergänzend durch ein umfangreiches Analysenspektrum ausgewiesen wird. Unterschiedliche Aufwendungen bzw. Kosten sind dann auch mit unterschiedlich zuverlässigen Aussagen verbunden, was oft nicht die gebührende Beachtung findet. Deshalb bleibt eine Qualitätsaussage ohne Angabe der jeweils untersetzenden Parameterwerte ohne Wert. Ungeachtet dessen, dass Produzenten nach Qualitätszielen bzw. -vorgaben produzieren, wird letztlich die Qualität von Produkten (z. B. Futtermittel, Fleisch, Milch, Eier) erst über den Prüfprozess und die Bewertung der Ergebnisse festgestellt.

Der **Prüfprozess** beinhaltet die Arbeitsschritte
- Entnahme von Stichproben aus einer Produktpartie,
- Bildung von Sammelproben und der Endprobe,
- Probenaufbereitung,
- Bestimmung von Qualitätskriterien im Laboratorium sowie
- Bewertung der Prüfergebnisse.

Da die Inhaltsstoffe in den jeweiligen Proben mehr oder minder heterogen verteilt sind und durch Sammelprobenbildung sowie Zerkleinerungs- bzw. Homogenisierungsprozesse ein unterschiedlicher Verteilungsgrad nicht völlig auszuschließen ist, resultieren daraus auch unterschiedlich hohe Materialstreuungen. Weitere Streuungsgrößen des Prüfprozesses sind die Tätigkeit der Bearbeiter bei Probenahme und die Analytik mit ihren Toleranzen. Sie bedingen die **Gesamtstreuungen,** mit denen Prüfergebnisse belastet sind. Diese können gering gehalten werden, wenn grobe und zufällige Fehleranteile im Prüfprozess ausgeschlossen werden und nur die (verfahrensabhängige) Streuung verbleibt. Hierzu dienen Qualitätssicherungsmaßnahmen der Analytik, eingeschlossen die **prä-analytischen Arbeitsschritte** von Probenahme und Probenaufbereitung. So sind repräsentative (richtige und reproduzierbare) Prüfergebnisse nur dann zu erwarten, wenn analytische Qualitätssicherungsmaßnahmen in den Prüfprozess einbezogen werden.

Der Begriff „**Analytische Qualitätssicherung**" (AQS) bezieht sich auf Maßnahmen zur Sicherung der Qualität von Prüfergebnissen im **Labor** mit dem Ziel, die Qualität einer geprüften Partie zuverlässig auszuweisen. Fehlende AQS führt zu unzuverlässigen Prüfergebnissen (Einzelheiten bei v. LENGERKEN 2003). Die Qualitätssicherung von Analysendaten ist folglich ein eigenständiger Teil der Qualitätskontrollmaßnahmen. Kenntnisse hierzu sind nicht nur für Laborfachpersonal, sondern auch für Personen erforderlich, die Analysenart und -umfang veranlassen und die Ergebnisse beurteilen bzw. verwenden. Für die externe Bewertung von

Prüfergebnissen sollten deshalb Inhalt und Umfang von laborinternen analytischen Qualitätssicherungsmaßnahmen hinterfragt werden. Das gilt auch für akkreditierte Laboratorien hinsichtlich eines ausreichenden Umfangs der täglichen Untersuchungen.

Zur AQS gehören u. a. die Arbeit nach verbindlichen Standards (Analysenvorschriften) sowie eine systematische Kontrolle der Geräte und Chemikalien einschließlich der Dokumentation aller Maßnahmen. Sie sind deshalb auch die Basis einer Laborakkreditierung.

Die heute üblicherweise eingesetzte Analysentechnik ermöglicht Bestimmungen von Stoffen im Ultraspurenbereich, allerdings mit unterschiedlicher Richtigkeit und Präzision. Deshalb spielen statistische Kriterien bei der analytischen Prüfung wie **Nachweisgrenze**, **Erfassungsgrenze** und **Bestimmungsgrenze** eine wesentliche Rolle für die AQS, für die Beurteilung von Prüfergebnissen und für tragfähige Systeme einer Qualitätssicherung. Nachweis- und Erfassungsgrenze verdeutlichen mit Bezug auf die angewendete Analysenmethode (ja/nein-Aussage) die Anwesenheit des geprüften Qualitätskriteriums, dessen Bestimmungsgrenze und darüber hinaus dessen quantitative Nachweismöglichkeit.

Im Prüfprozess wird allgemein verkannt, dass der Teilschritt **Probenahme** für die Höhe der Streuung von Prüfergebnissen bedeutsam ist. Heterogene Produkte mit unterschiedlicher Zusammensetzung (Verteilung der Komponenten, Entmischung) haben allein aufgrund zufälliger Streuungsgrößen infolge verfahrensbedingter Fehler meist einen Anteil von über 50 % an der Gesamtfehlergröße. Deshalb kann nur immer wieder darauf hingewiesen werden, der Probenahme mit ihrem dominierenden Einfluss auf die Gesamtstreuung besondere Aufmerksamkeit zu widmen. Wie aus Abbildung F 4 für das Beispiel Futtermittel zu entnehmen ist, muss also gewährleistet sein, dass gezogene Proben die gleichen Qualitätsmerkmale bzw. Merkmalsverteilungen wie die beprobte Futtermittelpartie aufweisen.

Als ein weiteres Problem ist zu nennen, dass Beprobung und Probenbildung einerseits und die Analytik andererseits meist in getrennter Verantwortung liegen. Noch zu oft entsprechen Prüfergebnisse lediglich richtigen Probenergebnissen, die aber das Produkt nicht richtig repräsentieren. Deshalb ist zu fordern, dass Probenahme, Laborprüfung und Ergebnisbeurteilung in einer Hand liegen.

3.6 Kriterien zur Beurteilung

Bei landwirtschaftlichen Produkten ist eine Kontrolle jeder produzierten Produktpartie (Hundertprozent-Kontrolle) aus ökonomischen Gründen nicht möglich . Daher dominiert für Qualitätsermittlungen die Stichprobenprüfung, für die im Interesse zuverlässiger Aussagen folgende statistische Kriterien gelten:

- **Toleranzen** werden aus den Standardabweichungen (objektive Streuungsgrößen im Prüfprozess) abgeleitet. Sie geben Auskunft über zulässige Streuungen von Prüfergebnissen. Weitere statistische Kriterien, die für die Beurteilung von Ergebnissen der Qualität insbesondere bei der industriemäßigen Futterproduktion wesentliche Bedeutung haben, sind **Vertrauensintervalle**, **Messunsicherheit** und **Schätzfehler**. Hinzuweisen ist darauf, dass bei Futtermitteln als Toleranzen sogenannte **Analysenspielräume** angewendet werden. Für Zusatzstoffe wird dem Hersteller neben dem Analysenspielraum, der im wesentlichen auf Streuungen der Laborprüfung beruht, eine **Herstellertoleranz** (Spanne zwischen Deklaration und realer Zusammensetzung) gewährt. Entsprechende Kriterien und ihre Anwendung sind bei der Beurteilung von amtlich erstellten Prüfergebnissen zu berücksichtigen und in der Futtermittelverordnung ausgewiesen. Aus Verbrauchersicht ist zu fordern, dass derartige Kriterien mit dem Prüfergebnis in Prüfprotokollen bzw. Prüfattesten ausgewiesen werden.

- Der **Prüfumfang** ist mathematisch-statistisch abgeleitet. Er bildet eine Richtzahl für zuverlässige Aussagen durch Prüfergebnisse. Leider basieren viele Qualitätsaussagen nicht auf dem hierfür erforderlichen Prüfumfang, nicht zuletzt aus Kosten- bzw. Kapazitätsgründen. In derartigen Fällen bleibt ein Prüfergebnis ohne repräsentative Aussage. Erforderliche Probendichten sind abhängig vom zu prüfenden Substrat. Mit zunehmenden Genauigkeitsanforderungen an das Prüfergebnis werden auch exponentiell zunehmende Probenanzahlen notwendig. Liegt eine Zufallsverteilung für die Qualitätsmerkmale nicht vor, dann ist auch eine zuverlässige Prüfung nicht gegeben. Industrielle Futtermittel sollten daher mit einheitlicher und möglichst gering streuender Verteilung der Inhaltsparameter produziert werden, damit diese auch prüffähig sind.

- Das **Prüfrisiko** weist die Wahrscheinlichkeit aus, wie viele anteilige Prüfungen das Prüfergebnis fehlerhaft darstellen. Es ist für die Beurteilung eines „gerechten" Prüfausweises von wesentlicher Bedeutung. Das jeweilige Prüfrisiko sollte gerechterweise zu gleichen Anteilen den Hersteller und den Abnehmer betreffen. Allerdings tragen bei derzeitiger Toleranzgestaltung die Konsumenten überwiegend den größeren Anteil. Daher ist es notwendig, den Produktionsprozess der Hersteller stärker im Hinblick auf die Verringerung des Konsumentenrisikos zu steuern.

Weitere statistische Kriterien des Prüfprozesses sind eher produktionsrelevante Kontrollkriterien. Das betrifft

- das **Beanstandungsrisiko** als Wahrscheinlichkeit, in welchem Umfang ein Prüfergebnis die Qualitätsangaben eines Herstellers nicht bestätigen wird und
- den **Durchschlupf** als Wahrscheinlichkeit des Anteils nicht qualitätsgerechter Partien, die infolge unterlassener Prüfung ausgeliefert werden,

Somit sind Prüfergebnisse nicht zu verabsolutieren. Sie sind mit objektiven verfahrenstypischen Streuungen bzw. daraus resultierenden Schätzfehlern, Vertrauensbereichen bzw. Analysenspielräumen und daher Toleranzen behaftet, die durch die Qualitätskontrollmaßnahmen gering zu halten sind. Das wird möglich, wenn so genannte grobe und systematische Fehleranteile ausgeschlossen werden und die Prüfung durch eine fachlich korrekte und verantwortliche Prüfprozessgestaltung zu repräsentativen Ergebnissen führt.

G Verzeichnisse

Abkürzungen

AB	=	Allgemeinbefinden
ACTH	=	Adrenocorticotropes Hormon
AF	=	Atemfrequenz
AFR	=	Abferkelrate
AID	=	Auswertungs- und Informationsdienst für Ernährung, Landwirtschaft und Forsten
AK	=	Aujeszkysche Krankheit (M. Auj.)
ALAT (ALT)	=	Alaninamino-Transferase (früher GPT)
AP	=	Alkalische Phosphatase
APP	=	*Actinobacillus pleuropneumoniae*
AS	=	Altsauen
ASAT (AST)	=	Aspartatamino-Transferase (früher GOT)
ATF	=	Akademie für tierärztliche Fortbildung (bei der Bundestierärztekammer)
ATP	=	Adenosintriphosphat
BCS	=	Body Condition Score (siehe RFD)
BDV	=	Bovines Virusdiarrhoe-Virus
BEJ	=	Butanolextrahierbares Jod
BMVEL	=	Bundesministerium für Verbraucherschutz, Ernährung und Landwirtschaft
BOI	=	Brustorgane-Index
BPT	=	Bundesverband praktizierender Tierärzte
BVD	=	Bovine Virusdiarrhoe
Ca	=	Calcium
CK	=	Creatin-Kinase
CMA	=	Zentrale Marketing Gesellschaft der deutschen Agrarwirtschaft
CH_4	=	Methan
CO_2	=	Kohlendioxid
DC	=	Dünnschichtchromatographie
DDR	=	Deutsche Demokratische Republik
DE	=	Deutsches Edelschwein
DFD	=	Dark, Firm, Dry = dunkel, fest, trocken (Fleischqualitätsmangel)
DIN	=	Deutsche Industrie-Norm
DL	=	Deutsche Landrasse
DLG	=	Deutsche Landwirtschafts-Gesellschaft
DNA	=	Desoxyribonukleinsäure
DON	=	Deoxynivalenol (Mykotoxin)
DVG	=	Deutsche Veterinärmedizinische Gesellschaft
EB	=	Erstbesamung (= KB Künstliche Besamung)
EDTA	=	Ethylendiamintetraessigsäure-haltiger Verdünner
EDTA Plasma	=	Ethyldiamintetraessigsäure
ELISA	=	Enzyme Linked Immunosorbent Assay
EU	=	Europäische Union
FCKW	=	freie Kohlenwasserstoffe
FSH	=	Follikel stimulierendes Hormon
GbR	=	Gesellschaft bürgerlichen Rechts
GC	=	Gaschromatographie
GE	=	Getreideeinheit
GfE	=	Grundfuttereinheit
GmbH	=	Gesellschaft mit beschränkter Haftung
GLDH	=	Glutamat-Dehydrogenase
γ-GT	=	γ-Glutamat-Transferase
HACCP	=	Hazard Analysis Critical Control Point
HA	=	Hämagglutination
HAH	=	Hämagglutinantionshemmungs-Reaktion
HB-Tiere	=	Herdbuchtiere

Hb	= Hämoglobin		LVLUA	= Landesveterinär- und Lebensmitteluntersuchungsamt
HCG	= Human Chorionic Gonadotropin = Choriongonadotropin		MAK	= Maximale Arbeitsplatzkonzentration (für Gase)
HF	= Herzfrequenz		MD	= Minimal Disease-Verfahren
Hk	= Hämatokrit		MELF	= Ministerium für Ernährung, Landwirtschaft und Forsten (der DDR)
H_2S	= Schwefelwasserstoff			
HPLC	= High Performance Liquid Chromatography		MEW	= Medicated Early Weaning-Verfahren (Frühabsetzen mit antibiotischer Behandlung)
IE	= Internationale Einheiten (= U = Units)			
IgG	= Antikörper der Immunglobulinklasse G		MHK	= Minimale Hemmstoffkonzentration (von antimikrobiellen Medikamenten)
IgM	= Antikörper der Immunglobulinklasse M			
i.m.	= intramuskuläre Injektion		MHS	= Malignes Hyperthermie-Syndrom
ITB	= Interessengemeinschaft Tierärztliche Bestandsbetreuung – Schwein (im BPT)		MJME	= Megajoule Metabolisable Energy
			MKS	= Maul- und Klauenseuche
i.v.	= intravenöse Injektion		MMA	= Mastitis-Metritis-Agalaktie-Syndrom
JS	= Jungsauen			
KBR	= Komplement-Bindungsreaktion		MTK	= Maximale Tierplatzkonzentration (für Gase)
KB/KBS	= Künstliche Besamung		N	= Stickstoff
KM	= Körpermasse (= KG Körpergewicht)		N_2O	= Lachgas
			NH_3	= Ammoniak
KSP	= Klassische Schweinepest (= ESP Europäische)		NT	= Neutralisationstest
			O_2	= Sauerstoff
KTBL	= Kuratorium für Technik und Bauwesen in der Landwirtschaft		OCT	= Ornithin-Carbamyl-Transferase
			OIE	= Office International des Epizooties (Internationales Tierseuchenamt in Paris)
LAP	= Leuzin-Aminopeptidase			
LC/MS	= gekoppelte Flüssigkeitschromatographie/Massenspektrometrie			
			Pa	= Phosphor anorganisch
			PCR	= Polymerase-Kettenreaktion
LD	= Letale Dosis (LD_{50} mittlere LD)		PDNS	Porzines Dermatitis-Nephrapathie Syndrom
LDH	= Laktat-Dehydrogenase		$PGF_{2\alpha}$	= Prostaglandin $F_{2\alpha}$
LH	= Luteinisierendes Hormon		PIA	= Porzine Intestinale Adenomatose
LKV	= Landeskontrollverband der Landwirtschaft			
LM	= Lebendmasse (= KM Körpermasse)		p.m.	= post mortem (beim Schlachttier)
LN	= Landwirtschaftliche Nutzfläche		PMSG	= Pregnant Mare Serum Gonadotropin (= eCG = equines Choriongonadotropin)
LPG	= Landwirtschaftliche Produktionsgenossenschaft (in der DDR)			
			PMWS	Postweaning Multisystemic Syndrome
LT	= Lebenstag			
LUFA	= Landwirtschaftliche Untersuchungs- und Forschungsanstalt		PPV	= Porzine Parvovirose
			PR	= Partusrate

PRRS	=	Porzines Respiratorisches und Reproduktives Syndrom
PSE	=	Pale, Soft, Exudative = hell, weich, wässrig (Fleischqualitätsmangel)
QMA	=	Verein zur Förderung des Qualitätsmanagements in der Agrarwirtschaft
QS	=	Qualitätssicherungs-System
R.a.(s.) (Ras)	=	Rhinitis atrophicans suum
RFD	=	Rückenfettdicke
RuD	=	Reinigung und Desinfektion (= R+D)
SEW	=	Segregated Early Weaning-Verfahren (Frühabsetzen mit isolierter Aufzucht)
SDH	=	Sorbit-Dehydrogenase
SFT	=	Sabin-Feldman-Test
SG	=	Sauengruppe(n)
SGD	=	Schweinegesundheitsdienst
s.k.	=	subkutane Injektion
SNT	=	Serumneutralisationstest
SPF	=	Spezifiziert pathogenfreie Aufzucht/Haltung
S.-W.	=	Schwarz-Weiß-Begrenzung (= SW-Prinzip)
SchwHaltHygVO	=	Schweinehaltungshygieneverordnung
TA Luft	=	Technische Anleitung zur Reinhaltung der Luft
TBA	=	Tierkörperbeseitigungsanstalt (= TKB)
TBK	=	Tuberkulose
TEBk	=	totale Eisenbindungskapazität
TGD	=	Tiergesundheitsdienst
TGE	=	Transmissible Gastroenteritis
TGL	=	Technische Güte- und Leistungsnorm (in der DDR)
TSE	=	Transmissible Spongiforme Enzephalopathien
UR 1,2	=	Umrauscherbesamungen 1,2
US	=	Ultraschall
VDI	=	Verein Deutscher Ingenieure
VE	=	Vieheinheit (= GVE = Großvieheinheit)
VEG	=	Volkseigenes Gut (in der DDR)
ZEA	=	Zearalenon (Mykotoxin)
ZDS	=	Zentralverband der Deutschen Schweineproduktion
ZWZ	=	Zwischenwurfzeit

H   Literatur

Kapitel A1 bis A7

AID SPECIAL (2002): Klasse statt Masse? Landwirtschaftliche Nutztierhaltung und Verbraucherschutz. Tagungsband 4. aid-Forum 12.6.01. Bonn. 3787/2002, 3–54.

Akademie für tierärztliche Fortbildung (1998) Hrsg.: Jahrtausendwende und Tiergesundheit – Perspektiven für das kommende Jahrzehnt; Schriftenreihe ATF, Ferdinand Enke Verlag Stuttgart, Bd. 6.

BENNEWITZ, D., DIERKS, H., HAUSMANN, G., TORNOW, A. (1983): Die Waldmast von Schweinen im Bezirk Magdeburg aus veterinärmedizinischer Sicht. Mh. Vet.-Med. 38, 656–661.

Berichte aus Verden (2000): Ferkelerzeugung – Schweinemast. Ergebnisse aus den Erzeugerringen in Niedersachsen. Arbeitskreis Betriebszweigauswertung Schwein Niedersachsen, Verden.

BMVEL (2003): Ernährungs- und agrarpolitischer Bericht der Bundesregierung. Deutscher Bundestag, Drucksache 15/405 vom 5.2.2003.

Bokermann, R. (2000): Deckungsbeitragsrechnung in der Tierhaltung. Großtierpraxis, Dannenberg 1, 11, 6–12.

BRANDSCHEID, W. (1998): Verbraucherwünsche an Fleisch zwischen Preis und Ethik. Dtsch. Tierärztl. Wschr. 105, 289–292.

FISCHER, K. (2002): Bessere Schweinefleischqualität bei Fütterung nach Richtlinien des ökologischen Landbaus? Forschungsreport, 20–23.

FORSTNER, B., ISERMEYER, F. (1997): Zwischenergebnisse der Umstrukturierung der Landwirtschaft in den neuen Ländern. Rostocker Agrar- und Umweltwissenschaftliche Beiträge 7, 49–86.

FUCHS, C. (1999): Wo liegen die optimalen Bestandsgrößen für die Schweineproduktion? Veredlungsproduktion, Bonn 4, Nr. 3, 58–60.

GATZKA, E. M., SCHULZ, K., INGWERSEN, J. (2001): Schweineproduktion 2000 in Deutschland. Zentralvbd. Dtsch. Schweineprod. (ZDS), Bonn.

HALLIER, B. (2000): Mehr Partnerschaft zwischen Erzeugern und Handel. VDL-Journal, Bonn 50, 4, 8–9.

HAXSEN, G. (2000): Stand und Perspektiven der Schweineproduktion in Deutschland. Tagungsband des Intern. Kolloq. „Wettbewerbsfähige Schweineproduktion nach 2000 – mittelfristige Perspektiven und Managementaufgaben", 24.–26.2.2000, Leipzig, 20–31.

HINRICHS, P. (1992): Volkswirtschaftliche Bedeutung der Schweineproduktion. In: GLODEK, P. Hrsg.: Schweinezucht; 9. Auflage, Verlag Eugen Ulmer Stuttgart, 17–25.

HONIKEL, K.O. (1999): Schweinefleisch – ein wohlschmeckendes und ernährungsphysiologisch hochwertiges Lebensmittel. Landbauforschung Völkenrode, Sh 193, 12–20.

ISERMEYER,, F., HAXSEN, G., HINRICHS, P. (1999): Betriebswirtschaftliche Aspekte der Schweinehaltung. Landbauforschung Völkenrode, Sh 193, 364–380.

KALM, E. (2000): Organisation der Schweineproduktion für den zukünftigen Markt. Bauernblatt Schleswig-Holstein und Hamburg 54 (150), 11, 63–66.

KÖGL, H. (1997): Wettbewerbfähigkeit der Deutschen Schweineproduktion. DGfZ Schriftenr. Bonn 7, 9–17.

KÖRBER, R., PRANGE, H. (2003): Aktuelle Situation der Nahrungsmittelsicherheit, der Tiergesundheit und des Tierschutzes. 11. Hochschultagung 25.4.03, Halle, 44–56.

KRAPOTH, J. (2000): Deckungsbeitragsermittlung in der Sauenhaltung. Großtierpraxis, Dannenberg 1, 10, 28–34.

KÜHLEWIND, J., MEWES, I. (2001): Schweinemast – ein gewinnbringender Produktionszweig. Merkblatt Sächs. Landesanstalt Landw., Dresden.

MATTHES, W., BRÜGGEMANN, J. (2000): Entwicklung der Schweineproduktion in Mecklenburg-Vorpommern im internationalen Vergleich. Landesforschungsanstalt Landw. Fischerei MVP, Gülzow, 21, 1–10.

MEYER, E. (2002): Viel Fleisch und wenig Fett, auch bei hohen Zunahmen? Merkblatt Sächs. Landesanstalt Landw., Dresden.

MINISTERIUM FÜR LANDWIRTSCHAFT UND UMWELT (2002): Bericht der Landesregierung über den Stand der Entwicklung des Tierschutzes in Sachsen-Anhalt (Tierschutzbericht 2001).

PRANGE, H. (1974): Veterinärmedizinische Erfordernisse und Normen der industriemäßigen Schweineproduktion. agrabuch, Leipzig-Markkleeberg, 2. Aufl., 1–64.

PRANGE, H., BERGFELD, J. (1975) Hrsg.: Veterinärmedizin und industriemäßige Schweineproduktion. VEB Gustav Fischer Verlag, Jena.

PRANGE, H. (1991): Tiergroßanlagen aus ostdeutscher Sicht – gesundheitliche Betreuung, Tierschutz und Umweltproblematik. In: H. Trautwein (Hrsg.): BbT Arbeitstagung 2.3.-3.5.1991, Berlin, 159–218.

PRANGE, H., BORELL, E: v., ZIPPER, J. (1995): Haltung von Nutztieren im Spannungsfeld zwischen Ökologie, Ethologie und Verfahrenstechnik. In: „Umweltgerechte Landbewirtschaftung im mitteldeutschen Agrarraum", 3. Hochschultagung 21.-22.3.1995, Jena, 34–54.

PRANGE, H., PETZOLD, R. (1996): VEB Schweinezucht und -mast Neustadt/Orla (SZM) – eine agrarhistorische Datensicherung für einen Betrieb der industriemäßigen Schweineproduktion. Kühn.-Arch., Halle 90, 97–118.

ROTH, D. (1995): Vergütung ökologischer Leistungen in der Landwirtschaft. LUFA Thüringen, Jena.

SMIDT, D. (1996): Gesunde Tiere – Grundlage einer verantwortungsbewußten und wirtschaftlichen Tierhaltung. Tierärztl. Umschau 51, 519–523.

SUNDRUM, A. (1992): Tiergesundheit – aus ökologischer Sicht. Prakt. Tierarzt 73, 329–335.

SUNDRUM, A., ANDERSSON, R., POSTLER, G. (1994): Hrsg.: Tiergerechtheitsindex. Ein Leitfaden zur Beurteilung von Haltungssystemen. Gesellsch. Ökol. Tierhaltg., TGI 200, 1–211.

UNSHELM, I. (1994): Haltungshygienische Voraussetzungen der Tiergesundheit 15. Hülsenberger Gespräche, Hamburg, 172–185.

VON DEM BUSSCHE, P.(2000): Wertschöpfung statt Wertevernichtung. VDL-Journal, Bonn 50, Nr. 4, 3.

WINDHORST, H.-W. (2000) Struktur der Schweineproduktion in Deutschland und den Nachbarländern. Vortrag AfT-Frühjahressymposium ISPA, Vechta am 7. Juni 2000.

ZDS (1999,2000,2001 und 2002): Zahlen aus der deutschen Schweineproduktion, ZDE e. V. Bonn.

Kapitel B1 bis B3

BERGFELD, J. (1975): Zyklogramme der Produktion. In: Prange, H. Bergfeld, J. Hrsg.: Veterinärmedizin und industriemäßige Schweineproduktion. VEB Gustav Fischer Verlag, Jena, 47–63.

BERTSCHINGER, H. U., VÖGELI, P. (1998): Oedemkrankheit und Colidurchfall züchterisch begegnen. Schweinezucht- und mast 46, 5, 12–14.

GLODEK, P. (2001): Berücksichtigung des Tierschutzes bei der Züchtung landwirtschaftlicher Nutztiere – Empfehlungen einer DGfZ-Projektgruppe an die Nutztierorganisationen. Züchtungskunde 73, 163–181.

GÖTZ (2002): persönliche Mitteilung.

KRIETER, J. (2001): Ökonomische Zuchtzielkomponenten (Leistungskriterien und funktionale Merkmale). 5. Schweine-Workshop, Uelzen, 7–17.

LEEMANN, G. (1993): Häufigkeit von genetischer Resistenz gegen Oedemkrankheit bei Schweinen und Voraussagbarkeit aufgrund von Markersystemen. Vet. med. Diss. Zürich.

MILAN, D., JEON, J.-T., LOOFT, C. et al. (2000): A mutation in PRKAG3 associated with excess glycogen content in pig skeletal muscle. Science 288, 1248–1251.

MÜLLER, M. (2000): Verbesserung der Tiergesundheit und neue Nutzungsmöglichkeiten von Tieren durch Gentransfer. Hülsenberger Gespräche 2000, 136–144.

MÜLLER, M., BREM, G. (1998): Transgenic approaches to the increase of disease resistance in farm animals. Rev. Sci. Tech. Off. Int. Epiz. 17, 365–378.

RÖHE, R., KALM, E. (2000): Saugferkel: Ursachen für Verluste analysiert. Schweinezucht u. -mast 48, 20–23.

SELLWOOD, R., GIBBONS, R.A., JONES, G.W., RUTTER, J.M. (1975): Adhesion of enteropathogenic Escherichia colio pig intestinal brush borders: The existence of two pig phenotypes. J. Med. Microbiol. 8, 405–411.

VÖGELI, P., MEIJERINK, E., FRIES, R. et al. (1997): Ein molekularer Test für den Nachweis des E.coli-F18-Rezeptors: ein Durchbruch im Kampf gegen Ödemkrankheit und Absetzdurchfall beim Schwein. Schweiz. Arch. Tierheilk. 139, 479–484.

WÄHNER, M. (1998) Hrsg.: Wiss. Beiträge 6. Bernburger Biotechnik-Workshop, Hochschule Anhalt (FH).

WINNERS, K., SCHELLANDER, K. (2000): Stand und Perspektiven zur züchterischen Verbesserung der Krankheitsresistenz beim Schwein. REKASAN Journal 7, 14, 75–77.

Kapitel B4

ALMOND, G. W., DIAL, G. D. (1987): Pregnancy diagnosis in swine: Principles, applications, and accuracy of available techniques. JAVMA 191, 858–870.

BARA, M. R., CAMERON, R. D. A. (1996): The effect of mating frequency and hygiene on the development of post-mating vulval discharges and reproductive performance in sows. In: Proc. 14th IPVS Congress, Bologna, Italy, p. 583.

BENNEWITZ, D., HÜHN, U. (1998): Risiken der Brunststimulation bei abgesetzten Sauen nach Anwendung von Kombinationspräparaten. Schweinezucht aktuell, H. 45, 10–12.

BRÜNINGHOFF, J. (2001): Ergebnisse und Erfahrungen zur Trächtigkeitsdiagnose mittels Scanner. In: Wiss. Beiträge 7. Bernburger Biotechnik-Workshop, Hochschule Anhalt, 107–108.

CLAUS, R., SCHOPPER, D., WAGNER, H.-G., WEILER, U. (1985a): Photeriodic influences on reproduction of domestic boars. I. Light influences on testicular steroids in peripheral blood plasma and seminal plasma. Zbl. Vet. Med. A. 32, 86–98.

CLAUS, R., SCHELKE, G., WAGNER, H.-G. (1985b): Photeriodic influences on reproduction of domestic boars. II. Light influences on semen characteristics and libido. Zbl. Vet. Med. A., 32, 99–109.

CLOSE, W. H. (2000): Gilt nutrition and lifetime performance. In: Close, W. H., Cole, D. J. A., Ed.: Nutrition of Sows and Boars, Nottingham Univ. Press, 17–18.

FELLER, B. (2001): Einflüsse von Haltungsfaktoren auf die Fruchtbarkeitsleistung der Sau. In: 13. Münch. Schweineseminar 27./28. 01 (Abstract).

GAYER, H.-J. (1999): Aktuelle Probleme der Fruchtbarkeit beim Eber. Wiss. Beiträge 5. Bernburger Biotechnik-Workshop, Hochschule Anhalt, 79–90.

HARING, F., SMIDT, D. (1963): Die Bedeutung der Fortpflanzung für die Züchtung landwirtschaftlicher Nutztiere und für die wirtschaftliche Bedeutung tierischer Produkte. Zuchthyg., Fortpfl.-stör. u. Bes. Haustiere 7, 326–341.

HARTOG, L. A., SLINGERLAND, E. R., NOORDEWIER, G. J., AHERNE, F. K. (1986): The effect of health on the onset of puberty in gilts. In: 65 th Ann. Feeders Day Rept., Univ. Alberta, Canada, 109–110.

HENZE, A. (1984): Ergebnisse und Erfahrungen bei der Erhöhung der Fruchtbarkeitsleistungen durch eine wirkungsvollere Besamungsorganisation in den Schweinezuchtanlagen. In: Tag.-Ber. Akad. Landw. – Wiss., Berlin, 218, 219–228.

HENZE, A. (1987): Aktuelle Maßnahmen zur Steigerung der Fruchtbarkeitsleistungen von Sauen bei Anwendung der duldungsorientierten Besamung in der DDR. Tierzucht 41, 313–316.

HOLTZ, W. (1996): Die Zyklussteuerung beim Schwein – Eine Standortbestimmung. Arch. Tierz., Dummerstorf 39, 447–454.

HOY, ST. (2001): Zum Einfluss des Lichtes auf die Fruchtbarkeitsleistung weiblicher Schweine. Wiss. Beiträge 6. Bernburger Biotechnik-Workshop, Hochschule Anhalt, 32–40.

HÜHN, U., HENZE, A.(2000): „Sommerloch" im Sauenstall. Der Einfluss hoher Temperaturen auf die Fruchtbarkeit. Neue Landwirtschaft 11, 7, 60–64.

HÜHN, U., RÖSCH, H. (2002): Fortpflanzungssteuerung in der modernen Schweinehaltung. Impfstoffwerk Dessau- Tornau, Rodleben, 1–20.

IBEN, B. SCHNURRBUSCH, U. (1999): Sauenbesamung: Grundlagen und praktische Anleitung. Verl. F. Agrarwiss. u. Vet. med., Dannenberg.

KÄMMERER, B., MÜLLER, S., HÜHN, U. (1998): Fruchtbarkeits- und Aufzuchtleistungen von Jungsauen mit unterschiedlicher Seitenspeckdicke zu Beginn ihrer Zuchtbenutzung. Arch. Tierz. 41, 387–396.

KAUFFOLD, J. (2001): Komplexdiagnose fruchtbarkeitsgestörter Sauen. Wiss. Beiträge 7. Bernburger Biotechnik-Workshop, Hochschule Anhalt, 109–122.

KAUFFOLD, J., RICHTER, A., RAUTENBERG, T., SOBIRAJ, A. (1999): Wiedereingliederung negativ gescannter Sauen in das Gruppenabferkelsystem. Wiss. Beiträge 5. Bernburger Biotechnik-Workshop, Hochschule Anhalt, 55–64.

KAUFFOLD, J., RICHTER, A., SOBIRAJ, A. (1997): Ergebnisse und Erfahrungen einer zweijährigen Untersuchungstätigkeit im Rahmen der sonographischen Trächtigkeitskontrolle bei Sauen zu unterschiedlichen Graviditätstagen. Tierärztl. Praxis 25, 429–437.

KAULFUSS, K.-H. (1997): Echolotgerät oder Scannerdienst? Schweinezucht u. -mast 45, 29.

KÖNIG, I. (1982): Fortpflanzung bei Schweinen. Deutscher Landwirtschaftsverlag, Berlin.

KÖNIG, I., HÜHN, U. (1997): Zur Steuerung der Fortpflanzung bei Sauen – Eine Retrospektive. Arch. Tierz. 40, 239–256.

LAHRMANN, K. H., GARDNER, I. A.(1997): Epidemiologische Studien zum „Summer Infertility Syndrome" bei Sauen in Stallhaltung. Dtsch. tierärztl. Wschr. 104, 341–420.

POLGE, C. (1986): Recent developments and prospects in physiological research basic to artifical breeding. Am. Breeders Serv. Symp., Wisconsin, 149–167.

REDEL, H. (2001): Bewertung der Fruchtbarkeitsleistung von Ebern. Wiss. Beiträge 7. Bernburger Biotechnik-Workshop, Hochschule Anhalt, 47–54.

SCHNURRBUSCH, U. (1998a): Endokrine Steuerung des porcinen Sexualzyklus – Möglichkeiten der exogenen Beeinflussung. In: Fruchtbarkeitsmanagement bei Rind und Schwein. Verl. Agrarwiss. u. Vet. med., Dannenberg, 13–21.

SCHNURRBUSCH, U. (1998b): Embryonalentwicklung des Schweines und Einflüsse auf die Überlebensrate der Embryonen. Wiss. Beiträge 8. Bernburger Biotechnik-Workshop, Hochschule Anhalt, 13–21.

SCHNURRBUSCH, U., HÜHN, U. (1994): Fortpflanzungssteuerung beim weiblichen Schwein. Gustav Fischer Verlag Jena, Stuttgart.

SCHNURRBUSCH, U., BERGFELD, J., BRÜSSOW, K.-P., KALTOFEN, U. (1981): Schema zur Ovarbeurteilung beim Schwein. Mh. Vet.-Med. 36, 811–815.

SCHULZE, U, STENZEL, P., BERKAU, A., WEBER, M. (1999): Besamungsgurt- Verbesserung der Reproduktionsleistung. DGS Magazin, Woche 26, 48–50.

SIDLER, X., ZIMMERMANN, W., LEISER, R. (1986): Das normale zyklische Geschehen im Endometrium des Schweines. Klinik f. Nutztiere und Pferde, Univ. Bern, 1–103.

STÄHR, B. (2002): Untersuchungen zur Verbesserung der Beurteilung konservierter Eberspermien in vitro und Ermittlung der Beziehungen zum Befruchtungserfolg. Bericht Forschungsergebnisse 2002. In: Jahrestagung KB-Forschungsverbund, Rüdesheim, 23./24.10 2002, 33–34.

STÄHR, B., NEHRING, H. (1997): Empfehlungen zur Gewinnung, Aufbereitung, Lagerung und Transport von Ebersperma. Handbuch für Besamungsstationen. Inst. Fortpfl. landw. Nutztiere e.V., Schönow.

TOP AGRAR (2000) Hrsg.: Fruchtbarkeit im Sauenstall. Fachbuch, Landw. Verl. Münster.

WABERSKI, D., WEITZE, K.F.(1998): Ultraschall bei Fruchtbarkeitsstörungen des Schweines – neuere Aspekte. Prakt. Tierarzt, Coll. Vet. 41–44.

WABERSKI, D., KUNZ-SCHMIDT, A., WAGNER-RITSCHEL, H., KERZEL, I., WEITZE, K.F. (1998): Ultraschalldiagnostik in der Gynäkologie des Schweines: Möglichkeiten und Grenzen. Prakt. Tierarzt 79, 257–262.

WÄHNER, M. (1997): Zootechnik – ein wichtiger Bestandteil der Jungsauenaufzucht. Rekasan-Journal 4, 36–37.

WÄHNER, M. (2002): Synchronisation von Zyklus und Ovulation beim Schwein. Tierärztl. Prax. 30 (G), 252–260.

WÄHNER, M., HÜHN, U. (1999): 30 Jahre biotechnische Verfahren zur Zyklussteuerung beim Schwein. Wiss. Beiträge 5. Bernburger Biotechnik-Workshop, Hochschule Anhalt, 5–32 sowie GroßTierVet.2, 11, 6–12 (1999) und 3, 1, 11–18 (2000).

WÄHNER, M., KRÜGER, W., SCHOLZ, H. (2000): Untersuchungen zum Brunstverhalten von Sauen nach biotechnischer Zyklussteuerung. Rekasan-Journal 13/14, 61–63.

WEITZE, K.-F. (2001) : Andrologie beim Eber. In: Busch, W., Holzmann, A. Hrsg. Veterinärmedizinische Andrologie – Physiologie und Pathologie der Fortpflanzung bei männlichen Tieren. Schattauer Verlag, Stuttgart, 269–277.

WEITZE, K.-F., WAGNER-RIETSCHEL, H., WABERSKI, D., RICHTER, L., KRIETER, J. (1994): The onset of heat after weaning, heat duration and ovulation as major factors in AI timing in sows. Reprod. Dom. Anim. 29, 433–443.

ZAREMBA, W., HÜHN, U. (2000): Untersuchungen zur partiellen Geburtensynchronisation bei Sauen mit ersten und zweiten Würfen. Prakt. Tierarzt 81, 432–439 und Großtier Praxis 1, 2, 6–11.

Zentralverband der Deutschen Schweineproduktion (2002): Schweineproduktion 2001 in Deutschland, Bonn, 120–129.

Kapitel B5

(a)grar.de (2003): Schweinehaltung und Tiergesundheit, Infothek.

Arbeitskreis Futter und Fütterung (2002): Leistungs- und qualitätsgerechte Schweinefütterung. DLG-Information 1/2002, DLG-Verlag, Frankfurt a. M.

CLOSE, W. H., COLE, D. J. A. (2000): Nutrition of sows and boars. Nottingham University Press, Nottingham, UK.

DÄNICKE, S. (2002): Fusarientoxine in der Tierernährung. Großtier Praxis 3, 2, 5–18.

GfE (1987): Energie- und Nährstoffbedarf landwirtschaftlicher Nutztiere. Nr. 4: Schweine. DLG-Verlag, Frankfurt a. M.

JEROCH, H., DROCHNER, W., SIMON, O. (1999): Ernährung landwirtschaftlicher Nutztiere. Verlag Eugen Ulmer, Stuttgart.

JEROCH, H., FLACHOWSKY, G., WEISSBACH, F. (1993): Futtermittelkunde. Gustav Fischer Verlag, Jena, Stuttgart.

KAMPHUES, I. (1995): Kontrolle von Futter und Fütterung im Schweinebestand – Möglichkeiten und Grenzen. Prakt. Tierarzt, Coll. Vet. XXV, 59–62.

KIRCHGESSNER, M. (1997): Tierernährung. DLG-Verlag, Frankfurt a. M.

NRC [National Research Council] (1998): Nutrient requirements of swine. National Academic Press, Washington D.C.

RAZZAZI-FAZELI, E., BÖHM, J., ADLER, A., ZENTEK, J. 2003. Fusariumtoxine und ihre Bedeutung in der Nutztierfütterung: eine Übersicht. Wien. Tierärztl. Mschr. 90, 202–210.

WIESEMÜLLER, W., LEIBETSEDER, J. (1993): Ernährung monogastrischer Nutztiere. Gustav Fischer Verlag, Jena, Stuttgart.

Kapitel B6

ANONYM (1999): Bauen für die Landwirtschaft – Ferkelerzeugung 36, Heft 2.

ANONYM (2000): Neue Haltungsverfahren tragender Sauen. Bauförderung Landwirtschaft e. V. (BFL). BFL-Spezialheft.

ANONYM. (2001): Sauen in Gruppenhaltung bringen gute Leistungen. Schweinezucht u. -mast. 49, 3, 26–27.

ANONYM (2001): Bauen für die Landwirtschaft – Verbundsysteme in der Schweinehaltung 38, Heft 1.

ANONYM (2002): Beste verfügbare Technik in der Intensivhaltung (Schweine- und Geflügelhaltung). Texte 75/2002, Umweltbundesamt Berlin.

ANONYM (2002): Gruppenhaltung tragender Sauen. Top Agrar-Fachbuch, Landwirtschaftsverlag Münster.

ANONYM (2002): Praxisgerechte Mastschweinehaltung. Bauförderung Landwirtschaft e. V. (BFL). BFL-Spezialheft.

BAUER, J., HOY, S. (2002): Zur Häufigkeit von Rangordnungskämpfen beim ersten und wiederholten Zusammentreffen von Sauen in Gruppenbildung. Proc. Aktuelle Arbeiten zur artgemäßen Tierhaltung, im Druck.

DE BAEY-ERNSTEN, H. (2000): Gruppenhaltung mit Abruffütterung. In: Neue Haltungsverfahren tragender Sauen. BFL-Spezial, 33–38.

DURST, L., WILLEKE, H. (1994): Freilandhaltung von Zuchtsauen. KTBL-Arbeitspapier 204.

ELLERSIEK, H.-H. (2001):. Ein Mastplatz für 650 DM ist keine Utopie! Top Agrar 4, 6–9.

ERNST, E. (1995): Freilandhaltung von Schweinen. Ration.-Kurator. Landw. (RKL), Rendsburg-Osterronfeld, Mai 95, 941–960.

ETHER-KJELSAAS, H. (1986): Schweinemast im Offenfront-Tiefstreustall, Tierhaltung, Bd. 16, Birkhäuser Verlag, Basel, 1–173.

FRANKE, W., REDEL, H. (1997): Freilandhaltung von Sauen und Ferkeln. Baubriefe Landwirtschaft 37. Sauenhaltung und Ferkelaufzucht, Landwirtschaftsverlag GmbH Münster-Hiltrup.

FRANKE, W., LOEBSIN, C., SÖHNHOLZ, U. (1998): Kaltstall – auch gut für Absetzferkel. Trobridge-Stall als sparsame Alternative zum Flatdeck. dlz agrarmagazin Sh 11, 78–82.

HESSE, D. (2000): Vollspalten, Teilspalten, Einstreu – was bevorzugt die Praxis? Schweinezucht u. -mast 48, 4, 30–33.

HESSE, D., HOY, ST., SCHWARZ, P. (2000): Gruppenhaltung tragender Sauen. DLG-Merkblatt 322.

HILGERS, J. (1999): Vor dem Abferkeln Duschen. dlz agrarmagazin 50, 8, 102–105.

HÖGES, J. L., ACKERMANN, H.-H. (1998): Alternativen in der Schweinehaltung. Verlag Eugen Ulmer, Stuttgart.

HOPPENBROCK, K.H. (2001): Tierhaltungsverfahren in der modernen Ferkelproduktion. Vortrag auf der Tagung „Optimierte Ferkelproduktion – 26 verkaufte Ferkel pro Sau und Jahr in der Praxis möglich?" 2.3.2001, Haus Düsse.

HÖRÜGEL, K. (1998): Erprobung des Verfahrens der Multisite-Produktion in der Schweineerzeugung. F/E-Bericht der Sächsischen Landesanstalt für Landwirtschaft, Fachbereich Tierzucht, Fischerei und Grünland, Köllitzsch.

HOY, ST. (1998): Intervall oder ad libitum füttern? Fütterungstechnik für Absetzer im Vergleich. dlz agrarmagazin 49, 8, 100–105.

HOY, ST. (2000): Sattfütterung oder rationierte Fütterung tragender Sauen an Rohrbreiautomaten? In: Neue Haltungsverfahren tragender Sauen. BFL-Spezial, 43–46.

HOY, ST. (2001): Tierschutzrelevante Aspekte bei der Haltung und Fütterung tragender Sauen in Gruppen. Prakt. Tierarzt 82, 595–602.

HOY, ST., KURTH, G. (2001): Gruppenhaltung wird Pflicht. Neue EU-Richtlinie zur Haltung von Sauen verabschiedet. dlz agrarmagazin 52, 8, 112–114.

HOY, ST., NIKLAUS, H. (2000): Fütterung tragender Sauen an Rohrbreiautomaten. Landtechnik 55, 248–249.

HOY, ST., RÄTHEL, C. (2002): Untersuchungen zur Wurfleistung von Sauen mit Einzel- oder Gruppenhaltung an Rohrautomaten während der Trächtigkeit. Arch. Tierz. 45, 45–52.

HOY, ST., ZIRON, M. (1998): Wasserbett hält Ferkel fit. Neuartiges Heizungssystem für

Saugferkel. dlz agrarmagazin 49, 3, 140–143.

Hoy, St., Ziron, M., Amsel, U., Theobald, P. (2000): Fußbodensanierung in Abferkelbuchten. GroßTierVet 3, 9–13.

Hoy, St., Ziron, M.; Leonhard, P., Sefka, K. O. (2001): Untersuchungen zum Futteraufnahmeverhalten ad libitum gefütterter tragender Sauen in Gruppenhaltung an Rohrautomaten. Arch. Tierz. 44, 629–638.

KTLB (2000) Hrsg.: Sauen in Gruppenhaltung. KTLB-Arbeitspapier 411, KTLB-Schriften-Vertrieb im Landwirtschaftsverlag Münster.

Lentföhr, G. (2001): Mast: Es geht auch ohne Behandlung zur Einstallung. Schweinezucht u. -mast 49, 2, 10–12.

Leonhard, P., Hoy, St. (1999): Schweinemast im Außenklimastall – Tierleistung, Gesundheitsstatus, Stallklima und Wirtschaftlichkeit. Proc. 14. Tag. Internat. Gesellsch. Nutztierhaltung (IGN) 28.09.-1.10 1999 Wien, 112–115.

Lorenz, J. (2000): Gruppenhaltung in Selbstfang-Kastenständen. In: Neue Haltungsverfahren tragender Sauen. BFL-Spezial, 11–15.

Methling, W., Unshelm, J. (2002) Hrsg.: Umwelt- und tiergerechte Haltung von Nutz-, Heim- und Begleittieren. Parey Buchverlag Berlin.

Musslick, M. (2000): Untersuchungen zum Einfluss der Haltungsverfahren im Besamungszentrum (Intensivbesamungszentrum bzw. herkömmliches Besamungszentrum nach „Düsser Modell") auf das Verhalten und die Fortpflanzung bei Sauen. Agr. Diss. Giessen.

Putz, K. (2003): Haltungsbedingte Verletzungen bei Sauen und Ferkeln in strohlosen Abferkelstallungen. Vet. med. Diss. Wien.

Ratschow, J.P. 1999. Forderungen aus der Sicht einer umweltschonenden Schweineproduktion. Baubriefe Landwirtschaft 40, Mastschweinehaltung Landwirtschaftsverlag Münster-Hiltrup, 38–42.

Reichenbach, H,-W. 2001. Optimales Ferkelwachstum von der Geburt bis zum Verkauf. Schweinezucht u. -mast 49, 2, 24–27.

Sambraus, H. H., Iben, B. (2002): Artgemäß und tiergerecht! Ansprüche des Schweines befriedigen (Teil 4). Großtier Praxis 3, 11, 5–16.

Schwarz, P., Ratschow, J.P. (2000): Gruppenhaltungsverfahren für tragende Sauen in Klein- oder Großgruppen mit Brei-Nuckel-Fütterung. In: Neue Haltungsverfahren tragender Sauen. BFL-Spezial, 25–28.

Taylor, D. J. (1989): Pig Diseases. 5th ed., Glasgow Univ., 1–310.

Wähner, M. (2000) Hrsg.: Eingliederung von Jungsauen und Möglichkeiten der Gruppenhaltung von Sauen. Wiss. Beitr. 8. Bernburger Biotechnik-Workshop, Hochschule Anhalt (FH), 1–95.

Kapitel B7

Aengst, Chr. (1984): Zur Zusammensetzung des Staubes in einem Schweinemaststall. Vet. med. Diss. Hannover.

Arbeitsgemeinschaft für Elektrizitätsanwendung in der Landwirtschaft (AEL) 1993. Rechenschema für Lüftungsanlagen in Ställen, Arbeitsblatt 8.

Autorenkollektiv Biogas (2000): Top Agrar Extra. Landwirtschaftsverlag, Münster – Hiltrup.

BFL-Spezial (2002): Praxisgerechte Mastschweinehaltung. Bauförderung Landwirtschaft, Landwirtschaftsverlag Münster-Hiltrup.

Büscher, W. (2000): Förderkreis Stallklima. Tagung am 5.-6.10. 2000, Haus Düsse, Tagungsband.

Büscher, W. (2001): Förderkreis Stallklima. Tagung am 4.-5.10. 2001, Weidenbach-Triesdorf, Tagungsband.

Eichhorn, H. (1999) Hrsg.: Landtechnik. Verlag Eugen Ulmer, Stuttgart.

Hilliger, H. G. (1984) Hrsg.: Dust in Animal Houses. Symp. Int. Soc. Anim. Hyg., Hannover.

Hoy, St. (1995): Zur Anwendung des Multi-Gas-Monitoring unter tierhygienischen und umwelthygienischen Aspekten. Tierärztl. Umschau 50, 115–123.

Hoy, St. (2002): Untersuchungen zum Einfluß verschiedener Haltungsformen auf die Häufigkeit von Puerperalerkrankungen bei Sauen. Prakt. Tierarzt 83, 990–996.

Hoy, S., Müller, K., Willig, R. (1996): Zur Bestimmung von Konzentration und Emission tier- und umwelthygienisch relevanter Gase bei verschiedenen Schweinehaltungssystemen mit Hilfe des Multigasmonitoring. Berl. Münch. Tierärztl. Wschr. 109, 46–50.

KLUSSMANN, U. (1998): Dämmstoffe in der Landwirtschaft. Bauförderung Landwirtschaft e.V., Landwirtschaftsverlag Münster-Hiltrup.

KUHN, K.-J. (1999): Optimale Stallklimabedingungen. GroßTierVet. 2., 7, 6–10 und 2, 9, 6–10.

MARQUARDT, V., SCHÄFFER, D., MARX, G., PRANGE, H. 2000. Noise as environment component in pig-houses. Proc. Xth Int. Congr. Anim. Hyg., Maastricht, 1012–1015.

MARSCHANG, F. (1981): Wärmeausgleich und Faktorenkrankheiten im Rinderstall. Tierärztl. Prax. 9, 317–322.

MARTIN, T. R., ZHANG, Y. et al. (1996): Bacterial and fungal flora of dust deposits in a pig building. Occup. Environm. Med. 53, 484–487.

MEHLHORN, G. (1979): Lehrbuch Tierhygiene. Band I, VEB Gustav Fischer-Verlag, Jena.

MOTHES, E. (1975): Stallklima. In: H. Prange, J. Bergfeld, Hrsg.: Veterinärmedizin und industriemäßige Schweineproduktion. VEB Gustav Fischer Verlag, Jena, 299–335.

OLDENBURG, J. (2002): Wärmeisolation von Warmställen, Heizung, Kühlung. In: Methling, W., Unselm, J. Hrsg. Umwelt- und tiergerechte Haltung von Nutz-, Heim- und Begleittieren. Parey Buchverlag Berlin, 70–87.

PEARSON, C.C, SHARPLES, T.J. (1995): Airborne dust concentrations in livestock buildings and the effect of feed. J. agric. Engng. Res. 60, 145–154.

PRANGE, H., STEINMETZ, G., SCHINDLER, W. (1972): Untersuchungen über Erkrankungs- und Abgangsursachen bei Jungsauen unter konzentrierten Haltungsbedingungen. In: Stallklima und Tiergesundheit. Angewandte Tierhygiene, Bd. 2. VEB Gustav Fischer Verlag Jena, 129–192.

SCHAMEK, E. R. (1999) Hrsg.: Taschenbuch für Heizung und Klimatechnik. 69. Auflage. Verlag Oldenbourg, München.

SEEDORF, J., HARTUNG, J. (2002): Stäube und Mikroorganismen in der Tierhaltung. Kuratorium für Technik und Bauwesen in der Landwirtschaft e. V. (KTBL), Darmstadt.

SEUFERT, H. FRANKE, G. HERDT, M. (1993): Lüftungsanlagen für Schweineställe. DLG Arbeitsunterlage. 2. überarb. Aufl., S. 8.

STOLPE, J. (1979): Tierphysiologische Grundlagen der Stallklimagestaltung. Tierhygiene-Information, IaT Eberswalde, 11, 5–171.

STOLPE, J., BRESK, B. (1985): Stallklimagestaltung. Tierphysiologische Grundlagen und Normative. Angewandte Tierhygiene, Bd. 9, VEB Gustav Fischer Verlag, Jena.

TIEDEMANN, H. (1991): Erdwärmetauscher für Schweineställe. KTBL-Schrift 340, Darmstadt.

Kapitel B8

FIKUART, K., HOLLEBEN, K. VON, KUHN, G. (1995): Hygiene der Tiertransporte. Vet. special, Gustav Fischer Verlag Jena, Stuttgart.

GUARDIA, M.D., GISPERT, M., DIESTRE, A. (1996): Pig mortality during transport and lairage in commercial abattoirs. Invest. Agr. Prod. y Sanidad Anim. 11, 171–179.

GUISE, H. J., ABBOTT, T. A., PENNY, R.H.C. (1994): Drivers' observations on trends in pigs transit death. Pig J. 32, 117–122.

HORVATH, G., VISNYEI, L. (2000): Tierschutz beim Tiertransport in Ungarn. Dtsch. Tierärztl. Wschr. 107, 43–48.

LENGERKEN, G. VON., PFEIFFER, H. (1977): Einfluß von Transport und Schlachtung auf die Variabilität biochemischer Kennwerte im Blutplasma von Hybridschweinen. Mh. Vet.-Med. 32, 620–624.

LORENZ, J. (1996): Tiertransporte – Maßnahmen zur Vermeidung von Streß und Verlusten bei Rindern und Schweinen. DLG-Verlag, Frankfurt/Main, Bd 13, 1–85.

PALACIO, J., GARCIA-BELUNGUER, S., GASCON, F.M. et al. (1996): Pig mortality during transport to an abattoir. Invest Agr. y Prod y Sanidad Anim. 11, 159–169.

PRANGE, H., STEINHARDT, M., OBER, G., ROTHE, M. (1977): Untersuchungen zur Muskelfleischqualität beim Schwein. 4. Mitt. Reaktionen der Mastschweine bei Ausstallung, Transport und vor der Schlachtung. Arch. exper. Vet. med. 31, 485–492.

PRANGE, H., BÜNGER, U., STEINHARDT, M., BEUTLING, D. (1978): Entstehung und Verhütung von Transportverlusten und Fleischqualitätsmängeln bei Schweinen. Internat. Zeitschr. Landw. Moskau/Berlin Nr. 1, 65–70.

Riches, H. L., Guise, H. J., Penny, R. H. C. et al. (1997): A national survey of transport conditions for pigs. Pig J. 38, 8−18.

Schütte, A., Broom, D. M., Lambooij, E. (1996): Standard methods of estimating physiological parameters during pig handling and transport. In: Proc EU-Seminar, 29.-30.6.95, Landbauforschung Braunschweig-Völkenrode, SH 166, 69.

Steinhardt, M., Bünger, U., Lyhs, L. (1975): Pathophysiologische Aspekte der Transportbelastung beim Schwein. 3. Mitt. Belastung und Muskulatur. Mh. Vet.-Med. 30, 501−508.

Warris, P.D., Brown, S. N. (1994): A survey of mortality in slaughter pigs during transport and lairage. Vet. Rec. 134, 513−515.

Kapitel C1 bis C6

Alexander, T. J. L., Thornton, K., Boon, G., Lysons, J. and Gush, A. F. (1980): Medicated early weaning to obtain pigs free from pathogens endemic in the herd of origin. Vet. Rec.. 106, 114−119.

Bäckström, L. (1973): Environment and animal health in piglet production. A field study of incidences and correlations. A. Vet. Seand., Suppl. 41, 1−240.

Baier, S. (1992): Einfluss einer verminderten Umstallungshäufigkeit auf die Entwicklung und Gesundheit des Schweines. Vet. med. Diss., Hannover.

Borell, E. von (2000): Tierschützerische Beurteilung des isolierten Frühabsetzens (Segregated Early Weaning, SEW) beim Schwein − eine Übersicht. Arch. Tierz. 43, 337−345.

Bünger, G., Schlichting, M. C. (1995): Bewertung von 2 alternativen Haltungssystemen für ferkelnde und ferkelführende Sauen im Vergleich zur Kastenstandhaltung anhand ethologischer und entwicklungsbiologischer Parameter der Ferkel. Landbaufschg. Völkenrode 45, 1, 12−29.

Christianson, W. T. (1994): The Future is Multisite. PIG Int. 15.

Connor, J. F. (1994): Segregated production systems for modern hog operations. Proc. Pork Summit 94, Orlando, 15−22.

Dee, S. A. (1995): Sow Productivity before and after S.E.W. PIGS-Misset 6−7/13.

Dimigen, J., Dimigen, E. (1971): Aggressivität und Sozialverhalten beim Schwein. Dtsch. Tierärztl. Wschr. 78, 461−466.

Gadd, J. (1995): S.E.W., the second „American Revolution". PIGS − Misset 2/8.

Gindele, R. (2000): Tierschutz- und Hygienemanagement unter besonderer Berücksichtigung des arbeitsteiligen Systems. DVG-Tierschutz-Tagung Nürtingen, 24./25.2.2000, Abstract.

Hahms, G., Bandick, N., Fries, R. (1999): Zusammenhänge zwischen Haltungsbedingungen in der Schweinemast und Befunden der amtlichen Schlachttier- und Fleischuntersuchung. Berl. Münch. Tierärztl. Wschr. 112, 46−51.

Harris, D. L. (1992): Multiple Isolated Site Production. Proc. 12th IPVS Congress, Den Haag, NL, S. 544.

Hesse, D., Gollnisch, K. (2001): Böden für Mastschweine − Erfahrungen aus der Praxis. Schweinezucht u. -mast 49, 4, 8−11.

Hörügel, K. (1998): Multisite-Produktion − ein Verfahren für Deutschland? In „Aktuelle Aspekte der Erzeugung von Schweinefleisch". 17./18.11 1998, FAL Braunschweig, S. 9.

Hörügel, K., Schimmel, D. (2000): Multisite-Produktion − ein Verfahren zur Verbesserung der Tiergesundheit. Der praktische Tierarzt 81, 61−70.

Hörügel, K., Zernke, S., Schimmel, D. (1998): Minimal-Disease-Programme für Schweinezuchtbestände. Prakt. Tierarzt 79, 1054−1066.

Hoy, St., Ziron, M., Bauer, I. (1998): Nur ein paar Schürfwunden − und sonst nichts? Schweinezucht u. -mast 46, 28−38.

Hoy, St., Ziron, M., Amsel, U., Theobald, P. (2000): Fußbodensanierung in Abferkelbuchten. GroßTierVet 3, 3−13.

Iben, B. (1999): Über den Umgang mit Schweinen. GroßTierVet, 2, 1, 24−30.

Jensen, P. (1997) Ed.: The welfare of intensively kept pigs. Report Sci. Vet. Comm. EU-DOC XXIV/B3/ScVC/0005/1997.

Kavanagh, N. T., Tobin, F., Cogan, St. (1992): Establishment of a new MD herd by a combination of vaccination, medicated early weaning and removal of seropositives. Proc. 12th IPVS Congress, Den Haag, NL, S. 523.

KELLER, H. (1973): 10 Jahre Herdensanierung mit spezifisch-pathogen-freien (SPF)-Schweinen. Die Gesundheit als Rentabilitätsfaktor in der Schweineproduktion. Schweiz. Arch. Tierheilk. 113, 130–138.

KÖBE, K. (1934): Die Ferkelgrippe. Dtsch. Tierärztl. Wschr. 42, 603–606.

MARSCHANG, F. (1992): Streßgeschehen und Adaptionsfähigkeit aus tierärztlicher Sicht. Tierärztl. Umschau 47, 227–233.

MAYR, A. (2002) Hrsg.: Medizinische Mikrobiologie, Infektions- und Seuchenlehre. 7. Aufl., Ferdinand Enke Verlag, Stuttgart.

MAYR, A., MAYR, B. (2002/03): Körpereigene Abwehr. „Von der Empirie zur Wissenschaft". Infektiologie – Immunologie – Schutzimpfung. Tierärztl. Umschau, 12 Teile von TU 57, 3–14 bis TU 58, 59–62.

MAYR, A., ROJAHN, A. (1968): Infektionsfördernde und infektionshemmende Faktoren in der Massentierhaltung. Tierärztl. Umschau 23, 555–565.

MEHLHORN, G. (1979) Hrsg.: Lehrbuch der Tierhygiene. Bd. 1 und 2. VEB Gustav Fischer Verlag, Jena.

MORRISON, R. B., BLAHA, T. (1998): Seggregated Early Weaning (SEW) – principle, basis and experience. In: Qualitätssicherung und Tiergesundheitsmanagement im Erzeugerbetrieb. 2. Int. Congress für Tierärzte und Landwirte. Bd. 2, DLG-Verlag, 139–143.

MÜLLER, G., KIELSTEIN, P., ROSNER, H. ET AL. (2000): Beeinflussen Mykotoxine die Immun- und Abwehrreaktion des Schweines. Prakt. Tierarzt 81, 932–940.

PIEPER, A. (1999): Betriebswirtschaftliche Aspekte der spezialisierten Ferkelaufzucht. GroßTierVet 2, 5, 6–11.

PLONAIT, H., GINDELE, H. R. (1995): Management und gesundheitliche Aspekte der spezialisierten Ferkelaufzucht. Tierärztl. Umsch. 50, 316–321.

PRANGE, H. (1978): Bedingungen der Tiergesundheit und der Leistungen im Abferkelstall bei industriemäßiger Produktion. Vet. med. Diss. B, Humboldt-Univ. Berlin.

PRANGE, H. (1979) Red.: Einstreulose Haltung im Abferkelstall. Bd. 6. Angew. Tierhygiene, VEB Gustav Fischer Verlag, Jena.

PRANGE, H. (1991): Umweltbelastungen durch Intensivtierhaltung. Arbeitstagung Bundesverbd. Beamt. Tierärzte, 2.-3.5., Berlin, 159–218.

PRANGE, H. (1997): Hygienische Voraussetzungen zur Förderung der Tiergesundheit in der intensiven Schweinehaltung. In: „Tierhaltung, Tierhygiene und Tiergesundheit in großen Schweinebeständen." Martin-Luther-Universität Halle-Wittenberg, 63–83.

PRANGE, H., BAIER, S. 2000. Gastric ulcers and bleeding syndrome in weaners of different origin. Proc. Xth Int. Congr. Anim. Hyg., Maastricht, 546–551.

PRANGE, H., BRAUNSDORFF, H. (1997) Hrsg.: Tierhaltung, Tierhygiene und Tiergesundheit in großen Schweinebeständen. 4. Tagung, 3.4.1997, Martin-Luther-Universität Halle-Wittenberg.

PRANGE, H., HÖRÜGEL, K. (2002): Tiergesundheit und Verfahrenshygiene – strategische Maßnahmen zur Bekämpfung chronischer Bestandsinfektion. In: Wirtschaftliche Schweineproduktion unter neuen Rahmenbedingungen. 28.2.-2.3.2002, Leipzig.

PRANGE, H., RASBACH, A., BAIER, S. (2000): Altersabhängiges Vorkommen von Erkrankungen des Atmungsapparates bei Ferkeln – ein Beitrag zur Tierschutzdiskussion um das Frühabsetzen und die separate Aufzucht. DVG-Tagung „Tierschutz und amtstierärztliche Praxis...", 24.-25.02.2000, Nürtingen, 62–74.

PRANGE, H., STEINMETZ, G., SCHINDLER, W. (1972): Untersuchungen über Krankheits- und Abgangsursachen bei Jungsauen unter konzentrierten Haltungsbedingungen. Angew. Tierhygiene, Jena 2, 129–192.

PUPPE, B. (2002): Die Entwicklung der Beziehung zwischen Sau und Ferkeln beim Hausschwein. Eine soziobiologische Betrachtung. Berl. Münch. Tierärztl. Wschr. 115, 445–452.

STAUBACH, C. (2003): Entwicklung einer internetbasierten gemeinsamen Datenbank der Länder Frankreich, Belgien, den Niederlanden, Luxemburg und Deutschland zur Schweinepest bei Wildschweinen. In: SGD-Tagung Ermatingen (CH). 26.-28.5.2003, S. 10.

STEINBACH, G. (1997): Zum Begriff der Erregerfreiheit von Tierbeständen. Berl. Münch. Tierärztl. Wschr. 110, 247–250.

TEUFFERT, J. (2003): Das Schweinepestgeschehen der letzten zehn Jahre in Deutschland unter besonderer Berücksichtigung der Aufgaben der praktizierenden Tierärzte. In: SGD-Tagung Ermatingen (CH). 26.-28.5.2003, 36–39.

UNSHELM, J. (1994): Haltungshygienische Voraussetzungen der Tiergesundheit. 15. Hülsenberger Gespräche, Hamburg, 172–185.

UNSHELM, J. (1983): Physiological-biochemical techniques for health control and evaluation of husbandry farm animals. In: H. Sommer, Ed.: Research and Results in Chinical Chemistry of Domestic Animals. Contributions of the First International Conference of the ABC 1983, Schwäbisch Hall, 289–306.

UNSHELM, J. (1991): Reaktionen landwirtschaftlicher Nutztiere als Indikatoren der Haltungsumwelt. SWISSVET 8, 10, 9–15.

VAN DE BURGWAL-KONERTZ (1996): Saug- und Säugeverhalten bei der Gruppenhaltung abferkelnder und ferkelführender Sauen und ihren Würfen ... Verlag Ulrich E. Grauer, Stuttgart.

WALDMANN, O. (1934): Die Bekämpfung der Ferkelgrippe. Dtsch. tierärztl. Wschr. 42, 606–608.

Kapitel C7 und C8

AUERSWALD, D. (1999): Schadnagerprophylaxe und Bekämpfung, In: Bayrische Landestierärztekammer, Hrsg.: Tierärztliche Betreuung von Schweinebeständen nach der neuen Schweinehaltungshygieneverordnung. 14./15.10 1999, München, 141–144.

BACHMANN, T. (1992): Überprüfung der Wirksamkeit ständiger Desinfektionseinrichtungen für Fahrzeuge und Erprobung alternativer Methoden zur Reinigung und Desinfektion von Fahrzeugreifen. Vet. med. Diss. Giessen.

HOLZWARTH, C. (1988): Erhebungen bei Besitzern von Hochdruckreinigern über ihre Gepflogenheiten bei Reinigung und Desinfektion im Stall und von Maschinen und Geräten. Agrarwiss. Diplomarbeit Hohenheim.

KOWALEWSKY, H.-H. (1999). Behandlung und Ausbringung von Flüssigmist. aid-Heft Nr. 1201, Bonn.

MARKERT, T. H. (1990): Möglichkeiten zur chemischen Desinfektion von Salmonellen in Schweineflüssigmist und die Auswirkungen der anschließenden Ausbringung auf Grünland. Vet. med. Diss., Giessen.

STEIN, W. (2002): Schädlinge, Biologie und Bekämpfung, In: Strauch, D., Böhm, R. Hrsg., Reinigung und Desinfektion in der Nutztierhaltung. 2. Aufl. Enke Verlag, Stuttgart, 307–329.

STOY, F. J. (1983): Über die Auswirkung der Hochdruckreinigung und -desinfektion mit unterschiedlichen Temperaturen auf den Keimgehalt von Stalloberflächen. Agr. Diss., Univ. Hohenheim.

STRAUCH, D., BÖHM, R. (2002): Reinigung und Desinfektion in der Nutztierhaltung und Veredelungswirtschaft. 2. Aufl. Enke Verlag , Stuttgart.

VOIGT, TH. F. (1998): Schädlinge und ihre Kontrolle nach HACCP-Richtlinien. Behr's Verlag, Hamburg.

Kapitel C9 und C10

AID (1996): Behandlung und Ausbringung von Flüssigmist. Nr. 3322.

BLACKWELL, P., KAY, P., BOXALL, A. (2003): The leaching potential of three veterinary antibiotics after manure application to a sandy loam soil. Europ. Conf. Human and Vet. Pharmaceuticals in the Environment (ENVIRPHARMA), 14.-16.4. Lyon.

BÖHM, R. (2000): Anforderungen an die Hygiene bei der biologischen Abfallbehandlung – bauliche und organisatorische Maßnahmen (ATV-Merkblatt 365). In: Bio- und Restabfallbehandlung IV, biologisch-mechanisch-thermisch. Wiemer, K., Kern, M. Hrsg. Witzenhausen.

BVT (2001): Beste verfügbare Techniken in der Intensivtierhaltung. Gutachten des KTBL zu „Verfahren zur Behandlung von Fest- und Flüssigmist". KTLB, Darmstadt.

DIN 11622 (1994): „Gärfuttersilos und Güllebehälter", Teil 1–4, 1994. Beuth-Verlag Berlin.

HESSE, D. (2001): Bauliche Anforderungen in der SchHaltHygV. 18.-19. Mai 2001, Rechenberg.

HOY, ST., METHLING, W. (2002): Anforderungen an die Ausbringung und Verwertung von organischen Düngern. In: Methling, W., Unselm, J. Hrsg. Umwelt- und tiergerechte Haltung von Nutz-, Heim- und Begleittieren. Verlag Parey Buchverlag Berlin, 116–121.

KTBL (1999): Umweltverträgliche Gülleaufbereitung und -verwertung, KTBL-Arbeitspapier 272, Darmstadt.
KTBL (2002a): Festmistaußenlagerung. Kurzfassung des KTBL-Positionspapiers, Darmstadt. htpp://www.ktbl.de/umwelt/reststoff/ausslag.htm.
KTBL (2002b): Wirtschaftsdüngeranfall 1994–2000 http.//www.ktbl.de/umwelt/reststoff/duanfal.htm, Darmstadt.
PHILIPP, W., GRESSER, R., MICHELS, D., STRAUCH, D. (1990): Vorkommen von Salmonellen in Gülle, Jauche und Stallmist landwirtschaftlicher Betriebe in einem Wasserschutzgebiet. In: Forum Städte Hygiene 41, 209–212.
PRANGE, H., PETZOLD, R. (1996): VEB Schweinezucht und -mast Neustadt/Orla (SZM) – eine agrarhistorische Datensicherung für einen Betrieb der industriemäßigen Schweineproduktion. Kühn-Arch., Halle 90, 97–118.
PRANGE, H., JÄHNE, H., SENG, W. (1991): Die Schweinezucht- und Mastanlage Neustadt/Orla (SZM) – ein politisch-ökonomisches Großexperiment des Sozialismus. Vorlage für den Umweltausschuß des Thüringer Landtags, Jena, 1–52.
VDI 3471 (1986): Emissionsminderung Tierhaltung Schweine, Ausgabe 6/86.

Kapitel D1 bis D3

BÄCKSTRÖM, L. (1973): Environment and animal health in piglet production. A field study of incidences and correlations. A. vet. scand. Suppl. 41, 1–240.
BENNEWITZ, D. (1982): Der Einfluß pneumonischer Veränderungen auf die Massezunahme der Mastschweine. Mh. Vet.-Med. 37, 917.
BICKHARDT, K. (2001): Muskelerkrankungen. In: K.-H. Waldmann, M. Wendt Hrsg.: Lehrbuch der Schweinekrankheiten. 3. Aufl., Parey Buchverlag Berlin.
BILKEI, G. (1996): Ferkelverluste nach dem Absetzen. Ursachen und Bekämpfung. Vet. special, Gustav Fischer Verlag Jena, Stuttgart.
BILKEI, G. (1996): Sauen-Management. Vet special. Gustav Fischer Verlag Jena, Stuttgart.
BILLE, N., NIELSEN, N. C., LARSEN, J. L., SVENDSEN, J. (1974): Preweaning mortality in pigs. 2. The perinatal period. Nord. Vet.-Med. 26, 294 ff.

BLAHA, TH. (2003): Salmonellenmonitoring und -reduzierung in der landwirtschaftlichen Primärproduktion ... In: Lohmann Information H. 2, 15–20 bzw. Vet.-Med. Report 27, V1, 2–3.
BOLLWAHN, W. (1980): Gliedmaßen- und Skeletterkrankungen. In: Schulze, W. et al. Hrsg.: Klinik der Schweineerkrankungen. Verlag M. u. H. Schaper, Hannover.
BOSTEDT, H., MAIER, G., HERFEN, K., HOSPES, R. (1998): Klinische Erhebungen bei Sauen mit puerperaler Septikämie und Toxämie. Tierärzt. Prax. 26 (G), 332–338.
BRANDT, H. (2002): Neues Computerprogramm hilft bei der Schwachstellenanalyse. Schweinezucht u. –mast 50, 11, 32–35 und REKASAN Journal 9, 17/18, 52–56.
BRAUDE, R. (1968): Factors limiting pig production. N. J. R. D. Paper No. 3275, GB.
BUCHWALDER, R., HIEPE, TH. (1992): Veterinärmedizinische Parasitologie – diagnostische Übungen. 4. Aufl., Humboldt-Universität Berlin.
BÜCKMANN, M. (1973): Statistische Ermittlung einiger Merkmale des Tarsalgelenkes beim Schwein und ihre Prüfung auf Erblichkeit. Vet.-med. Diss., Hannover.
CARGILL, C., MC ORIST, S. (2000) Hrsg.: Proc. 16th Congr. Int. Pig. Vet. Soc., 17th-20th Sept. 2000, Melbourne, Australia.
CERNY, E. (1994): Auswertung der im Tiergesundheitsamt der Landwirtschaftskammer Hannover erhobenen Untersuchungsbefunde an sezierten Schweinen der Jahre 1986–1992. Vet. med. Diss., Hannover.
CHRISTENSEN, G., SOERENSEN, V., MOUSING, J. (1999): Diseases of the Respiratory System. In: B. E. Straw et al. Ed. Blackwell Science. 913–940.
CONRATHS, F. J. et al. (1999) Hrsg.: Neuere Methoden und Ergebnisse zur Epidemiologie von Parasitosen. DVG-Tagung, Parasitologie und parasitäre Krankheiten, 10.-12.3.99, Hannover, 1–295.
DE JONG, M. F., HUNNEMANN, W. A., MEKKES, D., BANNISETH, T. v. (1000): Eradication of atrophic rhinitis toxigenic Pasteurella multocida in art vaccinating sow herds with a PCR test. In Proc. 16th Int. Pig Vet Soc Congr, Melbourne, S. 477.

DE ROTH, D. DOWNIE, H. G. (1976): Evaluation of viability of neonatal swine. Can. Vet. J. 17, 275 ff.

EICH, K.-G., SCHMIDT, K. (1998): Handbuch Schweinekrankheiten. VerlagsUnion Agrar, Münster-Hiltrup.

EWALD, CH., PALITZSCH, CH., SCHRÖDER, L. (1999): Red.: Circovirus und Porcine Circovirose (PMWS). Vortragszusammenfassungen 9.6.99, Barcelona, Interessengem. Tierärztl. Bestandsbetreuung.

GANTER, M. BOLLWAHN, W., KAMPHUES, J. (1990): Zur Bedeutung von Mineralstoffimbalanzen im Futter als Ursache der Epiphyseolysis beim Schwein. Tierärztl. Umschau 45, 838–853.

GINDELE, H. R. (2003): Serologische Ergebnisse aus dem Salmonellen-Monitoring 2001/2002 in Baden Württemberg. In: SGD-Tagung Ermatingen (CH), 26.-28.5.2003, 23–24.

GROSSE BEILAGE, E. (2002): Internationale Erfahrungen mit der Bekämpfung des Porcine Reproductive and Respiratory Syndrome (PRRS). Ein Übersichtsreferat. Tierärztl. Prax. 30 (G), 153–163.

GÜRTLER, H. (1999): Gesundheitsmanagement beim Saugferkel – Eisen- und Jodversorgung. Veterinär Spiegel, Beta Verlag, Sonderh., 10–17.

HÄNI, H., KESSLER, J., STOLL, P. (1983): Einfluß der Versorgung mit Calcium und Phosphor auf die Osteochondrosis (OC) beim Mastschweinen. Schweiz. Arch. Tierheilk. 125, 537–544.

HARRIS, D. L., ALEXANDER, T. J. L. (1999): Methods of Disease Control. In: B. E. Straw et al. Ed. Diseases of Swine. 8th Ed., Blackwell Science, 1077–1110.

HEINRITZKI, K. (2003): Untersuchungen zum Antikörpergehalt in der Muttermilch in Korellation zum Serumgehalt bei der Sau und den Saugferkeln. In: SGD-Tagung Ermatingen (CH), 26.-28.5.2003, 49–49.

HELLWIG, E.-G. (1996): Schweinekrankheiten. Verlag Eugen Ulmer Stuttgart.

HERRMANN, H.-J. (1969): Zur Pathologie, Pathogenese und Ätiologie der Epiphyseolysis capitis femoris des Schweines. Arch. exp. Vet. med. 23, 19–47.

HIEPE, TH. Hrsg. (1981–85): Lehrbuch der Parasitologie. Bände 1–4. VEB Gustav Fischer Verlag Jena.

HOLMGREN, N., GERTH-LÖFSTEDT, M. (1992): Health aspects on sow pools. Proc. 12 th IPVS Congr., Den Haag, NL, S. 543.

HÖRÜGEL, K. (1997): Einfluß des Geburtsgewichtes auf Gesundheit und Leistung der Schweine. Neue Landw., Berlin 4, 1, 67–69.

HÖRÜGEL, K. (1999): Einflußfaktoren auf die Fruchtbarkeits- und Wurfleistungen der Sauen. Prakt. Tierarzt 80, 437–444.

HOY, ST., MEHLHORN, G. (1987): Entstehungsbedingungen und Auswirkungen ausgewählter infektiöser Faktorenkrankheiten der Schweine. Fortschrittsber. AdL/DDR, 25, H. 6, 1–56.

HOY, ST., LUTTER, C., PUPPE, B., WÄHNER, M. (1995): Zusammenhänge zwischen der Vitalität neugeborener Ferkel, der Säugeordnung, Mortalität und der Lebendmasseentwicklung bis zum Absetzen. Berl. Münchn. Tierärztl. Wschr. 108, 224–228.

HOY, ST., MEHLHORN, G., HÖRÜGEL, K. et al. (1986): Der Einfluß ausgewählter endogener Faktoren auf das Auftreten entzündlicher Lungenveränderungen bei Schweinen. Mh. Vet.-Med. 41, 397–400.

JENSEN, A., BLAHA, TH. (1997): Zum Zusammenhang zwischen Management- und Hygienefaktoren in Schweinemastbeständen und Organveränderungen am Schlachthof. Prakt. Tierarzt 78, 494–504.

KALICH, J., KOVACS, F., MAIER, E. (1967): Beziehungen zwischen Umweltfaktoren, Kolostralmilchaufnahme und Ferkelsterblichkeit. Berl. Münch. Tierärztl. Wschr. 80, 250–255.

KAUFMANN, J. (1996): Parasitic Infections of Domestical Animals. Birkhäuser-Verlag, Basel.

KELLY, H. R. C., BRUCE, J. M., EDWARDS, S. A. ET AL. (2000): Limb injuries, immune response and growth performance of early-weaned pigs in different housing systems. Anim. Science 70, 73–83.

KIELSTEIN, P., ROSNER, H., RASSBACH, A. (1992): Die Glässersche Krankheit als Enzootie in Schweinegroßbeständen ... Mh. Vet.-Med. 47, 539–544.

KÖFER, J., AWAD-MASALMEH, M., THIEMANN, G. (1993): Der Einfluß von Haltung,

Management und Stallklima auf die Lungenveränderungen bei Schweinen. Dtsch. tierärztl. Wschr. 100, 319–322.

Krüger, M., Seidler, T., Schrödl, W., Lindner, A. (2000): Endotoxinassoziierte Erkrankungen bei Schweinen. GroßTierVet 3,1, 4–6.

Kühlewind, I., Pusch, H., Köppler, J. (1998): Auswirkungen unterschiedlicher Säugezeiten in der Sauenhaltung auf die Tierleistung und die Wirtschaftlichkeit. In: 4. Bernburger Biotechnik-Workshop, 125–131.

Lahrmann, K. H., Plonait, H. (2001): Gliedmaßen- und Skeletterkrankungen. In: K.-H. Waldmann, M. Wendt, Hrsg.: Lehrbuch der Schweinekrankheiten. 3. Aufl. Parey Buchverlag Berlin. 261–305.

Lentföhr, G. (2001): Mast: Es geht auch ohne Behandlung zur Einstellung. Schweinezucht u. -mast 49, 2, 10–12.

Mayer, M.-R., (1986): Untersuchungen zur Behandlung der Belastungsmyopathie beim Schwein unter Berücksichtigung einiger klinischer und hämatologischer Parameter. Vet. med. Diss., FU Berlin.

Mayer, C., Hauser, R. (2001): Veränderungen am Integument bei Mastschweinen in verschiedenen Haltungssystemen. Schweiz. Arch. Tierheilk. 143, 185–192.

Müller, G., Kielstein, P., Rosner, H. et al. (2000): Beeinflussen Mykotoxine die Immun- und Abwehrreaktionen des Schweines? Prakt. Tierarzt 81, 932–940.

Neundorf, R., Seidel, H. (1987): Schweinekrankheiten. Ätiologie-Pathogenese-Klinik-Therapie-Bekämpfung. 3. Aufl., Kielstein, P., Wohlfahrt, E. Hrsg., VEB Gustav Fischer Verlag, Jena.

Ohlinger, V. F., Weiland, F., Haas, B. et al. (1991): Der Seuchenhafte Spätabort beim Schwein. Ein Beitrag zur Ätiologie des Porcine Reproduktive and Respiratory Syndrome (PRRS). Tierärzt. Umsch. 46, 703–708.

Petersen, B. (1984): Voraussetzungen für den Einsatz integrierter produktionsbegleitender Leistungs- und Gesundheitskontrollen in Ferkelerzeugerbetrieben. Prakt. Tierarzt 65, 1003–1012.

Plonait, H. (1972): Entwicklungstendenzen des Krankheitsgeschehens und der Produktionstechnik in der Schweinehaltung. Dtsch. tierärztl. Wschr. 79, 25–48.

Plonait, H. (1987): Aufbau und Gesundheitskonzept des Bundeshybridzuchtprogramms (BHZP). Prakt. Tierarzt 68/9, 5–12.

Pointon, A. M., Davies, A. M., Bahnson, P. B. (1999): Disease Surveillance at Slaughter. In: B. E. Straw et al. Ed. Diseases of Swine. 8th Ed. Blackwell Science, 1111–1132.

Prange, H. (1972): Gliedmaßenerkrankungen bei Mastschweinen und der Einfluß unterschiedlicher Bodenausführungen auf die Entstehung. Mh. Vet.-Med. 27, 450–457.

Prange, H. (1981a): Die Wurfzahl beim Schwein und ihr Einfluß auf Leistungen und Tiergesundheit. Mh. Vet.-Med. 36, 164–171.

Prange, H. (1981b): Entstehung und Verhütung prä-, peri- und postnataler Verluste in der Ferkelproduktion. Fortschrittsber. Land- und Nahrungsgüterwirtschaft, AdL/DDR, Berlin. 19, 9, 1–60.

Prange, H. (2001): Geburten gewissenhaft vorbereiten und engagiert überwachen. Schweinezucht u. -mast 49, 1, 36–39, 46–49.

Prange, H. (2002): Zur Tiergesundheit von Sau und Ferkeln im geburtsnahen Zeitraum. REKASAN Journal 9, 17/18, 104–108.

Prange, H., Bergfeld, I. (1975): Veterinärmedizin und industriemäßige Schweineproduktion. VEB Gustav Fischer Verlag Jena.

Prange, H., Steinmetz, G., Schindler, W. (1972): Untersuchungen über Krankheits- und Abgangsursachen bei Jungsauen unter konzentrierten Haltungsbedingungen. Angew. Tierhygiene, VEB Gustav Fischer Verlag Jena, 2, 129–194.

Prange, H. Geipel, U., Klohss, S., Schäffer, D. (2000): Beziehungen zwischen Geburtenverlauf, Vitalität und Aufzuchtchancen neugeborener Ferkel. DVG-Tagung 24.-25.2.00, Nürtingen.

Prange, H., Ober, G., Böning, J., Döbel, K. (1979b): Ergebnisse der veterinärmedizinischen Prüfung der einstreulosen Haltung im Abferkelstall. In: Prange, H. Red. Einstreulose Haltung im Abferkelstall. Angewandte Tierhygiene, Jena 6, 85–127.

Prange, H., Plessow, S., Krüger, M., Ober, G. (1976): Tiergesundheit in Abhängigkeit von der Belegungsgröße der Abferkelställe und vom Geburtszeitpunkt innerhalb der Abferkelperiode. Mh. Vet.-Med. 31, 601–604.

Puppe, B., Hoy, St., Jakob, M., Wullbrandt, H. (1991): Erste Ergebnisse zur Sozialordnung weiblicher und männlicher Mastschweine ... in Beziehung zur Lebendmasseentwicklung ... Mh. Vet.-Med. 46, 519–519.

Randall, G. C. B. (1972): Observations on parturition in the sow. II. Factors influencing stillbirth and perinatal mortality. Vet. Rec. 90, 183–186.

Röhe, R., Kalm, E. (2000): Saugferkel: Ursachen für Verluste analysiert. Schweinezucht u. -mast 48, 1, 20–24.

Rossow, N. (1987) Red.: Stoffwechseluntersuchung bei Haustieren – Probleme, Hinweise, Referenzwerte, Tierhyg.-Information, IaT Eberswalde, 19, 1–166.

Šabec, D. (1986): Arthrosis und Apophyseolysis in duroc swine. Mod. Vet. Pract. 67, 533–536.

Sainsbury, D. (1998): Animal Health. Health, Disease and Welfare of Farm Livestock. 2nd Ed., Blackwell Science.

Schnurrbusch, U. (1999): Mykotoxine: Ursache von Fertilitätsstörungen bei Sauen. GroßTierVet 2, 1, 6–11.

Schöbesch, O. (1971): Technopathien als Folge von Massentierhaltung. Tierärztl. Umsch. 26, 370–377, 427–432.

Schulz, J., Elze, K., Gottschalk, F. et al. (1983): Zusammenhänge zwischen Geburtsverlauf und Puerperalerkrankungen beim Schwein. Mh. Vet.-Med. 38, 661–664.

Schulze, W., Plonait, H. (1970): Die gesundheitlichen Voraussetzungen für die Züchtung und die Mast des Fleischschweines. Tierärztl. Umsch. 25, 470–478.

Schwarting, G., Weber, C., Ferle, S. et al. (1996): 25 abgesetzte Ferkel je Sau und Jahr – wie macht man das? Schweinezucht 21, 6, 22–29.

Šenk, L., Šabec, D. (1970): Todesursachen bei Schweinen aus Großbetrieben. Zbl. Vet.-Med. B 17, 164–174.

Smith, W. J., Taylor, D. J., Penny, R. H. C. (1990): Farbatlas der Schweinekrankheiten. Schlütersche Verlagsanstalt, Hannover.

Sobiraj, A., Hühn, U. (2001) Red.: Das gesunde Tier. Perspektiven für erfolgreiche Tierhaltung. Sinta, Gesellsch. für Tiergesundheit, Schwarzenborn. Ausgabe 2, 6–37.

Steinbach, G., Kröll, U., Meyer, H., Methner, U. (2003): Die Brauchbarkeit serologischer Untersuchungen bei der Analyse des Salmonellengeschehens in Schweinebeständen. Berl. Münch. Tierärztl. Wschr. 116, 281–287.

Steinmetz, G., Prange, H., Schindler, W.(1972): Untersuchungen zur Morbidität und Abgangsrate beim Deutschen Edelschwein und der Deutschen Landrasse. Mh. Vet.-Med. 27, 216–221.

Straw, B. E., D'Allaire, S., Mengeling, W. L., Taylor, D. J. (1999): Diseases of swine. 8 th Ed., Blackwell Science. Herd: Animal Production of Pig by Sow. Brit. vet. J. 125, 36 ff.

Thielen, M., Kosse, B., Truijen, W. (1995): Die Frequenz und die wirtschaftliche Bedeutung von Beinverletzungen bei Mastschweinen. V. Int. Kongr. Tierhyg., Bd. 1, Hannover, 386–390.

Unshelm, J. (1994): Haltungshygienische Voraussetzungen der Tiergesundheit. 15. Hülsenberger Gespräche, Hamburg, 172–185.

van Dieken, F. (1994): Betriebszweigkontrolle Schweinemast. Verdener Berichte DGS 20, 15–17.

Wähner, M. M. Scholz, H., Kämmerer, B. (2001): Beziehungen zwischen Futteraufnahme, Seitenpeckdicke und ausgewählten Merkmalen der Aufzuchtleistung laktierender Sauen. Arch. Tierz. 44, 639–648.

Waldmann, K.-H., Wendt, M. (2001) Hrsg.: Lehrbuch der Schweinekrankheiten. 3. Aufl., Parey Buchverlag Berlin.

Wiesner, E. (1972) Red.: Gesundheitliche Aspekte der Schweinefleischproduktion -Stellungs- und Gliedmaßenanomalien. Angewandte Tierhygiene, Eberswalde, 3, 1–259.

Wendt, M., K. Bickhardt, A. Herzog, A. et al. (1999): Belastungsmyopathien des Schweines und PSE-Fleisch: Klinik, Pathogenese, Ätiologie und tierschutzrechtliche Aspekte. 23. DVG-Kongreß, Bad Nauheim.

Zimmer, K., Zimmermann, Th., Hess, R. G. (1997): Todesursachen bei Schweinen. Prakt. Tierarzt 78, 772–780.

Zimmermann, W. (2003) Hrsg.: SGD-Tagung Ermatingen (CH), 26.-28.5.2003.

Kapitel E1 und E2

Arbeitskreis Grosstierpraxis (2001): Intensivseminar Schweinebestandsbetreuung. 29.-30.9.2001, 1–339.

Bollwahn, W. (1994): Schwerpunkte der Gesundheitsförderung bei Schweinen. 15. Hülsenberger Gespräche, Hamburg, 133–144.

de Jong, M. F., Groenland, G., Braamskamp, J. et al. (1991): Die Ausgabe von „Pasteurella multocida-frei" Zertifikaten durch die Niederländischen Gesundheitsdienste. Schweineges.-Dienst-Tagung 27.-29.5.1991, Kiel.

Dieber, F., (2003): Der österreichische TGD, Intention und Organisation. In: SGD-Tagung Ermatingen (CH), 26.-28.5.2003, 5–8.

Grosse Beilage, E., Grosse Beilage, T. (1990): Aspekte zur Bestandsbetreuung und Datenerfassung in Schweinemastbeständen. Tierärztl. Umschau 45, 791–795.

Hörügel, K. (2001) Hrsg.: Tiergesundheitsmanagement in der Schweinehaltung. Schriftenreihe Sächs. Landesanstalt Landw., Dresden. 7, 2, 1–57.

Iben, B. (1997): Sauenhaltung nach Norm. Ein Arbeitshandbuch nach DIN ENISO 2002. Schriftenr. Arb.kreis Großtierpraxis, VAV Verlag, Dannenberg.

Iben, B. (2002): Gynäkologische Untersuchung des Schweines. Großtierpraxis 3, 8, 16–23.

Iben, B. (2003): Untersuchung des Bewegungsapparates. Großtierpraxis 4, 7, 10–25.

Kielstein, P., Linke, D., Günther, H. (1971): Untersuchungen zur Ätiologie und Epizootiologie der Schweinedysenterie. Mh. Vet.-Med. 26, 55–64.

Köfer, J. (1995): Tiergesundheitsdienst – das steirische Modell. Wien. Tierärztl. Mschr. 82, 185–191.

Köfer, J., Kutschera, G., Gutschlhofer, S. (1999) Hrsg.: 20. Intensivseminar des Steirischen Schweinegesundheitsdienstes, Montegrotto. Steirischer Tiergesundheitsdienst, Graz, 193 S.

Köhn, R. (2001): Betriebswirtschaftliche Aspekte zur Besamung von Schweinen. Grosstier Praxis 2, 10 ff.

Kosztolich, O. (1970): Tierärztliche Beratung im Schweinegroßbestand. Wien. Tierärztl. Mschr. 57, 433–437.

Matschullat, G., Ikes, D. (1980): Der Schweinegesundheitsdienst am Tiergesundheitsamt der Landwirtschaftskammer Hannover. Dtsch. tierärztl. Wsch. 87, 153–208.

Mickwitz, G. v. (1993): Bestandsbetreuung. In: Zwischen Mensch und Tier – Veterinärmedizin gestern, heute, morgen. Vet. Med. Hefte, Inst. Vet.Med. BGA, Berlin, 233–244.

Nienhoff, H. Schmidt, U. (2000): Wenn Muttersauen plötzlich verenden. Schweinezucht u. -mast 48, 1: 12–14.

Niggemeyer, H. (2001): So betreuen dänische Tierärzte Schweinebestände. Schweinezucht u. -mast 49, 6–9.

Petersen, B. (1984): Voraussetzungen für den Einsatz integrierter produktionsbegleitender Leistungs- und Gesundheitskontrollen in Ferkelerzeugerbetrieben. Prakt. Tierarzt 65, 1003–1012.

Plonait, H. (1988): Der Tierarzt im Schweinebestand. In: Plonait, H., Bickhardt, K. Hrsg.: Lehrbuch der Schweinekrankheiten, Parey Buchverlag Berlin-Hamburg, 13–20.

Plonait, H. (1990): Sanierung von Schweinezuchtbeständen. Methoden, Zuverlässigkeit, Anwendbarkeit. Tierärztl. Umschau 45, 521–526.

Prange, H. (1975): Herdendiagnostik. Zyklogramme der gesundheitlichen Betreuung. Grundlagen zur Bewertung und Senkung der Tierverluste. In: Prange, H., Bergfeld, J. Hrsg.: Veterinärmedizin und industriemäßige Schweineproduktion. VEB Gustav Fischer Verlag Jena, 365–452.

Prange, H. (1979) Red.: Einstreulose Haltung im Abferkelstall. Angew. Tierhygiene, VEB Gustav Fischer Verlag, Jena 6, 1–303.

Prange, H. (1987): Veterinärmedizinische Bestandsbetreuung. In: Kielstein, P., Wohlfahrt, E. Hrsg.: Schweinekrankheiten. VEB Gustav Fischer Verlag Jena, 633–693.

Prange, H. (1991): Tiergroßanlagen aus ostdeutscher Sicht – gesundheitliche Betreuung, Tierschutz und Umweltproblematik. Arbeitstag. Bundesverband beamt. Tierärzte 2.-3.5.1991, Berlin, 159–218.

Prange, H., Azar, J. (2003): Die Veterinärmedizin der DDR im Spannungsfeld von Fachauftrag und gesellschaftspolitischer Steuerung. Schweiz. Arch. Tierheilk. 145, 26–39.

Prange, H., Bergfeld, J. (1975) Hrsg.: Veterinärmedizin und industriemäßige Schweineproduktion. VEB Gustav Fischer Verlag, Jena.

Prange, H., Bergmann, V. (1971): Zum Informationsgehalt diagnostischer und analytischer tierärztlicher Untersuchungsverfahren in der industriemäßig betriebenen Schweinemast. Mh. Vet.-Med. 26: 733–737.

Prange, H., Klähn, J., Lutter, K. (1972): Die Gesundheitsüberwachung in Schweinegroßbeständen. Mh. Vet.-Med. 27, 293–300.

Prange, H., Lutter, K., Ober, G., Sensel, H. (1979 b): Veterinärmedizinische Betreuung und hygienische Anforderungen an die einstreulose Haltung. In: Einstreulose Haltung im Abferkelstall. Angew. Tierhygiene, Jena 6, 239–263.

Scholten, P. (1990): Retrospektive Untersuchung über die Höhe der Tierarztkosten in Sauenbetrieben des Erzeugerringes Westfalen aus dem Wirtschaftsjahr 1985/86. Vet. med. Diss., Giessen.

Schulze, W. (1970): Klinische Untersuchungen in Schweinegroßbeständen. Zbl. Vet.-Med. B 17, 159–163.

Wettlaufer, U. (1999): Organisation und Tätigkeit der Schweinegesundheitsdienste in der Bundesrepublik Deutschland. Schweinegesundheitsdienst-Tagung 7.6.99, Trier, S. 8.

Zeddies, J., Munz, J., Fuchs, C. (1997): Ökonomische Aspekte des Einsatzes von Tierarzneimitteln und tierärztlichen Behandlungen. Prakt. Tierarzt 78, 44–51.

Kapitel E3

Autorenkollektiv (1984): Ernährungsbedingte Stoffwechselerkrankungen beim Schwein II. Abschlußbericht zur F/E-Aufgabe, Institut für angewandte Tierhygiene, Eberswalde (Standort: Professur für Tierhygiene, Halle).

Bauer, J. (1993): Vom Tier auf den Menschen übertragbare Mykotoxine. 20. DVG-Kongreß, Bad Nauheim, 156–173.

Bätza, H.-J. (2002) Hrsg.: Arbeitsanleitung zur Labordiagnostik von anzeigepflichtigen Tierseuchen. (Stand 11/2002, akt. Auflage). Bundesanzeiger Jg. 52, Nr. 172a.

Bickhardt, K. (1983): Zur Diagnostik der Streßanfälligkeit beim Schwein. Prakt. Tierarzt 64, 335–339.

Cannon, R. M., Roe, R. T. (1982): Livestock Disease Surveys: A field manual for veterinarians. Bureau Animal Health, Austr. Governm. Publ. Serv., Canberra.

Deutsch, E., Geyer, G., Wenger, R. (1992): Labordiagnostik. Karger Verlag, Basel.

Duncan, J. R., Prasse, K. W. (1987): Veterinary Laboratory Medicine. Iowa State Univ. Press.

Furcht, G. (1997): Produktionsüberwachung in Schweinebeständen. REKASAN-Journal 4, 7/8, 92–94.

Kraft W., Dürr, U. M. (1999) Hrsg.: Klinische Labordiagnostik in der Tiermedizin. 5. überarb. und erw. Aufl. – Schattauer Verlag, Stuttgart, 374 S.

Lutz, H., Hofmann, R., Bauer-Pham, K.-L. (2001): Klinische Labordiagnostik in der Tiermedizin. Vorlesungsskripte (22. rev. Ausgabe), Vet. med. Labor, Departm. Innere Vet. med., Zürich.

Müller, E. (2001): Leistungsverzeichnis – LABOKLIN. Labor für Klinische Diagnostik, Bad Kissingen.

Neundorf, R., Seidel, H. (1987): Kielstein, P., Wohlfarth, E. Hrsg.: Schweinekrankheiten. VEB Gustav Fischer Verlag, Jena, 3. überarb. Auflage.

Rolle, M., Mayr, A. (2002): Medizinische Mikrobiologie, Infektions- und Seuchenlehre. 7. Aufl. Enke Verlag, Stuttgart.

Rommel, M., Eckert, J., Kutzer et al. (2000): Veterinärmedizinische Parasitologie. 5. Aufl., Parey Buchverlag, Berlin.

Rossow, N. (1987) Red.: Stoffwechselüberwachung bei Haustieren. Tierhyg. Inform., IaT Eberswalde, SH 19, 61, 1–166.

Schmidt, M., Forstner, K. von (1985): Veterinärmedizinische Laboruntersuchungen für die Diagnose und Verlaufskontrolle 3. Aufl., Boehringer Mannheim.

TGL 35423 (1984): Veterinärwesen – Stoffwechselüberwachung in Schweinezucht- und Schweinemastanlagen. Fachbereichsstandard MELF/DDR, Abt. Veterinärwesen, Berlin.

Thurm, V., Tschäpe, H. (2001): Gefahrgutrechtliche Vorraussetzungen für den Versand von diagnostischen Proben, Bakterienkulturen und anderen infektiösen Materialien. Bundesgesundheitsbl. 44, 823–828.

WALDMANN, K.-H., WENDT, M. (2001): Lehrbuch der Schweinekrankheiten 3. Aufl., Parey Buchverlag, Berlin.

Kapitel E4

BENNEWITZ, D. (1982): Der Einfluß pneumonischer Veränderungen auf die Massezunahme der Mastschweine. Mh. Vet.-Med. 37, 917.

BENNEWITZ, D. (1991): Überwachung des Gesundheitszustandes von Schweinebeständen durch Organuntersuchungen bei Schlachtschweinen. Manuskript, LVLUA Stendal, 1–6.

BLAHA, TH., HAMMEL, M.-L. VON (1993): Untersuchungen zum Zusammenhang von Fleischqualität und Tiergesundheit. Vet.-epidem. Seminar, Hannover, 73–76.

BLAHA, TH., GROSSE BEILAGE, E., HARMS, J. (1994): Die Erfassung pathologisch-anatomischer Organbefunde am Schlachthof. 4. Quantifizierung der Organbefunde als Indikator für die Tiergesundheit von Schweinebeständen und erste Ergebnisse. Fleischwirtsch. 74, 427–429.

FRANKE, A., KUPEY, – (1971): Erfassung und Auswertung der Fleischbeschaubefunde. agra-Buch, Markkleeberg, 1–52.

FRIES, R. (2000): Durchführung der Schlachttier- und Fleischuntersuchung. Stand der Diskussion um den Einsatz integrierter Systeme. Berl. Münch. Tierärztl. Wschr. 113, 1–8.

HAMMEL, M.-L. VON, BLAHA, TH. (1993): Die Erfassung pathologisch-anatomischer Organveränderungen am Schlachthof. 3. Zusammenhänge zwischen Tiergesundheit und Schlachtkörperqualität. Fleischwirtschaft 73, 1327 ff.

HOY, ST.(1994): Zu Häufigkeit und Auswirkungen pathologischer Leberveränderungen bei Mastschweinen. Prakt. Tierarzt 75, 999–1006.

Hoy, St., Mehlhorn, G., Eulenberger, K. H. et al. (1985): Zum Einfluß von entzündlichen Lungenveränderungen auf ausgewählte Parameter der Schlachtung. Mh. Vet.-Med. 40, 584–587.

JENSEN, A. BLAHA, TH. (1999): Zum Zusammenhang zwischen Management- und Hygienefaktoren in Schweinemastbeständen und Organveränderungen am Schlachthof. www.bossow.de/deutsch/bibliothek/manageme.htm, 1–12.

PRANGE, H., SCHNEPPE, V. (2000): Untersuchungen zur Tiergesundheit an Mastschweinen und deren Schlachtkörpern. In: Waldmann, K. H. Hrsg.: 11. Jahrestagung der FG Schweinekrankheiten, 2.-3.3.00, Hannover, 27–36.

SNIJDERS, J. M. A. (1998): Schlachtbefund-Kontrolle: eine Grundlage der Bestandsbetreuung. In: Qualitätssicherung und Tiergesundheitsmanagement im Erzeugerbetrieb. 2. Int. Congr. Vet. and Farmers, 10.-12.11.98, Bd. II, 105–117.

Kapitel E5

GROSSDORF, M., ELZE, E. (1995): Vier Impfregimes gegen die porzine Parvovirose und ihre klinische Wirksamkeit in der Praxis. Tierärztl. Umschau 50, 574–582.

JUNGBÄCK, C. (1999): Optimierung der Anwendung von Impfungen im Rahmen der Tierseuchenbekämpfung. Tierärztl. Praxis 27, 251–255.

MAYR, A. (2002.) Hrsg. Medizinische Mikrobiologie, Infektions- und Seuchenlehre. 7. Aufl., Ferdinand Enke Verlag, Stuttgart.

MAYR, A., MAYR, B. (2002): Körpereigene Abwehr „Von der Empirie zur Wissenschaft". Tierärztl. Umschau 57, 3–14, 59–64, 117–119, 173–176, 229–234, 285–293, 343–347.

MÖHLMANN, H., MEESE, H., STÖHR, P., SCHULZ, V. (1970): Zur Technologie der aerogenen Immunisierung unter den Bedingungen der Praxis. Mh. Vet.-Med. 25, 829–832.

PRANGE, H., KLOHSS, S., GEIPEL, U. (2001): Betriebsanalysen zur Tierhygiene und Tiergesundheit in Sachsen-Anhalt. Projekt Land Sachsen-Anhalt, Universität Halle.

SELBITZ, H.-J. (2001): Grundsätzliche Sicherheitsanforderungen beim Einsatz von Lebendimpfstoffen bei lebensmittelliefernden Tieren. Berl. Münch. Tierärztl. Wschr. 114, 428–432.

SELBITZ, H.-J., MOOS, M. (2002) Hrsg.: Tierärztliche Impfpraxis. 2. Aufl., Ferdinand Enke Verlag, Stuttgart.

SPRINGER, S., SELBITZ, H.-J. (1999): The control of necrotic enteritis in suckling piglets by means of a Clostridium perfringens toxoid vaccine. FEMS Immunol. Med. Microbiol. 24, 333–336.

Tierimpfstoffe – der aktuelle Zulassungsstand von Tierimpfstoffen ist auf der Homepage des Paul-Ehrlich-Instituts, Bundesamt für Sera und Impfstoffe, abrufbar: www.pei.de.

Verleger-Beilage (2003): Impfstoffe α Sera für Tiere. Tierärztl. Umschau 58, Beilage zu Heft 8/2003.

Kapitel E6

Broll, S. (2002): Zum Einsatz von Fütterungsarzneimitteln in der Tierhaltung in Schleswig-Holstein.Tierärztl. Praxis 30 (G), 357–362.

Kamphues, J. (1996): Risiken bei der Medikation von Futter und Wasser in Tierbeständen. Dtsch. tierärztl. Wschr. 103, 250–256.

Kietzmann, M.(2000): Tränkwasser als Medium für Medikamente. Dtsch. tierärztl. Wschr. 107, 337–338.

Kietzmann, M., Markus, W., Chavez, J., Bollwahn, W. (1995): Arzneimittelrückstände bei unbehandelten Schweinen. Dtsch. tierärztl. Wschr. 102, 441–442.

Köfer, J. (2002) Hrsg.: Antibiotika und Resistenzen. Amt. d. Steiermärkischen Landesregierung, Veterinärwesen, 5–92.

Löscher, W., Ungemach, F. R., Kroker, R. (2002): Pharmakotherapie bei Haus- und Nutztieren. 5. Aufl., Parey Buchverlag, Berlin.

Rassow, D., Schaper, H. (1996): Zum Einsatz von Fütterungsmitteln in Schweine- und Geflügelbeständen in der Region Weser- Ems. Dtsch. tierärztl. Wschr. 103, 244–249.

Stracke, E. (2001): Futtermedikation: So vermeiden Sie Dosierungsfehler. Schweinezucht u. -mast 49, 2, 38–40.

Trolldenier, H. (2001): Überblick zum Resistenzgeschehen schweinepathogener Erreger von 1976–1998. Tierärztl. Umschau 56, 292–298.

Kapitel E7

Buchwalder, R., Hiepe, Th. (1992): Vet.med. Parasitologie – Diagnostische Übungen 4. Aufl., Druckerei Humboldt-Universität.

Eckert, J., Hiepe, Th. (1998): Parasiten in Nahrungsketten. Nova Acta Leopoldina NF 79, Halle, Nr. 309, 99–120.

Hiepe, Th. (1981–85) Hrsg.: Lehrbuch der Parasitologie, Bände 1–4; VEB Gustav Fischer Verlag Jena.

Hiepe, Th. (2000): Definition und Formen des Parasitismus. Nova Acta Leopoldina NF 83, Halle, 316, 11–23.

Hiepe, Th. (2003): Grundkonzeption der Bekämpfung von Parasiten und Parasitosen aus veterinärmedizinischer Sicht. Vet-MedReport 27, SA V2; 6–7.

Joachim, A., A. Daugschies (2000): Endoparasiten bei Schweinen in unterschiedlichen Nutzungsgruppen und Haltungsformen. Berl. Münchn.Tierärztl.Wschr. 113, 129–133.

Kluge, K., Ungemach, F. R. (2000): Zwischenbilanz: Anwendungsverbote 2000. Dtsch. Tierärzteblatt 48, Suppl. 1–19.

Leyk, W. (2003): Antibiotika – Resistenzen wichtiger Infektionserreger beim Schwein. In: SGD-Tagung Ermatingen (CH), 26.-28.5.2003, 26–29.

Matthes, H. F., Rambags, P., Zimmermann, W. (2003): Tilgung der Schweineräude. In: SGD-Tagung Ermatingen (CH), 26.-28.5.2003, 99–102.

Rambags, P. (2004): Der „räudefreie" Schweinebestand: Sanierungskonzepte, Zertifizierungsansätze und Kosten-Nutzen-Bewertung. Der Praktische Tierarzt VET KOLLEG 85, 198–201.

Ungemach, F. R. (2003): DVG- Tagung „Epidemiologie und Bekämpfung von Parasitosen". Leipzig, S. 23.

Zimmermann, W. (Hrsg.) (2003): SGD-Tagung Ermatingen (CH), 26.-28.5.2003, 123 S.

Kapitel F1 bis F3

Anhalt, G. (1992): Qualitätssicherung und Behördenkontrolle zur Kontrolle der Wirtschaft. Lebensmittelkontrolleur 7, IV, 163–167.

Anonym (2000): Leitlinien für den sorgfältigen Umgang mit antimikrobiell wirksamen Tierarzneimitteln, herausgegeben von der Bundestierärztekammer und Arbeitsgemeinschaft der Leitenden Veterinärbeamten, Beilage zum Deutschen Tierärzteblatt 48, H. 11, Schlütersche, Hannover.

Bergfeld, U., Heidenreich, T., Hörügel, K. et al. (2002): Ergebnisse zur Schweineproduktion aus der Sächsischen Landesanstalt für Landwirtschaft. In: DGfZ-Schriftenreihe, H. 25 „Wirtschaftliche Schweineproduktion unter neuen Rahmenbedingungen", 72–93.

BLAHA, TH. (1994): Die durchgängige Qualitätssicherung bei der Schweinefleischproduktion. Prakt. Tierarzt 75, 57–61.

BLAHA, TH., BLAHA, M.-L. (1995): Qualitätssicherung in der Schweinefleischerzeugung. Gustav Fischer Verlag Jena, Stuttgart.

BÖGEL, K., STÖHR, K. (1994): Integrierte Qualitätssicherung. Dtsch. tierärztl. Wschr. 101, 258–261.

BRANDSCHEID, W., HONIKEL, K.-O., LENGERKEN, G. VON, TROEGER, K. (1998) Hrsg.: Qualität von Fleisch und Fleischwaren, Bd. 1, Deutscher Fachverlag GmbH, Frankfurt/M.

DELBECK, F. (2003): Das deutsche Prüfzeichen QS für Lebensmittel aus konventioneller Produktion – Organisation, Umsetzung und Ergebnisse. SGD-Tagung Ermatingen (CH), 26.–28.5.2003, 12–16.

EN ISO 8402:1995-08 (1995): Qualitätsmanagement „Begriffe", Beuth-Verlag, Berlin.

FRIES, R. (2000): Durchführung der Schlachttier- und Fleischuntersuchung. Stand der Diskussion um den Einsatz integrierter Systeme. Berl. Münch. Tierärztl. Wschr. 113, 1–8.

GROSSKLAUS, D. (1994): Tiergesundheit, Lebensmittelqualität und Verbraucherschutz als Einheit – Einführung in die Thematik. Dtsch. tierärztl. Wschr. 101, 252–254.

GROSSKLAUS, D., BOLLWAHN, W., HIEPE, TH., PRANGE, H. (1997): Lebensmittelsicherheit durch Gesundheits- und Umweltschutz im Tierbestand. Fleischwirtschaft 77, 239–240.

HIEPE, TH. et al. (1999): Krankheitserreger in Nahrungsketten. Arbeitspapier der Leopoldina, Halle, 1–12.

HÖRÜGEL, K., BERGFELD, U. (2002): Red.: Verbrauchergerechte Schweinefleischqualität – Herausforderung an die Primärerzeugung. Schriftenreihe Sächs. Landesanst. Landw., Dresden, 7, H. 7, 1–52.

KINGSTON, H. N. G. (1998); New Approaches to Controlling Diseases. In: Qualitätssicherung und Tiergesundheitsmanagement im Erzeugerbetrieb", 2. Int. Tagung, Hannover, 10.-12.11 1998. DLG-Verlag, 119–138.

KOLLOWA, C. (2003): Audits sind effizient kombinierbar: Ein komprimierter Überblick über QS und IFS. Fleischwirtschaft 83, 7, 66–67.

LEHNERT, S. (1998): Aufbau von Qualitätsmanagement-Systemen in landwirtschaftlichen Betrieben am Beispiel der Fleischproduktion. In: Forschungsgemeinschaft Controlling in der Landwirtschaft e. V. (FCL) Bonn, FCL-Schriftenreihe Bd. 6, Landwirtschaftverlag Münster-Hiltrup.

LENGERKEN, J. VON (2003) Hrsg.: Qualität und Qualitätskontrolle bei Futtermitteln. Deutscher Fachverlag, Frankfurt/M.

LISICKI, J. (2003): Was verbirgt sich hinter IFS? Fleischwirtschaft 83, 7, 63–65.

LKV SACHSEN-ANHALT e.V. (2002): Richtlinie „Basis-Qualitätsmanagementsystem" in der tierischen Erzeugung. Eigenverlag, Halle.

MAAK, ST., WICKE, M., LENGERKEN, G. VON (2003): Eigenschaften der Skelettmuskulatur und deren Beziehungen zur Fleischqualität bei Schwein und Geflügel. Lohmann Information H. 1, 9–15.

MARTENS, H. (2002): persönl. Mitteilung.

PIERSON, M. D., CORLETT JR., D. A. (1993): HACCP-Grundlagen der produkt- und prozeßspezifischen Risikoanalyse. Behr's Verlag, Hamburg.

PRANGE, H. (1991): Zur Situation des tierärztlichen Berufes in Thüringen. In: 1. Thüringer Tierärztetag, Thür. Min. f. Soziales u. Gesundheit, Erfurt, 25–54.

PRANGE, H. (2000): Tiermedizin im Wandel – eine Gegenwartsbetrachtung und Zukunftserwartung. Festvorträge zum 10-jährigen Bestehen der Tierärztekammern Sachsen-Anhalt (10.10.2000, Bernburg) und Thüringen (15.12.2000, Weimar).

PRANGE, H., LESCH, G. (1998): Rechtsverpflichtungen des landwirtschaftlichen Erzeugers zur Sicherung von Tiergesundheit, Tierschutz und Lebensmittelqualität. 6. Hochschultagung, 25.-26.3.98, Halle, 94–102.

PRANGE, H., ZEISS, B. (2004): Analyse zu den Tierarztpraxen in Sachsen-Anhalt – Ergebnisse einer Befragung. Fachpraxis Fa. Albrecht, Nr. 45, 24–30.

PRANGE, H., RÖNSCH, K., HENKE, R., KRETZSCHMAR, A. (1999): Klein- und Heimtierhaltung in Halle und im Saalkreis – Ergebnisse zweier Bevölkerungsbefragungen und einer Praxisauswertung. Arbeitstagung Ost d. FG Kleintierkrankheiten d. DVG, 26.-27.06.1999, Halle/S., Tagungsheft, 54–65.

QMA (1995): Qualitätsmanagement nach DIN EN ISO 900 ff für schweinehaltende Betriebe. Ein Leitfaden. Landwirtschaftsverlag Münster-Hiltrup.

ROJAHN, A., MAYR, A. (1969): Zur Notwendigkeit veterinärrechtlicher Regelungen in Massentierhaltungen. Tierärztl. Umschau 24, 1–14.

ROST, D. (2001): Betriebswirtschaftliche Entscheidungen in Agrarunternehmen – Informationen, Arbeitsmethoden und Beispiele für das Management in Agrarunternehmen. Verlag Agrimedia, Bergen/Dumme.

SCHÖNE, R., ULRICH, H. (2003): Statistische Untersuchungen über die Tierärzteschaft in der Bundesrepublik Deutschland (Stand: 31.12.2001). Deutsches Tierärzteblatt 51, 607–614.

SEIFERT, G., FRITZSCH, R., KRIPPNER, ST. (2003): Qualitätsmanagement zur Gewährleistung der „Guten Veterinärmedizinischen Praxis". Landestierärztekammer Sachsen-Anhalt, Halle/S.

WASILEWSKI, R. (1991/92): Materialien zur Lage der Freien Berufe in der Bundesrepublik Deutschland am Beginn der neunziger Jahre. Jahrbuch „Der Freie Beruf", Institut für Freie Berufe, Erlangen – Nürnberg, 65–86.

I Autoren

BÖHM, REINHARD, Prof. Dr. med. vet. habil., Professor für Tier- und Umwelthygiene an der Universität Hohenheim, Garbenstr. 30, 70599 Stuttgart

BUSSE, FRIEDRICH-WILHELM, Dr. med. vet., Schweinegesundheitsdienst der Landwirtschaftskammer Weser-Ems, Landwirtschaftsamt, Am Schölerberg 7, 49082 Osnabrück

FISCHER, GÜNTER, Dr. med. vet., Amtstierarzt im Landreis Osnabrück, Fachdienst Tiere und Lebensmittel, Am Schölerberg 1, 49082 Osnabrück

GÜRTLER, HERBERT, †, ehem. Prof. Dr. med. vet. habil., Dr. h.c., Dr. h.c., Professor em. am Veterinär-Physiologisch-Chemischen Institut der Universität Leipzig, Dorfstr. 19, 04460 Kitzen/OT Sittel

HEINRICH, JÜRGEN, Dr. agr., Fac. doc. Institut für Agrarökonomie und Agrarraumgestaltung an der Martin-Luther-Universität Halle-Wittenberg, Emil-Abderhalden-Str. 20, 06108 Halle/Saale

HIEPE, THEODOR, Prof. Dr. med. vet. habil., Dr. h.c., Dr. h.c., seit 1961 Professor em. für Parasitologie an der Humboldt-, ab 1993 an der Freien Universität Berlin; z. Zt. Gastprofessor am Lehrstuhl für Molekulare Parasitologie der Humboldt-Universität, Philippstr. 13, 10115 Berlin

HÖRÜGEL, KLAUS, †, Dr. med. vet. habil., ehem. Referent für Haltungshygiene und Qualitätssicherung in der Sächsischen Landesanstalt für Landwirtschaft, Köllitsch

HOY, STEFFEN, Prof. Dr. agr. habil., Professor für Tierhaltung und Haltungsbiologie an der Justus-Liebig-Universität Gießen, Bismarckstr. 16, 35390 Gießen

HÜHN, UWE, Prof. Dr. agr. habil., Professor der Akademie der Landwirtschaftswissenschaften, Institut Dummerstorf, ehem. Leiter Forschung und Entwicklung der Veyx-Pharma GmbH Schwarzenborn, An der Romenei 7, 98617 Wölfershausen

KAULFUSS, KARL-HEINZ, Dr. med. vet., ehem. Wiss. Mitarbeiter am Institut für Tierzucht und Tierhaltung mit Tierklinik der Martin-Luther-Universität, Emil-Abderhalden-Str. 28, 06108 Halle

KIETZMANN, MANFRED, Prof. Dr. med. vet. habil., Professor für Toxikologie und Pharmakologie an der Stiftung Tierärztliche Hochschule Hannover, Bünteweg 17, 30559 Hannover

KÖRBER, ROLAND, Prof. Dr. med. vet. habil., Direktor des Landeslabors Brandenburg, Honorarprof. an der Martin-Luther-Universität, Ringstr. 1030, 15236 Frankfurt/O.

LENGERKEN, GERHARD VON, Prof. Dr. agr. habil., Dr. h.c., Professor em. für Tierzucht an der Martin-Luther-Universität, Adam-Kuckhoff-Str. 35, 06108 Halle

LENGERKEN, JÜRGEN VON, Prof. Dr. agr. habil., ehem. Direktor der LUFA Halle-Lettin, Honorarprofessor an der Martin-Luther-Universität, Am Birkenwäldchen 18, 06120 Halle

MAAK, STEFFEN, Dr. agr. habil., Priv.-Doz. am Institut für Tierzucht und Tierhaltung mit Tierklinik der Martin-Luther-Universität, Adam-Kuckhoff-Str. 35, 06108 Halle

PHILIPP, WERNER, Dipl.-Ing. agr. (FH), appr. Tierarzt, Dr. agr., Institut für Tier- und Umwelthygiene an der Universität Hohenheim, Garbenstr. 30, 70599 Stuttgart

PRANGE, HARTWIG, Prof. Dr. med. vet. habil., Professor für Tierhygiene an der Martin-Luther-Universität, Emil-Abderhalden-Str. 28, 06108 Halle

RODEHUTSCORD, MARKUS, Prof. Dr. agr. habil., Professor für Tierernährung an der Martin-Luther-Universität, Emil-Abderhalden-Str. 25, 06108 Halle

RUDOVSKY, ANNEROSE, Dr. agr., ehem. Wiss. Mitarbeiterin am Institut für Agrartechnik und Landeskultur der Martin-Luther-Universität, Ludwig-Wucherer-Str. 81, 06108 Halle

SELBITZ, HANS-JOACHIM, Prof. Dr. med. vet. habil., Forschungsleiter im Impfstoffwerk Dessau-Tornau GmbH, Lehrauftrag an der Tierärztlichen Hochschule Hannover, Streetzer Weg, 06862 Rodleben

J Anhänge

1 Desinfektionsmittel zur Anwendung im Seuchenfall (Listen nach DVG-Standard)

1.1 Desinfektionsmittel zur laufenden Anwendung bei anzeigepflichtigen Erkrankungen des Schweines

Desinfektionsmittel/Einwirkungszeit	Tierseuche
• Ameisensäure 4%/2 h	• Ansteckende Schweinelähmung • Maul- und Klauenseuche • Schweinepest (ESP) • Vesikuläre Schweinekrankheit
• Ameisensäure 5%/2 h	• Brucellose
• Peressigsäure 0,15%/1 h (1% einer 15%igen Gleichgewichtsperessigsäure)	• Afrikanische Schweinepest • Ansteckende Schweinelähmung • Aujeszkysche Krankheit • Maul- und Klauenseuche • Schweinepest (ESP) • Stomatitis vesicularis • Vesikuläre Schweinekrankheit
• Peressigsäure 0,3%/1 h (2% s. o.)	• Brucellose
• Peressigsäure 1%/2h (6,7% s. o.)	• Milzbrand
• Handelsdesinfektionsmittel aus der DVG-Liste Spalte 4a (nur Präparate in Konzentrationen, die mit einer Einwirkungszeit bis 2 h gelistet sind)	• Brucellose
• Handelsdesinfektionsmittel aus der DVG-Liste Spalte 7a (nur Präparate in Konzentrationen, die mit einer Einwirkungszeit bis 2 h gelistet sind)	• Afrikanische Schweinepest • Aujeszkysche Krankheit • Schweinepest (ESP) • Stomatitis vesicularis
• Handelsdesinfektionsmittel aus der DVG-Liste Spalte 7a – doppelte Konzentration (nur Präparate mit einer Einwirkungszeit bis 2 h)	• Ansteckende Schweinelähmung • Maul- und Klauenseuche • Vesikuläre Schweinekrankheit

1.2 Desinfektionsmittel zur vorläufigen Anwendung bei anzeigepflichtigen Erkrankungen des Schweines

Desinfektionsmittel/Einwirkungszeit	Tierseuche
• Ameisensäure 4%/2 h	• Maul- und Klauenseuche • [Ansteckende Schweinelähmung]2)
• Ameisensäure 5%/2 h	• Brucellose
• Formalin 1% (0,37% Formaldehyd)	• Aujeszkysche Krankheit
• Formalin 2%/2 h (0,74% Formaldehyd)	• Schweinepest (ESP)
• Formalin 3%/2 h (1,11% Formaldehyd)	• Afrikanische Schweinepest • Stomatitis vesicularis
• Formalin 5%/2 h (1,85% Formaldehyd)	• Brucellose
• Formalin 30%/2 h 1) (11,1% Formaldehyd)	• Milzbrand
• Glutaraldehyd (pH 8,0–8,5) 4%/2 h	• Milzbrand
• Natronlauge 2%/2 h	• Schweinepest (ESP) • Stomatitis vesicularis
• Natronlauge 2%/4 h	• Maul- und Klauenseuche
• Natronlauge 3%/2 h	• Afrikanische Schweinepest
• Handelsdesinfektionsmittel aus der DVG-Liste Spalte 4a (nur Präparate in Konzentrationen, die mit einer Einwirkungszeit bis 2 h gelistet sind und die keine Chlor- und Sauerstoffabspalter enthalten)	• Brucellose
• Handelsdesinfektionsmittel aus der DVG-Liste Spalte 7a (nur Präparate mit einer Einwirkungszeit bis 2 h und die keine Chlor- und Sauerstoffabspalter enthalten)	• Aujeszkysche Krankheit • Schweinepest (ESP) • Stomatitis vesicularis • [Ansteckende Schweinelähmung]2)
• Handelsdesinfektionsmittel aus der DVG-Liste Spalte 7a – doppelte Konzentration (nur Präparate mit einer Einwirkungszeit bis 2 h und die keine Chlor- und Sauerstoffabspalter enthalten)	• Maul- und Klauenseuche • Vesikuläre Schweinekrankheit

1) Arbeitsschutzmaßnahmen (Schutzkleidung, Atemschutz) unbedingt erforderlich.
2) bei Ansteckender Schweinelähmung ist die vorläufige Desinfektion zwar nicht vorgeschrieben, kann aber gemäß Entscheidung des Amtstierarztes im Einzelfall die Bekämpfungsmaßnahmen ergänzen

1.3 Desinfektionsmittel zur Schlussdesinfektion bei anzeigepflichtigen Erkrankungen des Schweines (nach der Reinigung und dem Abtrocknen der Flächen einzusetzen)

Desinfektionsmittel/Einwirkungszeit	Tierseuche
• Ameisensäure 4%/2 h	• Maul- und Klauenseuche
• Ameisensäure 5%/3 h	• Brucellose
• Formalin 2%/2 h (0,74% Formaldehyd)	• Schweinepest
• Formalin 3%/2 h (1,11% Formaldehyd)	• Afrikanische Schweinepest • Aujeszkysche Krankheit
• Formalin 3%/2 h	• Maul- und Klauenseuche • Stomatitis vesicularis

- Formalin 4%/2 h (1,48% Formaldehyd)
- Formalin 5%/2 h (1,85% Formaldehyd)
- Formalin 30%/2 h[1] (1,1% Formaldehyd)
- Glutaraldehyd (pH 8,0–8,5) 4%/2 h
- Natronlauge 2%/1 h
- Natronlauge 2%/2 h

- Natronlauge 3%/2 h
- Peressigsäure 0,15%/1 h (1% einer 15%igen Gleichgewichtsperessigsäure)

- Peressigsäure 0,3%/1 h (2% einer 15%igen Gps)

- Peressigsäure 0,9%/2 h[1] (6% einer 15%igen Gps)
- Handelsdesinfektionsmittel aus der DVG-Liste Spalte 4a (nur Präparate mit einer Einwirkungszeit bis 2 h)
- Handelsdesinfektionsmittel aus der DVG-Liste Spalte 7a (nur Präparate mit einer Einwirkungszeit bis 2 h)
- Handelsdesinfektionsmittel aus der DVG-Liste Spalte 7a – doppelte Konzentration (nur Präparate mit einer Einwirkungszeit bis 2 h)

- Ansteckende Schweinelähmung
- Vesiculäre Schweinekrankheit
- Brucellose
- Milzbrand
- Milzbrand
- Maul- und Klauenseuche
- Schweinepest
- Stomatitis vesicularis
- Afrikanische Schweinepest
- Aujeszkysche Krankheit
- Schweinepest
- Stomatitis vesicularis
- Vesiculäre Schweinekrankheit
- Ansteckende Schweinelähmung
- Brucellose
- Maul- und Klauenseuche
- Milzbrand
- Brucellose
- Afrikanische Schweinepest
- Aujeszkysche Krankheit
- Schweinepest
- Ansteckende Schweinelähmung
- Maul- und Klauenseuche
- Vesiculäre Schweinekrankheit

[1] Arbeitsschutzmaßnahmen (Schutzkleidung, Atemschutz) unbedingt erforderlich.

1.4 Desinfektionsmittel zur Stiefel- und Fahrzeugdesinfektion im Tierseuchenfall

Anwendungsbereich	Desinfektionsmittel	Tierseuche
• Stiefel-Desinfektion	• 2% Natronlauge	• Afrikanische Schweinepest • Ansteckende Schweinelähmung • Aujeszkysche Krankheit • Brucellose • Maul- und Klauenseuche • Schweinepest • Vesiculäre Schweinekrankheit
	• Formalin 30% (11,10% Formaldehyd)	• Milzbrand
• Reifen-Desinfektion	• Natronlauge 2% • Ameisensäure 4%	• Afrikanische Schweinepest • Ansteckende Schweinelähmung • Aujeszkysche Krankheit • Maul- und Klauenseuche • Schweinepest • Vesiculäre Schweinekrankheit
• Durchfahrbecken	• Formalin 15% (Formaldehyd 4%) • Natronlauge 2%	• Bei allen Tierseuchen unzureichende Wirkung, nur als zusätzliche Schutzmaßnahme

1.5 Desinfektionsmittel für Flüssigmist, Jauche und Festmist im Tierseuchenfall

Anwendungsbereich	Desinfektionsmittel	Tierseuche
• Flüssigmist oder Jauche	• 40%ige **Kalkmilch** 40 kg/m^3, Einwirkzeit: 4 Tage	• Aujeszkysche Krankheit • Schweinepest • Stomatitis vesicularis
	• 40%ige **Kalkmilch** 60 kg/m^3, Einwirkzeit: 4 Tage	• Brucellose • Maul- und Klauenseuche
	• 50%ige **Natronlauge** 16 l/m^3 (0,8% NaOH), 4 Tage	• Aujeszkysche Krankheit
	• 50%ige **Natronlauge** 20 l/m^3 (1% NaOH), 4 Tage	• Schweinepest (ESP) • Stomatitis vesicularis
	• 50%ige **Natronlauge** 30 l/m^3 (1,5% NaOH), 4 Tage	• Maul- und Klauenseuche
	• **Formalin** 6 kg/m^3 (0,22% Formaldehyd), 4 Tage	• Aujeszkysche Krankheit
	• **Formalin** 10 kg/m^3 (0,37% Formaldehyd), 4 Tage	• Schweinepest (ESP) • Stomatitis vesicularis
	• **Formalin** 15 kg/m^3 (0,56% Formaldehyd), 4 Tage	• Brucellose
	• **Formalin** 20 kg/m^3 (0,74% Formaldehyd), 4 Tage	• Ansteckende Schweinelähmung • Maul- und Klauenseuche • Vesiculäre Schweinekrankheit
	• **Formalin** 50 kg/m^3 (1,85% Formaldehyd), 4 Tage Achtung: Schaumentwicklung!	• Milzbrand
• Festmist	• **Branntkalk** gekörnt 100 kg/m^3 in einer Düngerpackung[1]	• Afrikanische Schweinepest • Ansteckende Schweinelähmung • Aujeszkysche Krankheit • Maul- und Klauenseuche • Schweinepest • Stomatitis vesicularis • Vesiculäre Schweinekrankheit
	• **Branntkalk** gekörnt 200 kg/m^3 in einer Düngerpackung[1] Vorsicht: Brandgefahr!	• Milzbrand

[1] Düngerpackung wie in den Richtlinien des BMVEL beschrieben. Auf ausreichenden Abstand zu brennbaren Gebäuden und Gegenständen ist zu achten, da Gefahr der Selbstentzündung besteht

2 Betriebsunterlagen zur seuchenhygienischen Absicherung

2.1 Tierseuchenalarmplan

2.1.1 Maßnahmen beim Verdacht von Tierseuchen

Gesundheitsstörungen[1]	erforderliche Meldung[1]
– Gehäufte Todesfälle in einem Stall nach SchwHaltHygVO (Anlage 6)	– Überschreiten der Grenzwerte innerhalb einer Woche
– Gehäuftes Auftreten von Kümmerern	– Überschreiten des Grenzwertes bei 10 aufeinanderfolgenden Würfen
– Gehäufte fieberhafte Erkrankungen nach Anlage 6 (Temp > 40,5°C innerhalb von 7 Tage)	– spätestens 7 Tage nach Feststellung der ersten fieberhaft erkrankten Tiere
• Todesfälle mit unklarer Ursache	– sofort
– In Sauen haltenden Betrieben: Abortquote > 2,5 %	– unverzüglich nach Feststellung der Grenzwertüberschreitung
– In Sauen haltenden Betrieben: Umrauschquote > 20 %	
• Gehäufte Lahmheiten mit Blasenbildung an den Klauen	– sofort

[1] Meldung durch Tierhalter, Tierpfleger u. a. an Haustierarzt, Veterinärbehörde, TKB u. a.

2.1.2 Inhalt eines Tierseuchenalarmplans

1 **Öffentlicher Informationsteil bei Seuchenverdacht**
  – Liste der Personen (genaue Adresse und Telefonnummer), die bei Seuchenverdacht informiert werden.
  – Art, Menge, Lagerung, Verantwortlichkeit der bei Seuchengefahr, -verdacht oder -ausbruch benötigten Materialien und Desinfektionsmittel.
  – Zusammensetzung der Ortsseuchenkommission.
  – Erforderliche Sofortmaßnahmen, die zur Isolierung des Krankheitsherdes und zur Verhinderung der Weiterverbreitung bis zum Eintreffen des Kreistierarztes durchgeführt werden.
    • Benachrichtigung des betreuenden Tierarztes.
    • Abschirmung des betreffenden Stallabteils durch Unterbindung des Personen-, Tier- und Fahrzeugverkehrs.
    • Bis zur Festlegung weiterer Maßnahmen durch den Amtstierarzt werden der Weiß- und Schwarzbereich weder von Personen noch von Fahrzeugen verlassen oder betreten.
    • Der Standort von lebenden und toten Tieren sowie Produktionsmitteln wird nicht verändert.
  Dieser Teil des Seuchenalarmplanes wird ausgehängt, den Betriebsangehörigen erläutert und von Zeit zu Zeit erprobt.

2 **Maßnahmeteil bei Seuchengefahr, -verdacht, -ausbruch**
2.1 **Maßnahmen im umgebenden Territorium** bei Verdacht oder Ausbruch einer Tierseuche:
  – Situationen erhöhter Seuchengefahr und dafür notwendige Maßnahmen werden vom Amtstierarzt bekanntgegeben.
  – Der Personen-, Fahrzeug- und Tierverkehr wird auf das notwendige Mindestmaß beschränkt.
  – Sämtliche Arbeiten, die nicht zur Aufrechterhaltung des Produktionsablaufes notwendig sind, werden eingestellt.
  – Intensivierung und verschärfte Kontrolle der Seuchenschutzmaßnahmen und der Schadnagerbekämpfung.

- Bevorratung von Desinfektionsmitteln für mindestens eine Gesamtdesinfektion der Anlage und für die ständig notwendigen Desinfektionsmaßnahmen.
- Besondere Maßnahmen bei Tierzuführungen und -transporten (Quarantäne, zusätzliche Desinfektionen).
- Zu erwartenden Havariesituationen wird vorgebeugt durch Intensivierung von Hygienemaßnahmen, durch Vorratsfutterlagerung und Entleerung der Güllelagerbehälter.
- Duschzwang für Mitarbeiter, kein Besucherverkehr.

2.2 Maßnahmen im erweiterten Bereich der Schutzzone bei Verdacht oder Ausbruch einer Tierseuche: Zusätzlich zu vorgenannten Maßnahmen treten in Kraft:
- Der Personenverkehr wird vollständig unterbunden, die zur Aufrechterhaltung der Versorgung der Tiere notwendigen Personen bleiben in der Anlage.
- Absperrung und Kontrolle der Zufahrtsstraße und Desinfektion der anfahrenden Fahrzeuge.
- Tägliche Desinfektion der Wege und Betonflächen.
- Gegebenenfalls aktive Immunisierung des Bestandes (nach Anweisung durch Landesbehörde).

2.3 Maßnahmen in der Anlage bei Verdacht oder Ausbruch einer Tierseuche:
- Festlegung von Absicherungs- und Seuchenschutzmaßnahmen im Rahmen der Sperrung des Bestandes nach Bestätigung des Seuchenverdachtes durch den Amtstierarzt.
- Einleiten diagnostischer Verfolgsuntersuchungen durch Probeentnahmen, diagnostische Tötungen und Sektionen.
- Sperrung des Bestandes nach Diagnosestellung im Vollzug der Bekämpfungsanordnung.
- Anweisungen zu Reinigung und Desinfektionen, zu Stillstandszeiten und zur Abschlussdesinfektion.
- Die notwendigen Schutz- und Bekämpfungsmaßnahmen werden von den Spezifika des Betriebes und den Gegebenheiten des Territoriums beeinflusst, dem sind die operativen Festlegungen des zuständigen Amtstierarztes angepasst.

2.4 Maßnahmen beim Auftreten akuter Massenerkrankungen durch Ernährungsschäden oder Vergiftungen:
- Meldung und Einleitung von Sofortmaßnahmen durch den Tierarzt, gegebenenfalls Hinzuziehen des Amtstierarztes.
- Hinzuziehen von Spezialisten veterinärmedizinischer Institutionen zur Aufklärung des Erkrankungsgeschehens.
- Beseitigung der Schadensursachen und Durchführung von Vorbeugemaßnahmen.

2.5 Im veterinärhygienischen Teil des Antihavarieplanes werden betriebsspezifische Maßnahmen festgelegt, beim
- Ausfall der Versorgung der Anlage mit Produktionsmitteln (Futter, Wasser, Strom, Brennmaterial u. a.),
- Ausfall der technischen Versorgungssysteme (Lüftung, Heizung, Fütterung, Tränkzuführung, Gülleentfernung u. a.),
- Auftreten von Bränden und ähnlichen Katastrophen sowie beim
- Auftreten extremer Witterungsbedingungen (anhaltende Überhitzung im Sommer, anhaltende Unterkühlung im Winter).

2.2 Betriebliche Ordnungen

2.2.1 Tierhygieneordnung

1. Hygieneordnung eines Betriebes
   - **Schutzzonenbedingungen**
   - enger Bereich der Schutzzone
   - Betriebsschutz und Eingangskontrolle
   - **Schutzmaßnahmen in der Versorgungszone** (Schwarz-Bereich)
   - Personen- und Fahrzeugzugang
   - Eingangsdesinfektionen
   - Schwarz-Weiß-Prinzip
   - **Schutzmaßnahmen in der Produktionszone** (Weiß-Bereich)
   - Personenverkehr
   - Nutzung der Sozialeinrichtungen (Umkleidezwang, in Seuchenzeiten Duschzwang)
   - Fahrzeugverkehr und Gerätezufuhr
   - Tierein-, -aus- und -umstallungen (einheitliche Herkunft der Tiergruppen)
   - Gegenstandsschleusung (kein Mitbringen von Nahrungsmitteln)
   - Futter- und Einstreuversorgung
   - Umgang mit erkrankten Tieren
   - Tierkörperentfernung, -lagerung und -abholung
   - Nachgeburtentfernung, -lagerung und -abholung
   - Müllentfernung und -übergabe
   - Ordnung und Sauberkeit
   - Hygienische Prinzipien der Produktionsorganisation und Tierhaltung
   - Reinigungs- und Desinfektionsmaßnahmen
   - Geburts- und Aufzuchthygiene
   - Isolierung erkrankter Tiere
   - Arbeits- und Hygienebedingungen der Beschäftigten
   - Hygiene der Gülleabführung und -lagerung
   - Fütterungs- und Tränkhygiene
   - Haltungs- und Transporthygiene
   - Umgang mit Arznei- und Desinfektionsmitteln
   - Schutz vor Vergiftungen

2. Zusätzliche Maßnahmen bei Erst- oder Wiederbelegung
   - Reinigung und Desinfektion der Gesamtanlage, der Fahrzeuge, befestigten Wege u. a.
   - Abschließende Überprüfung des Schwarz-Weiß-Systems, der technischen Einrichtungen u. a.
   - Kontrolle der Tiergesundheit vor und bei der Einstallung
   - Reinigung der Körperoberfläche und antiparasitäre Behandlung der Zuchttiere

2.2.2 Ordnung zur Desinfektion und Schadtierbekämpfung

- **Reinigung und Desinfektion** (siehe Kap. C 7)
- 1. Periodische Reinigungen und Desinfektionen nach Ausstallung der Tiere
- 1.1. – in den Haltungsstufen mit Serviceperiode
- 1.2. – in den Haltungsstufen ohne Serviceperiode
- 2. Ständige Reinigungen und Desinfektionen
- 2.1. Desinfektionswannen und -matten
- 2.2. Rampen und Treibwege
- 2.3. Tiertransportfahrzeuge
- 2.4. Kadaverbehälter und -fahrzeuge
- 2.5. Tierkörperverwahrhäuschen

2.6. Desinfektion bei Übergabe von Gerätschaften aus dem S.- in den W.-Bereich
2.7. Sonstige ständige Reinigungen und Desinfektionen
2.8. Kontrolle der Desinfektionsmaßnahmen
3. Zwischendesinfektionen in belegten Ställen
4. Desinfektion von Tieren
5. Zusätzliche Desinfektionsmaßnahmen bei erhöhter Seuchengefahr (siehe J 1)
6. Zusätzliche Desinfektionsmaßnahmen beim Verdacht und Ausbruch von Tierseuchen
7. Organisatorisch-technische Durchführung der Reinigungen
8. Organisatorisch-technische Durchführung der Desinfektionen
9. Art der Anwendung von Desinfektionsmitteln
10. Bevorratung und Lagerung von Desinfektionsmitteln
11. Arbeitsschutz beim Umgang mit Desinfektionsmitteln
12. Führung von Desinfektionsbüchern
13. Mikrobiologische Probenahmen und Ergebnisse

- **Schadtierbekämpfung** (siehe Kap. C 8)
1. Zuständigkeit und Art der Schadnagerbekämpfung
1.1. Standorte der Behälter
1.2. Zeitfolge der Schadnagerbekämpfung
1.3. Bevorratung und Lagerung der Präparate
1.4. Dokumentation der Befunde: – Vorkommen von Schadnagern
 – Annahme der Köder
2. Art und Durchführung der **Fliegenbekämpfung**
2.1. Bevorratung und Lagerung der Präparate
3. Bedingungen des **Arbeitsschutzes,**
4. Schutz der Tiere vor **Vergiftungen**

2.2.3 Besucherordnung

1. **Besuch des Schwarz-Bereiches**
   - Als Besucher gelten alle Personen, die nicht in der Anlage beschäftigt sind.
   - Der Betriebsschutz – sofern vorhanden – registriert die Personalien, Grund des Besuches und Dauer des Aufenthaltes.
   - Der Besucher betritt die Anlage in Schutzkleidung über die Desinfektionsmatte.
   - Fahrzeuge der Besucher werden außerhalb der Anlage geparkt.
2. **Besuch des Weiß-Bereiches**
   - Besucher haben die Fuß- und die Oberkleidung zu wechseln.
   - Für dienstleistende Besucher (Tierarzt u. a.) werden Kleidungsspinde schwarz und weiß bereit gestellt.
   - Gegenstände von Besuchern werden kontrolliert und nur zugelassen, wenn sie nicht in anderen Betrieben verwendet bzw. danach desinfiziert wurden.
3. **Regelungen in Seuchenzeiten**
   - Der Zugang betriebsfremder Personen wird auf das Allernotwendigste begrenzt; vor Betreten des Weißbereichs besteht Duschzwang und vollständiger Kleidungswechsel (Betriebskleidung).
   - Fremdfahrzeuge werden nur mit Auflagen in den Schwarzbereich gelassen: Herkunft aus seuchenfreiem Gebiet.
   - Füllung der Seuchenwanne mit Desinfektionsmittel, Erneuerung bei nachlassender Wirkung.

3 Auflagen der Schweinehaltungshygiene-Verordnung

3.1 Zuständigkeiten (nach den Anlagen 1 bis 6)[1]

Kategorie Tierhaltung		Anlage der Verordnung					
		1	2	3	4	5	6
1. Stallhaltung							
• Mast- und Aufzuchtbetriebe	• bis 20 Plätze	◆					
• Zuchtbetriebe (nur Zuchtschweine und bis 12 Wochen alte Ferkel)	• bis 3 Sauenplätze	◆					
• Andere Zuchtbetriebe, gemischte Betriebe	• bis 3 Sauenplätze	◆					
• Mast- und Aufzuchtbetriebe	• 21 bis 700 Plätze	◆	◆				◆
• Zuchtbetriebe (nur Zuchtschweine und bis 12 Wochen alte Ferkel)	• 4 bis 150 Sauenplätze	◆	◆				◆
• Andere Zuchtbetriebe, gemischte Betriebe	• 4 bis 100 Sauenplätze	◆	◆				◆
• Mast- und Aufzuchtbetriebe	• über 700 Plätze	◆	◆	◆			◆
• Zuchtbetriebe (nur Zuchtschweine und bis 12 Wochen alte Ferkel)	• über 150 Sauenplätze	◆	◆	◆			◆
• Andere Zuchtbetriebe, gemischte Betriebe	• über 100 Sauenplätze	◆	◆	◆			◆
2. Freilandhaltung							
• Mast- und Aufzuchtbetriebe	• bis 700 Plätze				◆		◆
• Zuchtbetriebe (nur Zuchtschweine und bis 12 Wochen alte Ferkel)	• bis 150 Sauenplätze				◆		◆
• Andere Zuchtbetriebe, gemischte Betriebe	• bis 100 Sauenplätze				◆		◆
• Mast- und Aufzuchtbetriebe	• über 700 Plätze				◆	◆	◆
• Zuchtbetriebe (nur Zuchtschweine und bis 12 Wochen alte Ferkel)	• über 150 Sauenplätze				◆	◆	◆
• Andere Zuchtbetriebe, gemischte Betriebe	• über 100 Sauenplätze				◆	◆	◆

[1] Übergangsfristen sind zum 11.6.2002 abgelaufen

3.2 Einstufung der Betriebe nach Bestandsgrößen (§ 3)

1. Betriebe nach Anlage 2 Stallhaltung (§ 3, 2)
- Mastschweine: über 20 bis 700 Plätze
- Aufzuchtschweine: über 20 bis 700 Plätze
- Zuchtschweine: über 3 bis 150 Plätze ohne Schweine älter als 12 Wochen
- Zuchtschweine: über 3 bis 100 Plätze und andere Schweine

2. Betriebe nach Anlage 3 Stallhaltung (§ 3, 3)
- Mastschweine: über 700 Plätze
- Aufzuchtschweine: über 700 Plätze
- Zuchtschweine: 150 Plätze und Schweine älter als 12 Wochen
- Zuchtschweine: über 100 Plätze und andere Schweine

3. Betriebe nach Anlage 4 Stallhaltung (§ 4, 1)
- Mastschweine: unter 700 Plätze
- Aufzuchtschweine: unter 700 Plätze
- Zuchtschweine: unter 150 Plätze und ohne Schweine älter als 12 Wochen
- Zuchtschweine: unter 100 Plätze und andere Schweine

4. Betriebe nach Anlage 5 Stallhaltung (§ 4, 2)
- Mastschweine: über 700 Plätze
- Aufzuchtschweine: über 700 Plätze
- Zuchtschweine: über 150 Plätze und ohne Schweine älter als 12 Wochen
- Zuchtschweine: über 100 Plätze und andere Schweine

3.3 Baulich-funktionelle Auflagen

A Stallhaltung

- **Anforderungen für Kleinbetriebe nach Anlage 1** (Kleinstbetriebe I)
  - Guter baulicher Allgemeinzustand, Kennzeichnung der Stalltür „Schweinebestand – für Unbefugte Betreten verboten",
  - Schweineställe, Ver- und Entsorgungseinrichtungen, Schuhwerk müssen wirksam gereinigt und desinfiziert werden können.
- **Zusätzliche Anforderungen für Betriebe nach Anlage 2** (mittlere Betriebe II)
  - Reinigung und Desinfektion der Stallungen und von Fahrzeugrädern (für letztere auf einem befestigten Platz) jederzeit möglich,
  - Umkleidemöglichkeit, Räume oder Behälter zur Lagerung von Futter, befestigte Verladeeinrichtung sind vorhanden,
  - Kadaver werden in einem abschließbaren Raum oder geschlossenen fugendichten Behälter bzw. in sonstiger geeigneter Einrichtung gelagert und von dort abgeholt.
- **Zusätzliche Anforderungen für Betriebe nach Anlage 3** (größere Betriebe III)
  - Die Stallbereiche sind in getrennte Stallabteilungen untergliedert.
  - Das Betriebsgelände ist eingezäunt und kann nur durch verschließbare Tore befahren oder betreten werden.
  - Eine Rampe bzw. ein befestigter Platz sind zum Ver- oder Entladen vorhanden.
  - Ein Umkleideraum ist stallnahe vorhanden: Nass zu reinigen und zu desinfizieren, Handwaschbecken, Wasseranschluss zur Stiefelreinigung, Vorrichtungen zur getrennten Aufbewahrung von Straßen- und stalleigener Schutzkleidung einschließlich des Schuhzeugs.
  - Eine Dung- bzw. Güllelagerkapazität ist für mindestens 8 Wochen (ohne Zugabe oder Zufluss) gegeben.
  - Ein ausreichend großer Quarantänestall ist vorhanden (siehe Ausnahmeregelungen, B2.3.2).

B Freilandhaltung

- **Betriebe nach Anlage 4:**
  - Eine doppelte Einfriedung der Haltung mit verschließbaren Toren ist nach Anweisung der örtlichen Veterinärbehörde vorhanden.
  - Ein Schild „Schweinebestand – unbefugtes Betreten und Füttern verboten" wird angebracht.
  - Eine Absonderungsmöglichkeit besteht für Schweine im Krankheitsfall.
  - Einrichtungen zur Reinigung und Desinfektion von Schuhzeug, Schutzeinrichtungen und Fahrzeugrädern sind ebenso vorhanden wie eine Umkleidemöglichkeit und Räume oder Behälter zur Lagerung von Futter.
  - Die Kadaververlagerung erfolgt wie in Betrieben nach Anlage 3.
- **Zusätzliche Anforderungen für Betriebe nach Anlage 5:**
  - Eine Rampe, ein befestigter Platz oder andere betriebseigene befestigte Einrichtungen zum Ver- oder Entladen von Schweinen müssen vorhanden sein.
  - Ein Umkleideraum oder -container befindet sich im Eingangsbereich des Betriebes (Ausstattung siehe Betriebe nach Anlage 3).

3.4 Hygienisch-organisatorische Auflagen

A Stallhaltung

- **Betriebe nach Anlage 2** (mittlere Betriebe II)
  - Stallungen werden durch betriebsfremde Personen nur mit vom Betrieb ausgegebener Schutzkleidung betreten.
  - Futter und Einstreu sind vor Wildschweinen geschützt zu lagern (bei endemischer Wildschweinpest).
  - Die Zahl der täglichen Todesfälle einschließlich Saugferkelverluste je Wurf sowie die Zahl der Aborte und Totgeburten sind zu dokumentieren.

- Dung muss für mindestens 3 Wochen und Gülle/Jauche für mindestens 8 Wochen vor dem Ausbringen gelagert sein.
  Ausnahmen: bodennahe Ausbringung auf betrieblich genutzten Flächen oder Behandlung in betriebseigener Kläranlage oder in anderen Anlagen zur technischen oder biologischen Aufarbeitung mit einem Verfahren, das Tierseuchenerreger abtötet.
- Schadnager sind ordnungsgemäß zu bekämpfen.

– Zusätzliche Anforderungen für Betriebe nach Anlage 3 (größere Betriebe III)
  - Unbefugter Personen- und Fahrzeugverkehr sollen vom Betriebsgelände ferngehalten werden.
  - Neu eingestellte Schweine kommen für mindestens 3 Wochen in einen Isolierstall (bei Ausnahme nicht erforderlich); Beginn, Verlauf und Ende der Absonderung sind zu dokumentieren.
  - Die Anlieferung und Abholung von Schweinen erfolgt nur in zuvor gereinigten und desinfizierten Fahrzeugen.
  - Am Viehverkehr oder beim Verladen beteiligte betriebsfremde Personen dürfen Stallungen nicht betreten; zum Betrieb gehörende Personen dürfen Fahrzeug nicht betreten, sofern sie nicht vor Betreten der Stallungen im Umkleideraum neue Schutzkleidung anlegen.
  - Bereits verladene Schweine dürfen nicht in den Stall zurück kommen.

B Freilandhaltung

– Betriebe nach Anlage 4:
  - Ein Kontakt zu Schweinen anderer Betriebe oder zu Wildschweinen ist zu verhindern.
  - Futter, Einstreu und Dung müssen generell vor Wildschweinen geschützt gelagert werden.
  - Zahl der täglichen Todesfälle einschließlich Saugferkelverluste je Wurf sowie Zahl der Aborte und Totgeburten sind tagesaktuell zu dokumentieren.

– Zusätzliche Anforderungen für Betriebe nach Anlage 5:
  - Neu eingestellte Schweine sind für mindestens 3 Wochen abzusondern.
  - Für die Verladung gelten dieselben Anforderungen wie für Betriebe nach Anlage 3.

3.5 Checklisten für Betriebskontrollen (Auswahl)

3.5.1 Bestandsregister

Betrieb: _____ Betriebsabteil: nur Sauen und Eber ☐ Mast ☐ Seite _____

Datum	Zugänge Stückzahl	Abgänge				Anschrift	Kennzeichnung	Bemerkungen
						• Herkunftsbetrieb (bei Zukauf) • Empfängerin/Empfänger (bei Verkauf)	• Zucht- und Mastschweine: Ohrmarken • Schlachtschweine: Ohrmarken oder Schlagzeichen • Geburt: Ohrmarke der Sau	(z. B. Erkrankungen, Behandlungen, Todesursache, Atteste, Reinigung und Desinfektion)
	aktueller Bestand	Zugänge +	Abgänge −	verendet −	Art: G, Z, T, V	Nutzungsart: E, S, F, M	ggf. gesonderte Anlage (Lieferschein o. Ä.)	ggf. gesonderte Anlage (Lieferschein o. Ä.)

Je Betriebsabteil kann eine gesonderte Liste geführt werden: Sauen und Eber/Ferkel/Mast.
G = Geburt/Z = Zukauf/T = Tod/V = Verkauf (bei G = je Wurf eine Zeile).
Nutzungsart: E = Eber/S = Sau/F = Saugferkel/M = Mastschwein (Mastferkel nach dem Absetzen).

3.5.2 Kontrolle von Betrieben nach Anlage 3 Stallhaltung über 700 Mastplätze, 150 Sauen bzw. 100 gemischt (Nds. MBl. Nr. 6/2001)

Betriebsnummer: _____ Tierärztin/Tierarzt: _____
Name: _____ Adresse: _____
Ort: _____

Betriebsart:	Zucht	Ferkelerzeugung	Gemischter Betrieb
	Zuchtferkelaufzucht	Systemferkelaufzucht	Mast
	Organisation		
Tierzahl:	Zucht: _____	Ferkel (bis 25 kg): _____	Mast: _____

In Ordnung
ja   nein   Bemerkungen

- **Bauliche Voraussetzungen**
- baulicher Allgemeinzustand, Reinigung, Desinfektion, Stallabteilungen, Einfriedung, räumliche Trennung von anderem Vieh
- Hinweisschild
- Hygieneschleuse, betriebseigene Schutzkleidung
- Verladeeinrichtung, Reinigung und Desinfektion
- Futterlager, Reinigung und Desinfektion
- Kadaverlagerung (Reinigung und Desinfektion, stallfern, befestigt, dicht)
- Reinigungs- und Desinfektionsmöglichkeit Fahrzeugräder
- Isolierstall, eigene Schutzkleidung, Gerätschaften, Bestandsregister (siehe Ausnahmen)

- **Ein- und Ausstallung, Absonderung**
- Isolierphase 3 Wochen
- Transportfahrzeuge, Transportreinigung und -desinfektion

- **Reinigung und Desinfektion**
- nach Ausstallung
- Verladeeinrichtung nach Gebrauch
- Entsorgung eingesetzter Flüssigkeiten

- **Dung und flüssige Abgänge**
- Lagerung (Dung 8 Wochen, Flüssig 8 Wochen)

- **Tiergesundheitsprogramm**
- Betreuung verordnungskonform
- Bestandsregister und Produktionsdaten

- **Nur ausfüllen bei erhöhten Frequenzen**

Todesfälle binnen der letzten 7 Tage:
Abferkelbereich: >20%   Aufzuchtbereich: >5%   Mast/Zuchtbereich: >5%
Kümmern: letzte 10 Würfe mehr als 15 Tiere
Fieberhafte Erkrankungen: >40,5 °C mehr als 10% (mindestens 10 Masttiere, mindestens 3 Sauen)
Ungeklärte Todesfälle:

Bestand klinisch ohne besonderen Befund
hinsichtlich Anzeichen einer anzeigepflichtigen Tierseuche   ja   nein

Überprüfung ergab Mängel: ja   nein   Nachkontrolle bis: _____

_____ _____ _____
(Ort, Datum)   (Unterschrift Betriebsleitung)   (Unterschrift Prüferin/Prüfer)

4 Klinische Diagnostik

4.1 Anomalien der Körperhaltung, Gliedmaßenstellung und -bewegung – Selektionsgrundlagen für die Eberaufzucht

Körperteil	Adspektion[1]	Veränderung[2]	
1. Stellungs- und Haltungsanomalien			
• Rücken		– Kyphose	– Lordose
• Vordergliedmaßen	• von der Seite	– vorständig – rückständig – vorbiegig – rückbiegig	– fesselsteil – fesselbärentatzig
• Vordergliedmaßen	• von vorne	– X-beinig – O-beinig – Spreizklaue	– ungleiche Klauengröße – deformierte Klauen
• Hintergliedmaßen	• von der Seite	– vorständig – rückständig – steil – säbelbeinig	– fesselsteil – fesselbärentatzig
• Hintergliedmaßen	• von hinten	– kuhhessig – fassbeinig – Spreizklaue – ungleiche Klauengröße – deformierte Klauen	
2. Bewegungsanomalien			
• Rumpf		– Pendelbewegung (extrem) – schwankender Gang – Spreizen, hundesitzige Stellung – Festliegen	
• Vordergliedmaßen	• von der Seite	– verkürzter Schritt – trippelnder Gang	
	• von vorn	– stark einwärts führend – stark auswärts führend	
	• Lahmheiten	– rechts	– links
• Hintergliedmaßen	• von der Seite	– verkürzter Schritt – trippelnder Gang – Paradeschritt – Zehenspitzenfußung	
	• von hinten	– stark einwärts führend – stark auswärts führend	
	• Lahmheiten	– rechts	– links

[1] Bei Verlaufuntersuchungen an gleichen Tieren ggf. Kriterien der Exterieurbeurteilung hinzuziehen.
[2] Graduierungen sind möglich: (+, ++)

4.2 Untersuchungsgang zur klinischen Herdendiagnostik

Kriterium	Merkmale	Bemerkungen
1. Vorbericht	– Beurteilung von Fortpflanzungs-, Aufzucht,- Mastleistungen – Produktionsorganisation und Zyklogramm – Besonderheiten in der Umwelt: Fütterung, Haltung, Klima, Betreuung, Hygienemaßnahmen, Belastungen, Havarien u. a. – Erkrankungen, Tierverluste, Aborte – Wirksamkeit vorangegangener mesophylaktischer und therapeutischer sowie umweltbeeinflussender Maßnahmen – Bewertung der Ergebnisse von Nachfolgeuntersuchungen	– Zeitraum seit dem letzten Untersuchungsgang berücksichtigen – Daten vor Betreten des Stalles der Dokumentation und Auswertung entnehmen
2. Untersuchungsgang	– Erfassung von Krankheitszeichen im Herdenmaßstab – Ernährungs-, Pflege-, Entwicklungszustand – Ausgeglichenheit der Stall- und Buchtengruppen – Futteraufnahme, Verhalten, auffällige Krankheitszeichen	– Bezugsgröße: Tiergruppe bzw. Belegungseinheit – Zugang zu den Buchten und Einzelständen über den Futter- bzw. Beobachtungsgang notwendig
• Sauen	**besonders zu beachten sind:** – Atmungsapparat: Husten, Schniefen, Nasenbluten, Tränenfluss – Bewegungsapparat: deutliche Haltungs-, Stellungs-, Bewegungsanomalien, Lahmheiten – Geschlechtsorgane: Ausfluss, Verletzungen – Körperoberfläche: Sauberkeit, Verletzungen, Abszesse, Decubitus, Allergien, Ektoparasiten – Magen-Darm-Kanal: Kotkonsistenz und -färbung – Gesäuge: Mastitis, Aktinomykose, Zitzenverletzungen – Symptome spezifischer Infektionskrankheiten – Kreislaufschwäche, Sonstiges	– Adspektion in Ruhe und möglichst auch bei der Futteraufnahme, ggf. auch nach Auftreiben und in Bewegung – Arbeitsschutz beachten
• Eber	– Organsysteme und Infektionskrankheiten (s. Sauen) – **spezielle Untersuchung:** Ebergesundheitsdienst und Gliedmaßengesundheitskontrolle	– Adspektion in Ruhe und Bewegung – Arbeitsschutz beachten
• säugende Sauen	– Magen-Darm-Kanal: Appetit, Kotabsatz und -konsistenz – Gesäuge: Milchfluss, Mastitis, tote „Viertel" – Geschlechtsorgane: Ausfluss nach Menge, Konsistenz, Farbe – Messung der Rektaltemperatur bei gehäuften Puerperalerkrankungen (3 Tage p.p.) – Körperoberfläche, Bewegungsapparat, Atmungsapparat, Infektionskrankheiten (s. Sauen) – Zustand der Ferkel: Vitalität, Farbe, Haut, Sauglust, Liegeverhalten, Ausgeglichenheit	– Adspektion in Ruhe, beim Säugen, ggf. beim Fressen und in Bewegung – Arbeitsschutz beachten – oberer Normalwert: 39,5 °C

Fortsetzung 4.2

Kriterium	Merkmale	Bemerkungen
• Saug- und Absatzferkel	– s. oben – Körperoberfläche: Sauberkeit, Farbe und Glätte der Haut – Magen-Darm-Kanal: Kotkonsistenz und -farbe – Atmungsapparat: Husten, Schniefen – Bewegungsapparat: Grätschen, Zittern, Verletzungen, Lahmheiten	– Adspektion in Ruhe und Bewegung, beim Fressen und Säugen
• Mastschweine	– Magen-Darm-Kanal (Kotkonsistenz und -farbe), Atmungsapparat, Bewegungsapparat, Körperoberfläche, Infektionserkrankungen (s. Sauen) – Kannibalismus (Intensität, Folgeschäden) – Entwicklungsstörungen	– Adspektion in Ruhe und Bewegung beim Fressen
3. Untersuchung von Einzeltieren	siehe Diagnostik am Einzeltier (Kap. E2.1)	– ergänzend
4. Weitere Tätigkeiten	– **Kennzeichnung von Tieren** (Fettstift, Farbspray) für Verfolgsuntersuchungen, Probeentnahmen, Therapie und Selektionen – **Probenahmen:** Kotproben, Blutproben, Hautgeschabsel – **Therapie** – **Dokumentation**	– während der Bestandskontrolle bzw. Behandlung – nach Bestandskontrolle – während/nach Bestandskontrolle
5. Spezielle herdendiagnostische Untersuchungen	– **quarantänisierte Tiere:** Blutentnahmen zur serologischen Diagnostik von Infektionskrankheiten, Kotuntersuchung auf Parasiteneier, allergische Teste: Brucellose, Tuberkulose – **systematische Probeentnahmen:** Prophylaktische Diagnostik der Infektionserkrankungen, Mangelerscheinungen u. a. – **spezielle Maßnahmen:** Gesundheitliche Selektion vor Einstellung der Tiere (Mastläufer-, Zuchttierselektion), Trächtigkeitsdiagnostik (Ultraschall), Gentest auf Hyperthermie-Syndrom (Zuchtläufer) – **spezielle Diagnostik der Tierseuchen**	– Durchführung zu vorgegebenen Zeitpunkten bzw. bei Notwendigkeit, Zustellung gesunder Tiere – nach amtlichen Vorgaben
6. Erhebungen zur Umwelt	– Bedingungen belebter und unbelebter Umweltfaktoren (z. B. Messungen zum Klima) – Fütterung, Futteranalysen	– bei Notwendigkeit und periodisch vorzunehmen
7. Nachfolgeuntersuchungen	– Sektionsergebnisse, Resistenzsituation, Befunderhebung bei Schlachttieren – Serologische, parasitologische, bakteriologische, virologische, toxikologische Untersuchungen	– periodisch bzw. bei Notwendigkeit vorzunehmen

5 Labordiagnostik und Arbeitswerte

5.1 Stabilität von Substraten (Zelluläre Bestandteile, Enzyme, Metaboliten) bei unterschiedlicher Aufbewahrung[1)]

Parameter/Methode	Probenmaterial	Haltbarkeit bei +25°	+4°	−25°
• Blutausstrich zur Differenzierung	EDTA-, Heparin-Blut	12 Stunden	12 Stunden	–
• Erythrozyten	EDTA-, Heparin-Blut	1 Tag	1 Tag	–
• Hämatokrit	EDTA-, Heparin-Blut	1 Tag	1 Tag	–
• Hämoglobin	EDTA-, Heparin-Blut	4 Tage	4 Tage	4 Tage
• Leukozyten	EDTA-, Heparin-Blut	1 Tag	1 Tag	–
• Blutsenkung	Citratblut (1 T. + 4 T.)	1 Tag	1 Tag	–
• γ-GT	Serum, EDTA-Plasma	7 Tage	7 Tage	7 Tage
• alk. Phosphatase	Serum, Heparin-Plasma	4 Tage (−10%)	7 Tage	7 Monate
• Amylase Serum	Serum	5 Tage	5 Tage	7 Tage
• Urin	Urin	2 Tage	10 Tage	–
• Bilirubin gesamt	Serum, Heparin- u. EDTA-Plasma	nur ganz frisch	–	–
direkt		nur ganz frisch	–	–
• Calcium	Serum, Heparin-Plasma	10 Tage	10 Tage	8 Monate
• Chlorid	Serum, Heparin-, EDTA-Plasma	7 Tage	7 Tage	7 Tage
• Cholesterin	Serum, Heparin-, EDTA-Plasma	6 Tage	6 Tage	6 Monate
• Cholinesterase	Serum, Heparin-, EDTA-Plasma	7 Tage	7 Tage	3 Monate
• Creatin-Kinase	Serum, Heparin-, EDTA-Plasma	1 Tag (−2%)	7 Tage (−2%)	1 Monat
• Eisen	Serum, Heparin-, EDTA-Plasma	4 Tage	7 Tage	–
• GLDH	Serum, Heparin-, EDTA-Plasma	3 Tage (−15%)	3 Tage (−15%)	6 Monate
• Glukose	EDTA-, Fluorid-Plasma	3 Tage	7 Tage	7 Tage
• ALAT	Serum, Heparin-, EDTA-Plasma	3 Tage (−10%)	3 Tage (−8%)	6 Monate
• ASAT	Serum, Heparin-, EDTA-Plasma	3 Tage (−17%)	3 Tage (−10%)	6 Monate
• Harnsäure	Serum, EDTA-, Heparin-Plasma	5 Tage	5 Tage	6 Monate
• Harnstoff	Serum, EDTA-, Heparin-Plasma	1 Tag	3 Tage	6 Monate
• Insulin	Serum, EDTA-Plasma	–	einige Stunden	Wochen
• Kalium	Serum, Amm.-, Heparin-Plasma	14 Tage	14 Tage	–
• Kreatinin	Serum, EDTA-, Heparin-Plasma	1 Tag	2 Tage	6 Monate
• Lactat	Fluorid- + EDTA-Plasma	3 Tage	6 Tage	14 Tage
• LDH	Serum, EDTA-, Heparin-Plasma	3 Tage (−2%)	3 Tage (−8%)	–
• Lipase	Serum	1 Tag	5 Tage	3 Jahre
• Magnesium	Serum	7 Tage	7 Tage	6 Monate
• Natrium	Serum, Amm.-, Heparin-Plasma	14 Tage	14 Tage	6 Monate
• Phosphor	Serum, EDTA-, Heparin-Plasma	2 Tage	7 Tage	10 Tage

Fortsetzung 5.1

Parameter/Methode	Probenmaterial	Haltbarkeit bei		
		+25°	+4°	−25°
• Protein	Serum	2 Tage	6 Tage	6 Monate
• SDH	Heparin-Plasma, Serum	wenige Stunden	–	2 Tage
• Triglyzeride	Serum, EDTA-, Heparin-Plasma	1 Tag	3 Tage	mehrere Wochen
• Gerinnungsuntersuchung	Citratplasma (1 Teil Citrat + 9 Teile Blut)	8 Stunden	–	Monate
• Elektrophorese	Serum	2 Tage	6 Tage	6 Monate

[1] **Quellen:** • Klinische Chemie, RICHTERICH, R. U., COLOMBO, J. P., KARGER, S. (1978)
  • Untersuchungen im medizinischen Labor, ROSENMUND, K., ROSENMUND, H, HIRZEL, S. (1987)

5.2 Diagnoseverfahren wichtiger Viruskrankheiten

Erkrankung/Erreger	Probenmaterial	Diagnoseverfahren a) Antikörpernachweis b) Erreger-/Antigennachweis	Bemerkungen
1. Anzeigepflichtige Tierseuchen			
• Aujeszkysche Krankheit	• Blutprobe	a) ELISA, SNT	• Differentialdiagnostik von Feld- und Impfantikörpern
	• Organmaterial (Gehirn, Lunge, Milz, Tonsillen) • Tupferproben	b) Immunfluoreszenz, virologische Anzüchtung, PCR	
• Klassische Schweinepest (KSP)	• Blutprobe	a) ELISA, NPLA	• Differentialdiagnostik zur Abklärung zu BVD und BDV • Virustypisierung durch staatliches Referenzlabor
	• Organmaterial (Tonsillen, Nieren, Milz, Lymphknoten, Ileum)	b) Immunfluoreszenz, virologische Anzüchtung, PCR, Antigen-ELISA	
• Maul- und Klauenseuche (MKS)	• Blutprobe	a) ELISA, NT	• ELISA als Herdentest mit Differenzierung von Feld- und Impfantikörpern • Zentrale Untersuchung im staatlichen Referenzlabor
	• Aphthenmaterial, frisch • Nasen-, Rachentupfer • Organmaterial (Zunge, Maulschleimhaut, Klauen, Euter)	b) virologische Anzüchtung mit Differenzierung über KBR, NT, Antigen-ELISA, PCR	
• Vesikuläre Schweinekrankheit (SVD)	• Blutprobe	a) ELISA, NT	• Zentrale Untersuchung im Referenzlabor
	• Aphthenmaterial, frisch • Kotprobe • Organmaterial (Tonsillen)	b) virologische Anzüchtung mit Differenzierung über KBR, NT, Antigen-ELISA, PCR	• Zentrale Untersuchung im Referenzlabor • Differentialdiagnostik zur MKS

Fortsetzung 5.2

Erkrankung/Erreger	Probenmaterial	Diagnoseverfahren a) Antikörpernachweis b) Erreger-/Antigennachweis	Bemerkungen
• Afrikanische Schweinepest (ASP)	• Blutprobe	a) ELISA	• Zentrale Untersuchung im Referenzlabor
	• Organmaterial (Tonsillen, Milz, Niere, Lunge, Lymphknoten, Brustbein)	b) Immunfluoreszenz, virologische Anzüchtung, PCR, Antigen-ELISA	• Zentrale Untersuchung im Referenzlabor
2. Meldepflichtige Tierkrankheiten			
• Transmissible Gastroenteritis (TGE)	• Blutprobe	a) SNT	
	• Organmaterial	b) virologische Anzüchtung, PCR	
• Pocken	• Organmaterial	b) virologische Anzüchtung, Antigen-ELISA, PCR	
3. Sonstige Viruskrankheiten			
• Porzines Respiratorisches und Reproduktives Syndrom (PRRS)	• Blutprobe	a) ELISA, IPMA	• Blutproben zur Sanierung und Überwachung
	• Organmaterial	b) virologische Anzüchtung, PCR	• Differenzierung zwischen europäischen und amerikanischen Stämmen durch PCR
• Schweineinfluenza	• Blutprobe	a) ELISA, SNT	• Variation des Virus beachten
	• Organmaterial	b) virologische Anzüchtung, PCR	
• Porzine Parvovirose (PPV)	• Blutprobe	a) ELISA, HAH	
	• Organmaterial	b) HA, virologische Anzüchtung, PCR	
• Porzines Circovirus (PCV) = PMWS (Post Weaning Multisystemic Wasting Syndrome)	• Blutprobe • Nasentupfer • Organmaterial (Lymphknoten)	b) PCR	• PCV-2-Infektion in der Regel mit PRRS-Infektion nachzuweisen
• Porzine Enteroviren (Ansteckende Schweinelähme, Teschener Krankheit)	• Blutprobe	a) SNT	• Ansteckende Schweinelähme von der OIE-Liste A und von den gemeinschaftlichen Tierseuchenbestimmungen gestrichen
	• Organmaterial	b) virologische Anzüchtung, PCR, NT zur Differenzierung	

Fortsetzung 5.2

Erkrankung/Erreger	Probenmaterial	Diagnoseverfahren a) Antikörpernachweis b) Erreger-/Antigen- nachweis	Bemerkungen
• Rotavirus	• Kot	b) Antigen-ELISA, Elektronenmikroskopie	
• Stomatitis vesicularis	• Blutprobe	a) NT	• Zentrale Untersuchung im Referenzlabor
	• Aphthenmaterial, frisch • Rachen-, Nasentupfer	b) virologische Anzüchtung mit Differenzierung über KBR, NT, ELISA, PCR	• Zentrale Untersuchung im Referenzlabor, Differentialdiagnostik zur MKS

5.3 Diagnoseverfahren wichtiger bakterieller Erkrankungen

Erkrankung/Erreger	Diagnoseverfahren und Probenmaterial	Bemerkungen
1. Anzeigepflichtige Tierseuchen		
• Brucellose *(Brucella suis)*	• Bakteriologischer Nachweis aus Feten, Eihäuten, Sperma • Serologischer Nachweis von Antikörpern in Blut/Sperma	• Zoonose • mitunter auch Intrakutantest
• Milzbrand *(Bacillus anthracis)*	• Fleischbeschau der Rachenschleimhaut • Bakteriolog. Nachweis • Mikroskopischer Direktnachweis im Blut nach z. B. Kapselfärbung	• Zoonose • Präzipitationstest (Ascoli) zum Antigennachweis in Häuten, Knochen, Futter, Fleischwaren o. ä.
2. Meldepflichtige Tierkrankheiten		
• Rhinitis atrophicans (toxinbildende *Pasteurella multocida*, häufig mit *Bordetella bronchiseptica* vergesellschaftet)	• Verdacht durch Beurteilung des Nasenquerschnitts (Höhe 1. Backenzahn) • Bakteriolog. Nachweis in Nasen- oder Tonsillentupferproben	• Anzucht ohne Nachweis des dermonekrotisierenden Proteintoxins ist diagnostisch wertlos
• Leptospirose (u. a. *Leptospira pomona*)	• Mikroskopischer Nachweis in Blut, Organen, Körperflüssigkeiten im Dunkelfeld oder als Immunfluoreszenz	• Zoonose • Antikörpernachweis im Blut meist mittels Mikroagglutination
3. Weitere wichtige Erkrankungen		
• Colidiarrhoe (Enterotoxische *Escherichia coli*, ETEC)	• Bakteriologischer Nachweis im oberen Dünndarm	• Proben von frisch verendeten/getöteten Ferkeln möglichst ohne Antibiose
• Colienterotoxämie (Shiga-Toxinbildende *E. coli*, STEC)	• Klinischer Verdacht bei Ödemen im Kopfbereich • Bakteriologischer Nachweis im Dünndarm	• Hämolysierende *E. coli* bestimmter Serovare
• Enzootische Streptokokkenmeningitis (*Streptococcus suis*)	• Bakteriologischer Nachweis in Gehirn, Liquor oder Gelenksflüssigkeit	• Verdacht bei eitriger Meningitis in der Sektion

Fortsetzung 5.3

Erkrankung/Erreger	Diagnoseverfahren und Probenmaterial	Bemerkungen
• Exsudative Epidermitis der Ferkel (*Staphylococcus hyicus*)	• Bakteriologischer Nachweis über Hauttupfer	• *Staphylococcus hyicus* kommt auch bei klinisch gesunden Tieren vor
• Schweinedysenterie (*Brachyspira hyodysenteriae*)	• Bakteriologischer Nachweis aus Kot und Kolonschleimhaut	• Direktnachweis mittels PCR möglich
• Porziner intestinaler Adenomatosekomplex (*Lawsonia intracellularis*)	• Mikroskopischer Nachweis in Darmabschnitten nach z. B. Silberfärbung	• Nachweis in Kot und Darmgewebe mittels PCR möglich
• Salmonellose klinisch: u. a. *Salmonella* Choleraesuis latent mit Gefahr der Lebensmittelinfektion: *S.* Typhimurium u. a.	• Bakteriologischer Nachweis in Durchfallkot oder Sektionsmaterial	• Zoonosenpotential vor allem über das Lebensmittel • Infektionsstatus von Beständen kann durch Antikörpernachweis im Blut-/Fleischsaft-ELISA abgeschätzt werden
• Enzootische Pneumonie (*Mycoplasma hyopneumoniae*, klinisch schwerwiegend nur bei Sekundärinfektion mit Pasteurellen, Bordetellen, Hämophilen o. a. Bakterien und Viren)	• PCR-Nachweis in Lungengewebe oder broncho-alveolärer Lavageflüssigkeit	• Bestandsdiagnostik auch über Antikörpernachweis im ELISA möglich; ungeeignet für eine Einzeltierdiagnostik, da sehr späte Serokonversion
• Glässer'sche Krankheit (*Haemophilus parasuis*)	• Bakteriologischer Nachweis in verändernden Organen oder in Gelenkflüssigkeit	• Tiere sollten unbehandelt sein
• Pleuropneumonie (*Actinobacillus pleuropneumoniae*)	• Bakteriologischer Nachweis im Lungengewebe	• Serologischer Nachweis über KBR und ELISA möglich
• Rotlauf (*Erysipelothrix rhusiopathiae*)	• Mikroskopischer Direktnachweis in Organen/Herzblut bei Septikämie, sonst bakteriologischer Nachweis	• Typische Stäbchenbakterien im Direktnachweis

5.4 Diagnoseverfahren von Mykosen und Mykotoxikosen

Erkrankung/Erreger/Toxin	Diagnoseverfahren und Probenmaterial	Bemerkungen
1. Dermatomykosen • Mikrosporie (*Microsporum nanum* u. a. M.-Arten) • Trichophytie (insb. *Trichophyton verrucosum*)	• Nativpräparat mit Kalilauge zur Schnelldiagnostik • Kulturelle Untersuchung zur Artdifferenzierung • Material = Hautgeschabsel	• Differentialdiagnose zu Räudemilben- und Läusebefall
2. Systemmykosen • Hefemykosen (*Candida albicans, C. krusei*) • Schimmelpilzmykosen (Absidia-, Mucor-, Rhizopus-, Aspergillusarten)	• Mikroskopischer Nachweis mittels Spezialfärbung • Kulturelle Untersuchung zur Artdifferenzierung • Material = Kotproben, Tiere	• Diagnostik nur am verendeten Tier, insb. Histologie der Dickdarmschleimhaut und befallener Organe

Fortsetzung 5.4

Erkrankung/Erreger/Toxin	Diagnoseverfahren und Probenmaterial	Bemerkungen
3. Mykotoxikosen		
• **Ergotismus** (*Claviceps purpurea*)	• Toxinnachweis in Sklerotien von Getreide und Wildgräsern mittels HPLC	• epidemisches Auftreten möglich
• **Fusariumtoxikosen** (Zearalenon, Desoxynivalenol = DON = Vomitoxin, T2-Toxin)	• Toxinnachweis im Futter und im Kot mittels physikalisch-chemischer Verfahren (DC, HPLC, GC, LC/MS) und ELISA	• Differentialdiagnostik von Mykotoxikosen stets mit klinischen Erhebungen und Futtermitteluntersuchungen kombinieren
• **Ochratoxikose** (Ochratoxin A)	• Toxinnachweis im Futter und in der Niere mittels HPLC	• Mykotoxine als Rückstandsproblem in Fleisch und Lebensmitteln
• **Fuminosintoxikose** (Fuminosine)	• Toxinnachweis im Futter mittels HPLC	
• **Aflatoxikose** (Aflatoxine)	• Toxinnachweis im Futter mittels HPLC und ELISA	

5.5 Hämatologische und biochemische Untersuchungen

A = Eigenkontrolle B = gezielte Diagnostik Lebenstag	Saugferkel 4.–6. B	Saugferkel 28.–32. A	 B	Absetzferkel 70.–80. A	 B	Mastschweine 140.–160. B	Jung-/Altsauen vor Besamung A	 B	Sauen in Frühträchtigkeit bzw. 1. Säugeperiode A	 B
• Calcium (Ca)					P,S	P,S		P,S		P,S
• anorg. Phosphor (Pa)			P	P	P	P	P	P	P	P
• Alkalische Phoshatase (AP)			P	P	P	P	P	P	P	P
• Hämoglobin (Hb)		B	B	B	B	B	B	B	B	B
• Hämatokrit (Hk)		B	B	B	B	B	B	B	B	B
• Eisen (Fe)		P,S	P,S		P,S	P,S		P,S		P,S
• Eisen-Bindungskapazität (Fe-BK)		P,S	P,S		P,S	P,S		P,S		P,S
• Kupfer (Cu)			P,S		P,S	P,S		P,S		P,S
• Coeruloplasmin (CP)		P,S		P,S	P,S	P,S	P,S	P,S	P,S	P,S
• Zink (Zn)			P		P	P		P		P
• Thyroxin (T$_4$)	P		P		P	P		P		P
• Selen (Se) a)					P,S	P,S		P,S		P,S
• Vitamin E a)					P	P		P		P
• Kreatin-Kinase (CK)					P	P		P		P
• Gesamteiweiß (GE)	S		S	S	S	S	S	S	S	S,M
• Albumine			S	S	S	S	S	S	S	S
• γ-Globuline	S		S	S	S	S	S	S	S	S
• Harnstoff (Hst)			P,S	P,S	P,S	P,S	P,S	P,S	P,S	P,S
• Glukose (G)	P									
• Fett										M
• Freie Fettsäuren b)						P,S		P,S		P,S

Fortsetzung 5.5

A = Eigenkontrolle B = gezielte Diagnostik	Saug- ferkel	Saugferkel		Absetz- ferkel		Mast- schweine	Jung-/Alt- sauen vor Besamung		Sauen in Frühträchtig- keit bzw. 1. Säugeperiode	
Lebenstag	4.–6. B	28.–32. A	B	70.–80. A	B	140.–160. B	A	B	A	B
• Ketokörper (KK) b)						P,S		P,S		P,S
• Aspartatamino-Transferase (ASAT)						P		P		P
• Arginase (Arg)						P		P		P
• Leuzin-Aminopeptidase (LAP)						P		P		P
• Bilirubin (Bili)			S		S	S		S		S
• Vitamin A	L				L					

Anmerkungen: B = Blut, P = Plasma, S = Serum, M = Milch, L = Leber von totgeborenen/gemerzten Ferkeln; a) Parameter nur bestimmen, wenn Aktivität des Enzyms Kreatinkinase über dem oberen Grenzwertes liegt, b) Parameter nur bestimmen, wenn Verdacht auf hochgradige Energiemangelsituation besteht

5.6 Arbeitswerte für klinisch-chemische Parameter: Sauen vor der Synchronisation (JS) bzw. Besamung (AS); Sauen 14. Trächtigkeitswoche; Sauen 1. Woche p.p.

Parameter (in Serum, Plasma oder Blut)	Maß- einheit	Arbeitswert JS v. Synchr.	AS v. Besamung JS/AS 14. Tr. W. und 1. W. p.p.
• Kalzium (Ca)	mmol/l	1,8–2,9	1,8–2,9
• Phosphor anorg. (P_a)	mmol/l	1,9–3,2	1,9–3,2
• Alk. Phosphatase (AP)	nkat/l	<900	JS: <670; AS: <500
• Hämoglobin (Hb)	g/l	125–160	120–160
• Hämatokrit (Hk)		0,38–0,50	0,37–0,50
• Eisen (Fe)	µmol/l	>18	>18
• Eisen-Bindungs-Kapazität	µmol/l	90–120	90–120
• Kupfer (Cu)	µmol/l	>28	>28
• Zink (Zn)	µmol/l	>8	>8
• Butanolxtrahierbares Jod (BEJ)	nmol/l	>50	>50
• Thyroxin (T_4)[1]	nmol/l	>40	>40–>25
• Selen (Se)	µmol/l	2,5–4,0	2,7–4,0
• Vitamin E	µmol/l		
• Creatin-Kinase (CK)	nkat/l	<850	<700
• Eiweiß	g/l	75–85	72–85
• Albumine	g/l	30–40	30–40
• γ-Globulin	g/l	16–20	12–20
• Coeruloplasmin	Δ E/l · s	60–120	60–120
• Harnstoff	mmol/l	<5,5	<6,7
• Aspartatamino-Transferase (ASAT)	nkat/l	<650	<650
• Arginase	nkat/l	<625	<625
• Leuzinamino-Peptidase (LAP)	nkat/l	<3300	<3300
• Bilirubin	µmol/l	<2,0	<2,0
• Freie Fettsäuren	mmol/l	<0,05	<0,05
• Ketokörper	mg/dl	<0,3	<0,3

[1] Bei T_4-Normwertunterschreitung ist Blut-Gesamtjodgehalt zu untersuchen (LOBER 2003, in litt.)

5.7 Arbeitswerte für klinisch-chemische Parameter: Saugferkel 4. bis 6., 28. bis 30. Lebenstag

Parameter (in Serum, Plasma oder Blut)	Maßeinheit	Arbeitswert 4.–6. LT.	28.–30. LT.
• Hämoglobin (Hb)	g/l		115–135
• Hämatokrit (Hk)			0,36–0,42
• Eisen (Fe)	µmol/l		>20
• Eisen-Bindungskapazität	µmol/l		80–100
• Kupfer (Cu)	µmol/l		>28
• Zink (Zn)	µmol/l		>9
• Butanolextrahierbares Jod (BEJ)	nmol/l	50–80	65–130
• Thyroxin (T_4)	nmol/l	40–60	50–100
• Eiweiß	g/l	50–65	48–54
• Albumine	g/l		>26
• γ-Globulin	g/l	>10	>5,5
• Coeruloplasmin (CP)	Δ E/l · s		60–125
• Harnstoff	mmol/l		<4,5
• Bilirubin	µmol/l		<3,0
• Vitamin A (in Leber)	µmol/kg	>31,4	
• Eiweiß (im Muskel)	g/l		44–58
• Fett (im Muskel)	g/l		>50

5.8 Arbeitswerte für klinisch-chemische Parameter: Absetzferkel 70. bis 80., Mastschweine 160. bis 180. Lebenstag

Parameter (in Serum, Plasma oder Blut)	Maßeinheit	Arbeitswert 70.–80. LT.	160.–180. LT.
• Kalzium (Ca)	mmol/l	1,8–2,9	1,8–2,9
• Phosphor anorg. (P_a)	mmol/l	2,0–3,2	2,0–3,2
• Alk. Phosphatase (AP)	nkat/l	900–1500	<1100
• Hämoglobin (Hb)	g/l	120–150	120–150
• Hämatokrit (Hk)		0,36–0,47	0,36–0,47
• Eisen (Fe)	µmol/l	>18	>18
• Eisen-Bindungs-Kapazität	µmol/l	80–120	80–120
• Kupfer (Cu)	µmol/l	>28	>28
• Zink (Zn)	µmol/l	>8	>8
• Butanolaxtrahierbares Jod (BEJ)	nmol/l	>50	>50
• Thyroxin (T_4)	nmol/l	>40	>40
• Selen (Se)	µmol/l	1,1–2,5	1,8–3,5
• Vitamin E	µmol/l		
• Creatin-Kinase (CK)	nkat/l	<1700	<1300
• Eiweiß	g/l	55–65	70–80
• Albumine	g/l	26–31	26–38
• γ-Globulin	g/l	10–16	16–20
• Coeruloplasmin (CP)	Δ E/l · s	60–120	60–120
• Harnstoff	mmol/l	<5,0	<5,2
• Aspartatamino-Transferase (ASAT)	nkat/l	<700	<650
• Leuzinamino-Peptidase (LAP)	nkat/l	<3000	<3000
• Arginase	nkat/l	<625	<625
• Ketokörper	mg/dl		<0,3
• Freie Fettsäuren	mmol/l		<0,05
• Bilirubin	µmol/l	<2,0	<2,0
• Vitamin A	µmol/kg	>50	

6 Diagnoseverfahren spezieller Parasitosen

Erkrankung/Erreger	Diagnoseverfahren und Probenmaterial	Bemerkungen
1. Protozoeninfektionen		
• Isosporose (*Isospora suis*)	• Flotationsverfahren des Ferkelkots mit gesättigter Zucker-Lösung	• Histologie der Dünndarmschleimhaut
• Toxoplasmose (*T. gondii*)	• Blut: Antikörpernachweis (SFT, ELISA, IFAT)	• Zoonosenpotenzial
• Sarcocystiose (*Sarcocystis miescheriana, S. suihominis, S. porcifelis*)	• Makroskopische Fleischuntersuchung und Histologie von Herz, Zwerchfell, Muskelgewebe	• Zoonosenpotenzial • Antigennachweis im Blut möglich
• Kryptosporidiose (*Cr. parvum*)	• Kot: Karbolfuchsinfärbung	
2. Zestodenbefall		
• Taenia solium-Zystizerkose (*Cysticercus cellulosae*)	• Fleischbeschau von Zunge, Muskulatur, Bauchwand	• Antikörpernachweis im Blut möglich
• Taenia hydatigena-Zystizerkose (*Cysticercus tenuicollis*)	• Makroskopische Untersuchung von Leber und Bauchfell	• Antikörpernachweis im Blut möglich
• Echinococcose (*Echinococcus granulosus*)	• Makroskopische Untersuchung von Leber, Milz, Lunge	• Antikörpernachweis im Blut möglich
3. Nematodenbefall		
• Strongyloidose (*Strongyloides ransomi*)	• Flotationsverfahren des Ferkelkotes • Trichinenkompressorium, Dünndarmschleimhaut	• Histologie der Dünndarmschleimhaut
• Oesophagostomose (*Oesophagostomum*-Arten)	• Flotationsverfahren des Schweinekotes	• Differenzierung mit Kotkultur und PCR
• Hyostrongylose (*Hyostrongylus rubidus*)	• Flotationsverfahren des Schweinekotes	• Untersuchung der Magenschleimhaut
• Ascaridose (*Ascaris suum*)	• Flotationsverfahren des Schweinekotes	• Antikörpernachweis im Blut möglich • im Kot adulte Würmer • Leber mit Milkspots
• Trichurose (*Trichuris suis*)	• Flotationsverfahren des Schweinekotes	• Untersuchung der Darmschleimhaut
• Trichinellose (*Trichinella spiralis* und weitere 4 Arten)	• Trichinenuntersuchung des Zwerchfellpfeilers mittels Verdauungs- oder Kompressionsmethode	• Antikörpernachweis mittels ELISA und IFAT im Blut oder Fleischsaft • Zoonose-Erreger
4. Arthropodenbefall		
• Demodikose (*Demodex suis*) • Räude (*Sarcoptes suis*)	• Mikroskopischer Milbennachweis im Hautknötchen bzw. Hautgeschabsel	• Antikörpernachweis im Blut möglich • Zoonose-Erreger
• Läusebefall (*Haematopinus suis*)	• Makroskopische Untersuchung der Haut	• direkter Parasitennachweis am Tier

Register

Abferkelbereich 45 ff., 134 ff., 396
- Haltungsverfahren 134
Abferkelleistungen 335 ff.
- Geburtsgewicht 335
- Mumifizierte Früchte (Mumien) 337
- tot geborene Ferkel (Totgeburten) 338
- Wurfgröße 335
Abgangsursachen, Saugferkel 345 ff.
- Erdrückungen 346
- Verendungen 346
Abluftreinigung 181 ff.
Aborte 315
Absetzen 353 ff.
Absetzferkel 142 ff., 353 ff.
- Alternative Aufstallungsformen 147
- - Ferkelbungalow 148
- - Tiefstreustall 148
- - Trobridge-Stall 149
- Erkrankungen 353
- - begünstigende Faktoren 354
- Fütterungstechnik 145
- - „Baby-Mix-Feeder" 146
- - Ferkelsprinter 146
- - Rohrbreiautomaten 145
- - Trogfütterung 145, 147
- - „Top-Feed"-System 147
- - Kombination Intervallund Sattfütterung 147
- - Wasserversorgung 147
- Verluste 353
- Zuwachs 353
Absetzferkel- und Läuferperiode 49 ff.
Absetzgewichte 342
Absetzverfahren 48
- Frühabsetzen 48
Aerogene Applikation 395
Afrikanische Schweinepest 302
Aggressivität 253 ff.
Aktive Immunisierung 437 ff.
Akute Pneumonien, Jungsauen 189
Akute Rückenmuskelnekrose 329 ff.
Alles-rein-alles-raus-Prinzip 41 ff.
Alternative Aufstallungsformen 147 ff.
- Absetzferkel 147

- - Ferkelbungalow 148
- - Offenfront-Tiefstreustall 148
- - Trobridge-Stall 149
Aminosäuren 116, 117
Amtliche Überwachung 457 ff.
Amtliche Untersuchungen, Schlachttiere 430
Amtliche Veterinärüberwachung 458 ff.
- Arzneimittelkontrolle 466
- Lebensmittelüberwachung 468
- Tierkörperbeseitigung 464
- Tierschutz 465
- Tierseuchenschutz 458
- - Grundlagen 458
- - Anzeigepflicht 458
- - Ziele 459
- - Instrumente 461
- - Schweinhaltungshygiene-Verordnung 462
Analysen zur Tiergesundheit 380 ff., 384, 412 ff.
Anbindehaltung, Sauen 130
Anomalien der Körperhaltung 535 ff.
Anomalienprüfung 63 ff.
Ansteckende Schweinelähmung 302
Antibiotika 125, 445 ff.
Antibiotikaeinsatz 231, 445 ff., 447
Antiparasitika 454 ff.
Anzeige- und meldepflichtige Krankheiten 302 ff.
Apophyseolysis 317 ff., 324 ff.
Arbeitsaufwand 105
Arbeitspläne 49
Arbeitsproduktivität 18, 476
Arbeitswerte Labordiagnostik 538
Arthritis 317
Artgerechte Tierhaltung 249
Arthropoden 306, 309 ff.
Arzneimittel 445 ff., 447, 466
Arzneimittelkontrolle 466 ff.
- Maßnahmen bei Verstößen 467
- Probennahmen im Betrieb 467
Askaridose 307 ff., 319 ff.
Atemwegserkrankungen 304, 311 ff., 431 ff.

Auflagen, Schweinhaltungshygiene-VO 530 ff.
- baulich-funktionelle Auflagen 531
- Betriebe nach Bestandsgrößen 530
- Checklisten 533
- - Bestandsregister 533
- - Kontrolle von Betrieben 534
- hygienisch-organisatorische Auflagen 532
Auftrittsbreite, Spaltenbreite 130
Aufzucht 49 ff.
Aufzuchtbereich 142 ff.
- Fütterung 122
- Fütterungstechnik 145
- Haltungsverfahren 142
Aufzuchtfähige Ferkel 340
Aufzuchtleistungen 69, 342 ff.
Aujeszkysche Krankheit 302, 312 ff., 314 ff., 322 ff.
Ausstallen, Schlachttiere 195
Auswertungen 380 ff.
- Leistungen 380
- Tiergesundheit 24, 380
Azidose 338
Bakterielle Erkrankungen 303 ff., 541
- Diagnoseverfahren 418, 541
- Bakterien 541 ff.
- Diagnoseverfahren 418, 541
Bakteriologische Verfahren 418 ff.
Bauhygiene 224
Baulich-funktionelle Erfordernisse 531
Bedarf an Energie, Nährstoffen 114 ff.
Bedarfsdeckung, Verhalten 21 ff., 249
Befruchtungsergebnis 104
Befunderhebung an Schlachttieren 430 ff.
- amtliche Untersuchungen 430
- retrospektive Organdiagnostik 431
- - Bewertungsschüssel 432
- - Brustorgane-Index (BOI) 432
Beinschwäche-Syndrom 324 ff.
Belastungen 237 ff.
- psychosoziale 246

Belastungsmyopathien 327 ff., 328
- akut 329
- ernährungsbedingt 327
- genetisch bedingt 327
- latent 329
Belegung der Stallbereiche 41 ff.
- Belegungsdauer 42
- Belegungshäufigkeit der Ställe 377
Beleuchtungsstärke 134, 168
Berufsethos 17
Besamung 81, 90, 100 ff., 155
- biologische Grundlagen 85
- duldungsorientiert 90
- Einsatz Besamungseber 81
- Ergebnis 102
- Fruchtbarkeitsschwankungen 85
- Hilfen 105
- Hygiene 105
- Spermakonservierung 83
- terminorientiert 100
Besamungsbereich, Haltung 154 ff.
Besamungseberstation 40
Besamungserfolg 84 ff.
Besamungskontrolle 84 ff.
Besamungsmanagement 101 ff.
Besaugen 142
Beschäftigungsmaterial, Haltung 133
Bestandsbehandlungen 230, 445 ff.
Bestandsbetreuung 391 ff.
- Abferkelbereich 396
- Eber 399
- Ferkelaufzucht 398
- Mast 398
- Sauen 399
Bestandsgrößen 32
Bestandsplanung 51 ff.
Bestandsregister 533
Besucherordnung 528 ff.
Betonspaltenböden 130, 239
Betreuung, Tiergesundheit 389 ff.
Betriebliche Ordnungen 527 ff.
- Besucherordnung 528
- Ordnung zur Desinfektion 528
- Ordnung zur Schadtierbekämpfung 528
- Tierhygieneordnung 527

Register

Betriebsbesuch, -analyse 402 ff.
Betriebsformen 40 ff.
Betriebskontrollen 402, 534 ff.,
– Checklisten 533
Betriebswirtschaftliche Eigenkontrolle 476 ff.
– Ferkelaufzucht 476
– Schweinemast 477
Bewegungsapparat, Krankheiten 237 ff., 315 ff.
Biochemische Labordiagnostik 543 ff.
Biogas 290 ff.
Bio-Siegel 35, 482
Biotechnik, Geburt 109 ff., 333 ff.
Biotechnik, Fortpflanzung 94, 99 ff.,
Biotechnische Verfahren, Bewertung 113 ff.
Bissverletzung, Vulva 252
Bodenflächen, Haltung 130, 237
Bronchopneumonie 312 ff.
Brunst 69, 88 ff., 102
– Dauer 102
– Erkennung 90
– Kontrolle 90
– Stadien 102
– Stimulation nach Absetzen 93
– Synchronisation 99
– Verhalten 89
Brunst- und Ovulationssynchronisation 99 ff.
– von Altsauen 99
– von Jungsauen 99
Brustorganeindex 233, 361 ff.
Brustorganveränderungen 362
Bruttoeigenerzeugung 27
Bursitis 317
Ca-Mangel 324 ff.
Checklisten für Betriebskontrollen 533
Chemische Klimakomponenten 169 ff.
Chondroosteopathien 305, 323 ff.
Circoviren 303, 312 ff., 321 ff.
Clostridien-Infektion 319 ff.
Coccidiose 319 ff.
Colienterotoxämie 319 ff.
Computerprogramme 386 ff.
Creatin-Kinase-Test (CK-Test) 62, 327
Datenbearbeitung, -auswertung 374 ff., 381 ff.
– Erfassung 374
– Management 374
– – im Schweinebestand 375
– – in Verbundsystemen 374
Deckzentrum, Haltung 154 ff.
Desinfektion 257 ff.
– Einflussfaktoren 267

Erfolgskontrolle 268
– Festmist 270
– Flüssigmist 269
– Jauche 269
– tierische Fäkalien 268
– Tierseuchen 266
Desinfektionsmittel 263 ff., 520 ff.
– bei anzeigepflichtigen Krankheiten 522
– für Festmist 524
– für Flüssigmist 524
– für Jauche 524
– im Seuchenfall 520
– zur Fahrzeugdesinfektion 524
– zur Stiefeldesinfektion 523
DFD-Fleisch 62
Diagnoseverfahren 414 ff., ab 539 ff.
– Bakterielle Erkrankungen 541
– Mykosen 543
– Mykotoxine 422, 543
– Parasiten 547
– Viruskrankheiten 539
Diagnostik 408 ff.
– am Einzeltier 408
– Herdendiagnostik 410
– Labordiagnostik 414
– postmortale Diagnostik 428
– Schlachttiere 430
– Sektionen 430
Diagnosestellung 409
Diagnostische Tierversuche 421
Dioxin 26
DLG-Gütezeichen 486
Dokumentation und Auswertungen 380 ff.
– Computerprogramme 386
– Gesundheitsdaten 384
– Leistungsdaten 480
– Sauenkarten 380
– Verschlüsselung Verlustursachen 381
– Verlustedaten 380
Du-Evidenz 20
Duldungsorientierte Besamung (DOB) 104
Duldungsreflex 88
Durchfall 305
DVG-Desinfektionsmittellisten 520 ff.
Dysenterie 303, 318, 319 ff.
Eber 122 ff., 161 ff., 372 ff.
– Anomalien 372
– Einsatz Besamungseber 81
– Erkrankungen 372
– Fruchtbarkeitsschwankungen 85
– Fütterung 122
– Geschlechtsreife 80
– Haltung 161
– Impotenz 314

– Kontrolle Besamungserfolg 84
– Mängel in Entwicklung, Sexualverhalten 372
– natürlicher Deckakt 81
– Pubertät 80
– Selektionsgründe 373
– Sexualverhalten 81
– Zuchteinsatz, -reife 80
Eber- und Sauenkontakt 74 ff.
Echolotgeräte 107
Eigenleistungsprüfung 77
Einflussfaktoren, Desinfektion, Reinigung 267 ff.
Einstreu 238 ff.
Einstreulose Ställe 134 ff.
Einstreuställe 133 ff.
Einzelunternehmen 31
Eisenmangel 320 ff.
Ejakulation 82
Ektoparasiten 310 ff.
Emissionen 286 ff, 295
Endogene Faktoren, Krankheiten 347
– erbliche Disposition 349
Endoparasiten 307 ff.
Endoskopie 92
Energiebedarf 115, 124
Enteritiden 304
Entladen am Schlachtbetrieb 200 ff.
Enzootien 303
Enzootische Pneumonie 303, 312 ff.
Eperythrozoonose 321 ff.
Epidemiologie, Tierseuchen 461
Epiphyseolysis 317 ff.
Erbdefekte 63 ff.
Erblichkeitsgrad 65
Erdrückungen 346
Erfolgskontrolle, Desinfektion, Reinigung 268 ff.
Erhaltung der Tiergesundheit 389 ff.
Erhaltungsbedarf 115
Erkrankungen, Saugferkel 343 ff.
– begünstigende Faktoren 347
– – endogene Faktoren 347
– – exogene Faktoren 350
– erbliche Disposition 349
Erkrankungen 347, 354, 363, 379
– Absatzferkel 353
– Eber 372
– Mastschweine 356
– Sauen 365
Ernährungsmängel 320, 324
Erreger 206, 213, 268, 302 ff., 418 ff., 447, 539 ff, 541 ff.
Erregerübertragung 213 ff.
Erregeranreicherung 224 ff.
Erstbesamung 54
Erzeugergemeinschaften 50

Ethischer Naturalismus 21
Ethisches Mindestmaß 21
EU-Richtlinien 461
EU-Verordnungen 461
EU-VO. Tierische Nebenprodukte 464
Fahrweise 199
Faktoreninfektionen 303 ff.
– Krankheiten 303
Familienbetriebe 20
Ferkel, Gesundheit, Leistungen 335ff
– aufzuchtfähig 340
– lebend geboren 340
– lebensschwach geboren 340
– tot geboren 338
Ferkelaufzucht 134 ff., 342 ff., 398, 476
Ferkelerzeuger-Mäster-Beziehungen 30
Ferkelgewicht 65, 335 ff.
– Geburtsgewicht 335
Ferkelnest 134 ff.
– Heizung 137, 182
Ferkelpreis 479
Ferkelruß 321
Ferkelwache 334 ff.
Festmist 287 ff.
– Ausbringung 294
– Desinfektion 270
– Einarbeitung 294
– Lagerung 294
Fieber 188
Fleisch 29 ff., 486 ff.
– gesetzliche Regelungen 486
– Qualität 486
– Verbrauch 29
– Verzehr 29
Fleischerzeugung 29 ff.
– Eigenkontrolle 476
– Qualitätssicherung 476
Fleischqualität 36, 60 ff.
– Mängel 62
– Merkmale 65
Fleischverbrauch 29
Fleischverzehr 29
Fliegen 275 ff., 309 ff., 311
Flöhe 311
Fort- und Weiterbildung 471 ff.
– Zertifikate 472
Fortpflanzung 69 ff.
– Bedeutung und Definition 69
– Belegungsmanagement 70
– Bewertung biotechnischer Verfahren 113
– Brunsterkennung 88
– Brunststimulation 88
– Brunstverlauf 70
– Fruchtbarkeitsschwankungen 85
– Geburt 70, 330
– Geschlechtsreife, Zuchteinsatz 80
– Glässersche Krankheit 303

- Pubertät, Zuchtreife 69
- Sexuelle Jugendentwicklung 70
- Synchronisation von Zyklus, Ovulation 94
- Trächtigkeit 70
- Zyklusüberwachung 88
Fortpflanzungssteuerung 99 ff.
Freie Lüftung 177 ff.
Freilandhaltung 162 ff., 229, 235
Fruchtbarkeitsleistungen 69, 103
- von Altsauen 103
- von Ebern 85
Fruchtbarkeitsschwankungen 85 ff.
- der Sau 86
- des Ebers 86
- saisonal 85
Fruchtverluste 330 ff.
Frühabsetzverfahren 48 ff.
FSH 95
Fußboden 137, 237 ff.
- Einstreu 238
- Gesäuge-, Zitzenverletzungen 245
- Klauen-, Zehenschäden 241
- planbefestigt 238
- Spaltenboden 238
- Tiergesundheit 237
- Wärmedämmung 240
Futtermedikation 446 ff.
Futtermittel 114 ff.
- Aminosäuren 116
- Bedarf 114
- Bewertung 114
- Energie, 115
- Mineralstoffe 118
- Proteine 116
- Versorgungsempfehlungen 115
- Vitamine 118
Futtermittelkontrolle 483 ff.
- Futterqualität 486
- Prüfprozeß 489
- - analytische Qualitätssicherung 489
- - Nachweisgrenzen 490
- - Probenahme 490
- - Qualitätssicherung 483
- - amtliche Überwachung 484
- - gesetzliche Regelungen 483
- - Strukturen 484
Futtermittelgesetz (FMG) 483
Futtermittelprobe 485
Fütterung 114 ff.
- Ferkel 122
- Mastschweine 124
- Zuchteber 122
- Zuchtsauen 120
- - Aufzucht Jungsauen 122
- - Säugezeit 121
- - Trächtigkeit 120

Fütterungskontrolle 129 ff.
Fütterungstechnik 132 ff.
- Abruffutterstation 159
- Absetzferkel 145
- Ad-libitum-Fütterung 161
- Mast 152
- - rationierte Fütterung 157
- Rechtliche Vorgaben 132
- Sauen 156
- - Gruppenhaltung 162
- - säugende Sauen 138
- Saugferkel 138
Futterverwertung, Mast 124
Futterzusatzstoffe 123, 125
Gase, Klima 169 ff.
Gesellschaft bürgerlichen Rechts (GbR) 31
Gebrauchskreuzung 65
Geburt 111 ff., 330 ff.
- Biotechnische Steuerung 333
- der Sau 330
- des Ferkels 331
- Ferkelwache 334
- Geburtshilfe 334
- Hormonwirkungen 331
- Steuerung und Ablauf 331
- Vorbereitung auf die Geburt 330
Geburtensynchronisation 111 ff., 331
Geburtseintritte 112 ff.
Geburtsgewicht, Ferkel 335 ff.
Geburtshilfe 334 ff.
Gelenkentzündungen 304
Genehmigungspflicht, Bauten 285 ff.
Genetische Immunisierung 67
Genitale 69, 104
Genossenschaften 31
Geräuschpegel 134, 169
Gesamtabgänge, Ferkel 343 ff.
Gesamtbestand an Schweinen 28 ff.
Gesäugeverletzungen 245 ff.
Geschlechtsorgane 69, 311 ff.
- Krankheiten 311
Geschlechtsreife, Eber 80 ff.
Geschlechterverhältnis, Ferkel 71
Geschlossenes System, Produktion 49
Gesinnungsethik 21
Gesunde Ernährung 36
Gesundheit 204 ff., 330 ff.
- Definitionen 204
- in den Altersgruppen 330
Gesundheitliche Betreuung 390 ff.
Gesundheitlicher Verbraucherschutz 26
Gesundheitsanalysen 411 ff.
Gesundheitsdaten 378 ff., 384
- Definitionen 378
- Tierverluste 378

- Heilungsquote 379
- Krankheitsdynamik 380
- Krankheitsstatistik 380
- Letalität 379
- Morbidität 379
- Mortalität 378
Gesundheitsfördernde Verfahren 228 ff.
- Bewertung der Verfahren 235
- „Multisite" 232
- Senkung des Keimdrucks 229
- Spezifiziert-pathogenfreie Aufzucht (SPF) 228
Gesundheitsüberwachung 390 ff., 411
Glässersche Krankheit 304, 312 ff., 317 ff.
Gliedmaßenerkrankungen, -schäden 241 ff., 304, 315 ff., 317
GmbH 31
Gonadotrope Hormonpräparate 95
Großbetriebe 20
Grundgesetz, Tierschutz 21
Gruppendurchlauf 41, 46
Gruppenweises Absetzen 45, 135
Gülle, Jauche und Festmist 287 ff.
- anaerobe Aufbereitung (Biogas) 290
- Ausbringung 289
- Behandlung 289
- Einarbeitung 292
- Entseuchung und Arzneimittelabbau 291
- Lagerung 287
Güst-, Zwischenwurfzeit 45
Gute landwirtschaftliche Praxis 17
HACCP-Konzept 487
Haltung 16, 132 ff.
- konventionell 30
- ökologisch 34
Haltung der Tiere 16 ff.
- Intensität 18
- Konzentrationsgrad 17
Haltungselemente, Prüfung 247 ff.
Haltungsschäden 237 ff.
- direkte und indirekte 237
Haltungsverfahren 132 ff.
- Abferkelbereich 134
- Aufzuchtbereich 142
- Gruppenhaltung ferkelführender Sauen 134
Hämatologische Untersuchungen 423 ff., 543 ff.
Handel 29
Hauterkrankungen 318 ff., 321 ff.
HCG 76, 95

Heilungsquote 379
Heizung, Stall 182 ff.
- Energiequellen 183
- Raumheizung 182
- Zonenheizung 183
Helminthen 306, 307 ff.
Herdendiagnostik 410 ff.
- Analysen zur Tiergesundheit 412
- Leistungskontrollen 411
- Verfahren 410
Heterosiseffekte 57
Hitzebelastung 189
Höchstmengenüberschreitung 25
Hormonanalysen 72
Hormonelle Brunst- und Ovulationsauslösung 75 ff.
Hygiene 127 ff., 203 ff.
- Futter 127
- Fütterung 127
- Tränke 127
Hygienische Erfordernisse 221 ff., 224 ff.
- bei laufender Produktion 226
- bei Parasitenbekämpfung 454
- bei Produktionsvorbereitung 225
Hygienisch-organisatorische Auflagen 532
Hypoglykämie 327 ff., 340
Immissionen/Emissionen 286 ff.
Immunantwort 344, 436
Immunisierungen 436 ff.
Immunprophylaxe 436 ff.
- Grundlagen 436
- Impfstoffe 436
- - aktive Immunisierung 437
- - Inaktivatimpfstoffe 437
- - Kombinationsvakzinen 438
- - Lebendimpfstoffe 437
- - Markerimpfstoffe 438
- - Mutterimpfstoffe 438
- - Toxoide 437
- - bestandsspezifische Vakzinen 438
- - Handelsvakzinen 438
- - passive Immunisierung 436
- - Verabreichung von Vakzinen 438
- - Nebenwirkungen 444
Impfanalyse 442
Impfkomplikationen 444 ff.
Impfprogramme 441 ff.
Impfstoffanwendung 438 ff.
- Saugferkel 440
- Wirksamkeit 442
- Zuchtsauen 440
Impfstoffe, verfügbare 440 ff.
Impfverbot 442
Inaktivatimpfstoffe 437

Infektion 208 ff.
- Bedingungen 208

Infektionskrankheit 208 ff.
- Ausbildung und Verlauf 209
- Verlaufsformen 210

Infektionskrankheiten 302 ff.
- anzeigepflichtige 302
- Enzootien 303
- meldepflichtige 302

Infektiöse Faktorenkrankheiten 303 ff.

Informationssysteme 374 ff.
- innerbetrieblich 374
- zwischenbetrieblich 374

Influenza 305, 312 ff., 314 ff.

Inkubationszeiten 210

Integrierte tierärztliche Bestandsbetreuung 391 ff.
- Einordnung in das Zyklogramm 395
- Gesamtkonzept 393
- Inhalte 392
- präventive Erfordernisse 392

Intensität der Haltung 18

Intoxikation 25

Investitionsbedarf 18

Jauche 287

Jodmangel 322 ff.

Jungsauen 370 ff.
- Krankheitshäufigkeiten 370
- Verlusthäufigkeiten 370

Jungsauen 69 ff.
- Brunstauslösung, hormonell 73
- Lebenstagszunahmen 77
- Ovulationsauslösung, hormonell 75
- Ovulationssynchronisation 96
- Pubertät 69
- Pubertätsinduktion 96
- Zuchtreife 69, 77

Jungsauen, Fütterung 152 ff.

Jungsauenremontierung 53 ff.
- Eingliederung 78

Jungsauenwürfe 335, 342, 344

Kadaver 280 ff.
- Abführung 280
- Lagerung 280

Kandidatengene 66 ff.

Kastration 133

Keimanreicherung 224 ff.
- Schutz 224
- - bauhygienische Voraussetzungen 224
- - hygienische Erfordernisse 225

Klauen- und Zehenschäden 241 ff., 317 ff.
- Vorbeuge 244

Klima 165 ff.
- Kontrolle 172
- Steuerung 172

Klimabelastungen 188 ff.

Klimaeinflüsse, Transport 199 ff.

Klimakomponenten 166 ff.
- biologische (Keime) 171
- chemische (Gase) 169
- physikalische 166

Klimawirksame Spurengase 169, 295 ff.

Klinisch-chemische Parameter 544 ff.
- Absetzferkel 546
- Mastschweine 546
- Sauen 544
- Saugferkel 545

Klinisch-chemische Untersuchungen 423 ff., 544 ff.

Klinische Diagnostik 408 ff., 535 ff.
- am Einzeltier 408
- Gliedmaßenstellung 535
- - Diagnosestellung 535
- Herdendiagnostik 410
- - herdendiagnostische Verfahren 410, 536
- - Untersuchungsgang 536

Knötchenwurm 307/308 ff.

Kochsalzvergiftung 322 ff.

Kohlendioxid 170 ff.

Kokzidiose 309 ff., 319 ff.

Koliruhr 67, 316, 319 ff., 344, 353

Kolienterotoxämie 304, 139 ff.

Kolostrum 141, 340

Kombinationsvakzinen 438

Konditionierung, Jungsauen 78

Konventionelle Produktion 32 ff.

Konzentrationsgrad 17

Körperfett, Sauen 78

Körperkondition, Sauen 79

Körpertemperaturen p. p. 341 ff.

Kosten, Produktion 479

Kosten tiermedizinische Betreuung 399 ff.
- Leistungen 400
- Medikamente 400

Krankheiten 204 ff., 211, 302 ff.
- Definitionen 204
- der Geschlechtsorgane 311
- der Haut 318
- des Atmungsapparates 311
- des Bewegungsapparates 315
- des Magendarmkanals 316
- des Zentralnervensystems 318

Krankheitsprognose 211 ff.

Krankheitsschwerpunkte 302 ff.

Krankheitsursachen 428 ff.
- Statistik 428

Krankheitsschlachtungen 429

Kreuzung 64 ff.
- Programme 56
- Verfahren 57

Kryptosporidien 309 ff.

Kühlung, Stall 185 ff.

Kulturrassen 56

Künstliche Besamung 81, 100 ff.
- Bedeutung, Verbreitung 100
- Befruchtungsergebnis 104
- Besamungsergebnis 102
- Besamungshygiene 105
- Management 101
- Spermatransport im Genitale 104

Labordiagnostik, Verfahren 414 ff.
- Biotopuntersuchung 427
- Einflussfaktoren 415
- hämotologische 423, 543
- klinisch-chemische 423, 534
- mikrobiologische 418
- - bakteriologische 418
- - Bewertung 421
- - diagnostische Tierversuche 421
- - Resistenzbestimmungen 421
- - Stichprobengröße, Infektionsdiagnostik 420
- - virologische 418
- parasitologische 426
- Sarcoptes-ELISA-Titer 427
- Postmortaldiagnostik 427
- Stoffwechsel 424
- von Mykotoxinen 422
- Zielstellungen 414

Labordiagnostik, Arbeitswerte 538 ff.
- Absetzferkel 546
- Aufzucht, Mast 546
- Sauen 544
- Saugferkel 545
- Parasitosen 547
- Stabilität von Substraten 538

Laborverfahren 417 ff.

Ladedichte, Transport 199

Laktationsanöstrie 92

Landwirtschaft
- Entwicklungstendenzen 32
- konventionell 30
- ökologisch 34

Läuse 304, 309 ff.

Lebend geborene Ferkel 340

Lebendimpfstoffe 437

Lebendmasseabnahme, laktationsbedingt 88

Lebendmassentwicklung 143
- Absetzferkel 353
- Jungsauen 77
- Mastschweine 356
- Saugferkel 342

Lebensmittel 25 ff.
- Intoxikation 25
- Monitoring 25
- Überwachung 468

Lebensmittelsicherheit 24, 487 ff.
- Produktqualität 487
- Prozessqualität 487
- Qualitätsverbesserung 487

Lebensmittelüberwachung 468 ff.
- Verbraucherschutzstrukturen, EU 468

Lebensschwach geborene Ferkel 340 ff.

Lebensschwäche 339 ff.

Leberveränderungen 362, 431 ff.

Leistungen 301 ff.
- in den Altersgruppen 330

Leistungsanalysen 380 ff., 411 ff.

Leistungsbedarf, Futter 116

Leistungsdaten 375 ff., 380
- Definitionen 375
- - abgesetzte Ferkel je Sau/Jahr 375
- - aufgezogene Ferkel je Abferkelplatz/Jahr 377
- - tatsächliche Wurffolge 376

Leistungsförderer, Futter 125

Leistungskontrollen 380, 411 ff.

Leistungsparameter 375 ff.

Leistungsprüfung, Zucht 58 ff.

Leptospirose 303, 314 ff.

Letalität 379

Luteinisierendes Hormon (LH) 95

Licht 73, 168 ff.

Lichtregime, Pubertätsstimulation 73

Listeriose 314 ff.

Luftbewegung 167 ff.

Luftfeuchtigkeit 167 ff., 199

Lüftungssysteme 175 ff.
- Abluftsysteme 176
- Freie Lüftung 176
- Mechanische Lüftung 175
- - Gleichdrucklüftung 175
- - Unterdrucklüftung 175
- Zuluftsysteme 176

Lungenerkrankungen 311 ff.
- Schlachtkörper 434

Luxmeter 73, 175

Lysingehalt 117

Magen-Darmerkrankungen 316 ff., 319 ff., 320

Magengeschwüre 246 ff., 319

Mangel-, Stoffwechselkrankheiten 318 ff.
- Chondroosteopathien 323
- Eisen-, Jod- und Zinkmangel 320

Mangelelemente 118 ff.

Mangelkrankheiten 318

Markerimpfstoffe 438

Massentierhaltung 17

Mast 49, 356 ff., 398, 477, 546
– direkte Verluste 356
– indirekte Verluste 356
– Krankheitsursachen 357
– Verlusteursachen 357
Mastbereich 149 ff.
– Außenklimastall 151
– Fütterungstechnik 152
– Kaltstall 151
– Warmstall 149
Mastdauer 49
Mastleistung 60 ff., 356 ff., 477 ff.
Mastschweine 356 ff.
– direkte, indirekte Verluste 356
– Erkrankungen 358
– – begünstigende Faktoren 363
– – Diagnoseverfahren 361
– – wirtschaftliche Bedeutung 358
– Krankheitsursachen 357
– Leistungsminderungen 356
– Verlusteursachen 357
Masttagszunahmen 362, 412
Maulbeerherzkrankheit 328 ff.
Maul- und Klauenseuche 302
Medicated Early Weaning (MEW) 234
Medikamente 445 ff.
– Bestandsbehandlungen 445
– – Futtermedikation 446
– – orale Behandlung 446
– – über das Tränkwasser 446
Medikamentelle Synchronisationen 94 ff.
– Fortpflanzung 94
– Geburten 109
Meldepflichtige Krankheiten 302
Metastrongylose 312 ff.
Metritis-Mastitis-Agalaktie-Syndrom (MMA) 316 ff.
Mensch-Tier-Beziehung 250
Mesophylaxe (Metaphylaxe) 445 f., 453
Messverfahren, Klima 175 ff.
Metaphylaxe (Mesophylaxe) 189, 445, 453
MHS-Gentest 62
Mikrobiologische Untersuchungen 418 ff.
– bakteriologische Verfahren 418
– diagnostische Tierversuche 421
– mykologische Verfahren 418
– Resistenzbestimmungen 421
– Stichprobengröße 420
– virologische Verfahren 418
Milchaustauscher (Ferkel) 139 ff.
Milchmangel 305
Mindestabsetzalter 134

Mineralstoffe 118 ff.
„Minimal-Disease"-Verfahren 229 ff., 403
Mitgeschöpflichkeit 22
MMA-Syndrom 316 ff.
Monitoring, Lebensmittel 25
Morbidität 379
Mortalität 378
Multisite-Verfahren 50, 232 ff., 236
Mumien 337 ff.
Mumifizierte Früchte 337
Mutterimpfstoffe 438
Mykologische Untersuchungsverfahren 418
Mykosen, Mykotoxikosen 543 ff.
– Diagnoseverfahren 543
Mykotoxinbelastung, Futter 127, 483
Mykotoxine 127, 314 ff., 371, 422, 483
Myopathien 327 ff., 328
– ernährungsbedingt 327
– genetisch bedingt 327
Nationaler Rückstandskontrollplan 25, 484
Natürlicher Deckakt 81
Nebenwirkungen von Impfungen 444 ff.
Nekrotische Enteritis 304
Neubelegung, Zuchtbestand 232
Normverhalten 249
Normwerte, Labordiagnostik 544 ff.
Nüchterung der Tiere 194
Nutzungsdauer der Sauen 66
Ödemkrankheit 67, 316
Ohrrandnekrosen, Ohrenbeißen 305
Ökologische Haltung, Produktion 34 ff.
Optimale Leistungen 335, 342, 354, 356, 365, 476
Organdiagnostik 431
Organerkrankungen 311 ff.
– tmungsapparat 311
– Bewegungsapparat 315
– Geschlechtsorgane 311
– Haut 318
– Magen-Darmkanal 316
– Zentralnervensystem 318
– Osteopathien 305, 317 ff., 323 ff.
Ovar- und Fertilitätsdiagnostik 91
Ovulationssynchronisation 95, 96 ff.
– Jungsauen 96
Oxytocin-Analogon 112
P-Mangel 324 ff.
Parasiten 306, 453 ff.
– Befall 306
– Bekämpfung 453

– Antiparasitika 454
– hygienisch-prophylaktische Erfordernisse 454
– räudefreier Bestand 455
– Prävention 453
– Prophylaxe 453
– Therapie 453
Parasitenbefall 306 ff.
Wesen des Parasitismus 306
– Wirt-Parasit-Beziehungen 307
Parasitologische Untersuchungen 426 ff. 547 ff.
– Biotopuntersuchung 427
– Intravitaldiagnostik 427
– Postmortaldiagnostik 427
Parasitosen des Schweines 307 ff.
– Ektoparasitosen 310
– Endoparasitosen 307
Parvovirose 303
Passive Immunisierung 436 ff.
Pasteurellen 234, 311
Pathologisch-anatomische Untersuchungen 430 ff.
Pathophysiologische Belastungsreaktionen 192
PDNS 312, 318, 321 ff.
Pflegemaßnahmen im Abferkelstall 398
$PGF_{2\alpha}$ 111
Physikalische Klimakomponenten 166 ff.
– Licht 168
– Luftbewegung 167
– relative Luftfeuchte 167
– Schall 168
– Staub 168
– Temperatur 166
Planbefestigte Böden 238 ff.
Pleuropneumonie (APP) 303, 312 ff.
PMSG 76, 93, 95
Pneumonien 189, 230, 304, 312 ff., 428, 431
Porzine Intestinale Adenomatose (PIA) 304, 318, 319 ff.
Postmortale Diagnostik 428 ff.
– Befunderhebung an Schlachttieren 430
– – amtliche Untersuchungen 430
– – retrospektive Organdiagnostik 431
– Krankheitsstatistik 428
– Todesursachenstatistik 428
Präventive 214, 224, 228, 394
Praxisrelevante Verhaltenserfordernisse 250 ff.
Praxisstrukturen, Tierarzt 474
Prestarter 142
Probenmanagement 415 ff.
– Probeneinsendung 416
– Probennahme 415

Produktion 17, 27, 41, 480 ff.
– Ablauf 41
– Abstimmung überbetrieblich 50
– im geschlossenen System 40
Produktionsprozess 24
– Extensität 19
– Intensität 19
– Qualität 24
Produktionsrhythmus 43 ff.
Produktionsstrukturen 30 ff.
Produktionsverbund 480 ff.
– Qualitätssicherung 480
– – Organisation 480
– – Eigenkontrolle 481
– – Kontrolle der Kontrolle 481
– – Kosten 482
– – Neutrale Kontrolle 481
Produktionsverfahren, gesundheitsfördernd 228 ff.
– Freilandhaltung 229
– „Minimal-Disease"-Verfahren 229
– Spezifiziert-pathogenfreie Aufzucht (SPF) 228
– Unterbrechung der Infektketten – „Multisite" 232
Produktionsvorbereitung 225
Produktionszyklogramm 41 ff.
Produktivitätsentwicklung 16
Produktqualität 24
Prognose, Krankheit 211 ff.
Prophylaxe 394, 436 ff., 454
Protein, Futter 116
Protozoen 306, 309 ff.
Prozessqualität 24
PRRS 303, 314 ff., 350
Prüfprozess, Anforderungen 489 ff.
Prüfung, Haltungselemente, Verfahren 247 ff.
PSE-Fleisch 62 ff., 327 ff.
Psychosoziale Belastungen 246 ff.
Pubertät und Zuchtreife 69 ff.
– Eber 80
– Jungsauen 69
Pubertätsalter 69, 71
– Eintritt 71
– Rate 76
Pubertätsinduktion 76, 96 ff.
– Jungsauen 96
Pubertätsstimulation 72 ff.
– biotechnisch 75
– zootechnisch 72
Puerperalerkrankungen 304, 314 ff.
Qualität 26, 480
– Anforderungen an Lebensmittel 26
– Kennzeichen 480
Qualitätssicherung 476 ff.
– Ferkelaufzucht 476
– Fleischerzeugung 386, 476

Register

- Futtermittel 483 ff.
- Produktionsverbund 480
- – gesetzliche Regelungen 483, 486
- – Organisation 480
- – Außenkontrollen 481
- – Eigenkontrollen 481
- – Kosten 482
- – Qualitätskennzeichen 480
- – Strukturen 484

Qualitätssicherung, tierärztliche Tätigkeit 470 ff.
- Berufsfelder 470
- Berufspflichten 470
- Betriebs-, Personalhygiene 474
- Fortbildung 471
- Qualitätsstandards 473
- Rechtsetzungen 470
- Tierarztpraxis 473
- Weiterbildung 471
- – Zertifikate 472

Quarantäne 81, 222 ff.
Rachitis 323
Rangordnung, Schweine 250
Räude 304, 309 ff., 318, 321 ff.
Räudefreier Bestand 455 ff.
- Sarcoptes-ELISA-Titer 427

Rechtsgrundlagen 458 ff.
- Lebensmittelüberwachung 468
- Schweinehaltungshygiene-VO 462
- Seuchenschutz 458
- Tierhaltung 465
- Tierkörperbeseitigung 464
- Tierschutz 465
- Tiertransporte 465

Reinigung und Desinfektion 257 ff.
- Desinfektionsmittel 263
- Einflussfaktoren 267
- Erfolgskontrolle 268
- Geräte 258
- grundsätzliches Vorgehen 259
- Hilfsmittel 259
- spezielle Desinfektion 264
- spezielle Reinigung 264
- Systematik 257
- Tierseuchendesinfektion 266
- Ziele 257

Rein-Raus-Prinzip 41 ff., 233
Relative Luftfeuchte 167 ff.
Remontierung, Jungsauen 53
Remontierungsquote 54
Reproduktion, Sauen 52 ff.
Reproduktions- und Bestandsplanung 51 ff.
Reproduktive Fitness 78
Reservesauen 377
Resistenzbestimmungen 421 ff.
Retrospektive Organdiagnostik 431 ff.

Rhinitis atrophicans 304, 312 ff.
Roter Magenwurm 307 ff.
Rotlauf 304, 314 ff., 317, 321 ff.
Rückstände, Lebensmittel 25 ff., 468
Rückstandskontrollplan 468
Ruhestall im Schlachtbetrieb 201 ff.
- Ausruhzeiten 202
- baulich-technische Anforderungen 201
- Zutrieb zur Betäubung 202

Ryanodin-Rezeptor 62, 327
Salmonellen 127, 303 ff., 316
Salmonellen-kontrollierte Bestände 403
Salmonellose 319 ff.
Sarkosporidien 309 ff.
Sauen 69 ff., 365 ff.
- Abgangsursachen 365
- Brunst 88
- Fruchtbarkeit 69, 86
- Geburt 111, 330
- Krankheitsschwerpunkte 365
- Leistungen 365
- Reproduktion 371
- Selektion 371
- Sexualzyklus 88
- Wurfzahl 365

Sauengruppen 46 ff.
- Zyklus 46

Sauenhaltung 152 ff.
- Arena/Stimubucht 152
- Aufstallung 154
- Deckzentrum, Besamungsbereich 154
- Fütterungstechnik 156

Sauenkarte 380 ff.
Sauenplaner 387
Sauerstoff 170, 338
Säuge- und Absetzregime 92
Säugezeit 45, 121, 342
Saugferkel 343 ff.
- Abgangsursachen 345
- Absetzen 351
- Erkrankungen 343
- – begünstigende Faktoren 347
- Umsetzen 351
- Verluste 343
- Anfall und Höhe 343
- Ursachen 344
- wirtschaftliche Bedeutung 351

Scanner 108
- Dienste 109

Schadfaktoren, Haltung 237 ff.
- direkte 237
- indirekte 237

Schadgase und Geruchsstoffe 170 ff., 189
- Ammoniak 170
- Schwefelwasserstoff 170

Schadinsekten 275 ff.
- Bekämpfung 275
- Vorbeugemaßnahmen 275
- Vorkommen 275

Schadnager 272 ff.
- Bekämpfung 272
- Vorbeugemaßnahmen 272
- Vorkommen 272

Schadtierbekämpfung 272 ff.
- Bekämpfungsmittel 278
- Schadinsekten 275
- Schadnager 272

Schadwirkungen durch Emissionen 295 ff.
- durch extreme Tierkonzentration 296
- klimawirksame Spurengase 295
- Waldschäden 296

Schall 169 ff.
Schlachtkörpergewichte 412
Schlachtkörperwert 60
Schlachtschweine 430
- Brustorganeindex 432
- Pneumonien 431
- Serositiden 431

Schleimbeutelentzündungen 243
Schmerzen 21
Schnüffelkrankheit 304, 312 ff.
Schürfwunden 137
Schutz vor Haltungsschäden 237 ff.
- vor Keimanreicherung 224
- vor Seucheneinschleppung 213
- vor Verhaltensstörungen 249

Schutzaspekte, Produktion 17
Schutzmaßnahmen, Tierseuchen 217 ff.
- baulich-funktionell 214
- hygienisch-organisatorisch 221

Schwanzbeißen 254 ff., 305
Schwarz-Weiß-Prinzip 195, 215 ff.
- Produktionszone (Weißbereich) 218
- Schutzzone (Außenbereich) 216
- Standortbedingungen 214
- Standortgestaltung 215
- Versorgungszone (Schwarzbereich) 217

Schweinebrucellose 302
Schweinefinne, -bandwurm 310
Schweinefleischerzeugung 27
Schweinehalter 28
Schweinehaltung 15 ff., 24, 27 ff., 285
- Entwicklungstendenzen 32
- konventionell 30
- Lebensmittelsicherheit 24
- ökologisch 34

- Produktionsstrukturen 30
- Tiergesundheit 24
- Tierschutz 20
- wirtschaftliche Bedeutung 27, 482

Schweinehaltungen, Genehmigungspflicht 285 ff.
Schweinehaltungshygiene-Verordnung 462 ff., 530 ff.
- Auflagen 530
- Betriebskontrollen 533
- Checklisten 533
- Einstufung der Betriebe 463, 530
- Zuständigkeiten 530

Schweinekrankheiten 302 ff.
- Infektionskrankheiten 302
- Mangelkrankheiten 318
- Organerkrankungen 311
- Parasitenbefall 306
- Stoffwechselkrankheiten 318

Schweinemast 149, 356, 398, 477 ff.
- Betreuung 398
- Erkrankungen 357
- Fütterung 149
- Gesundheit 356
- Reinigung und Desinfektion 265
- Wirtschaftlichkeit 477

Schweinepest (KSP) 213, 314 ff., 322 ff.
Schweinepopulationen 56
Schweinezucht 56 ff.
- Leistungsprüfung 56
- molekulare Methoden 64
- Selektion in Reinzucht 64
- – auf Krankheitsresistenz 66
- – in Kreuzung 64
- Zuchtwertschätzung 56

Segregated Early Weaning (SEW) 234
Sehnenscheidenentzündung 243
Seitenspeckdicke 77
Sektion 429
Selbstkontrolle 26, 476 ff.
Selbstversorgungsgrad 27
Selektion 64 ff.
- auf Krankheitsresistenz 66
- in Reinzucht 64
- Kreuzung 64
- Kriterien 65
- molekulare Methoden 66

Selektion beanstandeter Mastschweine 26
Senkung des Keimdrucks 226, 229
- Bestandsaustausch 232
- Freilandhaltung 229
- „Minimal-Disease"-Verfahren 229
- Neubelegung Zuchtbestand 232

Serosenerkrankungen 230, 304, 331
Seuchenbekämpfung 221, 458 ff.
– Instrumente, 461
– Schweinehaltungshygiene-VO 462, 530
– Strategien 459
Seucheneinschleppung 213 ff.
Seuchenschutz 214 ff.
– baulich-funktionell 214
– hygienisch-organisatorisch 221
– – Organisation und Tierverkehr 221
– – Quarantäne 222
– Tierseuchenalarmplan 525
Sexualverhalten, Eber 81
Sexualzyklus 88
Sicherung der Tiergesundheit 203 ff.
SMED1-Syndrom 304, 313 ff., 314
Sozialverträglichkeit 32
Spaltenböden 239 ff.
– Auftrittsbreite 130
– Spaltenweite 130, 239
Sperma 81 ff.
– biologische Grundlagen 85
– Einsatz Besamungseber 81
– Fruchtbarkeitsschwankungen 85
– Kontrolle Besamungserfolg 84
Spermagewinnung 82 ff.
Spermakonservierung 83
Spermatologische Untersuchungen 82
Spermatransport im Genitale 104
Spezialisierte Ferkelproduktion 40
Spezialisierte tiergesundheitliche Betreuung 402 ff.
– Betreuungsvertrag 404
– Inhalte 402
– Organisation 404
– Tiergesundheitsdienste 404
Spezialisierter Mastbetrieb 40
Spezielle Desinfektionsmaßnahmen 264 ff.
– in Abferkelställen 265
– in Mastställen 265
Spezielle Reinigungsmaßnahmen 264 ff.
– in Abferkelställen 265
– in Mastställen 265
Spezifische Immunprophylaxe 436 ff.
Spezifiziert-pathogenfreie Aufzucht (SPF) 228 ff., 236, 403
Spreizferkel 397
Spulwürmer 305, 307 ff., 319 ff., 426, 433, 453, 547
Spurenelemente 119 ff.

Stabilität von Substraten in Proben 538
Stallbereiche 41
Stallhaltung 134 ff.
– Abferkelbereich 134
– Aufzuchtbereich 142
– Eberhaltung 161
– einstreulose Ställe 133
– Einstreuställe 133
– Jungsauenbereich 152
– Mastbereich 149
– Sauenhaltung 152
Stallkeimflora 206, 226, 229
Stallklima 165 ff.
– biologische Komponenten (Keime) 171
– chemische Komponenten (Gase) 169
– Licht 168
– Luftbewegung 167
– physikalische Komponenten 166
– relative Luftfeuchte 167
– Schall 169
– Staub 168
– Temperatur 166
Stallklima und Tiergesundheit 185 ff.
Stallklimatisierung 171 ff.
– Heizung 182
– Klimakontrolle 172
– Klimasteuerung 172
– Kühlung 185
– Lüftungssysteme 175
– Messverfahren 175
– Wärmedämmung am Bau 181
Stallzyklus 47 ff.
Standortbedingungen 214 ff.
– Gestaltung 215
– Wahl 286
Staub 168 ff.
Steuerung der Geburten 109 ff., 331
– Einsatzmöglichkeiten 109
– Stimulation 112, 331
– Synchronisation 111
– Verfahrensvorteile 109
Stichprobengröße, Proben 420
Stickstoff 295
– Abgabe 299
– Waldschäden 296
– Zufuhr im Futter 299
Stoffwechselkrankheiten 318
Stoffwechseluntersuchungen 424
– Bewertung 426
Stomatitis vesicularis 302
Stressempfindlichkeit 60 ff., 327
Stongyloidose 319 ff.
Stufenproduktion 30, 50
Synchronisation, Sauen 94 ff.
– Brunst von Jung- und Altsauen 99

– Ovulation von Jungsauen 96
– Pubertät von Jungsauen 96
– Zyklus 94
TA Luft 286 ff.
Tageszunahmen 330 ff., 411, 476
– Ferkel 342
– Läufer 353
– Mast 356, 411
Technische Ferkelammen 139 ff.
Temperatur 166 ff.
Terminorientierte Besamung 100 ff.
TGE 302, 319 ff., 352
Therapie 394, 445 ff.
Tierärzte 21, 470 ff.
– Bestandsbetreuung 391
– Fortbildung 471
– Tierarztpraxis 473
Tierarztkosten 380, 399 ff.
Tierärztliche Apotheke 474
Tierärztliche Bestandsbetreuung 391 ff.
– Einordnung in das Zyklogramm 395
– Entwicklung 391
– Gemeinschaftsarbeit 392
– Inhalte 392
Tierärztliche Hausapothekenverordnung 466 ff.
Tierärztlicher Beruf 470 ff.
– Berufsfelder 470
– Berufspflichten 470
Tierarztpraxis 473 ff.
– Betriebs- und Personalhygiene 474
– Praxisstrukturen 474
– Qualitätsstandards 473
Tiergerechtheit einer Haltung 22, 249
Tiergesundheit 301 ff., 330 ff.
– Betreuung 389
Tiergesundheit und Lebensmittelsicherheit 24 ff.
Tiergesundheitliche Betreuung 390 ff.
– Bestandsbetreuung 316
– – Abferkelbereich 396
– – Eber 399
– – Ferkelaufzucht 398
– – Mast 398
– – Sauen 399
– Betriebsbesuch 402
– Kosten 399
– spezialisierte Betreuung 402
– – Baden-Württemberg 405
– – Dänemark 405
– – Steiermark 405
Tiergesundheitsdienste 402 ff.
Tierhaltung und Gesellschaft 16 ff.
Tierhaltung und Tierschutz 16 ff.
– Rechtsgrundlagen 465

Tierhygiene 203 ff.
– Erreger 206
– Organismus 206
– Umwelt 206
Tierhygieneordnung 527
Tierkonzentration 16, 296
Tierkörperbeseitigung 280 ff., 464
– Kadaverabführung 280
– Kadaverlagerung 280
– Tierkörperverarbeitung 281
Tiermedizinische Betreuung 390 ff.
Tier-Mensch-Beziehung 250
Tierplatzbedarf 47, 130
Tierschutz 20 ff.
– Bedarfsdeckung 21
– Ethischer Naturalismus 21
– Gesinnungsethik 21
– Verantwortungsethik 22
– Wohlbefinden 22
Tierschutz in der Überwachung 465 ff.
– Rechtsgrundlagen 465
– Tiertransporte 465
– Töten von Tieren 406
– – vernünftiger Grund 407
Tierschutzgesetz 20 ff., 407
– Tier als Mitgeschöpf 21
– Tierhalternorm 21
Tierseuchenalarmplan 525 ff.
Tierseuchendesinfektion 266
Tierseuchenkasse 461
Tierseuchenschutz 213 ff., 458 ff.
– Rechtsgrundlagen 458
– – Anzeigepflicht 458
– – Ziele 459
– – Schweinhaltungshygiene-VO 462
– – Betriebsgrößen 463
Tierverkehr 221
Tierverluste 378 ff., 477
– Absetzferkel 353
– Eber 372
– Mastschweine 356
– Sauen 365
– Saugferkel 343
Tierversuche 421
Todesursachenstatistik 380, 428 ff.
Tot geborene Ferkel 315, 338 ff.
Töten von Tieren 406 ff.
– „Vernünftiger Grund" (§1 TschGes.) 407
Toxoplasmose 309 ff., 310
Trächtigkeit 45, 70, 106 ff., 110
– Fütterung tragender Sauen 120
Trächtigkeitsdauer 45, 110 ff.
Trächtigkeitskontrolle 106 ff.
– Methoden 107
Tränkung 126 ff.
Tränkwasserqualität 126

Transmissible Gastroenteritis 302, 319 ff., 352
Transport 191 ff.
– Ausstallen 195
– Bedingungen 196
– Belastungen 192
– – Reaktion einiger Funktionskreise 193
– Fahrweise 199
– Klimaeinflüsse 199
– Kontrolle beim Entladen 200
– – Tiergesundheit 200
– – Transportbedingungen 201
– Ladedichte 199
– Nüchterung der Tiere 194
– Rechtsgrundlagen 191
– Technische Voraussetzungen 196
– Transportzeit, -entfernung 199
– Verladen 195
– Zuladekapazitäten 198
Trichinen 307/308 ff., 310
Trinkwasserapplikation 394, 446 ff.
Überbetriebliche Produktionsabstimmung 50 ff.
Übersichten Schweinekrankheiten 302 ff.
– Faktorenkrankheiten 303
– Hautkrankheiten 318
– Infektionskrankheiten 302
– Krankheiten des Zentralnervensystems 318
– Mangelkrankheiten 318
– Organerkrankungen 311
– Parasitenbefall 306
– Stoffwechselkrankheiten 318
Ultraschalldiagnostik 91, 106 ff., 108
Umrauscherkontrolle 107
Umsetzen der Saugferkel 351 ff.

Umweltanalysen 411
Umwelthygiene 285 ff.
– Genehmigungspflicht, Ställe 285
Umweltreize, Fortpflanzung 72
Unterbrechung Infektketten – „Multisite" 232 ff.
Untersuchungen 414 ff.
– hämatologische 423
– klinisch-chemische 423
– mikrobiologische 418
– parasitologische 424
– Resistenzbestimmungen 421
– Stoffwechsel 424
Untersuchungen Lebensmittel 25, 486
Uterus- und Ovargewichte 75
Verantwortungsethik 22
Verbund landwirtschaftlicher Erzeuger 31
Verbundsysteme 32
Verdauungsorgane 304, 316
Veredlungswirtschaft 28
Verfahren, Haltung 130 ff.
Verfahrensprüfung 247 ff.
Vergleichende Bewertung, Produktionsverfahren 235 ff.
Verhaltenserfordernisse, praxisrelevante 250 ff.
Verhalten 249 ff.
– Aggressivität 253
– Artgerechte Haltung 249
– Bedarfsdeckung 249
– Normverhalten 249
– Rangordnung 250
– Schwanzbeißen 254
– Störungen 252
Verkaufsfähige Ferkel 342
Verletzungen, Haut 321 ff.
Verluste der Saugferkel 343 ff., 349 ff., 380
– begünstigende Faktoren 347
– Höhe 343
– Ursachen 344

– wirtschaftliche Bedeutung 351, 477 ff.
Vernünftiger Grund, Tierschutz 21
Vesikuläre Schweinekrankheit 302
Veterinärmedizinische Leistungen 391, 399
Viehbesatz je ha LN 31
Viehverkehrs-Verordnung 459
Viruskrankheiten 418 ff., 539 ff.
– Diagnoseverfahren 418, 539
Vitamine 118 ff., 318
Vorbereitung auf die Geburt 330
Vorbereitung des Transports 194 ff.
– Ausstallen 195
– Nüchterung 194
– Verladen 195
Waldschäden 296 ff.
– Güllelagunen 297
Wärmeabgabe des Körpers 187 ff.
Wärmedämmung 181 ff.
– am Bau 181
– des Bodens 240
Warmwasserbett 139
Wartebereich 155 ff.
– Gruppenhaltung 156
– Haltung tragender Sauen 156
Wasserbedarf 126 ff., 127
Wechselwirkungen Organismus, Erreger, Umwelt 206 ff.
– infektionsfördernde Faktoren 207
– infektionshemmende Faktoren 207
Weiterbildung, Tierarzt 471
Wildschwein 56
Wirksamkeit von Impfungen 442 ff.

Wirkstoffe, Arzneimittel 447
Wirtschaftliche Ausfälle, Verluste 358, 476
Wirtschaftliche Bedeutung, Schweinehaltung 27 ff., 476
Wohlbefinden 21
Wurfgröße 335 ff.
Wurfhäufigkeit 45
Wurfrate 53
Wurfzahl 66, 346
Zentralnervensystem 318 ff.
– Krankheiten 318
Zertifizierung 482 ff.
– räudefreier Bestand 455
Zinkmangel (Ferkelruß) 320 ff., 321
Zitterkrankheit, Ferkel 322 ff.
Zitzenposition 363
Zitzenverletzungen 245 ff.
Zoonosen 24, 302
– Campylobacter 25
– enteropathogene E. coli 25
– Leptospiren 25
– Listerien 25
– Parasiten 25
– Salmonellen 25
– Viren 25
Zu- und Abluftsysteme 177 ff.
– Abluft 178
– Zuluft 177
Zuchteinsatz 56 ff.
Zuchtleistung 58 ff.
Zuchtreife 77 ff.
Zuchtsauen, Fütterung 120 ff.
Zuchtsauenbestand 28, 40
Zuchtvereinigungen 50
Zuchtwertschätzung 58, 64
Zwergfadenwurm 307/308 ff.
Zwischenbetriebliche Informationssysteme 374 ff.
Zyklusstart 94